CAD/CAM/CAE 完全学习丛书

UG NX 12.0
模具设计完全学习手册

北京兆迪科技有限公司　编著

机 械 工 业 出 版 社

本书是UG NX 12.0的模具设计完全学习手册，内容包括UG NX 12.0概述和安装，UG NX 12.0工作界面与基本操作，二维草图设计，零件设计，曲面设计，装配设计，工程图设计，UG NX模具设计快速入门，工件和型腔布局，注塑模设计工具，UG NX模具分型工具，模具分析，各种结构和特点的模具设计，模架和标准件，浇注系统和冷却系统的设计，镶件、滑块和斜销机构设计，UG NX的其他模具设计功能，在UG NX建模环境下设计模具以及UG NX模具设计实际综合应用等。

本书章节的安排次序采用由浅入深、循序渐进的原则。在内容安排上，书中结合大量的实例对UG NX 12.0软件模具设计中的一些抽象概念、命令和功能进行讲解，通俗易懂，化深奥为浅显；另外，书中以范例的形式讲述了一些实际生产一线产品的模具设计过程，能使读者较快地进入模具设计实战状态。在写作方式上，本书紧贴UG NX 12.0软件的实际操作界面，使初学者能够直观地操作软件进行学习，以提高学习效率。书中所选用的范例、实例或应用案例覆盖了不同行业，具有很强的实用性和广泛的适用性。本书附赠学习资源，包含了大量UG模具设计技巧和具有针对性范例的教学视频并进行了详细的语音讲解。

读者在系统学习本书后，能够迅速地运用UG软件来完成复杂产品的三维建模及其模具的设计工作。本书可作为模具设计人员的完全自学教程和参考书籍，也可供大专院校机械专业师生教学和学习参考。

图书在版编目（CIP）数据

UG NX 12.0模具设计完全学习手册 / 北京兆迪科技有限公司编著.
—3版. —北京：机械工业出版社，2019.4
（CAD/CAM/CAE完全学习丛书）
ISBN 978-7-111-62020-4

Ⅰ. ①U… Ⅱ. ①北… Ⅲ. ①模具—计算机辅助设计—应用软件—手册
Ⅳ. ①TG76-39

中国版本图书馆CIP数据核字（2019）第029210号

机械工业出版社（北京市百万庄大街22号 邮政编码：100037）
策划编辑：丁 锋 责任编辑：丁 锋
责任校对：陈 越 樊钟英 封面设计：张 静
责任印制：张 博
北京铭成印刷有限公司印刷
2019年4月第3版第1次印刷
184mm×260mm ·32.5印张·603千字
0001—3000册
标准书号：ISBN 978-7-111-62020-4
定价：99.90元

凡购本图书，如有缺页、倒页、脱页，由本社发行部调换
电话服务 网络服务
服务咨询热线：010-88361066 机 工 官 网：www.cmpbook.com
读者购书热线：010-68326294 机 工 官 博：weibo.com/cmp1952
金 书 网：www.golden-book.com
教育服务网：www.cmpedu.com

前　言

UG是由UGS公司推出的一款功能强大的三维CAD/CAM/CAE软件系统，其内容涵盖了产品从概念设计、工业造型设计、三维模型设计、分析计算、动态模拟与仿真、工程图输出，到生产加工成产品的全过程，应用范围涉及航空航天、汽车、机械、造船、通用机械、数控（NC）加工、医疗器械和电子等诸多领域。UG NX 12.0是目前功能最强、最新的UG版本，对以前版本进行了数百项以客户为中心的改进。本书是UG NX 12.0的产品设计完全学习手册，其特色如下。

- 内容全面。本书包含了模具工程师必备的UG NX 12.0知识以及模具设计的所有知识和技能；书中融入了UG一线模具设计高手多年的经验和技巧，因而本书具有很强的实用性。
- 前呼后应，浑然一体。书中后面章节大部分产品的模具设计范例，都在前面的零件设计、曲面设计等章节中详细讲述过这些产品的三维建模方法、过程和技巧，这样的安排有利于提升读者产品的三维建模能力，使其具有更强的职业竞争力。
- 范例丰富。对软件中的主要命令和功能，先结合简单的范例进行讲解，然后安排一些较复杂的综合范例和实际应用帮助读者深入理解、灵活运用。
- 讲解详细，条理清晰。保证自学的读者能独立学习和运用UG NX 12.0软件。
- 写法独特。采用UG NX 12.0中文版中真实的对话框和按钮等进行讲解，使初学者能够直观、准确地操作软件，从而大大地提高学习效率。
- 附加值高。本书附赠学习资源，包含了大量UG模具设计技巧和具有针对性范例的教学视频并进行了详细的语音讲解，资源还包含本书所有的教案文件、范例文件及练习素材文件，可以帮助读者轻松、高效地学习。

本书由北京兆迪科技有限公司编著，参加编写的人员有詹友刚、王焕田、刘静、刘海起、魏俊岭、任慧华、詹路、冯元超、刘江波、周涛、侯俊飞、龙宇、詹棋、高政、孙润、詹超、尹佩文、赵磊、高策、冯华超、周思思、黄光辉、詹聪、平迪、李友荣。本书已经过多次审核，如有疏漏之处，恳请广大读者予以指正。

本书学习资源中含有“读者意见反馈卡”的电子文档，请读者认真填写本反馈卡，并E-mail给我们。E-mail：兆迪科技 zhanygjames@163.com，丁锋 fengfener@qq.com。

咨询电话：010-82176248，010-82176249。

编　者

本书导读

为了能更好地学习本书的知识，请您仔细阅读下面的内容。

写作环境

本书使用的操作系统为64位的Windows 7，系统主题采用Windows经典主题。本书采用的写作蓝本是UG NX 12.0中文版。

附赠学习资源的使用

为方便读者练习，特将本书所有素材文件、已完成的实例文件、配置文件和视频语音讲解文件等放入本书的随书附赠资源中，读者在学习过程中可以打开相应素材文件进行操作和练习。

建议读者在学习本书前，先将随书附赠资源中的所有文件复制到计算机硬盘的D盘中。在D盘上的ug12mo目录下共有三个子目录。

（1）ugnx12_system_file子目录：包含一些系统文件。

（2）work 子目录：包含本书的全部素材文件和已完成的范例、实例文件。

（3）video子目录：包含本书讲解的视频文件（含语音讲解）。读者学习时，可在该子目录中按顺序查找所需的视频文件。

资源中带有“ok”扩展名的文件或文件夹表示已完成的范例。

本书的随书附赠学习资源领取方法：

- 直接登录网站 http://www.zalldy.com/page/book 下载。
- 扫描右侧二维码获得下载地址。
- 通过电话索取，电话：010-82176248，010-82176249。

本书约定

- 本书中有关鼠标操作的简略表述说明如下。
  - ☑ 单击：将鼠标指针移至某位置处，然后按一下鼠标的左键。
  - ☑ 双击：将鼠标指针移至某位置处，然后连续快速地按两次鼠标的左键。
  - ☑ 右击：将鼠标指针移至某位置处，然后按一下鼠标的右键。
  - ☑ 单击中键：将鼠标指针移至某位置处，然后按一下鼠标的中键。
  - ☑ 滚动中键：只是滚动鼠标的中键，而不能按中键。
  - ☑ 选择（选取）某对象：将鼠标指针移至某对象上，单击以选取该对象。
  - ☑ 拖移某对象：将鼠标指针移至某对象上，然后按下鼠标的左键不放，同时移动鼠标，将该对象移动到指定的位置后再松开鼠标的左键。
- 本书中的操作步骤分为Task、Stage和Step三个级别，说明如下。

☑ 对于一般的软件操作，每个操作步骤以 Step 字符开始，例如，下面是草绘环境中绘制矩形操作步骤的表述。

Step1. 单击按钮。

Step2. 在绘图区某位置单击，放置矩形的第一个角点，此时矩形呈“橡皮筋”样变化。

Step3. 单击XY按钮，再次在绘图区某位置单击，放置矩形的另一个角点。此时，系统即在两个角点间绘制一个矩形，如图 3.4.7 所示。

☑ 每个 Step 操作视其复杂程度，其下面可含有多级子操作，例如，Step1 下可能包含（1）、（2）、（3）等子操作，（1）子操作下可能包含①、②、③等子操作，①子操作下可能包含 a）、b）、c）等子操作。

☑ 如果操作较复杂，需要几个大的操作步骤才能完成，则每个大的操作冠以 Stage1、Stage2、Stage3 等，Stage 级别的操作下再分 Step1、Step2、Step3 等操作。

☑ 对于多个任务的操作，则每个任务冠以 Task1、Task2、Task3 等，每个 Task 操作下则可包含 Stage 和 Step 级别的操作。

- 因为已建议读者将随书学习资源中的所有文件复制到计算机硬盘的 D 盘中，所以书中在要求设置工作目录或打开学习资源文件时，所述的路径均以“D:”开始。

技术支持

本书主要参编人员均来自北京兆迪科技有限公司。该公司专门从事 CAD/CAM/CAE 技术的研究、开发、咨询及产品设计与制造服务，并提供 UG、Ansys、Adams 等软件的专业培训及技术咨询，读者在学习本书的过程中如果遇到问题，可通过访问该公司的网站 http://www.zalldy.com 来获得技术支持。

目　录

第 1 章 UG NX 12.0 概述和安装

1.1 UG NX 12.0 软件的特点

UG NX 12.0 系统在数字化产品的开发设计领域具有以下几大特点。

- 创新性的用户界面把高端功能与易用性和易学性相结合。

UG NX 12.0 建立在 UG NX 5.0 中引入的基于角色的用户界面基础之上，把此方法的覆盖范围扩展到整个应用程序，以确保在核心产品领域里的一致性。

为了提供一个能够随着用户技能水平增长而成长并且保持用户效率的系统，UG NX 12.0 以可定制的、可移动弹出的工具条为特征。移动弹出工具条减少了用户的鼠标移动，并且使其能够把他们常用的功能集成到由简单操作过程所控制的动作之中。

- 完整统一的全流程解决方案。

UG 产品开发解决方案完全受益于 Teamcenter 的工程数据和过程管理功能。通过 UG NX 12.0，进一步扩展了 UG 和 Teamcenter 之间的集成。利用 UG NX 12.0，能够在 UG 中查看来自 Teamcenter Product Structure Editor（产品结构编辑器）的更多数据，为用户提供了关于结构以及相关数据更加全面的表示。

UG NX 12.0 系统无缝集成的应用程序能快速传递产品和工艺信息的变更，从概念设计到产品的制造加工，可使用一套统一的方案把产品开发流程中涉及的学科融合到一起。在 CAD 和 CAM 方面，大量吸收逆向软件 Imageware 的操作方式以及曲面方面的命令；在钣金设计等方面，吸收 SolidEdge 先进的操作方式；在 CAE 方面，增加 I-DEAS 的前后处理程序及 NX Nastran 求解器；同时 UG NX 12.0 使用户在产品开发过程中，在 UGS 先进的 PLM（产品生命周期管理）Teamcenter 环境的管理下，可以随时与系统进行数据交流。

- 可管理的开发环境。

UG NX 12.0 系统可以通过 NX Manager 和 Teamcenter 工具把所有的模型数据进行紧密集成，并实施同步管理，进而实现在一个结构化的协同环境中转换产品的开发流程。UG NX 12.0 采用的可管理的开发环境，增强了产品开发应用程序的性能。

Teamcenter 项目支持：利用 UG NX 12.0，用户能够在创建或保存文件时分配项目数据（既可以是单一项目，也可以是多个项目）。扩展的 Teamcenter 导航器使用户能够立即把 Project（项目）分配到多个条目（Item）。可以过滤 Teamcenter 导航器，以便只显示基于 Project 的对象，使用户能够清楚了解整个设计的内容。

- 知识驱动的自动化。

使用 UG NX 12.0 系统，用户可以在产品开发的过程中获取产品及其设计制造过程的信息，并将其重新用到开发过程中，以实现产品开发流程的自动化，最大程度地重复利用知识。

- 数字化仿真、验证和优化。

利用 UG NX 12.0 系统中的数字化仿真、验证和优化工具，可以减少产品的开发费用，实现产品开发的一次成功。用户在产品开发流程的每一个阶段，通过使用数字化仿真技术，核对概念设计与功能要求的差异，以确保产品的质量、性能和可制造性符合设计标准。

- 系统的建模能力。

UG NX 12.0 基于系统的建模，允许在产品概念设计阶段快速创建多个设计方案并进行评估，特别是对于复杂的产品，利用这些方案能有效地管理产品零部件之间的关系。在开发过程中还可以创建高级别的系统模板，在系统和部件之间建立关联的设计参数。

1.2 UG NX 12.0 的安装

1.2.1 安装要求

1. 硬件要求

UG NX 12.0 软件系统可在工作站（Workstation）或个人计算机（PC）上运行，如果安装在个人计算机上，为了保证软件安全和正常使用，对计算机硬件的要求如下。

- CPU 芯片：一般要求奔腾 3 以上，推荐使用英特尔公司生产的“酷睿”系列双核心以上的芯片。
- 内存：一般要求为 4GB 以上。如果要装配大型部件或产品，进行结构、运动仿真分析或产生数控加工程序，则建议使用 8GB 以上的内存。
- 显卡：一般要求支持 Open_GL 的 3D 显卡，分辨率为 1024×768 像素以上，推荐使用至少 64 位独立显卡，显存 512MB 以上。如果显卡性能太低，打开软件后会自动退出。
- 网卡：以太网卡。
- 硬盘：安装 UG NX 12.0 软件系统的基本模块需要 17GB 左右的硬盘空间，考虑到软件启动后虚拟内存及获取联机帮助的需要，建议在硬盘上准备 20GB 以上的空间。
- 鼠标：强烈建议使用三键（带滚轮）鼠标，如果使用二键鼠标或不带滚轮的三键鼠标，会极大地影响工作效率。
- 显示器：一般要求使用 15in（1in=2.54cm）以上显示器。

- 键盘：标准键盘。

2．操作系统要求

- 操作系统：UG NX 12.0 无法在32位系统上安装，推荐使用64位Windows 7系统；Internet Explorer要求IE 8或IE 9；Excel和Word版本要求2007版或2010版。
- 硬盘格式：建议格式为NTFS，FAT也可。
- 网络协议：TCP/IP。
- 显卡驱动程序：分辨率为1024×768像素以上，真彩色。

1.2.2 UG NX 12.0 安装前的准备

1．安装前的计算机设置

为了更好地使用UG NX 12.0，在安装软件前需要对计算机系统进行设置，主要是设置操作系统的虚拟内存。设置虚拟内存的目的，是为软件系统进行几何运算预留临时存储数据的空间。各类操作系统的设置方法基本相同，下面以Windows 7操作系统为例说明设置过程。

Step1．选择Windows的开始 → 控制面板命令。

Step2．在控制面板中单击系统图标，然后在“系统”对话框左侧单击高级系统设置按钮。

Step3．在“系统属性”对话框中单击高级选项卡，在性能区域中单击设置(S)按钮。

Step4．在“性能选项”对话框中单击高级选项卡，在虚拟内存区域中单击更改(C)按钮。

Step5．在该对话框中取消选中□自动管理所有驱动器的分页文件大小(A)复选框，然后选中◉自定义大小(C):单选项；可在初始大小(MB)(I):文本框中输入虚拟内存的最小值，在最大值(MB)(X):文本框中输入虚拟内存的最大值。虚拟内存的大小可根据计算机硬盘空间的大小进行设置，但初始大小至少要是物理内存的2倍，最大值可达到物理内存的4倍。例如，用户计算机的物理内存为256MB，初始值一般设置为512MB，最大值可设置为1024MB；如果装配大型部件或产品，建议将初始值设置为1024MB，最大值设置为2048MB。单击设置(S)和确定按钮后，计算机会提示用户重新启动计算机后设置才生效，然后一直单击确定按钮。重新启动计算机后，完成设置。

2．查找计算机的名称

下面介绍查找计算机名称的操作。

Step1．选择Windows的开始 → 控制面板(C)命令。

Step2．在控制面板中单击系统图标，然后在“系统”对话框左侧单击高级系统设置按钮。

Step3. 在图 1.2.1 所示的“系统属性”对话框中单击 计算机名 选项卡，即可看到在 计算机全名: 位置显示出当前计算机的名称。

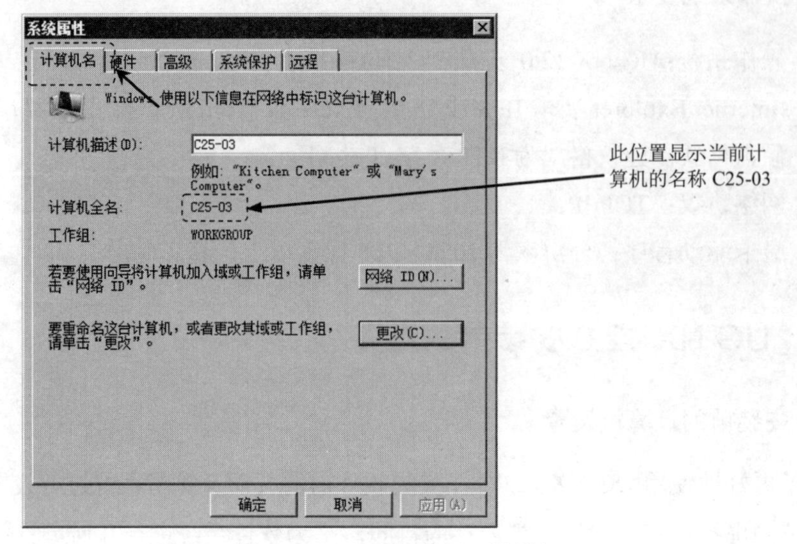

图 1.2.1 “系统属性”对话框

1.2.3 UG NX 12.0 安装的一般过程

Stage1. 在服务器上准备好许可证文件

Step1. 首先将合法获得的 UG NX 12.0 许可证文件 NX 12.0.lic 复制到计算机中的某个位置，例如 C:\ug12.0\NX 12.0.lic。

Step2. 修改许可证文件并保存，如图 1.2.2 所示。

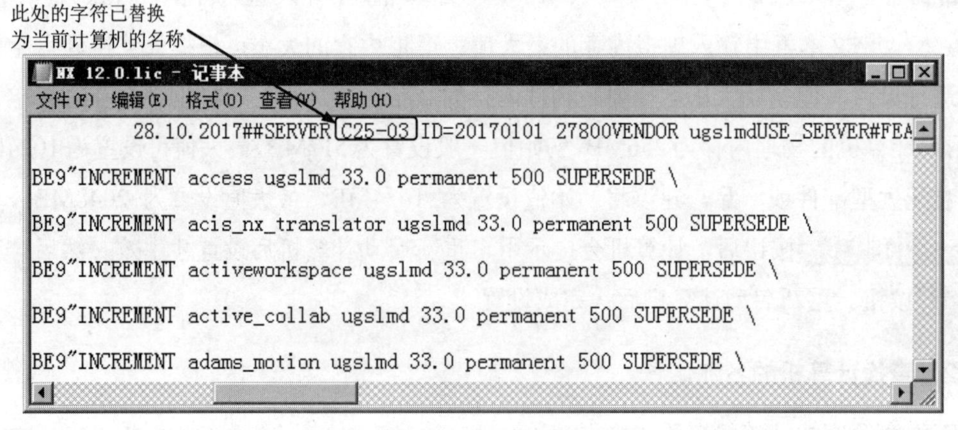

图 1.2.2 修改许可证文件

Stage2. 安装许可证管理模块

Step1. 将 UG NX 12.0 软件（NX 12.0.0.27 版本）安装光盘放入光驱内（如果已经将系

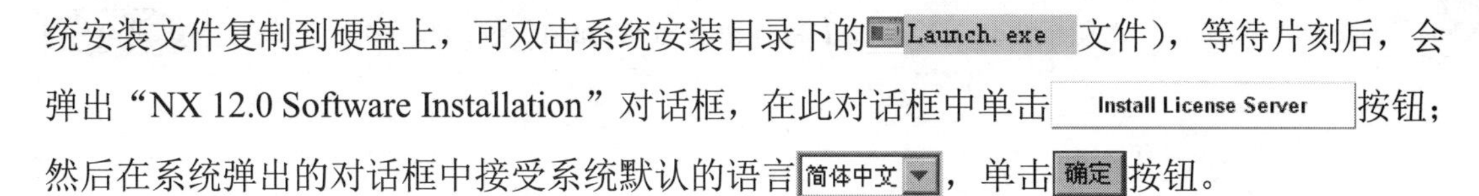

统安装文件复制到硬盘上，可双击系统安装目录下的Launch.exe文件），等待片刻后，会弹出“NX 12.0 Software Installation”对话框，在此对话框中单击Install License Server按钮；然后在系统弹出的对话框中接受系统默认的语言简体中文，单击确定按钮。

Step2. 在系统弹出的“Siemens PLM License Server v8.2.4.1”对话框（一）中单击下一步(N)按钮。

Step3. 等待片刻后，在“Siemens PLM License Server v8.2.4.1”对话框（二）中接受默认的安装路径，然后单击下一步(N)按钮。

Step4. 在系统弹出的“Siemens PLM License Server v8.2.4.1”对话框（三）中单击选择(O)...按钮，选择许可证路径（即NX 12.0.lic的路径），然后单击下一步(N)按钮。

Step5. 在系统弹出的“Siemens PLM License Server v8.2.4.1”对话框（四）中单击安装(I)按钮。

Step6. 完成许可证管理模块的安装。

（1）系统弹出“Siemens PLM License Server v8.2.4.1”对话框（五），并显示安装进度，然后在系统弹出的“Siemens PLM License Server”对话框中单击确定按钮。

（2）等待片刻后，在“Siemens PLM License Server v8.2.4.1”对话框（六）中单击完成(D)按钮，完成许可证的安装。

Stage3. 安装UG NX 12.0软件主体

Step1. 在“NX 12.0 Software Installation”对话框中单击Install NX按钮。

Step2. 在系统弹出的“Siemens NX 12.0 InstallShield Wizard”对话框中接受系统默认的语言中文（简体），单击确定(O)按钮。

Step3. 数秒后，系统弹出“Siemens NX 12.0 InstallShield Wizard”对话框（一），单击下一步(N) >按钮。

Step4. 系统弹出“Siemens NX 12.0 InstallShield Wizard”对话框（二），选中完整安装(O)单选项，采用系统默认的安装类型，单击下一步(N) >按钮。

Step5. 系统弹出“Siemens NX 12.0 InstallShield Wizard”对话框（三），接受系统默认的路径，单击下一步(N) >按钮。

Step6. 系统弹出“Siemens NX 12.0 InstallShield Wizard”对话框（四），确认输入服务器名或许可证文件。文本框中的“28000@”后面已是当前计算机的名称，单击下一步(N) >按钮。

Step7. 系统弹出“Siemens NX 12.0 InstallShield Wizard”对话框（五），选中简体中文单选项，单击下一步(N) >按钮。

Step8. 系统弹出“Siemens NX 12.0 InstallShield Wizard”对话框（六），单击 安装(I) 按钮。

Step9. 完成主体安装。

（1）系统弹出“Siemens NX 12.0 InstallShield Wizard”对话框（七），并显示安装进度。

（2）等待片刻后，在“Siemens NX 12.0 InstallShield Wizard”对话框（八）中单击 完成(F) 按钮，完成安装。

（3）在“NX 12.0 Software Installation”对话框中单击 Exit 按钮，退出 UG NX 12.0 的安装程序。

说明：

为了回馈广大读者对本书的支持，除学习资源中的视频讲解之外，我们将免费为您提供更多的 UG 学习视频，由于图书篇幅和学习资源的容量有限，我们将这些视频讲解制作成了在线学习视频，并在本书相关章节的最后对讲解的内容做了简要介绍，读者可以扫描二维码直达视频讲解页面，登录兆迪科技网站免费学习。

学习拓展：可以免费学习更多视频讲解。

讲解内容：主要包含软件安装，基本操作，二维草图，常用建模命令，零件设计案例等基础内容的讲解。内容安排循序渐进，清晰易懂，讲解非常详细，对每一个操作都做了深入的介绍和清楚的演示，十分适合没有软件基础的读者。

注意：

为了获得更好的学习效果，建议读者采用以下方法进行学习。

方法一：使用台式机或者笔记本电脑登录兆迪科技网校，开启高清视频模式学习。

方法二：下载兆迪网校 APP 并缓存课程视频至手机，可以免流量观看。

具体操作请打开兆迪网校帮助页面 http://www.zalldy.com/page/bangzhu 查看（手机可以扫描右侧二维码打开），或者在兆迪网校咨询窗口联系在线老师，也可以直接拨打技术支持电话 010-82176248，010-82176249。

第 2 章 UG NX 12.0 工作界面与基本操作

2.1 创建用户工作文件目录

使用 UG NX 12.0 软件时，应该注意文件的目录管理。如果文件管理混乱，会造成系统找不到正确的相关文件，从而严重影响 UG NX 12.0 软件的全相关性，同时也会使文件的保存、删除等操作产生混乱，因此应按照操作者的姓名、产品名称（或型号）建立用户文件目录，如本书要求在 E 盘上创建一个名为 ug-course 的文件目录（如果用户的计算机上没有 E 盘，在 C 盘或 D 盘上创建也可）。

2.2 启动 UG NX 12.0 软件

一般来说，有两种方法可启动并进入 UG NX 12.0 软件环境。

方法一：双击 Windows 桌面上的 UG NX 12.0 软件的快捷图标。

说明：*如果软件安装完毕后，桌面上没有 UG NX 12.0 软件快捷图标，请参考采用下面介绍的方法二启动软件。*

方法二：从 Windows 系统“开始”菜单进入 UG NX 12.0，操作方法如下。

Step1. 单击 Windows 桌面左下角的开始按钮。

Step2. 选择所有程序 → Siemens NX 12.0 → NX 12.0命令，系统进入 UG NX 12.0 软件环境。

2.3 UG NX 12.0 工作界面

2.3.1 设置界面主题

启动软件后，一般情况下系统默认显示的是图 2.3.1 所示的“浅色（推荐）”界面主题，由于在该界面主题下软件中的部分字体显示较小，显示得不够清晰，本书的写作界面将采用“经典，使用系统字体”界面主题，读者可以按照以下方法设置界面主题。

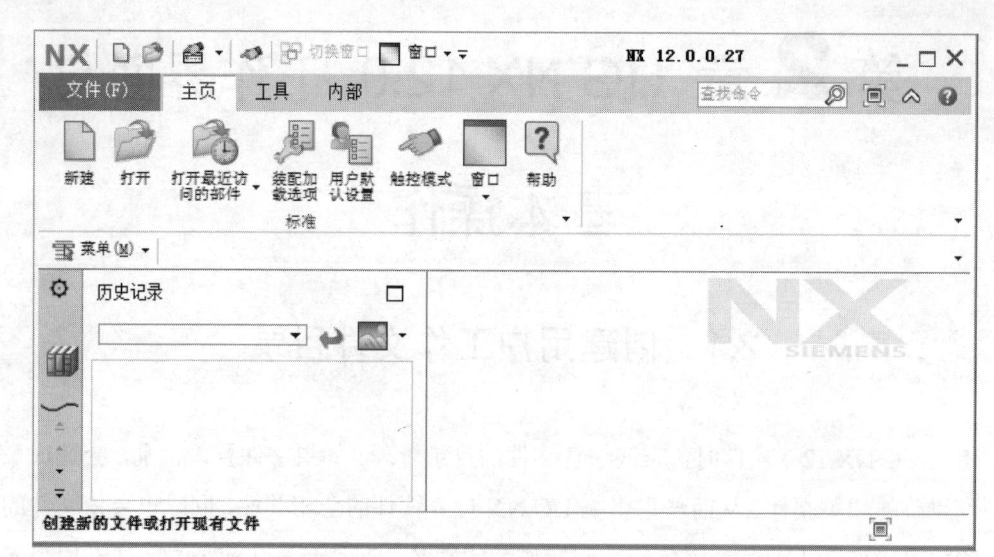

图 2.3.1 “浅色（推荐）”界面主题

Step1. 单击软件界面左上角的文件(F)按钮。

Step2. 选择 首选项(P) ➡ 用户界面(I)... 命令，系统弹出图 2.3.2 所示的“用户界面首选项”对话框。

Step3. 在“用户界面首选项”对话框中单击主题选项组，在右侧 类型 下拉列表中选择经典，使用系统字体选项。

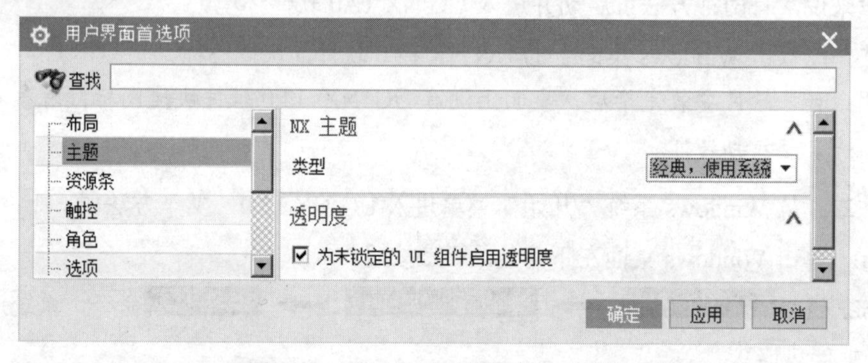

图 2.3.2 “用户界面首选项”对话框

Step4. 在“用户界面首选项”对话框中单击 确定 按钮，完成界面设置，如图 2.3.3 所示。

2.3.2 “经典，使用系统字体”用户界面简介

在学习本节时，请先打开文件 D:\ug12mo\work\ch02\down_base.prt。

说明：打开文件的具体操作可以查看本书第 4 章第 4.1.2 小节中的有关内容。

UG NX 12.0 的“经典，使用系统字体”用户界面包括标题栏、下拉菜单区、快速访问工具条、功能区、消息区、图形区、部件导航器区及资源工具条，如图 2.3.4 所示。

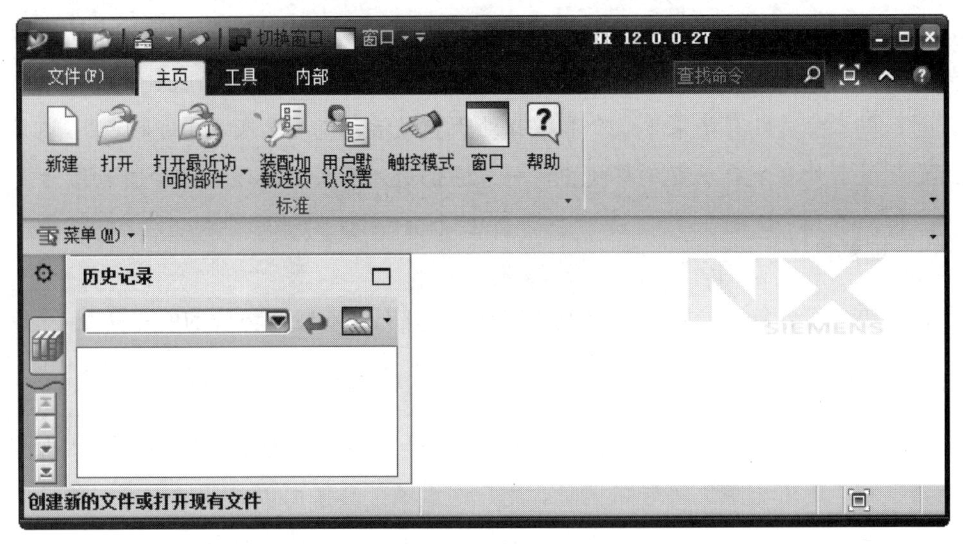

图 2.3.3 “经典，使用系统字体”界面主题

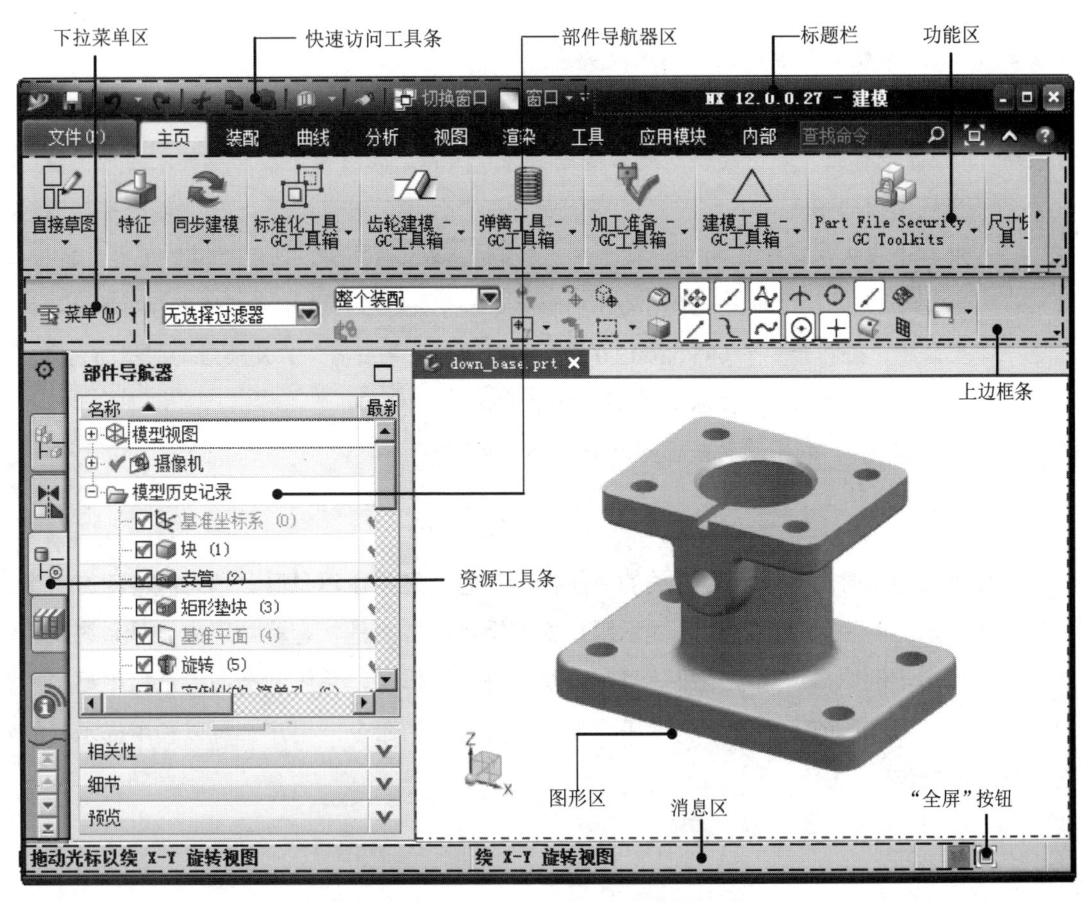

图 2.3.4 UG NX 12.0 中文版界面

1. 功能区

功能区中包含“文件”下拉菜单和命令选项卡。命令选项卡显示了 UG 中的所有功能按钮，并以选项卡的形式进行分类。用户可以根据需要自己定义各功能选项卡中的按钮，也可以自己创建新的选项卡，将常用的命令按钮放在自定义的功能选项卡中。

注意：用户会看到有些菜单命令和按钮处于非激活状态（呈灰色，即暗色），这是因为它们目前还没有处在发挥功能的环境中，一旦它们进入有关的环境，便会自动激活。

2. 下拉菜单区

下拉菜单中包含创建、保存、修改模型和设置 UG NX 12.0 环境的所有命令。

3. 资源工具条区

资源工具条区包括“装配导航器”“约束导航器”“部件导航器”“重用库”“视图管理器导航器”和“历史记录”等导航工具。用户通过该工具条可以方便地进行一些操作。对于每一种导航器，都可以直接在其相应的项目上右击，快速地进行各种操作。

资源工具条区主要选项的功能说明如下。

- “装配导航器”显示装配的层次关系。
- “约束导航器”显示装配的约束关系。
- “部件导航器”显示建模的先后顺序和父子关系。父对象（活动零件或组件）显示在模型树的顶部，其子对象（零件或特征）位于父对象之下。在“部件导航器”中右击，从系统弹出的快捷菜单中选择时间戳记顺序命令，则按“模型历史”显示。“模型历史树”中列出了活动文件中的所有零件及特征，并按建模的先后顺序显示模型结构。若打开多个 UG NX 12.0 模型，则“部件导航器”只反映活动模型的内容。
- “重用库”中可以直接从库中调用标准零件。
- “历史记录”中可以显示曾经打开过的部件。

4. 消息区

执行有关操作时，与该操作有关的系统提示信息会显示在消息区。消息区中间有一个可见的边线，左侧是提示栏，用来提示用户如何操作；右侧是状态栏，用来显示系统或图形当前的状态，例如显示选取结果信息等。执行每个操作时，系统都会在提示栏中显示用户必须执行的操作，或者提示下一步操作。对于大多数的命令，用户都可以利用提示栏的提示来完成操作。

5. 图形区

图形区是 UG NX 12.0 用户主要的工作区域，建模的主要过程、绘制前后的零件图形、分析结果和模拟仿真过程等都在这个区域内显示。用户在进行操作时，可以直接在图形区中选取相关对象进行操作。

同时还可以选择多种视图操作方式。

方法一：右击图形区，系统弹出快捷菜单，如图 2.3.5 所示。

方法二：按住右键，系统弹出挤出式菜单，如图 2.3.6 所示。

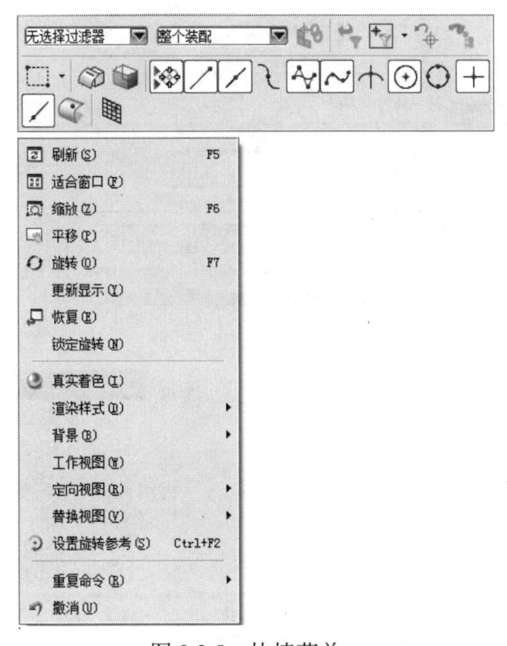

图 2.3.5 快捷菜单

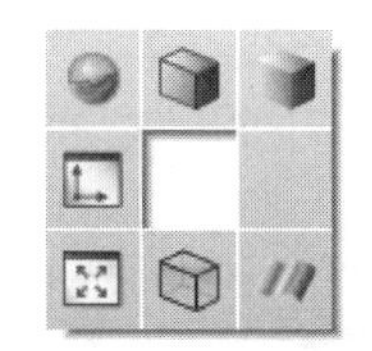

图 2.3.6 挤出式菜单

6. “全屏”按钮

在 UG NX 12.0 中单击“全屏”按钮，允许用户将可用图形窗口最大化。在最大化窗口模式下再次单击“全屏”按钮，即可切换到普通模式。

2.3.3 用户界面的定制

进入 UG NX 12.0 系统后，在建模环境下选择下拉菜单 工具(T) → 定制(Z)... 命令，系统弹出“定制”对话框，可对用户界面进行定制。

1. 在下拉菜单中定制（添加）命令

在图 2.3.7 所示的“定制”对话框中单击 命令 选项卡，即可打开定制命令的选项卡。通过此选项卡可改变下拉菜单的布局，可以将各类命令添加到下拉菜单中。下面以下拉菜单 插入(S) → 基准/点(D) ▸ → 平面(L)... 命令为例说明定制过程。

Step1. 在图 2.3.7 的 类别: 列表框中选择按钮的种类 菜单 节点下的 插入(S)，在下拉列表中

出现该种类的所有按钮。

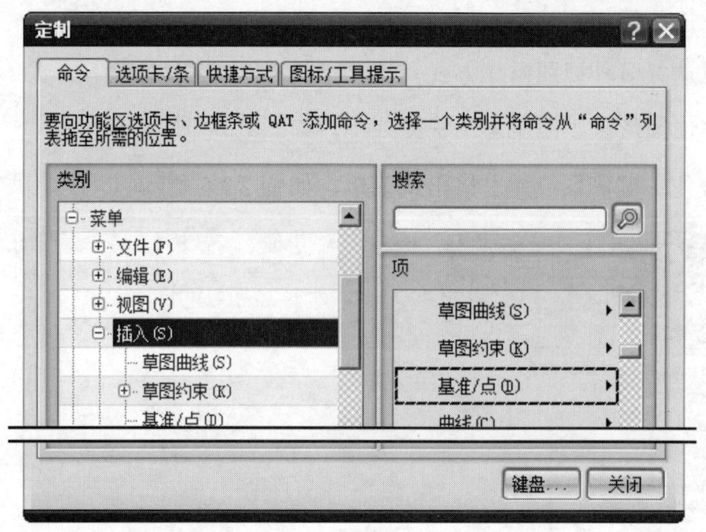

图 2.3.7 “命令”选项卡

Step2. 右击基准/点(D)选项，在系统弹出的快捷菜单中选择添加或移除按钮 → 平面(L)...命令，如图 2.3.8 所示。

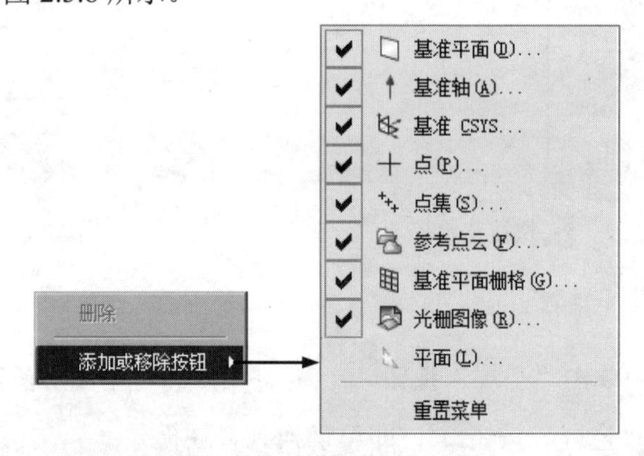

图 2.3.8 快捷菜单

Step3. 单击关闭按钮，完成设置。

Step4. 选择下拉菜单插入(S) → 基准/点(D)命令，可以看到平面(L)...命令已被添加。

说明：“定制”对话框弹出后，可将下拉菜单中的命令添加到功能区中成为按钮，方法是单击下拉菜单中的某个命令，并按住鼠标左键不放，将鼠标指针拖到屏幕的功能区中。

2．选项卡设置

在图 2.3.9 所示的“定制”对话框中单击选项卡/条选项卡，即可打开选项卡定制界面。通过此选项卡可改变选项卡的布局，可以将各类选项卡放在屏幕的功能区。下面以图 2.3.9 所示的☑逆向工程复选框（进行逆向设计的选项卡）为例说明定制过程。

图 2.3.9 “选项卡/条”选项卡

Step1. 选中☑逆向工程复选框，此时可看到“逆向工程”选项卡出现在功能区。

Step2. 单击关闭按钮。

Step3. 添加“选项卡”命令按钮。单击选项卡右侧的▾按钮（图 2.3.10），系统会显示出☑逆向工程选项卡中所有的功能区域及其命令按钮，单击任意功能区域或命令按钮都可以将其从选项卡中添加或移除。

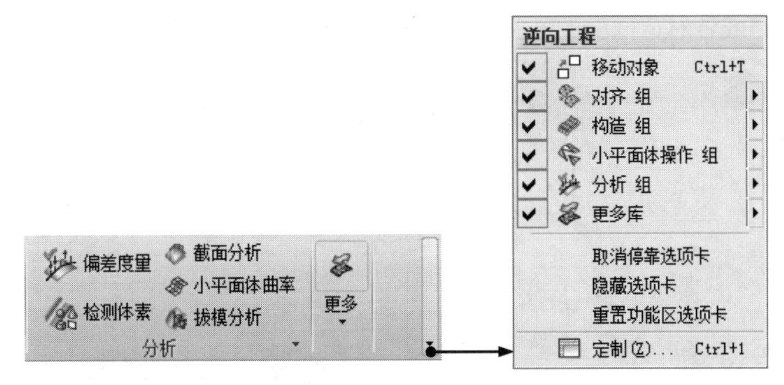

图 2.3.10 “选项卡”命令按钮

3. 快捷方式设置

在“定制”对话框中单击快捷方式选项卡，可以对快捷菜单和挤出式菜单中的命令及布局进行设置，如图 2.3.11 所示。

4. 图标和工具提示设置

在“定制”对话框中单击图标/工具提示选项卡，可以对菜单的显示、工具条图标大小，以及菜单图标大小进行设置，如图 2.3.12 所示。

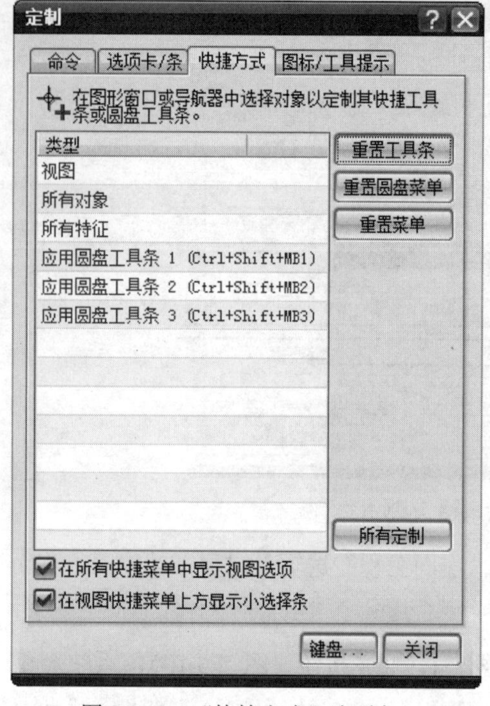

图 2.3.11 “快捷方式”选项卡

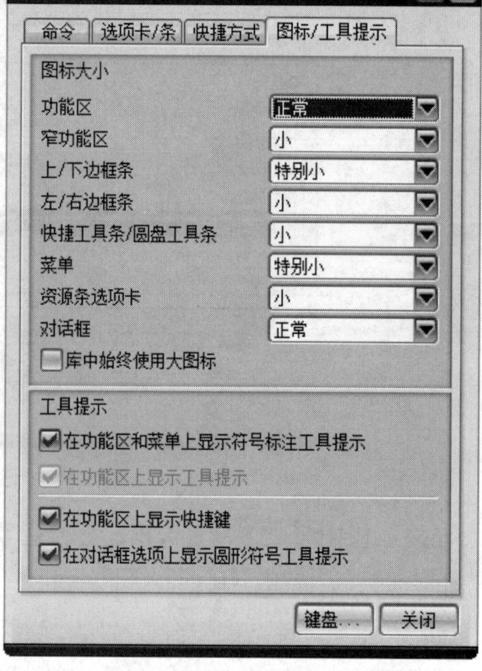

图 2.3.12 “图标/工具提示”选项卡

工具提示是一个消息文本框，用于对鼠标指示的命令和选项进行提示。将鼠标放置在工具中的按钮，或者对话框中的某些选项上，就会出现工具提示，如图 2.3.13 所示。

图 2.3.13 工具提示

2.3.4 角色设置

角色指的是一个专用的 UG NX 工作界面配置，不同角色中的界面主题、图标大小和菜单位置等设置可能都相同。根据不同使用者的需求，系统提供了几种常用的角色配置，如图 2.3.14 所示。本书中的所有案例都是在“CAM 高级功能”角色中制作的，建议读者在学习时使用该角色配置，设置方法如下。

在软件的资源工具条区单击 按钮，然后在 内容 区域中单击 CAM 高级功能 （角色 CAM 高级功能）按钮即可。

读者也可以根据自己的使用习惯和爱好，自己进行界面配置后，将所有设置保存为一个角色文件，这样可以很方便地在本机或其他计算机上调用。自定义角色的操作步骤如下。

图 2.3.14 系统默认角色配置

Step1. 根据自己的使用习惯和爱好对软件界面进行自定义设置。

Step2. 选择下拉菜单 首选项(P) → 用户界面(I)... 命令，系统弹出图 2.3.15 所示的“用户界面首选项”对话框，在对话框的左侧选择 角色 选项。

图 2.3.15 “用户界面首选项”对话框

Step3. 保存角色文件。在“用户界面首选项”对话框中单击“新建角色”按钮，系统弹出“新建角色文件”对话框，在 文件名(N): 区域中输入“myrole”，单击 OK 按钮完成角色文件的保存。

说明：如果要加载现有的角色文件，在“用户界面首选项”对话框中单击“加载角色”按钮，然后在“打开角色文件”对话框选择要加载的角色文件，再单击 OK 按钮即可。

2.4 UG NX 12.0 鼠标操作

用鼠标不但可以选择某个命令、选取模型中的几何要素，还可以控制图形区中的模型进行缩放和移动，这些操作只是改变模型的显示状态，却不能改变模型的真实大小和位置。

- 按住鼠标中键并移动鼠标，可旋转模型。
- 先按住键盘上的 Shift 键，然后按住鼠标中键，移动鼠标可移动模型。
- 滚动鼠标中键滚轮，可以缩放模型：向前滚，模型变大；向后滚，模型变小。

UG NX 12.0 中鼠标中键滚轮对模型的缩放操作可能与早期的版本相反，在早期的版本中可能是“向前滚，模型变小；向后滚，模型变大”，有的读者可能已经习惯这种操作方式，如果要更改缩放模型的操作方式，可以采用以下方法。

Step1. 选择下拉菜单 文件(F) ➡ 实用工具(U) ➡ 用户默认设置(D)... 命令，系统弹出图 2.4.1 所示的“用户默认设置”对话框。

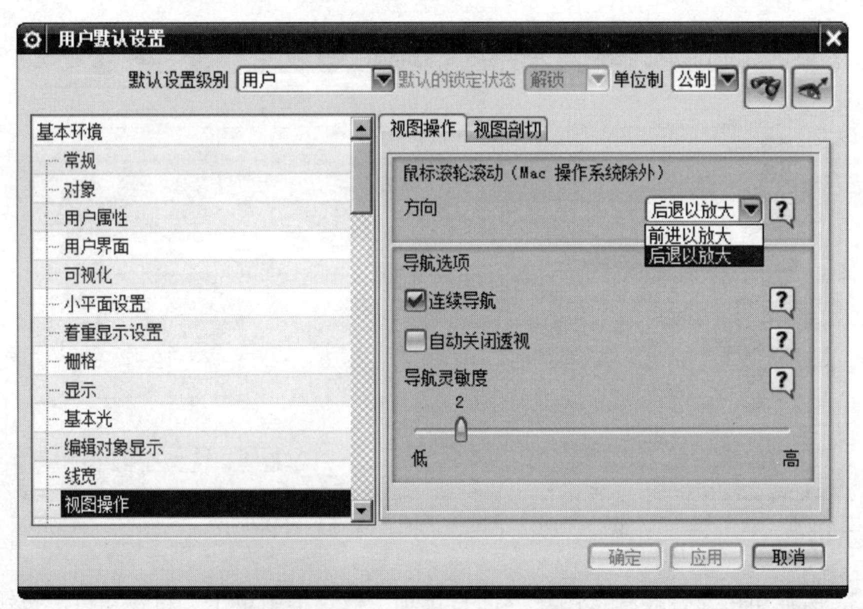

图 2.4.1 “用户默认设置”对话框

Step2. 在对话框左侧单击 基本环境 选项，然后单击 视图操作 选项，在对话框右侧 视图操作 选项卡 鼠标滚轮滚动 区域的 方向 下拉列表中选择 后退以放大 选项。

Step3. 单击 确定 按钮，重新启动软件，即可完成操作。

第 3 章　二维草图设计

3.1　进入与退出草图环境

1. 进入草图环境的操作方法

Step1. 打开 UG NX 12.0 后，选择下拉菜单 文件(F) → 新建(N)... 命令（或单击“新建”按钮），系统弹出图 3.1.1 所示的“新建”对话框，在 模板 选项卡中选取模板类型为 模型 ，在 名称 文本框中输入文件名，在 文件夹 文本框中输入模型的保存目录，然后单击 确定 按钮，进入 UG NX 12.0 工作环境。

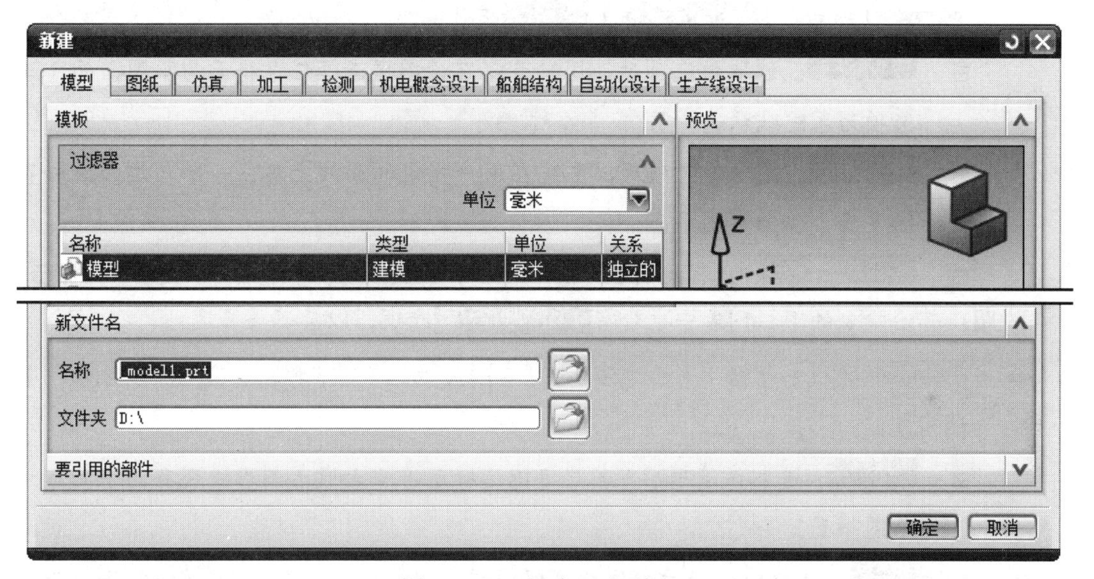

图 3.1.1　“新建”对话框

Step2. 选择下拉菜单 插入(S) → 在任务环境中绘制草图(V)... 命令，系统弹出图 3.1.2 所示的“创建草图”对话框，选择“XY 平面”为草图平面，单击该对话框中的 确定 按钮，系统进入草图环境。

2. 选择草图平面

进入草图工作环境以后，在创建新草图之前，一个特别要注意的事项就是要为新草图选择草图平面，也就是要确定新草图在三维空间的放置位置。草图平面是草图所在的某个空间平面，它可以是基准平面，也可以是实体的某个表面。

图 3.1.2 所示的“创建草图”对话框的作用就是用于选择草图平面，利用该对话框中的某个选项或按钮可以选择某个平面作为草图平面，然后单击 确定 按钮，“创建草图”对

话框则关闭。

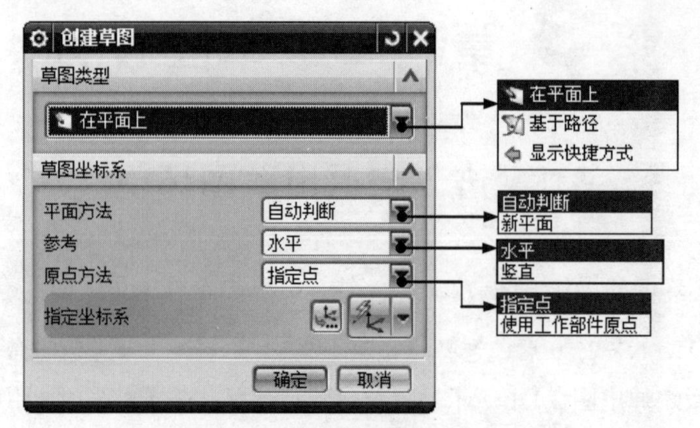

图 3.1.2 “创建草图”对话框

图 3.1.2 所示的“创建草图”对话框的说明如下。

- 草图类型 区域中包括 在平面上 和 基于路径 两种选项。
  - ☑ 在平面上：选取该选项后，用户可以在绘图区选择任意平面为草图平面（此选项为系统默认选项）。
  - ☑ 基于路径：选取该选项后，系统在用户指定的曲线上建立一个与该曲线垂直的平面，作为草图平面。
  - ☑ 显示快捷方式：选择此项后，在平面上 和 基于路径 两个选项将以按钮形式显示。

说明：其他命令的下拉列表中也会有 显示快捷方式 选项，以后不再赘述。

- 草图坐标系 区域中包括“平面方法”下拉列表、“参考”下拉列表及“原点方法”下拉列表。
  - ☑ 自动判断：选取该选项后，用户可以选择基准平面或者图形中现有的平面作为草图平面。
  - ☑ 新平面：选取该选项后，用户可以通过“平面对话框”按钮，创建一个基准平面作为草图平面。

参考 下拉列表用于定义参考平面与草图平面的位置关系。
  - ☑ 水平：选取该选项后，用户可定义参考平面与草图平面的位置关系为水平。
  - ☑ 竖直：选取该选项后，用户可定义参考平面与草图平面的位置关系为竖直。

3．退出草图环境的操作方法

草图绘制完成后，单击功能区中的“完成”按钮，即可退出草图环境。

4．直接草图工具

在 UG NX 12.0 中，系统还提供了另一种草图创建的环境——直接草图，进入直接草图

环境的具体操作步骤如下。

Step1. 新建模型文件，进入 UG NX 12.0 工作环境。

Step2. 选择下拉菜单 插入(S) ➡ 草图(H)... 命令（或单击“直接草图”区域中的“草图”按钮），系统弹出“创建草图”对话框，选择“XY 平面”为草图平面，单击该对话框中的 确定 按钮，系统进入直接草图环境，此时可以使用功能区“直接草图”工具栏（图 3.1.3）绘制草图。

Step3. 单击工具栏中的“完成草图”按钮，即可退出直接草图环境。

图 3.1.3 “直接草图”工具栏

说明：

- “直接草图”工具创建的草图，在部件导航器中同样会显示为一个独立的特征，也能作为特征的截面草图使用。此方法本质上与“任务环境中的草图”没有区别，只是实现方式较为“直接”。
- 单击“直接草图”工具栏中的“在草图任务环境中打开”按钮，系统即可进入“任务环境中的草图”环境。
- 在三维建模环境下，双击已绘制的草图也能进入直接草图环境。
- 为保证内容的一致性，本书中的草图均以“任务环境中的草图”来创建。

3.2 坐标系的介绍

UG NX 12.0 中有三种坐标系：绝对坐标系、工作坐标系和基准坐标系。在使用软件的过程中经常要用到坐标系，下面对这三种坐标系做简单的介绍。

1. 绝对坐标系（ACS）

绝对坐标系是原点在（0,0,0）的坐标系，它是唯一的、固定不变的，也不能修改和调整方位，绝对坐标系的原点不会显示在图形区中，但是在图形区的左下角会显示绝对坐标轴的方位。绝对坐标系可以作为创建点、基准坐标系以及其他操作的绝对位置参照。

2. 工作坐标系（WCS）

要显示工作坐标系，单击上边框条右侧的按钮，在系统弹出图 3.2.1 所示的“上边框条”工具条中选择 实用工具 组 ➡ WCS 下拉菜单 ➡ 显示 WCS 选项。工作坐

标系包括坐标原点和坐标轴，如图 3.2.2 所示。它的轴通常是正交的（即相互间为直角），并且遵守右手定则。

图 3.2.1 “上边框条”工具条

说明：

- 默认情况下，工作坐标系的初始位置与绝对坐标系一致，在 UG NX 的部件中，工作坐标系也是唯一的，但是它可以通过移动、旋转和定位原点等方式来调整方位，用户可以根据需要进行调整。
- 工作坐标系也可以作为创建点、基准坐标系以及其他操作的位置参照。在 UG NX 的矢量列表中，XC、YC 和 ZC 等矢量就是以工作坐标系为参照来进行设定的。

3. 基准坐标系（CSYS）

基准坐标系由原点、三个基准轴和三个基准平面组成，如图 3.2.3 所示。新建一个部件文件后，系统会自动创建一个基准坐标系作为建模的参考，该坐标系的位置与绝对坐标系一致，因此，模型中最先创建的草图一般都是选择基准坐标系中的基准平面作为草图平面，其坐标轴也能作为约束和尺寸标注的参考。基准坐标系不是唯一的，可以根据建模的需要创建多个基准坐标系。

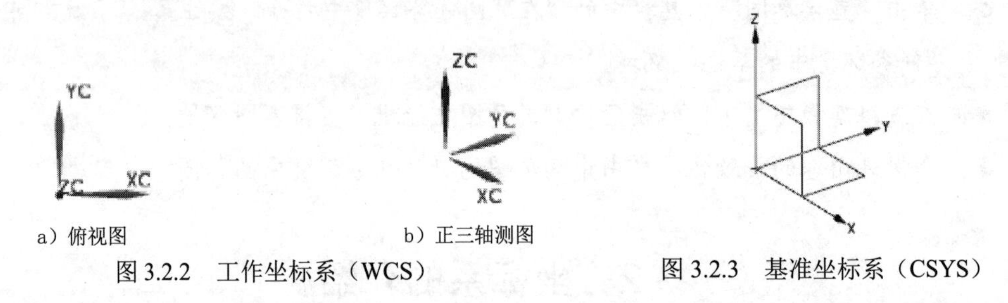

a）俯视图　　b）正三轴测图

图 3.2.2 工作坐标系（WCS）

图 3.2.3 基准坐标系（CSYS）

4. 右手定则

（1）常规的右手定则。

如果坐标系的原点在右手掌，拇指向上延伸的方向对应于某个坐标轴的方向，则可以利用常规的右手定则确定其他坐标轴的方向。假设拇指指向 ZC 轴的正方向，食指伸直的方向对应于 XC 轴的正方向，中指向外延伸的方向则为 YC 轴的正方向。

（2）旋转的右手定则。

旋转的右手定则用于将矢量和旋转方向关联起来。

当拇指伸直并且与给定的矢量对齐时，则弯曲的其余四指就能确定该矢量关联的旋转方向。反过来，当弯曲手指表示给定的旋转方向时，则伸直的拇指就确定关联的矢量。

如果要确定当前坐标系的旋转逆时针方向，那么拇指就应该与 ZC 轴对齐，并指向其正方向，此时逆时针方向即为四指从 XC 轴正方向向 YC 轴正方向旋转。

3.3 草图环境的设置

进入草图环境后，选择下拉菜单 首选项(P) ➡ 草图(S)... 命令，系统弹出“草图首选项”对话框，如图 3.3.1 所示。在该对话框中可以设置草图的显示参数和默认名称前缀等参数。

图 3.3.1 所示的“草图首选项”对话框的 草图设置 和 会话设置 选项卡的主要选项及其功能说明如下。

- 尺寸标签 下拉列表：控制草图标注文本的显示方式。
- 文本高度 文本框：控制草图尺寸数值的文本高度。在标注尺寸时，可以根据图形大小适当控制文本高度，以便于观察。
- 对齐角 文本框：绘制直线时，如果起点与光标位置连线接近水平或垂直，捕捉功能会自动捕捉到水平或垂直位置。捕捉角的意义是自动捕捉的最大角度，如捕捉角为 3，当起点与光标位置连线，与 XC 轴或 YC 轴夹角小于 3° 时，会自动捕捉到水平或垂直位置。

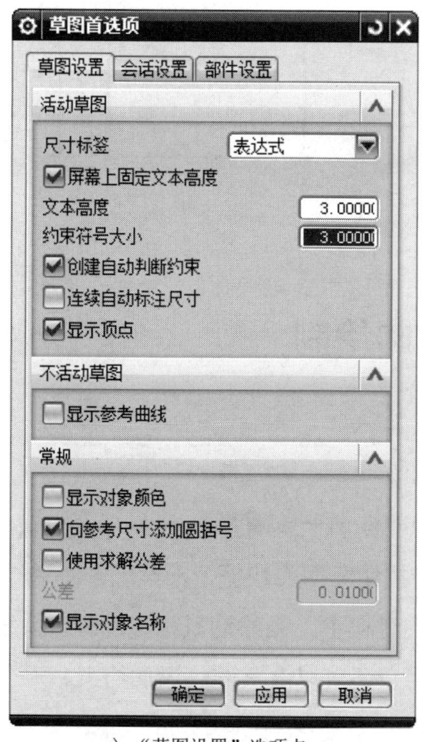

a) “草图设置”选项卡

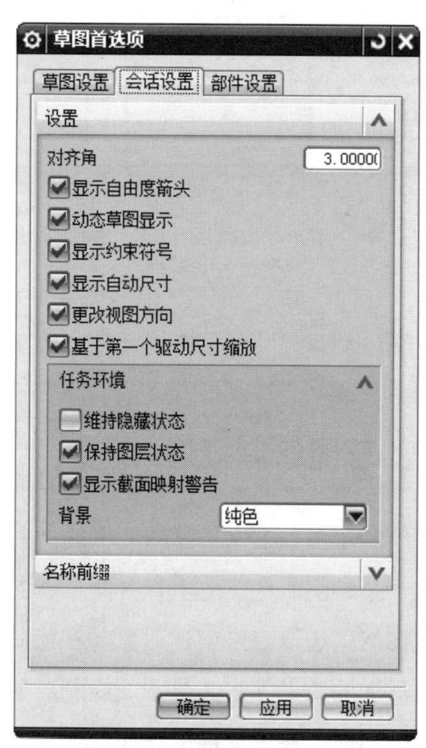

b) “会话设置”选项卡

图 3.3.1 “草图首选项”对话框

- ☑ 显示自由度箭头 复选框：如果选中该复选框，当进行尺寸标注时，在草图曲线端点处用箭头显示自由度；否则不显示。

- 显示约束符号复选框：如果选中该复选框，若相关几何体很小，则不会显示约束符号。如果要忽略相关几何体的尺寸查看约束，则可以关闭该选项。
- 更改视图方向复选框：如果选中该复选框，当由建模工作环境转换到草图绘制环境，并单击确定按钮时，或者由草图绘制环境转换到建模工作环境时，视图方向会自动切换到垂直于绘图平面方向，否则不会切换。
- 保持图层状态复选框：如果选中该复选框，当进入某一草图对象时，该草图所在图层自动设置为当前工作图层，退出时恢复原图层为当前工作图层，否则退出时保持草图所在图层为当前工作图层。

“草图首选项”对话框中的部件设置选项卡包括了曲线、尺寸和参考曲线等的颜色设置，这些设置与用户默认设置中的草图生成器的颜色相同。一般情况下，都采用系统默认的颜色设置。

注意：在本书所有的案例制作过程中，草图的尺寸标签选择的都是值选项。尺寸标签的显示“值”与显示“表达式”的区别如图 3.3.2 所示。

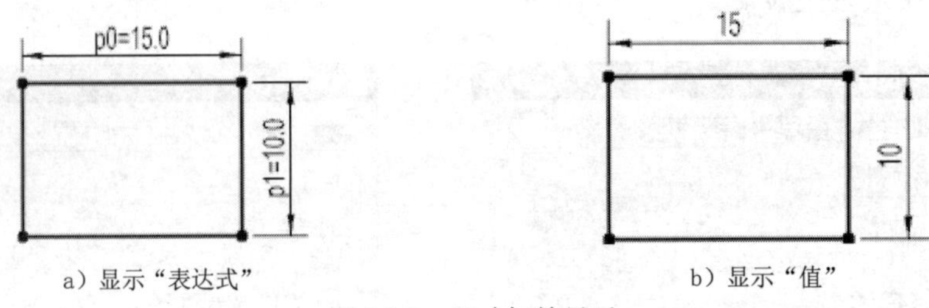

a）显示“表达式”　　b）显示“值”

图 3.3.2　尺寸标签显示

3.4　草图的绘制

3.4.1　草图绘制概述

要绘制草图，应先从草图环境的“主页”功能选项卡或插入(S) → 曲线(C)下拉菜单中选取一个绘图命令（由于“主页”功能选项卡按钮简明而快捷，推荐优先使用），然后可通过在图形区选取点来创建对象。在绘制对象的过程中，当移动鼠标指针时，系统会自动确定可添加的约束并将其显示。绘制对象后，用户还可以对其继续添加约束。

草图环境中使用鼠标的说明。

- 绘制草图时，可以在图形区单击以确定点，单击中键中止当前操作或退出当前命令。
- 当不处于草图绘制状态时，单击可选取多个对象；选择对象后，右击将弹出带有最常用草图命令的快捷菜单。

- 滚动鼠标中键，可以缩放模型（该功能对所有模块都适用）：向前滚，模型变大；向后滚，模型变小（可以参考本书第 2 章的内容进行调整）。
- 按住鼠标中键并移动鼠标，可旋转模型（该功能对所有模块都适用）。
- 先按住键盘上的 Shift 键，然后按住鼠标中键，移动鼠标可移动模型（该功能对所有模块都适用）。

3.4.2 直线的绘制

Step1. 进入草图环境以后，选择 XY 平面为草图平面。

说明：进入草图工作环境以后，如果是创建新草图，则首先必须选取草图平面，也就是要确定新草图在空间的哪个平面上绘制。

Step2. 选择命令。选择下拉菜单 插入(S) → 曲线(C) → 直线(L)... 命令（或单击“直线”按钮），系统弹出图 3.4.1 所示的“直线”工具条。

Step3. 定义直线的起始点。在系统 选择直线的第一点 的提示下，在图形区中的任意位置单击左键，以确定直线的起始点，此时可看到一条“橡皮筋”线附着在鼠标指针上。

说明：系统提示 选择直线的第一点 显示在消息区，有关消息区的具体介绍请参见第 2 章的相关内容。

Step4. 定义直线的终止点。在系统 选择直线的第二点 的提示下，在图形区中的另一位置单击左键，以确定直线的终止点，系统便在两点间创建一条直线（在终点处再次单击，在直线的终点处出现另一条“橡皮筋”线）。

Step5. 单击中键，结束直线的创建。

图 3.4.1 所示的“直线”工具条的说明如下。

- XY（坐标模式）：单击该按钮（默认），系统弹出图 3.4.2 所示的动态输入框（一），可以通过输入 XC 和 YC 的坐标值来精确绘制直线，坐标值以工作坐标系（WCS）为参照。要在动态输入框的选项之间切换可按 Tab 键。要输入值，可在文本框内输入值，然后按 Enter 键。
- （参数模式）：单击该按钮，系统弹出图 3.4.3 所示的动态输入框（二），可以通过输入长度值和角度值来绘制直线。

图 3.4.1 “直线”工具条

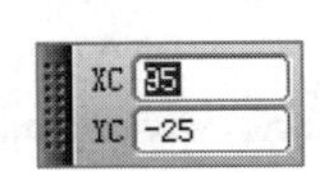

图 3.4.2 动态输入框（一）

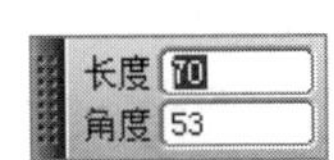

图 3.4.3 动态输入框（二）

说明：

- 可以利用动态输入框实现直线的精确绘制，其他曲线的精确绘制也一样。
- “橡皮筋”是指操作过程中的一条临时虚构线段，它始终是当前鼠标光标的中心点与前一个指定点的连线。因为它可以随着光标的移动而拉长或缩短，并可绕前一点转动，所以形象地称之为“橡皮筋”。
- 在绘制或编辑草图时，单击“快速访问工具栏”上的按钮，可撤销上一个操作；单击按钮（或者选择下拉菜单编辑(E) → 重做(R)命令），可以重新执行被撤销的操作。

3.4.3 圆的绘制

选择下拉菜单插入(S) → 曲线(C) → 圆(C)...命令（或单击“圆”按钮），系统弹出图3.4.4所示的“圆”工具条，有以下两种绘制圆的方法。

图3.4.4 “圆”工具条

方法一：中心和半径决定的圆——通过选取中心点和圆上一点来创建圆。其一般操作步骤如下。

Step1. 选择方法。单击“圆心和直径定圆”按钮。

Step2. 定义圆心。在系统选择圆的中心点的提示下，在某位置单击，放置圆的中心点。

Step3. 定义圆的半径。在系统在圆上选择一个点的提示下，拖动鼠标至另一位置，单击确定圆的大小。

Step4. 单击中键，结束圆的创建。

方法二：通过三点决定的圆——通过确定圆上的三个点来创建圆。

3.4.4 圆弧的绘制

选择下拉菜单插入(S) → 曲线(C) → 圆弧(A)...命令（或单击“圆弧”按钮），系统弹出图3.4.5所示的“圆弧”工具条，有以下两种绘制圆弧的方法。

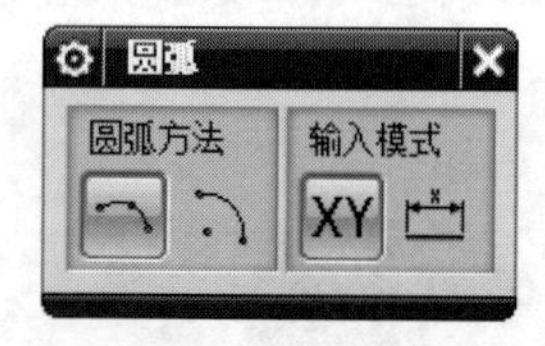

图3.4.5 “圆弧”工具条

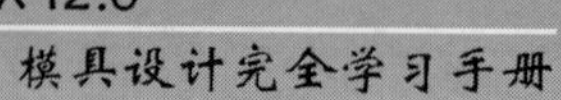

方法一：通过三点的圆弧——确定圆弧的两个端点和弧上的一个附加点来创建一个三点圆弧。其一般操作步骤如下。

Step1. 选择方法。单击“三点定圆弧”按钮。

Step2. 定义端点。在系统选择圆弧的起点的提示下，在图形区中的任意位置单击左键，以确定圆弧的起点；在系统选择圆弧的终点的提示下，在另一位置单击，放置圆弧的终点。

Step3. 定义附加点。在系统在圆弧上选择一个点的提示下移动鼠标，圆弧呈“橡皮筋”样变化，在图形区另一位置单击以确定圆弧。

Step4. 单击中键，结束圆弧的创建。

方法二：用中心和端点确定圆弧。其一般操作步骤如下。

Step1. 选择方法。单击“中心和端点定圆弧”按钮。

Step2. 定义圆心。在系统选择圆弧的中心点的提示下，在图形区中的任意位置单击，以确定圆弧中心点。

Step3. 定义圆弧的起点。在系统选择圆弧的起点的提示下，在图形区中的任意位置单击，以确定圆弧的起点。

Step4. 定义圆弧的终点。在系统选择圆弧的终点的提示下，在图形区中的任意位置单击，以确定圆弧的终点。

Step5. 单击中键，结束圆弧的创建。

3.4.5 矩形的绘制

选择下拉菜单插入(S) ➡ 曲线(C) ➡ 矩形(R)...命令（或单击“矩形”按钮），系统弹出图 3.4.6 所示的“矩形”工具条，可以在草图平面上绘制矩形。在绘制草图时，使用该命令可省去绘制四条线段的麻烦。共有 3 种绘制矩形的方法，下面将分别介绍。

方法一：按两点——通过选取两对角点来创建矩形，其一般操作步骤如下。

Step1. 选择方法。单击“用两点”按钮。

Step2. 定义第一个角点。在图形区某位置单击，放置矩形的第一个角点。

Step3. 定义第二个角点。单击XY按钮，再次在图形区另一位置单击，放置矩形的另一个角点。

Step4. 单击中键，结束矩形的创建，结果如图 3.4.7 所示。

图 3.4.6 “矩形”工具条

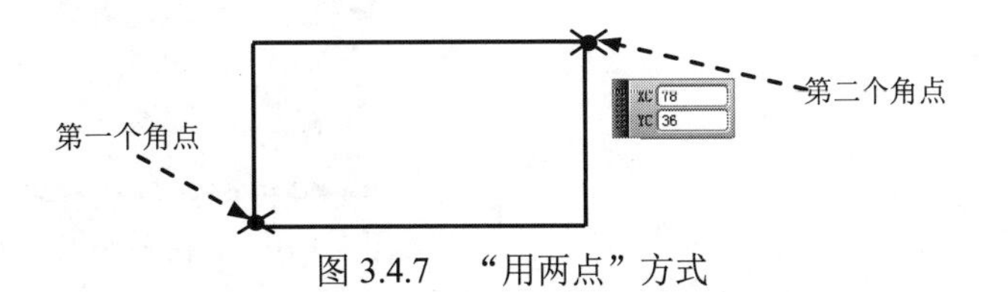

图 3.4.7 “用两点”方式

方法二：按三点——通过选取三个顶点来创建矩形，其一般操作步骤如下。

Step1. 选择方法。单击“用 3 点”按钮。

Step2. 定义第一个顶点。在图形区某位置单击，放置矩形的第一个顶点。

Step3. 定义第二个顶点。单击XY按钮，在图形区另一位置单击，放置矩形的第二个顶点（第一个顶点和第二个顶点之间的距离即矩形的宽度），此时矩形呈“橡皮筋”样变化。

Step4. 定义第三个顶点。单击XY按钮，再次在图形区单击，放置矩形的第三个顶点（第二个顶点和第三个顶点之间的距离即矩形的高度）。

Step5. 单击中键，结束矩形的创建，结果如图 3.4.8 所示。

方法三：从中心——通过选取中心点、一条边的中点和顶点来创建矩形，其一般操作步骤如下。

Step1. 选择方法。单击“从中心”按钮。

Step2. 定义中心点。在图形区某位置单击，放置矩形的中心点。

Step3. 定义第二个点。单击XY按钮，在图形区另一位置单击，放置矩形的第二个点（一条边的中点），此时矩形呈“橡皮筋”样变化。

Step4. 定义第三个点。单击XY按钮，再次在图形区单击，放置矩形的第三个点。

Step5. 单击中键，结束矩形的创建，结果如图 3.4.9 所示。

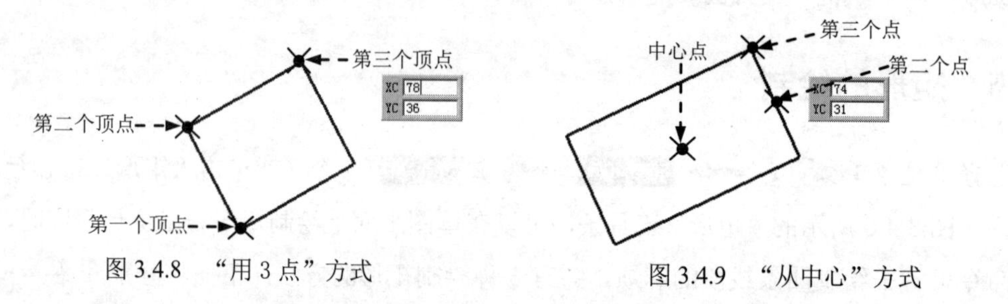

图 3.4.8 “用 3 点”方式

图 3.4.9 “从中心”方式

3.4.6 圆角的绘制

选择下拉菜单插入(S) → 曲线(C) → 圆角(F)... 命令（或单击“圆角”按钮），可以在指定两条或三条曲线之间创建一个圆角。系统弹出图 3.4.10 所示的“圆角”工具条。该工具条中包括四个按钮：“修剪”按钮、“取消修剪”按钮、“删除第三条曲线”按钮和“创建备选圆角”按钮。

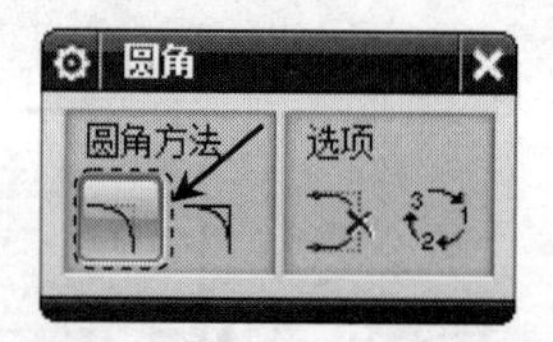

图 3.4.10 “圆角”工具条

创建圆角的一般操作步骤如下。

Step1. 打开文件 D:\ug12mo\work\ch03.04.06\round_corner.prt。

Step2. 双击草图，在直接草图下拉选项更多中单击在草图任务环境中打开按钮，选择下拉菜单插入(S) → 曲线(C) → 圆角(F)...命令。系统弹出“圆角”工具条，在工具条中单击“修剪”按钮。

Step3. 定义圆角曲线。单击选择图 3.4.11 所示的两条直线。

Step4. 定义圆角半径。拖动鼠标至适当位置，单击确定圆角的大小（或者在动态输入框中输入圆角半径值，以确定圆角的大小）。

Step5. 单击中键，结束圆角的创建。

说明：

- 如果单击“取消修剪”按钮，则绘制的圆角如图 3.4.12 所示。

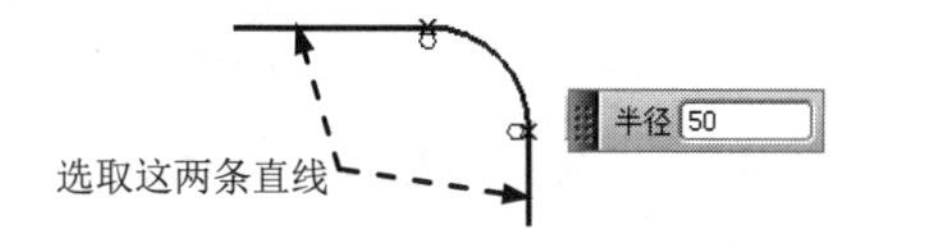

图 3.4.11　选取直线

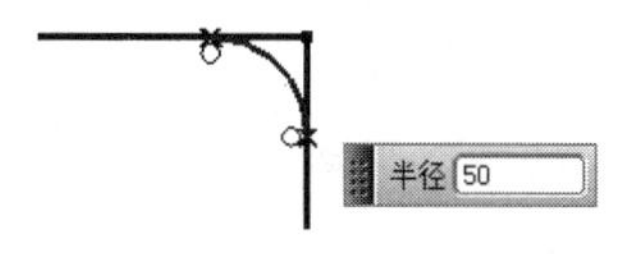

图 3.4.12　“取消修剪”的圆角

- 如果单击“创建备选圆角”按钮，则可以生成每一种可能的圆角(或按 Page Down 键选择所需的圆角)，如图 3.4.13 和图 3.4.14 所示。

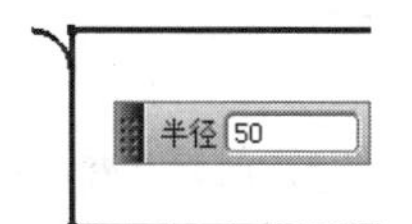

图 3.4.13　“创建备选圆角”的选择（一）

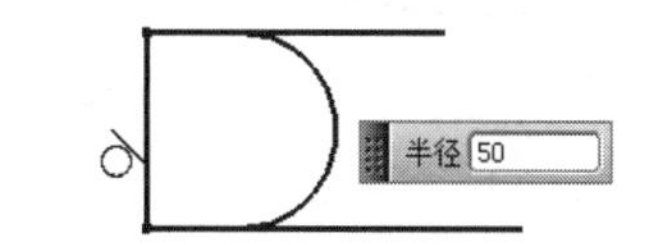

图 3.4.14　“创建备选圆角”的选择（二）

3.4.7　轮廓线的绘制

轮廓线包括直线和圆弧。

选择下拉菜单插入(S) → 曲线(C) → 轮廓(O)...命令（或单击按钮），系统弹出图 3.4.15 所示的“轮廓”工具条。

具体操作过程参照前面直线和圆弧的绘制，不再赘述。

绘制轮廓线的说明。

- 轮廓线与直线、圆弧的区别在于，轮廓线可以绘制连续的对象，如图 3.4.16 所示。
- 绘制时，按下、拖动并释放鼠标左键，直线模式变为圆弧模式，如图 3.4.17 所示。
- 利用动态输入框可以绘制精确的轮廓线。

图 3.4.15　“轮廓”工具条

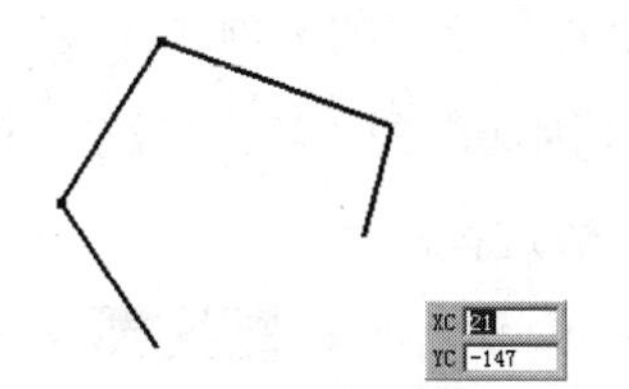

图 3.4.16　绘制连续的对象

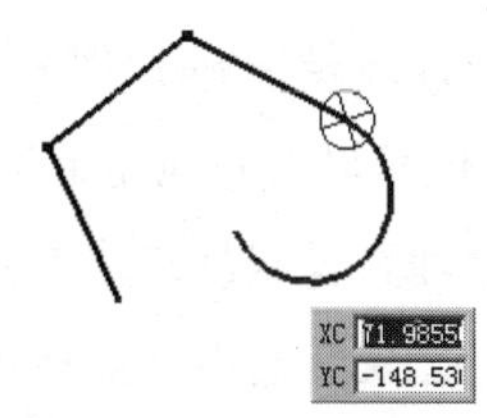

图 3.4.17　用“轮廓线”命令绘制弧

3.4.8　派生直线的绘制

选择下拉菜单 插入(S) → 来自曲线集的曲线(F) → 派生直线(I)... 命令（或单击 按钮），可绘制派生直线，其一般操作步骤如下。

Step1．打开文件 D:\ug12mo\work\ch03.04.08\derive_line.prt。

Step2．双击草图，在 直接草图 下拉选项 更多 中单击 在草图任务环境中打开 按钮，选择下拉菜单 插入(S) → 来自曲线集的曲线(F) → 派生直线(I)... 命令。

Step3．定义参考直线。单击选取图 3.4.18 所示的直线为参考。

Step4．定义派生直线的位置。拖动鼠标至另一位置单击，以确定派生直线的位置。

Step5．单击中键，结束派生直线的创建，结果如图 3.4.19 所示。

说明：

- 如需要派生多条直线，可以在上述 Step4 中，在图形区合适的位置继续单击，然后单击中键完成，结果如图 3.4.19 所示。

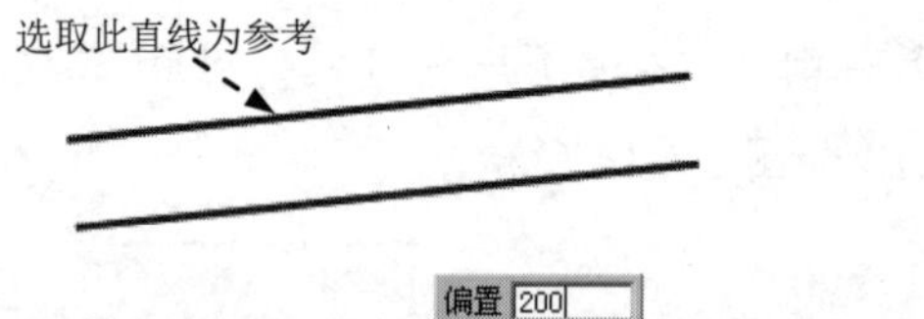

图 3.4.18　直线的派生（一）

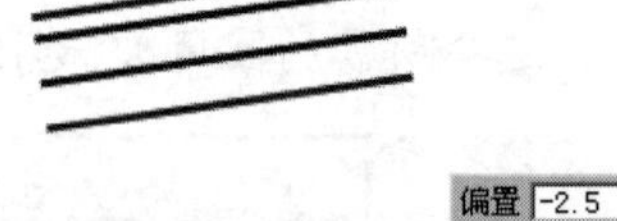

图 3.4.19　直线的派生（二）

- 如果选择两条平行线，系统会在这两条平行线的中点处创建一条直线。可以通过拖动鼠标以确定直线长度，也可以在动态输入框中输入值，如图 3.4.20 所示。
- 如果选择两条不平行的直线（不需要相交），系统将构造一条角平分线。可以通过拖动鼠标以确定直线长度（或在动态输入框中输入一个值），也可以在成角度两条直线的任意象限放置平分线，如图 3.4.21 所示。

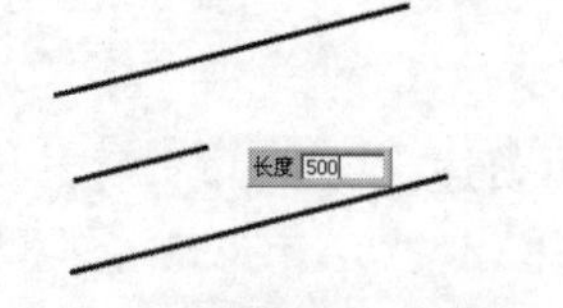

图 3.4.20　派生两条平行线中间的直线

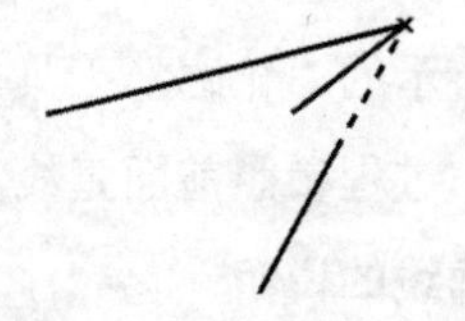

图 3.4.21　派生角平分线

3.4.9　艺术样条曲线的绘制

样条曲线是指利用给定的若干个点拟合出的多项式曲线，样条曲线采用的是近似的拟合方法，但可以很好地满足工程需求，因此得到了较为广泛的应用。下面通过创建图 3.4.22a 所示的曲线来说明创建艺术样条的一般过程。

Step1．选择命令。选择下拉菜单 插入(S) → 曲线(C) → 艺术样条(D)... 命令（或单

击按钮），系统弹出“艺术样条”对话框。

图 3.4.22 艺术样条的创建

Step2. 定义曲线类型。在对话框的类型下拉列表中选择通过点选项，依次在图 3.4.22a 所示的各点位置单击，系统生成图 3.4.22a 所示的“通过点”方式创建的样条曲线。

说明： 如果选择根据极点选项，依次在图 3.4.22b 所示的各点位置单击，系统则生成图 3.4.22b 所示的“根据极点”方式创建的样条曲线。

Step3. 在“艺术样条”对话框中单击确定按钮（或单击中键），完成样条曲线的创建。

3.4.10 将草图对象转化为参考线

在为草图对象添加几何约束和尺寸约束的过程中，有些草图对象是作为基准、定位来使用的，或者有些草图对象在创建尺寸时可能引起约束冲突，此时可利用主页功能选项卡约束区域中的“转换至/自参考对象”按钮，将草图对象转换为参考线；当然必要时，也可利用该按钮将其激活，即从参考线转化为草图对象。下面以图 3.4.23b 所示的图形为例，说明其操作方法及作用。

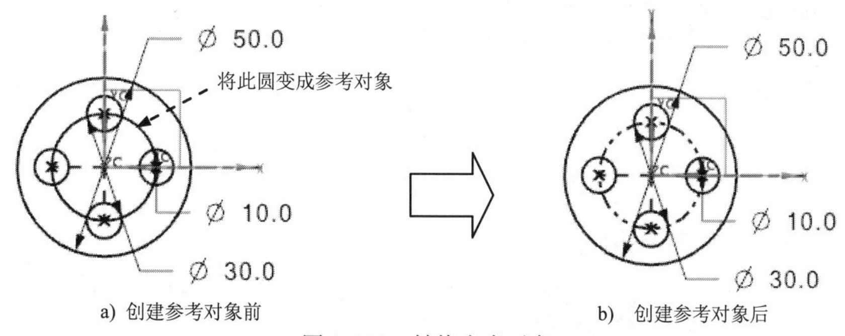

图 3.4.23 转换参考对象

Step1. 打开文件 D:\ug12mo\work\ch03.04.10\reference.prt。

Step2. 双击已有草图，在直接草图下拉选项更多中单击在草图任务环境中打开按钮，进入草图工作环境。

Step3. 选择命令。选择下拉菜单工具(T) → 约束(T) → 转换至/自参考对象(V)... 命令（或单击主页功能选项卡约束区域中的“转换至/自参考对象”按钮），系统弹出图 3.4.24 所示的“转换至/自参考对象”对话框，选中参考曲线或尺寸单选项。

Step4. 根据系统**选择要转换的曲线或尺寸**的提示，选取图 3.4.23a 所示的圆，单击应用按钮，被选取的对象就转换成参考对象，结果如图 3.4.23b 所示。

图 3.4.24 “转换至/自参考对象”对话框

说明：如果选择的对象是曲线，它转换成参考对象后，用浅色双点画线显示，在对草图曲线进行拉伸和旋转操作时，它将不起作用；如果选择的对象是一个尺寸，在它转换为参考对象后，它仍然在草图中显示，并可以更新，但其尺寸表达式在表达式列表框中将消失，它不再对原来的几何对象产生约束效应。

Step5. 在“转换至/自参考对象”对话框中选中 活动曲线或驱动尺寸 单选项，然后选取图 3.4.23b 所示创建的参考对象，单击 应用 按钮，参考对象被激活，变回图 3.4.23a 所示的形式，然后单击 取消 按钮。

说明：对于尺寸来说，它的尺寸表达式又会出现在尺寸表达式列表框中，可修改其尺寸表达式的值，以改变它所对应的草图对象的约束效果。

3.4.11 点的创建

使用 UG NX 12.0 软件绘制草图时，经常需要构造点来定义草图平面上的某一位置。下面通过图 3.4.25 来说明点的构造过程。

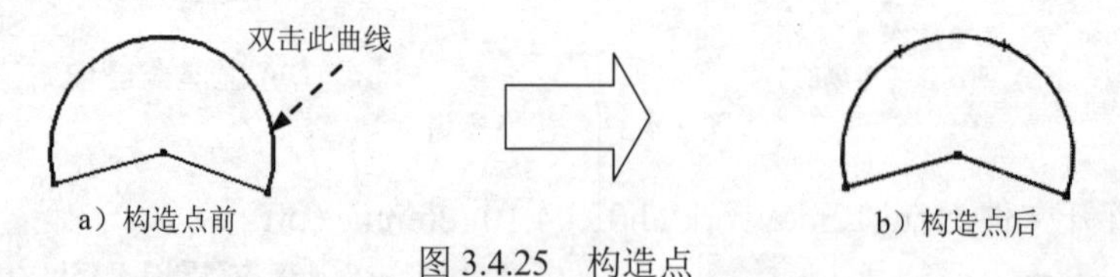

图 3.4.25 构造点

Step1. 打开文件 D:\ug12mo\work\ch03.04.11\point.prt。

Step2. 进入草图环境。双击草图，在 直接草图 下拉选项 更多 中单击 在草图任务环境中打开 按钮，系统进入草图环境。

Step3. 选择命令。选择下拉菜单 插入(S) → 基准/点(D) → 点(P)... 命令（或单击 + 按钮），系统弹出图 3.4.26 所示的“草图点”对话框。

Step4. 选择构造点。在“草图点”对话框中单击“点对话框”按钮，系统弹出图 3.4.27

所示的“点”对话框，在“点”对话框的类型下拉列表中选择圆弧/椭圆上的角度选项。

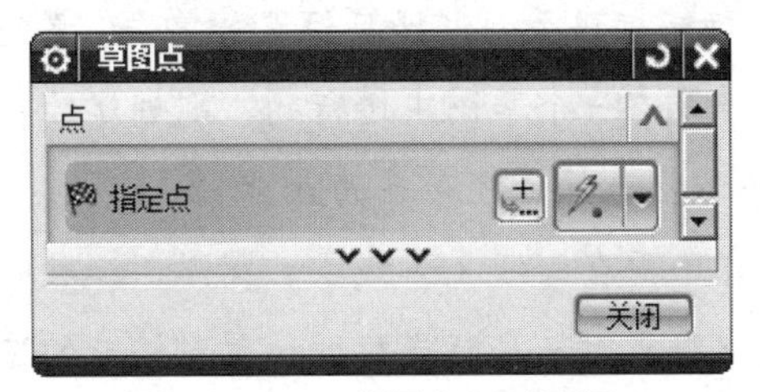

图 3.4.26 “草图点”对话框

Step5. 定义点的位置。根据系统选择圆弧或椭圆用作角度参考的提示，选取图 3.4.25a 所示的圆弧，在“点”对话框的角度文本框中输入数值 120。

Step6. 单击“点”对话框中的确定按钮，完成第一点的构造，结果如图 3.4.28 所示。

Step7. 再次单击“草图点”对话框中的按钮，在“点”对话框的类型下拉列表中选择曲线/边上的点选项，选取图 3.4.25a 所示的圆弧，在“点”对话框的位置下拉列表中选择弧长百分比选项，然后在弧长百分比文本框中输入值 40，单击确定按钮，完成第二点的构造，单击关闭按钮，退出“草图点”对话框，结果如图 3.4.29 所示。

Step8. 选择下拉菜单任务(K) ➡ 完成草图(K)命令（或单击完成按钮），完成草图并退出草图环境。

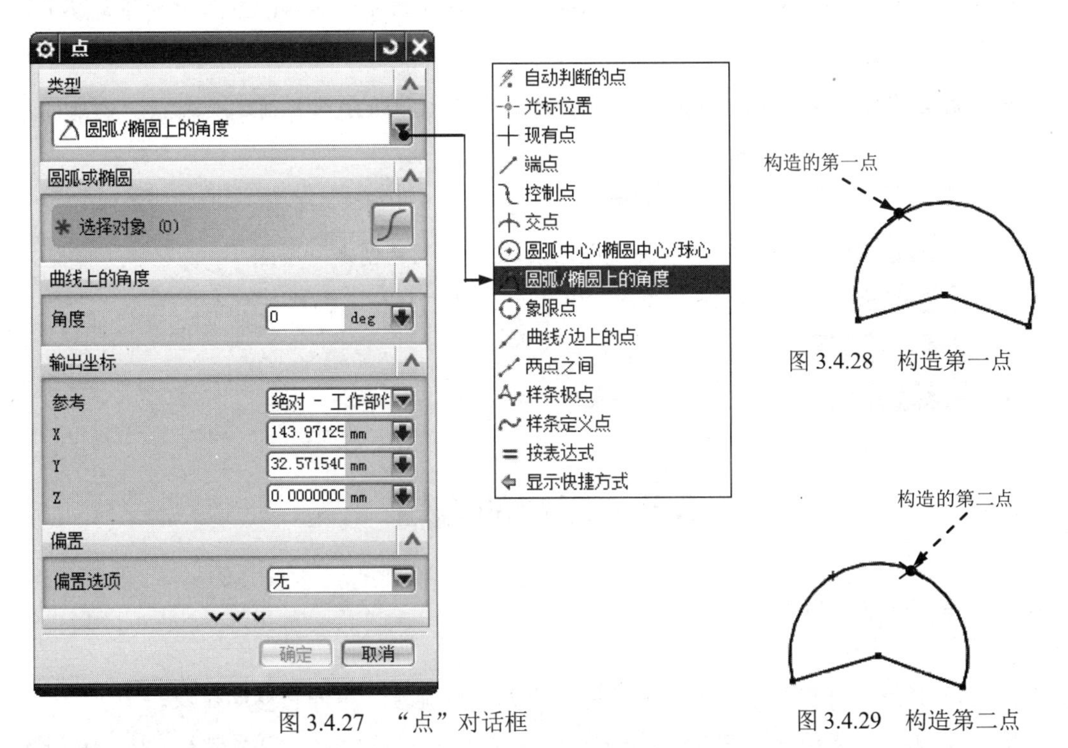

图 3.4.27 “点”对话框

图 3.4.28 构造第一点

图 3.4.29 构造第二点

图 3.4.27 所示的“点”对话框中的“类型”下拉列表各选项说明如下。

- 自动判断的点：根据鼠标光标的位置自动判断所选的点。它包括下面介绍的所有点

的选择方式。

- 光标位置：将鼠标光标移至图形区某位置并单击，系统则在单击的位置处创建一个点。如果创建点是在一个草图中进行的，则创建的点位于当前草图平面上。
- 现有点：在图形区选择已经存在的点。
- 端点：通过选取已存在曲线（如线段、圆弧、二次曲线及其他曲线）的端点创建一个点。在选取终点时，鼠标光标的位置对终点的选取有很大的影响，一般系统会选取曲线上离鼠标光标最近的端点。
- 控制点：通过选取曲线的控制点创建一个点。控制点与曲线类型有关，可以是存在点、线段的中点或端点，开口圆弧的端点、中点或中心点，二次曲线的端点和样条曲线的定义点或控制点。
- 交点：通过选取两条曲线的交点、一曲线和一曲面或一平面的交点创建一个点。在选取交点时，若两对象的交点多于一个，系统会在靠近第二个对象的交点创建一个点；若两段曲线并未实际相交，则系统会选取两者延长线上的相交点；若选取的两段空间曲线并未实际相交，则系统会在最靠近第一对象处创建一个点或规定新点的位置。
- 圆弧中心/椭圆中心/球心：通过选取圆/圆弧、椭圆或球的中心点创建一个点。
- 圆弧/椭圆上的角度：沿圆弧或椭圆的一个角度（与坐标轴 XC 正向所成的角度）位置上创建一个点。
- 象限点：通过选取圆弧或椭圆弧的象限点（即四分点）创建一个点。创建的象限点是离鼠标光标最近的那个四分点。
- 曲线/边上的点：通过选取曲线或物体边缘上的点创建一个点。
- 样条极点：通过选取样条曲线并在其极点的位置创建一个点。
- 样条定义点：通过选取样条曲线并在其定义点的位置创建一个点。
- 两点之间：在两点之间指定一个位置。
- 按表达式：使用点类型的表达式指定点。

3.5 草图的编辑

3.5.1 直线的操纵

UG NX 12.0 软件提供了对象操纵功能，可方便地旋转、拉伸和移动对象。

操纵 1 的操作流程（图 3.5.1）：在图形区，把鼠标指针移到直线端点上，按下左键不放，同时移动鼠标，此时直线以远离鼠标指针的那个端点为圆心转动，达到绘制意图后，

松开鼠标左键。

操纵 2 的操作流程（图 3.5.2）：在图形区，把鼠标指针移到直线上，按下左键不放，同时移动鼠标，此时会看到直线随着鼠标移动，达到绘制意图后，松开鼠标左键。

图 3.5.1 操纵 1：直线的转动和拉伸

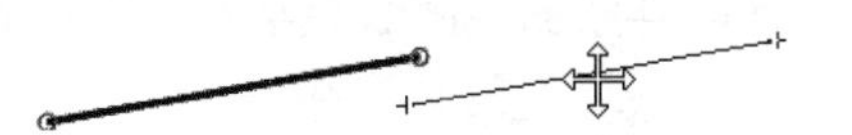

图 3.5.2 操纵 2：直线的移动

3.5.2 圆的操纵

操纵 1 的操作流程（图 3.5.3）：把鼠标指针移到圆的边线上，按下左键不放，同时移动鼠标，此时会看到圆在变大或缩小，达到绘制意图后，松开鼠标左键。

操纵 2 的操作流程（图 3.5.4）：把鼠标指针移到圆心上，按下左键不放，同时移动鼠标，此时会看到圆随着指针一起移动，达到绘制意图后，松开鼠标左键。

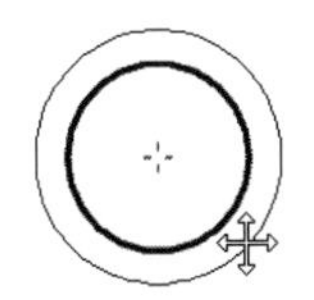

图 3.5.3 操纵 1：圆的缩放

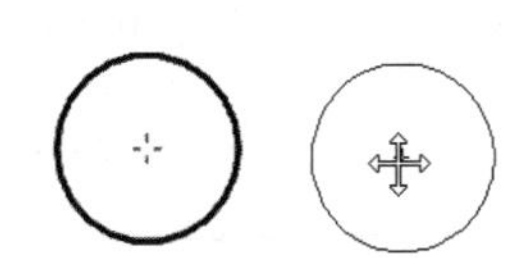

图 3.5.4 操纵 2：圆的移动

3.5.3 圆弧的操纵

操纵 1 的操作流程（图 3.5.5）：把鼠标指针移到圆弧上，按下左键不放，同时移动鼠标，此时会看到圆弧半径变大或变小，达到绘制意图后，松开鼠标左键。

操纵 2 的操作流程（图 3.5.6）：把鼠标指针移到圆弧的某个端点上，按下左键不放，同时移动鼠标，此时会看到圆弧以另一端点为固定点旋转，并且圆弧的包角也在变化，达到绘制意图后，松开鼠标左键。

操纵 3 的操作流程（图 3.5.7）：把鼠标指针移到圆心上，按下左键不放，同时移动鼠标，此时圆弧随着指针一起移动，达到绘制意图后，松开鼠标左键。

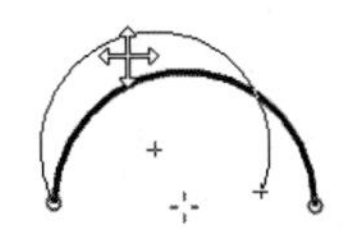

图 3.5.5 操纵 1：改变弧的半径

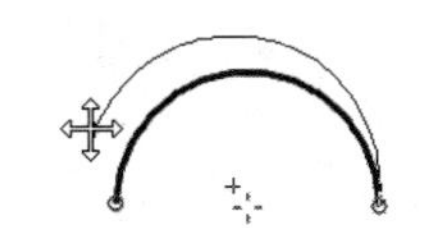

图 3.5.6 操纵 2：改变弧的位置

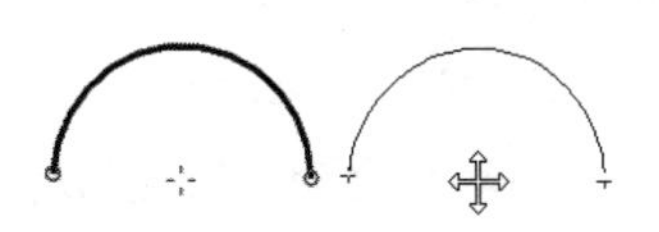

图 3.5.7 操纵 3：弧的移动

3.5.4 样条曲线的操纵

操纵 1 的操作流程（图 3.5.8）：把鼠标指针移到样条曲线的某个端点或定位点上，按下左键不放，同时移动鼠标，此时样条曲线拓扑形状（曲率）不断变化，达到绘制意图后，松开鼠标左键。

操纵 2 的操作流程（图 3.5.9）：把鼠标指针移到样条曲线上，按下左键不放，同时移动鼠标，此时样条曲线随着鼠标移动，达到绘制意图后，松开鼠标左键。

图 3.5.8　操纵 1：改变曲线的形状

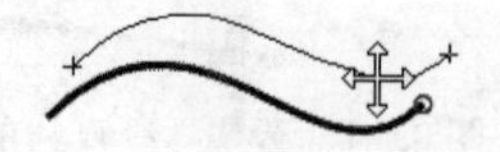

图 3.5.9　操纵 2：曲线的移动

3.5.5　制作拐角

“制作拐角”命令是通过两条曲线延伸或修剪到公共交点来创建拐角。此命令应用于直线、圆弧、开放式二次曲线和开放式样条等，其中开放式样条仅限修剪。

下面以图 3.5.10 所示的范例来说明创建“制作拐角”的一般操作步骤。

Step1. 选择命令。选择下拉菜单 编辑(E) ➡ 曲线(V) ➡ 制作拐角(M)... 命令（或单击“制作拐角”按钮），系统弹出“制作拐角”对话框。

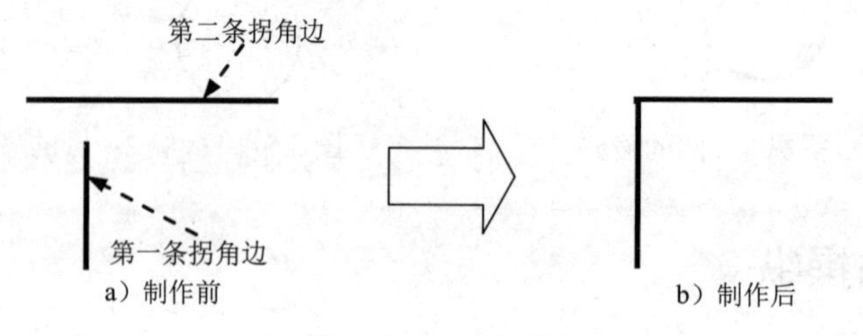

图 3.5.10　制作拐角

Step2. 定义要制作拐角的两条曲线。单击选择图 3.5.10a 所示的两条直线。

Step3. 单击中键，完成制作拐角的创建。

3.5.6　删除对象

Step1. 在图形区单击或框选要删除的对象（框选时要框住整个对象），此时可看到选中的对象变成蓝色。

Step2. 按 Delete 键，所选对象即被删除。

说明：要删除所选的对象，还有下面 4 种方法。

- 在图形区单击鼠标右键，在系统弹出的快捷菜单中选择 删除(D) 命令。
- 选择 编辑(E) 下拉菜单中的 删除(D)... 命令。
- 单击“标准”工具条中的按钮。
- 按 Ctrl + D 组合键。

注意：如要恢复已删除的对象，可用 Ctrl+Z 组合键来完成。

3.5.7　复制/粘贴对象

Step1. 在图形区单击或框选要复制的对象（框选时要框住整个对象）。

Step2. 复制对象。选择下拉菜单 编辑(E) → 复制(C) 命令，将对象复制到剪贴板。

Step3. 粘贴对象。选择下拉菜单 编辑(E) → 粘贴(P) 命令，系统弹出“粘贴”对话框。

Step4. 定义变换类型。在“粘贴”对话框的 运动 下拉列表中选择 动态 选项，将复制对象移动到合适的位置单击。

Step5. 单击 < 确定 > 按钮，完成粘贴，结果如图 3.5.11b 所示。

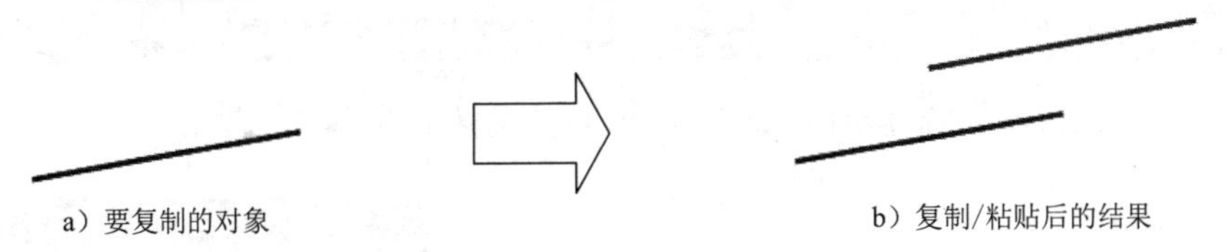

图 3.5.11　对象的复制/粘贴

3.5.8　快速修剪

Step1. 选择命令。选择下拉菜单 编辑(E) → 曲线(V) → 快速修剪(Q)... 命令（或单击 按钮）。系统弹出“快速修剪”对话框。

Step2. 定义修剪对象。依次单击图 3.5.12a 所示的需要修剪的部分。

Step3. 单击中键，完成对象的修剪，结果如图 3.5.12b 所示。

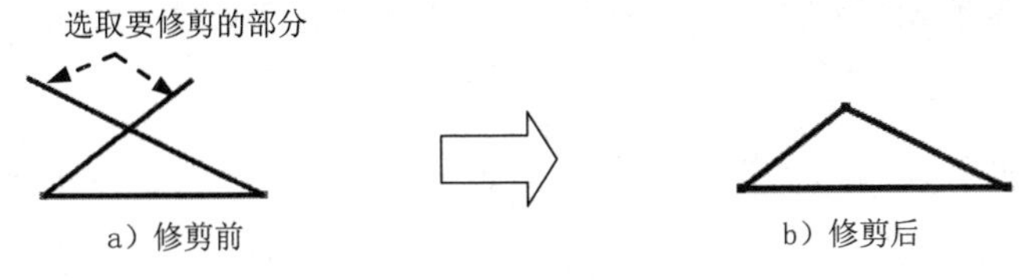

图 3.5.12　快速修剪

3.5.9　快速延伸

Step1. 选择下拉菜单 编辑(E) → 曲线(V) → 快速延伸(X)... 命令（或单击 按钮）。

Step2. 选择图 3.5.13a 所示的曲线，完成曲线到下一个边界的延伸，结果如图 3.5.13b 所示。

说明： 在延伸时，系统自动选择最近的曲线作为延伸边界。

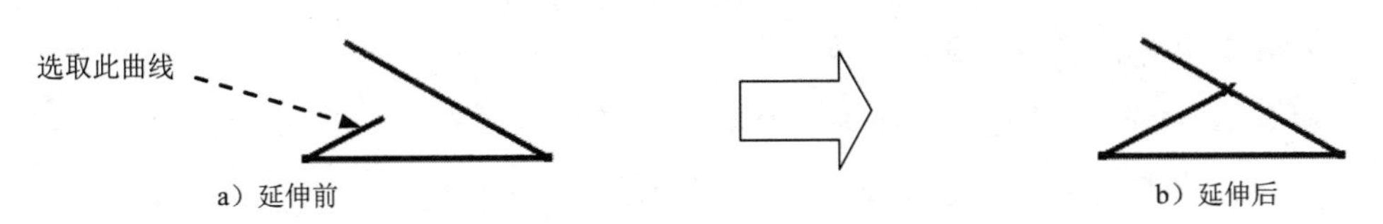

图 3.5.13　快速延伸

3.5.10 镜像

镜像操作是将草图对象以一条直线为对称中心，将所选取的对象以这条对称中心为轴进行复制，生成新的草图对象。镜像复制的对象与原对象形成一个整体，并且保持相关性。“镜像”操作在绘制对称图形时是非常有用的。下面以图 3.5.14 所示的范例来说明“镜像”的一般操作步骤。

Step1. 打开文件 D:\ug12mo\work\ch03.05.10\mirror.prt。

Step2. 双击草图，单击按钮，进入草图环境。

Step3. 选择命令。选择下拉菜单 插入(S) → 来自曲线集的曲线(F) → 镜像曲线(M)... 命令（或单击按钮），系统弹出图 3.5.15 所示的“镜像曲线”对话框。

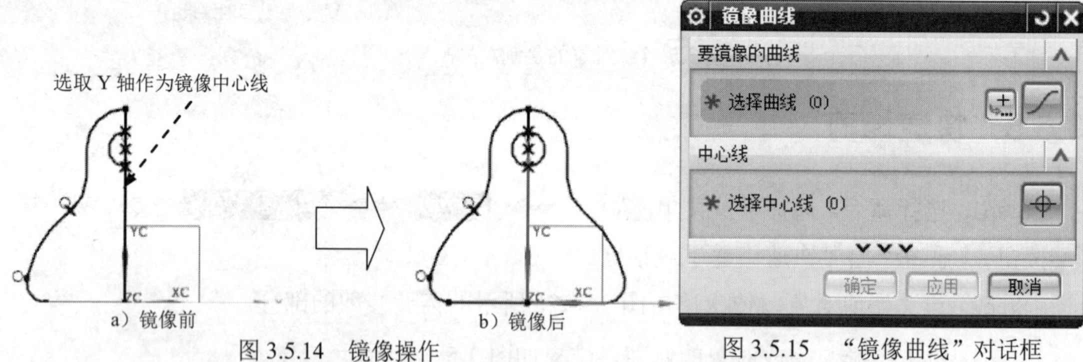

图 3.5.14 镜像操作

图 3.5.15 “镜像曲线”对话框

Step4. 定义镜像对象。在“镜像曲线”对话框中单击“曲线”按钮，选取图形区中的所有草图曲线。

Step5. 定义中心线。单击“镜像曲线”对话框中的“中心线”按钮，选取坐标系的 Y 轴作为镜像中心线。

注意：选择的镜像中心线不能是镜像对象的一部分，否则无法完成镜像操作。

Step6. 单击 应用 按钮，则完成镜像操作（如果没有其他镜像操作，直接单击 < 确定 > 按钮），结果如图 3.5.14b 所示。

图 3.5.15 所示的“镜像曲线”对话框中各按钮的功能说明如下。

- （中心线）：用于选择存在的直线或轴作为镜像的中心线。选择草图中的直线作为镜像中心线时，所选的直线会变成参考线，暂时失去作用。如果要将其转化为正常的草图对象，可用 主页 功能选项卡 约束 区域中的“转换至/自参考对象”功能，其具体内容参见 3.4.10 节。
- （曲线）：用于选择一个或多个要镜像的草图对象。在选取镜像中心线后，用户可以在草图中选取要进行“镜像”操作的草图对象。

3.5.11 偏置曲线

“偏置曲线”就是对当前草图中的曲线进行偏移，从而产生与源曲线相关联、形状相似的新的曲线。可偏移的曲线包括基本绘制的曲线、投影曲线以及边缘曲线等。创建图 3.5.16 所示的偏置曲线的具体步骤如下。

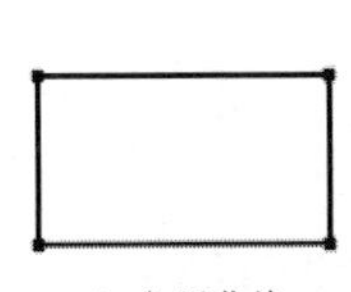

a）参照曲线

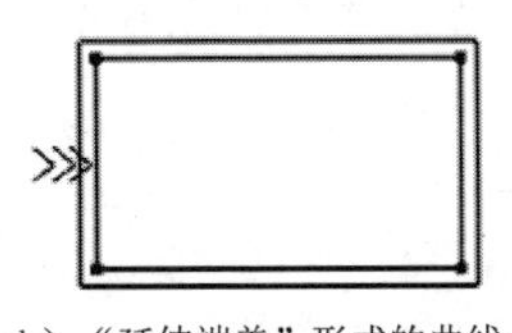

b）“延伸端盖”形式的曲线

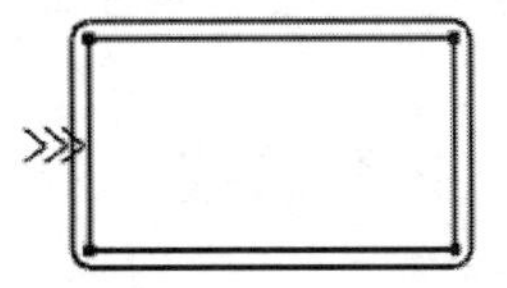

c）“圆弧帽形体”形式的曲线

图 3.5.16 偏置曲线的创建

Step1. 打开文件 D:\ug12mo\work\ch03.05.11\offset.prt。

Step2. 双击草图，在 直接草图 下拉选项 更多 中单击 在草图任务环境中打开 按钮，进入草图环境。

Step3. 选择命令。选择下拉菜单 插入(S) → 来自曲线集的曲线(F) → 偏置曲线(V)... 命令，系统弹出图 3.5.17 所示的“偏置曲线”对话框。

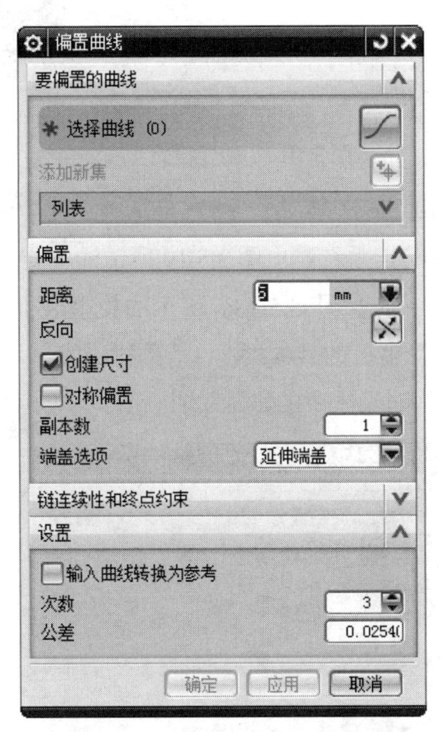

图 3.5.17 “偏置曲线”对话框

Step4. 定义偏置曲线。在图形区选取图 3.5.16a 所示的草图。

Step5. 定义偏置参数。在 距离 文本框中输入偏置距离值 5，取消选中 创建尺寸 复选框。

Step6. 定义端盖选项。在 端盖选项 下拉列表中选择 延伸端盖 选项。

说明：如果在端盖选项下拉列表中选择圆弧帽形体选项，则偏置后的结果如图 3.5.16c 所示。

Step7. 定义近似公差。接受公差文本框中默认的偏置曲线精度值。

Step8. 完成偏置。单击应用按钮，完成指定曲线偏置操作。还可以对其他对象进行相同的操作，操作完成后，单击< 确定 >按钮，完成所有曲线的偏置操作。

注意：可以单击“偏置曲线”对话框中的按钮改变偏置的方向。

3.5.12 相交曲线

“相交曲线”命令可以通过用户指定的面与草图基准平面相交产生一条曲线。下面以图 3.5.18 所示的模型为例，讲解相交曲线的操作步骤。

Step1. 打开文件 D:\ug12mo\work\ch03.05.12\intersect01.prt。

Step2. 定义草绘平面。选择下拉菜单插入(S) → 在任务环境中绘制草图(V)...命令，选取 XY 平面作为草图平面，单击确定按钮。

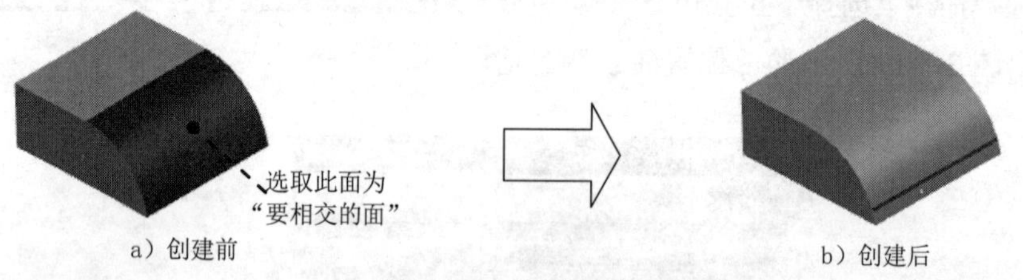

a）创建前　　b）创建后

图 3.5.18　创建相交曲线

Step3. 选择命令。选择下拉菜单插入(S) → 配方曲线(U) → 相交曲线(U)...命令（或单击“相交曲线”按钮），系统弹出图 3.5.19 所示的“相交曲线”对话框。

Step4. 选取要相交的面。选取图 3.5.18a 所示的模型表面为要相交的面，即产生图 3.5.18b 所示的相交曲线，接受默认的距离公差和角度公差值。

Step5. 单击“相交曲线”对话框中的< 确定 >按钮，完成相交曲线的创建。

图 3.5.19　“相交曲线”对话框

图 3.5.19 所示的“相交曲线”对话框中各按钮的功能说明如下。

- （面）：选择要在其上创建相交曲线的面。
- 忽略孔 复选框：当选取的“要相交的面”上有孔特征时，勾选此复选框后，系统会在曲线遇到的第一个孔处停止相交曲线。
- 连结曲线 复选框：用于多个“相交曲线”之间的连接。勾选此复选框后，系统会自动将多个相交曲线连接成一个整体。

3.5.13 投影曲线

“投影曲线”功能是将选取的对象按垂直于草图工作平面的方向投影到草图中，使之成为草图对象。创建图 3.5.20b 所示的投影曲线的步骤如下。

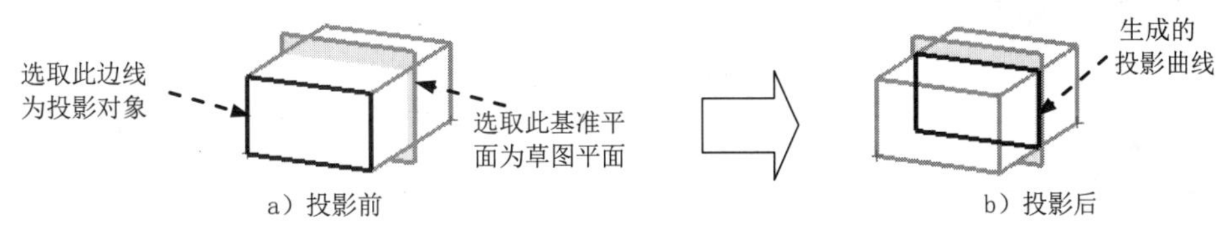

图 3.5.20 创建投影曲线

Step1. 打开文件 D:\ug12mo\work\ch03.05.13\projection.prt。

Step2. 进入草图环境。选择下拉菜单 插入(S) → 在任务环境中绘制草图(V)... 命令，选取图 3.5.20a 所示的平面作为草图平面，单击 确定 按钮。

Step3. 选择命令。选择下拉菜单 插入(S) → 配方曲线(U) → 投影曲线(J)... 命令（或单击“投影曲线”按钮），系统弹出图 3.5.21 所示的“投影曲线”对话框。

Step4. 选取要投影的对象。选取图 3.5.20a 所示的四条边线为投影对象。

Step5. 单击 确定 按钮，完成投影曲线的创建，结果如图 3.5.20b 所示。

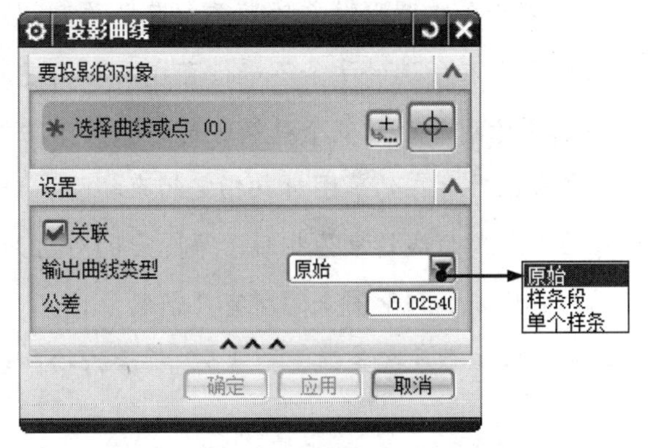

图 3.5.21 “投影曲线”对话框

图 3.5.21 所示的“投影曲线”对话框中各选项的功能说明如下。

- （曲线）：用于选择要投影的对象，默认情况下为按下状态。

- （点）：单击该按钮后，系统将弹出“点”对话框。
- 关联 复选框：定义投影曲线与投影对象之间的关联性。选中该复选框后，投影曲线与投影对象将存在关联性，即投影对象发生改变时，投影曲线也随之改变。
- 输出曲线类型 下拉列表：该下拉列表包括原始、样条段和单个样条三个选项。

3.6 草图的约束

3.6.1 草图约束概述

草图约束主要包括几何约束和尺寸约束两种类型。几何约束是用来定位草图对象和确定草图对象之间的相互关系，而尺寸约束是用来驱动、限制和约束草图几何对象的大小和形状的。

进入草图环境后，在“主页”功能选项卡 约束 区域中会出现草图约束时所需要的各种工具按钮，如图 3.6.1 所示。

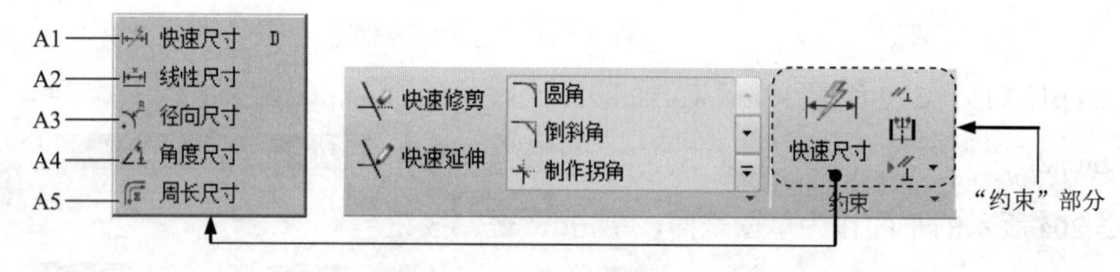

图 3.6.1 “约束”区域

图 3.6.1 所示的“主页”功能选项卡中“约束”部分各按钮的说明如下。

A1：快速尺寸。通过基于选定的对象和光标的位置自动判断尺寸类型来创建尺寸约束。

A2：线性尺寸。该按钮用于在所选的两个对象或点位置之间创建线性距离约束。

A3：径向尺寸。该按钮用于创建圆形对象的半径或直径约束。

A4：角度尺寸。该按钮用于在所选的两条不平行直线之间创建角度约束。

A5：周长尺寸。该按钮用于对所选的多个对象进行周长尺寸约束。

（几何约束）：用户自己对存在的草图对象指定约束类型。

（设为对称）：将两个点或曲线约束为相对于草图上的对称线对称。

（显示草图约束）：显示施加到草图上的所有几何约束。

（自动约束）：单击该按钮，系统会弹出图 3.6.2 所示的“自动约束”对话框，用于自动地添加约束。

（自动标注尺寸）：根据设置的规则在曲线上自动创建尺寸。

（关系浏览器）：显示与选定的草图几何图形关联的几何约束，并移除所有这些约

束或列出信息。

(转换至/自参考对象)：将草图曲线或草图尺寸从活动转换为参考，或者反过来。下游命令（如拉伸）不使用参考曲线，并且参考尺寸不控制草图几何体。

(备选解)：备选尺寸或几何约束解算方案。

(自动判断约束和尺寸)：控制哪些约束或尺寸在曲线构造过程中被自动判断。

(创建自动判断约束)：在曲线构造过程中启用自动判断约束。

(连续自动标注尺寸)：在曲线构造过程中启用自动标注尺寸。

在草图绘制过程中，读者可以自己设定自动约束的类型，单击“自动约束”按钮，系统弹出“自动约束”对话框，如图 3.6.2 所示，在对话框中可以设定自动约束类型。

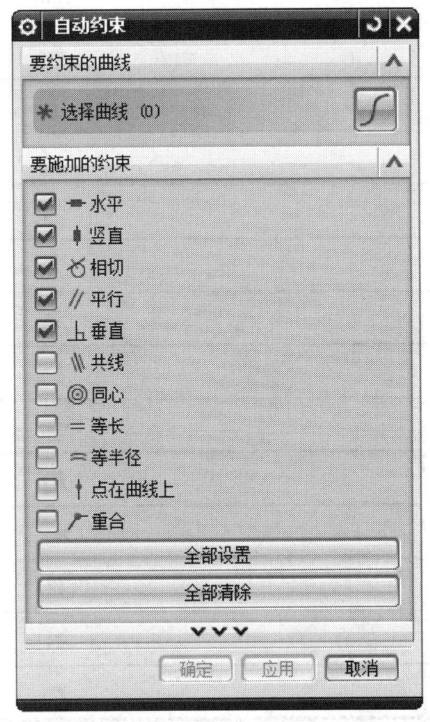

图 3.6.2 “自动约束”对话框

图 3.6.2 所示的“自动约束”对话框中所建立的几何约束的用法如下。

- (水平)：约束直线为水平直线（即平行于 XC 轴）。
- (竖直)：约束直线为竖直直线（即平行于 YC 轴）。
- (相切)：约束所选的两个对象相切。
- (平行)：约束两直线互相平行。
- (垂直)：约束两直线互相垂直。
- (共线)：约束多条直线对象位于或通过同一直线。
- (同心)：约束多个圆弧或椭圆弧的中心点重合。

- (等长)：约束多条直线为同一长度。
- (等半径)：约束多个弧有相同的半径。
- (点在曲线上)：约束所选点在曲线上。
- (重合)：约束多点重合。

在草图中，被添加完约束对象中的约束符号显示方式见表 3.6.1。

表 3.6.1 约束符号列表

约束名称	约束显示符号
固定/完全固定	⌐
固定长度	⟷
水平	→
竖直	↑
固定角度	∠
等半径	⌒
相切	✕
同心的	◎
中点	+·
点在曲线上	*
垂直的	⊥
平行的	⫽
共线	///
等长度	=
重合	⌐

在一般绘图过程中，我们习惯于先绘制出对象的大概形状，然后通过添加“几何约束”来定位草图对象和确定草图对象之间的相互关系，再添加“尺寸约束”来驱动、限制和约束草图几何对象的大小和形状。下面先介绍如何添加“几何约束”，再介绍添加“尺寸约束”的具体方法。

3.6.2 添加几何约束

在二维草图中，添加几何约束主要有两种方法：手工添加几何约束和自动产生几何约束。一般在添加几何约束时，要先单击“显示草图约束”按钮，则二维草图中存在的所有约束都显示在图中。

方法一：手工添加约束。手工添加约束是指由用户自己对所选对象指定某种约束。在“主页”功能选项卡的 约束 区域中单击按钮，系统就进入了几何约束操作状态。此时，在图形区中选择一个或多个草图对象，所选对象在图形区中会加亮显示。同时，可添加的几何约束类型按钮将会出现在图形区的左上角。

根据所选对象的几何关系，在几何约束类型中选择一个或多个约束类型，则系统会添加指定类型的几何约束到所选草图对象上。这些草图对象会因所添加的约束而不能随意移动或旋转。

下面通过添加图 3.6.3b 所示的相切约束来说明创建约束的一般操作步骤。

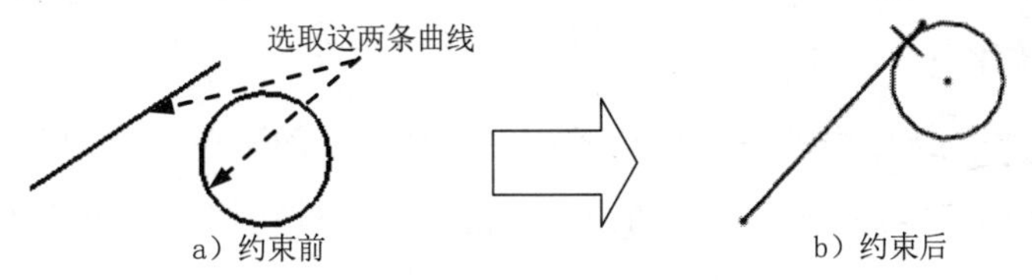

图 3.6.3 添加相切约束

Step1. 打开文件 D:\ug12mo\work\ch03.06\add_1.prt。

Step2. 双击已有草图，在 直接草图 下拉选项 更多 中单击 在草图任务环境中打开 按钮，进入草图工作环境，单击“显示草图约束”按钮和“几何约束”按钮，系统弹出图 3.6.4 所示的“几何约束”对话框。

Step3. 定义约束类型。单击按钮，添加“相切”约束。

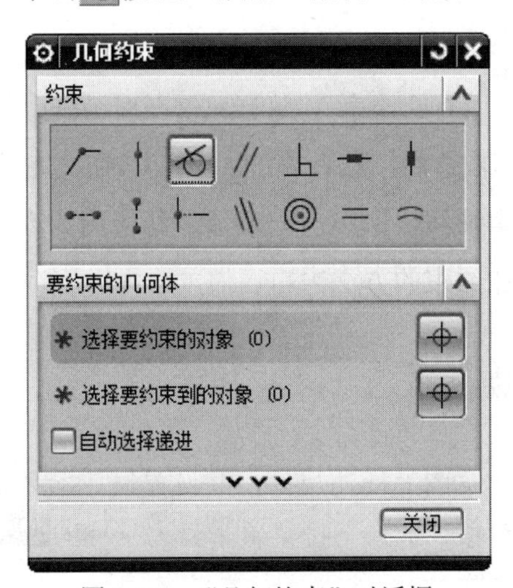

图 3.6.4 “几何约束”对话框

Step4. 定义约束对象。根据系统**选择要约束的对象**的提示，选取图 3.6.3a 所示的直线并单击鼠标中键，再选取圆。

Step5. 单击 关闭 按钮完成创建，草图中会自动添加约束符号，如图 3.6.3b 所示。

下面通过添加图 3.6.5b 所示的约束来说明创建多个约束的一般操作步骤。

Step1. 打开文件 D:\ug12mo\work\ch03.06\add_2.prt。

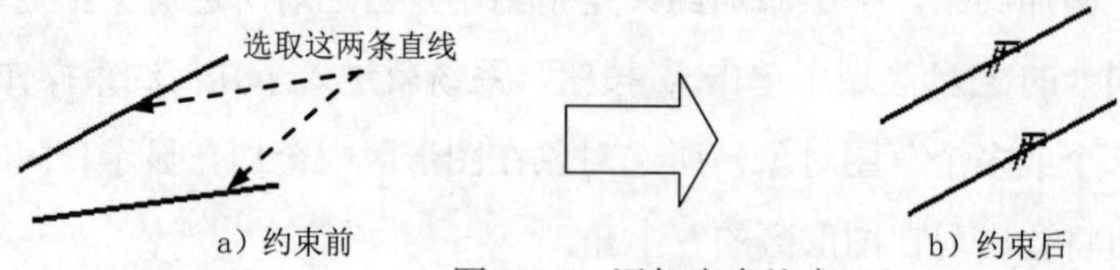

图 3.6.5　添加多个约束

Step2. 双击已有草图，在 直接草图 下拉选项 更多 中单击 在草图任务环境中打开 按钮，进入草图工作环境，单击“显示草图约束”按钮和“几何约束”按钮，系统弹出“几何约束”对话框。单击“等长”按钮，添加“等长”约束，根据系统 选择要创建约束的曲线 的提示，分别选取图 3.6.5a 所示的两条直线；单击“平行”按钮，同样分别选取两条直线，则直线之间会添加“平行”约束。

Step3. 单击 关闭 按钮完成创建，草图中会自动添加约束符号，如图 3.6.5b 所示。

关于其他类型约束的创建，与以上两个范例的创建过程相似，这里不再赘述，读者可以自行研究。

方法二：自动产生几何约束。自动产生几何约束是指系统根据选择的几何约束类型以及草图对象间的关系，自动添加相应约束到草图对象上。一般都利用“自动约束”按钮让系统自动添加约束。其操作步骤如下。

Step1. 单击 主页 功能选项卡 约束 区域中的“自动约束”按钮，系统弹出“自动约束”对话框。

Step2. 在“自动约束”对话框中单击要自动创建约束的相应按钮，然后单击 确定 按钮。用户一般都选择“自动创建所有的约束”，这样只需在对话框中单击 全部设置 按钮，则对话框中的约束复选框全部被选中，然后单击 确定 按钮，完成自动创建约束的设置。

这样，在草图中画任意曲线，系统会自动添加相应的约束，而系统没有自动添加的约束就需要用户利用手动添加约束的方法来自己添加。

3.6.3　添加尺寸约束

添加尺寸约束也就是在草图上标注尺寸，并设置尺寸标注线的形式与尺寸大小，来驱动、限制和约束草图几何对象。选择下拉菜单 插入(S) ➡ 尺寸(M) 中的命令。添加尺寸约束主要包括以下 7 种标注方式。

1. 标注水平尺寸

标注水平尺寸是标注直线或两点之间的水平投影距离。下面通过标注图 3.6.6b 所示的尺寸来说明创建水平尺寸标注的一般操作步骤。

Step1. 打开文件 D:\ug12mo\work\ch03.06\add_dimension_1.prt。

Step2. 双击图 3.6.6a 所示的直线，在直接草图下拉选项更多中单击在草图任务环境中打开按钮，进入草图工作环境，选择下拉菜单插入(S) → 尺寸(M) → 线性(L)...命令，此时系统弹出“线性尺寸”对话框。

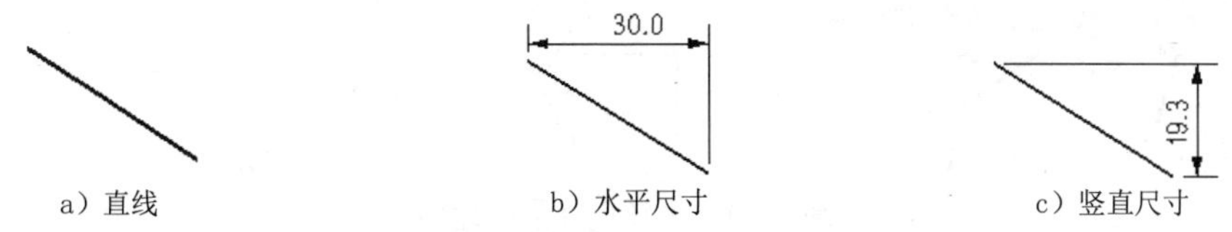

图 3.6.6 水平和竖直尺寸的标注

Step3. 定义标注尺寸的对象。在“线性尺寸”对话框测量区域的方法下拉列表中选择水平选项，选择图 3.6.6a 所示的直线，则系统生成水平尺寸。

Step4. 定义尺寸放置的位置。移动鼠标至合适位置，单击放置尺寸。如果要改变直线尺寸，则可以在系统弹出的动态输入框中输入所需的数值。

Step5. 单击“线性尺寸”对话框中的关闭按钮，完成水平尺寸的标注，如图 3.6.6b 所示。

2．标注竖直尺寸

标注竖直尺寸是标注直线或两点之间的垂直投影距离。下面通过标注图 3.6.6c 所示的尺寸来说明创建竖直尺寸标注的步骤。

Step1. 选择刚标注的水平距离并右击，在系统弹出的快捷菜单中选择删除(D)命令，删除该水平尺寸。

Step2. 选择下拉菜单插入(S) → 尺寸(M) → 线性(L)...命令，在“线性尺寸”对话框测量区域的方法下拉列表中选择竖直选项，单击选取图 3.6.6a 所示的直线，则系统生成竖直尺寸。

Step3. 移动鼠标至合适位置，单击放置尺寸。如果要改变距离，则可以在系统弹出的动态输入框中输入所需的数值。

Step4. 单击“线性尺寸”对话框中的关闭按钮，完成竖直尺寸的标注，如图 3.6.6c 所示。

3．标注平行尺寸

标注平行尺寸是标注所选直线两端点之间的最短距离。下面通过标注图 3.6.7b 所示的尺寸来说明创建平行尺寸标注的步骤。

Step1. 打开文件 D:\ug12mo\work\ch03.06\add_dimension_2.prt。

Step2. 双击图 3.6.7a 所示的直线，在直接草图下拉选项更多中单击在草图任务环境中打开按钮，进入草图工作环境。选择下拉菜单插入(S) → 尺寸(M) → 线性(L)...命令，在

"线性尺寸"对话框测量区域的方法下拉列表中选择点到点选项，选择两条直线的两个端点，系统生成平行尺寸。

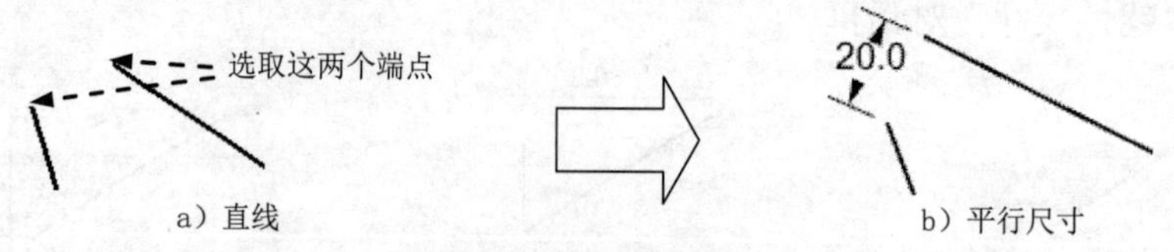

图 3.6.7　平行尺寸的标注

Step3. 移动鼠标至合适位置，单击放置尺寸。

Step4. 单击"线性尺寸"对话框中的关闭按钮，完成平行尺寸的标注，如图 3.6.7b 所示。

4．标注垂直尺寸

标注垂直尺寸是标注所选点与直线之间的垂直距离。下面通过标注图 3.6.8b 所示的尺寸来说明创建垂直尺寸标注的步骤。

Step1. 打开文件 D:\ug12mo\work\ch03.06\add_dimension_3.prt。

Step2. 双击图 3.6.8a 所示的直线，在直接草图下拉选项更多中单击在草图任务环境中打开按钮，进入草图工作环境，选择下拉菜单插入(S) → 尺寸(M) → 线性(L)...命令，在"线性尺寸"对话框测量区域的方法下拉列表中选择垂直选项，标注点到直线的距离，先选择直线，然后再选择点，系统生成垂直尺寸。

Step3. 移动鼠标至合适位置，单击左键放置尺寸。

Step4. 单击"线性尺寸"对话框中的关闭按钮，完成垂直尺寸的标注，如图 3.6.8b 所示。

注意：要标注点到直线的距离，必须先选择直线，然后再选择点。

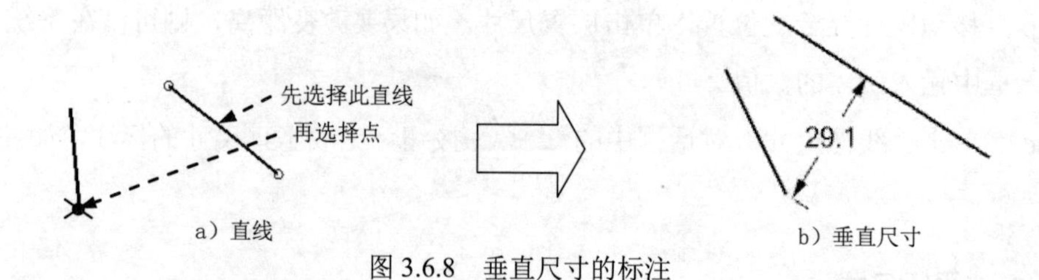

图 3.6.8　垂直尺寸的标注

5．标注两条直线间的角度

标注两条直线间的角度是标注所选直线之间夹角的大小，且角度有锐角和钝角之分。下面通过标注图 3.6.9 所示的角度来说明标注直线间角度的步骤。

Step1. 打开文件 D:\ug12mo\work\ch03.06\add_angle.prt。

Step2. 双击已有草图，在直接草图下拉选项更多中单击在草图任务环境中打开按钮，进入草图工作环境，选择下拉菜单 插入(S) → 尺寸(M) → 角度(A)... 命令，选择两条直线（图 3.6.9a），系统生成角度。

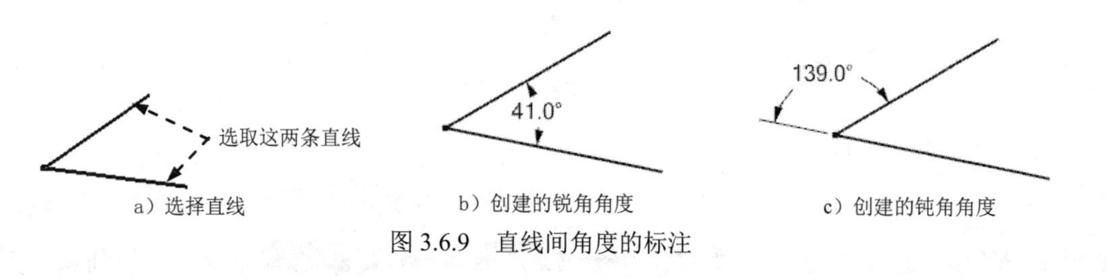

图 3.6.9 直线间角度的标注

Step3. 移动鼠标至合适位置（移动的位置不同，生成的角度可能是锐角或钝角，如图 3.6.9 所示），单击放置尺寸。

Step4. 单击“角度尺寸”对话框中的 关闭 按钮，完成角度的标注，如图 3.6.9b、c 所示。

6. 标注直径

标注直径是标注所选圆直径的大小。下面通过标注图 3.6.10b 所示圆的直径来说明标注直径的步骤。

图 3.6.10 直径的标注

Step1. 打开文件 D:\ug12mo\work\ch03.06\add_d.prt。

Step2. 双击已有草图，在 直接草图 下拉选项 更多 中单击 在草图任务环境中打开 按钮，进入草图工作环境，选择下拉菜单 插入(S) → 尺寸(M) → 径向(R)... 命令，选择图 3.6.10a 所示的圆，然后在“径向尺寸”对话框 测量 区域的 方法 下拉列表中选择 直径 选项，系统生成直径尺寸。

Step3. 移动鼠标至合适位置，单击放置尺寸。

Step4. 单击“径向尺寸”对话框中的 关闭 按钮，完成直径的标注，如图 3.6.10b 所示。

7. 标注半径

标注半径是标注所选圆或圆弧半径的大小。下面通过标注图 3.6.11b 所示圆弧的半径来说明标注半径的步骤。

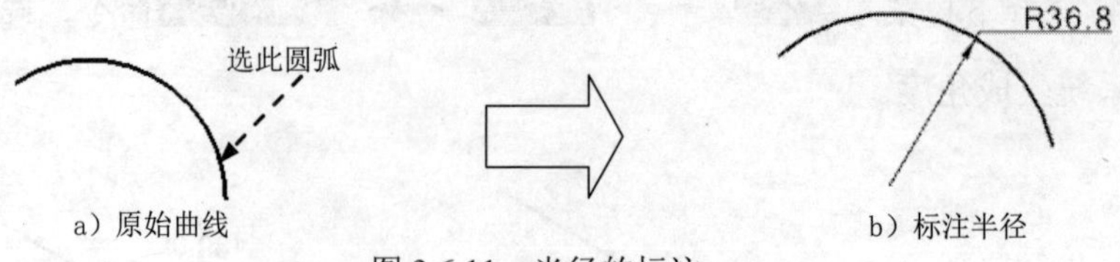

a）原始曲线　　　　b）标注半径

图 3.6.11　半径的标注

Step1. 打开文件 D:\ug12mo\work\ch03.06\add_arc.prt。

Step2. 双击已有草图，在 直接草图 下拉选项 更多 中单击 在草图任务环境中打开 按钮，进入草图工作环境，选择下拉菜单 插入(S) → 尺寸(M) → 径向(R)... 命令，选择圆弧（图 3.6.11a），系统生成半径尺寸。

Step3. 移动鼠标至合适位置，单击放置尺寸。如果要改变圆的半径尺寸，则在系统弹出的动态输入框中输入所需的数值。

Step4. 单击“径向尺寸”对话框中的 关闭 按钮，完成半径的标注，如图 3.6.11b 所示。

3.7　修改草图约束

3.7.1　关系浏览器

单击 主页 功能选项卡 约束 区域中的 按钮，将显示施加到草图上的所有几何约束。

“关系浏览器”主要是用来查看现有的几何约束，设置查看的范围、查看类型和列表方式，以及移除不需要的几何约束。

单击 主页 功能选项卡 约束 区域中的 按钮，使所有存在的约束都显示在图形区中，然后单击 主页 功能选项卡 约束 区域中的 按钮，系统弹出图 3.7.1 所示的“草图关系浏览器”对话框。

图 3.7.1 所示的“草图关系浏览器”对话框中各选项用法的说明如下。

- 范围 下拉列表：控制在浏览器区域中要列出的约束。它包含 3 个单选项。
  - ☑ 活动草图中的所有对象 单选项：在浏览器区域中列出当前草图对象中的所有约束。
  - ☑ 单个对象 单选项：允许每次仅选择一个对象。选择其他对象将自动取消选择以前选定的对象。该浏览器区域显示了与选定对象相关的约束。这是默认设置。
  - ☑ 多个对象 单选项：可选择多个对象，选择其他对象不会取消选择以前选定的对象，它允许用户选取多个草图对象，在浏览器区域中显示它们所包含的几何约束。
- 顶级节点对象 区域：过滤在浏览器区域中显示的类型。用户从中选择要显示的类型即可。在◉曲线和◉约束两个单选项中只能选一个，通常默认选择◉曲线单选项。

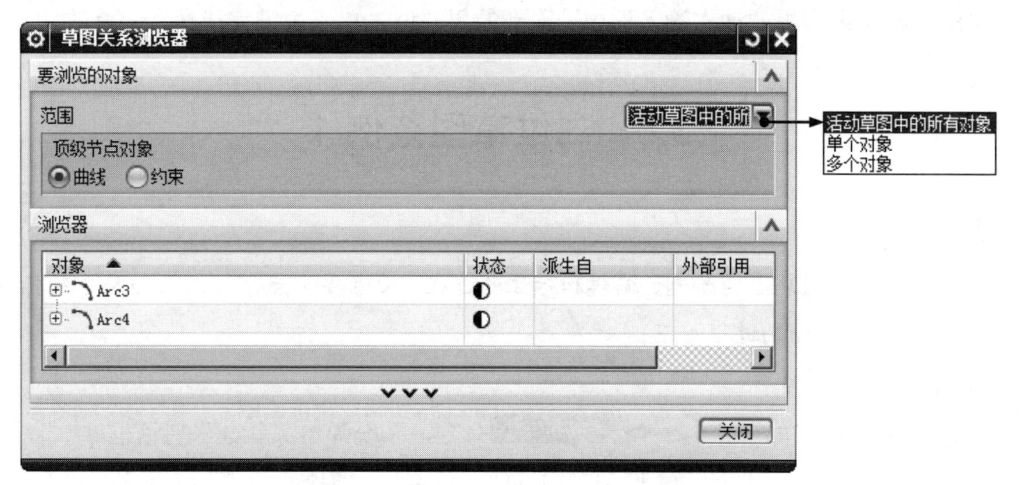

图 3.7.1 “草图关系浏览器”对话框

3.7.2 尺寸的移动

为了使草图的布局更清晰合理，可以移动尺寸文本的位置，操作步骤如下。

Step1. 将鼠标移至要移动的尺寸处，按住左键。

Step2. 左右或上下移动鼠标，可以移动尺寸箭头和文本框的位置。

Step3. 在合适的位置松开左键，完成尺寸位置的移动。

3.7.3 编辑尺寸值

修改草图的标注尺寸有如下两种方法。

方法一：

Step1. 双击要修改的尺寸，如图 3.7.2 所示。

Step2. 系统弹出动态输入框，如图 3.7.3 所示。在动态输入框中输入新的尺寸值，并按鼠标中键，完成尺寸的修改，如图 3.7.4 所示。

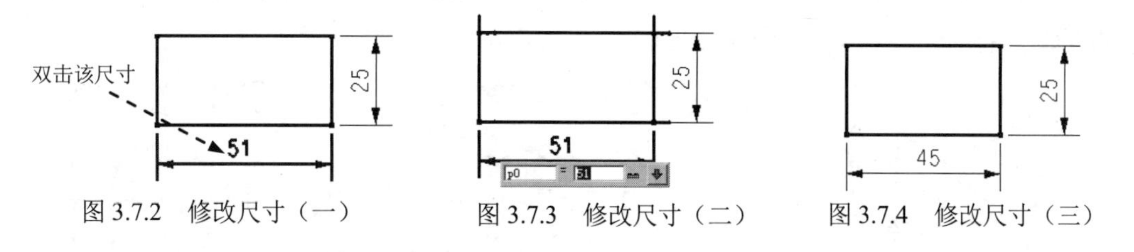

图 3.7.2 修改尺寸（一） 图 3.7.3 修改尺寸（二） 图 3.7.4 修改尺寸（三）

方法二：

Step1. 将鼠标移至要修改的尺寸处右击。

Step2. 在系统弹出的快捷菜单中选择 编辑(E)... 命令。

Step3. 在系统弹出的动态输入框中输入新的尺寸值，单击中键完成尺寸的修改。

3.8 二维草图范例 1

范例概述：

本范例主要介绍草图的绘制、编辑和标注的过程，读者要重点掌握约束与尺寸的标注。如图 3.8.1 所示，其绘制过程如下。

Step1. 新建一个文件。

（1）选择下拉菜单 文件(F) → 新建(N)... 命令，系统弹出“新建”对话框。

（2）在“新建”对话框的 模板 选项栏中选取模板类型为 模型，在 名称 文本框中输入文件名为 sketch01，然后单击 确定 按钮。

Step2. 选择下拉菜单 插入(S) → 在任务环境中绘制草图(V)... 命令，系统弹出“创建草图”对话框，选择 XY 平面为草图平面，单击该对话框中的 确定 按钮，系统进入草图环境。

Step3. 选择下拉菜单 插入(S) → 曲线(C) → 圆(C)... 命令，绘制图 3.8.2 所示的五个圆。

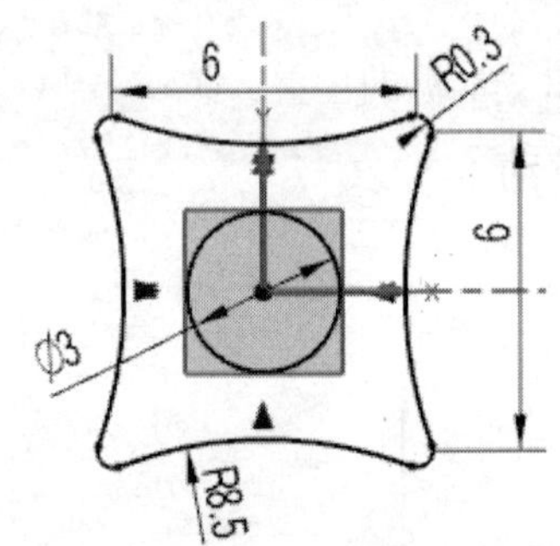

图 3.8.1　草图范例 1

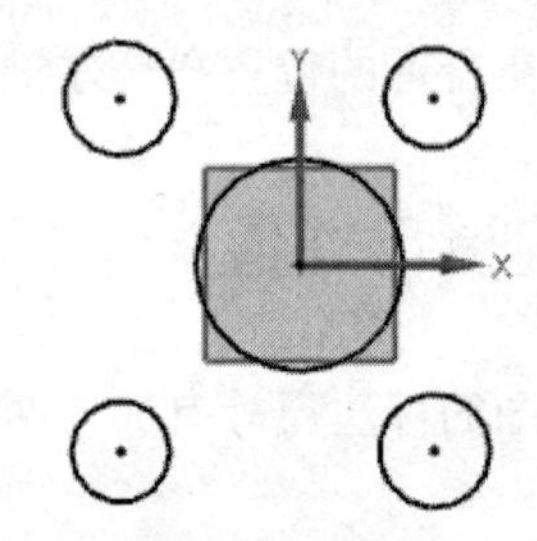

图 3.8.2　绘制圆

Step4. 选择下拉菜单 插入(S) → 曲线(C) → 圆弧(A)... 命令，绘制图 3.8.3 所示的圆弧。

Step5. 选择下拉菜单 编辑(E) → 曲线(V) → 快速修剪(Q)... 命令，选取图 3.8.4a 所示的要修剪的部分，修剪后的图形如图 3.8.4b 所示。

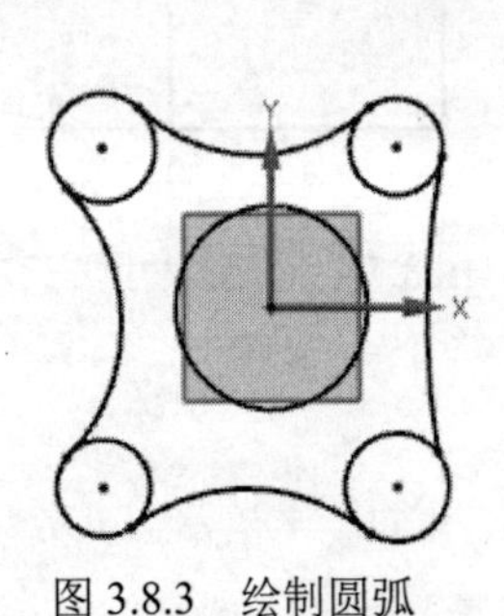

图 3.8.3　绘制圆弧

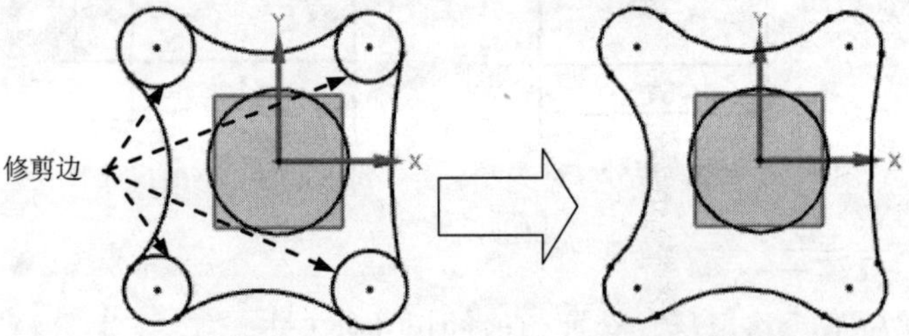

修剪边

a）修剪前

b）修剪后

图 3.8.4　修剪曲线

Step6. 添加几何约束。

（1）单击“显示草图约束”按钮和“几何约束”按钮。系统弹出图 3.8.5 所示的“几何约束”对话框，单击按钮，依次选取图 3.8.6 所示的两段圆弧，则在圆弧与圆弧之间添加图 3.8.6 所示的“相切”约束。

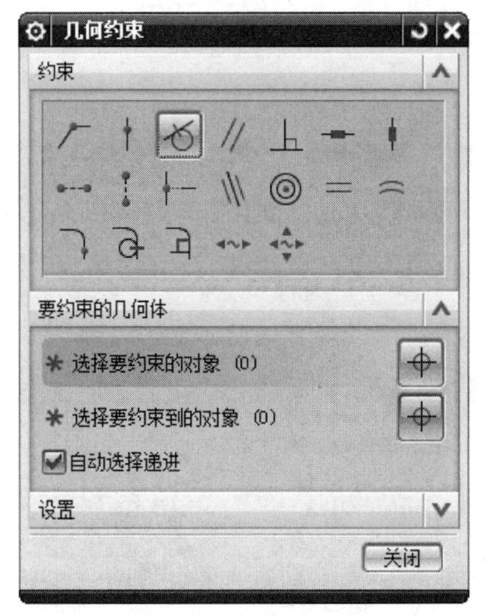

图 3.8.5　“几何约束”对话框

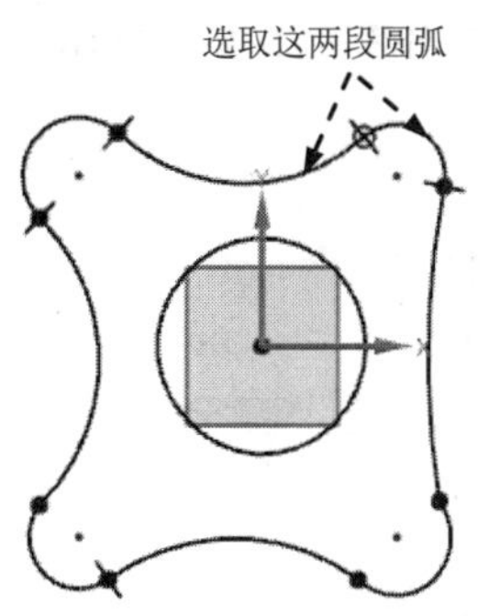

图 3.8.6　定义约束对象

（2）参照上述步骤完成图 3.8.7 所示的相切约束。

（3）单击“设为对称”按钮，选取图 3.8.8 所示的圆弧 1 为主对象，选取圆弧 2 为次对象，选取 X 轴为对称中心线。

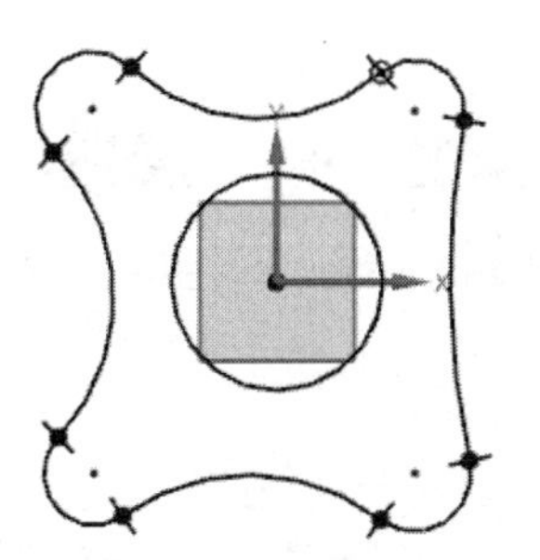

图 3.8.7　添加其余相切约束

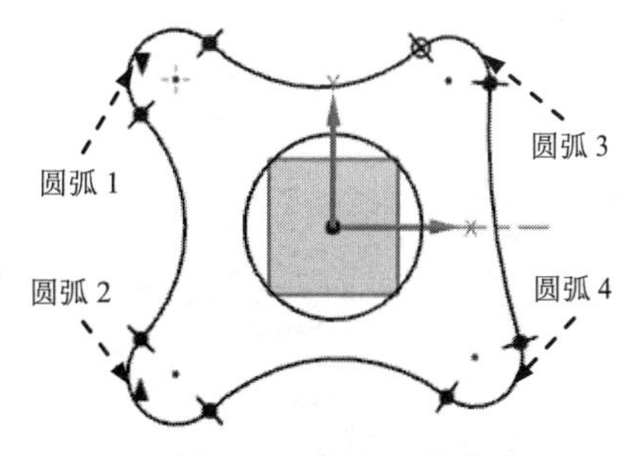

图 3.8.8　添加对称约束

（4）参照上一步将图 3.8.8 所示的圆弧 3 与圆弧 4 关于 X 轴对。同样的操作，添加图 3.8.8 所示的圆弧 1 与圆弧 3 关于 Y 轴对称,圆弧 2 与圆弧 4 关于 Y 轴对称。

（5）单击“约束”按钮，系统弹出“几何约束”对话框，单击按钮，选取图 3.8.8 所示的圆弧 1 与圆弧 2，则在两圆弧间添加了相等约束。

（6）参照上一步创建其余相等约束，使图 3.8.8 所示的圆弧 1、圆弧 2、圆弧 3 和圆弧 4 均相等。

（7）参照上一步，使图 3.8.9 所示的圆弧 1 与圆弧 2 半径相等。

Step7. 添加尺寸约束。

（1）标注水平尺寸。选择下拉菜单 插入(S) → 尺寸(M) ▸ → 线性(L)... 命令，在系统弹出的“线性尺寸”对话框 测量 区域的 方法 下拉列表中选择 水平 选项，选取图 3.8.10 所示的两个圆心点，在系统弹出的动态输入框中输入尺寸值 6，单击中键，完成两圆心水平尺寸的标注。

（2）标注竖直尺寸。选择下拉菜单 插入(S) → 尺寸(M) ▸ → 线性(L)... 命令，在“线性尺寸”对话框 测量 区域的 方法 下拉列表中选择 竖直 选项，选取图 3.8.11 所示的两个圆心点，在系统弹出的动态输入框中输入尺寸值 6，单击中键，完成两圆心竖直尺寸的标注。

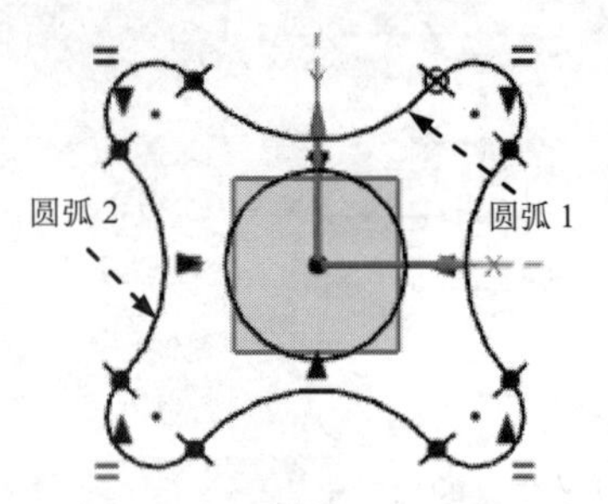

图 3.8.9　添加等半径约束

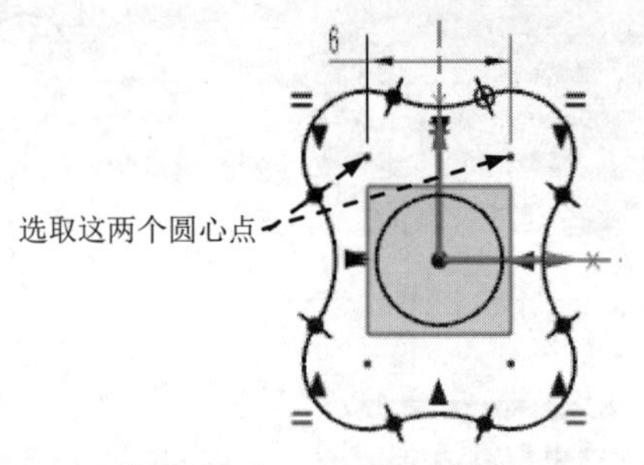

图 3.8.10　水平尺寸标注

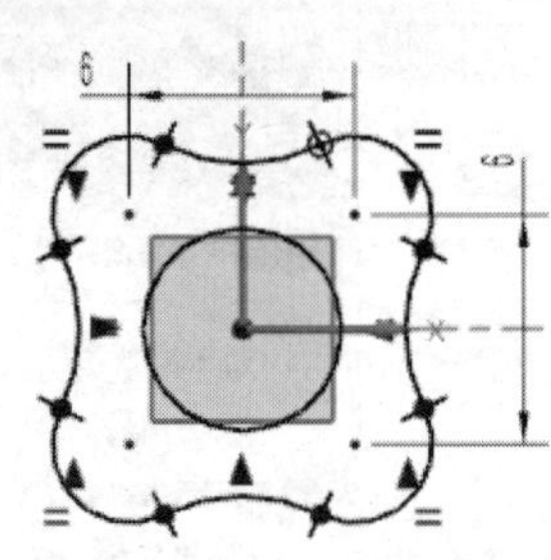

图 3.8.11　竖直尺寸标注

（3）标注半径尺寸。

① 选择下拉菜单 插入(S) → 尺寸(M) → 径向(R)... 命令，在“径向尺寸”对话框 测量 区域的 方法 下拉列表中选择 径向 选项，标注圆弧 1（图 3.8.12），半径尺寸值为 0.3。

② 参照上一步，创建其余半径标注，完成结果如图 3.8.13 所示。

（4）标注直径尺寸。选择下拉菜单 插入(S) → 尺寸(M) → 径向(R)... 命令，然后在“径向尺寸”对话框 测量 区域的 方法 下拉列表中选择 直径 选项，标注圆 1（图 3.8.14），直径尺寸值为 3；此时系统提示 草图已完全约束。

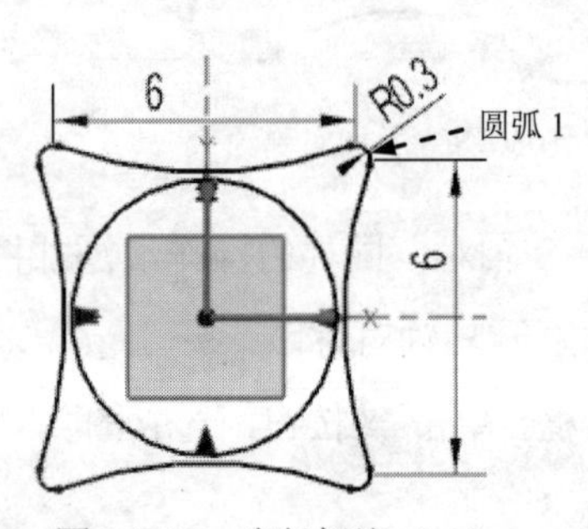

图 3.8.12　半径标注（一）

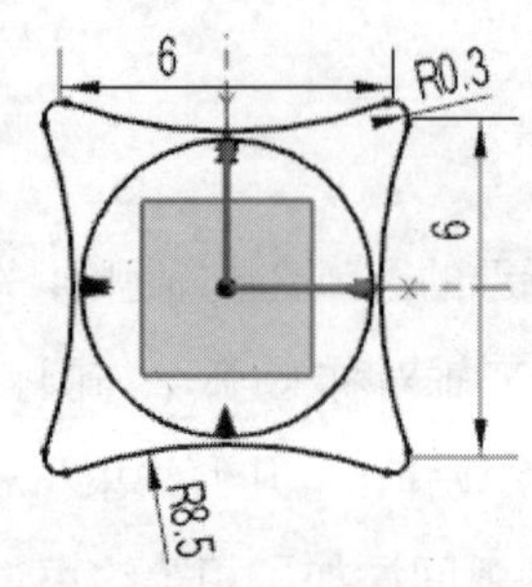

图 3.8.13　半径标注（二）

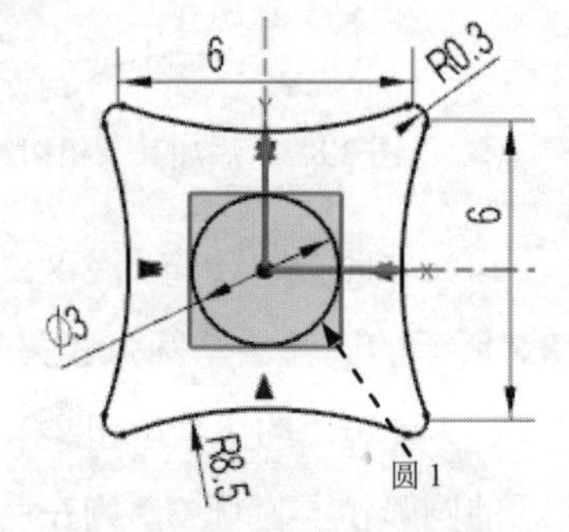

图 3.8.14　直径尺寸标注

3.9　二维草图范例 2

范例概述：

本范例主要介绍草图的绘制、编辑和标注的过程，读者要重点掌握约束与尺寸的标注。如图 3.9.1 所示。

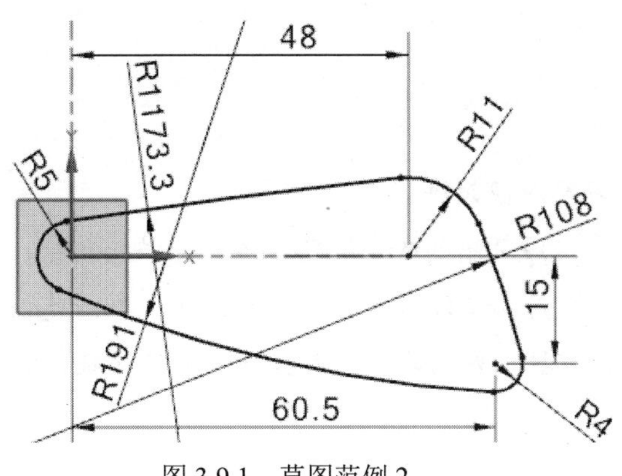

图 3.9.1　草图范例 2

说明：本范例的详细操作过程请参见学习资源中 video\ch03.09\文件夹下的语音视频讲解文件。模型文件为 D:\ug12mo\work\ch03.09\sketch02.prt。

3.10　二维草图范例 3

范例概述：

本范例从新建一个草图开始，详细介绍草图的绘制、编辑和标注的过程，要重点掌握绘图前的设置、约束的处理等操作过程与细节。本节主要绘制图 3.10.1 所示的图形。

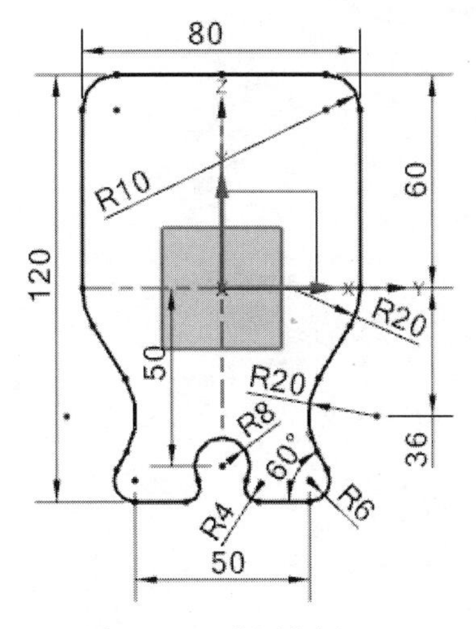

图 3.10.1　草图范例 3

说明：本范例的详细操作过程请参见学习资源中 video\ch03.10\文件夹下的语音视频讲解文件。模型文件为 D:\ug12mo\work\ch03.10\sketch03.prt。

学习拓展：扫码学习更多视频讲解。

讲解内容：主要包含二维草图的绘制思路、流程与技巧总结，另外还有二十多个来自实际产品设计中草图案例的讲解。草图是创建三维实体特征的基础，掌握高效的草图绘制技巧，有助于提高零件设计的效率。

第 4 章 零件设计

4.1 UG NX 文件的操作

4.1.1 新建文件

新建一个部件文件，可以采用以下步骤。

Step1. 选择下拉菜单 文件(F) ➡ 新建(N)... 命令。

Step2. 系统弹出“新建”对话框；在 模板 选项栏中选取模板类型为 模型，在 名称 文本框中输入文件名称（如_model1），单击 文件夹 文本框后方的“打开”按钮，设置文件存放路径（或者在 文件夹 文本框中直接输入文件保存路径）。

Step3. 单击 确定 按钮，完成新部件的创建。

注意：在较早的 UG NX 版本中，是不允许使用中文文件名的，打开文件的路径中也不能出现中文字符。但是在 UG NX 12.0 中，可以支持中文，无需进行任何设置，就可以使用中文文件名或文件路径。

4.1.2 打开文件

1．打开一个文件

打开一个文件，一般采用以下方法。

Step1. 选择下拉菜单 文件(F) ➡ 打开(O)... 命令。

Step2. 系统弹出图 4.1.1 所示的“打开”对话框；在 查找范围(I): 下拉列表中选择需打开文件所在的目录（如 D:\ug12mo\work\ch04.01），选中要打开的文件后，在 文件名(N): 文本框中显示部件名称（如 down_base.prt），也可以在 文件类型(T): 下拉列表中选择文件类型。

Step3. 单击 OK 按钮，即可打开部件文件。

图 4.1.1 所示的“打开”对话框中主要选项的说明如下。

- ☑ 预览 复选框：选中该复选框，将显示选择部件文件的预览图像。利用此功能观看部件文件而不必在 UG NX 12.0 软件中一一打开，这样可以很快地找到所需要的部件文件。“预览”功能仅针对存储在 UG NX 12.0 中的部件，在 Windows 平台上有效。如果不想预览，取消选中该复选框即可。
- 文件名(N): 文本框：显示选择的部件文件，也可以输入一部件文件的路径名，路径名长度最多为 256 个字符。

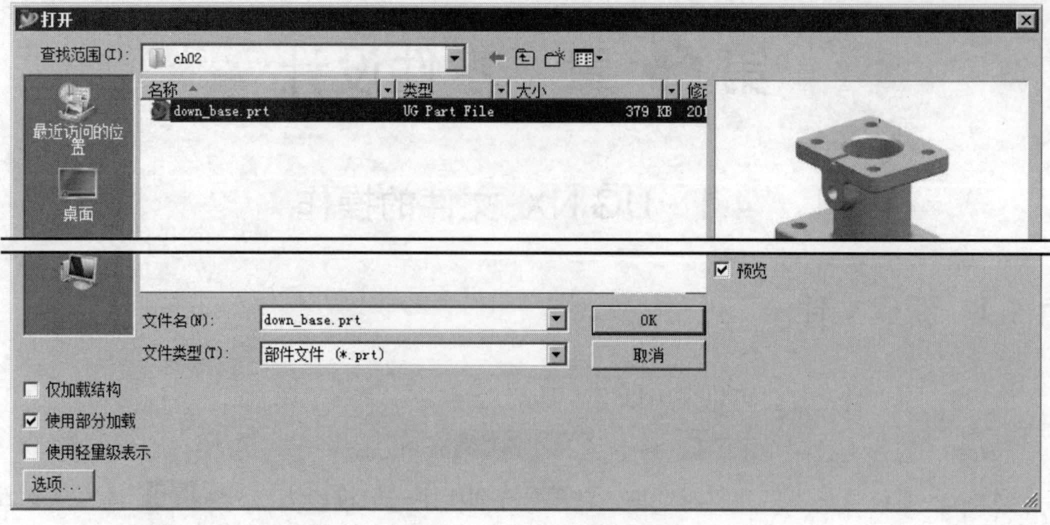

图 4.1.1 "打开"对话框

- 文件类型(T): 下拉列表：用于选择文件的类型。选择了某类型后，在"打开"对话框的列表框中仅显示该类型的文件，系统也自动地用显示在此区域中的扩展名存储部件文件。
- 选项...（选项）：单击此按钮，系统弹出图 4.1.2 所示的"装配加载选项"对话框，利用该对话框可以对加载方式、加载组件和搜索路径等进行设置。

2. 打开多个文件

在同一进程中，UG NX 12.0 允许同时创建和打开多个部件文件，可以在几个文件中不断切换并进行操作，很方便地同时创建彼此有关系的零件。单击"快速访问工具栏"中的 切换窗口 按钮，在系统弹出的"更改窗口"对话框（图 4.1.3）中每次选中不同的文件窗口即可互相切换。

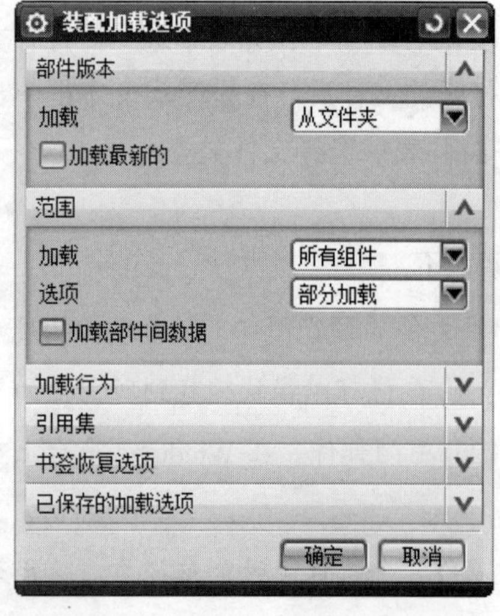

图 4.1.2 "装配加载选项"对话框

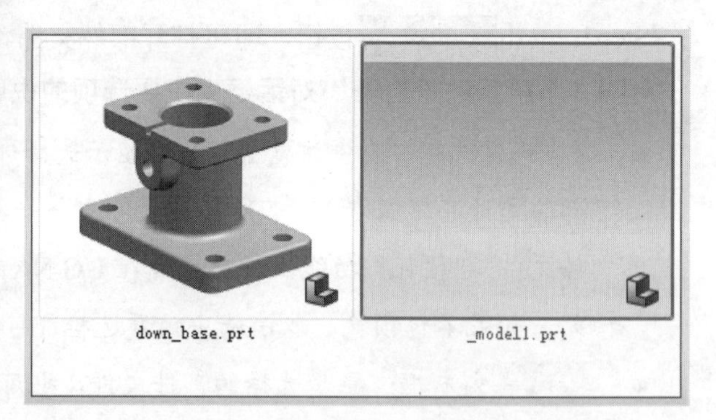

图 4.1.3 "更改窗口"对话框

4.1.3 保存文件

1. 保存

在 UG NX 12.0 中，如果新建文件时，在“新建”对话框的 名称 文本框中输入了新的文件名称（不是默认的文件名_model1），选择下拉菜单 文件(F) → 保存(S) 命令即可保存文件。

如果新建文件时没有修改系统默认的名称，选择“保存”命令时，系统会弹出“命名部件”对话框，可以在该对话框中根据需要再次输入文件名称和保存路径后，单击 确定 按钮即可保存文件。

2. 另存为

选择下拉菜单 文件(F) → 另存为(A)... 命令，系统弹出“另存为”对话框，可以利用不同的文件名存储一个已有的部件文件作为备份。

4.1.4 关闭部件和退出 UG NX

1．关闭选择的部件

选择下拉菜单 文件(F) → 关闭(C) ▸ → 选定的部件(P)... 命令，系统弹出图 4.1.4 所示的“关闭部件”对话框。通过此对话框可以关闭选择的一个或多个打开的部件文件，也可以通过单击 关闭所有打开的部件 按钮，关闭系统当前打开的所有部件。使用此方式关闭部件文件时不存储部件，它仅从工作站的内存中清除部件文件。

注意：选择下拉菜单 文件(F) → 关闭(C) ▸ 命令后，系统弹出图 4.1.5 所示的“关闭”子菜单。

图 4.1.5 所示的“关闭”子菜单中相关命令的说明如下。

A1：关闭当前所有的部件。

A2：以当前名称和位置保存并关闭当前显示的部件。

A3：以不同的名称和（或）不同的位置保存当前显示的部件。

A4：以当前名称和位置保存并关闭所有打开的部件。

A5：保存所有修改过的已打开部件（不包括部分加载的部件），然后退出 UG NX 12.0。

2．退出 UG NX 12.0

选择下拉菜单 文件(F) → 退出(X) 命令（或在工作界面右上角单击 ✕ 按钮），如果部件文件已被修改，系统会弹出“退出”对话框。单击 是 - 保存并退出(Y) 按钮，退出 UG NX 12.0。

图 4.1.4 “关闭部件”对话框

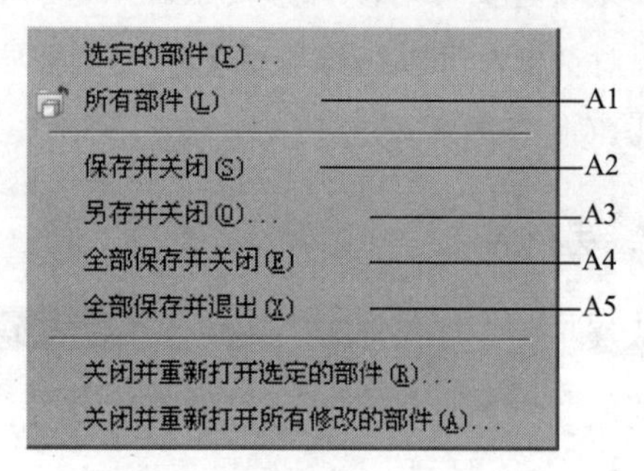

图 4.1.5 “关闭”子菜单

4.2 创建体素

特征是组成零件的基本单元。一般而言，长方体、圆柱体、圆锥体和球体 4 个基本体素特征常常作为零件模型的第一个特征（基础特征）使用，然后在基础特征之上，通过添加新的特征以得到所需的模型，因此体素特征对零件的设计而言是最基本的特征。下面分别介绍以上 4 种基本体素特征的创建方法。

1. 创建长方体

进入建模环境后，选择下拉菜单 插入(S) → 设计特征(E) → 长方体(K)... 命令，系统弹出图 4.2.1 所示的“长方体”对话框。在 类型 下拉列表中可以选择创建长方体的方法，共有 3 种。

注意：如果下拉菜单 插入(S) → 设计特征(E) 中没有 长方体(K)... 命令，则需要定制，具体定制过程请参见 2.3.3 节“用户界面的定制”中的相关内容。在后面的章节中如有类似情况，将不再做具体说明。

下面以图 4.2.2 所示的长方体为例，说明使用“原点和边长”方法创建长方体的一般过程。

Step1. 选择命令。选择下拉菜单 插入(S) → 设计特征(E) → 长方体(K)... 命令，系统弹出图 4.2.1 所示的“长方体”对话框。

Step2. 选择创建长方体的方法。在 类型 下拉列表中选择 原点和边长 选项，如图 4.2.1 所示。

Step3. 定义长方体的原点（即长方体的一个顶点）。选择坐标原点为长方体顶点（系统默认选择坐标原点为长方体顶点）。

Step4. 定义长方体的参数。在长度(XC)文本框中输入值 140，在宽度(YC)文本框中输入值 90，在高度(ZC)文本框中输入值 16。

Step5. 单击 确定 按钮，完成长方体的创建。

说明：长方体创建完成后，如果要对其进行修改，可直接双击该长方体，然后根据系统信息提示编辑其参数。

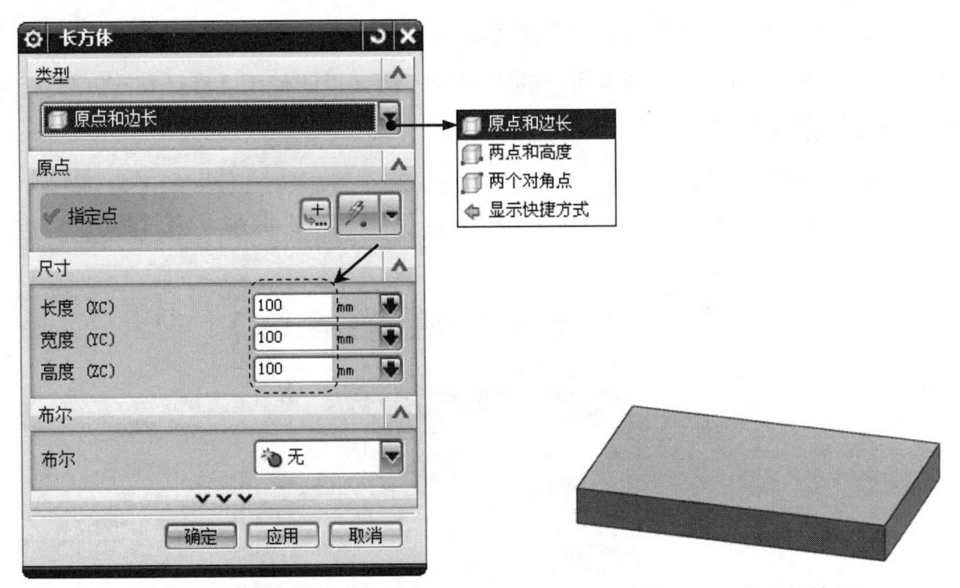

图 4.2.1　“长方体”对话框

图 4.2.2　长方体特征

2. 创建圆柱体

“轴、直径和高度”方法要求确定一个矢量方向作为圆柱体的轴线方向，再设置圆柱体的直径和高度参数，以及设置圆柱体底面中心的位置。下面以图 4.2.3 所示的圆柱体为例来说明使用“直径和高度”方法创建圆柱体的一般操作过程。

Step1. 选择命令。选择下拉菜单 插入(S) → 设计特征(E) → 圆柱(C)... 命令，系统弹出“圆柱”对话框。

Step2. 选择创建圆柱体的方法。在类型下拉列表中选择 轴、直径和高度 选项。

Step3. 定义圆柱体轴线方向。单击“矢量对话框”按钮，系统弹出“矢量”对话框。在该对话框的类型下拉列表中选择 ZC 轴 选项，单击 确定 按钮。

Step4. 定义圆柱底面圆心位置。在“圆柱”对话框中单击“点对话框”按钮，系统弹出“点”对话框。在该对话框中设置圆心的坐标为 XC=0.0、YC=0.0、ZC=0.0，单击 确定 按钮，系统返回到“圆柱”对话框。

Step5. 定义圆柱体参数。在“圆柱”对话框的直径文本框中输入值 100，在高度文本框中输入值 100，单击 确定 按钮，完成圆柱体的创建。

图 4.2.3 创建圆柱体

3. 创建圆锥体

“直径和高度”方法是指通过设置圆锥体的底部直径、顶部直径、高度以及圆锥轴线方向来创建圆锥体。下面以图 4.2.4 所示的圆锥体为例来说明使用“直径和高度”方法创建圆锥体的一般操作过程。

Step1. 新建一个三维零件文件，文件名为 cone。

Step2. 选择命令。选择下拉菜单 插入(S) → 设计特征(E) → 圆锥(O)... 命令，系统弹出图 4.2.5 所示的“圆锥”对话框。

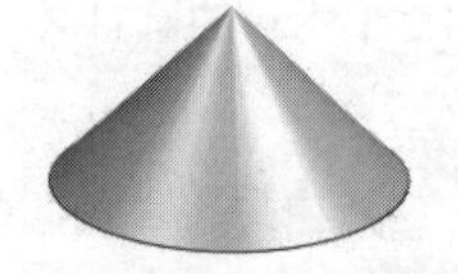

图 4.2.4 圆锥体特征

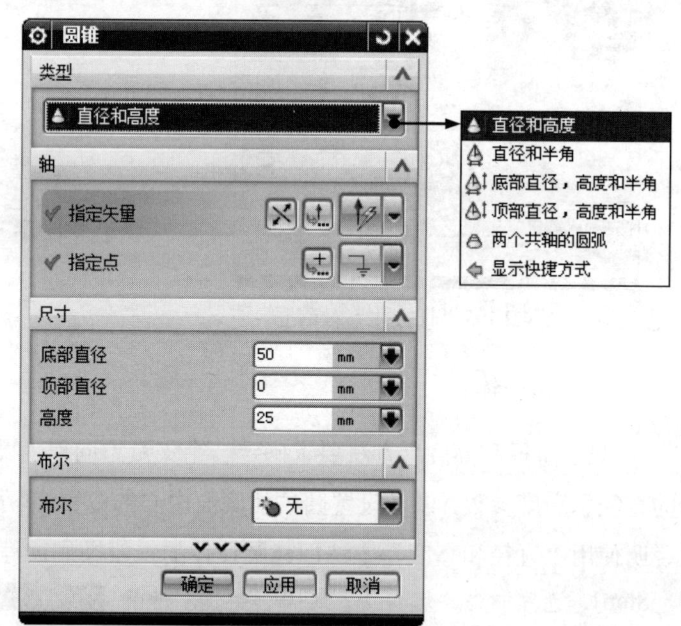

图 4.2.5 “圆锥”对话框

Step3. 选择创建圆锥体的方法。在类型下拉列表中选择 直径和高度 选项。

Step4. 定义圆锥体轴线方向。在该对话框中单击 按钮，系统弹出“矢量”对话框，在“矢量”对话框的类型下拉列表中选择 ZC 轴 选项。

Step5. 定义圆锥体底面原点（圆心）。接受系统默认的原点（0,0,0）为底圆原点。

Step6. 定义圆锥体参数。在底部直径文本框中输入值 50，在顶部直径文本框中输入值 0，在高度文本框中输入值 25。

Step7. 单击 确定 按钮，完成圆锥体的创建。

4. 创建球体

“中心点和直径”方法是指通过设置球体的直径和球体圆心点位置的方法创建球特征。下面以图 4.2.6 所示的零件基础特征——球体为例，说明使用“中心点和直径”方法创建球体的一般操作过程。

Step1. 新建一个三维零件文件，文件名为 sphere。

Step2. 选择命令。选择下拉菜单 插入(S) → 设计特征(E) → 球(S)... 命令，系统弹出“球”对话框。

Step3. 选择创建球体的方法。在类型下拉列表中选择 中心点和直径选项，此时“球”对话框如图 4.2.7 所示。

Step4. 定义球中心点位置。在该对话框中单击按钮，系统弹出 “点”对话框，接受系统默认的坐标原点（0, 0, 0）为球心。

Step5. 定义球体直径。在直径文本框中输入值 100。单击 确定 按钮，完成球体的创建。

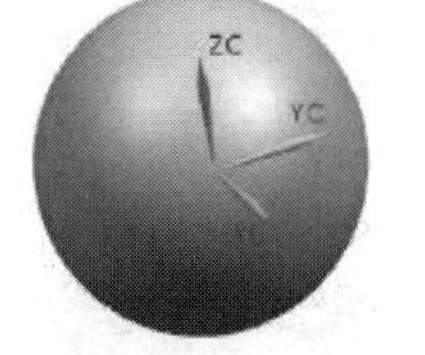

图 4.2.6 球体特征

图 4.2.7 “球”对话框

4.3 三维建模的布尔操作

4.3.1 布尔操作概述

布尔操作可以对两个或两个以上已经存在的实体进行求和、求差及求交运算（注意：编辑拉伸、旋转、变化的扫掠特征时，用户可以直接进行布尔运算操作），可以将原先存在的多个独立的实体进行运算以产生新的实体。进行布尔运算时，首先选择目标体（即被执行布尔运算的实体，只能选择一个），然后选择工具体（即在目标体上执行操作的实体，可以选择多个)，运算完成后工具体成为目标体的一部分，而且如果目标体和工具体具有不同的图层、颜色、线型等特性，产生的新实体具有与目标体相同的特性。如果部件文件中已存在实体，当建立新特征时，新特征可以作为工具体，已存在的实体作为目标体。布尔操作主要包括以下三部分内容。

布尔求和操作。

布尔求差操作。

布尔求交操作。

4.3.2 布尔求和操作

布尔求和操作用于将工具体和目标体合并成一体。下面以图 4.3.1 所示的模型为例，介绍布尔求和操作的一般过程。

Step1. 打开文件 D:\ug12mo\work\ch04.03\unite.prt。

Step2. 选择命令。选择下拉菜单 插入(S) ➡ 组合(B) ▸ ➡ 合并(U)... 命令，系统弹出图 4.3.2 所示的“合并”对话框。

Step3. 定义目标体和工具体。在图 4.3.1a 中，依次选择目标（长方体）和刀具（球体），单击 < 确定 > 按钮，完成布尔求和操作，结果如图 4.3.1b 所示。

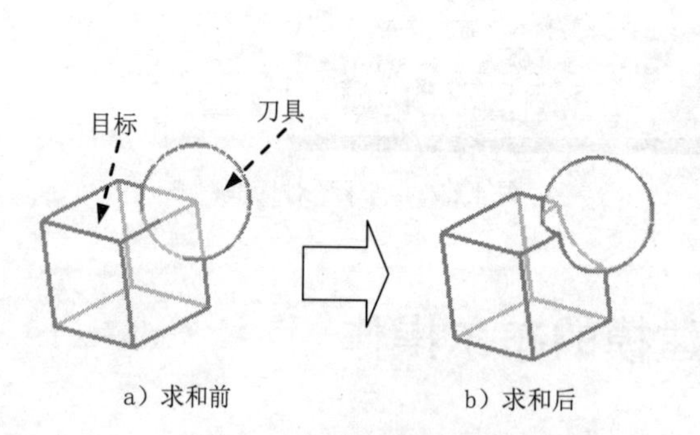

a）求和前　　b）求和后

图 4.3.1　布尔求和操作

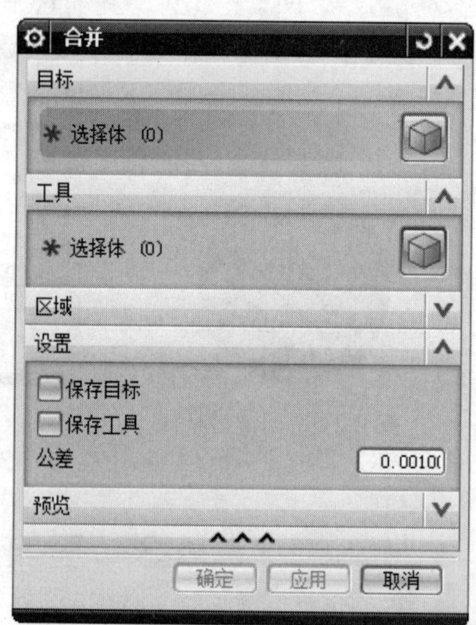

图 4.3.2　“合并”对话框

注意：布尔求和操作要求工具体和目标体必须在空间上接触才能进行运算，否则将提示出错。

图 4.3.2 所示的“合并”对话框中各复选框的功能说明如下。

- ☑ 保存目标 复选框：为求和操作保存目标体。如果需要在一个未修改的状态下保存所选目标体的副本时，使用此选项。

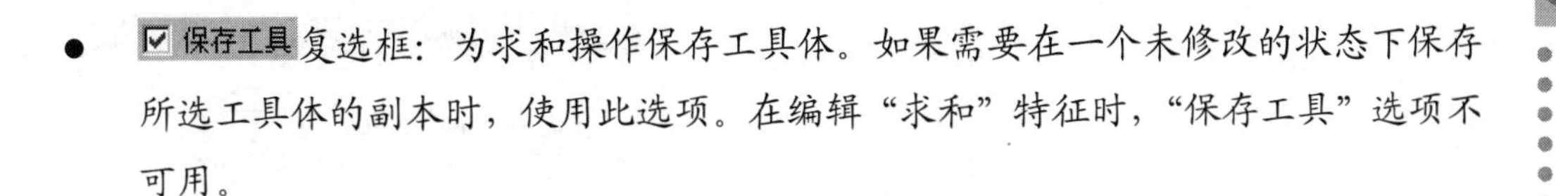

- 保存工具复选框：为求和操作保存工具体。如果需要在一个未修改的状态下保存所选工具体的副本时，使用此选项。在编辑“求和”特征时，“保存工具”选项不可用。

4.3.3 布尔求差操作

布尔求差操作用于将工具体从目标体中移除。下面以图 4.3.3 所示的模型为例，介绍布尔求差操作的一般过程。

Step1. 打开文件 D:\ug12mo\work\ch04.03\subtract.prt。

Step2. 选择命令。选择下拉菜单 插入(S) → 组合(B) → 减去(S)... 命令，系统弹出图 4.3.4 所示的“求差”对话框。

Step3. 定义目标体和刀具体。依次选择图 4.3.3a 所示的目标和刀具，单击 < 确定 > 按钮，完成布尔求差操作。

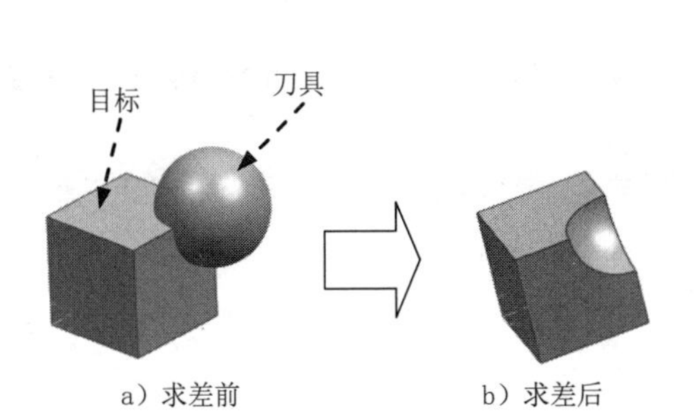

图 4.3.3 布尔求差操作

图 4.3.4 “求差”对话框

4.3.4 布尔求交操作

布尔求交操作用于创建包含两个不同实体的公共部分。进行布尔求交运算时，工具体与目标体必须相交。下面以图 4.3.5 所示的模型为例，介绍布尔求交操作的一般过程。

Step1. 打开文件 D:\ug12mo\work\ch04.03\intersection.prt。

Step2. 选择命令。选择下拉菜单 插入(S) → 组合(B) → 相交(I)... 命令，系统弹出图 4.3.6 所示的“相交”对话框。

Step3. 定义目标体和工具体。依次选取图 4.3.5a 所示的实体作为目标和刀具，单击 < 确定 > 按钮，完成布尔求交操作。

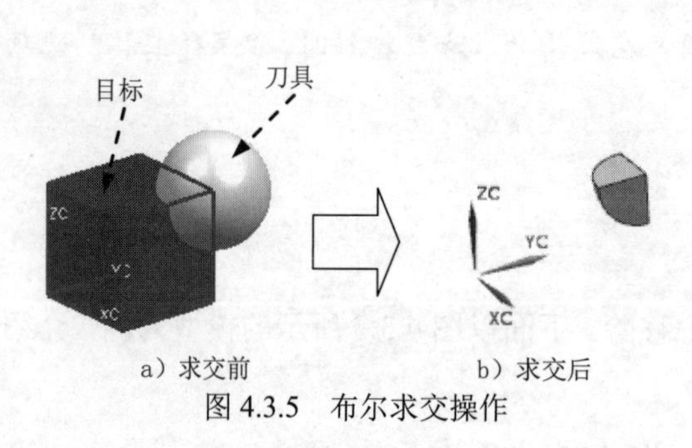

a）求交前　　b）求交后

图 4.3.5　布尔求交操作

图 4.3.6　“相交”对话框

4.3.5　布尔出错信息

如果布尔运算的使用不正确，则可能出现错误，其出错信息如下。

- 在进行实体的求差和求交运算时，所选工具体必须与目标体相交，否则系统会发布警告信息“工具体完全在目标体外”。
- 在进行操作时，如果使用复制目标，且没有创建一个或多个特征，则系统会发布警告信息“不能创建任何特征”。
- 如果在执行一个片体与另一个片体求差操作时，则系统会发布警告信息“非歧义实体”。
- 如果在执行一个片体与另一个片体求交操作时，则系统会发布警告信息“无法执行布尔运算”。

注意：如果创建的是第一个特征，此时不存在布尔运算，“布尔操作”列表框为灰色。从创建第二个特征开始，以后加入的特征都可以选择“布尔操作”，而且对于一个独立的部件，每一个添加的特征都需要选择“布尔操作”，系统默认选中“创建”类型。

4.4　拉伸特征

4.4.1　拉伸特征概述

拉伸特征是将截面沿着草图平面的垂直方向拉伸而成的特征，它是最常用的零件建模方法。下面以一个简单实体三维模型（图 4.4.1）为例，说明拉伸特征的基本概念及其创建方法，同时介绍用 UG 软件创建零件三维模型的一般过程。

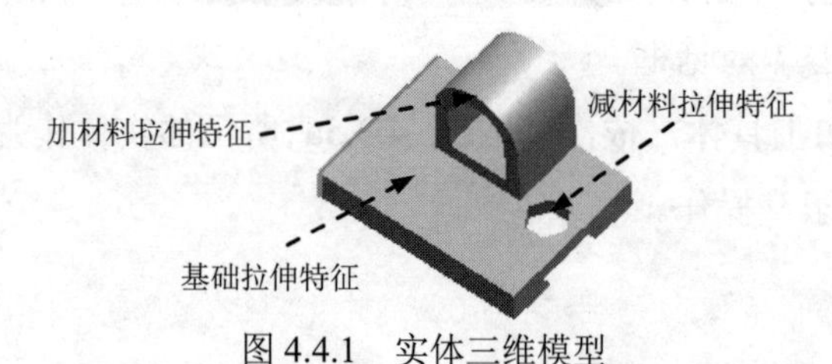

图 4.4.1　实体三维模型

4.4.2 创建基础特征——拉伸

下面以图 4.4.2 所示的拉伸特征为例，说明创建拉伸特征的一般步骤。创建前，请先新建一个模型文件，命名为 base_block，进入建模环境。

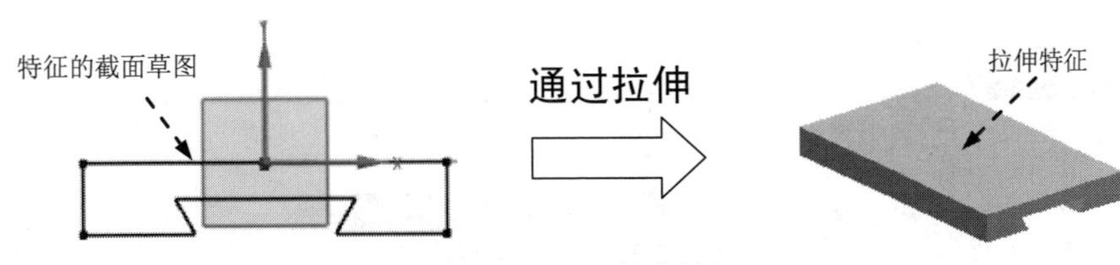

图 4.4.2 拉伸特征

1. 选取拉伸特征命令

选取特征命令一般有如下两种方法。

方法一： 从下拉菜单中获取特征命令。选择下拉菜单 插入(S) → 设计特征(E) → 拉伸(X)... 命令。

方法二： 从功能区中获取特征命令。本例可以直接单击 主页 功能选项卡 特征 区域的按钮。

2. 定义拉伸特征的截面草图

定义拉伸特征截面草图的方法有两种：选择已有草图作为截面草图；创建新草图作为截面草图，本例中介绍第二种方法，具体定义过程如下。

Step1. 选取新建草图命令。选择特征命令后，系统弹出图 4.4.3 所示的“拉伸”对话框，在该对话框中单击按钮，创建新草图。

图 4.4.3 所示的“拉伸”对话框中相关选项的功能说明如下。

- （选择曲线）：选择已有的草图或几何体边缘作为拉伸特征的截面。
- （绘制截面）：创建一个新草图作为拉伸特征的截面。完成草图并退出草图环境后，系统自动选择该草图作为拉伸特征的截面。
- ：该选项用于指定拉伸的方向。可单击对话框中的按钮，从系统弹出的下拉列表中选取相应的方式，指定拉伸的矢量方向。单击按钮，系统就会自动使当前的拉伸方向反向。
- 体类型：用于指定拉伸生成的是片体（即曲面）特征还是实体特征。

说明： 在拉伸操作中，也可以在图形区拖动相应的手柄按钮，设置拔模角度和偏置值等，这样操作更加方便和灵活。另外，UG NX 12.0 支持最新的动态拉伸操作方法——可以用鼠标选中要拉伸的曲线，然后右击，在系统弹出的快捷菜单中选择 拉伸(X)... 命令，同样可以完成相应的拉伸操作。

Step2. 定义草图平面。

对草图平面的概念和有关选项介绍如下。

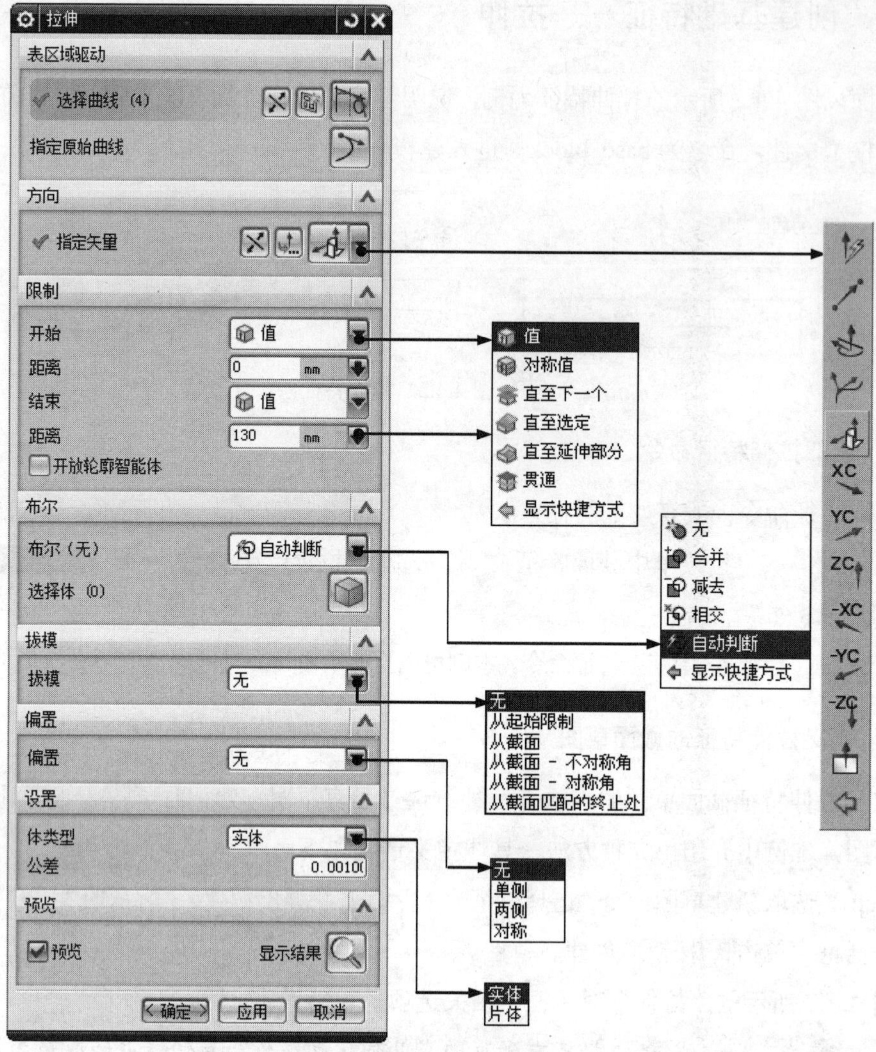

图 4.4.3 “拉伸”对话框

- 草图平面是特征截面或轨迹的绘制平面。
- 选择的草图平面可以是 XY 平面、YZ 平面和 ZX 平面中的一个，也可以是模型的某个表面。

完成上步操作后，选取 ZX 平面作为草图平面，单击 确定 按钮，进入草图环境。

Step3. 绘制截面草图。

基础拉伸特征的截面草图如图 4.4.4 所示。绘制特征截面草图图形的一般步骤如下。

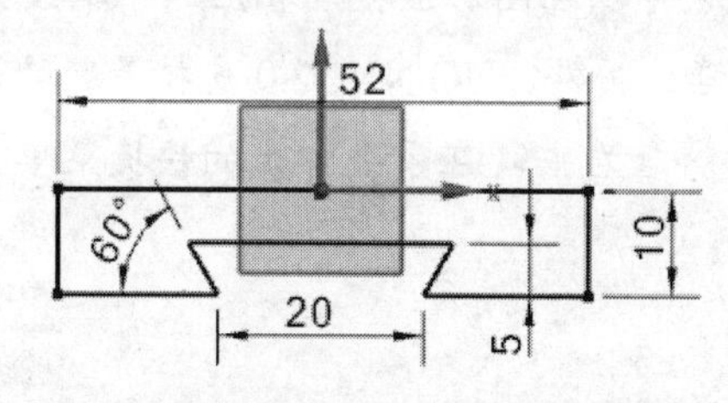

图 4.4.4 基础拉伸特征的截面草图

（1）设置草图环境，调整草图区。

① 进入草图环境后，若图形被移动至不方便绘制的方位，应单击“草图生成器”工具栏中的“定向到草图”按钮，调整到正视于草图的方位（也就是使草图基准面与屏幕平行）。

② 除可以移动和缩放草图区外，如果用户想在三维空间绘制草图，或希望看到模型截面图在三维空间的方位，可以旋转草图区，方法是按住中键并移动鼠标，此时可看到图形跟着鼠标旋转。

（2）创建截面草图。下面介绍创建截面草图的一般流程，在以后的章节中创建截面草图时，可参照这里的内容。

① 绘制截面几何图形的大体轮廓。

注意：绘制草图时，开始没有必要很精确地绘制截面的几何形状、位置和尺寸，只要大概的形状与图 4.4.5 相似就可以。

② 建立几何约束。建立图 4.4.6 所示的水平、竖直、相等、共线和对称约束。

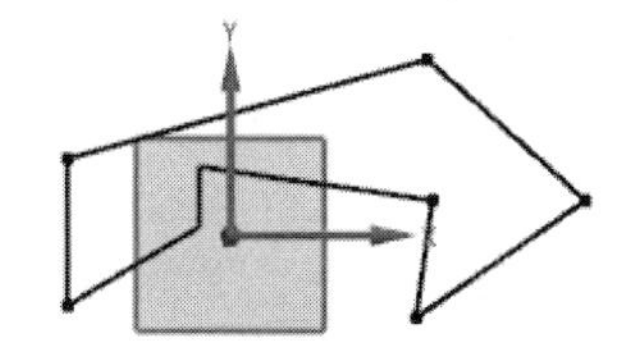

图 4.4.5 截面草图的初步图形

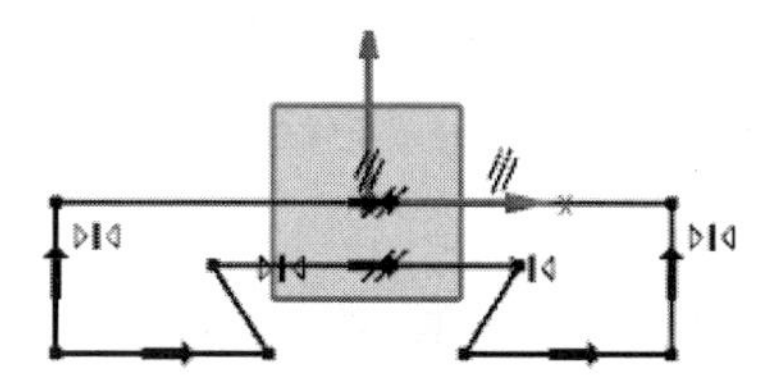

图 4.4.6 建立几何约束

③ 建立尺寸约束。单击 主页 功能选项卡 约束 区域中的“快速尺寸”按钮，标注图 4.4.7 所示的五个尺寸，建立尺寸约束。

④ 修改尺寸。将尺寸修改为设计要求的尺寸，如图 4.4.8 所示。其操作提示与注意事项如下。

- 尺寸的修改应安排在建立完约束以后进行。
- 注意修改尺寸的顺序，先修改对截面外观影响不大的尺寸。

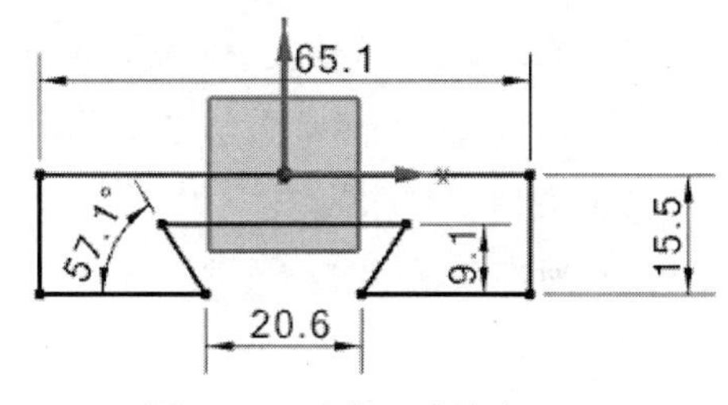

图 4.4.7 建立尺寸约束

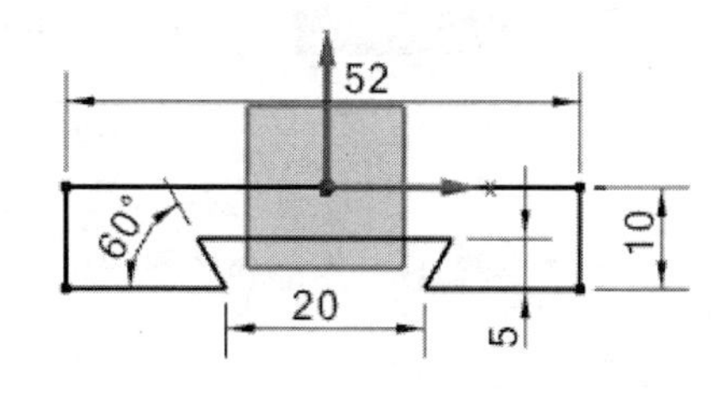

图 4.4.8 修改尺寸

Step4. 完成草图绘制后，选择下拉菜单 任务(K) → 完成草图(K) 命令，退出草图环境。

3. 定义拉伸类型

退出草图环境后，图形区出现拉伸的预览，在对话框中不进行选项操作，创建系统默认的实体类型。

4．定义拉伸深度属性

Step1．定义拉伸方向。拉伸方向采用系统默认的矢量方向，如图 4.4.9 所示。

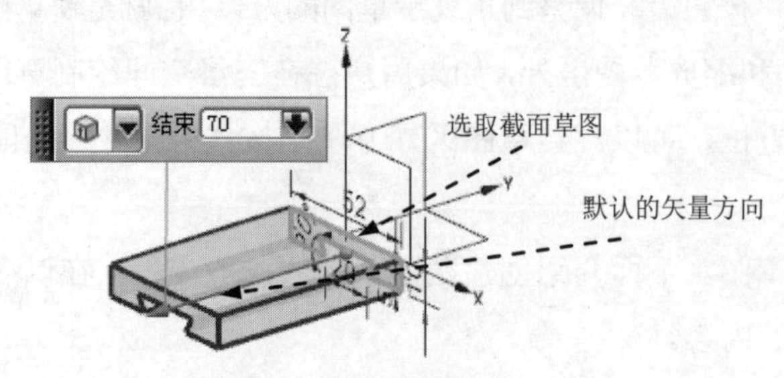

图 4.4.9　定义拉伸方向

说明："拉伸" 对话框中的选项用于指定拉伸的方向，单击对话框中的按钮，从系统弹出的下拉列表中选取相应的方式，即可指定拉伸的矢量方向，单击按钮，系统就会自动使当前的拉伸方向反向。

Step2．定义拉伸深度。在开始下拉列表中选择对称值选项，在距离文本框中输入值 35.0，此时图形区如图 4.4.9 所示。

说明：

- 限制区域：开始下拉列表包括 6 种拉伸控制方式。
  - ☑ 值：分别在开始和结束下面的距离文本框输入具体的数值（可以为负值）来确定拉伸的深度，起始值与结束值之差的绝对值为拉伸的深度，如图 4.4.10 所示。
  - ☑ 对称值：特征将在截面所在平面的两侧进行拉伸，且两侧的拉伸深度值相等，如图 4.4.10 所示。
  - ☑ 直至下一个：特征拉伸至下一个障碍物的表面处终止，如图 4.4.10 所示。
  - ☑ 直至选定：特征拉伸到选定的实体、平面、辅助面或曲面为止，如图 4.4.10 所示。
  - ☑ 直至延伸部分：把特征拉伸到选定的曲面，但是选定面的大小不能与拉伸体完全相交，系统就会自动按照面的边界延伸面的大小，然后再切除生成拉伸体，圆柱的拉伸被选择的面（框体的内表面）延伸后切除。
  - ☑ 贯通：特征在拉伸方向上延伸，直至与所有曲面相交，如图 4.4.10 所示。

a.值
b.直至下一个
c.直至选定对象
d.贯穿

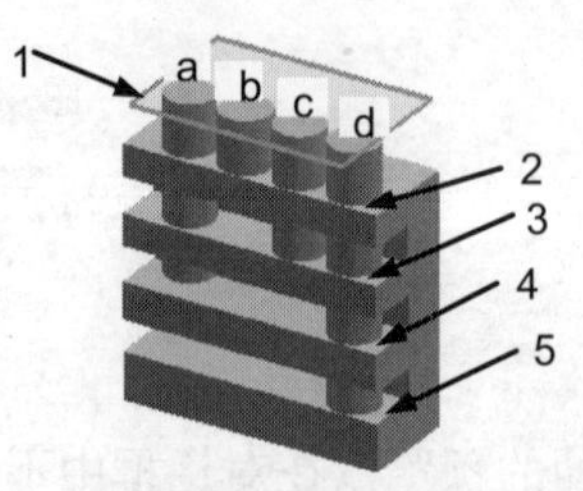

1.草图基准平面
2.下一个曲面（平面）
3~5.模型的其他曲面（平面）

图 4.4.10　拉伸深度选项示意图

- 布尔 区域：如果图形区在拉伸之前已经创建了其他实体，则可以在进行拉伸的同时与这些实体进行布尔操作，包括创建求和、求差和求交。
- 拔模 区域：对拉伸体沿拉伸方向进行拔模。角度大于 0 时，沿拉伸方向向内拔模；角度小于 0 时，沿拉伸方向向外拔模。
  - ☑ 从起始限值：将直接从设置的起始位置开始拔模。
  - ☑ 从截面：用于设置拉伸特征拔模的起始位置为拉伸截面处。
  - ☑ 从截面 - 不对称角：在拉伸截面两侧进行不对称的拔模。
  - ☑ 从截面 - 对称角：在拉伸截面两侧进行对称的拔模，如图 4.4.11 所示。
  - ☑ 从截面匹配的终止处：在拉伸截面两侧进行拔模，所输入的角度为“结束”侧的拔模角度，且起始面与结束面的大小相同，如图 4.4.12 所示。
- 偏置 区域：通过设置起始值与结束值，可以创建拉伸薄壁类型特征，如图 4.4.13 所示，起始值与结束值之差的绝对值为薄壁的厚度。

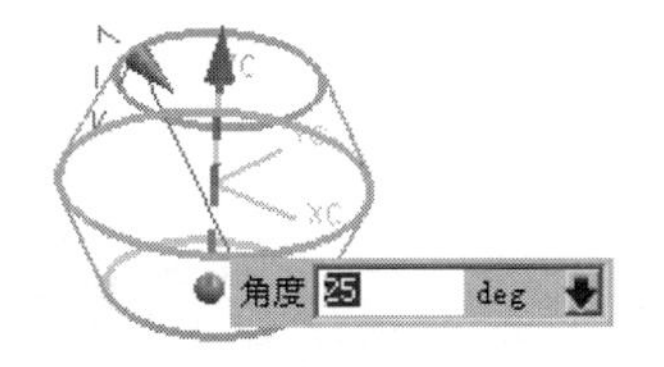

图 4.4.11 “对称角”

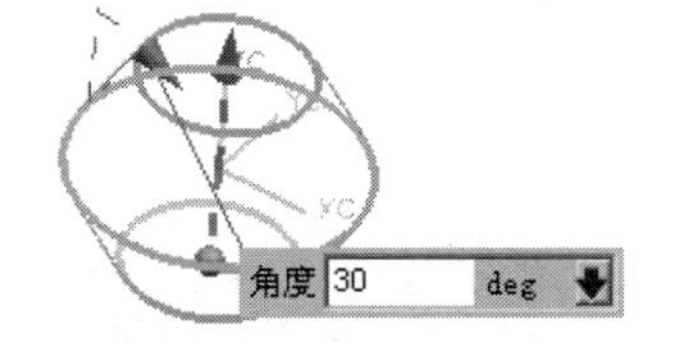

图 4.4.12 “从截面匹配的终止处”

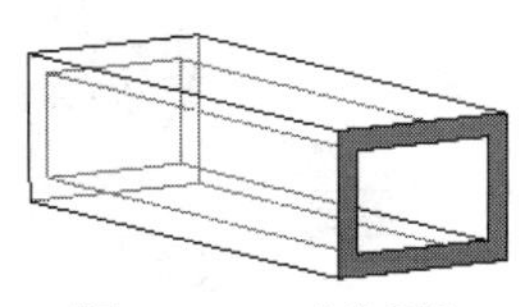

图 4.4.13 “偏置”

5．完成拉伸特征的定义

Step1．特征的所有要素定义完毕后，预览所创建的特征，检查各要素的定义是否正确。

说明：预览时，可按住鼠标中键进行旋转查看，如果所创建的特征不符合设计意图，可选择对话框中的相关选项重新定义。

Step2．预览完成后，单击“拉伸”对话框中的 < 确定 > 按钮，完成特征的创建。

4.4.3 添加其他特征

1．添加“加材料拉伸特征”

在创建零件的基本特征后，可以增加其他特征。现在要添加图 4.4.14 所示的加材料拉伸特征，操作步骤如下。

Step1．选择下拉菜单 插入(S) → 设计特征(E) → 拉伸(X)... 命令（或单击“特征”区域中的按钮），系统弹出“拉伸”对话框。

Step2．创建截面草图。

（1）选取草图基准平面。在“拉伸”对话框中单击按钮，然后选取图 4.4.15 所示的模型表面作为草图基准平面，单击 确定 按钮，进入草图环境。

（2）绘制特征的截面草图。绘制图 4.4.16 所示的截面草图的大体轮廓。完成草图绘制后，单击主页功能选项卡“草图”区域中的完成按钮，退出草图环境。

Step3. 定义拉伸属性。

（1）定义拉伸深度方向。单击对话框中的按钮，反转拉伸方向。

（2）定义拉伸深度。在“拉伸”对话框的开始下拉列表中选择值选项，在其下的距离文本框中输入值 0，在结束下拉列表中选择值选项，在其下的距离文本框中输入值 25，在偏置区域的下拉列表中选择两侧选项，在开始文本框中输入值-5，在结束文本框中输入值 0，其他采用系统默认设置值。在布尔区域中选择合并选项，采用系统默认的求和对象。

Step4. 单击“拉伸”对话框中的< 确定 >按钮，完成特征的创建。

注意：此处进行布尔操作是将基础拉伸特征与加材料拉伸特征合并为一体，如果不进行此操作，基础拉伸特征与加材料拉伸特征将是两个独立的实体。

图 4.4.14　添加“加材料拉伸特征”

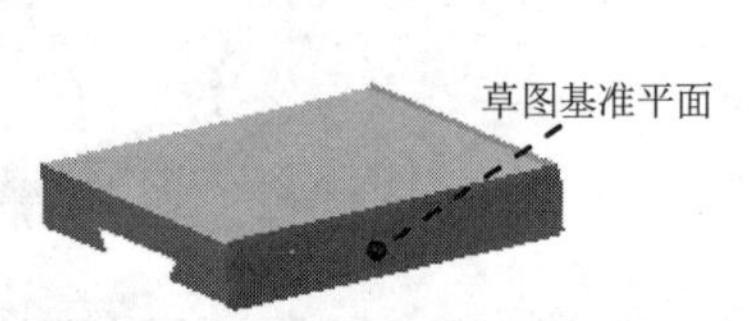

图 4.4.15　选取草图基准平面

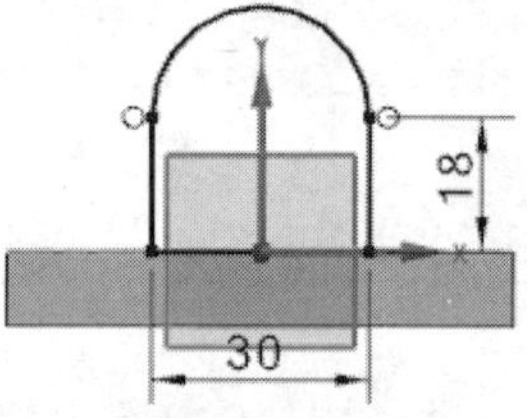

图 4.4.16　截面草图

2．添加“减材料拉伸特征”

减材料拉伸特征的创建方法与加材料拉伸基本一致，只不过加材料拉伸是增加实体，而减材料拉伸则是减去实体。现在要添加图 4.4.17 所示的减材料拉伸特征，具体操作步骤如下。

Step1. 选择命令。选择下拉菜单插入(S) → 设计特征(E) → 拉伸(X)...命令（或单击”特征”区域中的按钮)，系统弹出“拉伸”对话框。

Step2. 创建截面草图。

（1）选取草图基准平面。在“拉伸”对话框中单击按钮，然后选取图 4.4.18 所示的模型表面作为草图基准平面，单击确定按钮，进入草图环境。

（2）绘制特征的截面草图。绘制图 4.4.19 所示的截面草图的大体轮廓。完成草图绘制后，单击完成按钮，退出草图环境。

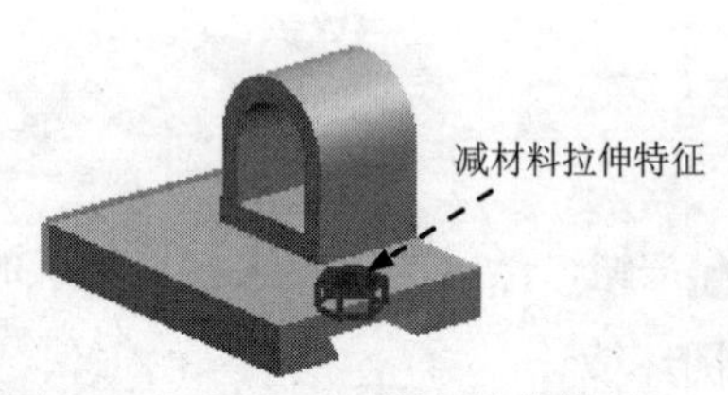

图 4.4.17　添加“减材料拉伸特征”

图 4.4.18　选取草图基准平面

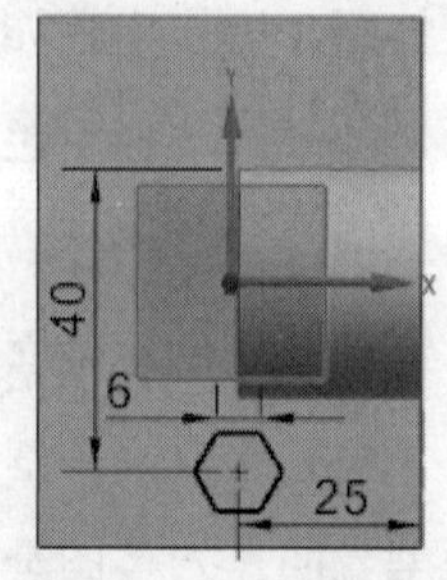

图 4.4.19　截面草图

Step3. 定义拉伸属性。

（1）定义拉伸深度方向。单击对话框中的按钮，反转拉伸方向。

（2）定义拉伸深度类型和深度值。在“拉伸”对话框的结束下拉列表中选择贯通选项，在布尔区域中选择减去选项，采用系统默认的求差对象。

Step4. 单击“拉伸”对话框中的< 确定 >按钮，完成特征的创建。

Step5. 选择下拉菜单文件(F) ➡ 保存(S)命令，保存模型文件。

4.5 旋转特征

4.5.1 旋转特征概述

旋转特征是将截面绕着一条中心轴线旋转而形成的特征，如图 4.5.1b 所示。选择下拉菜单插入(S) ➡ 设计特征(E) ➡ 旋转(R)...命令（或单击主页功能选项卡特征区域下拉列表中的旋转按钮），系统弹出“旋转”对话框，如图 4.5.2 所示。

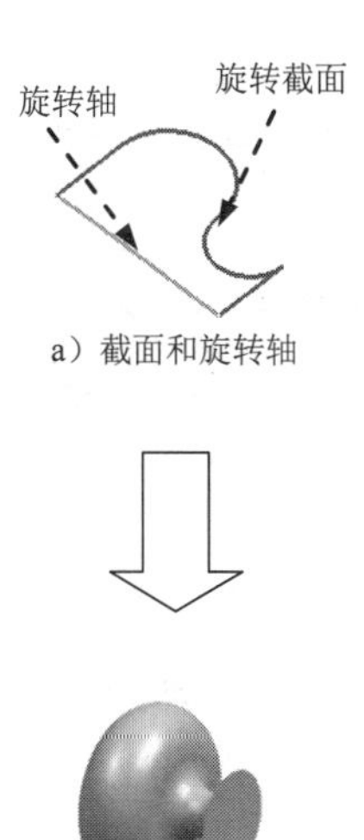

图 4.5.1 “旋转”示意图

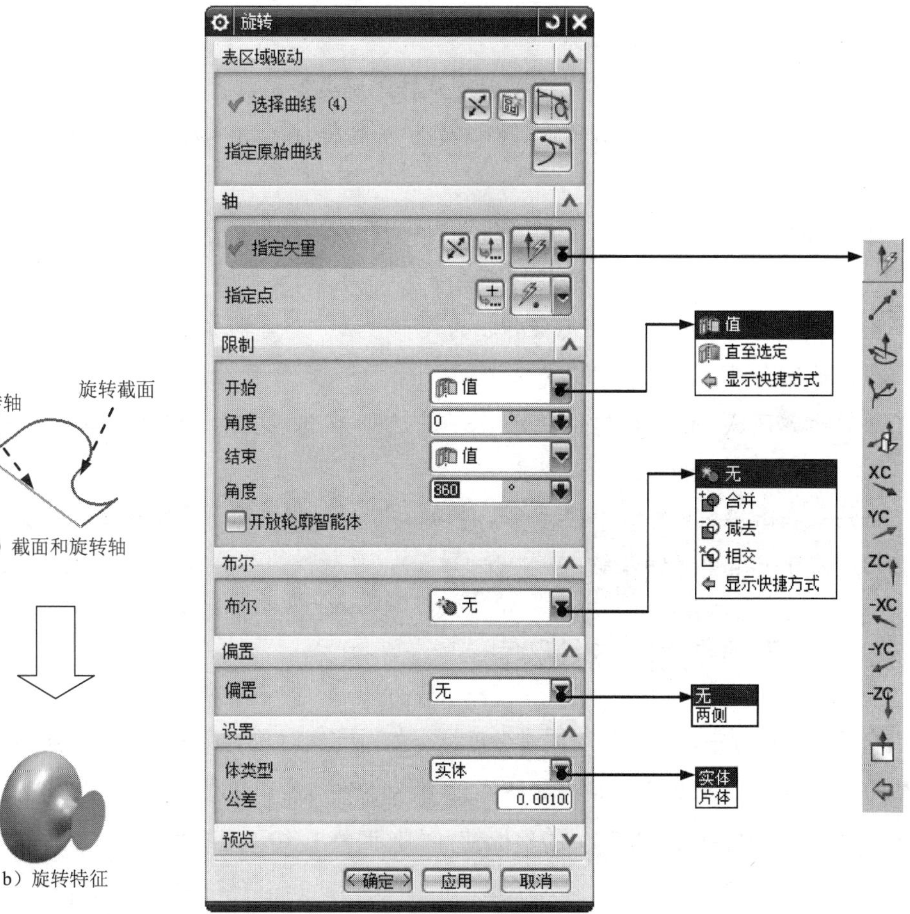

图 4.5.2 “旋转”对话框

图 4.5.2 所示的“旋转”对话框中各选项的功能说明如下。

- (选择截面)：选择已有的草图或几何体边缘作为旋转特征的截面。
- (绘制截面)：创建一个新草图作为旋转特征的截面。完成草图并退出草图环境后，系统自动选择该草图作为旋转特征的截面。
- 限制区域：包含开始和结束两个下拉列表及两个位于其下的角度文本框。
  - ☑ 开始下拉列表：用于设置旋转的类项，角度文本框用于设置旋转的起始角度，其值的大小是相对于截面所在的平面而言的，其方向以与旋转轴成右手定则的方向为准。在开始下拉列表中选择值选项，则需设置起始角度和终止角度；在开始下拉列表中选择直至选定选项，则需选择要开始或停止旋转的面或相对基准平面，其使用结果如图 4.5.3 所示。

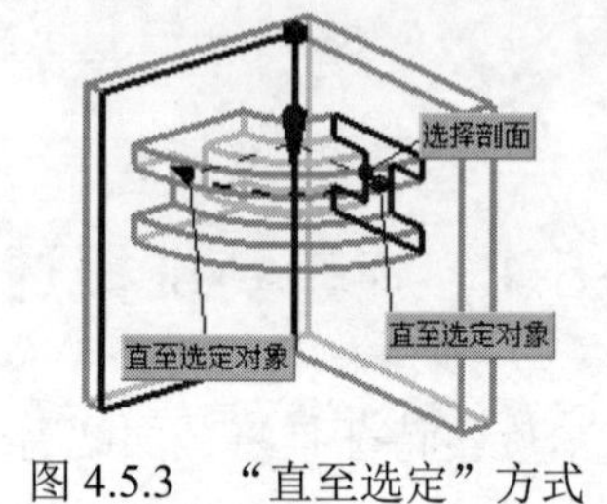

图 4.5.3　“直至选定”方式

  - ☑ 结束下拉列表：用于设置旋转的类项，角度文本框设置旋转对象旋转的终止角度，其值的大小也是相对于截面所在的平面而言的，其方向也是以与旋转轴成右手定则为准。
- 偏置区域：利用该区域可以创建旋转薄壁类型特征。
- ☑ 预览复选框：使用预览可确定创建旋转特征之前参数的正确性。系统默认选中该复选框。
- 按钮：可以选取已有的直线或者轴作为旋转轴矢量，也可以使用“矢量构造器”方式构造一个矢量作为旋转轴矢量。
- 按钮：如果用于指定旋转轴的矢量方法，则需要单独再选定一点，例如用于平面法向时，此选项将变为可用。
- 布尔区域：创建旋转特征时，如果已经存在其他实体，则可以与其进行布尔操作，包括创建求和、求差和求交。

注意：在图 4.5.2 所示的“旋转”对话框中单击按钮，系统弹出“矢量”对话框，其应用将在下一节中详细介绍。

4.5.2　关于“矢量”对话框

在建模的过程中，矢量的应用十分广泛，如对定义对象的高度方向、投影方向和旋转中心轴等进行设置。“矢量”对话框如图 4.5.4 所示。图 4.5.4 中的 XC 轴、YC 轴和 ZC 轴等矢量就是当前工作坐标系（WCS）的坐标轴方向，调整工作坐标系的方位，就能改变当前建模环境中的 XC 轴、YC 轴和 ZC 轴等矢量，但不会影响前面已经创建的与矢量有关的操作。

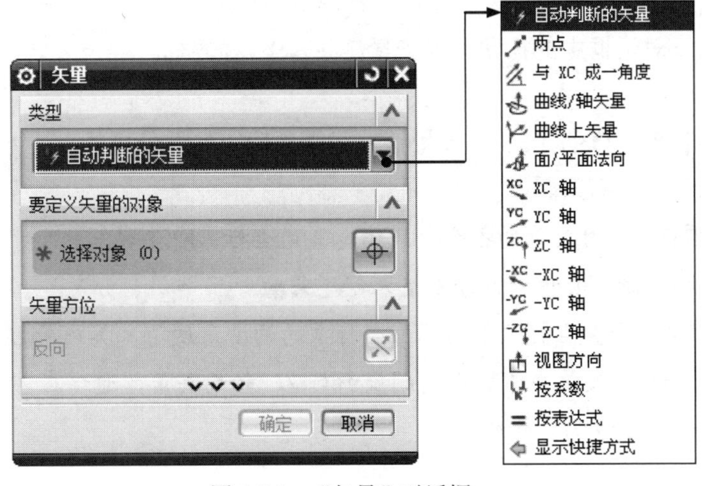

图 4.5.4 “矢量”对话框

图 4.5.4 所示的“矢量”对话框类型下拉列表中各选项的功能说明如下。

- 自动判断的矢量：可以根据选取的对象自动判断所定义矢量的类型。
- 两点：利用空间两点创建一个矢量，矢量方向为由第一点指向第二点。
- 与 XC 成一角度：用于在 XY 平面上创建与 XC 轴成一定角度的矢量。
- 曲线/轴矢量：通过选取曲线上某点的切向矢量来创建一个矢量。
- 曲线上矢量：在曲线上的任一点指定一个与曲线相切的矢量。可按照圆弧长或百分比圆弧长指定位置。
- 面/平面法向：用于创建与实体表面（必须是平面）法线或圆柱面的轴线平行的矢量。
- XC 轴：用于创建与 XC 轴平行的矢量。注意，这里的“与 XC 轴平行的矢量”不是 XC 轴。例如，在定义旋转特征的旋转轴时，如果选择此项，只是表示旋转轴的方向与 XC 轴平行，并不表示旋转轴就是 XC 轴，所以这时要完全定义旋转轴，还必须再选取一点定位旋转轴。下面五项与此相同。
- YC 轴：用于创建与 YC 轴平行的矢量。
- ZC 轴：用于创建与 ZC 轴平行的矢量。
- -XC 轴：用于创建与-XC 轴平行的矢量。
- -YC 轴：用于创建与-YC 轴平行的矢量。
- -ZC 轴：用于创建与-ZC 轴平行的矢量。
- 视图方向：指定与当前工作视图平行的矢量。
- 按系数：按系数指定一个矢量。
- 按表达式：使用矢量类型的表达式来指定矢量。

创建矢量有两种方法，下面分别介绍。

方法一：

利用“矢量”对话框中的按钮创建矢量，共有 15 种方式。

方法二：

输入矢量的各分量值创建矢量。使用该方式需要确定矢量分量的表达方式。UG NX 12.0 软件提供了下面两种坐标系。

- 笛卡尔坐标系：用矢量的各分量来确定直角坐标，即在“矢量”对话框的 I 、 J 和 K 文本框中输入矢量的各分量值来创建矢量。
- 球坐标系：矢量坐标分量为球形坐标系的两个角度值，其中 Phi 是矢量与 X 轴的夹角， Theta 是矢量在 XY 面内的投影与 ZC 轴的夹角，通过在文本框中输入角度值，定义矢量方向。

4.5.3 旋转特征创建的一般过程

下面以图 4.5.5 所示的模型的旋转特征为例，说明创建旋转特征的一般操作过程。

Step1. 打开文件 D:\ug12mo\work\ch04.05\revolved.prt。

Step2. 选择命令。选择 插入(S) ➡ 设计特征(E)▸ ➡ 旋转(R)... 命令，系统弹出“旋转”对话框。

Step3. 定义旋转截面。单击按钮，选取图 4.5.6 所示的曲线为旋转截面，单击中键确认。

Step4. 定义旋转轴。单击按钮，在系统弹出的“矢量”对话框的 类型 下拉列表中选择 曲线/轴矢量 选项，选取图 4.5.6 所示的直线为旋转轴，然后单击“矢量”对话框中的 确定 按钮。

历史记录模式
模型视图
摄像机
模型历史记录
基准坐标系 (0)
草图 (1) "SKETCH_...
草图 (2) "SKETCH_...
回转 (5)

图 4.5.5 模型及模型树

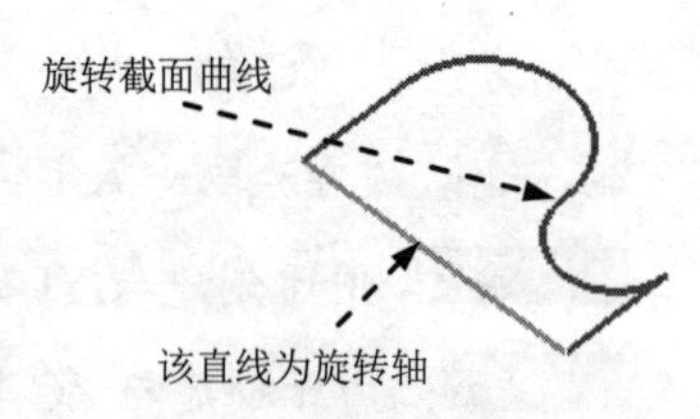

图 4.5.6 定义旋转截面和旋转轴

注意：

（1）Step3 和 Step4 两步操作可以简化为：先选取图 4.5.6 所示的曲线为旋转截面，再单击中键以结束截面曲线的选取，然后选取图 4.5.6 所示的直线为旋转轴。

（2）如图 4.5.6 所示，作为旋转截面的曲线和作为旋转轴的直线是两个独立的草图。

Step5. 确定旋转角度的起始值和结束值。在“旋转”对话框 开始 区域的 角度 文本框中输入值 0，在 结束 区域的 角度 文本框中输入值 360。

Step6. 单击< 确定 >按钮，完成旋转特征的创建。

4.6　倒斜角

构建特征不能单独生成，而只能在其他特征上生成，孔特征、倒斜角特征和倒圆角特征等都是典型的构建特征。使用“倒斜角”命令可以在两个面之间创建用户需要的倒角。下面以图 4.6.1 所示的范例来说明创建倒斜角的一般过程。

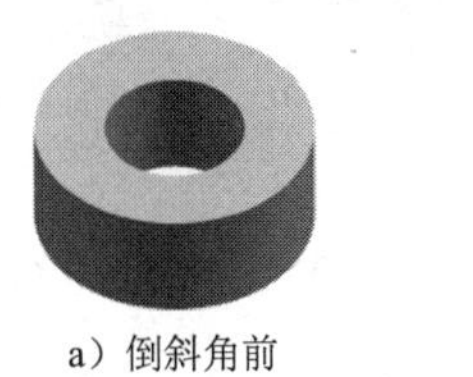

a）倒斜角前

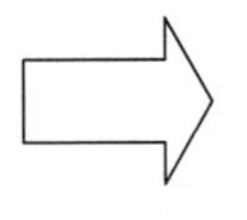

b）倒斜角后

图 4.6.1　创建倒斜角

Step1. 打开文件 D:\ug11.1\work\ch04.07\chamber.prt。

Step2. 选择命令。选择下拉菜单 插入(S) ➡ 细节特征(L) ➡ 倒斜角(M)... 命令，系统弹出图 4.6.2 所示的“倒斜角”对话框。

Step3. 选择倒斜角方式。在 横截面 下拉列表中选择 对称 选项，如图 4.6.2 所示。

Step4. 选取图 4.6.3 所示的边线为倒斜角的参照边。

Step5. 定义倒角参数。在系统弹出的动态输入框中输入偏置值 2.0（可拖动屏幕上的拖拽手柄至用户需要的偏置值），如图 4.6.4 所示。

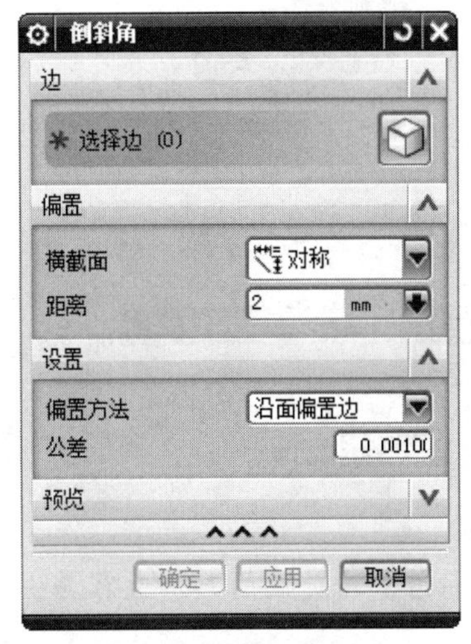

图 4.6.2　“倒斜角”对话框

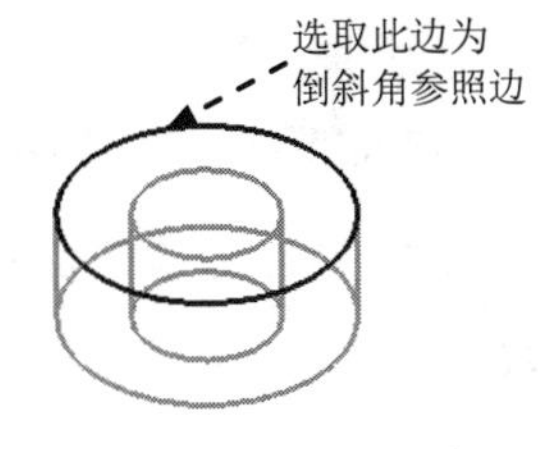

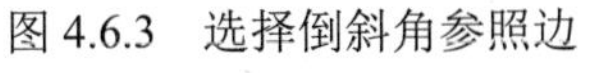

图 4.6.3　选择倒斜角参照边

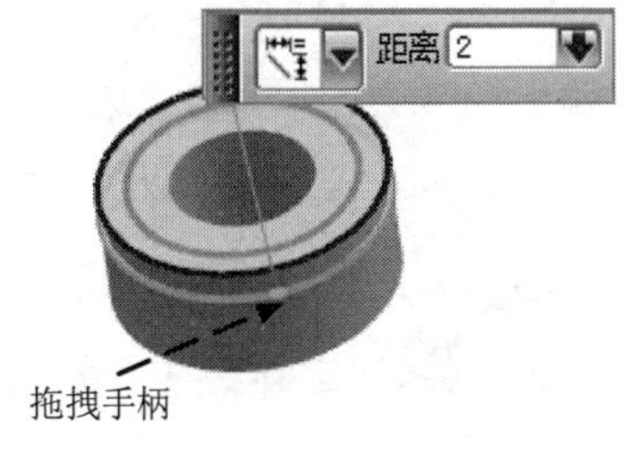

图 4.6.4　拖动拖拽手柄

Step6. 单击< 确定 >按钮，完成倒斜角的创建。

图 4.6.2 所示的“倒斜角”对话框中有关选项的说明如下。

- 对称：选择该选项，建立一简单倒斜角，沿两个表面的偏置值是相同的。

- 非对称：选择该选项，建立一简单倒斜角，沿两个表面有不同的偏置量。对于不对称偏置，可利用按钮反转倒斜角偏置顺序（从边缘一侧到另一侧）。
- 偏置和角度：选择该选项，建立一简单倒斜角，它的偏置量是由一个偏置值和一个角度决定的。
- 偏置方法：包括以下两种偏置方法。
  - ☑ 沿面偏置边：仅为简单形状生成精确的倒斜角，从倒斜角的边开始，沿着面测量偏置值，这将定义新倒斜角面的边。
  - ☑ 偏置面并修剪：如果被倒斜角的面很复杂，此选项可延伸用于修剪原始曲面的每个偏置曲面。

4.7 边 倒 圆

使用“边倒圆”（倒圆角）命令可以使多个面共享的边缘变光滑，如图 4.7.1b 所示。它既可以创建圆角的边倒圆（对凸边缘则去除材料），也可以创建倒圆角的边倒圆（对凹边缘则添加材料）。下面以图 4.7.1 所示的范例说明边倒圆的一般创建过程。

Task1．打开零件模型

打开文件 D:\ug12mo\work\ch04.07\blend.prt。

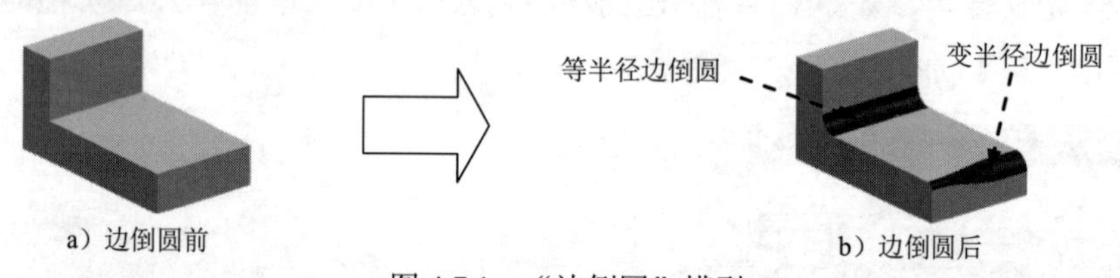

图 4.7.1 “边倒圆”模型

Task2．创建等半径边倒圆

Step1. 选择命令。选择下拉菜单 插入(S) → 细节特征(L) → 边倒圆(E)... 命令，系统弹出图 4.7.2 所示的“边倒圆”对话框。

Step2. 定义圆角形状。在对话框的 形状 下拉列表中选择 圆形 选项。

图 4.7.2 所示的“边倒圆”对话框中各选项的说明如下。

- （选择边）：该按钮用于创建一个恒定半径的圆角，这是最简单、最容易生成的圆角。
- 形状 下拉列表：用于定义倒圆角的形状，包括以下两个形状。
  - ☑ 圆形：选择此选项，倒圆角的截面形状为圆形。
  - ☑ 二次曲线：选择此选项，倒圆角的截面形状为二次曲线。

- 变半径：定义边缘上的点，然后输入各点位置的圆角半径值，沿边缘的长度改变倒圆半径。在改变圆角半径时，必须至少已指定了一个半径恒定的边缘，才能使用该选项对它添加可变半径点。
- 拐角倒角：添加回切点到一倒圆拐角，通过调整每一个回切点到顶点的距离，对拐角应用其他的变形。
- 拐角突然停止：通过添加突然停止点，可以在非边缘端点处停止倒圆，进行局部边缘段倒圆。

图 4.7.2　“边倒圆”对话框

Step3. 选取要倒圆的边。单击边区域中的按钮，选取要倒圆的边，如图 4.7.3 所示。

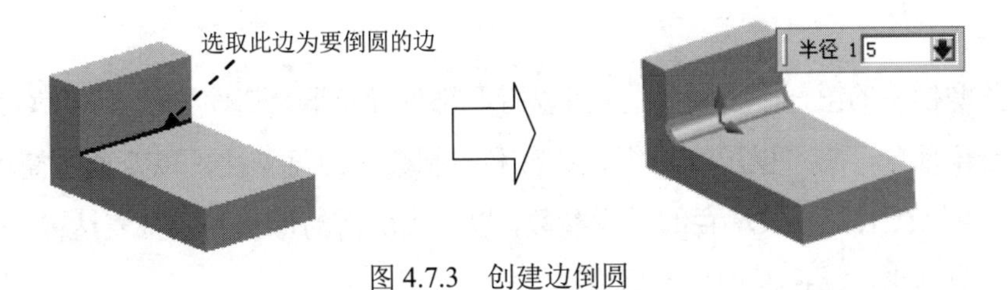

图 4.7.3　创建边倒圆

Step4. 输入倒圆参数。在对话框的半径 1文本框中输入圆角半径值 5。

Step5. 单击< 确定 >按钮，完成边倒圆特征的创建。

Task3. 创建变半径边倒圆

Step1. 选择命令。选择下拉菜单插入(S) → 细节特征(L) → 边倒圆(E)...命令，系统弹出“边倒圆”对话框。

Step2. 选取要倒圆的边。选取图 4.7.4 所示的倒圆参照边。

Step3. 定义圆角形状。在对话框的形状下拉列表中选择圆形选项。

Step4. 定义变半径点。单击变半径下方的指定半径点区域，单击参照边上任意一点，系统在参照边上出现“圆弧长锚”，如图 4.7.5 所示。单击“圆弧长锚”并按住左键不放，拖动到弧长百分比值为 91.0%的位置（或输入弧长百分比值 91.0%）。

Step5. 定义圆角参数。在系统弹出的动态输入框中输入半径值 2（也可拖动“可变半径拖动手柄”至需要的半径值）。

Step6. 定义第二个变半径点。其圆角半径值为 5，弧长百分比值为 28.0%，详细步骤同 Step4、Step5。

Step7. 单击< 确定 >按钮，完成可变半径边倒圆特征的创建。

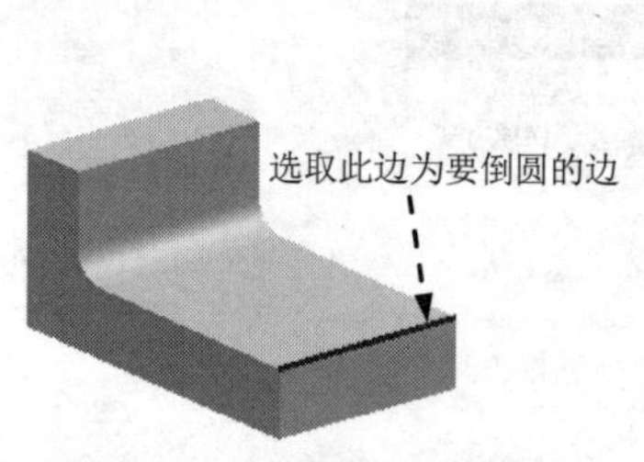

图 4.7.4 选取倒圆参照边

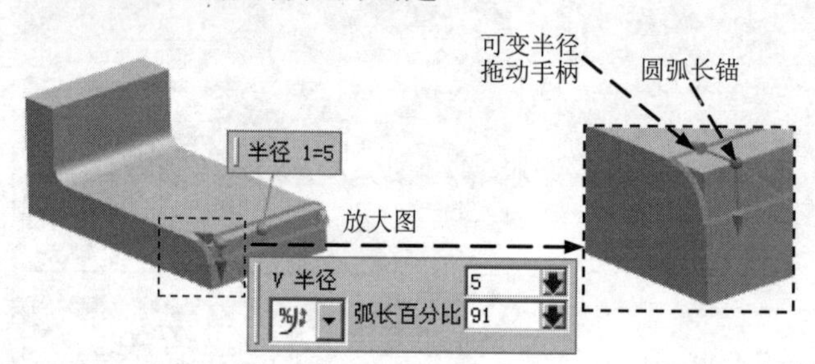

图 4.7.5 创建第一个“圆弧长锚”

4.8 UG NX 的部件导航器

4.8.1 部件导航器概述

部件导航器提供了在工作部件中特征父子关系的可视化表示，允许在特征上执行各种编辑操作。

单击资源板中的第三个按钮，可以打开部件导航器。部件导航器是 UG NX 12.0 资源板中的一个部分，它可以用来组织、选择和控制数据的可见性，以及通过简单浏览来理解数据，也可以在其中更改现存的模型参数，以得到所需的形状和定位表达；另外，“制图”和“建模”数据也包括在部件导航器中。

部件导航器被分隔成 4 个面板：“主面板”“相关性面板”“细节面板”以及“预览面板”。构造模型或图纸时，数据被填充到这些面板窗口。使用这些面板导航部件并执行各种操作。

4.8.2 部件导航器界面简介

部件导航器“主面板”提供了最全面的部件视图。可以使用它的树状结构（简称“模型树”）查看和访问实体、实体特征及所依附的几何体、视图、图样、表达式、快速检查以及模型中的引用集。

打开文件 D:\ug12mo\work\ch04.08\section.prt，模型如图 4.8.1 所示，在与之相应的模型树中，括号内的时间戳记跟在各特征名称的后面。部件导航器“主面板”有两种模式：“时间戳记顺序”和“非时间戳记顺序”模式，如图 4.8.2 所示。

（1）在“部件导航器”中右击，在系统弹出的快捷菜单中选择 ✔ 时间戳记顺序 命令，如图 4.8.3 所示。可以在两种模式间进行切换。

（2）在“设计视图”模式下，工作部件中的所有特征在模型节点下显示，包括它们的特征和操作，先显示最近创建的特征（按相反的时间戳记顺序）；在“时间戳记顺序”模式下，工作部件中的所有特征都按它们创建的时间戳记显示为一个节点的线性列表，“非时间戳记顺序”模式不包括“设计视图”模式中可用的所有节点，如图 4.8.4 和图 4.8.5 所示。

部件导航器“相关性” 面板可以查看部件中特征几何体的父子关系，可以帮助修改计划对部件的潜在影响。单击相关性选项可以打开和关闭该面板，选择其中一个特征，其界面如图 4.8.6 所示。

部件导航器“细节” 面板显示属于当前所选特征的定位参数。如果特征被表达式抑制，则特征抑制也将显示。单击细节选项可以打开和关闭该面板，选择其中一个特征，其界面如图 4.8.7 所示。

图 4.8.1 参照模型

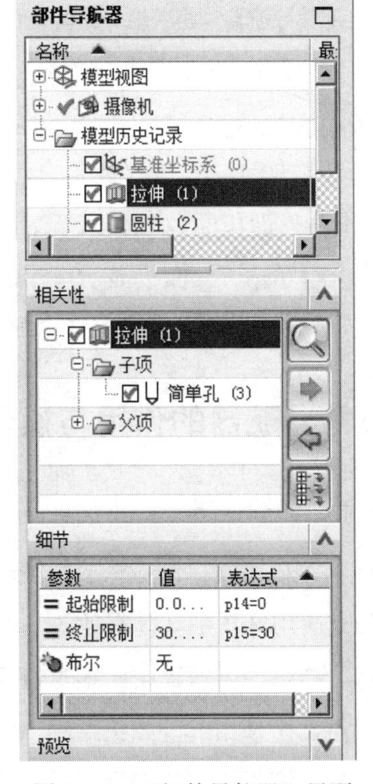

图 4.8.2 “部件导航器”界面

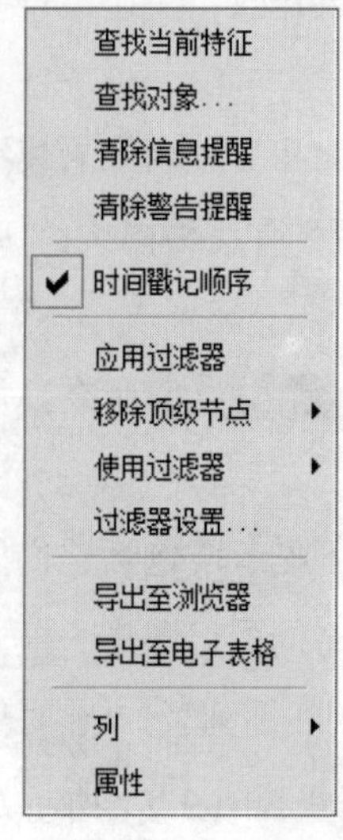

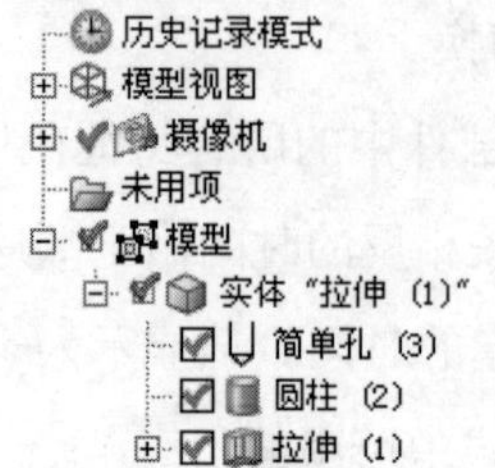

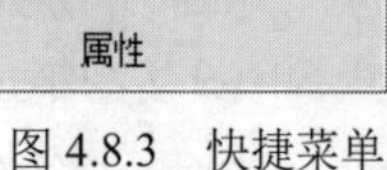

图 4.8.3　快捷菜单　　图 4.8.4　“非时间戳记顺序”模式　　图 4.8.5　“时间戳记顺序”模式

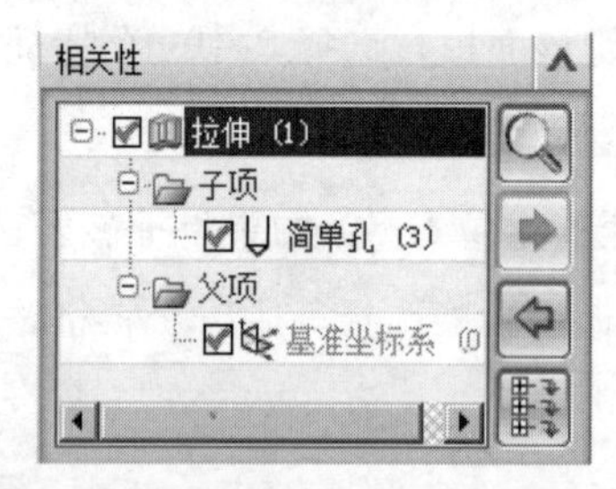

图 4.8.6　部件导航器“相关性”面板界面

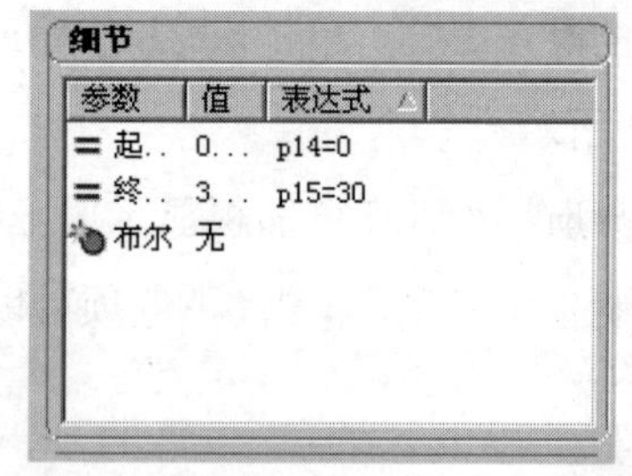

图 4.8.7　部件导航器“细节”面板界面

“细节” 面板有三列：参数、值和表达式。在此仅显示单个特征的参数，可以直接在“细节”面板中编辑该值：双击该值进入编辑模式，可以更改表达式的值，按 Enter 键结束编辑。参数和表达式可以通过右击系统弹出菜单中的“导出至浏览器”或“导出至电子表格”，将“细节”面板的内容导出至浏览器或电子表格，并且可以按任意列排序。

部件导航器“预览” 面板显示可用的预览对象的图像。单击预览选项可以打开和关闭该面板。“预览” 面板的性质与上述“细节” 面板类似，不再赘述。

4.8.3　部件导航器的作用与操作

1. 部件导航器的作用

部件导航器可以用来抑制或释放特征和改变它们的参数或定位尺寸等，部件导航器在所有 UG NX 12.0 应用环境中都是有效的，而不只是在建模环境中有效。可以在建模环境执行特征编辑操作。在部件导航器中，编辑特征可以引起一个在模型上执行的更新。

在部件导航器中使用时间戳记顺序，可以按时间序列排列建模所用到的每个步骤，并且可以对其进行参数编辑、定位编辑、显示设置等各种操作。

部件导航器中提供了正等测视图、前视图、右视图等8个模型视图，用于选择当前视图的方向，以便从各个视角观察模型。

2. 部件导航器的显示操作

部件导航器对识别模型特征是非常有用的。在部件导航器窗口中选择一个特征，该特征将在图形区高亮显示，并在部件导航器窗口中高亮显示其父特征和子特征。反之，在图形区中选择一特征，该特征及其父/子层级也会在部件导航器窗口中高亮显示。

为了显示部件导航器，可以在图形区左侧的资源条上单击按钮，系统弹出部件导航器界面。当光标离开部件导航器窗口时，部件导航器窗口立即关闭，以方便图形区的操作。如果需要固定部件导航器窗口的显示，单击按钮，然后在系统弹出的菜单中选中 销住 选项，则窗口始终固定显示。

如果需要以某个方向观察模型，可以在部件导航器中双击 模型视图 下的选项（图4.8.8），得到图4.8.8所示的8个方向的视角，当前应用视图后有"（工作）"字样。

3. 在部件导航器中编辑特征

在"部件导航器"中，有多种方法可以选择和编辑特征，在此列举两种。

方法一：

Step1. 双击树列表中的特征，打开其编辑对话框。

Step2. 用与创建时相同的对话框控制编辑其特征。

图4.8.8 "模型视图"中的选项

方法二：

Step1. 在树列表中选择一个特征。

Step2. 右击，选择系统弹出菜单中的 编辑参数(P)... 命令，打开其编辑对话框。

Step3. 用与创建时相同的对话框控制编辑其特征。

4. 显示表达式

在"部件导航器"中会显示"主面板表达式"文件夹内定义的表达式，且其名称前会

显示表达式的类型（即距离、长度或角度等）。

5．抑制与取消抑制

打开文件 D:\ug12mo\work\ch04.08\Suppressed.prt，通过抑制（Suppressed）功能可使已显示的特征临时从图形区中移去。取消抑制后，该特征显示在图形区中。例如，图 4.8.9a 的孔特征处于抑制的状态，此时其模型树如图 4.8.10a 所示；图 4.8.9b 的孔特征处于取消抑制的状态，此时其模型树如图 4.8.10b 所示。

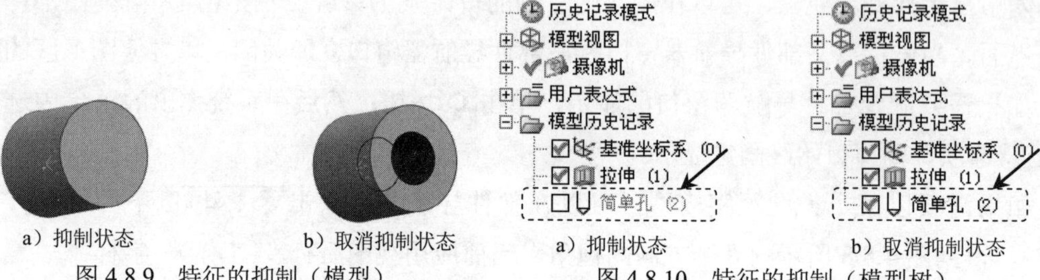

a）抑制状态　　b）取消抑制状态

图 4.8.9　特征的抑制（模型）

a）抑制状态　　b）取消抑制状态

图 4.8.10　特征的抑制（模型树）

如果要抑制某个特征，可在模型树中选择该特征并右击，在系统弹出的快捷菜单中选择 抑制(S) 命令。如果需要取消某个特征的抑制，可在模型树中选择该特征并右击，在系统弹出的快捷菜单中选择 取消抑制(U) 命令，即可恢复显示。

说明：

- 选取 抑制(S) 命令可以使用另外一种方法，即在模型树中选择某个特征后右击，在系统弹出的快捷菜单中选择 抑制(S) 命令。
- 在抑制某个特征时，其子特征也将被抑制；在取消抑制某个特征时，其父特征也将被取消抑制。

6．特征回放

使用下拉菜单 编辑(E) → 特征(F) ▸ → 重播... 命令，可以一次显示一个特征，逐步表示模型的构造过程。

注意：

- 被抑制的特征在回放过程中是不显示的。
- 如果草图是在特征内部创建的，则在回放过程中不显示；否则草图会显示。

7．信息获取

信息（Information）下拉菜单提供了获取有关模型信息的选项。

信息窗口显示所选特征的详细信息，包括特征名、特征表达式、特征参数和特征的父子关系等。特征信息的获取方法：在部件导航器中选择特征并右击，然后选择 信息(I) 命令，系统弹出“信息”窗口。

说明：

- 在“信息”窗口中可以单击命令。在系统弹出的“另存为”对话框中可以以文本格式保存在信息窗口中列出的所有信息；命令用于将信息列表打印。

8．细节

在模型树中选择某个特征后，在“细节”面板中会显示该特征的参数、值和表达式，右击某个表达式，在系统弹出的快捷菜单中选择 编辑 命令，可以对表达式进行编辑，以便对模型进行修改。例如，在图 4.8.11 所示的“细节”面板中显示的是一个拉伸特征的细节，右击表达式 p3=45，选择 编辑 命令，在文本框中输入值 50 并按 Enter 键，则该拉伸特征会变厚。

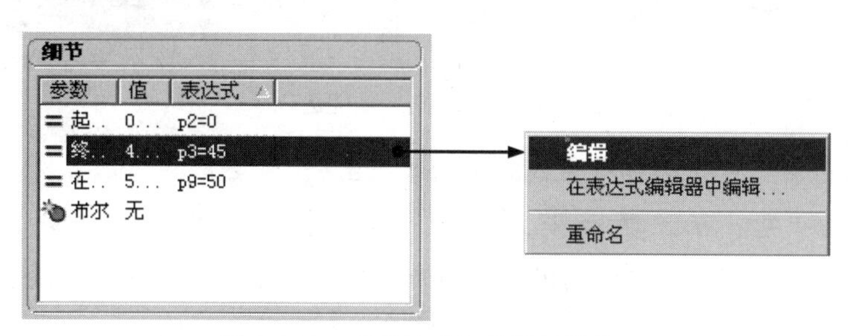

图 4.8.11　“表达式”编辑的操作

4.9　对象操作

在对模型特征操作时，往往需要对目标对象进行显示、隐藏、分类和删除等操作，使用户能更快捷、更容易地达到目的。

4.9.1　控制对象模型的显示

模型的显示控制主要通过图 4.9.1 所示的“视图”功能选项卡来实现，也可通过 视图(V) 下拉菜单中的命令来实现。

图 4.9.1 所示的“视图”功能选项卡中部分选项说明如下。

（适合窗口）：调整工作视图的中心和比例以显示所有对象。

：正三轴测图。

：俯视图。

：正等测图。

：左视图。

：前视图。

：右视图。

：后视图。

：仰视图。

：以带线框的着色图显示。

：以纯着色图显示。

：不可见边用虚线表示的线框图。

：隐藏不可见边的线框图。

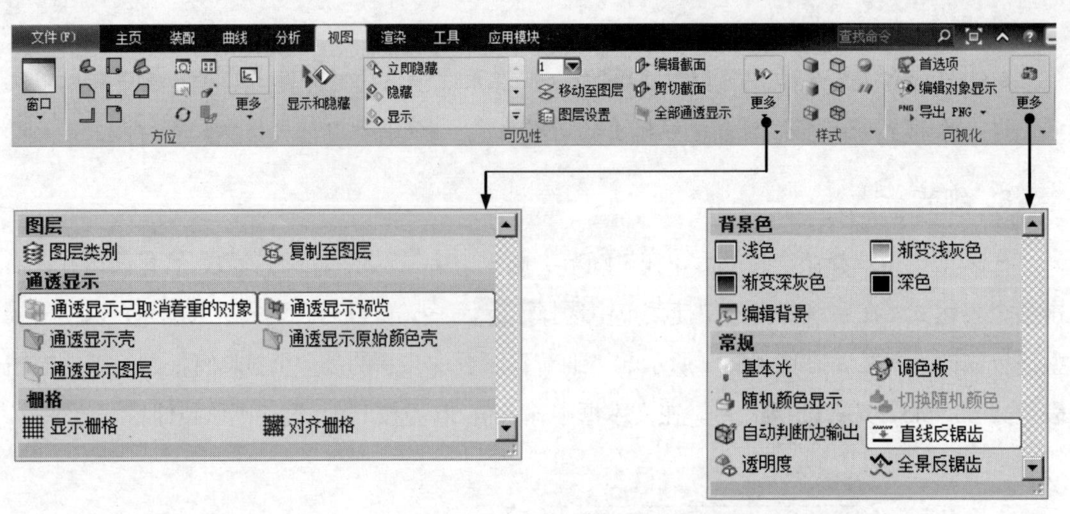

图 4.9.1 “视图”功能选项卡

：可见边和不可见边都用实线表示的线框图。

：艺术外观。在此显示模式下，选择下拉菜单 视图(V) → 可视化(V) ▸ → 材料/纹理(M)... 命令，可以对它们指定的材料和纹理特性进行实际渲染。没有指定材料或纹理特性的对象，看起来与“着色”渲染样式下所进行的着色相同。

：在“面分析”渲染样式下，选定的曲面对象由小平面几何体表示，并渲染小平面以指示曲面分析数据，剩余的曲面对象由边缘几何体表示。

：在“局部着色”渲染样式中，选定曲面对象由小平面几何体表示，这些几何体通过着色和渲染显示，剩余的曲面对象由边缘几何体显示。

全部通透显示：全部通透显示。

通透显示壳：使用指定的颜色将已取消着重的着色几何体显示为透明壳。

通透显示原始颜色壳：将已取消着重的着色几何体显示为透明壳，并保留原始的着色几何体颜色。

通透显示图层：使用指定的颜色将已取消着重的着色几何体显示为透明图层。

浅色：浅色背景。 渐变浅灰色：渐变浅灰色背景。 渐变深灰色：渐变深灰色背景。

深色：深色背景。

剪切截面：剪切工作截面。 编辑截面：编辑工作截面。

4.9.2 删除对象

利用 编辑(E) 下拉菜单中的 删除(D)... 命令可以删除一个或多个对象。下面以图 4.9.2 所示的模型为例，说明删除对象的一般操作过程。

Step1. 打开文件 D:\ug12mo\work\ch04.09\delete.prt。

Step2. 选择命令。选择下拉菜单 编辑(E) → 删除(D)... 命令，系统弹出图 4.9.3 所示的“类选择”对话框。

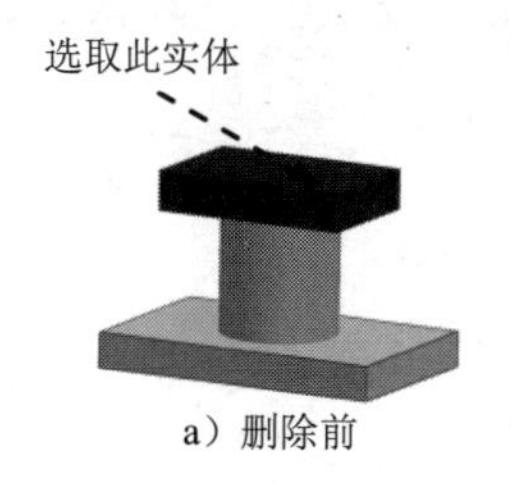

a）删除前

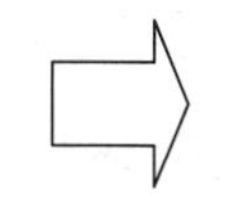

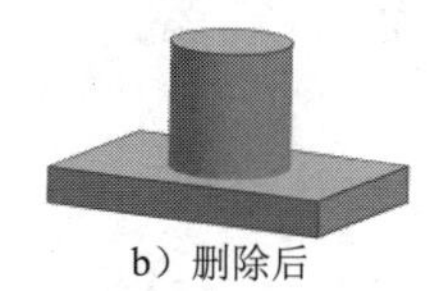
b）删除后

图 4.9.2 删除对象

Step3. 定义删除对象。选取图 4.9.2a 所示的实体。

Step4. 单击 确定 按钮，完成对象的删除。

图 4.9.3 所示的“类选择”对话框中各选项功能的说明如下。

- 按钮：用于选取图形区中可见的所有对象。
- 按钮：用于选取图形区中未被选中的全部对象。
- 按名称选择 文本框：输入预选对象的名称，系统会自动选取对象。
- 过滤器 区域：用于设置选取对象的类型。

☑ 按钮：通过指定对象的类型来选取对象。单击该按钮，系统弹出图 4.9.4 所示的“按类型选择”对话框，可以在列表中选择所需的对象类型。

☑ 按钮：通过指定图层来选取对象。

☑ 颜色过滤器：通过指定颜色来选取对象。

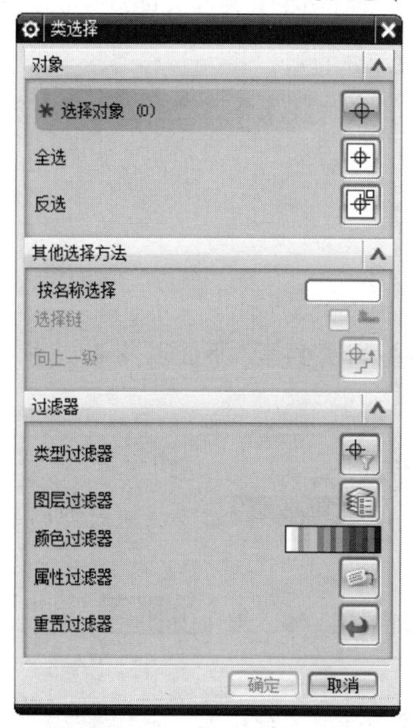

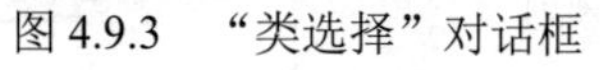
图 4.9.3 “类选择”对话框

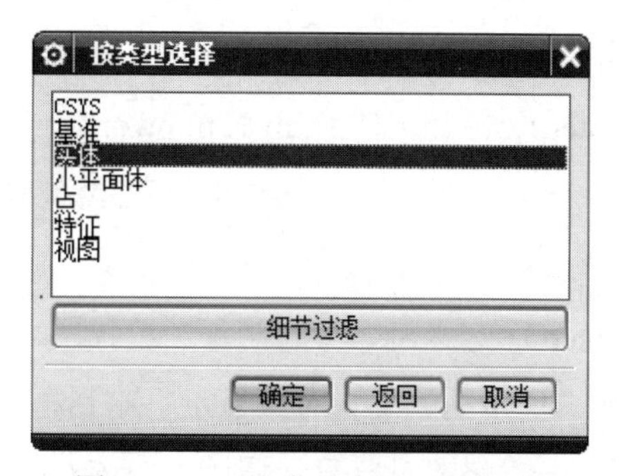

图 4.9.4 “按类型选择”对话框

☑ 按钮：利用其他形式进行对象选取。单击该按钮，系统弹出“按属性选择”对话框，可以在列表中选择对象所具有的属性，也允许自定义某种对象的属性。

☑ 按钮：取消之前设置的所有过滤方式，恢复到系统默认的设置。

4.9.3 隐藏与显示对象

对象的隐藏就是使该对象在零件模型中不显示。下面以图 4.9.5 所示的模型为例，说明隐藏与显示对象的一般操作过程。

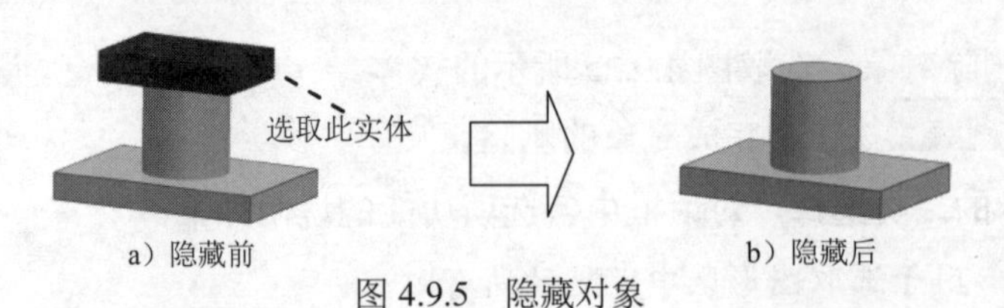

图 4.9.5 隐藏对象

Step1. 打开文件 D:\ug12mo\work\ch04.09\hide.prt。

Step2. 选择命令。选择下拉菜单 编辑(E) → 显示和隐藏(H) ▸ → 隐藏(H)... 命令，系统弹出“类选择”对话框。

Step3. 定义隐藏对象。选取图 4.9.5a 所示的实体。

Step4. 单击 确定 按钮，完成对象的隐藏。

Step5. 显示被隐藏的对象。选择下拉菜单 编辑(E) → 显示和隐藏(H) ▸ → 显示(S)... 命令（或按 Ctrl+Shift+K 组合键），系统弹出“类选择”对话框，选取 Step3 中隐藏的实体，则又恢复到图 4.9.5a 所示的状态。

说明：还可以在模型树中右击对象，在系统弹出的快捷菜单中选择 隐藏(H) 或 显示(S) 命令快速完成对象的隐藏或显示。

4.9.4 编辑对象的显示

编辑对象的显示就是修改对象的层、颜色、线型和宽度等。下面以图 4.9.6 所示的模型为例，说明编辑对象显示的一般过程。

Step1. 打开文件 D:\ug12mo\work\ch04.09\display.prt。

Step2. 选择命令。选择下拉菜单 编辑(E) → 对象显示(J)... 命令，系统弹出“类选择”对话框。

Step3. 定义需编辑的对象。选择图 4.9.6a 所示的圆柱体，单击 确定 按钮，系统弹出图 4.9.7 所示的“编辑对象显示”对话框。

Step4. 修改对象显示属性。在该对话框的 颜色 区域中选择黑色，单击 确定 按钮，在 线型 下拉列表中选择虚线，在 宽度 下拉列表中选择粗线宽度，如图 4.9.7 所示。

Step5. 单击 确定 按钮，完成对象显示的编辑。

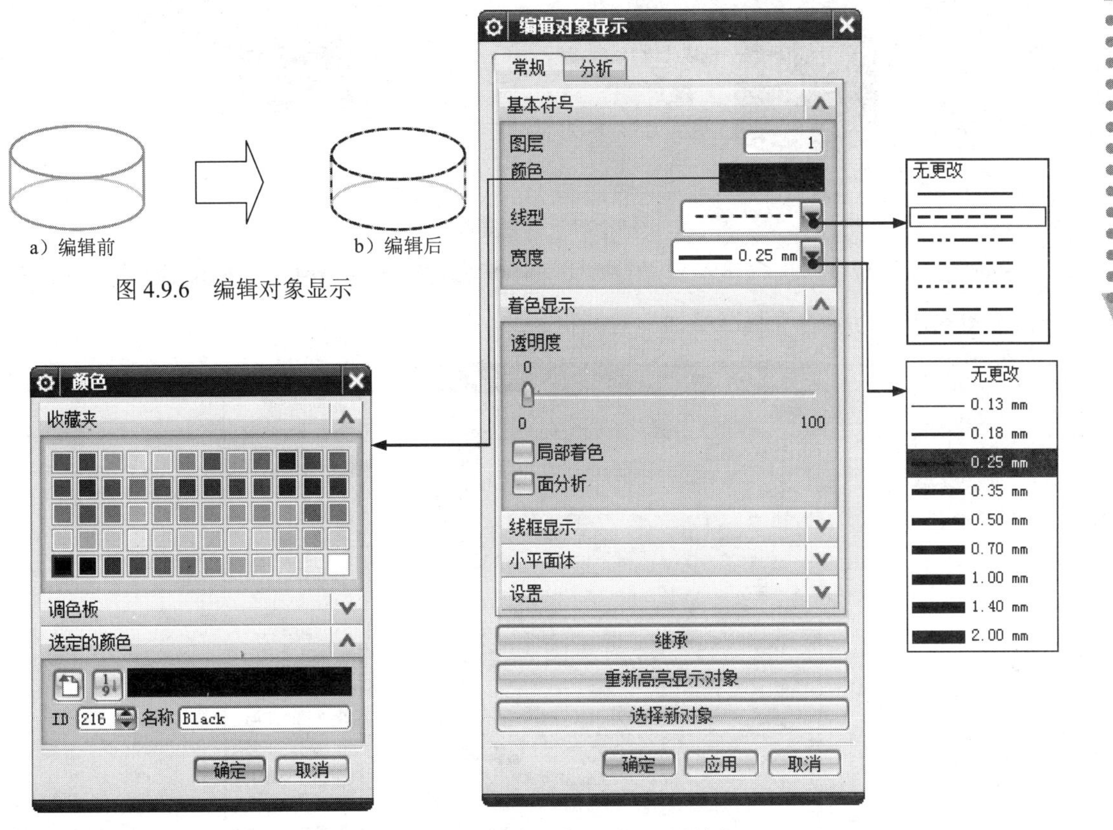

图 4.9.6 编辑对象显示

图 4.9.7 “编辑对象显示”对话框

4.10 基准特征

4.10.1 基准平面

基准平面可作为创建其他特征（如圆柱、圆锥、球以及旋转的实体等）的辅助工具。可以创建两种类型的基准平面：相对的和固定的。

（1）相对基准平面：它是根据模型中的其他对象创建的，可使用曲线、面、边缘、点及其他基准作为基准平面的参考对象。

（2）固定基准平面：它既不供参考，也不受其他几何对象的约束，但在用户定义特征中除外。可使用任意相对基准平面方法创建固定基准平面，方法是：取消选择“基准平面”对话框中的□ 关联复选框；还可根据 WCS 和绝对坐标系，并通过使用方程式中的系数，使用一些特殊方法创建固定基准平面。

下面以图 4.10.1 所示的范例来说明创建基准平面的一般过程。

Step1. 打开文件 D:\ug12mo\work\ch04.10\define_plane.prt。

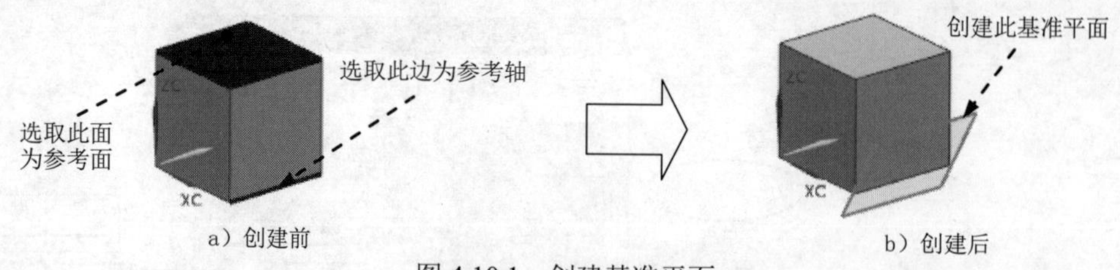

图 4.10.1　创建基准平面

Step2. 选择命令。选择下拉菜单 插入(S) → 基准/点(D) ▸ → 基准平面(D)... 命令，系统弹出图 4.10.2 所示的“基准平面”对话框。

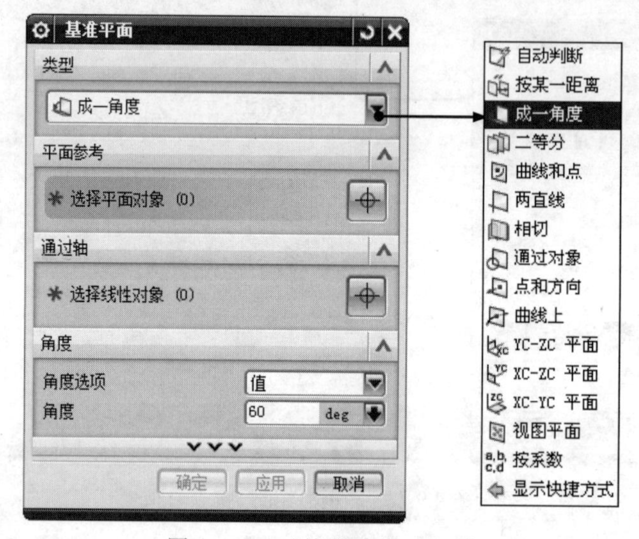

图 4.10.2　“基准平面”对话框

Step3. 选择创建基准平面的方法。在“基准平面”对话框的类型下拉列表中选择 成一角度 选项，如图 4.10.2 所示。

Step4. 定义参考对象。选取上平面为参考平面，选取与平面平行的一边为参考轴，如图 4.10.1a 所示。

Step5. 定义参数。在对话框的 角度 文本框中输入角度值 60，单击 < 确定 > 按钮，完成基准平面的创建。

图 4.10.2 所示的“基准平面”对话框类型下拉列表中各选项功能的说明如下。

- 自动判断：通过选择的对象自动判断约束条件。例如，选取一个表面或基准平面时，系统自动生成一个预览基准平面，可以输入偏置值和数量来创建基准平面。
- 按某一距离：通过输入偏置值创建与已知平面（基准平面或零件表面）平行的基准平面。
- 成一角度：通过输入角度值创建与已知平面成一角度的基准平面。先选择一个平的面或基准平面，然后选择一个与所选面平行的线性曲线或基准轴，以定义旋转轴。
- 二等分：创建与两平行平面距离相等的基准平面，或创建与两相交平面所成角度相等的基准平面。

- 曲线和点：先指定一个点，然后指定第二个点或者一条直线、线性边、基准轴、面等。如果选择直线、基准轴、线性曲线或特征的边缘作为第二个对象，则基准平面同时通过这两个对象；如果选择一般平面或基准平面作为第二个对象，则基准平面通过第一个点，但与第二个对象平行；如果选择两个点，则基准平面通过第一个点并垂直于这两个点所定义的方向；如果选择三个点，则基准平面通过这三个点。
- 两直线：通过选择两条现有直线，或直线与线性边、面的法向向量或基准轴的组合，创建的基准平面包含第一条直线且平行于第二条线。如果两条直线共面，则创建的基准平面将同时包含这两条直线。否则，还会有下面两种可能的情况。
  - ☑ 这两条线不垂直。创建的基准平面包含第二条直线且平行于第一条直线。
  - ☑ 这两条线垂直。创建的基准平面包含第一条直线且垂直于第二条直线，或是包含第二条直线且垂直于第一条直线（可以使用循环解实现）。
- 相切：创建一个与任意非平的表面相切的基准平面，还可选择与第二个选定对象相切。选择曲面后，系统显示与其相切的基准平面的预览，可接受预览的基准平面或选择第二个对象。
- 通过对象：根据选定的对象平面创建基准平面，对象包括曲线、边缘、面、基准、平面、圆柱、圆锥或旋转面的轴、基准坐标系、坐标系以及球面和旋转曲面。如果选择圆锥面或圆柱面，则在该面的轴线上创建基准平面。
- 点和方向：通过定义一个点和一个方向来创建基准平面。定义的点可以是使用点构造器创建的点，也可以是曲线或曲面上的点；定义的方向可以通过选取的对象自动判断，也可以使用矢量构造器来构建。
- 曲线上：创建一个与曲线垂直或相切且通过已知点的基准平面。
- YC-ZC 平面：沿工作坐标系（WCS）或绝对坐标系（ACS）的 YC-ZC 轴创建一个固定的基准平面。
- XC-ZC 平面：沿工作坐标系（WCS）或绝对坐标系（ACS）的 XC-ZC 轴创建一个固定的基准平面。
- XC-YC 平面：沿工作坐标系（WCS）或绝对坐标系（ACS）的 XC-YC 轴创建一个固定的基准平面。
- 视图平面：创建平行于视图平面并穿过绝对坐标系（ACS）原点的固定基准平面。
- 按系数：通过使用系数 a、b、c 和 d 指定一个方程的方式，创建固定基准平面，该基准平面由方程 $ax+by+cz=d$ 确定。

4.10.2 基准轴

基准轴既可以是相对的，也可以是固定的。以创建的基准轴为参考对象，可以创建其

他对象，比如基准平面、旋转特征和拉伸体等。下面通过图 4.10.3 所示的范例来说明创建基准轴的一般操作步骤。

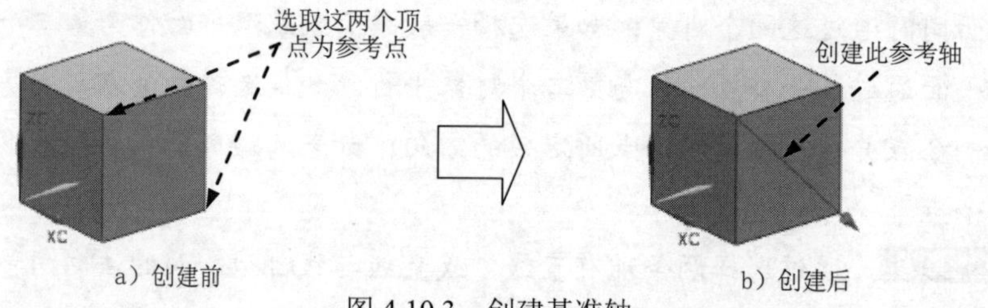

图 4.10.3 创建基准轴

Step1. 打开文件 D:\ug12mo\work\ch04.10\define_axis.prt。

Step2. 选择命令。选择下拉菜单 插入(S) ➡ 基准/点(D) ➡ 基准轴(A)... 命令，系统弹出图 4.10.4 所示的“基准轴”对话框。

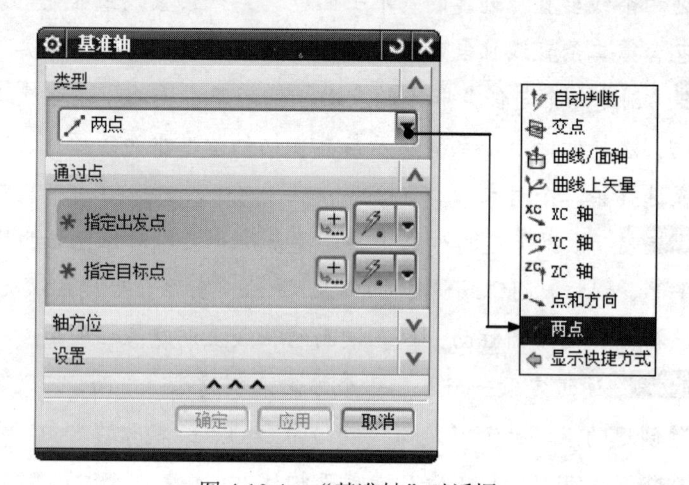

图 4.10.4 “基准轴”对话框

Step3. 选择“两点”方式来创建基准轴。在“基准轴”对话框的类型下拉列表中选择 两点 选项。

Step4. 定义参考点。选取立方体两个顶点为参考点，如图 4.10.3a 所示（创建的基准轴与选择点的先后顺序有关，可以通过单击“基准轴”对话框中的“反向”按钮调整）。

Step5. 单击 < 确定 > 按钮，完成基准轴的创建。

图 4.10.4 所示的“基准轴”对话框类型下拉列表中各选项功能的说明如下。

- 自动判断：系统根据选择的对象自动判断约束。
- 交点：通过两个相交平面创建基准轴。
- 曲线/面轴：创建一个起点在选择曲线上的基准轴。
- 曲线上矢量：创建与曲线的某点相切、垂直，或者与另一对象垂直或平行的基准轴。
- XC 轴：选择该选项，可以沿 XC 方向创建基准轴。
- YC 轴：选择该选项，可以沿 YC 方向创建基准轴。
- ZC 轴：选择该选项，可以沿 ZC 方向创建基准轴。

- 点和方向：通过定义一个点和一个矢量方向来创建基准轴。通过曲线、边或曲面上的一点，可以创建一条平行于线性几何体或基准轴、面轴，或垂直于一个曲面的基准轴。
- 两点：通过定义轴上的两点来创建基准轴。第一点为基点，第二点定义了从第一点到第二点的方向。

4.10.3 基准点

基准点用来为网格生成加载点、在绘图中连接基准目标和注释、创建坐标系及管道特征轨迹，也可以在基准点处放置轴、基准平面、孔和轴肩。

默认情况下，UG NX 12.0 将一个基准点显示为加号“+”，其名称显示为 point（n），其中 n 是基准点的编号。要选取一个基准点，可选择基准点自身或其名称。

1．通过给定坐标值创建点

现要在一个坐标系的偏距处创建基准点阵列，WCS 是一个坐标系，创建偏移该坐标系的三个点 1、2 和 3，如图 4.10.5 所示。它们相对该坐标系的坐标值为（8.0，8.0，0.0）、（15.0，8.0，0.0）和（15.0，12.0，0.0），一般操作步骤如下。

Step1．打开文件 D:\ug12mo\work\ch04.10\point_07.prt。

Step2．选择下拉菜单 插入(S) → 基准/点(D) → + 点(P)... 命令，系统弹出“点”对话框。

Step3．在类型区域的下拉列表中选择 光标位置 选项。在 X 、Y 、Z 文本框中对应输入三个点的坐标值分别为（8.0，8.0，0.0）、（15.0，8.0，0.0）和（15.0，12.0，0.0），并分别单击 应用 按钮确认。

Step4．单击“点”对话框中的 < 确定 > 按钮，完成基准点的创建，结果如图 4.10.5 所示。

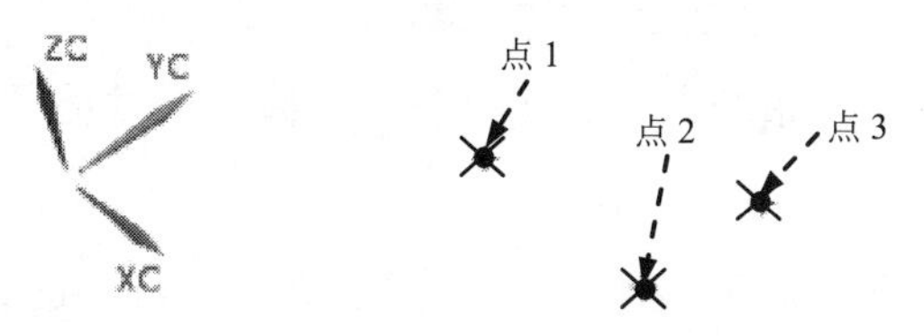

图 4.10.5 利用坐标值创建基准点

2．在端点上创建点

在端点上创建点是指在直线或曲线的末端创建点。下面以一个范例来说明在端点上创建基准点的一般过程。如图 4.10.6 所示，在模型顶点处创建一个点的一般操作步骤如下。

Step1．打开文件 D:\ug12mo\work\ch04.10\point_02.prt。

Step2. 选择下拉菜单 插入(S) → 基准/点(D) → 十 点(P)... 命令，系统弹出“点”对话框。

Step3. 选择创建基准点的方法。在类型区域的下拉列表中选择 端点 选项。

Step4. 定义参考对象。选取图 4.10.6a 所示长方体的边，单击 < 确定 > 按钮，完成基准点的创建，结果如图 4.10.6b 所示。

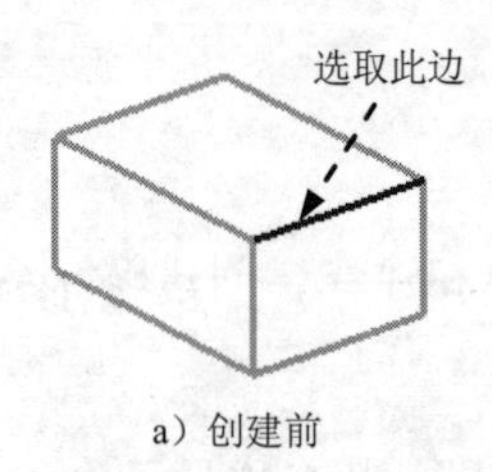

a）创建前

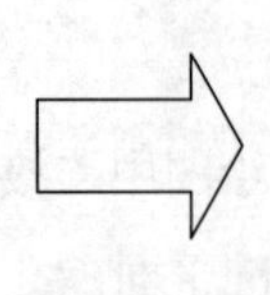

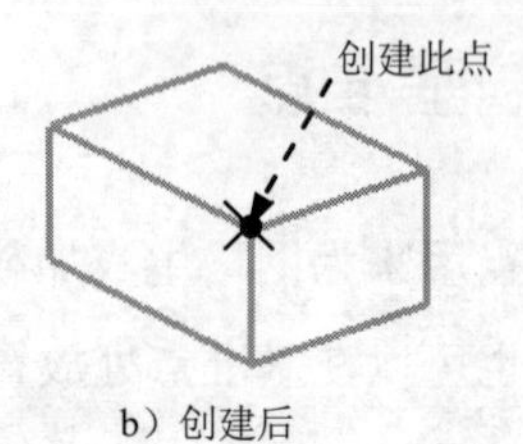

b）创建后

图 4.10.6 在端点上创建基准点

4.10.4 基准坐标系

基准坐标系由三个基准平面、三个基准轴和原点组成，在基准坐标系中可以选择单个基准平面、基准轴或原点。基准坐标系可用来创建其他特征、约束草图和定位在一个装配中的组件等。下面通过图 4.10.7 所示的范例来说明创建基准坐标系的一般操作过程。

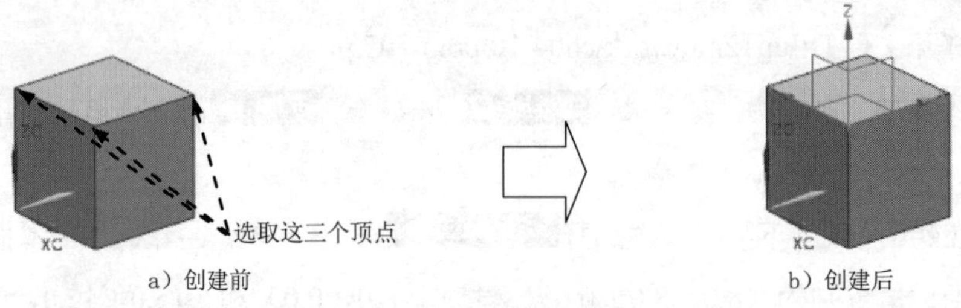

a）创建前　　b）创建后

图 4.10.7 创建基准坐标系

Step1. 打开文件 D:\ug12mo\work\ch04.10\define_csys.prt。

Step2. 选择命令。选择下拉菜单 插入(S) → 基准/点(D) ▸ → 基准坐标系(C)... 命令，系统弹出图 4.10.8 所示的“基准坐标系”对话框。

Step3. 选择创建基准坐标系的方式。在“基准坐标系”对话框的类型下拉列表中选择 原点，X 点，Y 点 选项。

Step4. 定义参考点。选取立方体的三个顶点作为基准坐标系的参考点，其中原点是第一点，X 轴是从第一点到第二点的矢量，Y 轴是从第一点到第三点的矢量，如图 4.10.7a 所示。

Step5. 单击 < 确定 > 按钮，完成基准坐标系的创建。

图 4.10.8 所示的“基准坐标系”对话框中各选项功能的说明如下。

- 动态：选择该选项，读者可以手动将坐标系移到所需的任何位置和方向。
- 自动判断：创建一个与所选对象相关的坐标系，或通过 X、Y 和 Z 分量的增量来创建坐标系。实际所使用的方法是基于所选择的对象和选项。要选择当前的坐标系，可选择自动判断的方法。

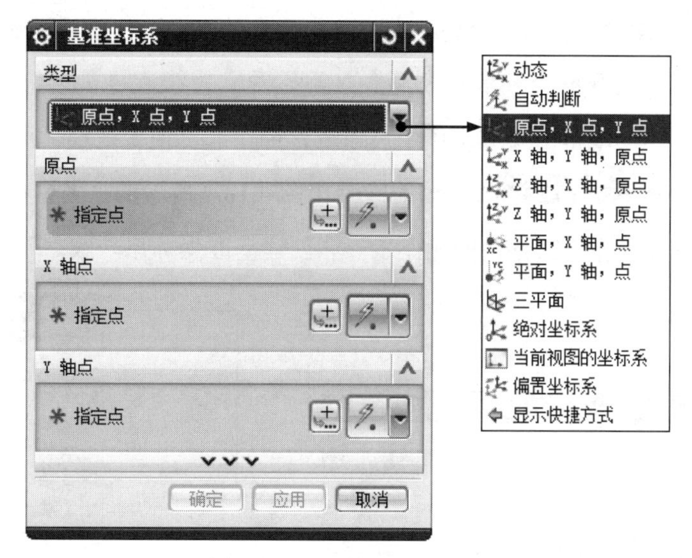

图 4.10.8 “基准坐标系”对话框

- 原点，X 点，Y 点：根据选择的三个点或创建三个点来创建坐标系。要想指定三个点，可以使用点方法选项或使用相同功能的菜单，打开“点构造器”对话框。X 轴是从第一点到第二点的矢量；Y 轴是从第一点到第三点的矢量；原点是第一点。
- X 轴，Y 轴，原点：根据所选择或定义的一点和两个矢量来创建坐标系。选择的两个矢量作为坐标系的 X 轴和 Y 轴；选择的点作为坐标系的原点。
- Z 轴，X 轴，原点：根据所选择或定义的一点和两个矢量来创建坐标系。选择的两个矢量作为坐标系的 Z 轴和 X 轴；选择的点作为坐标系的原点。
- Z 轴，Y 轴，原点：根据所选择或定义的一点和两个矢量来创建坐标系。选择的两个矢量作为坐标系的 Z 轴和 Y 轴；选择的点作为坐标系的原点。
- 平面，X 轴，点：根据所选择的一个平面、X 轴和原点来创建坐标系。其中选择的平面为 Z 轴平面，选取的 X 轴方向即为坐标系中 X 轴方向，选取的原点为坐标系的原点。
- 三平面：根据所选择的三个平面来创建坐标系。X 轴是第一个“基准平面/平的面”的法线；Y 轴是第二个“基准平面/平的面”的法线；原点是这三个基准平面/面的交点。
- 绝对坐标系：指定模型空间坐标系作为坐标系。X 轴和 Y 轴是“绝对坐标系”的 X 轴和 Y 轴；原点为“绝对坐标系”的原点。
- 当前视图的坐标系：将当前视图的坐标系设置为坐标系。X 轴平行于视图底部；Y 轴

平行于视图的侧面；原点为视图的原点（图形屏幕中间）。如果通过名称来选择，坐标系将不可见或在不可选择的层中。

- 偏置坐标系：根据所选择的现有基准坐标系的 X、Y 和 Z 的增量来创建坐标系。X 轴和 Y 轴为现有坐标系的 X 轴和 Y 轴；原点为指定的点。

在建模过程中，经常需要对工作坐标系进行操作，以便于建模。选择下拉菜单 格式(R) → WCS ▸ → 定向(N)... 命令，系统弹出图 4.10.9 所示的“坐标系”对话框，对所建的工作坐标系进行操作。其创建的操作步骤和创建基准坐标系一致。

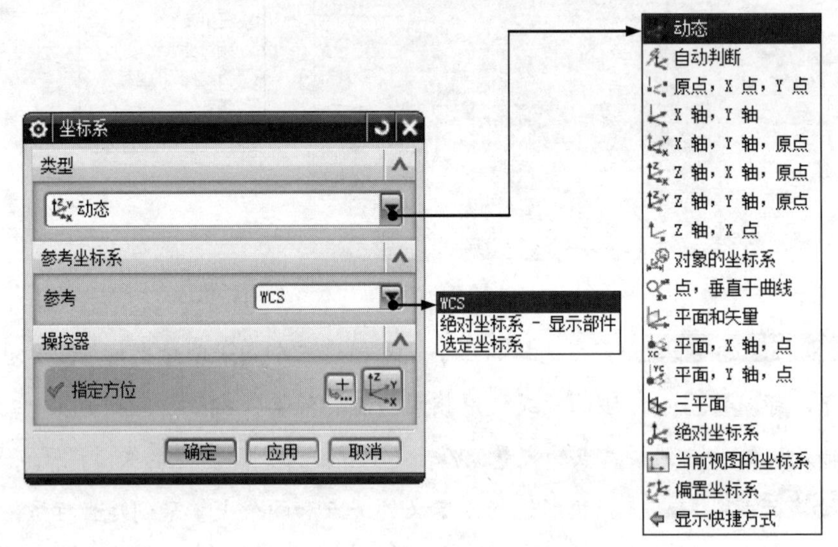

图 4.10.9 “坐标系”对话框

图 4.10.9 所示的“坐标系”对话框 类型 下拉列表中各选项功能的说明如下。

- 自动判断：通过选择的对象或输入坐标分量值来创建一个坐标系。
- 原点，X 点，Y 点：通过三个点来创建一个坐标系。这三点依次是原点、X 轴方向上的点和 Y 轴方向上的点。第一点到第二点的矢量方向为 X 轴正向，Z 轴正向由第二点到第三点按右手定则来确定。
- X 轴，Y 轴：通过两个矢量来创建一个坐标系。坐标系的原点为第一矢量与第二矢量的交点，XC-YC 平面为第一矢量与第二矢量所确定的平面，X 轴正向为第一矢量方向，从第一矢量至第二矢量按右手定则确定 Z 轴的正向。
- X 轴，Y 轴，原点：创建一点作为坐标系原点，再选取或创建两个矢量来创建坐标系。X 轴正向平行于第一矢量方向，XC-YC 平面平行于第一矢量与第二矢量所在平面，Z 轴正向由从第一矢量在 XC-YC 平面上的投影矢量至第二矢量在 XC-YC 平面上的投影矢量，按右手定则确定。
- Z 轴，X 点：通过选择或创建一个矢量和一个点来创建一个坐标系。Z 轴正向为矢量的方向，X 轴正向为沿点和矢量的垂线指向定义点的方向，Y 轴正向由从

Z 轴至 X 轴按右手定则确定，原点为三个矢量的交点。

- 对象的坐标系：用选择的平面曲线、平面或工程图来创建坐标系，XC-YC 平面为对象所在的平面。
- 点，垂直于曲线：利用所选曲线的切线和一个点的方法来创建一个坐标系。原点为切点，曲线切线的方向即为 Z 轴矢量，X 轴正向为沿点到切线的垂线指向点的方向，Y 轴正向由从 Z 轴至 X 轴矢量按右手定则确定。
- 平面和矢量：通过选择一个平面、选择或创建一个矢量来创建一个坐标系。X 轴正向为面的法线方向，Y 轴为矢量在平面上的投影，原点为矢量与平面的交点。
- 三平面：通过依次选择三个平面来创建一个坐标系。三个平面的交点为坐标系的原点，第一个平面的法向为 X 轴，第一个平面与第二个平面的交线为 Z 轴。
- 绝对坐标系：在绝对坐标原点（0, 0, 0）处创建一个坐标系，即与绝对坐标系重合的新坐标系。
- 当前视图的坐标系：用当前视图来创建一个坐标系。当前视图的平面即为 XC-YC 平面。

说明：“坐标系”对话框中的一些选项与“基准坐标系”对话框中的相同，此处不再赘述。

4.11 孔特征

在 UG NX 12.0 中，可以创建以下 3 种类型的孔特征（Hole）。

- 简单孔：具有圆形截面的切口，它始于放置曲面并延伸到指定的终止曲面或用户定义的深度。创建时要指定“直径”“深度”和“尖端尖角”。
- 埋头孔：该选项允许用户创建指定“孔直径”“孔深度”“尖角”“埋头直径”和“埋头深度”的埋头孔。
- 沉头孔：该选项允许用户创建指定“孔直径”“孔深度”“尖角”“沉头直径”和“沉头深度”的沉头孔。

下面以图 4.11.1 所示的零件为例，说明在一个模型上添加孔特征（简单孔）的一般操作过程。

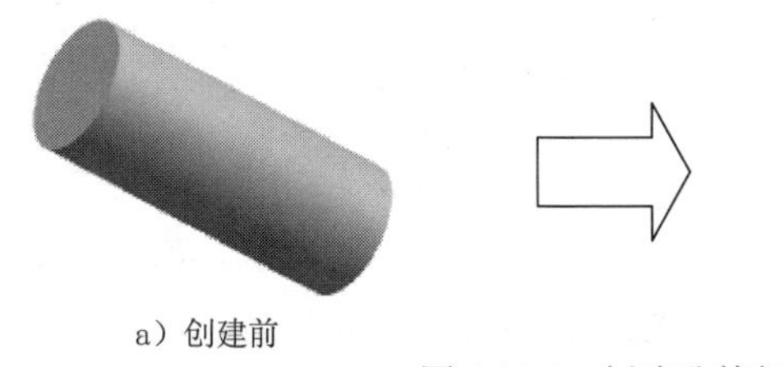

a）创建前　　b）创建后

图 4.11.1 创建孔特征

Task1. 打开零件模型

打开文件 D:\ug12mo\work\ch04.11\hole.prt。

Task2．添加孔特征（简单孔）

Step1．选择命令。选择下拉菜单 插入(S) → 设计特征(E) ▸ → 孔(H)... 命令（或在 主页 功能选项卡的 特征 区域中单击 按钮），系统弹出图 4.11.2 所示的“孔”对话框。

Step2．选取孔的类型。在“孔”对话框的 类型 下拉列表中选择 常规孔 选项。

Step3．定义孔的放置位置。首先确认“上边框条”工具条中的 按钮被按下，选择图 4.11.3 所示圆的圆心为孔的放置位置。

Step4．定义孔参数。在 直径 文本框中输入值 8.0，在 深度限制 下拉列表中选择 贯通体 选项。

Step5．完成孔的创建。对话框中的其余设置保持系统默认，单击 < 确定 > 按钮，完成孔特征的创建。

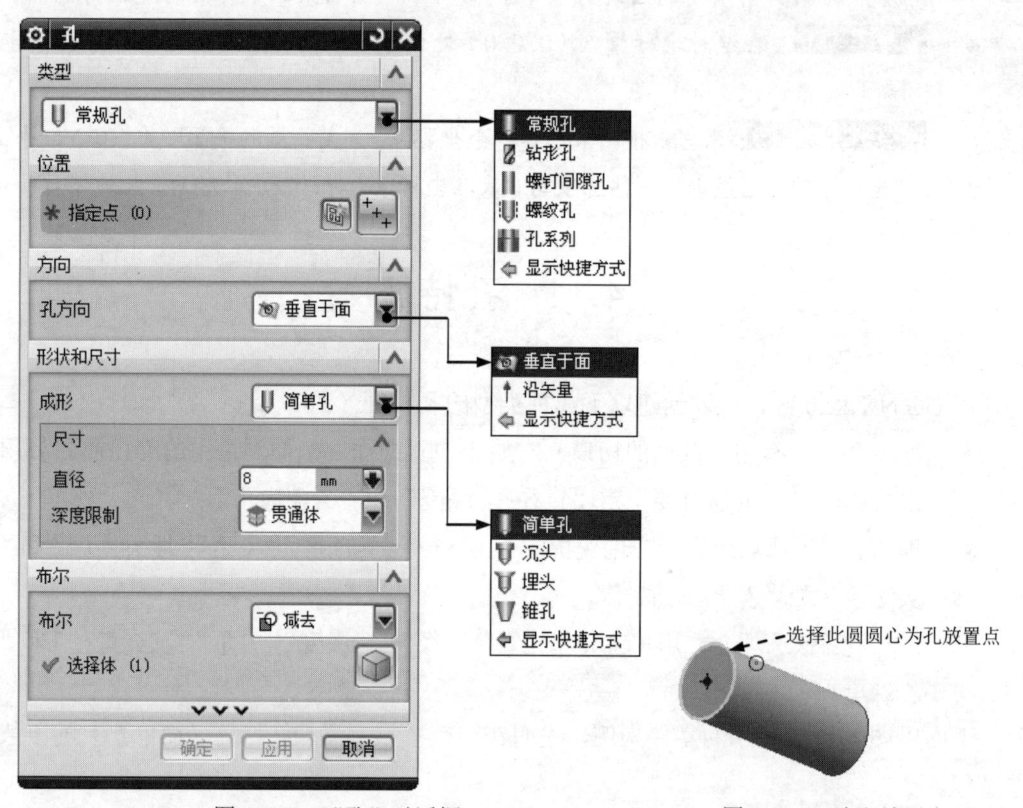

图 4.11.2 “孔”对话框　　　　图 4.11.3 选取放置点

图 4.11.2 所示的“孔”对话框中部分选项的功能说明如下。

- 类型 下拉列表：
  - ☑ 常规孔：创建指定尺寸的简单孔、沉头孔、埋头孔或锥孔特征等，常规孔可以是不通孔、通孔或指定深度条件的孔。
  - ☑ 钻形孔：根据 ANSI 或 ISO 标准创建简单钻形孔特征。
  - ☑ 螺钉间隙孔：创建简单孔、沉头孔或埋头通孔，它们是为具体应用而设计的，例如螺钉间隙孔。

☑ 螺纹孔：创建螺纹孔，其尺寸标注由标准、螺纹尺寸和径向进给等参数控制。

☑ 孔系列：创建起始、中间和结束孔尺寸一致的多形状、多目标体的对齐孔。

- 位置下拉列表：

☑ 按钮：单击此按钮，打开"创建草图"对话框，并通过指定放置面和方位来创建中心点。

☑ 按钮：可使用现有的点来指定孔的中心。可以是"上边框条"工具条中提供的选择意图下的现有点或点特征。

- 孔方向下拉列表：此下拉列表用于指定将要创建的孔的方向，有垂直于面和沿矢量两个选项。

☑ 垂直于面选项：沿着与公差范围内每个指定点最近的面法向的反向定义孔的方向。

☑ 沿矢量选项：沿指定的矢量定义孔方向。

- 成形下拉列表：此下拉列表用于指定孔特征的形状，有简单孔、沉头、埋头和锥孔四个选项。

☑ 简单孔选项：创建具有指定直径、深度和尖端顶锥角的简单孔。

☑ 沉头选项：创建具有指定直径、深度、顶锥角、沉头孔径和沉头孔深度的沉头孔。

☑ 埋头选项：创建具有指定直径、深度、顶锥角、埋头孔径和埋头孔角度的埋头孔。

☑ 锥孔选项：创建具有指定斜度和直径的孔，此项只有在类型下拉列表中选择常规孔选项时可用。

- 直径文本框：此文本框用于控制孔直径的大小，可直接输入数值。

- 深度限制下拉列表：此下拉列表用于控制孔深度类型，包括值、直至选定对象、直至下一个和贯通体四个选项。

☑ 值选项：给定孔的具体深度值。

☑ 直至选定对象选项：创建一个深度为直至选定对象的孔。

☑ 直至下一个选项：对孔进行扩展，直至孔到达下一个面。

☑ 贯通体选项：创建一个通孔，贯通所有特征。

- 布尔下拉列表：此下拉列表用于指定创建孔特征的布尔操作，包括无和减去两个选项。

☑ 无选项：创建孔特征的实体表示，而不是将其从工作部件中减去。

☑ 减去选项：从工作部件或其组件的目标体减去工具体。

4.12 螺纹特征

在 UG NX 12.0 中可以创建两种类型的螺纹。

- 符号螺纹：以虚线圆的形式显示在要攻螺纹的一个或几个面上。符号螺纹可使用外部螺纹表文件（可以根据特殊螺纹要求来定制这些文件），以确定其参数。
- 详细螺纹：比符号螺纹看起来更真实，但由于其几何形状的复杂性，创建和更新都需要较长的时间。详细螺纹是完全关联的，如果特征被修改，则螺纹也相应更新。可以选择生成部分关联的符号螺纹，或指定固定的长度。部分关联是指如果螺纹被修改，则特征也将更新（但反过来则不行）。

在产品设计时，当需要制作产品的工程图时，应选择符号螺纹；如果不需要制作产品的工程图，而是需要反映产品的真实结构（如产品的广告图和效果图），则选择详细螺纹。

说明：详细螺纹每次只能创建一个，而符号螺纹可以创建多组，而且创建时需要的时间较少。

下面以图 4.12.1 所示的零件为例，说明在一个模型上创建螺纹特征（详细螺纹）的一般操作过程。

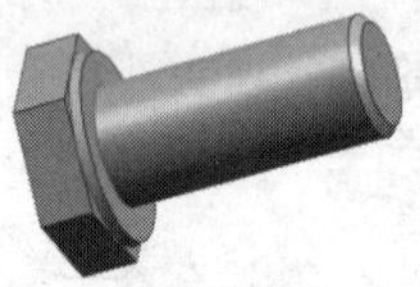
a）创建螺纹前

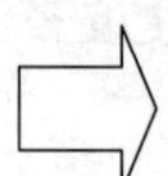

b）创建螺纹后

图 4.12.1 创建螺纹特征

1. 打开一个已有的零件模型

打开文件 D:\ug12mo\work\ch04.12\threads.prt。

2. 创建螺纹特征（详细螺纹）

Step1. 选择命令。选择下拉菜单 插入(S) → 设计特征(E) → 螺纹(T)... 命令，系统弹出图 4.12.2 所示的“螺纹切削”对话框（一）。

Step2. 选取螺纹的类型。在“螺纹切削”对话框（一）中选中 ⊙ 详细 单选项，系统弹出图 4.12.3 所示的“螺纹切削”对话框（二）。

Step3. 定义螺纹的放置。

（1）定义螺纹的放置面。选取图 4.12.4 所示的柱面为放置面，此时系统自动生成螺纹的方向矢量，并弹出图 4.12.5 所示的“螺纹切削”对话框（三）。

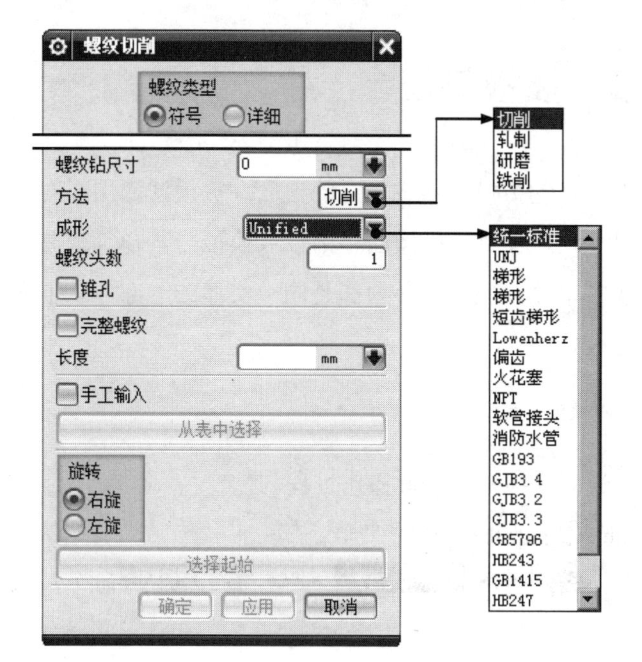

图 4.12.2 “螺纹切削”对话框（一）

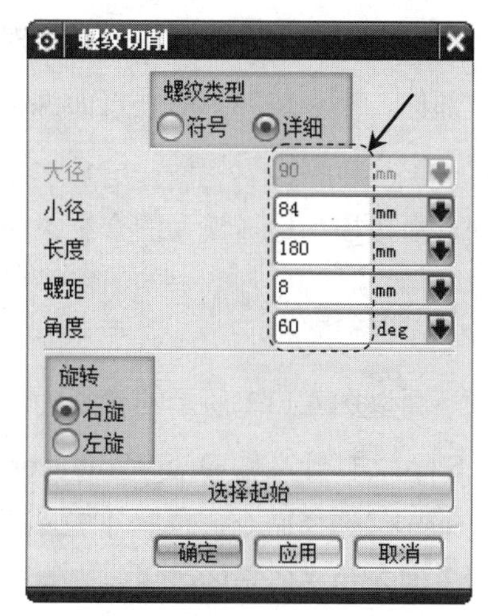

图 4.12.3 “螺纹切削”对话框（二）

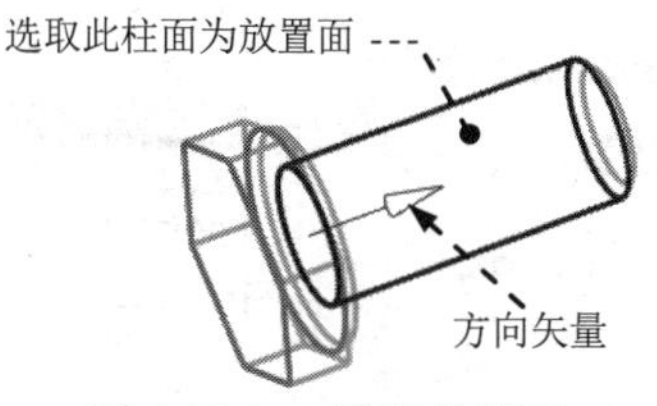

图 4.12.4 选取放置面

图 4.12.5 “螺纹切削”对话框（三）

（2）定义螺纹起始面。选取图 4.12.6 所示的平面为螺纹的起始面，系统弹出图 4.12.7 所示的“螺纹切削”对话框（四）。

Step4. 定义螺纹起始条件。在“螺纹切削”对话框（四）的起始条件下拉列表中选择延伸通过起点选项，单击 螺纹轴反向 按钮，使螺纹轴线方向如图 4.12.6 所示，系统返回“螺纹切削”对话框（二）。

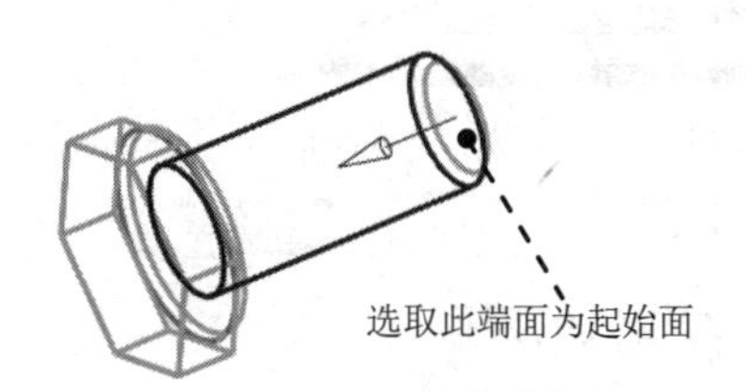

图 4.12.6 选取起始面

图 4.12.7 “螺纹切削”对话框（四）

Step5. 定义螺纹参数。在“螺纹切削”对话框（二）中输入图 4.12.3 所示的参数，单击 确定 按钮，完成螺纹特征的创建。

说明：“螺纹切削”对话框（二）在最初弹出时是没有任何数据的，只有在选择了放置面后才有数据出现，也允许用户修改。

4.13 拔模特征

使用“拔模”命令可以使面相对于指定的拔模方向成一定的角度。拔模通常用于对模型、部件、模具或冲模的竖直面添加斜度，以便借助拔模面将部件或模型与其模具或冲模分开。用户可以为拔模操作选择一个或多个面，但它们必须都是同一实体的一部分。下面分别以面拔模和边拔模为例介绍拔模过程。

1. 面拔模

下面以图 4.13.1 所示的模型为例，说明面拔模的一般操作过程。

Step1. 打开文件 D:\ug12mo\work\ch04.13\traft_1.prt。

Step2. 选择命令。选择下拉菜单 插入(S) → 细节特征(L) → 拔模(T)... 命令，系统弹出图 4.13.2 所示的“拔模”对话框。

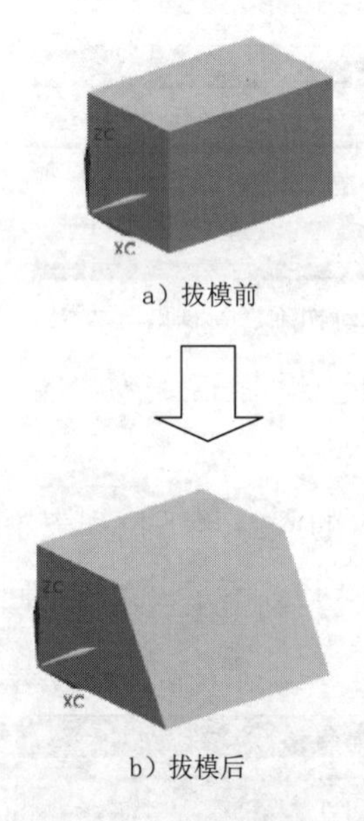

图 4.13.1 创建面拔模

图 4.13.2 “拔模”对话框

Step3. 选择拔模方式。在“拔模”对话框的 类型 下拉列表中选择 面 选项。

Step4. 指定拔模方向。单击按钮，选取 ZC↑ 作为拔模的方向。

Step5. 定义拔模固定平面。选取图 4.13.3 所示的表面为拔模固定平面。

Step6. 选取要拔模的面。选取图 4.13.4 所示的表面为要拔模的面。

Step7. 定义拔模角。系统将弹出设置拔模角的动态文本框，输入拔模角度值 30（也可拖动拔模手柄至需要的拔模角度）。

Step8. 单击 < 确定 > 按钮，完成拔模操作。

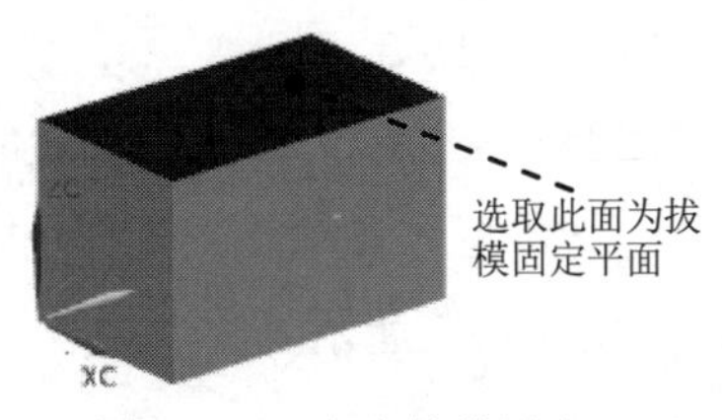

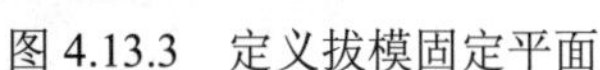
图 4.13.3 定义拔模固定平面

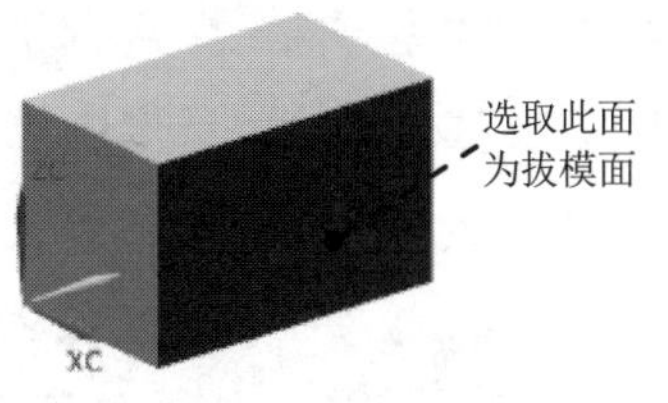

图 4.13.4 定义拔模面

图 4.13.2 所示的“拔模”对话框中部分按钮的说明如下。

- 类型下拉列表：
  - ☑ 面：选择该选项，在静止平面上，实体的横截面通过拔模操作维持不变。
  - ☑ 边：选择该选项，使整个面在旋转过程中保持通过部件的横截面是平的。
  - ☑ 与面相切：在拔模操作之后，拔模的面仍与相邻的面相切。此时，固定边未被固定，是可移动的，以保持与选定面之间的相切约束。
  - ☑ 分型边：在整个面旋转过程中，保留通过该部件中平的横截面，并且根据需要在分型边缘创建突出部分。
- （自动判断的矢量）：单击该按钮，可以从所有的 NX 矢量创建选项中进行选择。
- （固定面）：单击该按钮，允许通过选择的平面、基准平面或与拔模方向垂直的平面所通过的一点来选择该面。此选择步骤仅可用于从固定平面拔模和拔模到分型边缘这两种拔模类型。
- （要拔模的面）：单击该按钮，允许选择要拔模的面。此选择步骤仅在创建从固定平面拔模类型时可用。
- （反向）：单击该按钮将显示的方向矢量反向。

2．边拔模

下面以图 4.13.5 所示的模型为例，说明边拔模的一般操作过程。

Step1．打开文件 D:\ug12mo\work\ch04.13\traft_2.prt。

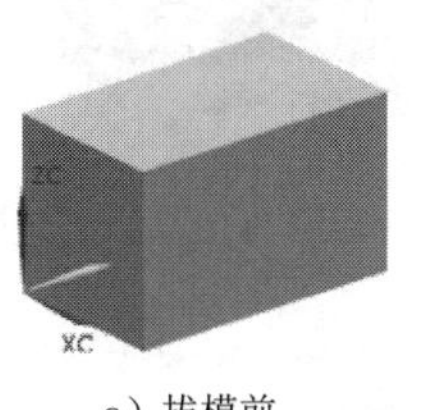

a）拔模前

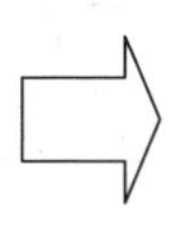

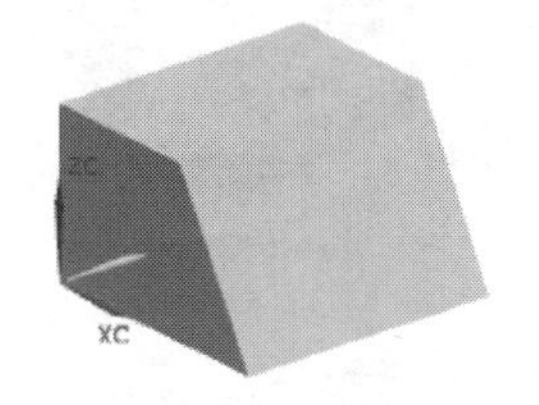

b）拔模后

图 4.13.5 创建边拔模

Step2．选择命令。选择下拉菜单 插入(S) → 细节特征(L) → 拔模(T)... 命令，系统弹出“拔模”对话框。

Step3．选择拔模类型。在“拔模”对话框的类型下拉列表中选择边选项。

Step4. 指定拔模方向。单击按钮，选取ZC↑作为拔模的方向。

Step5. 定义拔模边缘。选取图 4.13.6 所示长方体的一条边线为要拔模的边缘线。

Step6. 定义拔模角。系统弹出设置拔模角的动态文本框，在动态文本框内输入拔模角度值 30（也可拖动拔模手柄至需要的拔模角度），如图 4.13.7 所示。

Step7. 单击< 确定 >按钮，完成拔模操作。

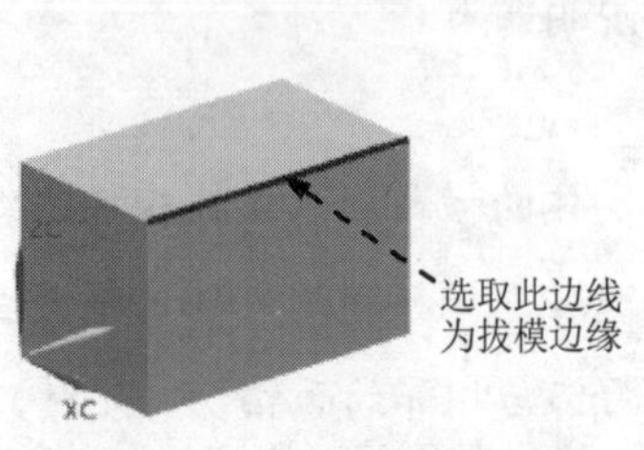

图 4.13.6 选择拔模边缘线

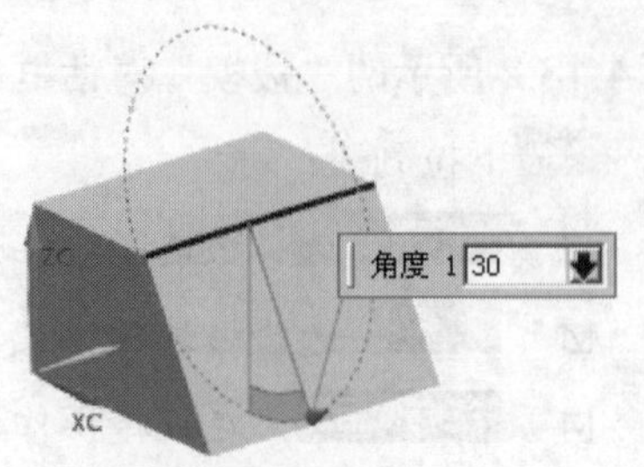

图 4.13.7 输入拔模角

4.14 抽壳特征

使用“抽壳”命令可以利用指定的壁厚值来抽空一实体，或绕实体建立一壳体。可以指定不同表面的厚度，也可以移除单个面。图 4.14.1 所示为长方体表面抽壳和体抽壳后的模型。

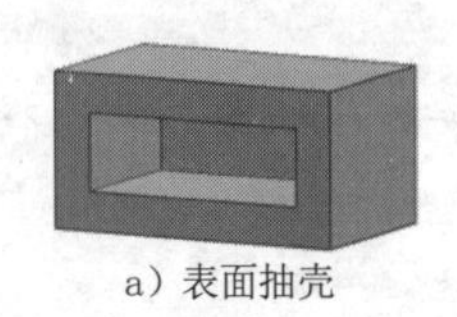
a）表面抽壳

b）体抽壳

图 4.14.1 抽壳

1. 在长方体上执行面抽壳操作

下面以图 4.14.2 所示的模型为例，说明面抽壳的一般操作过程。

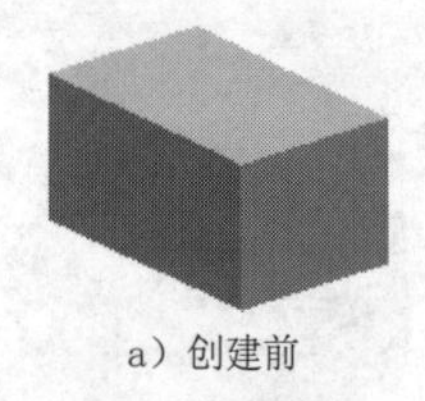
a）创建前

b）创建后

图 4.14.2 创建面抽壳

Step1. 打开文件 D:\ug12mo\work\ch04.14\shell_01.prt。

Step2. 选择命令。选择下拉菜单 插入(S) → 偏置/缩放(O) → 抽壳(H)... 命令，系统弹出图 4.14.3 所示的“抽壳”对话框。

Step3. 定义抽壳类型。在对话框的类型下拉列表中选择 移除面，然后抽壳 选项。

Step4. 定义移除面。选取图 4.14.4 所示的表面为要移除的面。

Step5. 定义抽壳厚度。在“抽壳”对话框的厚度文本框内输入值 10，也可以拖动抽壳手柄至需要的数值，如图 4.14.5 所示。

Step6. 单击< 确定 >按钮，完成抽壳操作。

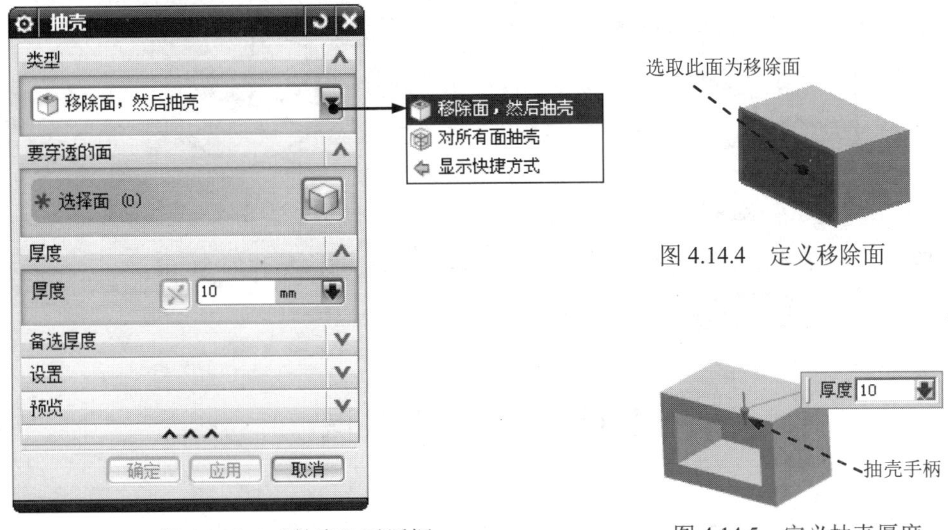

图 4.14.3 “抽壳”对话框

图 4.14.4 定义移除面

图 4.14.5 定义抽壳厚度

图 4.14.3 所示的“抽壳”对话框中各选项的说明如下。

- 移除面，然后抽壳：选取该选项，选择要从壳体中移除的面。可以选择多于一个移除面，当选择移除面时，“选择意图”工具条被激活。
- 对所有面抽壳：选取该选项，选择要抽壳的体，壳的偏置方向是所选择面的法向。如果在部件中仅有一个实体，它将被自动选中。

2. 在长方体上执行体抽壳操作

下面以图 4.14.6 所示的模型为例，说明体抽壳的一般操作过程。

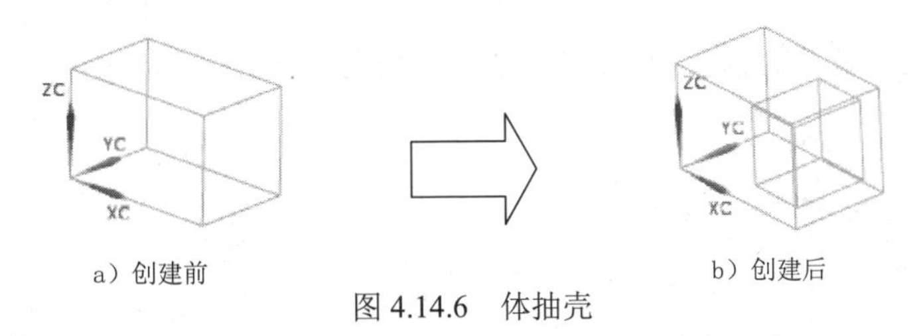

a）创建前　　b）创建后

图 4.14.6 体抽壳

Step1. 打开文件 D:\ug12mo\work\ch04.14\shell_02.prt。

Step2. 选择命令。选择下拉菜单 插入(S) → 偏置/缩放(O) → 抽壳(H)... 命令，系统弹出“抽壳”对话框。

Step3. 定义抽壳类型。在对话框的类型下拉列表中选择 对所有面抽壳 选项。

Step4. 定义抽壳对象。选取长方体为要抽壳的体。

Step5. 定义抽壳厚度。在厚度文本框中输入厚度值 6（图 4.14.7）。

Step6. 创建变厚度抽壳。在“抽壳”对话框的备选厚度区域单击按钮，选取图 4.14.8 所示的抽壳备选厚度面，在厚度文本框中输入厚度值 45，或者拖动抽壳手柄至需要的数值，如图 4.14.8 所示。

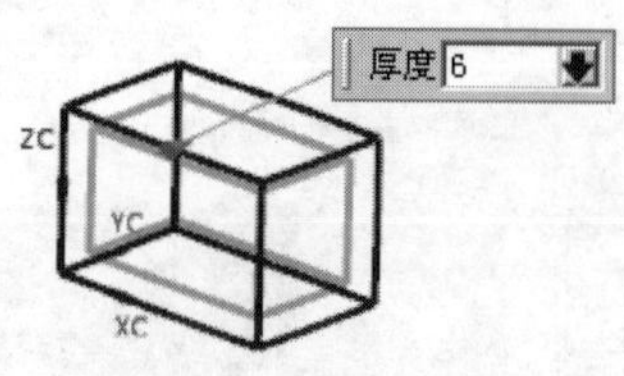

图 4.14.7　定义抽壳厚度

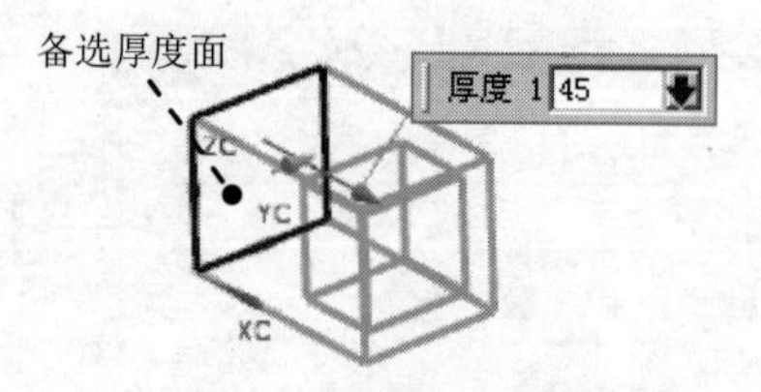

图 4.14.8　创建变厚度抽壳

说明：*用户还可以更换其他面的厚度值，单击按钮，操作同 Step6。*

Step7. 单击< 确定 >按钮，完成抽壳操作。

4.15　特征的编辑

特征的编辑是在完成特征的创建以后，对其中的一些参数进行修改的操作。特征的编辑可以对特征的尺寸、位置和先后次序等参数进行重新编辑，在一般情况下，保留其与其他特征建立起来的关联性质。它包括编辑参数、编辑定位、特征移动、特征重排序、替换特征、抑制特征、取消抑制特征、去除特征参数以及特征回放等。

4.15.1　编辑参数

编辑参数用于在创建特征时使用的方式和参数值的基础上编辑特征。选择下拉菜单 编辑(E) → 特征(F) → 编辑参数(P)... 命令，在系统弹出的“编辑参数”对话框中选取需要编辑的特征，或在已绘图形中选择需要编辑的特征，系统会由用户所选择的特征弹出不同的对话框来完成对该特征的编辑。下面以一个范例来说明编辑参数的过程，如图 4.15.1 所示。

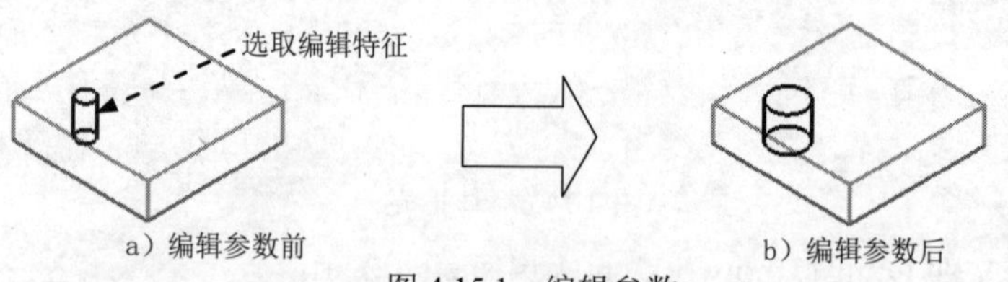

图 4.15.1　编辑参数

Step1. 打开文件 D:\ug12mo\work\ch04.15\Simple Hole01.prt。

Step2. 选择下拉菜单 编辑(E) → 特征(F) → 编辑参数(P)... 命令，系统弹出图 4.15.2 所示的“编辑参数”对话框（一）。

Step3. 定义编辑对象。从图形区或“编辑参数”对话框（一）中选择要编辑的孔特征。单击确定按钮，系统弹出“孔”对话框。

Step4. 编辑特征参数。在“孔”对话框的直径文本框中输入新的数值 20，单击确定按钮，系统弹出“编辑参数”对话框（二），如图 4.15.3 所示。

Step5. 在系统弹出的“编辑参数”对话框（二）中单击确定按钮，完成编辑参数的操作。

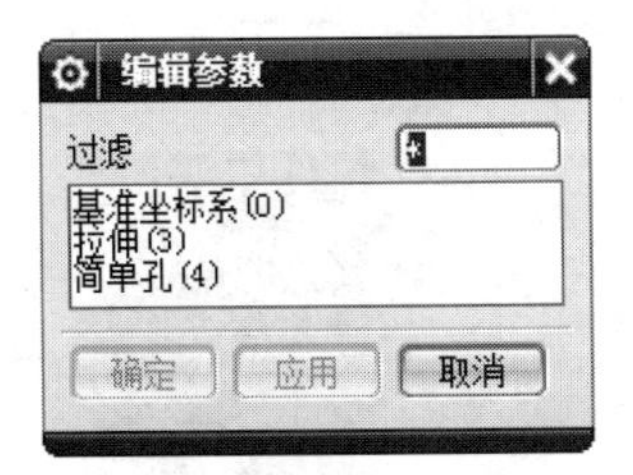

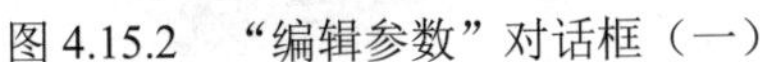

图 4.15.2　“编辑参数”对话框（一）

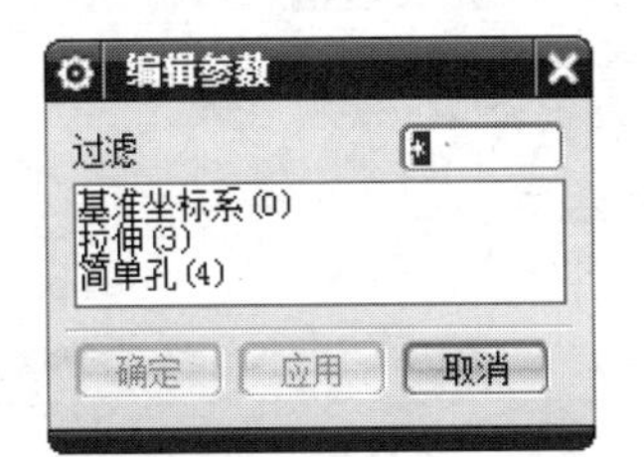

图 4.15.3　“编辑参数”对话框（二）

4.15.2　特征重排序

特征重排序可以改变特征应用于模型的次序，即将重定位特征移至选定的参考特征之前或之后。对具有关联性的特征重排序以后，与其关联的特征也被重排序。下面以一个范例来说明特征重排序的操作步骤，其模型树如图 4.15.4 所示。

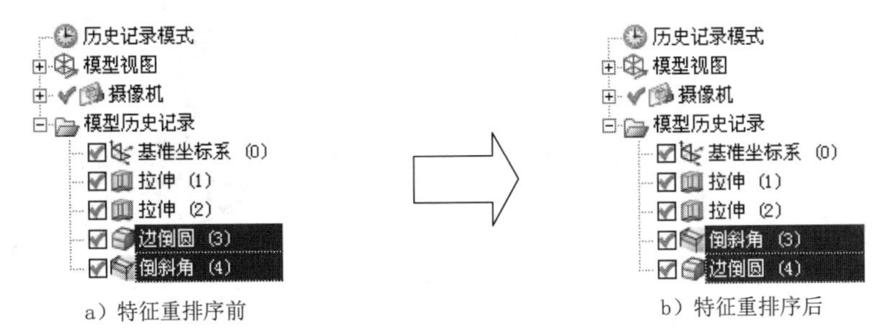

a）特征重排序前　　b）特征重排序后

图 4.15.4　模型树

Step1. 打开文件 D:\ug12mo\work\ch04.15\Simple Hole02.prt。

Step2. 选择下拉菜单 编辑(E) ➡ 特征(F) ▸ ➡ 重排序(R)... 命令，系统弹出图 4.15.5 所示的“特征重排序”对话框。

Step3. 根据系统**选择参考特征**的提示，在“特征重排序”对话框的过滤列表框中选取倒斜角 (4)选项为参考特征（图 4.15.5），或在已绘图形中选择需要的特征（图 4.15.6），在选择方法区域选中 ⊙ 之后 单选项。

Step4. 在重定位特征列表框中将会出现位于该特征前面的所有特征，根据系统**选择重定位特征**的提示，在该列表框中选取边倒圆 (3)选项为需要重排序的特征（图 4.15.5）。

Step5. 单击确定按钮，完成特征的重排序。

图 4.15.5 所示的“特征重排序”对话框中选择方法区域的说明如下。

- ⊙ 之前 单选项：选中的重定位特征被移动到参考特征之前。
- ⊙ 之后 单选项：选中的重定位特征被移动到参考特征之后。

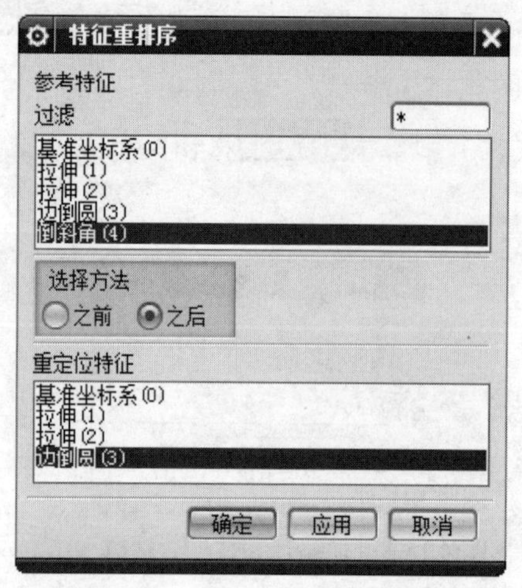

图 4.15.5 “特征重排序”对话框

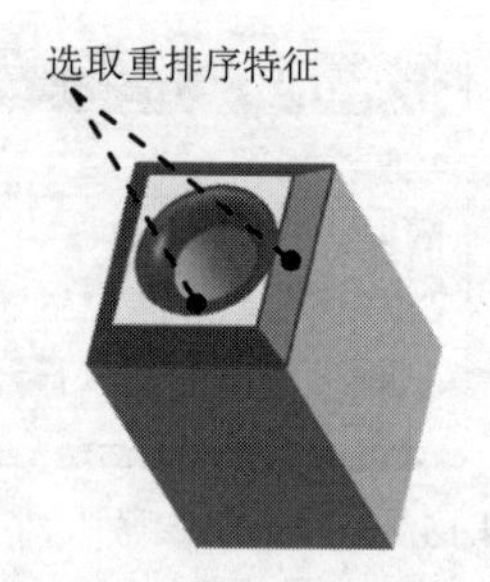

图 4.15.6 选取要重排序的特征

4.15.3 特征的抑制与取消抑制

特征的抑制操作可以从目标特征中移除一个或多个特征，当抑制相互关联的特征时，关联的特征也将被抑制。当取消抑制后，特征及与之关联的特征将显示在图形区。下面以一个范例来说明应用抑制特征和取消抑制特征的操作过程，如图 4.15.7 所示。

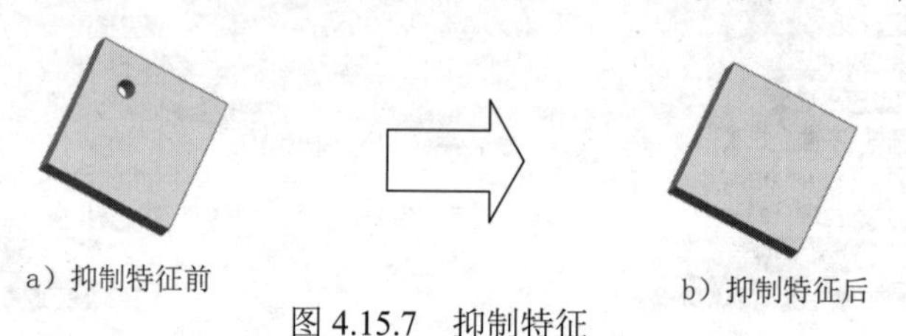

a）抑制特征前　　b）抑制特征后

图 4.15.7 抑制特征

Task1. 抑制特征

Step1. 打开文件 D:\ug12mo\work\ch04.15\Simple Hole03.prt。

Step2. 选择下拉菜单 编辑(E) → 特征(F) ▸ → 抑制(S)... 命令，系统弹出图 4.15.8 所示的“抑制特征”对话框。

Step3. 定义抑制对象。选取孔特征为抑制对象。

Step4. 单击 确定 按钮，完成抑制特征的操作，如图 4.15.7b 所示。

Task2. 取消抑制特征

Step1. 选择下拉菜单 编辑(E) → 特征(F) ▸ → 取消抑制(U)... 命令，系统弹出图 4.15.9 所示的“取消抑制特征”对话框。

Step2. 在该对话框中选取需要取消抑制的特征，单击 确定 按钮，完成取消抑制特征的操作（图 4.15.7a），模型恢复到初始状态。

图 4.15.8 “抑制特征”对话框

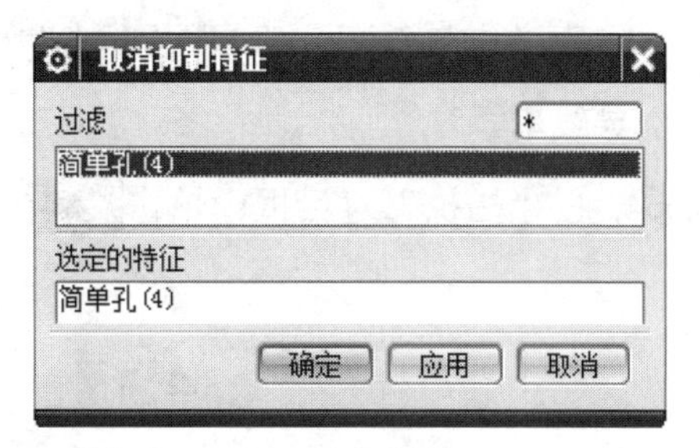

图 4.15.9 “取消抑制特征”对话框

4.16 扫掠特征

扫掠特征是用规定的方法沿一条空间的路径移动一条曲线而产生的体。移动曲线称为截面线串，其路径称为引导线串。下面以图 4.16.1 所示的模型为例，说明创建扫掠特征的一般操作过程。

Task1．打开一个已有的零件模型

打开文件 D:\ug12mo\work\ch04.16\sweep.prt。

Task2．添加扫掠特征

Step1．选择命令。选择下拉菜单 插入(S) → 扫掠(W) → 扫掠(S)... 命令，系统弹出图 4.16.2 所示的“扫掠”对话框。

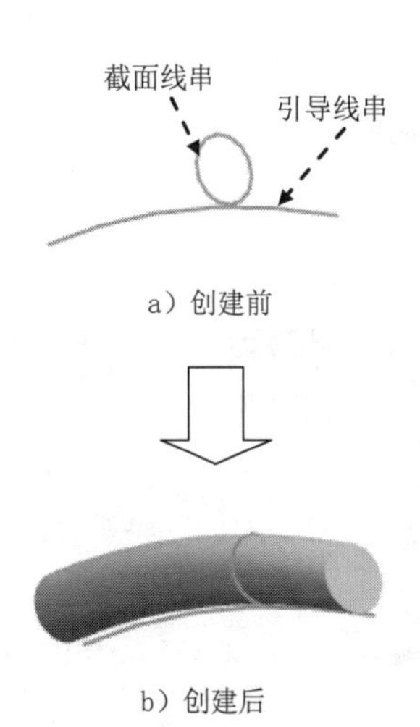

图 4.16.1 创建扫掠特征

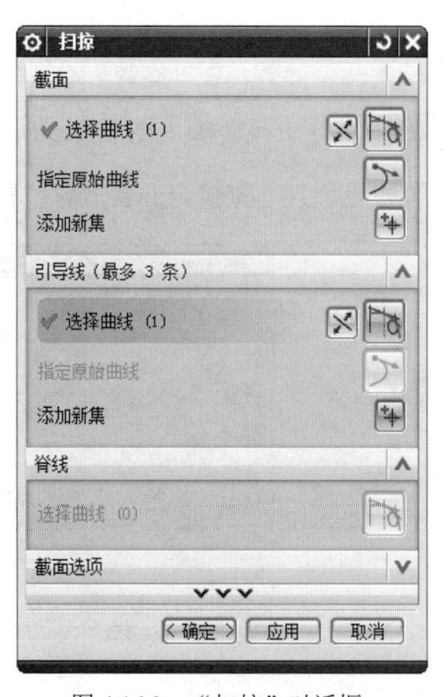

图 4.16.2 “扫掠”对话框

Step2. 定义截面线串。选取图 4.16.1a 所示的截面线串。

Step3. 定义引导线串。在 引导线(最多 3 根) 区域中单击 *选择曲线 (0) 按钮，选取图 4.16.1a 所示的引导线串。

Step4. 在“扫掠”对话框中单击 < 确定 > 按钮，完成扫掠特征的创建。

4.17 凸台特征

“凸台”功能用于在一个已经存在的实体面上创建一圆形凸台。下面以图 4.17.1 所示凸台为例，说明创建凸台的一般操作步骤。

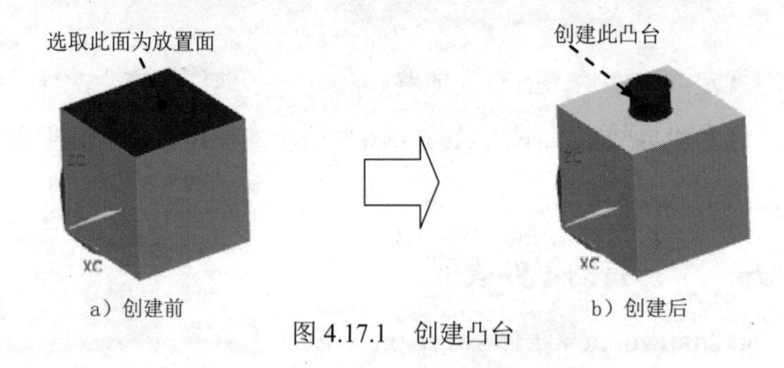

a）创建前　　b）创建后

图 4.17.1　创建凸台

Step1. 打开文件 D:\ug12mo\work\ch04.17\boss.prt。

Step2. 选择命令。选择下拉菜单 插入(S) → 设计特征(E) → 凸台(B)... 命令，系统弹出图 4.17.2 所示的“支管”对话框。

Step3. 定义放置面。选取图 4.17.1a 所示的实体表面为放置面。

Step4. 输入凸台参数。在“支管”对话框中输入直径值 30、高度值 20，如图 4.17.2 所示。单击 确定 按钮，系统弹出图 4.17.3 所示的“定位”对话框。

Step5. 创建定位尺寸来确定凸台放置位置。

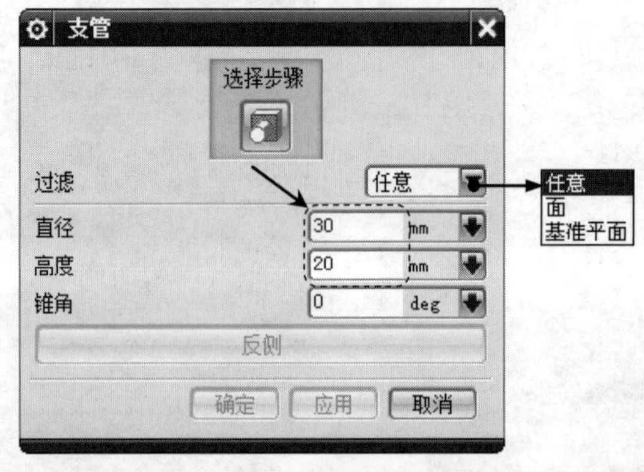

图 4.17.2　“支管”对话框

（1）定义参照 1。单击按钮，选取图 4.17.4 所示的边线作为基准 1，然后在“定位”对话框中输入值 50，单击应用按钮。

（2）定义参照 2。单击按钮，选取图 4.17.5 所示的边线作为基准 2，然后在“定位”对话框中输入值 50，单击确定按钮，完成凸台的创建。

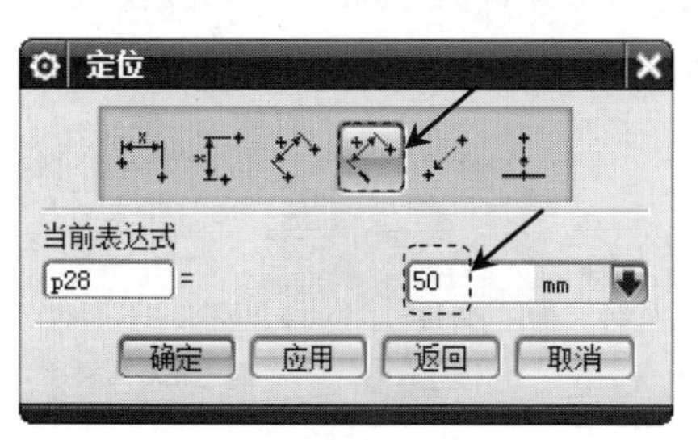

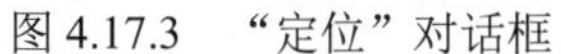

图 4.17.3　“定位”对话框

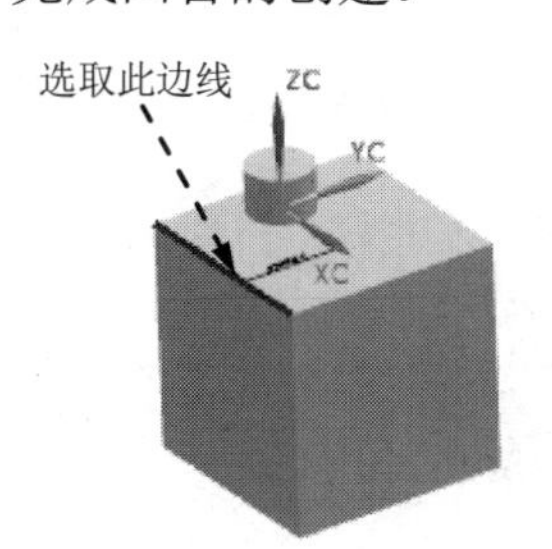

图 4.17.4　定义基准 1

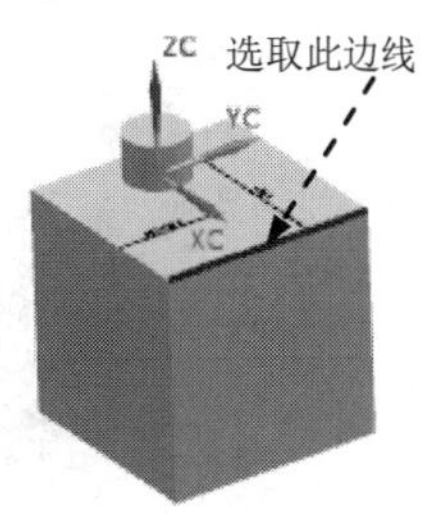

图 4.17.5　定义基准 2

4.18　垫块

选择下拉菜单插入(S) → 设计特征(E) → 垫块(A)...命令，系统弹出图 4.18.1 所示的“垫块”对话框。可以创建两种类型的垫块：矩形垫块和一般垫块。

垫块和腔体基本上是一致的，唯一的区别就是一个是添加，一个是切除。操作结果如图 4.18.2b 所示。

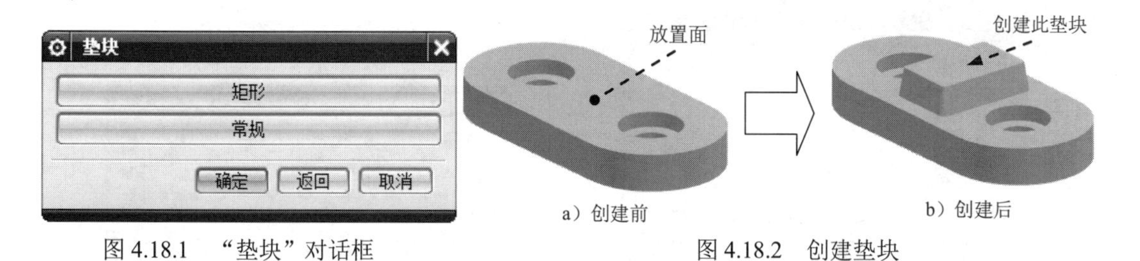

图 4.18.1　“垫块”对话框　　图 4.18.2　创建垫块

4.19　键槽

用户可以使用“键槽”命令创建一个直槽穿过实体或通到实体内部，而且在当前目标实体上自动执行布尔运算。可以创建 5 种类型的键槽：矩形键槽、球形键槽、U 形键槽、T 形键槽和燕尾槽，如图 4.19.1 所示。

下面以图 4.19.2 所示模型为例，说明创建矩形键槽的一般操作过程。

Step1. 打开文件 D:\ug12mo\work\ch04.19\rectangular_slot.prt。

Step2. 选择命令。选择下拉菜单插入(S) → 设计特征(E) → 键槽(L)...命令，系统弹出图 4.19.3 所示的“槽”对话框。

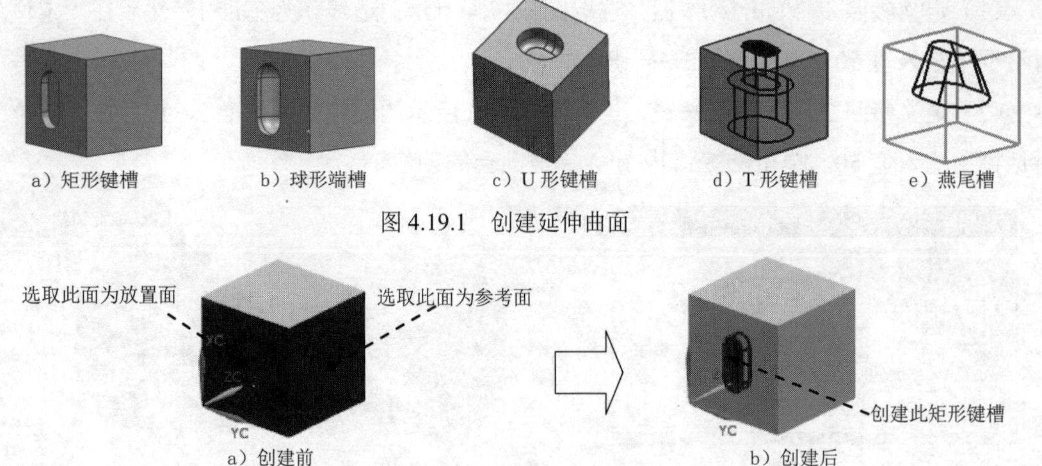

图 4.19.1　创建延伸曲面

图 4.19.2　创建矩形键槽

Step3. 选择键槽类型。在“槽”对话框中选中 ⊙ 矩形槽 单选项。

Step4. 定义放置面和水平参考。选择图 4.19.2a 所示的放置面和水平参考，系统弹出图 4.19.4 所示的“矩形键槽”对话框。

Step5. 定义键槽参数。在“矩形键槽”对话框中输入图 4.19.4 所示的数值，单击 确定 按钮，系统弹出“定位”对话框。

Step6. 确定放置位置。（具体操作读者可参见 4.17 节中的相应内容。）

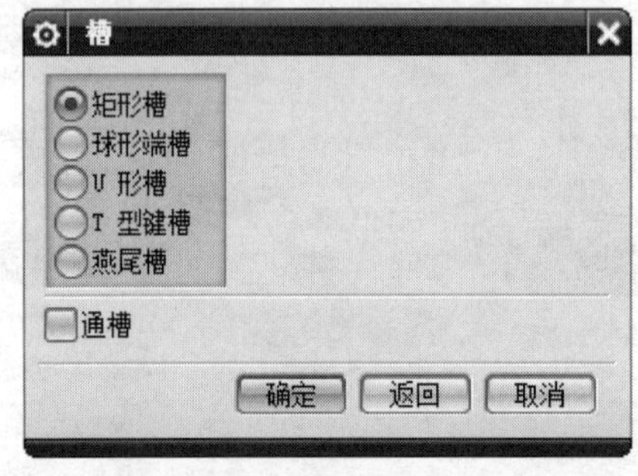

图 4.19.3　“槽”对话框

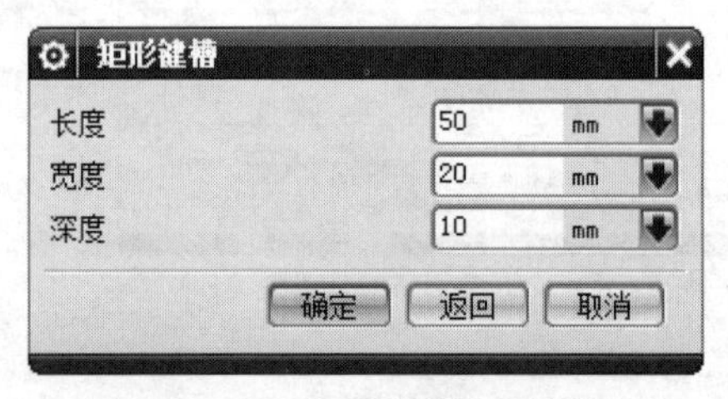

图 4.19.4　“矩形键槽”对话框

说明： *水平参考方向即为矩形键槽的长度方向。*

图 4.19.4 所示的“矩形键槽”对话框中各选项的说明如下。

- 长度 文本框：用于设置矩形键槽的长度。按照平行于水平参考的方向测量。长度值必须是正的。
- 宽度 文本框：用于设置矩形键槽的宽度，即形成键槽的刀具宽度。
- 深度 文本框：用于设置矩形键槽的深度。按照与槽的轴相反的方向测量，是从原点到槽底面的距离。深度值必须是正的。

4.20　槽

用户可以使用“槽”命令在实体上创建一个沟槽，如同车削操作一样，将一个成形工具在旋转部件上向内（从外部定位面）或向外（从内部定位面）移动来形成沟槽。在 UG NX 12.0 中可以创建 3 种类型的沟槽：矩形沟槽、球形沟槽和 U 形沟槽，如图 4.20.1 所示。

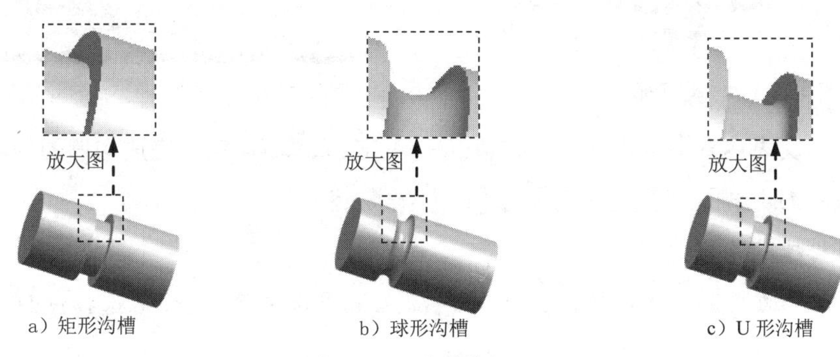

a）矩形沟槽　　b）球形沟槽　　c）U 形沟槽

图 4.20.1　沟槽特征

下面以图 4.20.2 所示的矩形沟槽为例，说明创建沟槽特征的一般操作过程。

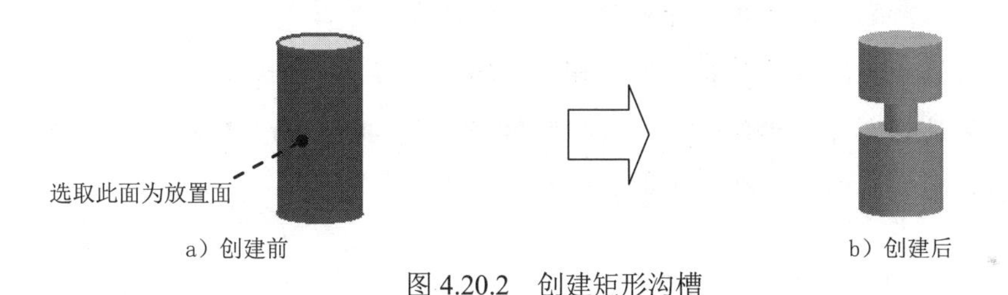

a）创建前　　b）创建后

图 4.20.2　创建矩形沟槽

Step1. 打开文件 D:\ug12mo\work\ch04.20\rectangular_groove.prt。

Step2. 选择命令。选择下拉菜单 插入(S) → 设计特征(E) → 槽(G)... 命令，系统弹出图 4.20.3 所示的“槽”对话框。

Step3. 选择槽类型。单击 矩形 按钮，系统弹出“矩形槽”对话框。

Step4. 定义放置面。选取图 4.20.2a 所示的圆柱面为放置面，此时“矩形槽”对话框如图 4.20.4 所示。

图 4.20.3　“槽”对话框

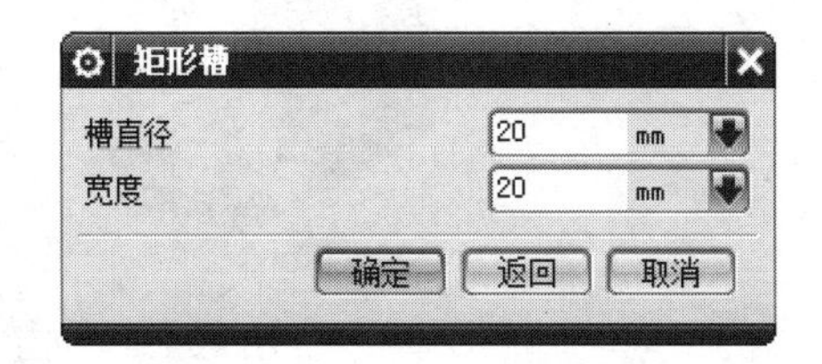

图 4.20.4　“矩形槽”对话框

Step5. 定义槽参数。在“矩形槽”对话框中输入图 4.20.4 所示的参数，单击 确定 按钮。系统弹出“定位槽”对话框，并且沟槽预览将显示为一个圆盘，如图 4.20.5 所示。

Step6. 定义目标边和刀具边。选择图 4.20.5 所示的目标边和刀具边，系统弹出图 4.20.6 所示的“创建表达式”对话框。

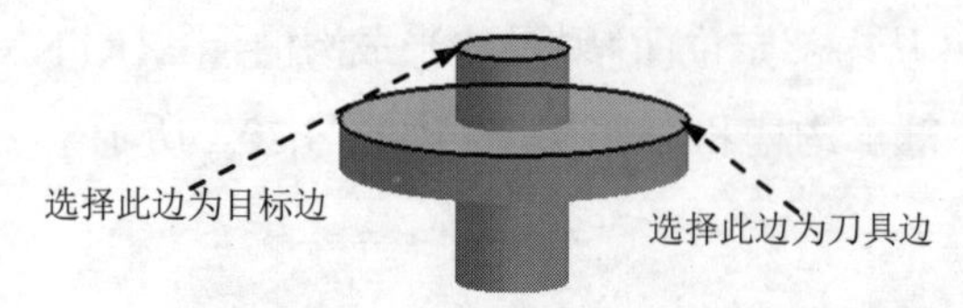

图 4.20.5 定义目标边和刀具边

图 4.20.6 “创建表达式”对话框

Step7. 定义表达式参数。输入定位值 30，单击 确定 按钮，完成沟槽的创建。

球形槽和 U 形槽的创建与矩形槽相似，不再赘述。

关于创建槽的 4 点说明。

- 槽只能在圆柱形或圆锥形面上创建。旋转轴是选中面的轴。在选择该面的位置（选择点）附近创建槽，并自动连接到选中的面上。
- 槽的定位面可以是实体的外表面，也可以是实体的内表面。
- 槽的轮廓垂直于旋转轴，并对称于通过选择点的平面。
- 槽的定位和其他成形特征的定位稍有不同。只能在一个方向上定位槽，即沿着目标实体的轴，并且不能利用“定位”对话框定位槽，而是通过选择目标实体的一条边及工具（即槽）的边或中心线来定位沟槽。

4.21 三角形加强筋（肋）

用户可以使用“三角形加强筋”命令沿着两个面集的交叉曲线来添加三角形加强筋（肋）特征。要创建三角形加强筋特征，首先必须指定两个相交的面集，面集可以是单个面，也可以是多个面；其次要指定三角形加强筋的基本定位点，可以是沿着交叉曲线的点，也可以是交叉曲线和平面相交处的点。

下面以图 4.21.1 所示的模型为例，说明创建三角形加强筋的一般操作过程。

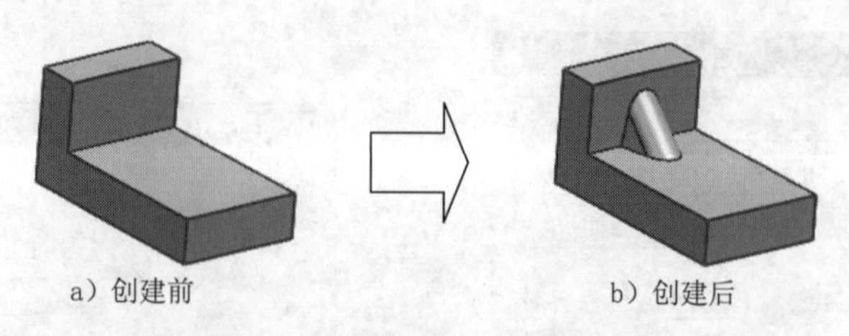

图 4.21.1 创建三角形加强筋特征

Step1. 打开文件 D:\ug12mo\work\ch04.21\dart.prt。

Step2. 选择命令。选择下拉菜单 插入(S) ➡ 设计特征(E)▸ ➡ 三角形加强筋(D)... 命令，系统弹出图 4.21.2 所示的“三角形加强筋”对话框。

Step3. 定义面集 1。选取放置三角形加强筋的第一组面，选取图 4.21.3a 所示的面为第一组面。

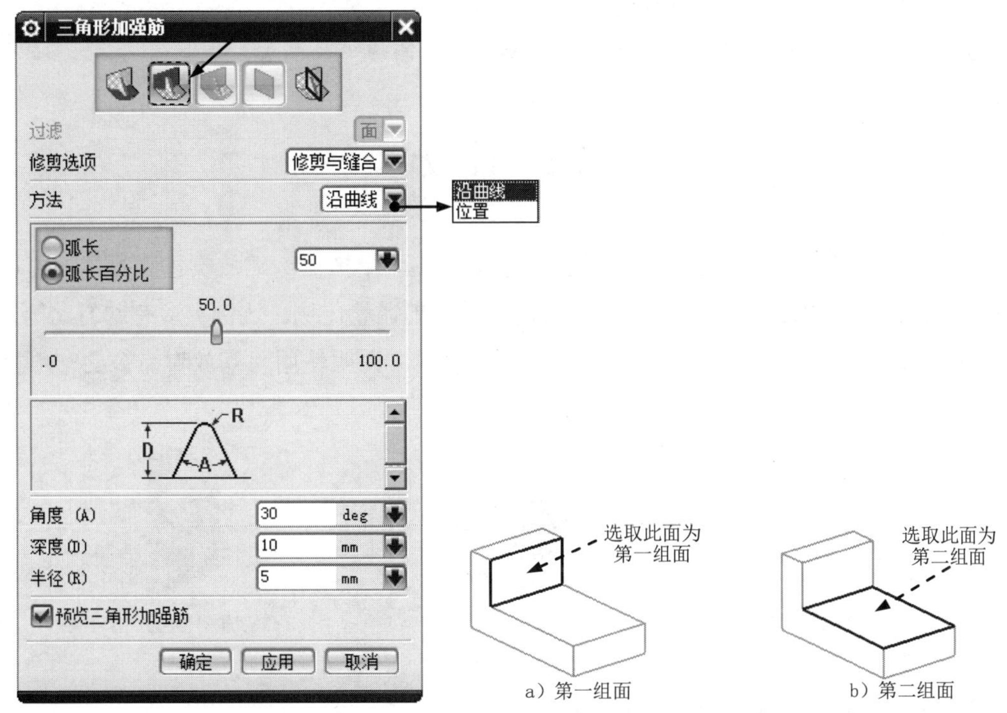

图 4.21.2 “三角形加强筋”对话框　　　　图 4.21.3 选取放置面

Step4. 定义面集 2。单击“第二组”按钮 （图 4.21.2），选取图 4.21.3b 所示的面为放置三角形加强筋的第二组面，系统出现加强筋的预览。

Step5. 选择定位方式。在 方法 下拉列表中选择 沿曲线 方式。

Step6. 定义放置位置。在“三角形加强筋”对话框中选中 ⊙ 弧长百分比 单选项，输入需要放置加强筋的位置值 50（放在正中间）。

Step7. 定义加强筋参数。在 角度 (A) 文本框中输入值 30，在 深度 (D) 文本框中输入值 10，在 半径 (R) 文本框中输入值 5。

Step8. 单击 确定 按钮，完成三角形加强筋特征的创建。

图 4.21.2 所示的“三角形加强筋”对话框中主要选项的说明如下。

- 选择步骤：用于选择操作步骤。
  - ☑ (第一组)：用于选择第一组面。可以为面集选择一个或多个面。
  - ☑ (第二组)：用于选择第二组面。可以为面集选择一个或多个面。
  - ☑ (位置曲线)：用于在有多条可能的曲线时选择其中一条位置曲线。
  - ☑ (位置平面)：用于选择相对于平面或基准平面的三角形加强筋特征的位置。

☑ (方位平面)：用于对三角形加强筋特征的方位选择平面。

- 方法 下拉列表：用于定义三角形加强筋的位置。

☑ 沿曲线：在交叉曲线的任意位置交互式地定义三角形加强筋基点。

☑ 位置：定义一个可选方式，以查找三角形加强筋的位置，即可输入坐标或单击位置平面/方位平面。

- 弧长百分比 单选项：用于选择加强筋在交叉曲线上的位置。

4.22 缩放体

使用"缩放"命令可以在"工作坐标系"（WCS）中按比例缩放实体和片体。可以使用均匀比例，也可以在 XC、YC 和 ZC 方向上独立地调整比例。比例类型有均匀比例、轴对称比例和通用比例。下面以图 4.22.1 所示的模型，说明使用"缩放"命令的一般操作过程。

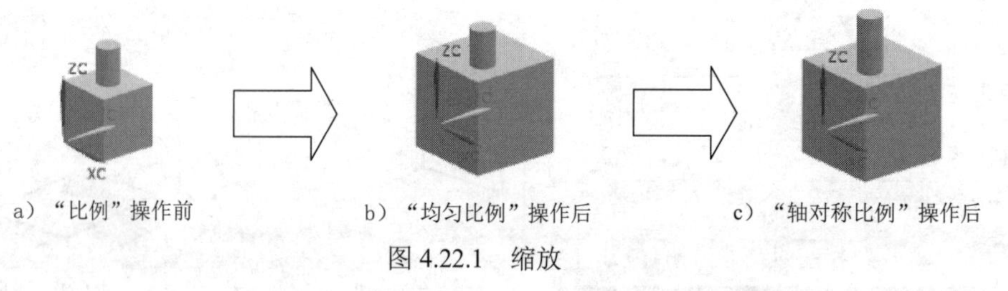

a）"比例"操作前　　b）"均匀比例"操作后　　c）"轴对称比例"操作后

图 4.22.1　缩放

Task1. 在长方体上执行均匀比例类型操作

打开文件 D:\ug12mo\work\ch04.22\scale.prt。

Step1. 选择命令。选择下拉菜单 插入(S) → 偏置/缩放(O) → 缩放体(S)... 命令，系统弹出图 4.22.2 所示的"缩放体"对话框。

图 4.22.2　"缩放体"对话框

Step2. 选择类型。在“缩放体”对话框的类型下拉列表中选择均匀选项。

Step3. 定义“缩放体”对象。选取图 4.22.3 所示的立方体。

Step4. 定义缩放点。单击缩放点区域中的指定点 (1)按钮，然后选择图 4.22.4 所示的立方体顶点。

Step5. 输入参数。在均匀文本框中输入比例因子值 1.5，单击应用按钮，完成均匀比例操作。均匀比例模型如图 4.22.5 所示。

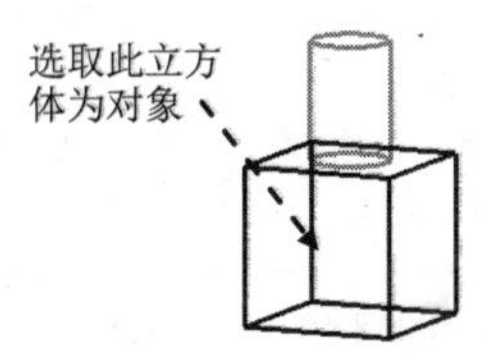

图 4.22.3 选择立方体

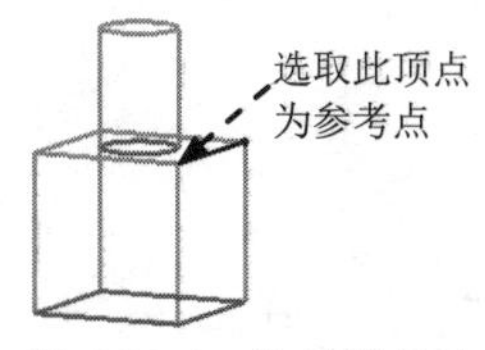

图 4.22.4 选择缩放点

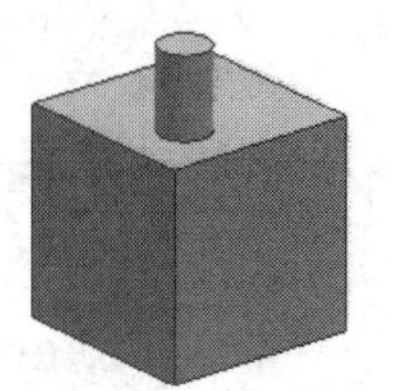

图 4.22.5 均匀比例模型

图 4.22.2 所示的“缩放体”对话框中有关选项的说明如下。

- 类型下拉列表：比例类型有四个基本选择步骤，但对每一种比例“类型”方法而言，不是所有的步骤都可用。
  - ☑ 均匀：在所有方向上均匀地按比例缩放。
  - ☑ 轴对称：以指定的比例因子（或乘数）沿指定的轴对称缩放。
  - ☑ 常规：在 X、Y 和 Z 轴三个方向上以不同的比例因子缩放。
- （选择体）：允许用户为比例操作选择一个或多个实体或片体。三个“类型”方法都要求此步骤。

Task2. 在圆柱体上执行轴对称比例类型操作

Step1. 选择类型。在“缩放体”对话框的类型下拉列表中选择轴对称选项。

Step2. 定义“缩放体”对象。选取要执行缩放体操作的圆柱体，如图 4.22.6 所示。

Step3. 定义矢量方向，单击指定矢量 (1)下拉列表中的“两点”按钮，选取“两点”为矢量方向；如图 4.22.7 所示，然后选取圆柱底面圆心和顶面圆心。

Step4. 定义参考点。单击指定轴通过点 (1)按钮，然后选取圆柱体底面圆心为参考点，如图 4.22.8 所示。

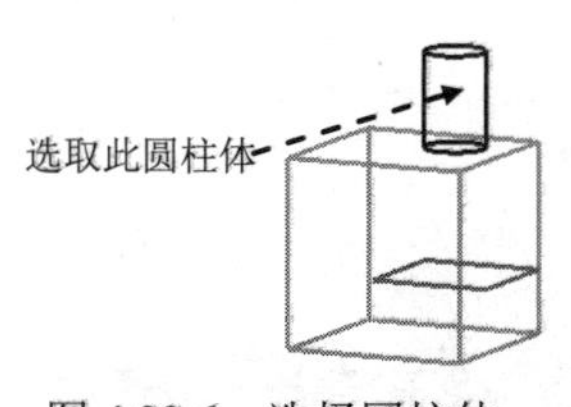

图 4.22.6 选择圆柱体

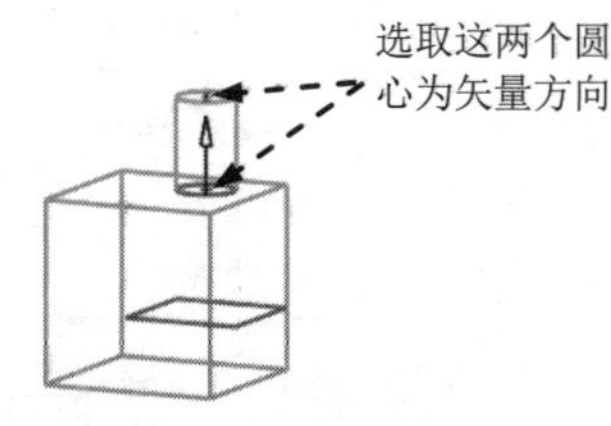

图 4.22.7 选择判断矢量

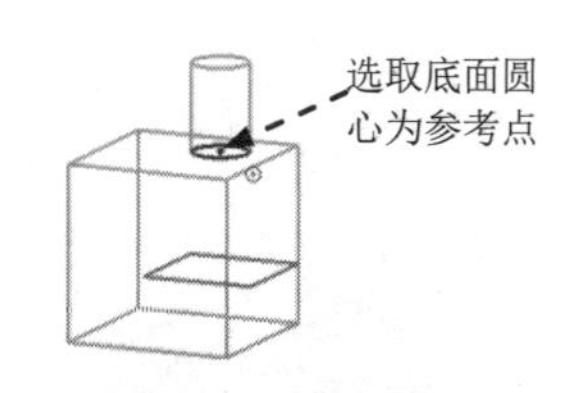

图 4.22.8 选择参考点

Step5. 输入参数。在对话框的沿轴向文本框中输入比例因子值 1.5，其余参数采用系统默认设置，单击确定按钮，完成轴对称比例操作。

4.23 模型的关联复制

模型的关联复制主要包括 抽取几何体(E)... 和 阵列特征(A)... 两种，这两种方式都是对已有的模型特征进行操作，可以创建与已有模型特征相关联的目标特征，从而减少许多重复的操作，节约大量的时间。

4.23.1 抽取几何特征

抽取几何特征是用来创建所选取几何的关联副本。抽取几何特征操作的对象包括复合曲线、点、基准、面、面区域和体。如果抽取一条曲线，则创建的是曲线特征；如果抽取一个面或一个区域，则创建一个片体；如果抽取一个体，则新体的类型将与原先的体相同（实体或片体）。当更改原来的特征时，可以决定抽取后得到的特征是否需要更新。在零件设计中，常会用到抽取模型特征的功能，它可以充分地利用已有的模型，大大地提高工作效率。下面以3个范例来说明如何使用抽取几何特征命令。

1. 抽取面特征

图4.23.1所示的抽取单个曲面的操作过程如下。

Step1. 打开文件 D:\ug12mo\work\ch04.23\extracted01.prt。

Step2. 选择下拉菜单 插入(S) → 关联复制(A) → 抽取几何特征(E)... 命令，系统弹出图4.23.2所示的“抽取几何特征”对话框。

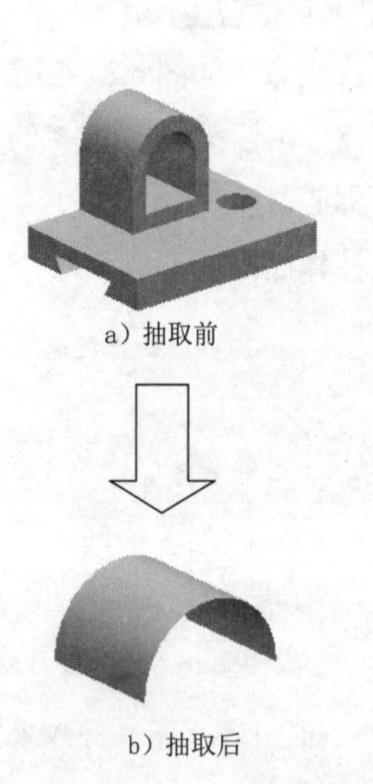

图4.23.1 抽取单个曲面面特征

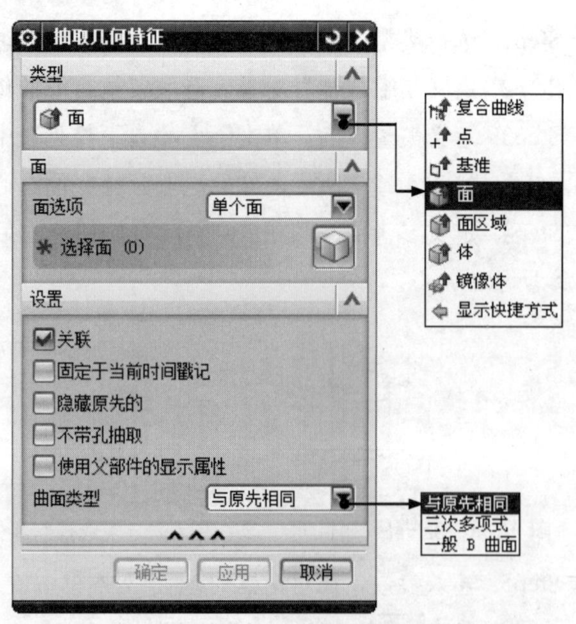

图4.23.2 “抽取几何特征”对话框

图 4.23.2 所示的“抽取几何特征”对话框中部分选项功能的说明如下。

- 面：用于从实体或片体模型中抽取曲面特征，能生成三种类型的曲面。
- 面区域：抽取区域曲面时，是通过定义种子曲面和边界曲面来创建片体，创建的片体是从种子曲面开始向四周延伸到边界面的所有曲面构成的片体（其中包括种子曲面，但不包括边界曲面）。
- 体：用于生成与整个所选特征相关联的实体。
- 与原先相同：从模型中抽取的曲面特征保留原来的曲面类型。
- 三次多项式：用于将模型的选中面抽取为三次多项式 B 曲面类型。
- 一般 B 曲面：用于将模型的选中面抽取为一般的 B 曲面类型。

Step3. 定义抽取类型。在“抽取几何特征”对话框的类型下拉列表中选择面选项。

Step4. 选取抽取对象。在图形区选取图 4.23.3 所示的曲面。

Step5. 隐藏源特征。在设置区域选中☑隐藏原先的复选框。单击<确定>按钮，完成对曲面特征的抽取。

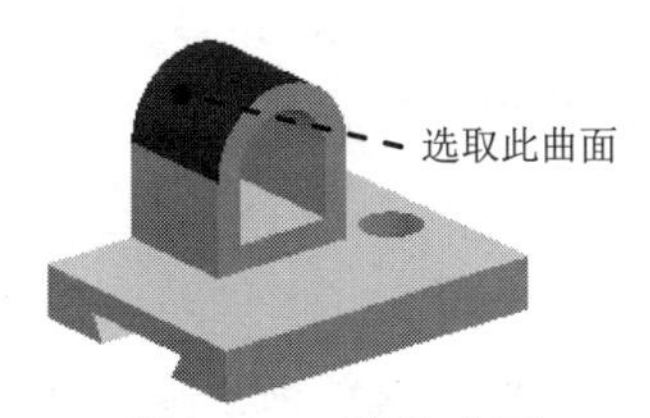

图 4.23.3 选取曲面

2．抽取面区域特征

抽取面区域特征用于创建一个片体，该片体是一组和“种子面”相关，且被边界面限制的面。

用户根据系统提示选取种子面和边界面后，系统会自动选取从种子面开始向四周延伸直到边界面的所有曲面（包括种子面，但不包括边界面）。

3．抽取体特征

抽取体特征可以创建整个体的关联副本，并将各种特征添加到抽取体特征上，而不在原先的体上出现。当更改原先的体时，还可以决定“抽取体”特征是否更新。

Step1. 打开文件 D:\ug12mo\work\ch04.23\extracted02.prt。

Step2. 选择下拉菜单 插入(S) → 关联复制(A) ▸ → 抽取几何特征(E)... 命令，系统弹出“抽取几何特征”对话框。

Step3. 定义抽取类型。在“抽取几何特征”对话框的类型下拉列表中选择体选项。

Step4. 选取抽取对象。在图形区选取图 4.23.4 所示的体特征。

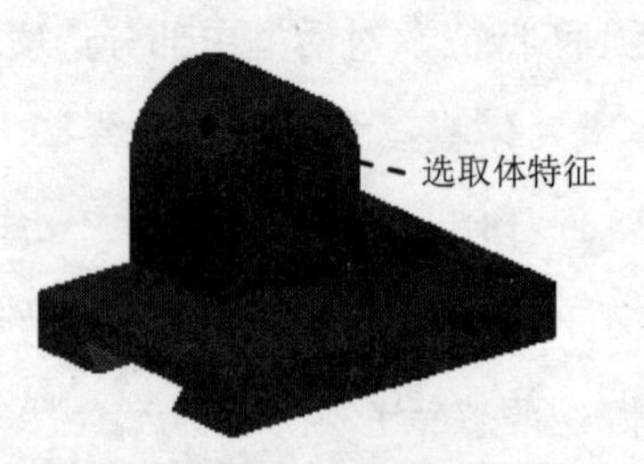

图 4.23.4 选取特征体

Step5. 隐藏源特征。在设置区域选中☑隐藏原先的复选框。单击< 确定 >按钮，完成对体特征的抽取（建模窗口中所显示的特征是原来特征的关联副本）。

注意：所抽取的体特征与原特征相互关联，类似于复制功能。

4.23.2 阵列特征

"阵列特征"操作就是对特征进行阵列，也就是对特征进行一个或者多个的关联复制，并按照一定的规律排列复制的特征，而且特征阵列的所有实例都是相互关联的，可以通过编辑原特征的参数来改变其所有的实例。常用的阵列方式有线性阵列、圆形阵列、多边形阵列、螺旋式阵列、沿曲线阵列、常规阵列和参考阵列等。

1. 线性阵列

线性阵列功能可以将所有阵列实例成直线或矩形排列。下面以一个范例来说明创建线性阵列的过程，如图 4.23.5 所示。

Step1. 打开文件 D:\ug12mo\work\ch04.23\Rectangular_Array.prt。

Step2. 选择下拉菜单插入(S) → 关联复制(A) ▸ → 阵列特征(A)...命令，系统弹出图 4.23.6 所示的"阵列特征"对话框。

Step3. 选取阵列的对象。在模型树中选取简单孔特征为要阵列的特征。

Step4. 定义阵列方法。在对话框的布局下拉列表中选择线性选项。

Step5. 定义方向 1 阵列参数。在对话框的方向 1区域中单击按钮，选择 YC 轴为第一阵列方向；在间距下拉列表中选择数里和间隔选项，然后在数量文本框中输入阵列数量值为 5，在节距文本框中输入阵列节距值为 20。

Step6. 定义方向 2 阵列参数。在对话框的方向 2区域中选中☑使用方向 2复选框，然后单击按钮，选择 XC 轴为第二阵列方向；在间距下拉列表中选择数量和节距选项，然后在数量文本框中输入阵列数量值为 5，在节距文本框中输入阵列节距值为 20。

Step7. 单击确定按钮，完成矩形阵列的创建。

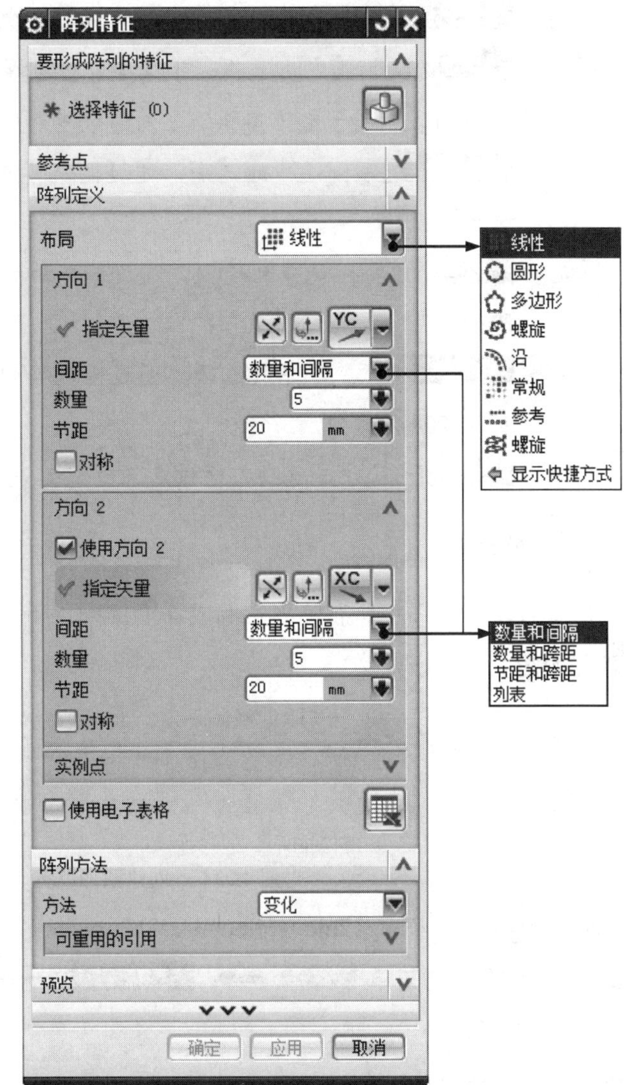

a）线性阵列前

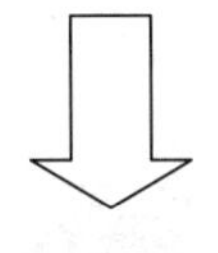

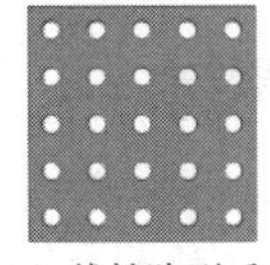

b）线性阵列后

图 4.23.5　创建线性阵列　　　　图 4.23.6　“阵列特征”对话框

图 4.23.6 所示的“阵列特征”对话框中部分选项的功能说明如下。

● 布局下拉列表：用于定义阵列方式。

☑ 线性选项：选中此选项，可以根据指定的一个或两个线性方向进行阵列。

☑ 圆形选项：选中此选项，可以绕着一根指定的旋转轴进行环形阵列，阵列实例绕着旋转轴圆周分布。

☑ 多边形选项：选中此选项，可以沿着一个正多边形进行阵列。

☑ 螺旋选项：选中此选项，可以沿着平面螺旋线进行阵列。

☑ 沿选项：选中此选项，可以沿着一条曲线路径进行阵列。

☑ 常规选项：选中此选项，可以根据空间的点或由坐标系定义的位置点进行阵列。

☑ 参考选项：选中此选项，可以参考模型中已有的阵列方式进行阵列。

☑ 螺旋选项：选中此选项，可以沿着空间螺旋线进行阵列。

- 间距下拉列表：用于定义各阵列方向的数量和间距。

  ☑ 数量和间隔选项：选中此选项，通过输入阵列的数量和每两个实例的中心距离进行阵列。

  ☑ 数量和跨距选项：选中此选项，通过输入阵列的数量和每两个实例的间距进行阵列。

  ☑ 节距和跨距选项：选中此选项，通过输入阵列的数量和每两个实例的中心距离及间距进行阵列。

  ☑ 列表选项：选中此选项，通过定义的阵列表格进行阵列。

2．圆形阵列

圆形阵列功能可以将所有阵列实例成圆形排列。下面以一个范例来说明创建圆形阵列的过程，如图 4.23.7 所示。

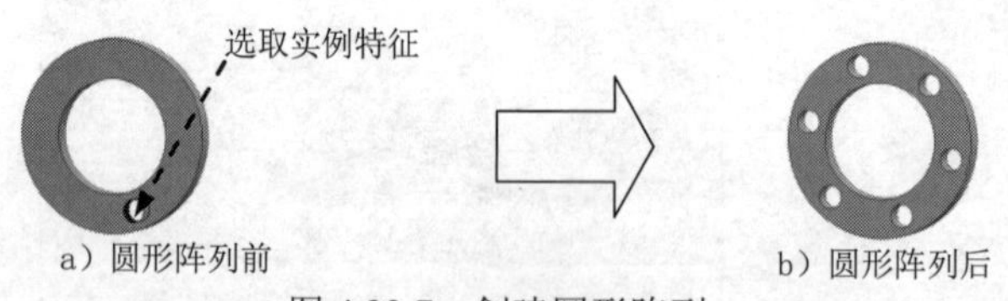

a）圆形阵列前　　b）圆形阵列后

图 4.23.7　创建圆形阵列

Step1. 打开文件 D:\ug12mo\work\ch04.23\Circular_Array.prt。

Step2. 选择下拉菜单 插入(S) → 关联复制(A) → 阵列特征(A)... 命令，系统弹出“阵列特征”对话框。

Step3. 选取阵列的对象。在模型树中选取简单孔特征为要阵列的特征。

Step4. 定义阵列方法。在对话框的布局下拉列表中选择圆形选项。

Step5. 定义旋转轴和中心点。在对话框的旋转轴区域中单击* 指定矢量后面的按钮，选择 ZC 轴为旋转轴；单击* 指定点后面的按钮，选取图 4.23.8 所示的圆心点为中心点。

Step6. 定义阵列参数。在对话框角度方向区域的间距下拉列表中选择数量和间隔选项，然后在数量文本框中输入阵列数量值为 6，在节距角文本框中输入阵列角度值为 60，如图 4.23.9 所示。

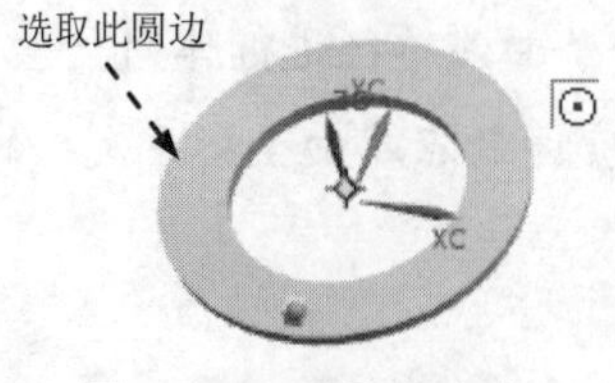

图 4.23.8　选取中心点

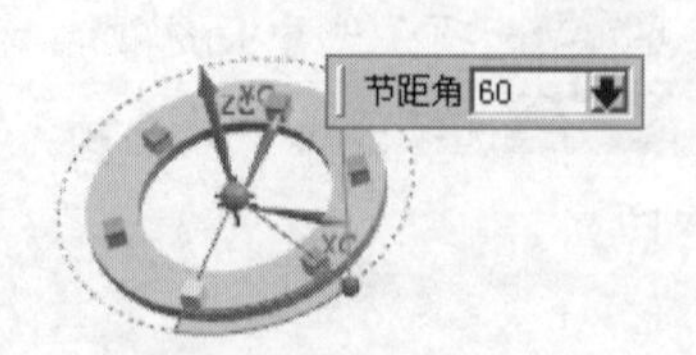

图 4.23.9　定义阵列参数

Step7. 单击 确定 按钮，完成圆形阵列的创建。

4.23.3 镜像特征

镜像特征功能可以将所选的特征相对于一个部件平面或基准平面（称为镜像中心平面）进行对称的复制，从而得到所选特征的一个副本。下面以一个范例来说明创建镜像特征的一般过程，如图 4.23.10 所示。

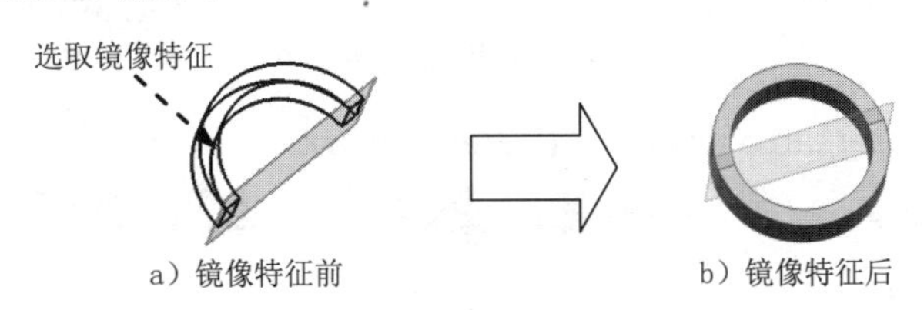

图 4.23.10 创建镜像特征

Step1. 打开文件 D:\ug12mo\work\ch04.23\mirror.prt。

Step2. 选择下拉菜单 插入(S) → 关联复制(A) → 镜像特征(R)... 命令，系统弹出图 4.23.11 所示的“镜像特征”对话框。

Step3. 定义镜像对象。单击“镜像特征”对话框中的按钮，选取图 4.23.10a 所示的镜像特征。

Step4. 定义镜像平面。在 平面 下拉列表中选择 现有平面 选项，单击“平面”按钮，选取图 4.23.12 所示的镜像平面，单击 确定 按钮，完成镜像特征的操作。

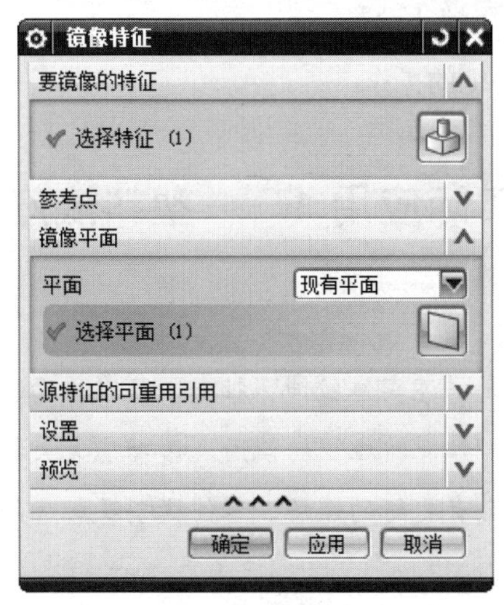

图 4.23.11 “镜像特征”对话框

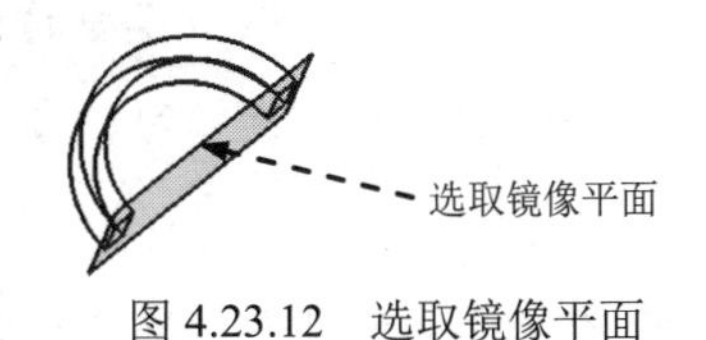

图 4.23.12 选取镜像平面

4.23.4 阵列几何特征

用户可以通过使用“阵列几何特征”命令创建对象的副本，即可以轻松地复制几何体、

面、边、曲线、点、基准平面和基准轴，并保持实例特征与其原始体之间的关联性。下面以一个范例来说明阵列几何特征的一般操作过程，如图 4.23.13 所示。

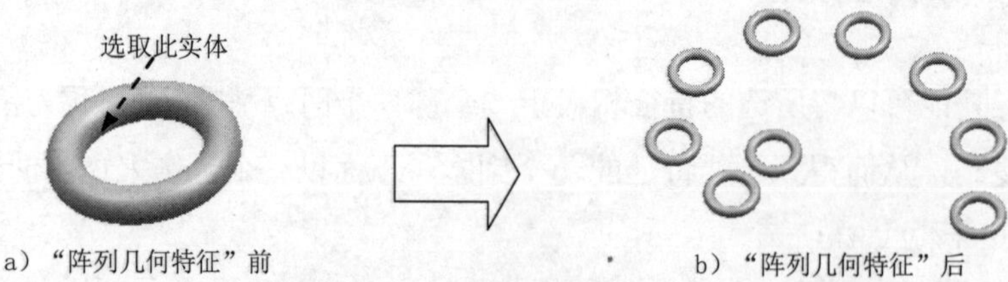

a）“阵列几何特征”前　　b）“阵列几何特征”后

图 4.23.13　阵列几何特征

Step1. 打开文件 D:\ug12mo\work\ch04.23\excerpt.prt。

Step2. 选择下拉菜单 插入(S) → 关联复制(A) → 阵列几何特征(T)... 命令，系统弹出“阵列几何特征”对话框。

Step3. 选取几何体对象。选取图 4.23.13a 所示的实体为要生成实例的几何特征。

Step4. 定义参考点。选取图 4.23.13a 所示实体的圆心为指定点。

Step5. 定义类型。在“阵列几何特征”对话框 阵列定义 区域的 布局 下拉列表中选择 螺旋 选项。

Step6. 定义平面的法向矢量。在对话框中选择 下拉列表中的 ZC 选项。

Step7. 定义参考矢量。在对话框中选择 下拉列表中的 YC 选项。

Step8. 定义阵列几何特征参数。在 螺旋 区域的 径向节距 文本框中输入角度值 120，在 螺旋向节距 文本框中输入偏移距离值 50，其余采用默认设置。

Step9. 单击 < 确定 > 按钮，完成阵列几何特征的操作。

4.24　UG 机械零件设计实际应用 1——塑料底座

应用概述：

本应用介绍了塑料底座的设计过程，主要是讲述实体拉伸、抽壳、基准平面、镜像特征等特征命令的应用。本应用模型的难点在于“镜像特征”的使用，该功能大大提高了建模效率。希望通过此应用的学习，读者对该命令有更好的理解。零件模型及相应的模型树如图 4.24.1 所示。

注意：在后面的模具设计部分，将会介绍该三维模型零件的模具设计。

说明：本应用前面的详细操作过程请参见学习资源中 video\ch04.24\reference\文件夹下的语音视频讲解文件 trash_can_cover-r01.avi。

Step1. 打开文件 D:\ug12mo\work\ch04.24\trash_can_cover_ex.prt。

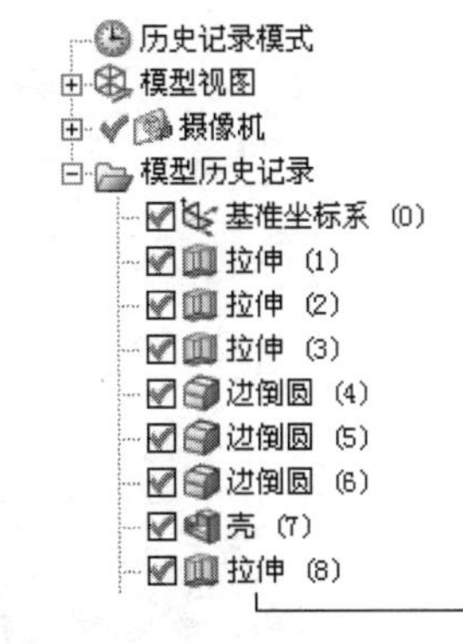

图 4.24.1　模型与模型树

Step2. 创建图 4.24.2 所示的拉伸特征 3。选择下拉菜单 插入(S) → 设计特征(E) ▸ → 拉伸(X)... 命令；选取 YZ 平面为草图平面，绘制图 4.24.3 所示的截面草图；在 限制 区域的 开始 下拉列表中选择 值 选项，并在其下的 距离 文本框中输入值 0，在 限制 区域的 结束 下拉列表中选择 值 选项，并在其下的 距离 文本框中输入值 15；在 偏置 区域的 偏置 下拉列表中选择 对称 选项，在 结束 文本框中输入值 10.0；在 布尔 区域的下拉列表中选择 减去 选项，采用系统默认的求差对象；在 指定矢量 下拉列表中选择 ZC↑ 选项为拉伸方向；单击 < 确定 > 按钮，完成拉伸特征 3 的创建。

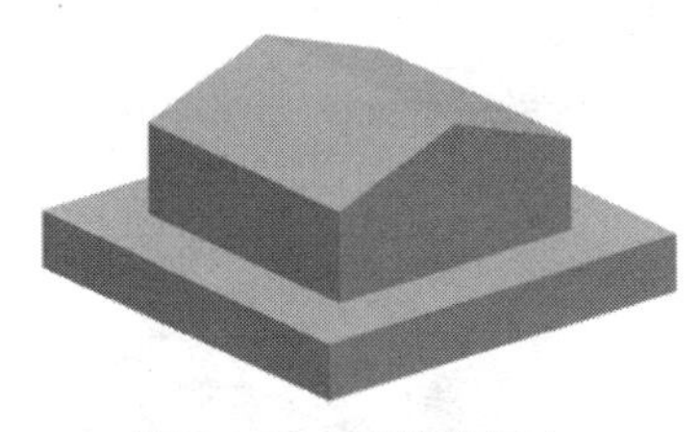

图 4.24.2　拉伸特征 3

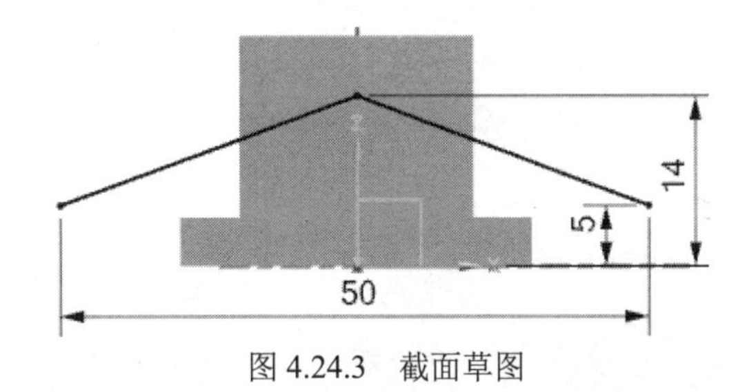

图 4.24.3　截面草图

Step3. 创建图 4.24.4 所示的边倒圆特征 1。选择下拉菜单 插入(S) → 细节特征(L) ▸ → 边倒圆(E)... 命令；选择图 4.24.5 所示的四条边线为边倒圆参照，并在 半径 1 文本框中输入值 4；单击 < 确定 > 按钮，完成边倒圆特征 1 的创建。

Step4. 创建图 4.24.6 所示的边倒圆特征 2，其圆角半径值为 4。

Step5. 创建图 4.24.7 所示的边倒圆特征 3，其圆角半径值为 1。

Step6. 创建图 4.24.8 所示的抽壳特征 1。选择下拉菜单 插入(S) → 偏置/缩放(O) ▸ → 抽壳(H)... 命令；在 类型 区域的下拉列表中选择 移除面，然后抽壳 选项，选取图 4.24.9 所示的模型表面为要穿透的面，在 厚度 文本框中输入值 1.0，单击 < 确定 > 按钮，完成抽壳特征 1 的创建。

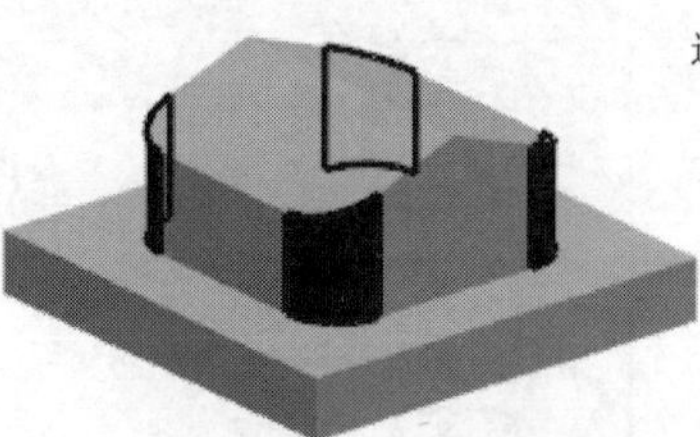

图 4.24.4　边倒圆特征 1

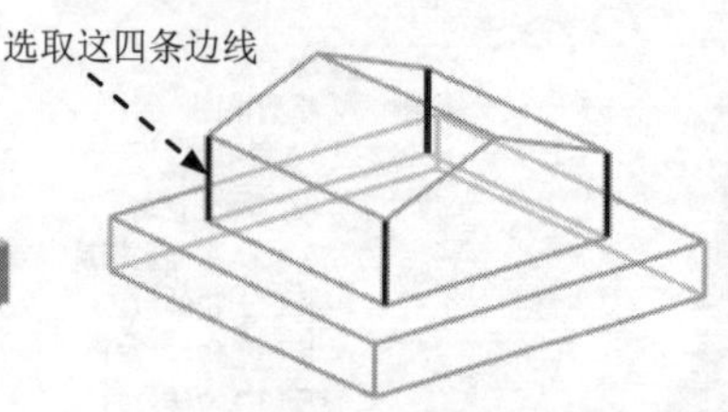

图 4.24.5　定义边倒圆边线

图 4.24.6　边倒圆特征 2

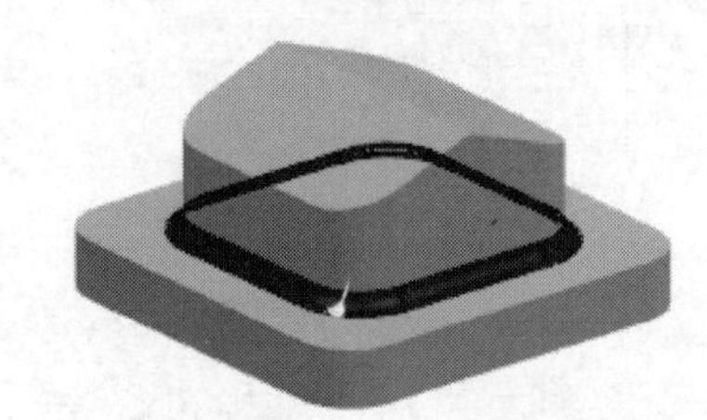

图 4.24.7　边倒圆特征 3

图 4.24.8　抽壳特征 1

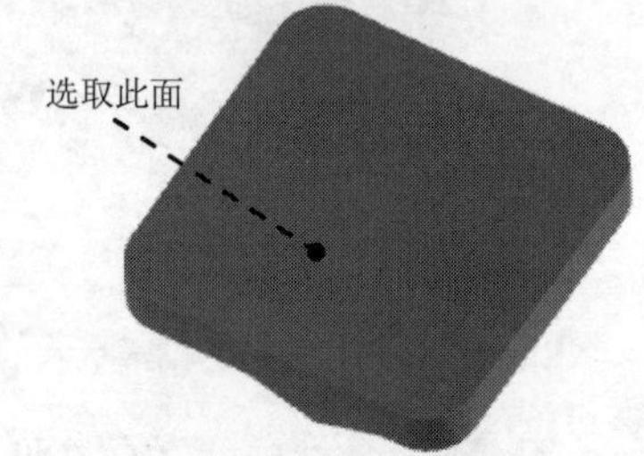

图 4.24.9　定义移除面

Step7. 创建图 4.24.10 所示的拉伸特征 4。选择下拉菜单 插入(S) → 设计特征(E) → 拉伸(X)... 命令；选取 XY 平面为草图平面，绘制图 4.24.11 所示的截面草图；在限制区域的开始下拉列表中选择值选项，并在其下的距离文本框中输入值 0，在限制区域的结束下拉列表中选择贯通选项；在布尔区域的下拉列表中选择减去选项，采用系统默认的求差对象；单击 < 确定 > 按钮，完成拉伸特征 4 的创建。

Step8. 创建图 4.24.12 所示的边倒圆特征 4，其圆角半径值为 2。

Step9. 创建图 4.24.13 所示的边倒圆特征 5，其圆角半径值为 1。

图 4.24.10　拉伸特征 4

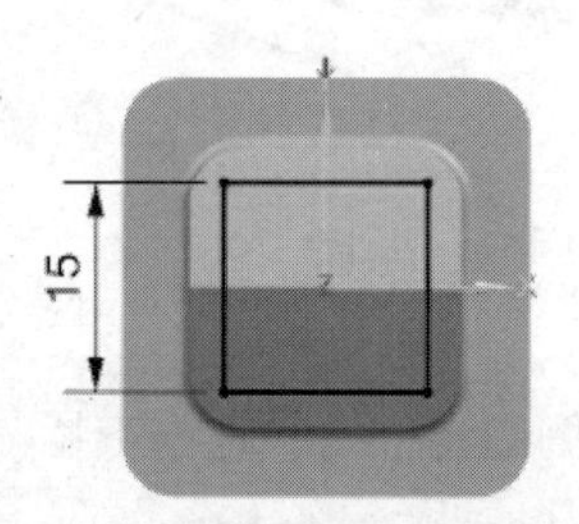

图 4.24.11　截面草图

图 4.24.12　边倒圆特征 4

Step10. 创建图 4.24.14 所示的边倒圆特征 6，其圆角半径值为 2。

Step11. 创建图 4.24.15 所示的边倒圆特征 7，其圆角半径值为 2。

图 4.24.13　边倒圆特征 5

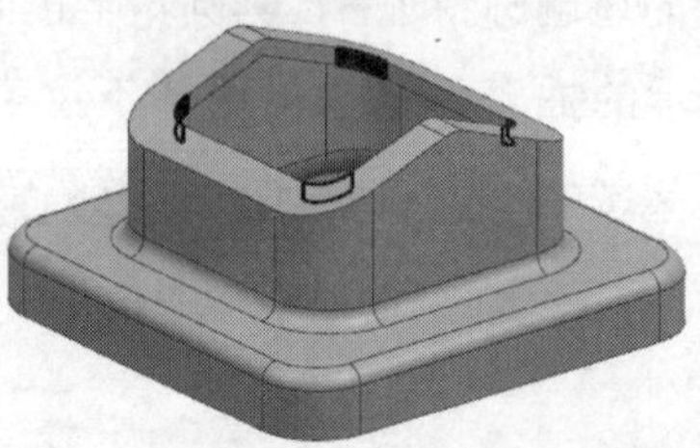

图 4.24.14　边倒圆特征 6

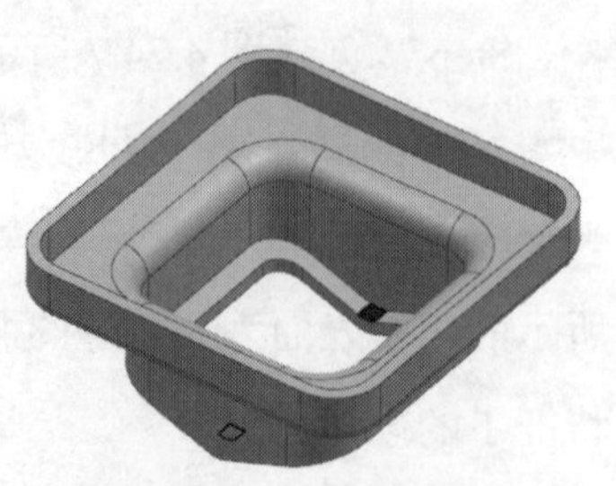

图 4.24.15　边倒圆特征 7

Step12. 创建图 4.24.16 所示的基准平面 1（注：本步的详细操作过程请参见学习资源中 video\ch04.24\reference\文件夹下的语音视频讲解文件 trash_can_cover-r02.avi）。

Step13. 创建图 4.24.17 所示的拉伸特征 5。选择下拉菜单 插入(S) ➡ 设计特征(E) ➡ 拉伸(X)... 命令；选取基准平面 1 为草图平面，绘制图 4.24.18 所示的截面草图；在限制区域的开始下拉列表中选择 值 选项，并在其下的距离文本框中输入值 0；在限制区域的结束下拉列表中选择 直至下一个 选项；在偏置区域的偏置下拉列表中选择两侧选项，在开始文本框中输入值 0，在结束文本框中输入值 0.5；在布尔区域的下拉列表中选择 合并选项，采用系统默认的求和对象；单击 < 确定 > 按钮，完成拉伸特征 5 的创建。

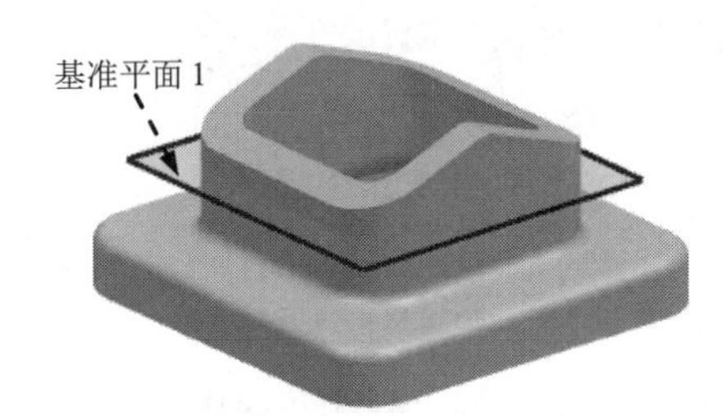

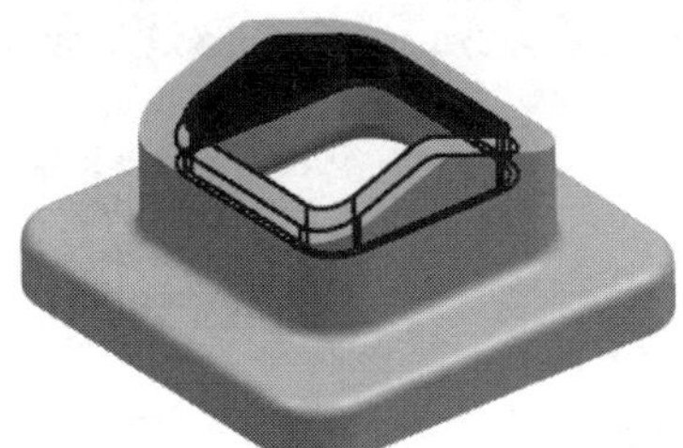

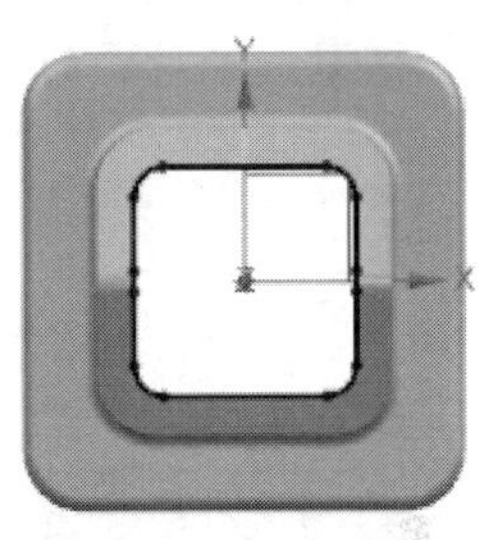

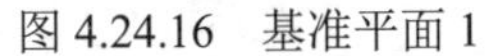

图 4.24.16 基准平面 1　　图 4.24.17 拉伸特征 5　　图 4.24.18 截面草图

Step14. 创建图 4.24.19 所示的拉伸特征 6。选择下拉菜单 插入(S) ➡ 设计特征(E) ➡ 拉伸(X)... 命令；选取图 4.24.19 所示的模型表面为草图平面，绘制图 4.24.20 所示的截面草图；在限制区域的开始下拉列表中选择 值 选项，并在其下的距离文本框中输入值 0；在限制区域的结束下拉列表中选择 直至下一个 选项；在布尔区域的下拉列表中选择 减去 选项，采用系统默认的求差对象；单击 < 确定 > 按钮，完成拉伸特征 6 的创建。

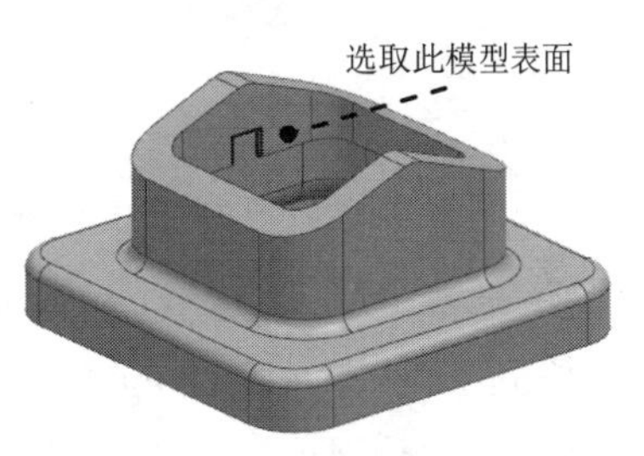

图 4.24.19 拉伸特征 6

Step15. 创建图 4.24.21 所示的镜像特征 1。选择下拉菜单 插入(S) ➡ 关联复制(A) ➡ 镜像特征(M)... 命令；选取上一步创建的拉伸特征 6 为要镜像的特征，选取 YZ 基准平面作为镜像平面，单击 确定 按钮，完成镜像特征 1 的创建。

Step16. 后面的详细操作过程请参见学习资源中 video\ch04.24\reference\文件夹下的语音视频讲解文件 trash_can_cover-r03.avi。

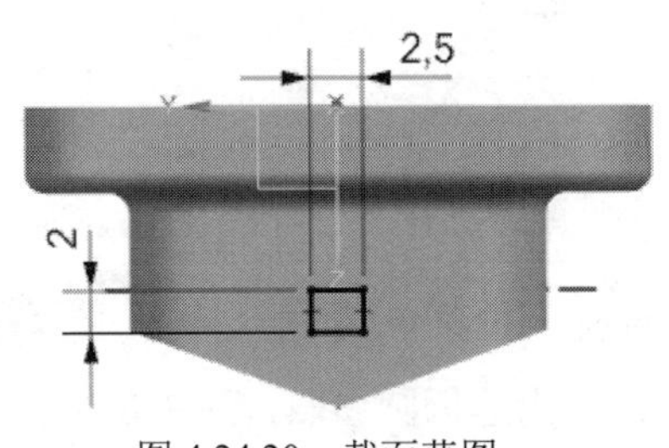

图 4.24.20 截面草图

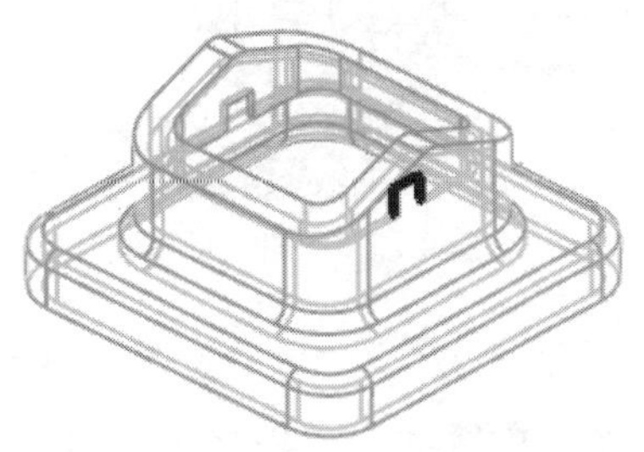

图 4.24.21 镜像特征 1

4.25 UG 机械零件设计实际应用 2——异型塑料盖

应用概述:

本应用介绍了异型塑料盖的三维模型设计过程，主要是讲述实体拉伸、拔模、抽壳、镜像特征、阵列几何特征以及阵列等特征命令的应用。本应用模型的难点在于建模顺序的合理安排以及求和和阵列几何特征在建模中的合理应用，希望通过此应用的学习使读者对此有更好的理解。零件模型及相应的模型树如图 4.25.1 所示。

注意: 在后面的模具设计部分，将会介绍该三维模型零件的模具设计。

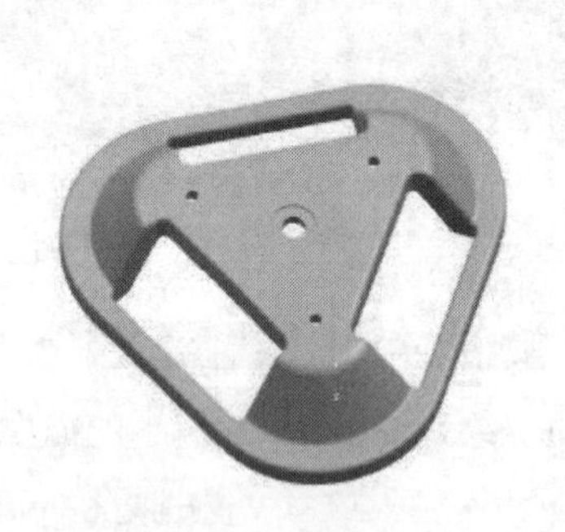

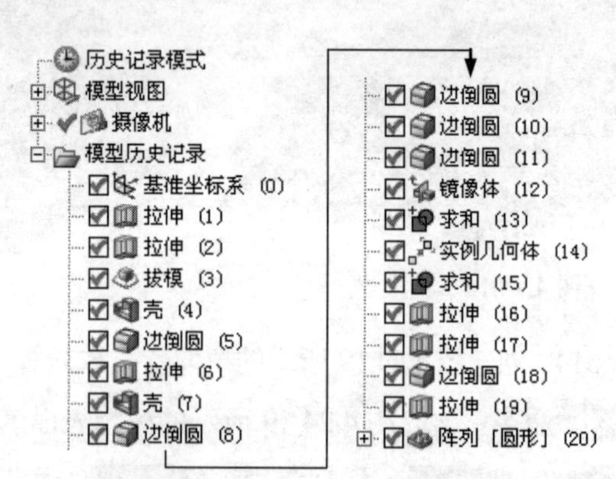

图 4.25.1 模型与模型树

说明：本应用前面的详细操作过程请参见学习资源中 video\ch04.25\reference\文件夹下的语音视频讲解文件 case_cover-r01.exe。

Step1. 打开文件 D:\ug12mo\work\ch04.25\case_cover_ex.prt。

Step2. 创建图 4.25.2 所示的抽壳特征 1。选择下拉菜单 插入(S) → 偏置/缩放(O) ▸ → 抽壳(H)... 命令；在 类型 区域的下拉列表中选择 移除面，然后抽壳 选项，选取图 4.25.3 所示的模型上表面和两侧表面为要穿透的面，在 厚度 文本框中输入值 5.0，单击 < 确定 > 按钮，完成抽壳特征 1 的创建。

图 4.25.2 抽壳特征 1

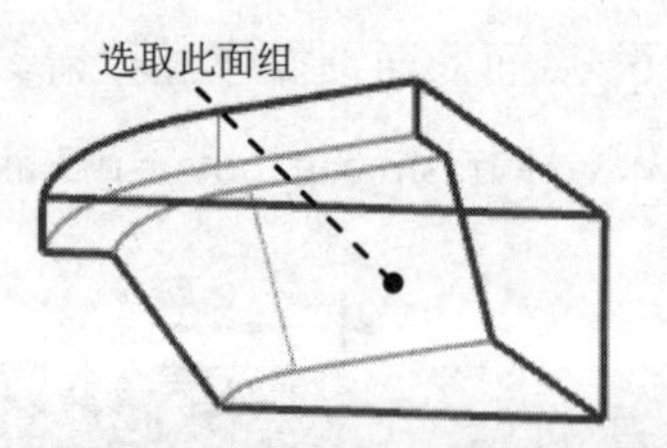

图 4.25.3 定义移除面

Step3. 创建图 4.25.4b 所示的边倒圆特征 1。选择下拉菜单 插入(S) → 细节特征(L) ▸ → 边倒圆(E)... 命令；选择图 4.25.4a 所示的边链 1 为边倒圆参照，并在 半径 1 文本框中

输入值 3；单击“添加新集”按钮，选择图 4.25.4a 所示的边链 2 为边倒圆参照，并在半径 2文本框中输入值 1；单击< 确定 >按钮，完成边倒圆特征 1 的创建。

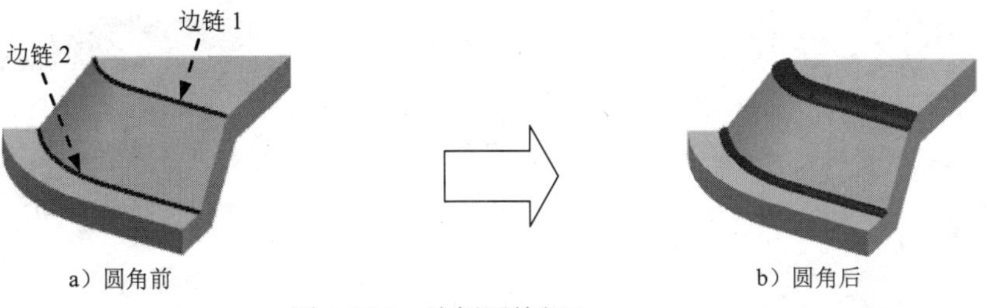

a）圆角前　　b）圆角后

图 4.25.4　边倒圆特征 1

Step4. 创建图 4.25.5 所示的拉伸特征 3。选择下拉菜单插入(S) ➡ 设计特征(E) ➡ 拉伸(X)...命令；选取 XY 平面为草图平面，绘制图 4.25.6 所示的截面草图；在限制区域的开始下拉列表中选择值选项，并在其下的距离文本框中输入值 0，在限制区域的结束下拉列表中选择贯通选项；在布尔区域的下拉列表中选择减去选项，采用系统默认的求差对象；单击< 确定 >按钮，完成拉伸特征 3 的创建。

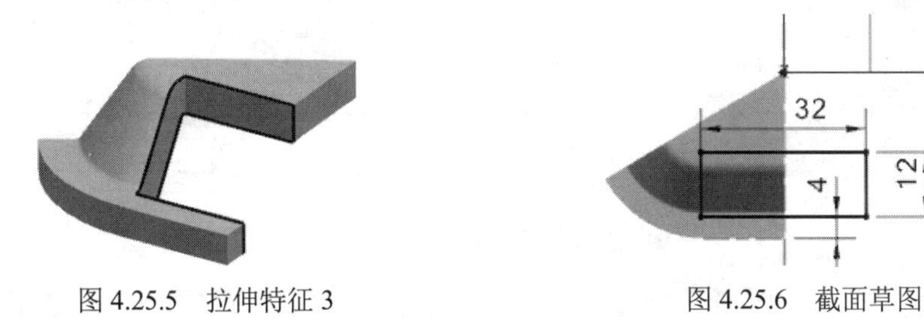

图 4.25.5　拉伸特征 3　　图 4.25.6　截面草图

Step5. 创建图 4.25.7 所示的抽壳特征 2。选择下拉菜单插入(S) ➡ 偏置/缩放(O) ➡ 抽壳(H)...命令；在类型区域的下拉列表中选择移除面，然后抽壳选项，选取图 4.25.8 所示的模型表面（共 5 个面）为要穿透的面，在厚度文本框中输入值 2.5；在备选厚度区域中激活选择面 (0)，选取图 4.25.9 所示的模型表面，在厚度 1文本框中输入值 1.2；单击< 确定 >按钮，完成抽壳特征 2 的创建。

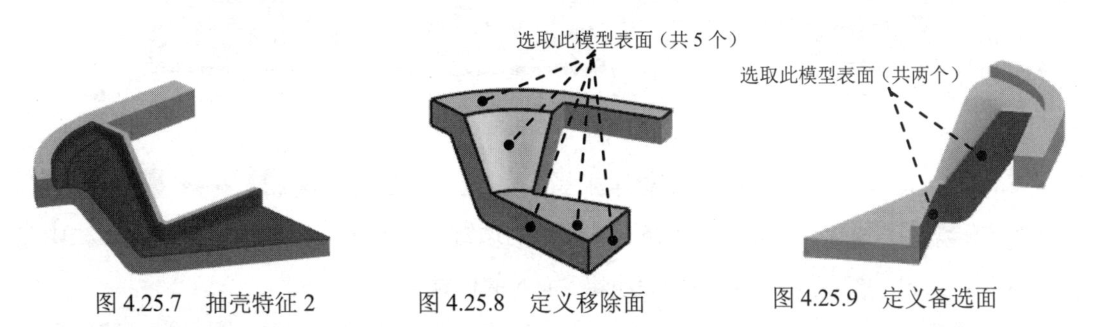

图 4.25.7　抽壳特征 2　　图 4.25.8　定义移除面　　图 4.25.9　定义备选面

Step6. 创建图 4.25.10b 所示的边倒圆特征 2。选择下拉菜单插入(S) ➡ 细节特征(L) ➡ 边倒圆(E)...命令；选择图 4.25.10a 所示的边线 1 为边倒圆参照，并在半径 1文本框中输入值 1；单击“添加新集”按钮，选择图 4.25.10a 所示的边线 2 为边倒圆参照，并在半径 2 文本框中输入值 2；单击< 确定 >按钮，完成边倒圆特征 2 的创建。

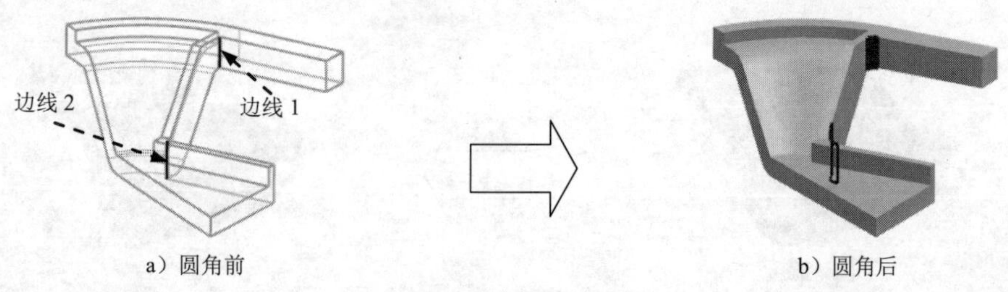

图 4.25.10　边倒圆特征 2

Step7. 创建图 4.25.11b 所示的边倒圆特征 3。选择下拉菜单插入(S) ➡ 细节特征(L) ➡ 边倒圆(E)...命令；选择图 4.25.11a 所示的边线 1 为边倒圆参照，并在半径 1 文本框中输入值 1；单击“添加新集”按钮，选择图 4.25.11a 所示的边线 2 为边倒圆参照，并在半径 2 文本框中输入值 2.5；单击< 确定 >按钮，完成边倒圆特征 3 的创建。

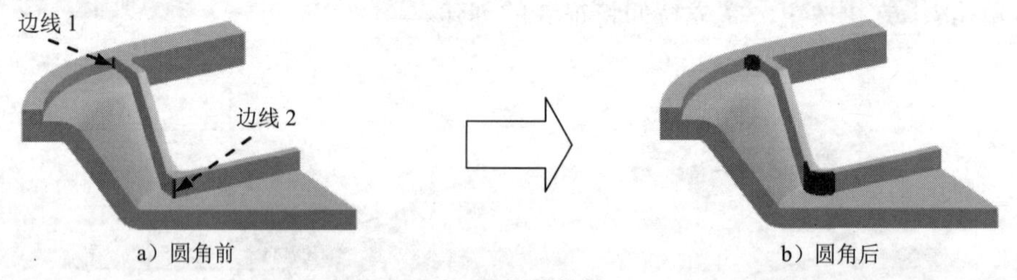

图 4.25.11　边倒圆特征 3

Step8. 创建图 4.25.12b 所示的边倒圆特征 4。选择下拉菜单插入(S) ➡ 细节特征(L) ➡ 边倒圆(E)...命令，选择图 4.25.12a 所示的边线为边倒圆参照，并在半径 1 文本框中输入值 1.0；单击< 确定 >按钮，完成边倒圆特征 4 的创建。

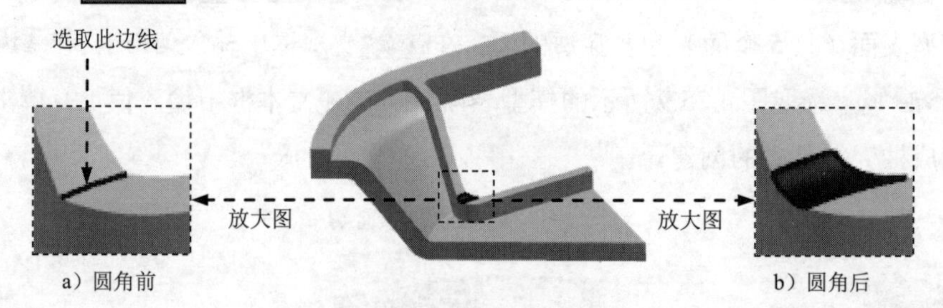

图 4.25.12　边倒圆特征 4

Step9. 创建图 4.25.13b 所示的边倒圆特征 5。选择下拉菜单插入(S) ➡ 细节特征(L) ➡ 边倒圆(E)...命令，选择图 4.25.13a 所示的边链为边倒圆参照，并在半径 1 文本框中输入值 1.0；单击< 确定 >按钮，完成边倒圆特征 5 的创建。

Step10. 创建图 4.25.14b 所示的镜像体特征 1。选择下拉菜单插入(S) ➡ 关联复制(A) ➡ 抽取几何特征(E)...命令；在类型下拉列表中选择镜像体选项；选取整个实体作为要

镜像的体，选取 YZ 基准平面作为镜像平面，单击 确定 按钮，完成镜像体特征 1 的创建。

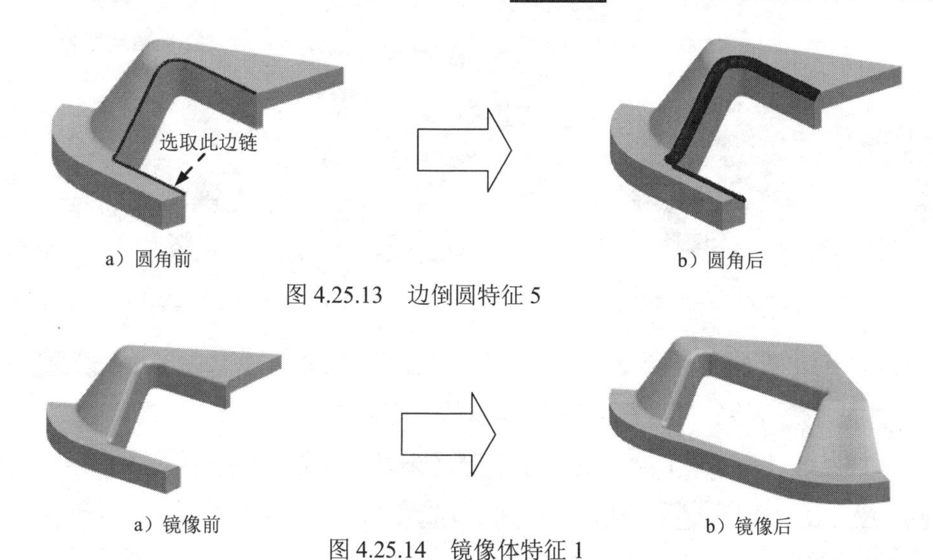

a）圆角前　　b）圆角后

图 4.25.13　边倒圆特征 5

a）镜像前　　b）镜像后

图 4.25.14　镜像体特征 1

Step11. 创建求和特征 1。选择下拉菜单 插入(S) ➡ 组合(B) ▸ ➡ 合并(U)... 命令，在模型树中选取拉伸特征 1 为目标体，选取镜像体特征 1 为工具体；单击 确定 按钮，完成求和特征 1 的创建。

Step12. 创建图 4.25.15b 所示的阵列几何特征 1（注：本步的详细操作过程请参见学习资源中 video\ch04.25\reference\文件夹下的语音视频讲解文件 case_cover-r02.exe）。

Step13. 创建求和特征 2。选择下拉菜单 插入(S) ➡ 组合(B) ▸ ➡ 合并(U)... 命令，选取图 4.25.16 所示的实体为目标体，选取图 4.25.17 所示的实体为工具体；单击 确定 按钮，完成求和特征 2 的创建。

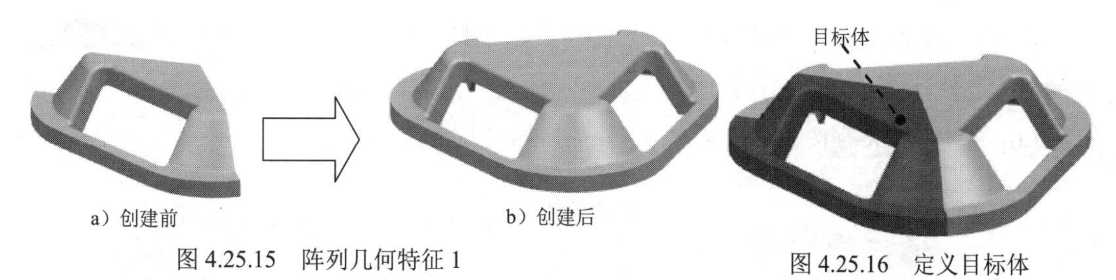

a）创建前　　b）创建后

图 4.25.15　阵列几何特征 1　　图 4.25.16　定义目标体

Step14. 创建图 4.25.18 所示的拉伸特征 4。选择下拉菜单 插入(S) ➡ 设计特征(E) ▸ ➡ 拉伸(X)... 命令；选取 XY 平面为草图平面，绘制图 4.25.19 所示的截面草图；在 限制 区域的 开始 下拉列表中选择 值 选项，并在其下的 距离 文本框中输入值 0，在 限制 区域的 结束 下拉列表中选择 贯通 选项；在 布尔 区域的下拉列表中选择 减去 选项，在模型树上选取求和特征 2 为求差对象；单击 < 确定 > 按钮，完成拉伸特征 4 的创建。

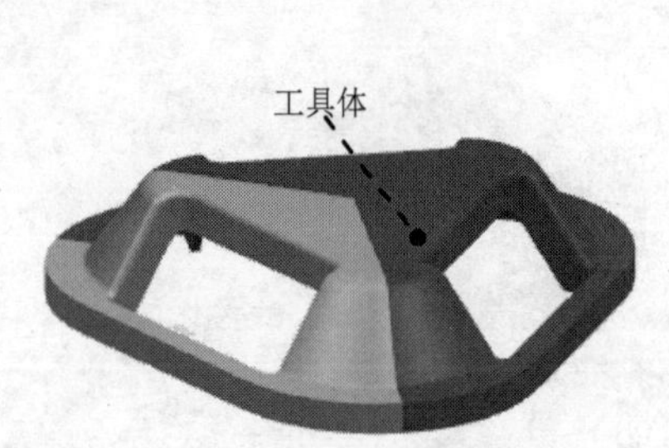

图 4.25.17 定义工具体

图 4.25.18 拉伸特征 4

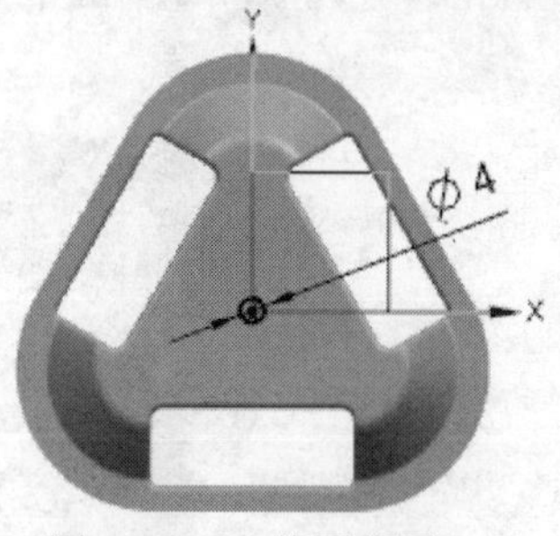

图 4.25.19 截面草图

Step15. 创建图 4.25.20 所示的拉伸特征 5。选择下拉菜单 插入(S) → 设计特征(E) → 拉伸(X)... 命令；选取图 4.25.20 所示的平面为草图平面，绘制图 4.25.21 所示的截面草图；在限制区域的开始下拉列表中选择值选项，并在其下的距离文本框中输入值 0；在结束下拉列表中选择值选项，并在其下的距离文本框中输入值 0.5；在布尔区域的下拉列表中选择减去选项，在模型树上选取求和特征 2 为求差对象；单击< 确定 >按钮，完成拉伸特征 5 的创建。

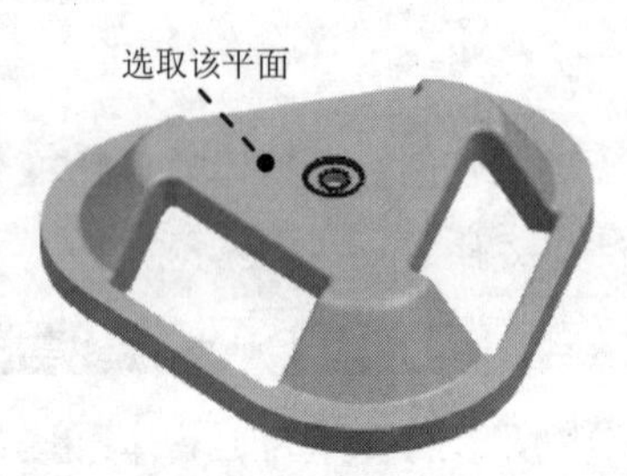

图 4.25.20 拉伸特征 5

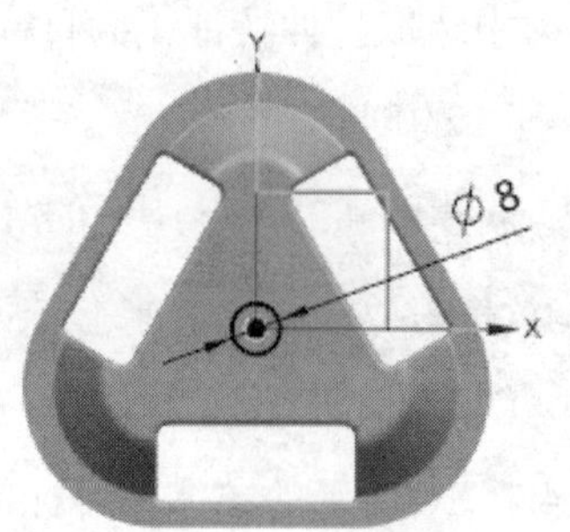

图 4.25.21 截面草图

Step16. 创建图 4.25.22b 所示的边倒圆特征 6。选择下拉菜单 插入(S) → 细节特征(L) → 边倒圆(E)... 命令，选择图 4.25.22a 所示的边链为边倒圆参照，并在半径 1文本框中输入值 1.0；单击< 确定 >按钮，完成边倒圆特征 6 的创建。

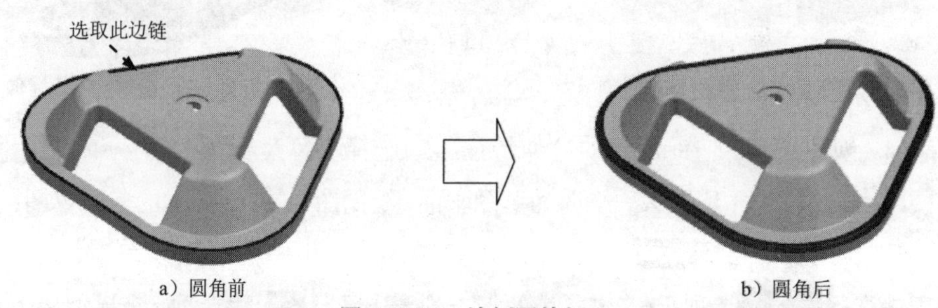

a）圆角前　　b）圆角后

图 4.25.22 边倒圆特征 6

Step17. 后面的详细操作过程请参见学习资源中 video\ch04.25\reference\文件下的语音视频讲解文件 case_cover-r03.avi。

4.26 UG 机械零件设计实际应用 3——手机充电器盖

应用概述:

本应用介绍了一款手机充电器盖的设计过程，主要是讲述实体拉伸、镜像特征、抽壳、拔模、三角形加强筋以及特征分组等特征命令的应用。本应用模型的难点在于建模先后顺序的合理安排以及复杂特征的镜像技巧，希望通过此应用的学习使读者对此有更好的理解。零件模型如图 4.26.1 所示。

注意：在后面的模具设计部分，将会介绍该三维模型零件的模具设计。

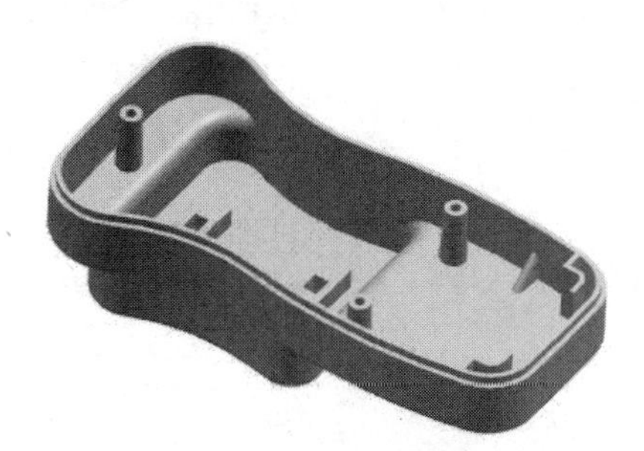

图 4.26.1　手机充电器盖

说明：本应用的详细操作过程请参见学习资源中 video\ch04.26\文件下的语音视频讲解文件。模型文件为 D:\ug12mo\work\ch04.26\charger_down.prt。

学习拓展：扫码学习更多视频讲解。

讲解内容：零件设计实例精选，包含六十多个各行各业零件设计的全过程讲解。讲解中，首先分析了设计的思路以及建模要点，然后对设计操作步骤做了详细的演示，最后对设计方法和技巧做了总结。

第5章 曲面设计

5.1 曲线线框设计

曲线是曲面的基础，是曲面造型设计中必须用到的基础元素，并且曲线质量的好坏直接影响曲面质量的高低。因此，了解和掌握曲线的创建方法，是学习曲面设计的基本要求。利用 UG 的曲线功能可以建立多种曲线，其中基本曲线包括点及点集、直线、圆及圆弧、倒圆角、倒斜角等，特殊曲线包括样条曲线、二次曲线、螺旋线和规律曲线等。

5.1.1 基本空间曲线

UG 基本曲线的创建包括直线、圆弧、圆等规则曲线的创建，以及曲线的倒圆角等操作。下面将逐一进行介绍。

1. 直线

直线(L)... 命令可以根据约束关系的不同创建出不同的直线，下面介绍创建图 5.1.1b 所示的空间直线的一般操作过程。

Step1. 打开文件 D:\ug12mo\work\ch05.01.01\line.prt。

Step2. 选择下拉菜单 插入(S) → 曲线(C) → 直线(L)... 命令，系统弹出图 5.1.2 所示的“直线”对话框。

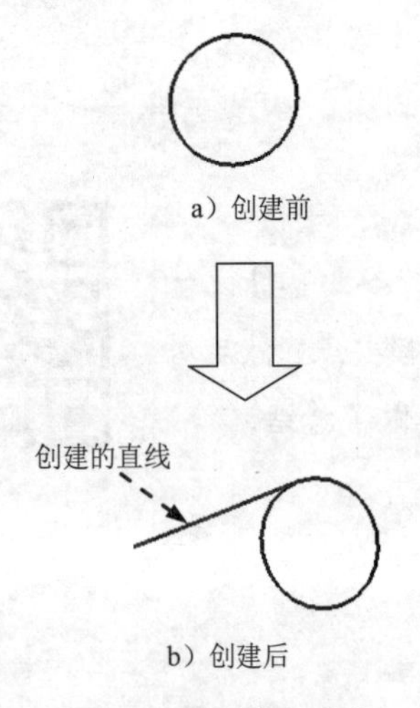

图 5.1.1 创建空间直线

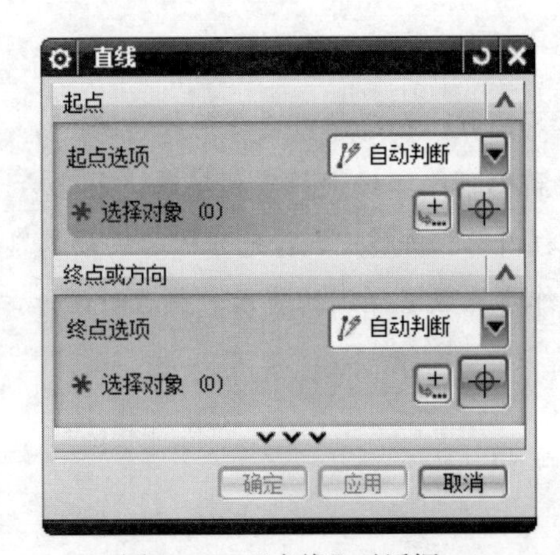

图 5.1.2 “直线”对话框

说明：按 F3 键可以将动态文本输入框隐藏，按第二次可以将“直线”对话框隐藏，再

按一次则显示“直线”对话框和动态文本输入框。

Step3. 设置起始点的约束关系和位置。在“直线”对话框起点区域的起点选项下拉列表中选择+ 点选项或者在图形区右击，在系统弹出的快捷菜单中选择+ 点命令，此时系统弹出动态文本输入框，在XC、YC和ZC文本框中分别输入值10、30和0，并分别按Enter键确认。

说明：在系统弹出的动态文本输入框中输入数值时，通过键盘上的Tab键来切换，完成数值的输入。

Step4. 设置终点的约束关系和位置。在“直线”对话框终点或方向区域的终点选项下拉列表中选择 相切选项（图5.1.3），或者在图形区右击，在系统弹出的快捷菜单中选择 相切命令，然后在图形区选取图5.1.4所示的曲线（即靠近上部的边缘线）。

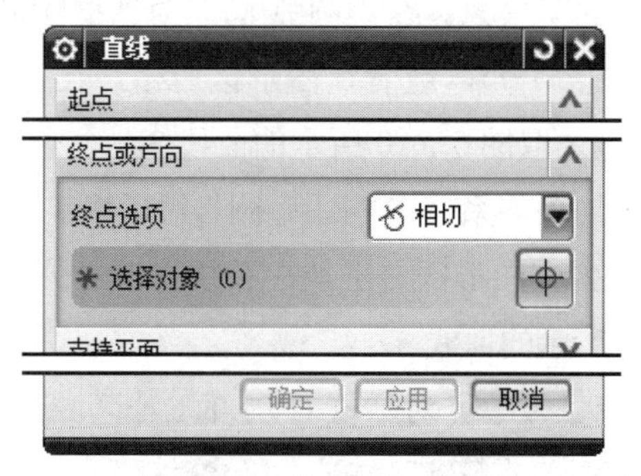

图5.1.3　“直线”对话框

Step5. 单击“直线”对话框中的< 确定 >按钮（或者单击中键），完成直线的创建，如图5.1.5所示。

2. 圆弧/圆

圆弧/圆(C)...命令可以根据约束关系的不同创建出不同的圆弧或圆，下面介绍创建图5.1.6b所示的空间圆弧/圆的一般操作过程。

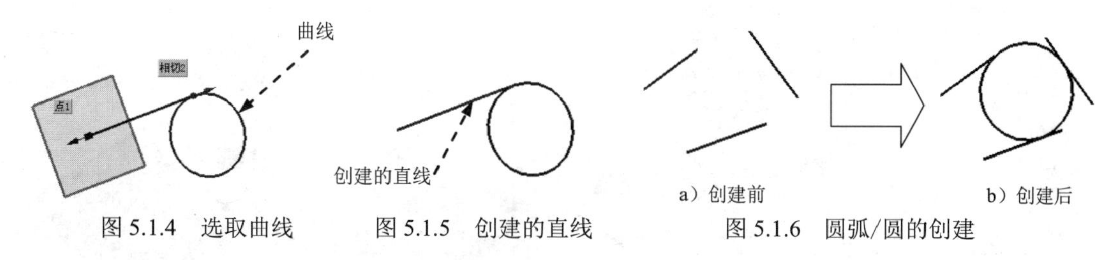

图5.1.4　选取曲线　　图5.1.5　创建的直线　　图5.1.6　圆弧/圆的创建

Step1. 打开文件D:\ug12mo\work\ch05.01.01\circle.prt。

Step2. 选择下拉菜单插入(S) → 曲线(C) → 圆弧/圆(C)...命令，此时系统弹出“圆弧/圆”对话框（一），如图5.1.7所示。

Step3. 设置起始位置的约束关系。在“圆弧/圆”对话框（一）起点区域的起点选项下拉列表中选择 相切选项（图5.1.7），或者在图形区右击，在系统弹出的快捷菜单中选择 相切命令，然后选取图5.1.8所示的曲线1。

图 5.1.7 “圆弧/圆”对话框（一）

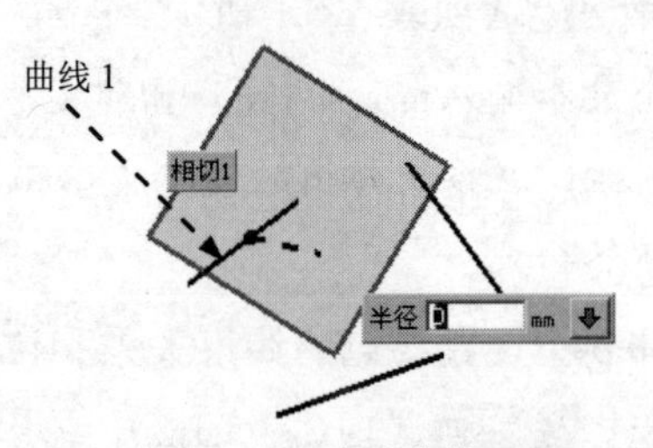

图 5.1.8 选取曲线 1

Step4. 设置端点位置的约束关系。在“圆弧/圆”对话框（二）端点区域的终点选项下拉列表中选择 相切 选项（图 5.1.9），或者在图形区右击，在系统弹出的快捷菜单中选择 相切 命令，然后在图形区选取图 5.1.10 所示的曲线 2。

Step5. 设置中点位置的约束关系。在“圆弧/圆”对话框（二）中点区域的中点选项下拉列表中选择 相切 选项，或者在图形区右击，在系统弹出的快捷菜单中选择 相切 命令，然后在图形区选取图 5.1.11 所示的曲线 3。

Step6. 选取备选解。在“圆弧/圆”对话框（三）的设置区域连续单击“备选解”按钮，直到出现图 5.1.12 所示的圆弧，在限制区域选中☑整圆复选框，再单击< 确定 >按钮或者单击中键，完成圆的创建。

图 5.1.9 “圆弧/圆”对话框（二）

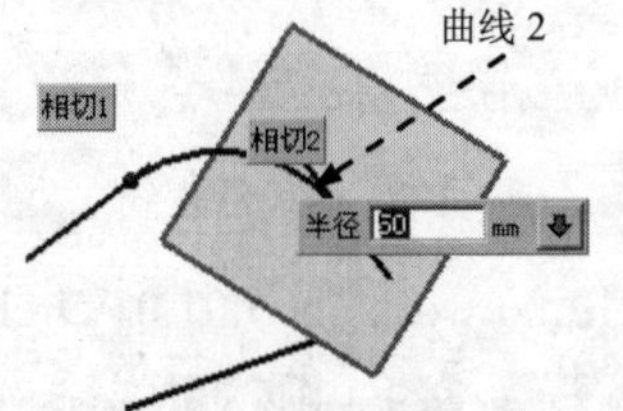

图 5.1.10 选取曲线 2

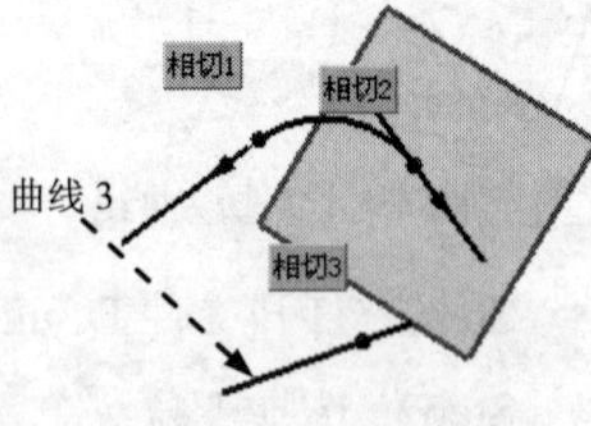

图 5.1.11 选取曲线 3

说明：当选取曲线 3 后，“圆弧/圆”对话框（三）如图 5.1.13 所示，该对话框中的部分选项按钮说明如下。

- 起始限制下拉列表：限制弧的起始位置。

- 终止限制下拉列表：限制弧的终止位置。
- （备选解）：有多种满足条件的曲线时，可以单击该按钮在这些备选解之间切换。
- （补弧）：单击该按钮，图形区中的弧变为它的补弧，如图 5.1.12b 所示。
- ☑ 整圆（整圆）：该复选框被选中时，生成的曲线为一个整圆，如图 5.1.12c 所示。

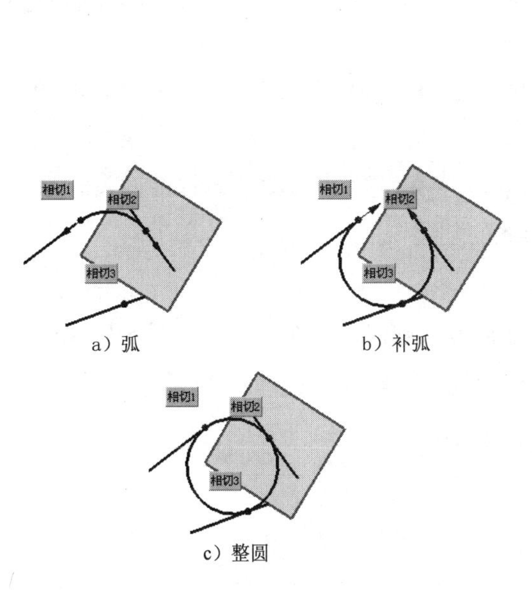

图 5.1.12　几种圆弧/圆的比较

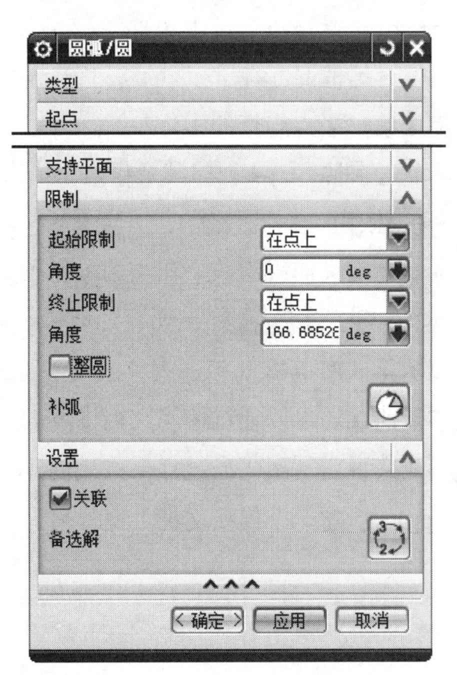

图 5.1.13　“圆弧/圆”对话框（三）

5.1.2　高级空间曲线

高级空间曲线在曲面建模中的使用非常频繁，主要包括螺旋线、样条曲线和文本曲线等。下面将对其一一进行介绍。

1．样条曲线

样条曲线的创建方法有两种：根据极点和通过点。下面将对“根据极点”和“通过点”两种方法进行说明。通过下面的两个例子可以观察出在用这两种方法创建样条曲线的过程中，“根据极点”和“通过点”两个命令对曲线形状控制的不同之处。

方法一：根据极点

根据极点是指样条曲线不通过极点，其形状由极点形成的多边形控制。下面通过创建图 5.1.14 所示的样条曲线来说明通过“根据极点”方式创建样条曲线的一般操作过程。

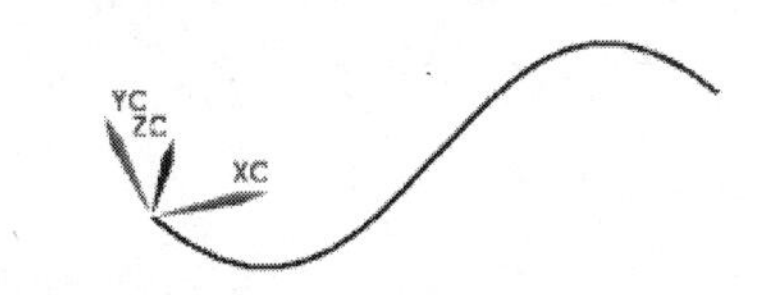

图 5.1.14　“根据极点”方式创建样条曲线

Step1. 新建一个模型文件，文件名为 spline.prt。

Step2. 选择命令。选择下拉菜单 插入(S) → 曲线(C) → 艺术样条(D)... 命令，系统弹出“艺术样条”对话框。

Step3. 定义曲线类型。在 类型 区域的下拉列表中选择 根据极点 选项。

Step4. 定义极点。单击 极点位置 区域的“点构造器”按钮，系统弹出“点”对话框；在“点”对话框 输出坐标 区域的 X 、Y 、Z 文本框中分别输入值 0、0、0，单击 确定 按钮，完成第一极点坐标的指定。

Step5. 参照 Step4 创建其余极点。依次输入值 10、-20、0；30、20、0；40、0、0，单击 确定 按钮。

Step6. 定义曲线次数。在“艺术样条”对话框 参数化 区域的 次数 文本框中输入值 3。

Step7. 单击 < 确定 > 按钮，完成样条曲线的创建。

方法二：通过点

样条曲线还可以通过使用文档中点的坐标数据来创建。下面通过创建图 5.1.15 所示的样条曲线来说明利用“通过点”方式创建样条曲线的一般操作过程。

Step1. 新建一个模型文件，文件名为 spline1.prt。

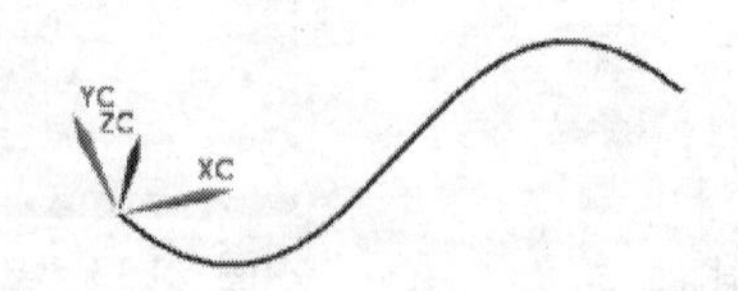

图 5.1.15 “通过点”方式创建样条

Step2. 选择命令。选择下拉菜单 插入(S) → 曲线(C) → 艺术样条(D)... 命令，系统弹出“样条”对话框。

Step3. 定义曲线类型。在对话框的 类型 下拉列表中选择 通过点 选项。

Step4. 定义极点。单击 点位置 区域的“点构造器”按钮，系统弹出“点”对话框；在“点”对话框 输出坐标 区域的 X 、Y 、Z 文本框中分别输入值 0、0、0，单击 确定 按钮，完成第一极点坐标的指定。

Step5. 参照 Step4 创建其余极点。依次输入值 10、10、0；20、0、0；40、0、0，单击 确定 按钮。

Step6. 单击 < 确定 > 按钮，完成样条曲线的创建。

2．螺旋线

在建模或者造型过程中，螺旋线也经常被用到。UG NX 12.0 通过定义螺旋线方位、起始角度、直径或半径、螺距、长度、旋转方向等参数来生成螺旋线。生成螺旋线的方式有两种：一种是沿矢量方式；另外一种是沿脊线方式。

下面以图 5.1.16 所示的螺旋线为例来介绍沿矢量螺旋线的创建方法。

Step1. 新建一个模型文件，文件名为 helix.prt。

Step2. 选择命令。选择下拉菜单 插入(S) → 曲线(C) → 螺旋(X)... 命令，系统弹出“螺旋”对话框。

Step3. 定义类型和方位。在“螺旋”对话框 类型 区域的下拉列表中选择 沿矢量 选项，单击 方位 区域的“坐标系对话框”按钮，系统弹出图 5.1.17 所示的“坐标系”对话框；在“坐标系”对话框 参考坐标系 区域的 参考 下拉列表中选择 绝对坐标系 - 显示部件 选项，单击对话框中的 确定 按钮，系统返回到“螺旋”对话框。

Step4. 定义螺旋线参数。

（1）定义大小。在图 5.1.18 所示“螺旋”对话框的 大小 区域中选中 ⊙ 直径 单选项，在 规律类型 下拉列表中选择 恒定 选项，然后输入直径值为 20。

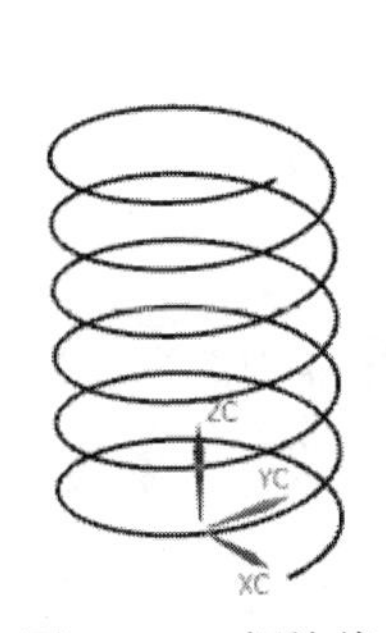

图 5.1.16 螺旋线

图 5.1.17 “坐标系”对话框

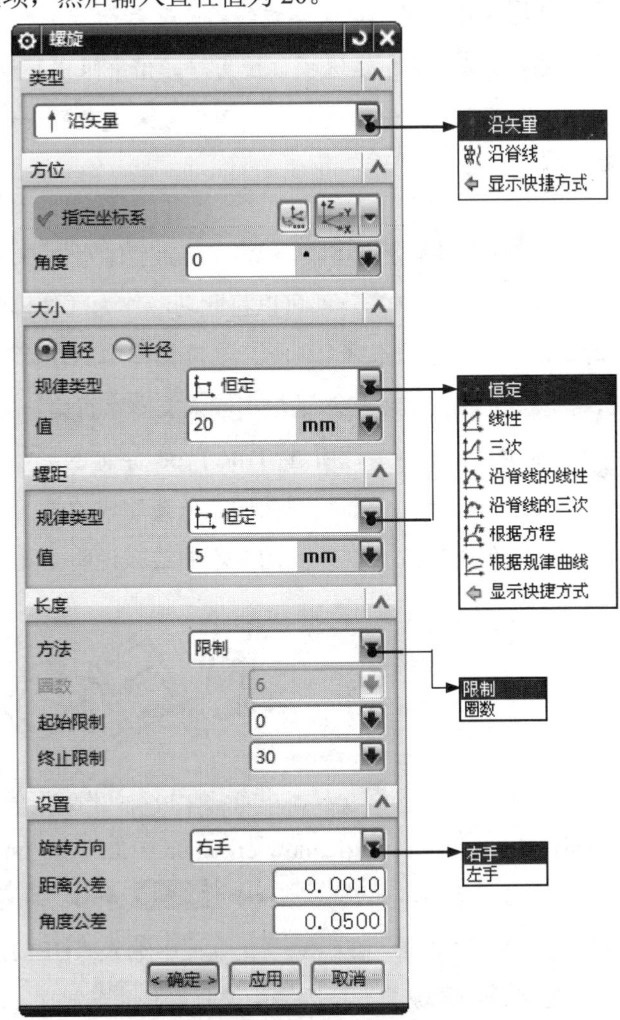

图 5.1.18 “螺旋”对话框

（2）定义螺距。在“螺旋”对话框 螺距 区域的 规律类型 下拉列表中选择 恒定 选项，然后输入螺距值 5。

（3）定义长度。在“螺旋”对话框长度区域的方法下拉列表中选择限制选项，在起始限制文本框中输入值 0，在终止限制文本框中输入值 30。

（4）定义旋转方向。在“螺旋”对话框设置区域的旋转方向下拉列表中选择右手选项。

Step5. 单击对话框中的< 确定 >按钮，完成螺旋线的创建。

图 5.1.18 所示的“螺旋”对话框中的部分选项说明如下。

- 类型下拉列表：用于定义生成螺旋线的类型。
  - ☑ 沿矢量：选中该选项，根据选择的矢量方向来创建螺旋线。
  - ☑ 沿脊线：选中该选项，根据选择的脊线来创建螺旋线。
- 大小区域：用于定义螺旋线的截面大小，有 ⊙ 直径和 ⊙ 半径两种定义方式。
- 螺距区域：用于定义螺旋线的螺距值。
- 长度区域：用于定义螺旋线的长度参数。
  - ☑ 限制：选中该选项，使用起始值来限定螺旋线的长度。
  - ☑ 圈数：选中该选项，使用圈数来定义螺旋线的长度。

3. 文本曲线

使用 A 文本(T)... 命令可将本地 Windows 字体库中 True Type 字体中的“文本”生成 NX 曲线。无论何时需要文本，都可以将此功能作为部件模型中的一个设计元素使用。在“文本”对话框中允许用户选择 Windows 字体库中的任何字体，指定字符属性（粗体、斜体、类型、字母）；在“文本”对话框中输入文本字符串，并立即在 NX 部件模型内将字符串转换为几何体。文本将跟踪所选 True Type 字体的形状，并使用线条和样条生成文本字符串的字符外形，在平面、曲线或曲面上放置生成的几何体。

下面通过创建图 5.1.19 所示的文本曲线来说明创建文本曲线的一般操作过程。

图 5.1.19 文本曲线

Step1. 打开文件 D:\ug12mo\work\ch05.01.02\text_line.prt。

Step2. 选择下拉菜单插入(S) → 曲线(C) → A 文本(T)... 命令，系统弹出图 5.1.20 所示的“文本”对话框。在文本属性文本框中输入“HELLO”并设置其属性。

Step3. 在类型区域的下拉列表中选择 曲线上选项。

Step4. 选择图 5.1.21 所示的样条曲线作为引导线。

Step5. 在图 5.1.22 所示“文本”对话框竖直方向区域的定位方法下拉列表中选择自然选项。

Step6. 在“文本”对话框 文本框 区域的 锚点位置 下拉列表中选择 左 选项，并在其下的 参数百分比 文本框中输入值 3。

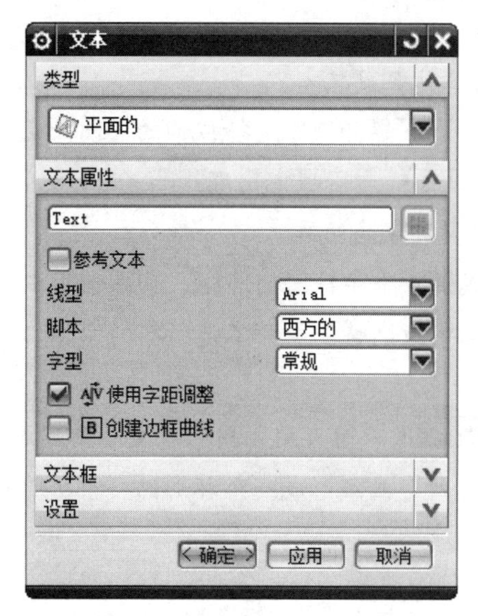

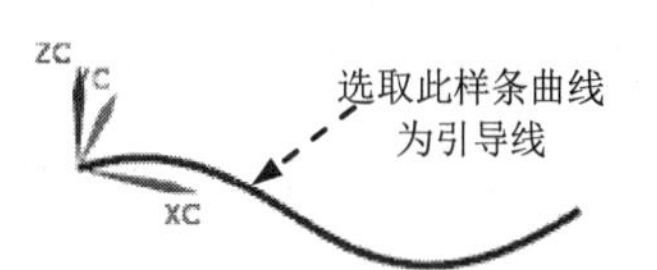

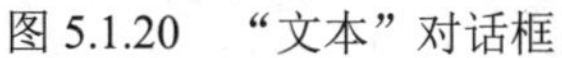
图 5.1.20 “文本”对话框　　图 5.1.21 文本曲线放置路径

Step7. 在“文本”对话框中单击 < 确定 > 按钮，完成文本曲线的创建。

说明：如果曲线长度不够放置文本，可对文本的尺寸进行相应的调整。

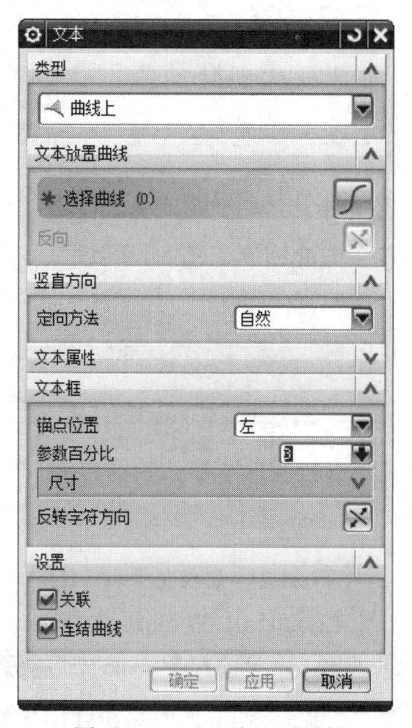

图 5.1.22 “文本”对话框

图 5.1.22 所示的“文本”对话框中的部分按钮说明如下。

- 类型 区域：该区域包括 平面的 选项、 曲线上 选项和 面上 选项，用于定义放置文本的类型。

☑ 平面的：用于在平面上创建文本。

☑ 曲线上：用于沿曲线创建文本。

☑ 面上：用于在一个或多个相连面上创建文本。

- 文本放置曲线区域：该区域中的按钮会因在类型区域中选择按钮的不同而变化。例如在类型区域选择曲线上选项，则在文本放置曲线区域中出现按钮。

☑ （截面）：该按钮用于选取放置文字的曲线。

- 使用字距调整：该复选框用于增大或者减小字符间的间距。如果使用中的字体内置有字距调整的数据，才有可能使用字距调整，但并不是所有的字体都有字距调整的数据。
- 创建边框曲线：该复选框在选中平面的选项时可用，用于在文本四周添加边框。
- 连结曲线选项：选中该选项可以连接所有曲线形成一个环形的样条，因而可大大减少每个文本特征的曲线输出数目。

5.1.3 派生的曲线

派生的曲线是指利用现有的曲线，通过不同的方式创建的新曲线。在 UG NX 12.0 中，主要是通过在插入(S)下拉菜单的派生曲线(U)子菜单中选择相应的命令来进行操作。下面将分别对镜像、偏置、在面上偏置和投影等方法进行介绍。

1. 镜像

曲线的镜像复制是将源曲线相对于一个平面或基准平面（称为镜像中心平面）进行镜像，从而得到源曲线的一个副本。下面介绍创建图 5.1.23b 所示的镜像曲线的一般操作过程。

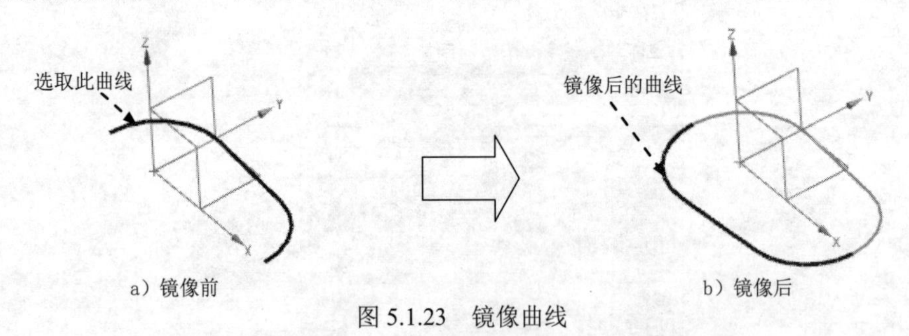

图 5.1.23 镜像曲线

Step1. 打开文件 D:\ug12mo\work\ch05.01.03\mirror_curves.prt。

Step2. 选择下拉菜单插入(S) ➡ 派生曲线(U) ➡ 镜像(M)...命令（或在曲线功能选项卡的派生曲线区域中单击镜像曲线按钮），此时系统弹出“镜像曲线”对话框，如图 5.1.24 所示。

Step3. 定义镜像曲线。在图形区选取图 5.1.23a 所示的曲线，然后单击中键确认。

Step4. 选取镜像平面。在“镜像曲线”对话框的平面下拉列表中选择现有平面选项，然后在图形区中选取 ZX 平面为镜像平面。

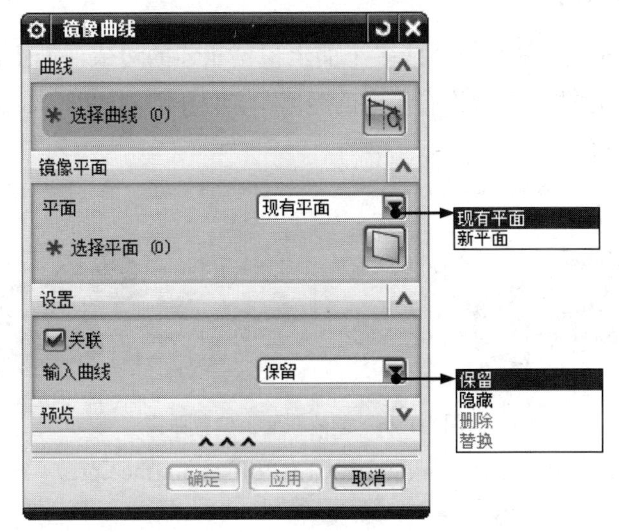

图 5.1.24 “镜像曲线”对话框

Step5. 单击确定按钮（或单击中键），完成镜像曲线的创建。

2．偏置

曲线的偏置就是通过移动选中的基本曲线来创建曲线，它也可以用于偏置由直线、圆弧、二次曲线、样条及边缘所组成的线串。曲线可以在其所定义的平面内被偏置，使用拔模偏置或者沿着3D 轴向指定的矢量偏置的方法，也可以将其偏置到另一个平行平面上。下面介绍创建图 5.1.25b 所示的偏置曲线的一般操作过程。

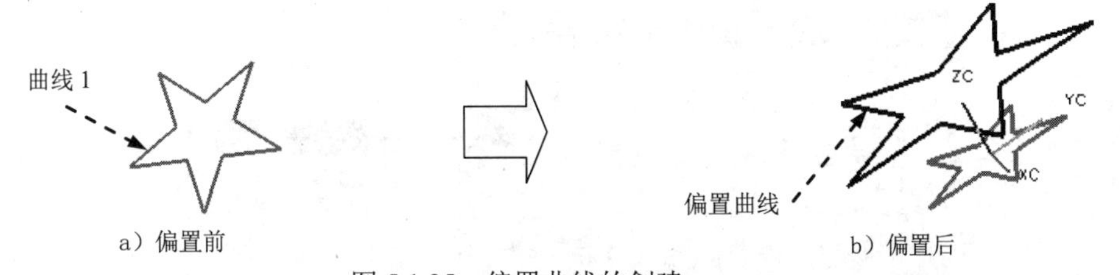

图 5.1.25 偏置曲线的创建

Step1. 打开文件 D:\ug12mo\work\ch05..01.03\offset_curve.prt。

Step2. 选择下拉菜单插入(S) → 派生曲线(U) → 偏置(O)...命令（或在曲线功能选项卡的派生曲线区域中单击偏置曲线按钮），此时系统弹出“偏置曲线”对话框。

Step3. 在偏置类型区域的下拉列表中选择拔模选项；选择图 5.1.25a 所示的曲线为偏置对象。

Step4. 在偏置区域的高度文本框中输入值-20；在角度文本框中输入值-30；在副本数文本框中输入值 1。

Step5. 单击< 确定 >按钮，完成偏置曲线的创建。

注意：单击对话框中的“反向”按钮可改变偏置的方向，以达到用户想要的方向。

3. 在面上偏置曲线

在面上偏置...命令可以在一个或多个面上根据相连的边或曲面上的曲线创建偏置曲线，偏置曲线距源曲线或曲面边缘有一定的距离。下面介绍创建图 5.1.26b 所示的在面上偏置曲线的一般操作过程。

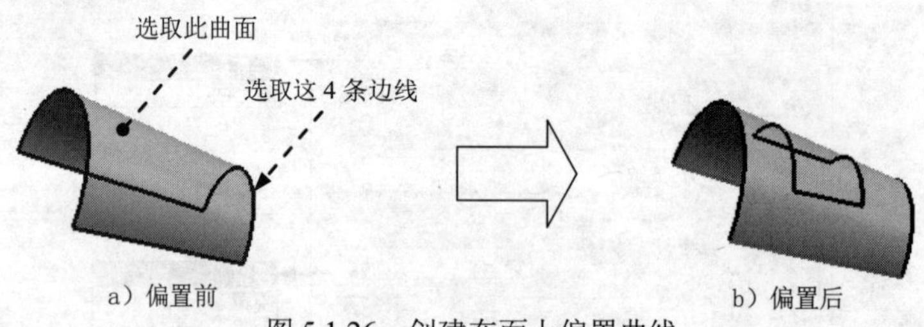

图 5.1.26　创建在面上偏置曲线

Step1. 打开文件 D:\ug12mo\work\ch05..01.03\offset_in_face.prt。

Step2. 选择下拉菜单 插入(S) → 派生曲线(U) → 在面上偏置(F)... 命令（或在 曲线 功能选项卡的 派生曲线 区域中单击 在面上偏置曲线 按钮），此时系统弹出“在面上偏置曲线”对话框，如图 5.1.27 所示。

Step3. 定义偏置类型。在对话框的 类型 下拉列表中选择 恒定 选项。

Step4. 选取偏置曲线。在图形区的模型上依次选取图 5.1.26a 所示的 4 条边线为要偏置的曲线。

Step5. 定义偏置距离。在对话框的 截面线1:偏置1 文本框中输入偏置距离值为 15。

Step6. 定义偏置面。单击对话框 面或平面 区域中的“面或平面”按钮，然后选取图 5.1.26a 所示的曲面为偏置面。

图 5.1.27　“在面上偏置曲线”对话框

Step7. 单击“在面上偏置曲线”对话框中的< 确定 >按钮，完成在面上偏置曲线的创建。

说明：按 F3 键可以显示系统弹出的截面线1:偏置1动态输入文本框，再按一次则隐藏，再次按则显示。

图 5.1.27 所示的“在面上偏置曲线”对话框中部分选项的功能说明如下。

修剪和延伸偏置曲线区域：此区域用于修剪和延伸偏置曲线，包括☑ 在截面内修剪至彼此、☑ 在截面内延伸至彼此、☑ 修剪至面的边、☑ 延伸至面的边和☑ 移除偏置曲线内的自相交五个复选框。

- ☑ 在截面内修剪至彼此：将偏置的曲线在截面内相互之间进行修剪。
- ☑ 在截面内延伸至彼此：对偏置的曲线在截面内进行延伸。
- ☑ 修剪至面的边：将偏置曲线裁剪到面的边。
- ☑ 延伸至面的边：将偏置曲线延伸到曲面边。
- ☑ 移除偏置曲线内的自相交：将偏置曲线中出现自相交的部分移除。

4. 投影

投影用于将曲线、边缘和点映射到曲面、平面和基准平面等上。投影曲线在孔或面边缘处都要进行修剪，投影之后可以自动合并输出的曲线。下面介绍创建图 5.1.28b 所示的投影曲线的一般操作过程。

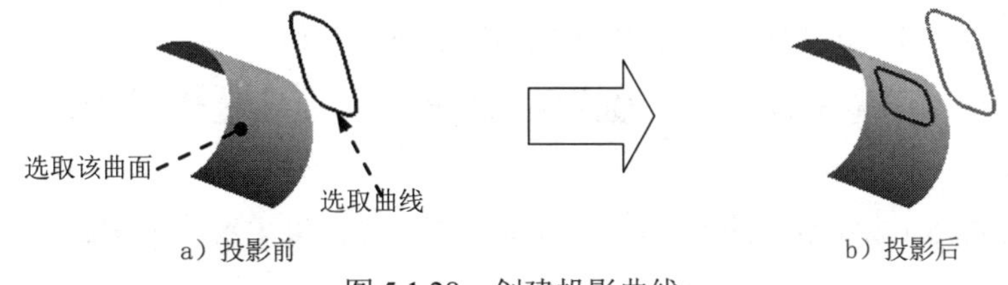

图 5.1.28　创建投影曲线

Step1. 打开文件 D:\ug12mo\work\ch05.01.03\project.prt。

Step2. 选择下拉菜单插入(S) → 派生曲线(U) → 投影(P)...命令（或在曲线功能选项卡的派生曲线区域中单击投影曲线按钮），此时系统弹出图 5.1.29 所示的“投影曲线”对话框。

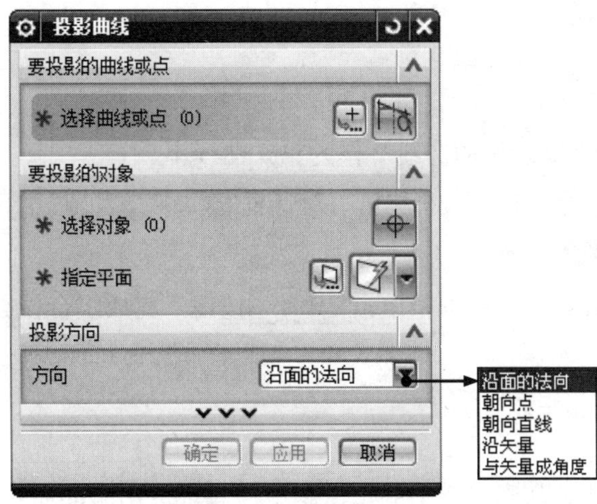

图 5.1.29　“投影曲线”对话框

Step3. 在图形区选取图 5.1.28a 所示的曲线，单击中键确认。

Step4. 定义投影面。在对话框投影方向区域的方向下拉列表中选择沿面的法向选项，然后选取图 5.1.28a 所示的曲面作为投影曲面。

Step5. 在对话框中单击< 确定 >按钮（或者单击中键），完成投影曲线的创建。

图 5.1.29 所示的“投影曲线”对话框投影方向区域的方向下拉列表中各选项的说明如下。

- 沿面的法向：此方式是沿所选投影面的法向投影面投射曲线。
- 朝向点：此方式用于从原定义曲线朝着一个点向选取的投影面投射曲线。
- 朝向直线：此方式用于从原定义曲线朝着一条直线向选取的投影面投射曲线。
- 沿矢量：此方式用于沿设定的矢量方向选取的投影面投射曲线。
- 与矢量成角度：此方式用于沿与设定矢量方向成一角度的方向，向选取的投影面投射曲线。

5．组合投影

组合投影可以用来组合两个现有曲线的投影来创建一条新的曲线，两条曲线的投影必须相交。在创建过程中，可以指定新曲线是否与输入曲线关联，以及对输入曲线作保留、隐藏等处理方式。创建图 5.1.30b 所示的组合投影曲线的一般操作过程如下。

Step1. 打开文件 D:\ug12mo\work\ch05.01.03\project_1.prt。

Step2. 选择下拉菜单插入(S) ➡ 派生曲线(U) ➡ 组合投影(C)...命令，系统弹出“组合投影”对话框。

Step3. 选取图 5.1.30a 所示的曲线 1 作为第一曲线串，单击鼠标中键确认。

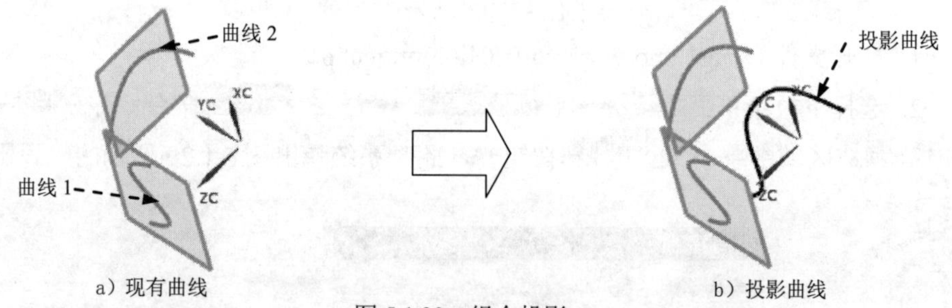

图 5.1.30 组合投影

Step4. 选取图 5.1.30a 所示的曲线 2 作为第二曲线串。

Step5. 定义投影矢量。在“组合投影”对话框投影方向 1和投影方向 2区域的方向下拉列表中都选择垂直于曲线平面选项。

Step6. 在“组合投影”对话框中单击确定按钮，完成组合投影曲线的创建。

5.1.4 来自体的曲线

来自体的曲线主要是从已有模型的边、相交线等提取出来的曲线，主要类型包括相交

曲线、截面线和抽取曲线等。

1．相交曲线

利用相交(I)...命令可以创建两组对象之间的相交曲线。相交曲线可以是关联的或不关联的，关联的相交曲线会根据其定义对象的更改而更新。用户可以选择多个对象来创建相交曲线。下面以图 5.1.31 所示的范例来介绍创建相交曲线的一般操作过程。

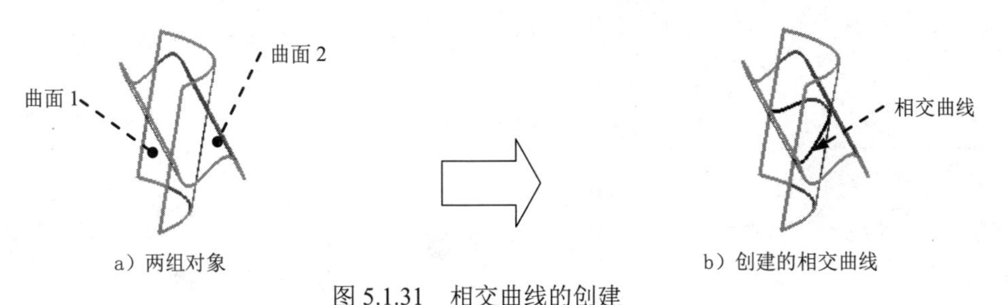

图 5.1.31　相交曲线的创建

Step1．打开文件 D:\ug12mo\work\ch05.01.04\inter_curve.prt。

Step2．选择下拉菜单插入(S) → 派生曲线(U) → 相交(I)...命令，系统弹出“相交曲线”对话框。

Step3．定义相交曲面。在图形区选取图 5.1.31a 所示的曲面 1，单击鼠标中键确认，然后选取曲面 2，其他参数均采用系统默认设置。

Step4．单击“相交曲线”对话框中的< 确定 >按钮，完成相交曲线的创建。

2．截面曲线

使用截面(N)...命令可以在指定平面与体、面、平面和（或）曲线之间创建相关联或非关联的相交曲线。平面与曲线相交可以创建一个或多个点。下面以图 5.1.32 所示的例子来介绍创建截面曲线的一般操作过程。

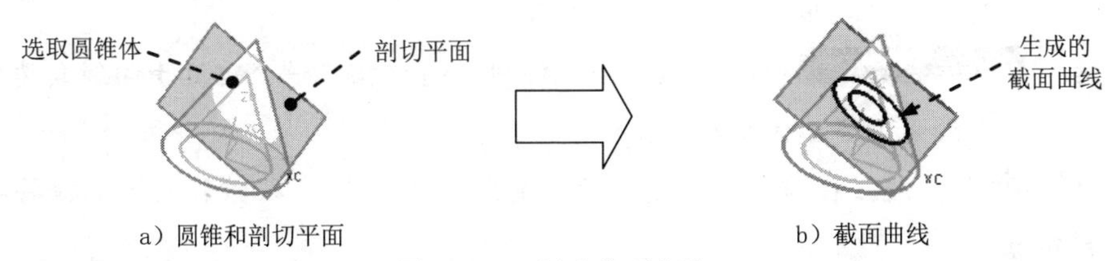

图 5.1.32　创建截面曲线

Step1．打开文件 D:\ug12mo\work\ch05.01.04\plane_curve.prt。

Step2．选择下拉菜单插入(S) → 派生曲线(U) → 截面(N)...命令，系统弹出图 5.1.33 所示的“截面曲线”对话框。

Step3．在图 5.1.34 所示的“选择条”工具条的“类型过滤器”下拉列表中选择实体选项，在图形区选取图 5.1.32a 所示的圆锥体，单击鼠标中键确认。

Step4．选取图 5.1.32a 所示的剖切平面，其他参数均采用系统默认设置。

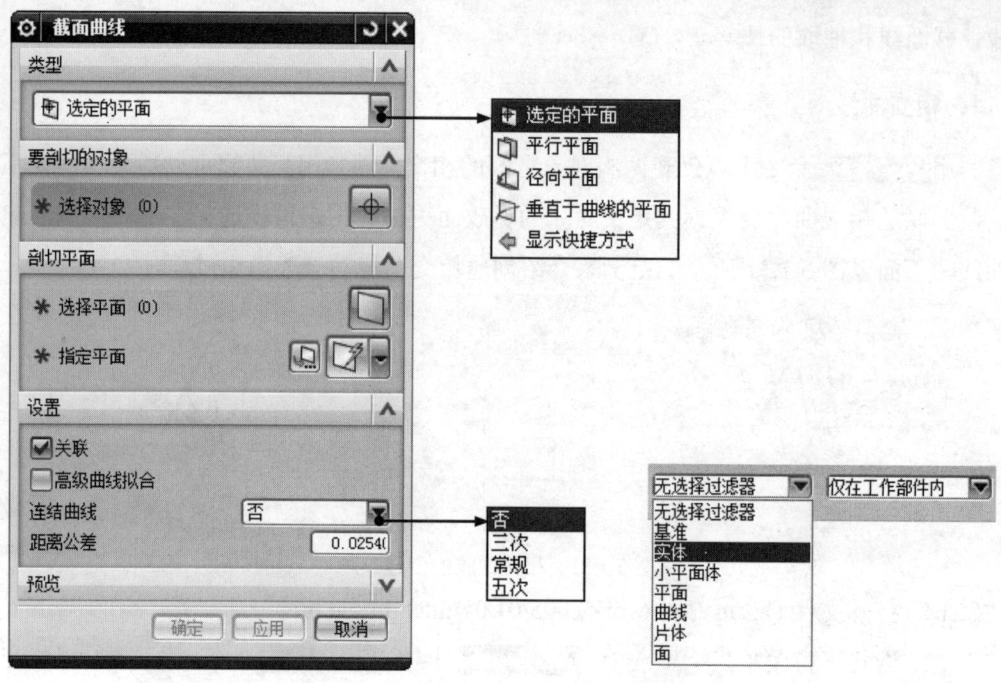

图 5.1.33 “截面曲线”对话框　　图 5.1.34 设置过滤器

Step5. 单击“截面曲线”对话框中的 确定 按钮，完成截面曲线的创建。

图 5.1.33 所示“截面曲线”对话框中部分选项的说明如下。

- 类型 区域：包括 选定的平面 选项、平行平面 选项、径向平面 选项和 垂直于曲线的平面 选项，用于设置创建截面曲线的方法。
  - ☑ 选定的平面 选项：可以通过选定的单个平面或基准平面来创建截面曲线。
  - ☑ 平行平面 选项：使用该方法可以通过指定平行平面集的基本平面、步长值和起始及终止距离来创建截面曲线。
  - ☑ 径向平面 选项：使用该方法可以指定定义基本平面所需的矢量和点、步长值以及径向平面集的起始角和终止角。
  - ☑ 垂直于曲线的平面 选项：该方法允许用户通过指定多个垂直于曲线或边缘的剖切平面来创建截面曲线。
- 要剖切的对象 区域：在该区域中出现的“要剖切的对象” 按钮用于选择将要剖切的对象。
- 剖切平面 区域：该区域中的按钮会因在 类型 区域中选择的选项不同而变化。例如，在 类型 区域中选中 选定的平面 选项，则在 剖切平面 区域中出现“平面”按钮、* 指定平面 下拉列表和“平面对话框”按钮。
  - ☑ 按钮：用于选择将要剖切的平面。
  - ☑ * 指定平面 下拉列表：用于选择剖切平面。用户可以选择现有的平面或者基准平面，指定基于 XC-YC、XC-ZC 或 YC-ZC 平面的临时平面。
  - ☑ 按钮：用于创建一个新的基准平面。

- 设置区域：包括☑关联与☑高级曲线拟合复选框和连结曲线下拉列表，用于设置曲线的性质。
  - ☑ ☑关联复选框：如果选中该选项，则创建的剖面曲线与其定义对象和平面相关联。
  - ☑ 连结曲线下拉列表：在编辑过程中，利用该区域允许用户更改原先用于创建剖面曲线的连接曲线方式。
  - ☑ 三次选项：使用阶次为 3 的样条，更改原先用于创建剖面曲线的曲线拟合方式。
  - ☑ 五次选项：使用阶次为 5 的样条，更改原先用于创建剖面曲线的曲线拟合方式。

3. 抽取曲线

使用 抽取(E)... 命令，可以通过一个或多个现有体的边或面创建直线、圆弧、二次曲线和样条曲线，而体不发生变化。大多数抽取曲线是非关联的，但也可以选择创建相关的等斜度曲线或阴影轮廓曲线。选择下拉菜单 插入(S) → 派生曲线(U) → 抽取(E)... 命令，系统弹出“抽取曲线”对话框。

下面以图 5.1.35 所示的例子来介绍利用“边缘曲线”创建抽取曲线的一般操作过程。

图 5.1.35 抽取曲线的创建

Step1. 打开文件 D:\ug12mo\work\ch05.01.04\solid_curve.prt。

Step2. 选择下拉菜单 插入(S) → 派生曲线(U) → 抽取(E)... 命令，系统弹出“抽取曲线”对话框。

Step3. 单击 边曲线 按钮，系统弹出“单边曲线”对话框。

Step4. 在“单边曲线”对话框中单击 实体上所有的 按钮，系统弹出“实体中的所有边”对话框，选取图 5.1.35a 所示的拉伸特征。

Step5. 单击 确定 按钮，系统返回“单边曲线”对话框。

Step6. 单击“单边曲线”对话框中的 确定 按钮，完成抽取曲线的创建。系统重新弹出“抽取曲线”对话框，单击 取消 按钮。

5.2 创建简单曲面

UG NX 12.0 具有强大的曲面功能，对曲面进行修改、编辑等非常方便。本节主要介绍一些简单曲面的创建，主要内容包括曲面网格显示、有界平面的创建、拉伸/旋转曲面的创建、偏置曲面的创建以及曲面的抽取。

5.2.1 曲面网格显示

网格线主要用于自由形状特征的显示。网格线仅仅是显示特征，对特征没有影响。下面以图 5.2.1 所示的模型为例来说明曲面网格显示的一般操作过程。

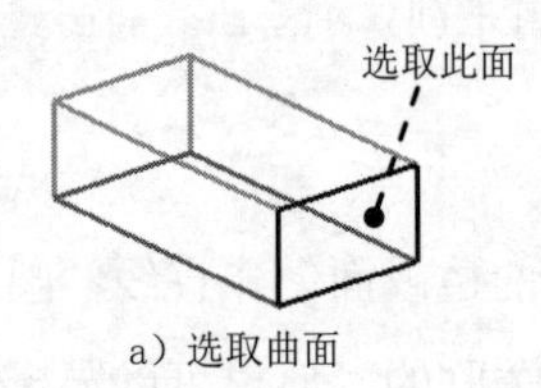

a）选取曲面

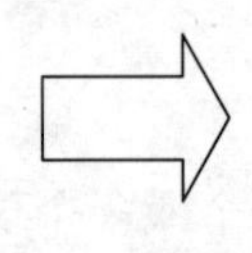

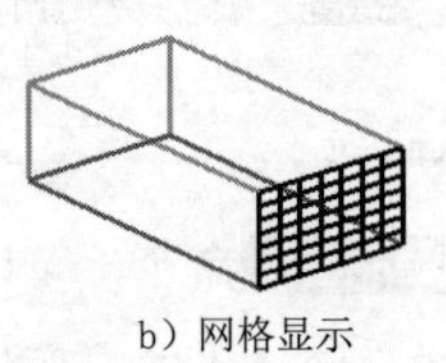

b）网格显示

图 5.2.1 曲面网格显示

Step1. 打开文件 D:\ug12mo\work\ch05.02.01\static_wireframe.prt。

Step2. 调整视图显示。在图形区的空白区域右击，在系统弹出的快捷菜单中选择 渲染样式(D) → 静态线框(W) 命令，图形区中的模型变成线框状态。

说明：模型在“着色”状态下是不显示网格线的，网格线只在“静态线框”“面分析”和“局部着色”三种状态下显示。

Step3. 选择命令。选择下拉菜单 编辑(E) → 对象显示(J)... 命令，系统弹出“类选择”对话框。

Step4. 选取网格显示的对象。在图 5.2.2 所示“上边框条”工具条的“类型过滤器”下拉列表中选择面选项，然后选取图 5.2.1a 所示的面，单击“类选择”对话框中的 确定 按钮，系统弹出“编辑对象显示”对话框。

Step5. 定义参数。在“编辑对象显示”对话框中设置图 5.2.3 所示的参数，其他参数采用系统默认设置。

Step6. 单击“编辑对象显示”对话框中的 确定 按钮，完成曲面网格显示的设置。

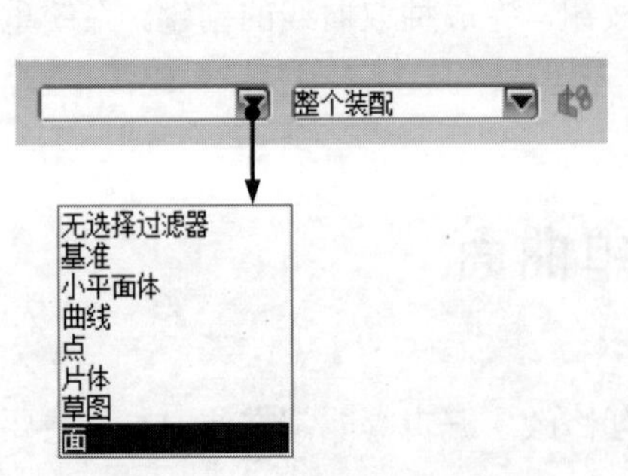

图 5.2.2 “上边框条”工具条

图 5.2.3 “编辑对象显示”对话框

5.2.2 创建拉伸和旋转曲面

拉伸曲面和旋转曲面的创建方法与相应的实体特征相同，只是要求生成特征的类型不同。下面将对这两种方法做简单介绍。

1. 创建拉伸曲面

拉伸曲面是将截面草图沿着草图平面的垂直方向拉伸而成的曲面。下面介绍创建图5.2.4b所示的拉伸曲面特征的过程。

a）特征截面　　b）拉伸曲面

图 5.2.4 拉伸曲面

Step1. 打开文件 D:\ ug12mo\work\ch05.02.02\extrude_surf.prt。

Step2. 选择下拉菜单 插入(S) → 设计特征(E) → 拉伸(X)... 命令，此时系统弹出“拉伸”对话框。

Step3. 定义拉伸截面。在图形区选取图5.2.4a所示的曲线串为特征截面。

Step4. 确定拉伸起始值和结束值。在限制区域的开始下拉列表中选择值选项，在距离文本框中输入值0，在结束下拉列表中选择值选项，在距离文本框中输入值5并按Enter键。

Step5. 定义拉伸特征的体类型。在设置区域的体类型下拉列表中选择片体选项，其他采用默认设置。

Step6. 单击“拉伸”对话框中的< 确定 >按钮（或者单击中键），完成拉伸曲面的创建。

2. 创建旋转曲面

创建图5.2.5b所示的旋转曲面特征的一般操作过程如下。

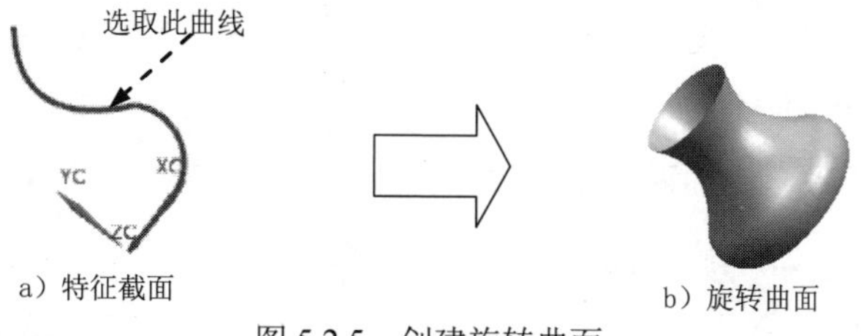

a）特征截面　　b）旋转曲面

图 5.2.5 创建旋转曲面

Step1. 打开文件 D:\ug12mo\work\ch05.02.02\rotate_surf.prt。

Step2. 选择下拉菜单 插入(S) → 设计特征(E) → 旋转(R)... 命令，系统弹出“旋转”对话框。

Step3. 定义旋转截面。选取图 5.2.5a 所示的曲线为旋转截面。

Step4. 定义旋转轴。选择 YC 轴作为旋转轴，定义坐标原点为旋转点。

Step5. 定义旋转特征的体类型。在“旋转”对话框设置区域的体类型下拉列表中选择片体选项。

Step6. 单击“旋转”对话框中的< 确定 >按钮，完成旋转曲面的创建。

5.2.3 创建有界平面

使用有界平面(P)...命令可以创建平整曲面，利用拉伸也可以创建曲面，但拉伸创建的是有深度参数的二维或三维曲面，而有界平面创建的是没有深度参数的二维曲面。下面以图 5.2.6 所示的模型为例来说明创建有界平面的一般操作过程。

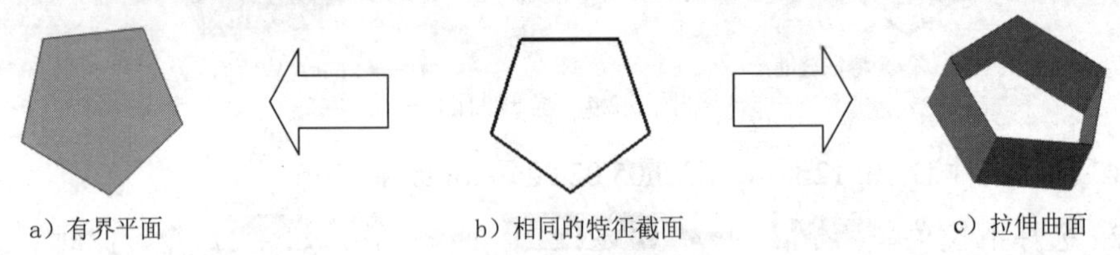

图 5.2.6　有界平面与拉伸曲面的比较

Step1. 打开文件 D:\ug12mo\work\ch05.02.03\ambit_surf.prt。

Step2. 选择命令。选择下拉菜单插入(S) → 曲面(R) → 有界平面(B)...命令，系统弹出“有界平面”对话框。

Step3. 选取图 5.2.6b 所示的曲线串。

Step4. 单击< 确定 >按钮，完成有界平面的创建。

5.2.4 曲面的偏置

曲面的偏置用于创建一个或多个现有面的偏置曲面，从而得到新的曲面。下面分别对创建偏置曲面和偏移曲面进行介绍。

1. 创建偏置曲面

创建偏置曲面是以已有曲面为源对象，创建（偏置）新的与源对象形状相似的曲面。下面介绍创建图 5.2.7b 所示的偏置曲面的一般过程。

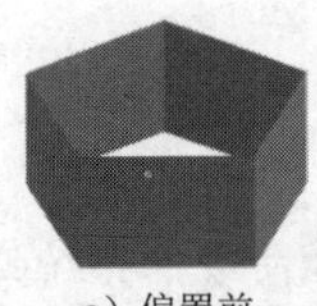

a）偏置前

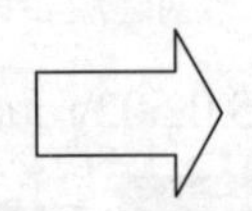

b）偏置后

图 5.2.7　偏置曲面的创建

Step1. 打开文件 D:\ ug12mo\work\ch05.02.04\offset_surface.prt。

Step2. 选择下拉菜单 插入(S) ➡ 偏置/缩放(O) ➡ 偏置曲面(O)... 命令（或在 主页 功能选项卡 曲面 区域的 更多 下拉选项中单击 偏置曲面 按钮），此时系统弹出图 5.2.8 所示的“偏置曲面”对话框。

Step3. 在图形区选取图 5.2.9 所示的 5 个面，同时图形区中出现曲面的偏置方向，如图 5.2.9 所示。此时“偏置曲面”对话框中的“反向”按钮被激活。

Step4. 定义偏置方向。接受系统默认的方向。

Step5. 定义偏置的距离。在 偏置 1 文本框中输入偏置距离值 2 并按 Enter 键，然后在“偏置曲面”对话框中单击 < 确定 > 按钮，完成偏置曲面的创建。

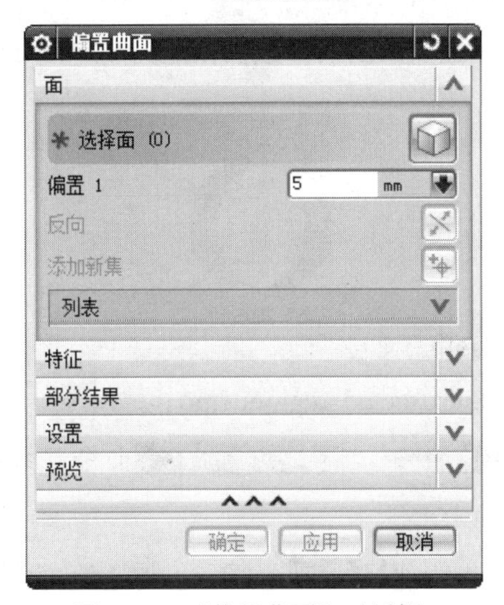

图 5.2.8 “偏置曲面”对话框

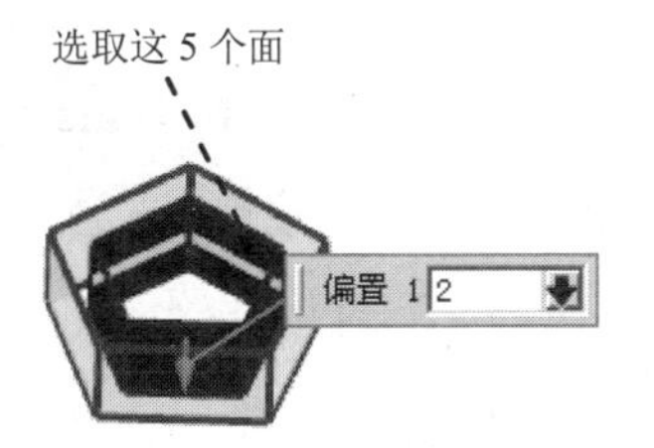

图 5.2.9 选取 5 个面

2. 偏置面

下面介绍图 5.2.10b 所示的偏置面的一般操作过程。

Step1. 打开文件 D:\ ug12mo\work\ch05.02.04\offset_surf.prt。

Step2. 选择下拉菜单 插入(S) ➡ 偏置/缩放(O) ➡ 偏置面(F)... 命令，系统弹出“偏置面”对话框。

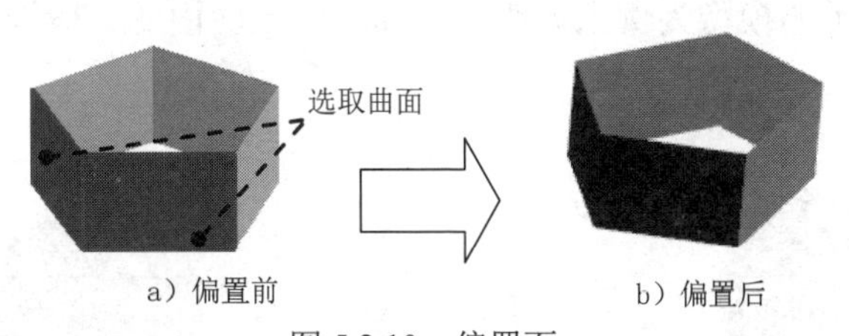

a）偏置前　b）偏置后

图 5.2.10 偏置面

Step3. 在图形区选择图 5.2.10a 所示的曲面，然后在“偏置面”对话框的 偏置 文本框中输入值 2 并按 Enter 键，单击 < 确定 > 按钮或者单击中键，完成曲面的偏置操作。

注意：单击对话框中的“反向”按钮，可改变偏置的方向。

5.2.5 曲面的抽取

曲面的抽取即从实体或片体中提取出已有的曲面，其实就是复制曲面的过程。抽取独立曲面时，只需单击此面即可；抽取区域曲面时，是通过定义种子曲面和边界曲面来创建片体，创建的片体是从种子面开始向四周延伸到边界曲面的所有曲面构成的片体（其中包括种子曲面，但不包括边界曲面），这种方法在加工中定义切削区域时特别重要。

1. 抽取独立曲面

下面以图 5.2.11 所示的模型为例来说明创建抽取曲面的一般操作过程（图 5.2.11b 中实体模型已隐藏）。

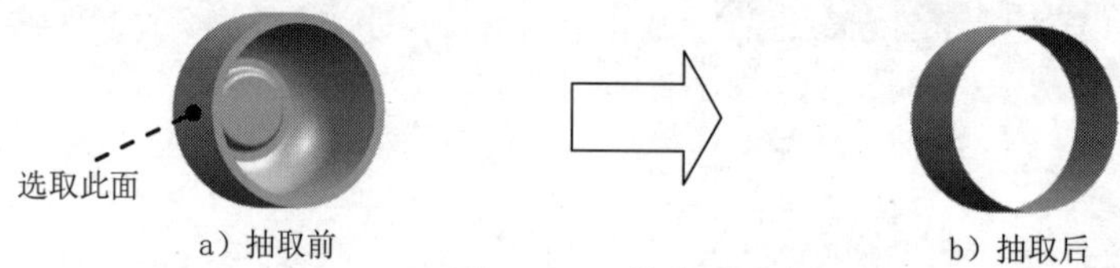

图 5.2.11　抽取选中曲面

Step1. 打开文件 D:\ug12mo\work\ch05.02.05\extracted_region01.prt。

Step2. 选择下拉菜单插入(S) → 关联复制(A) → 抽取几何特征(E)... 命令，系统弹出“抽取几何特征”对话框。

Step3. 定义抽取类型。在类型区域的下拉列表中选择面选项，在面区域的面选项下拉列表中选择单个面选项。

Step4. 选取图 5.2.11a 所示的面为抽取参照面，在设置区域中选中☑ 隐藏原先的复选框，其他参数采用系统默认设置。

Step5. 单击< 确定 >按钮，完成曲面的抽取。

2. 抽取区域曲面

下面以图 5.2.12 所示的模型为例来说明创建抽取区域曲面的一般操作过程（图 5.2.12b 中的实体模型已隐藏）。

图 5.2.12　抽取区域曲面

Step1. 打开文件 D:\ ug12mo\work\ch05.02.05\extracted_region.prt。

Step2. 选择下拉菜单 插入(S) → 关联复制(A) → 抽取几何特征(E)... 命令，此时系统弹出“抽取几何特征”对话框。

Step3. 设置选取面的方式。在“抽取几何特征”对话框类型区域的下拉列表中选择 面区域 选项。

Step4. 选取需要抽取的面。在图形区选取图 5.2.13 所示的种子曲面和图 5.2.14 所示的边界曲面。

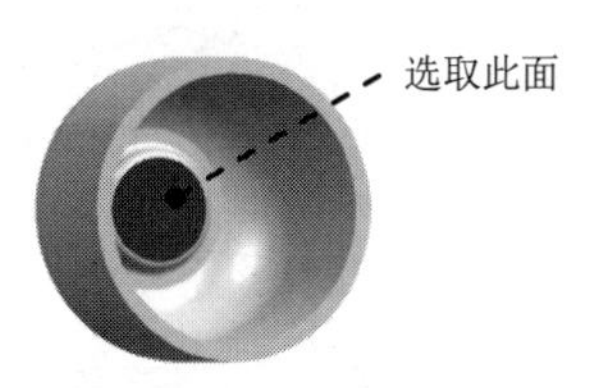

图 5.2.13 选取种子曲面

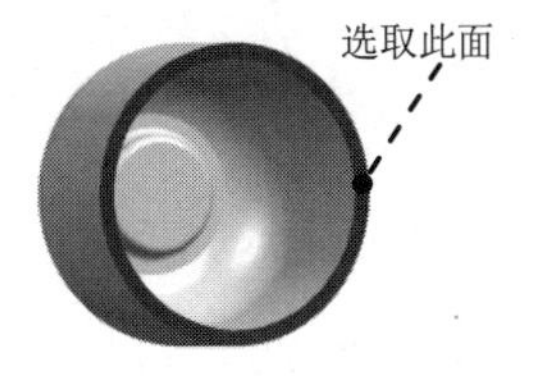

图 5.2.14 选取边界曲面

Step5. 隐藏源曲面或实体。在“抽取几何特征”对话框的设置区域中选中☑ 隐藏原先的复选框，其他采用系统默认的设置。

Step6. 单击 < 确定 > 按钮，完成对区域特征的抽取。

5.3 创建自由曲面

自由曲面的创建是 UG 建模模块的重要组成部分。本节将学习 UG 中常用且较重要的曲面创建方法，其中包括网格曲面、扫掠曲面、桥接曲面、艺术曲面、截面体曲面、N 边曲面和弯边曲面。

5.3.1 网格曲面

在创建曲面的方法中网格曲面较为重要，尤其是四边面的创建。在四边面的创建中能够很好地控制面的连续性并且容易避免收敛点的生成，从而使面的质量较高。这在后续的产品设计中尤为重要。下面分别介绍几种网格曲面的创建方法。

1. 直纹面

直纹面可以理解为通过一系列直线连接两组线串而形成的一张曲面。在创建直纹面时只能使用两组线串，这两组线串可以封闭，也可以不封闭。下面介绍创建图 5.3.1b 所示的直纹面的过程。

Step1. 打开文件 D:\ ug12mo\work\ch05.03.01\ruled.prt。

Step2. 选择下拉菜单 插入(S) → 网格曲面(M) → 直纹(R)... 命令(或在 主页 功能选项卡 曲面 区域的 更多 下拉选项中单击 直纹 按钮)，此时系统弹出图 5.3.2 所示的“直纹”对话框。

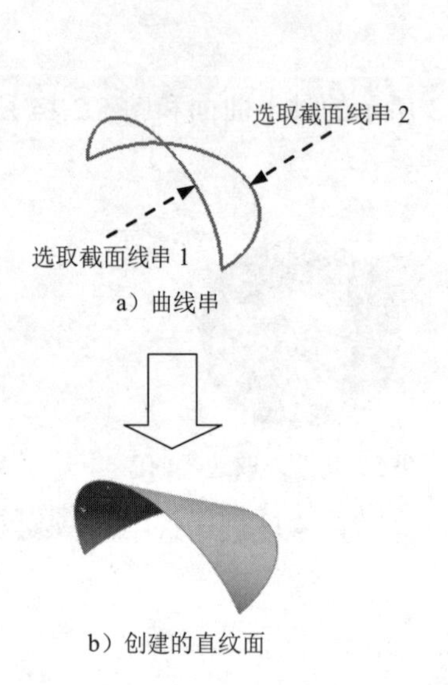

图 5.3.1　直纹面的创建

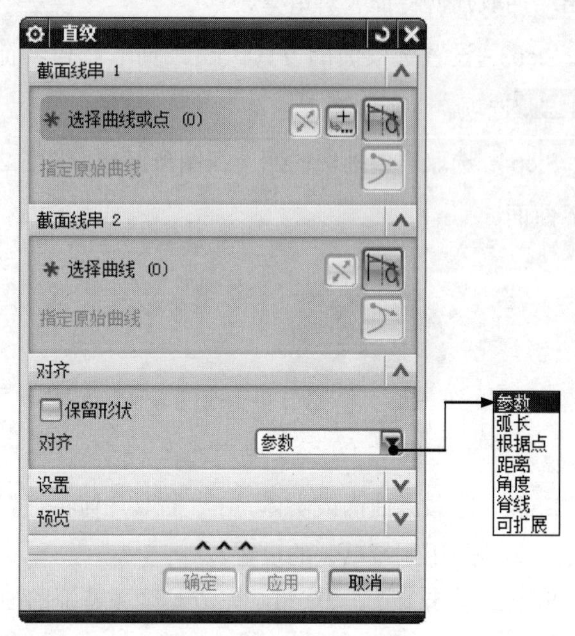

图 5.3.2　“直纹”对话框

Step3. 定义截面线串 1。在图形区中选择图 5.3.1a 所示的截面线串 1，然后单击中键确认。

Step4. 定义截面线串 2。在图形区中选择图 5.3.1a 所示的截面线串 2，然后单击中键确认。

注意：在选取截面线串时，要在线串的同一侧选取，否则就不能达到所需要的结果。

Step5. 设置对话框的选项。在“直纹”对话框的 对齐 区域中取消选中 ☐ 保留形状 复选框。

Step6. 在“直纹”对话框中单击 < 确定 > 按钮（或单击中键），完成直纹面的创建。

说明：若选中 对齐 区域中的 ☑ 保留形状 复选框，则 对齐 下拉列表中的部分选项将不可用。

2. 通过曲线组

通过曲线组选项，用同一方向上的一组曲线轮廓线也可以创建曲面。曲线轮廓线称为截面线串，截面线串可由单个对象或多个对象组成，每个对象都可以是曲线、实体边等。下面介绍创建图 5.3.3b 所示“通过曲线组”曲面的过程。

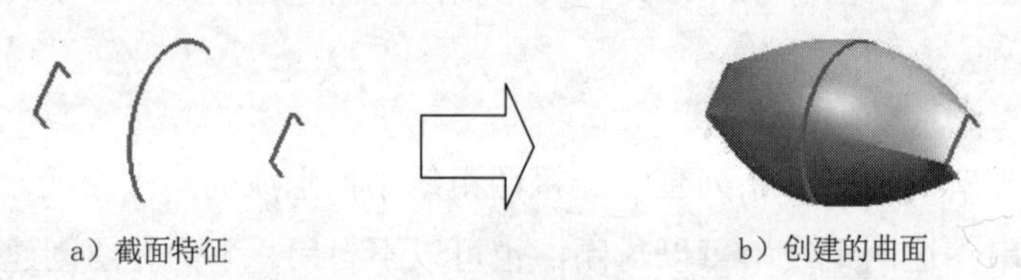

图 5.3.3　创建“通过曲线组”曲面

Step1. 打开文件 D:\ ug12mo\work\ch05.03.01\through_ curves.prt。

Step2. 选择下拉菜单 插入(S) → 网格曲面(M) → 通过曲线组(T)... 命令（或在 曲面

下拉选项中单击 通过曲线组 按钮），系统弹出图 5.3.4 所示的“通过曲线组”对话框。

Step3. 在“上边框条”工具条的“曲线规则”下拉列表中选择 相连曲线 选项。

Step4. 定义截面线串。在工作区中依次选择图 5.3.5 所示的曲线串 1、曲线串 2 和曲线串 3，并分别单击中键确认。

注意：选取截面线串后，图形区显示的箭头矢量应该处于截面线串的同侧（图 5.3.5），否则生成的片体将被扭曲。后面介绍的通过曲线网格创建曲面也有类似的问题。

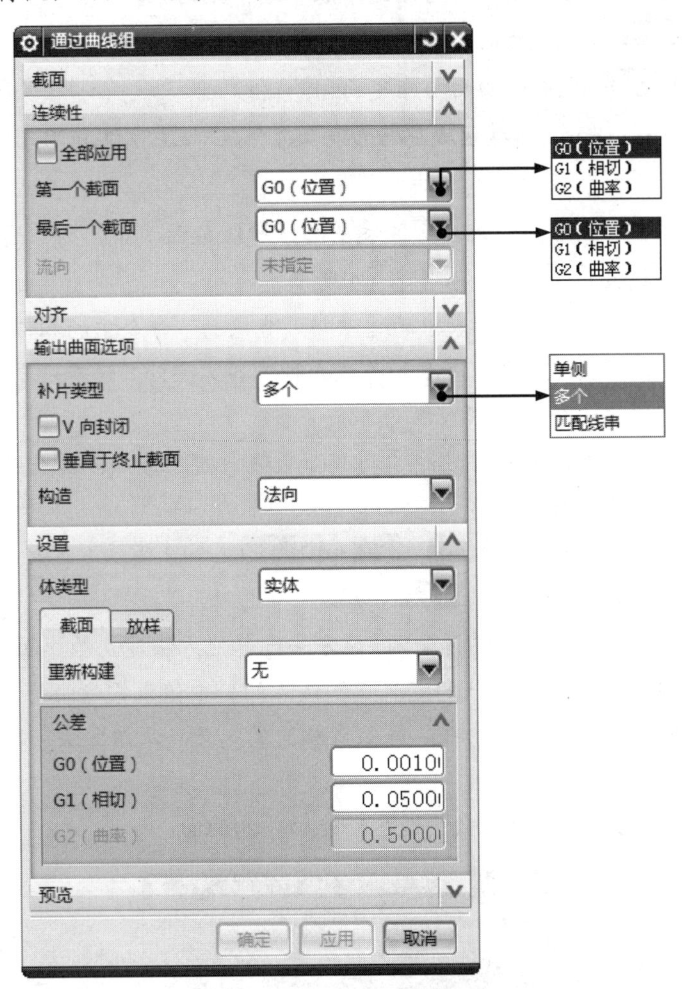

图 5.3.4 “通过曲线组”对话框

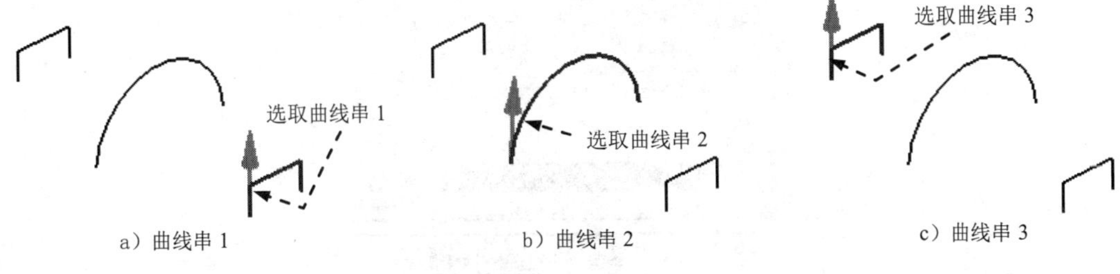

图 5.3.5 选取的曲线串

Step5. 设置对话框的选项。在“通过曲线组”对话框 设置 区域 放样 选项卡的 次数 文本框中将阶次值调整到 2，其他均采用默认设置。

Step6. 单击< 确定 >按钮，完成“通过曲线组”曲面的创建。

图 5.3.4 所示的“通过曲线组”对话框中的部分选项说明如下。

- 连续性区域：该区域的下拉列表用于对通过曲线生成的曲面的起始端和终止端定义约束条件。
  - ☑ G0（位置）：生成的曲面与指定面点连续，无约束。
  - ☑ G1（相切）：生成的曲面与指定面相切连续。
  - ☑ G2（曲率）：生成的曲面与指定面曲率连续。
- 次数文本框：当激活设置区域放样选项卡时会显示，该文本框用于设置生成曲面的 V 向阶次。
- 当选取了截面线串后，在列表区域中选择一组截面线串，则“通过曲线组”对话框中的一些按钮被激活，如图 5.3.6 所示。
- 对齐下拉列表：该下拉列表中的选项与“直纹面”命令中的相似，除了包括参数、圆弧长、根据点、距离、角度和脊线六种对齐方法外，还有一个“根据段”选项，其具体使用方法介绍如下。
  - ☑ 根据段：根据包含段数最多的截面曲线，按照每一段曲面的长度比例划分其余的截面曲线，并建立连接对应点。
- 补片类型下拉列表：包括单侧、多个和匹配线串三个选项。
- 构造下拉列表：包括法向、样条点和简单三个选项。
  - ☑ 法向：使用标准方法构造曲面，该方法比其他方法建立的曲面有更多的补片数。
  - ☑ 样条点：利用输入曲线的定义点和该点的斜率值来构造曲面。要求每条线串都要使用单根 B 样条曲线，并且有相同的定义点，该方法可以减少补片数，简化曲面。
  - ☑ 简单：用最少的补片数构造尽可能简单的曲面。

图 5.3.6 “通过曲线组”对话框的激活按钮

图 5.3.6 所示的“通过曲线组”对话框中的部分按钮说明如下。

- （移除）：单击该按钮，选中的截面线串被删除。
- （向上移动）：单击该按钮，选中的截面线串移至上一个截面线串的上级。
- （向下移动）：单击该按钮，选中的截面线串移至下一个截面线串的下级。

3. 通过曲线网格

使用“通过曲线网格”命令可以沿着不同方向的两组线串创建曲面：一组同方向的线串定义为主曲线；另外一组和主线串不在同一平面的线串定义为交叉线串，定义的主曲线与交叉线串必须在设定的公差范围内相交。这种创建曲面的方法定义了两个方向的控制曲线，可以很好地控制曲面的形状，因此它也是最常用的创建曲面的方法之一。下面以图 5.3.7 为例，说明利用“通过曲线网格”功能创建曲面的一般过程。

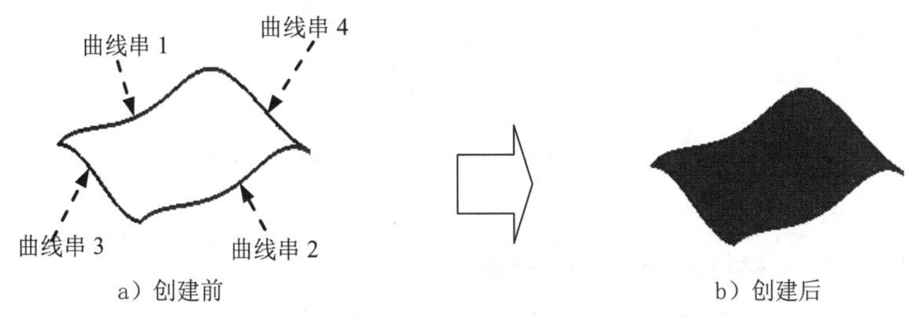

图 5.3.7 创建“通过曲线网格”曲面

Step1. 打开文件 D:\ ug12mo\work\ch05.03.01\through curves_mesh.prt。

Step2. 选择下拉菜单 插入(S) → 网格曲面(M) → 通过曲线网格(M)... 命令（或在 曲面 下拉选项中单击 按钮），此时系统弹出图 5.3.8 所示的“通过曲线网格”对话框。

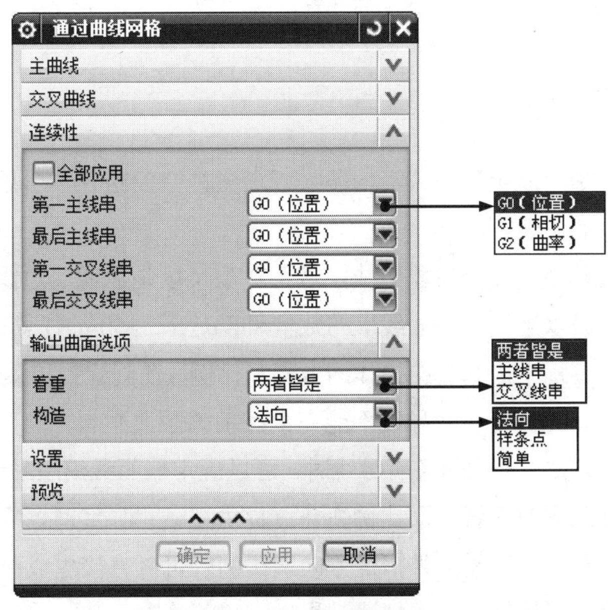

图 5.3.8 “通过曲线网格”对话框

Step3. 定义主线串。在工作区中依次选择图 5.3.7a 所示的曲线串 1 和曲线串 2 为主线串，并分别单击中键确认。

Step4. 定义交叉线串。单击中键完成主线串的选取，在图形区选取图 5.3.7a 所示的曲线串 3 和曲线串 4 为交叉线串，分别单击中键确认。

Step5. 单击< 确定 >按钮，完成“通过曲线网格”曲面的创建。

图 5.3.8 所示的“通过曲线网格”对话框部分选项的说明如下。

- 着重下拉列表：用于控制系统在生成曲面的时候更强调主线串还是交叉线串，或者两者有同样效果。
  - ☑ 两者皆是：系统在生成曲面的时候主线串和交叉线串有同样效果。
  - ☑ 主线串：系统在生成曲面的时候更强调主线串。
  - ☑ 交叉线串：系统在生成曲面的时候交叉线串更有影响。
- 构造下拉列表：该下拉列表与“通过曲线组”对话框中的相似，也分为法向、样条点和简单三个选项，可参照图 5.3.4 中的相关说明。
  - ☑ （主模板线串）：当在构造下拉列表中选择简单选项时，该按钮被激活，用于选择主模板线串。
  - ☑ （交叉模板线串）：当在构造下拉列表中选择简单选项时，该按钮被激活，用于选择交叉模板线串。
- 重新构建下拉列表：当展开设置区域会显示，可重新定义主线串或交叉线串的阶次。
  - ☑ 无：关闭重建。
  - ☑ 阶次和公差：手动输入值调整截面的阶次。
  - ☑ 自动拟合：尝试重建无分段的曲面，直至达到最高次数为止。

5.3.2 一般扫掠曲面

一般扫掠曲面就是用规定的方式沿一条（或多条）空间路径（引导线串）移动轮廓线（截面线串）而生成的曲面。

截面线串可以由单个或多个对象组成，每个对象可以是曲线、边缘或实体面，每组截面线串内的对象数量可以不同。截面线串的数量可以是 1～150 的任意数值。

引导线串在扫掠过程中控制着扫掠体的方向和比例。在创建扫掠体时，必须提供一条、两条或三条引导线串。提供一条引导线不能完全控制截面大小和方向变化的趋势，需要进一步指定截面变化的方法；提供两条引导线时，可以确定截面线沿引导线扫掠的方向趋势，但是尺寸可以改变，还需要设置截面比例变化；提供三条引导线时，完全确定了截面线被扫掠时的方位和尺寸变化，无需另外指定方向和比例就可以直接生成曲面。

下面将介绍扫掠曲面特征的一般创建过程。

1．选取一组引导线的方式进行扫掠

下面通过创建图 5.3.9b 所示的曲面来说明用选取一组引导线方式进行扫掠的一般操作过程。

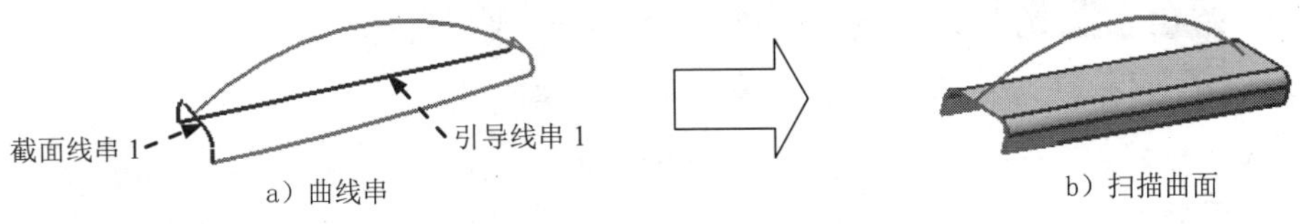

图 5.3.9　选取一组引导线扫描

Step1. 打开文件 D:\ug12mo\work\ch05.03.02\swept.prt。

Step2. 选择下拉菜单 插入(S) → 扫掠(W) → 扫掠(S)... 命令（或在 主页 功能选项卡 特征 区域的 更多 下拉选项中单击 扫掠 按钮），系统弹出图 5.3.10 所示的“扫掠”对话框。

Step3. 定义截面线串和引导线串。选取图 5.3.11 所示的曲线为截面线串 1，单击中键完成截面线串 1 的选择；再次单击中键后，选取图 5.3.12 所示的曲线为引导线串 1，单击中键，完成引导线串 1 的选择。

Step4. 定义截面位置。在 截面选项 区域的 截面位置 下拉列表中选择 沿引导线任何位置 选项，在 对齐 下拉列表中选择 参数 选项。

Step5. 定义截面约束条件。在 定位方法 区域的 方向 下拉列表中选择 固定 选项。

Step6. 定义缩放方法。在 缩放方法 区域的 缩放 下拉列表中选择 恒定 选项，在 比例因子 文本框中选用默认值 1.00。

Step7. 在“扫掠”对话框中单击 < 确定 > 按钮，完成扫掠曲面的创建。

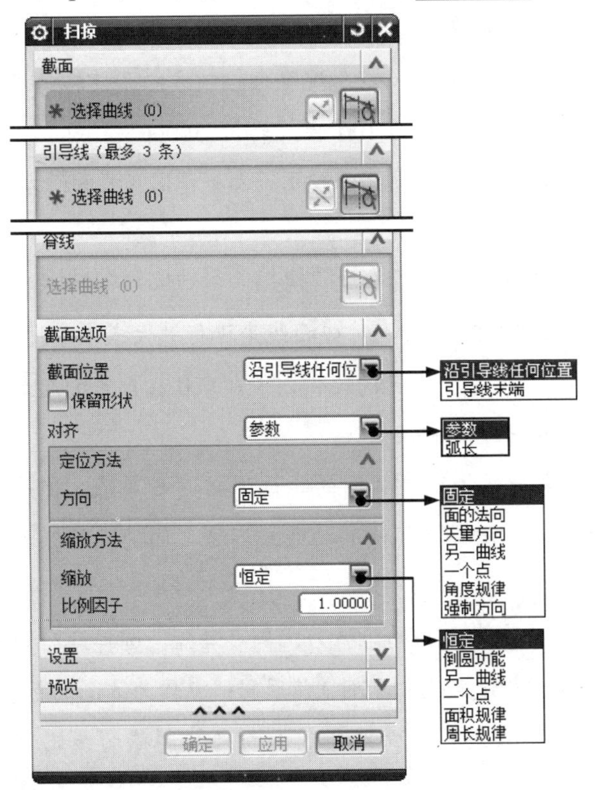

图 5.3.10　“扫掠”对话框

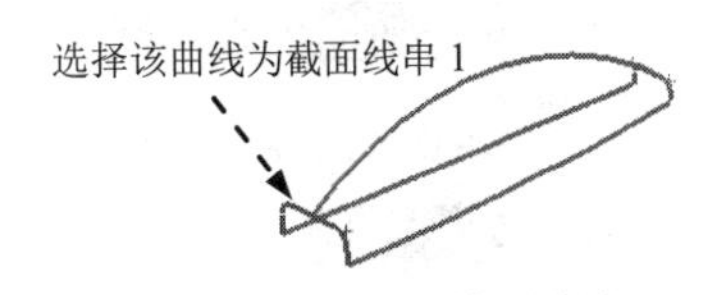

图 5.3.11　选取截面线串 1

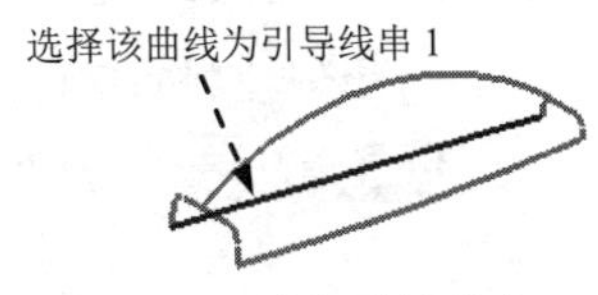

图 5.3.12　选取引导线串 1

图 5.3.10 所示的“扫掠”对话框部分选项的说明如下。

- 截面位置下拉列表：包括沿引导线任何位置和引导线末端两个选项，用于定义截面的位置。
  - ☑ 沿引导线任何位置选项：截面位置可以在引导线的任意位置。
  - ☑ 引导线末端选项：截面位置位于引导线末端。
- 对齐下拉列表：用来设置扫掠时定义曲线间的对齐方式，包括参数和弧长两种。
  - ☑ 参数选项：沿定义曲线将等参数曲线所通过的点以相等的参数间隔隔开。
  - ☑ 弧长选项：沿定义曲线将等参数曲线要通过的点以相等的弧长间隔隔开。
- 定位方法下拉列表中各选项的说明。

  在扫掠时，截面线的方向无法唯一确定，所以需要通过添加约束来确定。该对话框中的按钮主要用于对扫掠曲面方向进行控制。
  - ☑ 固定选项：在截面线串沿着引导线串移动时保持固定的方向，并且结果是简单平行的或平移的扫掠。
  - ☑ 面的法向选项：局部坐标系的第二个轴与一个或多个沿着引导线串每一点指定公有基面的法向向量一致，这样约束截面线串保持和基面的固定联系。
  - ☑ 矢量方向选项：局部坐标系的第二个轴和用户在整个引导线串上指定的矢量一致。
  - ☑ 另一曲线选项：通过连接引导线串上相应的点和另一条曲线来获得局部坐标系的第二个轴（就好像在它们之间建立了一个直纹片体）。
  - ☑ 一个点选项：与另一曲线相似，不同之处在于第二个轴的获取是通过引导线串和点之间的三面直纹片体的等价对象实现的。
  - ☑ 角度规律选项：让用户使用规律子函数定义一个规律来控制方向。旋转角度规律的方向控制具有一个最大值（限制），为 100 圈（转），36000°。
  - ☑ 强制方向选项：在沿引导线串扫掠截面线串时用户使用一个矢量固定截面的方向。
- 缩放方法下拉列表中各选项的说明。

  在“扫掠”对话框中，用户可以利用此功能定义一种扫掠曲面的比例缩放方式。
  - ☑ 恒定选项：在扫掠过程中，使用恒定的比例对截面线串进行放大或缩小。
  - ☑ 倒圆功能选项：定义引导线串的起点和终点的比例因子，并且在指定的起始和终止比例因子之间允许线性或三次比例。
  - ☑ 另一曲线选项：使用比例线串与引导线串之间的距离为比例参考值，但是此处在任意给定点的比例是以引导线串和其他的曲线或实边之间的直纹线长度为基础的。
  - ☑ 一个点选项：使用选择点与引导线串之间的距离为比例参考值，选择此种形式的比例控制的同时，还可以（在构造三面扫掠时）使用同一点作为方向的控制。
  - ☑ 面积规律选项：用户使用规律函数定义截面线串的面积来控制截面线比例缩

放，截面线串必须是封闭的。

☑ 周长规律选项：用户使用规律函数定义截面线串的周长来控制截面线比例缩放。

2．选取两组引导线的方式进行扫掠

下面通过创建图 5.3.13b 所示的曲面来说明用选取两组引导线的方式进行扫掠的一般操作过程。

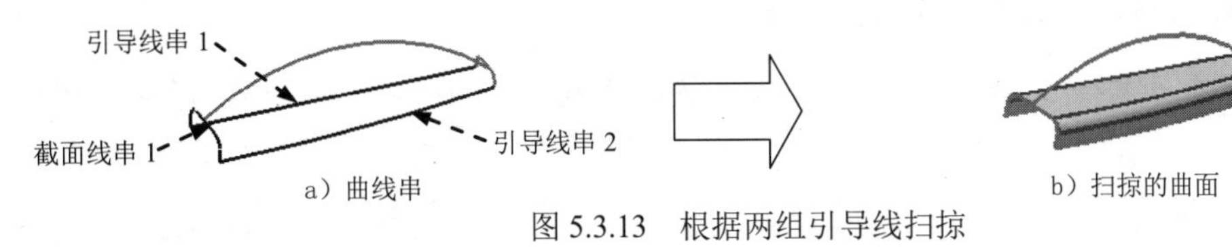

图 5.3.13 根据两组引导线扫掠

Step1．打开文件 D:\ug12mo\work\ch05.03.02\swept.prt。

Step2．选择下拉菜单插入(S) ➡ 扫掠(W)▸ ➡ 扫掠(S)…命令，系统弹出图 5.3.14 所示的“扫掠”对话框。

Step3．定义截面线串和引导线串。选择图 5.3.15 所示的曲线为截面线串 1，单击中键完成截面线串 1 的选择；再次单击中键后，依次选取图 5.3.16 所示的两条曲线为引导线串 1 和引导线串 2，并分别单击中键确认，完成引导线串的选择。

Step4．定义截面位置。在截面选项区域的截面位置下拉列表中选择沿引导线任何位置选项，在对齐下拉列表中选择参数选项。

Step5．定义缩放方法。在缩放方法区域的缩放下拉列表中选择均匀选项。

Step6．在“扫掠”对话框中单击< 确定 >按钮，完成扫掠曲面的创建。

图 5.3.14 “扫掠”对话框

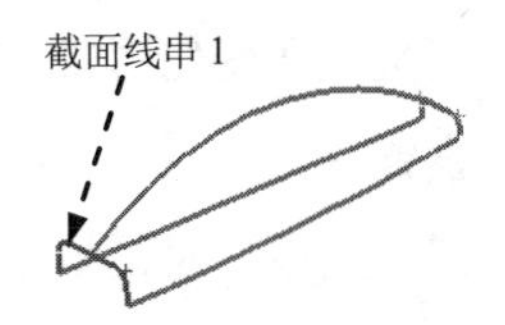

图 5.3.15 选取截面线串 1

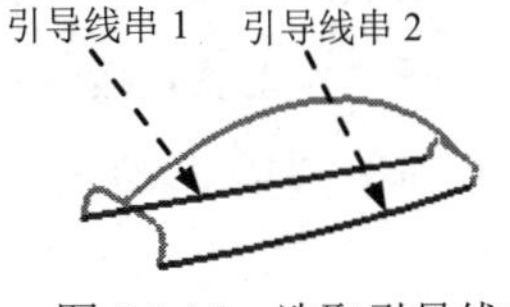

图 5.3.16 选取引导线串

图 5.3.14 所示的“扫掠”对话框部分选项的说明如下。

如果选择两条引导线进行扫掠，则截面线在沿着引导线扫掠的方式已经确定，但是截面线尺寸在扫掠过程中是变化的，用户可以选择缩放方式。

☑ 均匀选项：截面线串沿着引导线串的各个方向进行缩放。

☑ 横向选项：只有截面线串的两端沿着引导线串缩放。

3. 选取三组引导线的方式进行扫掠

下面通过创建图 5.3.17b 所示的曲面来说明用选取三组引导线的方式进行扫掠的一般操作过程。

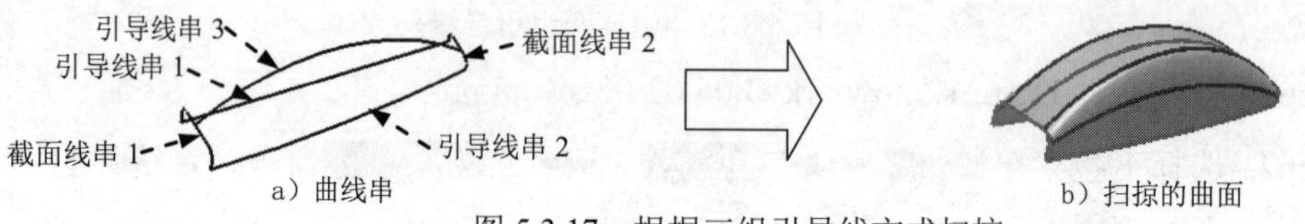

图 5.3.17 根据三组引导线方式扫掠

Step1. 打开文件 D:\ug12mo\work\ch05.03.02\swept.prt。

Step2. 选择下拉菜单 插入(S) → 扫掠(W) → 扫掠(S)... 命令，系统弹出“扫掠”对话框。

Step3. 定义截面线串和引导线串。依次选取图 5.3.18 所示的两条曲线为截面线串 1 和截面线串 2，并分别单击中键确认，完成截面线串的选择；再次单击中键，依次选取图 5.3.19 所示的三条曲线为引导线串 1、引导线串 2 和引导线串 3，并分别单击中键确认，完成引导线串的选择。

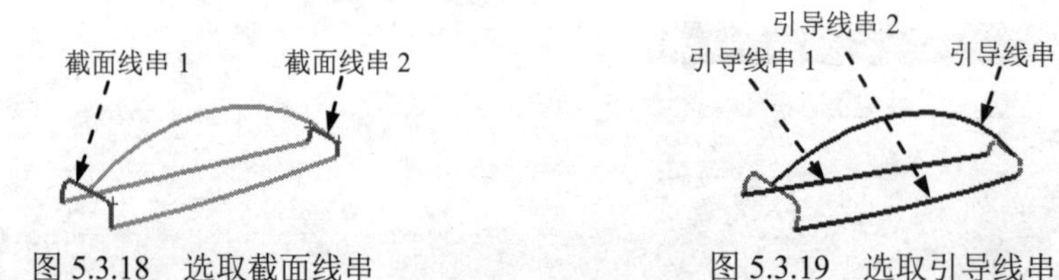

图 5.3.18 选取截面线串　　图 5.3.19 选取引导线串

注意：在选择截面线串时一定要保证两个截面的方向对应，否则不能生成正确的曲面。

Step4. 定义截面变化形式。在截面选项区域的插值下拉列表中选择线性选项，其他参数采用系统默认设置。

Step5. 在“扫掠”对话框中单击 < 确定 > 按钮，完成扫掠曲面的创建。

4. 扫掠脊线的作用

下面通过创建图 5.3.20b 所示的曲面来说明扫掠过程中脊线的作用。

Step1. 打开文件 D:\ug12mo\work\ch05.03.02\swept.prt。

Step2. 选择下拉菜单 插入(S) → 扫掠(W) → 扫掠(S)... 命令，系统弹出“扫掠”

对话框。

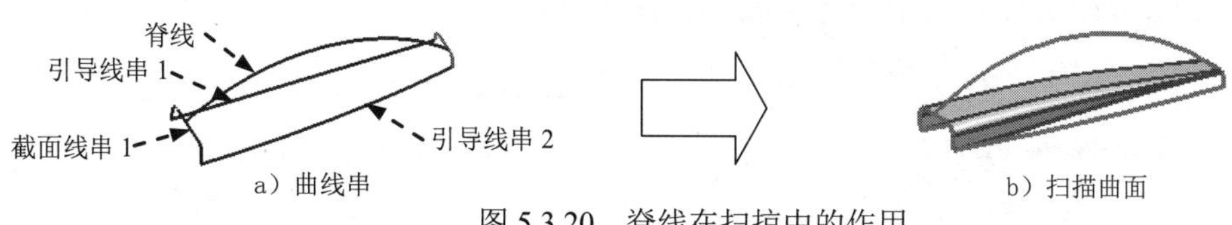

a）曲线串　　b）扫描曲面

图 5.3.20　脊线在扫掠中的作用

Step3. 定义截面线串。选取图 5.3.21 所示的曲线为截面线串 1，单击中键确认，完成截面线串的选择。

Step4. 定义引导线串。再次单击中键后，依次选取图 5.3.22 所示的两条曲线为引导线串 1 和引导线串 2，并分别单击中键确认，完成引导线串的选择。

Step5. 定义脊线串。在脊线区域中单击按钮，然后选取图 5.3.23 所示的曲线为脊曲线，并单击中键确认。

说明：在扫掠过程中使用脊线是为了更好地控制截面线串的方向。

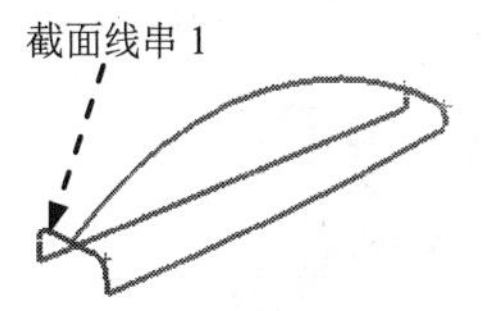

图 5.3.21　选取截面线串 1

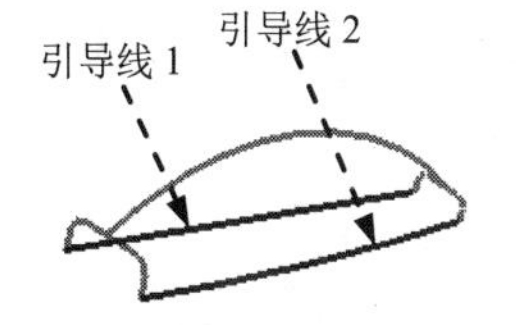

图 5.3.22　选取引导线串

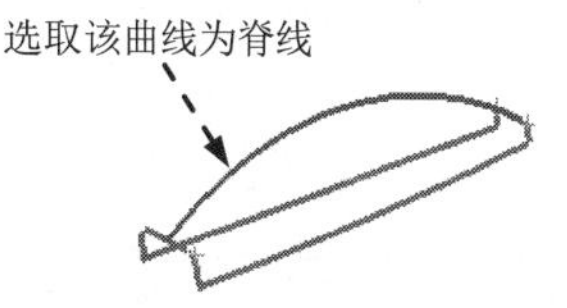

图 5.3.23　选取脊线

Step6. 在截面选项区域中选中☑保留形状复选框，其他参数采用系统默认设置。

Step7. 在“扫掠”对话框中单击 < 确定 > 按钮，完成扫掠曲面的创建。

5.3.3　沿引导线扫掠

“沿引导线扫掠”命令是通过沿着引导线串移动截面线串来创建曲面（当截面线串封闭时，生成的则为实体）。其中引导线串可以由一个或一系列曲线、边或面的边缘线构成；截面线串可以由开放的或封闭的边界草图、曲线、边缘或面构成。下面通过创建图 5.3.24b 所示的曲面来说明沿引导线扫掠的一般操作过程。

Step1. 打开文件 D:\ug12mo\work\ch05.03.03\sweep.prt。

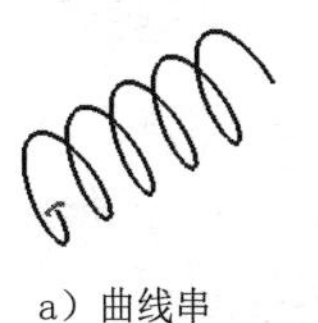

a）曲线串　　b）扫掠曲面

图 5.3.24　沿引导线扫掠

Step2. 选择下拉菜单 插入(S) → 扫掠(W) ▸ → 沿引导线扫掠(G)... 命令，系统弹出“沿引导线扫掠”对话框。

Step3. 选取图 5.3.25 所示的曲线为截面线串 1，单击中键确认。

Step4. 选取图 5.3.26 所示的螺旋线为引导线串 1。

Step5. 在“沿引导线扫掠”对话框中单击 < 确定 > 按钮，完成扫掠曲面的创建。

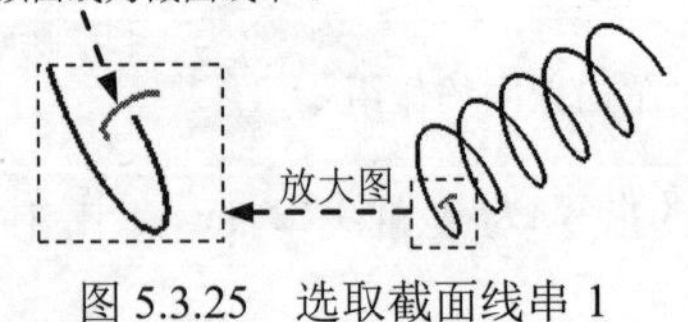

图 5.3.25　选取截面线串 1

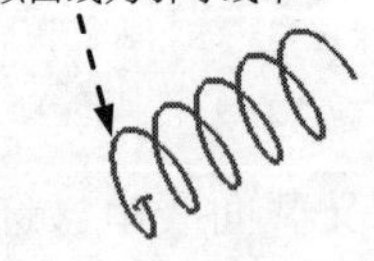

图 5.3.26　选取引导线串 1

5.3.4　桥接曲面

使用 桥接(B)... 命令可以在两个曲面间建立一张过渡曲面，且可以在桥接和定义面之间指定相切连续性或曲率连续性，还可以选择侧面或线串（至多两个，任意组合）或拖动选项来控制桥接片体的形状。

下面通过创建图 5.3.27b 所示的桥接曲面来说明拖动控制桥接操作的一般过程。

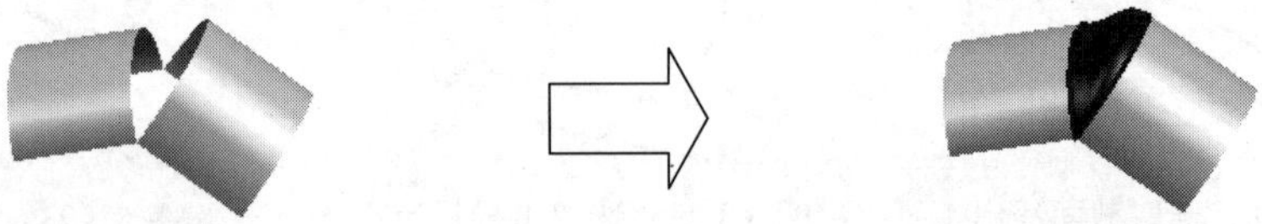

a）曲面组　　b）桥接的曲面

图 5.3.27　拖动控制方式创建桥接曲面

Step1. 打开文件 D:\ug12mo\work\ch05.03.04\bridge_surface01.prt。

Step2. 选择下拉菜单 插入(S) ➡ 细节特征(L) ➡ 桥接(B)... 命令，系统弹出图 5.3.28 所示的“桥接曲面”对话框。

Step3. 定义桥接边。选取图 5.3.29 所示的两条曲面边线为桥接边，结果如图 5.3.30 所示。

Step4. 单击 < 确定 > 按钮，完成桥接曲面的创建。

图 5.3.28　“桥接曲面”对话框

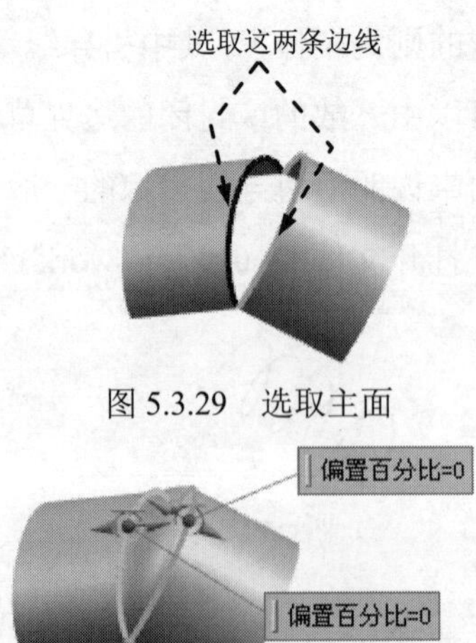

图 5.3.29　选取主面

图 5.3.30　定义桥接边

5.3.5 N 边曲面

使用 N 边曲面(N)... 命令可以通过使用不限数目的曲线或边建立一个曲面，并指定其与外部曲面的连续性，所用的曲线或边组成一个简单的、封闭的环，可以用来移除曲面上的洞。形状控制选项可用来修复中心点处的尖角，同时保持与原曲面之间的连续性约束。该操作有两种生成曲面的类型，下面分别对其进行介绍。

1. 已修剪的单个片体类型

已修剪的类型用于创建单个 N 边曲面，并且覆盖选定曲面封闭环内的整个区域。下面通过创建图 5.3.31b 所示的曲面来说明创建已修剪的 N 边曲面的一般操作过程。

Step1. 打开文件 D:\ug12mo\work\ch05.03.05\N_side_surface_1.prt。

Step2. 选择下拉菜单 插入(S) → 网格曲面(M) → N 边曲面... 命令，系统弹出图 5.3.32 所示的“N 边曲面”对话框。

a）创建前

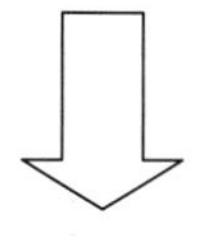

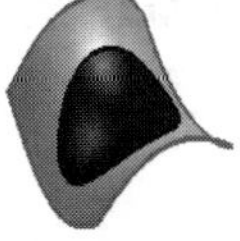

b）创建后

图 5.3.31 创建 N 边曲面

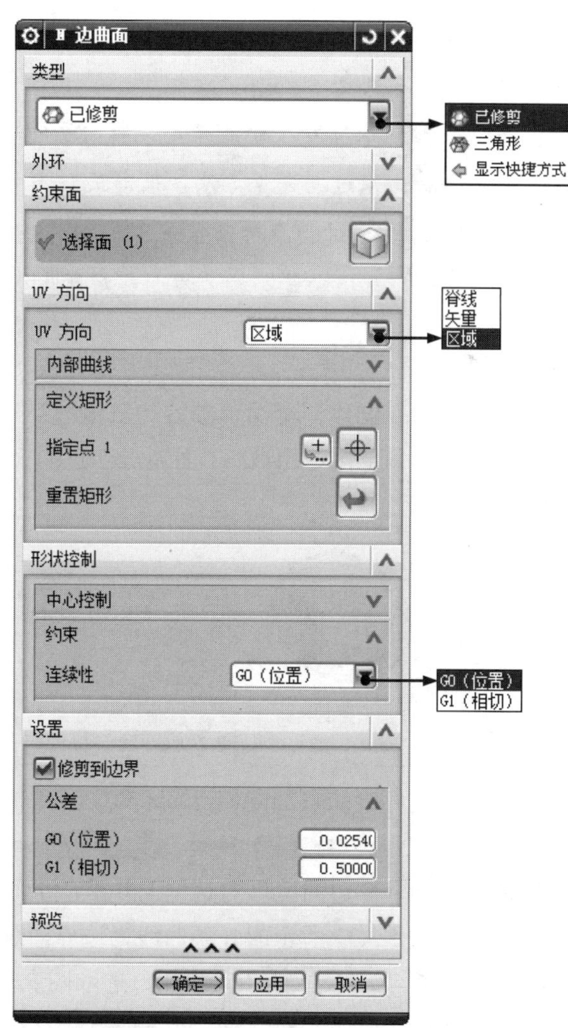

图 5.3.32 “N 边曲面”对话框

Step3. 在类型区域下选择已修剪选项，在图形区选取图 5.3.33 所示的曲线为边界曲线。

Step4. 单击约束面区域下选择面 (0)右侧的按钮，选取图 5.3.34 所示的曲面为约束面，在UV 方位下拉列表中选择区域选项，在设置区域选中☑ 修剪到边界复选框。

Step5. 在“N 边曲面”对话框中单击< 确定 >按钮，完成 N 边曲面的创建。

图 5.3.33 选取边界曲线

图 5.3.34 选取约束面

图 5.3.32 所示的“N 边曲面”对话框中部分选项的说明如下。

- 类型区域：
  - ☑ 已修剪：用于创建单个曲面，覆盖选定曲面中封闭环内的整个区域。
  - ☑ 三角形：用于创建一个由单独的、三角形补片构成的曲面，每个补片由各条边和公共中心点之间的三角形区域组成。
- UV 方位下拉列表：
  - ☑ 脊线：选取脊线曲线来定义新曲面的 V 方向。
  - ☑ 矢量：通过“矢量方法”来定义新曲面的 V 方向。
  - ☑ 区域：通过两个对角点来定义 WCS 平面上新曲面的矩形 UV 方向。
- ☑ 修剪到边界：指定是否按边界曲线对所生成的曲面进行修剪。

2. 多个三角补片类型

三角形类型可以创建一个由单独的、三角形补片构成的曲面，每个补片由各条边和公共中心点之间的三角形区域组成。下面通过创建图 5.3.35b 所示的曲面来说明创建三角形 N 边曲面的一般操作过程。

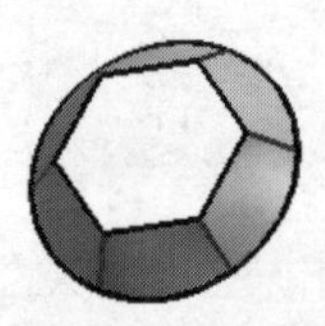
a）曲面

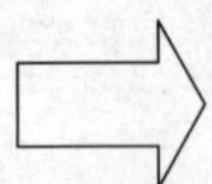

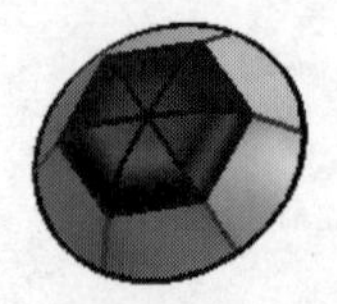
b）N 边曲面

图 5.3.35 创建三角形 N 边曲面

Step1. 打开文件 D:\ug12mo\work\ch05.03.05\N_side_surface_2.prt。

Step2. 选择下拉菜单插入(S) → 网格曲面(M) → N 边曲面(N)...命令，在系统弹出的图 5.3.36 所示的“N 边曲面”对话框的类型下拉列表中选择三角形选项。

Step3. 选取图 5.3.37 所示的 6 条曲线为边界曲线。

Step4. 单击选择面 (0)右侧的按钮，选取图 5.3.38 所示的 6 个曲面为约束面。

Step5. 在“N 边曲面”对话框中单击< 确定 >按钮，完成 N 边曲面的创建。

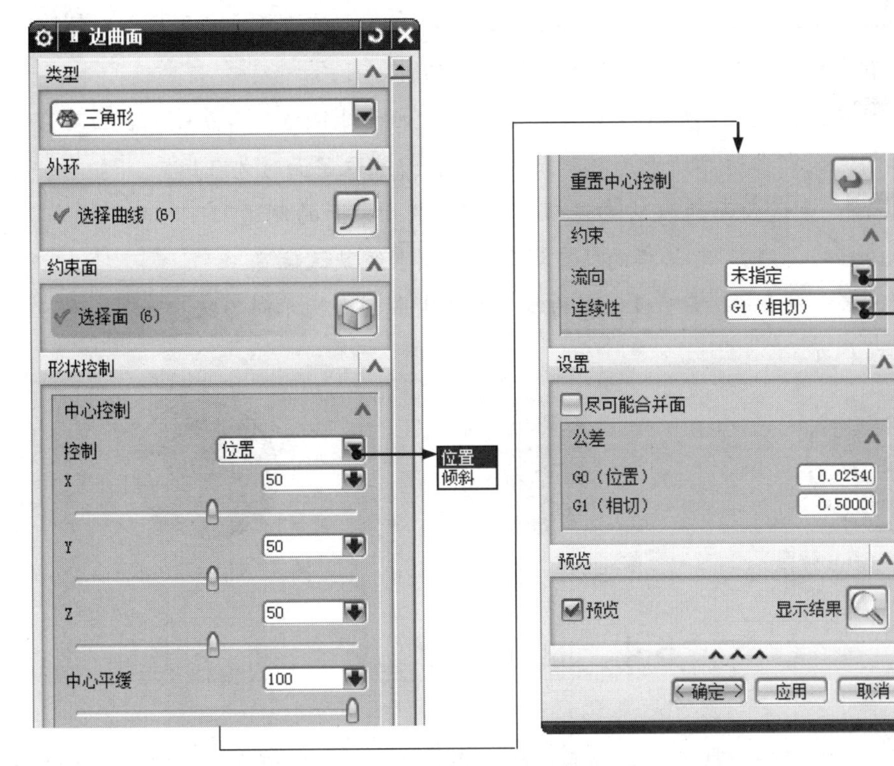

图 5.3.36 “N 边曲面”对话框

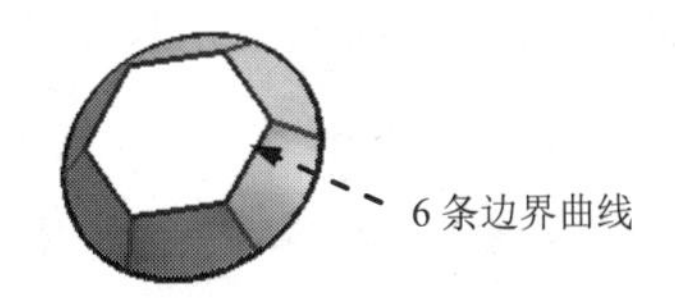

图 5.3.37 选取边界曲线

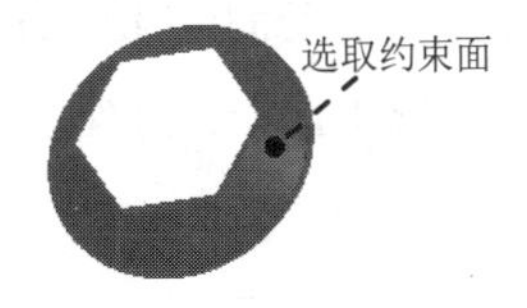

图 5.3.38 选取约束面

图 5.3.36 所示的“N 边曲面”对话框中部分选项的说明如下。

- 中心控制区域的控制下拉列表：
  - ☑ 位置：将 X、Y、Z 滑块设定为“位置”模式来移动曲面中心点的位置。当拖动 X、Y 或 Z 滑块时，中心点在指明的方向上移动。
  - ☑ 倾斜：将 X、Y 滑块设定为“倾斜”模式，用来倾斜曲面中心点所在的 X 平面和 Y 平面。当拖动 X 或 Y 滑块时，中心点的平面法向在指明的方向倾斜，中心点的位置不改变。在使用“倾斜”模式时，Z 滑块不可用。
- X：沿着曲面中心点的 X 法向轴重定位或倾斜。
- Y：沿着曲面中心点的 Y 法向轴重定位或倾斜。
- Z：沿着曲面中心点的 Z 法向轴重定位或倾斜。
- 中心平缓：用户可借助此滑块使曲面上下凹凸，如同泡沫的效果。如果采用“三角形”方式，则中心点不受此选项的影响。
- 流向下拉列表：包含未指定、垂直、等 U/V 线和相邻边四个选项。
  - ☑ 未指定：生成片体的 UV 参数和中心点等距。

☑ 垂直：生成曲面的 V 方向等参数直线，以垂直于该边的方向开始于外侧边。只有当环中所有的曲线或边至少连续相切时才可用。

☑ 等 U/V 线：生成曲面的 V 方向等参数直线开始于外侧边并沿着外侧表面的 U/V 方向，只有当边界约束为斜率或曲率且已经选取了面时才可用。

☑ 相邻边：生成曲面的 V 方向等参数线将沿着约束面的侧边。

- ：把“形状控制”对话框的所有设置返回到系统默认位置。
- 约束面区域：结合连续性下拉列表的各个选项生成曲面的不同形状，如图 5.3.39～图 5.3.41 所示。

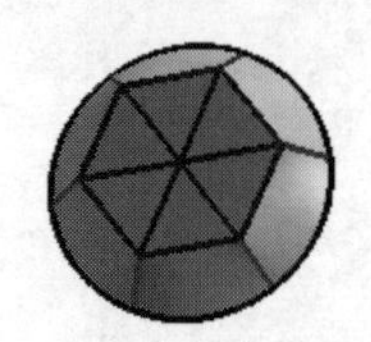

图 5.3.39　G0（位置）

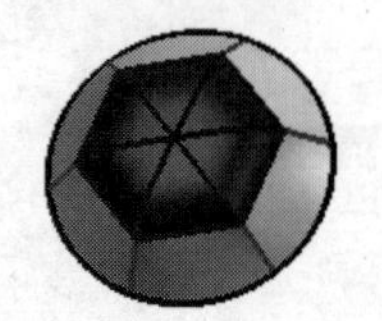

图 5.3.40　G1（相切）

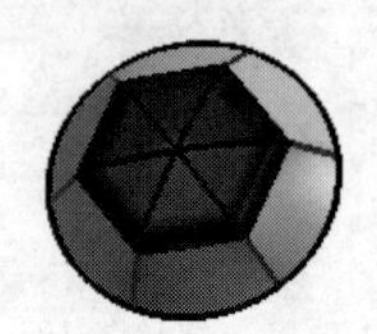

图 5.3.41　G2（曲率）

5.4　曲面分析

曲面设计过程中或设计完成后要对曲面进行必要的分析，以检查是否达到了设计过程的要求以及设计完成后的要求。曲面分析工具用于评估曲面品质，找出曲面的缺陷位置，从而方便修改和编辑曲面，以保证曲面的质量。下面将具体介绍 UG NX 12.0 中的一些曲面分析功能。

5.4.1　曲面连续性分析

曲面的连续性分析功能主要用于分析曲面之间的位置连续、斜率连续、曲率连续和曲率斜率的连续性。下面以图 5.4.1 所示的曲面为例来介绍如何分析曲面连续性。

Step1. 打开文件 D:\ug12mo\work\ch05.04\continuity.prt。

Step2. 选择下拉菜单分析(L) → 形状(H) → 曲面连续性(C)...命令，系统弹出图 5.4.2 所示的“曲面连续性”对话框。

Step3. 在“曲面连续性”对话框的类型下拉列表中选择多面选项。

Step4. 在图形区选取图 5.4.1 所示的曲线 1，单击鼠标中键， 然后选取图 5.4.1 所示的曲面 2。

Step5. 定义连续性分析类型。在连续性检查区域中选中☑ G0（位置）复选框。

Step6. 定义显示方式。在分析显示区域中选中☑ 显示连续性针复选框，单击鼠标中键完成曲面连续性分析，如图 5.4.3 所示。

说明：如果连续性针的显示太小，可以拖动对话框中针比例后面的滑块来调整针的显示

比例（图 5.4.2）。

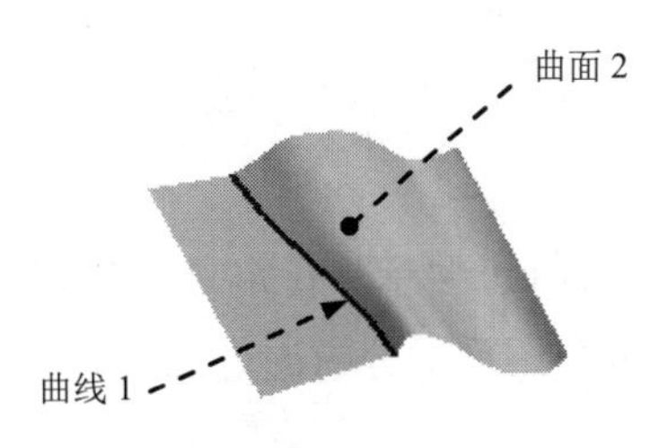

图 5.4.1　曲面模型

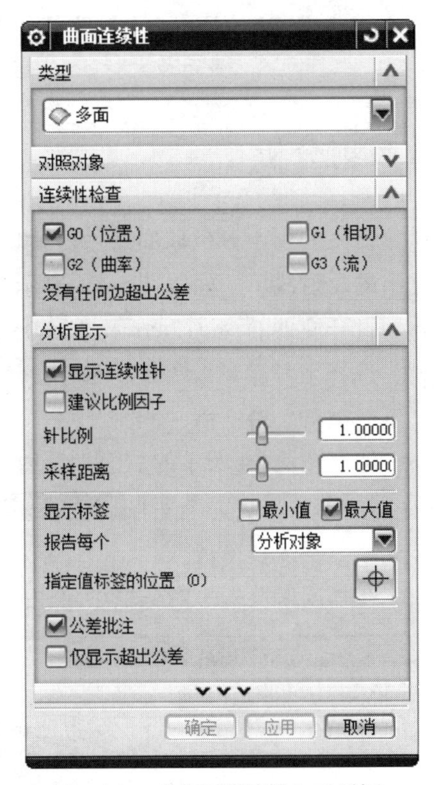

图 5.4.2　“曲面连续性”对话框

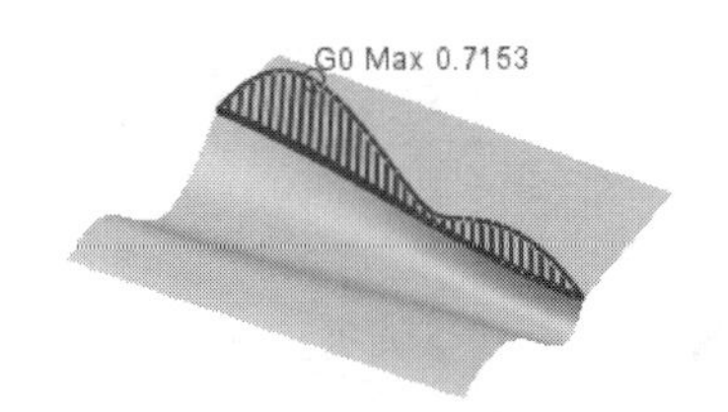

图 5.4.3　曲面连续性分析

图 5.4.2 所示的“曲面连续性”对话框中选项及按钮的说明如下。

- 类型 区域:
  - ☑ 边-边: 分析边缘与边缘之间的连续性。
  - ☑ 边-面: 分析边缘与曲面之间的连续性。
  - ☑ 多面: 分析曲面与曲面之间的连续性。
- 连续性检查 区域:
  - ☑ G0（位置）: 分析位置连续性，显示两条边缘线之间的距离分布。
  - ☑ G1（相切）: 分析斜率连续性，检查两组曲面在指定边缘处的斜率连续性。
  - ☑ G2（曲率）: 分析曲率连续性，检查两组曲面之间的曲率误差分布。
  - ☑ G3（流）: 分析曲率的斜率连续性，显示曲率变化率的分布。
- 曲率检查 下拉列表: 当选中 G2（曲率） 复选框时可显示，用于指定曲率分析的类型。
- 分析显示 区域: 用于设定曲面边缘之间不同连续性的梳状显示。
  - ☑ 显示连续性针（梳状显示）: 以梳状显示曲面边缘之间的不同连续性。
  - ☑ 建议比例因子（自动缩放梳状显示）: 将梳放大到合适的长度。
  - ☑ 针比例: 通过后面的文本框或滑动条可以设置梳的放大系数。
  - ☑ 采样距离: 通过后面的文本框或滑动条可以设置梳的密度。
  - ☑ 显示标签: 选中其后的 最小值 和 最大值 复选框，在曲率梳上以标签显示最大

曲率和最小曲率。

☑ 最小值（显示最小标签）：显示最小值。

☑ 最大值（显示最大标签）：显示最大值。

5.4.2 反射分析

反射分析主要用于分析曲面的反射特性，使用反射分析可显示从指定方向观察曲面上自光源发出的反射线。下面以图 5.4.4 所示的曲面为例来介绍反射分析的方法。

Step1. 打开文件 D:\ug12mo\work\ch05.04\reflection.prt。

Step2. 选择下拉菜单 分析(L) → 形状(H) → 反射(F)... 命令，系统弹出图 5.4.5 所示的“反射分析”对话框。

Step3. 选取图 5.4.4 所示的曲面为反射分析的对象。

Step4. 在类型下拉列表中选择 直线图像 选项，然后在 图像 区域单击“彩色线”按钮，其他参数采用系统默认设置。

Step5. 在“反射分析”对话框中单击 确定 按钮，完成反射分析，如图 5.4.6 所示。

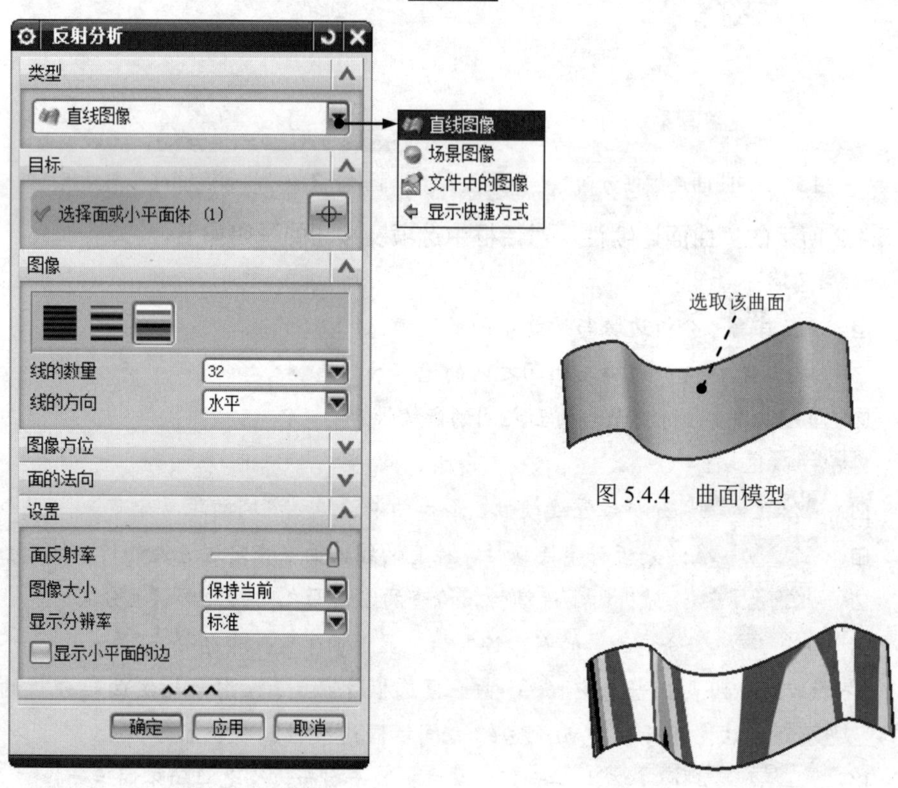

图 5.4.5 “反射分析”对话框

图 5.4.4 曲面模型

图 5.4.6 反射分析

图 5.4.5 所示的“反射分析”对话框中部分选项及按钮的说明如下。

- 类型下拉列表：用于指定图像显示的类型，包括 直线图像、场景图像 和 文件中的图像 三种类型。
  ☑ 直线图像：用直线图形进行反射分析。

- ☑ 场景图像：使用场景图像进行反射分析。
- ☑ 文件中的图像：使用用户自定义的图像进行反射分析。

- 线的数量：在其后的下拉列表中选择数值可指定反射线条的数量。
- 线的方向：在其后的下拉列表中选择方式指定反射线的方向。
- 图像方位：在该区域拖动滑块，可以对反射图像进行水平、竖直的移动或旋转。
- 面的法向 区域：设置分析面的法向方向。
- 面反射率：拖动其后的滑块，可以调整反射图像的清晰度。
- 图像大小：下拉列表：用于调整反射图像在面上的显示比例。
- 显示分辨率下拉列表：设置面分析显示的公差。
- ☑显示小平面的边：使用高亮显示边界来显示所选择的面。

说明：图 5.4.6 所示的结果与其所处的视图方位有关，如果调整模型的方位，则会得到不同的显示结果。

5.5　曲面的编辑

完成曲面的分析，我们只是对曲面的质量有了了解。要想真正得到高质量、符合要求的曲面，就要在进行完分析后对曲面进行修剪，这就涉及曲面的编辑。本节我们将学习 UG NX 12.0 中曲面编辑的几种工具。

5.5.1　曲面的修剪

曲面的修剪（Trim）就是将选定曲面上的某一部分去除。曲面的修剪有多种方法，下面将分别介绍。

1. 一般的曲面修剪

一般的曲面修剪就是在使用拉伸、旋转等操作，通过布尔求差运算将选定曲面上的某部分去除。下面以图 5.5.1 所示的手机盖曲面的修剪为例来说明曲面修剪的一般操作过程。

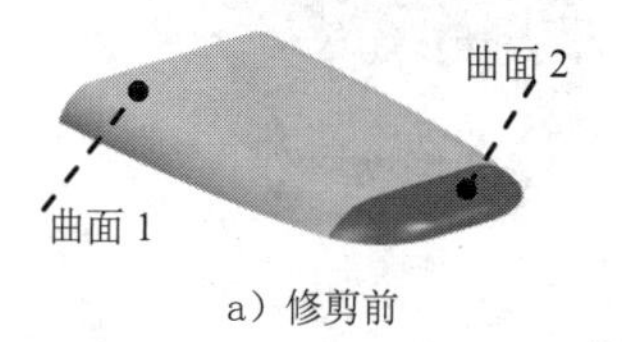

a）修剪前

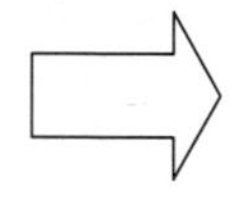

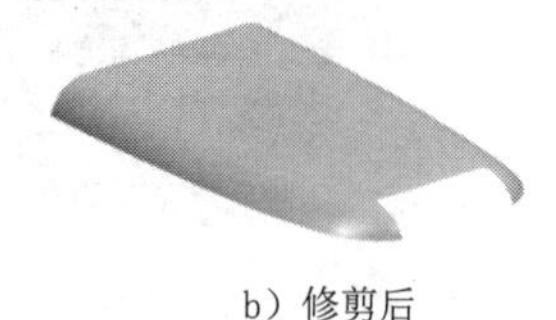
b）修剪后

图 5.5.1　一般的曲面修剪

说明：本例中的曲面存在收敛点，无法直接加厚，所以在加厚之前必须通过修剪、补片和缝合等操作去除收敛点。

Step1. 打开文件 D:\ug12mo\work\ch05.05.01\trim.prt。

Step2. 选择下拉菜单 插入(S) → 设计特征(E) → 拉伸(X)... 命令，系统弹出“拉伸”对话框。

Step3. 单击“拉伸”对话框 表区域驱动 区域中的“绘制截面”按钮，选取 XY 基准平面为草图平面，接受系统默认的方向。单击“创建草图”对话框中的 确定 按钮，进入草图环境。

Step4. 绘制图 5.5.2 所示的截面草图。

Step5. 单击 完成 按钮，退出草图环境。

Step6. 在“拉伸”对话框 限制 区域的 开始 下拉列表中选择 值 选项，并在其下的 距离 文本框中输入值 0；在 限制 区域的 结束 下拉列表中选择 值 选项，并在其下的 距离 文本框中输入值 15；在 方向 区域的 * 指定矢量 (0) 下拉列表中选择 ZC 选项；在 布尔 区域的下拉列表中选择 减去 选项，在图形区选取图 5.5.1a 所示的曲面 2 为求差对象，单击 < 确定 > 按钮，完成曲面的修剪，结果如图 5.5.3 所示。

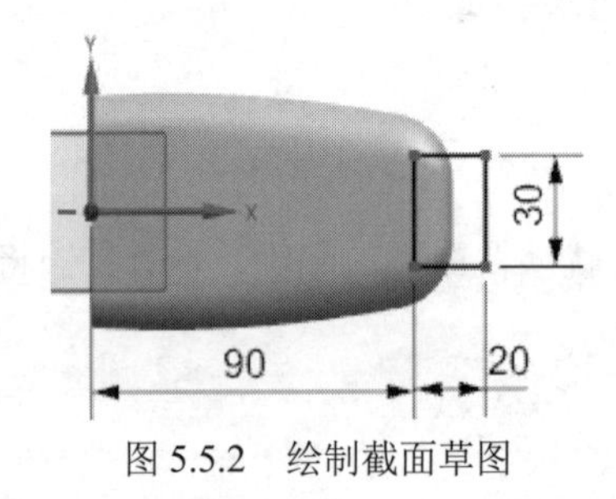

图 5.5.2　绘制截面草图

图 5.5.3　修剪后的曲面

说明：用“旋转”命令也可以对曲面进行修剪，这里不再赘述。

2. 修剪片体

修剪片体就是通过一些曲线和曲面作为边界，对指定的曲面进行修剪，形成新的曲面边界。所选的边界可以在将要修剪的曲面上，也可以在曲面之外通过投影方向来确定修剪的边界。图 5.5.4b 所示的修剪片体的一般过程如下。

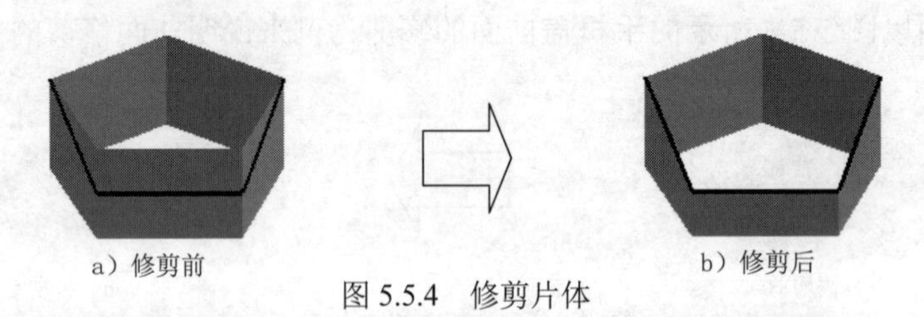
a）修剪前　　b）修剪后

图 5.5.4　修剪片体

Step1. 打开文件 D:\ug12mo\work\ch05.05.01\trim_surface.prt。

Step2. 选择下拉菜单 插入(S) → 修剪(T) → 修剪片体(R)... 命令（或在 主页 功能选项卡 曲面 区域的 更多 下拉选项中单击 修剪片体 按钮），此时系统弹出图 5.5.5 所示的“修剪

片体”对话框。

Step3. 设置对话框选项。在“修剪片体”对话框的投影方向下拉列表中选择垂直于面选项，然后选择区域选项组中的保留单选项，如图 5.5.5 所示。

Step4. 在图形区选取需要修剪的曲面和修剪边界，如图 5.5.6 所示。

Step5. 在“修剪片体”对话框中单击 确定 按钮（或者单击中键），完成曲面的修剪。

注意： 在选取需要修剪的曲面时，如果选取曲面的位置不同，则修剪的结果也将截然不同，如图 5.5.7 所示。

图 5.5.5 “修剪片体”对话框　　图 5.5.6 选取修剪曲面和修剪边界

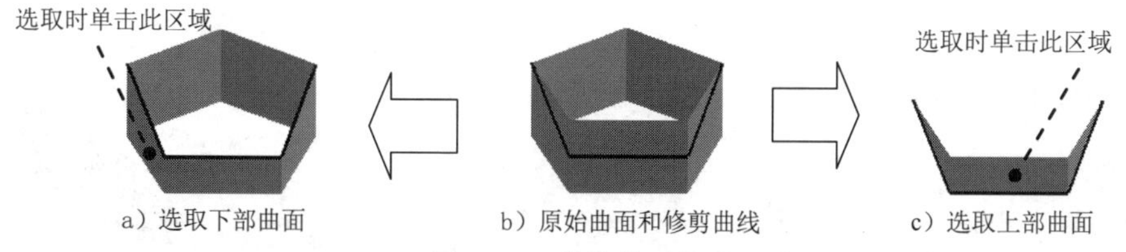

a）选取下部曲面　b）原始曲面和修剪曲线　c）选取上部曲面

图 5.5.7 修剪曲面的不同效果

图 5.5.5 所示的“修剪片体”对话框中部分选项的说明如下。

- 目标区域：用来定义“修剪片体”命令所需要的目标片体面。
  - ☑ ：定义需要进行修剪的目标片体。
- 边界区域：用来定义“修剪片体”命令所需要的修剪边界。
  - ☑ ：定义需要进行修剪的修剪边界。
- 投影方向下拉列表：定义要做标记的曲面的投影方向。该下拉列表包含垂直于面、垂直于曲线平面和沿矢量选项。
  - ☑ 垂直于面：定义修剪边界投影方向是选定边界面的垂直投影。
  - ☑ 垂直于曲线平面：定义修剪边界投影方向是选定边界曲面的垂直投影。

☑ 沿矢量：定义修剪边界投影方向是用户指定方向投影。

- 区域 区域：定义所选的区域是被保留还是被舍弃。

☑ ⊙保留：定义修剪曲面是选定的区域保留。

☑ ⊙放弃：定义修剪曲面是选定的区域舍弃。

3．分割表面

分割面就是用多个分割对象，如曲线、边缘、面、基准平面或实体，把现有体的一个面或多个面进行分割。在这个操作中，要分割的面和分割对象是关联的，即如果任一对象被更改，那么结果也会随之更新。图 5.5.8b 所示的分割面的一般步骤如下。

Step1．打开文件 D:\ ug12mo\work\ch05.05.01\divide_face.prt。

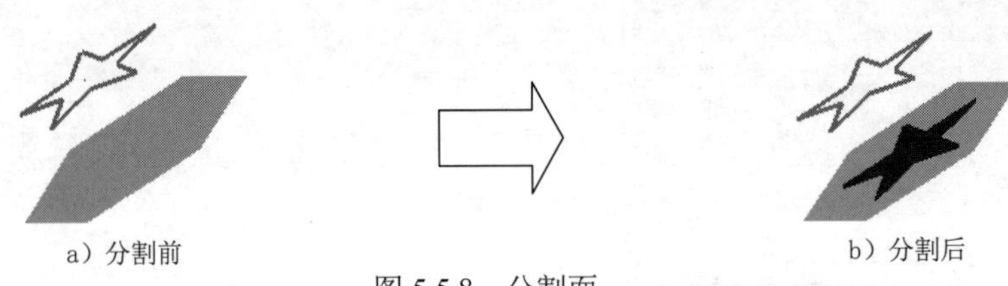

a）分割前　　b）分割后

图 5.5.8　分割面

Step2．选择下拉菜单 插入(S) → 修剪(T) → 分割面(D)... 命令，此时系统弹出图 5.5.9 所示的“分割面”对话框。

Step3．定义分割曲面。选取图 5.5.10 所示的曲面为需要分割的曲面，单击中键确认。

Step4．定义分割对象。在图形区选取图 5.5.11 所示的曲线串为分割对象。曲面分割预览如图 5.5.12 所示。

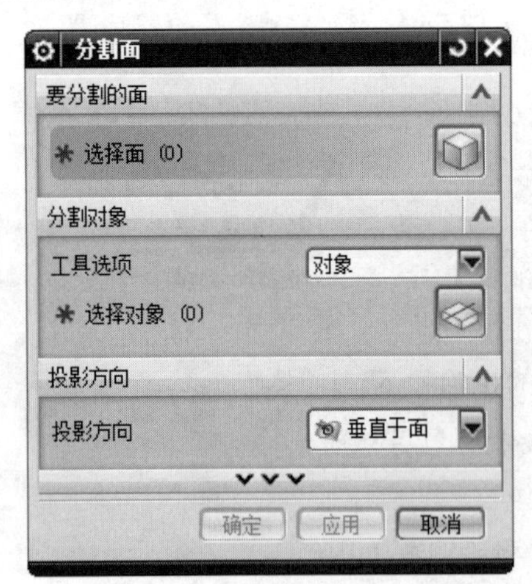

图 5.5.9　“分割面”对话框

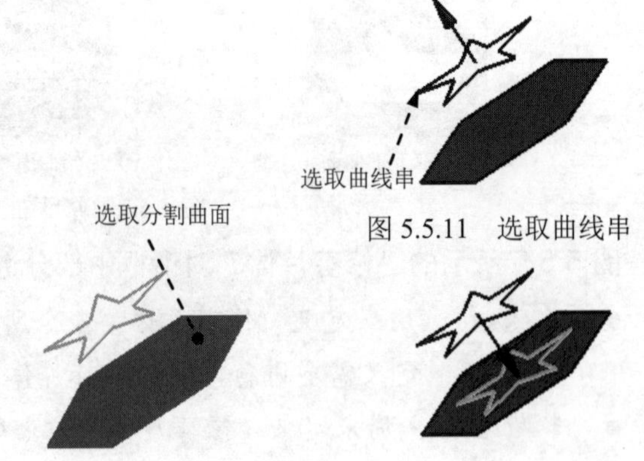

图 5.5.10　选取要分割的曲面　　图 5.5.11　选取曲线串　　图 5.5.12　曲面分割预览

Step5．在“分割面”对话框中单击 < 确定 > 按钮，完成分割面的操作。

4．修剪与延伸

使用 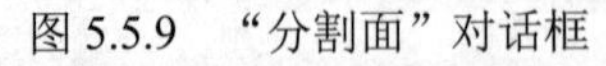 修剪与延伸(N)... 命令可以创建修剪曲面，也可以通过延伸所选定的曲面创建拐

角，以达到修剪或延伸的效果。选择下拉菜单插入(S) → 修剪(T) → 修剪与延伸(N)...命令，系统弹出“修剪与延伸”对话框。该对话框提供了“直至选定”和“制作拐角”两种修剪与延伸方式。下面以图 5.5.13 所示的修剪与延伸曲面为例来说明“直至选定”修剪与延伸方式的一般操作过程。

Step1. 打开文件 D:\ug12mo\work\ch05.05.01\trim_and_extend.prt。

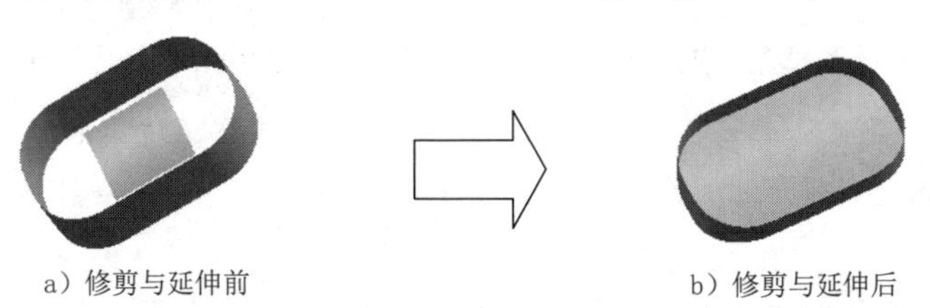

图 5.5.13　修剪与延伸曲面

Step2. 选择下拉菜单插入(S) → 修剪(T) → 修剪与延伸(N)...命令，系统弹出图 5.5.14 所示的“修剪和延伸”对话框。

图 5.5.14　“修剪和延伸”对话框

Step3. 在类型区域的下拉列表中选择直至选定选项，在设置区域的曲面延伸形状下拉列表中选择自然曲率选项，如图 5.5.14 所示。

Step4. 定义目标边。在“上边框条”工具条的下拉列表中选择相连曲线选项，如图 5.5.15 所示，然后在图形区选取图 5.5.16 所示的片体边，单击鼠标中键确认。

Step5. 定义刀具面。在图形区选取图 5.5.16 所示的曲面。

Step6. 在“修剪和延伸”对话框中单击< 确定 >按钮，完成曲面的修剪与延伸操作，

结果如图 5.5.13b 所示。

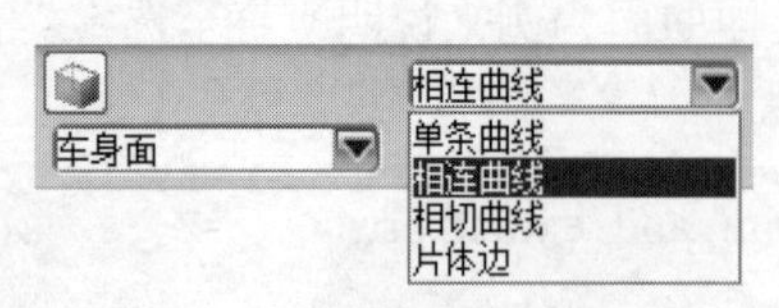

图 5.5.15 “上边框条”工具条

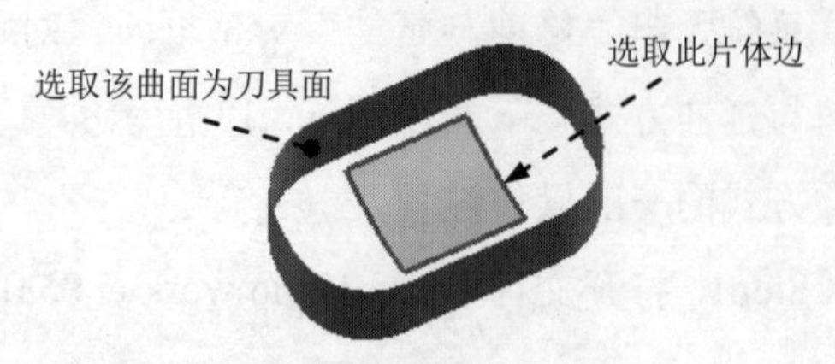

图 5.5.16 目标边缘和刀具面

5.5.2 曲面的延伸

曲面的延伸就是在现有曲面的基础上，通过曲面的边界或曲面上的曲线进行延伸，以扩大曲面。图 5.5.17b 所示的延伸曲面的一般创建过程如下。

Step1. 打开文件 D:\ug12mo\work\ch05.05.02\extension_1.prt。

Step2. 选择下拉菜单 插入(S) → 弯边曲面(G) → 延伸(E)... 命令，系统弹出图 5.5.18 所示的“延伸曲面”对话框。

Step3. 定义延伸类型。在“延伸曲面”对话框的 类型 下拉列表中选择 边 选项。

Step4. 选取要延伸的边。在图形区选取图 5.5.19 所示的曲面边线作为延伸边线。

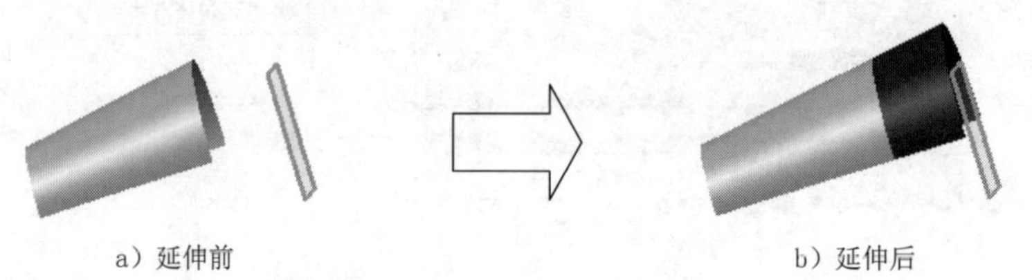

a）延伸前　　b）延伸后

图 5.5.17 曲面延伸的创建

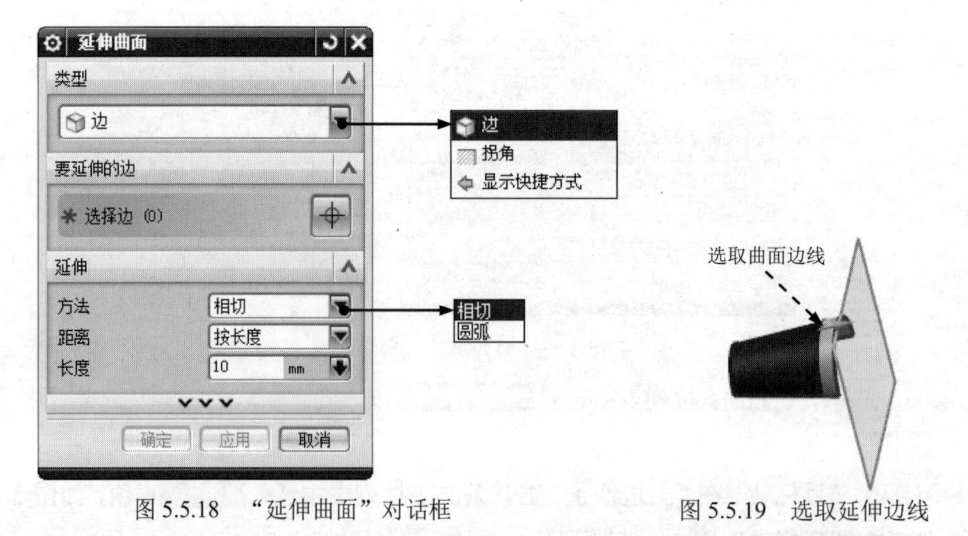

图 5.5.18 “延伸曲面”对话框　　图 5.5.19 选取延伸边线

Step5. 定义延伸方式。在“延伸曲面”对话框的 方法 下拉列表中选择 相切 选项，在 距离 下拉列表中选择 按长度 选项，如图 5.5.18 所示。

Step6. 定义延伸长度。在“延伸曲面”对话框中单击长度文本框后的按钮，系统弹出图 5.5.20 所示的快捷菜单，在其中选择 测量(M)... 命令，系统弹出图 5.5.21 所示的“测量距离”对话框。在图形区选取图 5.5.22 所示的曲面边线和基准平面 1 作为测量对象，单击“测量距离”对话框中的 < 确定 > 按钮，系统返回到“延伸曲面”对话框。

Step7. 单击 < 确定 > 按钮，完成延伸曲面的创建。

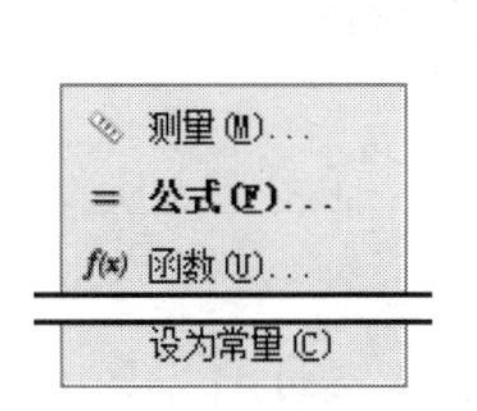

图 5.5.20 快捷菜单

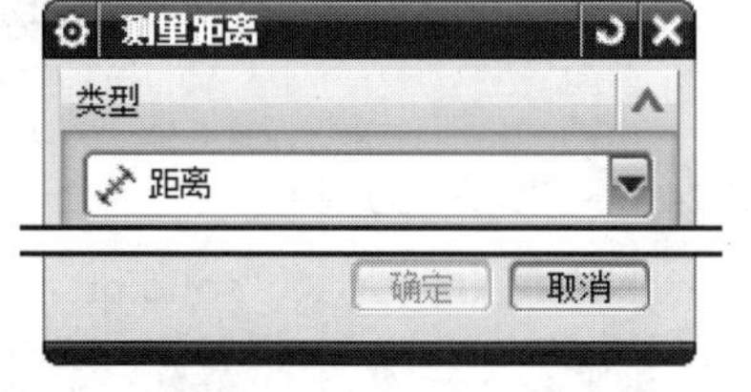

图 5.5.21 “测量距离”对话框

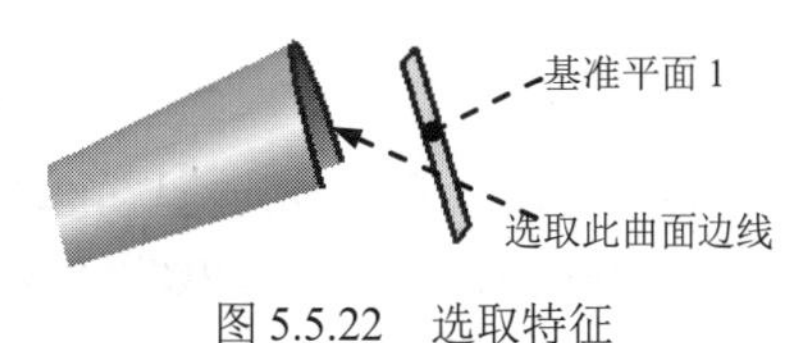

图 5.5.22 选取特征

5.5.3 曲面的缝合与实体化

1. 曲面的缝合

曲面的缝合功能可以将两个或两个以上的曲面连接形成一个曲面。图 5.5.23b 所示的曲面缝合的一般过程如下。

Step1. 打开文件 D:\ug12mo\work\ch05.05.03\sew.prt。

Step2. 选择下拉菜单 插入(S) → 组合(B) ▸ → 缝合(W)... 命令，此时系统弹出“缝合”对话框。

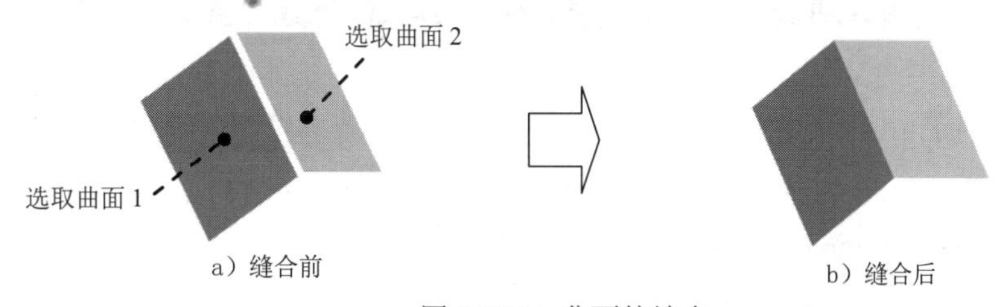

图 5.5.23 曲面的缝合

Step3. 设置缝合类型。在“缝合”对话框类型区域的下拉列表中选择 片体 选项。

Step4. 定义目标片体和刀具片体。在图形区选取图 5.5.23a 所示的曲面 1 为目标片体，然后选取曲面 2 为刀具片体。

Step5. 设置缝合公差。在“缝合”对话框的公差文本框中输入值 3，然后单击 确定 按钮（或者单击中键），完成曲面的缝合操作。

2. 曲面的实体化

曲面的创建最终是为了生成实体，所以曲面的实体化在设计过程中是非常重要的。曲面的实体化有多种类型，下面将分别介绍。

类型一：封闭曲面的实体化

封闭曲面的实体化就是将一组封闭的曲面转化为实体特征。图 5.5.24b 所示的封闭曲面实体化的操作过程如下。

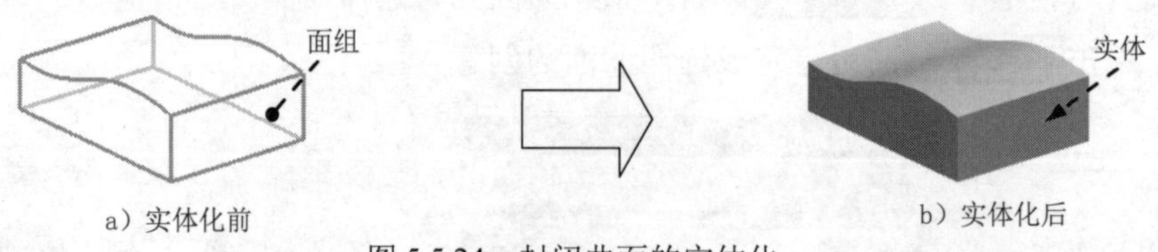

图 5.5.24　封闭曲面的实体化

Step1. 打开文件 D:\ ug12mo\work\ch05.05.03\surface_solid.prt。

Step2. 选择下拉菜单 视图(V) → 截面(S) ▸ → 新建截面(T)... 命令，此时系统弹出“视图截面”对话框。

Step3. 在“视图截面”对话框 类型 区域的下拉列表中选择 一个平面 选项，然后单击 剖切平面 区域的“设置平面至 X”按钮，此时可看到在图形区中显示的特征为片体，如图 5.5.25 所示，然后单击 取消 按钮。

Step4. 选择下拉菜单 插入(S) → 组合(B) ▸ → 缝合(W)... 命令，此时系统弹出“缝合”对话框。

Step5. 在“缝合”对话框中均采用默认设置，在图形区依次选取片体 1 和曲面 1（图 5.5.26）为目标片体和工具片体，然后单击“缝合”对话框中的 确定 按钮，完成实体化操作。

Step6. 选择下拉菜单 视图(V) → 截面(S) ▸ → 新建截面(T)... 命令，此时系统弹出“视图截面”对话框。

Step7. 在“剖切定义”对话框 类型 区域的下拉列表中选择 一个平面 选项，然后单击 剖切平面 区域的“设置平面至 X”按钮，此时可看到在图形区中显示的特征为实体，如图 5.5.27 所示，然后单击 取消 按钮。

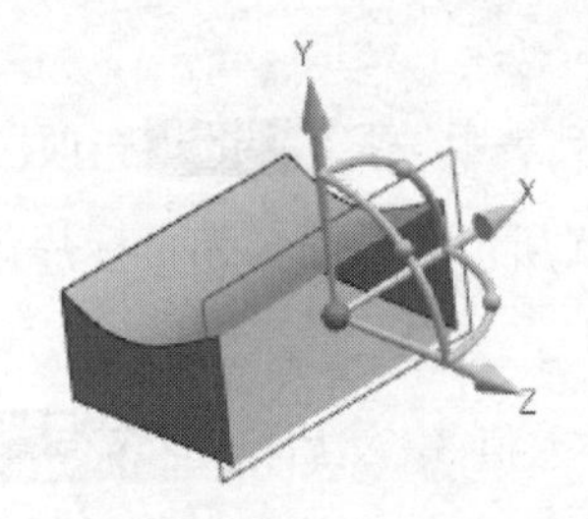

图 5.5.25　截面视图

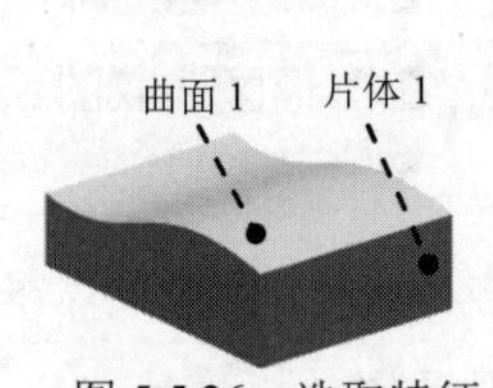

图 5.5.26　选取特征

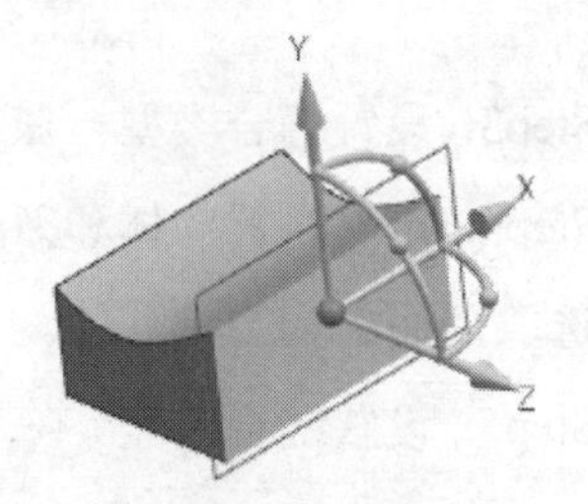

图 5.5.27　截面视图

说明：在 UG NX 12.0 中，通过缝合封闭曲面会自然生成一个实体。

类型二：使用补片创建实体

曲面的补片功能就是使用片体替换实体上的某些面，或者将一个片体补到另一个片体上。使用补片创建图 5.5.28b 所示的实体的一般过程如下。

Step1. 打开文件 D:\ug12mo\work\ch05.05.03\surface_solid_replace.prt。

Step2. 选择下拉菜单 插入(S) → 组合(B) → 修补(C)... 命令，系统弹出“补片”对话框。

Step3. 在绘图区选取图 5.5.28a 所示的实体为要修补的体特征，选取图 5.5.28a 所示的片体为用于修补的体特征；单击“反向”按钮，使其与图 5.5.29 所示的方向一致。

Step4. 单击“补片”对话框中的 确定 按钮，完成补片操作。

注意：*在进行补片操作时，工具片体的所有边缘必须在目标片体的面上，而且工具片体必须在目标片体上创建一个封闭的环，否则系统会提示出错。*

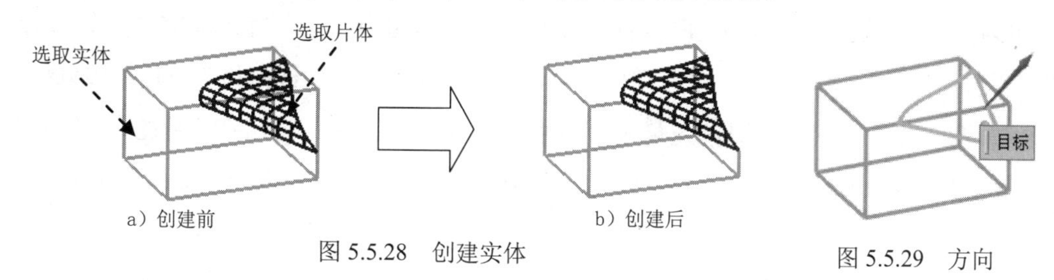

a）创建前　b）创建后

图 5.5.28　创建实体　　图 5.5.29　方向

类型三：开放曲面的加厚

曲面加厚功能可以对开放的曲面进行偏置生成实体，并且生成的实体可以和已有的实体进行布尔运算。图 5.5.30b 所示的曲面加厚的一般过程如下。

Step1. 打开文件 D:\ ug12mo\work\ch05.05.03\thicken.prt。

说明：*如果曲面存在收敛点，则无法直接加厚，所以在加厚之前必须通过修剪、补片和缝合等操作去除收敛点。*

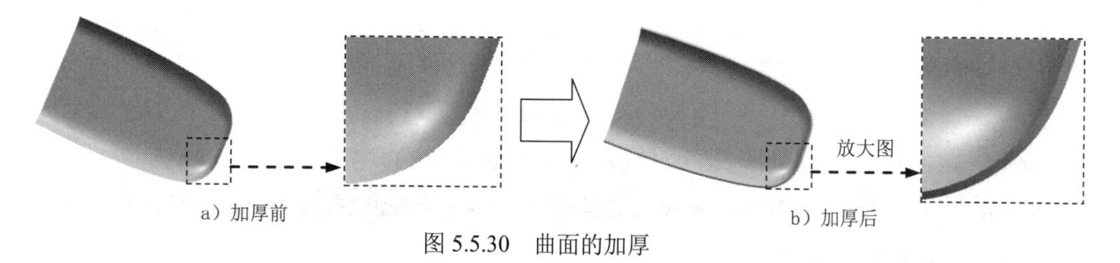

a）加厚前　b）加厚后

图 5.5.30　曲面的加厚

Step2. 将图 5.5.31 所示的曲面 1 与曲面 2 缝合（缝合后称为面组 12）。

Step3. 创建一个拉伸特征去除收敛点，如图 5.5.32 所示。选择下拉菜单 插入(S) → 设计特征(E) → 拉伸(X)... 命令，在“拉伸”对话框单击 表区域驱动 区域中的按钮，系统弹出“创建草图”对话框。选取 XY 平面为草图平面，单击 确定 按钮，进入草图环境；绘制图 5.5.33 所示的截面草图，然后退出草图环境；在“拉伸”对话框 限制 区域的 开始 下拉列表中选择 值 选项，在第一个 距离 文本框中输入值 0，在 结束 下拉列表中选择 值 选项，在第二个 距离 文本框中输入值 25；在 布尔 区域的 布尔 下拉列表中选择 减去 选项，并在图形区选取曲面为求差对象，然后单击 < 确定 > 按钮，完成收敛点的去除。

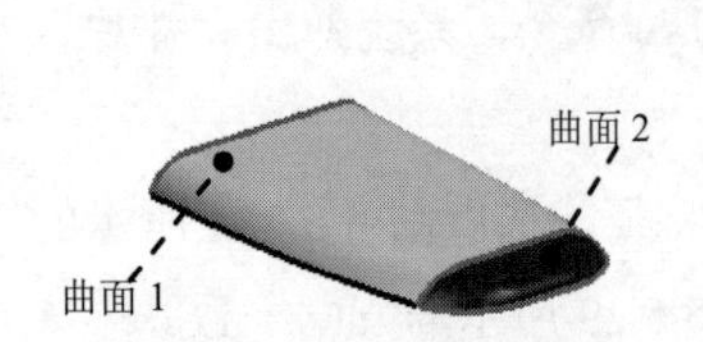

图 5.5.31 选取曲面

图 5.5.32 去除收敛点

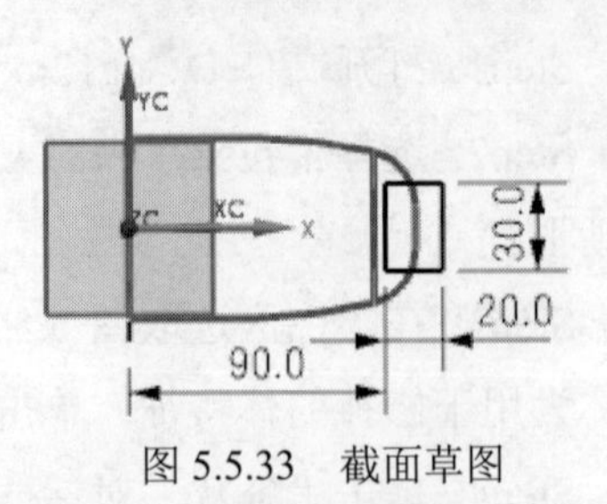

图 5.5.33 截面草图

Step4. 创建图 5.5.34 所示的曲面 3；选择下拉菜单 插入(S) → 网格曲面(M) → 通过曲线网格(M)... 命令，此时系统弹出“通过曲线网格”对话框；选取图 5.5.35 所示的线串 1 和线串 2 为主线串，然后分别单击中键确认。再次单击中键，然后选取图 5.5.36 所示的线串 3 和线串 4 为交叉线串，再分别单击中键确认；在“通过曲线网格”对话框 连续性 区域的 第一主线串 下拉列表中选择 G1（相切） 选项，然后选取曲面 2 为约束面；在“通过曲线网格”对话框 连续性 区域的 第一交叉线串 下拉列表中选择 G1（相切） 选项，然后选取曲面 2 为约束面；在“通过曲线网格”对话框 连续性 区域的 最后交叉线串 下拉列表中选择 G1（相切） 选项，然后选取曲面 2 为约束面；在“通过曲线网格”对话框中单击 < 确定 > 按钮，完成曲面的创建。

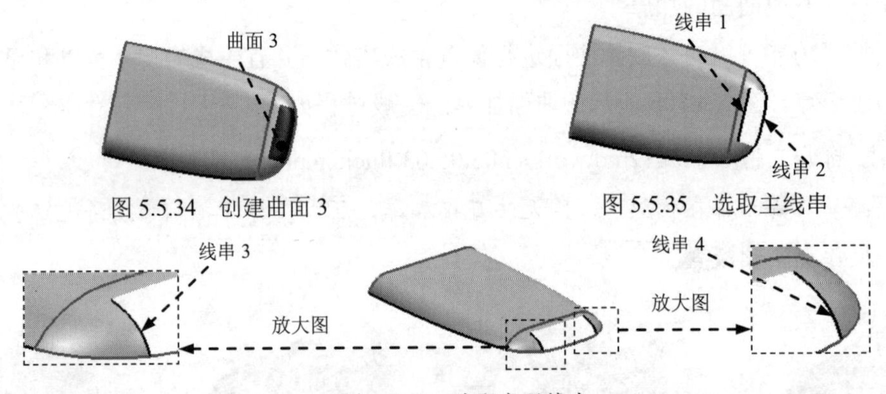

图 5.5.34 创建曲面 3

图 5.5.35 选取主线串

图 5.5.36 选取交叉线串

Step5. 将面组 12 与曲面 3 缝合（缝合后称为面组 123）。

Step6. 选择下拉菜单 插入(S) → 偏置/缩放(O) → 加厚(T)... 命令，此时系统弹出图 5.5.37 所示的“加厚”对话框。

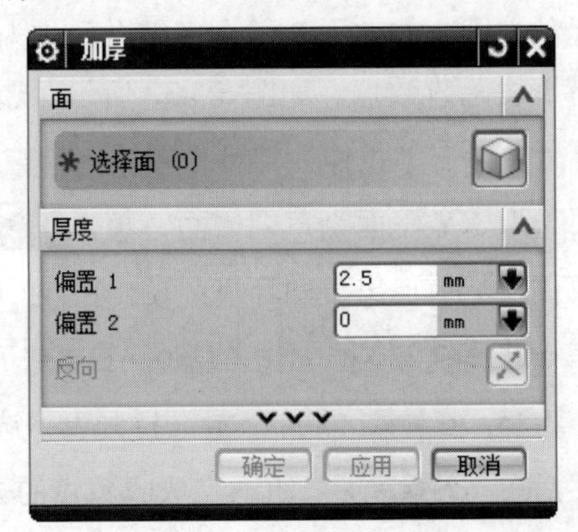

图 5.5.37 “加厚”对话框

图 5.5.37 所示的“加厚”对话框中的部分选项说明如下。

- 偏置 1：该选项用于定义加厚实体的起始位置。
- 偏置 2：该选项用于定义加厚实体的结束位置。

Step7. 定义目标片体。在图形区选取面组 123。

Step8. 定义加厚的数值。在“加厚”对话框的偏置 1文本框中输入值 1，其他均采用系统默认的设置，然后单击< 确定 >按钮或者单击中键，完成曲面加厚操作。

说明：曲面加厚完成后，它的截面是不平整的，所以一般在加厚后还需切平。

Step9. 创建一个拉伸特征将模型一侧切平，如图 5.5.38 所示。选择下拉菜单插入(S) → 设计特征(E) → 拉伸(X)...命令，在“拉伸”对话框中单击表区域驱动区域中的按钮，然后选取 YZ 平面为草图平面。绘制图 5.5.39 所示的拉伸截面草图；在“拉伸”对话框限制区域的开始下拉列表中选择值选项，在第一个距离文本框中输入值 -5，在结束下拉列表中选择值选项，在第二个距离文本框中输入值 120；在布尔区域的布尔下拉列表中选择减去选项，选取加厚的实体；单击< 确定 >按钮，完成模型一侧的切平。

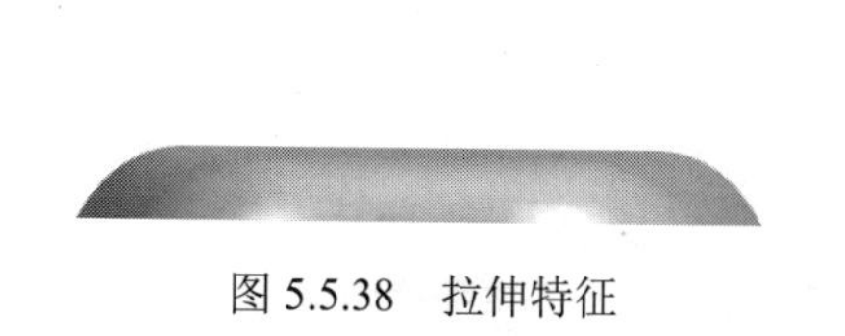

图 5.5.38　拉伸特征

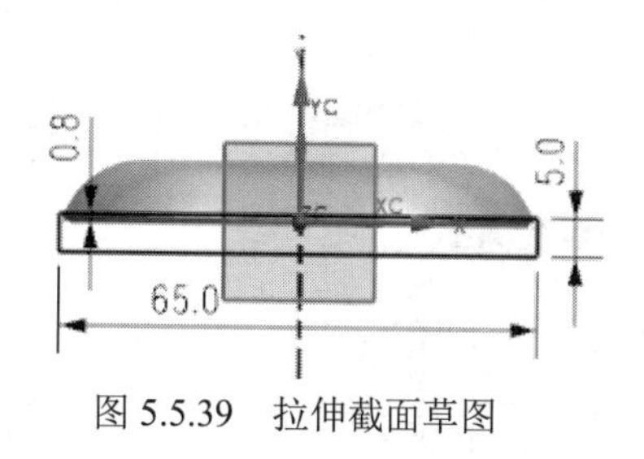

图 5.5.39　拉伸截面草图

5.6　曲面倒圆

倒圆角在曲面建模中具有相当重要的地位。倒圆角功能可以在两组曲面或者实体表面之间建立光滑连接的过渡曲面。创建过渡曲面的截面线可以是圆弧、二次曲线和等参数曲线等。在创建圆角时应注意：为了避免创建从属于圆角特征的子项，标注时，不要以圆角创建的边或相切边为参照；在设计中要尽可能晚些添加圆角特征。

倒圆角的类型主要包括边倒圆、面倒圆、软倒圆和样式圆角四种。下面介绍两种常用倒圆角的具体用法。

5.6.1　边倒圆

边倒圆可以使至少由两个面共享的选定边缘变光滑。倒圆时，就像它沿着被倒圆角的边缘（圆角半径）滚动一个球，同时使球始终与在此边缘处相交的各个面接触。边倒圆的方式有四种：恒定半径方式、变半径方式、空间倒角方式和突然停止点边倒圆方式。

下面对前两种方式进行说明。

1. 恒定半径方式

创建图 5.6.1b 所示的恒定半径方式边倒圆的一般操作过程如下。

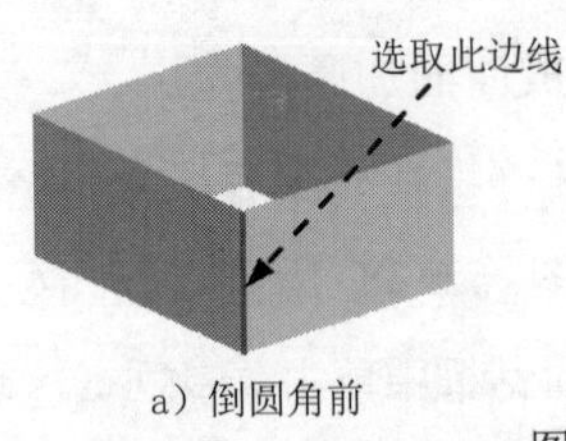

a）倒圆角前

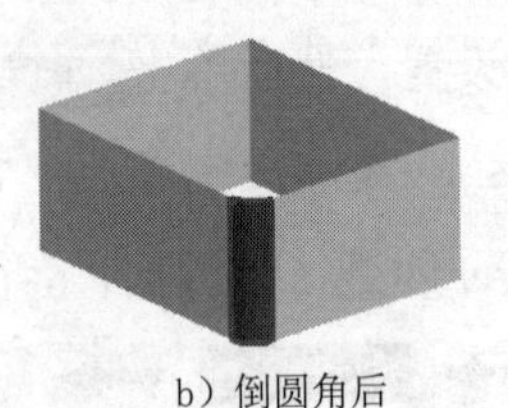
b）倒圆角后

图 5.6.1　恒定半径方式边倒圆

Step1. 打开文件 D:\ug12mo\work\ch05.06\blend.prt。

Step2. 选择下拉菜单 插入(S) → 细节特征(L) ▸ → 边倒圆(E)... 命令（或单击 按钮），系统弹出“边倒圆”对话框。

Step3. 在绘图区选取图 5.6.1a 所示的边线，在 边 区域的 半径 1 文本框中输入值 5.0。

Step4. 单击“边倒圆”对话框中的 〈确定〉 按钮，完成恒定半径方式的边倒圆操作。

2. 变半径方式

下面通过变半径方式创建图 5.6.2b 所示的边倒圆（接上例继续操作）。

Step1. 选择下拉菜单 插入(S) → 细节特征(L) ▸ → 边倒圆(E)... 命令（或单击 按钮），系统弹出“边倒圆”对话框。

Step2. 在绘图区选取图 5.6.2a 所示的边线，在 变半径 区域中单击 指定新的位置 按钮，选取图 5.6.2a 所示边线的上端点，在 V 半径 文本框中输入值 5，在 位置 文本框中选择 弧长百分比 选项，在 弧长百分比 文本框中输入值 100。

Step3. 单击图 5.6.2a 所示边线的中点，在系统弹出的 V 半径 文本框中输入值 10，在 弧长百分比 文本框中输入值 50。

Step4. 单击图 5.6.2a 所示边线的下端点，在系统弹出的 V 半径 文本框中输入值 5，在 弧长百分比 文本框中输入值 0。

Step5. 单击“边倒圆”对话框中的 〈确定〉 按钮，完成变半径方式的边倒圆操作。

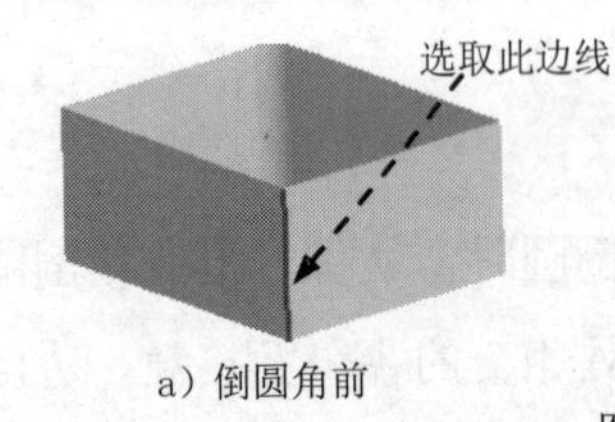

a）倒圆角前

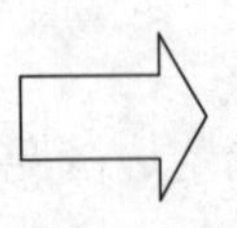

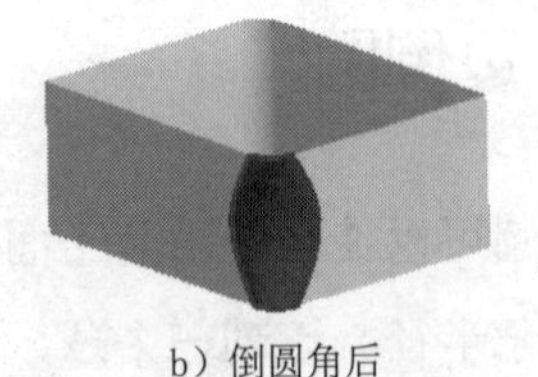
b）倒圆角后

图 5.6.2　变半径方式边倒圆

5.6.2 面倒圆

面倒圆可用于创建复杂的与两组输入面相切的圆角面，并能修剪和附着圆角面。创建图 5.6.3b 所示的面倒圆的一般过程如下。

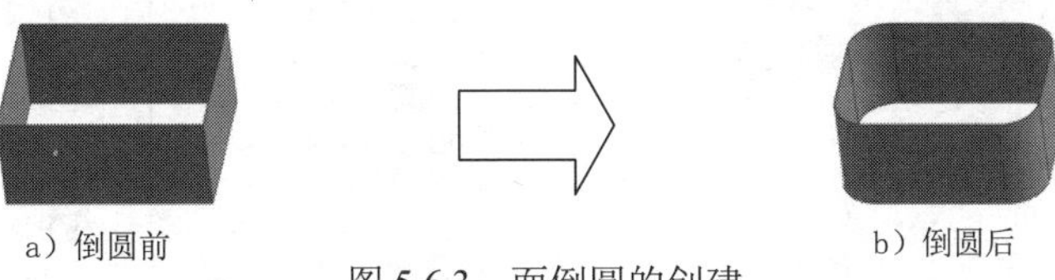

图 5.6.3 面倒圆的创建

Step1. 打开文件 D:\ug12mo\work\ch05.06\face_blend.prt。

Step2. 选择下拉菜单 插入(S) → 细节特征(L) → 面倒圆(F)... 命令，此时系统弹出“面倒圆”对话框。

Step3. 定义面倒圆类型。在“面倒圆”对话框的类型下拉列表中选择 双面 选项。

Step4. 定义面倒圆横截面。在“面倒圆”对话框的 方位 下拉列表中选择 滚球 选项；在 形状 下拉列表中选择 圆形 选项，并在 半径方法 下拉列表中选择 恒定 选项，其他选项均为默认选项。在 半径 文本框中输入半径值 10。

Step5. 定义第一个面倒圆。在图形区选取图 5.6.4 所示的曲面 1，单击中键确认，然后选取图 5.6.4 所示的曲面 2，单击 应用 按钮，完成第一个面倒圆的创建。

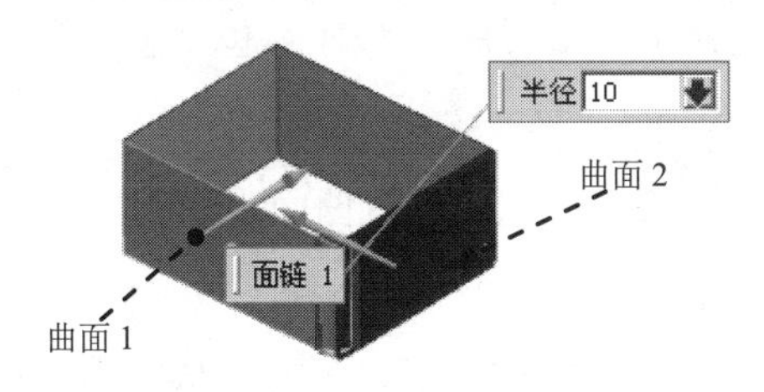

图 5.6.4 定义第一个面倒圆

Step6. 参照 Step5 创建其他三处的面倒圆。单击 < 确定 > 按钮，完成面倒圆操作，结果如图 5.6.3b 所示。

5.7 UG 曲面零件设计实际应用 1——香皂盒

应用概述：

本应用详细讲解了一款香皂盒的整个设计过程，该设计过程中主要运用了“拉伸”“修剪体”“壳”等特征命令，在设计此零件的过程中充分利用了“偏置曲面”命令。下面介绍该零件的设计过程，零件模型及模型树如图 5. 7. 1 所示。

说明：本应用前面的详细操作过程请参见学习资源中 video\ch05.07\reference\文件夹下的语音视频讲解文件 soap_box-r01.exe。

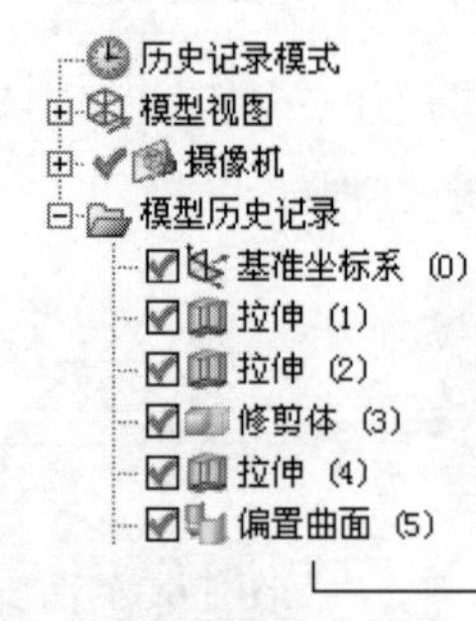

图 5.7.1　零件模型与特征树

Step1. 打开文件 D:\ug10mo\work\ch05.07\soap_box_ex.prt。

Step2. 创建图 5.7.2 所示的零件基础特征——拉伸特征 3。选择下拉菜单 插入(S) → 设计特征(E) → 拉伸(X)... 命令，选取 XY 基准平面为草图平面，绘制图 5.7.3 所示的截面草图；在限制区域的开始下拉列表中选择 直至延伸部分 选项，选取拉伸特征 2 为延伸的对象，在限制区域的结束下拉列表中选择 值 选项，并在其下的距离文本框中输入值 60，在布尔区域的下拉列表中选择 无 选项，单击 < 确定 > 按钮，完成拉伸特征 3 的创建（片体已隐藏）。

Step3. 创建图 5.7.4 所示的偏置曲面 1。选择下拉菜单 插入(S) → 偏置/缩放(O) → 偏置曲面(O)... 命令，系统弹出“偏置曲面”对话框。选择图 5.7.4 所示的模型表面为偏置曲面。在偏置 1文本框中输入值 5，单击 按钮调整偏置方向为 Z 基准轴正方向，其他采用系统默认设置。单击 < 确定 > 按钮，完成偏置曲面 1 的创建。

Step4. 创建图 5.7.5 所示的修剪特征 2。选择下拉菜单 插入(S) → 修剪(T) → 修剪体(T)... 命令，在绘图区选取图 5.7.4 所示的实体特征为目标体，单击中键；选取图 5.7.4 所示的片体为工具体，单击中键，通过调整方向确定要保留的部分。单击 < 确定 > 按钮，完成修剪特征 2 的创建（片体已隐藏）。

图 5.7.2　拉伸特征 3

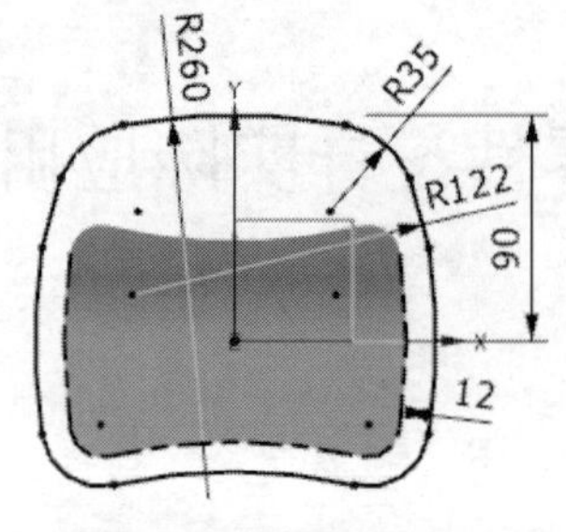

图 5.7.3　截面草图

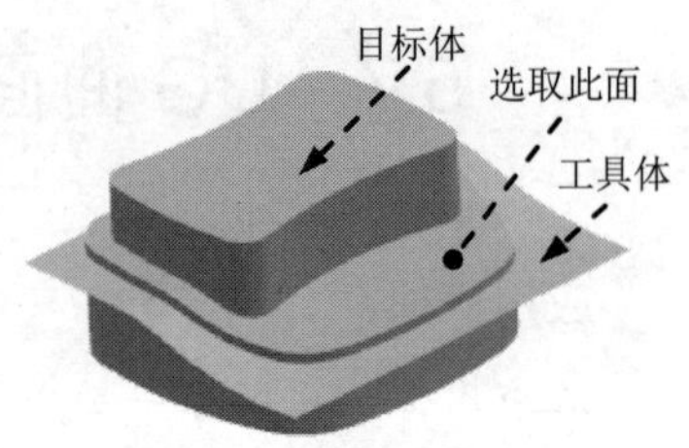

图 5.7.4　偏置曲面 1

Step5. 创建求和特征。选择下拉菜单 插入(S) → 组合(B) → 合并(U)... 命令，选取图 5.7.6 所示的实体特征为目标体，选取图 5.7.6 所示的扫掠特征为刀具体。单击 < 确定 >

按钮，完成求和特征的创建。

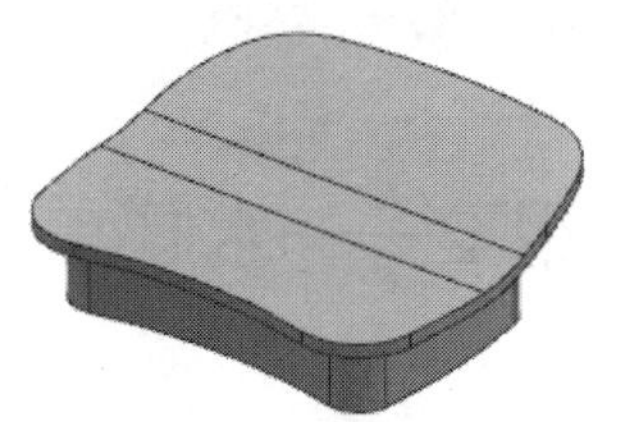

图 5.7.5 修剪特征 2

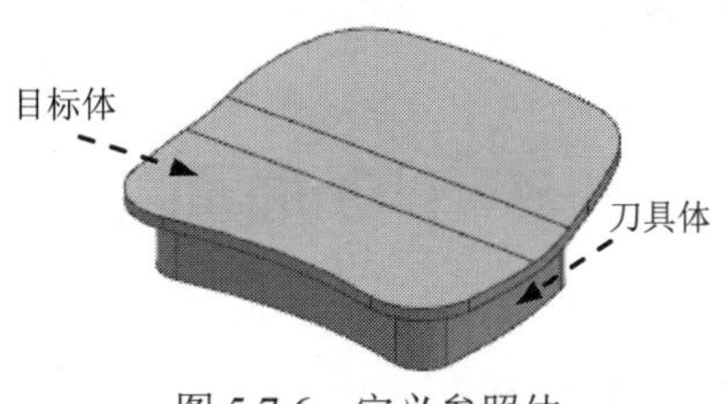

图 5.7.6 定义参照体

Step6. 创建边倒圆特征 1。选择下拉菜单插入(S) → 细节特征(L) → 边倒圆(E)... 命令，选择图 5.7.7a 所示的边链为边倒圆参照，并在半径 1文本框中输入值 20。单击< 确定 >按钮，完成边倒圆特征 1 的创建。

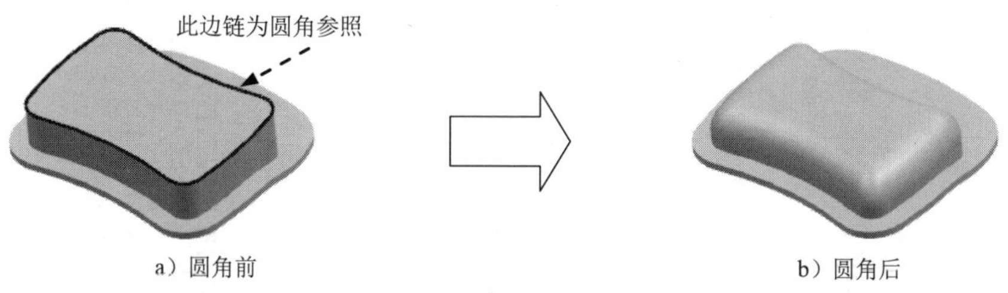

a）圆角前 b）圆角后

图 5.7.7 边倒圆特征 1

Step7. 创建边倒圆特征 2。选择图 5.7.8a 所示的边链为边倒圆参照，并在半径 1文本框中输入值 4。单击< 确定 >按钮，完成边倒圆特征 2 的创建。

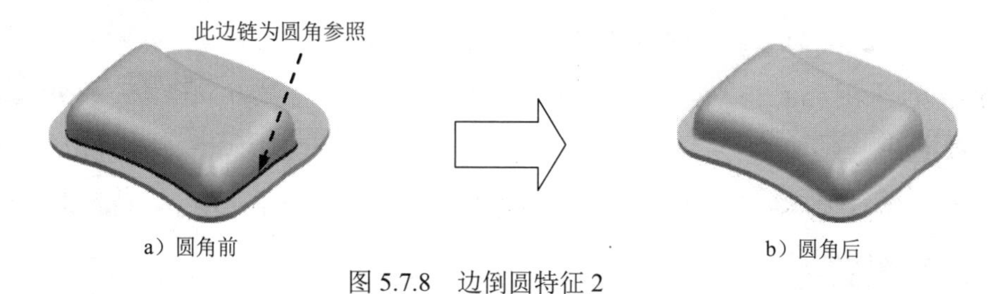

a）圆角前 b）圆角后

图 5.7.8 边倒圆特征 2

Step8. 创建图 5.7.9 所示的抽壳特征 1。选择下拉菜单插入(S) → 偏置/缩放(O) → 抽壳(H)... 命令，在类型区域的下拉列表中选择移除面，然后抽壳选项，在面区域中单击按钮，选取图 5.7.10 所示的曲面为要移除的对象。在厚度文本框中输入值 2，其他采用系统默认设置。单击< 确定 >按钮，完成抽壳特征 1 的创建。

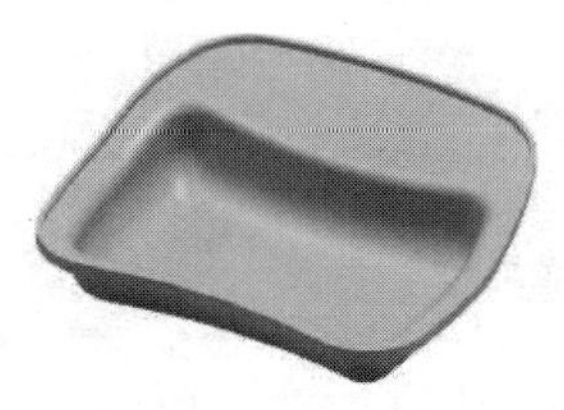

图 5.7.9 抽壳特征 1

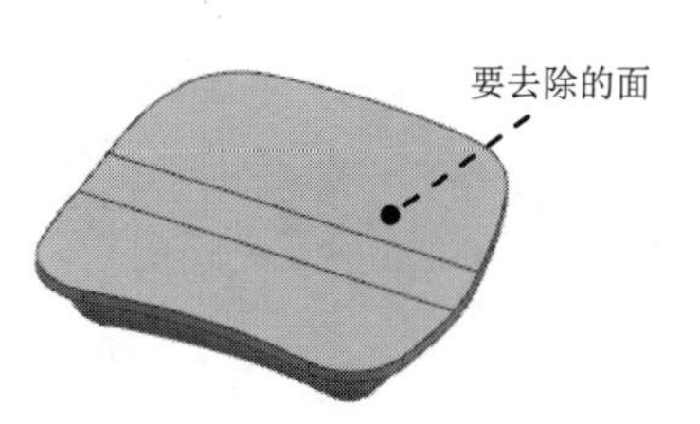

图 5.7.10 定义移除面

Step9. 后面的详细操作过程请参见学习资源中 video\ch05.07\reference\文件夹下的语音视频讲解文件 soap_box-r02.exe。

5.8 UG 曲面零件设计实际应用 2——水杯盖

应用概述：

本应用详细讲解了一款水杯盖的整个设计过程。该设计过程中采用了组合曲面进行分割的方法，采用这种方法不仅操作简单，而且可以获得较复杂的整体造型。下面介绍该零件的设计过程，零件模型及模型树如图 5.8.1 所示。

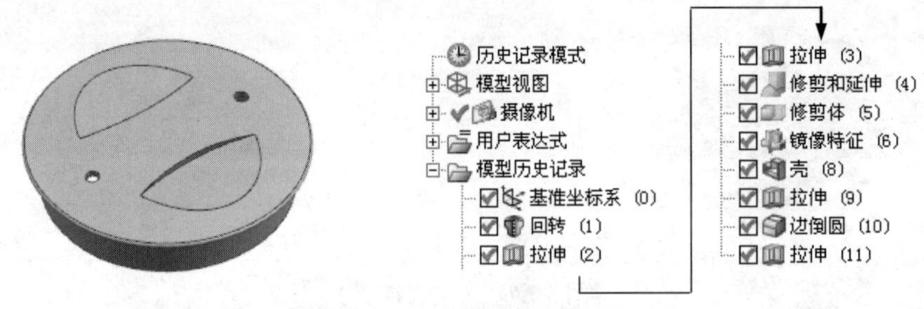

图 5.8.1　零件模型与模型树

说明：本应用前面的详细操作过程请参见学习资源中 video\ch05.08\reference\文件夹下的语音视频讲解文件 cup_cover-r01.exe。

Step1. 打开文件 D:\ug10mo\work\ch05.08\cup_cover_ex.prt。

Step2. 创建图 5.8.2b 所示的修剪和延伸。选择下拉菜单 插入(S) ➡ 修剪(T) ▸ ➡ 修剪与延伸(X)... 命令；在 类型 下拉列表中选择 制作拐角 选项，分别选取图 5.8.2a 所示的目标体和工具体，并定义其修剪和延伸方向如图 5.8.2a 所示；单击 确定 按钮，完成修剪和延伸特征的创建。

Step3. 创建图 5.8.3 所示的修剪特征。选择下拉菜单 插入(S) ➡ 修剪(T) ▸ ➡ 修剪体(T)... 命令，在绘图区选取图 5.8.4 所示的实体特征为目标体，单击中键；选取图 5.8.4 所示的片体为工具体，单击中键，通过调整方向确定要保留的部分，单击 < 确定 > 按钮，完成修剪特征的创建（片体已隐藏）。

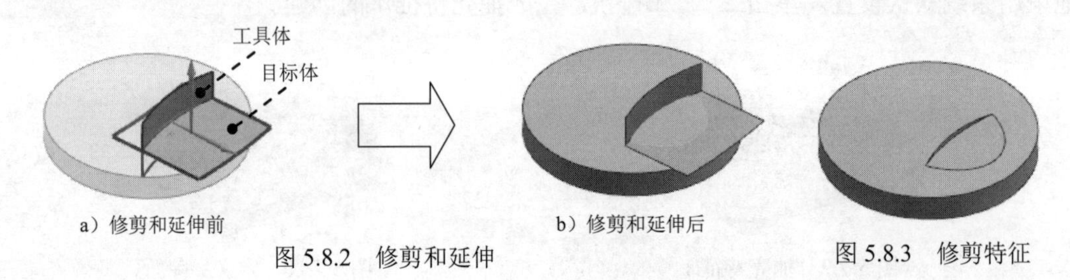

a）修剪和延伸前　　b）修剪和延伸后

图 5.8.2　修剪和延伸　　图 5.8.3　修剪特征

Step4. 创建图 5.8.5b 所示的镜像特征。选择下拉菜单 插入(S) → 关联复制(A) → 镜像特征(M)... 命令；选取上一步创建的修剪特征为要镜像的特征，选取 YZ 基准平面作为镜像平面，单击 确定 按钮，完成镜像特征的创建。

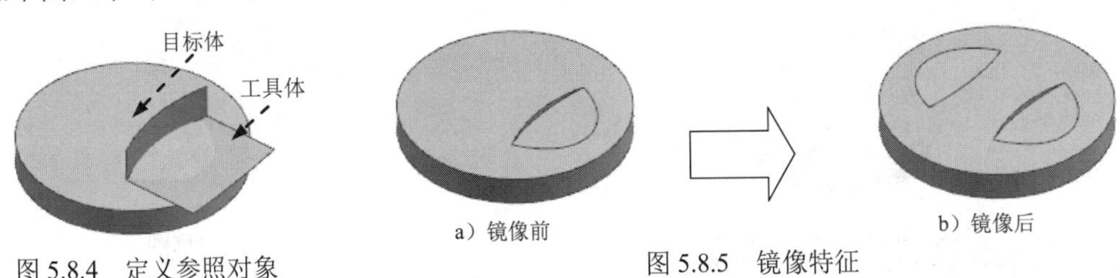

图 5.8.4 定义参照对象

图 5.8.5 镜像特征

Step5. 创建图 5.8.6 所示的抽壳特征。选择下拉菜单 插入(S) → 偏置/缩放(O) → 抽壳(H)... 命令，在 类型 区域的下拉列表中选择 移除面，然后抽壳 选项，在 面 区域中单击 按钮，选取图 5.8.7 所示的曲面为要移除的对象。在 厚度 文本框中输入值 2，其他采用系统默认设置。单击 < 确定 > 按钮，完成面抽壳特征的创建。

Step6. 创建图 5.8.8 所示的拉伸特征 3。选择下拉菜单 插入(S) → 设计特征(E) → 拉伸(X)... 命令；选取 XY 平面为草图平面，绘制图 5.8.9 所示的截面草图，在 限制 区域的 开始 下拉列表中选择 直至延伸部分 选项，选取图 5.8.8 所示的面为延伸的对象，在 结束 下拉列表中选择 值 选项，并在其下的 距离 文本框中输入值-5，在 偏置 区域的 偏置 下拉列表中选择 两侧 选项，在 开始 文本框中输入值 0，在 结束 文本框中输入值 2，在 布尔 区域的下拉列表中选择 合并 选项，采用系统默认的求和对象。单击 < 确定 > 按钮，完成拉伸特征 3 的创建。

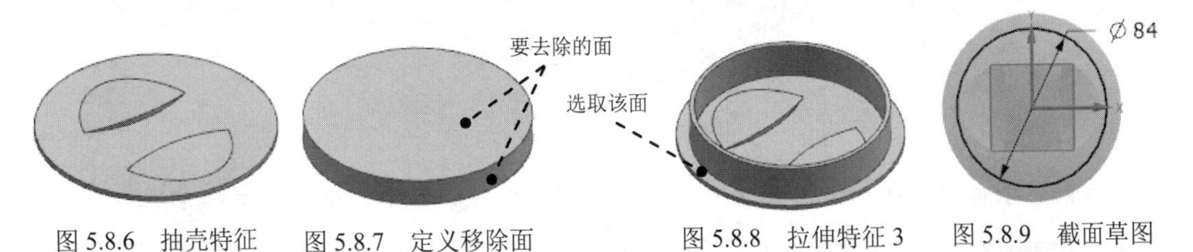

图 5.8.6 抽壳特征　图 5.8.7 定义移除面　图 5.8.8 拉伸特征 3　图 5.8.9 截面草图

Step7. 创建边倒圆特征。选择图 5.8.10a 所示的边链为边倒圆参照，并在 半径 1 文本框中输入值 1。单击 < 确定 > 按钮，完成边倒圆特征的创建。

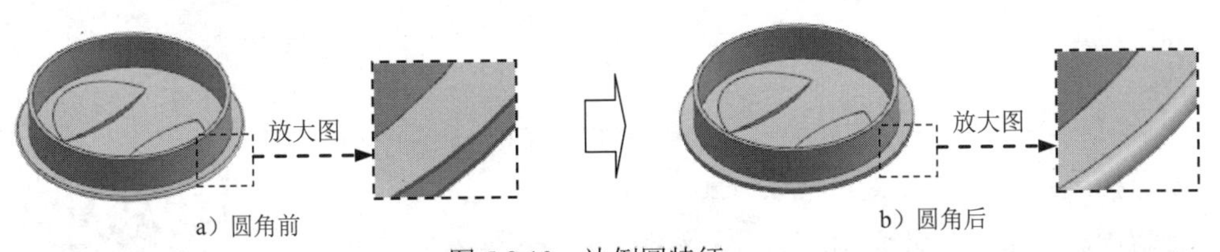

图 5.8.10 边倒圆特征

Step8. 创建图 5.8.11 所示的拉伸特征 4。选择下拉菜单 插入(S) → 设计特征(E) → 拉伸(X)... 命令；选取 XY 平面为草图平面，绘制图 5.8.12 所示的截面草图，在 限制 区域的开始下拉列表中选择值选项，并在其下的距离文本框中输入值 0，在限制区域的结束下拉列表中选择贯通选项，在布尔区域的下拉列表中选择减去选项，采用系统默认的求差对象。单击< 确定 >按钮，完成拉伸特征 4 的创建。

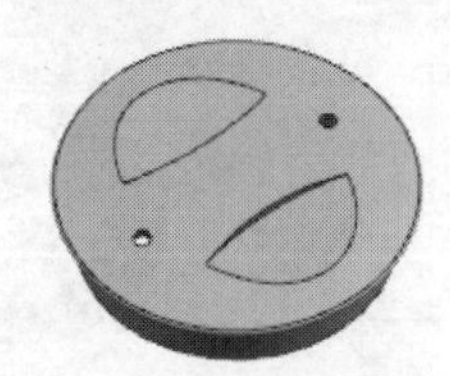
图 5.8.11 拉伸特征 4

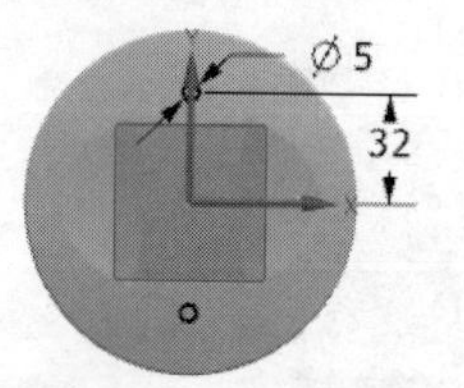

图 5.8.12 截面草图

Step9. 保存零件模型。选择下拉菜单文件(F) → 保存(S)命令，即可保存零件模型。

5.9 UG 曲面零件设计实际应用 3——微波炉面板

应用概述：

本应用详细讲解了一款微波炉面板的整个设计过程。该设计过程中主要运用了“通过曲线组”“有界平面”“修剪片体”等特征命令，除此之外还应用了“镜像特征”命令，这样可以缩短产品造型时间，从而提高效率。微波炉面板零件模型如图 5.9.1 所示。

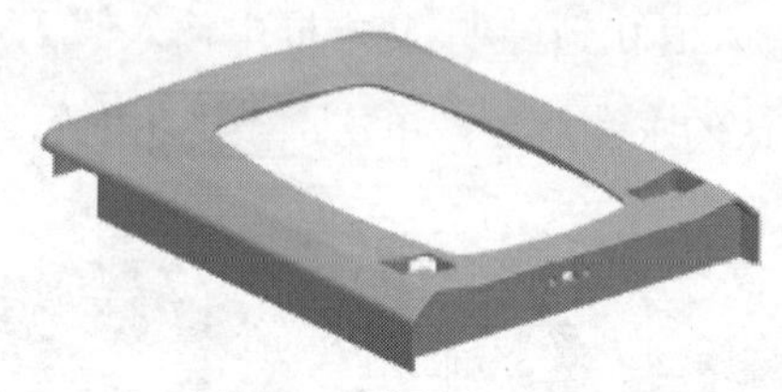
图 5.9.1 微波炉面板

说明：本应用的详细操作过程请参见学习资源中 video\ch05.09\文件下的语音视频讲解文件。模型文件为 D:\ug12mo\work\ch05.09\microwave_oven_cover.prt。

学习拓展：扫码学习更多视频讲解。

讲解内容：曲面设计实例精选。本部分首先对常用的曲面设计思路和方法进行了系统的总结，然后讲解了数十个典型曲面产品设计的全过程，并对每个产品的设计要点都进行了深入剖析。

第6章 装配设计

6.1 装配设计概述

一个产品（组件）往往是由多个部件组合（装配）而成的，装配模块用来建立部件间的相对位置关系，从而形成复杂的装配体。部件间位置关系的确定主要通过添加约束来实现。

一般的CAD/CAM软件包括两种装配模式：多组件装配和虚拟装配。多组件装配是一种简单的装配，其原理是将每个组件的信息复制到装配体中，然后将每个组件放到对应的位置。虚拟装配是建立各组件的链接，装配体与组件是一种引用关系。

相对于多组件装配，虚拟装配有下列明显的优点。

- 虚拟装配中的装配体是引用各组件的信息，而不是复制其本身，因此改动组件时，相应的装配体也自动更新；这样当对组件进行变动时，就不需要对与之相关的装配体进行修改，同时也避免了修改过程中可能出现的错误，提高了效率。
- 虚拟装配中，各组件通过链接应用到装配体中，比复制节省了存储空间。
- 虚拟装配可以通过引用集的引用来控制部件的显示，抑制下层部件在装配体中的显示，提高了显示速度。

UG NX 12.0的装配模块具有下面一些特点。

- 利用装配导航器可以清晰地查询、修改和删除组件以及约束。
- 提供了强大的爆炸图工具，可以方便地生成装配体的爆炸图。
- 提供了很强的虚拟装配功能，有效地提高了工作效率。提供了方便的组件定位方法，可以快捷地设置组件间的位置关系。系统提供了八种约束方式，通过对组件添加多个约束，可以准确地把组件装配到位。

装配：是指在组装过程中建立部件之间的相对位置关系，装配由部件装配和子装配组成。

组件：在装配中按特定位置和方向使用的部件。组件可以是独立的部件，也可以是由其他较低级别的组件组成的子装配。装配中的每个组件仅包含一个指向其主几何体的指针，在修改组件的几何体时，装配体将随之发生变化。

部件：任何prt文件都可以作为部件添加到装配文件中。

工作部件：可以在装配模式下编辑的部件。在装配状态下，一般不能对组件直接进行修改，要修改组件，需要将该组件设为工作部件。部件被编辑后，所做修改的变化会反映到所有引用该部件的组件。

子装配：子装配是在高一级装配中被用作组件的装配，子装配也可以拥有自己的子装配。子装配是相对于引用它的高一级装配来说的，任何一个装配部件都可在更高级装配中用作子装配。

引用集：定义在每个组件中的附加信息，其内容包括该组件在装配时显示的信息。每个部件可以有多个引用集，供用户在装配时选用。

6.2 装配导航器

为了便于用户管理装配组件，UG NX 12.0 提供了装配导航器功能。装配导航器在一个单独的对话框中以图形的方式显示出部件的装配结构，并提供了在装配中操控组件的快捷方法。可以使用装配导航器选择组件进行各种操作，以及执行装配管理功能，如更改工作部件、更改显示部件、隐藏和不隐藏组件等。

装配导航器将装配结构显示为对象的树形图。每个组件都显示为装配树结构中的一个节点。

6.2.1 装配导航器功能概述

新建装配文件后，单击用户界面资源工具条区中的“装配导航器”选项卡，显示“装配导航器”窗口。在装配导航器的第一栏，可以方便地查看和编辑装配体和各组件的信息。

1. 装配导航器的按钮

装配导航器的模型树中各部件名称前后有很多图标，不同的图标表示不同的信息。

- ：选中此复选标记，表示组件至少已部分打开且未隐藏。
- ：取消此复选标记，表示组件至少已部分打开，但不可见。不可见的原因可能是由于被隐藏、在不可见的层上或在排除引用集中。单击该复选框，系统将完全显示该组件及其子项，图标变成。
- □：此复选标记表示组件关闭，在装配体中将看不到该组件，该组件的图标将变为（当该组件为非装配或子装配时）或（当该组件为子装配时）。单击该复选框，系统将完全或部分加载组件及其子项，组件在装配体中显示，该图标变成。
- ：此标记表示组件被抑制。不能通过单击该图标编辑组件状态，如果要消除抑制状态，可右击，从系统弹出的快捷菜单中选择 抑制... 命令，在系统弹出的“抑制”对话框中选择 从不抑制 单选项，然后进行相应操作。

- ：此标记表示该组件是装配体。
- ：此标记表示装配体中的单个模型。

2. 装配导航器的操作

- 装配导航器窗口的操作。
  - ☑ 显示模式控制：通过单击左上角的按钮，然后在系统弹出的快捷菜单中选中或取消选中✔ 销住选项，可以使装配导航器窗口在浮动和固定之间切换。
  - ☑ 列设置：装配导航器默认的设置只显示几列信息，大多数都被隐藏了。在装配导航器空白区域右键单击，在快捷菜单中选择列 ▸，系统会展开所有列选项供用户选择。
- 组件操作。
  - ☑ 选择组件：单击组件的节点，可以选择单个组件。按住 Ctrl 键可以在装配导航器中选择多个组件。如果要选择的组件是相邻的，可以按住 Shift 键单击选择第一个组件和最后一个组件，则这中间的组件全部被选中。
  - ☑ 拖放组件：可在按住鼠标左键的同时选择装配导航器中的一个或多个组件，将它们拖到新位置。松开鼠标左键，目标组件将成为包含该组件的装配体，其按钮也将变为。
  - ☑ 将组件设为工作组件：双击某一组件，可以将该组件设为工作组件，装配体中的非工作组件将变为浅蓝色，此时可以对工作组件进行编辑（这与在图形区域双击某一组件的效果是一样的）。要取消工作组件状态，只需在根节点处双击即可。

6.2.2 预览面板和相关性面板

1. 预览面板

在“装配导航器”窗口中单击预览标题栏，可展开或折叠面板。选择装配导航器中的组件，可以在预览面板中查看该组件的预览。添加新组件时，如果该组件已加载到系统中，则预览面板也会显示该组件的预览。

2. 相关性面板

在“装配导航器”窗口中单击相关性标题栏，可展开或折叠面板。选择装配导航器中的组件，可以在相关性面板中查看该组件的相关性关系。

在相关性面板中，每个装配组件下都有两个文件夹：子级和父级。以选中组件为基础组件，定位其他组件时所建立的约束和配对对象属于子级；以其他组件为基础组件，定位选中的组件时所建立的约束和配对对象属于父级。单击“局部放大图”按钮，系统详细列出了其中所有的约束条件和配对对象。

6.3 装配约束

配对条件用于在装配中定位组件，可以指定一个部件相对于装配体中另一个部件（或特征）的放置方式和位置。例如，可以指定一个螺栓的圆柱面与一个螺母的内圆柱面共轴。UG NX 12.0 中配对条件的类型包括配对、对齐和中心等。每个组件都有惟一的配对条件，这个配对条件由一个或多个约束组成。每个约束都会限制组件在装配体中的一个或几个自由度，从而确定组件的位置。用户可以在添加组件的过程中添加配对条件，也可以在添加完成后添加约束。如果组件的自由度被全部限制，则可称为完全约束；如果组件的自由度没有被全部限制，则称为欠约束。

6.3.1 “装配约束”对话框

在 UG NX 12.0 中，装配约束是通过“装配约束”对话框中的操作来实现的，下面对“装配约束”对话框进行介绍。

选择下拉菜单 装配(A) → 组件位置(P) → 装配约束(N)... 命令，系统弹出图 6.3.1 所示的“装配约束”对话框。“装配约束”对话框中主要包括 3 个区域：“约束类型”区域、“要约束的几何体”区域和“设置”区域。

图 6.3.1 所示的“装配约束”对话框 约束类型 区域中各选项的说明如下。

- ：该约束用于两个组件，使其彼此接触或对齐。当选择该选项后，要约束的几何体 区域的 方位 下拉列表中出现 4 个选项。
  - ☑ 首选接触：若选择该选项，则当接触和对齐约束都可能时，显示接触约束（在大多数模型中，接触约束比对齐约束更常用）；当接触约束过度约束装配时，将显示对齐约束。
  - ☑ 接触：若选择该选项，则约束对象的曲面法向在相反方向上。
  - ☑ 对齐：若选择该选项，则约束对象的曲面法向在相同方向上。
  - ☑ 自动判断中心/轴：该选项主要用于定义两圆柱面、两圆锥面或圆柱面与圆锥面同轴约束。
- ：该约束用于定义两个组件的圆形边界或椭圆边界的中心重合，并使边界的面共面。

- ：该约束用于设定两个接触对象间的最小 3D 距离。选择该选项并选定接触对象后，距离区域的距离文本框被激活，可以直接输入数值。

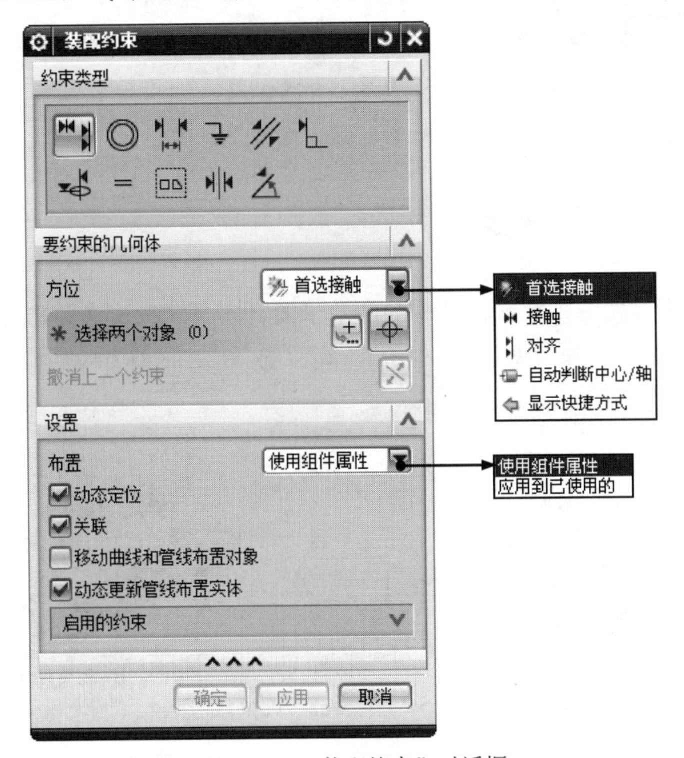

图 6.3.1 “装配约束”对话框

- ：该约束用于将组件固定在其当前位置，一般用在第一个装配元件上。
- ：该约束用于使两个目标对象的矢量方向平行。
- ：该约束用于使两个目标对象的矢量方向垂直。
- ：该约束用于使两个目标对象的边线或轴线重合。
- ：该约束用于定义将半径相等的两个圆柱面拟合在一起。此约束对确定孔中销或螺栓的位置很有用。如果以后半径变为不等，则该约束无效。
- ：该约束用于组件“焊接”在一起。
- ：该约束用于使一对对象之间的一个或两个对象居中，或使一对对象沿另一个对象居中。当选取该选项时，要约束的几何体区域的子类型下拉列表中出现 3 个选项。
  - ☑ 1 对 2：该选项用于定义在后两个所选对象之间使第一个所选对象居中。
  - ☑ 2 对 1：该选项用于定义将两个所选对象沿第三个所选对象居中。
  - ☑ 2 对 2：该选项用于定义将两个所选对象在两个其他所选对象之间居中。
- ：该约束用于约束两对象间的旋转角。选取角度约束后，要约束的几何体区域的子类型下拉列表中出现两个选项。

☑ 3D 角：该选项用于约束需要“源”几何体和“目标”几何体。不指定旋转轴；可以任意选择满足指定几何体之间角度的位置。

☑ 方向角度：该选项用于约束需要“源”几何体和“目标”几何体，还特别需要一个定义旋转轴的预先约束，否则创建定位角约束失败。为此，希望尽可能创建 3D 角度约束，而不创建方向角度约束。

6.3.2 “接触对齐”约束

“对齐”约束可使两个装配部件中的两个平面（图 6.3.2a）重合并且朝向相同方向，如图 6.3.2b 所示；同样，“对齐约束”也可以使其他对象对齐（相应的模型在 D:\ug12mo\work\ch06.03.02 中可以找到）。

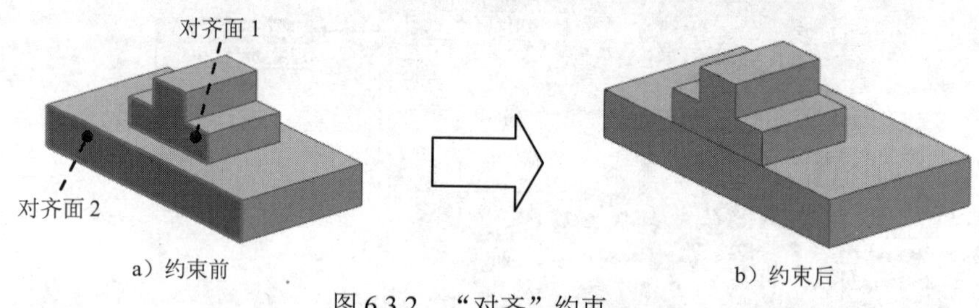

图 6.3.2 “对齐”约束

6.3.3 “角度”约束

“角度”约束可使两个装配部件中的两个平面或实体以固定角度约束，如图 6.3.3b 所示（相应的模型在 D:\ug12mo\work\ch06.03.03 中可以找到）。

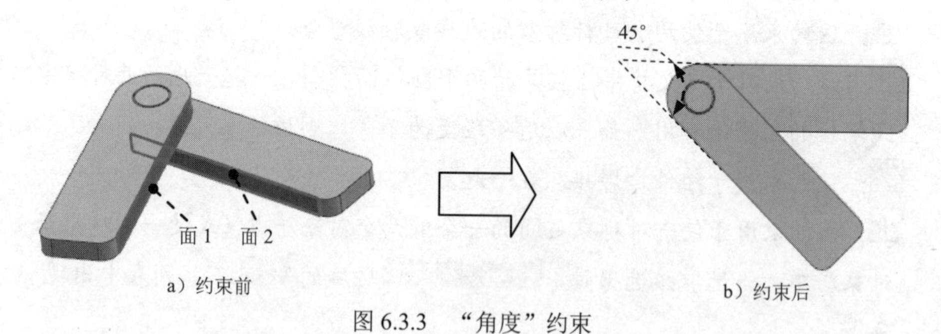

图 6.3.3 “角度”约束

6.3.4 “平行”约束

“平行”约束可使两个装配部件中的两个平面平行，如图 6.3.4b 所示（相应的模型在 D:\ug12mo\work\ch06.03.04 中可以找到）。

说明：图 6.3.4b 所示的约束状态，除添加了“平行”约束以外，还添加了“接触”和

“对齐”约束，以便能更清楚地表示出“平行”约束。

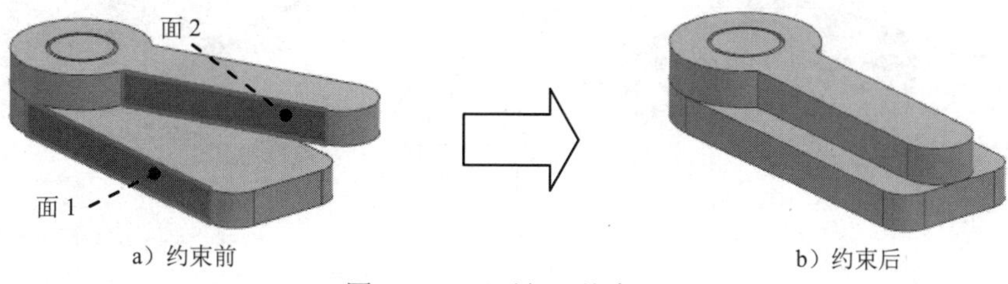

a）约束前　　b）约束后

图 6.3.4　“平行”约束

6.3.5　“垂直”约束

“垂直”约束可使两个装配部件中的两个平面垂直，如图 6.3.5b 所示（相应的模型在 D:\ug12mo\work\ch06.03.05 中可以找到）。

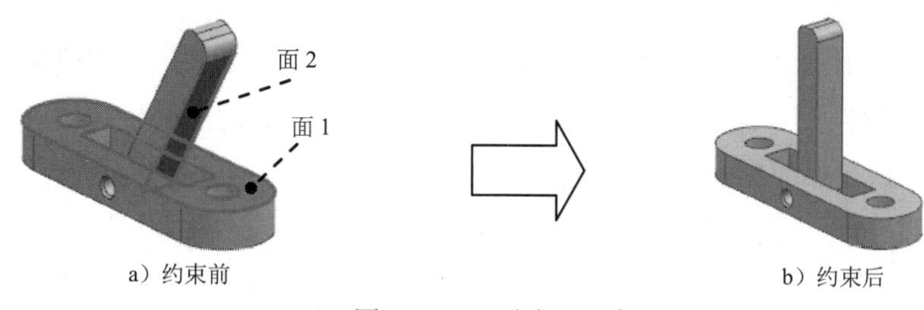

a）约束前　　b）约束后

图 6.3.5　“垂直”约束

6.3.6　“自动判断中心/轴”约束

“中心”约束可使两个装配部件中的两个旋转面的轴线重合，如图 6.3.6b 所示（相应的模型在 D:\ug12mo\work\ch06.03.06 中可以找到）。

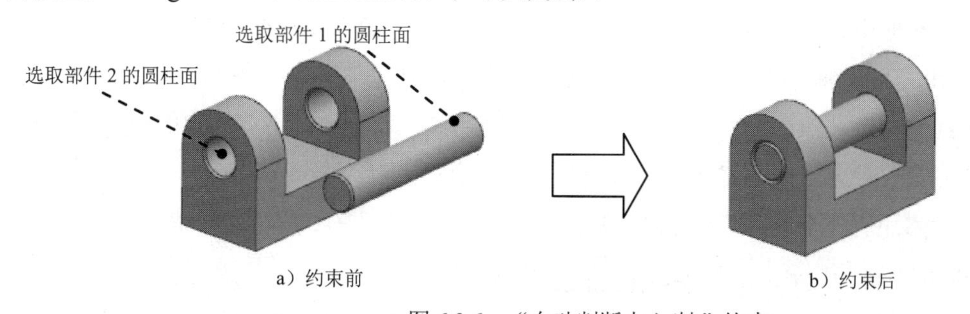

a）约束前　　b）约束后

图 6.3.6　“自动判断中心/轴”约束

注意：两个旋转曲面的直径不要求相等。

6.3.7　“距离”约束

“距离”约束可使两个装配部件中的两个平面保持一定的距离，可以直接输入距离值，如图 6.3.7b 所示（相应的模型在 D:\ug12mo\work\ch06.03.07 中可以找到）。

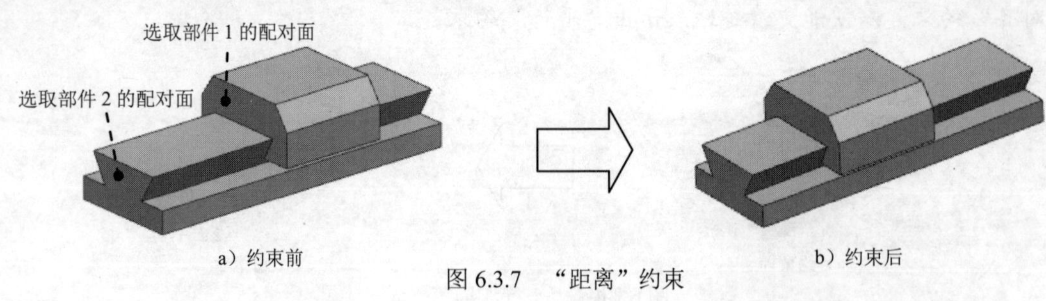

图 6.3.7 “距离”约束

6.4 UG 装配的一般过程

6.4.1 概述

部件的装配一般有两种基本方式：自底向上装配和自顶向下装配。如果首先设计好全部部件，然后将部件作为组件添加到装配体中，则称之为自底向上装配；如果首先设计好装配体模型，然后在装配体中创建组件模型，最后生成部件模型，则称之为自顶向下装配。

UG NX 12.0 提供了自底向上和自顶向下装配功能，并且两种方法可以混合使用。自底向上装配是一种常用的装配模式，本书主要介绍自底向上装配。

下面以两个套类部件为例，说明自底向上创建装配体的一般过程。

6.4.2 添加第一个部件

Step1. 新建文件，单击按钮，在系统弹出的“新建”对话框中选择装配模板，在名称文本框中输入 assemblage，将保存位置设置为 D:\ug12mo\work\ch06.04，单击确定按钮。系统弹出图 6.4.1 所示的“添加组件”对话框。

说明：在“添加组件”对话框中，系统提供了两种添加方式：一种是从硬盘中选择加载的文件；另一种方式是选择已加载或最近访问的部件。

Step2. 添加第一个部件。在“添加组件”对话框中单击“打开”按钮，选择 D:\ug12mo\work\ch06.04\part_01.prt，然后单击 OK 按钮。

Step3. 定义放置定位。在“添加组件”对话框位置区域的装配位置下拉列表中选取绝对坐标系 - 显示部件选项，单击< 确定 >按钮。

图 6.4.1 所示的“添加组件”对话框中主要选项的功能说明如下。

- 要放置的部件区域：用于从硬盘中选取的部件或已经加载的部件。
  - ☑ 已加载的部件：此文本框中的部件是已经加载到软件中的部件。
  - ☑ 打开：单击“打开”按钮，可以从硬盘中选取要装配的部件。

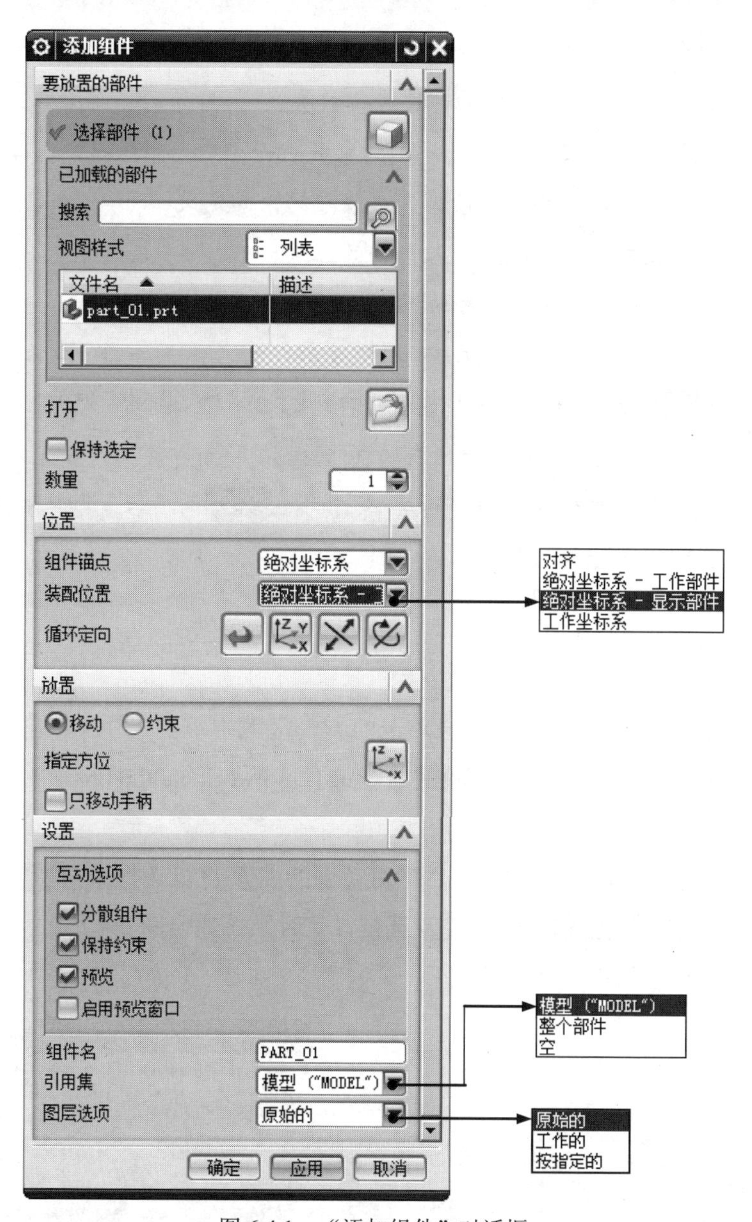

图 6.4.1 “添加组件”对话框

☑ 数量：在此文本框中输入重复装配部件的个数。

- 位置区域：该区域是对载入的部件进行定位。

☑ 组件锚点下拉列表：是指在组件内创建产品接口来定义其他组件系统。

☑ 装配位置下拉列表：该下拉列表中包含对齐、绝对坐标系 - 工作部件、绝对坐标系 - 显示部件和工作坐标系四个选项。对齐是指选择位置来定义坐标系；绝对坐标系 - 工作部件是指将组件放置到当前工作部件的绝对原点；绝对坐标系 - 显示部件是指将组件放置到显示装配的绝对原点；工作坐标系是指将组件放置到工作坐标系。

☑ 循环定向：是指改变组件的位置及方向。

● 放置区域：该区域是对载入的部件进行放置。

☑ ◉约束是指把添加组件和添加约束放在一个命令中进行，选择该选项，系统显示“装配约束”界面，完成装配约束的定义。

☑ ◉移动是指可重新指定载入部件的位置。

● 设置区域：此区域是设置部件的组件名、引用集和图层选项。

☑ 组件名文本框：在文本框中可以更改部件的名称。

☑ 图层选项下拉列表：该下拉列表中包含原始的、工作的和按指定的三个选项。原始的是指将新部件放到设计时所在的层；工作的是将新部件放到当前工作层；按指定的是指将载入部件放入指定的层中，选择按指定的选项后，其下方的图层文本框被激活，可以输入层名。

6.4.3 添加第二个部件

Step1. 添加第二个部件。在 装配 选项卡的 组件 区域中单击按钮，在系统弹出的“添加组件”对话框中单击按钮，选择文件 D:\ug12mo\work\ch06.04\part_02.prt，然后单击 OK 按钮。

Step2. 定义放置定位。在“添加组件”对话框的 放置 区域选择 ◉约束 选项；在 设置 区域的 互动选项 选项组中选中 ☑启用预览窗口 复选框，此时系统弹出图 6.4.2 所示的“装配约束”界面和图 6.4.3 所示的“组件预览”窗口。

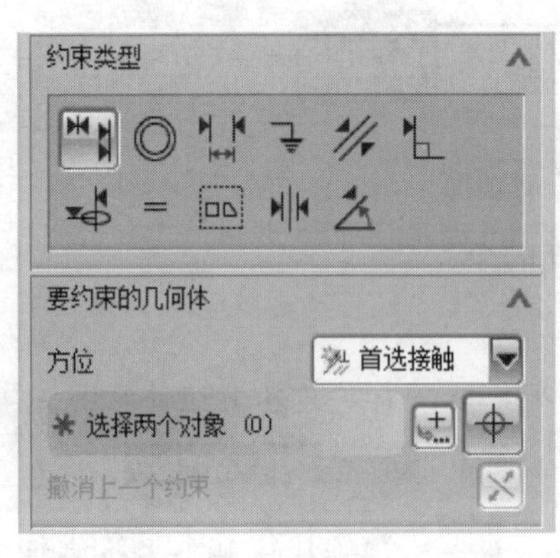

图 6.4.2 “装配约束”界面

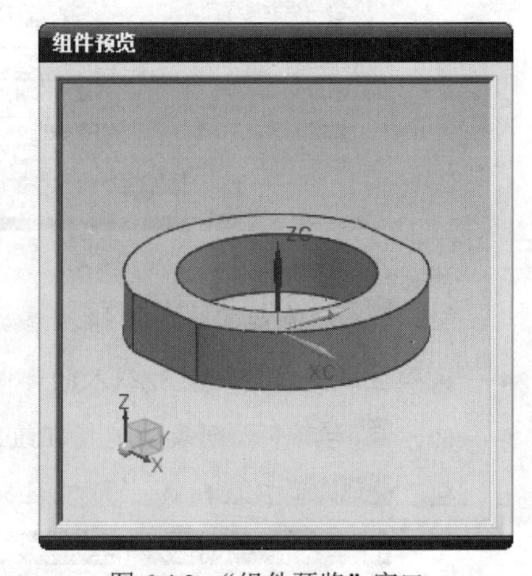

图 6.4.3 “组件预览”窗口

说明：在图 6.4.3 所示的“组件预览”窗口中可单独对要装入的部件进行缩放、旋转和平移，这样就可以将要装配的部件调整到方便选取装配约束参照的位置。

Step3. 添加"接触"约束。在"装配约束"对话框的约束类型区域中选择选项，在要约束的几何体区域的方位下拉列表中选择首选接触选项；在"组件预览"窗口中选取图6.4.4所示的接触平面1，然后在图形区中选取接触平面2，结果如图6.4.5所示。

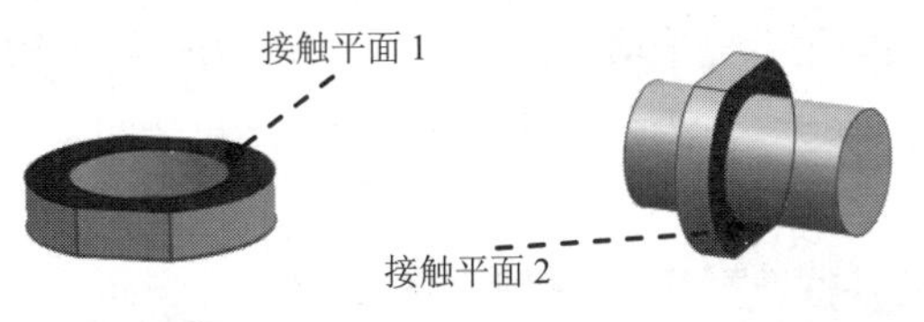

图 6.4.4　选取接触平面

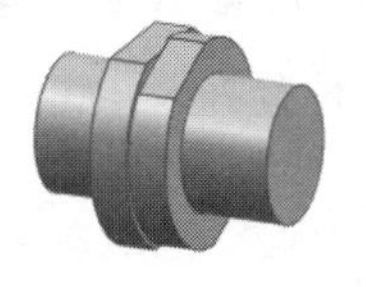

图 6.4.5　接触结果

Step4. 添加"对齐"约束。在"装配约束"对话框要约束的几何体区域的方位下拉列表中选择对齐选项，然后选取图6.4.6所示的对齐平面1和对齐平面2，结果如图6.4.7所示。

图 6.4.6　选择对齐平面

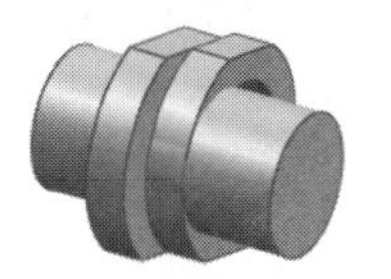

图 6.4.7　对齐结果

Step5. 添加"同轴"约束。在"装配约束"对话框要约束的几何体区域的方位下拉列表中选择自动判断中心/轴选项，然后选取图6.4.8所示的曲面1和曲面2，单击< 确定 >按钮，则这两个圆柱曲面的轴重合，结果如图6.4.9所示。

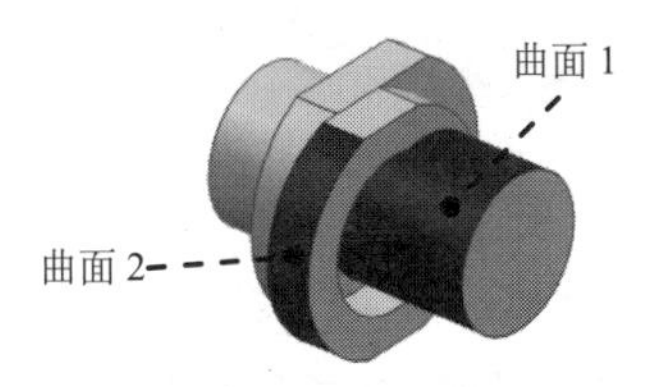

图 6.4.8　选择同轴曲面

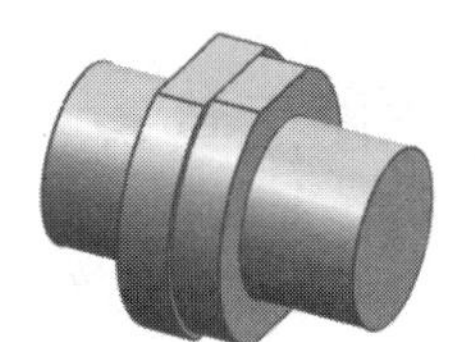

图 6.4.9　同轴结果

6.5　编辑装配体中的部件

装配体完成后，可以对该装配体中的任何部件（包括零件和子装配件）进行特征建模、修改尺寸等编辑操作。下面介绍编辑装配体中部件的一般操作过程。

Step1. 打开文件 D:\ug12mo\work\ch06.05\compile.prt。

Step2. 定义工作部件。双击部件 round，将该部件设为工作组件，装配体中的非工作部件将变为透明，如图6.5.1所示，此时可以对工作部件进行编辑。

Step3. 切换到建模环境下。在应用模块功能选项卡中单击设计区域的建模按钮。

Step4. 选择命令。选择下拉菜单插入(S) → 设计特征(E) → 孔(H)...命令，系统

弹出“孔”对话框。

Step5. 定义孔位置。选取图 6.5.2 所示圆心为孔的放置点。

Step6. 定义编辑参数。在“孔”对话框的类型下拉列表中选择常规孔选项，在方向区域的孔方向下拉列表中选择沿矢量选项，再选择ZC选项，直径值为 20，深度值为 50，顶锥角为 118°，位置为零件底面的圆心，单击< 确定 >按钮，完成孔的创建，结果如图 6.5.3 所示。

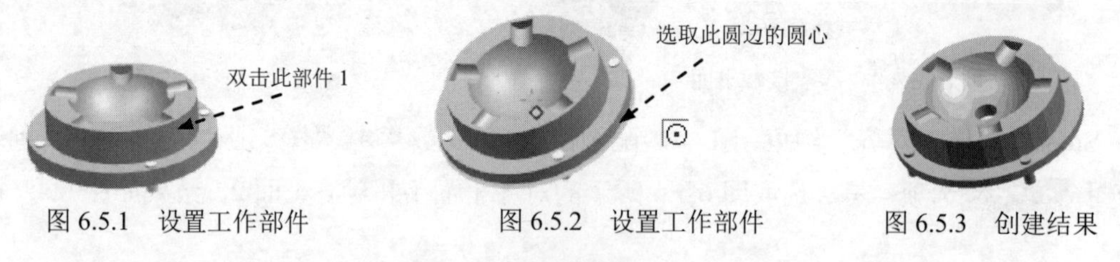

图 6.5.1 设置工作部件　　图 6.5.2 设置工作部件　　图 6.5.3 创建结果

Step7. 双击装配导航器中的装配体 compile，取消组件的工作状态。

6.6 爆炸图

爆炸图是指在同一幅图里，把装配体的组件拆分开，使各组件之间分开一定的距离，以便于观察装配体中的每个组件，清楚地反映装配体的结构。UG 具有强大的爆炸图功能，用户可以方便地建立、编辑和删除一个或多个爆炸图。

6.6.1 爆炸图工具条

在装配功能选项卡中单击爆炸图区域，系统弹出“爆炸图”工具栏，如图 6.6.1 所示。利用该工具栏，用户可以方便地创建、编辑爆炸图，便于在爆炸图与无爆炸图之间切换。

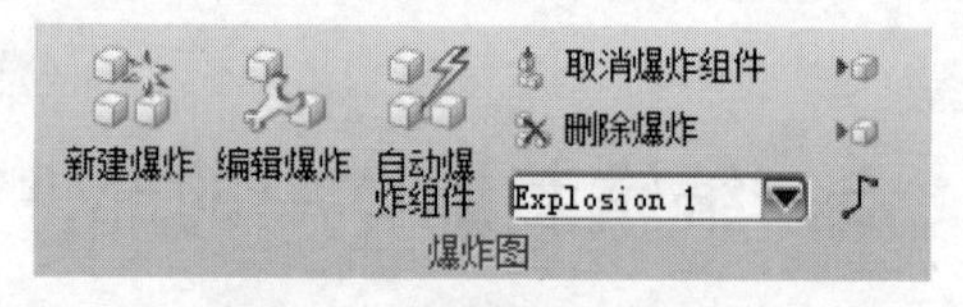

图 6.6.1 “爆炸图”工具栏

图 6.6.1 所示的“爆炸图”工具栏中的按钮功能。

- ：该按钮用于创建爆炸图。如果当前显示的不是一个爆炸图，单击此按钮，系统弹出“新建爆炸”对话框，输入爆炸图名称后单击确定按钮，系统创建一个爆炸图；如果当前显示的是一个爆炸图，单击此按钮，系统弹出的“创建爆炸”对话框会询问是否将当前爆炸图复制到新的爆炸图里。
- ：该按钮用于编辑爆炸图中组件的位置。单击此按钮，系统弹出“编辑爆炸”对话框，用户可以指定组件，然后自由移动该组件，或者设定移动的方式和距离。

- ：该按钮用于自动爆炸组件。利用此按钮可以指定一个或多个组件，使其按照设定的距离自动爆炸。单击此按钮，系统弹出“类选择”对话框，选择组件后单击 确定 按钮，提示用户指定组件间距，自动爆炸将按照默认的方向和设定的距离生成爆炸图。
- 取消爆炸组件：该按钮用于不爆炸组件。此命令和自动爆炸组件刚好相反，操作也基本相同，只是不需要指定数值。
- 删除爆炸：该按钮用于删除爆炸图。单击该按钮，系统会列出当前装配体的所有爆炸图，选择需要删除的爆炸图后单击 确定 按钮，即可删除。
- Explosion 2：该下拉列表显示了爆炸图名称，可以在其中选择某个名称。用户利用此下拉列表，可以方便地在各爆炸图以及无爆炸图状态之间切换。
- ：该按钮用于隐藏组件。单击此按钮，系统弹出“类选择”对话框，选择需要隐藏的组件并执行后，该组件被隐藏。
- ：该按钮用于显示组件，此命令与隐藏组件刚好相反。如果图中有被隐藏的组件，单击此按钮后，系统会列出所有隐藏的组件，用户选择后，单击 确定 按钮即可恢复组件显示。
- ：该按钮用于创建跟踪线，该命令可以使组件沿着设定的引导线爆炸。

以上按钮与下拉菜单 装配(A) → 爆炸图(X) 中的命令一一对应。

6.6.2 新建/删除爆炸图

1. 新建爆炸图

Step1. 打开文件 D:\ug12mo\work\ch06.06.02\explosion.prt。

Step2. 选择命令。选择下拉菜单 装配(A) → 爆炸图(X) → 新建爆炸(N)... 命令，系统弹出图 6.6.2 所示的“新建爆炸”对话框（一）。

Step3. 新建爆炸图。在 名称 文本框处可以输入爆炸图名称，接受系统默认的名称 Explosion1，然后单击 确定 按钮，完成爆炸图的新建。

新建爆炸图后，视图切换到刚刚创建的爆炸图，“爆炸图”工具条中的以下项目被激活：“编辑爆炸”按钮、“自动爆炸组件”按钮、“取消爆炸组件”按钮 取消爆炸组件 和“工作视图爆炸”下拉列表 Explosion 2。

2. 删除爆炸图

Step1. 在“工作视图爆炸”下拉列表 Explosion 1 中选择 （无爆炸） 选项。

Step2. 选择下拉菜单 装配(A) → 爆炸图(X) → 删除爆炸(D)... 命令，系统会列出所有爆炸视图，选择要删除的视图，单击 确定 按钮。

关于创建与删除爆炸图的说明。

- 如果用户在一个已存在的爆炸图下创建新的爆炸图，系统则会弹出图 6.6.3 所示的提示消息，提示用户是否将已存在的爆炸图复制到新建的爆炸图。单击 是(Y) 按钮后，新建立的爆炸图和原爆炸图完全一样；如果希望建立新的爆炸图，则可以切换到无爆炸图，然后进行创建即可。

图 6.6.2 “新建爆炸”对话框（一）

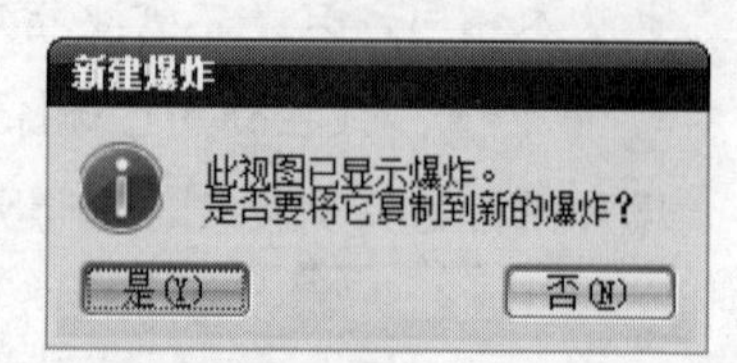

图 6.6.3 “新建爆炸”对话框（二）

- 可以根据实际需要，参照上述的操作方法建立多个爆炸图。
- 要删除爆炸图，可以选择下拉菜单 装配(A) → 爆炸图(X) → 删除爆炸(D)... 命令，系统会弹出图 6.6.4 所示的“爆炸图”对话框。选择要删除的爆炸图，单击 确定 按钮即可。如果所要删除的爆炸图正在当前视图中显示，则系统会弹出图 6.6.5 所示的“删除爆炸”对话框，提示爆炸图不能删除。

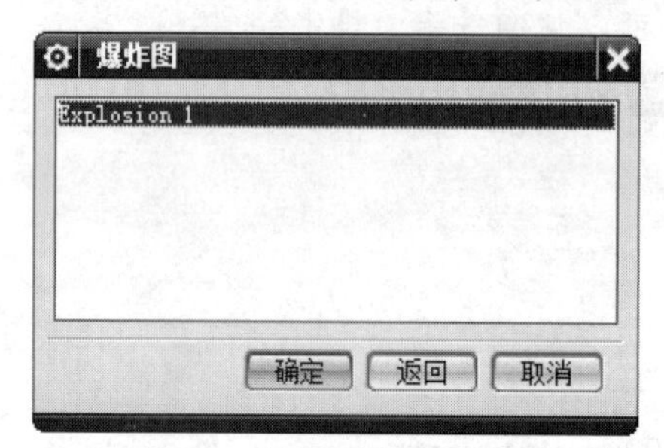

图 6.6.4 “爆炸图”对话框

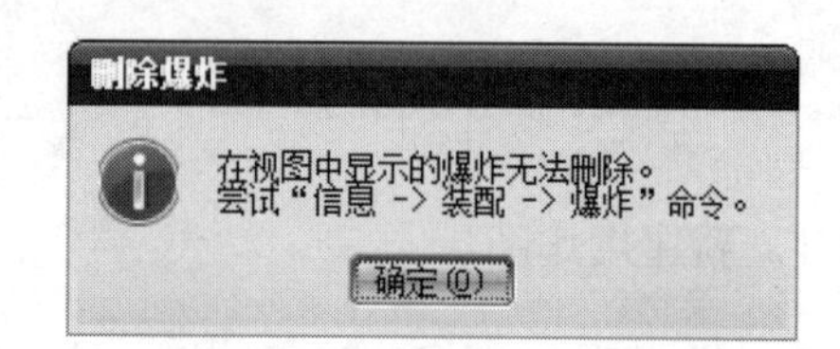

图 6.6.5 “删除爆炸”对话框

6.6.3 编辑爆炸图

爆炸图创建完成后，创建的结果是产生了一个待编辑的爆炸图，在主窗口中的图形并没有发生变化，只是爆炸图编辑工具被激活，可以对爆炸图进行编辑。

1. 自动爆炸

自动爆炸只需要用户输入很少的内容，就能快速生成爆炸图，如图 6.6.6b 所示。

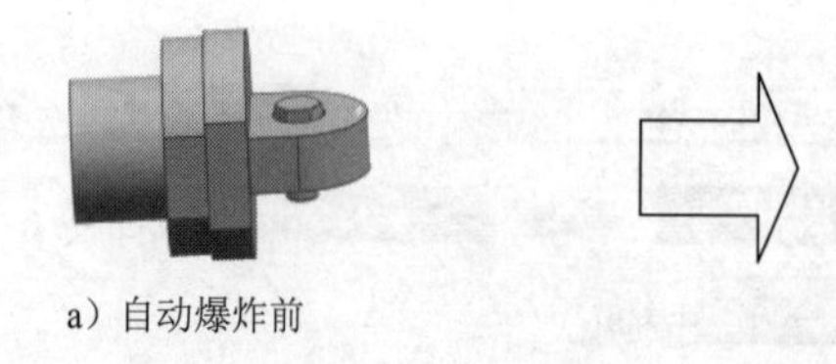

a）自动爆炸前

b）自动爆炸后

图 6.6.6 自动爆炸

Step1．打开文件 D:\ug12mo\work\ch06.06.03\explosion_01.prt，按照上一节步骤新建爆炸图。

Step2．选择命令。选择下拉菜单 装配(A) → 爆炸图(X) → 自动爆炸组件(A)... 命令，系统弹出“类选择”对话框。

Step3．选取爆炸组件。选取图中所有组件，单击 确定 按钮，系统弹出图 6.6.7 所示的“自动爆炸组件”对话框。

图 6.6.7 “自动爆炸组件”对话框

Step4．在 距离 文本框中输入值 40，单击 确定 按钮，系统会自动生成该组件的爆炸图，结果如图 6.6.6b 所示。

关于自动爆炸组件的说明。

- 自动爆炸组件可以同时选取多个对象，如果将整个装配体选中，可以直接获得整个装配体的爆炸图。
- “取消爆炸组件”的功能刚好与“自动爆炸组件”相反，因此可以将两个功能放在一起记。选择下拉菜单 装配(A) → 爆炸图(X) → 取消爆炸组件(U) 命令，系统弹出“类选择”对话框。选取要爆炸的组件后单击 确定 按钮，选中的组件自动回到爆炸前的位置。

2．编辑爆炸图

自动爆炸并不能总是得到满意的效果，因此系统提供了编辑爆炸功能。

Step1．打开文件 D:\ug12mo\work\ch06.06.03\explosion_01.prt。

Step2．选择下拉菜单 装配(A) → 爆炸图(X) → 新建爆炸(N)... 命令，新建一个爆炸视图。

Step3．选择下拉菜单 装配(A) → 爆炸图(X) → 编辑爆炸(E)... 命令，系统弹出图 6.6.8 所示的“编辑爆炸”对话框。

Step4．选取要移动的组件。在对话框中选中 ⊙ 选择对象 单选项，在图形区选取图 6.6.9 所示的轴套模型。

Step5．移动组件。选中 ⊙ 移动对象 单选项，系统显示图 6.6.9 所示的移动手柄；单击手柄上的箭头（图 6.6.9），对话框中的 距离 文本框被激活，供用户选择沿该方向的移动距离；单击手柄上沿轴套轴线方向的箭头，在文本框中输入距离值 60；单击 确定 按钮，结果如图 6.6.10 所示。

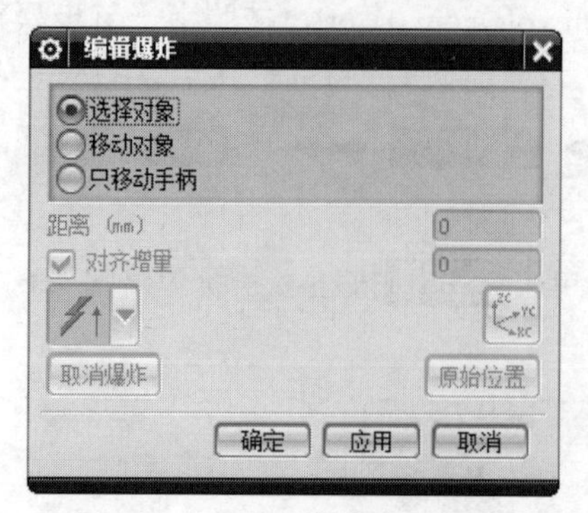

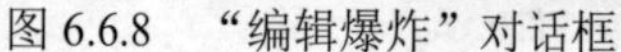
图 6.6.8 “编辑爆炸”对话框

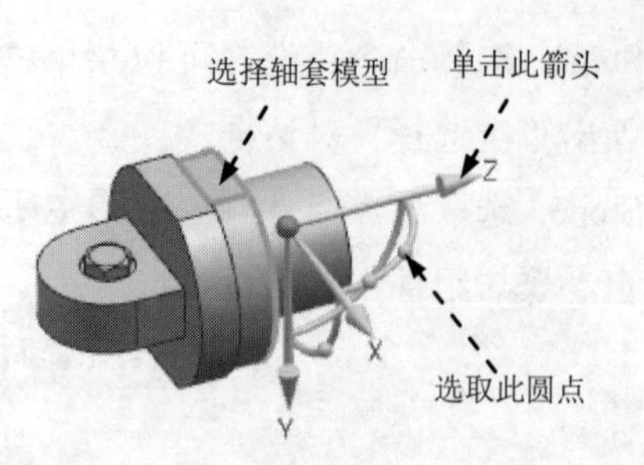

图 6.6.9 定义移动组件和方向

说明：单击图 6.6.9 所示两箭头间的圆点时，对话框中的角度文本框被激活，供用户输入角度值，旋转的方向沿第三个手柄，符合右手定则；也可以直接用鼠标左键按住箭头或圆点，移动鼠标实现手工拖动。

Step6. 编辑螺栓位置。参照 Step5，输入距离值-60，结果如图 6.6.11 所示。

Step7. 编辑螺母位置。参照 Step5，输入距离值 40，结果如图 6.6.12 所示。

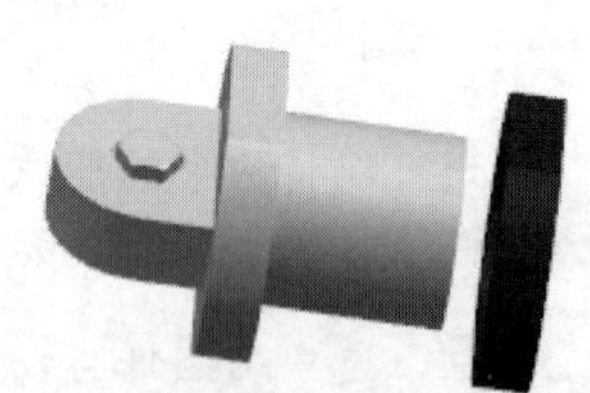
图 6.6.10 编辑轴套

图 6.6.11 编辑螺栓

图 6.6.12 编辑螺母

关于编辑爆炸图的说明。

- 选中移动对象单选项后，按钮被激活。单击按钮，手柄被移动到 WCS 位置。
- 单击手柄箭头或圆点后，对齐增量复选框被激活，该选项用于设置手工拖动的最小距离，可以在文本框中输入数值。例如设置为 10mm，则拖动时会跳跃式移动，每次跳跃的距离为 10mm，单击取消爆炸按钮，选中的组件移动到没有爆炸的位置。
- 单击手柄箭头后，下拉列表被激活，可以直接将选中手柄方向指定为某矢量方向。

3. 隐藏和显示爆炸图

如果当前视图为爆炸图，选择下拉菜单装配(A) → 爆炸图(X) → 隐藏爆炸(H)命令，则视图切换到无爆炸图。

要显示隐藏的爆炸图，可以选择下拉菜单装配(A) → 爆炸图(X) → 显示爆炸(S)命令，则视图切换到爆炸图。

4．隐藏和显示组件

要隐藏组件，可以选择下拉菜单 装配(A) → 关联控制(O) → 隐藏视图中的组件(H)... 命令，系统弹出“隐藏视图中的组件”对话框，选择要隐藏的组件后单击 确定 按钮，选中组件被隐藏。

要显示被隐藏的组件，可以选择下拉菜单 装配(A) → 关联控制(O) → 显示视图中的组件(M)... 命令，系统会列出所有隐藏的组件供用户选择。

6.7 综合范例——轴承座

下面以图 6.7.1 所示的模型为例，讲述一个多部件装配实例的一般过程，使读者进一步熟悉 UG NX 12.0 的装配操作。

Step1. 新建文件，单击 → 装配，在 新文件名 区域 名称 后面的文本框中输入 bearing_stand_asm，在 文件夹 后的文本框中输入 D:\ug12mo\work\ch06.07，单击 确定 按钮。系统弹出“添加组件”对话框，并进入装配环境。

Step2. 添加并固定支撑座，如图 6.7.2 所示。

（1）在“添加组件”对话框中单击 按钮，选择 D:\ug12mo\work\ch06.07\support_part.prt，然后单击 OK 按钮。

（2） 定义放置定位。在“添加组件”对话框 位置 区域的 装配位置 下拉列表中选取 绝对坐标系 - 显示部件 选项，单击 应用 按钮，支撑座模型 support_part.prt 被添加到 bearing_stand_asm 中。

Step3. 添加轴套并定位，如图 6.7.3 所示。

图 6.7.1 综合装配实例

图 6.7.2 添加支撑座

图 6.7.3 添加轴套

（1）在“添加组件”对话框中单击 按钮，选择 D:\ug12mo\work\ch06.07\tube.prt，然后单击 OK 按钮。

（2）定义放置定位。在“添加组件”对话框的 放置 区域选择 约束 选项，在 设置 区域的 互动选项 选项组中选中 启用预览窗口 复选框。

（3）添加约束。在 约束类型 区域中选择 选项，在 要约束的几何体 区域的 方位 下拉列表

中选择 首选接触 选项；选取图 6.7.4 所示的面 2，在“组件预览”窗口中选取图 6.7.5 所示的面 1，完成平面的对齐操作；在 要约束的几何体 区域的 方位 下拉列表中选择 对齐 选项，分别选取图 6.7.5 所示的面 3 和图 6.7.4 所示的面 4，完成平面的接触操作；在 要约束的几何体 区域的 方位 下拉列表中选择 自动判断中心/轴 选项，分别选取图 6.7.5 所示的面 5 和图 6.7.4 所示的面 6，单击 < 确定 > 按钮，完成同轴的接触操作。

说明：方向不对可以单击“反向”按钮来调整。

Step4. 镜像图 6.7.6 所示的轴套。

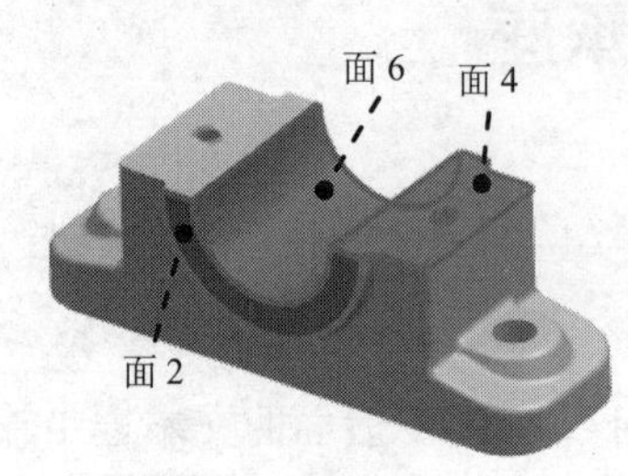

图 6.7.4 选择配对面（一）

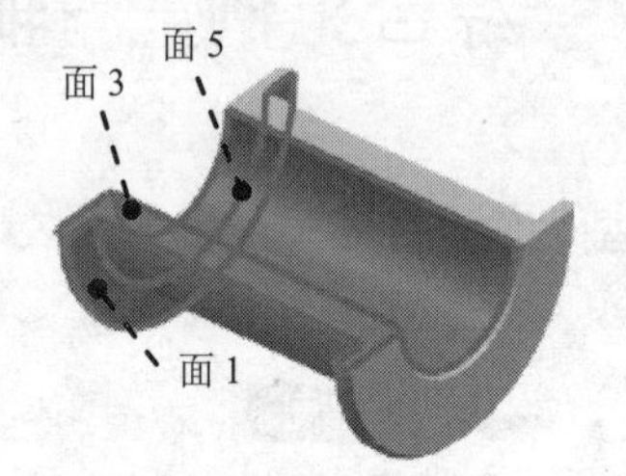

图 6.7.5 选择配对面（二）

图 6.7.6 镜像轴套

（1）选择命令。选择下拉菜单 装配(A) → 组件(C) → 镜像装配(I)... 命令，系统弹出“镜像装配向导”对话框，单击 下一步 > 按钮。

（2）选择要镜像的组件。选择上一步添加的轴套，单击 下一步 > 按钮。

（3）选择镜像平面。在系统弹出的“镜像装配向导”对话框中单击“创建基准平面”按钮，插入一个图 6.7.7 所示的平面作为对称平面。单击 下一步 > 按钮，系统弹出“镜像装配向导”对话框，单击 下一步 > 按钮，系统再次弹出“镜像装配向导”对话框。

（4）单击 完成 按钮，完成轴套的镜像操作。

Step5. 添加上盖并定位，如图 6.7.8 所示。

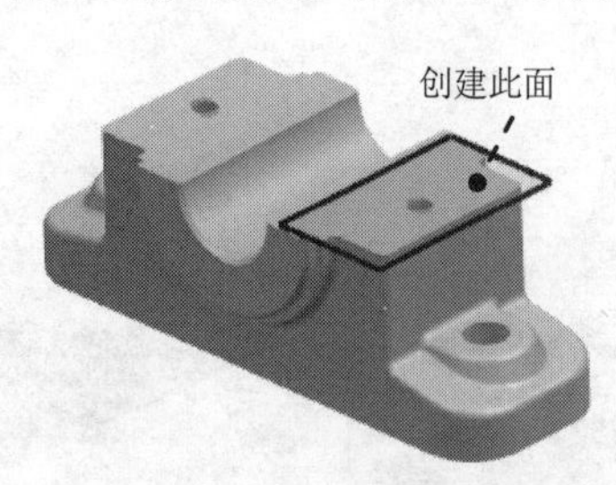

图 6.7.7 插入对称面

图 6.7.8 添加上盖

（1）选择命令。选择下拉菜单 装配(A) → 组件(C) → 添加组件(A)... 命令，系统弹出“添加组件”对话框。

（2）在“添加组件”对话框中单击按钮，选择 D:\ug12mo\work\ch06.07\cover_part.prt，然后单击 OK 按钮。

（3）定义放置定位。在“添加组件”对话框的 放置 区域选择 约束 选项，在 设置 区域的 互动选项 选项组中选中 启用预览窗口 复选框。

（4）添加约束。在约束类型区域中选择选项，在要约束的几何体区域的方位下拉列表中选择接触选项；在主对话框中选取图 6.7.9 所示的平面 1 和图 6.7.10 所示的平面 3，在要约束的几何体区域的方位下拉列表中选择对齐选项；在主对话框中选取图 6.7.9 所示的平面 2 和图 6.7.10 所示的平面 4，完成平面的“接触对齐”操作。在要约束的几何体区域的方位下拉列表中选择自动判断中心/轴选项，分别选择图 6.7.9 所示的圆柱面 1 和图 6.7.10 所示的圆柱面 2 的中心线，单击< 确定 >按钮，完成同轴的接触操作。

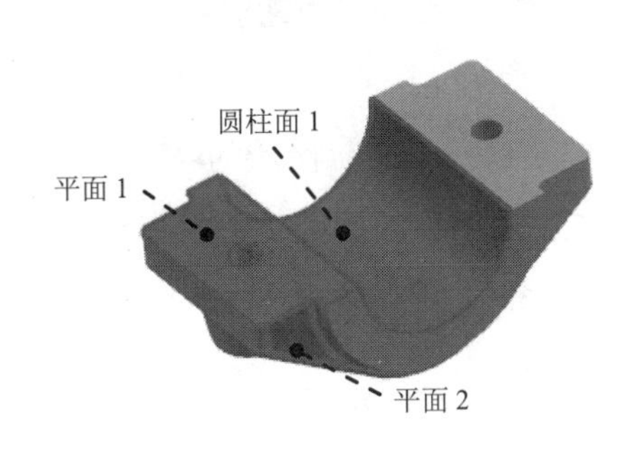

图 6.7.9 选择配对面（三）

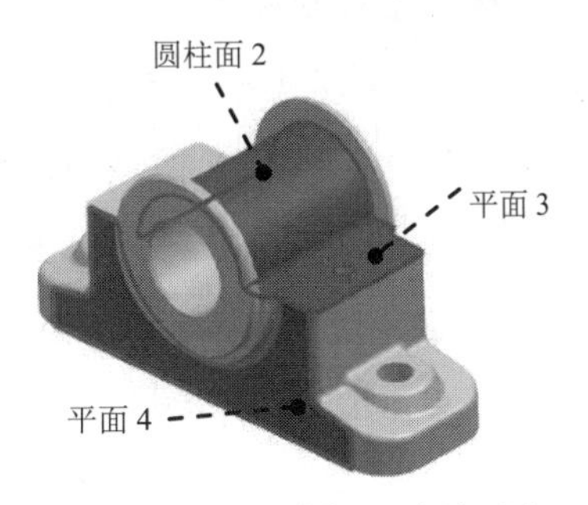

图 6.7.10 选择配对面（四）

Step6. 添加垫圈并定位，如图 6.7.11 所示。

（1）在“添加组件”对话框中单击按钮，选择 D:\ug12mo\work\ch06.07\ring.prt，然后单击OK按钮。

（2）定义放置定位。在“添加组件”对话框的放置区域选择约束选项，在设置区域的互动选项选项组中选中启用预览窗口复选框。

（3）添加约束。在约束类型区域中选择选项，在要约束的几何体区域的方位下拉列表中选择接触选项；选取图 6.7.12 所示的平面 1 和图 6.7.13 所示的平面 2；在要约束的几何体区域的方位下拉列表中选择自动判断中心/轴选项，选取图 6.7.12 所示的圆柱面 1 和图 6.7.13 所示的圆柱面 2，单击确定按钮，完成同轴的接触操作。

图 6.7.11 添加垫圈

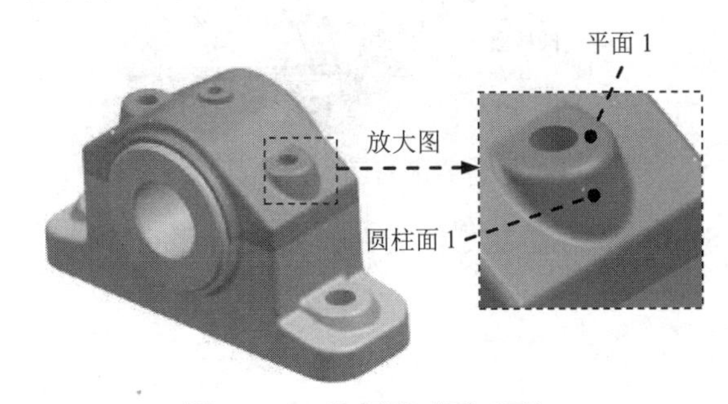

图 6.7.12 选择配对面（五）

Step7. 添加螺栓并定位，如图 6.7.14 所示。

（1）在“添加组件”对话框中单击按钮，选择 D:\ug12mo\work\ch06.07\bolt.prt，然后单击OK按钮。

（2）定义放置定位。在“添加组件”对话框的放置区域选择约束选项，在设置区

域的 互动选项 选项组中选中 ☑启用预览窗口 复选框。

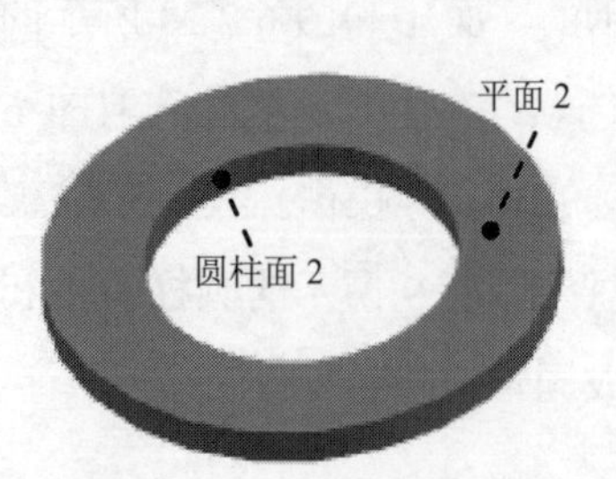

图 6.7.13　选择配对面（六）

图 6.7.14　添加螺栓

（3）添加约束。在 约束类型 区域中选择 选项，在 要约束的几何体 区域的 方位 下拉列表中选择 接触 选项；选取图 6.7.15 所示的平面 1 和图 6.7.16 所示的平面 2；在 要约束的几何体 区域的 方位 下拉列表中选择 自动判断中心/轴 选项，选取图 6.7.15 所示的圆柱面 1 和图 6.7.16 所示的圆柱面 2，单击 确定 按钮，完成同轴的接触操作。

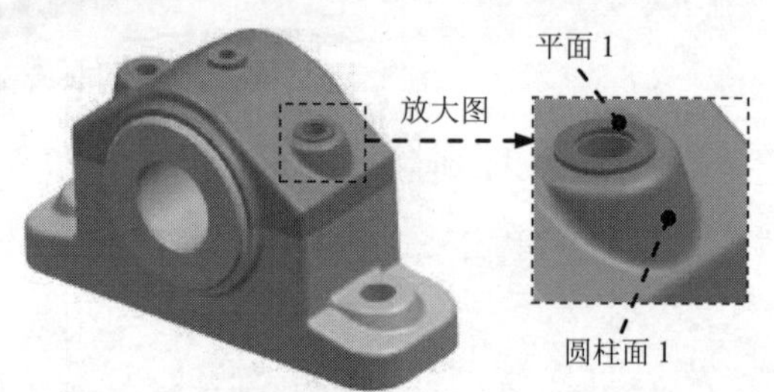

图 6.7.15　选择配对面（七）

Step8. 镜像图 6.7.17 所示螺栓和垫圈，步骤参照“镜像轴套”，选取 YZ 平面为镜像面。

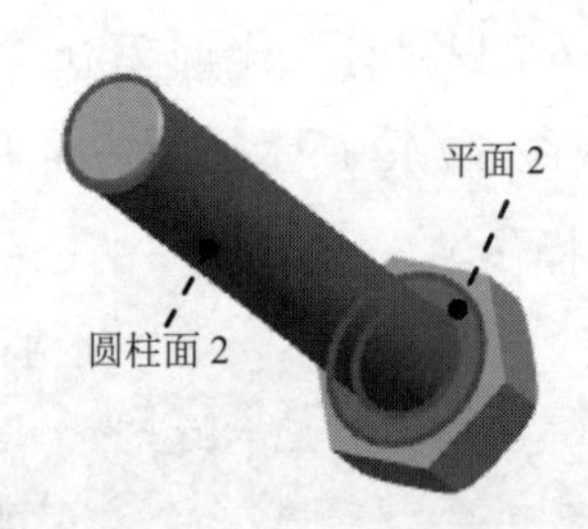

图 6.7.16　选择配对面（八）

图 6.7.17　镜像螺栓和垫圈

Step9. 保存装配零件文件，完成组件的装配。

学习拓展：扫码学习更多视频讲解。

讲解内容：装配设计实例精选。讲解了一些典型的装配设计案例，着重介绍了装配设计的方法流程以及一些快速操作技巧。

第 7 章　模型的测量与分析

7.1　模型的测量

7.1.1　测量距离

下面以一个简单的模型为例来说明测量距离的一般操作过程。

Step1. 打开文件 D:\ug12mo\work\ch07.01\distance.prt。

Step2. 选择下拉菜单 分析(L) → 测量距离(D)... 命令，系统弹出图 7.1.1 所示的“测量距离”对话框。

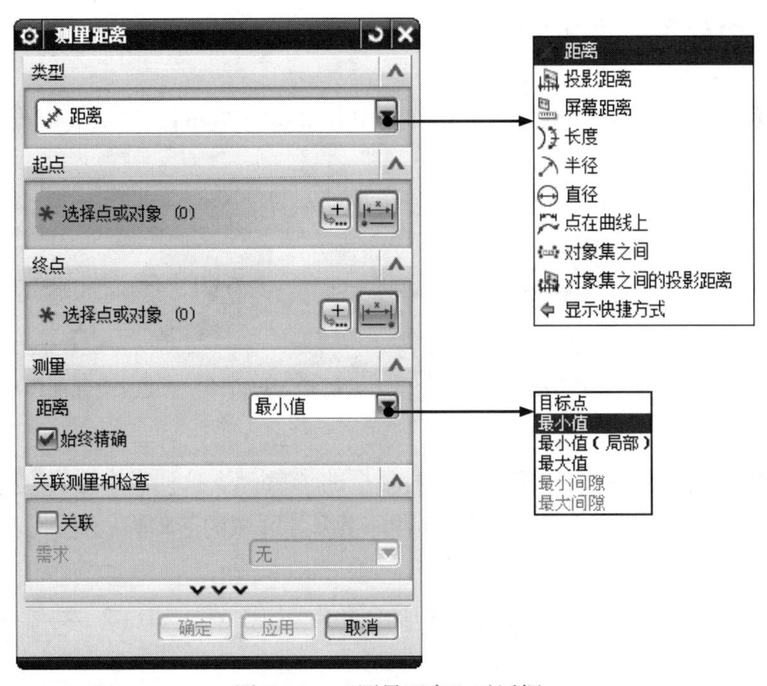

图 7.1.1　“测量距离”对话框

图 7.1.1 所示的“测量距离”对话框 类型 下拉列表中部分选项的说明如下。

☑ 距离 选项：可以测量点、线、面之间的任意距离。

☑ 投影距离 选项：可以测量空间上的点、线投影到同一个平面上，在该平面上它们之间的距离。

☑ 屏幕距离 选项：可以测量图形区的任意位置的距离。

☑ 长度 选项：可以测量任意线段的距离。

☑ 半径 选项：可以测量任意圆的半径值。

☑ 点在曲线上 选项：可以测量在曲线上两点之间的最短距离。

Step3. 测量面到面的距离。

（1）定义测量类型。在“测量距离”对话框的 类型 下拉列表中选择 距离 选项。

（2）定义测量距离。在“测量距离”对话框 测量 区域的 距离 下拉列表中选取 最小值 选项。

（3）定义测量对象。选取图 7.1.2a 所示的模型表面 1，再选取模型表面 2。测量结果如图 7.1.2b 所示。

（4）单击 应用 按钮，完成测量面到面的距离。

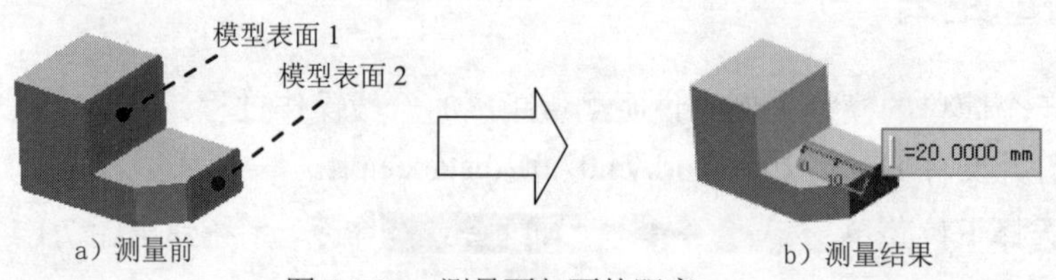

图 7.1.2　测量面与面的距离

Step4. 测量线到线的距离（图 7.1.3），操作方法参见 Step3，先选取边线 1，后选取边线 2，单击 应用 按钮。

Step5. 测量点到线的距离（图 7.1.4），操作方法参见 Step3，先选取中点 1，后选取边线，单击 应用 按钮。

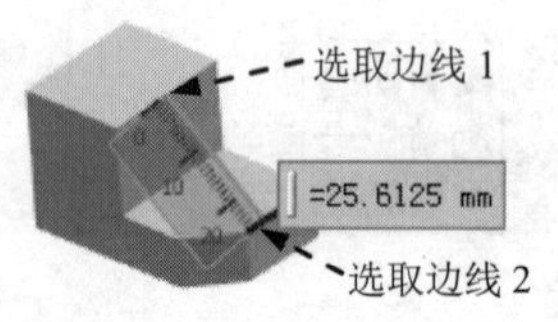

图 7.1.3　测量线到线的距离

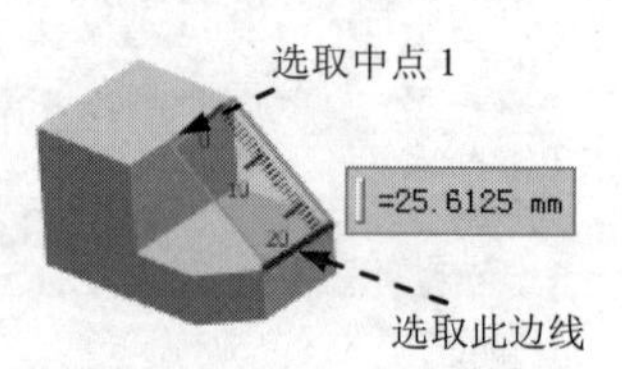

图 7.1.4　测量点到线的距离

Step6. 测量点到点的距离。

（1）定义测量类型。在“测量距离”对话框的 类型 下拉列表中选择 距离 选项。

（2）定义测量距离。在“测量距离”对话框 测量 区域的 距离 下拉列表中选取 目标点 选项。

（3）定义测量几何对象。选取图 7.1.5 所示的模型表面点 1 和点 2。测量结果如图 7.1.5 所示。

（4）单击 应用 按钮，完成测量点到点的距离。

Step7. 测量点与点的投影距离（投影参照为平面）。

（1）定义测量类型。在“测量距离”对话框的 类型 下拉列表中选择 投影距离 选项。

（2）定义测量距离。在“测量距离”对话框 测量 区域的 距离 下拉列表中选取 最小值 选项。

（3）定义投影表面。选取图 7.1.6 所示的模型表面 1。

（4）定义测量几何对象。先选取图 7.1.6 所示的模型点 1，然后选取模型点 2，测量结果如图 7.1.6 所示。

（5）单击 < 确定 > 按钮，完成测量点与点的投影距离。

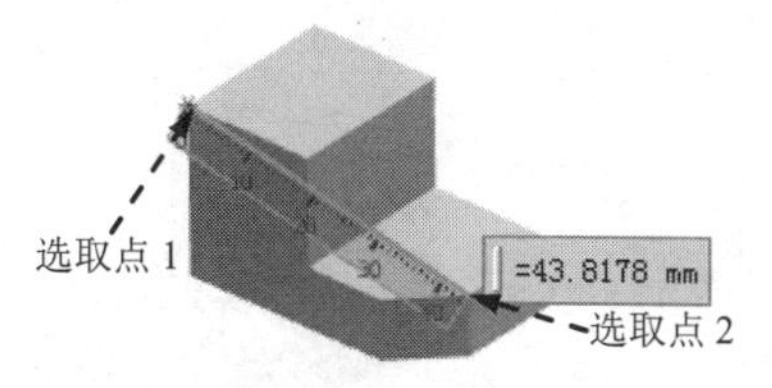

图 7.1.5 测量点到点的距离

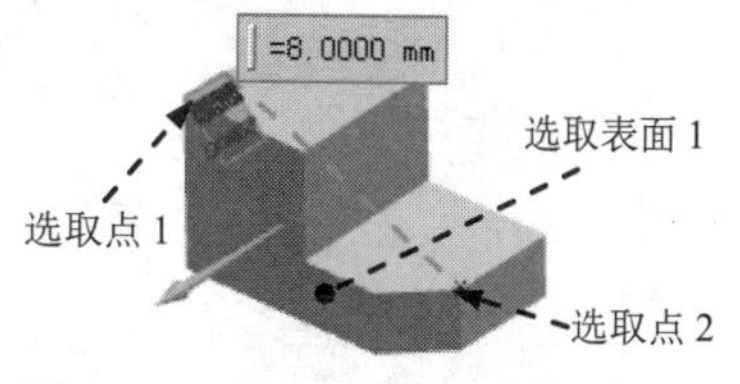

图 7.1.6 测量点与点的投影距离

7.1.2 测量角度

下面以一个简单的模型为例来说明测量角度的一般操作过程。

Step1. 打开文件 D:\ug12mo\work\ch07.01\angle.prt。

Step2. 选择下拉菜单 分析(L) → 测量角度(A)... 命令，系统弹出图 7.1.7 所示的“测量角度”对话框。

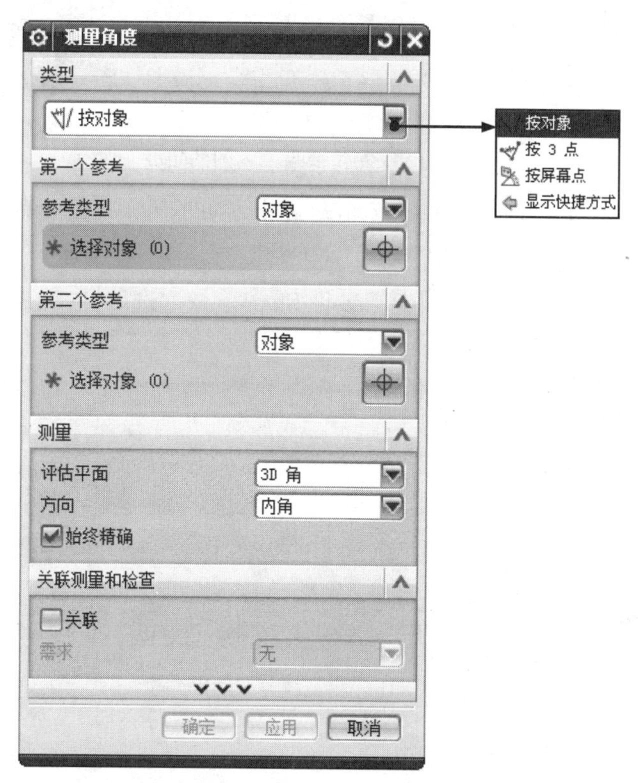

图 7.1.7 “测量角度”对话框

Step3. 测量面与面之间的角度。

(1) 定义测量类型。在“测量角度”对话框的 类型 下拉列表中选择 按对象 选项。

(2) 定义测量计算平面。选取 测量 区域 评估平面 下拉列表中的 3D 角 选项，选取 方向 下拉列表中的 内角 选项。

(3) 定义测量几何对象。选取图 7.1.8a 所示的模型表面 1，再选取图 7.1.8a 所示的模型表面 2，测量结果如图 7.1.8b 所示。

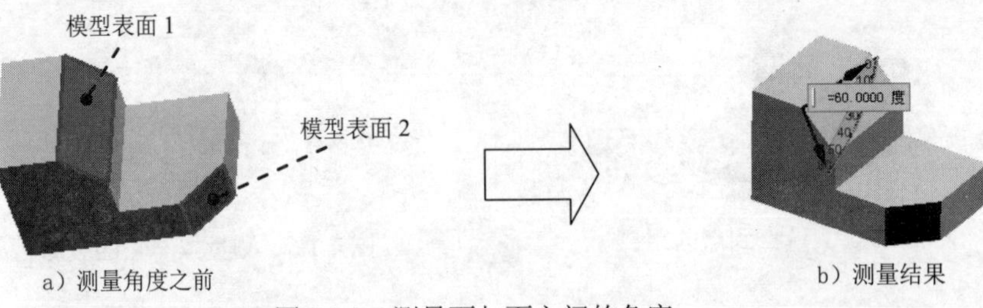

图 7.1.8　测量面与面之间的角度

（4）单击 应用 按钮，完成面与面之间的角度测量。

Step4. 测量线与面之间的角度。步骤参见测量面与面之间的角度。依次选取图 7.1.9a 所示的边线 1 和表面 2，测量结果如图 7.1.9b 所示，单击 应用 按钮。

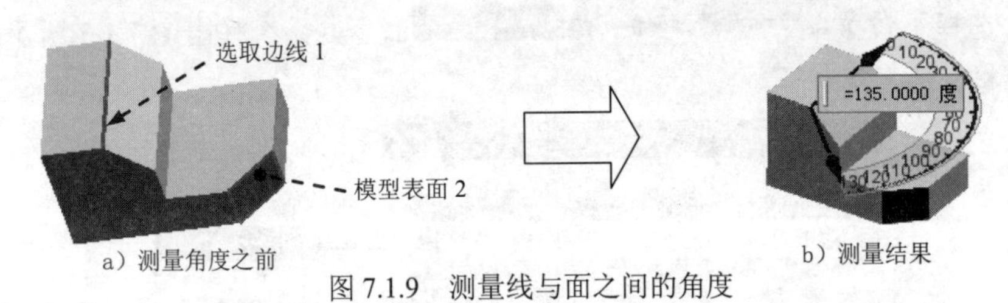

图 7.1.9　测量线与面之间的角度

注意：选取线的位置不同，即线上标示的箭头方向不同，所显示的角度值也可能会不同，两个方向的角度值之和为 180°。

Step5. 测量线与线之间的角度。步骤参见 Step3。依次选取图 7.1.10a 所示的边线 1 和边线 2，测量结果如图 7.1.10b 所示。

Step6. 单击 < 确定 > 按钮，完成角度测量。

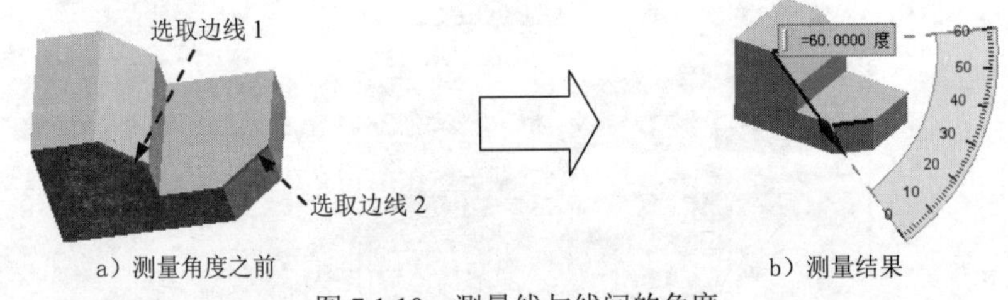

图 7.1.10　测量线与线间的角度

7.1.3　测量面积及周长

下面以一个简单的模型为例来说明测量面积及周长的一般操作过程。

Step1. 打开文件 D:\ug12mo\work\ch07.01\area.prt。

Step2. 选择下拉菜单 分析(L) → 测量面(F)... 命令，系统弹出“测量面”对话框。

Step3. 在“上边框条”工具条的下拉列表中选择 单个面 选项。

Step4. 测量模型表面面积。选取图 7.1.11 所示的模型表面 1，系统显示这个曲面的面积测量结果。

Step5. 测量曲面的周长。在图 7.1.11 所示的结果中选择面积下拉列表中的周长选项，测量周长的结果如图 7.1.12 所示。

Step6. 单击 确定 按钮，完成测量。

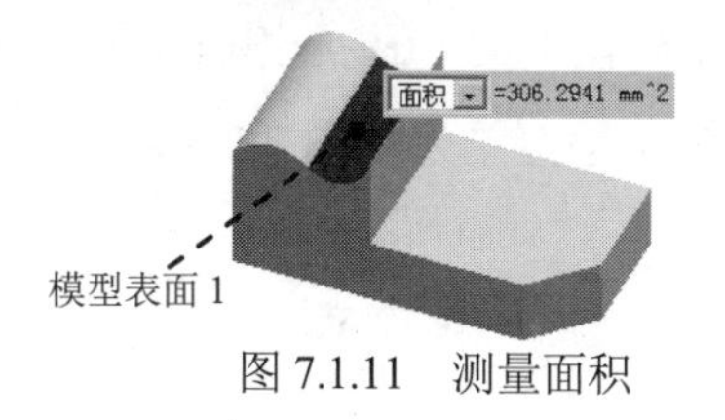

图 7.1.11 测量面积

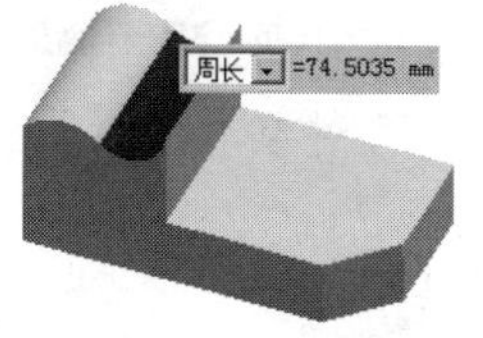

图 7.1.12 测量周长

7.2 模型的基本分析

7.2.1 模型的质量属性分析

通过模型质量属性分析，可以获得模型的体积、表面积、质量、回转半径和重量等数据。下面以一个模型为例，简要说明模型质量属性分析的一般操作过程。

Step1. 打开文件 D:\ug12mo\work\ch07.02\mass.prt。

Step2. 选择下拉菜单 分析(L) → 测量体(B)... 命令，系统弹出“测量体”对话框。

Step3. 选取图 7.2.1a 所示的模型实体 1，系统弹出图 7.2.1b 所示模型上的“体积”下拉列表。

Step4. 选择“体积”下拉列表中的表面积选项，系统显示该模型的表面积。

Step5. 选择“体积”下拉列表中的质量选项，系统显示该模型的质量。

Step6. 选择“体积”下拉列表中的回转半径选项，系统显示该模型的回转半径。

Step7. 选择“体积”下拉列表中的重量选项，系统显示该模型的重量。

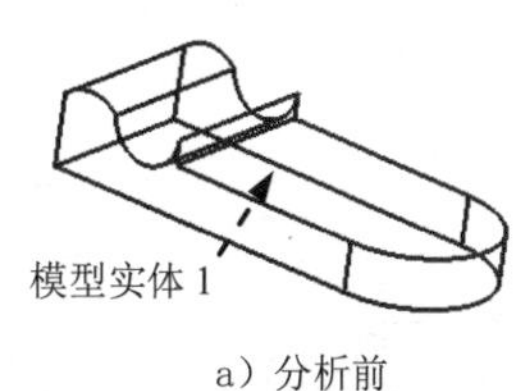

a）分析前

b）分析后

图 7.2.1 体积分析

Step8. 单击 确定 按钮，完成模型质量属性分析。

7.2.2 模型的几何对象检查

“检查几何体”工具可以分析各种类型的几何对象，找出错误的或无效的几何体；也可以分析面和边等几何对象，找出其中无用的几何对象和错误的数据结构。下面以一个模型为例，简要说明几何对象检查的一般操作过程。

Step1. 打开文件 D:\ug12mo\work\ch07.02\examgeo.prt。

Step2. 选择下拉菜单 分析(L) → 检查几何体(X)... 命令，系统弹出“检查几何体”对话框。

Step3. 定义检查项。单击 全部设置 按钮，在键盘上按 Ctrl+A 组合键选择图 7.2.2 所示的模型中所有对象，然后单击 检查几何体 按钮，模型检查结果如图 7.2.3 所示。

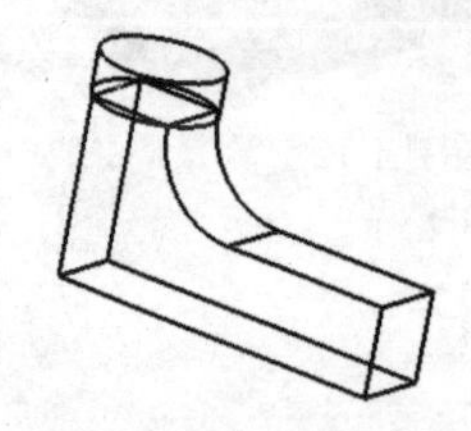
图 7.2.2 对象选择

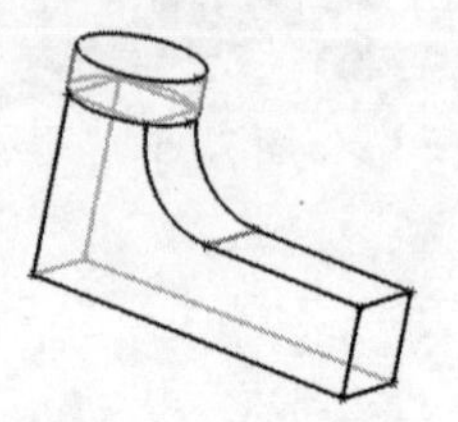
图 7.2.3 检查结果

Step4. 单击“信息”按钮，可在“信息”对话框中查看结果。

7.2.3 装配干涉检查

在实际的产品设计中，当产品中的各个零部件组装完成后，设计人员往往比较关心产品中各个零部件间的干涉情况：有无干涉？哪些零件间有干涉？干涉量是多大？下面以一个简单的装配体模型为例，说明干涉分析的一般操作过程。

Step1. 打开文件 D:\ug12mo\work\ch07.02\interference.prt。

Step2. 在装配模块中选择下拉菜单 分析(L) → 简单干涉(I)... 命令，系统弹出图 7.2.4 所示的“简单干涉”对话框。

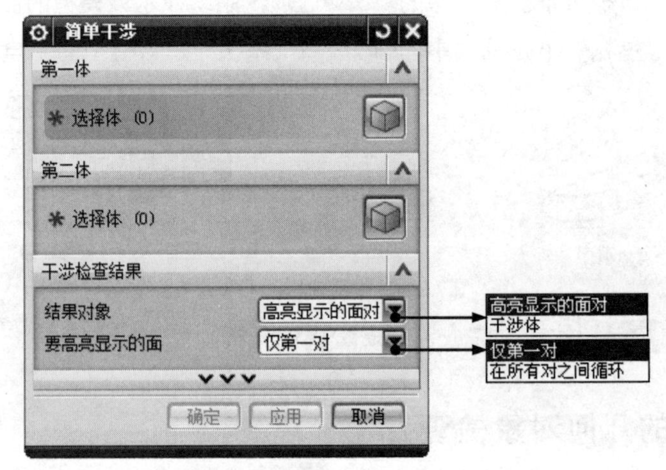

图 7.2.4 “简单干涉”对话框

Step3.“创建干涉体”简单干涉检查。

（1）在“简单干涉”对话框 干涉检查结果 区域的 结果对象 下拉列表中选择 干涉体 选项。

（2）依次选取图 7.2.5 所示的对象 1 和对象 2，单击“简单干涉”对话框中的 应用 按

钮，系统弹出图 7.2.6 所示的“简单干涉”提示框。

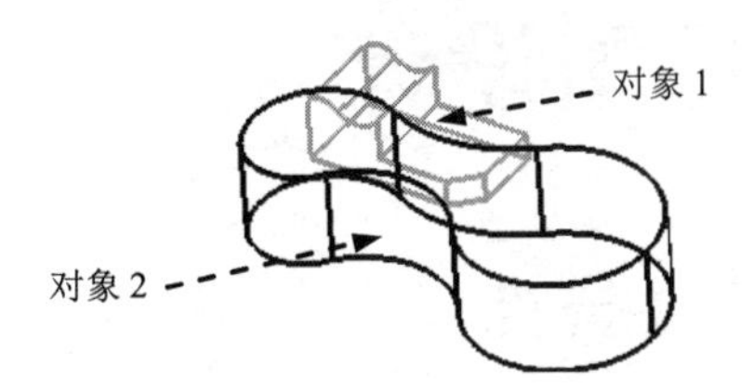

图 7.2.5 创建干涉实体

图 7.2.6 “简单干涉”提示框

（3）单击“简单干涉” 提示框的确定(O)按钮，完成“创建干涉体”简单干涉检查。

Step4. “高亮显示面”简单干涉检查。

（1）在“简单干涉”对话框干涉检查结果区域的结果对象下拉列表中选择高亮显示的面对选项，如图 7.2.4 所示。

（2）在“简单干涉”对话框干涉检查结果区域的要高亮显示的面下拉列表中选择仅第一对选项，依次选取图 7.2.7a 所示的对象 1 和对象 2。模型中将显示图 7.2.7b 所示的干涉平面。

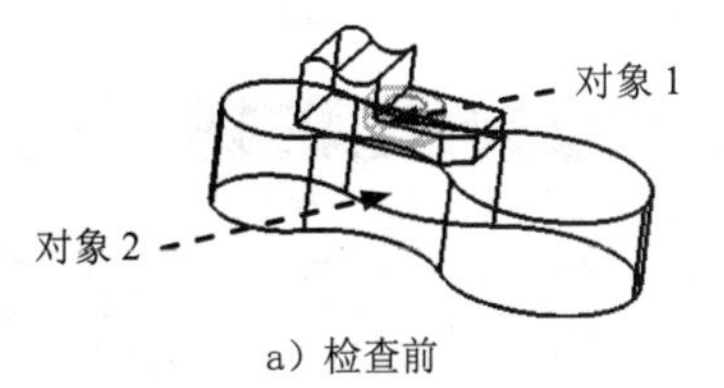

a）检查前

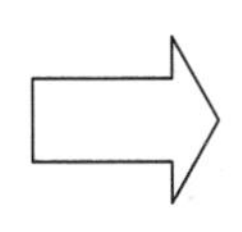

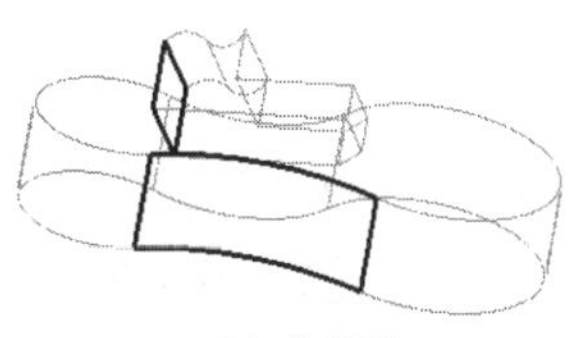

b）检查后

图 7.2.7 “高亮显示面”干涉检查

（3）在“简单干涉”对话框干涉检查结果区域的要高亮显示的面下拉列表中选择在所有对之间循环选项，单击显示下一对按钮，模型中将依次显示所有干涉平面。

（4）单击“简单干涉”对话框中的取消按钮，完成“高亮显示面”简单干涉检查操作。

学习拓展：扫码学习更多视频讲解。

讲解内容：主要包含结构分析的基础理论，结构分析的类型，结构分析的一般流程，典型产品的结构分析案例等。结构分析是产品研发中的重要阶段，本部分内容可供读者参考。

第 8 章 工程图设计

8.1 UG NX 图样管理

UG NX 12.0 工程图环境中的图样管理包括工程图样的创建、打开、删除和编辑；下面主要对新建和编辑工程图进行简要介绍。

8.1.1 新建工程图

Step1. 打开零件模型。打开文件 D:\ug12mo\work\ch08.01\down_base.prt。

Step2. 进入制图环境。单击 应用模块 功能选项卡 设计 区域中的 制图 按钮。

Step3. 新建工程图。选择下拉菜单 插入(S) ➡ 图纸页(H)... 命令（或单击“新建图纸页”按钮），系统弹出“工作表”对话框，如图 8.1.1 所示。在对话框中选择图 8.1.1 所示的选项。

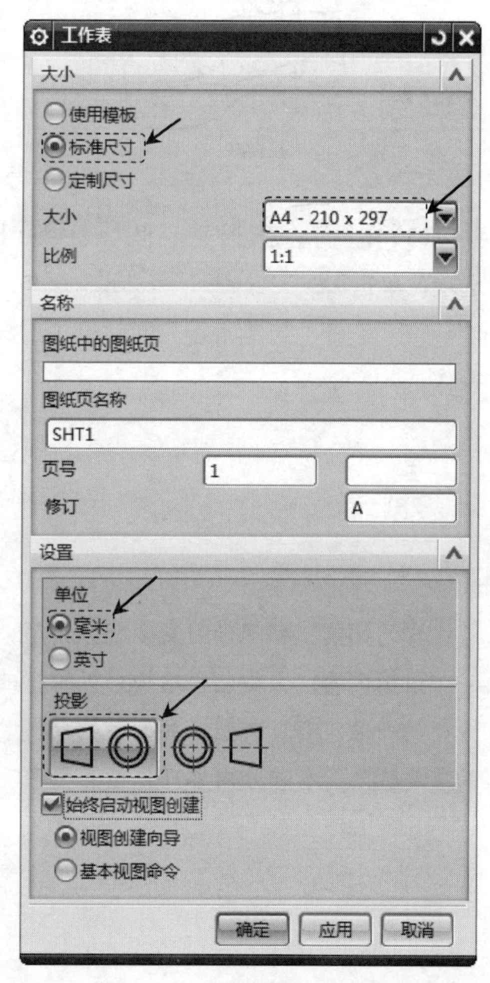

图 8.1.1 “工作表”对话框

图 8.1.1 所示的“工作表”对话框中的选项说明如下。

- 图纸页名称文本框：指定新图样的名称，可以在该文本框中输入图样名；图样名最多可以包含 30 个字符；默认的图样名是 SHT1。
- A4 - 210 x 297 下拉列表：用于选择图纸大小，系统提供了 A4、A3、A2、A1、A0、A0+和 A0++七种型号的图纸。
- 比例下拉列表：为添加到图样中的所有视图设定比例。
- 度量单位：指定 英寸 或 毫米 为单位。
- 投影角度：指定第一角投影或第三角投影；按照国标，应选择 毫米 和第一角投影。

说明：在 Step3 中，单击 确定 按钮之前，

每单击一次 应用 按钮都会新建一张图样。

Step4. 在“工作表”对话框中单击 确定 按钮，系统弹出图 8.1.2 所示的“视图创建向导”对话框。

图 8.1.2 “视图创建向导”对话框

Step5. 在“视图创建向导”对话框中单击 完成 按钮，完成图样的创建。

8.1.2 编辑已存图样

新建一张图样，在图 8.1.3 所示的部件导航器中选择图样并右击，在系统弹出的图 8.1.4 所示的快捷菜单中选择 编辑图纸页(H)... 命令，系统弹出“工作表”对话框，利用该对话框可以编辑已存图样的参数。

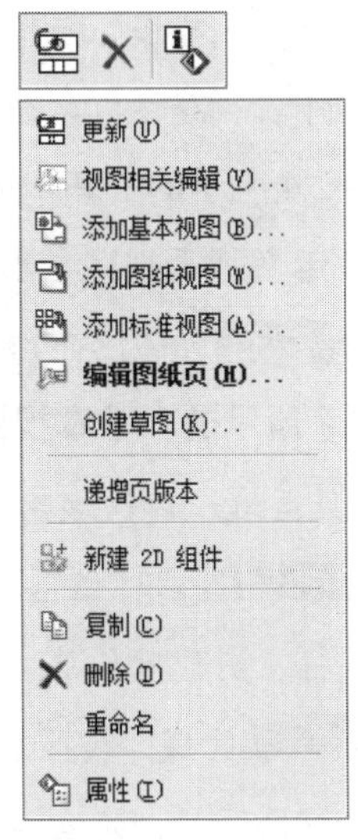

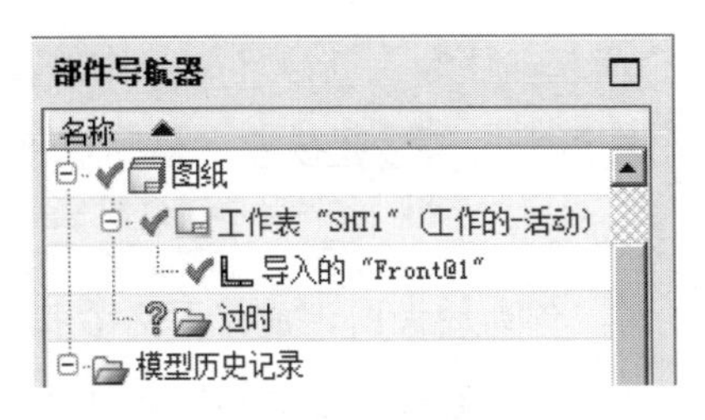

图 8.1.3 在部件导航器中选择图标

图 8.1.4 快捷菜单

8.2 视图的创建与编辑

视图是按照三维模型的投影关系生成的，主要用来表达部件模型的外部结构及形状。视图分为基本视图、局部放大图、剖视图、半剖视图、旋转剖视图、其他剖视图和局部剖视图。下面分别以具体的实例来说明各种视图的创建方法。

8.2.1 基本视图

基本视图是基于 3D 几何模型的视图，它可以独立放置在工作表中，也可以成为其他视图类型的父视图。下面创建图 8.2.1 所示的基本视图，操作过程如下。

Step1. 打开零件模型。打开文件 D:\ug12mo\work\ch08.02\base.prt，零件模型如图 8.2.2 所示。

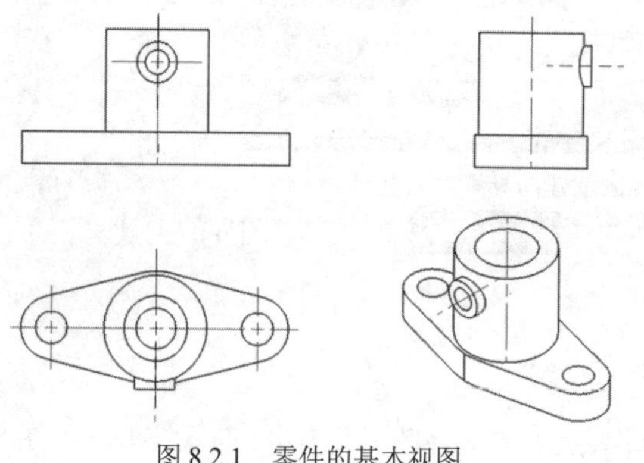
图 8.2.1 零件的基本视图

图 8.2.2 零件模型

Step2. 进入制图环境。单击 应用模块 功能选项卡 设计 区域中的 制图 按钮。

Step3. 新建工程图。选择下拉菜单 插入(S) → 图纸页(H)... 命令，系统弹出图 8.2.3 所示的“工作表”对话框，在对话框中选择 ◉基本视图命令 单选项，然后单击 确定 按钮，系统弹出图 8.2.4 所示的“基本视图”对话框。

Step4. 定义基本视图参数。在“基本视图”对话框 模型视图 区域的 要使用的模型视图 下拉列表中选择 前视图 选项，在 比例 区域的 比例 下拉列表中选择 1:1 选项。

图 8.2.4 所示的“基本视图”对话框中的选项说明如下。

- 部件 区域：该区域用于加载部件、显示已加载部件和最近访问的部件。
- 视图原点 区域：该区域主要用于定义视图在图形区的摆放位置，例如水平、垂直、鼠标在图形区的单击位置或系统的自动判断等。
- 模型视图 区域：该区域用于定义视图的方向，例如仰视图、前视图和右视图等；单击该区域的“定向视图工具”按钮，系统弹出“定向视图工具”对话框，通过该

对话框可以创建自定义的视图方向。

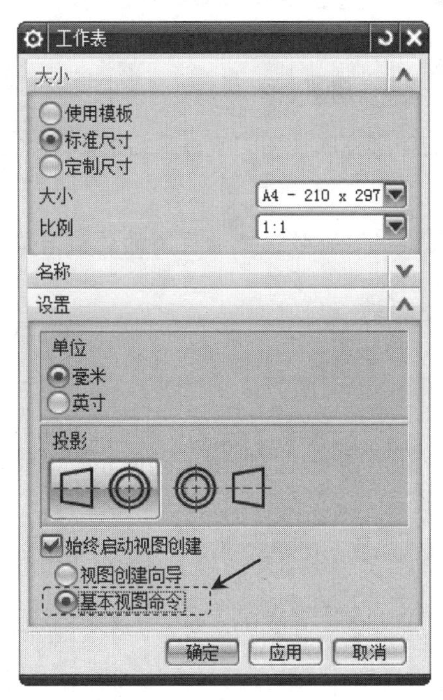

图 8.2.3 “工作表”对话框

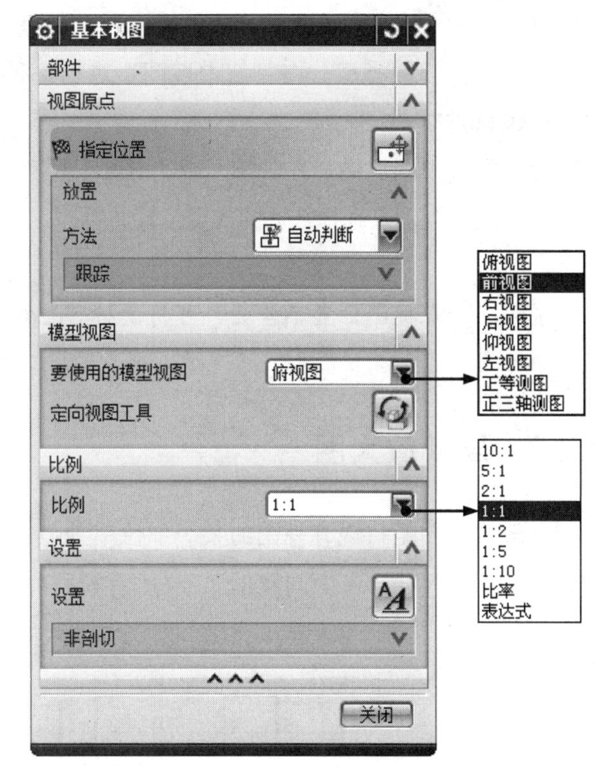

图 8.2.4 “基本视图”对话框

- 比例区域：用于在添加视图之前为基本视图指定一个特定的比例。默认的视图比例值等于图样比例。
- 设置区域：该区域主要用于完成视图样式的设置，单击该区域的按钮，系统弹出“设置”对话框。

Step5. 放置视图。在图形区中的合适位置（图 8.2.5）依次单击以放置主视图、俯视图和左视图，单击中键完成视图的放置。

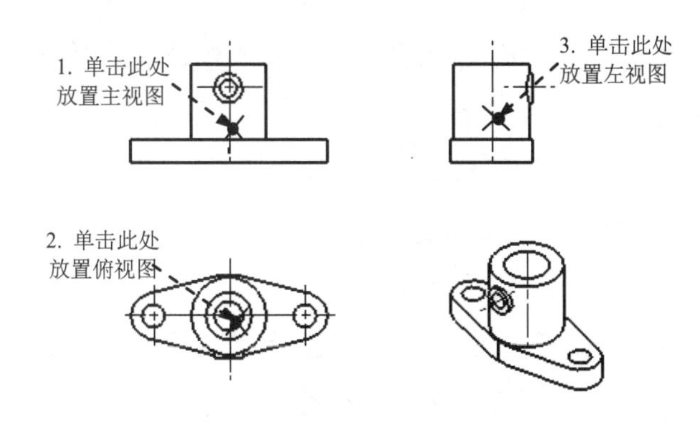

图 8.2.5 视图的放置

Step6. 创建正等测视图。

（1）选择命令。选择下拉菜单插入(S) → 视图(W) → 基本(B)...命令（或单击“基本视图”按钮），系统弹出“基本视图”对话框。

（2）选择视图类型。在“基本视图”对话框模型视图区域的要使用的模型视图下拉列表中选择正等测图选项。

（3）定义视图比例。在比例区域的比例下拉列表中选择1:1选项。

（4）放置视图。选择合适的放置位置并单击，单击中键完成视图的放置，结果如图 8.2.5 所示。

说明：如果视图位置不合适，可将鼠标移至视图出现边框时，拖动视图的边框来调整视图的位置。

8.2.2 局部放大图

局部放大图是将现有视图的某个部位单独放大并建立一个新的视图，以便显示零件结构和便于标注尺寸。下面创建图 8.2.6 所示的局部放大图，操作过程如下。

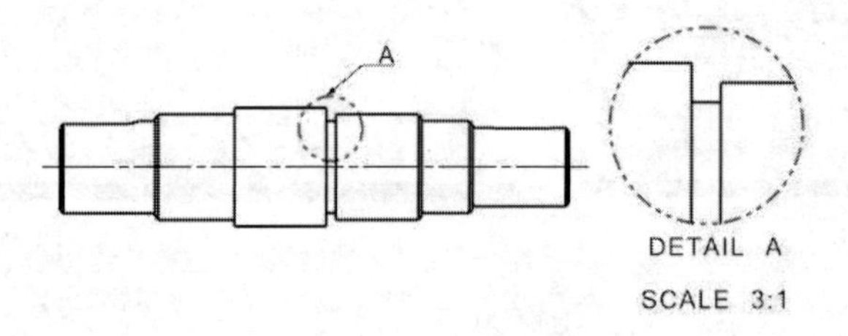

图 8.2.6 局部放大图

Step1. 打开文件 D:\ug12mo\work\ch08.02\magnify_view.prt。

说明：如果当前环境是建模环境，单击应用模块功能选项卡设计区域中的制图按钮，进入制图环境。

Step2. 选择命令。选择下拉菜单插入(S) → 视图(W) → 局部放大图(D)...命令（或单击“局部放大图”按钮），系统弹出图 8.2.7 所示的“局部放大图”对话框。

Step3. 选择边界类型。在“局部放大图”对话框的类型下拉列表中选择圆形选项。

Step4. 绘制放大区域的边界，如图 8.2.8 所示。

图 8.2.7 所示的“局部放大图”对话框的选项说明如下。

- 类型区域：该区域用于定义绘制局部放大图边界的类型，包括“圆形”“按拐角绘制矩形”和“按中心和拐角绘制矩形”。
- 边界区域：该区域用于定义创建局部放大图的边界位置。
- 父项上的标签区域：该区域用于定义父视图边界上的标签类型，包括“无”“圆”“注释”“标签”“内嵌”和“边界上的标签”等。

Step5. 指定放大图比例。在“局部放大图”对话框比例区域的比例下拉列表中选择比率

选项，输入值 3:1。

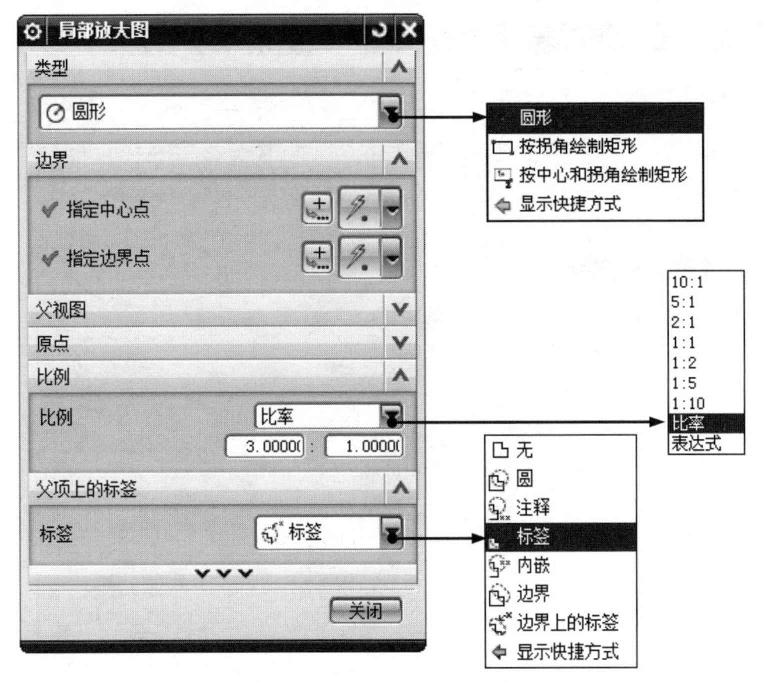

图 8.2.7 “局部放大图”对话框

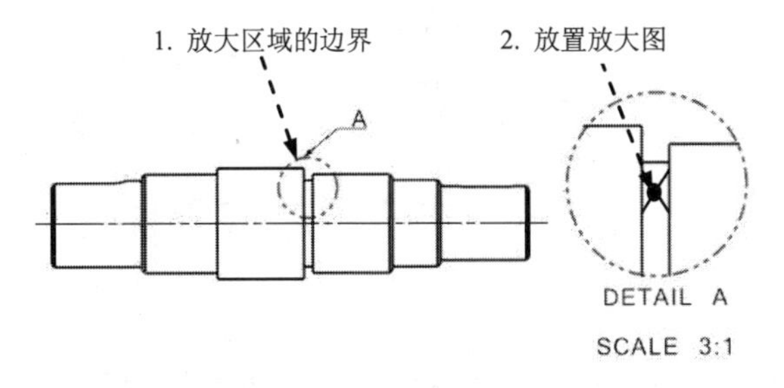

图 8.2.8 放大区域的边界

Step6. 定义父视图上的标签。在对话框 父项上的标签 区域的 标签 下拉列表中选择 标签 选项。

Step7. 放置视图。选择合适的位置（图 8.2.8）并单击以放置放大图，然后单击 关闭 按钮。

Step8. 设置视图标签样式。双击父视图上放大区域的边界，系统弹出“设置”对话框，如图 8.2.9 所示。选择 详细 下的 标签 选项，然后设置图 8.2.9 所示的参数，完成设置后单击 确定 按钮。

8.2.3 全剖视图

剖视图通常用来表达零件的内部结构和形状，在 UG NX 中可以使用简单/阶梯剖视图命令创建工程图中常见的全剖视图和阶梯剖视图。下面创建图 8.2.10 所示的全剖视图，操

作过程如下。

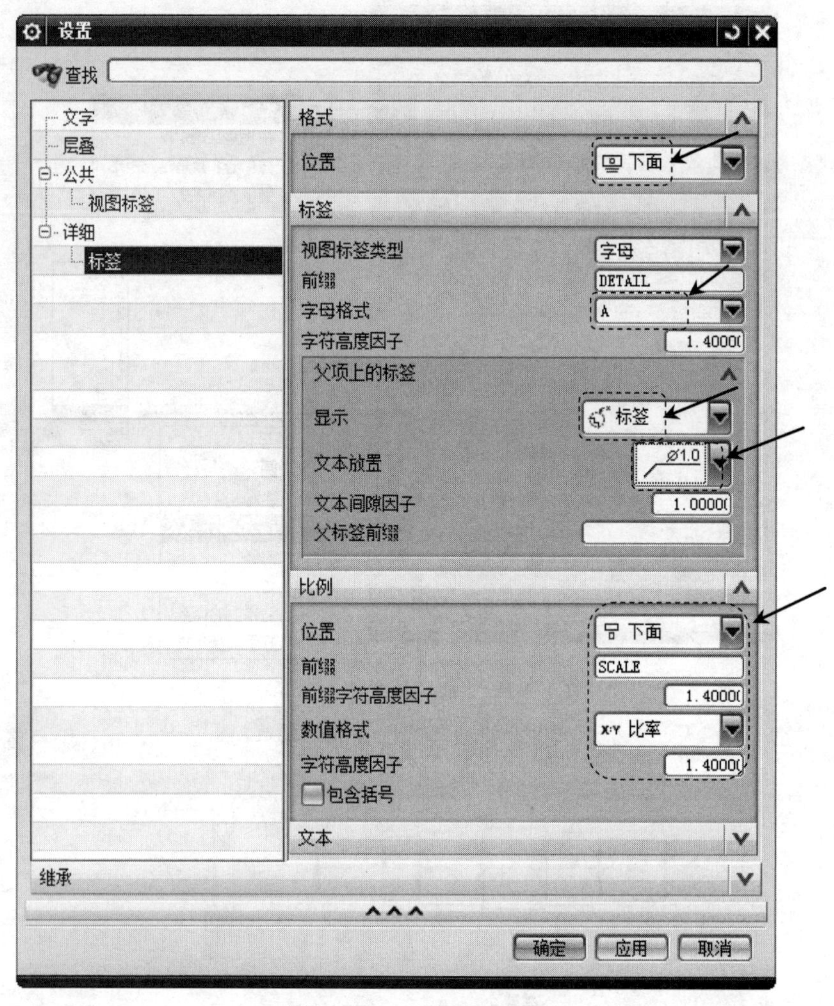

图 8.2.9 “设置”对话框

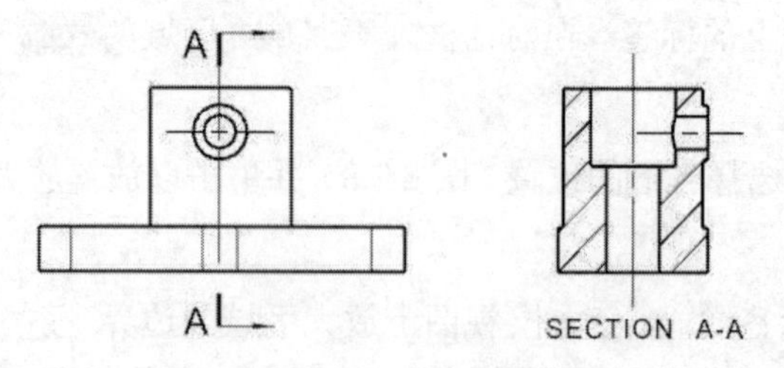

图 8.2.10 全剖视图

Step1. 打开文件 D:\ug12mo\work\ch08.02\section_cut.prt。

Step2. 选择命令。选择下拉菜单 插入(S) → 视图(W) → 剖视图(S)... 命令（或单击“剖视图”按钮），系统弹出“剖视图”对话框。

Step3. 定义剖切类型。在 截面线 区域的 方法 下拉列表中选择 简单剖/阶梯剖 选项。

Step4. 选择剖切位置。确认“捕捉方式”工具条中的按钮被按下，选取图 8.2.11 所

示的圆，系统自动捕捉圆心位置。

说明： 系统自动选择距剖切位置最近的视图作为创建全剖视图的父视图。

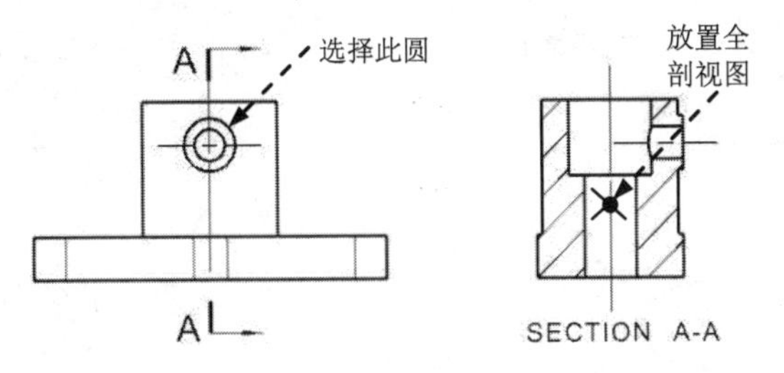

图 8.2.11 选择圆

Step5. 放置剖视图。在系统**指定放置视图的位置**的提示下，在图 8.2.11 所示的位置单击放置剖视图，然后按 Esc 键结束，完成全剖视图的创建。

8.2.4 半剖视图

半剖视图通常用来表达对称零件，一半剖视图表达了零件的内部结构，另一半视图则可以表达零件的外形。下面创建图 8.2.12 所示的半剖视图，操作过程如下。

Step1. 打开文件 D:\ug12mo\work\ch08.02\half_section_cut.prt。

Step2. 选择命令。选择下拉菜单 插入(S) → 视图(W) → 剖视图(S)... 命令，系统弹出“剖视图”对话框。

Step3. 定义剖切类型。在 截面线 区域的 方法 下拉列表中选择 半剖 选项。

Step4. 选择剖切位置。确认“捕捉方式”工具条中的 ⊙ 按钮被按下，依次选取图 8.2.12 所示的 1 指示的圆弧和 2 指示的圆弧，系统自动捕捉圆心位置。

Step5. 放置半剖视图。移动鼠标到位置 3 单击，完成视图的放置。

8.2.5 旋转剖视图

旋转剖视图是采用相交的剖切面来剖开零件，然后将被剖切面剖开的结构等旋转到同一个平面上进行投影的剖视图。下面创建图 8.2.13 所示的旋转剖视图，操作过程如下。

Step1. 打开文件 D:\ug12mo\work\ch08.02\revolved_section_cut.prt。

Step2. 选择命令。选择下拉菜单 插入(S) → 视图(W) → 剖视图(S)... 命令，系统弹出“剖视图”对话框。

Step3. 定义剖切类型。在 截面线 区域的 方法 下拉列表中选择 旋转 选项。

Step4. 选择剖切位置。单击“捕捉方式”工具条中的 ⊙ 按钮，依次选取图 8.2.13 所示的 1 指示的圆弧和 2 指示的圆弧，再取消选中“捕捉方式”工具条中的 ⊙ 按钮，并单击 ○

按钮，然后选取图 8.2.13 所示的 3 指示的圆弧的象限点。

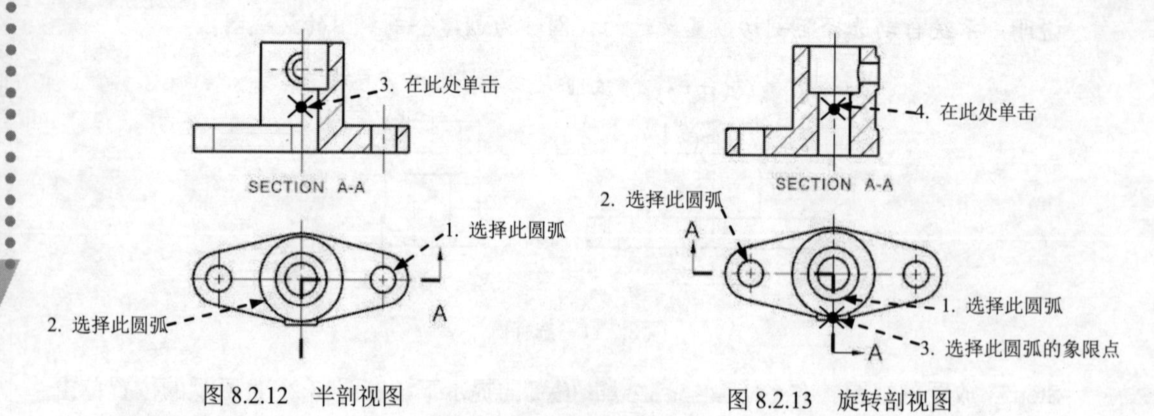

图 8.2.12　半剖视图　　　　图 8.2.13　旋转剖视图

Step5. 放置剖视图。在系统**指定放置视图的位置**的提示下，单击图 8.2.13 所示的位置 4，完成视图的放置。

Step6. 添加中心线。此例中孔的中心线不显示，要手动创建。

8.2.6　阶梯剖视图

阶梯剖视图也是一种全剖视图，只是阶梯剖的剖切平面一般是一组平行的平面，在工程图中，其剖切线为一条连续垂直的折线。下面创建图 8.2.14 所示的阶梯剖视图，操作过程如下。

Step1. 打开文件 D:\ug12mo\work\ch08.02\stepped_section_cut.prt。

Step2. 绘制剖面线。

（1）选择下拉菜单 插入(S) → 视图(W) → 剖切线(L)... 命令，系统弹出“截面线”对话框并自动进入草图环境。

说明：如果当前图纸中不止一个视图，则需要先选择父视图才能进入草图环境。

（2）绘制图 8.2.15 所示的剖切线。

（3）退出草图环境，系统返回到“截面线”对话框，在该对话框的 方法 下拉列表中选择 简单剖/阶梯剖 选项，单击 确定 按钮，完成剖切线的创建。

Step3. 创建阶梯剖视图。

（1）选择下拉菜单 插入(S) → 视图(W) → 剖视图(S)... 命令，系统弹出“剖视图”对话框。

（2）定义剖切类型。在 截面线 区域的 定义 下拉列表中选择 选择现有的 选项，然后选择之前绘制的剖切线。

（3）在原视图的上方单击放置阶梯剖视图。

（4）单击“剖视图”对话框中的 关闭 按钮。

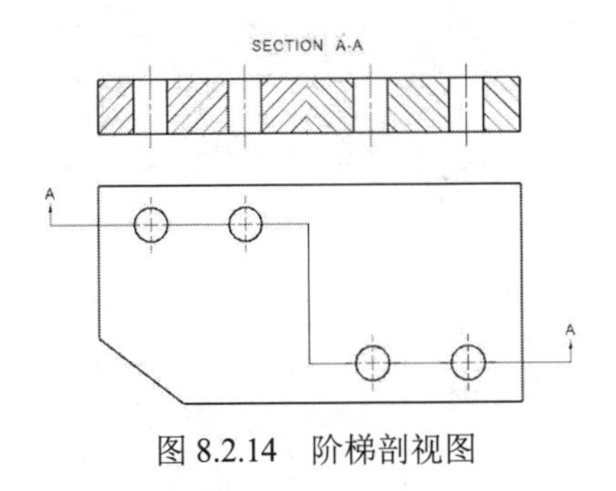

图 8.2.14 阶梯剖视图

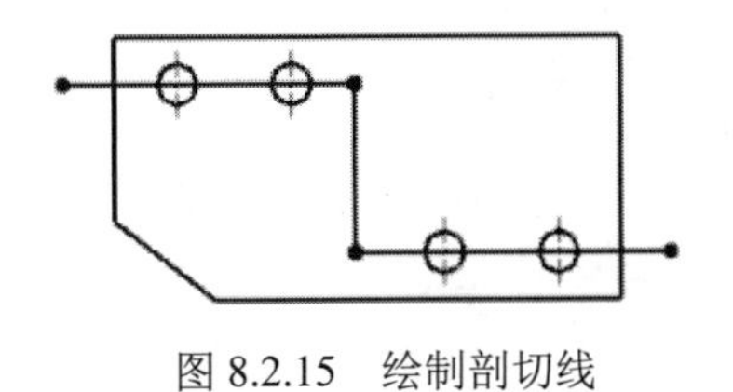

图 8.2.15 绘制剖切线

8.2.7 局部剖视图

局部剖视图是通过移除零件某个局部区域的材料来查看内部结构的剖视图，创建时需要提前绘制封闭或开放的曲线来定义要剖开的区域。下面创建图 8.2.16 所示的局部剖视图，操作过程如下。

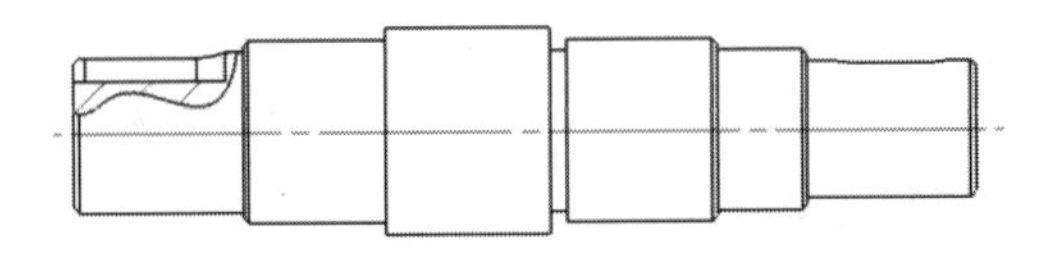

图 8.2.16 局部剖视图

Step1. 打开文件 D:\ug12mo\work\ch08.02\breakout_section.prt。

Step2. 绘制草图曲线。

（1）激活要创建局部剖的视图。在 部件导航器 中右击视图 投影 "ORTHO@7"，在系统弹出的快捷菜单中选择 活动草图视图 命令，此时将激活该视图为草图视图。

说明：如果此时该视图已被激活，则无需进行此步操作。

（2）单击 布局 功能选项卡，然后在 草图 区域单击“艺术样条”按钮，系统弹出“艺术样条”对话框，选择 通过点 类型，在 参数化 区域中选中 ☑ 封闭 复选框，绘制图 8.2.17 所示的样条曲线，单击对话框中的 < 确定 > 按钮。

（3）单击 完成草图 按钮，完成草图绘制。

Step3. 选择下拉菜单 插入(S) → 视图(W) → 局部剖(O)... 命令，系统弹出“局部剖”对话框（一）如图 8.2.18 所示。

Step4. 创建局部剖视图。

（1）选择视图。在“局部剖”对话框（一）中选中 ⊙ 创建 单选项，在系统 选择一个生成局部剖的视图 的提示下，在对话框（一）中单击选取 ORTHO@7 为要创建的对象（也可以直接在图纸中选取），此时对话框变成图 8.2.19 所示的状态。

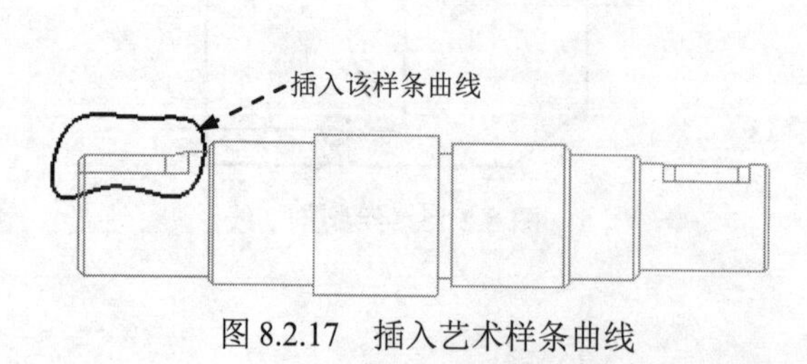

图 8.2.17　插入艺术样条曲线

图 8.2.18　“局部剖”对话框（一）

（2）定义基点。在系统 选择对象以自动判断点 的提示下，单击“捕捉方式”工具条中的按钮，选取图 8.2.20 所示的基点。

（3）定义拉出的矢量方向。接受系统的默认方向。

（4）选择剖切范围。单击“局部剖”对话框（二）中的“选择曲线”按钮，选择样条曲线作为剖切线，单击 应用 按钮，再单击 取消 按钮，完成局部剖视图的创建。

图 8.2.19　“局部剖”对话框（二）

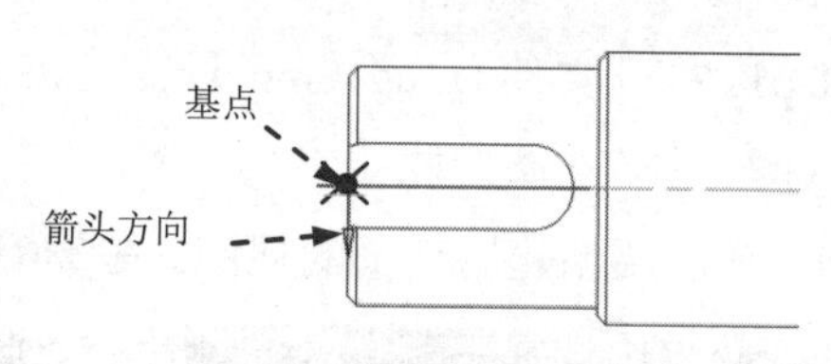

图 8.2.20　选取基点

8.2.8　显示与更新视图

1．视图的显示

在“图纸”工具栏中单击按钮（该按钮默认不显示在工具条中，需要手动添加），系统会在模型的三维图形和二维工程图之间进行切换。

2．视图的更新

选择下拉菜单 编辑(E) → 视图(W) → 更新(U)... 命令，可更新图形区中的视图。选择该命令后，系统弹出图 8.2.21 所示的“更新视图”对话框。

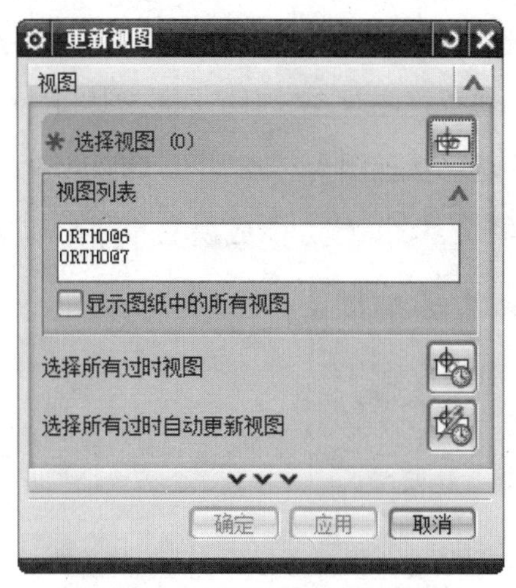

图 8.2.21 “更新视图”对话框

图 8.2.21 所示的“更新视图”对话框中的按钮及选项说明如下。

- □ 显示图纸中的所有视图：列出当前存在于部件文件中所有图样页面上的所有视图，当该复选框被选中时，部件文件中的所有视图都在该对话框中可见并可供选择。如果取消选中该复选框，则只能选择当前显示的图样上的视图。
- 选择所有过时视图：用于选择工程图中的过期视图。单击 应用 按钮之后，这些视图将进行更新。
- 选择所有过时自动更新视图：用于选择工程图中的所有过期视图并自动更新。

8.2.9 视图对齐

UG NX 12.0 提供了比较方便的视图对齐功能。将鼠标移至视图的视图边界上并按住左键，然后移动，系统会自动判断用户的意图，显示可能的对齐方式，当移动至适合的位置时，松开鼠标左键即可。但是如果这种方法不能满足要求的话，则用户还可以利用 视图对齐 命令来对齐视图。下面以图 8.2.22 所示的视图为例来说明利用该命令对齐视图的一般过程。

a）对齐前　　b）对齐后

图 8.2.22 对齐视图

Step1. 打开文件 D:\ug12mo\work\ch08.02\level1.prt。

Step2. 选择命令。选择下拉菜单 编辑(E) → 视图(W) → 对齐(I)... 命令，系统弹出图 8.2.23 所示的“视图对齐”对话框。

Step3. 选择要对齐的视图。选择图 8.2.24 所示的视图为要对齐的视图。

Step4. 定义对齐方式。在“视图对齐”对话框的方法下拉列表中选择水平选项。

Step5. 选择对齐视图。选择主视图为对齐视图。

Step6. 单击对话框中的取消按钮，完成视图的对齐。

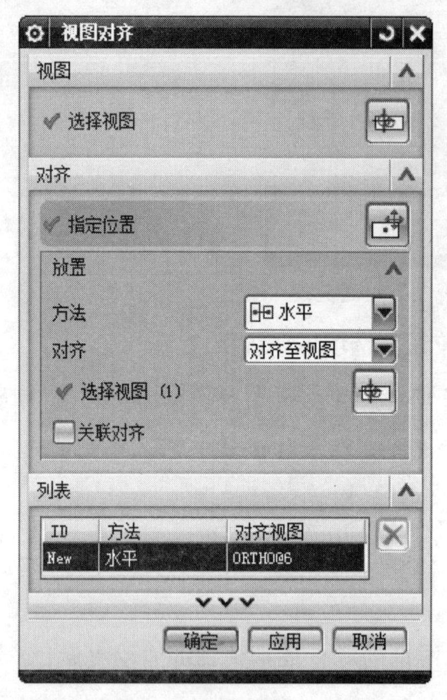

图 8.2.23 “视图对齐”对话框

静止点

要对齐的视图

图 8.2.24 选择对齐视图

图 8.2.23 所示的“视图对齐”对话框中“方法”下拉列表的选项说明如下。

- 自动判断：自动判断两个视图可能的对齐方式。
- 水平：将选定的视图水平对齐。
- 竖直：将选定的视图垂直对齐。
- 垂直于直线：将选定视图与指定的参考线垂直对齐。
- 叠加：同时水平和垂直对齐视图，以便使它们重叠在一起。

8.2.10 编辑视图

1. 编辑整个视图

打开文件 D:\ug12mo\work\ch08.02\base_ok.prt，在视图的边框上右击，从系统弹出的快捷菜单中选择设置(S)...命令，系统弹出图 8.2.25 所示的“设置”对话框，使用该对话框可以改变视图的显示。

图 8.2.25 “设置”对话框

2．视图细节的编辑

Stage1．编辑剖切线

下面以图 8.2.26 为例来说明编辑剖切线的一般过程。

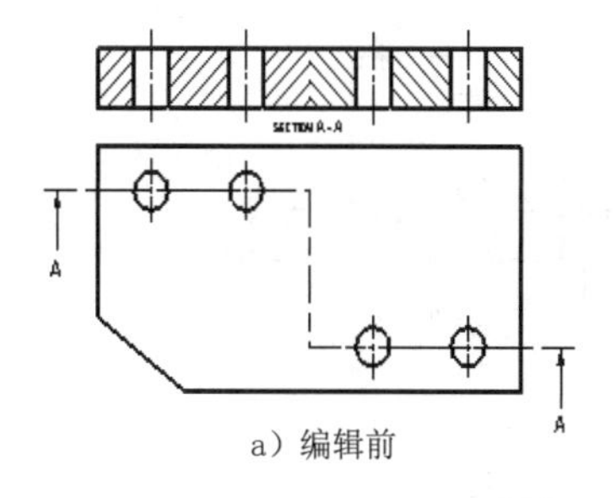

a）编辑前

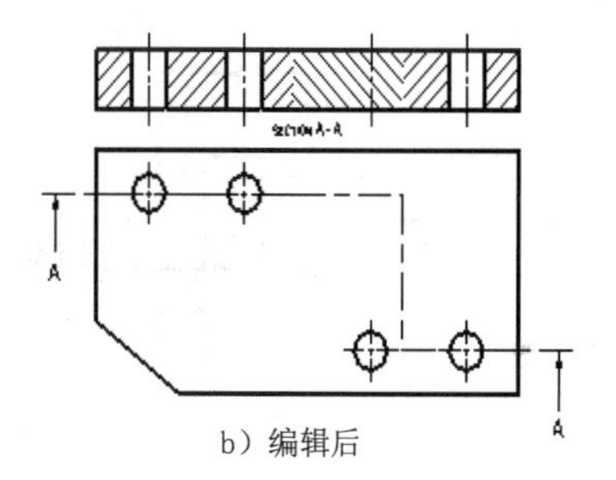

b）编辑后

图 8.2.26 编辑剖切线

Step1．打开文件 D:\ug12mo\work\ch08.02\edit_section.prt。

Step2．选择命令。在视图中双击要编辑的剖切线（或者双击剖切箭头），系统弹出图 8.2.27 所示的“截面线”对话框。

Step3．选择编辑草图命令。单击“截面线”对话框中的按钮。

Step4．选择要移动的段（图 8.2.28 所示的一段剖切线）。

Step5．选择放置位置，如图 8.2.28 所示。

说明：利用“截面线”对话框不仅可以增加、删除和移动剖切线，还可重新定义铰链线、剖切矢量和箭头矢量等。

Step6．单击“截面线”对话框中的 应用 按钮，再单击 取消 按钮，此时视图并未立即更新。

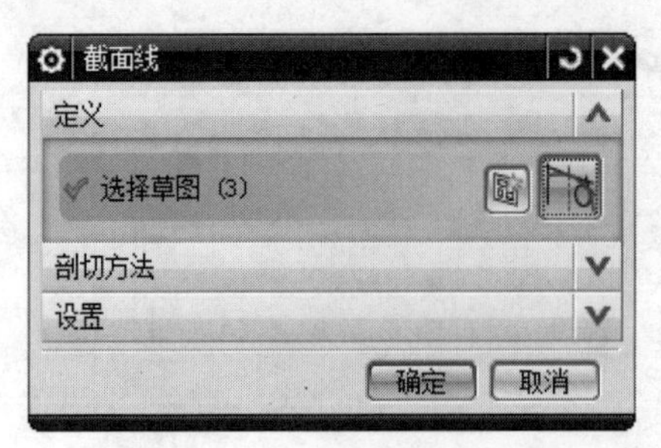

图 8.2.27 "截面线"对话框

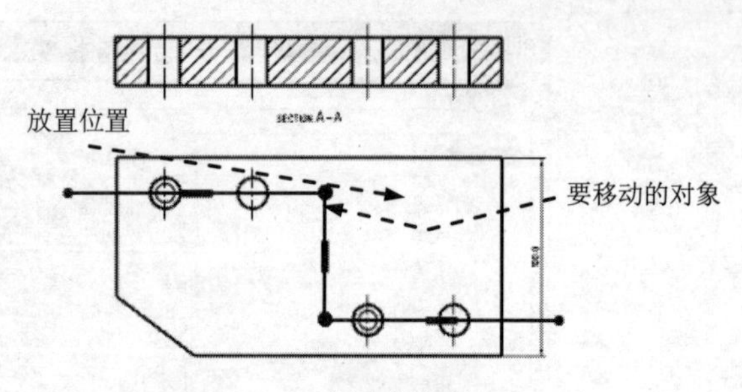

图 8.2.28 创建剖切线

Step7. 更新视图。选择下拉菜单 编辑(E) → 视图(W) → 更新(U)... 命令，系统弹出"更新视图"对话框，单击"选择所有过时视图"按钮，选择全部视图，再单击 确定 按钮，完成剖切线的编辑。

Stage2. 定义剖面线

在工程图环境中，用户可以选择现有剖面线或自定义的剖面线填充剖面。与产生剖视图的结果不同，填充剖面不会产生新的视图。下面以图 8.2.29 为例来说明定义剖面线的一般操作过程。

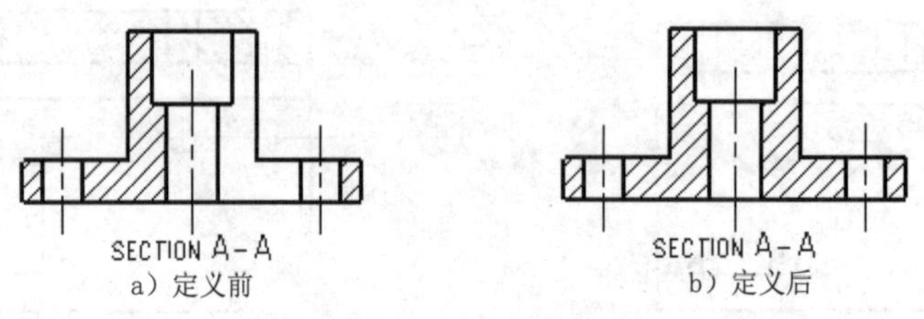

图 8.2.29 定义剖面线

Step1. 打开文件 D:\ug12mo\work\ch08.02\edit_section3.prt。

Step2. 选择命令。选择下拉菜单 插入(S) → 注释(A) → 剖面线(O)... 命令，系统弹出图 8.2.30 所示的"剖面线"对话框，在该对话框 边界 区域的 选择模式 下拉列表中选择 边界曲线 选项。

Step3. 定义剖面线边界。依次选择图 8.2.31 所示的边界为剖面线边界。

Step4. 设置剖面线。剖面线的设置如图 8.2.30 所示。

Step5. 单击 确定 按钮，完成剖面线的定义。

图 8.2.30 所示的"剖面线"对话框的边界区域说明如下。

- 边界曲线 选项：若选择该选项，则在创建剖面线时是通过在图形上选取一个封闭的边界曲线来得到。
- 区域中的点 选项：若选择该选项，则在创建剖面线时，只需要在一个封闭的边界曲线内部单击一下，系统就会自动选取此封闭边界作为创建剖面线边界。

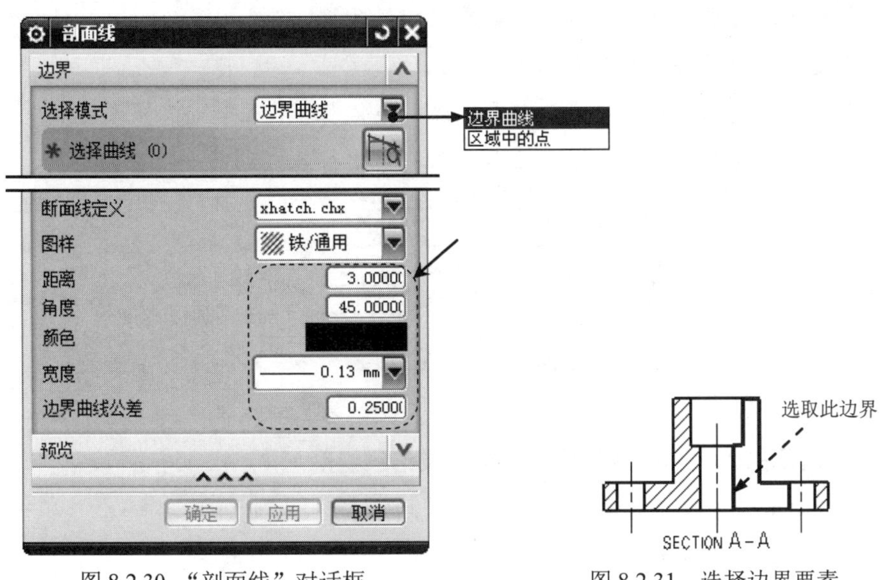

图 8.2.30 “剖面线”对话框

图 8.2.31 选择边界要素

8.3 工程图标注与符号

8.3.1 尺寸标注

尺寸标注是工程图中一个重要的环节，本节将介绍尺寸标注的方法及注意事项。选择下拉菜单 插入(S) → 尺寸(M) 命令，系统弹出“尺寸”菜单，或者通过图 8.3.1 所示的 主页 功能选项卡 尺寸 区域的命令按钮进行尺寸标注。在标注的任一尺寸上右击，在系统弹出的快捷菜单中选择 编辑... 命令，系统会弹出图 8.3.2 所示的“尺寸编辑”界面。

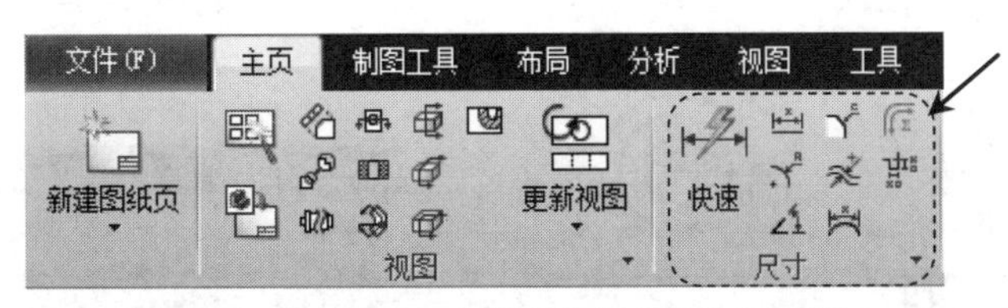

图 8.3.1 “主页”功能选项卡“尺寸”区域

图 8.3.1 所示的“主页”功能选项卡“尺寸”区域的按钮说明如下。

：允许用户使用系统功能创建尺寸，以便根据用户选取的对象以及光标位置自动判断尺寸类型创建一个尺寸。

：在两个对象或点位置之间创建线性尺寸。

：创建圆形对象的半径或直径尺寸。

：在两条不平行的直线之间创建一个角度尺寸。

：在倒斜角曲线上创建倒斜角尺寸。

：创建一个厚度尺寸，测量两条曲线之间的距离。

：创建一个弧长尺寸来测量圆弧周长。

：创建周长约束以控制选定直线和圆弧的集体长度。

：创建一个坐标尺寸，测量从公共点沿一条坐标基线到某一位置的距离。

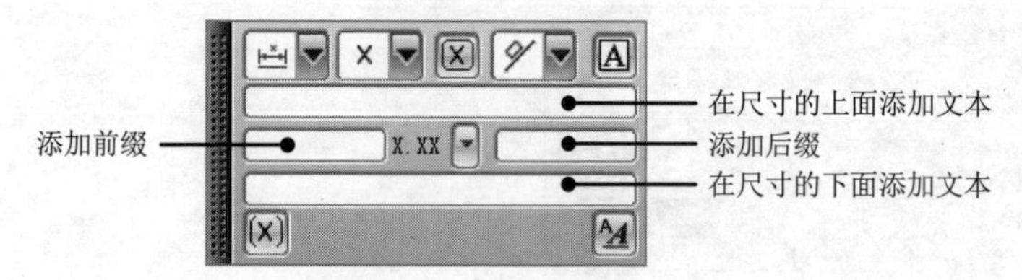

图 8.3.2 “尺寸编辑”界面

图 8.3.2 所示的“尺寸编辑”界面的按钮及选项说明如下。

- ：用于设置尺寸类型。
- ：用于设置尺寸精度。
- ：检测尺寸。
- ：用于设置尺寸文本位置。
- ：单击该按钮，系统弹出“附加文本”对话框，用于添加注释文本。
- ：用于设置尺寸精度。
- ：用于设置参考尺寸。
- ：单击该按钮，系统弹出“设置”对话框，用于设置尺寸显示和放置等参数。

下面以图 8.3.3 为例来介绍创建尺寸标注的一般操作过程。

Step1. 打开文件 D:\ug12mo\work\ch08.03\dimension.prt。

Step2. 标注竖直尺寸。选择下拉菜单 插入(S) → 尺寸(M) → 线性命令，系统弹出图 8.3.4 所示的“线性尺寸”对话框。

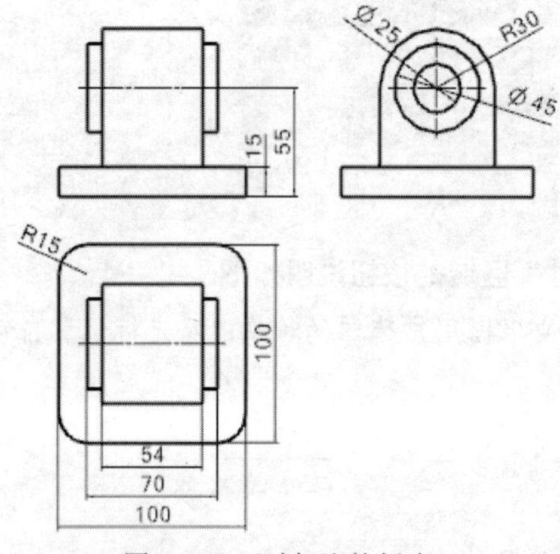

图 8.3.3 尺寸标注的创建

图 8.3.4 “线性尺寸”对话框

Step3. 在测量区域的方法下拉列表中选择竖直选项，单击“捕捉方式”工具条中的

按钮，选取图 8.3.5 所示的中心线 1 和边线 1，系统自动显示活动尺寸，单击合适的位置放置尺寸；选取图 8.3.5 所示的边线 2 和边线 1，系统自动显示活动尺寸，单击合适的位置放置尺寸；选取图 8.3.5 所示的边线 3 和边线 4，系统自动显示活动尺寸，单击合适的位置放置尺寸，然后单击 关闭 按钮，结果如图 8.3.6 所示。

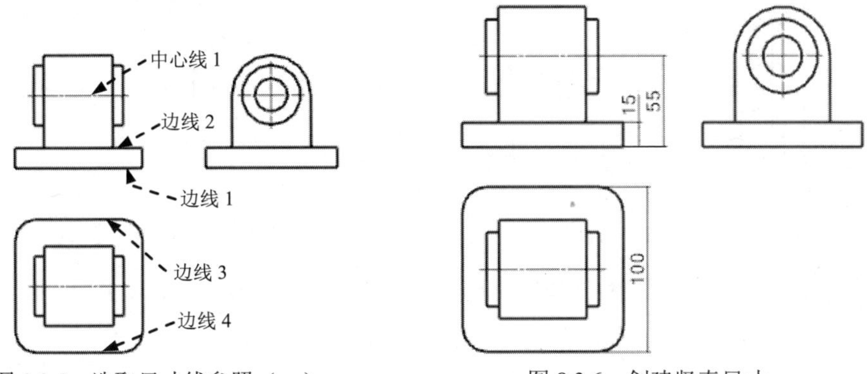

图 8.3.5　选取尺寸线参照（一）　　图 8.3.6　创建竖直尺寸

Step4. 标注水平尺寸。选择下拉菜单 插入(S) → 尺寸(M) ▸ → 线性 命令，系统弹出“线性尺寸”对话框。

Step5. 在 测量 区域的 方法 下拉列表中选择 水平 选项，单击“捕捉方式”工具条中的 按钮，选取图 8.3.7 所示的边线 1 和边线 2，系统自动显示活动尺寸，单击合适的位置放置尺寸；选取图 8.3.7 所示的边线 3 和边线 4，系统自动显示活动尺寸，单击合适的位置放置尺寸；选取图 8.3.7 所示的边线 5 和边线 6，系统自动显示活动尺寸，单击合适的位置放置尺寸，结果如图 8.3.8 所示。

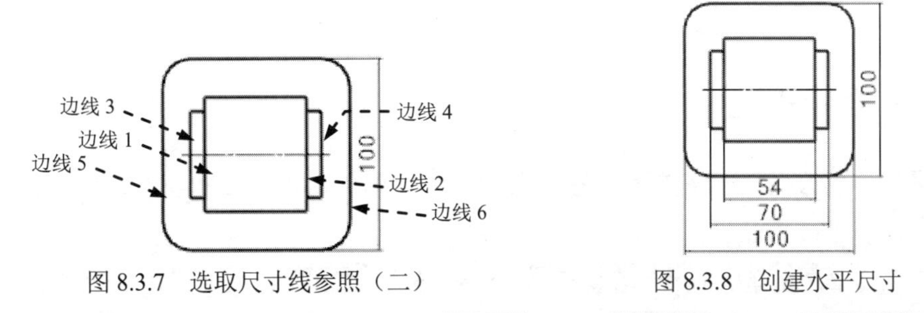

图 8.3.7　选取尺寸线参照（二）　　图 8.3.8　创建水平尺寸

Step6. 标注半径尺寸。选择下拉菜单 插入(S) → 尺寸(M) ▸ → 径向(R)... 命令，系统弹出“径向尺寸”对话框。

Step7. 在 测量 区域的 方法 下拉列表中选择 径向 选项，选取图 8.3.9 所示的圆弧 1，单击合适的位置放置半径尺寸；选取图 8.3.9 所示的圆弧 2，单击合适的位置放置半径尺寸，结果如图 8.3.10 所示。

Step8. 标注直径尺寸。选择下拉菜单 插入(S) → 尺寸(M) ▸ → 径向(R)... 命令，系统弹出“径向尺寸”对话框。

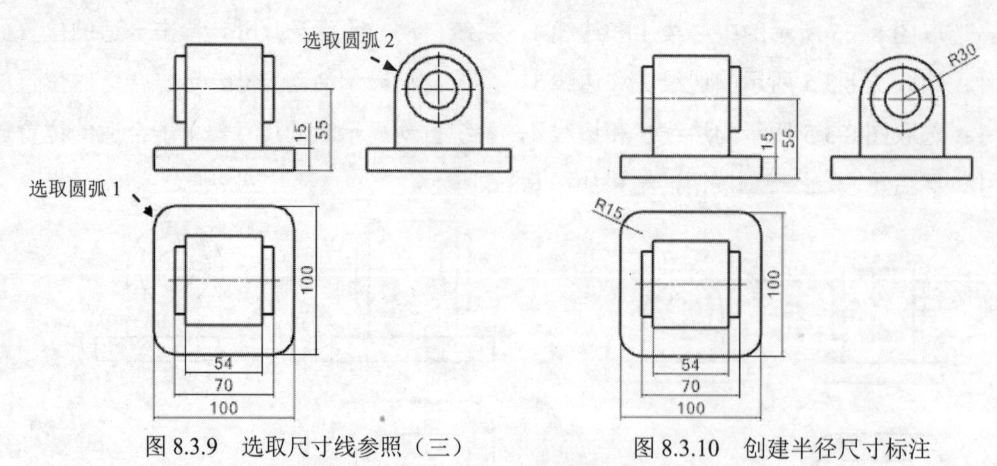

图 8.3.9　选取尺寸线参照（三）　　　　图 8.3.10　创建半径尺寸标注

Step9. 在测量区域的方法下拉列表中选择直径选项，选取图 8.3.11 所示的圆，单击合适的位置放置直径尺寸，结果如图 8.3.12 所示。

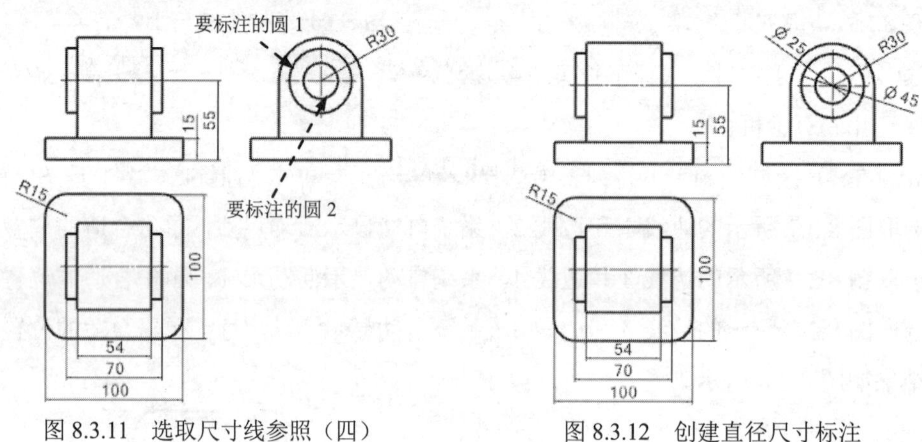

图 8.3.11　选取尺寸线参照（四）　　　　图 8.3.12　创建直径尺寸标注

8.3.2　注释编辑器

制图环境中的几何公差和文本注释都是通过注释编辑器来标注的，因此，在这里先介绍一下注释编辑器的用法。

选择下拉菜单 插入(S) → 注释(A) → A 注释(N)... 命令（或单击“注释”按钮 A），系统弹出图 8.3.13 所示的“注释”对话框（一）。

图 8.3.13 所示的“注释”对话框（一）的部分选项说明如下。

- 编辑文本区域：该区域（“编辑文本”工具栏）用于编辑注释，其主要功能和 Word 等软件的功能相似。
- 格式设置区域：该区域包括“文本字体设置下拉列表 alien”“文本大小设置下拉列表 0.25”“编辑文本按钮”和“多行文本输入区”。
- 符号区域：该区域的类别下拉列表中主要包括“制图”“形位公差”“分数”“定制符号”“用户定义”和“关系”6 个选项。

☑ 制图选项：使用图 8.3.13 所示的制图选项可以将制图符号的控制字符输入到编辑窗口。

☑ 形位公差选项：图 8.3.14 所示的形位公差选项可以将几何公差符号的控制字符输入到编辑窗口和检查几何公差符号的语法。几何公差窗格的上面有 4 个按钮，它们位于一排。这些按钮用于输入下列几何公差符号的控制字符："插入单独特征控制框""插入复合特征控制框""开始下一个框"和"插入框分隔线"。这些按钮的下面是各种公差特征符号按钮、材料条件按钮和其他几何公差符号按钮。

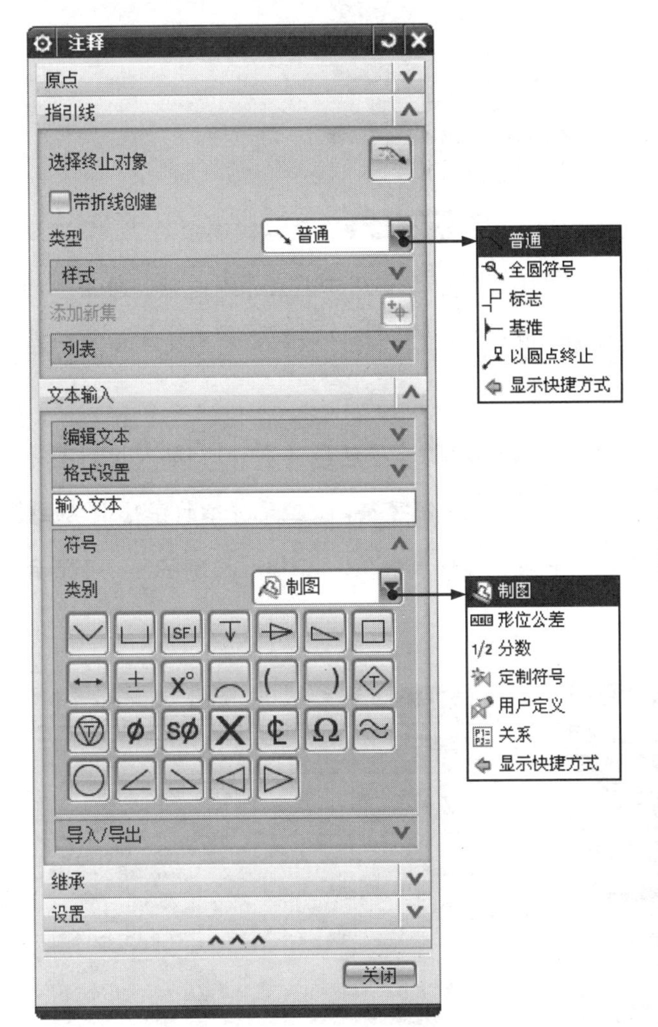

图 8.3.13 "注释"对话框（一）

图 8.3.14 "注释"对话框（二）

☑ 分数选项：图 8.3.15 所示的分数选项分为上部文本和下部文本，通过更改分数类型，可以分别在上部文本和下部文本中插入不同的分数类型。

☑ 定制符号选项：选择此选项后，可以在符号库中选取用户自定义的符号。

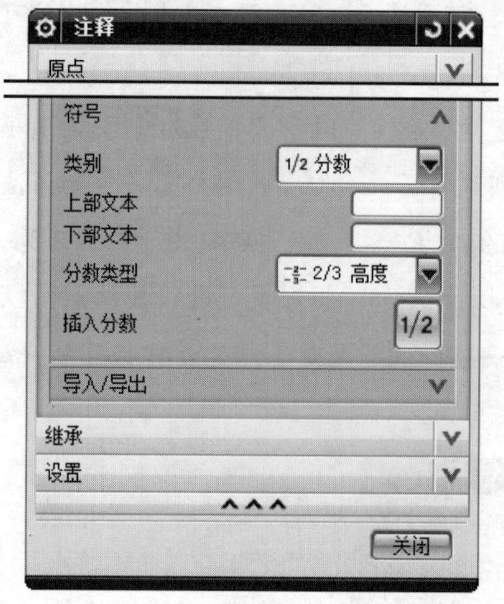

图 8.3.15 “注释”对话框（三）

☑ 用户定义选项：图 8.3.16 所示为用户定义选项。该选项的符号库下拉列表中提供了“显示部件”“当前目录”和“实用工具目录”选项。单击“插入符号”按钮后，在文本窗口中显示相应的符号代码，符号文本将显示在预览区域中。

☑ 关系选项：图 8.3.17 所示的关系选项包括 4 种：插入控制字符，以在文本中显示表达式的值；插入控制字符，以显示对象的字符串属性值；插入控制字符，以在文本中显示部件属性值；插入控制字符，以显示工作表的属性值。

图 8.3.16 “注释”对话框（四）

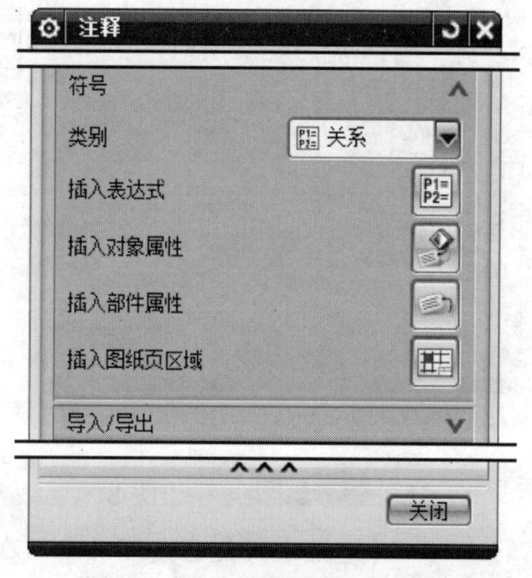

图 8.3.17 “注释”对话框（五）

8.3.3 基准特征符号

基准特征符号是一种表示设计基准的符号，在创建工程图中也是必要的。下面介绍创建基准特征符号的一般操作过程。

Step1. 打开文件 D:\ug12mo\work\ch08.03\datum_feature_symbol.prt。

Step2. 选择命令。选择下拉菜单 插入(S) → 注释(A) → 基准特征符号(R)... 命令（或单击“注释”区域中的按钮），系统弹出图 8.3.18 所示的“基准特征符号”对话框。

Step3. 创建基准。在基准标识符区域的字母文本框中输入 A，其余采用默认设置。

Step4. 在“注释”对话框的指引线区域中单击“选择终止对象”按钮，选择图 8.3.19 所示的标注位置向下拖动，然后按住 Shift 键拖动到放置位置，单击放置基准符号。

Step5. 在“基准特征符号”对话框中单击 关闭 按钮（或者单击鼠标中键），结果如图 8.3.19 所示。

说明：基准特征符号的样式与制图标准有关。

图 8.3.18 “基准特征符号”对话框

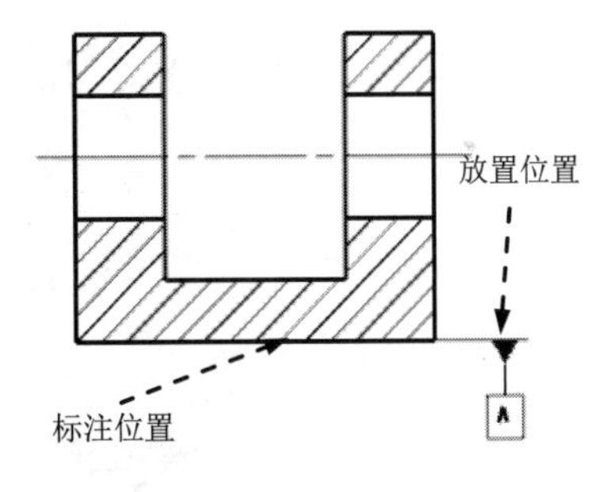

图 8.3.19 标注基准特征符号

8.3.4 几何公差

几何公差用来表示加工完成的零件的实际几何与理想几何之间的误差，包括形状公差和位置公差，简称为几何公差，是工程图中非常常见和重要的技术参数。下面以图 8.3.20 所示为例来介绍创建几何公差符号的一般操作过程。

Step1. 打开文件 D:\ug12mo\work\ch08.03\feature_control.prt。

Step2. 创建平面度公差。

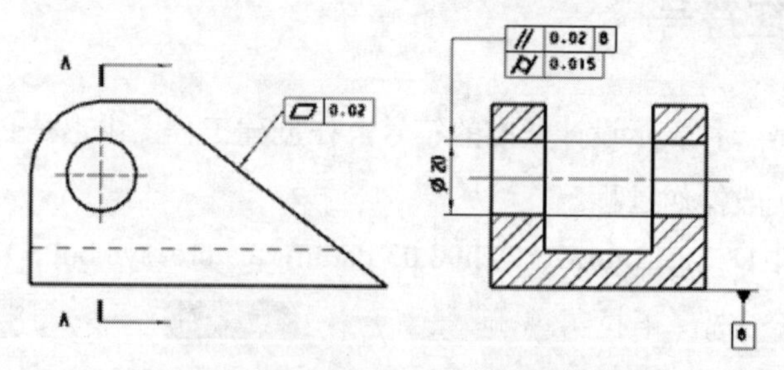

图 8.3.20　标注几何公差符号

（1）选择下拉菜单 插入(S) → 注释(A) → 特征控制框(E)... 命令（或单击"注释"区域中的按钮），系统弹出图 8.3.21 所示的"特征控制框"对话框。

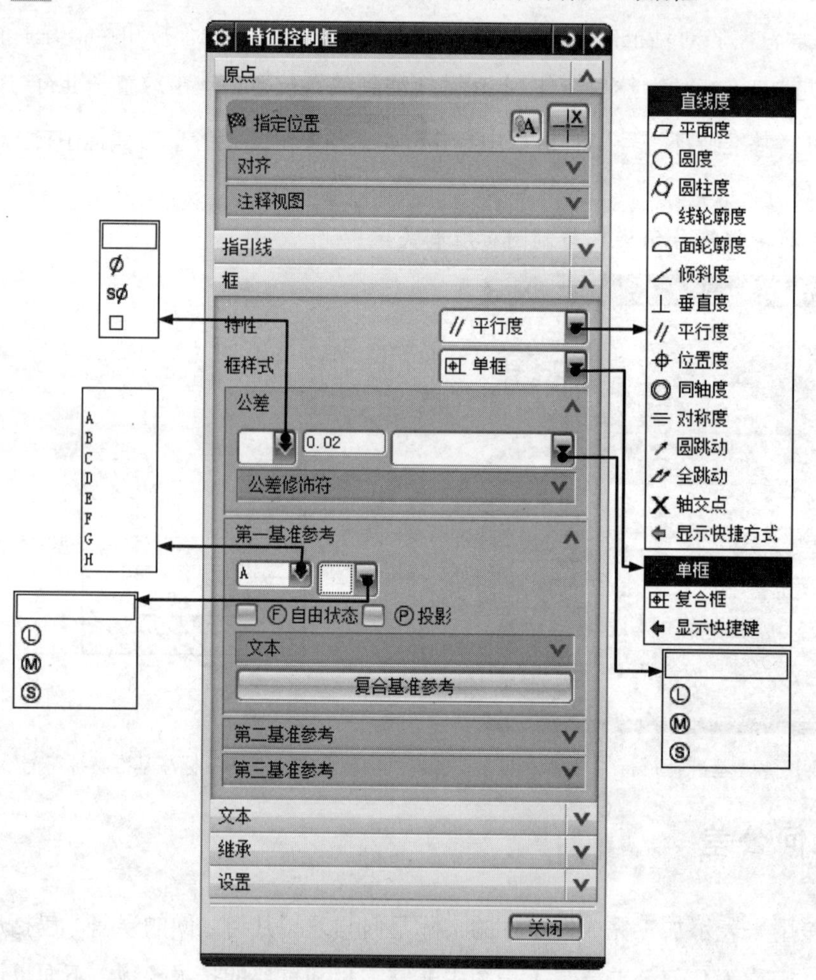

图 8.3.21　"特征控制框"对话框

图 8.3.21 所示的"特征控制框"对话框中部分选项及按钮的说明如下。

- 特性 下拉列表：用来选择几何公差的类型，系统默认为 直线度 类型。
- 框样式 下拉列表：用来选择框的样式，包含 单框 和 复合框 两种类型。如果在同一个元素上标注多个几何公差时，应选择 单框 类型并多次添加，添加时系统会

自动吸附到已经创建的几何公差框上，添加结果如图 8.3.22a 所示；如果多行几何公差的特征类型相同，只是公差值或基准不同，可以采用 复合框 类型，此时会激活图 8.3.23 所示的列表区域，在列表框中选择某个选项后即可进行相应的定义，添加结果如图 8.3.22b 所示。

a）组合的单框

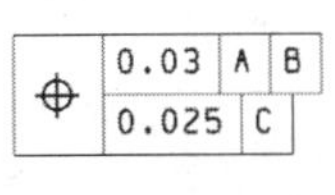

b）复合框

图 8.3.22 几何公差框样式

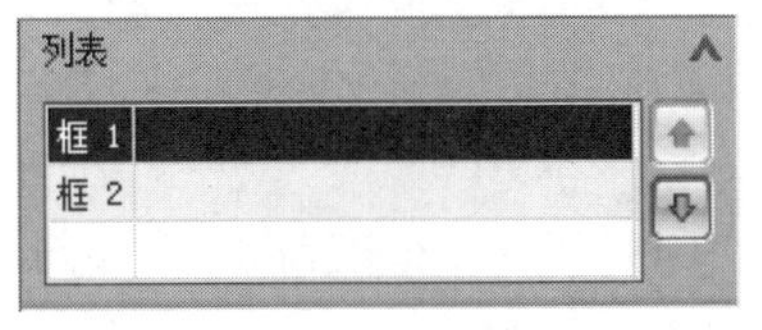

图 8.3.23 复合框的列表

- 公差 区域：用于定义几何公差的数值和相关符号。
  - ☑ 下拉列表：用来定义公差值的前缀符号，包括直径符号 Ø 、球体直径符号 SØ 和正方形符号 □ 。
  - ☑ 0.0 文本框：用来输入公差的数值。
  - ☑ 下拉列表：用来定义公差值的后缀符号，包括最小实体状态符号 Ⓛ、最大实体状态符号 Ⓜ 和不考虑特征大小符号 Ⓢ。
- 公差修饰符 区域：用来定义公差值的修饰符号。
- 第一基准参考 区域：用来定义公差值的第一个参考基准。
  - ☑ 下拉列表：用来定义第一个基准的符号，可从列表中选择或手工输入。
  - ☑ 下拉列表：用来定义第一个基准符号的后缀符号。
- 第二基准参考 和 第三基准参考 区域：与 第一基准参考 区域相似，不再赘述。
- 文本 区域：用来定义显示在公差特征框上的文本内容，可以插入相关制图等符号。
- 设置 区域：用来定义公差特征框中的文字样式。

（2）定义公差。在 特性 下拉列表中选择 平面度 选项，在 框样式 下拉列表中选择 单框 选项，在 公差 区域的 0.0 文本框中输入值 0.02，其余采用默认设置。

（3）放置公差框。选择图 8.3.24 所示的边线按下鼠标左键并拖动到放置位置，单击此位置以放置几何公差框。

Step3. 创建平行度公差。

（1）在“特征控制框”对话框的 特性 下拉列表中选择 平行度 选项，在 框样式 下拉列表中选择 单框 选项，在 公差 区域的 0.0 文本框中输入值 0.02，在 第一基准参考 区域的 下拉列表中选择 B 选项，其余采用默认设置。

（2）放置公差框。选择图 8.3.25 所示的尺寸按下鼠标左键并拖动，此时出现公差框预览。

（3）调整指引线。在“特征控制框”对话框中展开 指引线 区域中的 样式 区域（图 8.3.26 所示），在 短划线长度 文本框中输入值 15，单击图 8.3.27 所示的放置位置以放置几何公差框。

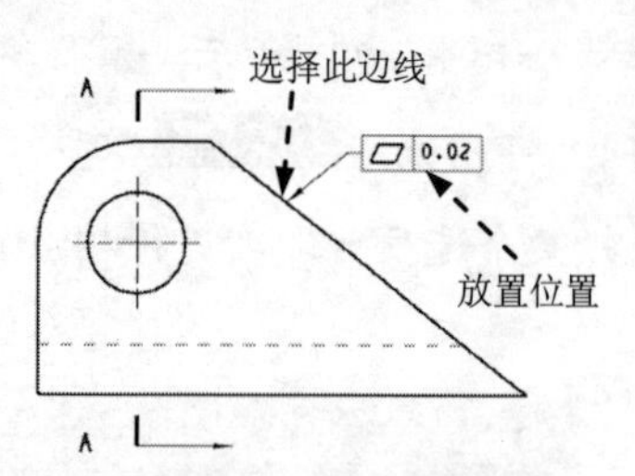

图 8.3.24　标注平面度公差

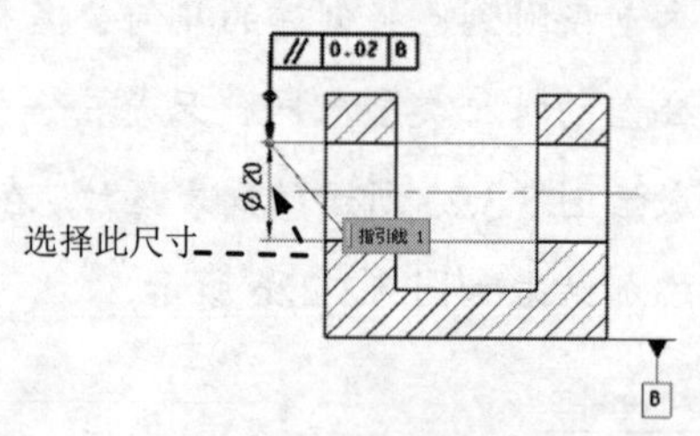

图 8.3.25　标注平行度公差

（4）在“特征控制框”对话框中单击 关闭 按钮（或者单击鼠标中键），结束命令。

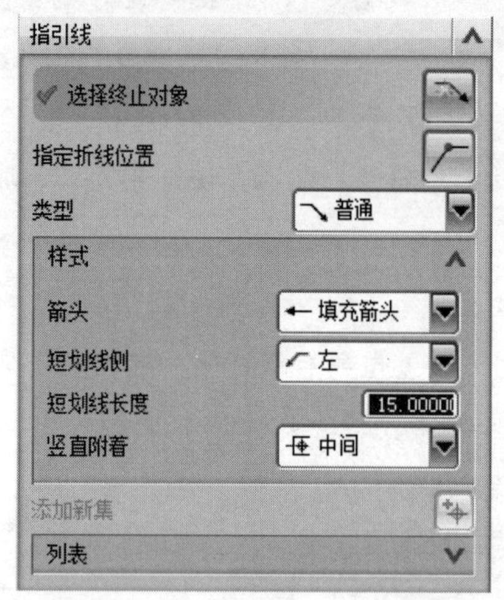

图 8.3.26　“指引线”区域

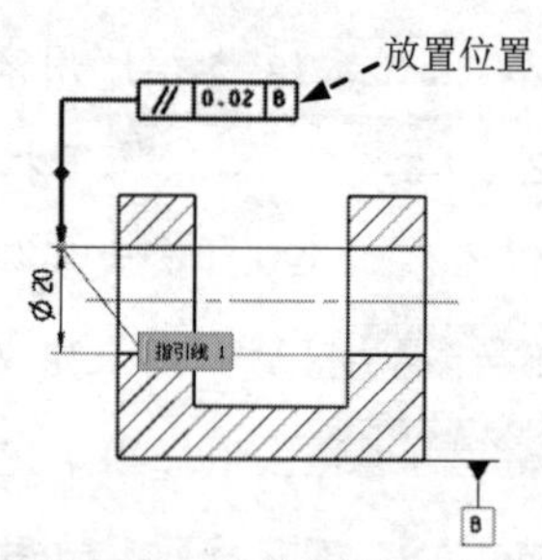

图 8.3.27　放置几何公差

Step4. 添加圆柱度公差。

（1）选择下拉菜单 插入(S) → 注释(A) → 特征控制框(E)... 命令（或单击“注释”区域中的按钮），系统弹出“特征控制框”对话框。

（2）定义公差。在 特性 下拉列表中选择 圆柱度 选项，在 框样式 下拉列表中选择 单框 选项，在 公差 区域的 0.0 文本框中输入值 0.015，在 第一基准参考 区域的下拉列表中选择空白选项，其余采用默认设置。

（3）放置公差框。确认“特征控制框”对话框中的 指定位置 被激活，移动鼠标指针到图 8.3.28 所示的位置，系统自动进行捕捉放置，单击此位置以放置几何公差框。

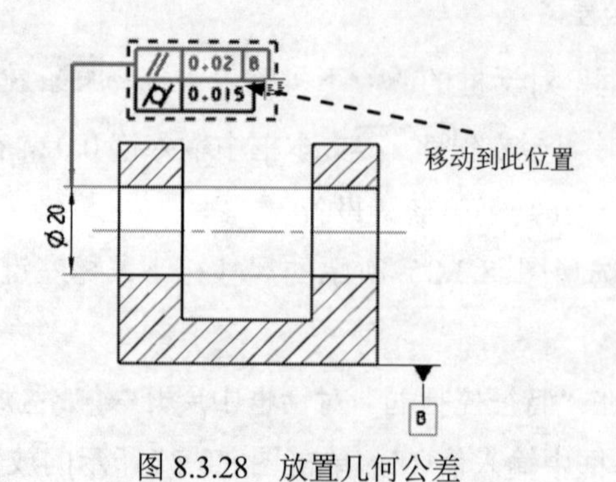

图 8.3.28　放置几何公差

(4) 在“特征控制框”对话框中单击 关闭 按钮（或者单击鼠标中键），结果如图 8.3.20 所示。

8.4 工程图设计范例

应用概述：

此例以一个充电器塑料盖为载体讲述 UG NX 12.0 工程图创建的一般过程。希望通过此例的学习读者能对 UG NX 12.0 工程图的制作有比较清楚的认识。完成后的工程图如图 8.4.1 所示。

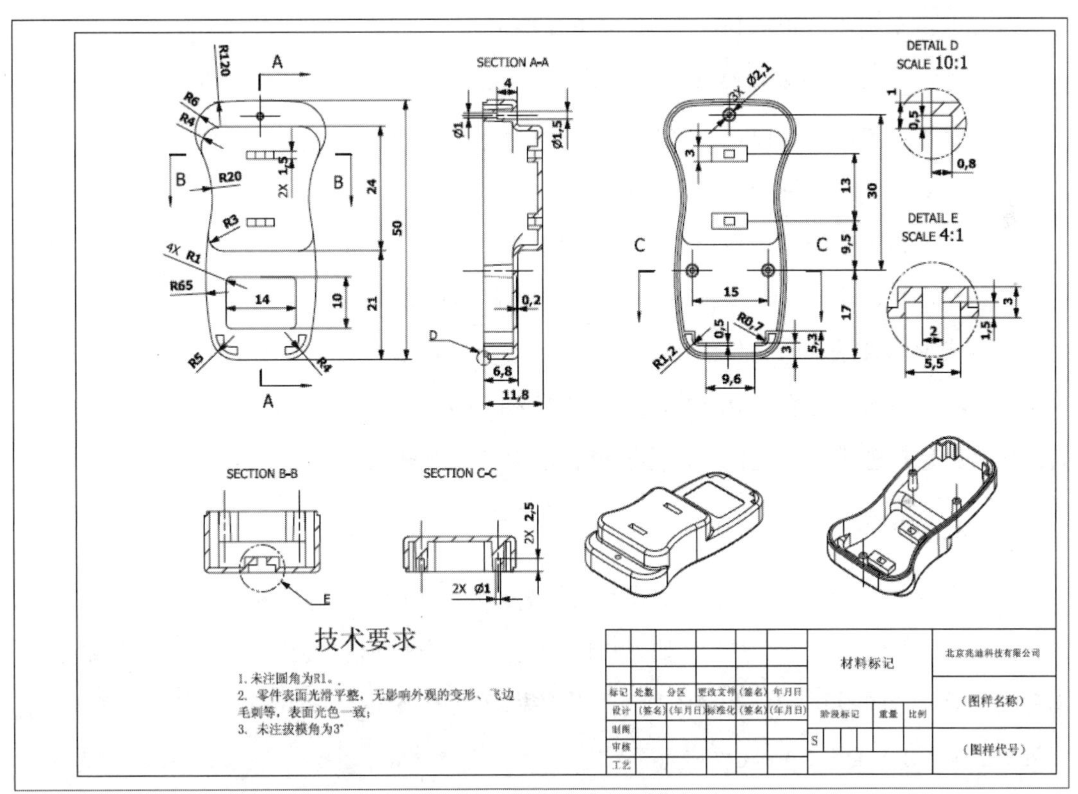

图 8.4.1　充电器盖工程图

说明：本范例的详细操作过程请参见学习资源中 video\ch08.04\文件下的语音视频讲解文件。模型文件为 D:\ug12mo\work\ch08.04\charger_down_drawing.prt。

学习拓展：扫码学习更多视频讲解。

讲解内容：工程图设计实例精选。讲解了一些典型的工程图设计案例，重点讲解了工程图设计中视图创建和尺寸标注的操作技巧。

第 9 章 UG NX 模具设计概述

9.1 注塑模具的结构组成

“注塑”一词，标准术语已改为“注射”，而软件中仍用“注塑”。为与软件一致，本书仍沿用“注塑”。

“塑料”（Plastic）即“可塑性材料”的简称，它是以高分子合成树脂为主要成分，在一定条件下可塑制成一定形状，且在常温下保持不变的材料。工程塑料（Engineering Plastic）是 20 世纪 50 年代在通用塑料基础上崛起的一类新型材料，它通常具有较好的耐蚀性、耐热性、耐寒性、绝缘性，以及诸多良好的力学性能，例如较高的拉伸强度、压缩强度、弯曲强度、疲劳强度和较好的耐磨性等。

目前，塑料的应用领域日益广阔，如用于制造冰箱、洗衣机、饮水机、洗碗机、卫生洁具、塑料水管、玩具、计算机键盘、鼠标、食品器皿和医用器具等。

塑料成型的方法（即塑件的生产方法）非常多，常见的有注塑成型、挤压成型、真空成型和发泡成型等，其中注塑成型是最主要的塑料成型方法。注塑模具是注塑成型的工具，其结构一般包括塑件成型元件、浇注系统和模架三大部分。

1. 塑件成型元件

塑件成型元件（即模仁）是注塑模具的关键部分，作用是构建塑件的结构和形状。塑件成型的主要元件包括型腔和型芯，如图 9.1.1 所示；如果塑件较复杂，则模具中还需要滑块、销等成型元件，如图 9.1.2~图 9.1.4 所示。这些模型位于 D:\ug12mo\work 目录下，读者可打开每个目录下的*_top_*.prt 文件进行查看。

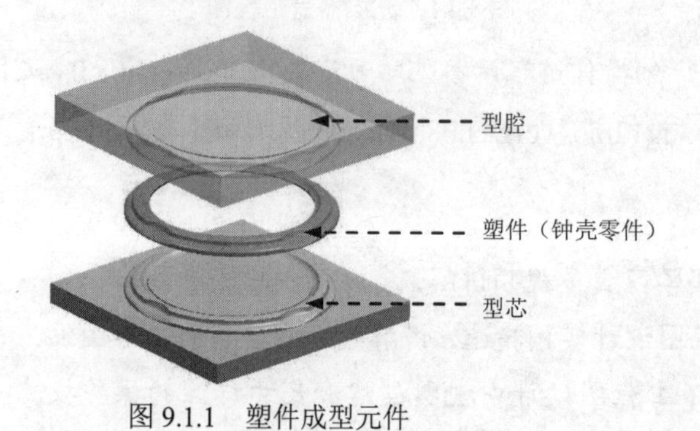

图 9.1.1 塑件成型元件

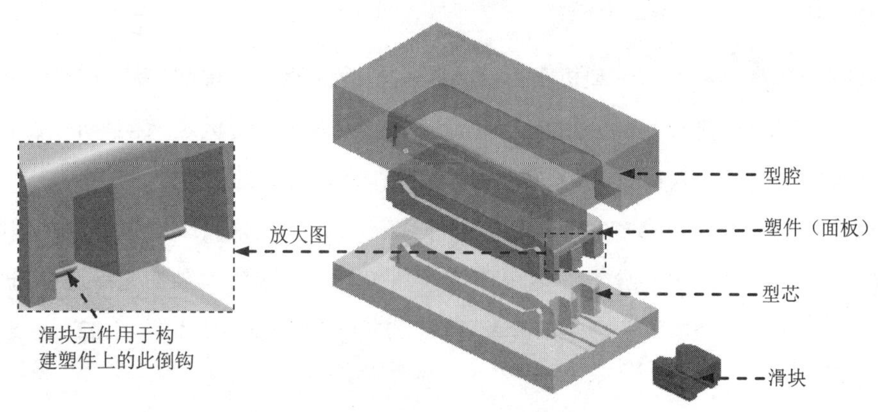

图 9.1.2　塑件成型元件（带滑块）1

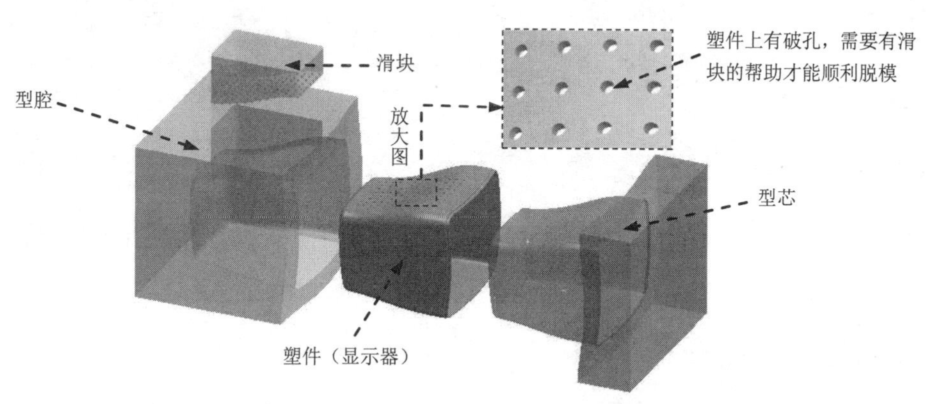

图 9.1.3　塑件成型元件（带滑块）2

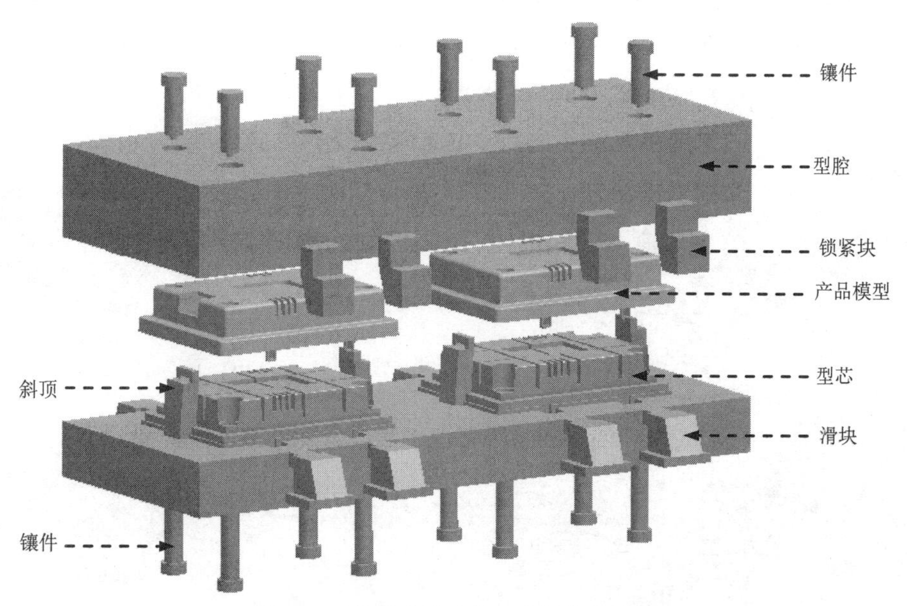

图 9.1.4　塑件成型元件（带滑块和斜顶）

2. 浇注系统

浇注系统是塑料熔融物从注塑机喷嘴流入模具型腔的通道。普通浇注系统一般由主流道、分流道、浇口和冷料穴四部分组成。主流道是熔融物从注塑机进入模具的入口，浇口是熔融物进入模具型腔的入口，分流道则是主流道和浇口之间的通道。

如果模具较大或者是一模多穴，可以安排多个浇口。当在模具中设置多个浇口时，其流道结构较复杂，主流道中会分出许多分流道（图 9.1.5），这样熔融物先流过主流道，然后通过分流道再由各个浇口进入型腔。读者可打开 D:\ug12mo\work\ch09.01.02\fork.prt 文件查看此模型。

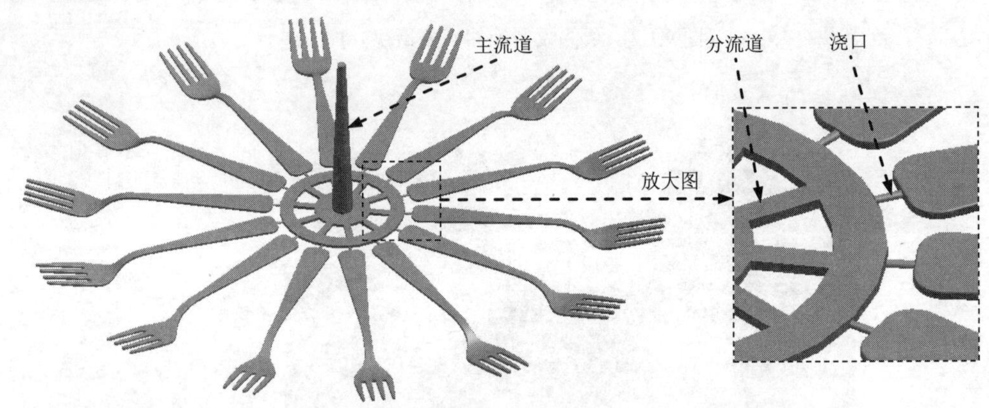

图 9.1.5 浇注系统

3. Mold Wizard 模架设计

图 9.1.6 所示的模架是通过 Mold Wizard 模块来创建的，其模架中的所有标准零部件全都是由 Mold Wizard 模块提供的，只需要确定装配位置。读者可打开 D:\ug12mo\work\ch09.01.03*_top_*.prt 文件查看此模型。

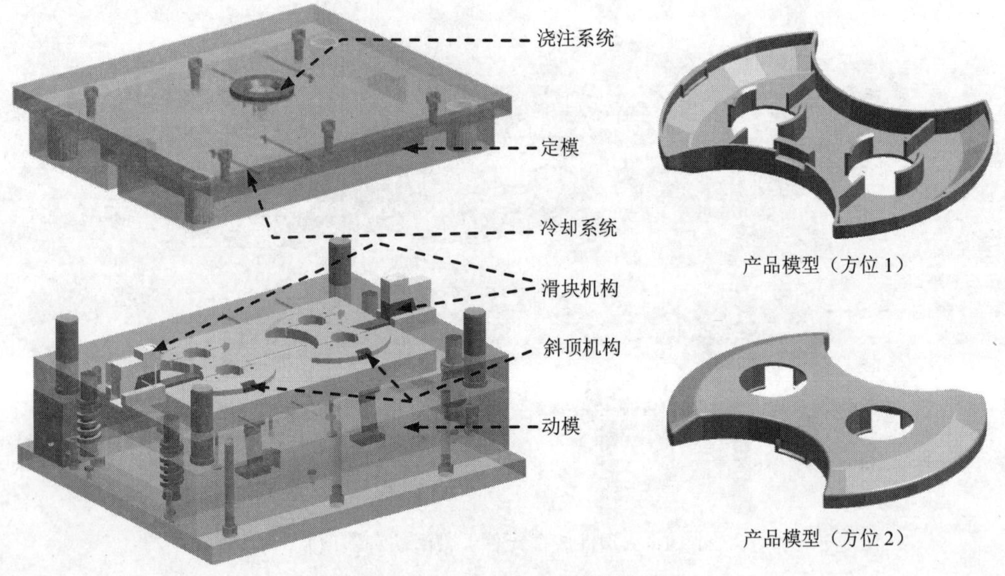

图 9.1.6 Mold Wizard 模架设计

4. 在建模环境下进行模具设计

图 9.1.7 所示的模具是在建模环境下完成设计的，其技巧性和灵活性很强。读者可打开 D:\ug12mo\work\ch09.01.04\fork.prt 文件查看此模型。

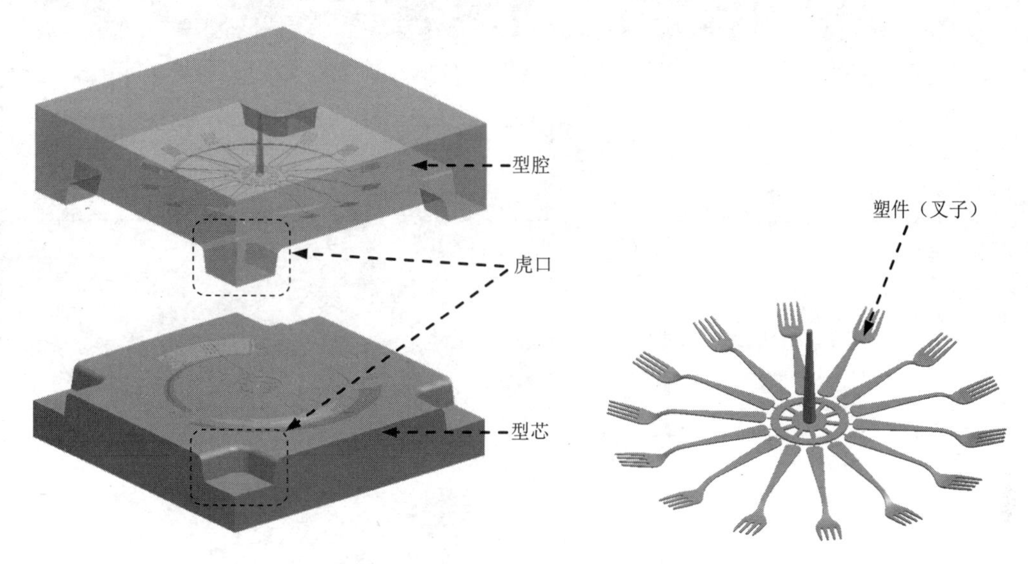

图 9.1.7 在建模环境下进行模具设计

9.2 UG NX Mold Wizard 简介

Mold Wizard（注塑模向导，以下简称 MW）作为一个模块被集成在 UG NX 软件中。MW 模块是针对模具设计的专业模块，并且此模块中配有常用的模架库和标准件库，用户可以方便地在模具设计过程中调用。标准件的调用非常简单，只要用户设置好相关标准件的参数和定位点，软件就会自动将标准件加载到模具中，在很大程度上提高了模具设计效率。值得一提的是 MW 还具有强大的电极设计功能，用户也可以通过它快速地进行电极设计。可以说 Mold Wizard 在 UG NX 中是一个具有强大模具设计功能的模块。

说明：虽然在 UG NX 12.0 中集成了注塑模具设计向导模块，但是不能直接用来设计模架和标准件。读者需要安装 Mold Wizard，并且要安装到 UG NX 12.0 目录下才能使用。

9.3 UG NX Mold Wizard 模具设计工作界面

学习本节时请先打开文件 D:\ug12mo\work\ch09.03\cap_mold_top_010.prt。

打开文件 cap_mold_top_010.prt 后，系统就会显示图 9.3.1 所示的模具设计工作界面。

下面对该工作界面进行简要说明。

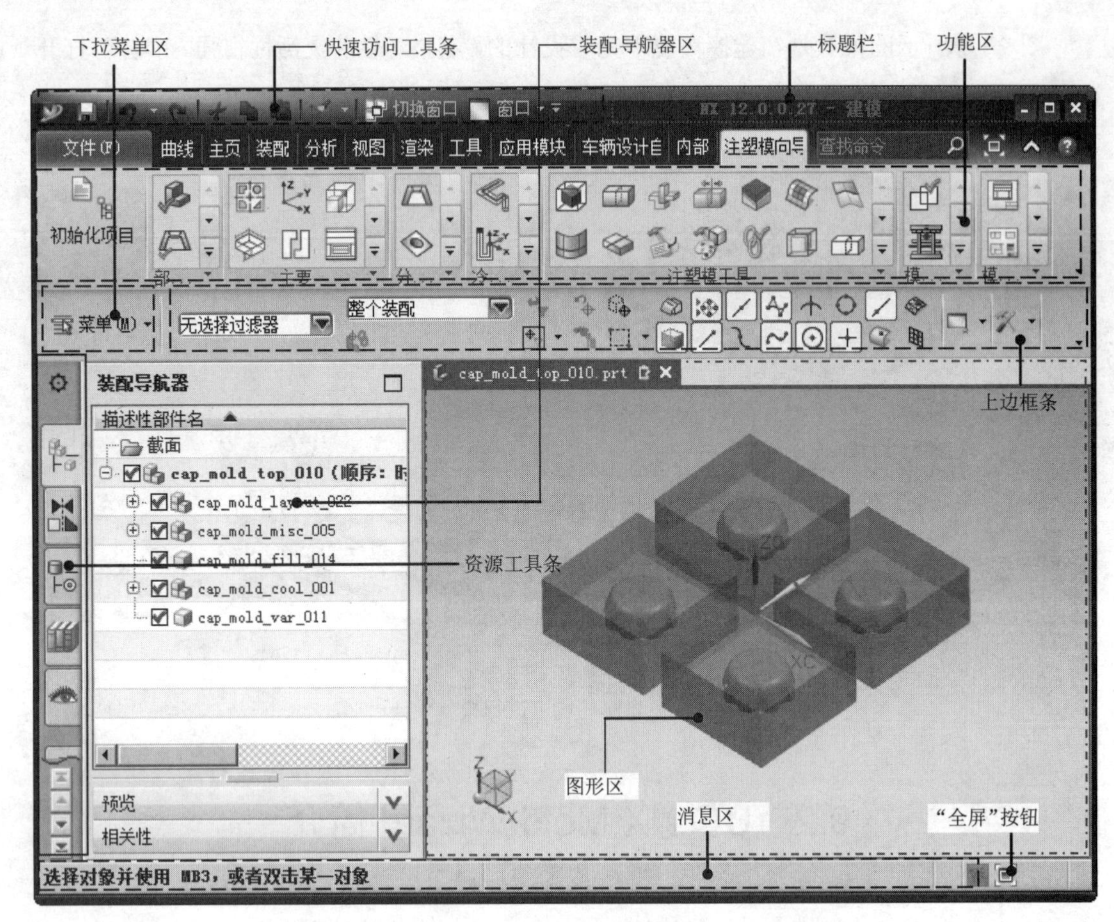

图 9.3.1 UG NX 12.0/Mold Wizard 模具设计工作界面

说明： 若打开模型后，发现顶部没有“注塑模向导”功能选项卡，则用户需要在功能选项卡空白的位置右击，然后在系统弹出的快捷菜单中选中 注塑模向导 即可。

模具设计工作界面包括快速访问工具条、标题栏、功能区、下拉菜单区、上边框条、装配导航器区、资源工具条区、图形区及消息区。

1. 功能区

功能区中的命令按钮为快速选择命令及设置工作环境提供了极大的方便，用户可以根据具体情况定制工具条，图 9.3.2 所示是“注塑模向导”功能选项卡。

图 9.3.2 “注塑模向导”功能选项卡

图 9.3.2 所示的“注塑模向导”功能选项卡中部分按钮的功能说明如下。

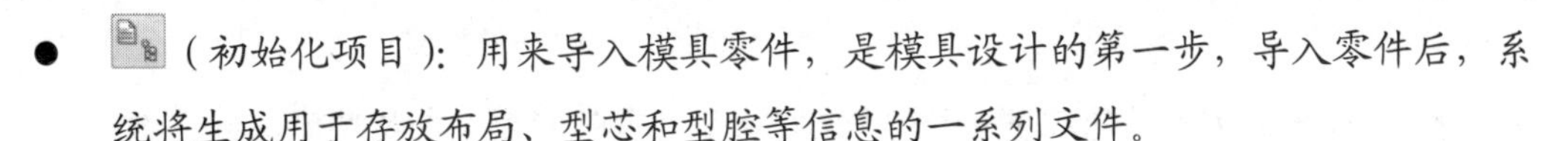

- （初始化项目）：用来导入模具零件，是模具设计的第一步，导入零件后，系统将生成用于存放布局、型芯和型腔等信息的一系列文件。
- （模具设计验证）：用于验证注塑产品模型和模具设计详细信息。
- （多腔模设计）：用于一模多腔（不同零件）的设计。可在一副模具中生成多个不相同的塑件。
- （模具 CSYS）：用来指定（锁定）模具的开模方向。
- （收缩）：用来设定一个因冷却产生收缩的比例因子。一般情况下，在设计模具时要把制品的收缩补偿到模具中，模具的尺寸为实际尺寸加上收缩尺寸。
- （工件）：可以定义用来生成模具型腔和型芯的工件（毛坯），并与模架相连接。
- （型腔布局）：用于完成产品模型在型腔中的布局。当产品需要多腔设计时，可以利用此工具。
- （模架库）：用于加载模架。在 MW 中，模架都是标准的，标准模架是由结构、尺寸和形式都标准化及系统化，并有一定互换性的零件成套组合而成的模架。
- （标准件库）：用于调用 MW 中的标准件，包括螺钉、定位圈、浇口套、推杆、推管、回程杆导向机构等。
- （顶杆后处理）：用于完成推杆件长度的延伸和头部的修剪。
- （滑块和浮升销库）：当零件上存在有侧向（相对于模具的开模方向）凸出或凹进的特征时，一般正常的开模动作不能顺利地分离这样的塑件。这时往往要在这些部位创建滑块或浮升销，使模具能顺利开模。
- （子镶块库）：用于在模具上添加镶块。镶块是考虑到加工或模具强度时才添加的。模具上经常有些特征是形状简单但比较细长的，或处于难加工的位置，这时就需要添加镶块。
- （设计填充）：用于创建模具浇口。浇口是液态塑料从流道进入模腔的入口，浇口的选择和设计直接影响塑件的成型，同时浇口的数量和位置也对塑件的质量和后续加工有直接影响。
- （流道）：用于创建模具流道。流道是浇道末端到浇口的流动通道。用户可以综合考虑塑料成型特性、塑件大小和形状等因素，最后确定流道形状及尺寸。
- （电极）：用于创建电极。电极加工是模具制造中的一种特殊加工方法。
- （物料清单）：利用此工具按钮可以创建模具项目的物料清单（明细表）。此物料清单是基于模具装配状态产生的与装配信息相关的模具部件列表，并且此清单上显示的项目可以由用户选择定制。
- （视图管理器）：利用此工具按钮可以控制模具装配组件的显示（可见性和颜

色等）。

- （未用部件管理）：用于对组件项目目录的管理（包括删除及恢复）。
- （概念设计）：可按照已定义的信息配置并安装模架和标准件。
- 分型刀具 区域：此区域的命令用于模具的分型。分型的过程包括创建分型线、分型面以及生成型芯和型腔等。
- （冷却标准件库）：用于创建模具中的冷却系统。模具温度的控制是靠冷却系统实现的，模具温度直接影响制品的收缩、表面光泽、内应力以及注塑周期等，控制模具温度是提高产品质量及提高生产效率的一个有效途径。
- 注塑模工具 区域：此区域命令主要用来修补零件中的孔、槽以及修补块，目的是做出一个 UG 能够识别的分型面。
- （修边模具组件）：用于修剪模具型芯或型腔上多余的部分，以获得所需的轮廓外形（包括对浮升销、标准件及电极的修剪）。
- （设计修边工具）：用于创建或编辑修边部件和修边曲面。
- （装配图纸）：用此工具按钮可以创建模具工程图（与一般的零件或装配体的工程图类似）。
- （组件图纸）：用于创建或管理模具装配的组件图纸。
- （孔表）：此命令可以将组件中的所有孔创建或编辑表。
- （自动尺寸）：用于自动创建孔（包括线切割起始孔）的坐标尺寸。
- （孔加工注释）：用于为选定的孔添加加工注释。
- （顶杆表）：用于自动创建顶杆表图纸。

2. 下拉菜单区

下拉菜单中包含创建、保存、修改模型和设置 UG NX 12.0 环境的一些命令。

3. 资源工具条区

资源工具条区包括“装配导航器”“约束导航器”“部件导航器”“重用库”“HD3D 工具”“Web 浏览器”和“历史记录”等导航工具。用户通过该工具条可以方便地进行一些操作。对于每一种导航器，都可以直接在其相应的项目上右击，快速地进行各种操作。

资源工具条区主要选项的功能说明如下。

- “装配导航器”显示装配的层次关系。
- “部件导航器”显示建模的先后顺序和父子关系。父对象（活动零件或组件）显示在模型树的顶部，其子对象（零件或特征）位于父对象之下。在“部件导航器”中右击，从系统弹出的快捷菜单中选择 时间戳记顺序 命令，则按“模型历史”显示。“模型历史树”中列出了活动文件中的所有零件及特征，并按建模的先后顺序显示

模型结构。若打开多个 UG NX 12.0 模型，则“部件导航器”只反映活动模型的内容。

- “重用库”中可以显示标准件。
- “Web 浏览器”可以直接浏览 UGS 官方网站。
- “历史记录”中可以显示曾经打开过的部件。

4．消息区

执行有关操作时，与该操作有关的系统提示信息会显示在消息区。消息区中间有一个可见的边线，左侧是提示栏，用来提示用户如何操作；右侧是状态栏，用来显示系统或图形当前的状态，例如显示选取结果信息等。执行每个操作时，系统都会在提示栏中显示用户必须执行的操作，或者提示下一步操作。对于大多数的命令，用户都可以利用提示栏的提示来完成操作。

5．图形区

图形区是 UG NX 12.0 用户的主要工作区域，建模的主要过程及绘制前后的零件图形、分析结果和模拟仿真过程等都在这个区域内显示。用户在进行操作时，可以直接在图形区中选取相关对象进行操作。

同时还可以选择多种视图操作方式。

方法一：右击图形区，系统弹出快捷菜单，如图 9.3.3 所示。

方法二：按住右键，系统弹出挤出式菜单，如图 9.3.4 所示。

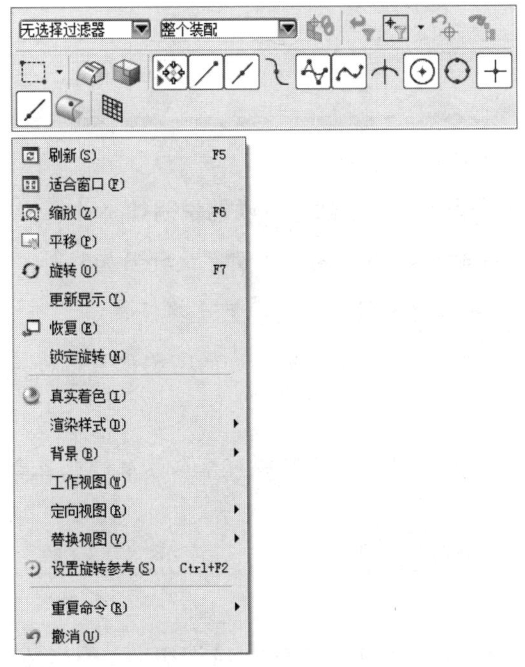

图 9.3.3　快捷菜单

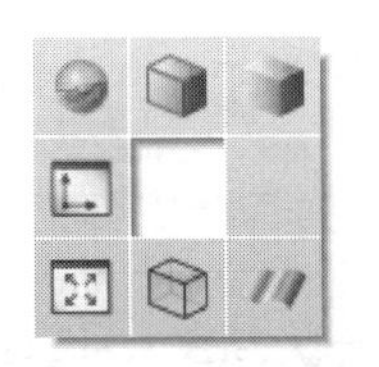

图 9.3.4　挤出式菜单

9.4 UG NX Mold Wizard 参数设置

UG NX 12.0/Mold Wizard 作为 UG NX 的一个模块，其参数设置也同样被集中到 UG NX 软件的“用户默认设置”对话框中。

选择下拉菜单 文件(F) → 实用工具(U) → 用户默认设置(D)... 命令，系统弹出“用户默认设置”对话框，在其中用户可以根据自己的意愿或公司规定设置工作环境。本节将对注塑模向导中“常规”“工件”及“分型”的设置做一下简单介绍。

1. 注塑模向导“常规”设置

在“用户默认设置”对话框中选择 常规 选项，系统弹出图 9.4.1 所示的“用户默认设置”对话框（一）。

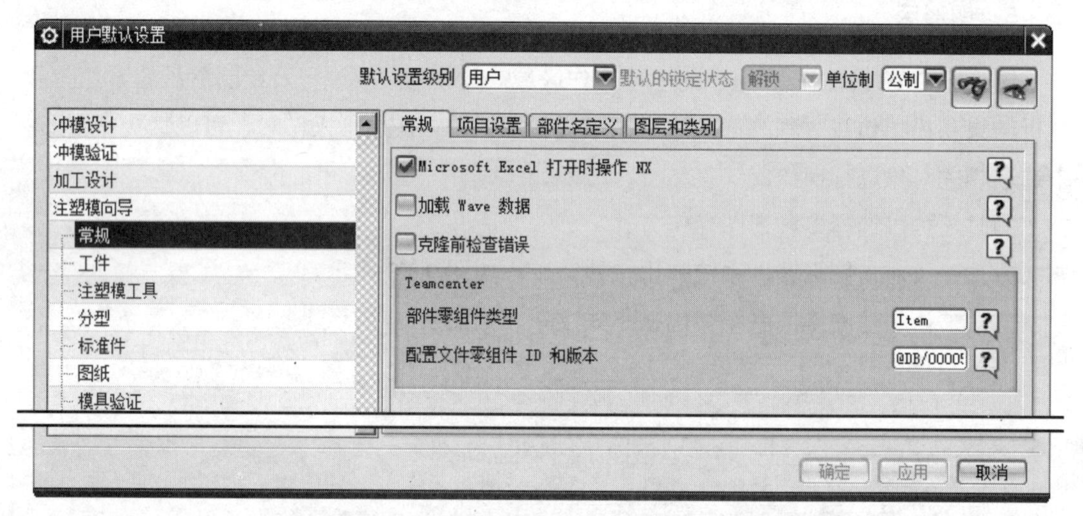

图 9.4.1 “用户默认设置”对话框（一）

图 9.4.1 所示的“用户默认设置”对话框（一）中部分选项的说明如下。

- 常规 选项卡：用于设置在操作 UG 时系统的其他操作设置及数据加载等。
- 项目设置 选项卡：用于设置在项目初始化阶段相关的参数及路径等。
- 部件名定义 选项卡：用于定义部件名称，用户可以根据自己的需要设置零件名称的定义方式，也可以使用 UG 中的默认值。
- 图层和类别 选项卡：通过此选项卡，用户可以设置隐藏对象及基准的放置图层，当然用户也可以接受默认设置。

2. 注塑模向导“工件”设置

在“用户默认设置”对话框中选择 工件 选项，系统弹出图 9.4.2 所示的“用户默认设置”

对话框（二）。

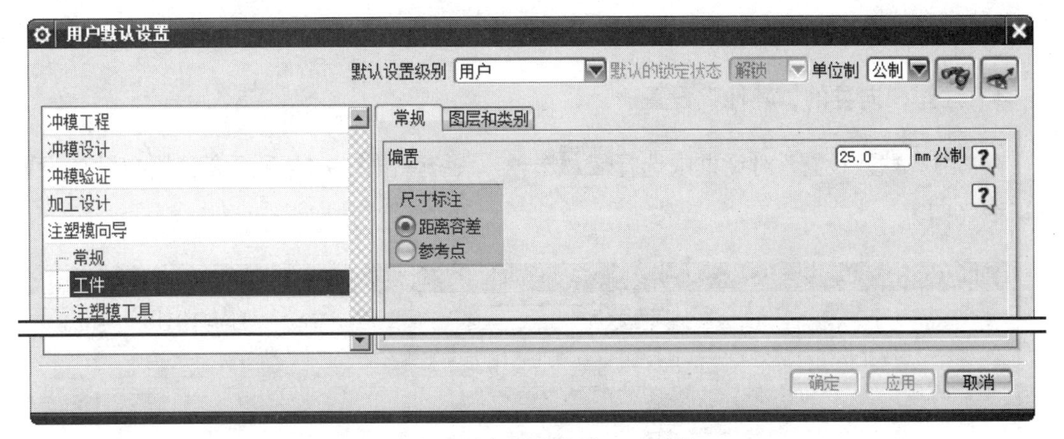

图 9.4.2 “用户默认设置”对话框（二）

图 9.4.2 所示的“用户默认设置”对话框（二）中部分选项的说明如下。

- 常规选项卡：用于设置初始工件的偏置值和工件的尺寸度量方法。
- 图层和类别选项卡：通过此选项卡，用户可以设置工件放置的图层及工件默认名称。

3. 注塑模向导“分型”设置

在“用户默认设置”对话框中选择分型选项，系统弹出图 9.4.3 所示的“用户默认设置”对话框（三）。

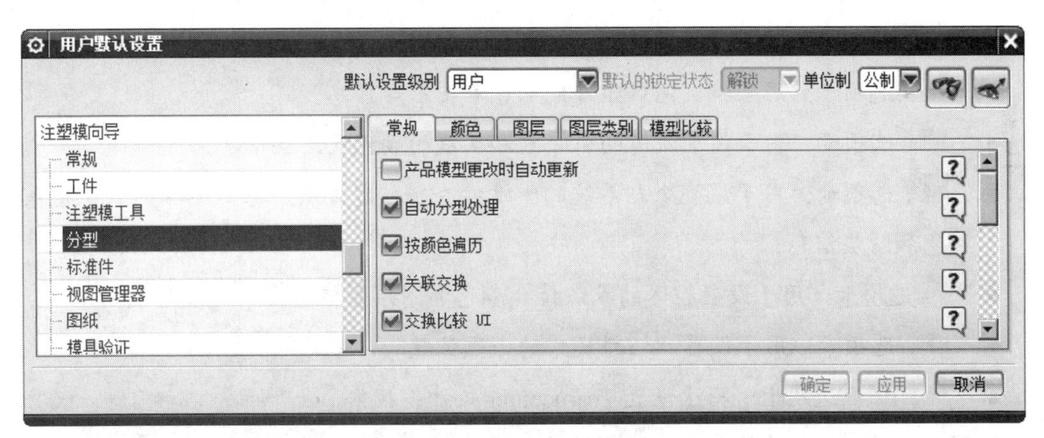

图 9.4.3 “用户默认设置”对话框（三）

图 9.4.3 所示的“用户默认设置”对话框（三）中部分选项的说明如下。

- 常规选项卡：用于设置产品的更新与分型；分型线、曲面和型芯/型腔的公差；小拔模角和跨越角的默认值等。
- 颜色选项卡：用于指定产品、线条、曲面、补片体及型芯/型腔区域等的颜色。
- 图层选项卡：与颜色选项卡不同的是此选项卡控制的是图层。
- 图层类别选项卡：通过此选项卡可以设置产品、线条、型芯面、型腔表面、补片体、型芯/型腔等的图层类别名称，以方便区分和管理。

- 模型比较选项卡：主要是在模型发生更改时使用，用来识别新旧面。

4．注塑模向导的“其他”设置

在“用户默认设置”对话框中选择其他选项，系统弹出图 9.4.4 所示的“用户默认设置”对话框（四）。

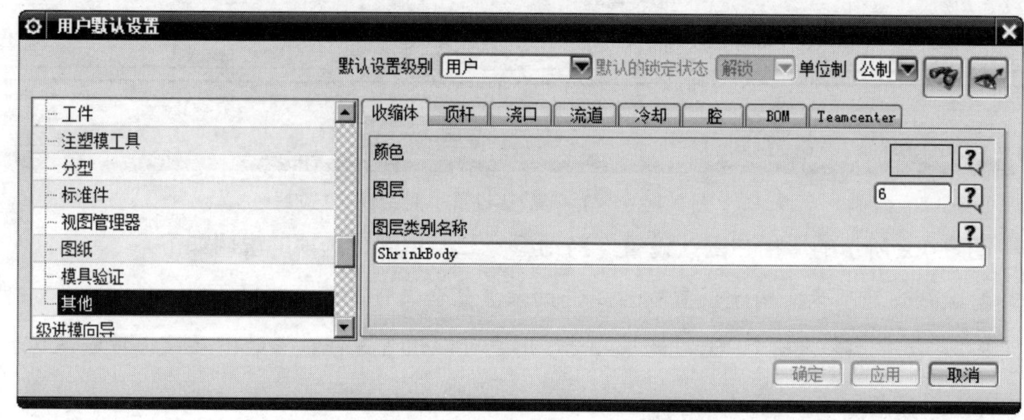

图 9.4.4 “用户默认设置”对话框（四）

图 9.4.4 所示的“用户默认设置”对话框（四）中部分选项的说明如下。

- 收缩体选项卡：用于设置收缩体（制品）的颜色、图层及图层名称等信息。
- 顶杆选项卡：用于设置顶杆的配合长度、修剪信息属性名等。
- 浇口选项卡：用来控制浇口组件的颜色和图层等信息。
- 流道选项卡：用于设置流道的引导线和实线的颜色及图层信息。
- 冷却选项卡：用于设置冷却系统的干涉检查、创建方法、基本参数的默认值及颜色和图层信息。
- 腔选项卡：用于设置腔体的默认值、颜色和图层等信息。
- BOM选项卡：用于设置“坯料尺寸的小数位数”。
- Teamcenter选项卡：用于设置 Teamcenter 文件夹搜索。

说明：如果用户需要修改其他选项的默认设置，可以参照以上操作。

第 10 章 UG NX 模具设计快速入门

10.1 UG NX 模具设计流程

使用 UG NX 注塑模向导进行模具设计的一般流程如图 10.1.1 所示。

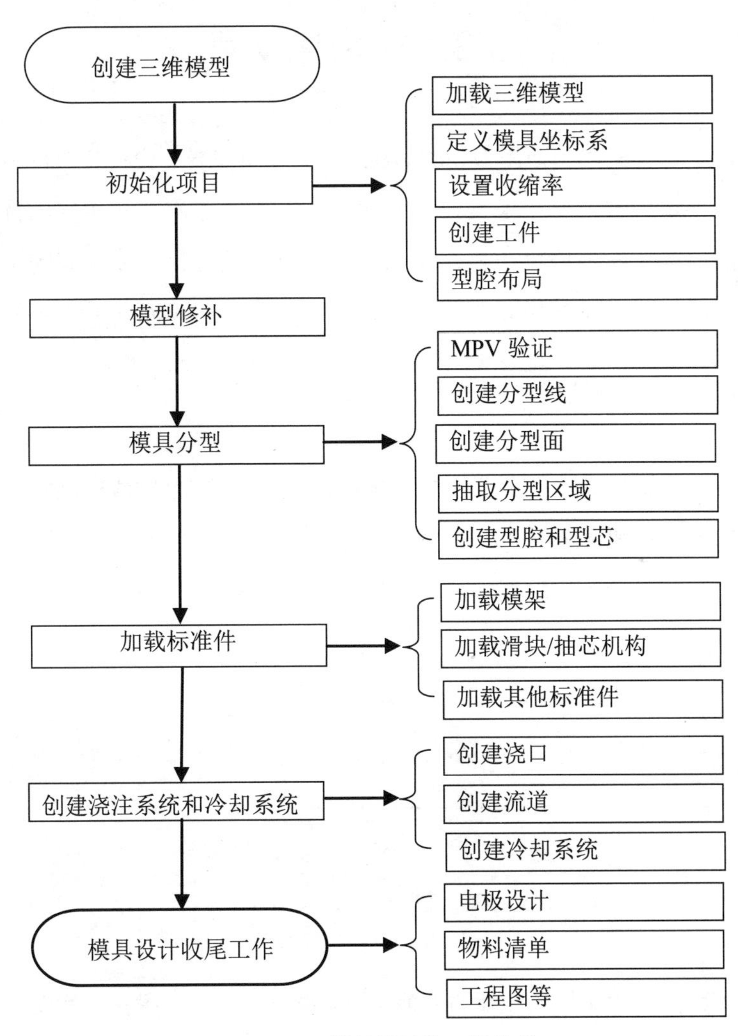

图 10.1.1　模具设计的一般流程

后面几节将以图 10.1.2 所示的钟壳零件（clock_surface）为例来说明使用 UG NX 12.0 软件设计模具的一般过程和操作方法。

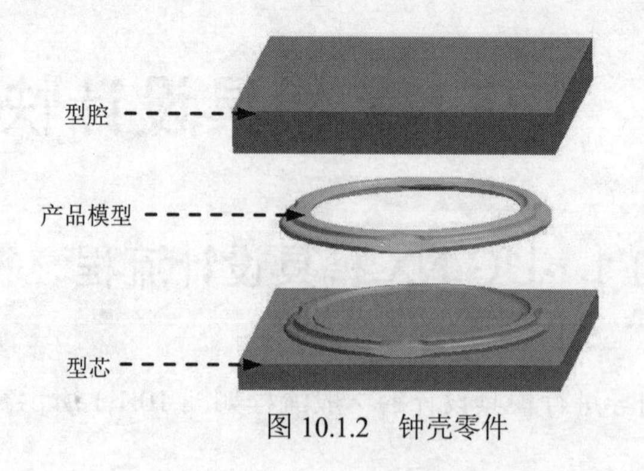

图 10.1.2　钟壳零件

10.2　初始化项目

初始化项目是 UG NX 中使用 Mold Wizard（注塑模向导）设计模具的源头，它把产品模型装配到模具模块中并在整个模具设计中起着关键性的作用。初始化项目的操作将会影响到模具设计的后续工作，所以在初始化项目之前应仔细分析产品模型的结构及材料，主要包括产品模型的加载、模具坐标系的定义、收缩率的设置和模具工件（毛坯）的创建。

10.2.1　加载产品模型

通过“注塑模向导”工具条中的“初始化项目”按钮来完成产品模型的加载。下面介绍加载产品模型的一般操作过程。

Step1. 打开 UG NX 12.0 软件，在功能选项卡右侧空白的位置右击，系统弹出图 10.2.1 所示的快捷菜单。

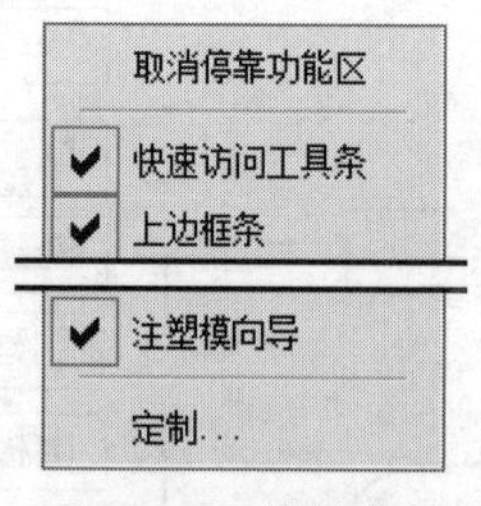

图 10.2.1　快捷菜单

Step2. 在系统弹出的快捷菜单中选择注塑模向导命令，系统弹出“注塑模向导”功能选项卡，如图 10.2.2 所示。

图 10.2.2　“注塑模向导”功能选项卡

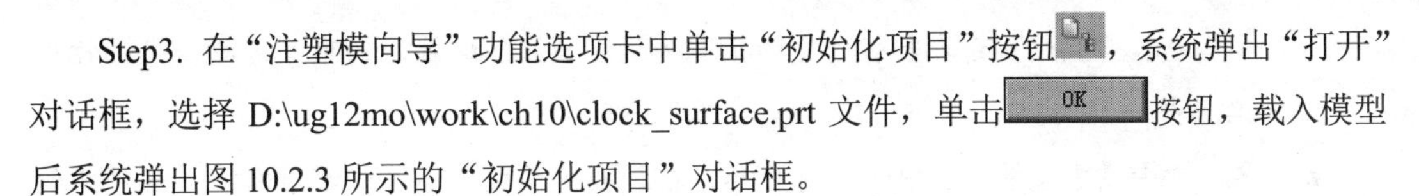

Step3. 在“注塑模向导”功能选项卡中单击“初始化项目”按钮，系统弹出“打开”对话框，选择 D:\ug12mo\work\ch10\clock_surface.prt 文件，单击 OK 按钮，载入模型后系统弹出图 10.2.3 所示的“初始化项目”对话框。

Step4. 定义项目单位。在“初始化项目”对话框 设置 区域的 项目单位 下拉列表中选择 毫米 选项。

Step5. 设置项目路径和名称。

（1）设置项目路径。接受系统默认的项目路径。

（2）设置项目名称。在“初始化项目”对话框 项目设置 区域的 Name 文本框中输入 clock_surface_mold。

Step6. 单击 确定 按钮，完成加载后的产品模型如图 10.2.4 所示。

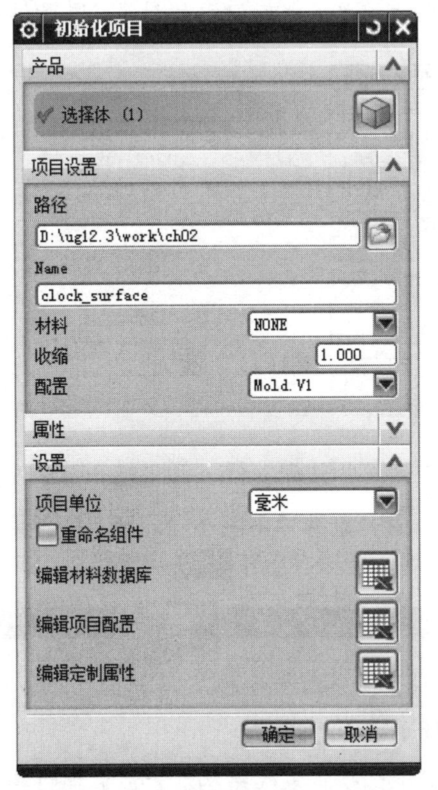

图 10.2.3 “初始化项目”对话框

图 10.2.4 加载后的产品模型

图 10.2.3 所示的“初始化项目”对话框中各选项的说明如下。

- 项目单位 下拉列表：用于设定模具尺寸单位制，此处“项目单位”的翻译有误，应翻译为“模具单位”。系统默认的模具尺寸单位为毫米，用户可以根据需要选择不同的尺寸单位制。
- 路径 文本框：用于设定模具项目中零部件的存储位置。用户可以通过单击 按钮来更改零部件的存储位置，系统默认将项目路径设置在产品模型存放的文件中。

- Name文本框：用于定义当前创建的模型项目名称，系统默认的项目名称与产品模型名称是一样的。
- ☑ 重命名组件复选框：选中该复选框后，在加载模具文件时系统将会弹出“部件名管理”对话框，编辑该对话框可以对模具装配体中的各部件名称进行灵活更改。该复选框用于控制在载入模具文件时是否显示“部件名称管理”对话框。
- 材料下拉列表：用于定义产品模型的材料。通过该下拉列表可以选择不同的材料。
- 收缩文本框：用于指定产品模型的收缩率。若在部件材料下拉列表中定义了材料，则系统自动设置产品模型的收缩率。用户也可以直接在该文本框中输入相应的数值来定义产品模型的收缩率。
- 编辑材料数据库按钮：单击按钮，系统将弹出图 10.2.5 所示的材料明细表。用户可以通过编辑该材料明细表来定义材料的收缩率，也可以添加材料及其收缩率。

MATERIAL	SHRINKAGE
NONE	1.000
NYLON	1.016
ABS	1.006
PPO	1.010
PS	1.006
PC+ABS	1.0045
ABS+PC	1.0055
PC	1.0045
PC	1.006
PMMA	1.002
PA+60%GF	1.001
PC+10%GF	1.0035

图 10.2.5　材料明细表

Step7. 完成产品模型加载后，系统会自动载入一些装配文件，并且都会自动保存在项目路径下。单击屏幕左侧的“装配导航器”按钮，系统弹出图 10.2.6 所示的“装配导航器”面板。

说明：该模具的项目装配名称为 clock_ surface_mold_top_000，其中 clock_surface_mold 为该模具名称，top 为项目总文件，000 为系统自动生成的模具编号。

对装配导航器面板中系统生成的文件说明如下。

加载模具文件的过程实际上是复制两个子装配：项目装配结构和产品装配结构，如图 10.2.6 所示。

- 项目装配结构：项目装配名称为 clock_surface_mold_top，是模具装配结构的总文件，主要由 top、var、cool、fill、misc、layout 等部件组成。
  - ☑ top：项目的总文件，包含所有的模具零部件和定义模具设计所必需的相关数据。
  - ☑ var：包含模架和标准件所用的参考值。

a）项目装配结构

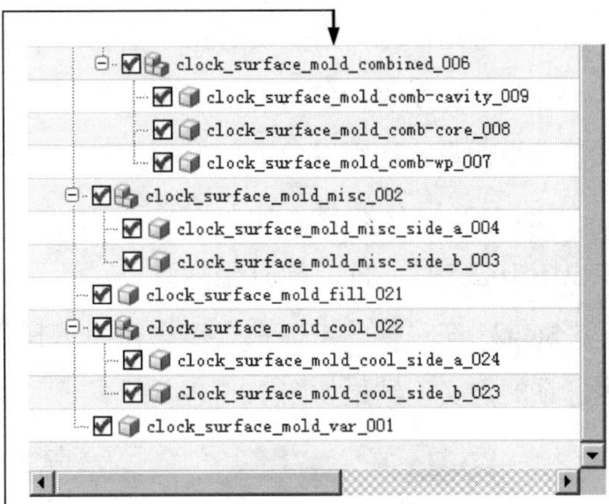

b）产品装配结构

图 10.2.6　装配导航器

- ☑ cool：用于存储在模具中创建的冷却管道实体，并且冷却管道的标准件也默认存储在该节点下。
- ☑ fill：用于存储浇注系统的组件，包含流道和浇口的实体。
- ☑ misc：该节点分为两部分：side_a 对应的是模具定模的组件，side_b 对应的是动模的组件，用于存储没有定义或单独部件的标准件，包括定位圈、锁紧块和支撑柱等。
- ☑ layout：包含一个或多个 prod 节点，一个项目的多个产品装配结构位于同一个 layout 节点下。

- 产品装配结构：产品装配名称为 clock_surface_mold_prod，主要由 prod、shrink、parting、core、catvity、trim、molding 等部件组成。
  - ☑ prod：用于将单独的特定部件文件集合成一个装配的子组件。
  - ☑ shrink：包含产品模型的几何连接体。
  - ☑ parting：用于存储修补片体、分型面和提取的型芯/型腔的面。
  - ☑ core：用于存储模具中的型芯。
  - ☑ cavity：用于存储模具中的型腔。
  - ☑ trim：用于存储模具修剪的几何体。
  - ☑ molding：用于保存源产品模型的链接体，使源产品模型不受收缩率的影响。

10.2.2　模具坐标系

模具坐标系在整个模具设计中的地位非常重要，它不仅是所有模具装配部件的参考基准，而且还直接影响到模具的结构设计，所以在定义模具坐标系前，首先要分析产品的结构，弄清产品的开模方向（规定坐标系的+Z 轴方向为开模方向）和分型面（规定 XC-YC 平面设在分型面上，原点设定在分型面的中心）；其次，通过移动及旋转将产品坐标系调整到与模具坐标系相同的位置；最后，通过“注塑模向导”工具条中的“模具坐标系”按钮来锁定坐标系。继续以前面的模型为例，设置模具坐标系的一般操作过程如下。

Step1. 在“注塑模向导”功能选项卡的 主要 区域中单击“模具坐标系”按钮，系统弹出图 10.2.7 所示的“模具坐标系”对话框。

Step2. 在“模具坐标系”对话框中选择 当前 WCS 单选项，单击 确定 按钮，完成模具坐标系的定义，结果如图 10.2.8 所示。

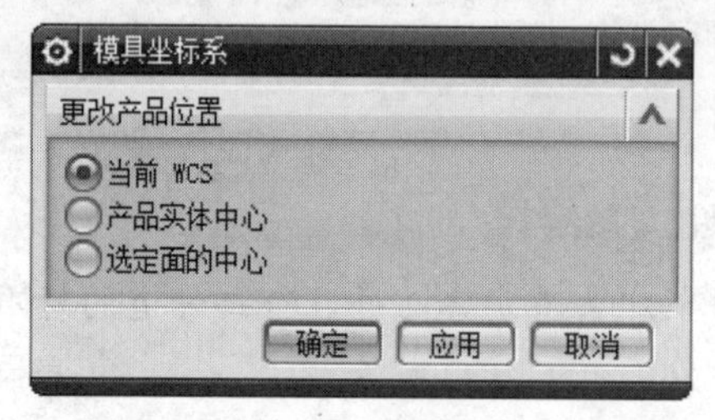

图 10.2.7 “模具坐标系”对话框

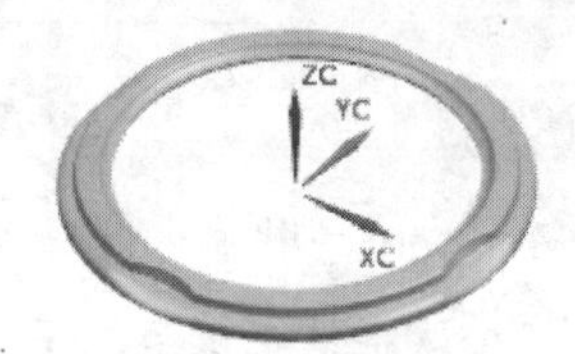

图 10.2.8 定义后的模具坐标系

图 10.2.7 所示的“模具坐标系”对话框中部分选项的说明如下。

- 当前 WCS：选择该单选项后，模具坐标系即为产品坐标系，与当前的产品坐标系相匹配。
- 产品实体中心：选择该单选项后，模具坐标系定义在产品体的中心位置。
- 选定面的中心：选择该单选项后，模具坐标系定义在指定的边界面的中心。

说明：本例中，产品坐标系不需要调整即符合模具坐标系的要求。当产品坐标系不符合模具坐标系的要求时，就需要进行调整。通过 格式(R) 下拉菜单 WCS 下拉菜单中的 原点(O)...、动态(D)... 和 旋转(R)... 命令即可完成坐标系的调整。也可以通过双击坐标系来调整，调整坐标系的方法与建模环境下的调整方法一致，在此不再赘述。

10.2.3 设置收缩率

从模具中取出注塑件后，由于温度及压力的变化塑件会产生收缩，为此 UG 软件提供了收缩率（Shrinkage）功能来纠正注塑成品零件体积收缩所造成的尺寸偏差。用户通过设置适当的收缩率来放大参照模型，便可以获得正确尺寸的注塑零件。一般它受塑料品种、产品结构、模具结构和成型工艺等多种因素的影响。继续以前面的模型为例，设置收缩率的一般操作过程如下。

Step1. 定义收缩率类型。

（1）在“注塑模向导”功能选项卡的主要区域中单击“收缩”按钮，产品模型会高亮显示，同时系统弹出图 10.2.9 所示的“缩放体”对话框。

（2）定义类型。在“缩放体”对话框的类型下拉列表中选择均匀选项。

Step2. 定义缩放体和缩放点。接受系统默认的设置。

说明：因为前面只加载了一个产品模型，所以此处系统会自动将该产品模型定义为缩放体，并默认缩放点位于坐标原点。

图 10.2.9 “缩放体”对话框

图 10.2.9 所示的“缩放体”对话框类型区域下拉列表的说明如下。

- 均匀：产品模型在各方向的轴向收缩均匀一致。
- 轴对称：产品模型的收缩呈轴对称分布，一般应用在柱形产品模型中。
- 常规：材料在各方向的收缩率分布呈一般性，收缩时可沿 X、Y、Z 方向计算不同的收缩比例。
- 显示快捷键：选中此选项，系统会将“类型”的快捷图标显示出来。

Step3. 定义比例因子。在“缩放体”对话框比例因子区域的均匀文本框中输入收缩率值 1.006。

Step4. 单击确定按钮，完成收缩率的设置。

Step5. 在设置完收缩率后，还可以对产品模型的尺寸进行检查。

（1）选择命令。选择下拉菜单分析(L) ➡ 测量距离(D)...命令，系统弹出图 10.2.10 所示的“测量距离”对话框。

（2）定义测量类型及对象。在类型下拉列表中选择半径选项，选取图 10.2.11b 所示的边线，显示零件的半径值为 100.6000。

（3）检测收缩率。由图 10.2.11a 可知，产品模型在设置收缩率前的尺寸值为 100，设置后的产品模型尺寸为 100×1.006=100.6000，说明设置收缩没有失误。

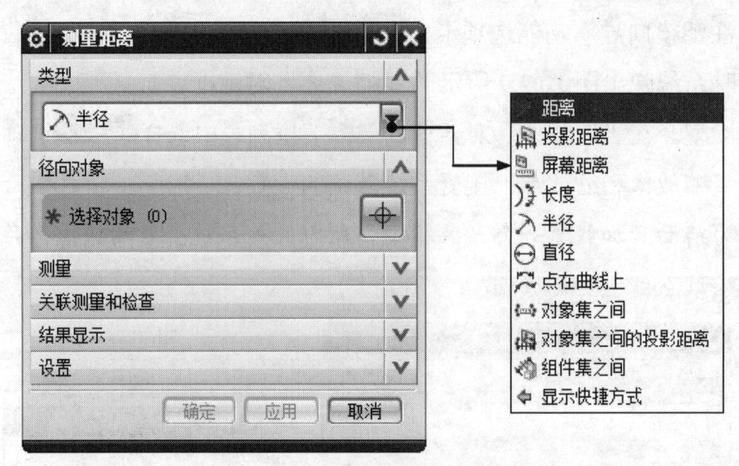

图 10.2.10 “测量距离”对话框

（4）单击“测量距离”对话框中的 < 确定 > 按钮，退出测量。

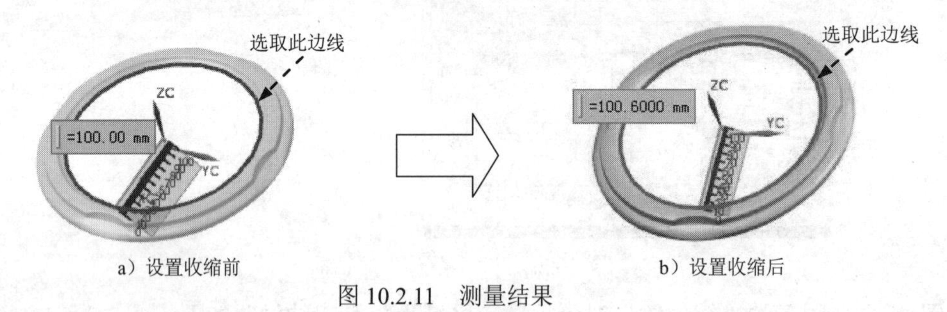

a）设置收缩前　　b）设置收缩后

图 10.2.11 测量结果

10.2.4 创建模具工件

继续以前面的模型为例来介绍创建模具工件的一般操作过程。

Step1. 在“注塑模向导”功能选项卡的 主要 区域中单击“工件”按钮，系统弹出图 10.2.12 所示的“工件”对话框。

Step2. 在“工件”对话框的 类型 下拉列表中选择 产品工件 选项，在 工件方法 下拉列表中选择 用户定义的块 选项，然后在 限制 区域中进行图 10.2.12 所示的设置，单击 < 确定 > 按钮，完成工件的定义，结果如图 10.2.13 所示。

图 10.2.12 所示的“工件”对话框中各选项的说明如下。

- 类型 区域：用于定义创建工件的类型。
  - ☑ 产品工件：选择该选项，则在产品模型最大外形尺寸的基础上沿 X、Y 和 Z 轴的 6 个方向分别加上相应的尺寸作为成型工件的尺寸，并且系统提供 4 种定义工件的方法。
  - ☑ 组合工件：通过该类型来定义工件，和“产品工件”类型中“用户定义的块”方法类似，不同的是工件草图截面定义方法。

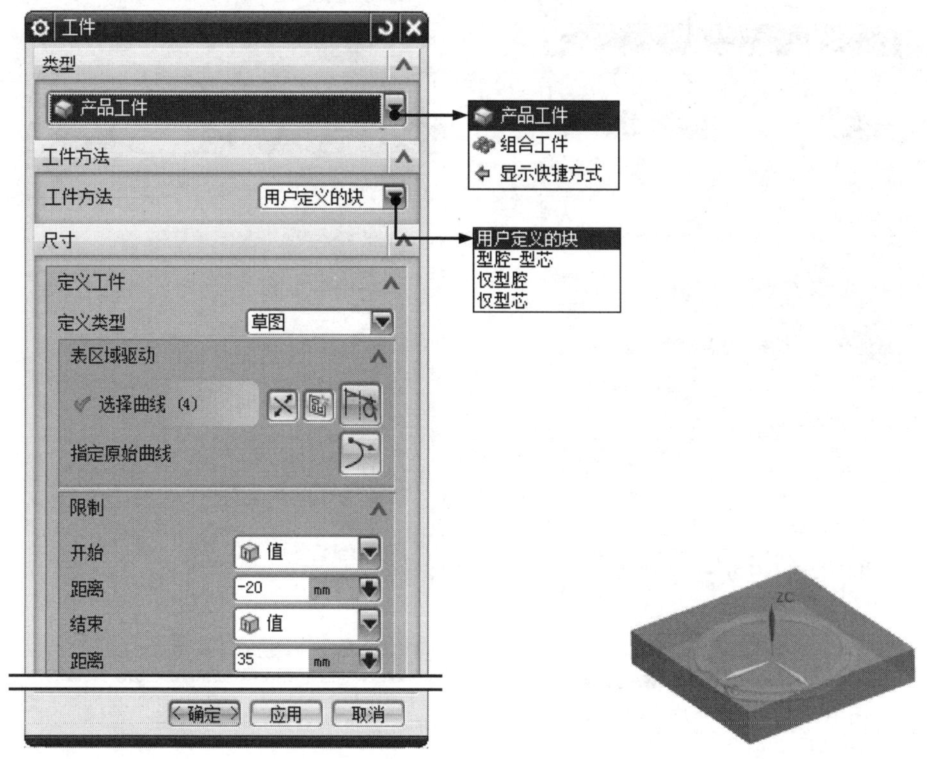

图 10.2.12 “工件”对话框　　　　图 10.2.13 创建后的工件

- 工件方法区域：用于定义创建工件的方法。
  - ☑ 用户定义的块：选择该选项，则系统以提供草图的方式来定义截面。
  - ☑ 型腔-型芯：选择该选项，则将自定义的创建实体作为成型工件。有时系统提供的标准长方体不能满足实际需要，这时可以将自定义的实体作为工件的实体。自定义的成型工件必须保存在 parting 部件中。
  - ☑ 仅型腔和仅型芯：“仅型腔”和“仅型芯”配合使用，可以分别创建型腔和型芯。

10.3 模 型 修 补

在进行模具分型前，有些产品体上有开放的凹槽或孔，此时就要对产品模型进行修补，否则无法进行模具的分型。继续以前面的模型为例来介绍模型修补的一般操作过程。

Step1. 选择命令。在“注塑模工具”功能选项卡的分型刀具区域中单击“曲面补片”按钮，系统弹出图 10.3.1 所示的“边补片”对话框和图 10.3.2 所示的“分型导航器”窗口。

Step2. 定义修补边界。在对话框的类型下拉列表中选择体选项，然后在图形区选取产品实体，系统将自动识别出破孔的边界线并以加亮形式显示出来，如图 10.3.3 所示。

Step3. 单击确定按钮，隐藏工件和工件线框后修补结果如图 10.3.4 所示。

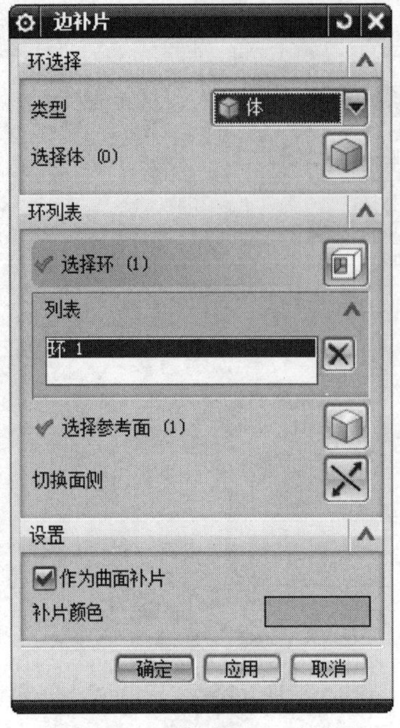

图 10.3.1 “边补片”对话框

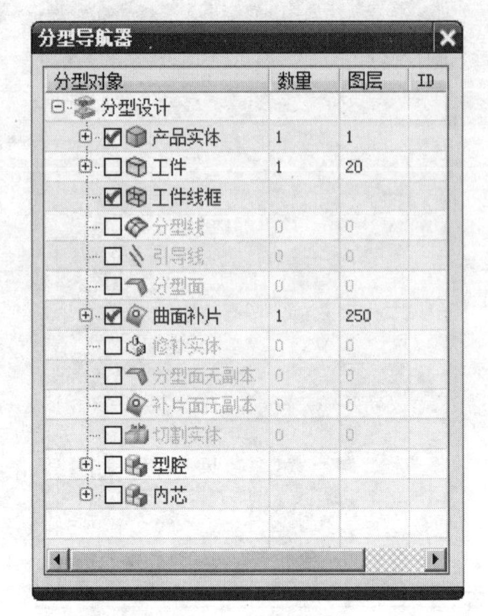

图 10.3.2 “分型导航器”窗口

说明： 图 10.3.2 中的“分型导航器”窗口的打开或关闭，可以通过在“注塑模向导”功能选项卡的 分型刀具 区域中单击按钮来进行切换状态。

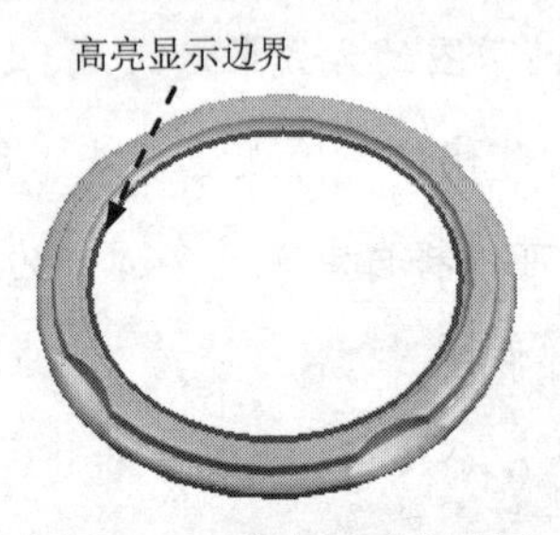

图 10.3.3 高亮显示孔边界

图 10.3.4 修补结果

10.4 模具分型

通过分型工具可以完成模具设计中的很多重要工作，包括对产品模型的分析，分型线、分型面、型芯、型腔的创建、编辑以及设计变更等。

10.4.1 设计区域

设计区域的主要功能是对产品模型进行区域分析。继续以前面的模型为例来介绍设计区域的一般操作过程。

Step1. 在“注塑模向导”功能选项卡的 分型刀具 区域中单击“检查区域”按钮，系统弹出图 10.4.1 所示的“检查区域”对话框（一），同时模型被加亮并显示开模方向，如图 10.4.2 所示，在对话框中选中 保持现有的 单选项。

说明： 图 10.4.2 所示的开模方向可以通过“检查区域”对话框中的“矢量对话框”按钮来更改，由于在前面定义模具坐标系时已经将开模方向设置好了，系统将自动识别出产品模型的开模方向。

Step2. 在“检查区域”对话框（一）中单击“计算”按钮，系统开始对产品模型进行分析计算。在“检查区域”对话框（一）中单击 面 选项卡，系统弹出图 10.4.3 所示的“检查区域”对话框（二），在该对话框中可以查看分析结果。

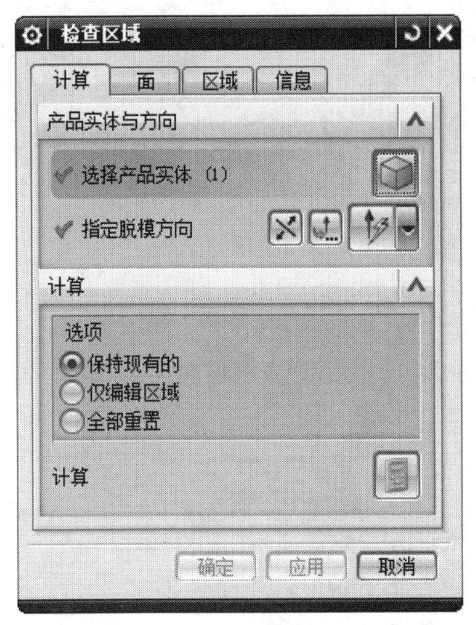

图 10.4.1 “检查区域”对话框（一）

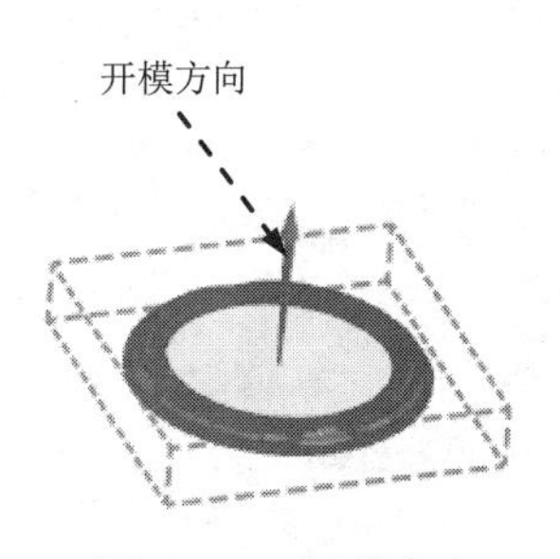

图 10.4.2 开模方向

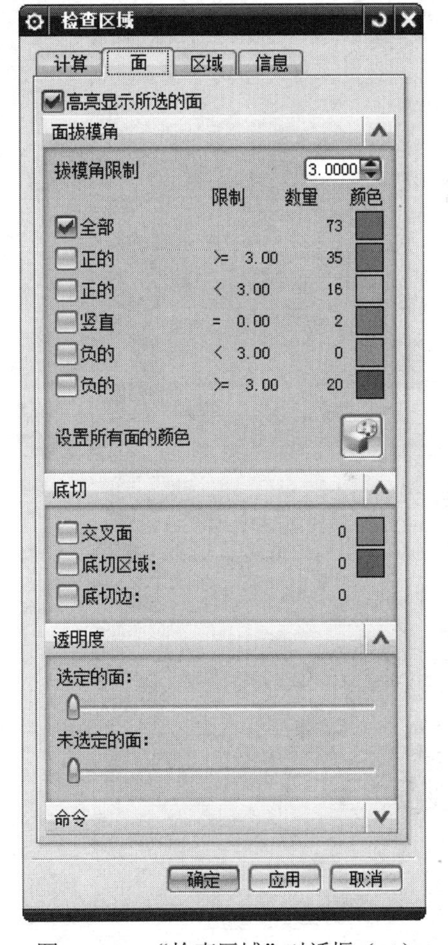

图 10.4.3 “检查区域”对话框（二）

说明： 单击对话框（二）中的“设置所有面的颜色”按钮，系统可根据分析结果对不同的面着色，便于观察。

Step3. 设置区域颜色。在“检查区域”对话框（二）中单击 区域 选项卡，系统弹出图

10.4.4 所示的“检查区域”对话框（三），在其中单击“设置区域颜色”按钮，然后取消选中□ 内环、□ 分型边和□ 不完整的环三个复选框，结果如图 10.4.5 所示。

Step4. 定义型腔区域。在“检查区域”对话框（三）的未定义区域区域中选中☑ 交叉竖直面复选框，此时未定义区域曲面加亮显示，在指派到区域区域中选中⊙ 型腔区域单选项，单击应用按钮，此时系统自动将未定义的区域指派到型腔区域中，同时对话框中的未定义区域显示为 0，创建结果如图 10.4.6 所示。

说明：此处系统自动识别出型芯区域（图 10.4.7），即接受默认设置。

Step5. 单击确定按钮，完成区域设置。

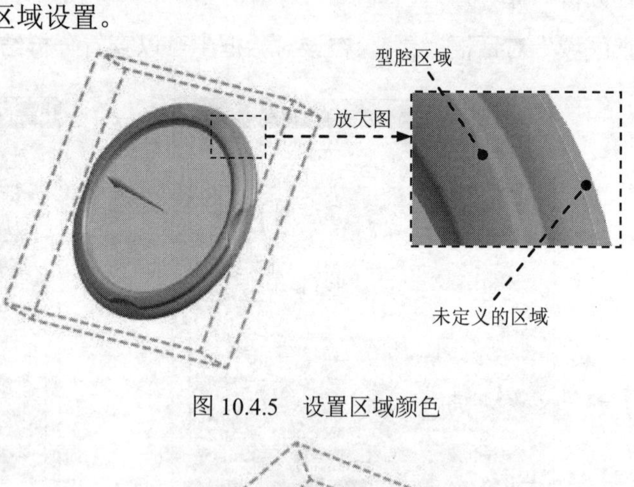

图 10.4.5　设置区域颜色

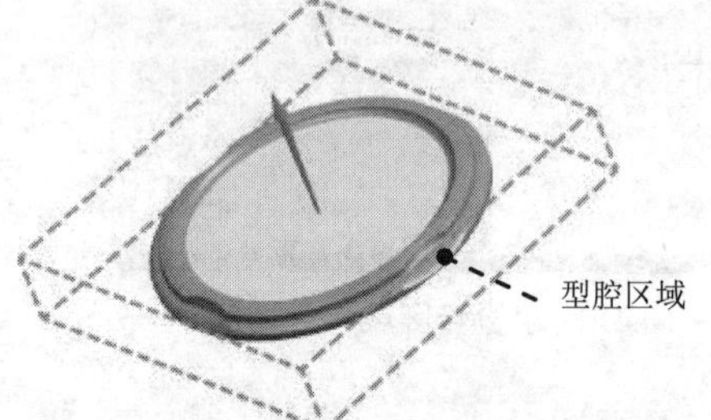

图 10.4.6　定义型腔区域

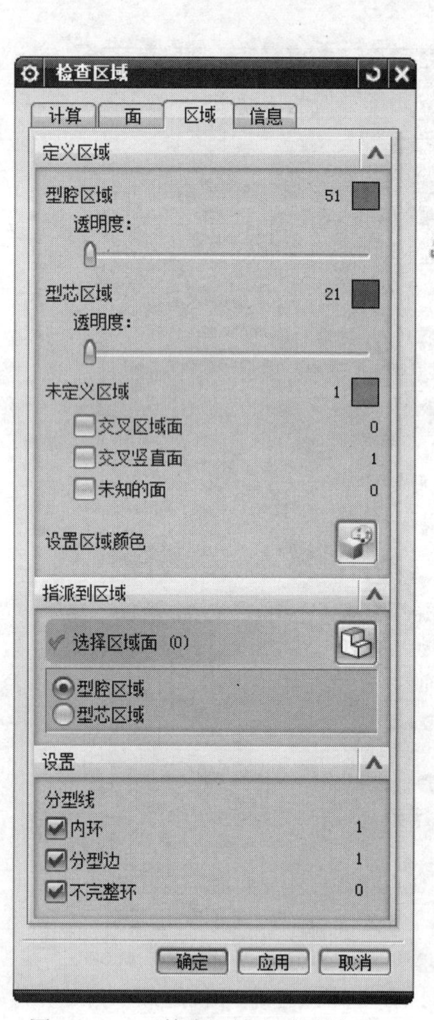

图 10.4.4　“检查区域”对话框（三）

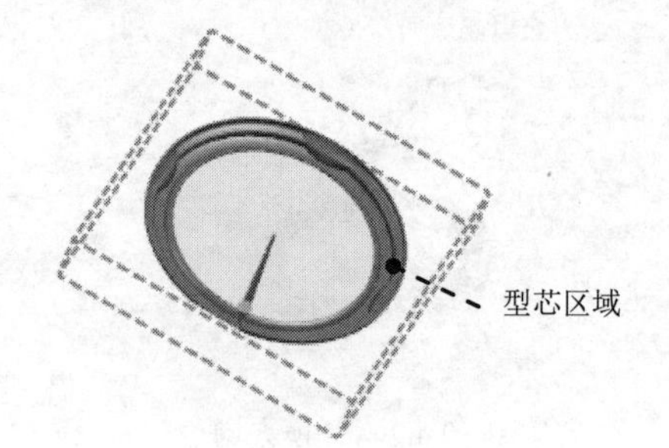

图 10.4.7　定义型芯区域

10.4.2　创建区域和分型线

完成产品模型的型芯面和型腔面定义后，接下来要进行型芯区域、型腔区域和分型线

的创建工作。继续以前面的模型为例来介绍创建区域和分型线的一般操作过程。

Step1. 在“注塑模向导”功能选项卡的 分型刀具 区域中单击“定义区域”按钮，系统弹出图 10.4.8 所示的“定义区域”对话框。

Step2. 在“定义区域”对话框的 设置 区域中选中 ☑ 创建区域 和 ☑ 创建分型线 复选框，单击 确定 按钮，完成分型线的创建，结果如图 10.4.9 所示。

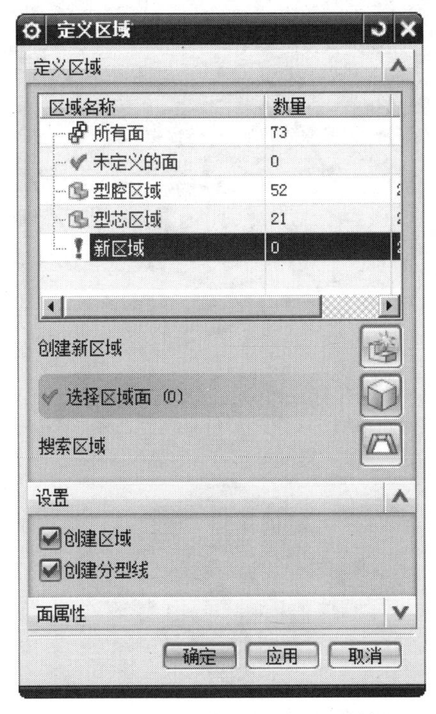

图 10.4.8 “定义区域”对话框

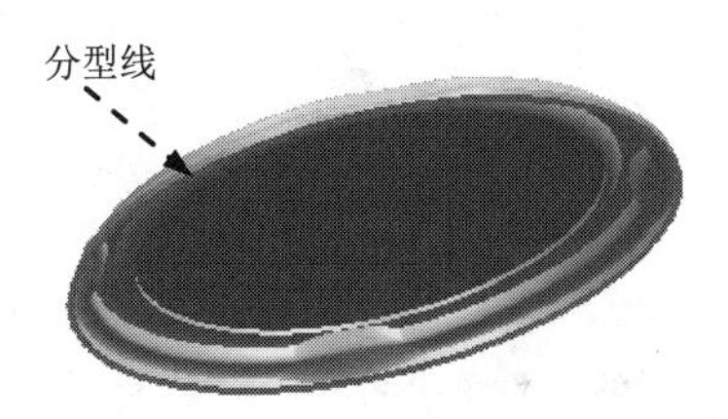

图 10.4.9 创建的分型线

10.4.3 创建分型面

分型面的创建是在分型线的基础上完成的。继续以前面的模型为例来介绍创建分型面的一般操作过程。

Step1. 在“注塑模向导”功能选项卡的 分型刀具 区域中单击“设计分型面”按钮，系统弹出图 10.4.10 所示的“设计分型面”对话框。

Step2. 定义分型面创建方法。在“设计分型面”对话框的 创建分型面 区域中单击“有界平面”按钮。

Step3. 定义分型面大小。确认工件线框处于显示状态，在“设计分型面”对话框中接受系统默认的公差值；拖动图 10.4.11 所示分型面的宽度方向控制按钮使分型面大小超过工件大小，单击 确定 按钮，结果如图 10.4.12 所示。

图 10.4.10 “设计分型面”对话框

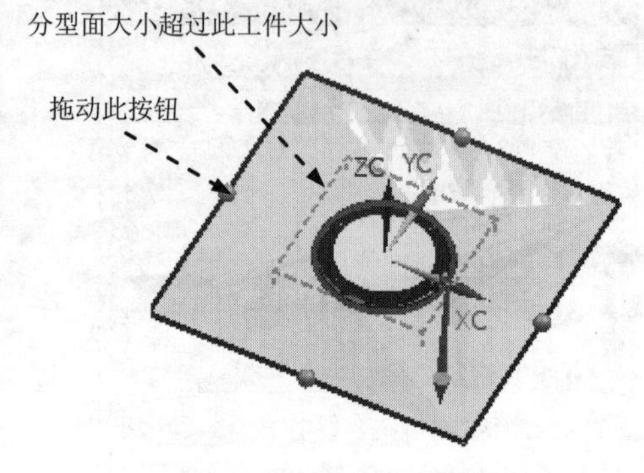

图 10.4.11 定义分型面大小

图 10.4.12 创建的分型面

图 10.4.10 所示的“设计分型面”对话框中各选项的说明如下。

- 公差文本框：用于定义两个或多个需要进行合并的分型面之间的公差值。
- 分型面长度文本框：用于定义分型面的长度，以保证分型面区域能够全部超出工件。

10.4.4 创建型腔和型芯

型腔是成型塑件外表面的主要零件，型芯是成型塑件内表面的主要零件。继续以前面的模型为例来介绍创建型腔和型芯的一般操作过程。

Step1. 在“注塑模向导”功能选项卡的分型刀具区域中单击“定义型腔和型芯”按钮，系统弹出图 10.4.13 所示的“定义型腔和型芯”对话框。

Step2. 创建型腔零件。

(1) 在“定义型腔和型芯”对话框中选择选择片体区域中的型腔区域选项，单击应用按钮（此时系统自动将型腔片体选中）。

（2）系统弹出图 10.4.14 所示的“查看分型结果”对话框，接受系统默认的方向。

（3）创建的型腔零件如图 10.4.15 所示，单击 确定 按钮，完成型腔零件的创建。

图 10.4.13 “定义型腔和型芯”对话框

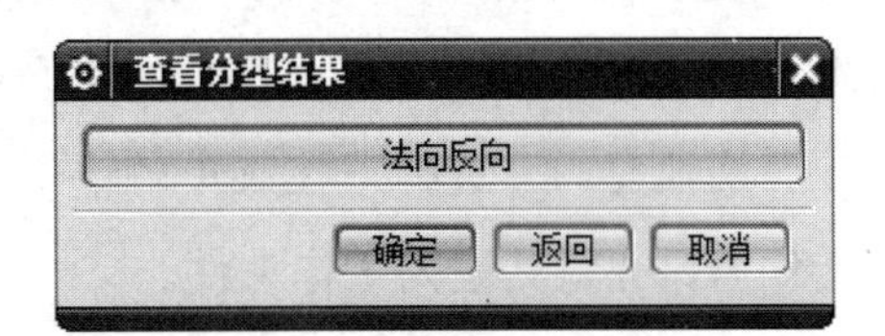

图 10.4.14 “查看分型结果”对话框

图 10.4.15 创建的型腔零件

Step3. 创建型芯零件。

（1）在“定义型腔和型芯”对话框中选择 选择片体 区域中的 型芯区域 选项，单击 确定 按钮（此时系统自动将型芯片体选中）。

（2）系统弹出“查看分型结果”对话框，接受系统默认的方向。

（3）创建的型芯零件如图 10.4.16 所示，单击 确定 按钮，完成型芯零件的创建。

图 10.4.16 创建的型芯零件

说明：查看型腔和型芯零件可以通过以下两种方式。

☑ 选择下拉菜单 窗口(O) → 1. clock_surface_mold_core_006.prt 命令，系统切换到型芯窗口。

☑ 选择下拉菜单 窗口(O) → 2. clock_surface_mold_cavity_002.prt 命令，系统切换到型腔窗口。

10.4.5 创建模具分解视图

通过创建模具分解视图，可以模拟模具的开启过程，还可以进一步观察模具结构设计是否合理。继续以前面的模型为例来说明开模的一般操作方法和步骤。

Step1. 切换窗口。选择下拉菜单 窗口(O) → 6. clock_ surface_mold_top_000.prt 命令，切换到总装配文件窗口并将其设为工作部件。

说明：如果当前工作环境处于总装配窗口中，则此步操作可以省略。

Step2. 移动型腔。

（1）选择下拉菜单 装配(A) → 爆炸图(X) → 新建爆炸(N)... 命令，系统弹出图10.4.17 所示的“新建爆炸”对话框，接受默认的名字，单击 确定 按钮。

说明：如果 装配(A) 下拉菜单中没有 爆炸图(X) 命令，则需要在 应用模块 功能选项卡的 设计 区域单击 按钮，切换到装配工作环境。

（2）选择命令。选择下拉菜单 装配(A) → 爆炸图(X) → 编辑爆炸(E)... 命令，系统弹出“编辑爆炸”对话框。

（3）选取移动对象。选取图 10.4.18 所示的型腔为移动对象。

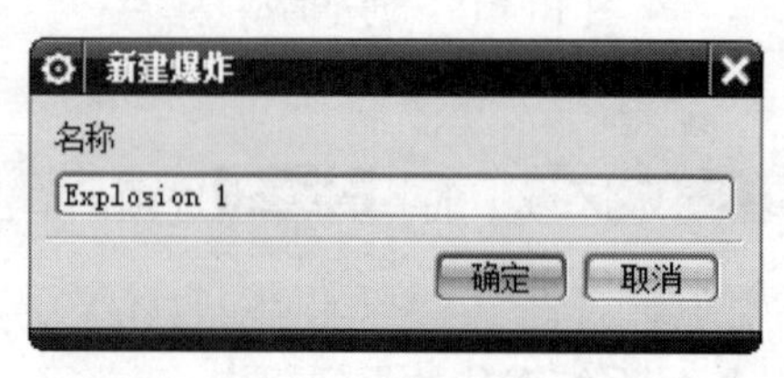

图 10.4.17 “新建爆炸”对话框

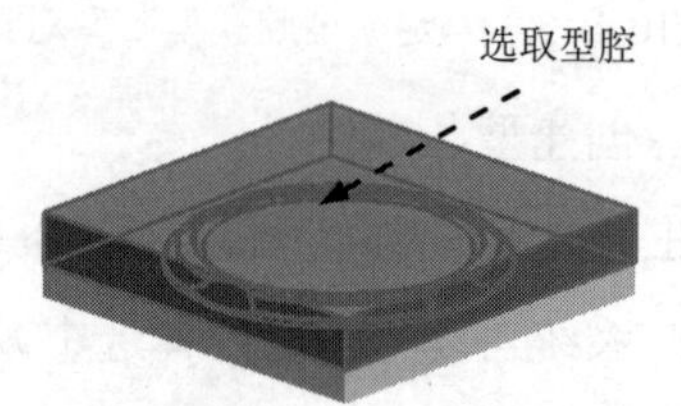

图 10.4.18 定义移动对象

（4）定义移动方向。在对话框中选择 移动对象 单选项，选择图 10.4.19 所示的轴为移动方向，此时对话框下部区域被激活。

（5）定义移动距离。在 距离 文本框中输入值 100，单击 确定 按钮，完成型腔的移动（图 10.4.20）。

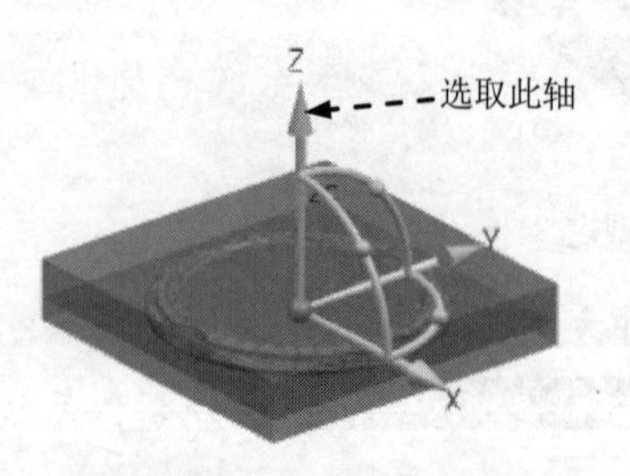

图 10.4.19 定义移动方向

图 10.4.20 型腔移动后

Step3. 移动型芯。

（1）选择命令。选择下拉菜单 装配(A) → 爆炸图(X) → 编辑爆炸(E)... 命令，系统

弹出“编辑爆炸”对话框。

（2）定义移动对象。选取图 10.4.21 所示的型芯为移动对象。

（3）定义移动方向和距离。在对话框中选择 ⊙ 移动对象 单选项，在模型中选中 Z 轴，在 距离 文本框中输入值-100，单击 确定 按钮，完成型芯的移动，如图 10.4.22 所示。

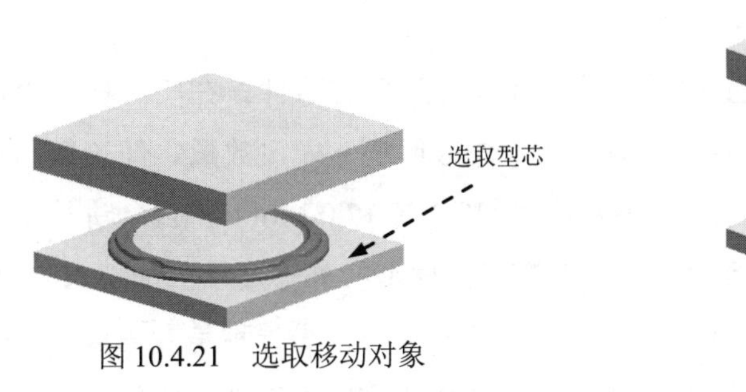

图 10.4.21 选取移动对象

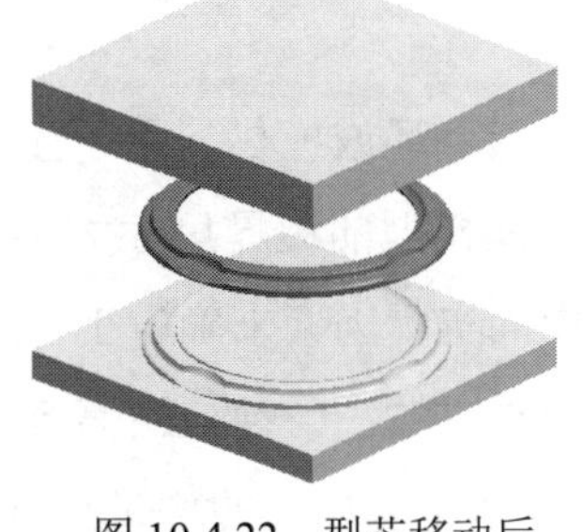

图 10.4.22 型芯移动后

Step4. 保存文件。选择下拉菜单 文件(F) ➡ 全部保存(V) 命令，保存所有文件。

学习拓展：扫码学习更多视频讲解。

讲解内容：主要包含模具设计概述，基础知识，模具设计的一般流程，典型零件加工案例等，特别是对有关注塑模设计、模具塑料及注塑成型工艺这些背景知识进行了系统讲解。

第 11 章 工件和型腔布局

11.1 工 件

工件也叫毛坯或模仁，用于生成模具的型腔零件和型芯零件。在实际模具设计中应综合参照产品模型的边界尺寸大小、结构特征、外形形状、模穴数量、经验数据和有关手册等方面的实际因素来确定工件的大小。使用 UG NX 12.0/Mold Wizard 进行工件的设计一般有两种方法：一种是距离容差法，是指在产品模型的外形尺寸上加上 X、-X、Y、-Y、Z 和-Z 六个方向上的增量尺寸来定义工件尺寸的大小；另一种是参考点法，是指以模具坐标系为参考点，向 X、-X、Y、-Y、Z 和-Z 六个方向上延伸一定的尺寸值来定义工件尺寸的大小。

打开 D:\ug12mo\work\ch11.01\face_cover_mold_top_010.prt 文件，在“注塑模向导”功能选项卡的 主要 区域中单击“工件”按钮，系统弹出图 11.1.1 所示的“工件”对话框，其中包括类型、工件的定义方法和尺寸属性等。

说明：用户在第一次使用“工件”按钮时，系统会弹出“工件”对话框，在其中单击 确定(O) 按钮即可。

11.1.1 工件类型

工件类型包括产品工件和组合工件两种类型，下面将分别介绍这两种类型。

1．产品工件

产品工件类型有四种工件定义方法，下面会做详细介绍，其中在定义工件截面尺寸的时候是以产品包容方块为尺寸参照。

2．组合工件

组合工件类型只能通过进入草图环境去定义工件的截面尺寸，在定义工件截面尺寸的时候是以系统默认的工件尺寸为参照。

11.1.2 工件方法

工件方法包括用户定义的块、型腔-型芯、仅型腔和仅型芯四种，且只有选用“产品工件”类型的时候才可用。

1．用户定义的块

用户定义的块方法是用户可以进入草图环境定义工件的截面形状。如图 11.1.1 所示，单击定义工件区域中的“绘制截面”按钮，系统进入草图环境，用户可以绘制工件的截面，截面草图如图 11.1.2 所示。

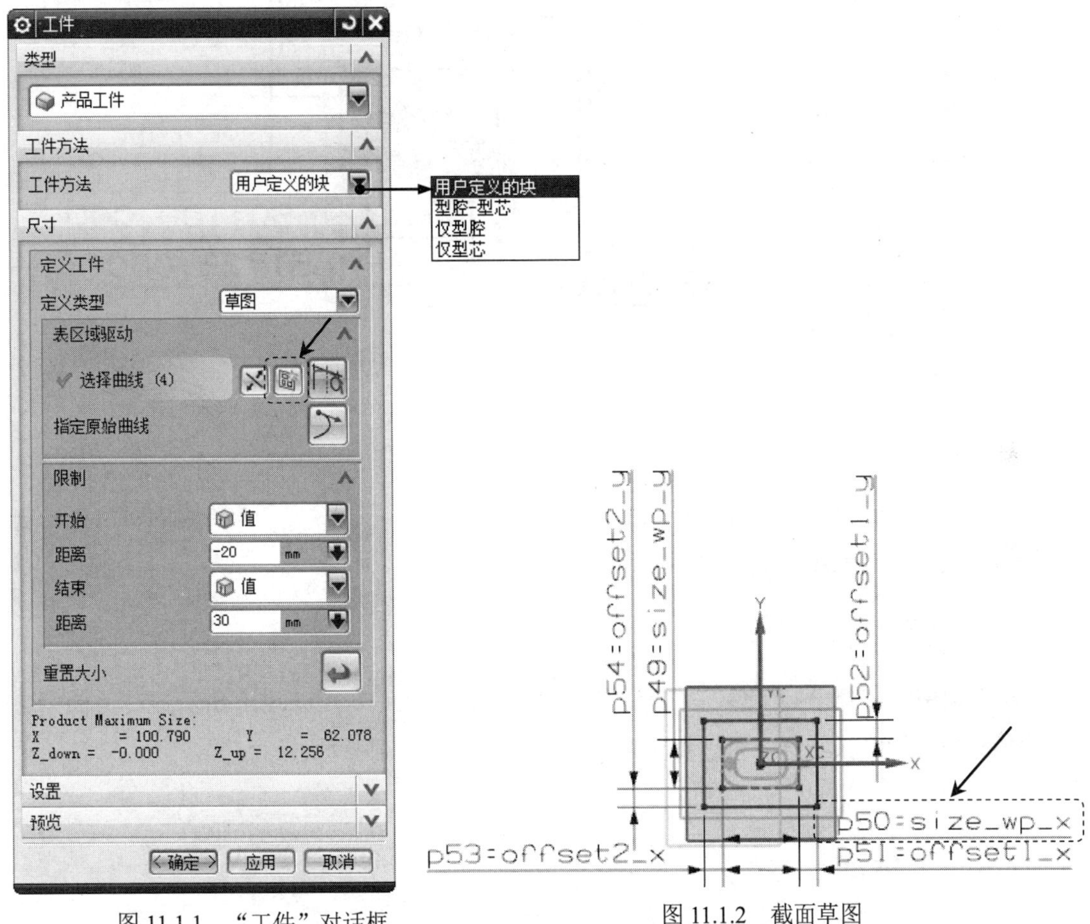

图 11.1.1 “工件”对话框

图 11.1.2 截面草图

说明：

- 在系统刚进入草图环境的时候，系统默认的截面草图如图 11.1.2 所示，用户可以通过双击图 11.1.2 中的尺寸表达式，在系统弹出的“尺寸”文本框中单击按钮，系统会弹出图 11.1.3 所示的快捷菜单，在其中选择设为常量(C)选项，此时就可以在“尺寸”文本框中输入数值，结果如图 11.1.4 所示。
- 用户也可以按照自己的需求任意地去定义截面草图。

2．型腔-型芯

此类型用于创建型芯与型腔形状相同的工件，并且工件可以是任意形状。在图 11.1.1 所示的对话框中选择型腔-型芯选项，此时系统会提示选择工件体。

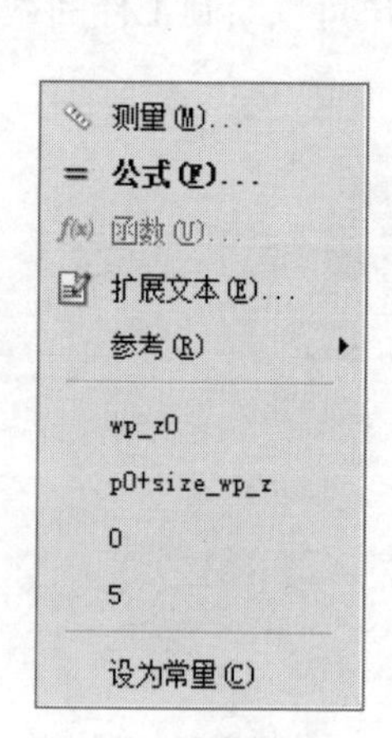

图 11.1.3 快捷菜单

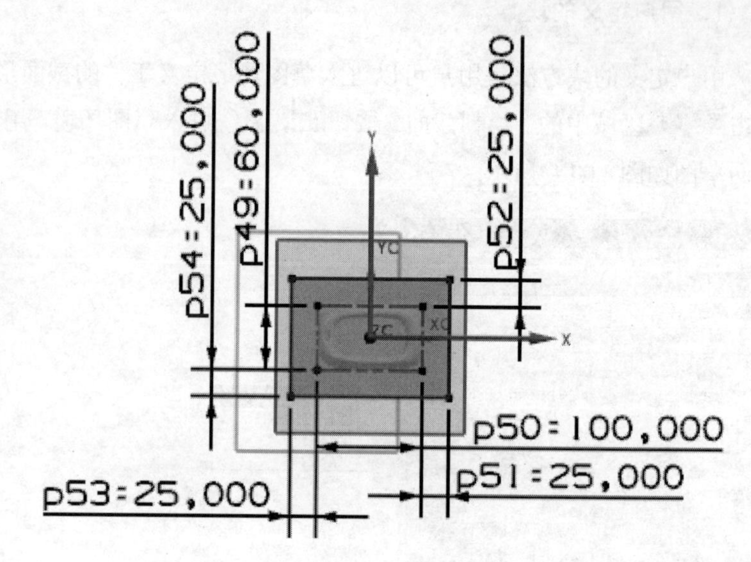

图 11.1.4 修改截面草图后

3．仅型腔

此类型用于创建型腔工件，并且工件可以是任意形状。在图 11.1.1 所示的对话框中选择仅型腔选项，此时系统会提示选择工件体。

4．仅型芯

此类型用于创建型芯工件，并且工件可以是任意形状。在图 11.1.1 所示的对话框中选择仅型芯选项，此时系统会提示选择工件体。

11.1.3 工件库

工件库中存在有系统预先设置的工件配置的标准文件，用户可以进行选择。在图 11.1.5 所示的“工件”对话框中单击按钮，系统弹出图 11.1.6 所示的“工件镶块设计”对话框，其中包括“部件”“放置”和“详细信息”等区域。

1．部件区域

该区域用于设置添加标准件。

2．详细信息区域

该区域中显示标准毛坯的参数尺寸，如图 11.1.7 所示，当系统设定的标准毛坯的某些尺寸不符合要求时，用户可以通过此区域进行自定义设置。

图 11.1.5 “工件”对话框

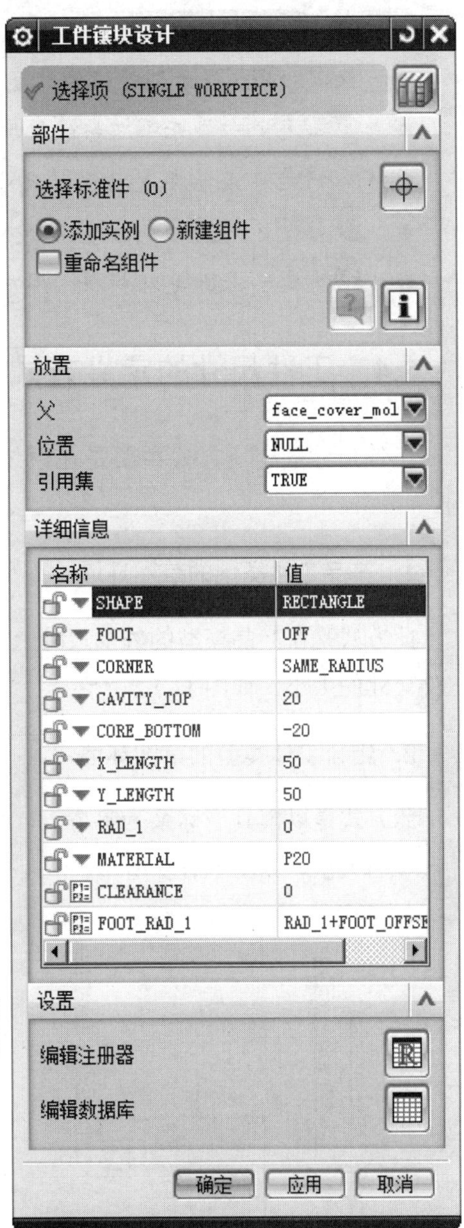

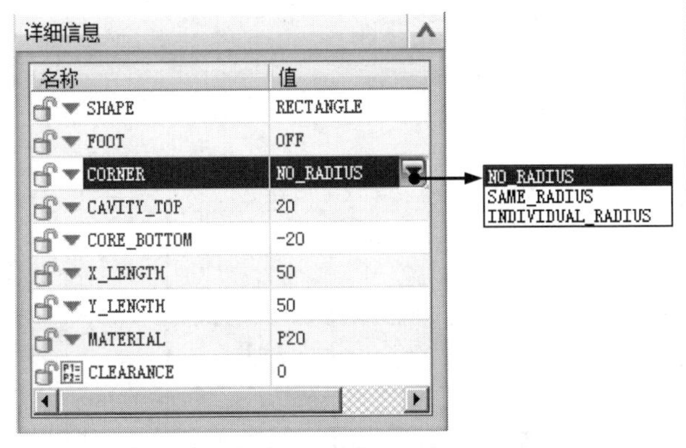

图 11.1.7 “详细信息”区域

图 11.1.6 “工件镶块设计”对话框

图 11.1.7 所示的“详细信息”区域中各参数的说明如下。

- SHAPE：表示毛坯形状，有矩形和圆形两种类型，用户可以根据需要选用。
- FOOT：表示毛坯脚，通常情况下选用 OFF 设置，若选用“ON”，还需要定义毛坯脚的有关尺寸。
- CORNER：表示倒圆角，在下拉列表中包括 3 种类型。
  - ☑ NO_RADIUS：表示没有圆角。
  - ☑ SAME_RADIUS：表示所有圆角半径都相等。

☑ INDIVIDUAL_RADIUS：表示各个圆角不相等。

- CAVITY_TOP：表示型腔板的厚度。
- CORE_BOTTOM：表示型芯板的厚度。
- X_LENGTH：表示在 X 方向的尺寸。
- Y_LENGTH：表示在 Y 方向的尺寸。
- MATERIAL：表示毛坯材料，用户可以在毛坯库中选用毛坯材料。

11.1.4 工件尺寸的定义方式

工件尺寸的定义方式主要是在系统提供的两种工件类型的窗口中通过草图环境定义的。

1．产品工件类型的草图环境

此方式是在产品模型的外形尺寸上加上 X、-X、Y、- Y 四个方向上的增量尺寸来定义工件尺寸的大小，如图 11.1.8 所示。

2．组合工件类型的草图环境

此方式是以模具坐标系为参考点，用 X、-X、Y、- Y 四个方向上的增量尺寸来定义工件尺寸的大小，如图 11.1.9 所示。

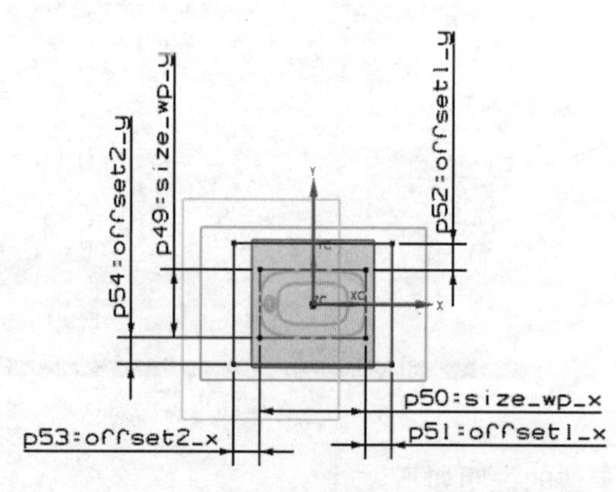

图 11.1.8 产品工件类型的草图环境

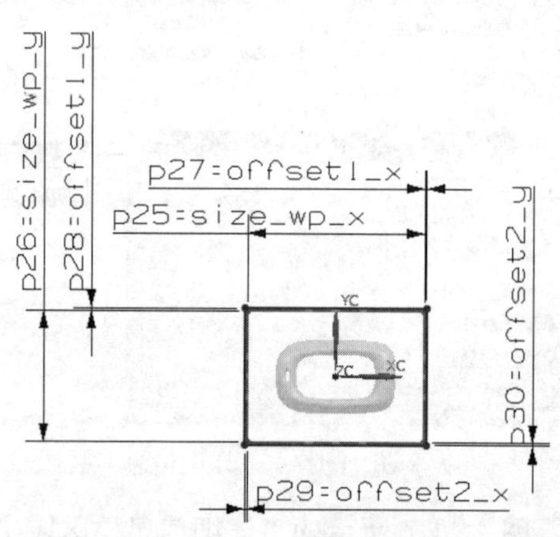

图 11.1.9 组合工件类型的草图环境

11.2 型 腔 布 局

通过“注塑模向导”工具条中的“型腔布局”命令，可以进行一模多腔的模具设计，这样一次成型的产品数量多。在定义模具型腔布局时，用户可以根据产品模型的结构特点、客户需求的产品数量、经济的可行性和加工的难易程度等因素来确定型腔的布局和数目。

模具型腔的布局方法一般有矩形布局和圆形布局两种。

11.2.1　矩形布局

矩形布局是指用户在进行型腔布局时给出相应的型腔数目和在 X、Y 方向上相应的增量值来完成型腔的矩形布局。矩形布局可以分为平衡布局和线性布局两种方法。

1．平衡布局

平衡布局方法是指用户给定相应的型腔数目、工件在 X 和 Y 方向上的距离并选定某个布局方向（X、-X、Y 和- Y）来完成。

Step1．打开 D:\ug12mo\work\ch11.02.01.01\face_cover_mold_top_010.prt 文件。

Step2．在“注塑模向导”功能选项卡的主要区域中单击“型腔布局”按钮，在系统弹出对话框的布局类型下拉列表中选择矩形选项，选中平衡单选项。

Step3．定义型腔数和间距。在平衡布局设置区域的型腔数下拉列表中选择4，然后分别在第一距离和第二距离文本框中输入值 20.0 和 10.0，如图 11.2.1 所示。

图 11.2.1　“型腔布局”对话框

Step4. 在对话框中激活*指定矢量 (0)，然后选取图 11.2.2 所示的 X 轴方向，在生成布局区域中单击“开始布局”按钮，系统自动进行布局，布局完成后在编辑布局区域中单击“自动对准中心”按钮，使模具坐标系自动对中，结果如图 11.2.3 所示，单击关闭按钮。

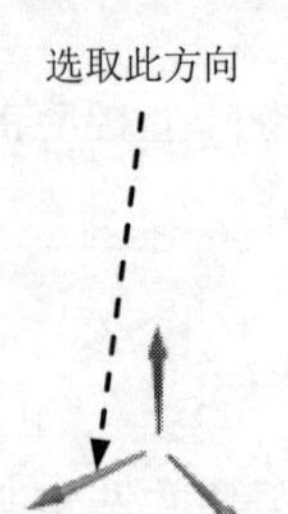

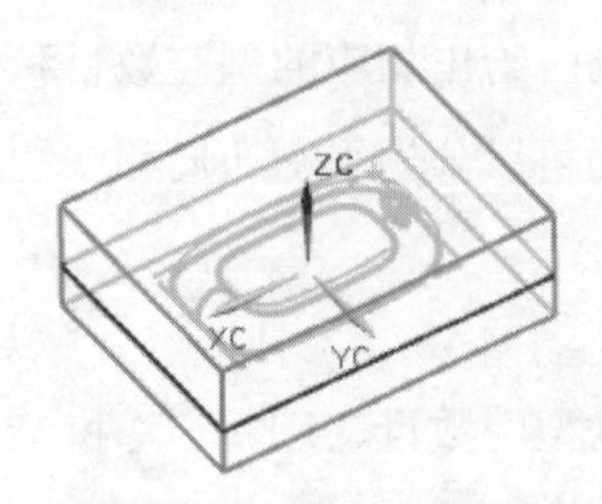

图 11.2.2　定义矢量方向

图 11.2.3　布局后

Step5. 保存文件。选择下拉菜单文件(F) → 全部保存(V)命令，保存所有文件。

图 11.2.1 所示的“型腔布局”对话框中平衡布局设置区域的说明如下。

- 第一距离：表示两工件间在 X 方向的间距。
- 第二距离：表示两工件间在 Y 方向的间距。

2．线性布局

通过“线性布局”可以完成在 X 和 Y 方向上不同型腔数目和型腔距离的布局，并且此方法不需要给定布局方向，所以具有很强的灵活性和实用性。

Step1. 打开 D:\ug12mo\work\ch11.02.01.02\face_cover_mold_top_010.prt 文件。

Step2. 在“注塑模向导”功能选项卡的主要区域中单击“型腔布局”按钮，在系统弹出对话框的布局类型下拉列表中选择矩形选项，选中⊙线性单选项，设置好型腔数及 X、Y 向的间距，如图 11.2.4 所示。

Step3. 在生成布局区域中单击“开始布局”按钮，系统自动进行布局，布局完成后在编辑布局区域中单击“自动对准中心”按钮，使模具坐标系重新自动对中，结果如图 11.2.5 所示，单击关闭按钮。

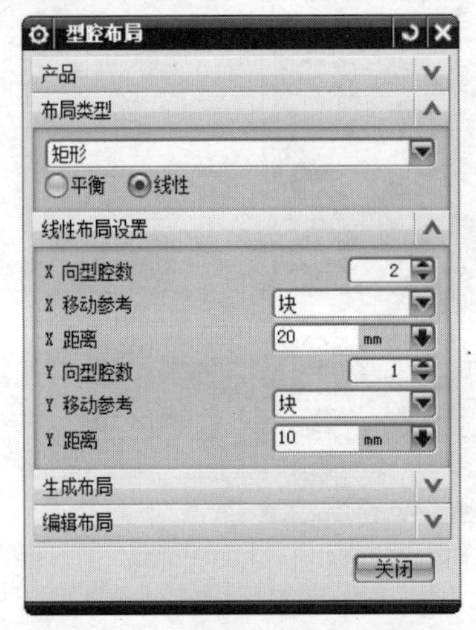

图 11.2.4　“型腔布局”对话框

图 11.2.5　布局后

Step4. 保存文件。选择下拉菜单文件(F) ➡ 全部保存(V)命令，保存所有文件。

11.2.2 圆形布局

圆形布局是指用户在进行型腔布局时给出相应的型腔数目、起始角度、旋转角度、布局半径和参考点来完成型腔的圆形布局。圆形布局可以分为径向布局和恒定布局两种方法。

1. 径向布局

径向布局是指产品模型和工件绕着某一点进行旋转，并且产品模型和工件始终垂直于圆的切线方向。下面介绍径向布局的一般创建过程。

Step1. 打开 D:\ug12mo\work\ch11.02.02.01\face_cover_mold_top_010.prt 文件。

Step2. 在“注塑模向导”功能选项卡的主要区域中单击“型腔布局”按钮，在系统弹出对话框的布局类型下拉列表中选择圆形选项，选中⊙径向单选项。

Step3. 定义型腔数、旋转角度和半径。默认选取系统设置的旋转角度，分别在圆形布局设置区域的型腔数和半径文本框中输入值 6.0 和 200.0。

Step4. 在布局类型区域中单击“点对话框”按钮，系统弹出图 11.2.6 所示的“点”对话框，在输出坐标区域的 X、Y 和 Z 文本框中输入值 0、0 和 0，单击确定按钮，再单击生成布局区域中的“开始布局”按钮，单击关闭按钮，结果如图 11.2.7 所示。

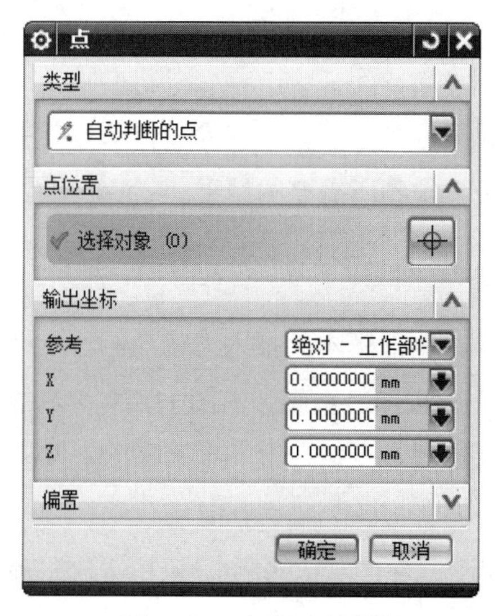

图 11.2.6 “点”对话框

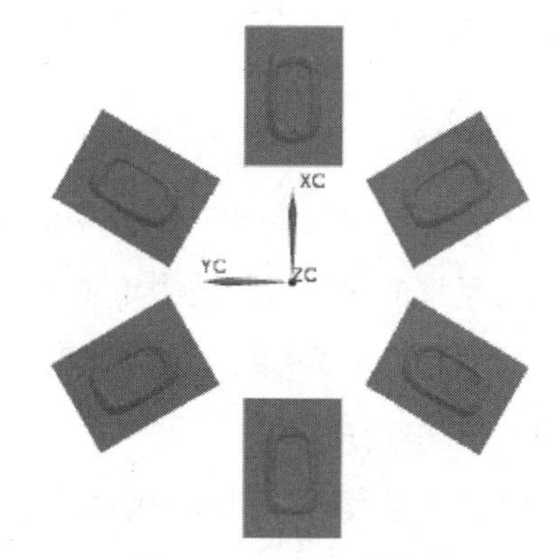

图 11.2.7 径向布局

Step5. 保存文件。选择下拉菜单文件(F) ➡ 全部保存(V)命令，保存所有文件。

2. 恒定布局

恒定布局类似于径向布局，不同的是在创建恒定布局时产品模型和工件的方位不会发生变化。下面介绍图 11.2.8 所示的恒定布局的一般创建过程。

Step1. 打开 D:\ug12mo\work\ch11.02.02.02\face_cover_mold_top_010.prt 文件。

Step2. 在“注塑模向导”功能选项卡的 主要 区域中单击“型腔布局”按钮，在系统弹出对话框的 布局类型 下拉列表中选择 圆形 选项，选中 ⊙ 恒定 单选项。

Step3. 定义型腔数、旋转角度和半径。默认选择系统设置的旋转角度，分别在 圆形布局设置 区域的 型腔数 和 半径 文本框中输入值 6.0 和 200.0。

Step4. 在 布局类型 区域中单击“点对话框”按钮，系统弹出“点”对话框，在 输出坐标 区域的 X、Y 和 Z 文本框中输入值 0、0 和 0，单击 确定 按钮，再单击 生成布局 区域中的“开始布局”按钮，单击 关闭 按钮，结果如图 11.2.8 所示。

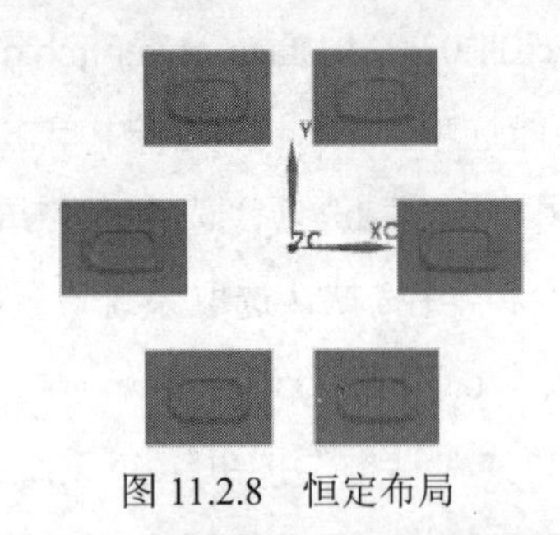

图 11.2.8　恒定布局

Step5. 保存文件。选择下拉菜单 文件(F) → 全部保存(V) 命令，保存所有文件。

11.2.3　编辑布局

在“型腔布局”对话框的 编辑布局 区域中有编辑插入腔、变换、移除和自动对准中心四个命令，通过这些命令可以对模腔的布局进行编辑，得到所需要的结果。

1. 插入腔

插入腔是指对布局的产品模型添加统一的腔体，即旧版本的插入刀槽功能。在“型腔布局”对话框的 编辑布局 区域中单击“编辑插入腔”按钮，系统弹出图 11.2.9 所示的“插入腔”对话框（一），其中包括 目录 和 尺寸 两个选项卡。

（1） 目录 选项卡。

该选项卡的 type 下拉列表中包括腔体的三种类型，在图 11.2.9 中显示出了这三种腔体的形状，分别是 TYPE=0、TYPE=1 和 TYPE=2；在 R 下拉列表中显示了四种倒圆角半径值，用户可以根据具体的需要选择使用。

（2） 尺寸 选项卡。

单击 尺寸 选项卡，系统弹出图 11.2.10 所示的“插入腔”对话框（二），当系统设定的标准毛坯的某些尺寸不符合要求时，用户可以通过此对话框进行自定义设置。

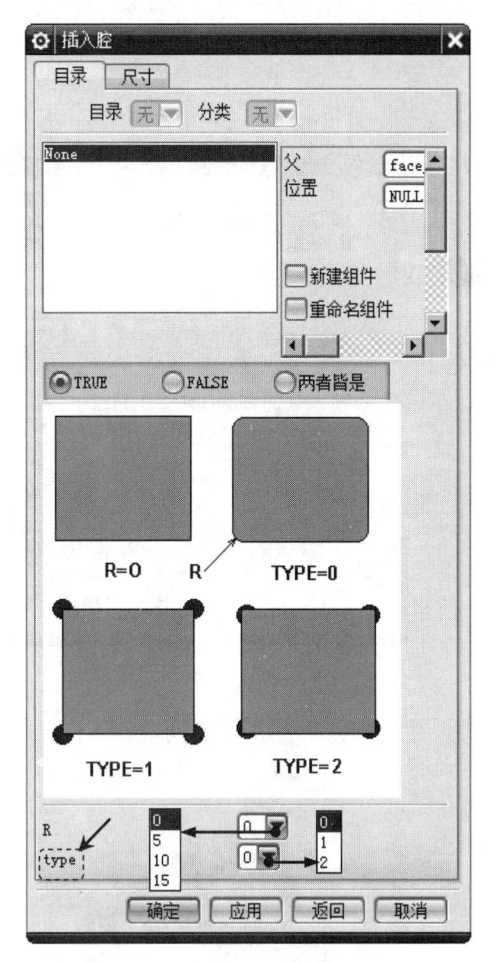

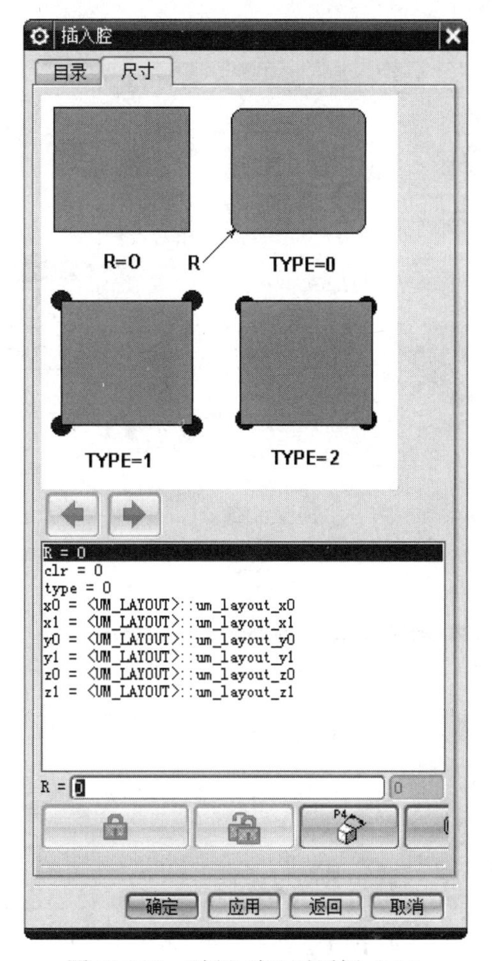

图 11.2.9 “插入腔”对话框（一）

图 11.2.10 “插入腔”对话框（二）

2. 变换

变换是指对布局的产品模型进行旋转或者平移。在“型腔布局”对话框的编辑布局区域中单击“变换”按钮，系统弹出图 11.2.11 所示的“变换”对话框（一），变换类型包括旋转、平移和点到点三个选项。

（1）旋转。

此种类型是按照用户指定的旋转中心和角度进行排列的，用户可以通过此方式对型腔布局进行编辑。下面介绍旋转变换的一般操作过程。

Step1. 打开 D:\ug12mo\work\ch11.02.03.01\face_cover_mold_top_010.prt 文件。

Step2. 在“注塑模向导”功能选项卡的主要区域中单击“型腔布局”按钮，在系统弹出对话框的编辑布局区域中单击“变换”按钮，再单击旋转区域中的“点对话框”按钮，系统弹出图 11.2.12 所示的“点”对话框。

Step3. 在 Y 文本框中输入值-45，单击确定按钮，此时系统返回至“变换”对话框

（一）。

图 11.2.11 “变换”对话框（一）

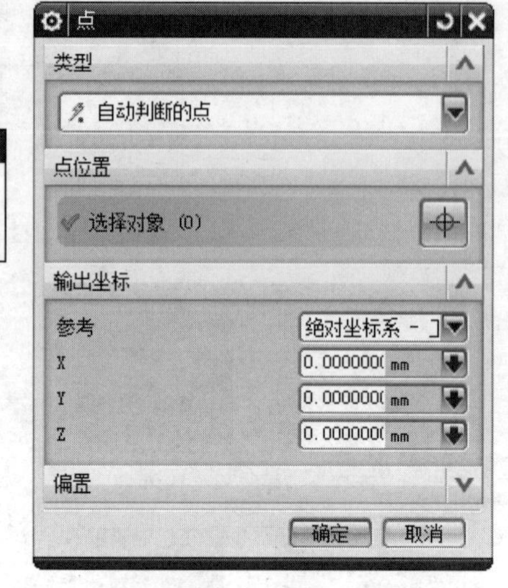

图 11.2.12 “点”对话框

Step4. 在该对话框的角度文本框中输入值 60，并选中复制原先的单选项，单击确定按钮，结果如图 11.2.13b 所示。

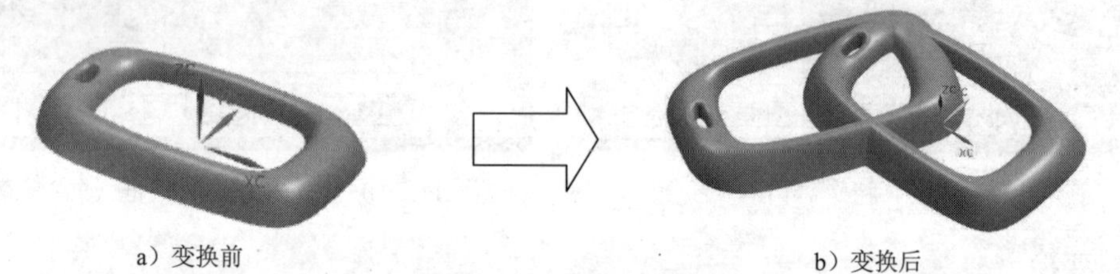

a）变换前

b）变换后

图 11.2.13 旋转变换

Step5. 保存文件。选择下拉菜单文件(F) → 全部保存(V)命令，保存所有文件。

图 11.2.11 所示的“变换”对话框（一）中各选项的说明如下。

- 移动原先的：选择该单选项后，系统将按照输入的角度旋转到指定的位置，原模型将不存在。
- 复制原先的：选择该单选项后，系统将按照输入的角度旋转到指定的位置，原模型仍被保留。
- 按钮：单击该按钮后，用户可以设置旋转中心。

（2）平移。

此种类型是按照用户指定的两个点进行变换的，用户可以通过此方式对模腔布局进行编辑。下面介绍平移变换的一般操作过程。

Step1. 打开 D:\ug12mo\work\ch11.02.03.02\face_cover_mold_top_010.prt 文件。

Step2. 在“注塑模向导”功能选项卡的主要区域中单击“型腔布局”按钮，在系统弹出对话框的编辑布局区域中单击“变换”按钮，系统弹出“变换”对话框，在变换类型区域的下拉列表中选择平移选项，此时“变换”对话框（二）如图 11.2.14 所示。

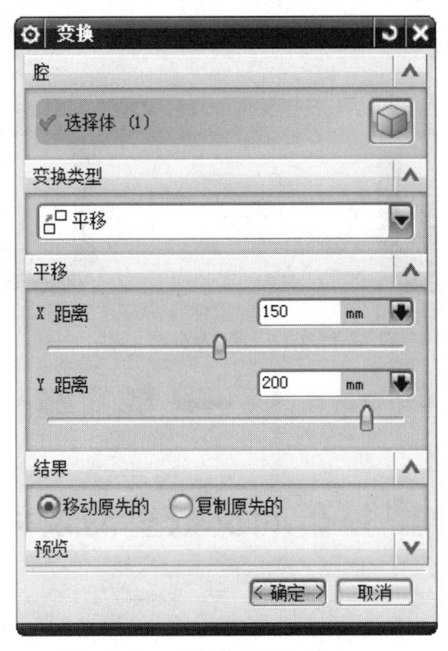

图 11.2.14 “变换”对话框（二）

Step3. 定义平移距离。在“变换”对话框（二）的X 距离和Y 距离文本框中分别输入值 0 和 100，并选中复制原先的单选项，然后单击< 确定 >按钮，系统返回至“型腔布局”对话框。

Step4. 在“型腔布局”对话框中单击关闭按钮，结果如图 11.2.15b 所示。

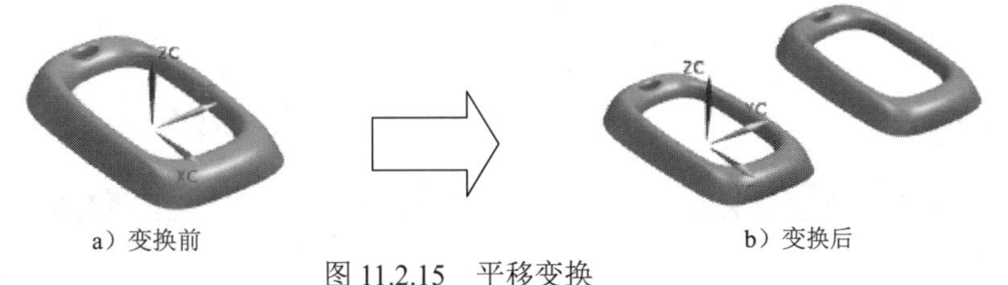

a）变换前　　b）变换后

图 11.2.15 平移变换

（3）点到点。

此种类型的操作比较简单，这里不做介绍。

3. 移除

此种方式用于删除不需要的模腔布局，操作起来比较简单，这里也不做介绍。

4. 自动对准中心

自动对准中心的作用是将模具坐标系自动移动到模具布局中心位置。继续以前面的模型为例来介绍自动对准中心的一般操作过程。

Step1. 打开 D:\ug12mo\work\ch11.02.03.03\face_cover_mold_top_010.prt 文件。

Step2. 在“注塑模向导”功能选项卡的 主要 区域中单击“型腔布局”按钮，在系统弹出对话框的 编辑布局 区域中单击“自动对准中心”按钮。

Step3. 在“型腔布局”对话框中单击 关闭 按钮，结果如图 11.2.16b 所示。

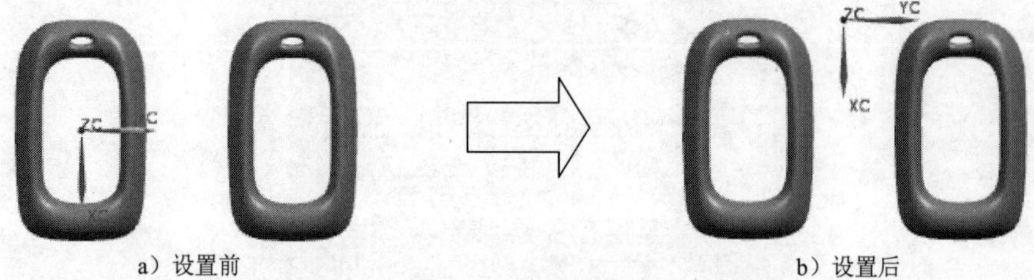

a）设置前　　b）设置后

图 11.2.16　自动对准中心

Step4. 保存文件。选择下拉菜单 文件(F) → 全部保存(V) 命令，保存所有文件。

11.3　型腔布局及数量的设计技巧

在模具设计中，型腔的种类可大致分为两种，分别是单型型腔和多型型腔，都有各自的优点。

单型型腔的优点是塑料制品的精度高、工艺参数易于控制、模具结构紧凑、设计自由度大和制造简单等；多型型腔的优点是生产效率高和可降低塑件的成本等。

在注塑成型中，为了提高产品生产效率，一般采用多型型腔（一模多腔）。在 UG NX 12.0 中专门提供了这样一个型腔设计模块，方便用户对多腔模和多件模的设计。

1. 型腔布局

UG NX 12.0 中提供了两类布局的方式：矩形布局和圆形布局。下面对每种布局的特点进行详细介绍。

矩形平衡布局方式：其型腔数可设为 2 或 4，这种布局的主要特点是从主流道到各个型腔浇口的分流道的长度、截面形状、尺寸和布局都具有对称性，有利于实现各个型腔均匀进料以及同时充满型腔的目的，是比较常见的布局方法。

矩形线性布局方式：其型腔数量不限，这种布局的主要特点是成型工件不会进行方位的旋转，而只是位置上的移动，当然也可通过编辑布局的方式来达到旋转的效果。

圆形径向布局方式：其型腔会绕布局中心做周向均匀分布，并且型腔也会绕原点做相应的调整，这种布局方式使型腔上的浇口到布局原点的距离相同，实现了均匀的目的，有利于各个型腔均匀进料以及同时充满型腔。

圆形恒定布局方式：其型腔也会绕布局中心做周向均匀分布，但是型腔的方向保持不变。

2．型腔数量

为了使模具和注射机相匹配以提高生产率和经济性，并保证塑件的精度，模具设计时应合理地确定型腔数量。下面介绍常用的几种确定型腔数量的方法。

（1） 按注射机的最大注塑量确定型腔数量 n。

$$n \leqslant \frac{0.8V_g - V_j}{V_\varepsilon} \qquad n \leqslant \frac{0.8m_g - m_j}{m_\varepsilon}$$

式中，V_g（m_g）为注射机最大注塑量（cm^3 或 g）；V_j（m_j）为浇注系统凝料量（cm^3 或 g）；V_g（m_g）为单个制品的容积或质量（cm^3 或 g）。

（2）按注射机的额定合模力确定型腔数量 n。

$$n \leqslant \frac{F - P_m A_j}{P_m A_z}$$

式中，F 为注射机的额定合模力（N）；P_m 为塑料熔体对型腔的平均压力（MPa）；A_j 为浇注系统在分型面上的投影面积（mm^2）；A_z 为单个制品在分型面上的投影面积（mm^2）。

（3）按制品的精度要求确定型腔数量。

根据生产经验，每增加一个型腔，塑件的尺寸精度要降低 4%。一般成型高精度制品时，型腔数不宜过多，通常推荐不超过四腔，因为多腔很难使成型条件一致。

学习拓展：扫码学习更多视频讲解。

讲解内容：模具实例精选（注塑模具）。讲解了一些典型的模具实例，并对操作步骤做了详细的演示。

第 12 章 注塑模设计工具

12.1 概　述

在进行模具分型前，必须要对产品模型上存在的破孔或凹槽等进行修补，否则后续模具分型将无法创建。在对破孔或凹槽等进行修补时，需要通过 MW 提供的“注塑模工具”区域中的命令来完成，其中包括创建包容体、分割实体、实体补片和曲面补片等命令，如图 12.1.1 所示。

图 12.1.1　“注塑模工具”区域

由图 12.1.1 可知 MW 的“注塑模工具”工具条中包含很多功能，在进行模具设计的过程中要能够灵活运用和掌握这些功能，以提高模具设计效率。

12.2 实体修补工具

实体修补工具包括创建包容体、分割实体、实体补片和参考圆角命令。

12.2.1 创建包容体

创建包容体是指创建一个长方体、正方体或圆柱体，将某些局部开放的区域进行填充，一般用于不适合使用曲面修补法和边线修补法的区域，创建包容体也是创建滑块的一种方法。MW 提供了三种创建包容体的方法，下面将介绍常用的两种。

打开 D:\ug12mo\work\ch12.02.01\cover_ parting_023.prt 文件。

方法 1. 中心和长度法

中心和长度法是指选择一个基准点，然后以此基准点来定义包容体的各个方向的边长。下面介绍使用中心和长度法创建包容体的一般操作过程。

Step1. 在“注塑模向导”功能选项卡的 注塑模工具 区域中单击“包容体”按钮，系统弹出图 12.2.1 所示的“包容体”对话框。

Step2. 选择类型。在对话框的类型下拉列表中选择中心和长度选项。

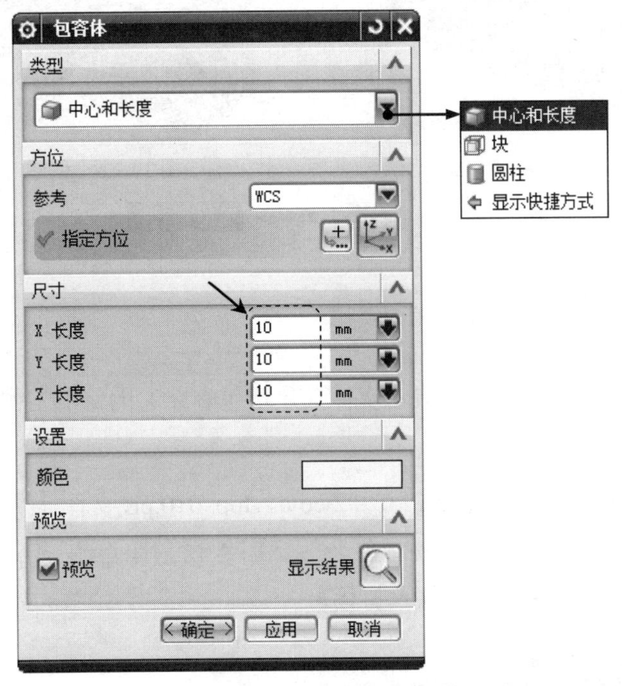

图 12.2.1 “包容体”对话框

Step3. 选取参考点。在模型中选取图 12.2.2 所示边线的中点。

Step4. 设置包容体的尺寸。在“包容体”对话框中输入图 12.2.1 所示的尺寸。

Step5. 单击应用按钮，创建结果如图 12.2.3 所示。

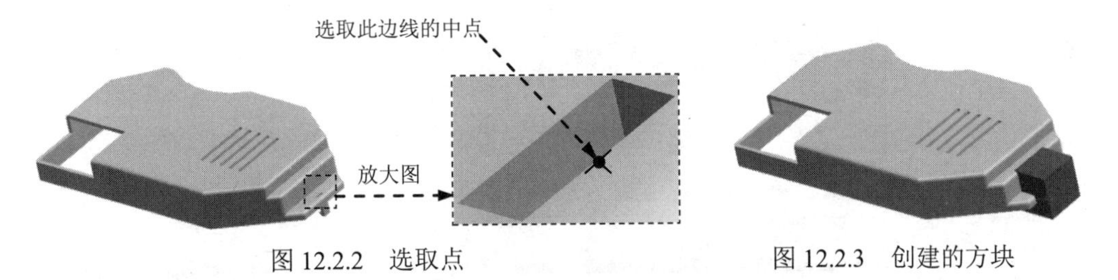

图 12.2.2 选取点　　图 12.2.3 创建的方块

方法 2. 有界长方体法

有界长方体法是指以需要修补的孔或槽的边界面来定义包容体的大小，此方法是创建包容体的常用方法。继续以前面的模型为例来介绍使用有界长方体法创建包容体的一般操作过程。

Step1. 选择类型。在对话框的类型下拉列表中选择块选项。

Step2. 选取边界面。选取图 12.2.4 所示的三个平面，在偏置文本框中输入偏置值 1。

Step3. 单击< 确定 >按钮，创建结果如图 12.2.5 所示。

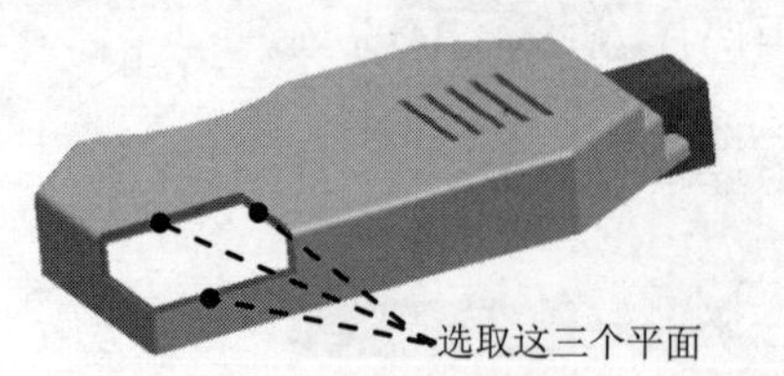

图 12.2.4　选取边界面

图 12.2.5　创建的方块

Step4. 保存文件。选择下拉菜单 文件(F) ➡ 全部保存(V) 命令，保存所有文件。

12.2.2　分割实体

使用“分割实体”按钮可以完成对实体（包括包容体）的修剪工作。下面介绍分割实体的一般操作过程。

Step1. 打开 D:\ug12mo\work\ch12.02.02\cover_top_010.prt 文件。

Step2. 在“注塑模向导”功能选项卡的 注塑模工具 区域中单击“分割实体”按钮，系统弹出图 12.2.6 所示的“分割实体”对话框。

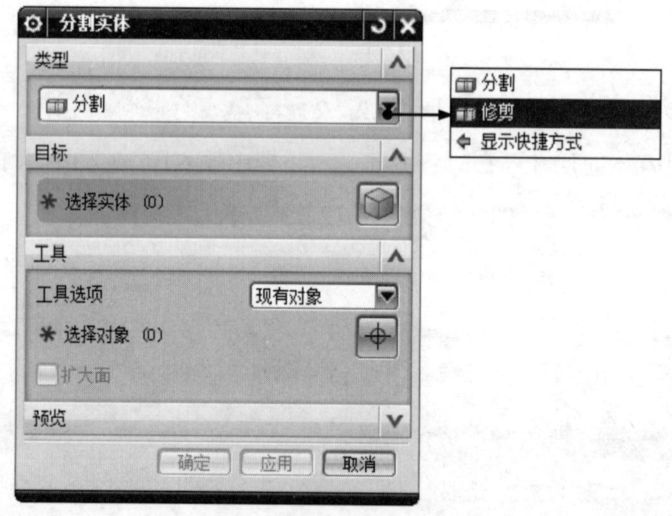

图 12.2.6　“分割实体”对话框

Step3. 修剪包容体。

（1）定义分割类型。在对话框的 类型 下拉列表中选择 修剪 选项。

（2）选取目标体。选取图 12.2.7 所示的包容体为目标体。

（3）选取工具体。选取图 12.2.8 所示的曲面 1 为工具体，单击按钮，再单击 应用 按钮，修剪结果如图 12.2.9 所示。

（4）参照以上步骤，分别选取曲面 2、曲面 3、曲面 4、曲面 5 和曲面 6 为工具体，如图 12.2.8 和图 12.2.10 所示，修剪结果如图 12.2.11 所示。

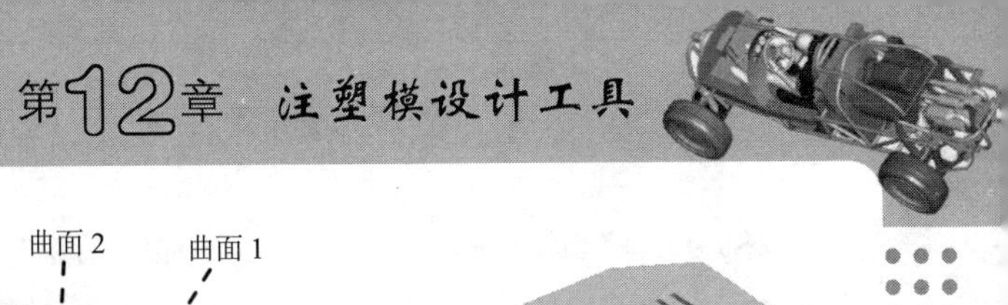

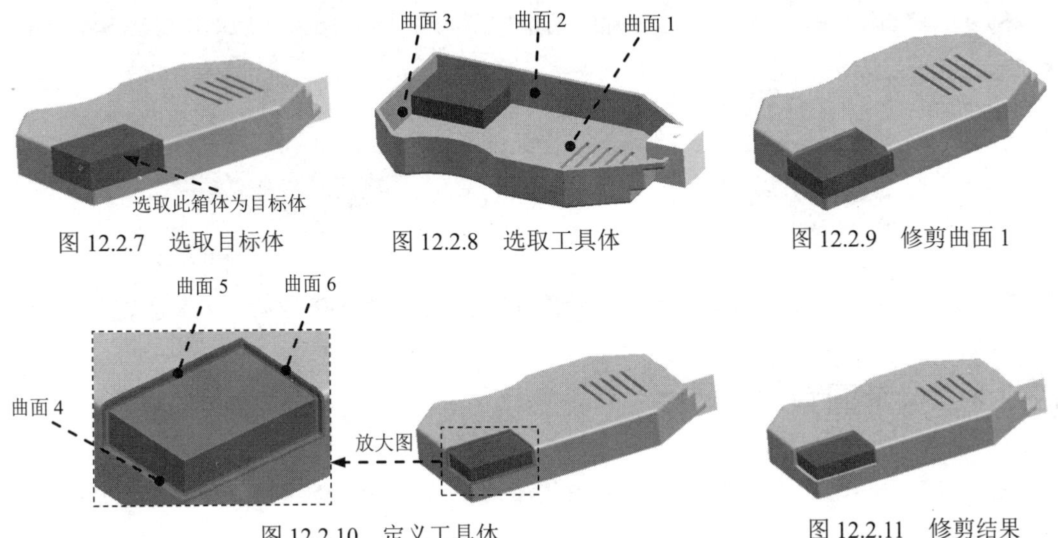

图 12.2.7 选取目标体

图 12.2.8 选取工具体

图 12.2.9 修剪曲面 1

图 12.2.10 定义工具体

图 12.2.11 修剪结果

Step4. 单击“分割实体”对话框中的 确定 按钮，完成分割实体的创建。

Step5. 保存文件。选择下拉菜单 文件(F) ➡ 全部保存(V) 命令，保存所有文件。

12.2.3 实体补片

通过“实体补片”命令可以完成一些形状不规则的孔或槽的修补工作。下面介绍创建“实体补片”的一般操作过程。

Step1. 打开 D:\ug12mo\work\ch12.02.03\housing_parting_055.prt 文件。

Step2. 在“注塑模向导”功能选项卡的 注塑模工具 区域中单击“实体补片”按钮，系统弹出图 12.2.12 所示的“实体补片”对话框。

图 12.2.12 “实体补片”对话框

Step3. 选取目标体。选择图 12.2.13 所示的模型为目标体，系统默认选中。

Step4. 选取补片体。选取图 12.2.13 所示的包容体为补片体。

Step5. 单击 应用 按钮，实体补片的结果如图 12.2.14 所示，然后单击 取消 按钮。

图 12.2.13 选取对象　　图 12.2.14 补片结果

Step6. 保存文件。选择下拉菜单 文件(F) → 全部保存(V) 命令，保存所有文件。

12.2.4 参考圆角

通过“参考圆角”按钮可以对创建包容体的特征进行局部的圆角处理。下面介绍创建“参考圆角”的一般操作过程。

Step1. 打开 D:\ug12mo\work\ch12.02.04\up_cover_mold_parting_017.prt 文件。

Step2. 在“注塑模向导”功能选项卡的 注塑模工具 区域中单击“参考圆角”按钮，系统弹出图 12.2.15 所示的“参考圆角”对话框。

Step3. 选择参考圆角。选择图 12.2.16 所示的圆角为参考对象。

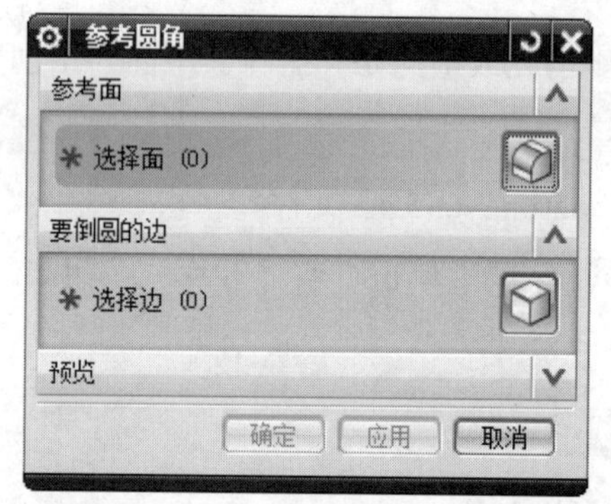

图 12.2.15 “参考圆角”对话框

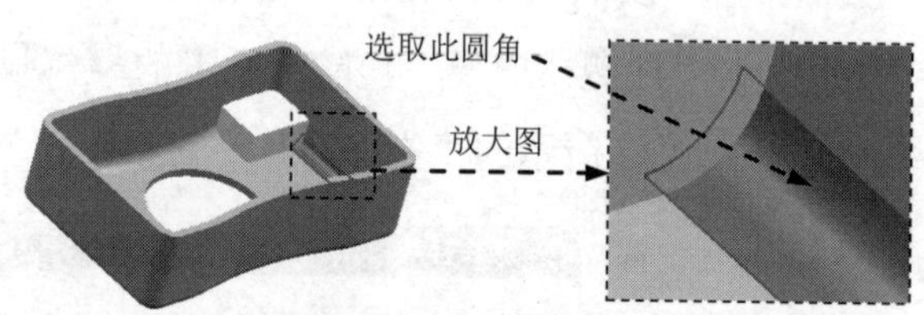

图 12.2.16 选择参考圆角

图 12.2.15 所示的“参考圆角”对话框中选项的说明如下。

- ：表示选择现有的圆角为参考。
- ：表示选择要倒圆的边线。

Step4. 选取要倒圆的边。单击“参考圆角”对话框中的“边”按钮，选取图 12.2.17 所示的三条边线。

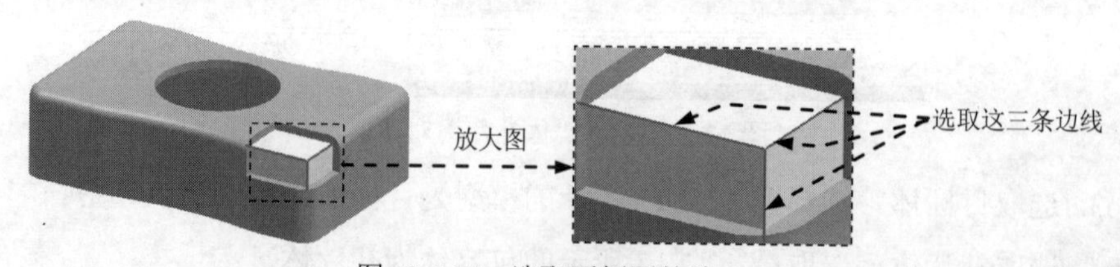

图 12.2.17 选取要倒圆的边

Step5. 单击 确定 按钮，参考圆角的结果如图 12.2.18 所示。

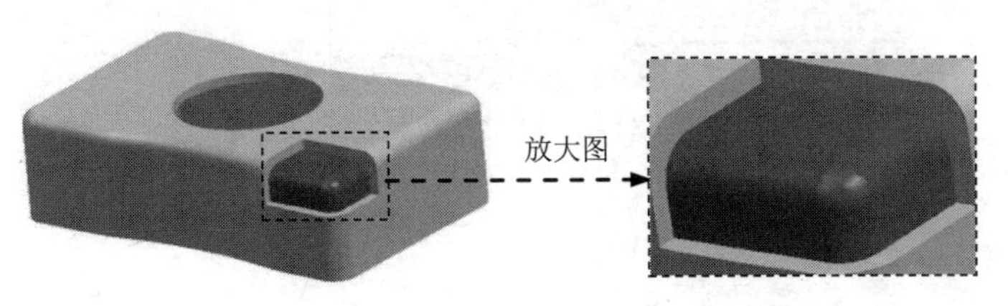

图 12.2.18　参考圆角

Step6. 保存文件。选择下拉菜单 文件(F) ➡ 全部保存(V) 命令，保存所有文件。

12.3　片体修补工具

片体修补工具用于完成模型中破孔的修补，包括“边补片”“修剪区域补片”和“编辑分型面和曲面补片”等。

12.3.1　边补片

用“边补片”可以通过面、体和移刀（边线）三种类型完成孔的修补工作。

1. 通过面进行修补

通过面进行修补可完成曲面或平面上孔的修补工作，应用非常广泛。下面介绍图 12.3.1b 所示面修补的一般创建过程。

Step1. 打开 D:\ug12mo\work\ch12.03.01.01\top_cover_parting_098.prt 文件。

Step2. 确认在建模环境，在“注塑模向导”功能选项卡的 分型刀具 区域中单击“曲面补片”按钮，系统弹出图 12.3.2 所示的“边补片”对话框（一）。

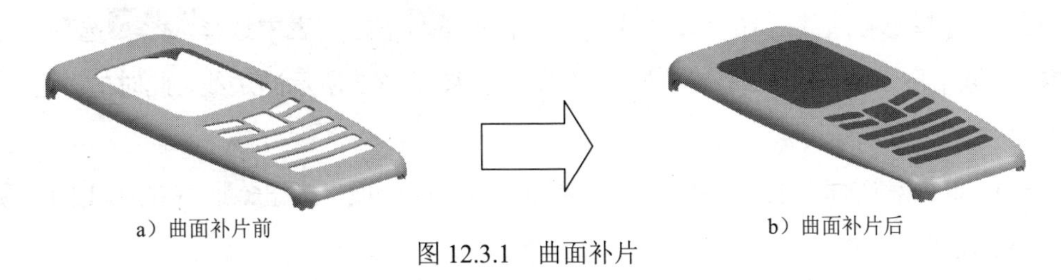

图 12.3.1　曲面补片

Step3. 选择要补孔的面。在“边补片”对话框（一）的 类型 下拉列表中选择 面 选项，然后选择图 12.3.3 所示的面。

Step4. 在“边补片”对话框（一）中单击 确定 按钮，修补结果如图 12.3.1b 所示。

Step5. 保存文件。选择下拉菜单 文件(F) ➡ 全部保存(V) 命令，保存所有文件。

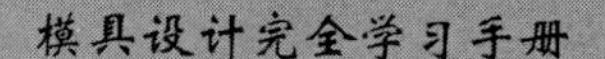

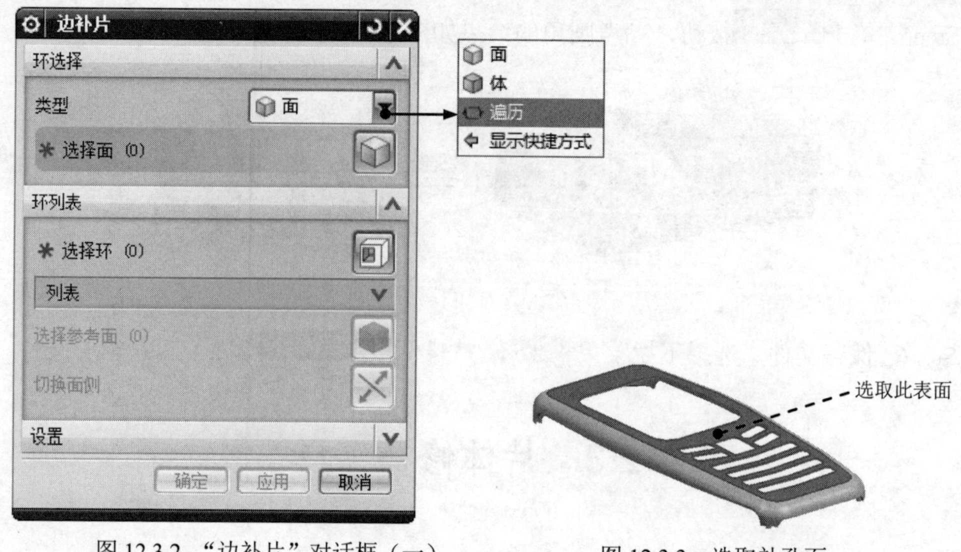

图 12.3.2 “边补片”对话框（一）

图 12.3.3 选取补孔面

2. 通过移刀进行修补

通过移刀进行修补可完成产品模型上缺口位置的修补，在修补过程中主要通过选取缺口位置的一周边界线来完成。下面介绍图 12.3.4 所示移刀的一般创建过程。

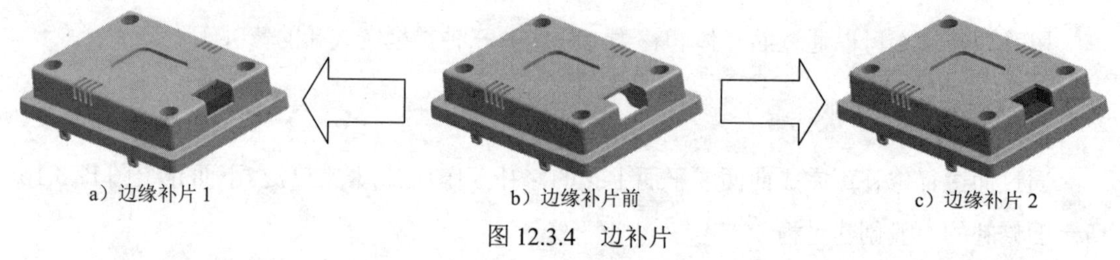

图 12.3.4 边补片

Step1. 打开 D:\ug12mo\work\ch12.03.01.02\housing_parting_018.prt 文件。

Step2. 确认在建模环境，在“注塑模向导”功能选项卡的 分型刀具 区域中单击“曲面补片”按钮，系统弹出“边补片”对话框。

Step3. 选择修补边线。在“边补片”对话框的 类型 下拉列表中选择 遍历 选项，然后在 遍历环 区域中取消选中 □ 按面的颜色遍历 复选框，选择图 12.3.5 所示的边线，此时的“边补片”对话框如图 12.3.6 所示。

Step4. 单击对话框中的“接受”按钮和“循环候选项”按钮，完成图 12.3.7 所示的边界环的选取。

图 12.3.6 所示的“边补片”对话框（二）中 ☑ 按面的颜色遍历 复选框的说明。

选中该复选框进行修补破孔时，必须先进行区域分析，完成型腔面和型芯面的定义，并在产品模型上以不同的颜色标识出来，该修补方式才可使用。

Step5. 确定面的补片方式。接受系统默认的设置，单击 确定 按钮，完成补片后的结果如图 12.3.4a 所示。

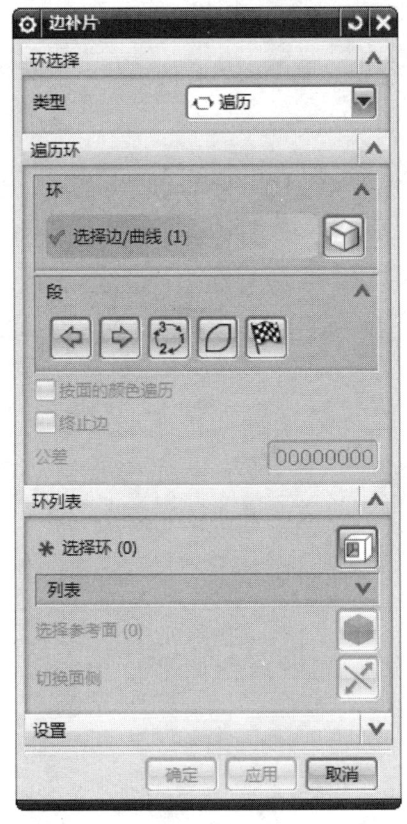

图 12.3.6 “边补片”对话框（二）

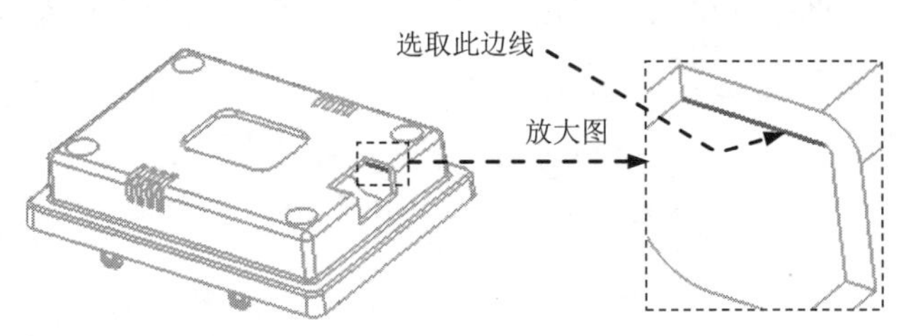

图 12.3.5 选取修补边线

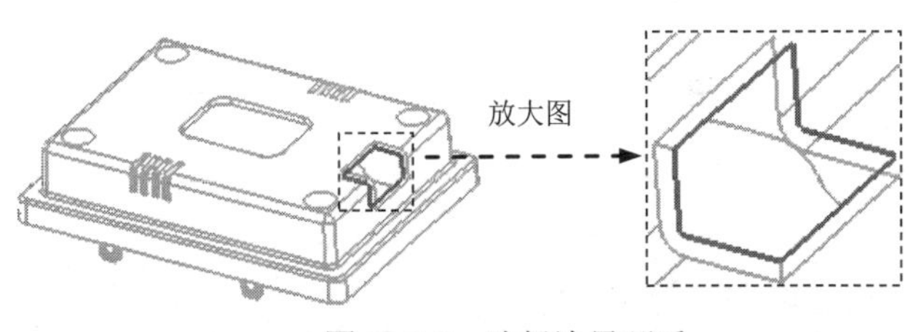

图 12.3.7 选择边界环后

说明：若在图 12.3.8 所示的“边补片”对话框（三）中单击“切换面侧”按钮，再单击 确定 按钮，完成补片后的结果如图 12.3.4c 所示。

Step6. 保存文件。选择下拉菜单 文件(F) → 全部保存(V) 命令，保存所有文件。

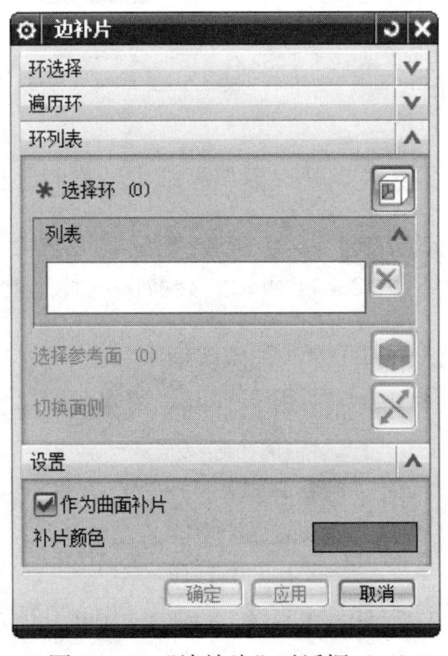

图 12.3.8 “边补片”对话框（三）

3. 通过体进行修补

通过体进行修补可以完成型腔侧面、型芯侧面或自行定义某个面上孔的填补。下面介绍通过体修补的一般创建过程。

Step1. 打开 D:\ug12mo\work\ch12.03.01.03\base_down_cover_parting_023.prt 文件。

Step2. 确认在建模环境，在“注塑模向导”功能选项卡的 分型刀具 区域中单击“曲面补片”按钮，系统弹出“边补片”对话框。

Step3. 选择修补对象。在“边补片”对话框的 类型 下拉列表中选择 体 选项，选择图 12.3.9 所示的实体模型。

图 12.3.9 选取体

Step4. 在“边补片”对话框中单击 确定 按钮，完成补片后的结果如图 12.3.10 所示。

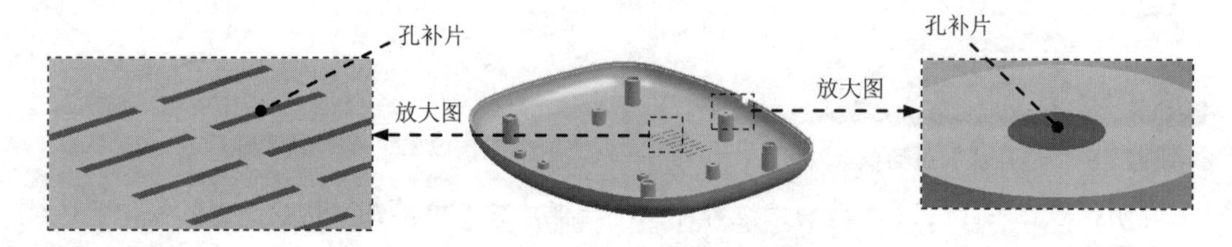

图 12.3.10 通过体修补

Step5. 保存文件。选择下拉菜单 文件(F) → 全部保存(V) 命令，保存所有文件。

12.3.2 修剪区域补片

“修剪区域补片”命令是通过在开口模型区域中选取封闭曲线来完成修补片体的创建的。在使用此命令前，必须先创建一个大小合适的包容体，只要保证此包容体能够完全覆盖住开口边界即可。下面介绍图 12.3.11 所示的修剪区域补片的一般创建过程。

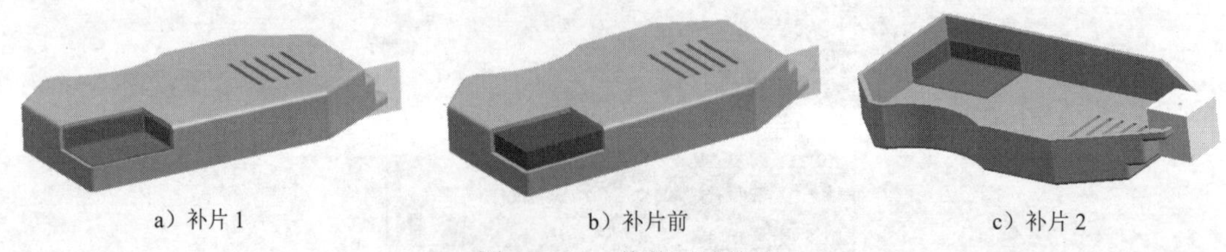

图 12.3.11 修剪区域补片

Step1. 打开 D:\ug12mo\work\ch12.03.02\cover_ parting_023.prt 文件。

Step2. 确认在建模环境，在“注塑模向导”功能选项卡的注塑模工具区域中单击“修剪区域补片”按钮，系统弹出图 12.3.12 所示的“修剪区域补片”对话框。

Step3. 选择目标体。选取图 12.3.13 所示的包容体为目标体。

图 12.3.12 “修剪区域补片”对话框

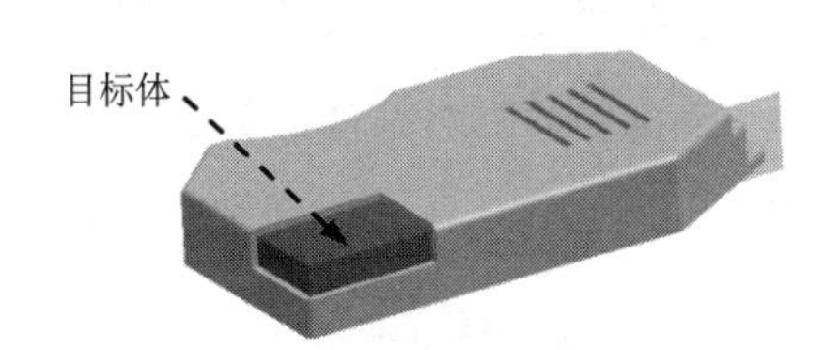

图 12.3.13 选择目标体

Step4. 选取边界。在对话框边界区域的类型下拉列表中选择体/曲线选项，然后在图形区选取图 12.3.14 所示的边线作为边界。

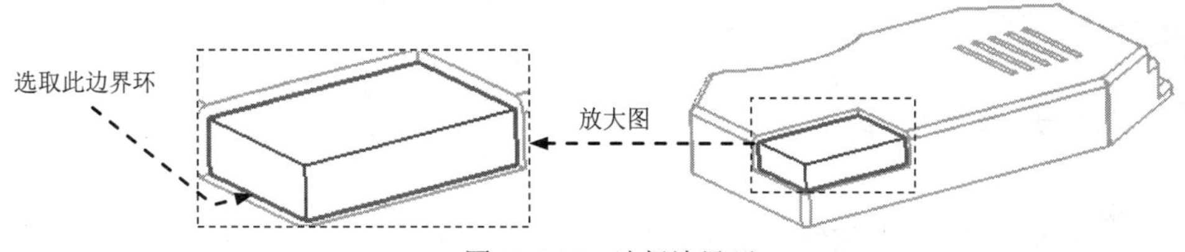

图 12.3.14 选择边界环

Step5. 定义区域。在对话框中激活*选择区域 (0)区域，然后在图 12.3.15 所示的位置单击片体，选中放弃单选项，单击确定按钮，补片后的结果如图 12.3.11a 所示。

说明：此处在图 12.3.15 所示的位置单击片体后再选中保留单选项，则最终的结果如图 12.3.11c 所示。

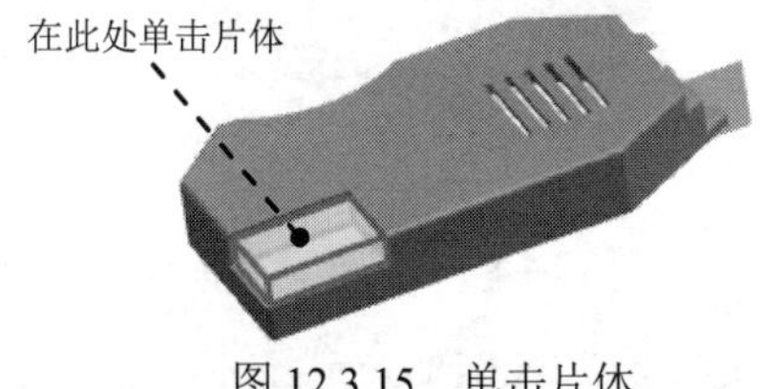

图 12.3.15 单击片体

Step6. 保存文件。选择下拉菜单文件(F) → 全部保存(V)命令，保存所有文件。

12.3.3 编辑分型面和曲面补片

由于很多时候一种产品的设计开发不是由同一公司完成的，模型数据的传送或转换就不可避免。当不同公司使用不同软件时，创建或接收的模型数据文件格式就会有所不同（比如 IGES、STL、PARASLID 等），而数据的不同保存格式在不同软件输入过程中极有可能造成部分数据的丢失，在模具设计前就要先对模型进行必要的修补，此时可以先利用 UG 强大的曲面建模功能，把不方便使用注塑模工具修补的孔修补好，然后再通过模具工具中的现有曲面功能将修补好的面转换为模具设计中的修补面。这样，在进行创建型芯、型腔等后续工作时，系统会自动识别出这些面。具体创建过程如下。

在“注塑模工具”工具条中单击“编辑分型面和曲面补片”按钮，系统弹出“编辑分型面和曲面补片”对话框，单击 确定 按钮，系统将自动完成转换，将这些曲面转换为 MW 能识别的修补片体，供后续的分模使用。

12.4 编辑片体工具

编辑片体工具包括“扩大曲面补片”和“拆分面”命令。下面将分别介绍这两种命令的使用。

12.4.1 扩大曲面补片

通过“扩大曲面补片”按钮可以完成图 12.4.1 所示的创建扩大曲面。扩大曲面是获取产品模型上的已有面，通过控制所选的面在 U 和 V 两个方向的扩充百分比来实现曲面的扩大。在某些情况下，扩大曲面可以作为工具体来修剪实体，还可以作为分型面来使用。继续以前面的模型为例来介绍扩大曲面补片的一般创建过程。

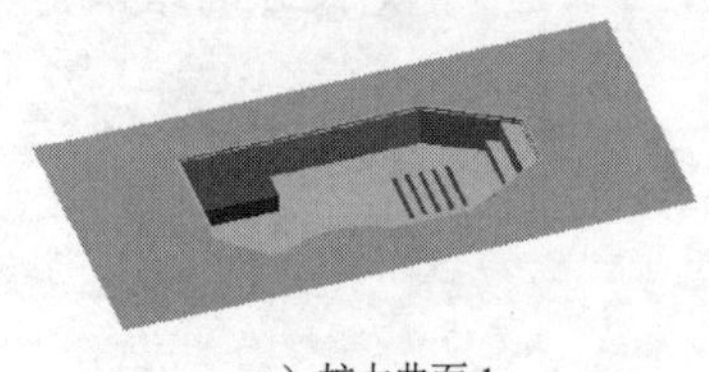

a）扩大曲面 1

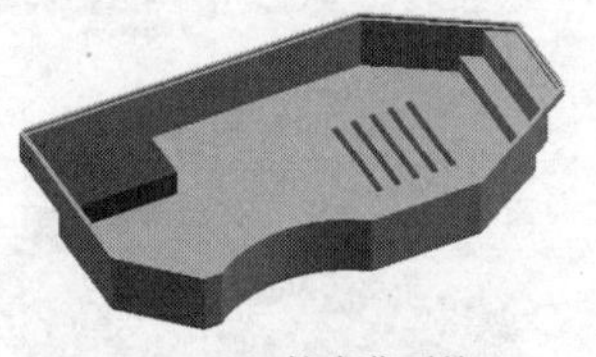

b）扩大曲面前

c）扩大曲面 2

图 12.4.1 创建扩大曲面补片

Step1. 打开 D:\ug12mo\work\ch12.04.01\cover_mold_parting_017.prt 文件。

Step2. 确认在建模环境，在“注塑模向导”功能选项卡的 注塑模工具 区域中单击“扩大曲面补片”按钮，系统弹出图 12.4.2 所示的“扩大曲面补片”对话框。

Step3. 选取目标面。选取图 12.4.3 所示模型的底面为目标面，在模型中显示出扩大曲面的预览效果，如图 12.4.4 所示。

Step4. 指定区域。在对话框中激活 * 选择区域 (0) 区域，然后在图 12.4.4 所示的位置单击生成的片体，在对话框中选中 ⊙保留 单选项，单击 确定 按钮，结果如图 12.4.1a 所示。

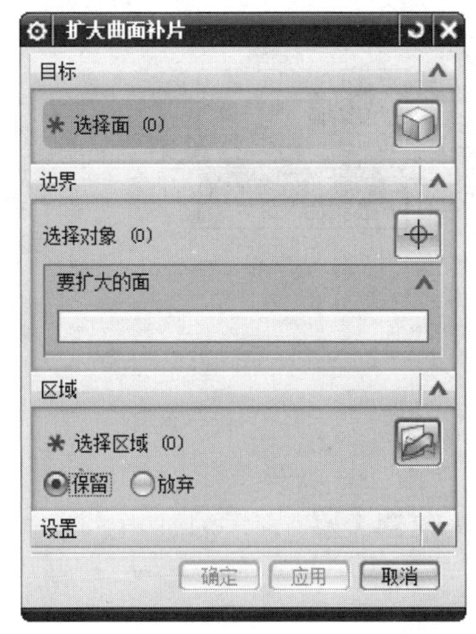

图 12.4.2 “扩大曲面补片”对话框

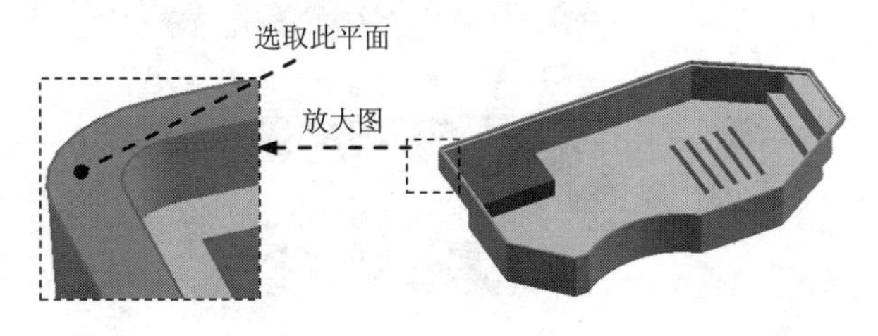

图 12.4.3 选取扩大曲面

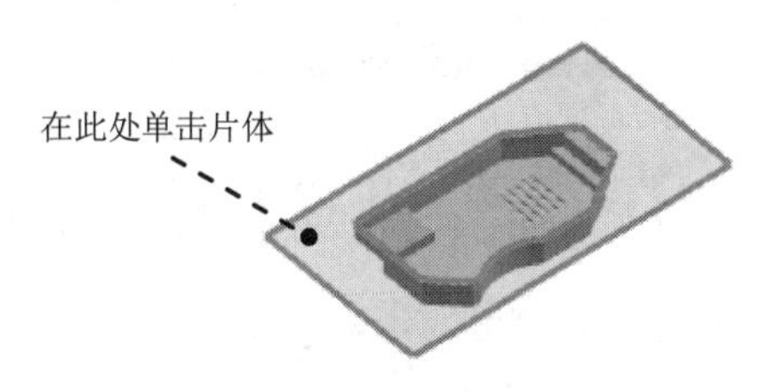

图 12.4.4 指定区域

说明：此处在图 12.4.4 所示的位置单击片体后再选中 ⊙放弃 单选项，则最终的结果如图 12.4.1c 所示。

Step5. 保存文件。选择下拉菜单 文件(F) ➡ 全部保存(V) 命令，保存所有文件。

12.4.2 拆分面

使用“拆分面”按钮可以完成曲面分割的创建。一般主要用于分割跨越区域面（跨越区域面是指一部分在型芯区域而另一部分在型腔区域，如图 12.4.5 所示）。对于产品模型上存在这样的跨越区域面，首先，对跨越区域面进行分割；其次，将完成分割的跨越区域面分别定义在型腔区域上和型芯区域上；最后，完成模具的分型。创建“拆分面”有通过被等斜度线拆分、通过基准面来拆分和通过现有的曲线来拆分三种方式，下面分别介绍这三种拆分面方式的一般创建过程。

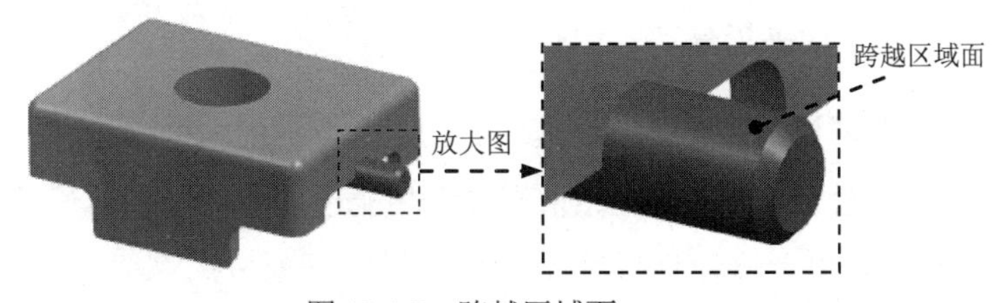

图 12.4.5 跨越区域面

方式 1：通过被等斜度线拆分

Step1. 打开 D:\ug12mo\work\ch12.04.02\shell_parting_123.prt 文件。

Step2. 确认在建模环境，在“注塑模向导”功能选项卡的 注塑模工具 区域中单击“拆分面”按钮，系统弹出图 12.4.6 所示的“拆分面”对话框。

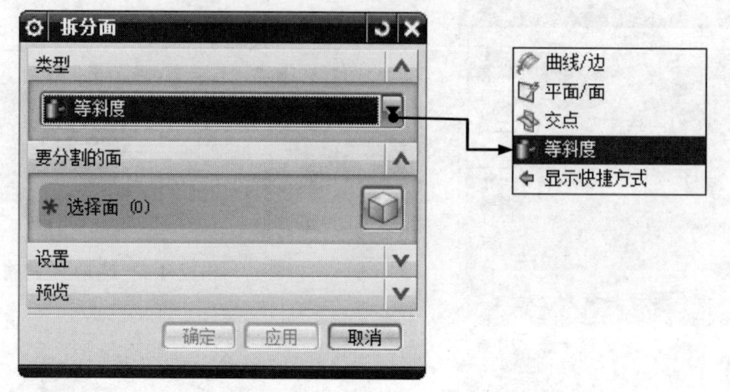

图 12.4.6 “拆分面”对话框

Step3. 定义拆分面。在对话框的 类型 下拉列表中选择 等斜度 选项，选取图 12.4.7 所示的曲面 1 和曲面 2 为拆分对象。

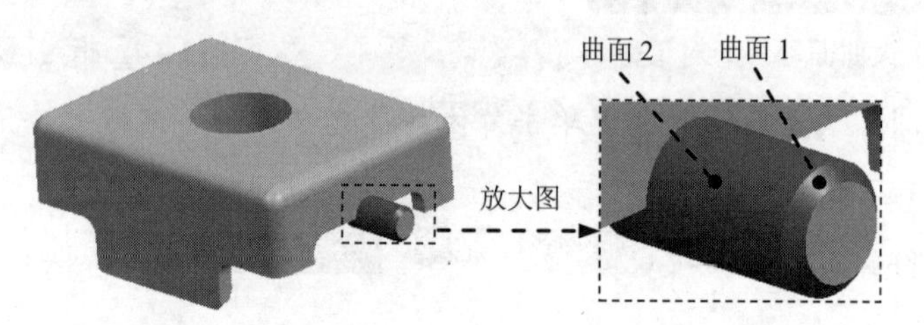

图 12.4.7 定义拆分曲面

Step4. 单击对话框中的 确定 按钮，完成拆分面的创建，如图 12.4.8 所示。

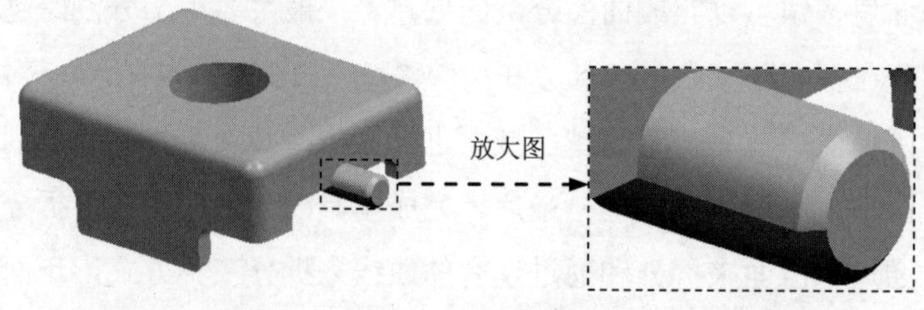

图 12.4.8 拆分面结果

方式 2：通过基准面来拆分

继续以前面的模型为例来介绍通过基准面创建拆分面的一般操作过程。

Step1. 确认在建模环境，在“注塑模向导”功能选项卡的 注塑模工具 区域中单击“拆分面”按钮，系统弹出“拆分面”对话框。

Step2. 定义拆分面类型。在对话框的类型下拉列表中选择平面/面选项，如图 12.4.9 所示。

Step3. 定义拆分面。选取图 12.4.10 所示的曲面为拆分对象。

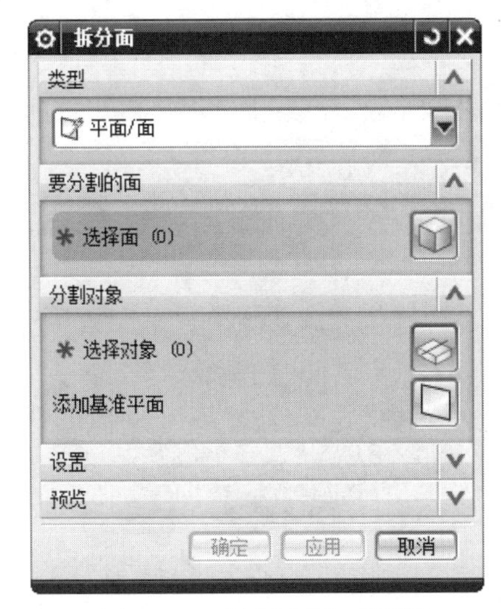

图 12.4.9 “拆分面”对话框

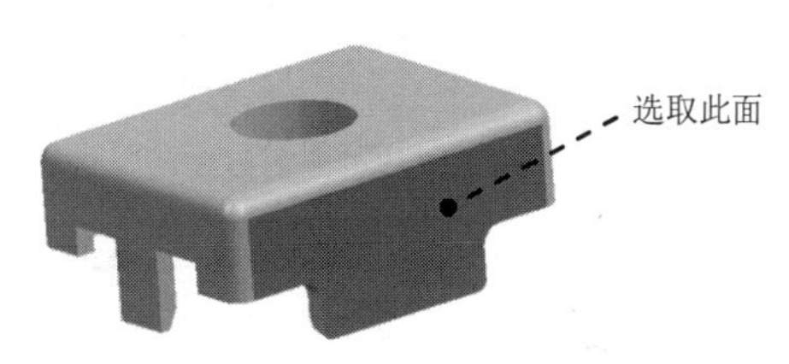

图 12.4.10 定义拆分面

Step4. 添加基准平面。在对话框中单击“添加基准平面”按钮，系统弹出“基准平面”对话框，在类型下拉列表中选择点和方向选项，选取图 12.4.11 所示的点，然后设置-ZC 方向为矢量方向，单击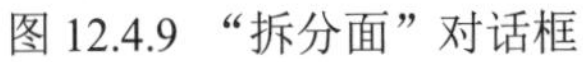确定按钮，创建的基准面如图 12.4.11 所示。

Step5. 单击对话框中的确定按钮，完成拆分面的创建，结果如图 12.4.12 所示。

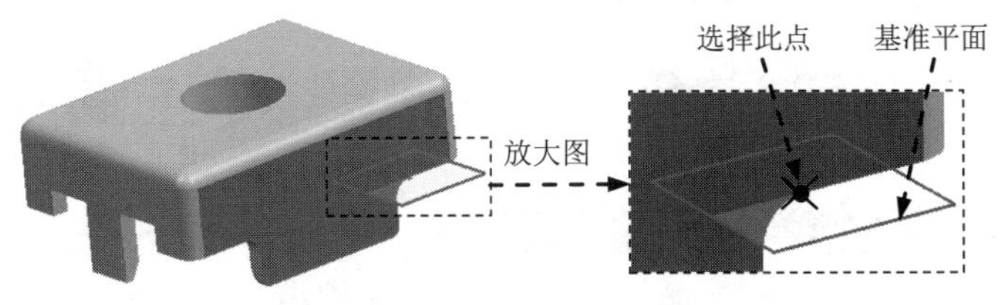

图 12.4.11 定义基准平面

图 12.4.12 拆分面结果

方式 3：通过现有的曲线来拆分

继续以前面的模型为例来介绍通过现有的曲线创建拆分面的一般操作过程。

Step1. 确认在建模环境，在“注塑模向导”功能选项卡的注塑模工具区域中单击“拆分面”按钮，系统弹出“拆分面”对话框。

Step2. 定义拆分面类型。在对话框的类型下拉列表中选择曲线/边选项，如图 12.4.13 所示。

Step3. 定义拆分面。选取图 12.4.14 所示的曲面为拆分对象。

Step4. 定义拆分直线。单击对话框中的“添加直线”按钮，系统弹出“直线”对话

框，选取图 12.4.15 所示的点 1 和点 2，单击 确定 按钮，创建的直线如图 12.4.16 所示。

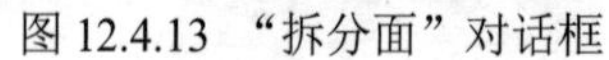

图 12.4.13 “拆分面”对话框

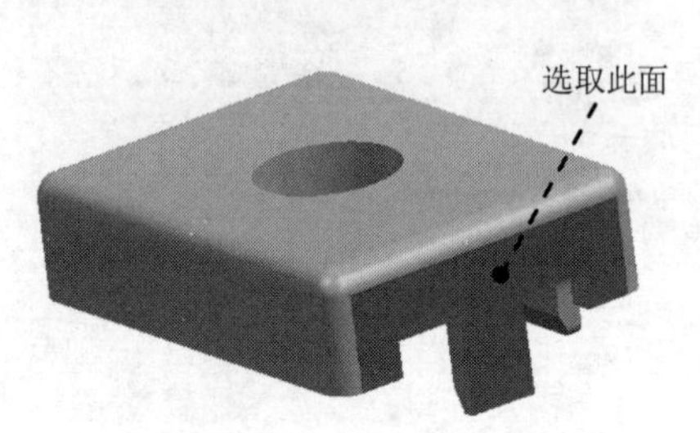

图 12.4.14 定义拆分面

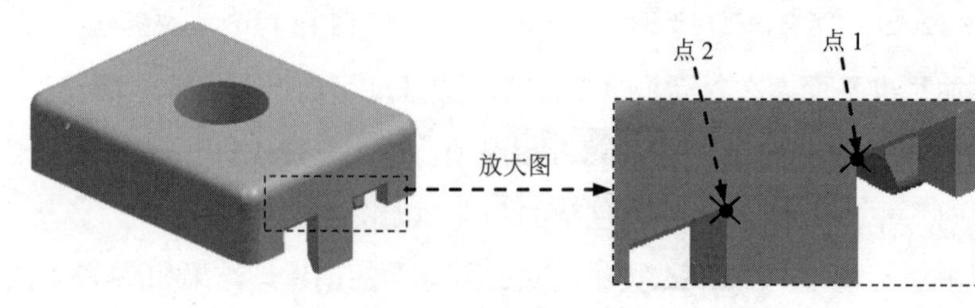

图 12.4.15 定义点

Step5. 在“拆分面”对话框中激活 * 选择对象 (0) 区域，选取创建的直线，单击 确定 按钮，完成拆分面的创建，如图 12.4.16 所示。

Step6. 保存文件。选择下拉菜单 文件(F) ➡ 全部保存(V) 命令，保存所有文件。

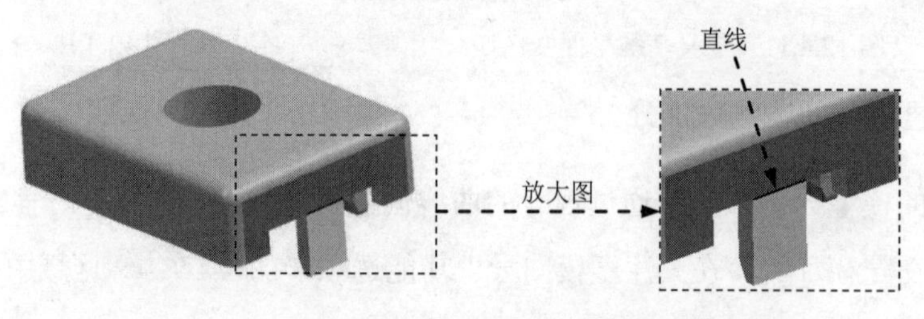

图 12.4.16 拆分面结果

12.5 替换实体

替换实体可以用一个面替换现有的面或面组，同时还可以将与其相邻的倒角更新，另外替换实体还可以对非参数化模型进行操作。下面以图 12.5.1 所示的模型为例来介绍替换实体的一般创建过程。

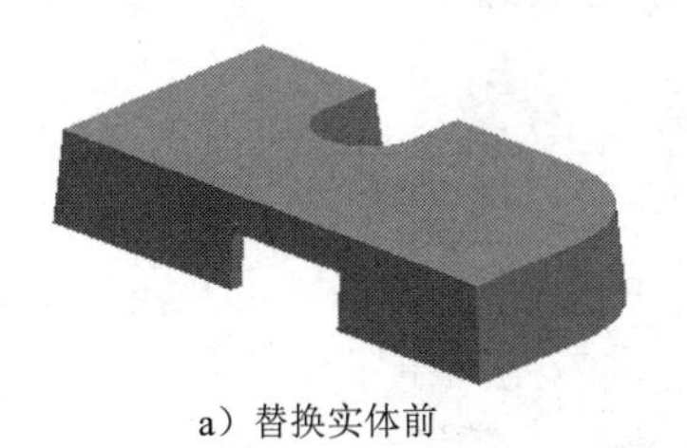

a）替换实体前　　b）替换实体后

图 12.5.1　替换实体

Step1. 打开 D:\ug12mo\work\ch12.05\shell_mold_parting_048.prt 文件。

Step2. 确认在建模环境，在“注塑模向导”功能选项卡的 注塑模工具 区域中单击“替换实体”按钮，系统弹出图 12.5.2 所示的“替换实体”对话框。

图 12.5.2　“替换实体”对话框

Step3. 选择替换面。选取图 12.5.3 所示模型的表面为替换面，此时模型变化如图 12.5.4 所示。

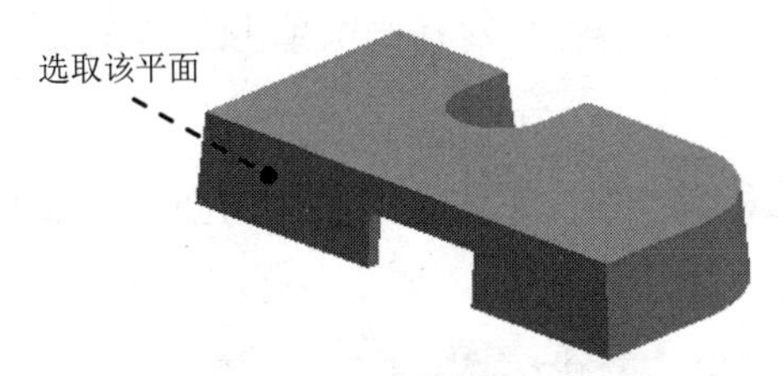

图 12.5.3　选取替换面

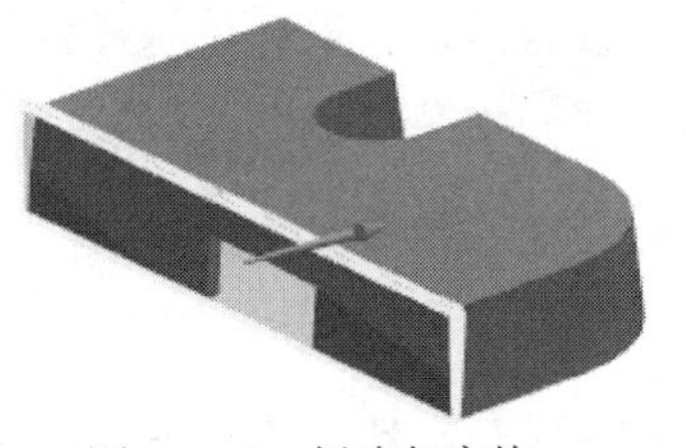

图 12.5.4　创建包容块

Step4. 编辑包容块。

（1）定义包容块的尺寸。在“替换实体”对话框的 边界 区域中单击“编辑包容块”按钮，系统弹出图 12.5.5 所示的“包容体”对话框，同时在模型上会显示六个方位的箭头和一个矢量坐标系，如图 12.5.6 所示；然后拖动图 12.5.6 所示的箭头，拖动到图 12.5.7 显

示的面偏置尺寸值为 12 为止。

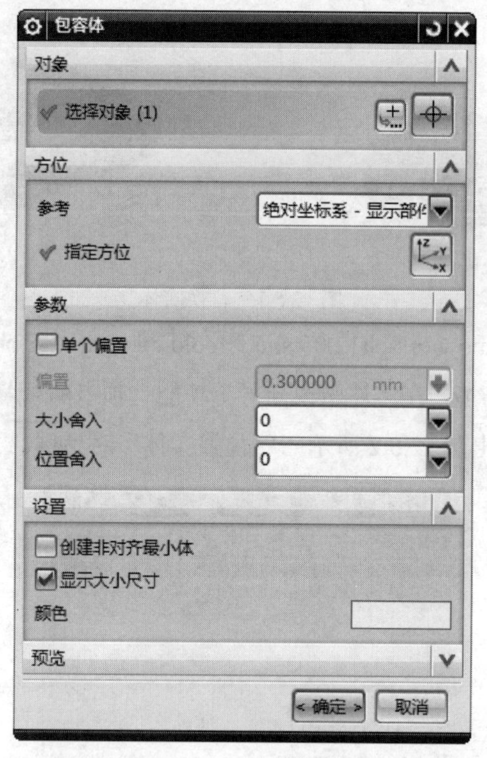

图 12.5.5 “包容体”对话框

图 12.5.6 拖动箭头　　图 12.5.7 方块结果图

（2）设置偏置。默认系统设置的偏置值，在“包容体”对话框中单击< 确定 >按钮，此时系统返回至“替换实体”对话框。

Step5. 在“替换实体”对话框中单击< 确定 >按钮，完成替换实体的创建，结果如图 12.5.1b 所示。

Step6. 保存文件。选择下拉菜单文件(F) → 全部保存(V)命令，保存所有文件。

12.6 延伸实体

延伸实体可以延伸一组或整个实体面，在模型延伸时，若有与之相关的倒圆角，那么系统会将这些倒圆角进行重建；另外，延伸实体不用考虑模型的特征历史，可以快速、方便地修改模型，对于一些注塑模具和铸件（特别是一些非参数化的铸件）都可以使用此工具。下面以图 12.6.1 所示的模型为例来介绍延伸实体的一般创建过程。

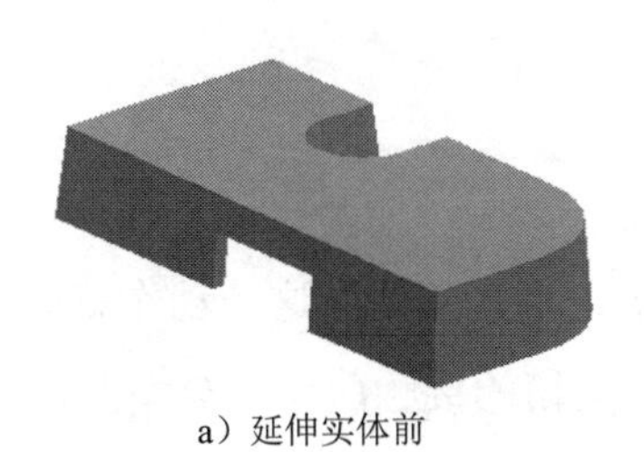
a）延伸实体前

b）延伸实体后

图 12.6.1 延伸实体

Step1. 打开 D:\ug12mo\work\ch12.06\shell_mold_parting_048.prt 文件。

Step2. 确认在建模环境，在“注塑模向导”功能选项卡的 注塑模工具 区域中单击“延伸实体”按钮，系统弹出图 12.6.2 所示的“延伸实体”对话框。

Step3. 选择延伸面。选取图 12.6.3 所示的模型表面为延伸面。

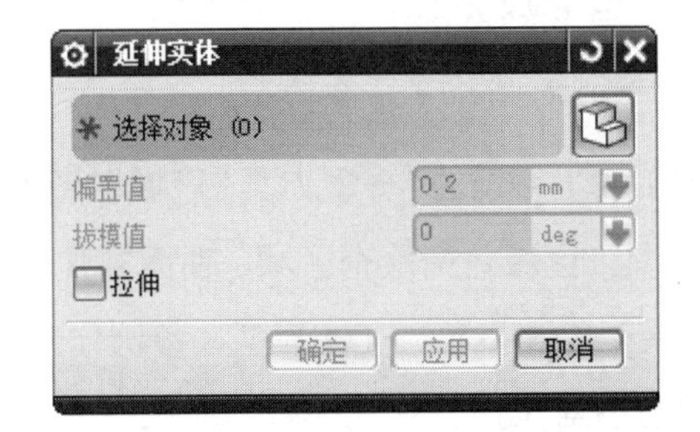

图 12.6.2 “延伸实体”对话框

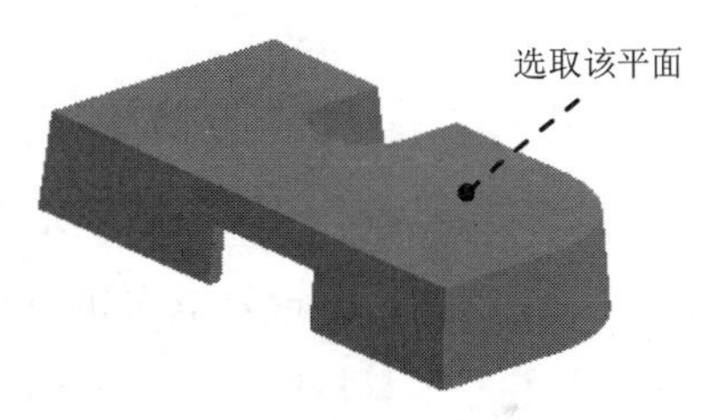

图 12.6.3 选取延伸面

Step4. 定义延伸值。在“延伸实体”对话框的 偏置值 文本框中输入值 8，单击 确定 按钮，完成延伸实体的创建，结果如图 12.6.1b 所示。

说明：在定义延伸值时，若在“延伸实体”对话框中选中 ☑ 拉伸 复选框，则拉伸将沿着面的法线方向进行延伸，结果如图 12.6.4 所示。

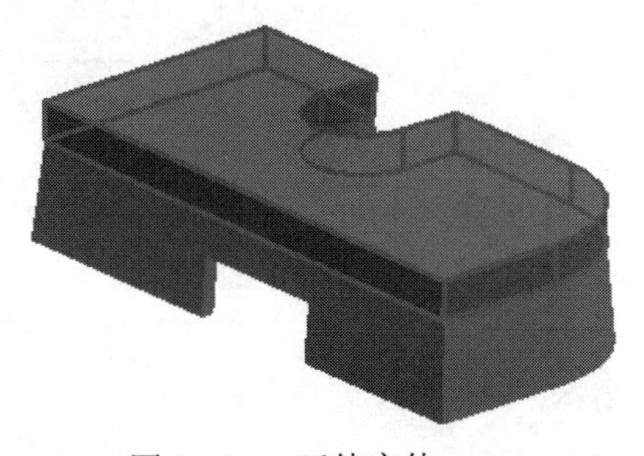
图 12.6.4 延伸实体

Step5. 保存文件。选择下拉菜单 文件(F) → 全部保存(V) 命令，保存所有文件。

第13章 UG NX 模具分型工具

13.1 分型面介绍

在塑件成型以后，接下来就要把成型的塑件取出，那么要完成这一动作就必须将模具型腔打开，也就是把定模与动模分开，我们把定模与动模的接触面称为分型面。

用户在进行分型面设计时，要考虑分型面的位置及形状是否合理，一般都要求设置在产品外形轮廓的最大断面处。模具分型设计越简单，模具设计成本和加工成本就越低。当然，在设计过程中还应考虑到产品模型的布局、浇注系统位置布置、冷却系统位置布置和注射过程中排气等方面。

13.2 分型工具概述

在利用 MW 进行模具分模时，主要是通过图 13.2.1 所示的“分型刀具”区域和图 13.2.2 所示的“分型导航器”中的命令来完成。“分型刀具”区域包括检查区域、曲面补片、定义区域、设计分型面、编辑分型面和曲面补片、定义型腔和型芯、交换模型、备份分型片/补片、分型导航器工具按钮；分型导航器主要是对分型对象进行管理。若当前已完成某些特征的定义或创建（如工件和分型线），则在分型导航器中加亮显示；若当前某些特征还未被定义或创建（如分型面和曲面补片），则在分型导航器中以灰暗色显示。

图 13.2.1 “分型刀具”区域

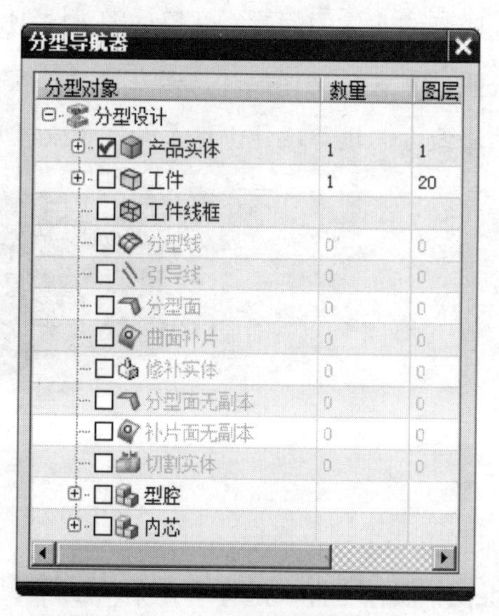

图 13.2.2 “分型导航器”窗口

说明："分型导航器"中的某些特征未加亮显示，是因为当前还未对其进行定义，或是此特征在该模具分型过程中是不需要进行定义或创建的，如产品模型上没有破孔，则"分型导航器"中的"曲面补片"就一直以灰暗色显示。

13.3 设计区域

设计区域的主要功能是完成产品模型上的型腔区域面/型芯区域面的定义和对产品模型进行区域检查分析，包括对产品模型的脱模角度进行分析和内部孔是否修补等。下面将通过一个范例详细介绍设计区域功能的操作过程。

Step1. 打开 D:\ug12mo\work\ch13.03\button_cover_parting_023.prt 文件。

Step2. 在"注塑模向导"功能选项卡的 分型刀具 区域中单击"检查区域"按钮，系统弹出"检查区域"对话框（一），如图 13.3.1 所示，同时模型被加亮并显示开模方向，如图 13.3.2 所示。

图 13.3.1 "检查区域"对话框（一）

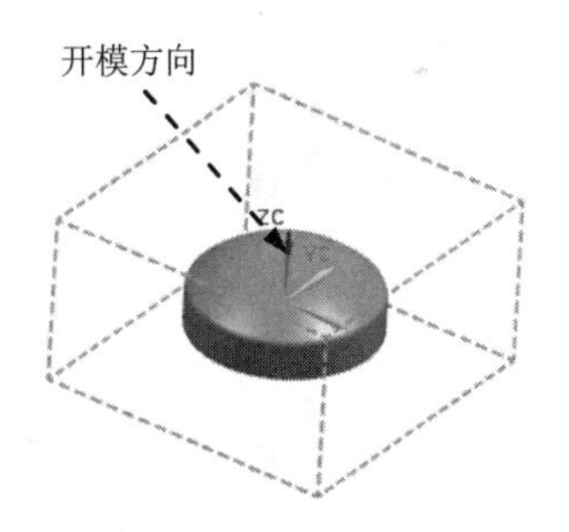

图 13.3.2 开模方向

图 13.3.1 所示的"检查区域"对话框（一）中各选项的说明如下。

- 保持现有的：选择该单选项后，可以计算面的属性。
- 仅编辑区域：选择该单选项后，将不会计算面的属性。
- 全部重置：选择该单选项后，表示要将所有的面重设为默认值。
- 按钮：单击该按钮后，系统会弹出图 13.3.3 所示的"矢量"对话框，利用此对话框可以对开模方向进行更改。
- 按钮：单击该按钮后，开始对产品模型进行分析计算。

Step3. 在"检查区域"对话框（一）中选择 保持现有的 单选项，单击"计算"按钮，系统开始对产品模型进行分析计算。

Step4. 设置区域颜色。在“检查区域”对话框（一）中单击 区域 选项卡，系统弹出图 13.3.4 所示的“检查区域”对话框（二），在 设置 区域中取消选中 ☐ 内环、☐ 分型边 和 ☐ 不完整的环 三个复选框，然后单击“设置区域颜色”按钮，结果如图 13.3.5 所示。

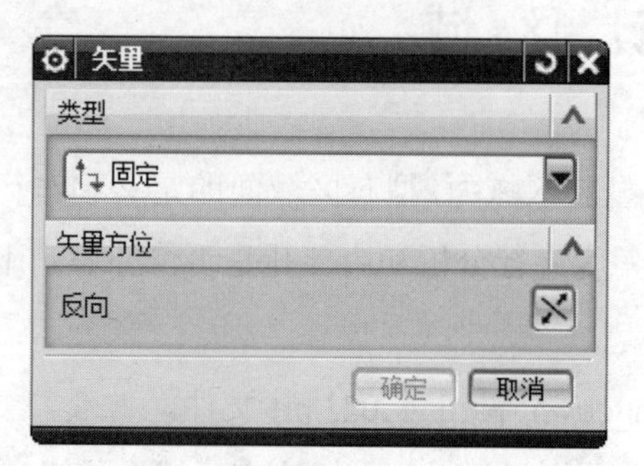

图 13.3.3 “矢量”对话框

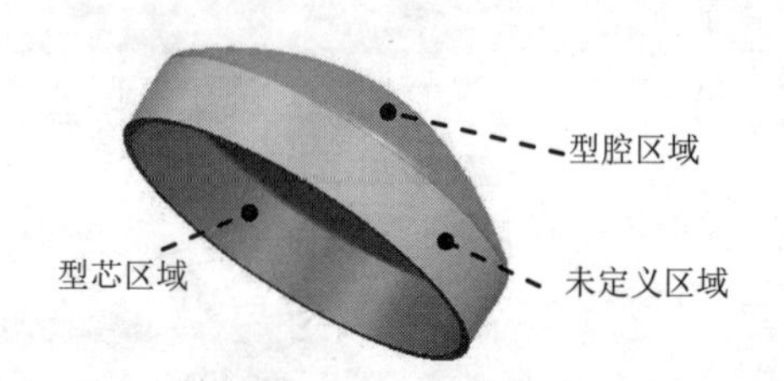

图 13.3.5 设置区域颜色

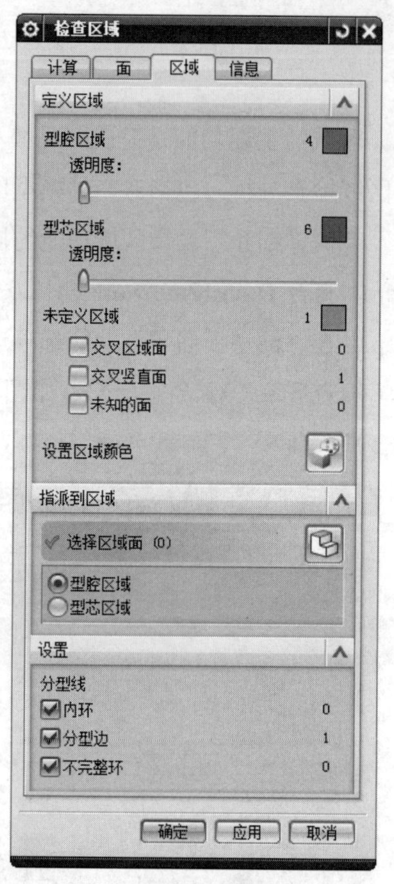

图 13.3.4 “检查区域”对话框（二）

Step5. 定义型腔区域。在“检查区域”对话框（二）的 指派到区域 区域中激活 ✔ 选择区域面 (0)，然后选取图 13.3.5 所示的未定义区域曲面，在 指派到区域 区域中选中 ⊙ 型腔区域 单选项，单击 应用 按钮，系统自动将未定义的区域指派到型腔区域，同时对话框中的 未定义的区域 显示值为 0，创建结果如图 13.3.6 所示。

说明：在选取未定义曲面时，也可以在 未定义的区域 区域中选中 ☑ 交叉竖直面 复选框，即指的是同一个曲面。

Step6. 在“检查区域”对话框（二）中单击 取消 按钮，完成设计区域的定义。

图 13.3.4 所示的“检查区域”对话框（二）还包括 面 、 区域 、 信息 三个选项卡。

- 面 选项卡的说明。单击该选项卡后，系统弹出图 13.3.7 所示的“检查区域”对话框（三），各选项的说明如下。

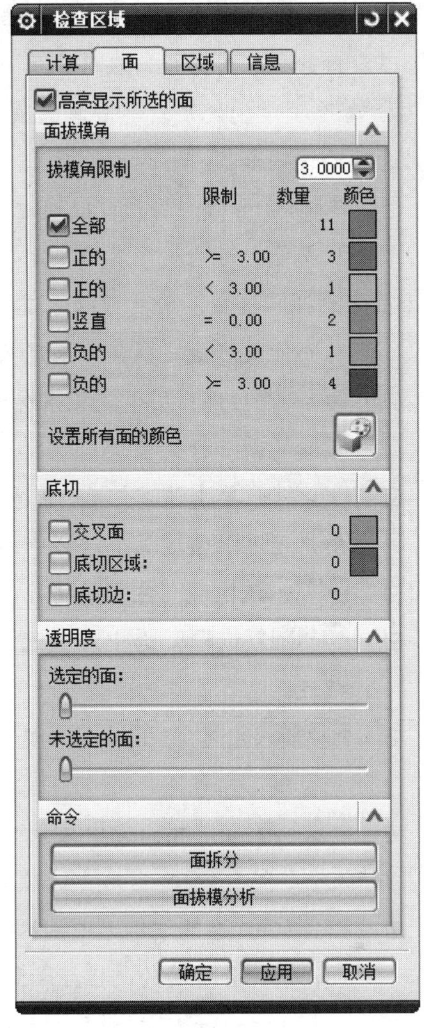

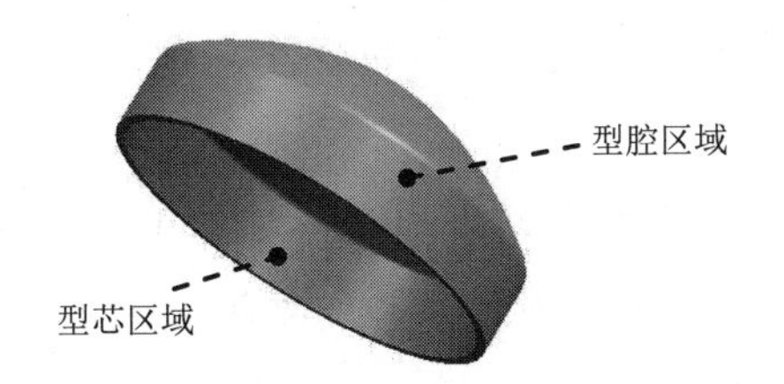

图 13.3.6 定义型腔区域

图 13.3.7 “检查区域”对话框（三）

☑ 高亮显示所选的面：选中该复选框后，系统会高亮显示设定拔模角的面。

☑ 拔模角限制文本框：用户可以在该文本框中输入拔模角度值（必须是正值）。

☑ 面拔模角区域：在该区域中显示全部、大于等于、大于、等于、小于和小于等于这六种面拔模角。

☑ 按钮：单击该按钮后，产品体所有面的颜色设定为面拔模角中的颜色，用户也可以通过调色板来改变这些面的颜色。

☑ 选定的面：区域：用户可以通过移动该区域中的滑块来更改产品体中选定面的透明度。

☑ 未选定的面：区域：用户可以通过移动该区域中的滑块来更改产品体中未选定面的透明度。

☑ 面拆分按钮：单击该按钮后，系统弹出“面拆分”对话框，与第 12 章中的拆分面工具一样，这里不再介绍。

☑ 面拔模分析按钮：单击该按钮后，系统弹出“拔模分析”对话框，在其中用户可以很清楚地观察到分析结果。

- 区域选项卡的说明。单击该选项卡后，系统弹出“检查区域”对话框（二），各选项的说明如下。

☑ 型腔区域区域：用户可以通过移动该区域中的滑块来观察型腔区域的透明度，从而能更好地观察其他未定义面的颜色。

☑ 型芯区域区域：用户可以通过移动该区域中的滑块来观察型芯区域的透明度，从而能更好地观察其他未定义面的颜色。

☑ 未定义区域区域：用于定义系统无法识别的面，分为交叉区域面、交叉竖直面和未知的面三种类型。

☑ 按钮：单击该按钮后，系统自动判断将不同区域的颜色显示在产品模型上，用户还可以通过每个区域中的调色板来更改这些颜色。

☑ 指派到区域区域：主要是将产品模型上的面指派到型腔区域或型芯区域中。

☑ ☑ 内环复选框：选中该复选框，则生成的分型线不与模型外围的开口区域相连。

☑ ☑ 分型边复选框：选中该复选框，表示模型外围的边线或一部分边线用于定义分型线。

☑ ☑ 不完整环复选框：选中该复选框，表示没有形成闭合环的分型线。

- 信息选项卡检查范围区域中选项的说明如下。

☑ ⊙ 面属性：选择该单选项，然后激活✔ 选择面 (0)区域，再选取图 13.3.8 所示的面，系统会将面的属性显示到图 13.3.9 所示的“检查区域”对话框（四）中，包括 Face Type、拔模角、最小半径和 Area。

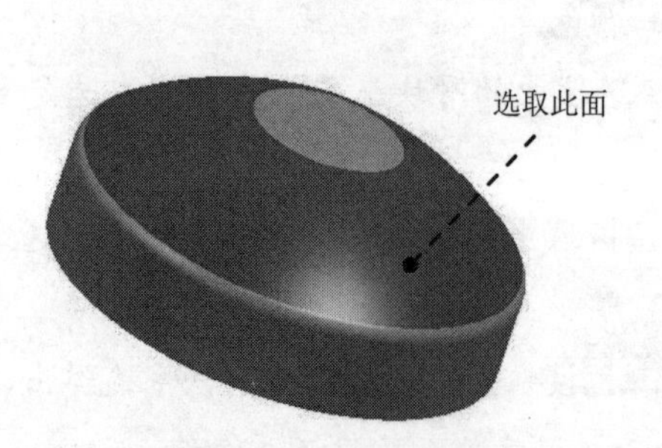

图 13.3.8 选取面

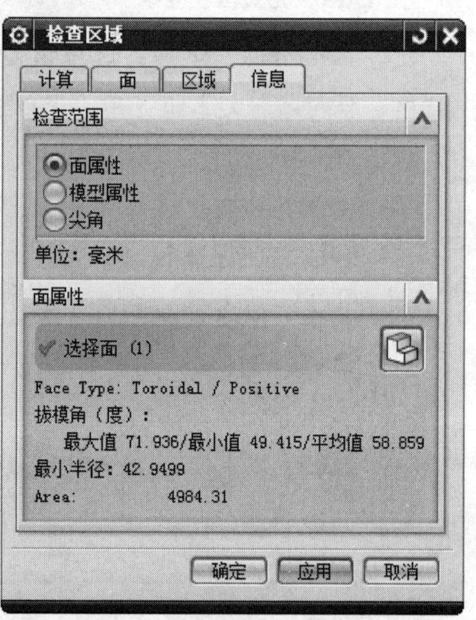

图 13.3.9 “检查区域”对话框（四）

☑ ⊙模型属性：选择该单选项后，系统自动将模型的属性显示到图 13.3.10 所示的“检查区域”对话框（五）中，包括模型类型、边界、尺寸、体积/面积、面数和边数。

☑ ⊙尖角：选择该单选项后，系统弹出图 13.3.11 所示的“检查区域”对话框（六），在该对话框中用户可以设定一个角度值和半径值，观察模型可能存在的问题。

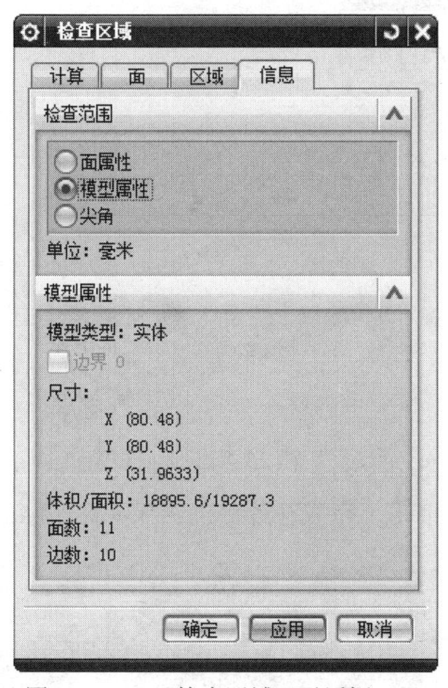

图 13.3.10 “检查区域”对话框（五）

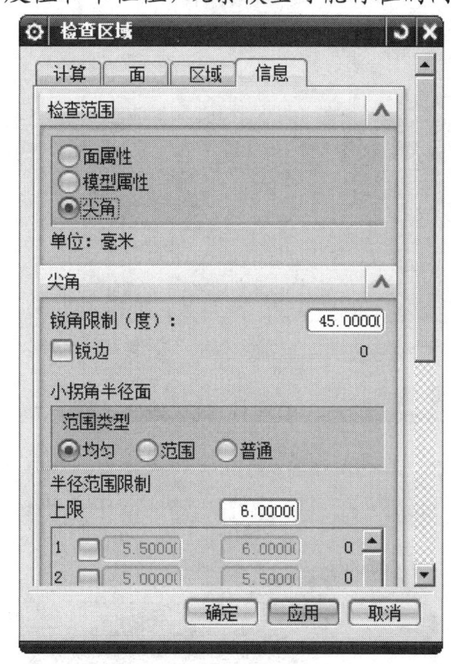

图 13.3.11 “检查区域”对话框（六）

13.4 创建曲面补片

用户可以通过“面”“体”和“移刀”三种方式来创建曲面补片，这里修补的功能比较简单，主要是针对数目比较多、比较规则并且容易修补的孔，对于比较复杂而且不具有规则性的孔，一般都在模具工具中进行修补。下面将通过一个范例来详细介绍创建补片面的操作过程。

Step1. 打开 D:\ug12mo\work\ch13.04\top_cover_top_035.prt 文件。

Step2. 转换显示部件。单击“装配导航器”按钮，在系统弹出的对话框中依次单击 top_cover_layout_047 → top_cover_prod_028 → top_cover_parting-set_046 节点，然后右击 top_cover_parting_048，在系统弹出的快捷菜单中选择 在窗口中打开 选项。

Step3. 确认在建模环境，在“注塑模向导”功能选项卡的 分型刀具 区域中单击“曲面补片”按钮，系统弹出图 13.4.1 所示的“边补片”对话框。

Step4. 选择修补对象。在“边补片”对话框的类型下拉列表中选择体选项，选择图 13.4.2 所示的实体模型。

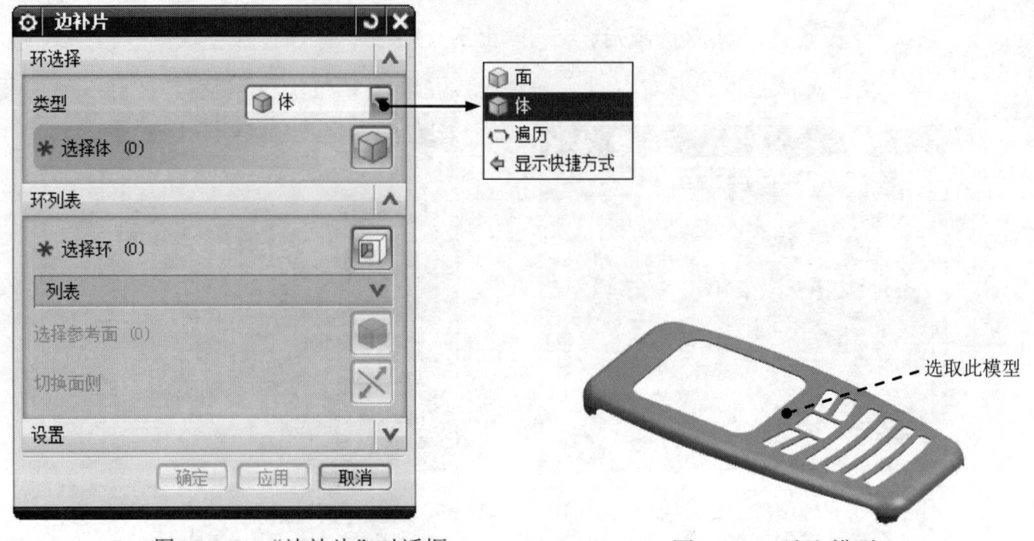

图 13.4.1 “边补片”对话框　　图 13.4.2 选取模型

Step5. 在“边补片”对话框中单击确定按钮，完成补片后的结果如图 13.4.3 所示。

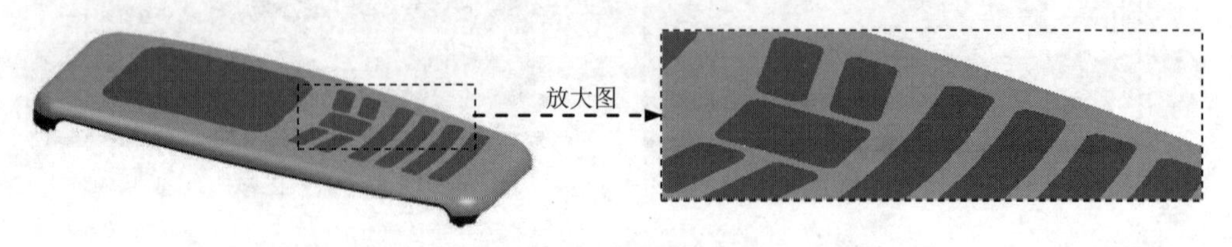

图 13.4.3 修补结果

Step6. 保存文件。选择下拉菜单文件(F) ➡ 全部保存(V)命令，保存所有文件。

图 13.4.1 所示的“边补片”对话框中各选项的说明如下。

- 环选择区域：包括面、体和遍历三种环搜索方法。
  - ☑ 面：选择该选项，表示选择方式为面修补。
  - ☑ 体：选择该选项，表示选择方式为体修补。
  - ☑ 遍历：选择该选项，表示选择方式为移刀修补。
- 选择环区域：当选择遍历选项时会显示此区域，该区域是定义边补片类型的环搜索方法及设置，分为环、分段和设置三部分。
  - ☑ 环：激活该区域可选取模型上的边线。
  - ☑ 分段：在该区域中显示选取的边线方法，包括上一个分段按钮、接受按钮、循环候选项按钮、关闭环按钮和退出环按钮。
  - ☑ 设置：用于设置选取边线的属性，包括☐ 按面的颜色遍历、☐ 终止边和公差三个复选框。

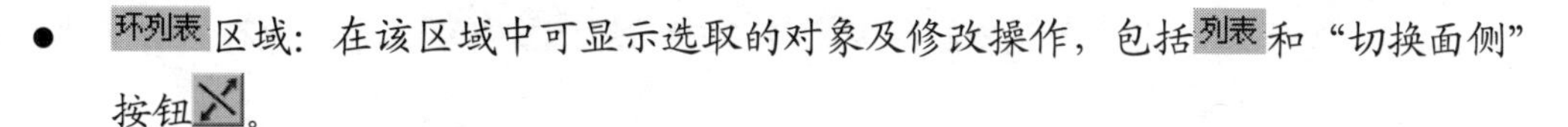

- 环列表区域：在该区域中可显示选取的对象及修改操作，包括列表和“切换面侧”按钮。
  - ☑ 列表：该区域中显示选取的边界对象。
  - ☑ ：单击该按钮可改变曲面的修补形状。
- 设置区域：在该区域中系统默认将☑ 作为曲面补片选中，以作为分型面使用。

13.5 创建区域和分型线

完成产品模型型芯面和型腔面的定义后，接下来就是进行型芯区域、型腔区域和分型线的创建工作，并且型芯区域和型腔区域的定义必须是在分型前进行，否则将无法进行后续的分型工作。在此创建的分型线是给后续创建分型面做准备。继续以前面的模型为例来介绍创建区域和分型线的一般操作过程。

Step1. 在“注塑模向导”功能选项卡的 分型刀具 区域中单击“定义区域”按钮，系统弹出图 13.5.1 所示的“定义区域”对话框。

Step2. 在“定义区域”对话框的定义区域区域中选择 所有面选项，然后在 设置 区域中选中☑ 创建区域和☑ 创建分型线复选框，单击 确定 按钮，完成型腔和型芯区域分型线的创建，创建分型线的结果如图 13.5.2 所示。

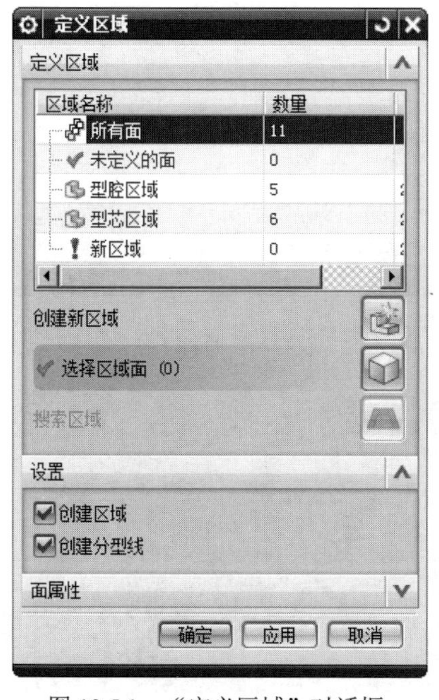

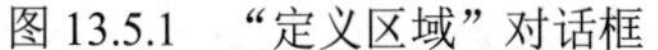
图 13.5.1 “定义区域”对话框

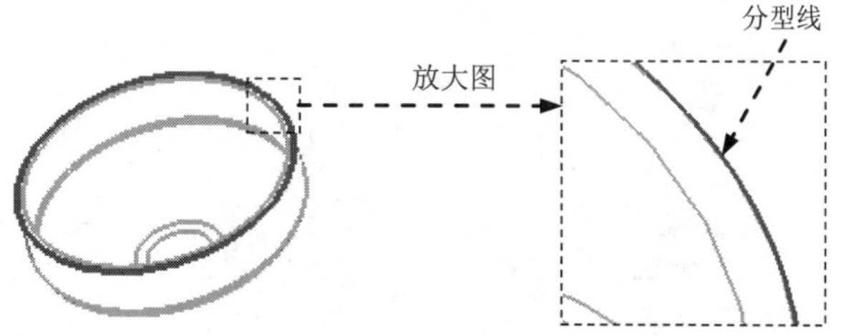

图 13.5.2 创建的分型线

说明：此时“分型导航器”中的“分型线”被加亮显示。

Step3. 保存文件。选择下拉菜单 文件(F) ➡ 全部保存(V) 命令，保存所有文件。

13.6 创建/编辑分型面

创建/编辑分型面主要包括编辑分型线、引导线设计和创建分型面等步骤，下面将通过一个范例详细介绍该操作过程。

13.6.1 编辑分型线

编辑分型线具有强大的编辑功能，它不但可以自动创建分型线，还可以根据用户设定的线路来搜索分型线并操作。下面以具体模型为例来介绍编辑分型线的一般操作过程。

Step1. 打开 D:\ug12mo\work\ch13.06\top_cover_top_035.prt 文件。

Step2. 在“注塑模向导”功能选项卡的 分型刀具 区域单击“设计分型面”按钮，系统弹出图 13.6.1 所示的“设计分型面”对话框。

Step3. 在“设计分型面”对话框的 编辑分型线 区域中单击“遍历分型线”按钮，系统弹出图 13.6.2 所示的“遍历分型线”对话框。

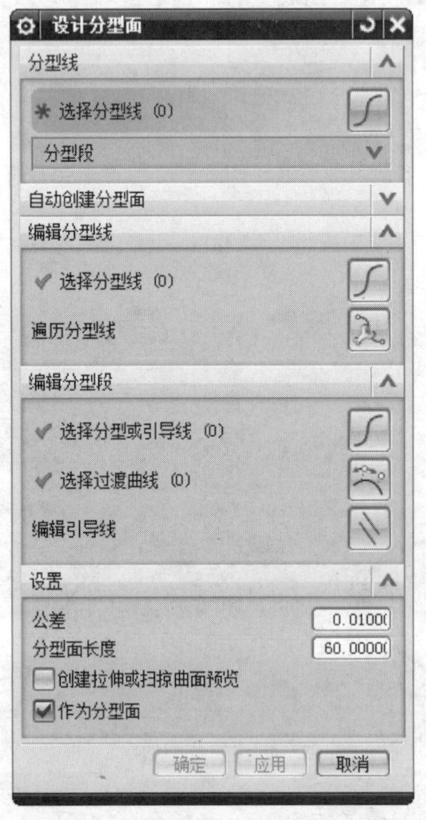

图 13.6.1 “设计分型面”对话框

图 13.6.2 “遍历分型线”对话框

Step4. 选择分型线。选择图 13.6.3 所示的轮廓边线，完整的分型线如图 13.6.4 所示，单击 确定 按钮，系统返回至“设计分型面”对话框。

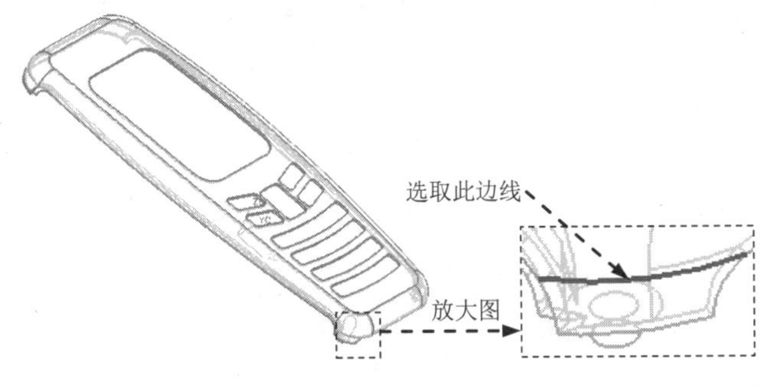

图 13.6.3 轮廓边线

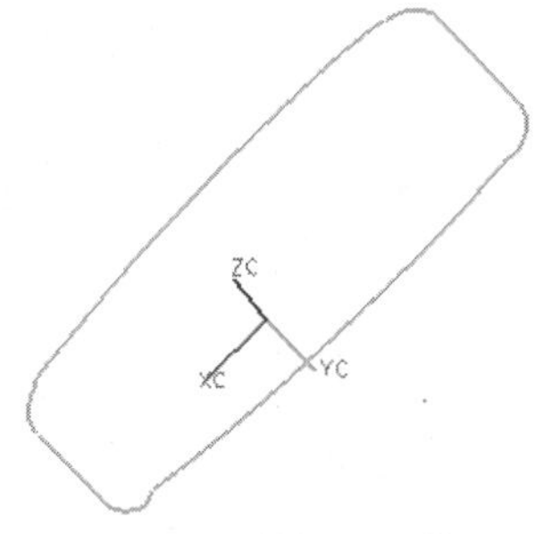

图 13.6.4 完整的分型线

说明：此时选取的分型线是型腔和型芯之间的轮廓线。

13.6.2 引导线设计

在完成分型线的创建后，当分型线不在同一个平面或拉伸方向不在同一方向时，系统就不能自动识别出拉伸方向，这时就需要对分型线进行分段来逐步创建分型面。继续以前面的模型为例来介绍引导线设计的一般操作过程。

Step1. 在“设计分型面”对话框的 编辑分型段 区域中单击“编辑引导线”按钮，系统弹出图 13.6.5 所示的“引导线”对话框。

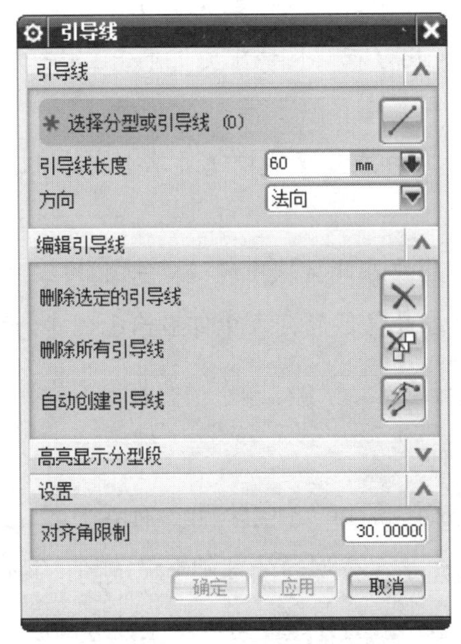

图 13.6.5 “引导线”对话框

Step2. 定义引导线的长度。在“引导线”对话框的 引导线长度 文本框中输入值 80，然后

按 Enter 键确认。

Step3. 创建引导线。选取图 13.6.6 所示的 4 条边线，然后单击 确定 按钮，完成引导线的创建，结果如图 13.6.7 所示，系统返回至“设计分型面”对话框。

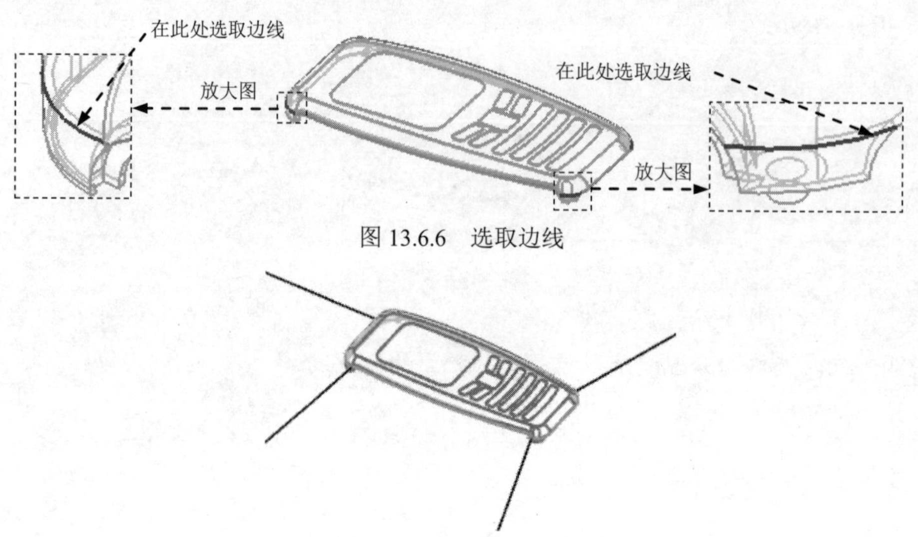

图 13.6.6 选取边线

图 13.6.7 引导线创建结果

说明：在选取边线时，单击的位置若靠近边线的某一端，则引导线就是以边线那一端的法向进行延伸。

图 13.6.5 所示的“引导线”对话框中部分选项的说明如下。

- 引导线长度 文本框：用户可以在此文本框中定义引导线的长度。
- 方向 下拉列表：用于定义引导线的生成方向。
- 删除选定的引导线 按钮：用户在此区域中通过单击 按钮可以对已创建的引导线选择性地进行删除。
- 删除所有引导线 按钮：用户在此区域中通过单击 按钮可以对已创建的引导线全部进行删除。
- 自动创建引导线 按钮：用户在此区域中通过单击 按钮可自动创建一些引导线。
- 高亮显示分型段 按钮：在此区域的列表中可显示已创建的引导线。

13.6.3 创建分型面

在 MW 中创建模具分型面一般可以使用拉伸、有界平面、扫掠、扩大曲面和条带曲面等方法来完成。分型面的创建是在分型线的基础上完成的，并且分型线的形状直接决定分型面创建的难易程度。通过创建出的分型面可以将工件分割成上模（型腔）和下模（型芯）零件。完成分型线的创建和过渡对象的设置后，就要进行分型面的创建，它是模具设计中

的一个重要过程，直接影响到型腔与型芯的形状。继续以前面的模型为例来介绍创建和编辑分型面的一般操作过程。

Step1. 拉伸分型面 1。在“设计分型面”对话框的分型段区域选择段 1选项，在创建分型面区域的方法中选择选项，在拉伸方向区域的下拉列表中选择-XC选项，单击“延伸距离”文本框，然后在活动的文本框中输入值 85 并按 Enter 键确认，单击应用按钮，系统返回至“设计分型面”对话框，结果如图 13.6.8b 所示。

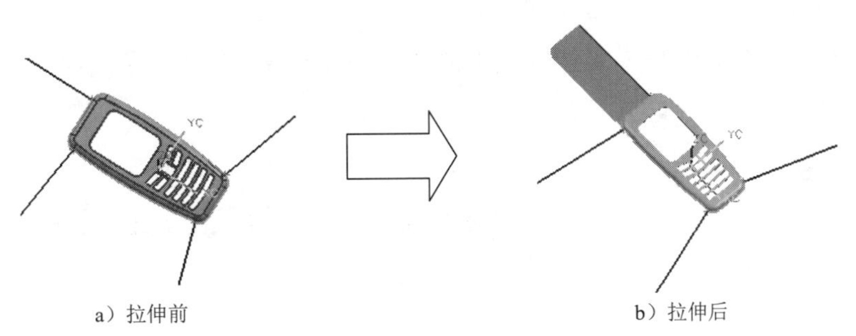

图 13.6.8 拉伸分型面 1

Step2. 拉伸分型面 2。在“设计分型面”对话框创建分型面区域的方法中选择选项，在拉伸方向区域的下拉列表中选择-YC选项，在“设计分型面”对话框中单击应用按钮，系统返回至“设计分型面”对话框，完成图 13.6.9 所示拉伸分型面 2 的创建。

Step3. 拉伸分型面 3。在“设计分型面”对话框创建分型面区域的方法中选择选项，在拉伸方向区域的下拉列表中选择XC选项，在“设计分型面”对话框中单击应用按钮，系统返回至“设计分型面”对话框，完成图 13.6.10 所示拉伸分型面 3 的创建。

Step4. 拉伸分型面 4。在“设计分型面”对话框创建分型面区域的方法中选择选项，在拉伸方向区域的下拉列表中选择YC选项，在“设计分型面”对话框中单击应用按钮，系统返回至“检查几何体”对话框，单击取消按钮，完成图 13.6.11 所示拉伸分型面 4 的创建。

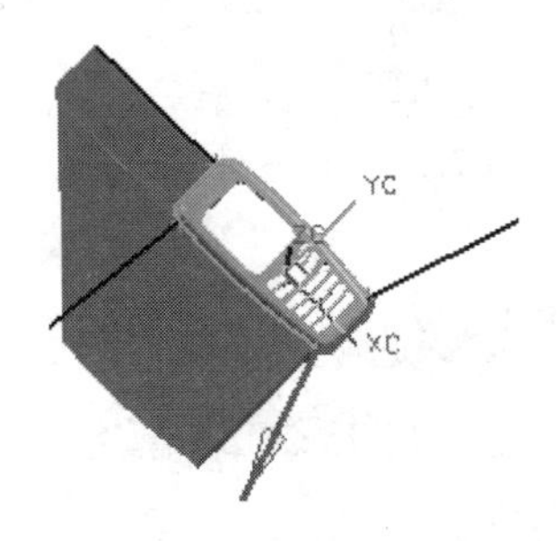

图 13.6.9 拉伸分型面 2

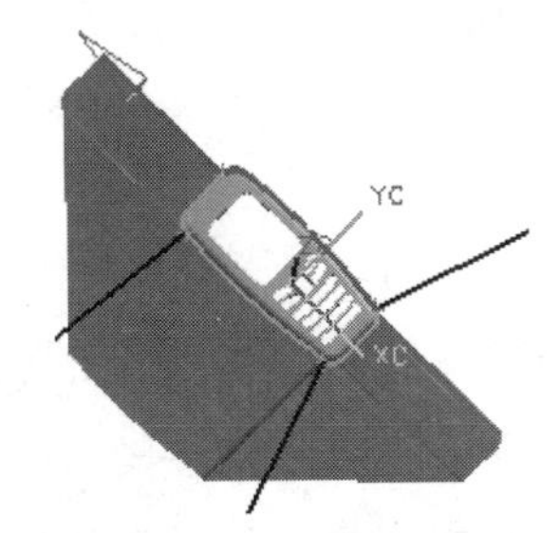

图 13.6.10 拉伸分型面 3

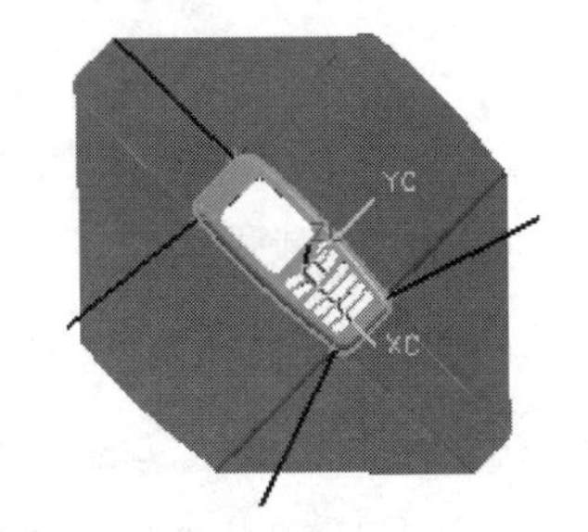

图 13.6.11 拉伸分型面 4

Step5. 在“设计分型面”对话框中单击取消按钮，此时完成分型面的创建。

13.7 创建型腔和型芯

MW 提供了“自动创建型腔型芯”和“循序渐进创建型腔型芯”两种方法。在创建型腔和型芯前必须确保产品模型中的开放凹槽或孔等处已经修补完好、保证创建的分型面能够将工件完全分割（即分型面必须大于或等于工件的最大尺寸）、确定已经完成型腔区域与型芯区域的抽取工作。继续以前面的模型为例来介绍创建型腔和型芯的一般操作过程。

Step1. 在“注塑模向导”功能选项卡的 分型刀具 区域中单击“定义区域”按钮，系统弹出“定义区域”对话框。

Step2. 创建型腔。

（1）在“定义区域”对话框的 定义区域 区域中选择 所有面 选项，然后在 设置 区域中选中 ☑ 创建区域 复选框，单击 确定 按钮，完成区域的创建。

（2）在“注塑模向导”功能选项卡的 分型刀具 区域中单击“定义型腔和型芯”按钮，系统弹出“定义型腔和型芯”对话框。

（3）在 选择片体 区域中选择 型腔区域 选项，系统自动加亮选中的型腔片体，如图 13.7.1 所示，其他参数接受系统默认设置，单击 应用 按钮。

（4）系统弹出“查看分型结果”对话框，接受系统默认的方向。

（5）单击 确定 按钮，系统返回至“定义型腔和型芯”对话框，完成型腔零件的创建，如图 13.7.2 所示。

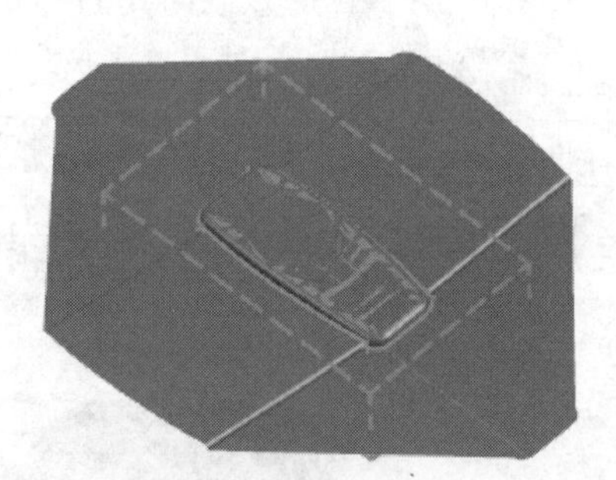

图 13.7.1 型腔片体

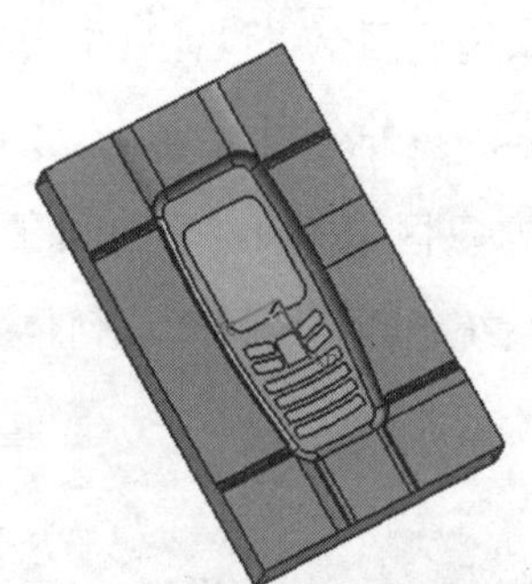

图 13.7.2 型腔零件

Step3. 创建型芯。

（1）在“定义型腔和型芯”对话框的 选择片体 区域中选择 型芯区域 选项，系统自动加亮被选中的型芯片体，如图 13.7.3 所示，其他参数接受系统默认设置，单击 确定 按钮。

（2）系统弹出“查看分型结果”对话框，接受系统默认的方向。

（3）单击 确定 按钮，完成型芯零件的创建，如图 13.7.4 所示。

Step4. 保存文件。选择下拉菜单 文件(F) ➡ 全部保存(V) 命令，保存所有文件。

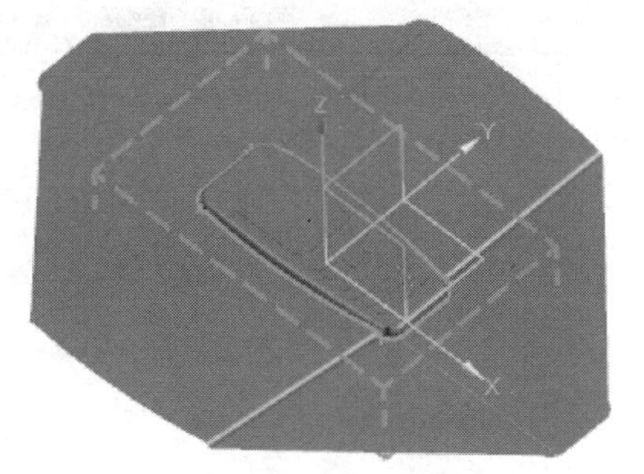

图 13.7.3 型芯片体

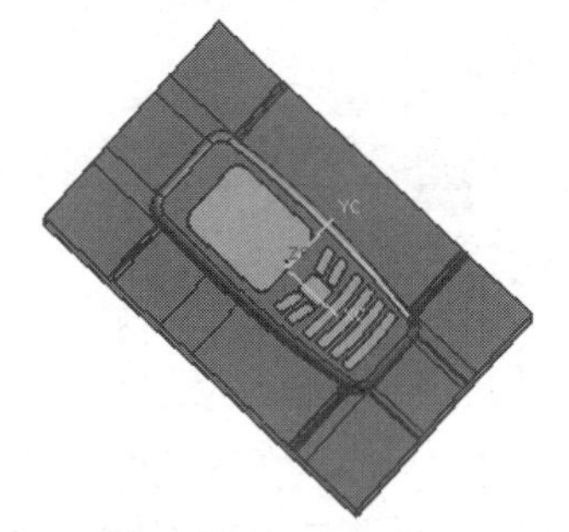

图 13.7.4 型芯零件

13.8 交换模型

在模具设计过程中，如果产品模型发生了一些变化需要重新设计时，就会浪费大量的前期工作，这时可以使用 MW 提供的交换模型功能来变更模具设计，这样可以节约大量的时间。

交换模型是用一个新版本产品模型来代替模具设计中的原版本产品模型，并不去掉原有适合的模具设计特征。交换模型概括来说分为三个步骤：装配新产品模型、编辑分型线/分型面、更新分型。

1．装配新产品模型

Step1．加载模型。打开 D:\ug12mo\work\ch13.08\top_cover_top_035.prt.文件。

Step2．模型替换更新。

（1）在“注塑模向导”功能选项卡的 分型刀具 区域中单击“交换模型”按钮，系统弹出“打开”对话框。

（2）在其中选择 top_cover_01.prt 文件，单击 OK 按钮，系统会自动弹出“替换设置”对话框，如图 13.8.1 所示，单击 确定 按钮。

（3）系统弹出图 13.8.2 所示的“模型比较”对话框并在绘图区中显示三个窗口，单击 应用 按钮，再单击 返回 按钮。

（4）模型替换更新成功后，系统会弹出图 13.8.3 所示的“交换产品模型”对话框和图 13.8.4 所示的“信息”对话框。

2．编辑分型线/分型面

在“注塑模向导”功能选项卡的 分型刀具 区域中单击“设计分型面”按钮，重新编辑分型线或分型面。

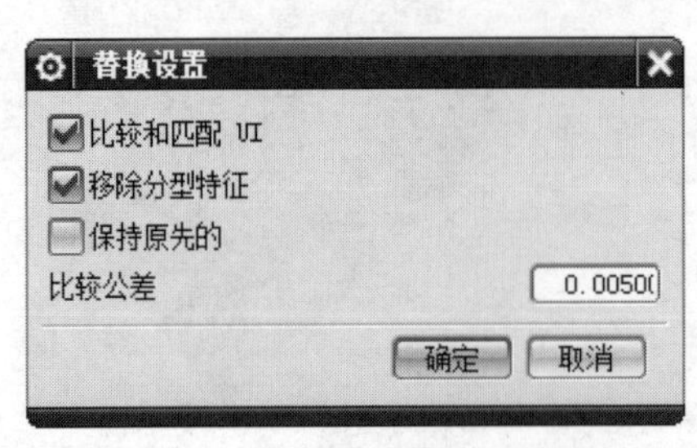

图 13.8.1 “替换设置”对话框

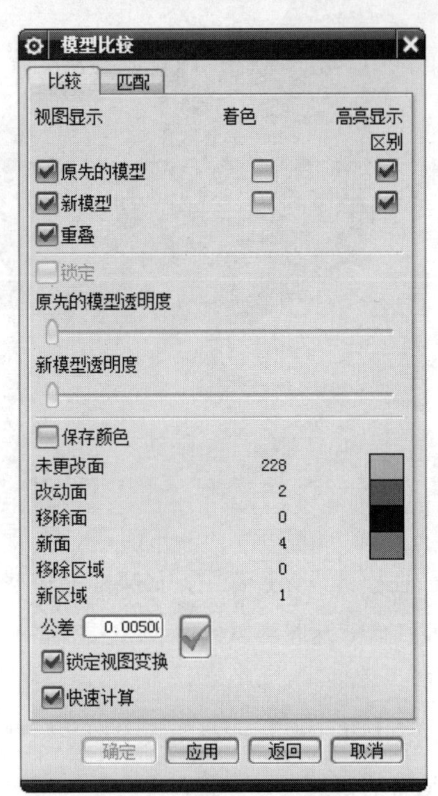

图 13.8.2 “模型比较”对话框

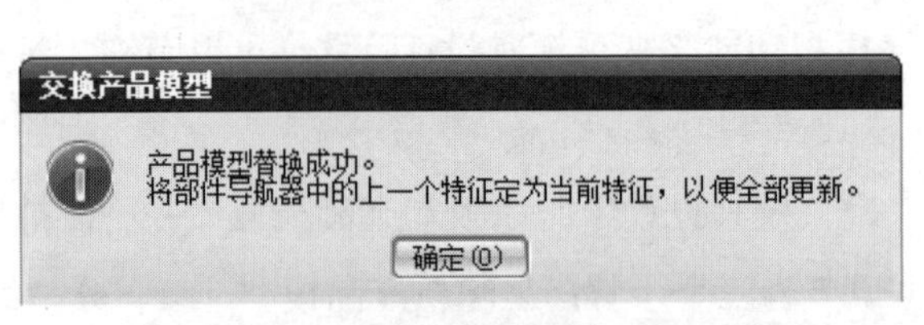

图 13.8.3 “交换产品模型”对话框

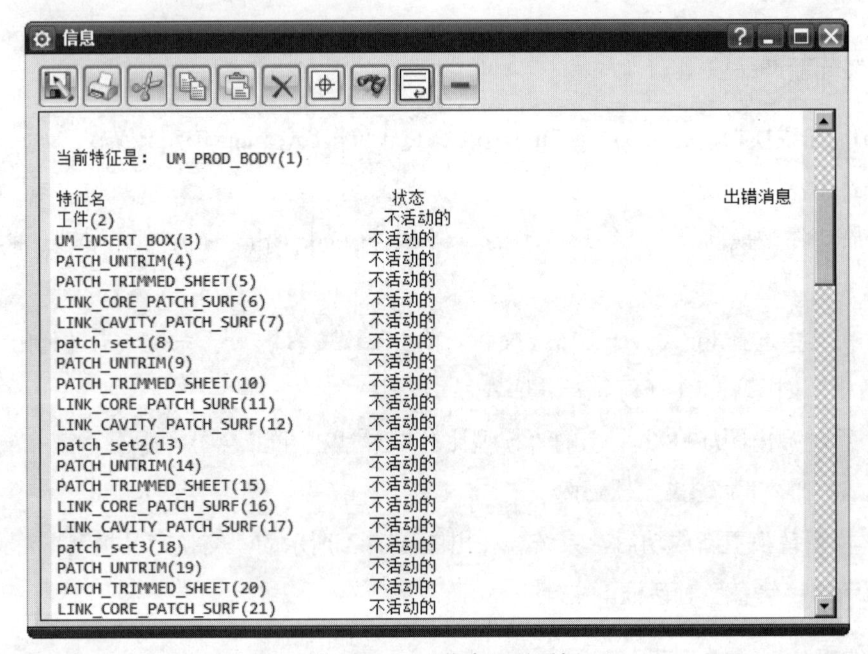

图 13.8.4 “信息”对话框

3. 更新分型

用户可以手动也可以自动更新分型。

第 14 章 模具分析

14.1 拔 模 分 析

拔模检测（Draft Check）要在模具分型前进行，否则将会给后续的工作带来不便。拔模分析可以在建模环境中进行，也可以在模具分型的过程中进行。模具分型前的分析结果与模具分型中的分析结果是相同的，都是用于检测产品拔模角是否符合设计要求，只有拔模角在要求的范围内才能进行后续的模具设计工作，否则要进一步修改参照模型。下面以图 14.1.1 所示的模型为例来说明在模具分型的过程中进行拔模分析的一般操作过程。

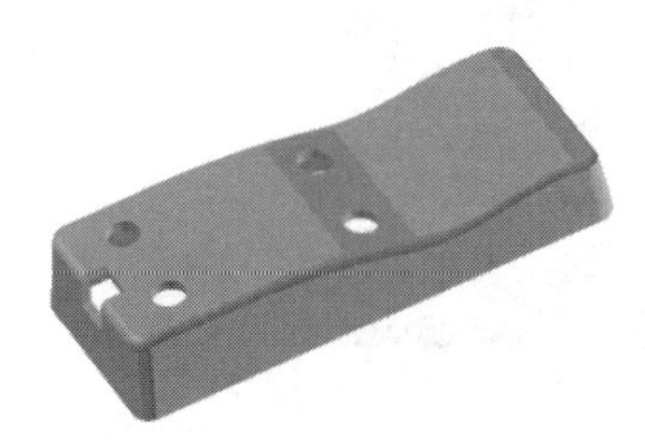
a）模型外表面

b）模型内表面

图 14.1.1 拔模检测模型

Step1. 打开 D:\ug12mo\work\ch14.01\block_top_010.prt 文件。

Step2. 设置开模方向。在“注塑模向导”功能选项卡的 分型刀具 区域中单击“检查区域”按钮，系统弹出“检查区域”对话框，接受模型当前方向为开模方向。

Step3. 设置模型表面颜色。在“检查区域”对话框中单击“计算”按钮，选择 面 选项卡，此时“检查区域”对话框如图 14.1.2 所示。对话框中的设置保持系统默认设置，单击“设置所有面的颜色”按钮，模型表面颜色发生变化，如图 14.1.3 所示。

图 14.1.2 所示的“检查区域”对话框中部分选项的说明如下。

- 面拔模角 区域：用于显示产品模型上的面数。在其下方列出了大于拔模角度的面数、等于拔模角度的面数和小于拔模角度的面数。
  - ☑ 拔模角限制 文本框：在其中输入需要验证的拔模角度值。
  - ☑ □ 全部 复选框：此选项表示系统检测到的模型的所有面。
  - ☑ □ 正的 复选框：此选项可以查看拔模角度为正值的所有面，如果分析得到的角度大于等于给定的拔模角，系统默认用橙色表示；若分析得到的角度小于给定的拔模角，则此部分面的颜色系统默认用黄色表示。
  - ☑ □ 竖直 复选框：此选项可以查看拔模角度为零度的所有面，系统默认用灰

色表示。

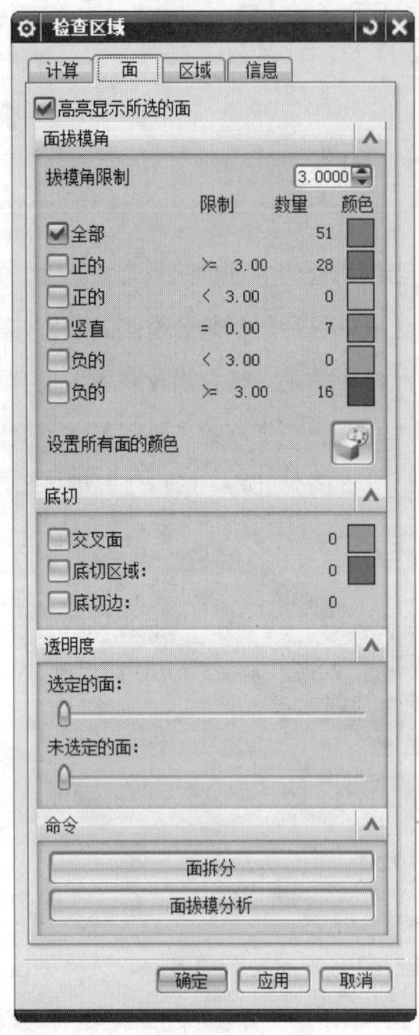

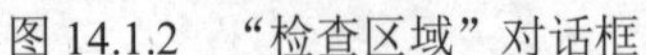

图 14.1.2 “检查区域”对话框

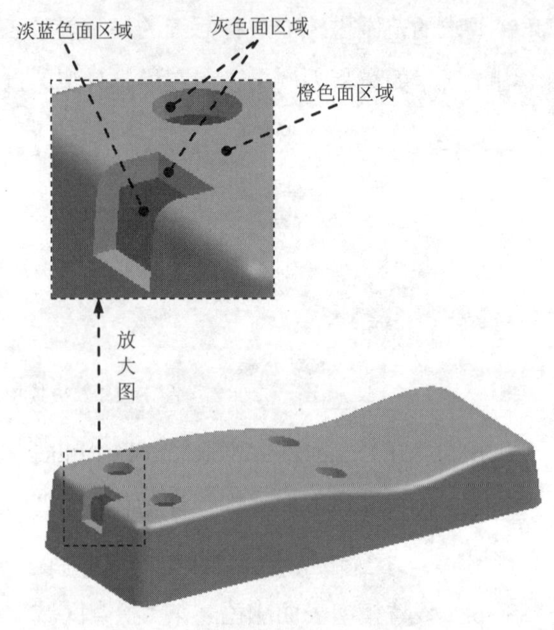

图 14.1.3 被检测模型

☑ 负的复选框：此选项可以查看拔模角度为负值的所有面，如果分析得到的角度大于等于给定的拔模角，系统默认用蓝色表示；若分析得到的角度小于给定的拔模角，则此部分面的颜色系统默认用绿色表示。

说明：在面拔模角区域中面的划分是以角度的正负为依据的。此处角度正负的区分方法是：当模型中某部分面的法向与拔模方向的正方向（Z 轴正方向）形成夹角时所体现的角度为正；当模型中某部分面的法向与拔模方向的负方向（Z 轴负方向）形成夹角时所体现的角度为负。

- 按钮：单击该按钮，可以设置产品模型上所有面的颜色，若更改过某些参数后，单击该按钮也可以更新产品模型上的颜色。
- 面拔模分析按钮：单击此按钮，系统弹出“拔模分析”

对话框，利用此对话框同样可以进行拔模分析。

Step4. 改变拔模角度。在“检查区域”对话框的拔模角限制文本框中输入值 6，然后按 Enter 键，单击按钮，此时模型表面的颜色会发生相应的变化，如图 14.1.4 所示。

a）模型外表面　　b）模型内表面

图 14.1.4　分析后的模型

Step5. 完成分析。单击“检查区域”对话框中的取消按钮，完成拔模分析。

Step6. 保存文件。选择下拉菜单文件(F) → 全部保存(V)命令，保存分析后的模型。

说明：拔模角度分析也可以在建模环境下进行，选择下拉菜单分析(L) → 模具部件验证(P) → 检查区域(R)...命令即可。

14.2 厚度分析

厚度检测（Thickness Check）用于检测模型的厚度是否有过大或过小的现象。厚度检测也是拆模前必须做的准备工作之一。下面以图 14.2.1 所示的模型为例来说明 UG NX 12.0 中厚度分析的一般操作过程。

Step1. 打开 D:\ug12mo\work\ch14.02\cover_parting_023.prt 文件。

Step2. 选择命令。选择下拉菜单分析(L) → 模具部件验证(P) → 检查壁厚(K)...命令，系统弹出图 14.2.2 所示的“检查壁厚”对话框。

a）方位一　　b）方位二

图 14.2.1　厚度分析模型

图 14.2.2 所示的“检查壁厚”对话框中部分选项的说明如下。

- 计算选项卡：在其中用户可以设置厚度公差、最大间距和计算方法等，并且此选项卡中可以反映检查结果（平均厚度和最大厚度）。
- 检查选项卡：可以帮助用户设置检查结果的显示方法，选择要检查的面和更改选定面的颜色等。

- 选项选项卡：在其中用户可以设置范围类型、检查的壁厚范围、不同壁厚的代表颜色等信息。在分析过程中如果系统默认设置不能满足用户要求，或者是只需分析部分区域的厚度等，用户可以在此选项卡中自行设置。

Step3. 检查塑件厚度。“检查壁厚”对话框中的设置保持系统默认设置，单击按钮，此时在“检查壁厚”对话框中会出现被检查塑件的平均厚度和最大厚度等信息；模型会在不同的厚度区域显示不同颜色（图 14.2.3），并且在图形区中出现厚度对比条（图 14.2.4）。

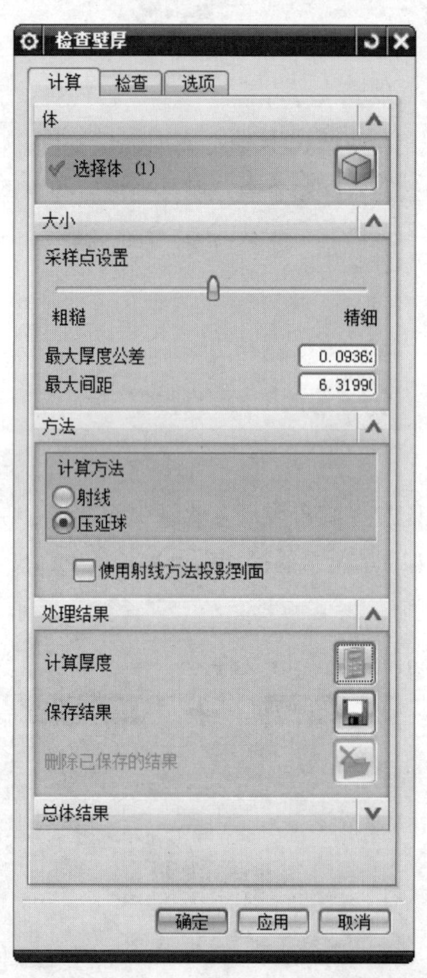

图 14.2.2 “检查壁厚”对话框

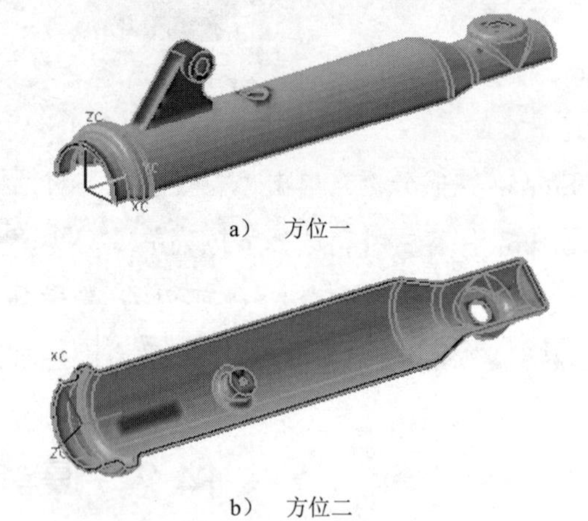

图 14.2.3 着色模型

5.000
4.583
4.167
3.750
3.333
2.917
2.500
2.083
1.667
1.250
0.8333
0.4167
0.0
红色
蓝色

图 14.2.4 厚度对比条

说明：在厚度对比条中的不同颜色代表不同的厚度区域，用户需要结合“检查壁厚”对话框中反映的平均壁厚和最大壁厚来观察（系统默认时的设置是越接近红色表示此区域的壁越厚）。

Step4. 改变壁厚范围。在“检查壁厚”对话框中选择选项选项卡，在颜色：文本框中输入值 15，单击应用按钮，此时的模型颜色（图 14.2.5）及厚度对比条（图 14.2.6）都会

发生相应的变化。

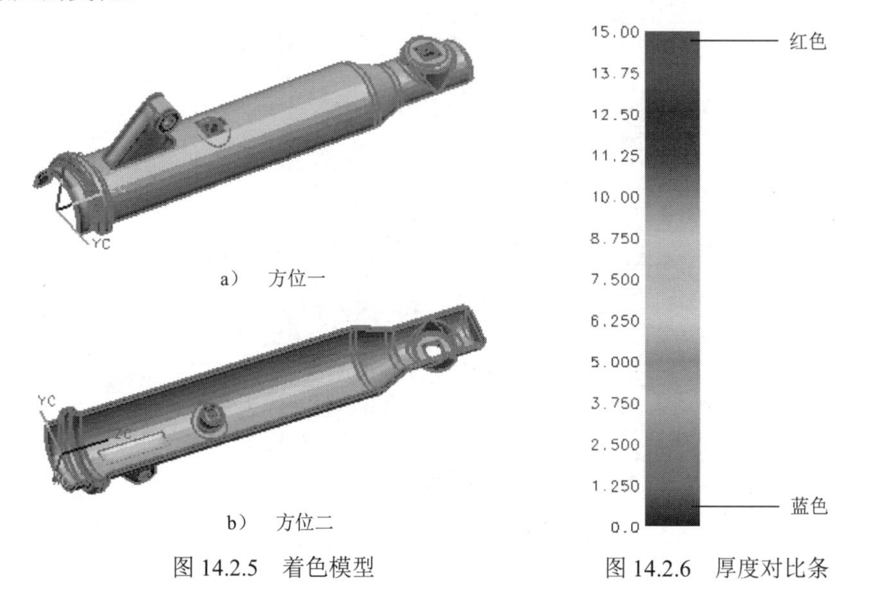

图 14.2.5 着色模型

图 14.2.6 厚度对比条

Step5. 指定被检查区域。在“检查壁厚”对话框中选择检查选项卡，取消选中□ 所有面复选框，在图形区选择图 14.2.7 所示的两个面。

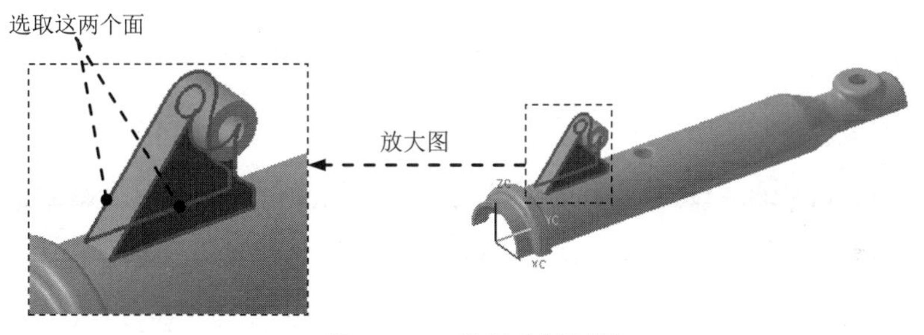

图 14.2.7 选择分析区域

Step6. 检查指定区域厚度。“检查壁厚”对话框中的其他设置保持系统默认设置，单击应用按钮，检查结果如图 14.2.8 所示，同时在图 14.2.9 所示的对话框中能看到面厚度的相关信息。

Step7. 完成模型检查。在“检查壁厚”对话框中单击取消按钮，完成塑件的壁厚检查。

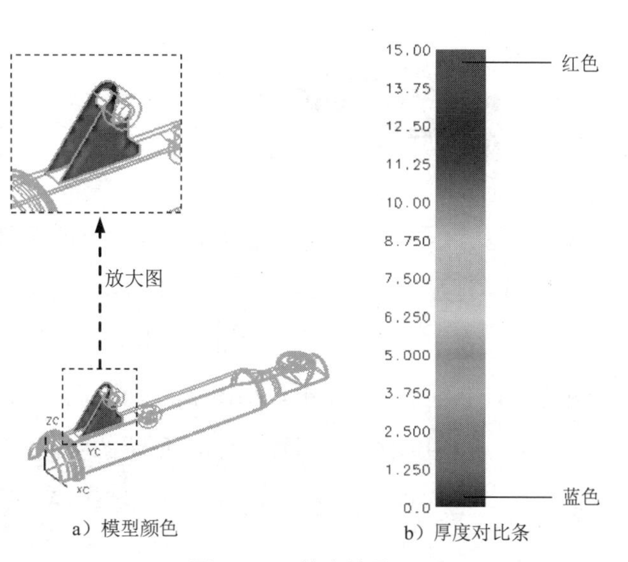

图 14.2.8 检查结果

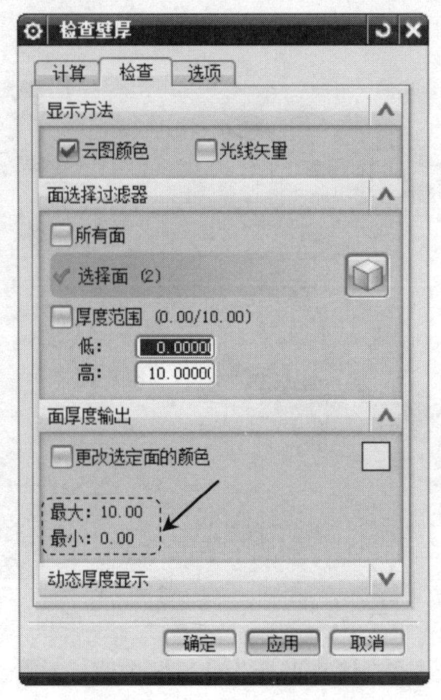

图 14.2.9 “检查壁厚”对话框

14.3 计算投影面积

投影面积（Project Area）项目用于检测参照模型在指定方向的投影面积（一般在模具设计过程中主要计算模型在开模方向的投影面积），作为模具设计和分析的参考数据。下面以图 14.3.1 所示的模型为例来说明 UG NX 12.0 中面积计算的一般操作过程。

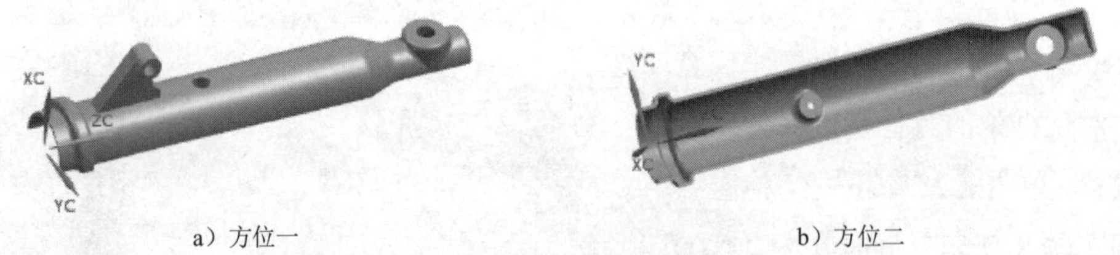

a）方位一　　b）方位二

图 14.3.1 计算投影面积模型

Step1. 打开 D:\ug12mo\work\ch14.03\cover_parting_023.prt 文件。

Step2. 在“注塑模向导”功能选项卡的 注塑模工具 区域中单击“计算面积”按钮，系统弹出“计算面积”对话框，如图 14.3.2 所示。

Step3. 在图形区中选择图 14.3.3 所示的实体，单击按钮，在系统弹出的选择条中选取为参考平面，在“计算面积”对话框中单击 应用 按钮，系统弹出图 14.3.4 所示的“信息”窗口。

Step4. 关闭“信息”窗口，完成投影面积的计算。

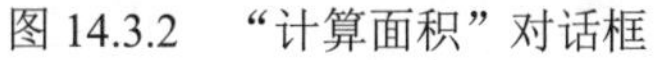
图 14.3.2 “计算面积”对话框

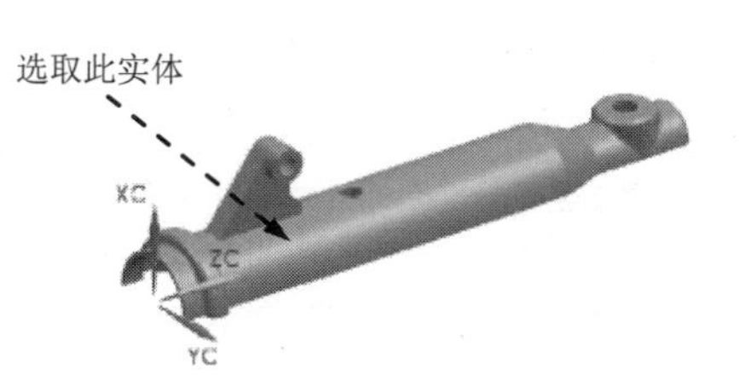

图 14.3.3 选取分析模型

图 14.3.2 所示的“计算面积”对话框中各选项的说明如下。

- 公差文本框：在其中输入数值控制计算面积时的公差。
- 角度精度文本框：当选中 ☑ 查找最大和最小侧区域复选框时会显示，可以通过在其中输入数值来对投影角度进行控制。
- ☑ 查找最大和最小侧区域复选框：若选中此复选框，则在计算投影面积的同时反映最大和最小侧的区域及信息，如图 14.3.5 所示。

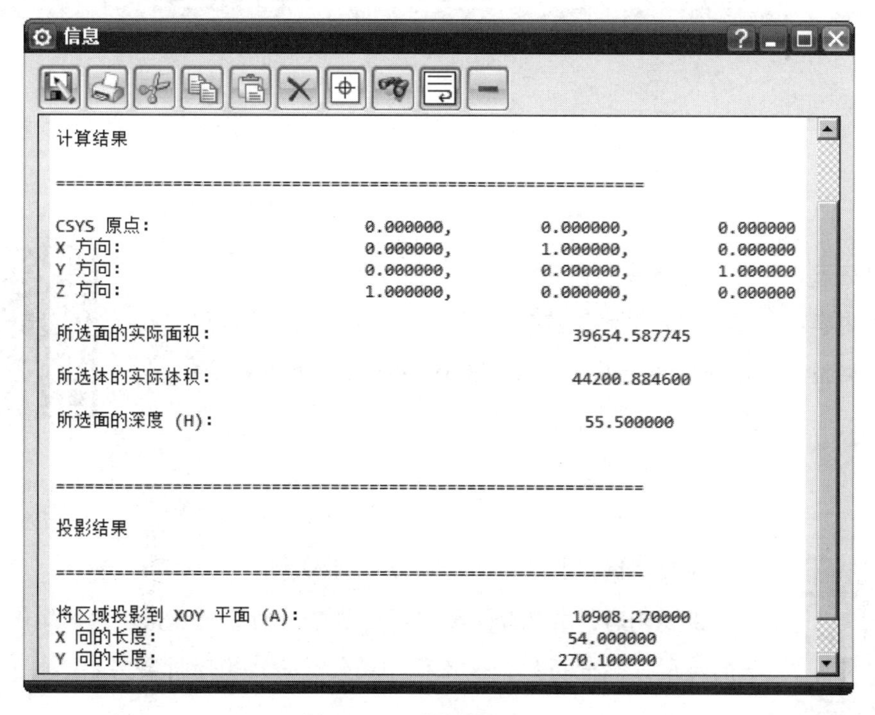

图 14.3.4 “信息”窗口

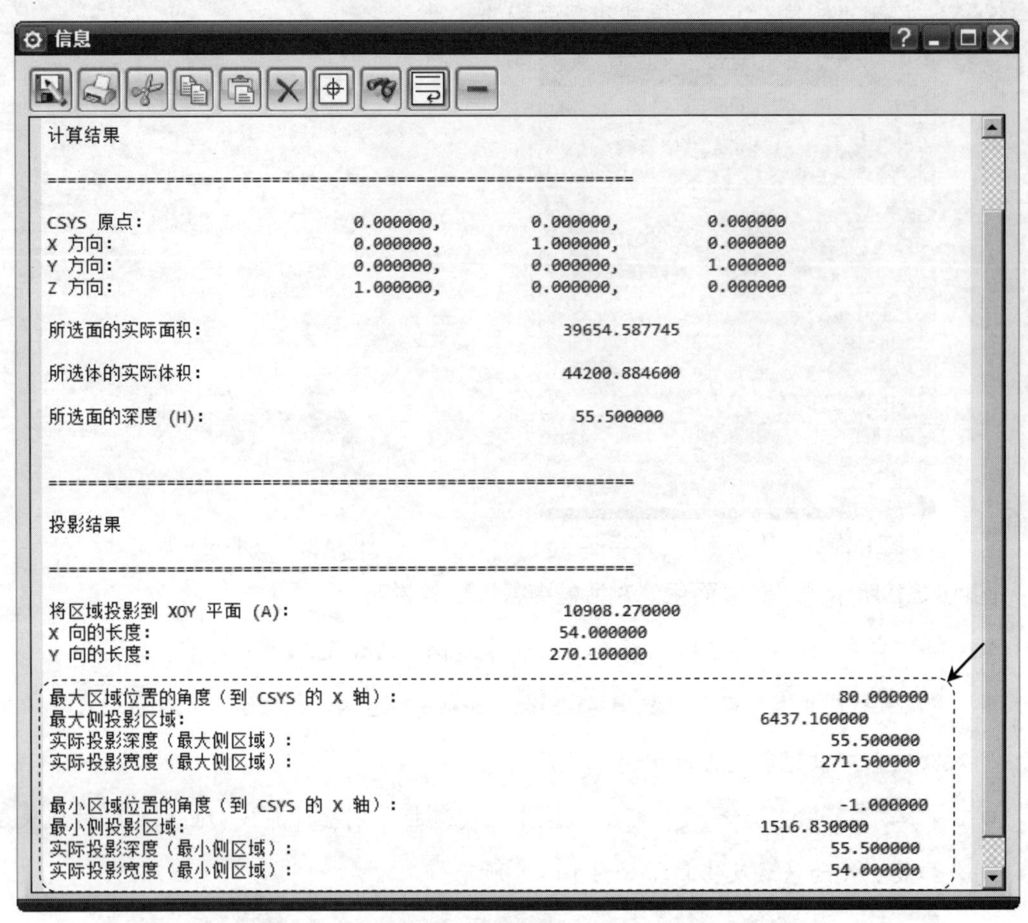

图 14.3.5 “信息”窗口

学习拓展：扫码学习更多视频讲解。

讲解内容：本部分主要讲解了流体分析的基础理论，背景知识，流体分析的类型，流体分析的一般流程，典型产品的流体分析案例等。

学习拓展：扫码学习更多视频讲解。

讲解内容：本部分主要讲解了热分析的基础理论，背景知识，热分析的类型，热分析的一般流程，典型产品的热分析案例等。

第 15 章 各种结构和特点的模具设计

15.1 带滑块的模具设计（一）

图 15.1.1 所示为一个笔帽的模型，在设计该笔帽的模具时，如果将模具的开模方向定义为竖直方向，那么笔帽中不通孔的轴线方向就与开模方向垂直。因为此产品不能直接上下开模，在开模之前必须先让滑块移出，才能顺利地开模。

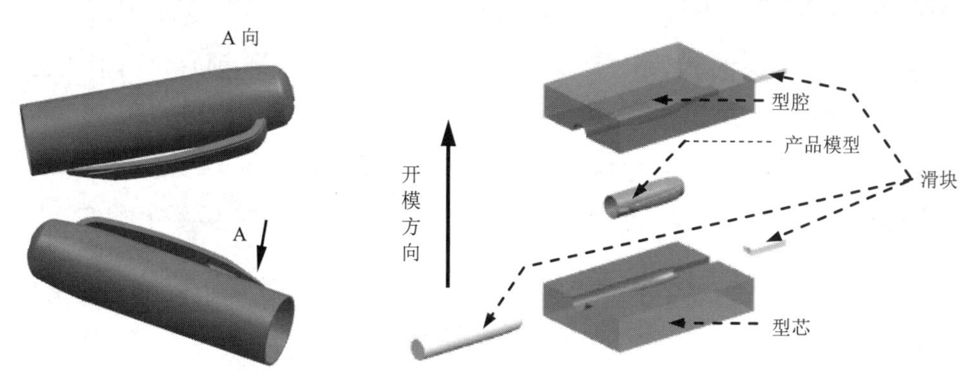

图 15.1.1 笔帽的模具设计

Task1. 初始化项目

Step1. 加载模型。在“注塑模向导”功能选项卡中单击“初始化项目”按钮，系统弹出“打开”对话框，选择 D:\ug12mo\work\ch15.01\pen.prt，单击 OK 按钮，载入模型后，系统弹出“初始化项目”对话框。

Step2. 定义项目单位。在“初始化项目”对话框的 项目单位 下拉菜单中选择 毫米 选项。

Step3. 设置项目路径和名称。接受系统默认的项目路径，在“初始化项目”对话框的 Name 文本框中输入 pen_mold。

Step4. 在该对话框中单击 确定 按钮，完成初始化项目的设置。

Task2. 模具坐标系

锁定模具坐标系。在“注塑模向导”功能选项卡的 主要 区域中单击“模具坐标系”按钮，系统弹出“模具坐标系”对话框；在“模具坐标系”对话框中选中 ⊙ 产品实体中心 单选项，同时选中 ☑ 锁定 Z 位置 复选框，单击 确定 按钮，完成模具坐标系的定义，结果如图 15.1.2 所示。

Task3. 设置收缩率

Step1. 定义收缩率类型。在“注塑模向导”功能选项卡的主要区域中单击“收缩”按钮，产品模型会高亮显示，同时系统弹出“缩放体”对话框；在“缩放体”对话框的类型下拉列表中选择均匀选项。

Step2. 定义缩放体和缩放点。接受系统默认的参数设置值。

Step3. 定义比例因子。在“缩放体”对话框比例因子区域的均匀文本框中输入收缩率值1.006。

Step4. 单击确定按钮，完成收缩率的设置。

Task4. 创建模具工件

Step1. 选择命令。在“注塑模向导”功能选项卡的主要区域中单击“工件”按钮，系统弹出“工件”对话框。

Step2. 在“工件”对话框的类型下拉菜单中选择产品工件选项，在工件方法下拉菜单中选择用户定义的块选项，其他参数采用系统默认设置值，然后单击< 确定 >按钮，结果如图 15.1.3 所示。

Task5. 创建拆分面

Step1. 选择窗口。选择下拉菜单窗口(O) → 3. pen_mold_parting_022.prt命令，系统将在工作区中显示出产品。

Step2. 确认模型当前处于建模环境。

Step3. 创建基准平面。选择插入(S) → 基准/点(D) → 基准平面(D)...命令，系统弹出“基准平面”对话框；选取类型区域的XC-YC 平面选项，在距离文本框中输入数值 0；单击“基准平面”对话框中的< 确定 >按钮，结果如图 15.1.4 所示。

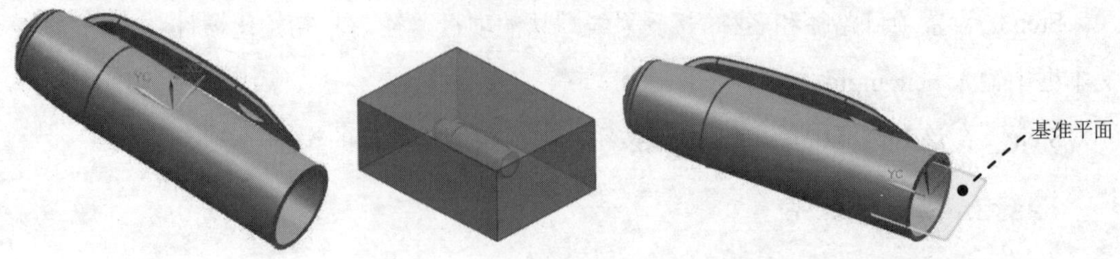

图 15.1.2 定义后的模具坐标系　图 15.1.3 创建后的工件　图 15.1.4 创建基准平面

Step4. 创建拆分面。

（1）选择命令。在“注塑模向导”功能选项卡的注塑模工具区域中单击“拆分面”按钮，系统弹出“拆分面”对话框，在“拆分面”对话框的类型下拉列表中选择平面/面选项。

（2）定义拆分面。选取图 15.1.5 所示的与 Step3 中创建的基准平面相交的模型外表面（共 27 个面）为拆分面。

（3）选取分割对象。在“拆分面”对话框的分割对象区域中单击* 选择对象 (0)使其激活，选取上一步创建的基准平面为拆分面参照面。

（4）在“拆分面”对话框中单击确定按钮，完成拆分面的创建。

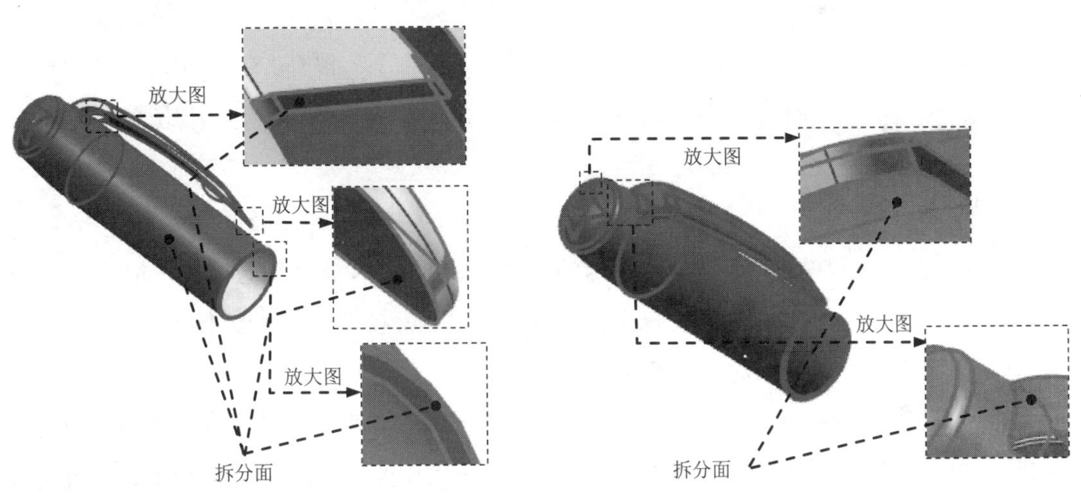

图 15.1.5 定义拆分面

Task6. 填充曲面

Step1. 创建曲线。选择下拉菜单插入(S) ➡ 曲线(C) ▸ ➡ 直线(L)...命令，系统弹出“直线”对话框；选取图 15.1.6 所示的两点分别为起始点和终止点；单击对话框中的< 确定 >按钮，完成曲线的创建。

说明：起始点和终止点都在两弧线的交点上。

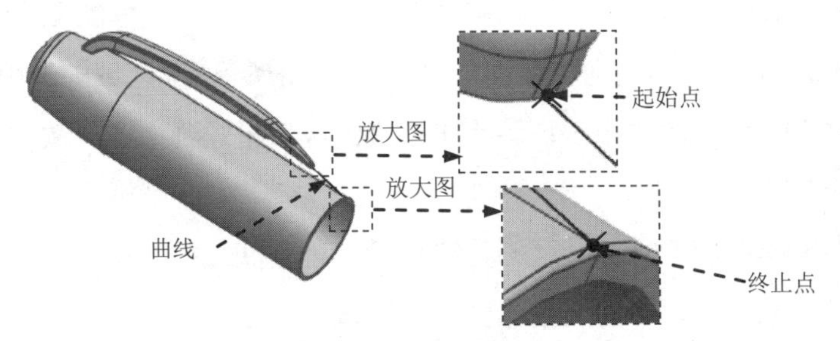

图 15.1.6 曲线

Step2. 创建轮廓曲线。在“注塑模向导”功能选项卡的分型刀具区域中单击“曲面补片”按钮，系统弹出“边补片”对话框；在“边补片”对话框的类型下拉列表中选择遍历选项，然后在遍历环区域中取消选中□ 按面的颜色遍历复选框，选择图 15.1.7 所示的边线为起始边线；单击对话框中的“接受”按钮和“循环候选项”按钮，完成边界环选取；接受系统默认的参数设置值，单击 确定 按钮，完成补片后的结果如图 15.1.8 所示。

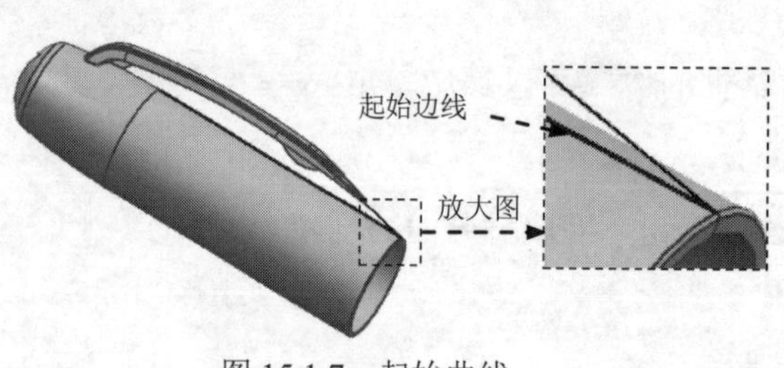

图 15.1.7　起始曲线

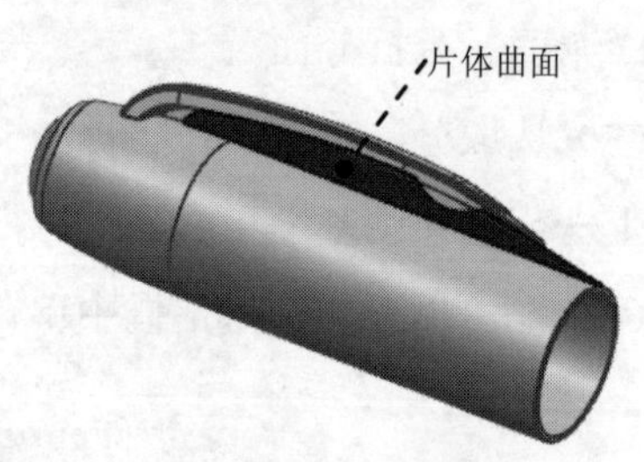

图 15.1.8　片体曲面

Task7. 模具分型

Stage1. 设计区域

Step1. 在“注塑模向导”功能选项卡的 分型刀具 区域中单击“检查区域”按钮，系统弹出“检查区域”对话框，同时模型被加亮，并显示开模方向，如图 15.1.9 所示。单击“计算”按钮，系统开始对产品模型进行分析计算。

Step2. 在“检查区域”对话框中单击 区域 选项卡，在该对话框的 设置 区域中取消选中 □ 内环、□ 分型边 和 □ 不完整的环 三个复选框。然后单击“设置区域颜色”按钮，设置区域颜色，结果如图 15.1.10 所示。

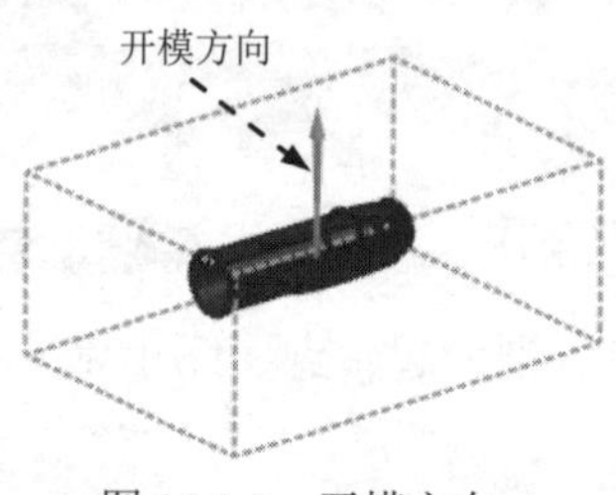

图 15.1.9　开模方向

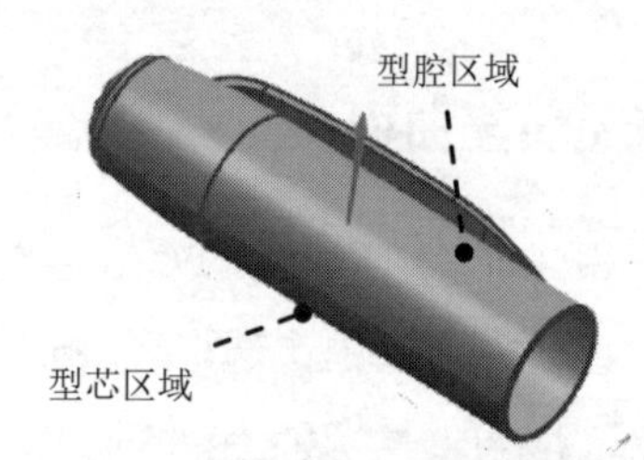

图 15.1.10　设置区域颜色

Step3. 定义型芯区域和型腔区域。在“塑模部件验证”对话框的 未定义区域 区域中选中 ☑ 未知的面 复选框，此时未知面区域曲面加亮显示，在 指派到区域 区域中选中 ⊙ 型芯区域 单选项，单击 应用 按钮，此时系统自动将未定义的区域指派到型芯区域中，同时对话框中的 未定义区域 显示为“0”。

Step4. 在 指派到区域 区域中选中 ⊙ 型腔区域 单选项，选取图 15.1.11 所示的七个面，单击 应用 按钮，此时系统将选中的面指派到型腔区域。

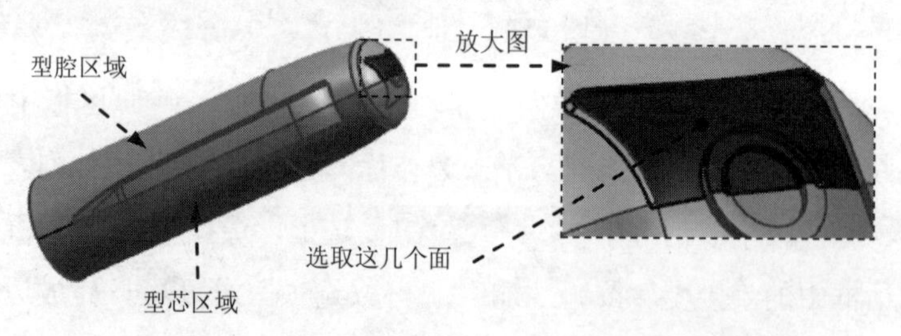

图 15.1.11　选取指派到型腔区域的面

Step5. 在“检查区域”对话框中单击 确定 按钮。

说明：笔帽内壁是型芯，笔帽外表面被拆分线分成两部分，一部分是型芯和笔帽内壁相连，另一部分是型腔。

Stage2. 创建型腔/型芯区域和分型线

Step1. 在“注塑模向导”功能选项卡的 分型刀具 区域中单击“定义区域”按钮，系统弹出“定义区域”对话框。

Step2. 在“定义区域”对话框中选中 设置 区域的 ☑ 创建区域 和 ☑ 创建分型线 复选框，单击 确定 按钮，完成型腔/型芯区域分型线的创建。

Stage3. 编辑分型线

Step1. 在“注塑模向导”功能选项卡的 分型刀具 区域中单击“设计分型面”按钮，系统弹出“设计分型面”对话框。

Step2. 在“设计分型面”对话框的 编辑分型线 区域中单击“编辑分型线”按钮，选取图 15.1.12 所示的边线。

Step3. 在“设计分型面”对话框中单击 确定 按钮，完成编辑分型线的操作。

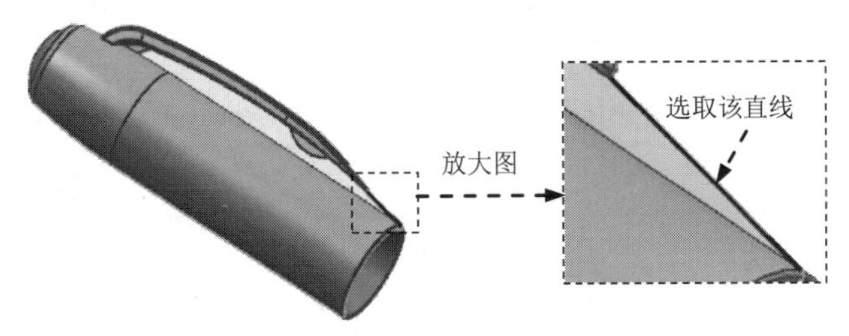

图 15.1.12　编辑分型线

Stage4. 定义分型段

Step1. 在“注塑模向导”功能选项卡的 分型刀具 区域中单击“设计分型面”按钮，系统弹出“设计分型面”对话框。

Step2. 选取过渡对象。在“设计分型面”对话框的 编辑分型段 区域中单击“选择过渡曲线”按钮，选取图 15.1.13 所示的四个圆弧作为过渡弧线。

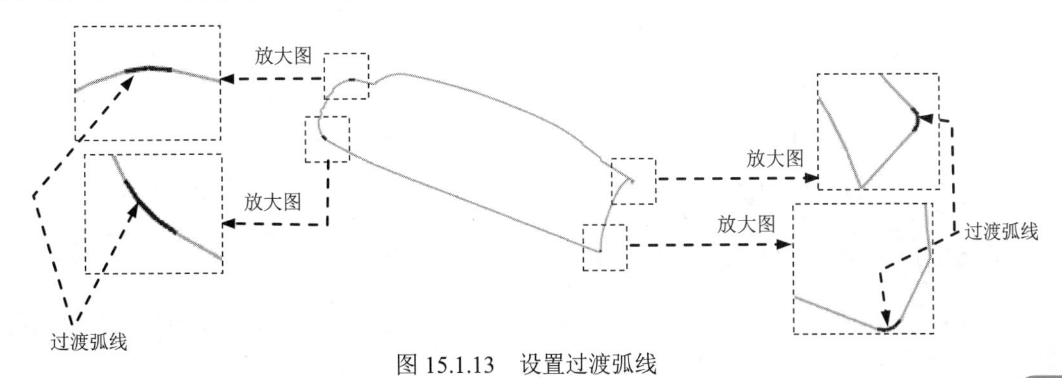

图 15.1.13　设置过渡弧线

Step3. 在“设计分型面”对话框中单击 应用 按钮，完成分型段的定义。

Stage5. 创建分型面

Step1. 在“设计分型面”对话框的设置区域中接受系统默认的公差值。

Step2. 拉伸分型面 1。在“设计分型面”对话框创建分型面区域的方法中选择选项，在图 15.1.14 中单击“延伸距离”文本，然后在活动的文本框中输入数值 60 并按 Enter 键，结果如图 15.1.15 所示。单击 应用 按钮，系统返回至“设计分型面”对话框。

Step3. 拉伸分型面 2。在 拉伸方向 区域的下拉列表中选择 YC 选项，在“设计分型面”对话框中单击 应用 按钮，系统返回至“设计分型面”对话框；完成图 15.1.16 所示拉伸分型面 2 的创建。

Step4. 拉伸分型面 3。在 拉伸方向 区域的下拉列表中选择 XC 选项，在“设计分型面”对话框中单击 应用 按钮，系统返回至“设计分型面”对话框；完成图 15.1.17 所示拉伸分型面 3 的创建。

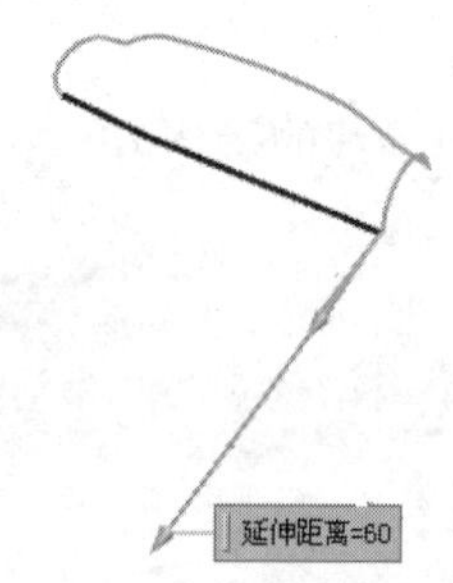

图 15.1.14 延伸距离

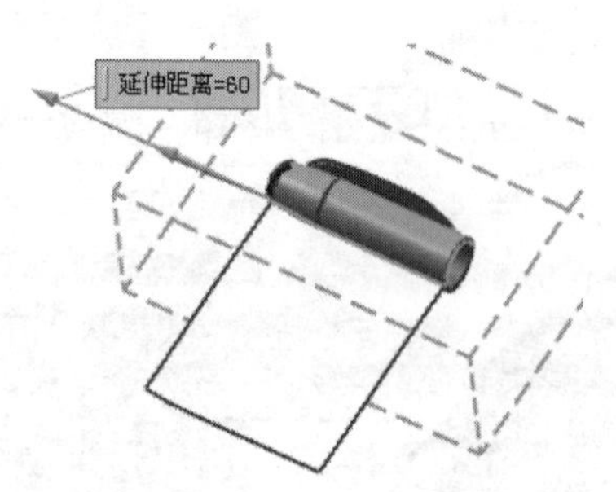

图 15.1.15 拉伸分型面 1

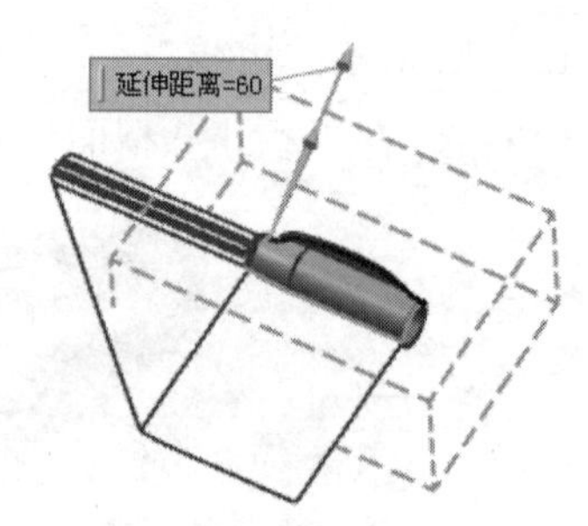

图 15.1.16 拉伸分型面 2

Step5. 拉伸分型面 4。在 拉伸方向 区域的下拉列表中选择 -YC 选项，在“设计分型面”对话框中单击 应用 按钮，系统返回至“设计分型面”对话框；完成图 15.1.18 所示拉伸分型面 4 的创建。

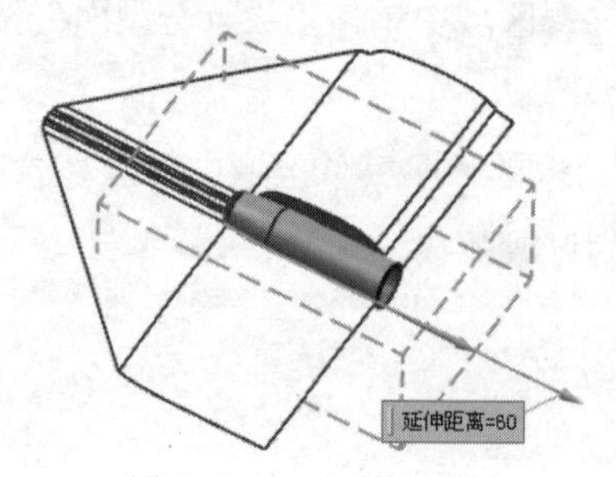

图 15.1.17 拉伸分型面 3

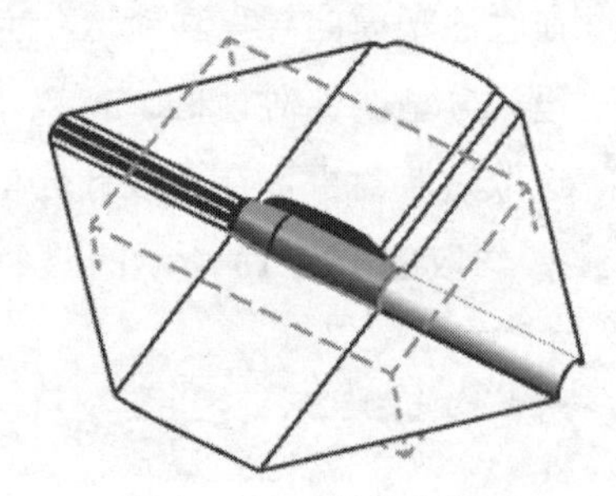
图 15.1.18 拉伸分型面 4

Step6. 在“设计分型面”对话框中单击 取消 按钮，完成分型面的创建。

Stage6. 创建型腔和型芯

Step1. 在“注塑模向导”功能选项卡的 分型刀具 区域中单击“定义型腔和型芯”按钮，

系统弹出“定义型腔和型芯”对话框。

Step2. 在“定义型腔和型芯”对话框中选取选择片体区域下的所有区域选项，单击确定按钮，系统弹出“查看分型结果”对话框并在图形区显示出创建的型腔，单击“查看分型结果”对话框中的确定按钮，系统再一次弹出“查看分型结果”对话框，在“查看分型结果”对话框中单击确定按钮，完成型腔和型芯的创建。创建的型腔零件和型芯零件如图 15.1.19 和图 15.1.20 所示。

Task8. 创建滑块

Step1. 选择窗口。选择下拉菜单窗口(O) ➡ 1. pen_mold_core_006.prt 命令，系统将在图形区中显示出型芯工作零件。

Step2. 创建旋转特征。选择下拉菜单插入(S) ➡ 设计特征(E) ➡ 旋转命令，系统弹出“旋转”对话框。选取图 15.1.21 所示的平面为草图平面；绘制图 15.1.22 所示的截面草图；单击完成草图按钮，退出草图环境。选取图 15.1.22 所示的线为旋转中心参照；在限制区域的开始下拉列表中选择值选项，在其下的角度文本框中输入数值 0。在限制区域的结束下拉列表中选择值选项，在其下的角度文本框中输入数值 360，在布尔区域的布尔下拉列表中选择无；单击< 确定 >按钮，完成旋转特征的创建。

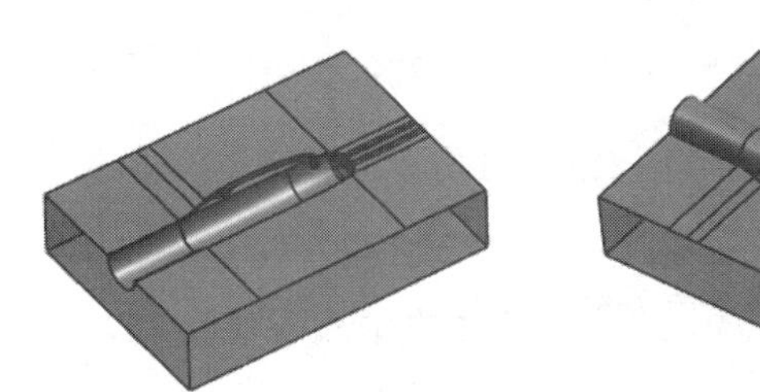

图 15.1.19 型腔零件

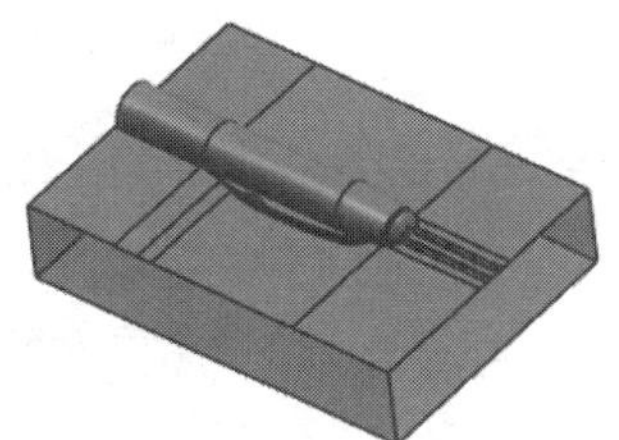

图 15.1.20 型芯零件

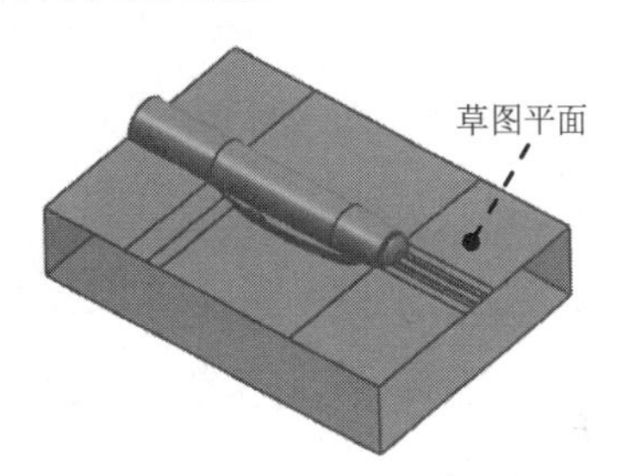

图 15.1.21 草图参照

说明：定义草图截面时，草图线与模型突出部分重合，可通过相交曲线与投影直线命令绘制，如有不明可参考视频。

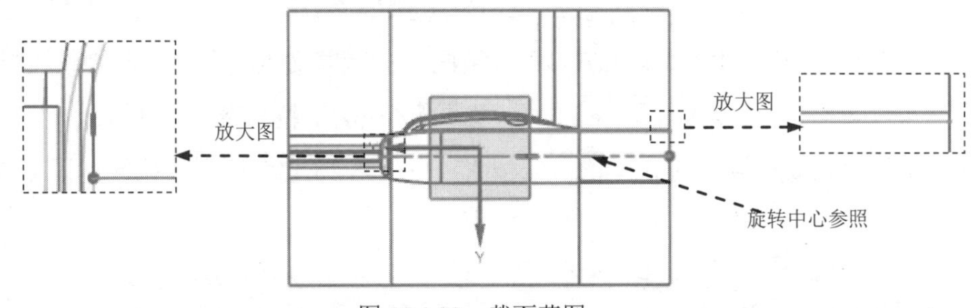

图 15.1.22 截面草图

Step3. 创建求差特征 1。选择下拉菜单插入(S) ➡ 组合(B) ➡ 减去(S)...命令，此时系统弹出“求差”对话框；选取图 15.1.23 所示的特征为目标体；选取图 15.1.23 所示的特征为工具体，并选中保存工具复选框；单击< 确定 >按钮，完成求差特征的创建。

Step4. 将滑块转为型芯子零件。

(1) 选择命令。单击装配导航器中的按钮，系统弹出“装配导航器”对话框，在对话框空白处右击，然后在系统弹出的菜单中选择 WAVE 模式 命令。

(2) 在“装配导航器”对话框中右击 pen_mold_core_006，在系统弹出的菜单中选择 WAVE ▶ → 新建层 命令，系统弹出“新建层”对话框。

(3) 在“新建层”对话框中单击 指定部件名 按钮，在系统弹出的“选择部件名”对话框的 文件名(N): 文本框中输入 pen_slide01.prt，单击 OK 按钮。

(4)在“新建层”对话框中单击 类选择 按钮，选取图 15.1.24 所示的滑块特征，单击 确定 按钮，系统返回“新建层”对话框。

(5) 单击“新建层”对话框中的 确定 按钮，此时在“装配导航器”对话框中显示出上一步创建的滑块的名字。

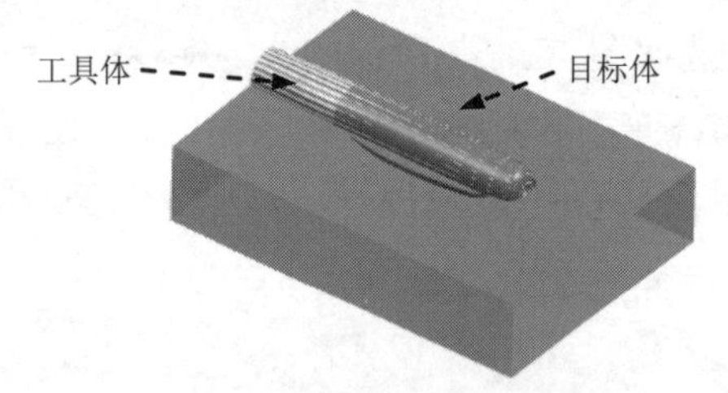

图 15.1.23 定义工具体和目标体

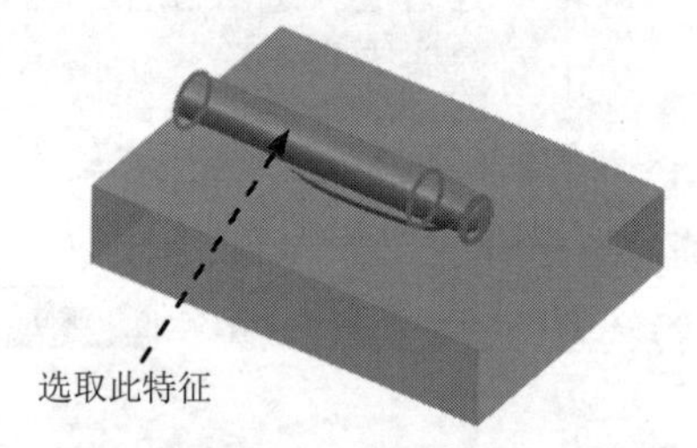

图 15.1.24 型芯子零件

Step5. 隐藏旋转特征。单击“部件导航器”中的按钮，系统弹出“部件导航器”对话框，在该对话框中选择 旋转 (3) 选项；选择下拉菜单 格式(R) → 移动至图层(M)... 命令，系统弹出“图层移动”对话框，在该对话框的 目标图层或类别 文本框中输入数值 10，单击 确定 按钮。

Step6. 创建拉伸特征 1。选择下拉菜单 插入(S) → 设计特征(E) → 拉伸(X)... 命令，系统弹出“拉伸”对话框；选取图 15.1.25 所示的平面为草图平面；绘制图 15.1.26 所示的截面草图，在工作区中单击“完成草图”按钮 完成草图。单击“反向”按钮；在 限制 区域的 开始 下拉列表中选择 值 选项，并在其下的 距离 文本框中输入数值 0；在 限制 区域的 结束 下拉列表中选择 直至下一个 选项；在 布尔 区域的下拉列表中选择 无 选项，其他参数采用系统默认设置值；单击 < 确定 > 按钮，完成图 15.1.27 所示的拉伸特征 1 的创建。

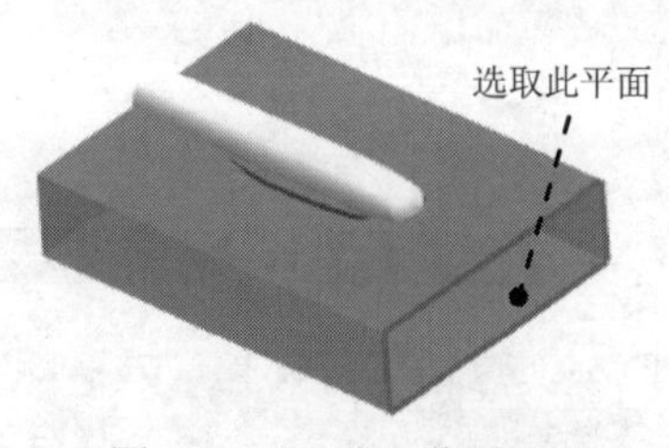

图 15.1.25 选取草图平面

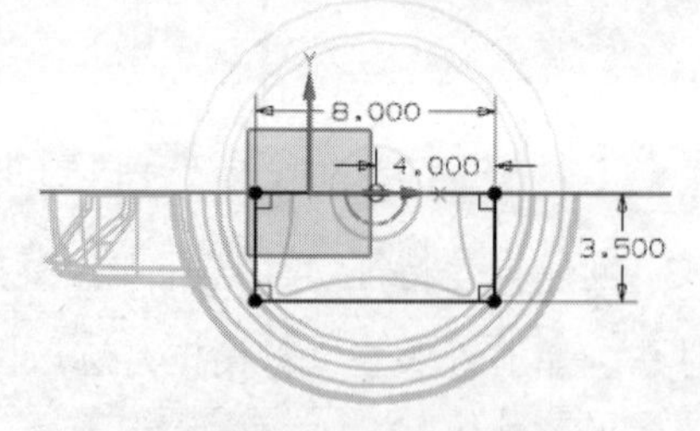

图 15.1.26 截面草图

Step7. 创建求差特征 2。选择下拉菜单 插入(S) → 组合(B) ▸ → 减去(S)... 命令，此时系统弹出“求差”对话框；选取图 15.1.28 所示的特征为目标体；选取图 15.1.28 所示的特征为工具体，并选中☑ 保存工具复选框；单击 < 确定 > 按钮，完成求差特征的创建。

Step8. 将滑块转为型芯子零件。

（1）在“装配导航器”对话框中右击☑ pen_mold_core_006，在系统弹出的菜单中选择 WAVE ▸ → 新建层命令，系统弹出“新建层”对话框。

（2）在“新建层”对话框中单击 指定部件名 按钮，在系统弹出的“选择部件名”对话框的 文件名(N): 文本框中输入 pen_slide02.prt，单击 OK 按钮。

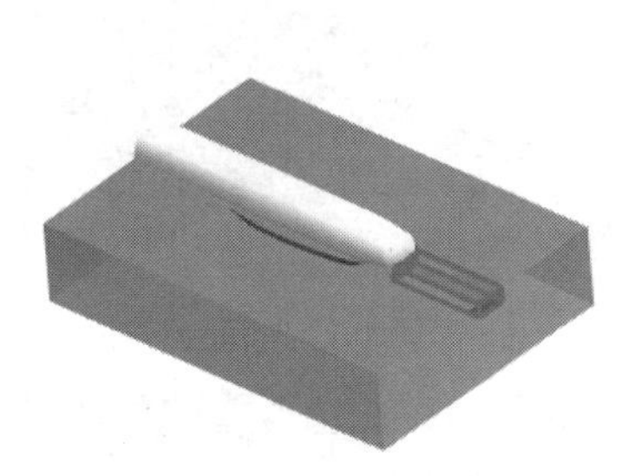

图 15.1.27 拉伸特征 1

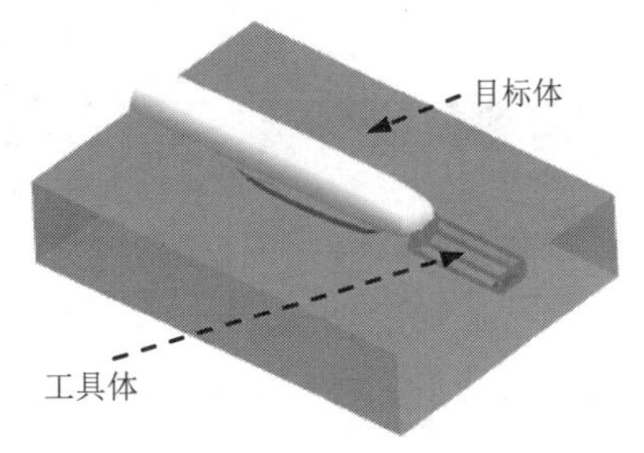

图 15.1.28 定义工具体和目标体

（3）在“新建层”对话框中单击 类选择 按钮，选取图 15.1.29 所示的滑块特征，单击 确定 按钮，系统返回“新建层”对话框。

（4）单击“新建层”对话框中的 确定 按钮，此时在“装配导航器”对话框中显示出上一步创建的滑块的名字。

Step9. 隐藏拉伸特征。单击“部件导航器”中的按钮，系统弹出“部件导航器”对话框，在该对话框中选择☑ 拉伸 (5) 选项；选择下拉菜单 格式(R) → 移动至图层(M)... 命令，系统弹出“图层移动”对话框，在该对话框的 目标图层或类别 文本框中输入数值 10，单击 确定 按钮。

Step10. 切换窗口。选择下拉菜单 窗口(O) → 2. pen_mold_cavity_002.prt 命令，系统将在工作区中显示出型腔工作零件。

Step11. 创建拉伸特征 2。选择下拉菜单 插入(S) → 设计特征(E) → 拉伸(X)... 命令，系统弹出“拉伸”对话框；选取图 15.1.30 所示的平面为草图平面；绘制图 15.1.31 所示的截面草图，在工作区中单击“完成草图”按钮 完成草图；在 限制 区域的 开始 下拉列表中选择 值 选项，并在其下的 距离 文本框中输入数值 0；在 限制 区域的 结束 下拉列表中选择 直至下一个 选项；在 布尔 区域的下拉列表中选择 无 选项，其他参数采用系统默认设置值；单击 < 确定 > 按钮，完成图 15.1.32 所示的拉伸特征 2 的创建。

Step12. 创建求差特征 3。具体操作可参照 Step7，选取图 15.1.33 所示的工具体与目标体。

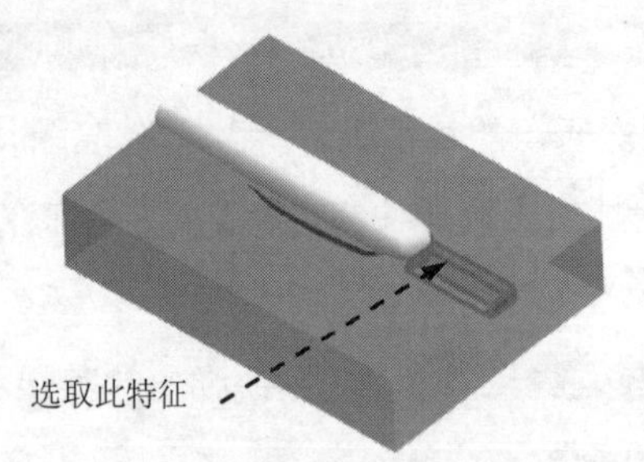

图 15.1.29 型芯子零件

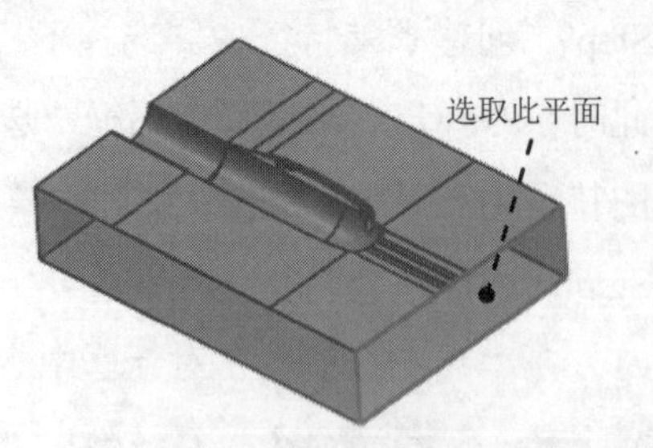

图 15.1.30 选取草图平面

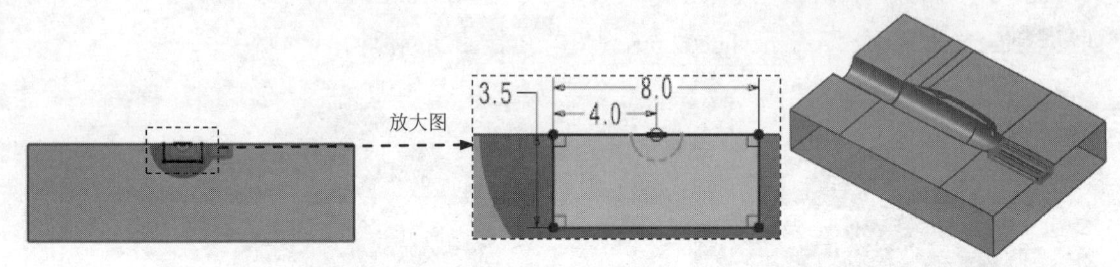

图 15.1.31 截面草图

图 15.1.32 拉伸特征 2

Step13. 将滑块转为型腔子零件。在“装配导航器”对话框中右击 pen_mold_cavity_002，在系统弹出的菜单中选择 WAVE ▶ ➡ 新建层 命令，系统弹出“新建层”对话框；在“新建层”对话框中单击 指定部件名 按钮，在系统弹出的“选择部件名”对话框的 文件名(N): 文本框中输入 pen_slide03.prt，单击 OK 按钮；单击 类选择 按钮，选取图 15.1.34 所示的滑块特征，单击 确定 按钮，系统返回“新建层”对话框；单击 确定 按钮，此时在“装配导航器”对话框中显示出上一步创建的滑块的名字。

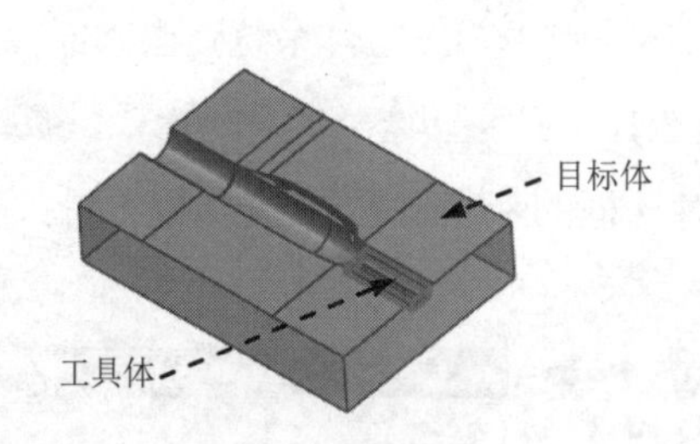

图 15.1.33 定义工具体和目标体

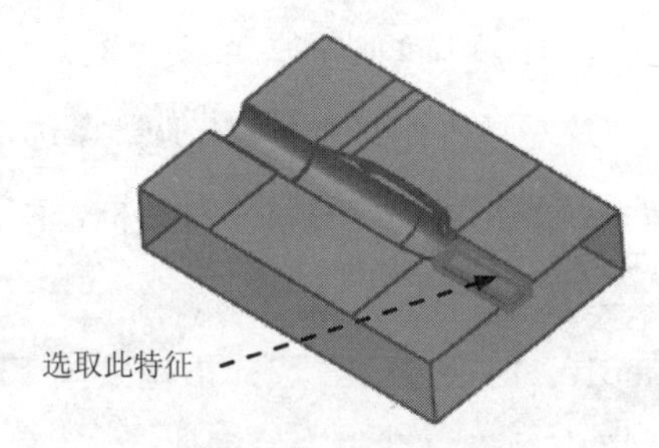

图 15.1.34 型腔子零件

Step14. 隐藏拉伸特征。具体操作可参照 Step9。

Task9. 创建模具分解视图

Step1. 切换窗口。选择下拉菜单 窗口(O) ➡ 6. pen_mold_top_000.prt 命令，切换到总装配文件窗口，将 pen_mold_top_000 设为工作部件。

Step2. 移动滑块 1。

（1）选择命令。选择下拉菜单 装配(A) ➡ 爆炸图(X)▶ ➡ 新建爆炸(N)... 命令，系统弹出“新建爆炸”对话框，接受系统默认的名字，单击 确定 按钮。

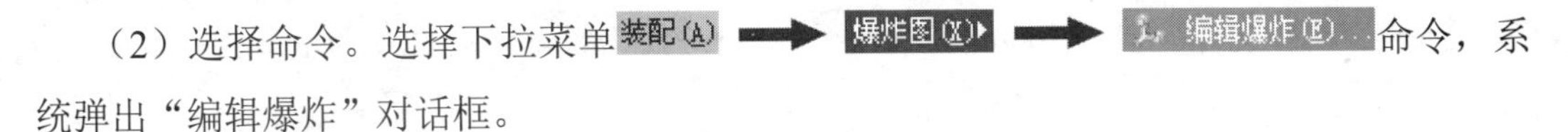

（2）选择命令。选择下拉菜单装配(A) → 爆炸图(X) → 编辑爆炸(E)...命令，系统弹出“编辑爆炸”对话框。

（3）选取移动对象。选取图 15.1.35 所示的滑块为移动对象。

（4）在该对话框中选择 移动对象 单选项，将滑块沿 Y 轴负方向移动 120mm，单击 确定 按钮，结果如图 15.1.36 所示。

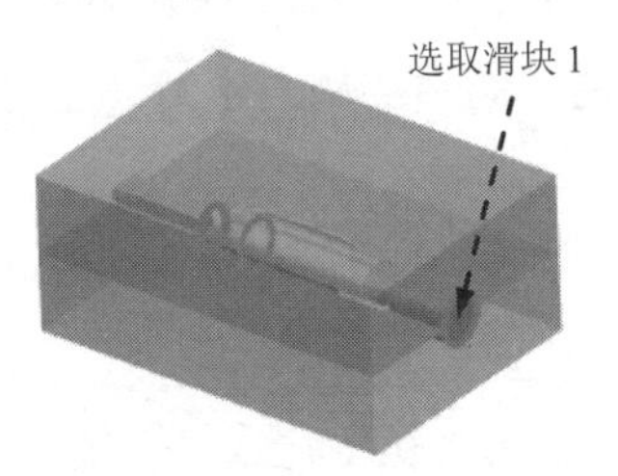

图 15.1.35 选取移动对象

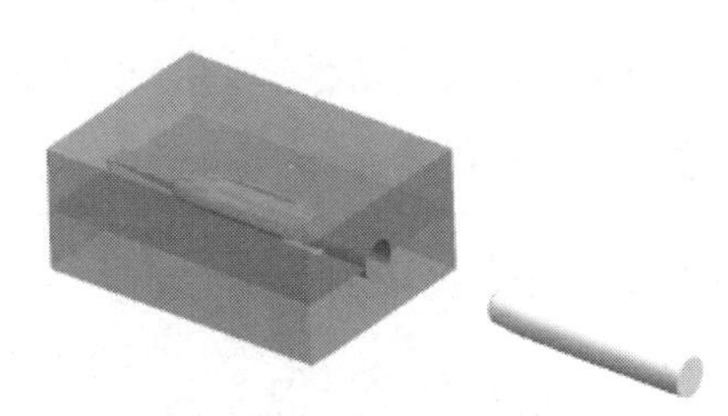

图 15.1.36 移动后的结果

Step3. 移动滑块 2、3。选择下拉菜单装配(A) → 爆炸图(X) → 编辑爆炸(E)...命令，系统弹出“编辑爆炸”对话框；选取图 15.1.37 所示的滑块为移动对象；在该对话框中选中 移动对象 单选项，将滑块沿 Y 轴正方向移动 50mm，单击 确定 按钮，结果如图 15.1.38 所示。

Step4. 移动型腔。选择下拉菜单装配(A) → 爆炸图(X) → 编辑爆炸(E)...命令，系统弹出“编辑爆炸”对话框；选取图 15.1.39 所示的型腔为移动对象；在该对话框中选中 移动对象 单选项，将型腔沿 Z 轴正方向移动 50mm，单击 确定 按钮，结果如图 15.1.40 所示。

图 15.1.37 选取移动对象　　图 15.1.38 移动后的结果　　图 15.1.39 选取移动对象

Step5. 移动型芯。选择下拉菜单装配(A) → 爆炸图(X) → 编辑爆炸(E)...命令，系统弹出“编辑爆炸”对话框；选取图 15.1.41 所示的型芯为移动对象；在该对话框中选中 移动对象 单选项，将型芯沿 Z 轴负方向移动 50mm，单击 确定 按钮，结果如图 15.1.42 所示。

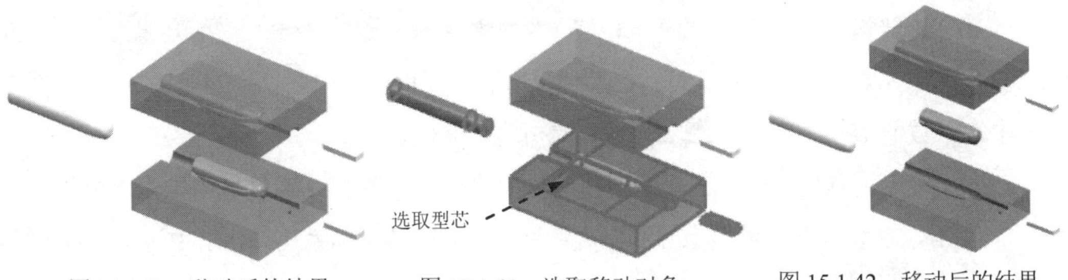

图 15.1.40 移动后的结果　　图 15.1.41 选取移动对象　　图 15.1.42 移动后的结果

Step6. 保存文件。选择下拉菜单文件(F) → 全部保存(V)命令，保存所有文件。

15.2 带滑块的模具设计（二）

本实例介绍图 15.2.1 所示的塑料筐的模具设计，在设计该塑料筐的模具时，同时使用了滑块与分型面，其灵活性和适用性很强，希望读者通过对本实例的学习，能够灵活地运用各种方法来进行模具设计。

Task1. 初始化项目

Step1. 加载模型。在“注塑模向导”功能选项卡中单击“初始化项目”按钮，系统弹出“打开”对话框，选择 D:\ug12mo\work\ch15.02\case.prt，单击 OK 按钮，载入模型后，系统弹出“初始化项目”对话框。

Step2. 定义项目单位。在“初始化项目”对话框的项目单位下拉菜单中选择毫米选项。

Step3. 设置项目路径和名称。接受系统默认的项目路径，在“初始化项目”对话框的 Name 文本框中输入 case_mold。

Step4. 在该对话框中单击确定按钮，完成初始化项目的设置。

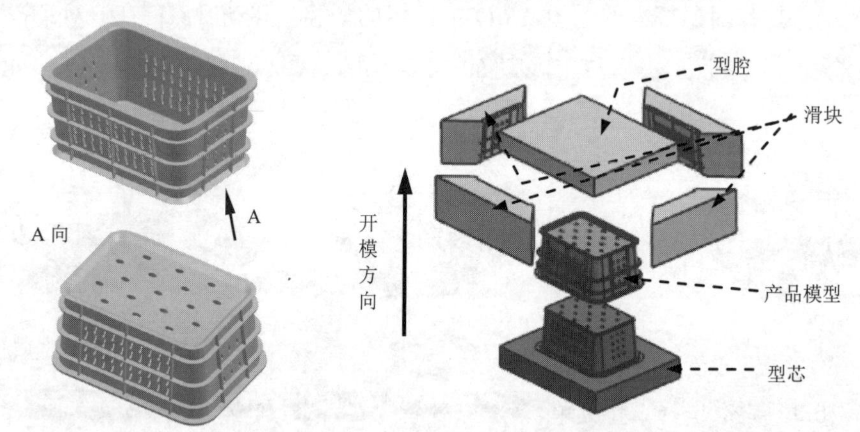

图 15.2.1 塑料筐的模具设计

Task2. 模具坐标系

Step1. 旋转模具坐标系。选择下拉菜单格式(R) → WCS → 旋转(R)...命令，系统弹出“旋转 WCS 绕...”对话框；在系统弹出的对话框中选中 +XC 轴：单选项，在角度文本框中输入数值 180；单击确定按钮，完成坐标系的旋转。

Step2. 锁定模具坐标系。在“注塑模向导”功能选项卡的主要区域中单击“模具坐标系”按钮，系统弹出“模具坐标系”对话框；在“模具坐标系”对话框中选中当前 WCS 单选项，单击确定按钮，完成模具坐标系的定义，结果如图 15.2.2 所示。

Task3. 设置收缩率

Step1. 定义收缩率类型。在“注塑模向导”功能选项卡的主要区域中单击“收缩”按钮，产品模型会高亮显示，同时系统弹出“缩放体”对话框；在“缩放体”对话框的类型下拉列表中选择均匀选项。

Step2. 定义缩放体和缩放点。接受系统默认的参数设置值。

Step3. 定义比例因子。在“缩放体”对话框比例因子区域的均匀文本框中输入收缩率值1.006。

Step4. 单击确定按钮，完成收缩率的设置。

Task4. 创建模具工件

Step1. 在“注塑模向导”功能选项卡的主要区域中单击“工件”按钮，系统弹出“工件”对话框。

Step2. 在“工件”对话框的类型下拉菜单中选择产品工件选项，在工件方法下拉菜单中选择用户定义的块选项，其他参数采用系统默认设置值。

Step3. 修改尺寸。单击定义工件区域的“绘制截面”按钮，系统进入草图环境，然后修改截面草图的尺寸，如图 15.2.3 所示；在“工件”对话框限制区域的开始下拉列表中选择值选项，并在其下的距离文本框中输入数值-450；在限制区域的结束下拉列表中选择值选项，并在其下的距离文本框中输入数值 150。

Step4. 单击< 确定 >按钮，完成创建后的模具工件如图 15.2.4 所示。

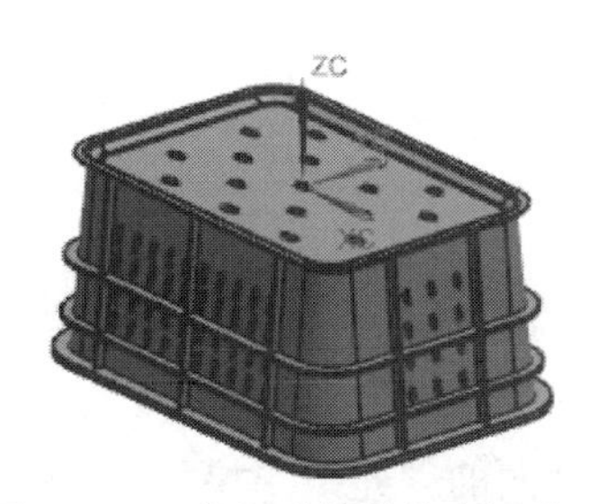

图 15.2.2 定义后的模具坐标系

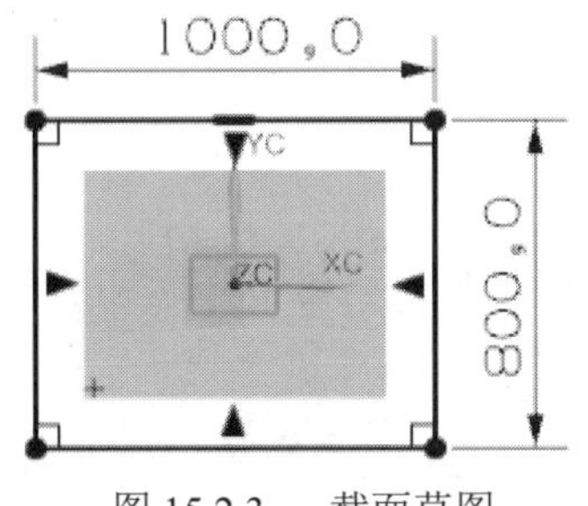

图 15.2.3 截面草图

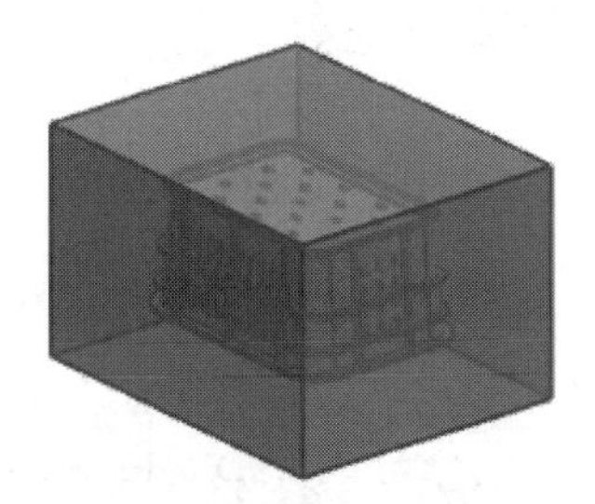

图 15.2.4 创建后的模具工件

Task5. 模具分型

Stage1. 设计区域

Step1. 在“注塑模向导”功能选项卡的分型刀具区域中单击“检查区域”按钮，系统弹出“检查区域”对话框，同时模型被加亮，并显示开模方向，如图 15.2.5 所示。单击“计算”按钮，系统开始对产品模型进行分析计算。

Step2. 在“检查区域”对话框中单击区域选项卡，在该对话框的设置区域中取消选中□内环、□分型边和□不完整的环三个复选框。然后单击“设置区域颜色”按钮，设置区域颜色，结果如图 15.2.6 所示。

Step3. 定义型芯区域和型腔区域。在“塑模部件验证”对话框的未定义区域区域中选中☑交叉竖直面复选框，在指派到区域区域中选中⊙型腔区域单选项，单击应用按钮，选中☑未知的面复选框，此时未知面区域曲面加亮显示，在指派到区域区域中选中⊙型腔区域单选项，单击应用按钮，此时系统自动将未定义的区域指派到型腔区域中。

Step4. 在“检查区域”对话框中单击确定按钮，完成区域的定义。

Stage2. 创建曲面补片

Step1. 在“注塑模向导”功能选项卡的分型刀具区域中单击“曲面补片”按钮，系统弹出“边补片”对话框。

Step2. 在“边补片”对话框的类型下拉列表中选择体选项，然后在图形区中选择产品实体。

Step3. 单击“边补片”对话框中的确定按钮，系统自动创建曲面补片。

Stage3. 创建型腔/型芯区域和分型线

Step1. 在“注塑模向导”功能选项卡的分型刀具区域中单击“定义区域”按钮，系统弹出“定义区域”对话框。

Step2. 在“定义区域”对话框的设置区域选中☑创建区域和☑创建分型线复选框，单击确定按钮，完成分型线的创建。

Stage4. 创建分型面

Step1. 在“注塑模向导”功能选项卡的分型刀具区域中单击“设计分型面”按钮，系统弹出“设计分型面”对话框。

Step2. 接受系统默认的参数，单击确定按钮，完成分型面的创建，结果如图 15.2.7 所示。

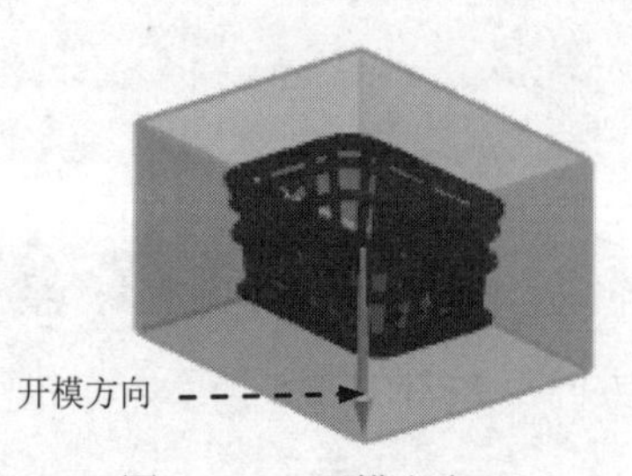

图 15.2.5 开模方向

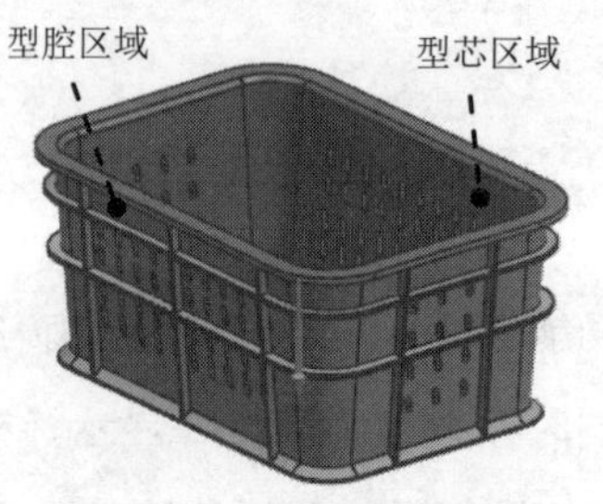

图 15.2.6 设置区域颜色

图 15.2.7 创建分型面

Stage5. 创建型腔和型芯

Step1. 在“注塑模向导”功能选项卡的 分型刀具 区域中单击“定义型腔和型芯”按钮，系统弹出“定义型腔和型芯”对话框。

Step2. 在“定义型腔和型芯”对话框中选取 选择片体 区域下的 所有区域 选项，单击 确定 按钮，系统弹出“查看分型结果”对话框并在图形区显示出创建的型腔，单击“查看分型结果”对话框中的 确定 按钮，系统再一次弹出“查看分型结果”对话框，在“查看分型结果”对话框中单击 确定 按钮，完成型腔和型芯的创建。创建的型腔零件和型芯零件如图 15.2.8 和图 15.2.9 所示。

Task6. 创建滑块

Step1. 选择窗口。选择下拉菜单 窗口(O) → 2. case_mold_cavity_002.prt 命令，系统将在工作区中显示出型腔工作零件。

Step2. 创建基准平面 1。选择下拉菜单 插入(S) → 基准/点(D) → 基准平面(D)... 命令，系统弹出“基准平面”对话框；在 类型 区域的下拉列表中选择 相切 选项，在 子类型 下拉列表中选择 通过点 选项；在绘图区域中选取图 15.2.10 所示的模型表面作为参考面，选取该面上的任意一点作为参考点；单击 < 确定 > 按钮，完成基准平面 1 的创建，结果如图 15.2.11 所示。

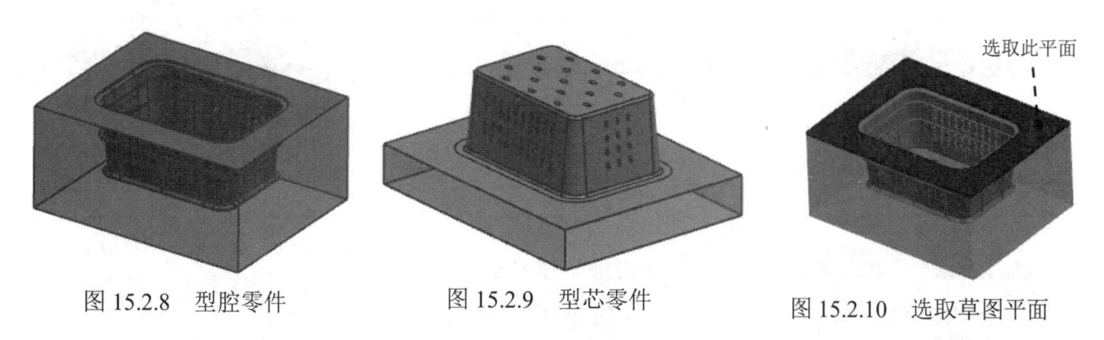

图 15.2.8 型腔零件　　图 15.2.9 型芯零件　　图 15.2.10 选取草图平面

Step3. 创建拉伸特征 1。选择下拉菜单 插入(S) → 设计特征(E) → 拉伸(X)... 命令，系统弹出“拉伸”对话框；选取基准平面 1 为草图平面；绘制图 15.2.12 所示的截面草图，在工作区中单击“完成草图”按钮 完成草图。单击“反向”按钮；在 限制 区域的 开始 下拉列表中选择 值 选项，并在其下的 距离 文本框中输入数值 0；在 限制 区域的 结束 下拉列表中选择 直至延伸部分 选项，选取图 15.2.13 所示的面为拉伸终止平面；在 布尔 区域的下拉列表中选择 无 选项，其他参数采用系统默认设置值；单击 < 确定 > 按钮，完成图 15.2.14 所示的拉伸特征 1 的创建。

Step4. 创建求交特征。选择下拉菜单 插入(S) → 组合(B) → 相交(I)... 命令，此时系统弹出“相交”对话框；选取图 15.2.14 所示的特征为目标体；选取图 15.2.14 所示的特征为工具体，并选中☑ 保存目标复选框，取消选中☐ 保存工具 复选框；单击< 确定 >按钮，完成求交特征的创建。

图 15.2.11　基准平面 1

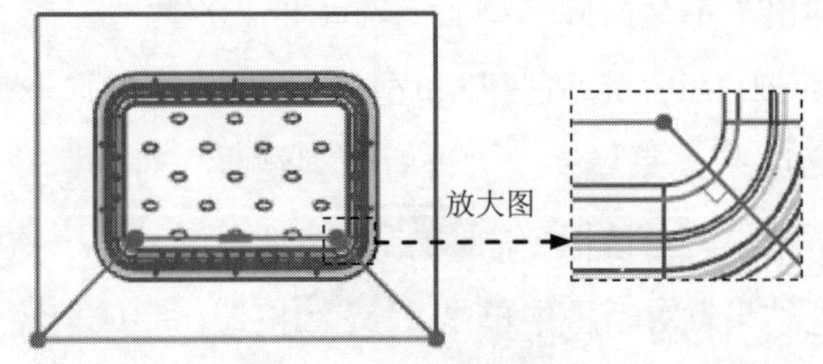

图 15.2.12　截面草图

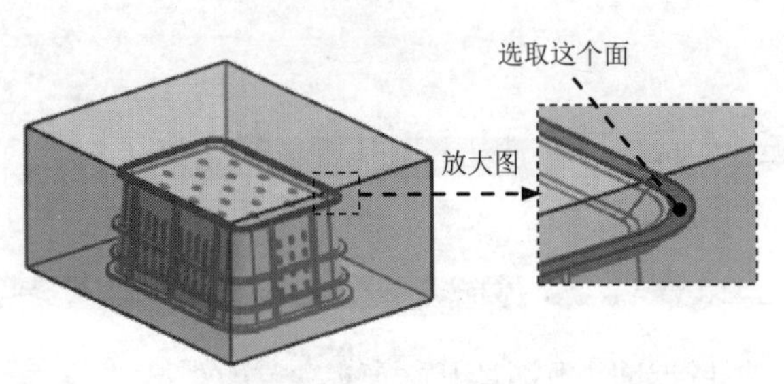

图 15.2.13　拉伸终止面

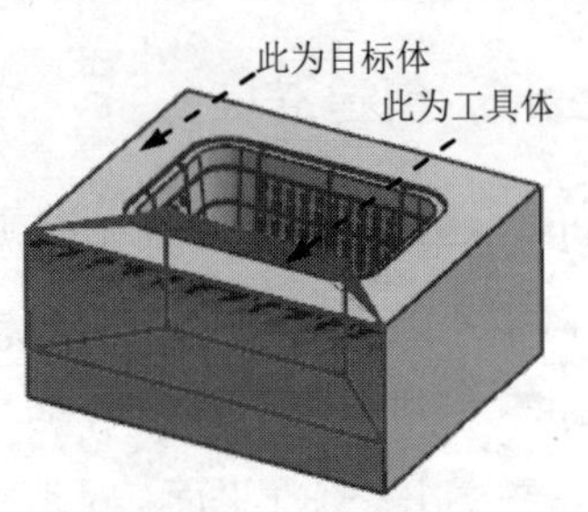

图 15.2.14　拉伸特征 1

Step5. 创建求差特征。选择下拉菜单插入(S) → 组合(B) ▸ → 减去(S)...命令，此时系统弹出“求差”对话框；选取图 15.2.15 所示的特征为目标体；选取图 15.2.15 所示的特征为工具体，并选中☑ 保存工具复选框。单击< 确定 >按钮，完成求差特征的创建。

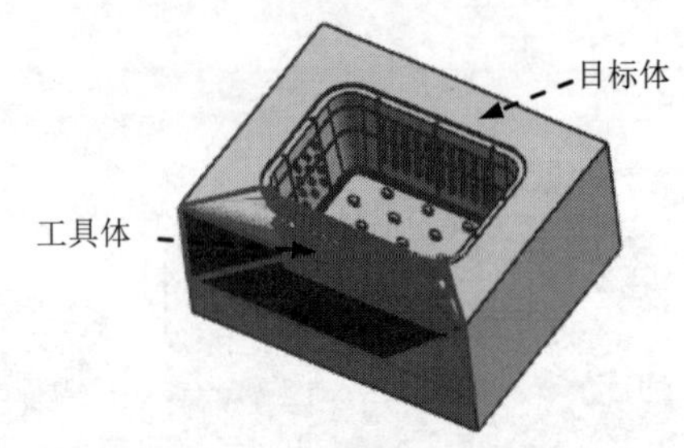

图 15.2.15　定义工具体和目标体

Step6. 将滑块转为型腔子零件 1。

（1）在“装配导航器”对话框中右击☑ case_mold_cavity_002，在系统弹出的菜单中选择WAVE ▸ → 新建层命令，系统弹出“新建层”对话框。

（2）在“新建层”对话框中单击指定部件名按钮，在系统弹出的“选择部件名”对话框的文件名(N):文本框中输入 case_slide01.prt，单击OK按钮。

（3）在“新建层”对话框中单击类选择按钮，选取图 15.2.16 所示的滑块特征，单击确定按钮，系统返回“新建层”对话框。

（4）单击“新建层”对话框中的确定按钮，此时在“装配导航器”对话框中显示出上一步创建的滑块的名字。

Step7. 隐藏求交特征。单击“部件导航器”中的按钮，系统弹出“部件导航器”对话框，在该对话框中选择☑ 相交 (5)选项；选择下拉菜单格式(R) → 移动至图层(M)...命令，系统弹出“图层移动”对话框，在该对话框的目标图层或类别文本框中输入数值 10，单

击 确定 按钮。

Step8. 参照 Step2~ Step7 的步骤创建其余滑块特征，具体操作可参考视频，结果如图 15.2.17 所示。

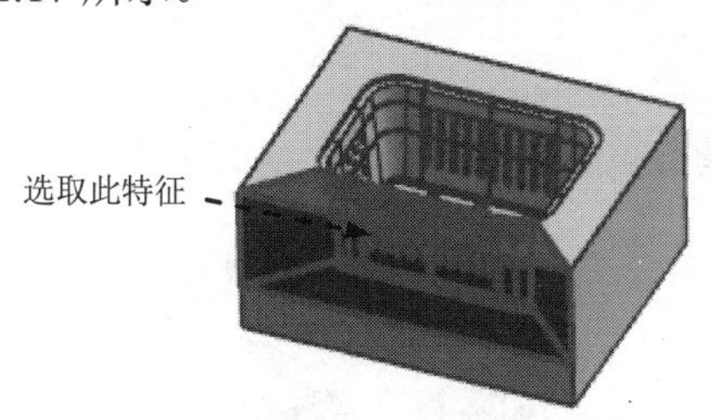

图 15.2.16 型芯子零件 1

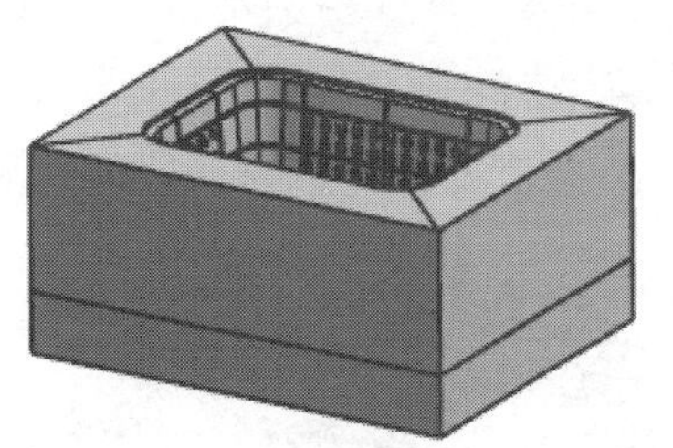

图 15.2.17 创建其余滑块

Task7. 创建模具分解视图

Step1. 切换窗口。选择下拉菜单 窗口(O) → case _mold_top_000.prt 命令，切换到总装配文件窗口，将 ☑ pen_cap_mold_top_000 设为工作部件。

Step2. 移动滑块 1。选择下拉菜单 装配(A) → 爆炸图(X)▸ → 新建爆炸(N)... 命令，系统弹出“新建爆炸”对话框，接受系统默认的名字，单击 确定 按钮；选择下拉菜单 装配(A) → 爆炸图(X)▸ → 编辑爆炸(E)... 命令，系统弹出“编辑爆炸”对话框。选取图 15.2.18 所示的滑块为移动对象；在该对话框中选择 ⊙移动对象 单选项，将滑块沿 Y 轴正方向移动 600mm，单击 确定 按钮，结果如图 15.2.19 所示。

Step3. 移动其余滑块。具体操作可参照上一步，完成结果如图 15.2.20 所示。

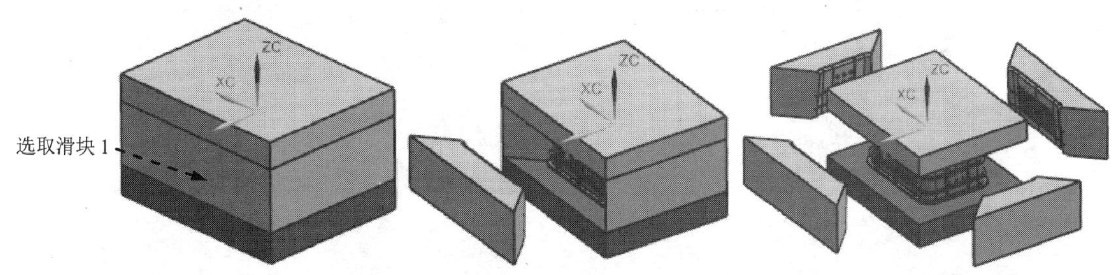

图 15.2.18 选取移动对象　图 15.2.19 移动滑块 1 的结果　图 15.2.20 移动其余滑块的结果

Step4. 移动型腔。选择下拉菜单 装配(A) → 爆炸图(X) → 编辑爆炸(E)... 命令，系统弹出“编辑爆炸”对话框；选取图 15.2.21 所示的型腔为移动对象；在该对话框中选择 ⊙移动对象 单选项，将型腔沿 Z 轴正方向移动 600mm，单击 确定 按钮，结果如图 15.2.22 所示。

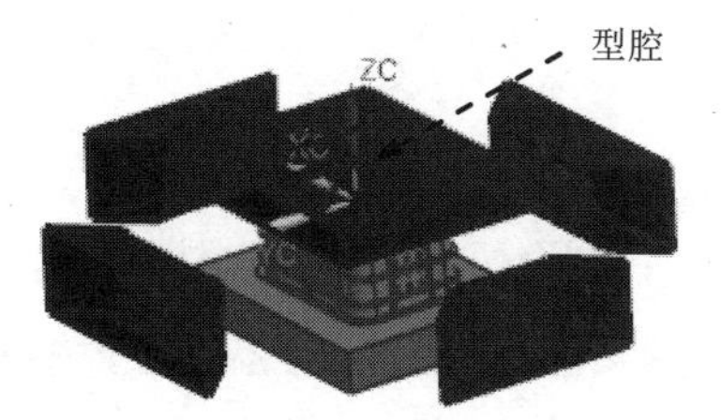

图 15.2.21 选取移动对象

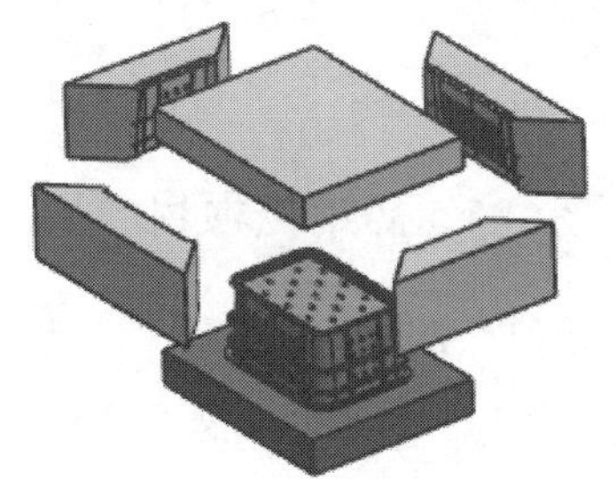

图 15.2.22 移动型腔的结果

Step5. 移动型芯。选择下拉菜单 装配(A) → 爆炸图(X) → 编辑爆炸(E)... 命令，系统弹出“编辑爆炸”对话框；选取图 15.2.23 所示的型芯为移动对象；在该对话框中选择 ⊙移动对象 单选项，将型芯沿 Z 轴负方向移动 550mm，单击 确定 按钮，结果如图 15.2.24 所示。

Step6. 保存文件。选择下拉菜单 文件(F) → 全部保存(V) 命令，保存所有文件。

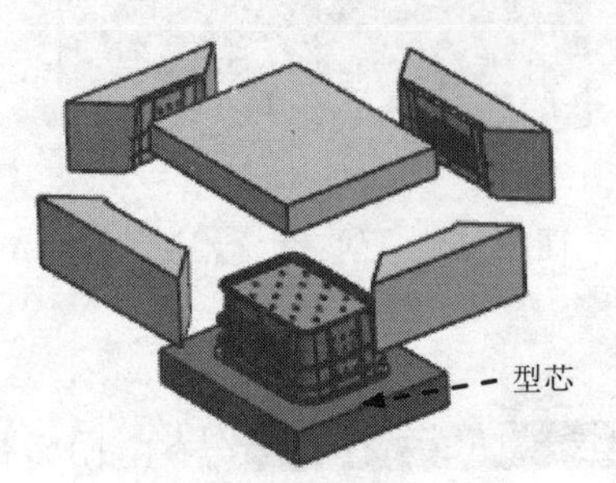

图 15.2.23 选取移动对象

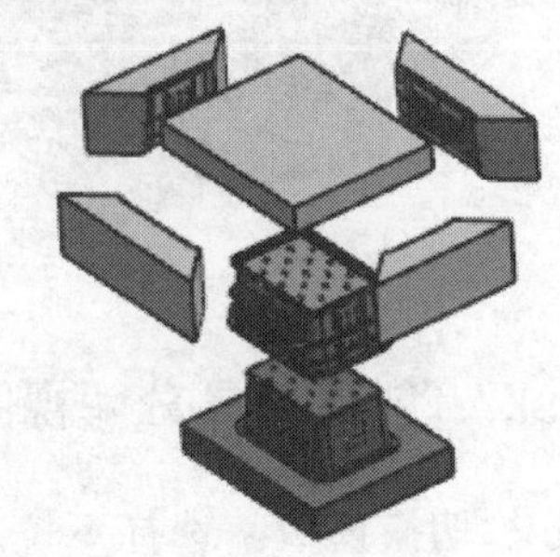

图 15.2.24 移动型芯的结果

15.3 带滑块的模具设计（三）

本实例将介绍图 15.3.1 所示的一款电热壶主体的模具设计，其中包括滑块的设计和上、下模具的设计。通过对本实例的学习，读者能够熟练掌握带滑块模具的设计方法和技巧。下面介绍该模具的详细设计过程。

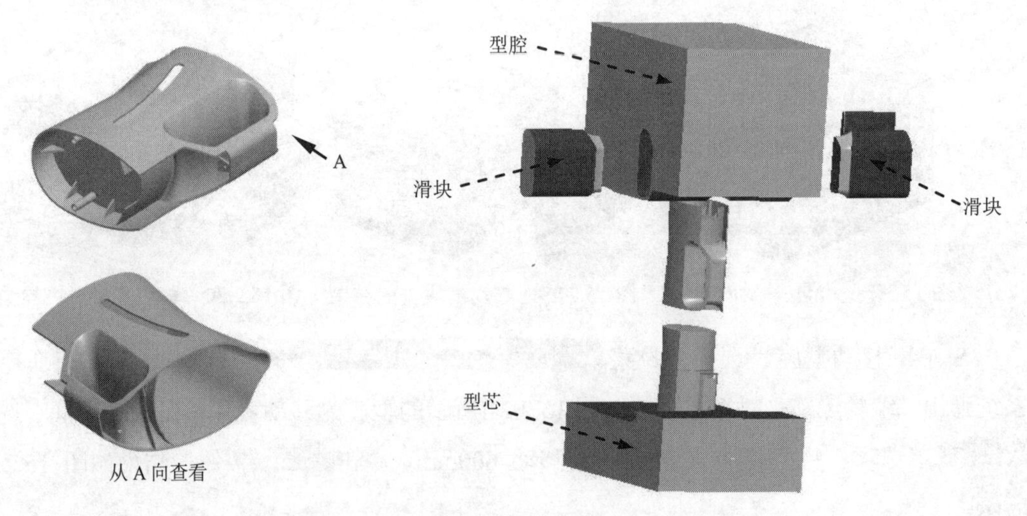

图 15.3.1 电热壶主体的模具设计

Task1. 初始化项目

Step1. 加载模型。在“注塑模向导”功能选项卡中单击“初始化项目”按钮，系统弹出“打开”对话框，选择文件 D:\ug12mo\work\ch15.03\body.prt，单击 OK 按钮，加

载模型，系统弹出“初始化项目”对话框。

Step2. 定义项目单位。在“初始化项目”对话框设置区域的项目单位下拉菜单中选择毫米选项。

Step3. 设置项目路径和名称。接受系统默认的项目路径，在“初始化项目”对话框的Name文本框中输入“body_mold”。

Step4. 其他为系统默认的设置，单击确定按钮。

Task2. 模具坐标系

Step1. 旋转工作坐标系。选择下拉菜单格式(R) → WCS → 旋转(R)... 命令。在系统弹出的对话框中选中 +XC 轴：YC --> ZC，在角度文本框中输入值 180，单击确定按钮，完成工作坐标系的旋转。

Step2. 选择命令。在“注塑模向导”功能选项卡的主要区域中单击“模具坐标系”按钮，系统弹出“模具坐标系”对话框，选中 当前 WCS 单选项。单击确定按钮，完成坐标系的定义。如图 15.3.2 所示。

Task3. 设置收缩率

Step1. 定义收缩率。在“注塑模向导”功能选项卡的主要区域中单击“收缩”按钮，产品模型会高亮显示，同时系统弹出“缩放体”对话框；在“缩放体”对话框的类型下拉列表中选择均匀选项。

Step2. 定义缩放体和缩放点。接受系统默认的参数设置值。

Step3. 定义比例因子。在“缩放体”对话框比例因子区域的均匀文本框中输入收缩率值 1.006。

Step4. 单击确定按钮，完成收缩率的设置。

Task4. 创建模具工件

Step1. 在“注塑模向导”功能选项卡的主要区域中单击“工件”按钮，系统弹出“工件”对话框。

Step2. 在“工件”对话框的类型下拉菜单中选择产品工件选项，在工件方法的下拉菜单中选择用户定义的块选项，单击定义工件区域的“绘制截面”按钮，系统进入草图环境，截面草图如图 15.3.3 所示。

Step3. 修改尺寸。在“工件”对话框限制区域的开始和结束下的距离文本框中分别输入值-340 和 60；单击< 确定 >按钮，完成创建后的模具工件如图 15.3.4 所示。

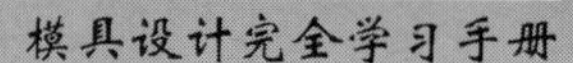

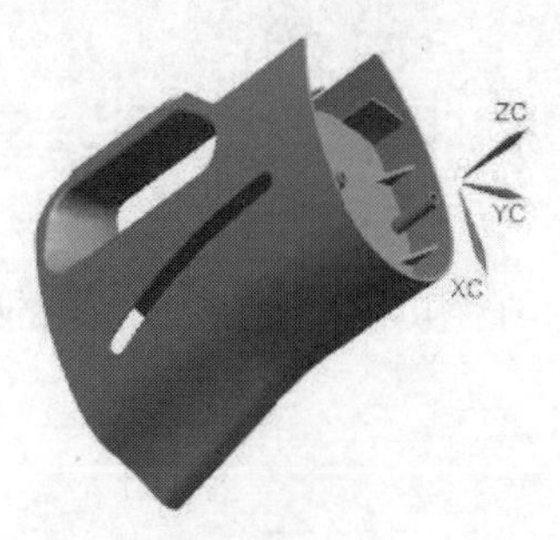

图 15.3.2 旋转后的模具坐标系

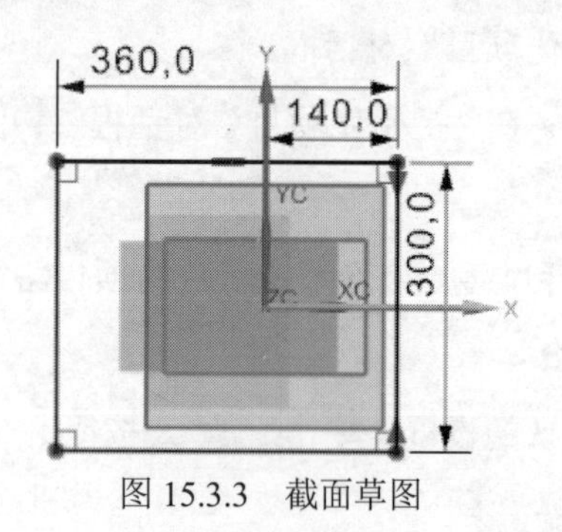

图 15.3.3 截面草图

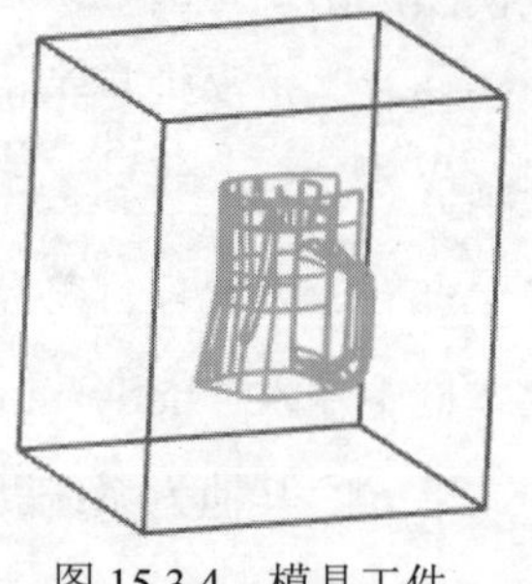
图 15.3.4 模具工件

Task5. 创建拆分面

Step1. 选择下拉菜单 窗口(O) → body_mold_parting_047.prt，系统将在工作区中显示出零件。

说明：若零件在窗口中显示不完整或较小，可通过 Ctrl+F 快捷键重新生成进行调整。

Step2. 进入建模环境。在 应用模块 功能选项卡的 设计 区域单击 建模 按钮，进入到建模环境。

说明：如果此时系统已经处在建模环境下，用户则不需要进行此步操作。

Step3. 创建相交曲线。选择下拉菜单 插入(S) → 派生曲线(U) → 相交(I)... 命令，在 第一组 区域中选择 指定平面，选择图 15.3.5 所示的平面为指定平面；在 第二组 区域单击“选择面”按钮，选择图 15.3.6 所示的面；单击 确定 按钮，完成相交曲线的创建。

Step4. 创建拆分面。

（1）选择命令。在“注塑模向导”功能选项卡的 注塑模工具 区域中单击“拆分面”按钮，系统弹出“拆分面”对话框。

（2）定义类型。在 类型 下拉菜单中选择 曲线/边 选项。

（3）定义要分割的面。在 要分割的面 区域单击“选择面”按钮。选取图 15.3.7 所示的三个面为要分割的面。

（4）在“拆分面”对话框的 分割对象 区域单击按钮，选取图 15.3.8 所示的轮廓线为拆分线参照。

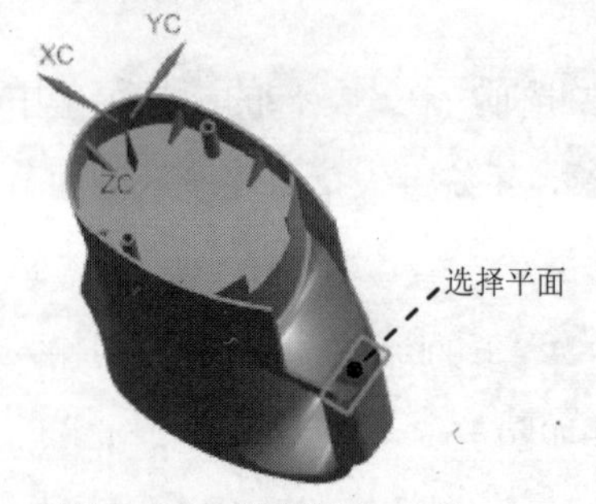

图 15.3.5 选择指定平面

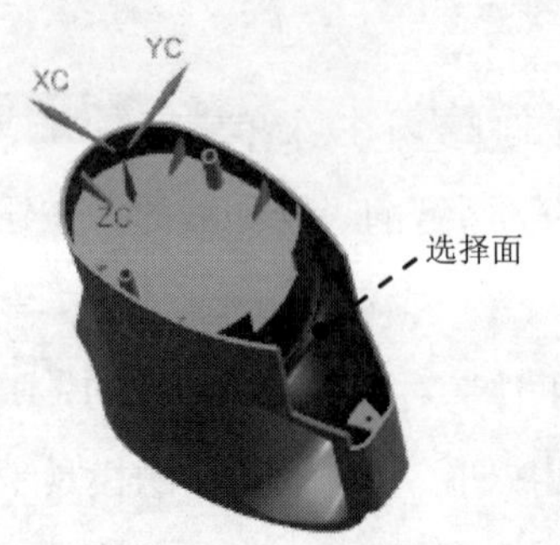

图 15.3.6 选择面

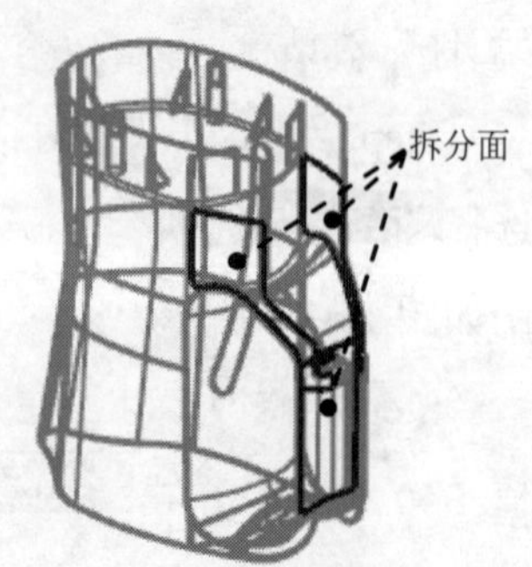

图 15.3.7 定义拆分面

（5）在“拆分面”对话框中单击< 确定 >按钮，完成拆分面的创建。

Task6. 模具分型

Stage1. 设计区域

Step1. 在“注塑模向导”功能选项卡的 分型刀具 区域中单击“检查区域”按钮，系统弹出图 15.3.9 所示的“检查区域”对话框，同时模型被加亮，并显示开模方向，如图 15.3.10 所示。单击“计算”按钮，系统开始对产品模型进行分析计算。

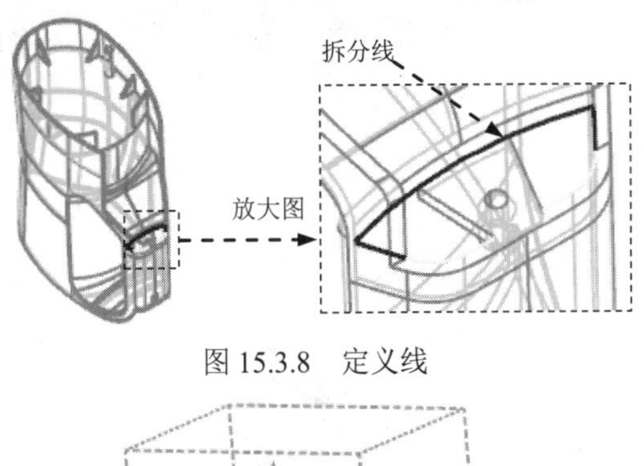

图 15.3.8 定义线

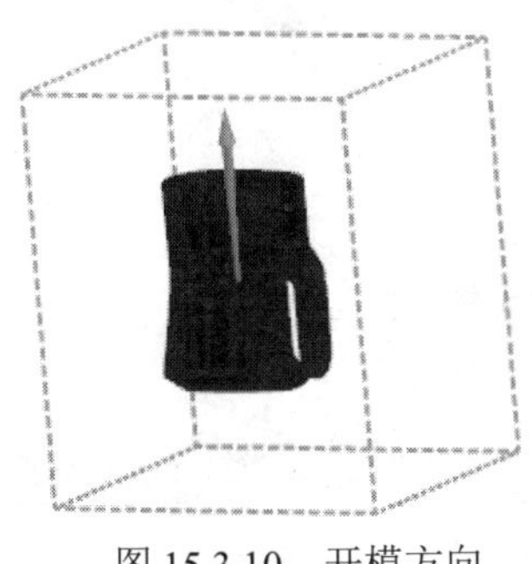

图 15.3.10 开模方向

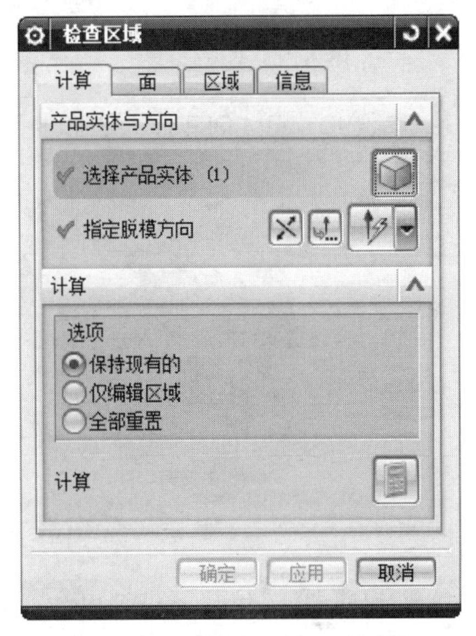

图 15.3.9 “检查区域”对话框

Step2. 设置区域颜色。在“检查区域”对话框中单击 区域 选项卡，单击“设置区域颜色”按钮，设置各区域颜色。

Step3. 定义型芯区域和型腔区域（可参考视频定义），结果如图 15.3.11 所示。

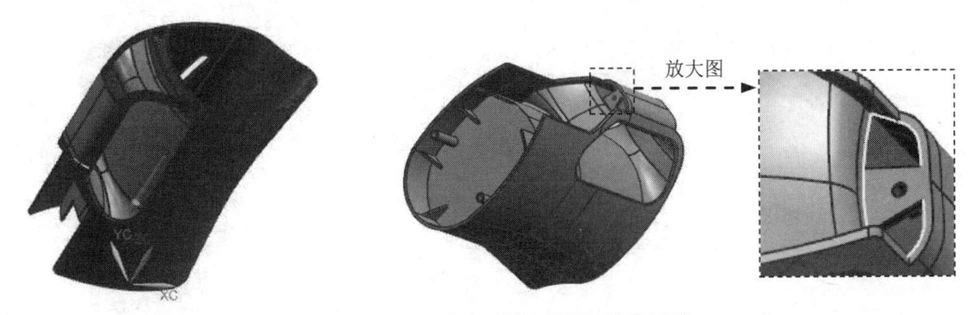

图 15.3.11 定义型芯区域和型腔区域

Step4. 创建曲面补片。

（1）在“注塑模向导”功能选项卡的 分型刀具 区域中单击“曲面补片”按钮，系统弹出“边补片”对话框。

（2）选择修补对象。在“边补片”对话框的类型下拉列表中选择遍历选项，选择图 15.3.12 所示的边线，然后单击应用按钮。创建图 15.3.13 所示的曲面 1。

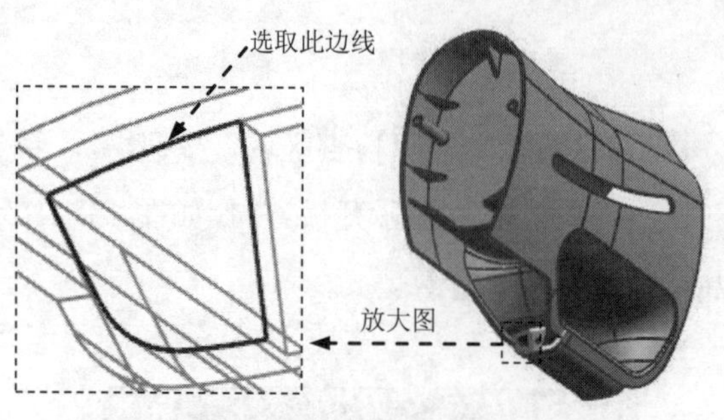

图 15.3.12　选取边线

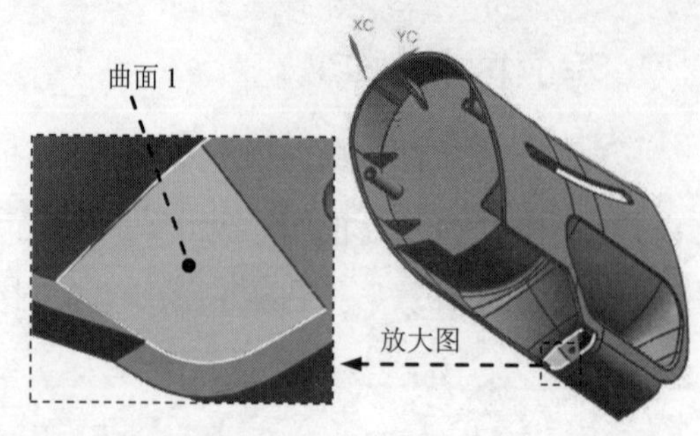

图 15.3.13　曲面 1

（3）参照上一步，创建曲面 2 和曲面 3，结果如图 15.3.14 所示。

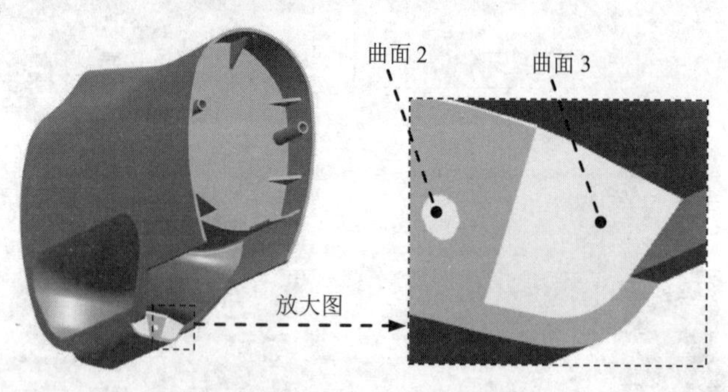

图 15.3.14　曲面 2 和曲面 3

（4）创建曲面 4。选择下拉菜单插入(S) → 网格曲面(M) → N 边曲面(N)...命令，系统弹出“N 边曲面”对话框。在类型区域下选择已修剪选项，在图形区选取图 15.3.15 所示的曲线为边界曲线。在UV 方位下拉列表中选择面积选项，在设置区域选中☑ 修剪到边界复选框。在“N 边曲面”对话框中单击< 确定 >按钮，结果如图 15.3.16 所示，完成曲面 4 创建。

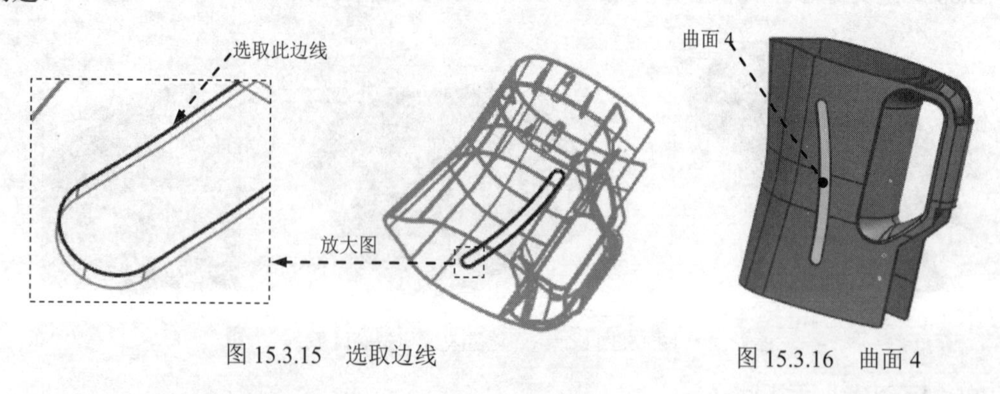

图 15.3.15　选取边线　　图 15.3.16　曲面 4

Stage2. 创建分型线

Step1. 在“注塑模向导”功能选项卡的分型刀具区域中单击“定义区域”按钮，系

统弹出“定义区域”对话框。

Step2. 在“定义区域”对话框的 设置 区域选中 ☑ 创建区域 和 ☑ 创建分型线 复选框，单击 确定 按钮，完成分型线的创建，系统返回到“模具分型工具”工具条，创建分型线结果如图 15.3.17 所示。

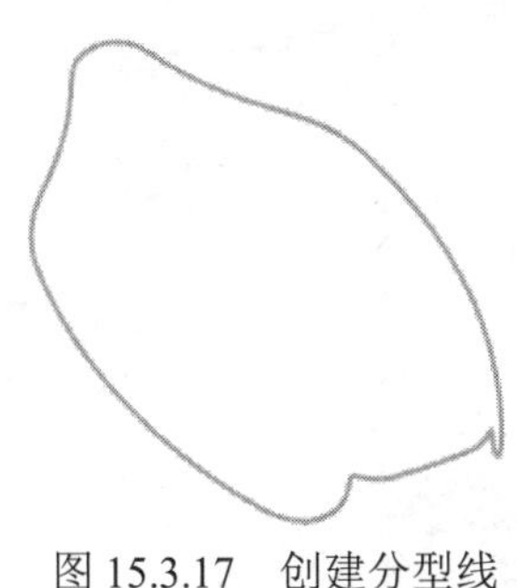

图 15.3.17 创建分型线

Stage3. 创建分型面

Step1. 在“注塑模向导”功能选项卡的 分型刀具 区域中单击“设计分型面”按钮，系统弹出“设计分型面”对话框。

Step2. 在“设计分型面”对话框的 编辑分型段 区域中单击“编辑引导线”按钮，此时系统弹出“引导线”对话框。

Step3. 定义引导线的长度。在“引导线”对话框的 引导线长度 文本框中输入值 100，然后按 Enter 键确认。

Step4. 创建引导线。选取图 15.3.18 所示的四条边线，然后单击 确定 按钮，完成引导线的创建，结果如图 15.3.19 所示，系统返回至“设计分型面”对话框。

Step5. 拉伸分型面 1。在“设计分型面”对话框中选中 段 1，在 创建分型面 区域的 方法 中选择选项，在 ✔ 拉伸方向 区域的下拉列表中选择 -XC 选项，延伸距离值设置为 300，在“设计分型面”对话框中单击 应用 按钮，系统返回至“设计分型面”对话框；结果如图 15.3.20 所示。

Step6. 拉伸分型面 2。在“设计分型面”对话框 创建分型面 区域的 方法 中选择选项，在 ✔ 拉伸方向 区域的下拉列表中选择 YC 选项，在“设计分型面”对话框中单击 应用 按钮，系统返回至“设计分型面”对话框；完成图 15.3.21 所示拉伸分型面 2 的创建。

Step7. 拉伸分型面 3。在“设计分型面”对话框 创建分型面 区域的 方法 中选择选项，在 ✔ 拉伸方向 区域的下拉列表中选择 XC 选项，在“设计分型面”对话框中单击 应用 按钮，系统返回至“设计分型面”对话框；完成图 15.3.22 所示拉伸分型面 3 的创建。

Step8. 拉伸分型面 4。在“设计分型面”对话框 创建分型面 区域的 方法 中选择选项，在 ✔ 拉伸方向 区域的下拉列表中选择 -YC 选项，在“设计分型面”对话框中单击 应用 按钮，系统返回至“设计分型面”对话框；完成图 15.3.23 所示拉伸分型面 4 的创建。

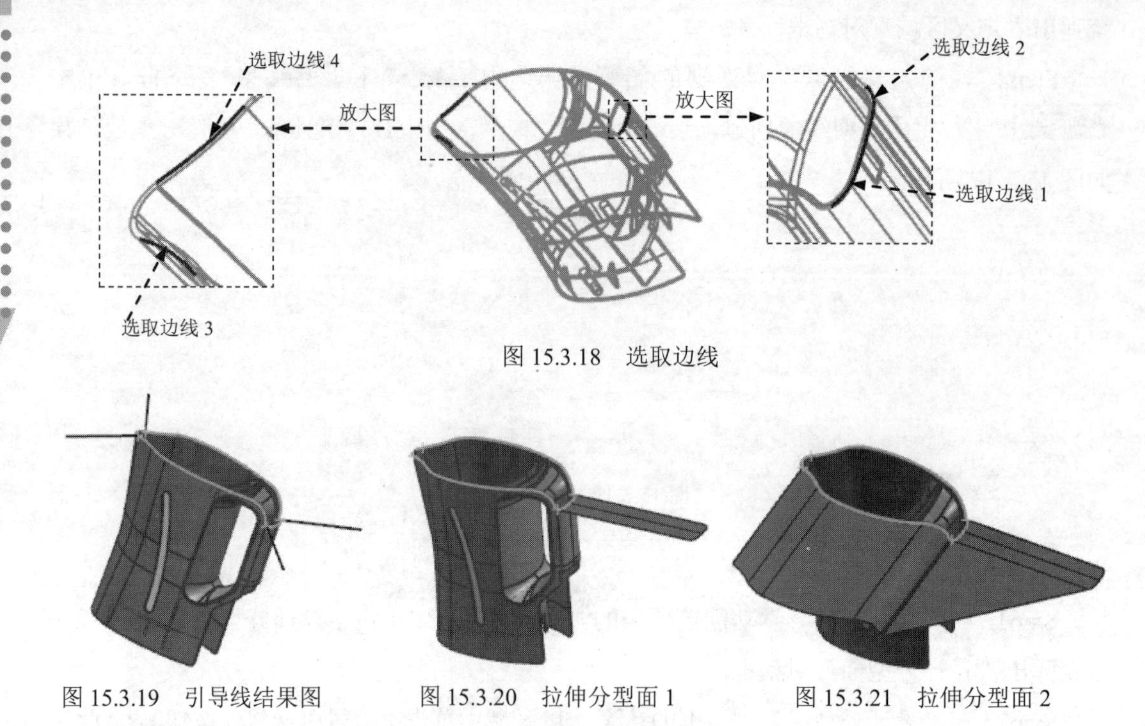

图 15.3.18　选取边线

图 15.3.19　引导线结果图

图 15.3.20　拉伸分型面 1

图 15.3.21　拉伸分型面 2

Step9. 在“注塑模向导”功能选项卡的 注塑模工具 区域中单击“编辑分型面和曲面补片”按钮，系统弹出“编辑分型面和曲面补片”对话框，选择图 15.3.16 所示的曲面 4（前面创建的 N 边曲面）；单击 确定 按钮，完成曲面的转化。

Stage4. 创建型腔和型芯

Step1. 在“注塑模向导”功能选项卡的 分型刀具 区域中单击“定义型腔和型芯”按钮，系统弹出“定义型腔和型芯”对话框。

Step2. 创建型腔零件。在“定义型腔和型芯”对话框中选中 选择片体 区域下的 型腔区域 选项，此时系统自动加亮选中的型腔片体。其他参数接受系统默认设置，单击 应用 按钮；此时系统弹出“查看分型结果”对话框，接受系统默认的方向；单击 确定 按钮，系统返回至“定义型腔和型芯”对话框，完成型腔零件的创建，如图 15.3.24 所示。

Step3. 创建型芯。在“定义型腔和型芯”对话框中选中 选择片体 区域下的 型芯区域 选项，此时系统自动加亮选中的型芯片体。其他参数接受系统默认设置，单击 应用 按钮；此时系统弹出“查看分型结果”对话框，接受系统默认的方向；单击 确定 按钮，系统返回至“定义型腔和型芯”对话框，完成型芯零件的创建，如图 15.3.25 所示。

Step4. 在“定义型腔和型芯”对话框中单击 取消 按钮，完成型腔和型芯零件的创建。

Task7. 创建滑块

Step1. 切换窗口。选择下拉菜单 窗口(O) → body_mold_cavity_002.prt 命令，显示型腔零件。

图 15.3.22 拉伸分型面 3

图 15.3.23 拉伸分型面 4

图 15.3.24 型腔零件

Step2. 创建拉伸特征 1。选择下拉菜单 插入(S) → 设计特征(E) → 拉伸(X)... 命令，系统弹出“拉伸”对话框；选取 XZ 基准平面为草图平面，绘制图 15.3.26 所示的草图；在下拉列表中选择 YC 选项，在“拉伸”对话框 限制 区域的 开始 下拉列表中选择 值 选项，并在其下的 距离 文本框中输入值 0；在 限制 区域的 结束 下拉列表中选择 直至延伸部分 选项，选取图 15.3.27 所示的面为延伸对象；在 布尔 区域的 布尔 下拉列表中选择 无。其他参数采用系统默认设置；在“拉伸”对话框中单击 <确定> 按钮，完成拉伸特征 1 的创建。

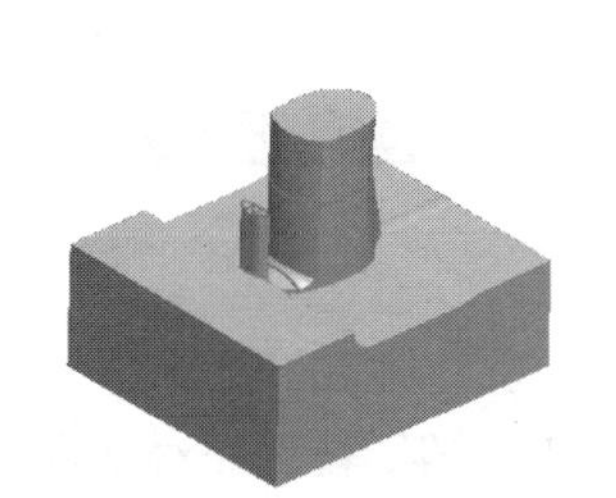

图 15.3.25 型芯零件

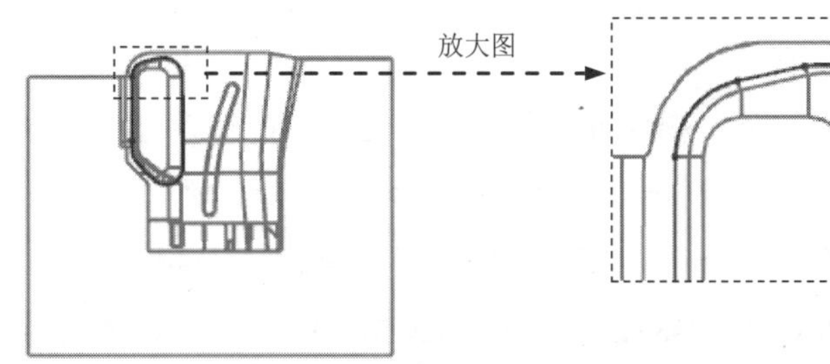

图 15.3.26 截面草图

Step3. 创建求交特征。选择下拉菜单 插入(S) → 组合(B) → 相交(I)... 命令，此时系统弹出“相交”对话框；选取实体特征为目标体；选取拉伸特征 1 为工具体；在 设置 区域中选中 ☑ 保存目标 复选框，单击 <确定> 按钮，完成求交特征的创建。

Step4. 创建求差特征。选择下拉菜单 插入(S) → 组合(B) → 减去(S)... 命令，此时系统弹出“求差”对话框；选取图 15.3.28 所示的特征为目标体；选取图 15.3.28 所示的特征为工具体；在 设置 区域中选中 ☑ 保存工具 复选框，单击 <确定> 按钮，完成求差特征的创建。

Step5. 将滑块转为型腔子零件。

（1）选择命令。单击装配导航器中的按钮，系统弹出“装配导航器”对话框，在对话框中右击空白处，然后在系统弹出的快捷菜单中选择 WAVE 模式 选项。

（2）在“装配导航器”对话框中右击 ☑ body_mold_cavity_002，在系统弹出的快捷菜单中选择 WAVE → 新建层 命令，系统弹出“新建层”对话框。

（3）在“新建层”对话框中单击 指定部件名 按钮，在系统弹出的“选择部件名”对话框的文件名(N):文本框中输入“body_slide01.prt”，单击OK按钮。

（4）在“新建层”对话框中单击类选择按钮，选择图15.3.29所示的滑块特征，单击确定按钮，系统返回“新建层”对话框。

（5）单击“新建层”对话框中的确定按钮，此时在“装配导航器”对话框中显示出刚创建的滑块的名字。

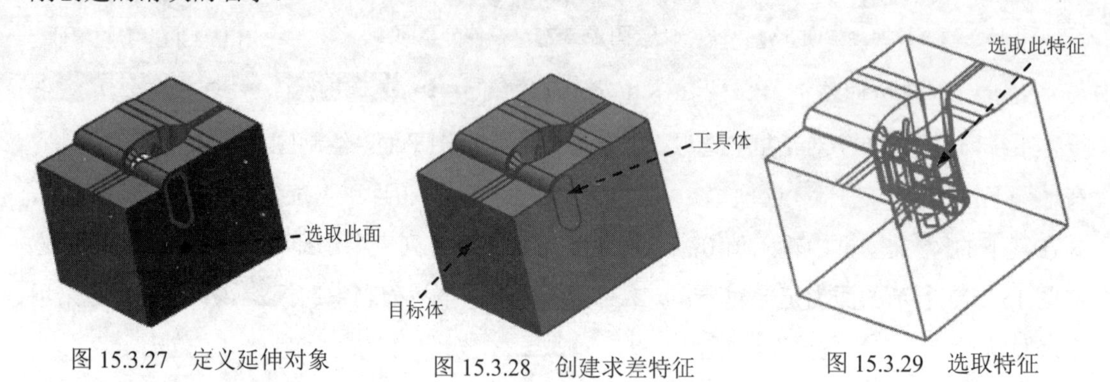

图 15.3.27 定义延伸对象　　图 15.3.28 创建求差特征　　图 15.3.29 选取特征

Step6. 移动至图层。

（1）单击“装配导航器”中的选项卡，在该选项卡中取消选中body_slide01部件。

（2）移动至图层。选取图 15.3.29 所示的滑块特征；选择下拉菜单格式(R) ➡ 移动至图层(M)...命令，系统弹出“图层移动”对话框。

（3）在目标图层或类别文本框中输入值 10，单击确定按钮，退出“图层设置”对话框。

（4）单击装配导航器中的选项卡，在该选项卡中选择body_slide01部件(隐藏型腔)。

Step7. 创建拉伸特征 2。

（1）选择命令。选择下拉菜单插入(S) ➡ 设计特征(E) ➡ 拉伸(X)...命令，系统弹出“拉伸”对话框。

（2）单击对话框中的“绘制截面”按钮，系统弹出“创建草图”对话框；选取 YC 基准平面为草图平面，单击确定按钮；绘制图 15.3.30 所示的草图（曲线偏置方向为外侧）单击完成草图按钮，退出草图环境。

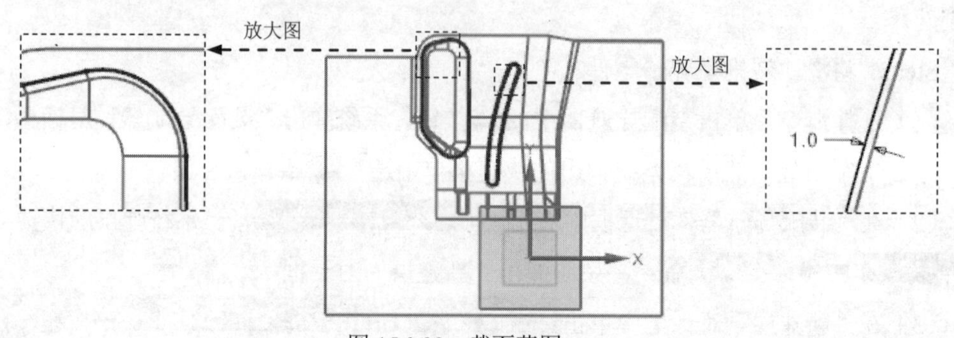

图 15.3.30 截面草图

（3）确定拉伸开始值和终点值。在下拉列表中选择-YC选项，在“拉伸”对话框限制区域的开始下拉列表中选择值选项，并在其下的距离文本框中输入值 0；在限制区域的结束下拉列表中选择直至延伸部分选项，选取图 15.3.31 所示的面为延伸对象；在布尔区域的布尔下拉列表中选择无。其他参数采用系统默认设置。

Step8. 创建求交特征。选择下拉菜单插入(S) → 组合(B) → 相交(I)...命令，此时系统弹出“相交”对话框；选取图 15.3.32 所示的特征为目标体；选取图 15.3.32 所示的特征为工具体；在设置区域中选中☑保存目标复选框，单击< 确定 >按钮，完成求交特征的创建。

Step9. 创建求差特征。选择下拉菜单插入(S) → 组合(B) → 减去(S)...命令，此时系统弹出“求差”对话框；选取图 15.3.32 所示的特征为目标体；选取图 15.3.32 所示的特征为工具体；在设置区域中选中☑保存工具复选框，单击< 确定 >按钮，完成求差特征的创建。

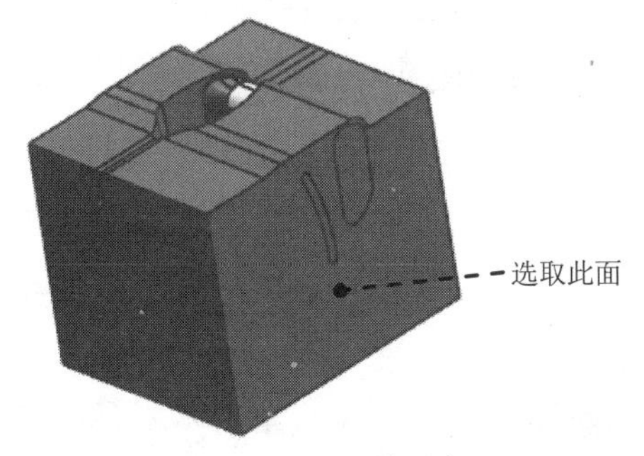

图 15.3.31 定义延伸对象

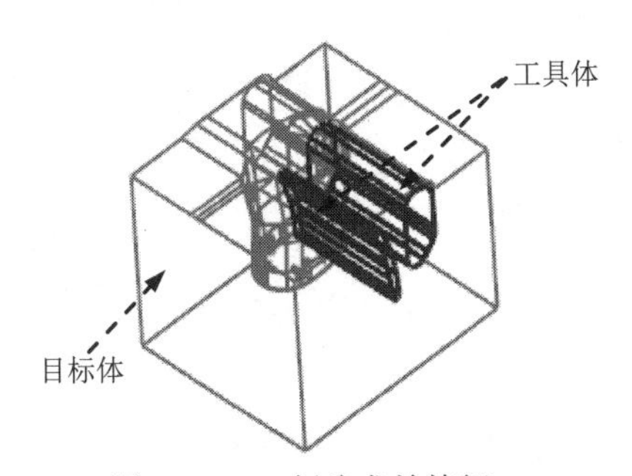

图 15.3.32 创建求差特征

Step10. 将滑块转为型腔子零件。

（1）选择命令。单击装配导航器中的按钮，系统弹出“装配导航器”对话框，在对话框中右击空白处，然后在系统弹出的快捷菜单中选择WAVE 模式选项。

（2）在“装配导航器”对话框中右击☑body_mold_cavity_002，在系统弹出的快捷菜单中选择WAVE → 新建层命令，系统弹出“新建层”对话框。

（3）在“新建层”对话框中单击指定部件名按钮，在系统弹出的“选择部件名”对话框的文件名(N):文本框中输入“body_slide02.prt”，单击OK按钮。

（4）在“新建层”对话框中单击类选择按钮，选择图 15.3.33 所示的滑块特征，单击确定按钮，系统返回“新建层”对话框。

（5）单击“新建层”对话框中的确定按钮，此时在“装配导航器”对话框中显示出刚创建的滑块的名字。

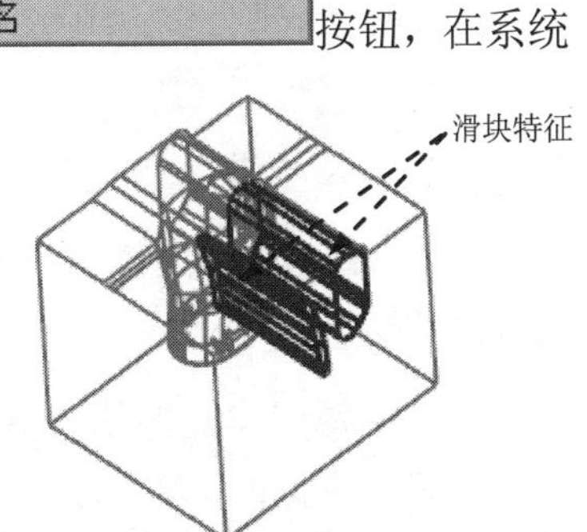

图 15.3.33 移动图层

Step11. 移动至图层。

（1）单击“装配导航器”中的选项卡，在该选项卡中取消选中☑body_slide02部件。

（2）移动至图层。选取图 15.3.33 所示的滑块特征；选择下拉菜单格式(R) ➡ 移动至图层(M)...命令，系统弹出“图层移动”对话框。

（3）在目标图层或类别文本框中输入值 10，单击确定按钮，退出“图层设置”对话框。

（4）单击装配导航器中的选项卡，在该选项卡中选择☑body_slide02部件(隐藏型腔)。

Task8. 创建模具爆炸视图

Step1. 移动滑块。

（1）选择下拉菜单窗口(O) ➡ body_mold_top_000.prt命令，在装配导航器中将部件转换成工作部件，将☑body_mold_top_000 设为工作部件。

（2）选择命令。选择下拉菜单装配(A) ➡ 爆炸图(X)▸ ➡ 新建爆炸(N)...命令，系统弹出“新建爆炸”对话框，接受系统默认的名字，单击确定按钮。

（3）选择命令。选择下拉菜单装配(A) ➡ 爆炸图(X)▸ ➡ 编辑爆炸(E)...命令，系统弹出“编辑爆炸”对话框。

（4）选择对象。选取图 15.3.34 所示的滑块零件。

（5）在该对话框中选择⊙移动对象单选项，单击图 15.3.35 所示的箭头，对话框下部区域被激活。

（6）在距离文本框中输入值-250，单击确定按钮，完成滑块的移动（图 15.3.36）。

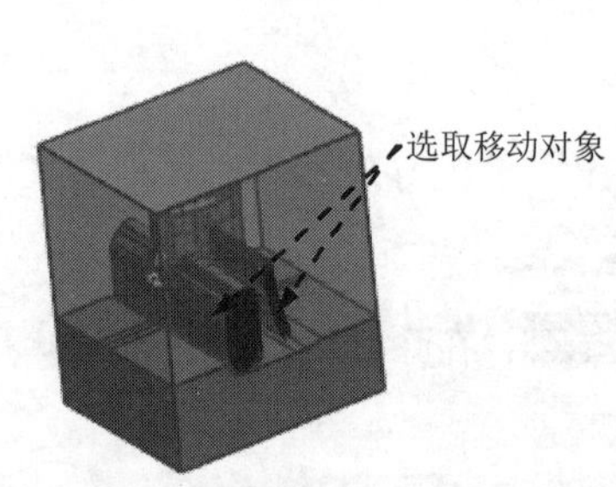

图 15.3.34 选择对象

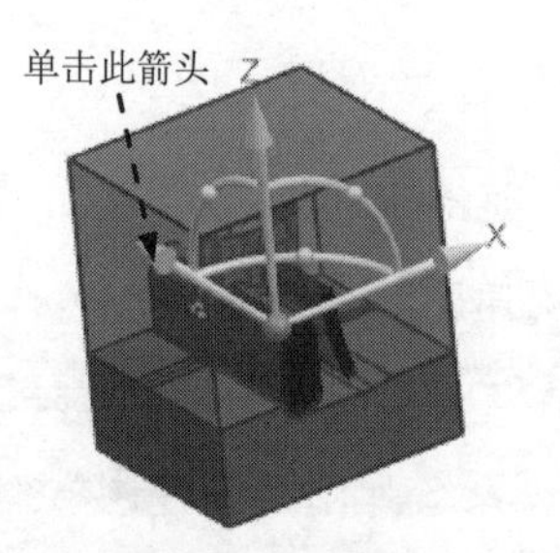

图 15.3.35 定义移动方向

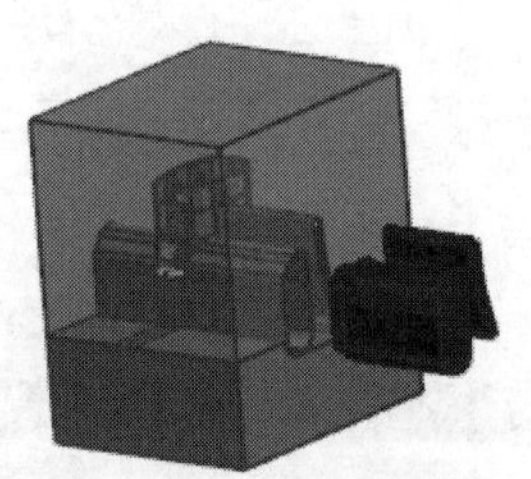

图 15.3.36 移动滑块后

Step2. 移动另一侧滑块。选择下拉菜单装配(A) ➡ 爆炸图(X)▸ ➡ 编辑爆炸(E)...命令；参照 Step1 中步骤（4）～（6）将另一侧滑块沿 Y 轴正方向移动 250mm，结果如图 15.3.37 所示。

Step3. 移动型腔模型。选择下拉菜单装配(A) ➡ 爆炸图(X)▸ ➡ 编辑爆炸(E)...命令；参照 Step1 中步骤（4）～（6）将型腔零件沿 Z 轴正向移动 300mm，结果如图 15.3.38 所示。

说明：因为滑块属于型腔的子零件，所以在选取型腔时，系统自动将滑块也选中。

Step4. 移动型芯模型。选择下拉菜单装配(A) ➡ 爆炸图(X)▸ ➡ 编辑爆炸(E)... 命令；参照 Step1 中步骤（4）～（6）将型芯零件沿 Z 轴正向移动-200mm，结果如图 15.3.39 所示。

Step5. 保存文件。选择下拉菜单文件(F) ➡ 全部保存(V)，保存所有文件。

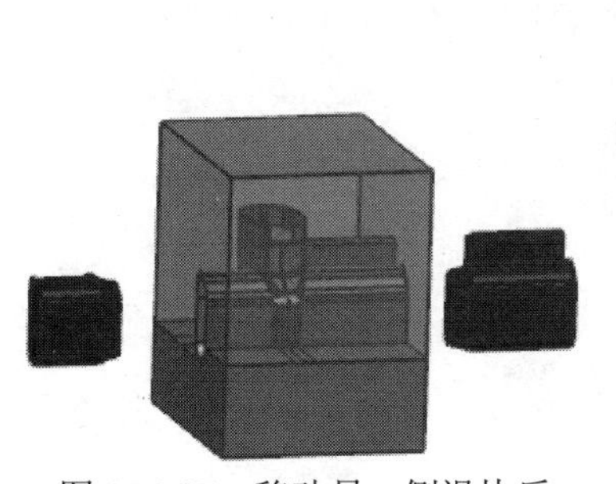

图 15.3.37　移动另一侧滑块后

图 15.3.38　移动型腔后

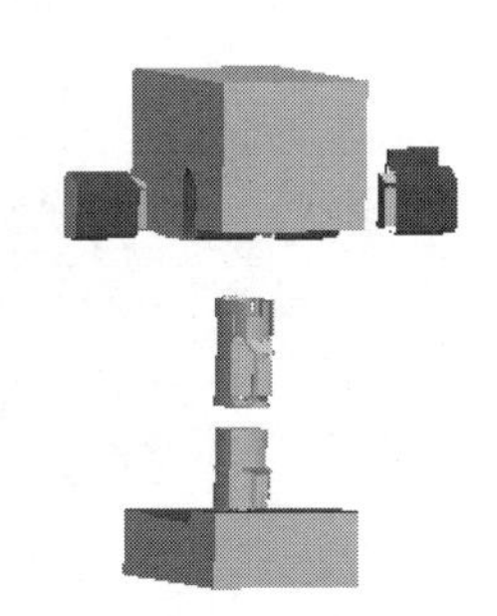

图 15.3.39　移动型芯后

15.4　带镶件的模具设计（一）

图 15.4.1 所示为一个鼠标按键的模型。在设计该模具的过程中，由于产品模型中含有较多的复杂破孔，在设计分型面时，运用了桥接曲线、通过曲线网格和 N 边曲面等工具进行曲面补片。读者在学习时，要注意这些曲面创建工具在设计分型面时的应用。

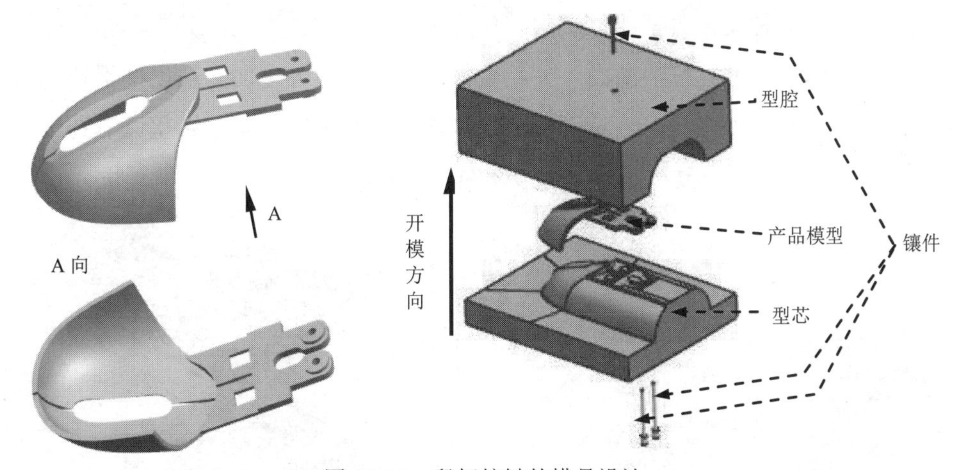

图 15.4.1　鼠标按键的模具设计

说明：详细操作过程请参见学习资源中 video\ch15.04\文件夹下的语音视频讲解文件。

15.5　带镶件的模具设计（二）

本实例通过打火机上座的模具设计来介绍镶件在模具设计中的应用，模型文件如图

15.5.1 所示。

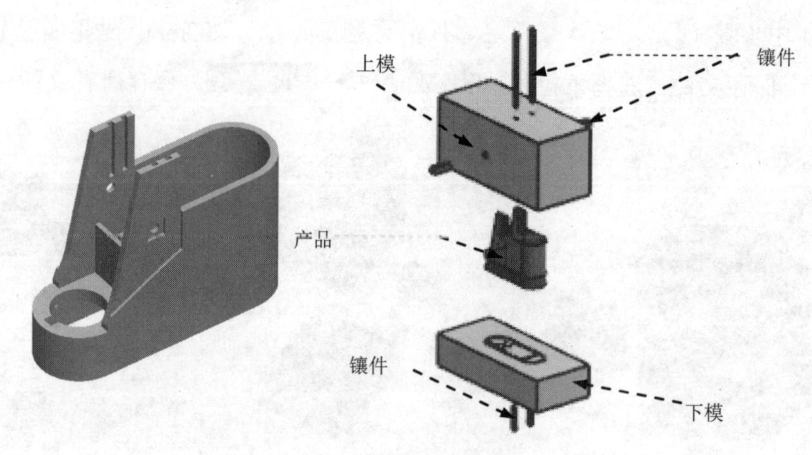

图 15.5.1　打火机上座的模具设计

说明：详细操作过程请参见学习资源中 video\ch15.05\文件夹下的语音视频讲解文件。

15.6　带滑块与镶件的模具设计

本实例将介绍鼠标下盖的模具设计过程（图 15.6.1）。该模具带有镶件和滑块，在创建分型面时采用了一种比较典型的方法：首先，创建产品的分型线；其次，指定分型线中的引导线区域；最后，创建拉伸曲面，并结合曲面补片创建分型面。在创建滑块和镶件时用到了求交、求和及求差方法，这是创建滑块和镶件最常见的方法。希望读者通过对本实例的学习，能够掌握这种创建分型面、滑块和镶件的方法。

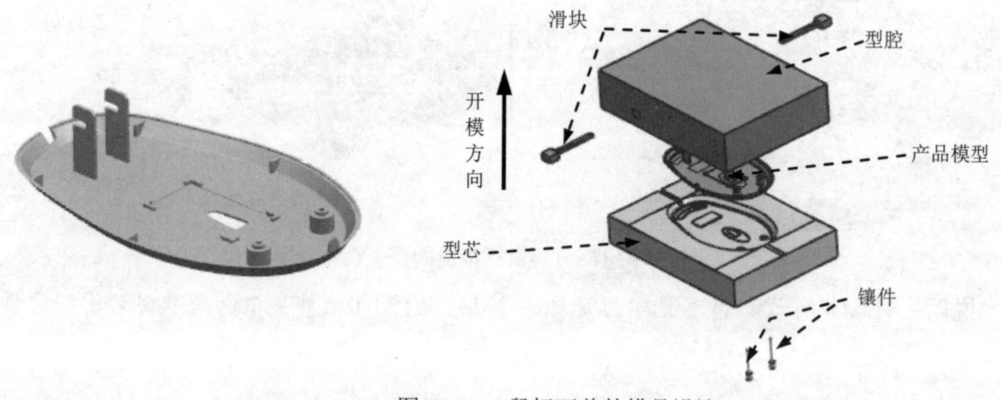

图 15.6.1　鼠标下盖的模具设计

说明：详细操作过程请参见学习资源中 video\ch15.06\文件夹下的语音视频讲解文件。

15.7 含有复杂破孔的模具设计

图 15.7.1 所示为一个鼠标上盖的模型，本节主要介绍该产品模具的设计过程。在设计该模具的过程中，由于产品模型中含有较多的复杂破孔，在设计分型面时，运用了一些曲线、曲面的创建工具进行曲面补片，如桥接曲线、通过曲线网格的曲面、艺术曲面和 N 边曲面等。读者在学习时，要注意这些曲面创建工具在设计分型面时的应用。

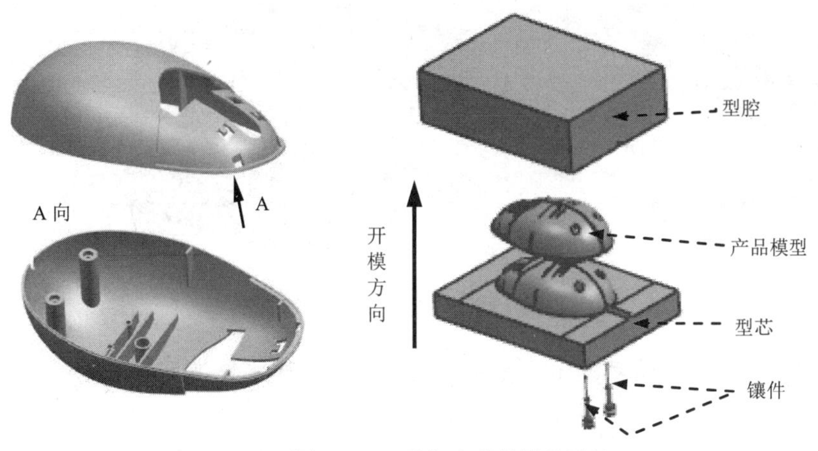

图 15.7.1 鼠标上盖的模具设计

说明：详细操作过程请参见学习资源中 video\ch15.07\文件夹下的语音视频讲解文件。

15.8 一模多穴的模具设计（一）

本实例将介绍图 15.8.1 所示的一款塑料勺子的一模多穴设计，其设计的亮点是产品零件在模具型腔中的布置以及分型面的设计，另外本实例在创建分型面时采用了很巧妙的方法，用到了“等参数曲线”和“移除曲线”等命令，此处需要读者认真体会。

图 15.8.1 勺子的模具设计

说明：详细操作过程请参见学习资源中 video\ch15.08\文件夹下的语音视频讲解文件。

15.9 一模多穴的模具设计（二）

本节将以一个支撑架为例，说明在 UG NX 12.0 中设计一模多穴模具的一般过程。通过对本例的学习，读者能进一步掌握一模多穴模具的设计原理。

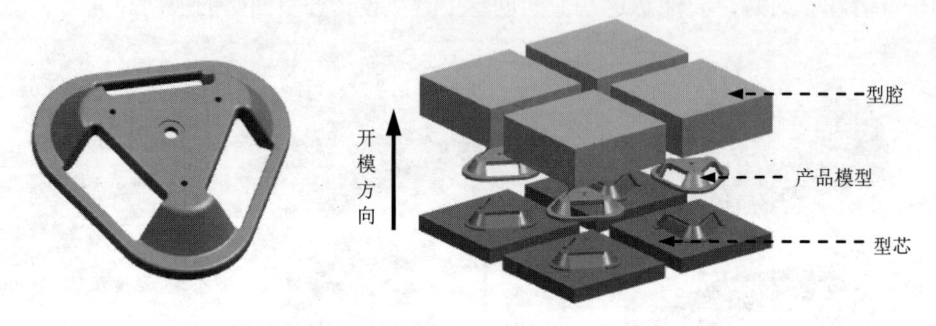

图 15.9.1 支撑架的模具设计

说明：详细操作过程请参见学习资源中 video\ch15.09\文件夹下的语音视频讲解文件。

15.10 内外侧同时抽芯的模具设计

本例将介绍图 15.10.1 所示的内外侧同时抽芯的模具设计。该模型表面上存在两个盲孔和一处倒扣结构，这样在进行模具设计时，就必须设计出两个滑块和一个斜销。

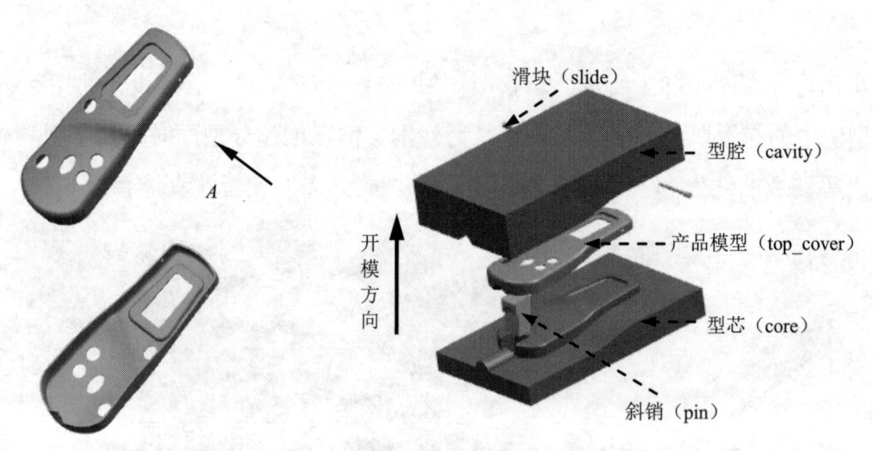

图 15.10.1 遥控器外壳的模具设计

说明：详细操作过程请参见学习资源中 video\ch15.10\文件夹下的语音视频讲解文件。

第 16 章 模架和标准件

16.1 模架的作用和结构

1. 模架的作用

模架（Moldbase）是模具的基座，作用如下。

- 引导熔融塑料从注射机喷嘴流入模具型腔。
- 固定模具的塑件成型元件（上模型腔、下模型腔和滑块等）。
- 将整个模具可靠地安装在注射机上。
- 调节模具温度。
- 将浇注件从模具中顶出。

2. 模架的结构

图 16.1.1 所示是一个塑件（pad.prt）的完整模具，它包括模具型腔零件和模架。读者可以打开文件 D:\ug12mo\workch16.01\cap_mold_top_010.prt 查看其模架结构。模架中主要元件（或结构要素）的作用说明如下。

- 定模座板：固定定模板。
- 定模座板螺钉：通过该螺钉将定模座板和定模板紧固在一起。
- 浇口套：注射浇口位于定模座板上，它是熔融塑料进入模具的入口。由于浇口与熔融塑料和注射机喷嘴反复接触、碰撞，在实际模具设计中，一般浇口不直接开设在定模座板上，而是将其制成可拆卸的浇口套，用螺钉固定在定模座板上。
- 定模板：固定型腔。
- 导套：该元件固定在定模板上。在模具工作中，模具会反复开启，导套和导柱起导向和耐磨作用，保护定模板零件不被磨坏。
- 动模板：固定型芯。如果冷却水道（水线）设计在型芯上，则动模板上应设有冷却水道的进出孔。
- 导柱：该元件安装在动模板上，在开模后复位时，该元件起导向定位的作用。
- 动模座板：固定动模板。
- 动模座板螺钉：通过该螺钉将动模座板、垫块和动模板紧固在一起。
- 顶出板螺钉：通过该螺钉将推板和推板固定板紧固在一起。

- 复位弹簧：使复位杆和顶杆复位，为下一次注射做准备。在实际的模架中，复位杆上套有复位弹簧。在塑件落下后，当顶出孔处的注射机顶杆撤消后，在弹簧的弹力作用下推板固定板将带动顶杆下移，直至复位。

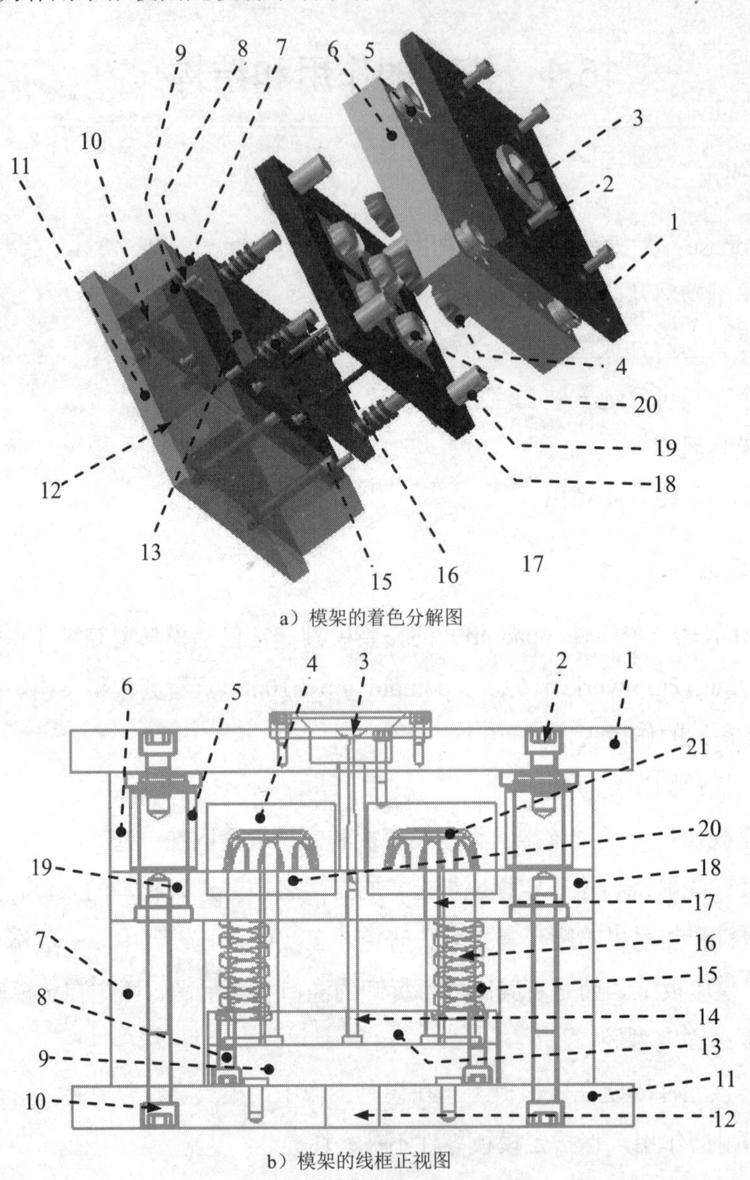

图 16.1.1　模架的结构

1—定模座板　2—定模座板螺钉，4 个　3—注射浇口
4—型腔　5—导套，4 个　6—定模板
7—垫块　8—顶出板螺钉，4 个　9—推板
10—动模座板螺钉，6 个　11—动模座板　12—顶出孔
13—推杆固定板　14—拉料杆　15—复位弹簧，4 个
16—复位杆　17—顶杆，4 个　18—动模板
19—导柱，4 个　20—型芯　21—塑件

- 顶出孔：位于动模座板的中部。开模时，当动模部分移开后，注射机在此孔处推

动推板带动顶杆上移，直至将塑件顶出型芯。

- 顶杆：用于把塑件从模具型芯中顶出。

3. 龙记模架的介绍

龙记模架分为大水口、细水口、简化型细水口三大系列，如图 16.1.2～图 16.1.4 所示。

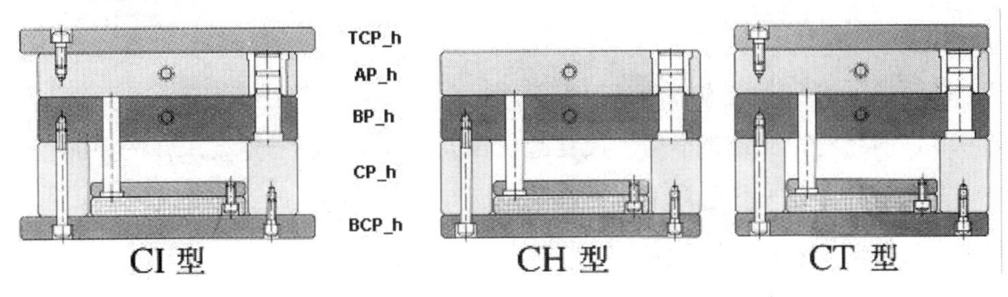

图 16.1.2 大水口模架（C 类型）

大水口系列的代号为 S，根据有无顶出板、承板又细分为 A、B、C、D 四种小系列的模架型号。C 型模架上既无顶出板也无承板，最为常用；在 C 型模架上添加了承板就是 A 型模架；在 C 型模架上既有承板又有顶出板就是 B 型模架；在 C 型模架上添加了顶出板就是 D 型模架。这一系列的模架就是大家常说的二模板。

以下几种情况比较适合选用 S 系列的大水口模架。

- 零件结构简单，没有类似需要定模侧侧抽的特征。
- 零件的特征适宜采用大水口，在一模一腔的模具中零件适合采用从对称中心进料，当零件较复杂时，可以采用分流道分别引导至零件各部分的特征处。适用于零件中空的场合，当一模多腔时，分流道采用平衡布局，再用分流道从零件的侧边入胶。
- 零件的外观要求不高，允许有少量的浇口痕迹出现或允许让浇口痕迹出现在零件不重要的特征面上。
- 零件投产的产量较少。
- 模具投入的预算资金较少。

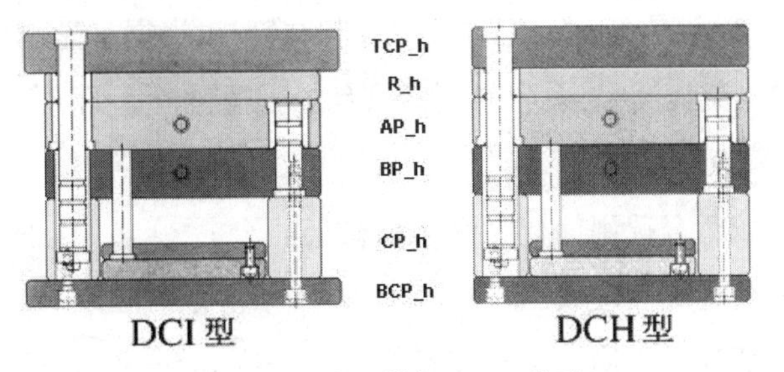

图 16.1.3 细水口模架（DC 类型）

细水口系列根据有无拉料板分成 D、E 两个小系列，D 系列的模架有拉料板，E 系列的模架没有拉料板。D 系列的模架再根据有无顶出板、承板又细分成 DA、DB、DC、DD 四种小系列，DC 型模架上既无顶出板也无承板，最为常用；在 DC 型模架上添加了承板就是 DA 型模架；在 DC 型模架上既有承板又有顶出板就是 DB 型模架；在 DC 型模架上添加了顶出板就是 DD 型模架。

E 系列的模架根据有无顶出板、承板又细分成 EA、EB、EC、ED 四种小系列。E 系列的模架相比 D 系列的模架只是少了拉料板，如 ED 与 DD 系列的区别就是 DD 型的模架有拉料板。

以下几种情况比较适合选用细水口模架。

- 零件的结构特征分布不均，尺寸起伏较大，分流道不一定要求在分型面上。
- 零件的外观要求严格，不允许产品表面有浇口痕迹出现。
- 零件结构复杂且尺寸较大。
- 零件投产的产量较大。
- 要求生产自动化程度较高的模具。
- 模具投入的预算资金充足。

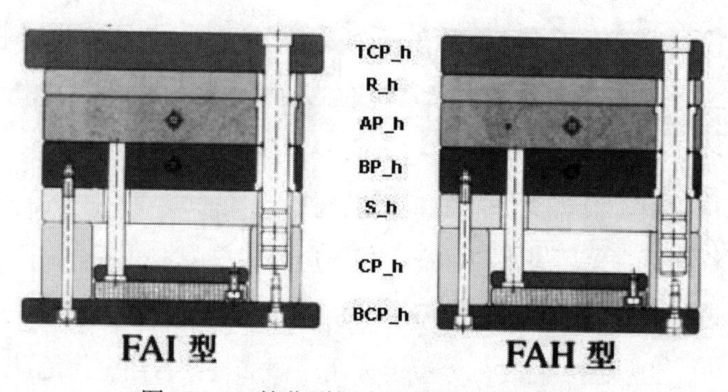

图 16.1.4　简化型细水口模架（FA 类型）

简化型细水口系列相比细水口系列的模架少了导柱和导套。简化型细水口系列根据有无拉料板分成 F、G 两个小系列，F 系列的模架有拉料板，G 系列的模架没有拉料板。F 系列的模架再根据有无承板细分为 FA、FC 两种小系列，FC 型模架无承板，较为常用，在 FC 型模架上添加了承板就是 FA 型模架。G 系列的模架也根据有无承板细分成 GA、GC 两种小系列。F 系列的模架相比 G 系列的模架只是少了拉料板，如 FA 与 GA 系列的区别就是 FA 型的模架有拉料板。

以下几种情况比较适合选用简化型细水口模架。

- 零件结构复杂且尺寸较大。
- 零件结构特征分布不均，尺寸起伏较大，分流道不一定要求在分型面上。

- 零件的精度要求不高。
- 零件的外观要求苛刻，不允许外观表面有浇口痕迹出现。
- 零件投产的产量较大。
- 要求生产自动化程度较高的模具。
- 模具投入的预算资金较少。

16.2 模架的设计

模架是模具组成的基本部件，是用来承载型芯和型腔并帮助开模的机构。模架被固定在注射机上，每次注射机完成一次注射后通过推出机构帮助开模，同时顶出系统完成产品的出模。

在实际的模具设计领域存在一些最常用的模架结构，这些结构的模架能够解决大多数产品的分模问题，并且实际中一些复杂结构的模架也是从基本的模架衍生而来。在设计过程中如有合适的模架可以选用是最为方便的。

模具的正常运作除了有承载型芯和型腔的模架外，同时要借助标准件（滑块、螺钉、定位圈、导柱和顶杆等）来完成。标准件在很大程度上可以互换，为提高工作效率提供了有力保障。标准件一般由专业厂家大批量生产和供应。标准件的使用可以提高专业化协作生产水平，缩短模具生产周期，提高模具制造质量和使用性能。并且标准件的使用可以使模具设计者摆脱大量重复的一般性设计工作，以便有更多的精力用于改进模具设计，解决模具关键技术问题等。

通过 Mold Wizard 来进行模具设计可以简化模具的设计过程，减少不必要的重复性工作，提高设计效率。用户虽然可以选择和直接添加在 UG NX 12.0 中提供的模架和标准件，但是一些基本尺寸仍需要修改。

16.2.1 模架的加载和编辑

模架作为模具的基础构件，在整个模具的使用过程中起着十分重要的作用。模架选用的适当与否直接影响模具的使用，所以模架的选用在模具设计过程中不可忽视。本节将讲解 UG NX 12.0 中模架的加载和编辑的一般操作过程。

打开 D:\ug12mo\workch16.02\cap_mold_top_010.prt 文件。

在“注塑模向导”功能选项卡的主要区域单击“模架库”按钮，系统弹出图 16.2.1 所示的“模架库”对话框。

1．模架的目录和类型

在 UG NX 12.0 中有多种规格的模架供用户选择，同一规格的模架可能有不同的类型，所以当选择的模架规格不同时成员视图区域会发生相应的变化。与此同时，系统也会弹出所选择的“信息”对话框（图 16.2.2 所示是在重用库区域中选择DME选项，在成员选择区域中选择2A时的图示）。

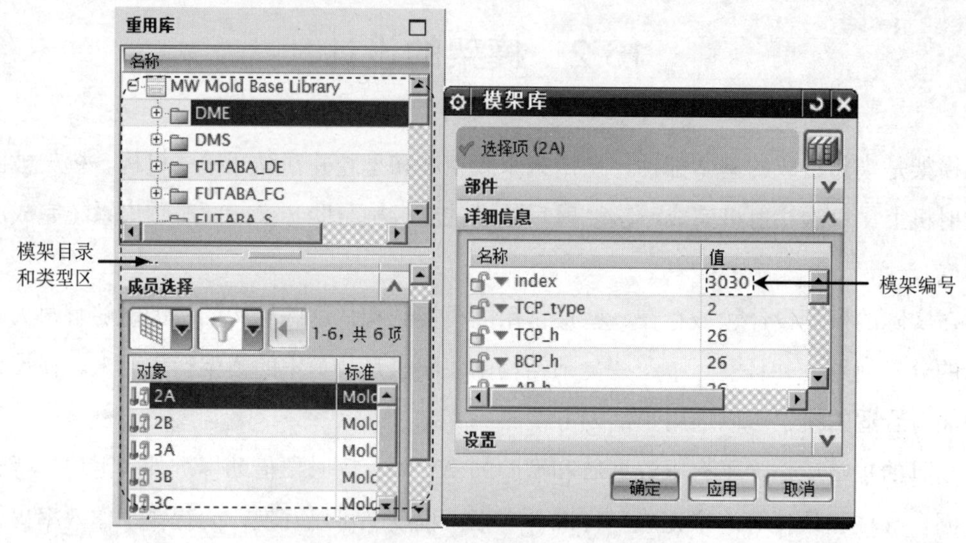

图 16.2.1 “模架库”对话框

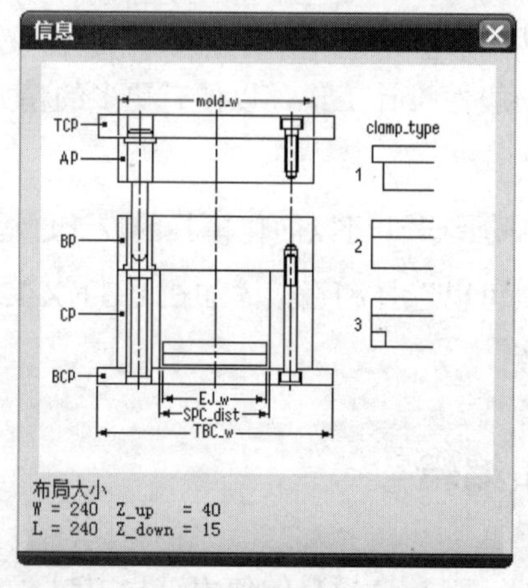

图 16.2.2 “信息”对话框

说明：在图 16.2.2 所示的“信息”对话框中出现的是一种最简单的注射模架——单分型面注射模架（二板式注射模架），这种模架只有一个分型面，但是在塑件生产中的应用却十分广泛。当然根据实际产品的不同要求也可以增加需要的零件，所以在生产中，这种类型的单分型面注射模架被演变成各种复杂的模架来使用。

2. 模架尺寸

定义完模架的类型后还需要确定模架的尺寸，这就要从产品特点和生产成本等方面来综合考虑，最后确定模架的尺寸。在“模架库”对话框的“详细信息”区域（图 16.2.1）中选择适合产品特点和模具结构的模架编号（编号的命名是以 X、Y 方向的基础尺寸为参照，前一部分是模架的宽度，后一部分是模架的长度），如果系统给定的尺寸不够理想还可以修改，模板尺寸的修改会在后面介绍。

说明：

- 选取编号为 3030 的模架，说明选用的模架总长度为 300mm，总宽度为 300mm。
- 表达式 AP_h=70 的含义是指模架中 AP 板的厚度为 70mm。

选择模架时，要根据模具特点在 重用库 中选择模架规格，并且需要在 成员选择 中选择该规格模架的模架类型。如果没有适合产品的模架可以使用，则可以在 重用库 中选择 UNIVERSAL 选项，再在 成员选择 中选择 Universal 选项来组合适合生产要求的非标准模架，如图 16.2.3 所示。

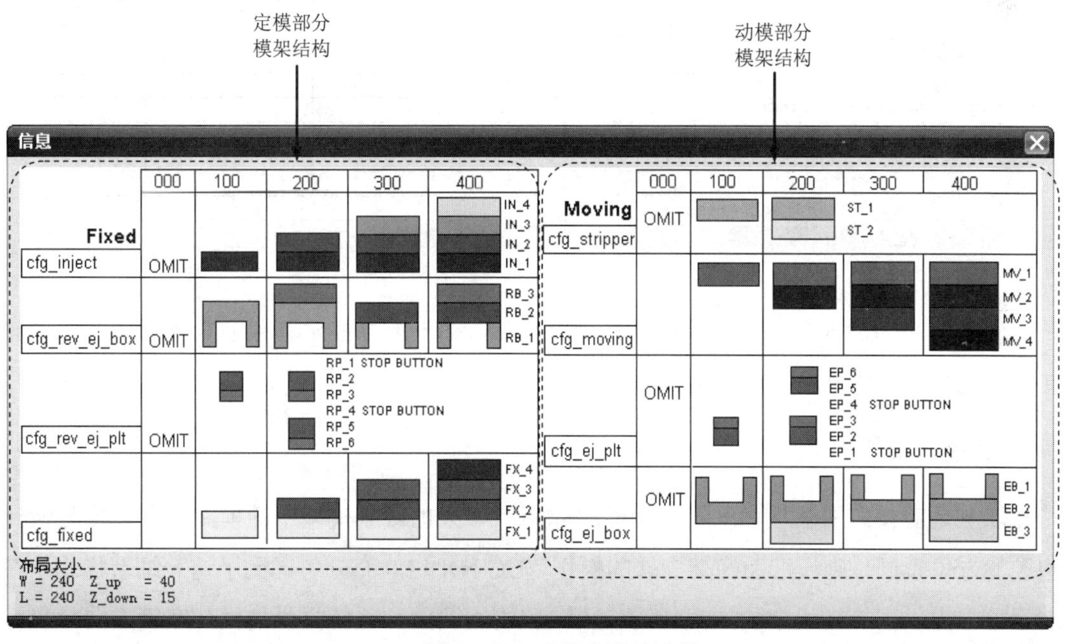

图 16.2.3 “信息”对话框

在图 16.2.3 所示的“信息”对话框中读者还能看到一个不随模架类型改变的列表区域，这就是 布局大小 区域，此区域用于显示当前模架的尺寸，包括模架宽度 W、模架长度 L、型腔高度 Z_up 和型芯高度 Z_down。

3. 编辑注册文件和数据库文件

考虑到设计完成的模架在后续工作中在同类产品中可以继续使用，这时就要对模架的各种信息进行编辑和保存。在“模架设计”对话框中存在相应功能的按钮，分别是“编辑注册器”按钮和“编辑数据库”按钮。分别单击这两个按钮能够打开相应的电子表格。图 16.2.4 和图 16.2.5 所示分别是单击按钮和按钮系统弹出的电子表格。

	A	B	C	D
1	##DMS_MM			
2				
3				
4	TYPE	CAT_DAT	MODEL	BITMAP
5	2B	/moldbase/metric/dms_m/dms_m2b.xs4	/moldbase/metric/dms_m/dms.prt	/moldbase/metric/dms_m/dms_2
6				

DME_MM / DMS_MM / HASCO_E / UNIVERSAL_MM

图 16.2.4 “编辑注册器”表格

说明：图 16.2.4 所示的“编辑注册器”表格包含配置对话框和定位库中的模型位置、控制数据库的电子表格以及位图图像等模架设计系统的信息。

	A	B	C	D	E	F	G	H	I
1	## DME MOLDBASE METRIC								
2									
3	SHEET_TYPE	0							
4									
5	PARENT	<UM_ASS>							
6									
7	ATTRIBUTES								
8	MW_COMPONENT_NAME=MOLDBASE								
9	CATALOG=<index>								
10	DESCRIPTION=MOLDBASE								
11	SUPPLIER=DME								
12	TCP::CATALOG=DME N0<TCP_name>-<index>-<TCP_h>								
13	CVP::CATALOG=DME N10-<index>-<AP_h>								
14	LNP_1::CATALOG=DME N10-<index>-<INP_1_h>								

DME_M

图 16.2.5 “编辑数据库”表格

说明：图 16.2.5 所示的“编辑数据库”表格，用于显示当前模架的数据库信息，包括定义特定模架尺寸和选项的相关数据。

4．旋转模架

以上是对模架的管理和编辑等功能的介绍，如果加载到模型中的模架放置方位与设计型腔的方位不同，则还涉及模架旋转的操作，UG NX 12.0 充分考虑到了这一细节操作，在对话框中提供了旋转模架的按钮（“旋转模架”按钮）。系统提供的模架宽度方向是坐标系的 X 轴方向，长度方向是 Y 轴方向，这点在型腔的设计之初就应该引起注意，否则可能会给后面的操作带来不便。图 16.2.6 所示是模架旋转前后的对比。

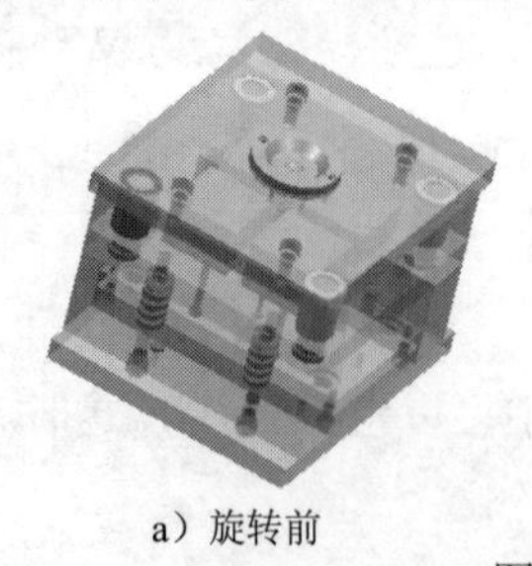

a）旋转前　　b）旋转后

图 16.2.6 模架的旋转

说明：图 16.2.6 所示模架的旋转是以图中加亮显示的部件（导柱）为参照的。

16.2.2 添加模架的一般过程

为巩固前面讲到的知识，本节将以图 16.2.7 所示的模型为基础介绍添加模架的详细操作过程。

a）加载前　　b）加载后

图 16.2.7 模架的加载

说明：在打开本节模型前，确保 UG NX 12.0 软件中没有打开其他模型。

Step1. 打开 D:\ug12mo\workch16.02\cap_top_010.prt 文件。

Step2. 在“注塑模向导”功能选项卡的 主要 区域单击“模架库”按钮，系统弹出“模架库”对话框和“重用库”导航器。

Step3. 设置模架。在“重用库”导航器的 名称 区域中选择 FUTABA_S 选项；在 成员选择 下拉列表中选择 SC 选项；在 详细信息 区域的 index 下拉列表中选择 4040 选项；在 AP_h 文本框中输入值 70，并按 Enter 键确认；在 CP_h 文本框中输入值 110，并按 Enter 键确认。

Step4. 添加模架。“模架设计”对话框的其他参数保持系统默认设置，单击 确定 按钮，完成模架的添加。

说明：为了学习方便，本例载入的文件是已经将型腔布局设计完成的模型。

16.2.3 动模板与定模板的修改

模架加载完成后还要对动模和定模进行必要的修改，用于固定型芯及型腔，也可为模具的正常使用做必要的基础工作。继续以上面的模型为例讲解修改动模板和定模板的操作过程。

Stage1. 修改动模板

Step1. 转化工作部件。在图形区已加载的动模板上右击，在系统弹出的快捷菜单中选择 设为工作部件(W) 命令，将动模板转化成工作部件。

Step2. 转化工作环境。将当前部件的工作环境转化到“建模”环境。

说明：如果此时系统自动进入了建模环境，则用户不需要进行此步的操作。

Step3. 创建图 16.2.8 所示的拉伸特征 1（已隐藏模架的其他部分）。

（1）选择命令。选择下拉菜单 插入(S) → 设计特征(E) → 拉伸(X)... 命令或单击按钮，系统弹出“拉伸”对话框。

（2）创建截面草图。选择图 16.2.9 所示的动模板表面为草图平面，绘制图 16.2.10 所示的截面草图。

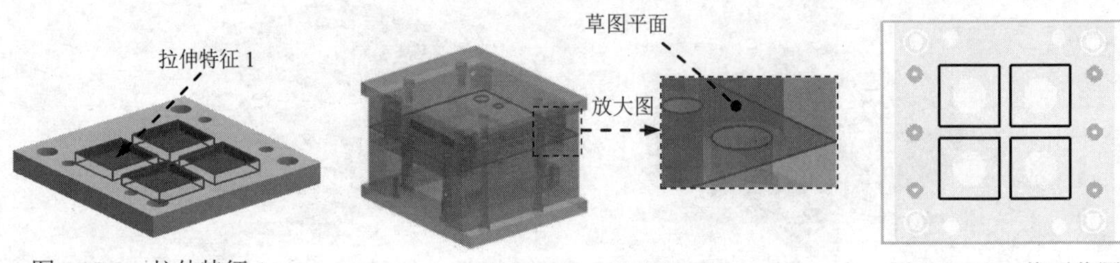

图 16.2.8 拉伸特征 1　　图 16.2.9 草图平面　　图 16.2.10 截面草图

说明：图 16.2.10 所示的草图是通过“投影曲线”命令创建的。

（3）确定拉伸起始值和终点值。定义拉伸方向为 ZC 方向，在限制区域的开始下拉列表中选择值选项，并在其下的距离文本框中输入值 0；在结束下拉列表中选择值选项，并在其下的距离文本框中输入值-15；在布尔区域的下拉列表中选择减去选项，采用系统默认的求差对象。

（4）单击“拉伸”对话框中的 < 确定 > 按钮，完成拉伸特征 1 的创建（并隐藏曲线）。

Stage2. 修改定模板

Step1. 转化工作部件。在图形区的定模板上右击，在系统弹出的快捷菜单中选择 设为工作部件(T) 命令，将定模板转化成工作部件。

Step2. 创建图 16.2.11 所示的拉伸特征 2（已隐藏模架的其他部分）。

（1）选择命令。选择下拉菜单 插入(S) → 设计特征(E) → 拉伸(X)... 命令或单击按钮，系统弹出“拉伸”对话框。

（2）创建截面草图。选择图 16.2.12 所示的动模板表面为草图平面，绘制图 16.2.13 所示的截面草图。

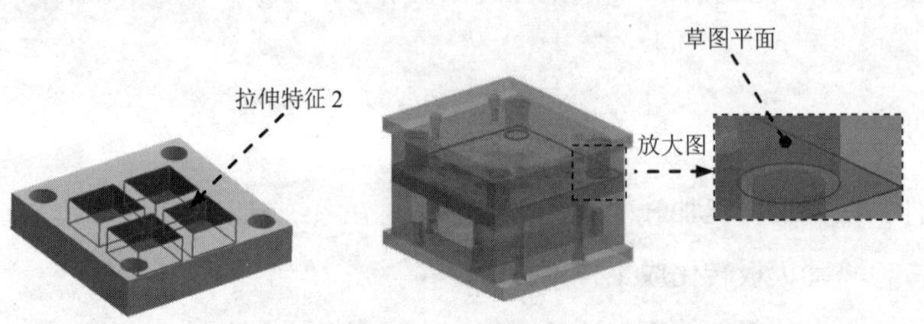

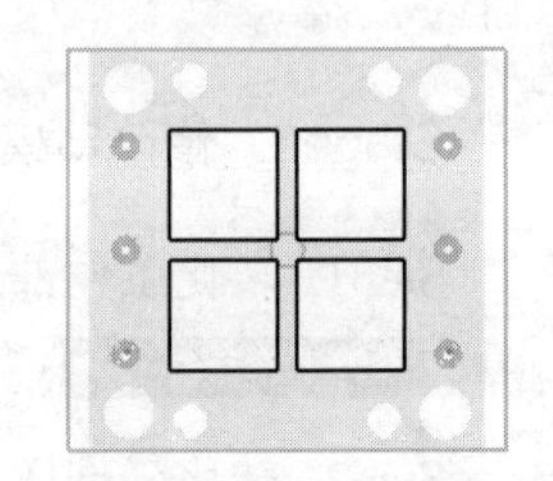
图 16.2.11 拉伸特征 2　　图 16.2.12 草图平面　　图 16.2.13 截面草图

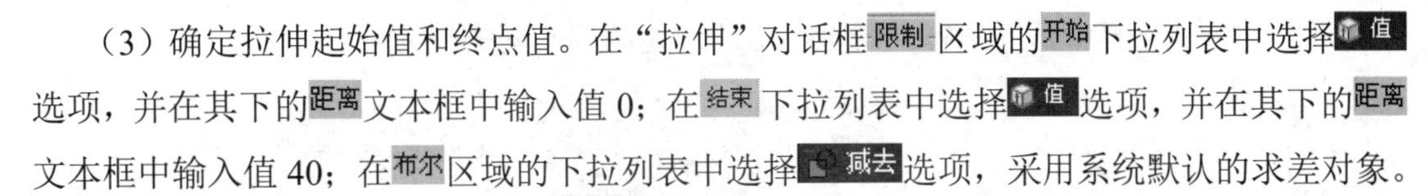

（3）确定拉伸起始值和终点值。在“拉伸”对话框限制区域的开始下拉列表中选择值选项，并在其下的距离文本框中输入值 0；在结束下拉列表中选择值选项，并在其下的距离文本框中输入值 40；在布尔区域的下拉列表中选择减去选项，采用系统默认的求差对象。

（4）单击“拉伸”对话框中的< 确定 >按钮，完成拉伸特征 2 的创建（并隐藏曲线）。

Stage3．保存修改

在“装配导航器”中双击☑cap_mold_top_010，将总文件激活，然后选择下拉菜单文件(F) ➡ 全部保存(V)命令，保存零件模型。

16.3 标 准 件

模架添加完成后还有大量的标准件需要添加，模架中的标准件是指已标准化的一部分零件，这部分零件可以替换使用，以便提高模具的生产效率和修复效率。本节将讲述如何加载及编辑标准件，下面是对常用标准件的介绍。

- 定位圈（Locating Ring）：除了用于使注射机喷嘴与模架的浇口套对准、固定浇口套和防止浇口套脱离模具外，还用于模具在注射机上的定位。所以在选择定位圈的直径时应参考注射机型号。
- 浇口套（Sprue）：又称主流道衬套，是安装在模具定模固定板上用来辅助进胶的元件（图 16.3.1 所示是一种 FUTABA 公司的浇口套及其关键参数）。浇口套上端与注射机喷嘴紧密对接，因此尺寸的选择应按注射机喷嘴尺寸进行选择，并且其长度应考虑模具的模板厚度。

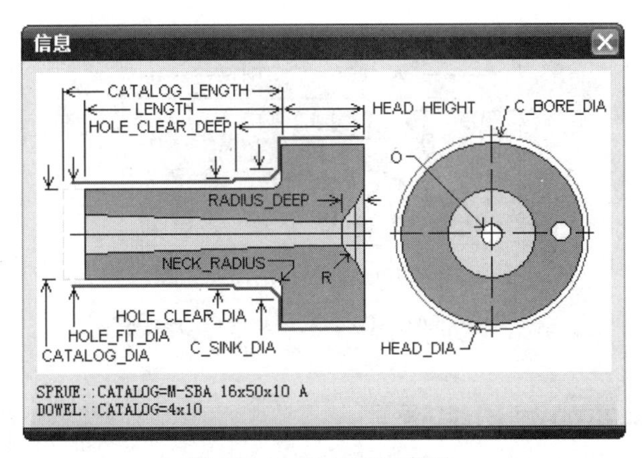

图 16.3.1 浇口套示意图

- 顶杆（Ejector Pin）：也称推杆，是使用最多的标准件，主要用来将已经成型的塑件从模具中顶出。MW NX 12.0 提供了多种不同类型的顶杆，用户可以根据塑件的特点选择合适的顶杆。图 16.3.2 所示是两种不同类型的顶杆。

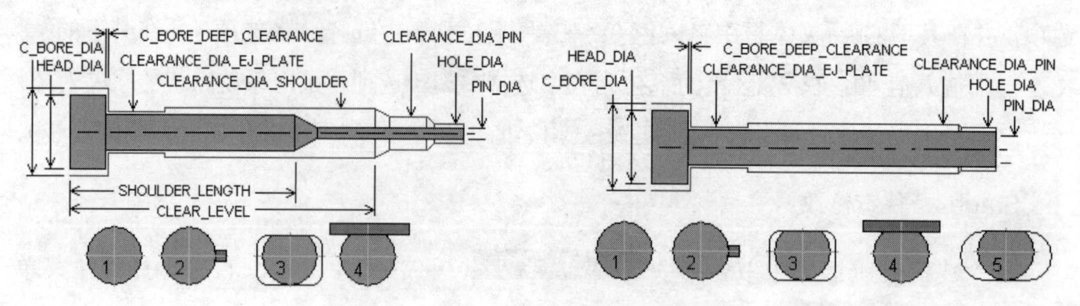

图 16.3.2　MW NX 12.0 提供的顶杆

- 限位钉（Stop Buttons）：是用于支撑模具的推出机构，能防止推出机构在复位时受阻，并且可以用来调节推出距离。图 16.3.3 所示是 MW NX 12.0 提供的两种不同类型的限位钉。

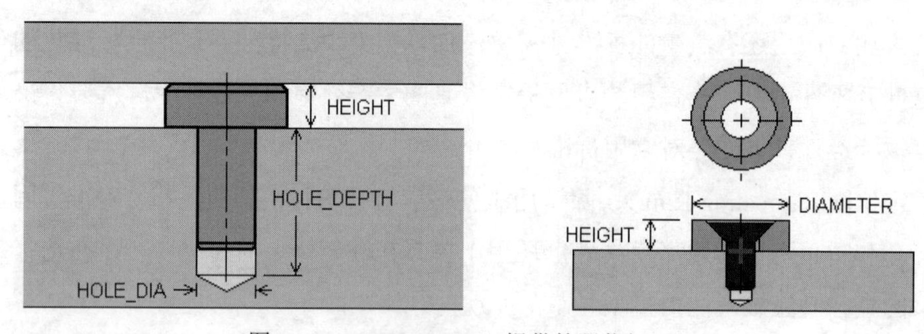

图 16.3.3　MW NX 12.0 提供的限位钉

- 弹簧（Spring）：起到复位的作用。在选用时要注意模具的特点，选择合适规格的元件。图 16.3.4 所示是多种规格弹簧中的一种形式。弹簧的直径和压缩量都影响到模具的使用，所以在选用时也要引起足够的重视。

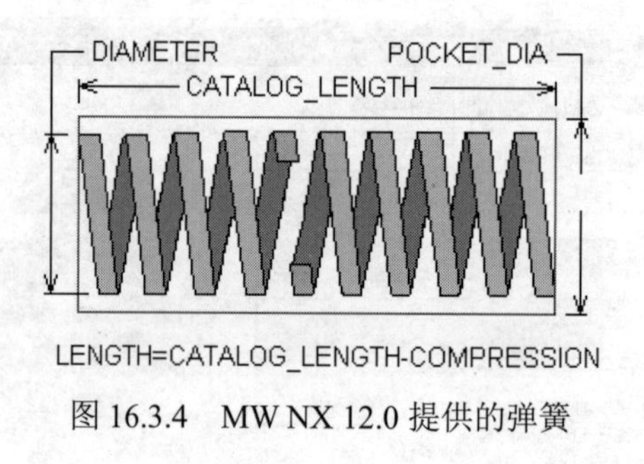

图 16.3.4　MW NX 12.0 提供的弹簧

16.3.1　标准件的加载和编辑

在 UG NX 12.0 中标准件的加载如同模架的加载一样简单，并且尺寸的修改也同样可以在系统弹出的相关对话框中完成。本节将对标准件的加载和编辑进行简单说明。

打开 D:\ug12mo\work\ch16.03\cap_mold_top_010.prt 文件。

在“注塑模向导”功能选项卡的 主要 区域单击“标准件库”按钮，系统弹出图 16.3.5 所示的“标准件管理”对话框（一）。

图 16.3.5 “标准件管理”对话框（一）

1. 标准件的目录和分类

在“重用库”导航器（一）中（图 16.3.6）选择，然后选择此类型的子类型，在 **成员选择** 列表区域（图 16.3.7）中选择，确定子类型后，在对话框的下部弹出详细信息窗口（图 16.3.8），在信息窗口中可以定义标准件的具体参数，使其符合设计要求。

2. 标准件的父级、装配位置和引用集

用户在加载标准件的同时可以指定到相应的组件当中（即为标准件指定父级）并可以确定标准件的位置和引用集，以上三项的操作分别在 父 下拉列表（图 16.3.9）、 位置 下拉列表（图 16.3.10）和 引用集 下拉列表（图 16.3.11）中完成。

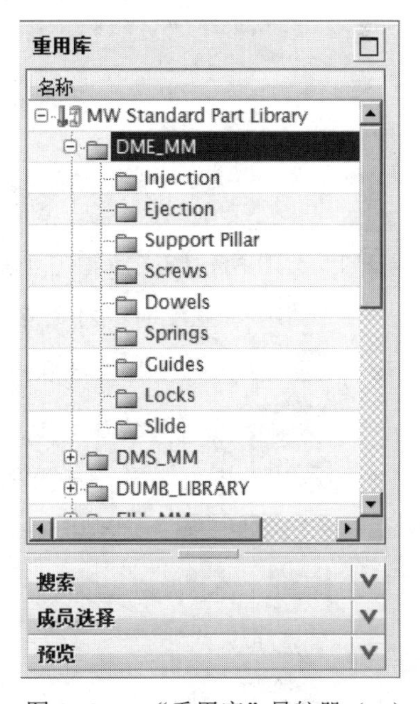

图 16.3.6 “重用库”导航器（一）

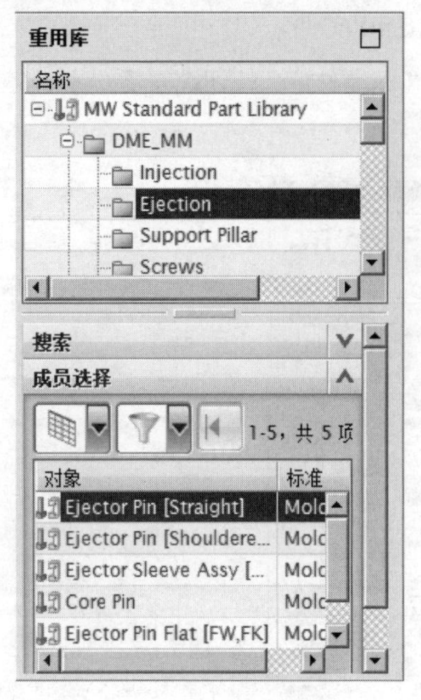

图 16.3.7 “重用库”导航器（二）

图 16.3.8 “标准件管理”对话框（二）

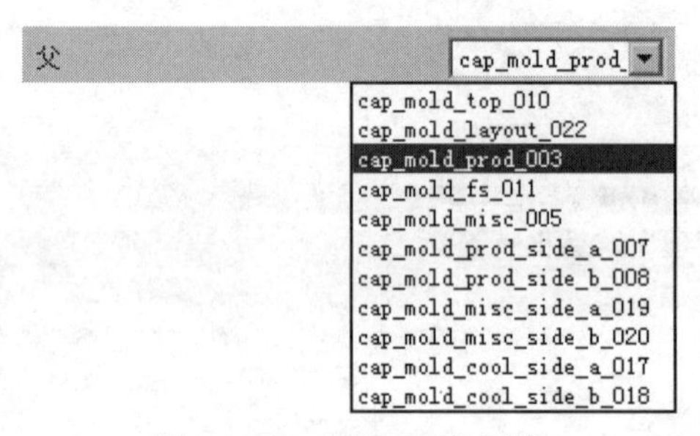

图 16.3.9 “父”下拉列表

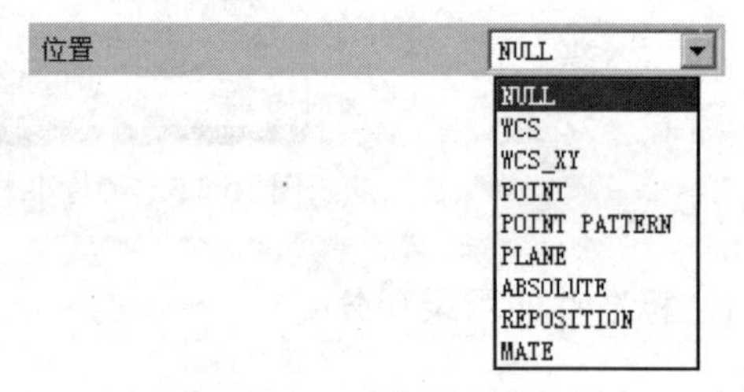

图 16.3.10 “位置”下拉列表

图 16.3.11 “引用集”下拉列表

图 16.3.10 所示的“位置”下拉列表中各选项的说明如下。

- NULL：将装配的绝对原点作为标准件的原点（此选项为默认项）。
- WCS：将工作坐标系的原点作为标准件原点。
- WCS_XY：选择工作坐标系平面上的点作为标准件的原点。
- POINT：将在 X-Y 平面上选择的点作为标准件的原点。
- POINT PATTERN：以点阵列方式放置标准件。
- PLANE：选择一平面为标准件的放置平面，并在该平面上选取一点作为标准件的放置原点。
- ABSOLUTE：通过“点”对话框来定义标准件的放置原点。

- REPOSITION：对选择的标准件进行重定位放置。
- MATE：先加入标准件，再通过匹配方式定位标准件。

图 16.3.11 所示的“引用集”下拉列表中各选项的说明如下。

- TRUE：选择该选项，则添加的标准件只添加标准件实体。
- FALSE：选择该选项，则添加的标准件只添加标准件创建后的腔体。
- 整个部件：选择该选项，则添加的标准件同时添加标准件实体和创建后的腔体。

说明：图 16.3.12 所示是选择三种选项的情况对比。

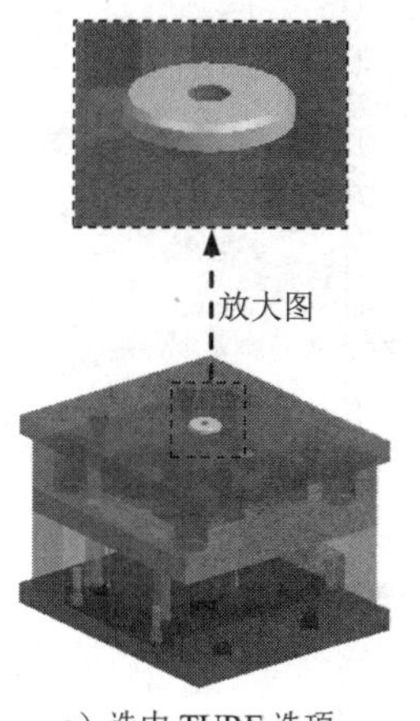

a）选中 TURE 选项

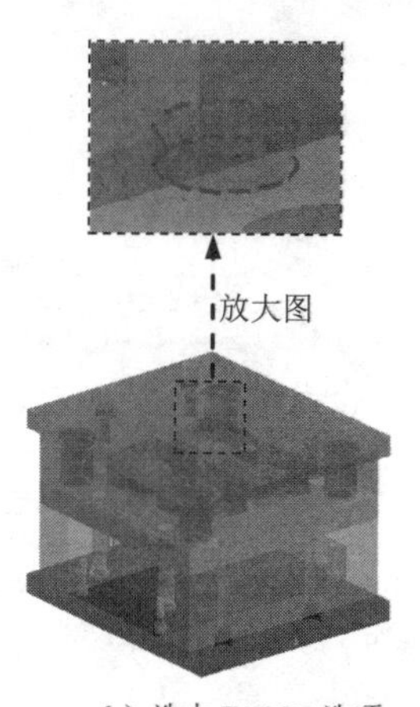

b）选中 FALSE 选项

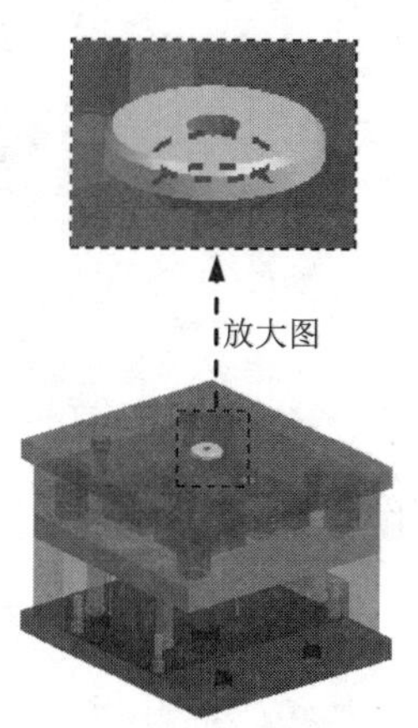

c）选中“整个部件”选项

图 16.3.12 标准件加载的不同形式

3. 新建组件和重命名组件

在加载标准件时还可以对标准件的引用类型及名称进行控制和修改。这些修改是通过选中“标准件管理”对话框（图 16.3.13）中的 新建组件 单选项和 重命名组件 复选框来实现的。

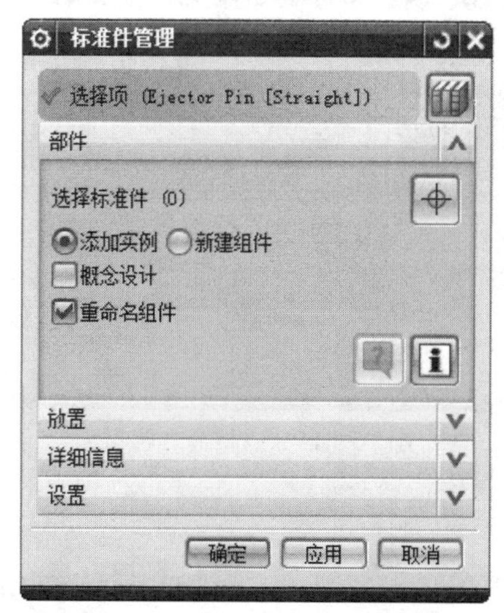

图 16.3.13 “标准件管理”对话框

关于 新建组件 单选项与 重命名组件 复选框的说明如下。

- 新建组件单选项：选中该单选项可以控制添加多个相同类型的组件，而不作为组件的引用件，这样可以对每个组件进行单独编辑，而不影响其他组件。
- 重命名组件复选框：选中该复选框可以对加载的部件进行重命名，并且在加载部件前系统弹出图 16.3.14 所示的“部件名管理”对话框，在其中可以完成部件的重命名。

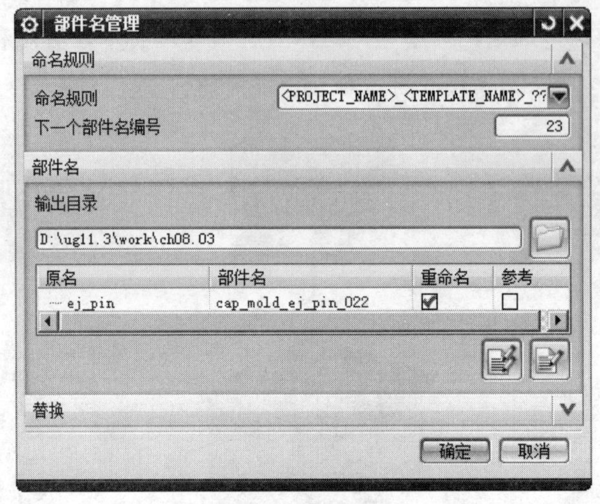

图 16.3.14 “部件名管理”对话框

4．预览标准件

在“标准件管理”对话框中除了能选择标准件外，还能预览要添加或编辑的标准件。在部件区域中单击“显示信息窗口”按钮，系统弹出图 16.3.15 所示的“信息”窗口，再次单击该按钮可以隐藏该信息窗口。

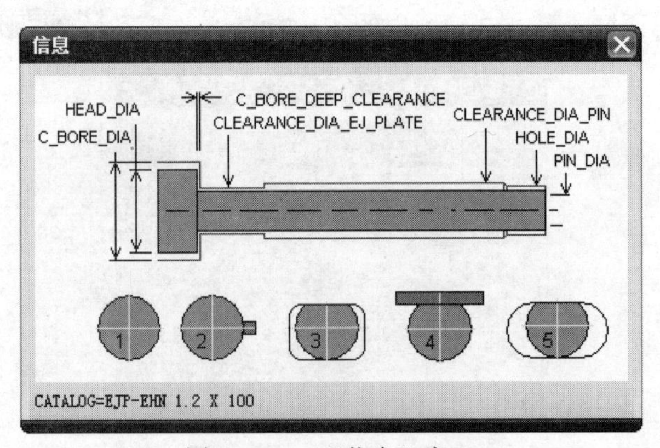

图 16.3.15 “信息”窗口

5．设置区域

在“标准件管理”对话框的设置区域中有和两个按钮，如图 16.3.16 所示，通过这两个按钮可以编辑注册器和编辑数据库。

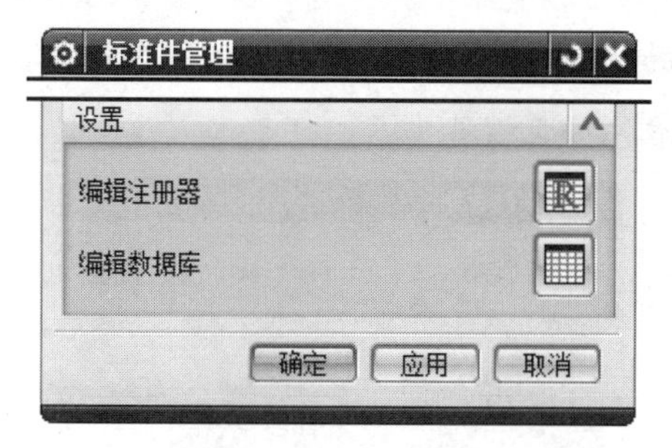

图 16.3.16 “标准件管理”对话框

- （编辑注册器）：单击此按钮，可以激活标准件“编辑器注册”表格，在此表格中可以修改标准件的名称、数据及数据路径等信息，如图 16.3.17 所示。

	A	B	C
1	##DME_MM_2006		
2			
3	NAME	DATA_PATH	DATA
4	----- Injection -----	/standard/metric/dme/data	locating_ring.xs4::DME_P
5	Locating Ring [No Screws]		locating_ring.xs4::DME_P
6	Locating Ring [With Screws]		locating_ring.xs4::DME
7	Sprue Bushing		sprue.xs4::DME
8	----- Ejection -----	/standard/metric/dme/data	ej_pin.xs4::DME_STRAIGHT
9	Ejector Pin [Straight]		ej_pin.xs4::DME_STRAIGHT
10	Ejector Pin [Shouldered]		ej_pin.xs4::DME_SHOULDERED
11	Ejector Sleeve Assy [S,KS]		ej_sleeve_assy.xs4::DME
12	Ejector Pin [Cone]		ej_pin_cone.xs4::DME
13	Core Pin		core_pin.xs4::DME

DME_MM

图 16.3.17 “编辑器注册”表格

- （编辑数据库）：单击此按钮，系统将打开标准件“编辑数据库”表格，在此表格中可以对标准件的各项参数进行编辑，如图 16.3.18 所示。

	A	B	C	D	E
1	## DME STRAIGHT EJECTOR PINS				
2	##NOTE: PIN_TYPE=1 IS A STRAIGHT PIN				
3	##NOTE: PIN_TYPE=2 IS A SHOULDERED PIN WITH THE SHOULDER LENGTH MEASURED AT THE PIN DIA				
4	##NOTE: PIN_TYPE=3 IS A SHOULDERED PIN WITH THE SHOULDER LENGTH MEASURED AT THE SHOULDER DIA				
5					
6	PARENT	<UM_PROD>			
7					
8	POSITION	POINT			
9					
10	ATTRIBUTES				
11	SECTION-COMPONENT=NO				
12	MW_SIDE=<SIDE>				
13	MW_COMPONENT_NAME=EJECTOR				

DME_STRAIGHT / DME_SHOULDERED / LEVEL

图 16.3.18 “编辑数据库”表格

6．标准件工具条

确定完标准件的类型、参数和放置后，在“标准件管理”对话框的部件区域中出现、和三个编辑按钮，如图 16.3.19 所示，通过这些按钮可以实现对标准件的相关编辑。

关于对话框中的三个编辑按钮的说明。

- （重定位）：单击此按钮，系统弹出图 16.3.20 所示的“移动组件”对话框，在

其中可以对选定的标准件进行移动操作，但也要注意，使用此按钮前必须确保当前模型中已有标准件并且被选中。

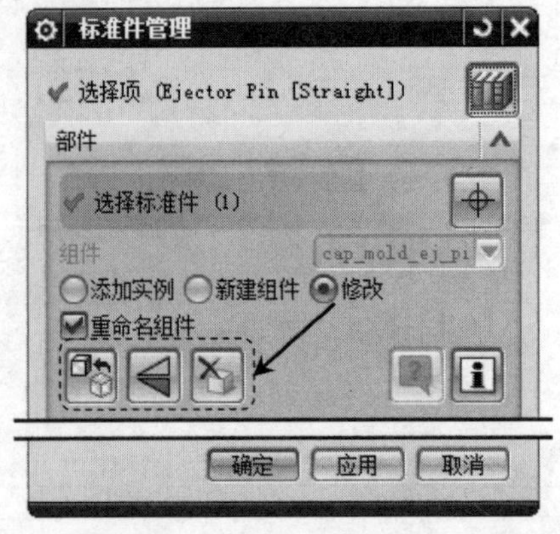

图 16.3.19 “标准件管理”对话框

- (翻转方向)：此按钮可以改变标准件轴向方向，使其颠倒。
- (移除组件)：单击此按钮，可以删除正在使用的标准件。

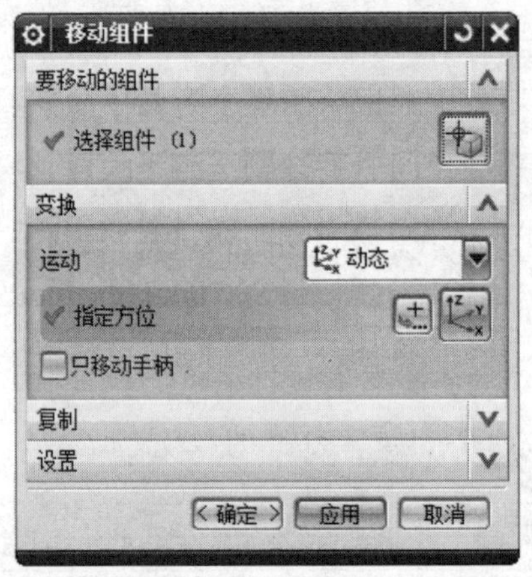

图 16.3.20 “移动组件”对话框

16.3.2 添加标准件的一般过程

标准件的添加是完善模具设计的一项工作，本节将通过添加定位圈及浇口套等来讲解标准件添加及修改的一般过程。

Stage1. 加载定位圈

Step1. 打开 D:\ug12mo\workch16.03\cap_mold_top_010.prt 文件。

Step2. 在“注塑模向导”功能选项卡的 主要 区域单击“标准件库”按钮，系统弹出“标准件管理”对话框。

Step3. 定义定位圈类型和参数。在“标准件管理”对话框的 重用库 列表区域中展开

FUTABA_MM节点，然后选择Locating Ring Interchangeable选项；在成员选择列表区域中选择Locating Ring选项；在详细信息区域的TYPE下拉列表中选择M_LRB选项；选择DIAMETER选项，在DIAMETER文本框中输入值115，并按Enter键确认；选择HOLE_THRU_DIA选项，在HOLE_THRU_DIA文本框中输入值50，并按Enter键确认；选择RING_DIA_1选项，在RING_DIA_1文本框中输入值105，并按Enter键确认；选择CHAMFER_ANGLE选项，在CHAMFER_ANGLE文本框中输入值15，并按Enter键确认；选择SCREW_DIA选项，在SCREW_DIA文本框中输入值8，并按Enter键确认；选择SHCS_LENGTH选项，在SHCS_LENGTH文本框中输入值16，并按Enter键确认；选择BOLT_CIRCLE选项，在BOLT_CIRCLE文本框中输入值90，并按Enter键确认；选择C_SINK_CENTER_DIA选项，在C_SINK_CENTER_DIA文本框中输入值70，并按Enter键确认。

Step4. 加载定位圈。对话框中的其他参数保持系统默认设置，单击确定按钮，完成定位圈的添加，如图16.3.21所示。

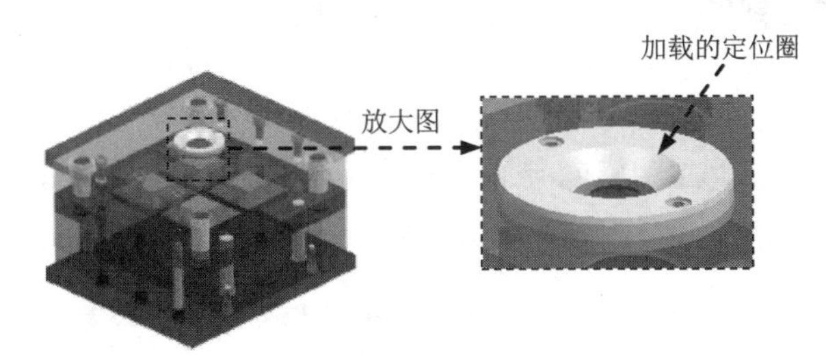

图16.3.21 加载定位圈

Step5. 创建腔体。在“注塑模向导”功能选项卡的主要区域单击“腔”按钮，系统弹出“开腔”对话框，选取图16.3.22所示的实体为目标体，单击鼠标中键确认；选取加载后的定位圈为工具体，单击“开腔”对话框中的确定按钮，完成腔体的创建，如图16.3.23所示。

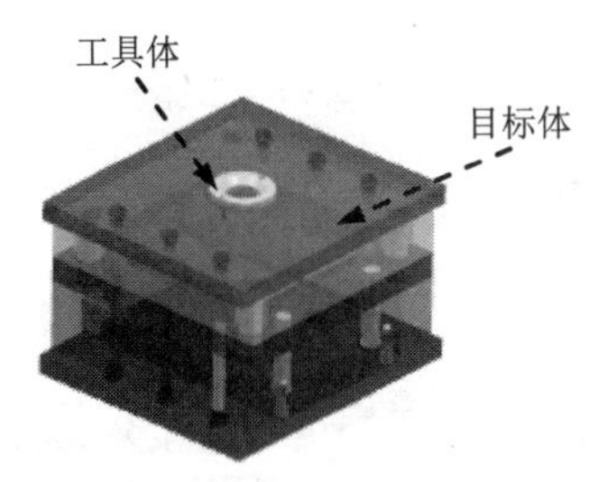

图16.3.22 定义目标体和工具体

图16.3.23 腔体创建后

说明：为表达清楚，图16.3.23中已将模架的其他部分及定位圈隐藏。

Stage2. 加载浇口套

Step1. 在“注塑模向导”功能选项卡的主要区域单击“标准件库”按钮，系统弹出“标准件管理”对话框。

Step2. 定义浇口套类型和参数。在“标准件管理”对话框的重用库列表区域中展开FUTABA_MM节点，然后选择Sprue Bushing选项；在成员选择列表区域中选择Sprue Bushing选项；在详细信息区域的CATALOG下拉列表中选择M-SBI选项；在0下拉列表中选择2.5:B选项；在R下拉列表中选择13:C选项，选择CATALOG_LENGTH选项，将其值修改为75，并按Enter键确认；选择和HEAD_HEIGHT选项，将值修改成25，并按Enter键确认。

Step3. 加载浇口套。“标准件管理”对话框中的其他参数保持系统默认设置，单击确定按钮，完成浇口套的添加，如图16.3.24b所示。

a）添加前　　b）添加后

图 16.3.24　加载浇口套

Step4. 创建腔体。在“注塑模向导”功能选项卡的主要区域单击“腔”按钮，系统弹出“开腔”对话框，选取图16.3.25所示的定模板和定模座板为目标体，单击鼠标中键确认；选取加载后的浇口套为工具体；单击“开腔”对话框中的确定按钮，完成腔体的创建，如图16.3.26所示。

图 16.3.25　定义目标体

图 16.3.26　腔体创建后

说明：为表达清楚，图16.3.26中已将模架的其他部分及定位圈隐藏。

Stage3. 加载顶杆

Step1. 在“注塑模向导”功能选项卡的主要区域单击“标准件库”按钮，系统弹出“标准件管理”对话框。

Step2. 定义顶杆类型和参数。在“标准件管理”对话框的重用库列表区域中展开DME_MM节点，然后选择Ejection选项；在成员选择列表区域中选择Ejector Pin [Straight]选项；在详细信息区域的CATALOG_DIA下拉列表中选择8；修改CATALOG_LENGTH的值为150，并按Enter键确认。

Step3. 加载顶杆。“标准件管理”对话框中的其他参数选项保持系统默认设置，单击

应用按钮，系统弹出“点”对话框；选择图 16.3.27 所示的圆弧中心为顶杆定位点；在“点”对话框中单击取消按钮，系统返回至“标准件管理”对话框，单击对话框中的< 确定 >按钮，完成顶杆的加载，如图 16.3.28 所示。

注意：此时图形区中加亮显示的区域就是工作部件，定义顶杆定位点时只能选择工作部件的相应边线。

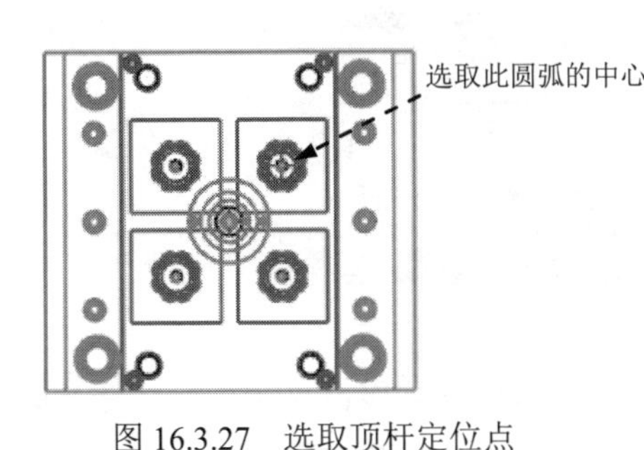

图 16.3.27 选取顶杆定位点

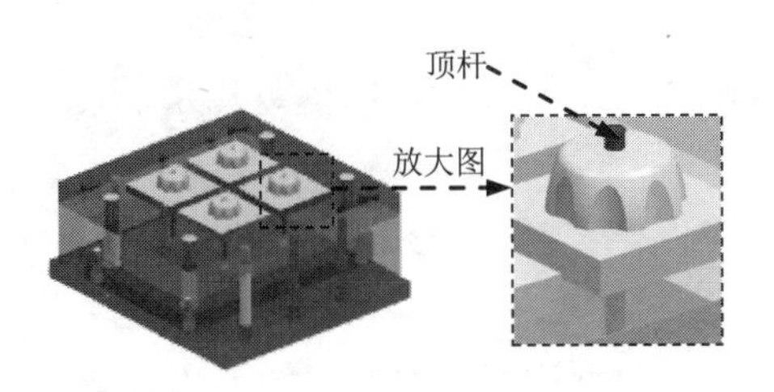

图 16.3.28 加载顶杆

说明：图 16.3.28 隐藏了上模部分结构。

Step4. 创建腔体。在“注塑模向导”功能选项卡的主要区域单击“腔”按钮，系统弹出“开腔”对话框，选取图 16.3.29 所示的实体为目标体（推杆固定板、动模板和其中一个型芯），单击鼠标中键确认；选取加载后的顶杆（四个）为工具体；单击“开腔”对话框中的确定按钮，完成腔体的创建。

Step5. 修剪顶杆。在“注塑模向导”功能选项卡的注塑模工具区域单击“修边模具组件”按钮，系统弹出“修边模具组件”对话框，在类型下拉列表中选择修剪选项；在图形区选取加载的顶杆为修剪目标体，采用系统默认的修剪方向，在“修边模具组件”对话框中单击确定按钮，完成顶杆的修剪，如图 16.3.30 所示。

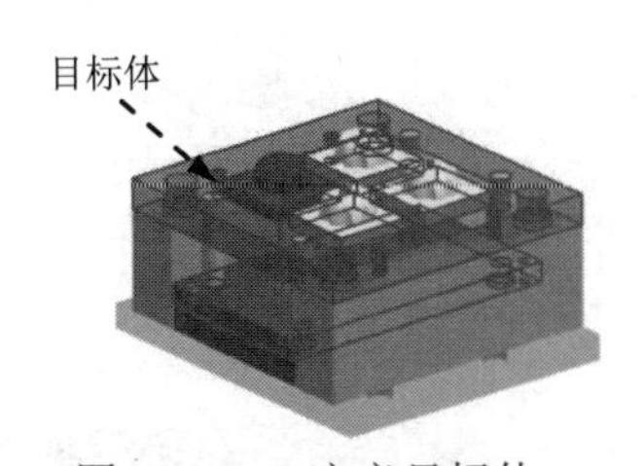

图 16.3.29 定义目标体

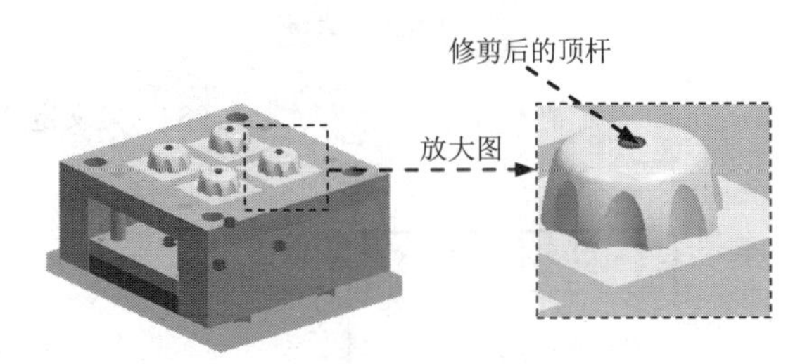

图 16.3.30 修剪顶杆

说明：比较常用的推出机构还有推管（Ejector Sleeves）。推管与顶杆的作用相同，都是用来推出成型后的塑件。有时要在塑件的小孔位设置顶出机构，这时顶杆不太方便，但推管能很方便地解决。如图 16.3.31 所示是推管的一种形式。

Stage4. 加载弹簧

Step1. 在“注塑模向导”功能选项卡的主要区域单击“标准件库”按钮，系统弹出

"标准件管理"对话框。

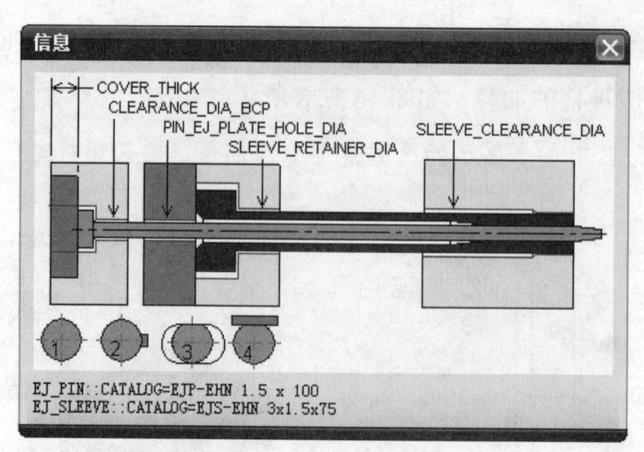

图 16.3.31 MW NX 12.0 提供的推管

Step2. 定义弹簧类型。在"标准件管理"对话框的重用库列表区域中展开 FUTABA_MM 节点，然后选择 Springs 选项，在成员选择列表区域中选择 Spring [M-FSB] 选项，在详细信息区域的 DIAMETER 下拉列表中选择 32.5 选项，在 CATALOG_LENGTH 下拉列表中选择 60 选项，在 DISPLAY 下拉列表中选择 DETAILED 选项。

Step3. 定义放置面。激活 * 选择面或平面 (0) 区域，选取图 16.3.32 所示的面，单击 确定 按钮，然后选取图 16.3.33 所示的圆弧 1，单击 应用 按钮；然后选取圆弧 2、圆弧 3 和圆弧 4，分别单击 应用 按钮，最后单击 取消 按钮，加载后的弹簧如图 16.3.34 所示。

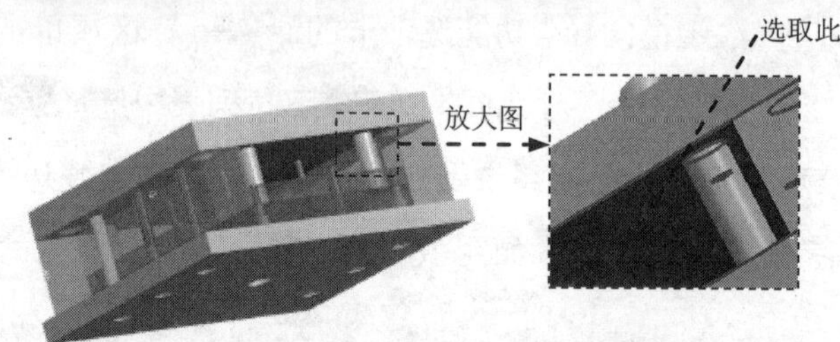

图 16.3.32 定义定位平面

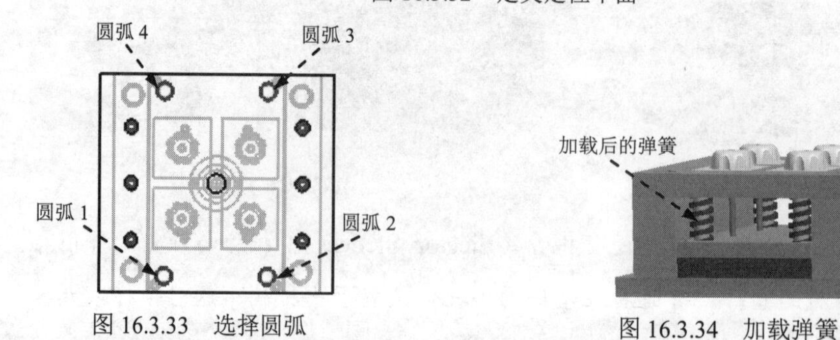

图 16.3.33 选择圆弧

图 16.3.34 加载弹簧

Step4. 创建腔体。在"注塑模向导"功能选项卡的主要区域单击"腔"按钮，系统弹出"开腔"对话框，选取图 16.3.35 所示的实体为目标体，单击鼠标中键确认；选取加载后的弹簧（四个）为工具体；单击"开腔"对话框中的 确定 按钮，完成腔体的创建，如

图 16.3.36 所示。

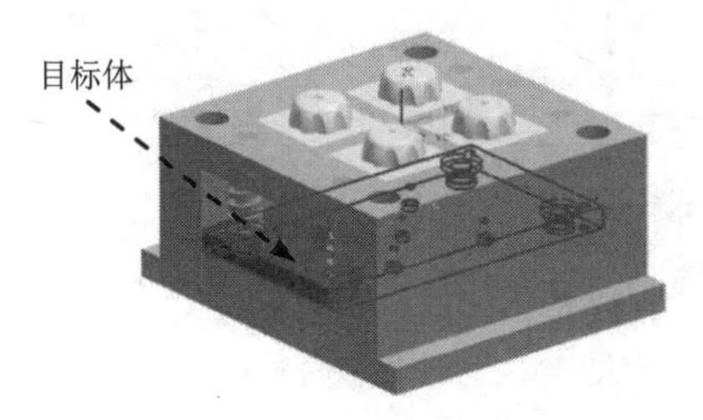

图 16.3.35 定义目标体

图 16.3.36 创建后的腔体

说明：比较常用的复位机构还有复位杆（Return Pin）。复位杆又称回程杆，主要作用是辅助打开的模具回到闭合时的位置。有时回程杆的外形和顶杆很相似，但由于所处的位置不同，起到的作用也大不相同。图 16.3.37 所示是一种比较常见的复位杆。

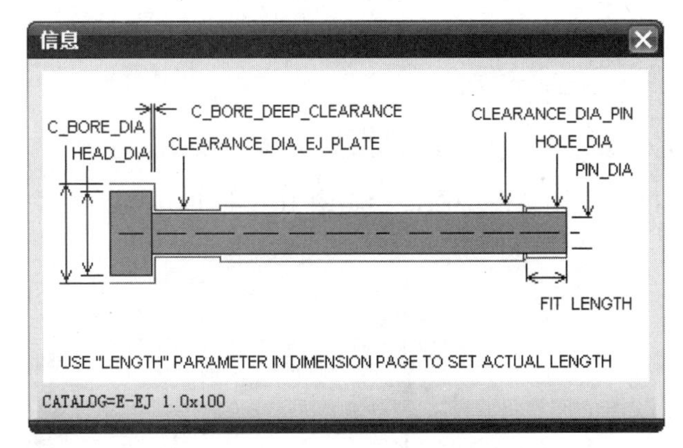

图 16.3.37 MW NX 12.0 提供的复位杆

Stage5．加载拉料杆

拉料杆是用来拉出浇注系统凝料的机构，其规格尺寸与推杆相同。在 UG NX 12.0 中需要先以推杆的形式添加到模具中再经过修改得到所需的拉料杆。

Step1. 在“注塑模向导”功能选项卡的 主要 区域单击“标准件库”按钮，系统弹出“标准件管理”对话框。

Step2. 定义拉料杆类型和参数。在“标准件管理”对话框的 重用库 列表区域中展开 DME_MM 节点，然后选择 Ejection 选项，在 成员选择 列表区域中选择 Ejector Pin [Straight] 选项，在 详细信息 区域的 CATALOG_DIA 下拉列表中选择 6 选项，在 CATALOG_LENGTH 下拉列表中选择 125 选项。

Step3. 加载拉料杆。“标准件管理”对话框中的其他参数选项保持系统默认设置，单击 确定 按钮，系统弹出“点”对话框；选择图 16.3.38 所示的圆弧中心为拉料杆定位点，在“点”对话框中单击 取消 按钮，完成拉料杆的加载，如图 16.3.39 所示。

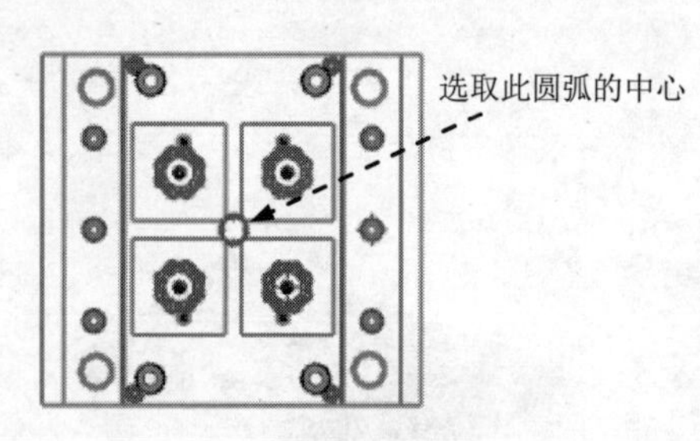

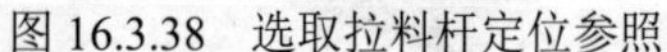
图 16.3.38 选取拉料杆定位参照

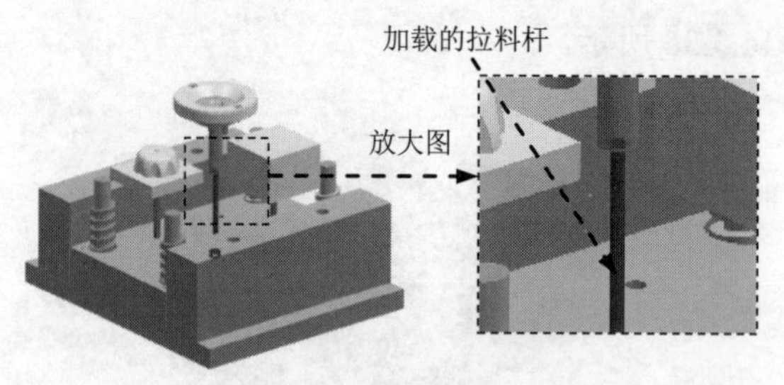

图 16.3.39 加载拉料杆

Step4. 创建腔体。在“注塑模向导”功能选项卡的 主要 区域单击“腔”按钮，系统弹出“开腔”对话框，选取图 16.3.40 所示的实体为目标体，单击鼠标中键确认；选取加载后的拉料杆为工具体；单击“开腔”对话框中的 确定 按钮，完成腔体的创建。

Step5. 修整拉料杆。

（1）在图形区的拉料杆上右击，在系统弹出的快捷菜单中选择 在窗口中打开 命令，系统将拉料杆在单独窗口中打开。

（2）选择下拉菜单 插入(S) → 设计特征(E) → 拉伸(X)... 命令，系统弹出“拉伸”对话框，选择 YZ 基准平面为草图平面，绘制图 16.3.41 所示的截面草图。

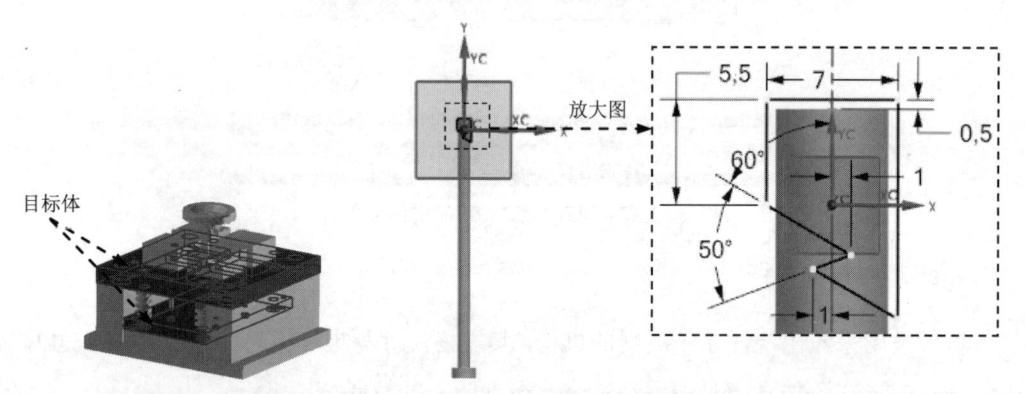

图 16.3.40 定义目标体

图 16.3.41 截面草图

说明：如果此时图形区中没有基准坐标系，则用户需要自己去创建一个基准坐标系。

（3）在“拉伸”对话框 限制 区域的 开始 下拉列表中选择 对称值 选项，并在其下的 距离 文本框中输入值 3；在 布尔 区域的 布尔 下拉列表中选择 减去 选项，然后选择拉料杆。

（4）将“拉伸”对话框中的其他参数保持系统默认设置，单击 < 确定 > 按钮，完成拉料杆的修整，如图 16.3.42 所示。

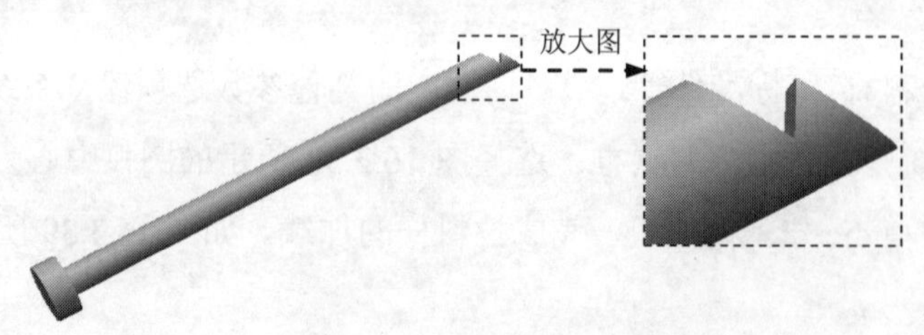

图 16.3.42 修整后的拉料杆

Step6. 转换显示模型。在“装配导航器”的 cap_mold_return_pin_010 节点上右击，在系统弹出的快捷菜单中选择 显示父项 → cap_mold_top_010，使整个装配部件为工作部件。

Stage6．保存零件模型

至此，标准件的添加及修改已经完成。选择下拉菜单 文件(F) → 全部保存(V) 命令，保存零件模型。

学习拓展：扫码学习更多视频讲解。

讲解内容：产品自顶向下（Top-Down）设计方法。自顶向下设计方法是一种高级的装配设计方法，在电子电器、工程机械、工业机器人等产品设计中应用广泛。在模架设计及标准件添加时也是必不可少的知识。

第 17 章 浇注系统和冷却系统的设计

17.1 浇注系统的设计

17.1.1 概述

浇注系统是指模具中由注射机喷嘴到型腔之间的进料通道。普通浇注系统一般由主流道、分流道、浇口和冷料穴四部分组成，如图 17.1.1 所示。

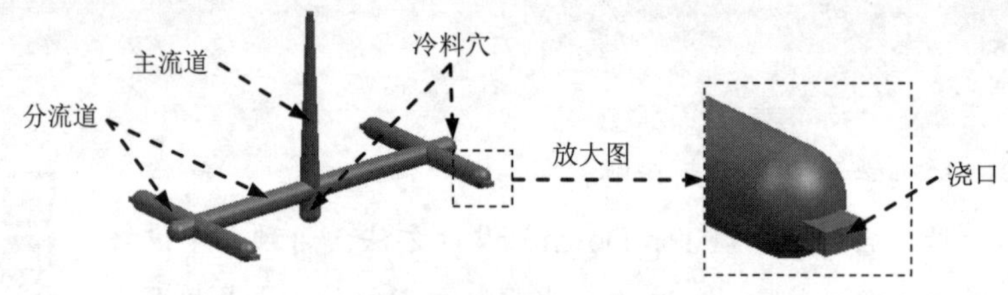

图 17.1.1 浇注系统

主流道：是指浇注系统中从注射机喷嘴与模具接触处开始到分流道为止的塑料熔体的流动通道。主流道是熔体最先流经模具的部分，它的形状与尺寸对塑料熔体的流动速度和充模时间有较大的影响，因此，在设计主流道时必须考虑到使熔体的温度和压力损失降到最小。

分流道：是指主流道末端与浇口之间的一段塑料熔体的流道。其作用是改变熔体流向，使塑料熔体以平稳的流态均衡地分配到各个型腔。设计时应注意尽量减少流动过程中的温度损失与压力损失。

浇口：也称进料口，是连接分流道与型腔的熔体通道。浇口位置选择得合理与否，直接影响到塑件能不能完整地、高质量地成型。

冷料穴：其作用是容纳浇注系统中塑料熔体的前锋冷料，以免这些冷料注入型腔。

17.1.2 流道设计

本节将以图 17.1.2 所示的一个一模多穴的模具为例来说明在 UG NX 12.0 中设计流道的一般过程，通过对本例的学习，读者能清楚地掌握流道的设计原理。

Step1. 打开模型。选择下拉菜单 文件(F) → 打开(O)... 命令，打开 D:\ug12mo\work\ch17.01\cap_mold_top_010.prt 文件。

Step2. 隐藏零部件。

（1）隐藏模架部分。在 装配导航器 中将 ☐ cap_mold_fs_034、☐ cap_mold_var_011、☐ cap_mold_cool_001、☐ cap_mold_misc_005、☐ cap_mold_ej_pin_053 部件取消勾选。

（2）隐藏型腔。在 装配导航器 中将 ☐ cap_mold_cavity_002 零件取消勾选，结果如图 17.1.3 所示。

说明： ☑ cap_mold_ej_pin_053 和 ☑ cap_mold_cavity_002 部件位于 ☑ cap_mold_layout_022 的 ☑ cap_mold_prod_003 装配下。

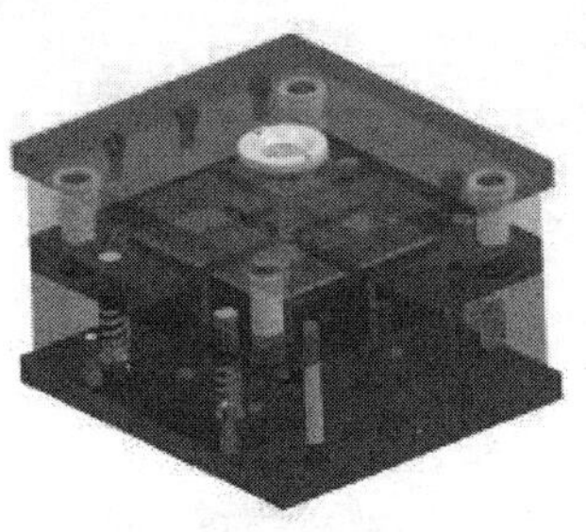

图 17.1.2 模架模型

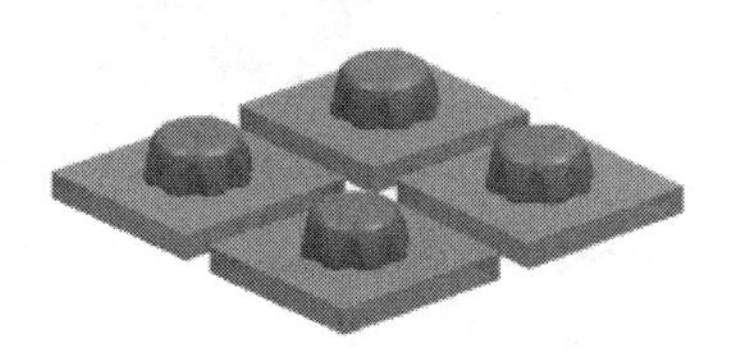

图 17.1.3 隐藏模架和型腔

Step3. 在“注塑模向导”功能选项卡的 主要 区域中单击“流道”按钮，系统弹出图 17.1.4 所示的“流道”对话框。

Step4. 创建图 17.1.5 所示的流道。

（1）定义图 17.1.6 所示的引导线。

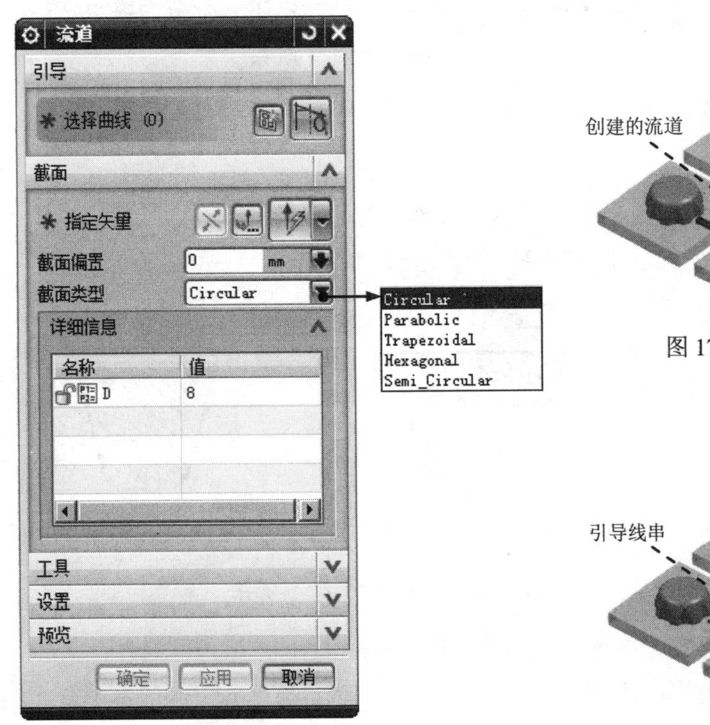

图 17.1.4 “流道”对话框

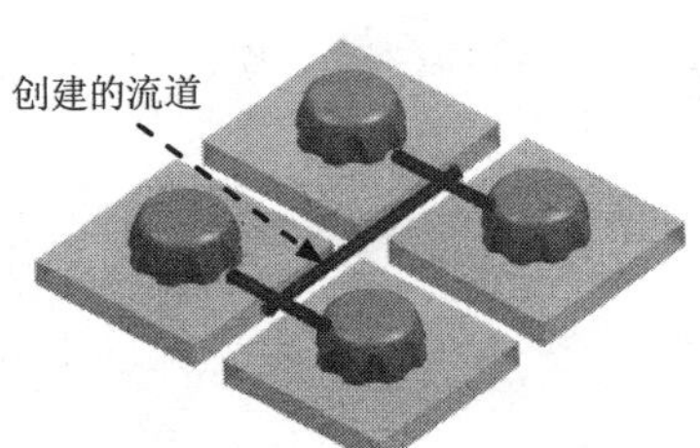

图 17.1.5 创建流道

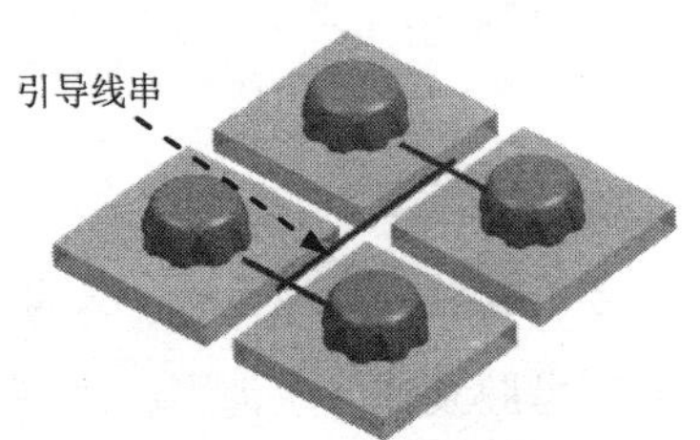

图 17.1.6 定义引导线串

① 单击“流道”对话框中的“绘制截面”按钮，系统弹出“创建草图”对话框，在平面方法下拉列表中选择自动判断选项。

② 单击 确定 按钮，进入草图绘制环境，绘制图 17.1.7 所示的截面草图。

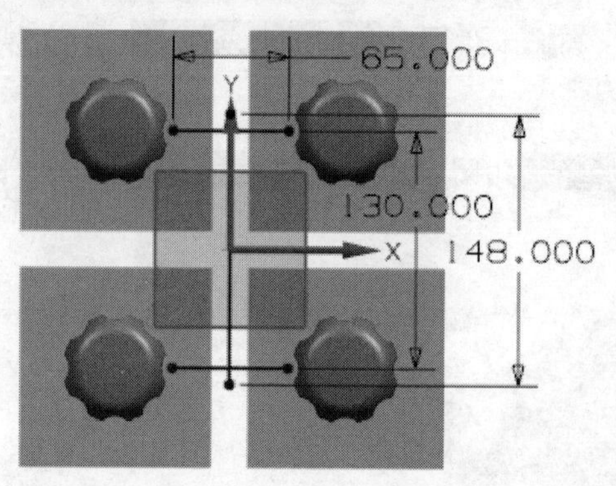

图 17.1.7　截面草图

③ 单击 完成草图 按钮，退出草图环境。

(2) 定义截面类型。在对话框的截面类型下拉列表中选择Circular选项。

(3) 定义参数。在参数列表框中双击 D 8 选项，输入截面直径值为 6，其他参数接受系统默认设置。

(4) 单击 <确定> 按钮，完成流道的创建。

图 17.1.4 所示的“流道”对话框中各选项的说明如下。

- 截面类型下拉列表：用于定义流道的截面形状，包括以下五种截面类型。
  - ☑ Circular选项：只需给定流道直径，如图 17.1.8 所示。
  - ☑ Parabolic选项：需要给定流道高度、流道拐角半径、流道角度，如图 17.1.9 所示。
  - ☑ Trapezoidal选项：梯形流道的截面参数较多，需要给定流道宽度、流道深度、流道侧角度、流道拐角半径，如图 17.1.10 所示。

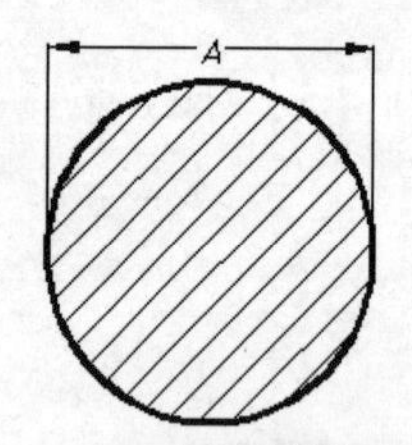

图 17.1.8　圆形流道截面

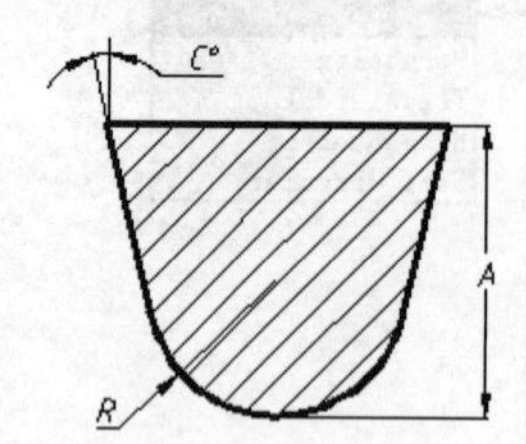

图 17.1.9　抛物线流道截面

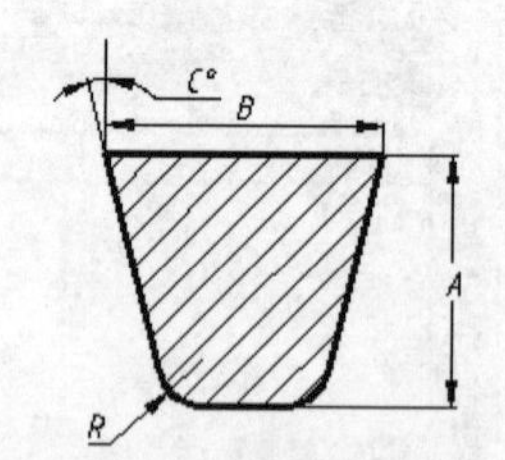

图 17.1.10　梯形流道截面

  - ☑ Hexagonal选项：只需给定流道宽度，如图 17.1.11 所示。
  - ☑ Semi_Circular选项：只需给定流道半径，如图 17.1.12 所示。

Step5. 型腔设计（取消型腔隐藏）。

(1) 在“注塑模向导”功能选项卡的主要区域中单击“腔”按钮，系统弹出图 17.1.13

所示的“开腔”对话框。

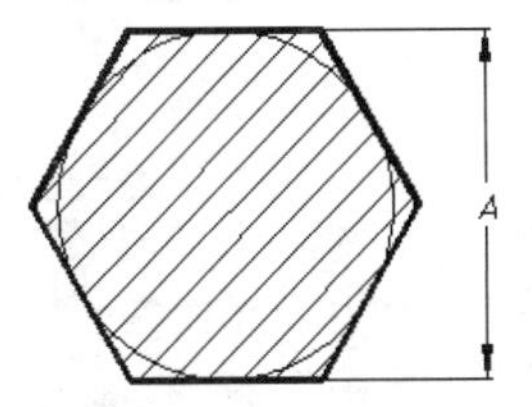

图 17.1.11 六边形流道截面

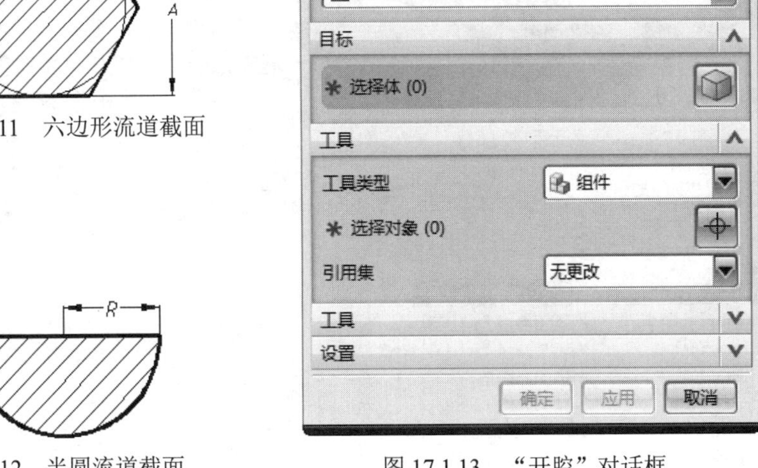

图 17.1.12 半圆流道截面

图 17.1.13 “开腔”对话框

（2）在“开腔”对话框的工具类型下拉列表中选择实体选项，然后选取图 17.1.14 所示的目标体和工具体，单击确定按钮，完成腔体的创建，如图 17.1.15 所示（隐藏流道）。

说明：可以选取任意一组型腔和型芯作为目标体。

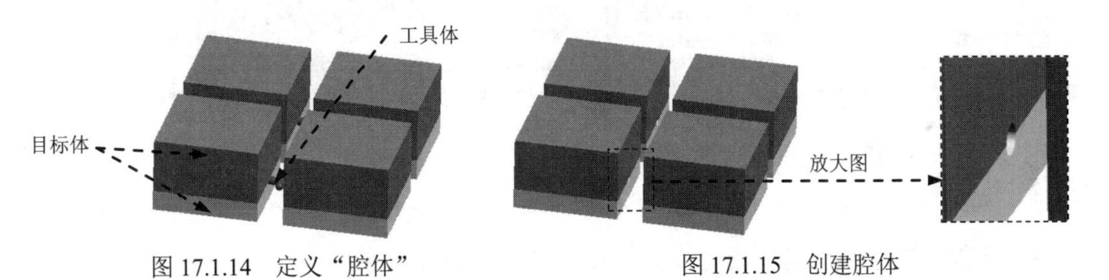

图 17.1.14 定义“腔体”

图 17.1.15 创建腔体

17.1.3 浇口设计

浇口设计在模具中是不可忽视的，其主要作用包括：提高塑料熔体的剪切速率，降低黏度，使其迅速充满型腔；浇口通常是浇注系统中截面最小的部分，这有利于在塑件的后续加工中塑件与浇口凝料的分离；浇口还起着早固化、防止型腔中熔体倒流的作用。本节将继续以上一节的模型为例来讲解设计浇口的一般过程。

Step1. 显示型腔部件。在装配导航器中将型芯（cap_mold_core_006）和产品模型（cap_mold_parting-set_021）隐藏，结果如图 17.1.16 所示。

Step2. 在“注塑模向导”功能选项卡的主要区域中单击“填充设计”按钮，系统弹出图 17.1.17 所示的“重用库”资源选项卡“成员选择”区域和图 17.1.18 所示的“设计填充”对话框及“信息”窗口。

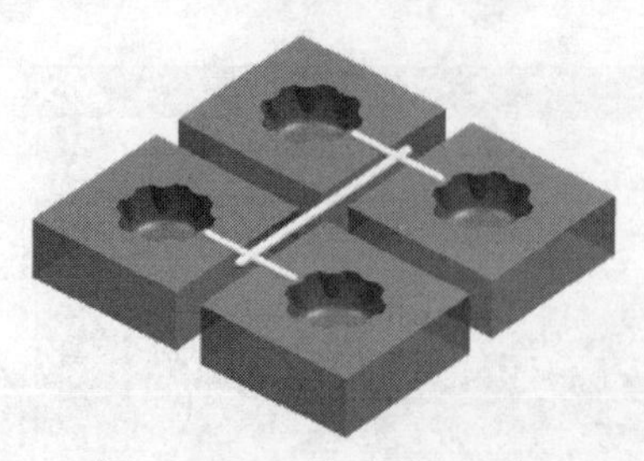

图 17.1.16 显示型腔部分

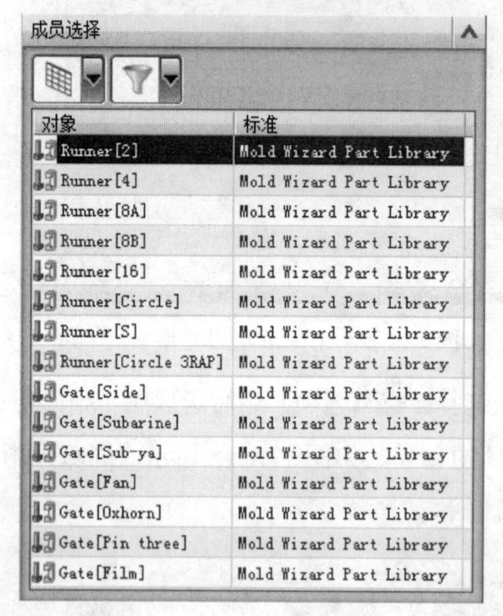

图 17.1.17 “成员选择”区域

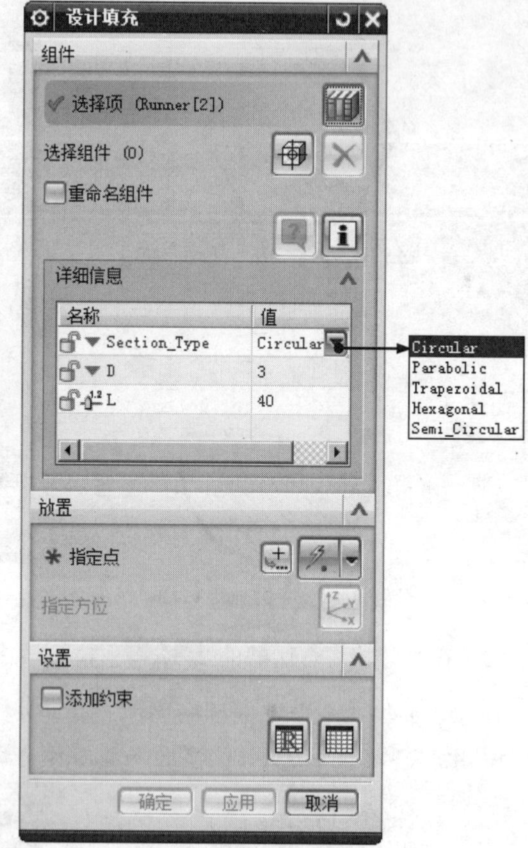

图 17.1.18 “设计填充”对话框

图 17.1.18 所示“设计填充”对话框中部分选项的说明如下。

- 组件 区域：用于定义浇口的类型或选择浇口进行编辑。
- 详细信息 区域：用于设置浇口的截面类型及相关参数。浇口的截面类型主要包括以下几种：
  - ☑ Circular：圆形截面。
  - ☑ Parabolic：抛物线截面。
  - ☑ Trapezoidal：梯形截面。
  - ☑ Hexagonal：六边形截面。
  - ☑ Semi_Circular：半圆截面。
- 放置 区域：用于定义浇口的放置位置及方位。

Step3. 定义类型属性。

(1) 选择类型。在“设计填充”对话框 详细信息 区域的 Section_Type 下拉列表中选择 Circular 选项。

（2）定义尺寸。分别将“D”和“L”的参数改写为 2 和 15。

Step4. 定义浇口起始点。单击“设计填充”对话框的 * 指定点 区域，选取图 17.1.19 所示的圆弧边线。

Step5. 定义浇口方位。采用系统默认的方位。

Step6. 单击 确定 按钮，完成流道末端浇口的创建。

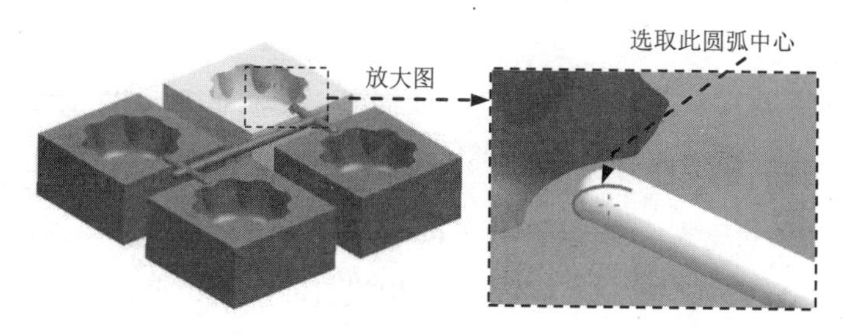

图 17.1.19　选取浇口放置点

Step7. 参照 Step3~ Step6 的操作步骤，创建其他浇口，结果如图 17.1.20 所示。

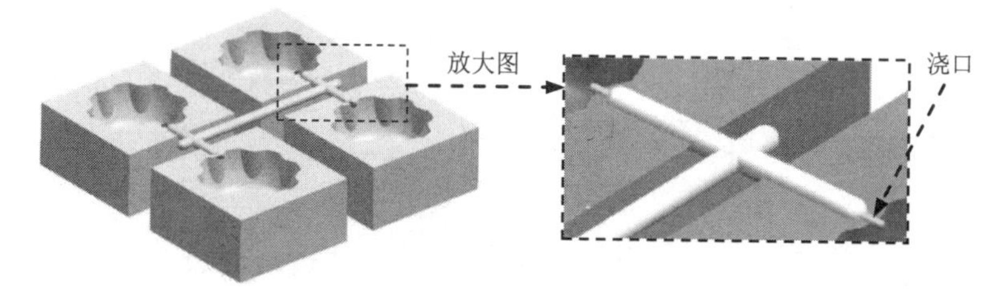

图 17.1.20　创建浇口

Step8. 型腔设计。

（1）显示动/定模板。在“装配导航器”中将动模板（cap_mold_b_plate_040）和定模板（cap_mold_a_plate_026）取消隐藏。

（2）在“注塑模向导”功能选项卡的 主要 区域中单击“腔”按钮，系统弹出“开腔”对话框。

（3）在“开腔”对话框中选取图 17.1.21 所示的目标体和工具体，单击 确定 按钮，完成型腔设计，结果如图 17.1.22 所示。

说明：目标体为型腔、动模板和定模板，工具体为流道和浇口。

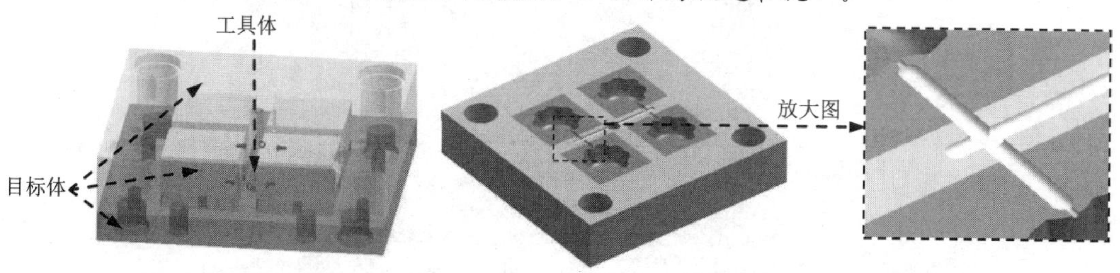

图 17.1.21　腔体管理　　图 17.1.22　腔体管理结果

Step9. 保存文件（显示所有组件）。选择下拉菜单 文件(F) → 全部保存(V) 命令，保存所

有文件。

17.2 冷却系统的设计

17.2.1 概述

冷却系统指的是对模具进行冷却或加热的系统，它既关系到塑件的质量（塑件的尺寸精度、塑件的力学性能和塑件的表面质量），又关系到生产效率。因此，必须根据要求将模具温度控制在一个合理的范围之内，以得到高品质的塑件和较高的生产效率。

在 Mold Wizard 中，创建冷却系统可以使用模具冷却工具来完成，模具冷却工具提供了多种创建冷却通道和修改编辑冷却通道的方法，还可以使用模具冷却工具中的“冷却标准件库”命令快速创建冷却通道，并完成冷却系统中的一些其他零部件的设计（如水塞、O 形圈和水嘴等）。

17.2.2 冷却通道设计

使用“冷却标准件库”可以完成冷却通道的设计，其冷却通道的一般设计思路为，首先定义冷却通道的参数，然后定义生成冷却通道的位置。

打开 D:\ug12mo\work\ch17.02.02\cap_mold_top_010.prt 文件。

在“注塑模向导”功能选项卡的 冷却工具 区域中单击“冷却标准件库”按钮，系统弹出图 17.2.1 所示的“冷却组件设计”对话框以及“重用库”导航器。

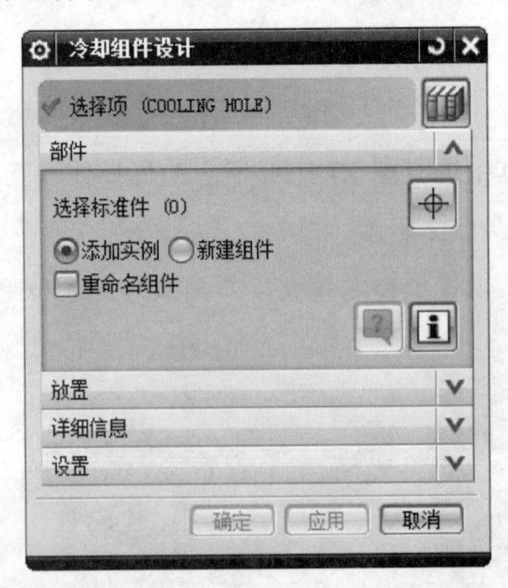

图 17.2.1 “冷却组件设计”对话框

说明：在“重用库”导航器的 名称 列表中展开模型树中的 COOLING 选项，然后选择 Water

选项，在**成员选择**列表区域中显示出冷却系统中常见组件对象的列表，在该列表中选择一个组件对象，如图 17.2.2 所示；同时在“冷却组件设计”对话框的下部会弹出图 17.2.2 所示的信息窗口并显示对象参数，修改组件参数，可以完成冷却系统中常见组件的设计。

图 17.2.2 “信息窗口”界面

17.2.3 冷却系统标准件

使用“冷却标准件库”按钮可以完成冷却系统的设计。此设计过程不但可以完成冷却通道的设计，还可以完成冷却系统中的一些其他零部件的设计（如水塞、O 形圈和水嘴等）。下面以图 17.2.3 为例来说明在 UG NX 12.0 中使用“冷却标准件库”方式完成冷却系统设计的一般过程。

Task1. 创建冷却通道

Step1. 打开 D:\ug12mo\work\ch17.02.03\cap_mold_top_010.prt 文件。

Step2. 隐藏模架部分。在**装配导航器**中取消选中☑ cap_mold_fs_034、☑ cap_mold_var_011、☑ cap_mold_cool_001、☑ cap_mold_misc_005和☑ cap_mold_ej_pin_053部件，结果如图 17.2.4 所示。

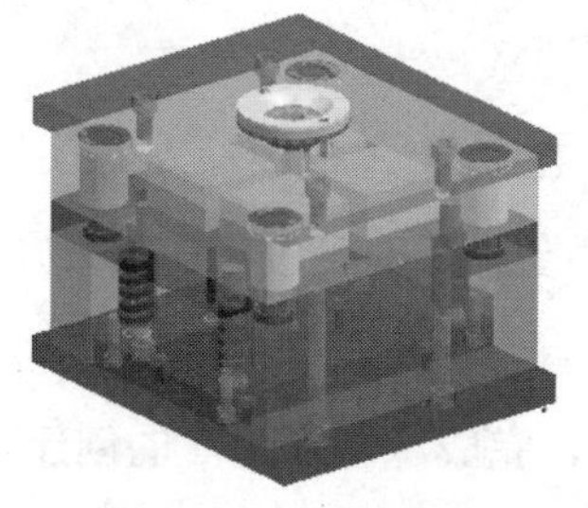

图 17.2.3 模架模型

图 17.2.4 隐藏模架部分

Step3. 在“注塑模向导”功能选项卡的冷却工具区域中单击“冷却标准件库”按钮，系统弹出“冷却组件设计”对话框。

Step4. 选择通道类型。在“重用库”导航器的名称列表中展开模型树中的COOLING选项，然后选择Water选项，在成员选择区域中选择COOLING HOLE选项，系统弹出信息窗口并显示参数。

（1）修改参数。在详细信息区域的PIPE_THREAD下拉列表中选择M8选项；选择HOLE 1 DEPTH选项，在HOLE_1_DEPTH文本框中输入值30，并按Enter键确认；选择HOLE 2 DEPTH选项，在HOLE_2_DEPTH文本框中输入值30，并按Enter键确认，其他参数接受系统默认设置。

（2）定义放置面。激活* 选择面或平面 (0)区域，选取图17.2.5所示的表面（显示坐标系），单击确定按钮，然后在系统弹出的“标准件位置”对话框中单击“点对话框”按钮，系统弹出“点”对话框，在“点”对话框类型区域的下拉列表中选择自动判断的点选项。

（3）定义通道坐标点。在参考下拉列表中选择WCS选项，在XC文本框中输入值20，在YC文本框中输入值0，在ZC文本框中输入值0；单击确定按钮，系统返回至“标准件位置”对话框，在偏置区域的X 偏置文本框中输入值0，在Y 偏置文本框中输入值0。

（4）在“标准件位置”对话框中单击确定按钮，完成通道坐标系的定义，完成冷却通道1的创建，结果如图17.2.6所示。

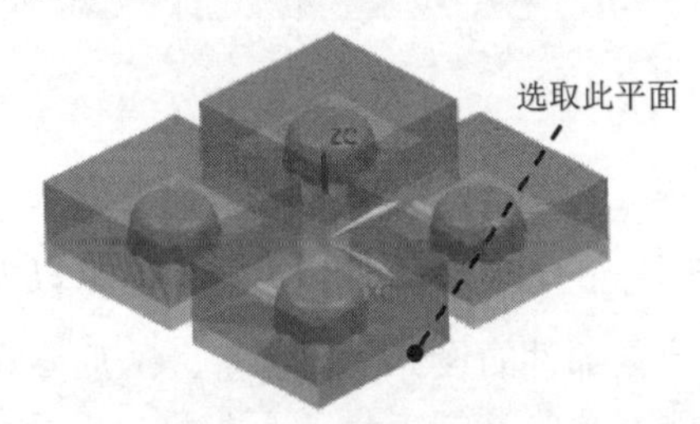

图17.2.5 定义放置平面

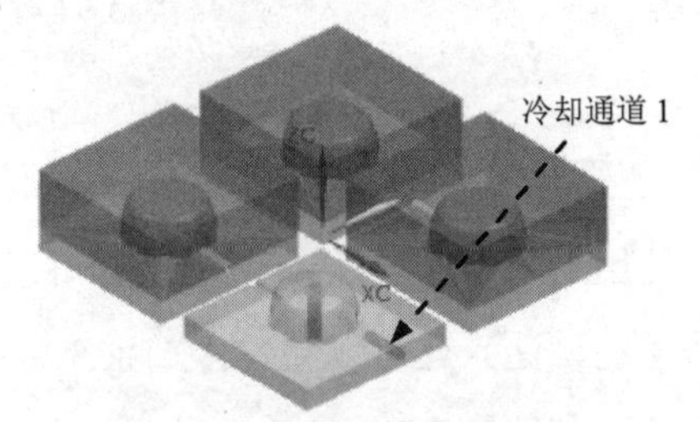

图17.2.6 创建冷却通道1

Step5. 定义冷却通道2。参照冷却通道1的创建方法创建冷却通道2。

（1）修改参数。在PIPE_THREAD下拉列表中选择M8选项；选择HOLE 1 DEPTH选项，在HOLE_1_DEPTH文本框中输入值80，并按Enter键确认；选择HOLE 2 DEPTH选项，在HOLE_2_DEPTH文本框中输入值80，并按Enter键确认，其他参数接受系统默认设置。

（2）定义放置面。激活* 选择面或平面 (0)区域，选取图17.2.7所示的表面，单击确定按钮，然后在系统弹出的“标准件位置”对话框中单击“点对话框”按钮，系统弹出“点”对话框，在类型区域的下拉列表中选择自动判断的点选项。

（3）定义通道坐标点。在XC文本框中输入值30，在YC文本框中输入值0，在ZC文本框中输入值0；单击确定按钮，系统返回至“标准件位置”对话框，在偏置区域的X 偏置文本框中输入值0，在Y 偏置文本框中输入值0。

（4）在“标准件位置”对话框中单击确定按钮，完成冷却通道2的创建，结果如图

17.2.8 所示。

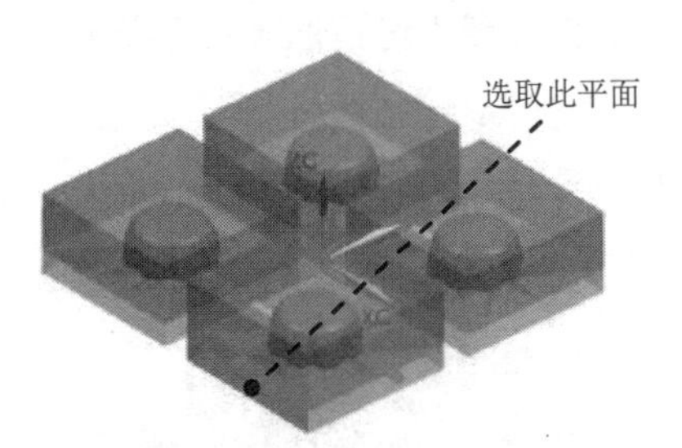

图 17.2.7 定义放置面

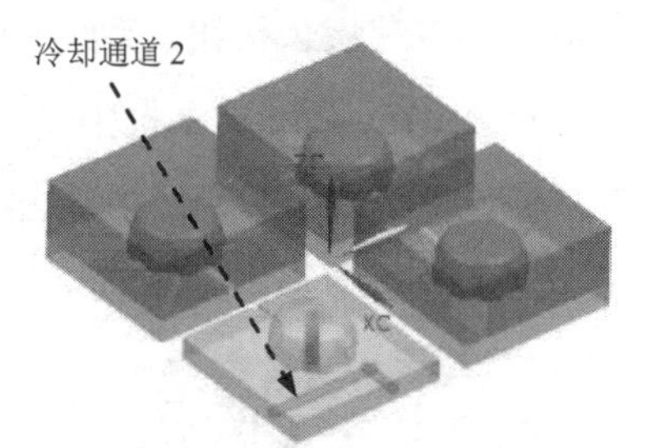

图 17.2.8 创建冷却通道 2

Step6. 定义冷却通道 3。参照冷却通道 1 的创建方法创建冷却通道 3。

（1）修改参数。在 PIPE_THREAD 下拉列表中选择 M8 选项；选择 HOLE 1 DEPTH 选项，在 HOLE_1_DEPTH 文本框中输入值 90，并按 Enter 键确认；选择 HOLE 2 DEPTH 选项，在 HOLE_2_DEPTH 文本框中输入值 90，并按 Enter 键确认，其他参数接受系统默认设置。

（2）定义放置面。激活 * 选择面或平面 (0) 区域，选取图 17.2.9 所示的表面，单击 确定 按钮，然后在系统弹出的“标准件位置”对话框中单击“点对话框”按钮，系统弹出“点”对话框，在 类型 区域的下拉列表中选择 自动判断的点 选项。

（3）定义通道坐标点。在 XC 文本框中输入值 20，在 YC 文本框中输入值 0；在 ZC 文本框中输入值 0；单击 确定 按钮，系统返回至“标准件位置”对话框，在 偏置 区域的 X 偏置 文本框中输入值 0，在 Y 偏置 文本框中输入值 0。

（4）在“标准件位置”对话框中单击 确定 按钮，完成冷却通道 3 的创建，结果如图 17.2.10 所示。

Step7. 定义冷却通道 4。参照冷却通道 1 的创建方法创建冷却通道 4。

（1）修改参数。在 PIPE_THREAD 下拉列表中选择 M8 选项；选择 HOLE 1 DEPTH 选项，在 HOLE_1_DEPTH 文本框中输入值 90，并按 Enter 键确认；选择 HOLE 2 DEPTH 选项，在 HOLE_2_DEPTH 文本框中输入值 90，并按 Enter 键确认，其他参数接受系统默认设置。

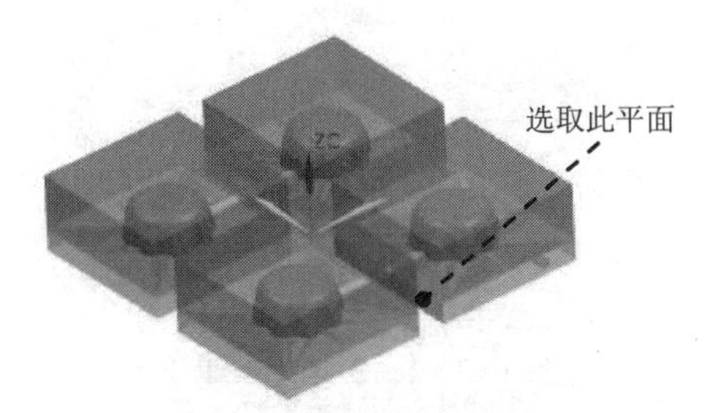

图 17.2.9 定义放置面

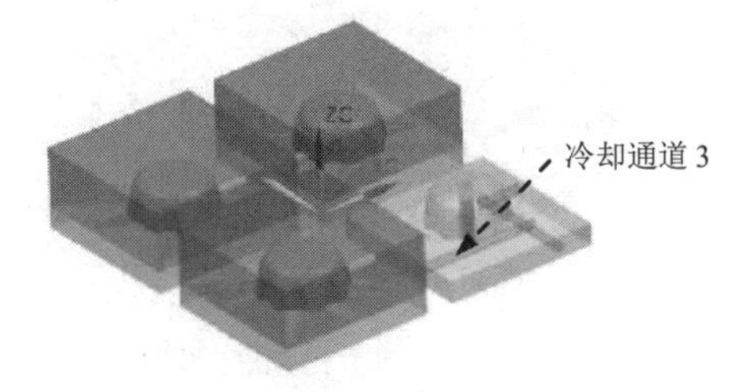

图 17.2.10 创建冷却通道 3

（2）定义放置面。激活 * 选择面或平面 (0) 区域，选取图 17.2.11 所示的表面，单击 确定 按钮，然后在系统弹出的“标准件位置”对话框中单击“点对话框”按钮，系统弹出“点”对话框，在 类型 区域的下拉列表中选择 自动判断的点 选项。

（3）定义通道坐标点。在 XC 文本框中输入值-20，在 YC 文本框中输入值 0，在 ZC 文本框中输入值 0；单击 确定 按钮，系统返回至“标准件位置”对话框，在 偏置 区域的 X 偏置 文本框中输入值 0，在 Y 偏置 文本框中输入值 0。

（4）在“标准件位置”对话框中单击 确定 按钮，完成冷却通道 4 的创建，结果如图 17.2.12 所示。

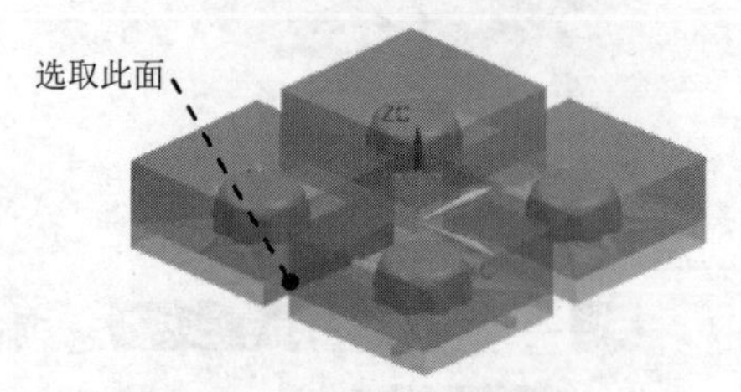

图 17.2.11　定义放置面

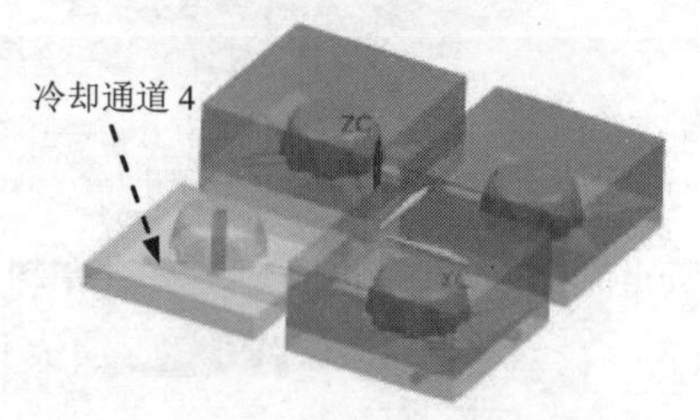

图 17.2.12　创建冷却通道 4

Step8. 定义冷却通道 5。参照冷却通道 1 的创建方法创建冷却通道 5。

（1）修改参数。在 PIPE_THREAD 下拉列表中选择 M8 选项；选择 HOLE 1 DEPTH 选项，在 HOLE_1_DEPTH 文本框中输入值 80，并按 Enter 键确认；选择 HOLE 2 DEPTH 选项，在 HOLE_2_DEPTH 文本框中输入值 80，并按 Enter 键确认，其他参数接受系统默认设置。

（2）定义放置面。激活 * 选择面或平面 (0) 区域，选取图 17.2.13 所示的表面，单击 确定 按钮，然后在系统弹出的“标准件位置”对话框中单击“点对话框”按钮，系统弹出“点”对话框，在 类型 区域的下拉列表中选择 自动判断的点 选项。

（3）定义通道坐标点。在 XC 文本框中输入值 30，在 YC 文本框中输入值 0，在 ZC 文本框中输入值 0；单击 确定 按钮，系统返回至“标准件位置”对话框，在 偏置 区域的 X 偏置 文本框中输入值 0，在 Y 偏置 文本框中输入值 0。

（4）在“标准件位置”对话框中单击 确定 按钮，完成冷却通道 5 的创建，结果如图 17.2.14 所示。

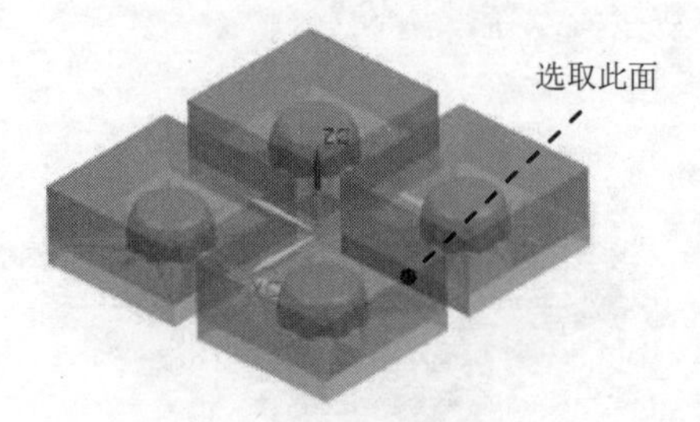

图 17.2.13　定义放置面

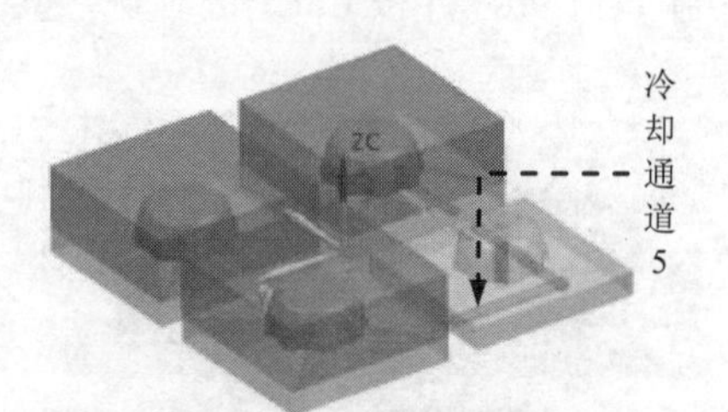

图 17.2.14　创建冷却通道 5

Step9. 镜像图 17.2.15b 所示的冷却通道。

（1）选取组件。从 装配导航器 中选择 cap_mold_cool_001 部件并右击，在系统弹出的快捷菜单中选择 设为工作部件 命令，使之转为工作部件。

（2）选择命令。选择下拉菜单 装配(A) → 组件(C) → 镜像装配(I)... 命令，系统

弹出图 17.2.16 所示的“镜像装配向导”对话框。

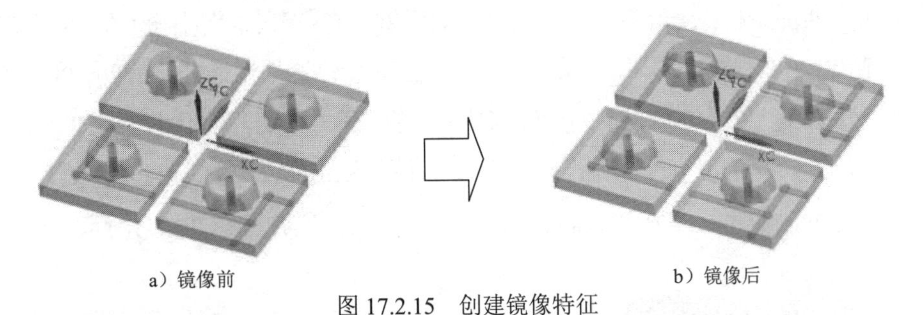

a）镜像前　　　　　　b）镜像后

图 17.2.15　创建镜像特征

镜像装配向导

镜像步骤
欢迎
选择组件

Mirror Assemblies Wizard

欢迎使用“镜像装配向导”
此向导可帮助您创建镜像组件：
对称组件可以重用和重定位。
非对称组件可以重用和重定位或可经反射后创建新部件。
新的反射部件几何体可以关联至原几何体或者不关联。

< 上一步　下一步 >　取消

图 17.2.16　“镜像装配向导”对话框

（3）在“镜像装配向导”对话框中单击 下一步 > 按钮。

（4）选取镜像组件。从模型中选取创建的 5 个冷却通道。

（5）在“镜像装配向导”对话框中单击 下一步 > 按钮。

（6）在对话框中单击“创建基准平面”按钮，系统弹出“基准平面”对话框。

（7）在“基准平面”对话框的 类型 下拉列表中选择 XC-ZC 平面 选项。

（8）在“基准平面”对话框中单击 < 确定 > 按钮，系统返回至“镜像装配向导”对话框。

（9）在“镜像装配向导”对话框中两次单击 下一步 > 按钮。

（10）在“镜像装配向导”对话框中单击 完成 按钮，完成镜像，如图 17.2.15 所示（隐藏镜像平面和型腔）。

Step10. 定义冷却通道 6。参照冷却通道 1 的创建方法创建冷却通道 6（此时应激活总装配）。

（1）修改参数。在 PIPE_THREAD 下拉列表中选择 M8 选项；选择 HOLE 1 DEPTH 选项，在 HOLE_1_DEPTH 文本框中输入值 20，并按 Enter 键确认；选择 HOLE 2 DEPTH 选项，在 HOLE_2_DEPTH 文本框中输入值 20，并按 Enter 键确认，其他参数接受系统默认设置。

（2） 定义放置面。激活 * 选择面或平面 (0) 区域，选取图 17.2.17 所示的表面，单击 应用 按钮，然后在系统弹出的“标准件位置”对话框中单击“点对话框”按钮，系

统弹出“点”对话框，在类型区域的下拉列表中选择自动判断的点选项。

（3）定义通道坐标点。在XC文本框中输入值-20，在YC文本框中输入值 0，在ZC文本框中输入值 0；单击确定按钮，系统返回至“标准件位置”对话框，在偏置区域的X 偏置文本框中输入值 0，在Y 偏置文本框中输入值 0，单击确定按钮。

（4）修改方向。单击“冷却标准件库”按钮，激活选择标准件 (0)区域，然后选择已创建的冷却通道 6 为参考。单击“翻转方向”按钮，结果如图 17.2.18 所示。

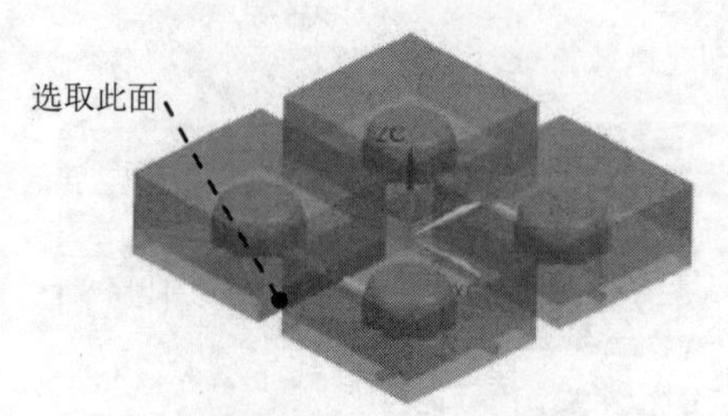

图 17.2.17　定义放置面

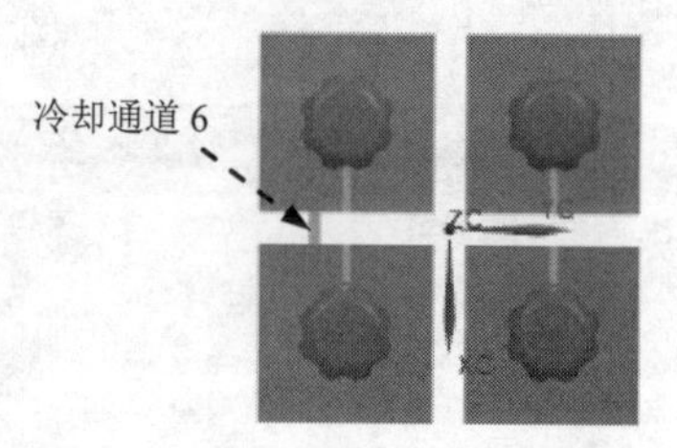

图 17.2.18　创建冷却通道 6

（5）单击确定按钮，完成冷却水道 6 的创建。

Step11. 定义冷却通道 7。参照冷却通道 1 的创建方法创建冷却通道 7。

（1）修改参数。在PIPE_THREAD下拉列表中选择M8选项；选择HOLE 1 DEPTH选项，在HOLE_1_DEPTH文本框中输入值 20，并按 Enter 键确认；选择HOLE 2 DEPTH选项，在HOLE_2_DEPTH文本框中输入值 20，并按 Enter 键确认，其他参数接受系统默认设置。

（2） 定义放置面。激活* 选择面或平面 (0)区域，选取图 17.2.19 所示的表面，单击应用按钮，然后在系统弹出的“标准件位置”对话框中单击“点对话框”按钮，系统弹出“点”对话框，在类型区域的下拉列表中选择自动判断的点选项。

（3）定义通道坐标点。在XC文本框中输入值-30，在YC文本框中输入值 0，在ZC文本框中输入值 0；单击确定按钮，系统返回至“标准件位置”对话框，在偏置区域的X 偏置文本框中输入值 0，在Y 偏置文本框中输入值 0，单击确定按钮。

（4）修改方向。单击“冷却标准件库”按钮，激活选择标准件 (0)区域，然后选择已创建的冷却通道 7 为参考。单击“翻转方向”按钮，结果如图 17.2.20 所示。。

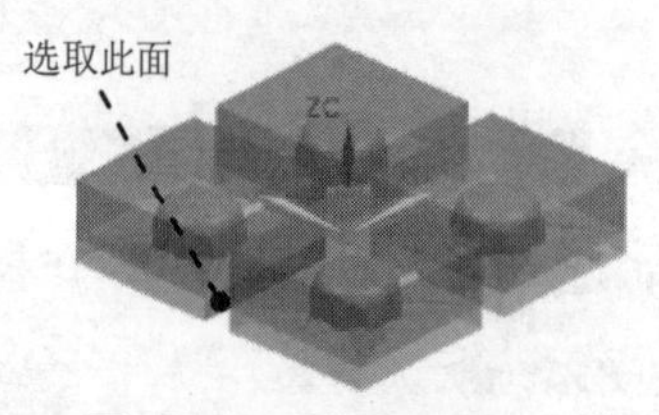

图 17.2.19　定义放置面

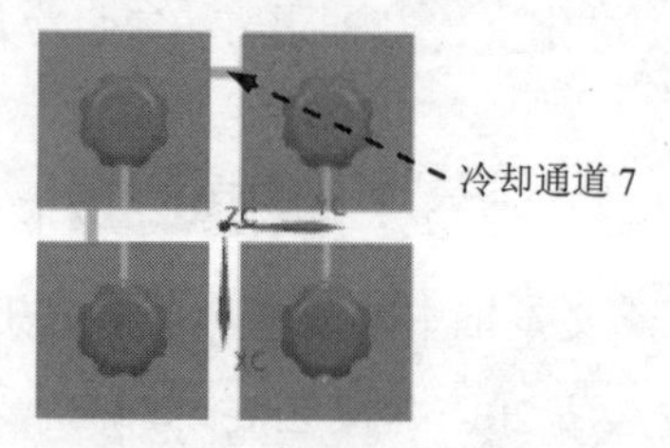

图 17.2.20　创建冷却通道 7

（5）单击 确定 按钮，完成冷却水道 7 的创建。

Step12. 定义冷却通道 8。参照冷却通道 1 的创建方法创建冷却通道 8。

（1）修改参数。在 PIPE_THREAD 下拉列表中选择 M8 选项；选择 HOLE 1 DEPTH 选项，在 HOLE_1_DEPTH 文本框中输入值 20，并按 Enter 键确认；选择 HOLE 2 DEPTH 选项，在 HOLE_2_DEPTH 文本框中输入值 20，并按 Enter 键确认，其他参数接受系统默认设置。

（2）定义放置面。激活 * 选择面或平面 (0) 区域，选取图 17.2.21 所示的表面，单击 应用 按钮，然后在系统弹出的“标准件位置”对话框中单击“点对话框”按钮，系统弹出“点”对话框，在 类型 区域的下拉列表中选择 自动判断的点 选项。

（3）定义通道坐标点。在 XC 文本框中输入值-20，在 YC 文本框中输入值 0，在 ZC 文本框中输入值 0；单击 确定 按钮，系统返回至“标准件位置”对话框，在 偏置 区域的 X 偏置 文本框中输入值 0，在 Y 偏置 文本框中输入值 0，单击 确定 按钮。

（4）修改方向。单击“冷却标准件库”按钮，激活 选择标准件 (0) 区域，然后选择已创建的冷却通道 8 为参考。单击“翻转方向”按钮，结果如图 17.2.22 所示。

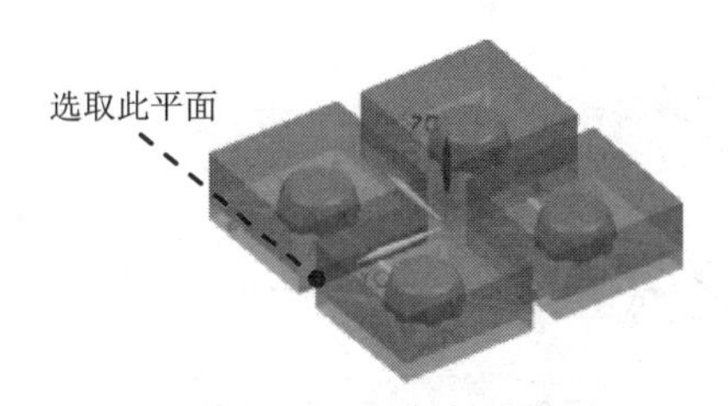

图 17.2.21 定义放置面

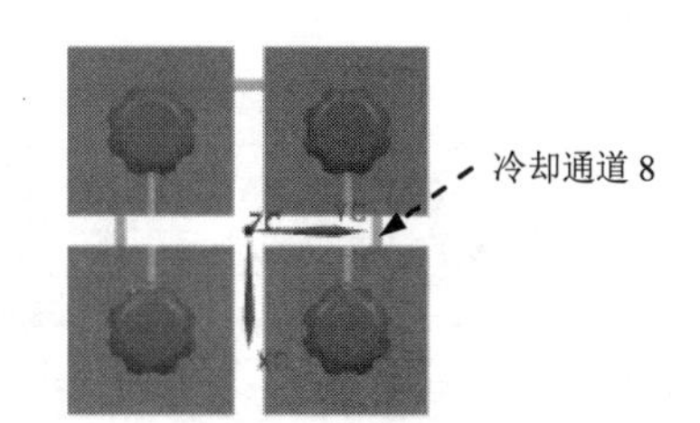

图 17.2.22 创建冷却通道 8

（5）单击 确定 按钮，完成冷却水道 8 的创建。

Step13. 定义冷却通道 9。

（1）显示下模并隐藏模仁。在 装配导航器 中选择下模 cap_mold_movehalf_027 部件并勾选；选择模仁 cap_mold_layout_022 部件并取消勾选，结果如图 17.2.23 所示。

说明： cap_mold_movehalf_027 部件在 cap_mold_fs_034 中。

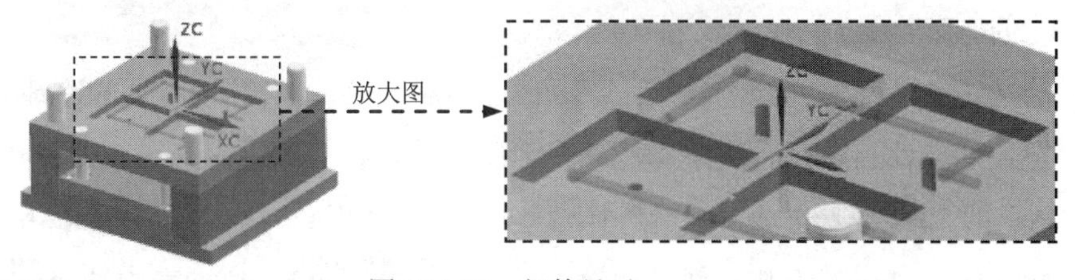

图 17.2.23 部件显示

（2）在“注塑模向导”功能选项卡的 冷却工具 区域中单击“冷却标准件库”按钮，系统弹出“冷却组件设计”对话框，在其中取消选中 关联位置 复选框。

（3）选择通道类型。在“重用库”导航器的 名称 列表展开模型树中的 COOLING 选项，然后选择Water选项，在成员选择区域中选择COOLING HOLE选项，系统弹出信息窗口并显示参数。

（4）修改参数。在详细信息区域的PIPE_THREAD下拉列表中选择M8选项；选择HOLE 1 DEPTH选项，在HOLE_1_DEPTH文本框中输入值80，并按Enter键确认；选择HOLE 2 DEPTH选项，在HOLE_2_DEPTH文本框中输入值80，并按Enter键确认，其他参数接受系统默认设置。

（5）定义放置面。激活* 选择面或平面 (0)区域，选取图17.2.24所示的表面，单击确定按钮，系统弹出"点"对话框。

（6）在"点"对话框的XC文本框中输入值-45，在YC文本框中输入值12.5，在ZC文本框中输入值0，单击确定按钮，系统弹出"点"对话框。

（7）在"点"对话框的XC文本框中输入值45，在YC文本框中输入值12.5，在ZC文本框中输入值0，单击确定按钮，系统弹出"点"对话框。

（8）单击"点"对话框中的取消按钮，完成通道坐标系的定义，创建的冷却通道9如图17.2.25所示。

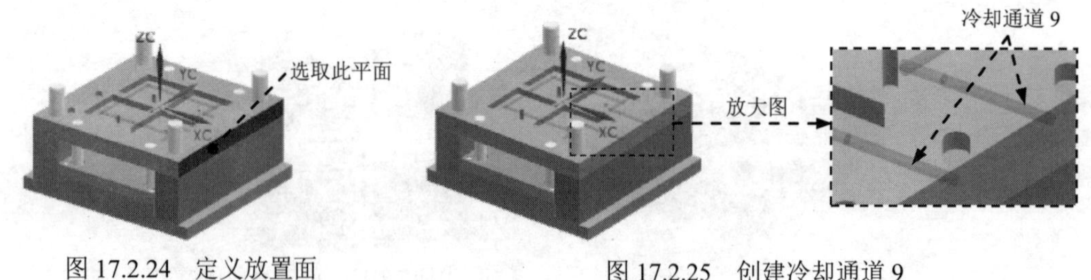

图17.2.24　定义放置面

图17.2.25　创建冷却通道9

Task2. 创建密封圈

Step1. 隐藏下模。在装配导航器中选择☑ cap_mold_movehalf_027部件并取消勾选，结果如图17.2.26所示。

Step2. 在"注塑模向导"功能选项卡的冷却工具区域中单击"冷却标准件库"按钮，系统弹出"冷却组件设计"对话框。

Step3. 创建密封圈1。

（1）定义放置位置。激活选择标准件 (0)区域，然后选取图17.2.27所示的冷却通道。

（2）定义标准件。激活✔ 选择项 (COOLING HOLE)区域，在"重用库"导航器的名称列表中展开模型树中的COOLING选项，然后选择Oil选项，在成员选择区域中选择Oil O-RING选项。

（3）定义属性。在"冷却组件设计"对话框的SECTION_DIA下拉列表中选择1.5选项；在FITTING_DIA下拉列表中选择8选项；修改GROOVE_WIDE的值为2.1；修改GROOVE_DEEP的值为1.2，如图17.2.28所示。

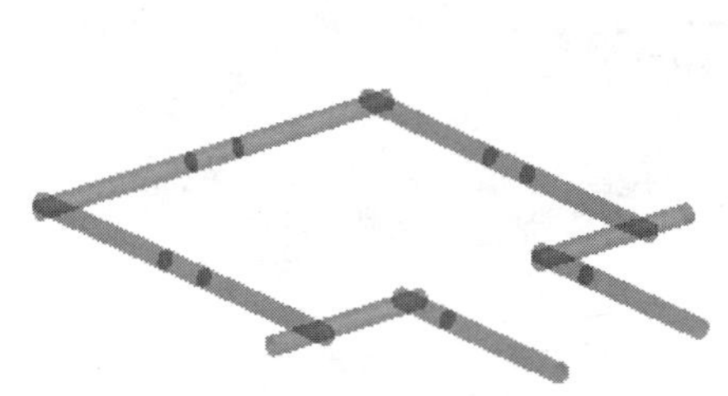

图 17.2.26 显示冷却通道

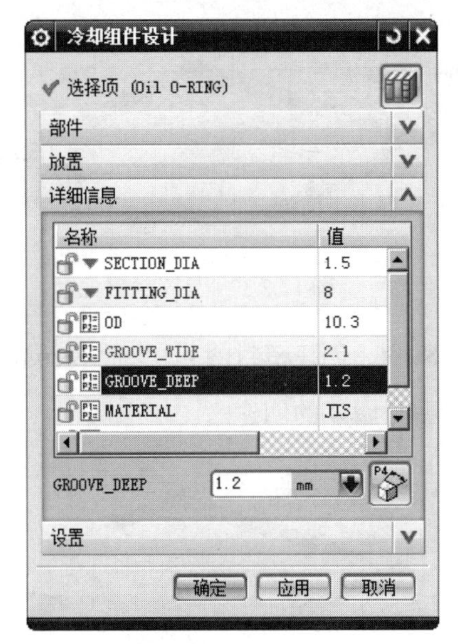

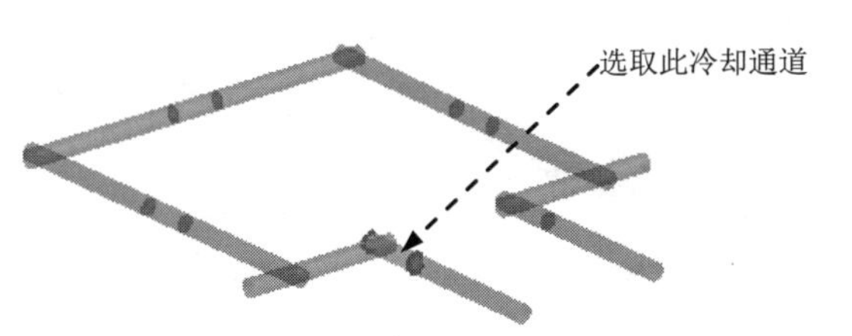

图 17.2.27 定义放置位置

图 17.2.28 “冷却组件设计”对话框

（4）单击 确定 按钮，完成图 17.2.29 所示的密封圈 1 的创建。

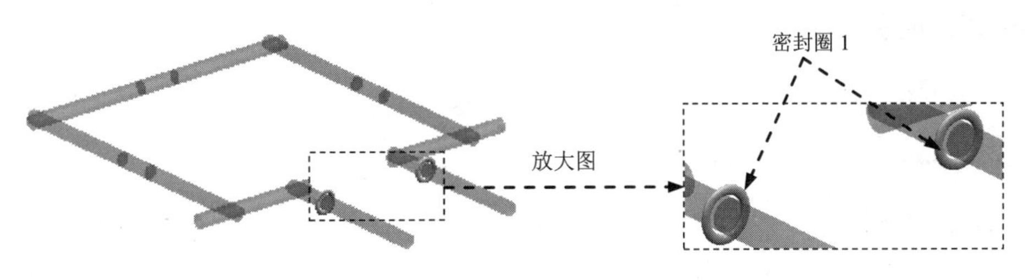

图 17.2.29 创建密封圈 1

说明：因为有一侧冷却通道是镜像得到的，所以在一侧创建密封圈，系统会自动在镜像得到的冷却通道上创建出相同的密封圈。

Step4. 创建密封圈 2。参照 Step3，选择图 17.2.30 所示的冷却通道，完成图 17.2.31 所示的密封圈 2 的创建。

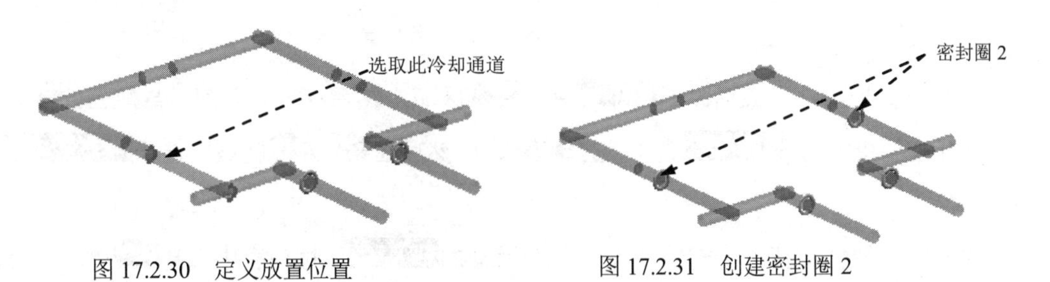

图 17.2.30 定义放置位置

图 17.2.31 创建密封圈 2

Step5. 创建密封圈 3。参照 Step3，选择图 17.2.32 所示的冷却通道，完成图 17.2.33 所示的密封圈 3 的创建。

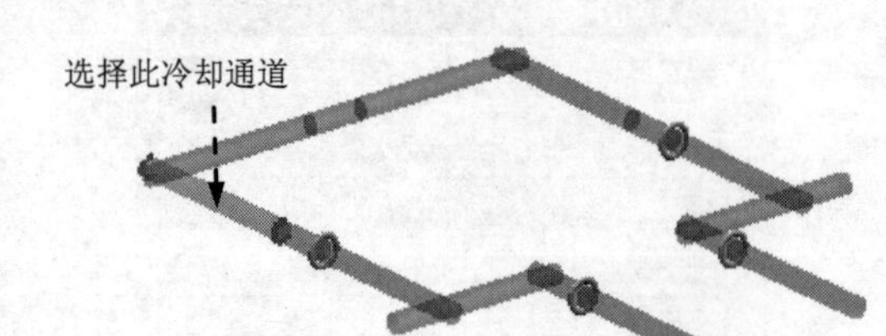

图 17.2.32 定义放置位置

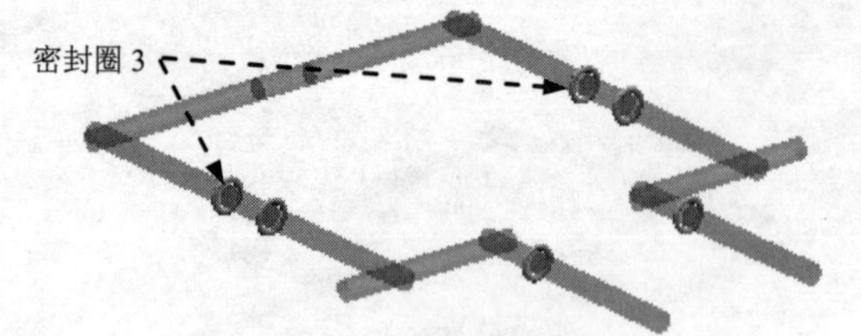

图 17.2.33 创建密封圈 3

Step6. 创建密封圈 4。参照 Step3，选择图 17.2.34 所示的冷却通道，完成图 17.2.35 所示的密封圈 4 的创建。

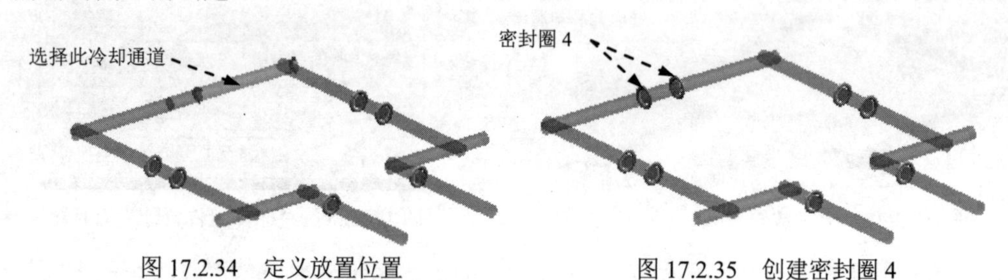

图 17.2.34 定义放置位置　　图 17.2.35 创建密封圈 4

Task3. 创建水塞

Step1. 在“注塑模向导”功能选项卡的 冷却工具 区域中单击“冷却标准件库”按钮，系统弹出“冷却组件设计”对话框。

Step2. 定义水塞。

（1）定义放置位置。激活 选择标准件 (0) 区域，然后选取图 17.2.36 所示的冷却通道。

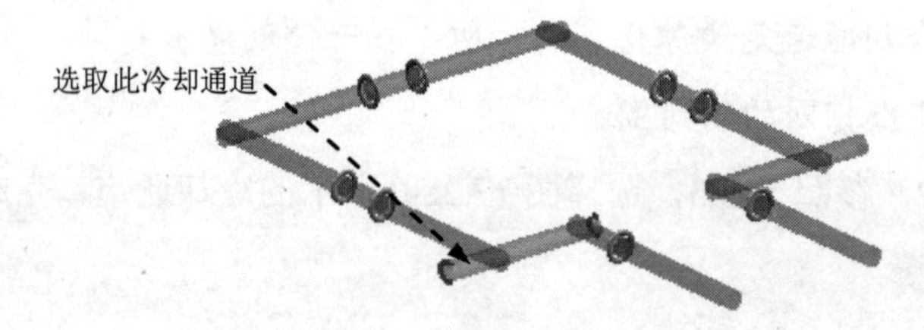

图 17.2.36 定义放置位置

（2）定义标准件。激活 选择项 (COOLING HOLE) 区域，然后在“重用库”导航器的 名称 列表中展开模型树中的 COOLING 选项，选择 Air 选项，然后在 成员选择 区域中选择 Air DIVERTER 选项。

（3）定义属性。在“冷却组件设计”对话框的 SUPPLIER 下拉列表中选择 DMS 选项，修改 PLUG_DIA 的值为 6，修改 ENGAGE 的值为 12，并按 Enter 键确认，如图 17.2.37 所示。

（4）单击 < 确定 > 按钮，结果如图 17.2.38 所示。

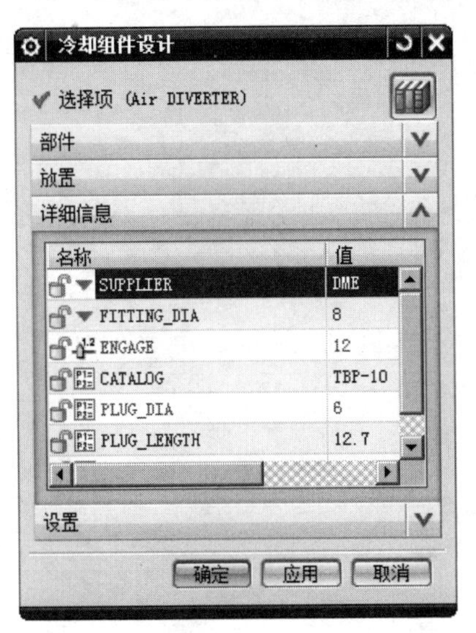

图 17.2.37 “冷却组件设计”对话框

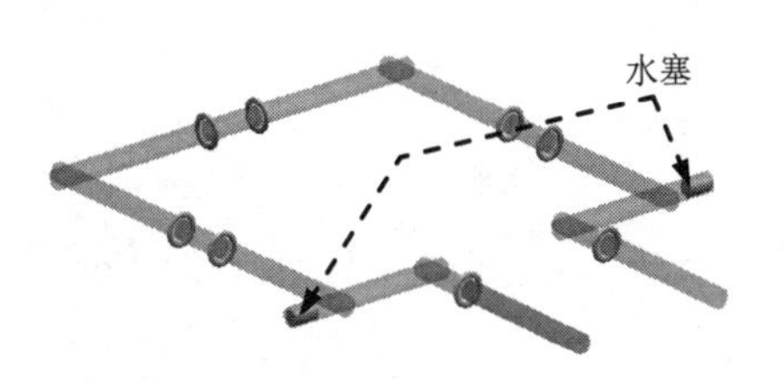

图 17.2.38 创建水塞

Task4. 创建水嘴

Step1. 在“注塑模向导”功能选项卡的 冷却工具 区域中单击“冷却标准件库”按钮，系统弹出“冷却组件设计”对话框。

Step2. 定义水嘴。

（1）定义放置位置。激活选择标准件 (0)区域，选取图 17.2.39 所示的冷却通道。

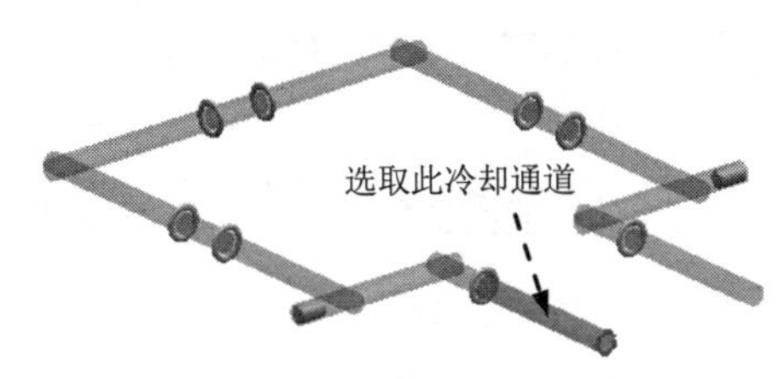

图 17.2.39 定义放置位置

（2）定义标准件。激活 选择项 (COOLING HOLE) 区域，在“重用库”导航器的名称列表中展开模型树中的 COOLING 选项，然后选择 Air 选项，在 成员选择 区域中选择 Air CONNECTOR PLUG 选项。

（3）定义属性。在“冷却组件设计”对话框的 SUPPLIER 下拉列表中选择 HASCO 选项，在 PIPE_THREAD 下拉列表中选择 M8 选项，并按 Enter 键确认，如图 17.2.40 所示。

（4）单击 确定 按钮，完成图 17.2.41 所示的水嘴创建。

Task5. 镜像水路

Step1. 选取组件。从 装配导航器 中选择 cap_mold_cool_001 部件并右击，在系统弹出的快捷菜单中选择 设为工作部件 命令，使之转为工作部件。

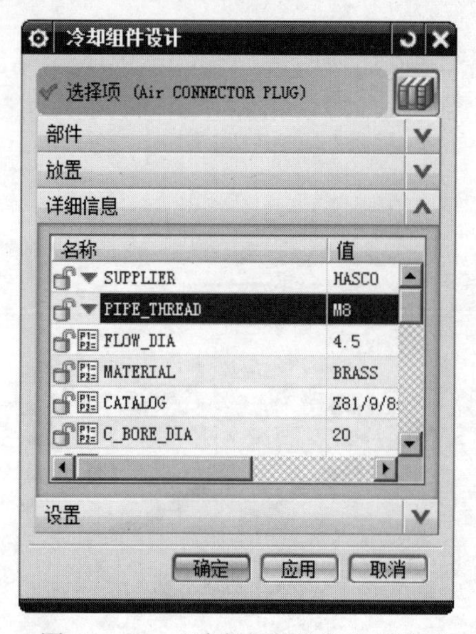

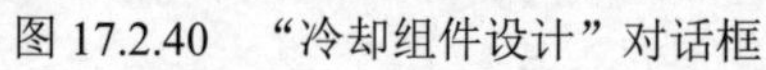

图 17.2.40 “冷却组件设计”对话框

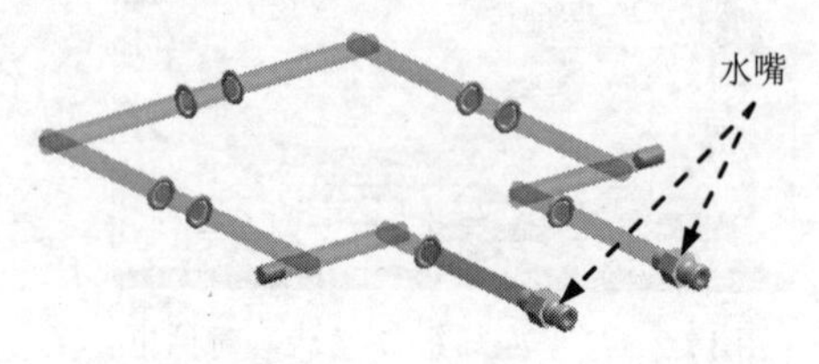

图 17.2.41 创建水嘴

Step2. 选择命令。选择下拉菜单 装配(A) → 组件(C) → 镜像装配(I)... 命令，系统弹出“镜像装配向导”对话框。

Step3. 在“镜像装配向导”对话框中单击 下一步 > 按钮。

Step4. 选取镜像组件。从工作平面上框选所有的冷却零部件，如图 17.2.42 所示，在“镜像装配向导”对话框中单击 下一步 > 按钮。

Step5. 定义镜像平面。在“镜像装配向导”对话框中单击 按钮，系统自动弹出“基准平面”对话框。

Step6. 在 类型 下拉列表中选择 XC-YC 平面 选项，然后在 距离 文本框中输入值 12，如图 17.2.43 所示，单击 < 确定 > 按钮，系统返回至“镜像装配向导”对话框。

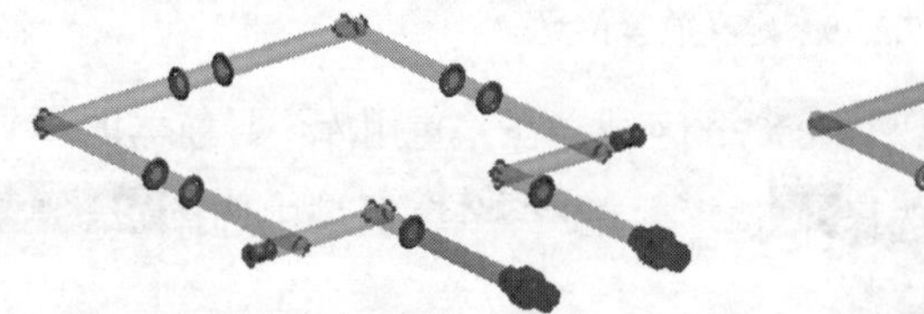

图 17.2.42 选取镜像组件

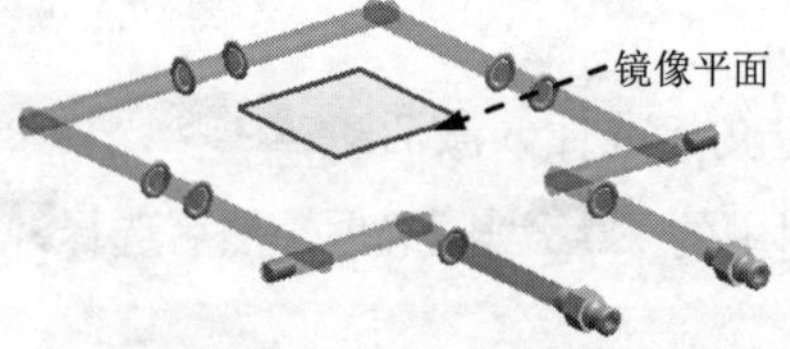

图 17.2.43 创建镜像平面

Step7. 在“镜像装配向导”对话框中单击 下一步 > 按钮四次。

Step8. 在“镜像装配向导”对话框中单击 完成 按钮，完成镜像，如图 17.2.44 所示。

Step9. 显示所有部件。选择下拉菜单 编辑(E) → 显示和隐藏(H) → 全部显示(A) 命令或按快捷键 Ctrl+Shift+U，所有隐藏部件被全部显示，如图 17.2.45 所示。

Step10. 保存文件。选择下拉菜单 文件(F) → 全部保存(V) 命令，保存所有文件。

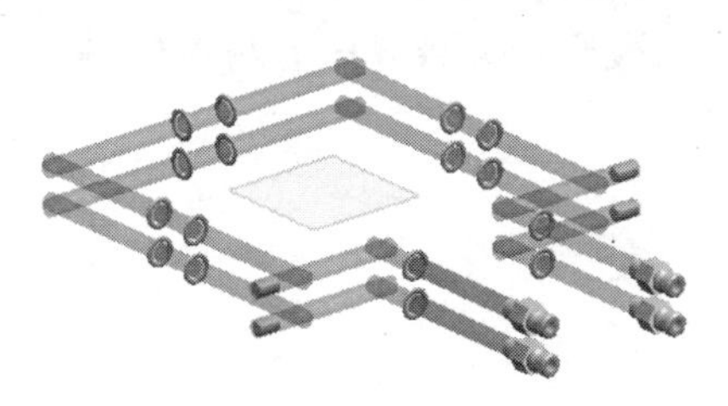

图 17.2.44 镜像水路

图 17.2.45 显示所有部件

学习拓展：扫码学习更多视频讲解。

讲解内容：主要包含产品动画与机构运动仿真的背景知识，概念及作用，一般方法和流程等，特别是对机构运动仿真中的连杆、运动副、驱动等基本概念讲解得非常详细，本部分的内容可以作为读者学习运动仿真的有益补充。

第 18 章 镶件、滑块和斜销机构设计

18.1 镶 件 设 计

镶件是模具的重要组成部分，拆分镶件可降低模具的加工难度。根据模具的疏气、加工困难程度、易损位置和重要配合位置等多方面因素来确定是否需要拆分镶件。

18.1.1 创建型芯上的镶件零件

在 UG NX 12.0 中，常常采用“拉伸”和“求差”等命令拆分镶件，一般操作步骤如下。

Stage1. 型腔拆分

Step1. 打开文件。在“注塑模向导”功能选项卡中单击“初始化项目”按钮，系统弹出“打开”对话框；打开文件 D:\ug12mo\work\ch18.01\base_down_cover.prt，单击 OK 按钮，调入模型，系统弹出图 18.1.1 所示的“初始化项目”对话框。

图 18.1.1 “初始化项目”对话框

Step2. 设置项目路径、名称及材料。

（1）设置项目路径。接受系统默认的项目路径。

（2）设置项目名称。在“初始化项目”对话框 项目设置 区域的 Name 文本框中输入 base_down_cover_mold。

（3）设置材料。在材料下拉列表中选择ABS选项。

Step3. 定义项目单位。在“初始化项目”对话框设置区域的项目单位下拉列表中选择毫米选项。

Step4. 单击确定按钮，完成产品模型加载。

Step5. 旋转模具坐标系。

（1）选择命令。选择下拉菜单格式(R) → WCS▸ → 旋转(R)...命令，系统弹出图18.1.2 所示的“旋转 WCS 绕...”对话框。

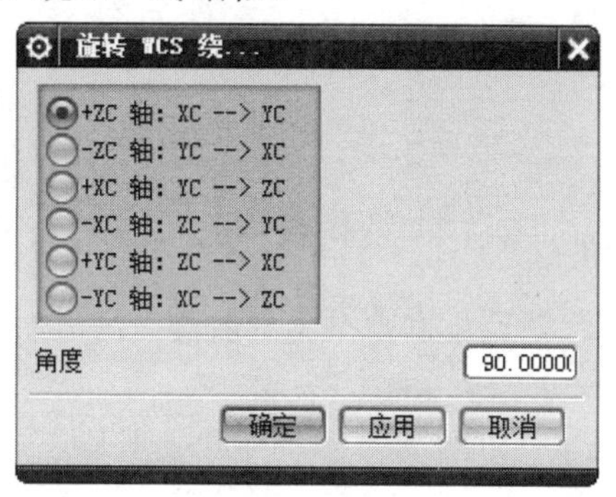

图 18.1.2 “旋转 WCS 绕...”对话框

（2）定义旋转方式。选择 + XC 轴单选项。

（3）定义旋转角度。在角度文本框中输入值 180。

（4）单击确定按钮，定义后的坐标系如图 18.1.3 所示。

Step6. 定义坐标原点。

（1）选择命令。选择下拉菜单格式(R) → WCS▸ → 原点(O)...命令，系统弹出“点”对话框。

（2）定义坐标原点。选取图 18.1.4 所示的实体边线端点为坐标原点。

图 18.1.3 定义后的坐标系

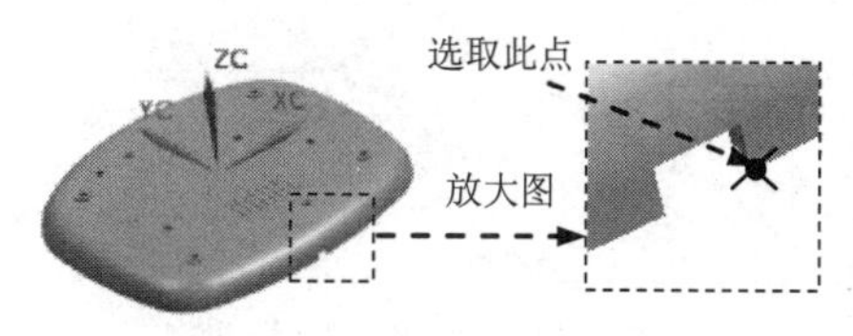

图 18.1.4 定义坐标原点

（3）单击确定按钮，完成坐标原点的定义。

Step7. 锁定模具坐标系。

（1）在“注塑模向导”功能选项卡的主要区域中单击“模具坐标系”按钮，系统弹出“模具坐标系”对话框。

（2）在其中选择产品实体中心单选项，然后在锁定 XYZ 位置区域中选中锁定 Z 位置复选框。

（3）单击 确定 按钮，完成坐标系的定义。

Step8. 创建工件。

（1）在“注塑模向导”功能选项卡的 主要 区域中单击“工件”按钮，系统弹出“工件”对话框。

（2）设置工件尺寸。在 限制 区域的 开始 和 结束 文本框中分别输入值-30 和 50。

（3）单击 < 确定 > 按钮，完成创建的模具工件如图 18.1.5 所示。

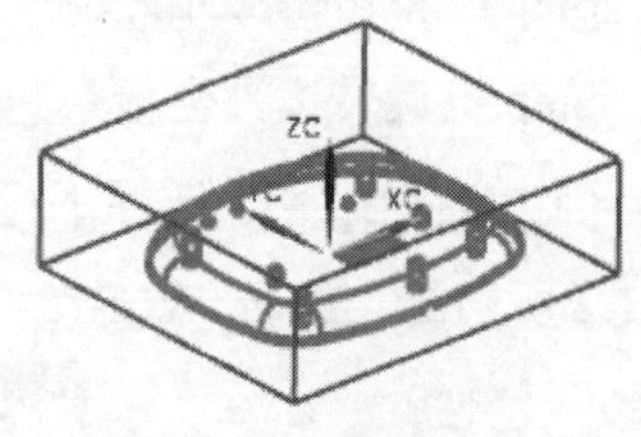

图 18.1.5 创建后的工件

Step9. 创建曲面补片。

（1）在“注塑模向导”功能选项卡的 分型刀具 区域中单击“曲面补片”按钮，系统弹出图 18.1.6 所示的“边补片”对话框和“分型导航器”窗口。

（2）在对话框中取消选中 □ 按面的颜色遍历 复选框。

（3）选取图 18.1.7 所示的边，同时在绘图区显示图 18.1.8 所示的路径。

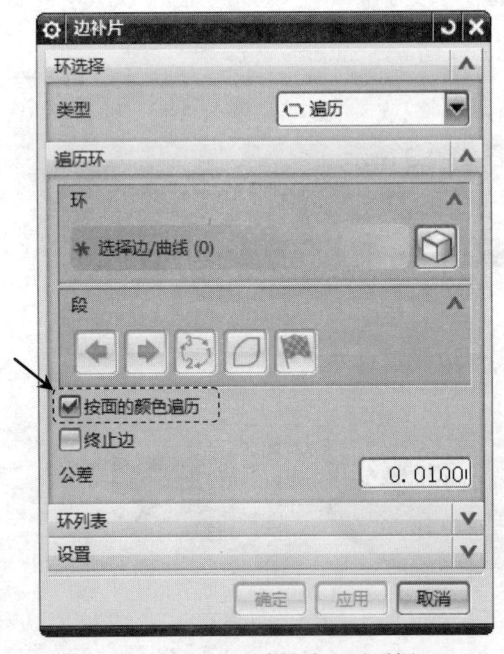

图 18.1.6 “边补片”对话框

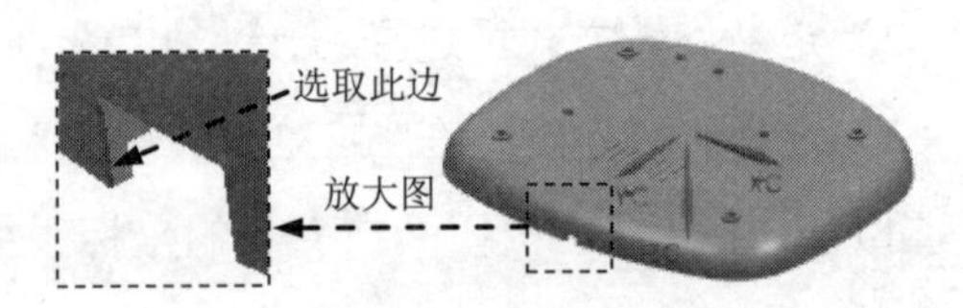

图 18.1.7 定义补片边

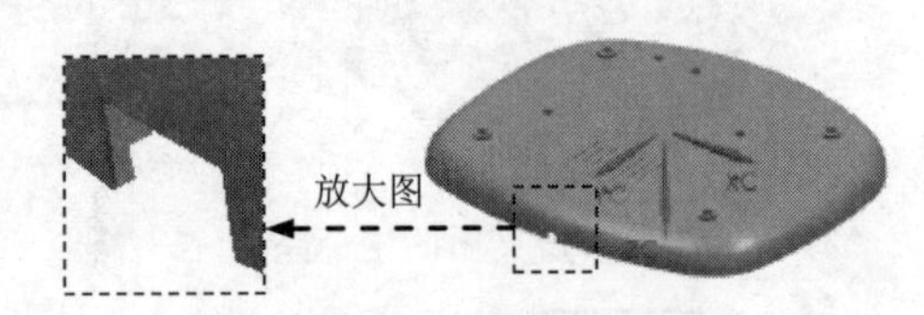

图 18.1.8 显示路径

（4）单击对话框中的“接受”按钮，系统自动在绘图区显示图 18.1.9 所示的路径。

说明： 通过按钮、按钮和按钮可使用户选取到用户想选取的路径。

（5）单击按钮，系统自动在绘图区显示图 18.1.10 所示的路径。

（6）单击按钮，系统自动在绘图区显示图 18.1.11 所示的路径。

（7）单击按钮，系统自动在绘图区显示图 18.1.12 所示的路径。

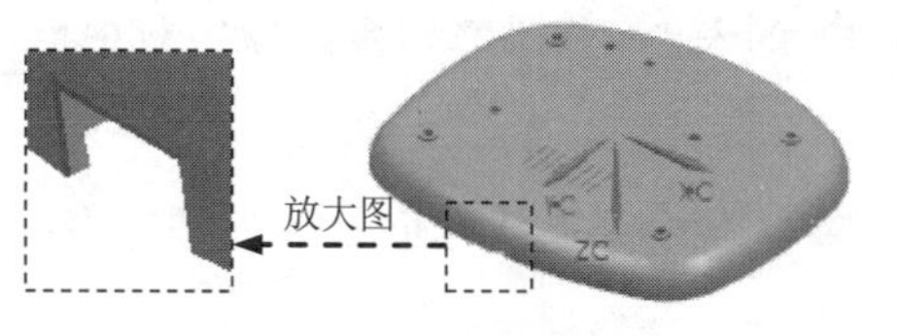

图 18.1.9 显示路径

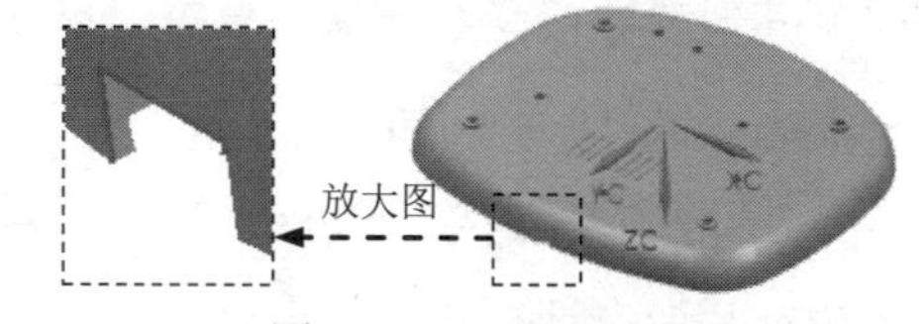

图 18.1.10 显示路径

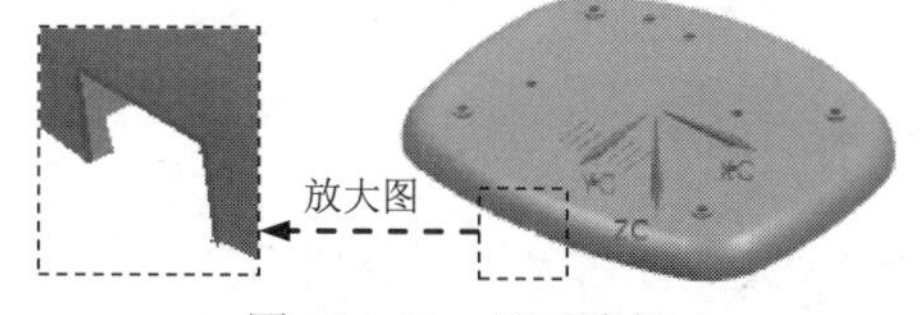

图 18.1.11 显示路径

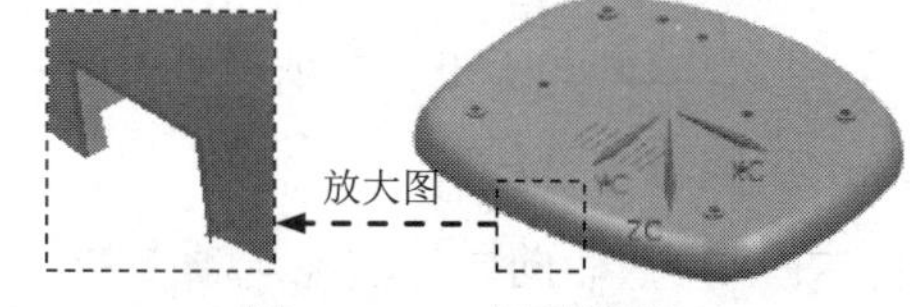

图 18.1.12 显示路径

（8）单击“关闭环”按钮，完成边界环的选取。

（9）单击 确定 按钮，完成曲面补片的创建，最终结果如图 18.1.13 所示。

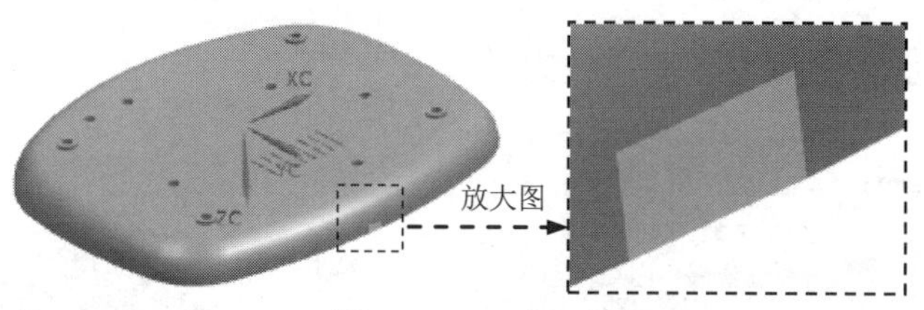

图 18.1.13 曲面补片

Step10. 定义型腔/型芯面。

（1）在“注塑模向导”功能选项卡的 分型刀具 区域中单击“检查区域”按钮，系统弹出“检查区域”对话框，同时模型被加亮并显示开模方向，如图 18.1.14 所示。单击“计算”按钮。

说明：图 18.1.14 所示的开模方向可以通过单击“检查区域”对话框中的“矢量对话框”按钮来更改，由于在前面定义模具坐标系时已经将开模方向设置好了，系统将自动识别出产品模型的开模方向。

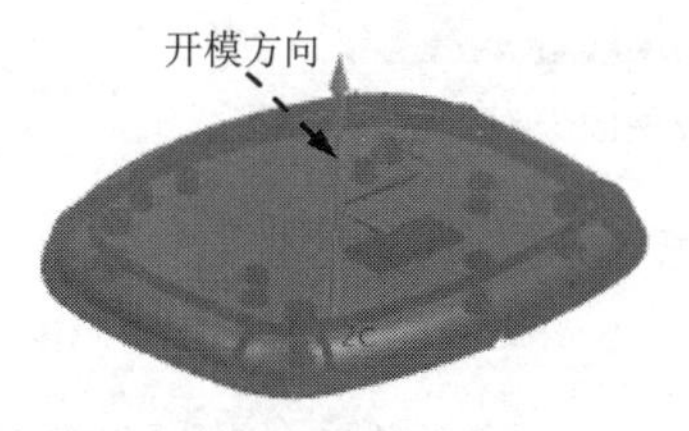

图 18.1.14 开模方向

（2）设置区域颜色。在“检查区域”对话框中选择 区域 选项卡，单击按钮，设置区域颜色。

（3）定义型腔区域。在 未定义区域 区域中选中 ☑ 交叉竖直面 复选框，此时系统将所有的未定义区域面加亮显示；在 指派到区域 区域中选择 ⊙ 型腔区域 单选项，单击 应用 按钮，此时系统将前面加亮显示的未定义区域面指派到型腔区域。

（4）其他参数接受系统默认设置。单击取消按钮，关闭“检查区域”对话框。

Step11. 创建曲面补片。

（1）在“注塑模向导”功能选项卡的分型刀具区域中单击“曲面补片”按钮，系统弹出“边补片”对话框。

（2）在类型下拉列表中选择体选项，然后在图形区选取产品实体，系统自动修补孔。

（3）单击确定按钮，完成破孔修补。

Step12. 编辑分型线。

（1）在“注塑模向导”功能选项卡的分型刀具区域中单击“设计分型面”按钮，系统弹出图 18.1.15 所示的“设计分型面”对话框。

（2）在编辑分型线区域中激活选择分型线 (0)区域，然后选取图 18.1.16 所示的边，同时在绘图区显示图 18.1.17 所示的路径（分型线）。

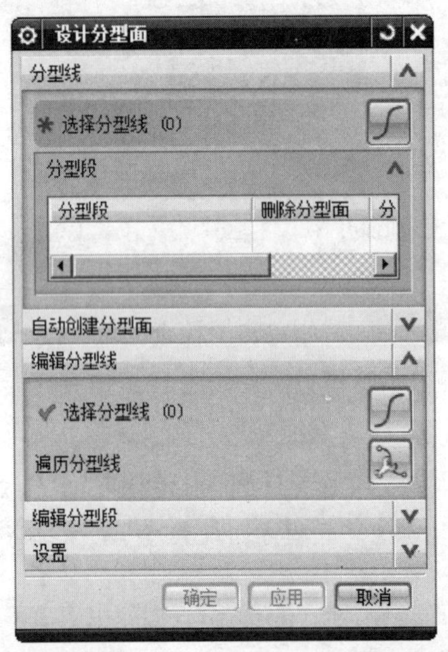

图 18.1.15 “设计分型面”对话框

图 18.1.16 定义分型线

图 18.1.17 显示路径

（3）单击确定按钮，完成分型线编辑操作。

Step13. 创建分型面。

（1）在“注塑模向导”功能选项卡的分型刀具区域中单击“设计分型面”按钮，系统弹出图 18.1.18 所示的“设计分型面”对话框。

（2） 定义分型面创建方法。在“设计分型面”对话框的创建分型面区域中单击“有界平面”按钮。

（3） 定义分型面大小。拖动分型面的宽度方向控制按钮使分型面大小超过工件大小，单击确定按钮，结果如图 18.1.19 所示。

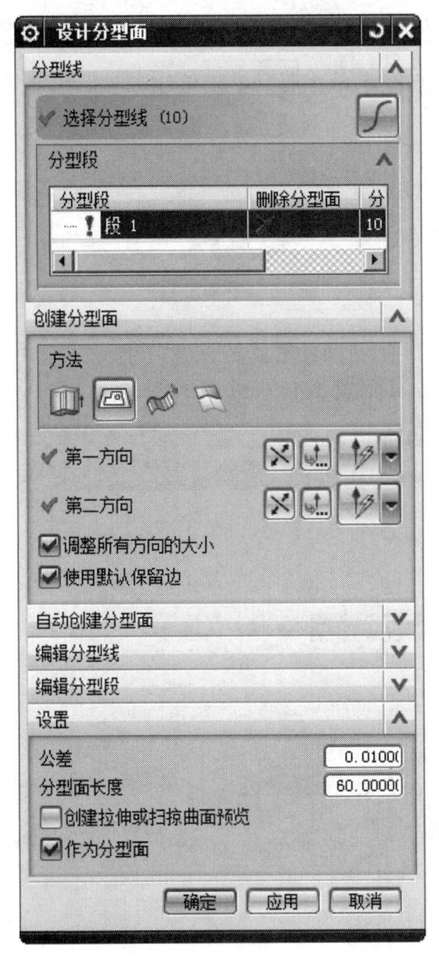

图 18.1.18 “设计分型面”对话框

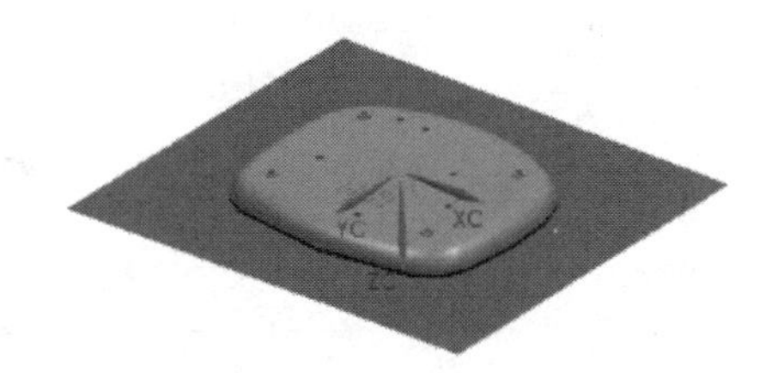

图 18.1.19 分型面

Step14. 创建区域。

（1）在“注塑模向导”功能选项卡的 分型刀具 区域中单击“定义区域”按钮，在系统弹出的“定义区域”对话框的 定义区域 区域中选择 所有面 选项。

（2）在 设置 区域中选中 ☑ 创建区域 复选框，单击 确定 按钮，完成区域的创建。

Step15. 创建型腔和型芯。

（1）创建型腔。

①在“注塑模向导”功能选项卡的 分型刀具 区域中单击“定义型腔和型芯”按钮，系统弹出“定义型腔和型芯”对话框。

② 在其中单击 确定 按钮，显示型腔零件如图 18.1.20 所示，在系统弹出的“查看分型结果”对话框中单击 确定 按钮。

（2）创建型芯。

①在“注塑模向导”功能选项卡的 分型刀具 区域中单击“定义型腔和型芯”按钮，系统弹出“定义型腔和型芯”对话框。

② 在其中选取选择片体区域中的型芯区域选项，单击确定按钮，显示型芯零件如图18.1.21所示，在系统弹出的“查看分型结果”对话框中单击确定按钮。

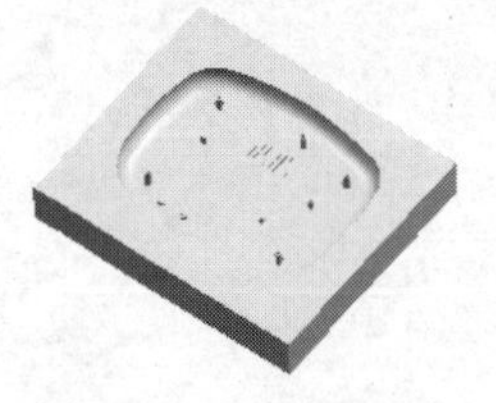

图 18.1.20　型腔零件

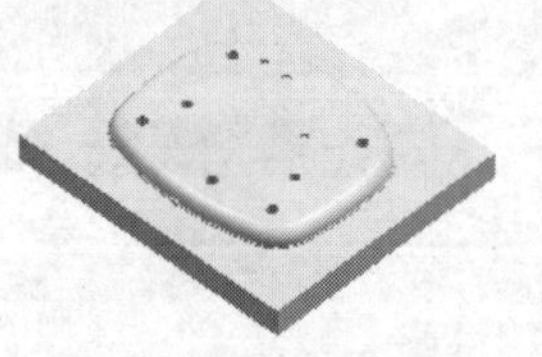

图 18.1.21　型芯零件

Stage2. 创建型芯镶件零件 1

Step1. 显示型芯零件。选择下拉菜单窗口(O) → base_down_cover_mold_core_006.prt命令，系统显示型芯零件。

Step2. 创建拉伸特征 1。

（1）选择命令。选择下拉菜单插入(S) → 设计特征(E) → 拉伸(X)...命令，系统弹出“拉伸”对话框。

（2）选取图 18.1.22 所示的曲线为截面草图。

（3）定义拉伸属性。在限制区域的开始下拉列表中选择值选项，在距离文本框中输入值-30。在限制区域的结束下拉列表中选择直至选定选项，然后选择图 18.1.23 所示的模型表面为拉伸终止面。

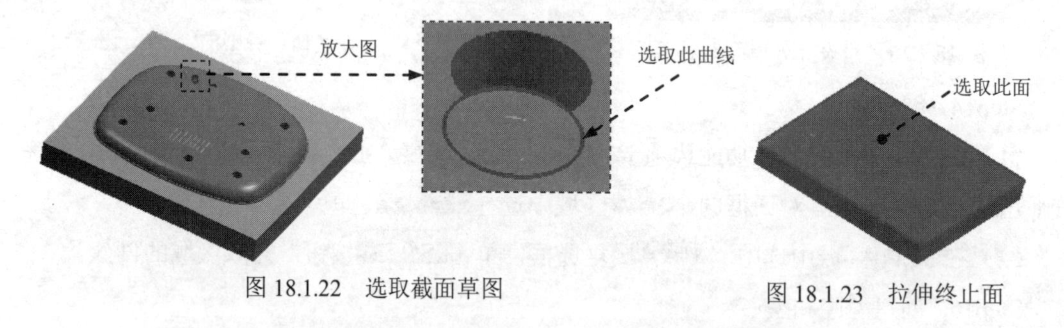

图 18.1.22　选取截面草图

图 18.1.23　拉伸终止面

（4）定义布尔运算。在布尔区域的布尔下拉列表中选择无选项。

（5）单击< 确定 >按钮，完成图 18.1.24 所示拉伸特征 1 的创建。

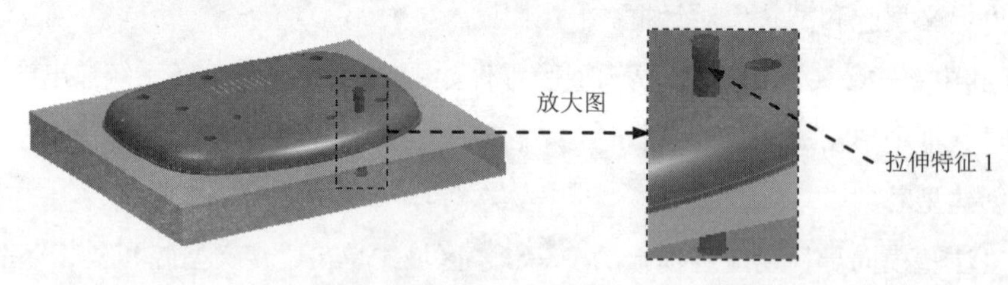

图 18.1.24　拉伸特征 1

Step3. 创建其余九个与拉伸特征 1 相似的拉伸特征，参照 Step2，结果如图 18.1.25 所示。

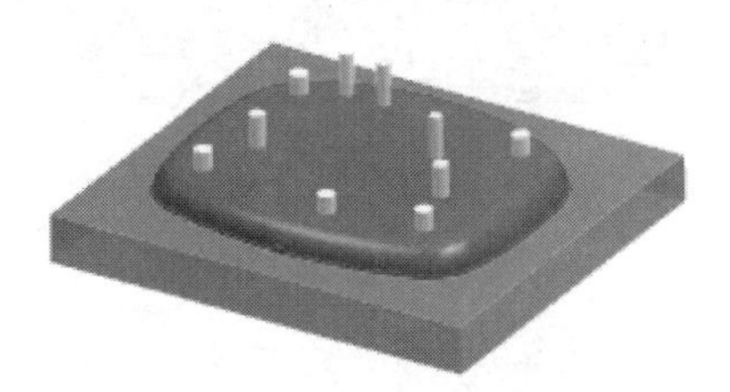

图 18.1.25 拉伸特征

Stage3. 创建型芯镶件 1 零件固定凸台

Step1. 创建拉伸特征 1。

（1）选择命令。选择下拉菜单 插入(S) → 设计特征(E) → 拉伸(X)... 命令，系统弹出“拉伸”对话框。

（2）选取图 18.1.26 所示的曲线为截面的草图。

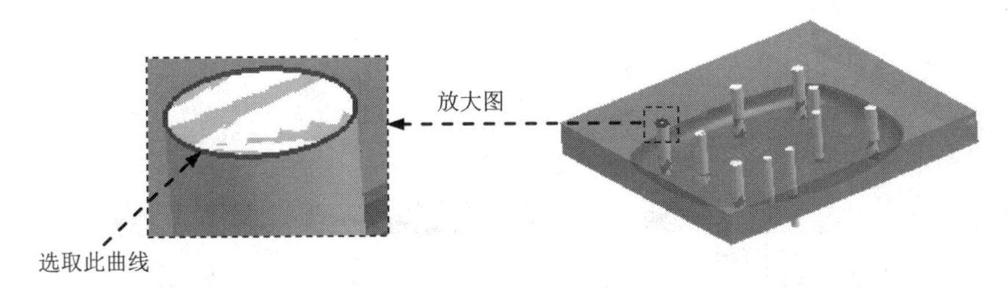

图 18.1.26 选取截面草图

（3）定义拉伸属性。在 限制 区域的 开始 下拉列表中选择 值 选项，在 距离 文本框里输入值 0。在 限制 区域的 结束 下拉列表中选择 值 选项，在 距离 文本框里输入值 10。

（4）定义布尔运算。在 布尔 区域的 布尔 下拉列表中选择 无 选项。

（5）定义偏置属性。在 偏置 区域的 偏置 下拉列表中选择 单侧 选项，在 结束 文本框里输入值 5。

（6）单击 < 确定 > 按钮，完成图 18.1.27 所示拉伸特征 1 的创建。

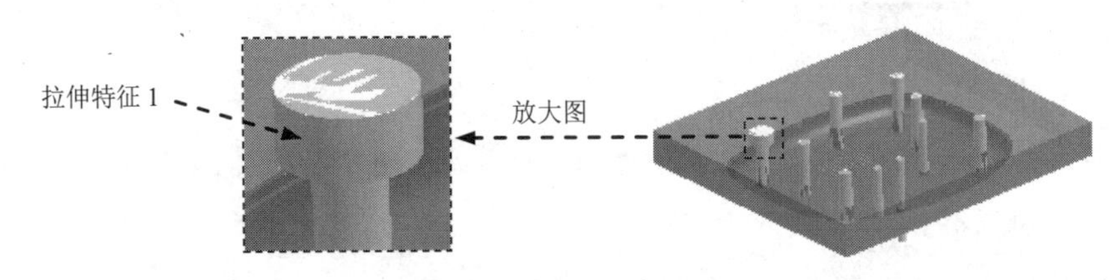

图 18.1.27 拉伸特征 1

Step2. 创建其余九个与拉伸特征 1 相似的拉伸特征，参照 Step1，创建结果如图 18.1.28 所示。

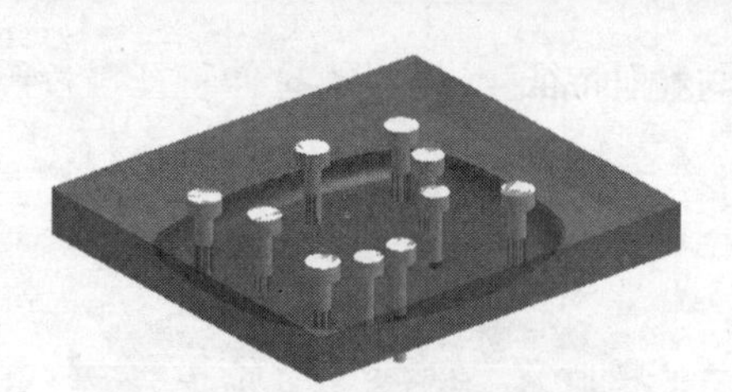

图 18.1.28　拉伸特征

Stage4．创建求和特征

Step1. 隐藏型芯零件。在“部件导航器”中右击☑链接体 (0) "CORE_BODY"，在系统弹出的快捷菜单中选择隐藏(H)命令，结果如图 18.1.29 所示。

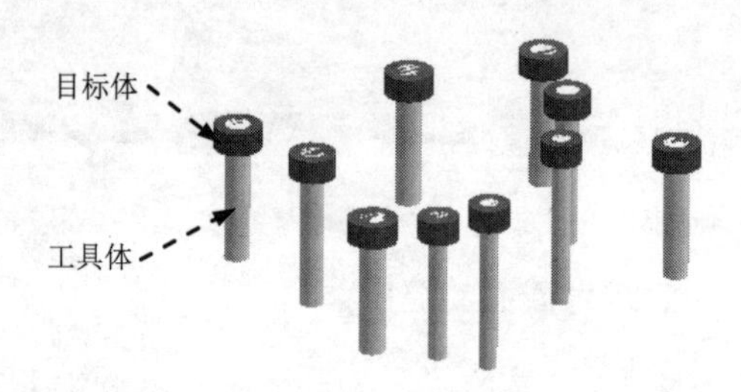

图 18.1.29　镶件特征

Step2. 创建求和特征 1。

（1）选择命令。选择下拉菜单插入(S) → 组合(B) → 合并(U)...命令，此时系统弹出“合并”对话框。

（2）选取目标体。选取图 18.1.29 所示的特征为目标体。

（3）选取工具体。选取图 18.1.29 所示的特征为工具体。

（4）单击< 确定 >按钮，完成求和特征 1 的创建。

Step3. 创建其余九个镶件和凸台的求和特征，参照 Step2。

Stage5．创建求交特征

Step1. 显示型芯零件。在“部件导航器”中右击☑链接体 (0) "CORE_BODY"，在系统弹出的快捷菜单中选择显示(S)命令。

Step2. 创建求交特征 1。

（1）选择命令。选择下拉菜单插入(S) → 组合(B) → 相交(I)...命令，此时系统弹出“相交”对话框。

（2）选取目标体。选取图 18.1.30 所示的特征为目标体。

（3）选取工具体。选取图 18.1.30 所示的特征为工具体，并选中☑保存目标复选框。

（4）单击< 确定 >按钮，完成求交特征 1 的创建，结果如图 18.1.31 所示。

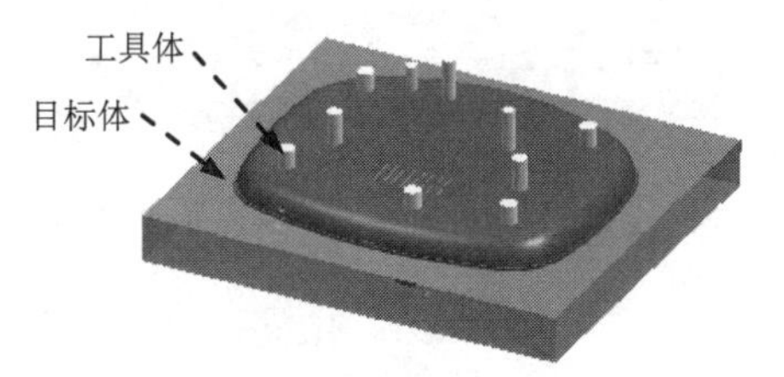

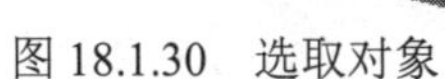

图 18.1.30 选取对象

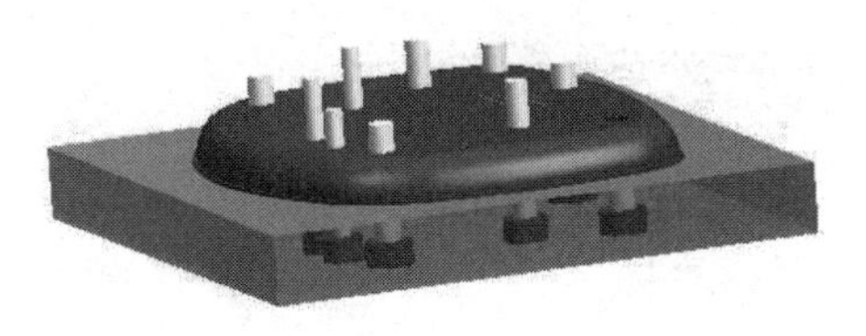

图 18.1.31 创建求交特征 1

Step3. 分别创建其余九个镶件与图 18.1.30 所示的目标体进行求交。参照 Step2 即可。

Stage6. 创建求差特征

Step1. 创建求差特征 1。

（1）选择命令。选择下拉菜单 插入(S) → 组合(B) ▸ → 减去(S)... 命令，此时系统弹出“求差”对话框。

（2）选取目标体。选取图 18.1.32 所示的特征为目标体。

（3）选取工具体。选取图 18.1.32 所示的特征为工具体，并选中 ☑ 保存工具 复选框。

（4）单击 < 确定 > 按钮，完成求差特征 1 的创建。

Step2. 分别创建其余九个镶件与图 18.1.32 所示的目标体进行求差，参照 Step1，结果如图 18.1.33 所示。

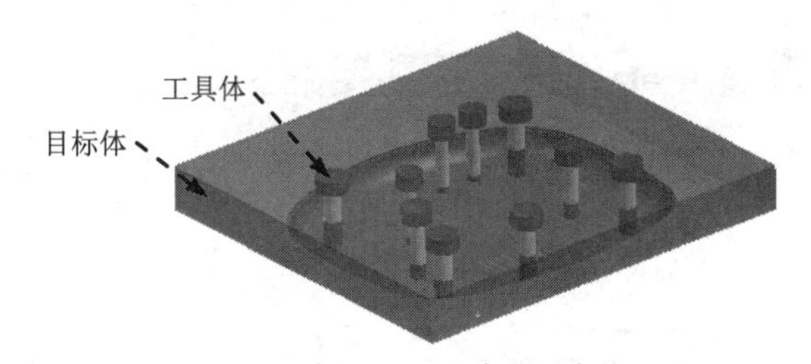

图 18.1.32 选取对象

图 18.1.33 求差特征

Stage7. 创建图 18.1.34b 所示的型芯镶件零件 2

Step1. 选择命令。选择下拉菜单 插入(S) → 设计特征(E) ▸ → 拉伸(X)... 命令，系统弹出“拉伸”对话框。

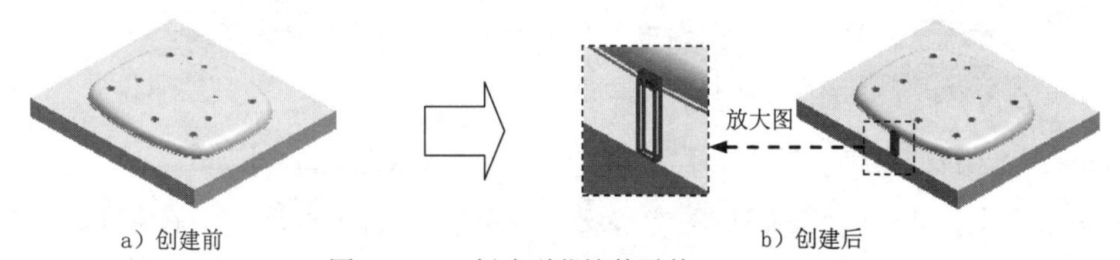

a）创建前　　b）创建后

图 18.1.34 创建型芯镶件零件 2

Step2. 选取草图平面。选取图 18.1.35 所示的平面为草图平面。

Step3. 绘制图 18.1.36 所示的截面草图。

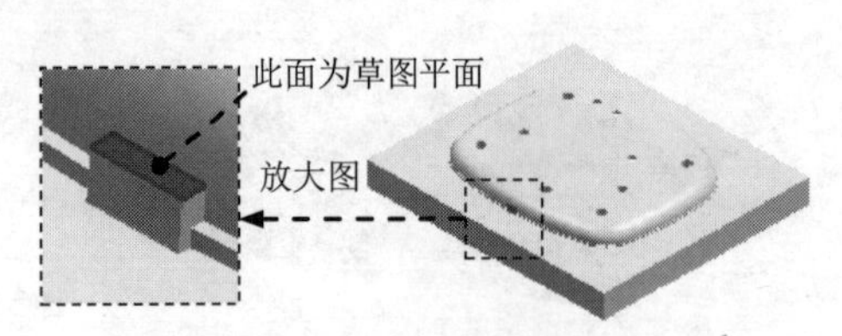

图 18.1.35　定义草图平面

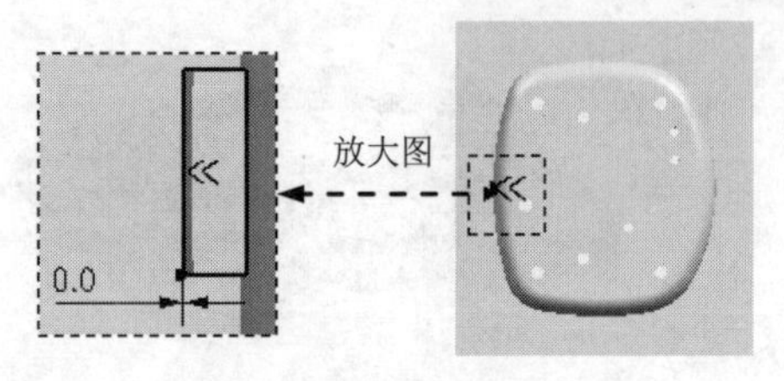

图 18.1.36　绘制截面草图

（1）选择下拉菜单插入(S) → 配方曲线(U) → 投影曲线(J)...命令，系统弹出“投影曲线”对话框；选取图 18.1.37 所示的三条边线为投影对象；单击确定按钮，完成曲线的投影。

（2）选择下拉菜单插入(S) → 来自曲线集的曲线(F) → 偏置曲线(V)...命令，系统弹出“偏置曲线”对话框；选取图 18.1.38 所示的边线为偏置曲线，偏距值为 0；单击< 确定 >按钮，完成曲线的偏置。

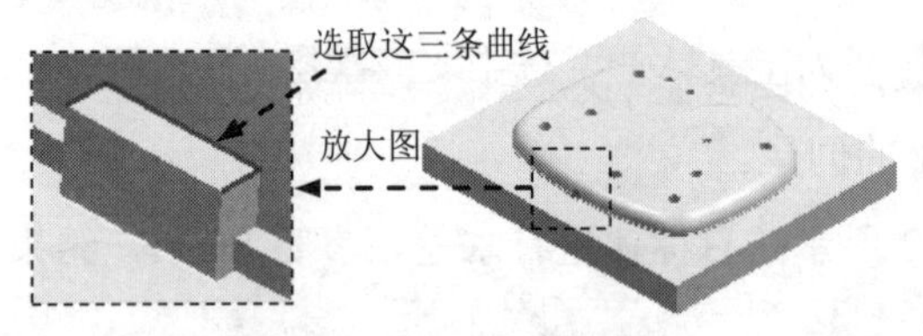

图 18.1.37　定义投影曲线

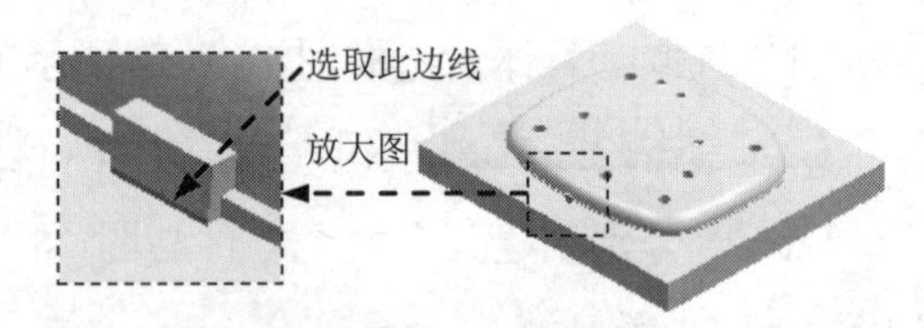

图 18.1.38　定义偏置曲线

（3）选择下拉菜单编辑(E) → 曲线(V) → 制作拐角(M)...命令，系统弹出图 18.1.39 所示的“制作拐角”对话框；选取图 18.1.40 所示的曲线 1 和曲线 2，完成拐角的创建。

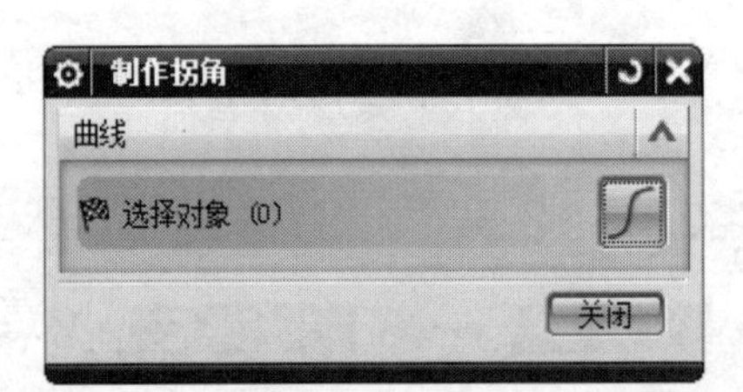

图 18.1.39　“制作拐角”对话框

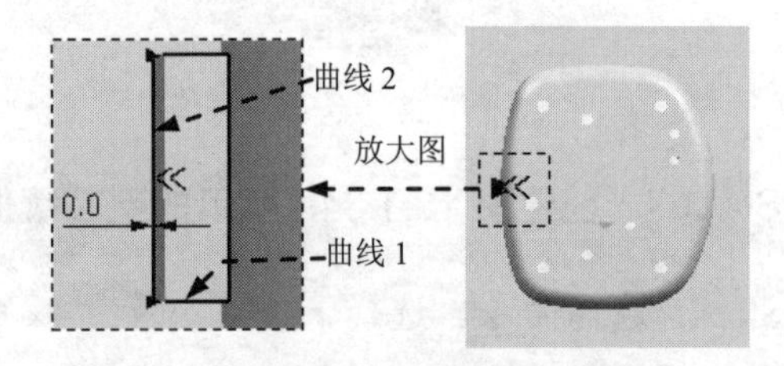

图 18.1.40　定义拐角曲线

（4）参照步骤（3）制作另一侧拐角，并关闭“制作拐角”对话框。

（5）单击完成草图按钮，退出草图环境。

Step4. 定义拉伸方向。在“拉伸”对话框的方向区域中单击按钮。

Step5. 定义拉伸属性。在限制区域的开始下拉列表中选择值选项，在距离文本框里输入值 0；在限制区域的结束下拉列表中选择直至选定选项，然后选择图 18.1.41 所示的模型表面为拉伸终止面，单击< 确定 >按钮。

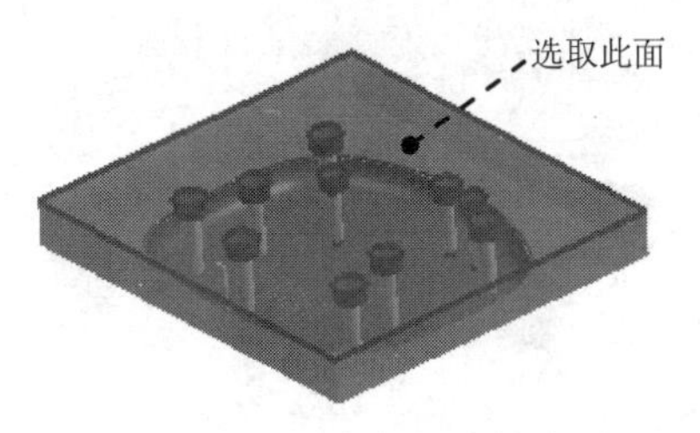

图 18.1.41 定义拉伸终止面

Stage8. 创建型芯镶件 2 零件固定凸台

Step1. 创建拉伸特征 1。

（1）选择命令。选择下拉菜单 插入(S) → 设计特征(E) → 拉伸(X)... 命令，系统弹出“拉伸”对话框。

（2）选取图 18.1.42 所示的曲线为截面的草图。

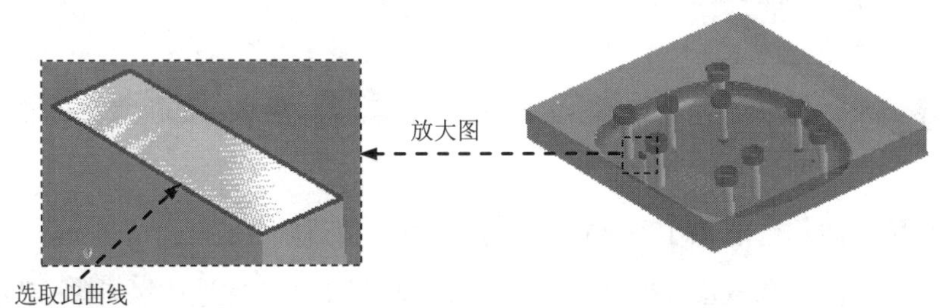

图 18.1.42 选取截面草图

（3）定义拉伸属性。在 限制 区域的 开始 下拉列表中选择 值 选项，在 距离 文本框里输入值 0；在 限制 区域的 结束 下拉列表中选择 值 选项，在 距离 文本框里输入值 5。

（4）定义布尔运算。在 布尔 区域的 布尔 下拉列表中选择 无 选项。

（5）定义偏置属性。在 偏置 区域的 偏置 下拉列表中选择 单侧 选项，在 结束 文本框里输入值 2。

（6）单击 < 确定 > 按钮，完成图 18.1.43 所示拉伸特征 1 的创建。

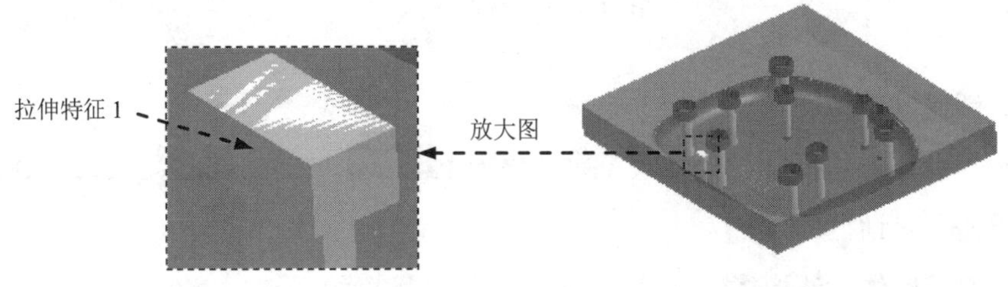

图 18.1.43 拉伸特征 1

Step2. 隐藏型芯零件。在“部件导航器”中右击 链接体 (0) "CORE_BODY"，在系统弹出的快捷菜单中选择 隐藏(H) 命令，结果如图 18.1.44 所示。

Step3. 创建求和特征 1。

（1）选择命令。选择下拉菜单 插入(S) → 组合(B) → 合并(U)... 命令，此时系统弹出“合并”对话框。

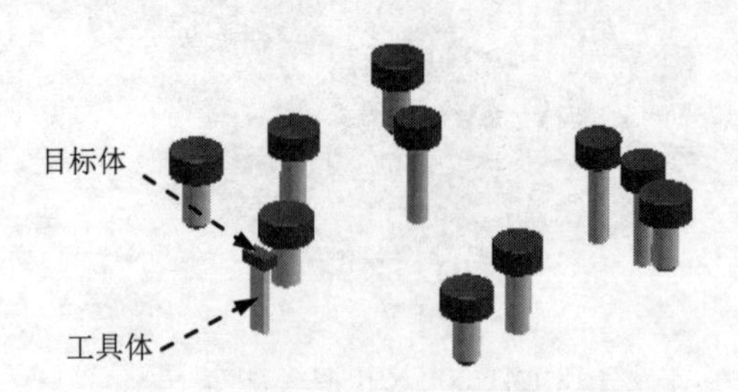

图 18.1.44 镶件特征

（2）选取目标体。选取图 18.1.44 所示的特征为目标体。

（3）选取工具体。选取图 18.1.44 所示的特征为工具体。

（4）单击 < 确定 > 按钮，完成求和特征 1 的创建。

Step4. 显示型芯零件。在“部件导航器”中右击 链接体 (0) "CORE_BODY"，在系统弹出的快捷菜单中选择 显示(S) 命令。

Step5. 创建求交特征 1。

（1）选择命令。选择下拉菜单 插入(S) → 组合(B) → 相交(I)... 命令，此时系统弹出“相交”对话框。

（2）选取目标体。选取图 18.1.45 所示的特征为目标体。

（3）选取工具体。选取图 18.1.45 所示的特征为工具体，并选中 ☑ 保存目标 复选框。

（4）单击 < 确定 > 按钮，完成求交特征 1 的创建。

图 18.1.45 选取对象

Step6. 创建求差特征 1。

（1）选择命令。选择下拉菜单 插入(S) → 组合(B) → 减去(S)... 命令，此时系统弹出“求差”对话框。

（2）选取目标体。选取图 18.1.45 所示的特征为目标体。

（3）选取工具体。选取图 18.1.45 所示的特征为工具体，并选中 ☑ 保存工具 复选框。

（4）单击 < 确定 > 按钮，完成求差特征 1 的创建。

Stage9. 将镶件转化为型芯子零件

Step1. 将镶件转化为型芯子零件。

（1）单击装配导航器中的按钮，系统弹出“装配导航器”窗口，在其中右击空白处，在系统弹出的快捷菜单中选择WAVE 模式命令。

（2）在“装配导航器”对话框中右击base_down_cover_mold_core_006，在系统弹出的快捷菜单中选择WAVE ➡ 新建层命令，系统弹出“新建层”对话框。

（3）在其中单击指定部件名按钮，在系统弹出的“选择部件名”对话框的文件名(N):文本框中输入 insert01.prt，单击OK按钮，系统返回至“新建层”对话框。

（4）在“新建层”对话框中单击类选择按钮，选择前面创建的 11 个镶件，单击确定按钮。

（5）单击“新建层”对话框中的确定按钮，此时在“装配导航器”对话框中显示出刚创建的镶件特征。

Step2. 移动至图层。

（1）单击“装配导航器”中的选项卡，在其中取消选中insert01部件。

（2）移动至图层。选取前面创建的 11 个镶件，选择下拉菜单格式(R) ➡ 移动至图层(M)...命令，系统弹出“图层移动”对话框。

（3）在目标图层或类别文本框中输入值 10，单击确定按钮，退出“图层设置”对话框。

（4）单击装配导航器中的选项卡，在其中选中insert01部件。

18.1.2 创建型腔上的镶件零件

在 UG NX 12.0 中，常常采用“拉伸”和“求和”等命令拆分镶件，一般操作步骤如下。

Stage1. 创建型腔子镶件块 1

Step1. 选择窗口。选择下拉菜单窗口(O) ➡ base_down_cover_mold_cavity_002.prt命令，显示型腔零件。

Step2. 在“注塑模向导”功能选项卡的主要区域中单击“子镶块库”按钮，系统弹出图 18.1.46 所示的“子镶块设计”对话框和“重用库”导航器。

Step3. 定义镶件类型。在“重用库”导航器的名称区域展开模型树中的INSERT选项，在成员选择区域中选择CAVITY SUB INSERT选项，系统弹出信息窗口并显示参数。

Step4. 定义镶件的属性和参数。在参数区域的SHAPE下拉列表中选择ROUND选项，在FOOT下拉列表中选择ON选项。选择FOOT_OFFSET_1选项，在FOOT_OFFSET_1文本框中输入值 5，并按 Enter 键确认；选择INSERT_TOP选项，在INSERT_TOP文本框中输入值 50.12，并按 Enter 键确认；选择X_LENGTH选项，在X_LENGTH文本框中输入值 10，并按 Enter 键确认；选择Z_LENGTH选项，在

Z_LENGTH文本框中输入值 50.12，并按 Enter 键确认；选择FOOT_HT选项，在FOOT_HT文本框中输入值 5，并按 Enter 键确认；单击 应用 按钮，系统弹出“点”对话框。

Step5. 定义放置位置。在“点”对话框的类型下拉列表中选择 圆弧中心/椭圆中心/球心 选项，然后依次选取图 18.1.47 所示的四个圆弧，在“点”对话框中单击 取消 按钮，然后在“子镶块设计”对话框中单击 确定 按钮，创建结果如图 18.1.48 所示。

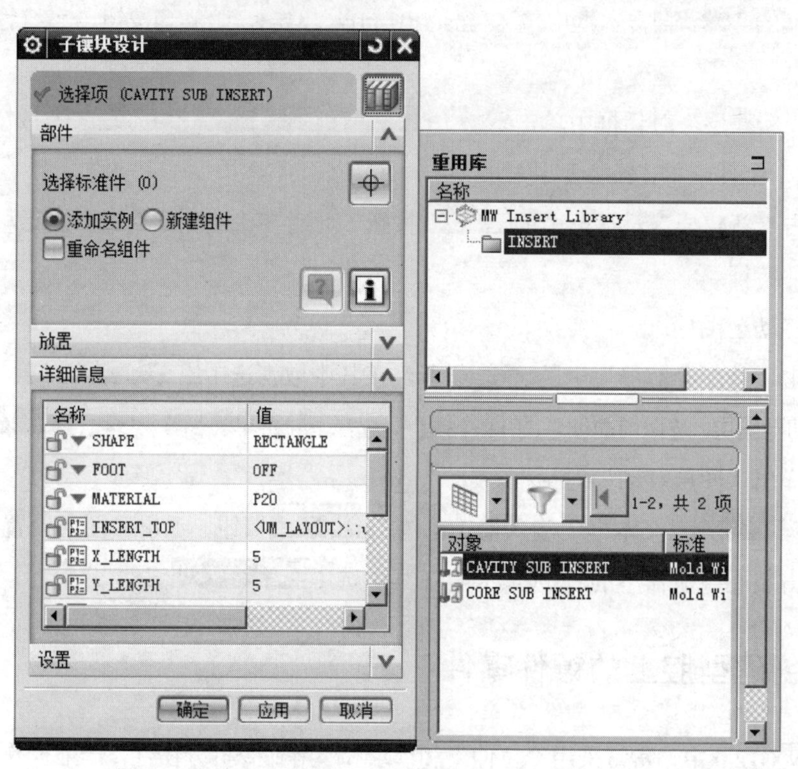

图 18.1.46 “子镶块设计”对话框和“重用库”导航器

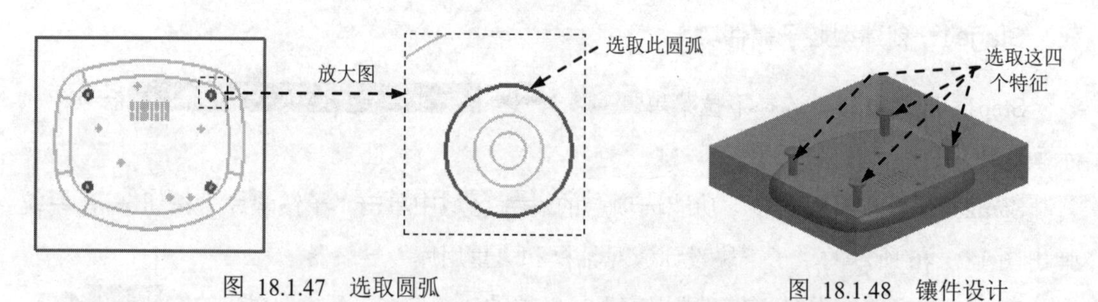

图 18.1.47 选取圆弧　　图 18.1.48 镶件设计

Step6. 显示部件。在装配导航器中单击 base_down_cover_mold_cavity_002 前的节点，然后双击其节点下的 base_down_cover_mold_cav_sub_025 使其显示出来。

Step7. 转换引用集。在装配导航器中右击 base_down_cover_mold_cav_sub_025，在系统弹出的快捷菜单中选择 替换引用集 → TRUE 命令。

Step8. 创建求交特征。

（1）选择命令。选择下拉菜单 插入(S) → 组合(B) → 相交(I)... 命令，系统弹出“相交”对话框。

（2）选取目标体。选取图 18.1.49 所示的特征为目标体。

（3）选取工具体。选取图 18.1.49 所示的特征为工具体，并选中 ☑ 保存工具 复选框。

注意：在“选择条”下拉菜单中选择的是 整个装配 选项。

（4）单击 < 确定 > 按钮，完成求交特征的创建。

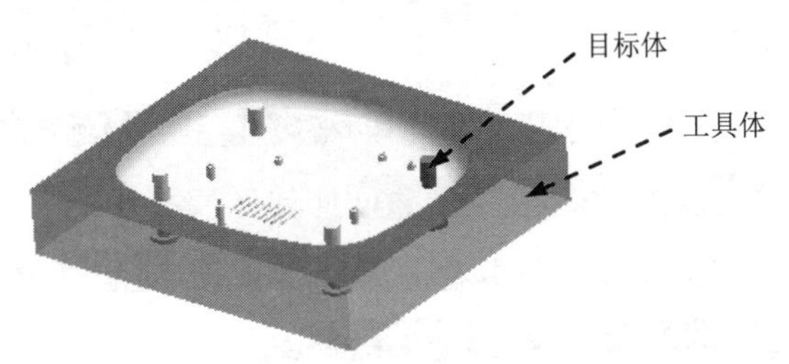

图 18.1.49 选取对象

Step9. 创建型腔镶件腔。

（1）在装配导航器中双击 base_down_cover_mold_cavity_002 使其激活。

（2）在“注塑模向导”功能选项卡的 主要 区域中单击“腔”按钮，系统弹出“开腔”对话框。

（3）选择目标体。选取型腔为目标体，然后单击鼠标中键。

（4）选取工具体。选取图 18.1.49 所示的特征为工具体，单击 确定 按钮。

Stage2. 创建型腔子镶件块 2

Step1. 在“注塑模向导”功能选项卡的 主要 区域中单击“子镶块设计”按钮，系统弹出“子镶块设计”对话框和“重用库”导航器。

Step2. 定义镶件类型。在“重用库”导航器的 名称 区域展开模型树中的 INSERT 选项，在 成员选择 区域中选择 CAVITY SUB INSERT 选项，系统弹出信息窗口并显示参数。

Step3. 定义镶件的属性和参数。在 放置 区域的 父 下拉列表中选择 base_down_cover_mold_cavity_002 选项，在参数区域的 SHAPE 下拉列表中选择 ROUND 选项，在 FOOT 下拉列表中选择 ON 选项；选择 FOOT_OFFSET_1 选项，在 FOOT_OFFSET_1 文本框中输入值 5，并按 Enter 键确认；选择 INSERT_TOP 选项，在 INSERT_TOP 文本框中输入值 50.12，并按 Enter 键确认；选择 X_LENGTH 选项，在 X_LENGTH 文本框中输入值 6.04，并按 Enter 键确认；选择 Z_LENGTH 选项，在 Z_LENGTH 文本框中输入值 60，并按 Enter 键确认；选择 FOOT_HT 选项，在 FOOT_HT 文本框中输入值 5，并按 Enter 键确认；单击 应用 按钮，系统弹出“点”对话框。

Step4. 定义放置位置。在“点”对话框的 类型 下拉列表中选择 圆弧中心/椭圆中心/球心 选项，然后依次选取图 18.1.50 所示的 6 个圆弧，在“点”对话框中单击 取消 按钮，然后

在“子镶块设计”对话框中单击 确定 按钮，创建结果如图 18.1.51 所示。

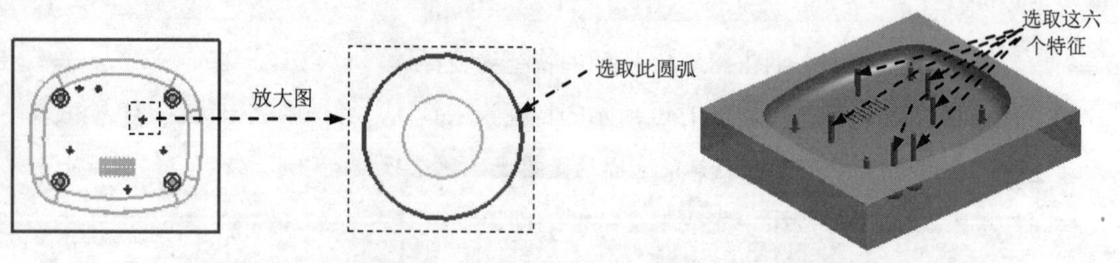

图 18.1.50 选取圆弧

图 18.1.51 镶件设计

Step5. 显示部件。在装配导航器中单击 base_down_cover_mold_cavity_002 前的节点，然后双击其节点下的 base_down_cover_mold_cav_sub_026 使其显示出来。

Step6. 转换引用集。在装配导航器中右击 base_down_cover_mold_cav_sub_026，在系统弹出的快捷菜单中选择 替换引用集 → TRUE 命令。

Step7. 创建求交特征。

（1）选择命令。选择下拉菜单 插入(S) → 组合(B) ▸ → 相交(I)... 命令，此时系统弹出“相交”对话框。

（2）选取目标体。选取图 18.1.52 所示的特征为目标体。

（3）选取工具体。选取图 18.1.52 所示的特征为工具体。

（4）单击 < 确定 > 按钮，完成求交特征的创建。

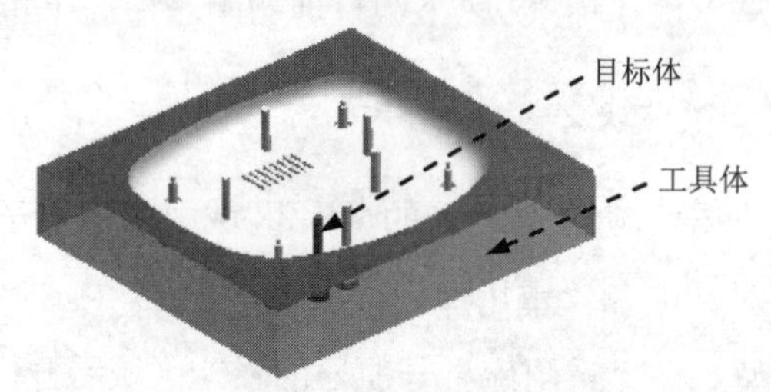

图 18.1.52 选取对象

Step8. 创建型腔镶件腔。

（1）在装配导航器中双击 base_down_cover_mold_cavity_002 使其激活。

（2）在“注塑模向导”功能选项卡的 主要 区域中单击“腔”按钮，系统弹出“开腔”对话框。

（3）选择目标体。选取型腔为目标体，然后单击鼠标中键。

（4）选取工具体。选取图 18.1.51 所示的特征为工具体，单击 确定 按钮。

Stage3. 创建型腔子镶件块 3

Step1. 创建基准点。

（1）选择命令。选择下拉菜单 插入(S) → 基准/点(D) ▸ → 十 点(P)... 命令，系统

弹出“点”对话框。

（2）在类型下拉列表中选择两点之间选项，然后选取图 18.1.53 所示的点 1 和点 2，单击< 确定 >按钮，完成基准点的创建，结果如图 18.1.54 所示。

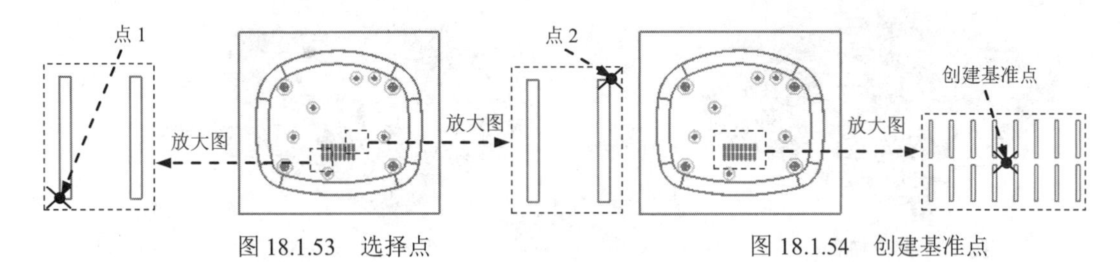

图 18.1.53　选择点　　　　图 18.1.54　创建基准点

Step2. 在“注塑模向导”功能选项卡的主要区域中单击“子镶块库”按钮，系统弹出“镶块设计”对话框和“重用库”导航器。

Step3. 定义镶件类型。在“重用库”导航器的名称区域展开模型树中的INSERT选项，在成员选择区域中选择CAVITY SUB INSERT选项，系统弹出信息窗口并显示参数。

Step4. 定义镶件的属性和参数。在放置区域的父下拉列表中选择base_down_cover_mold_cavity_002选项，在参数区域的SHAPE下拉列表中选择RECTANGLE选项，在FOOT下拉列表中选择ON选项；选择X_LENGTH选项，在X_LENGTH文本框中输入值 50，并按 Enter 键确认；选择Y_LENGTH选项，在Y_LENGTH文本框中输入值 30，并按 Enter 键确认；选择Z_LENGTH选项，在Z_LENGTH文本框中输入值 40，并按 Enter 键确认；选择FOOT_OFFSET_1选项，在FOOT_OFFSET_1文本框中输入值 5，并按 Enter 键确认；选择FOOT_OFFSET_2选项，在FOOT_OFFSET_2文本框中输入值 5，并按 Enter 键确认；选择FOOT_OFFSET_3选项，在FOOT_OFFSET_3文本框中输入值 5，并按 Enter 键确认；选择INSERT_TOP选项，在INSERT_TOP文本框中输入值 50.12，并按 Enter 键确认；单击应用按钮，系统弹出“点”对话框。

Step5. 定义放置位置。在“点”对话框的类型下拉列表中选择现有点选项，然后依次选取图 18.1.54 所示的基准点，在“点”对话框中单击取消按钮，然后在“子镶块设计”对话框中单击确定按钮，创建结果如图 18.1.55 所示。

Step6. 显示部件。在装配导航器中单击base_down_cover_mold_cavity_002前的节点，然后双击其节点下的base_down_cover_mold_cav_sub_027使其显示出来。

Step7. 转换引用集。在装配导航器中右击base_down_cover_mold_cav_sub_027，在系统弹出的快捷菜单中选择替换引用集 ➡ TRUE命令。

Step8. 创建求交特征。

（1）选择命令。选择下拉菜单插入(S) ➡ 组合(B) ▸ ➡ 相交(I)...命令，此时系统弹出“相交”对话框。

（2）选取目标体。选取图 18.1.56 所示的特征为目标体。

（3）选取工具体。选取图 18.1.56 所示的特征为工具体。

（4）在设置区域中选中☑ 保存工具复选框，单击< 确定 >按钮，完成求交特征的创建。

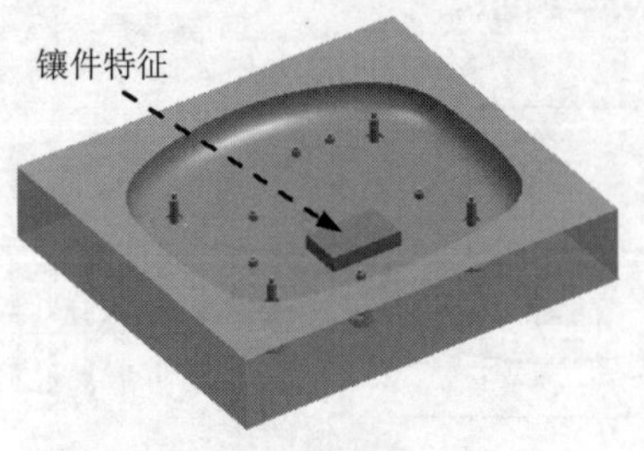

图 18.1.55　镶件特征

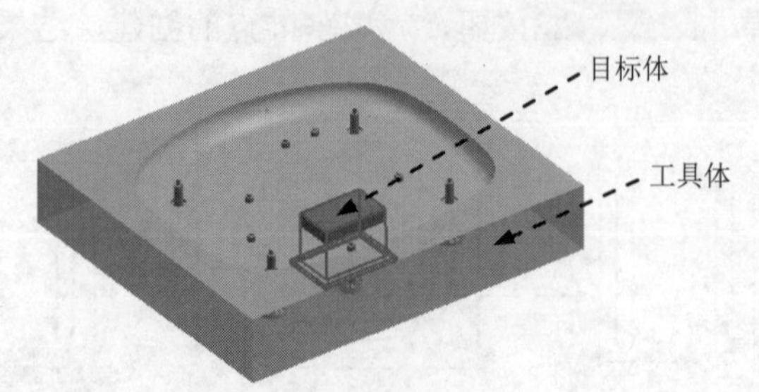

图 18.1.56　选取对象

Step9. 创建型腔镶件腔。

（1）在装配导航器中双击☑ base_down_cover_mold_cavity_002使其激活。

（2）在“注塑模向导”功能选项卡的主要区域中单击“腔”按钮，系统弹出“开腔”对话框。

（3）选择目标体。选取型腔为目标体，然后单击鼠标中键。

（4）选取工具体。选取图 18.1.55 所示的镶件特征为工具体，单击确定按钮。

Step10. 创建爆炸图。

（1）选择窗口。选择下拉菜单窗口(O) → base_down_cover_mold_top_000.prt命令，系统显示总模型。

（2）将总模型转换为工作部件。单击“装配导航器”选项卡，系统弹出“装配导航器”窗口。在☑ base_down_cover_mold_top_000选项上右击，在系统弹出的快捷菜单中选择设为工作部件命令。

（3）编辑爆炸图（显示型腔和型芯）。

① 选择命令。选择下拉菜单装配(A) → 爆炸图(X) → 新建爆炸(N)...命令，系统弹出“新建爆炸”对话框，接受系统默认的名字，单击确定按钮。

② 选择命令。选择下拉菜单装配(A) → 爆炸图(X) → 编辑爆炸(E)...命令，系统弹出“编辑爆炸”对话框。

③ 选择对象。选取图 18.1.57 所示的型腔零件。

④ 在对话框中选择⊙ 移动对象单选项，单击图 18.1.58 所示的箭头，对话框下部区域被激活。

⑤ 在距离文本框中输入值 60，并按 Enter 键确认，完成滑块的移动，如图 18.1.59 所示。

⑥ 参照步骤③～⑤将型腔上的镶件沿 Z 轴正向移动 60，结果如图 18.1.60 所示。

⑦ 参照步骤③～⑤将型芯沿 Z 轴负向移动 60，结果如图 18.1.61 所示。

⑧ 参照步骤③～⑤将型芯上的镶件沿 Z 轴负向移动 60，结果如图 18.1.62 所示。

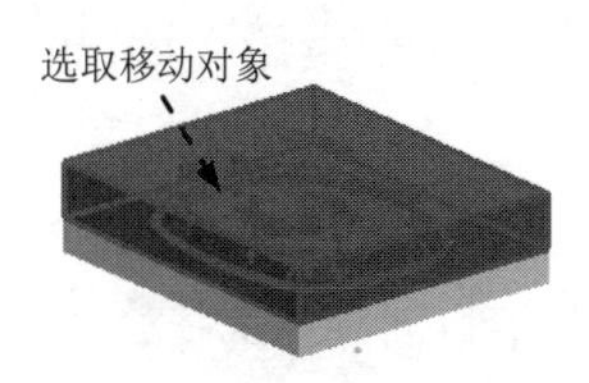

图 18.1.57 选取移动对象

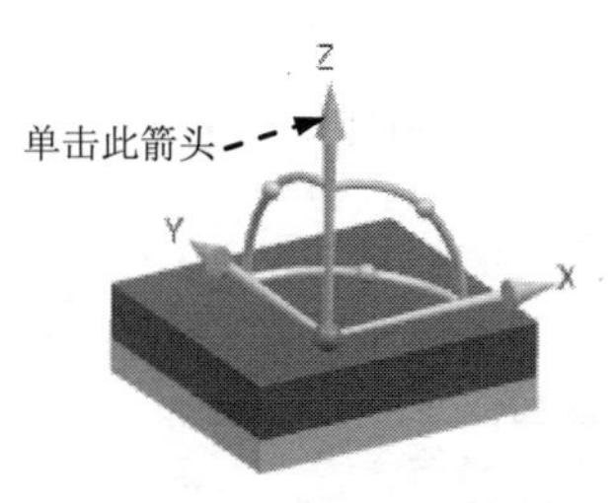

图 18.1.58 定义移动方向

图 18.1.59 编辑移动后

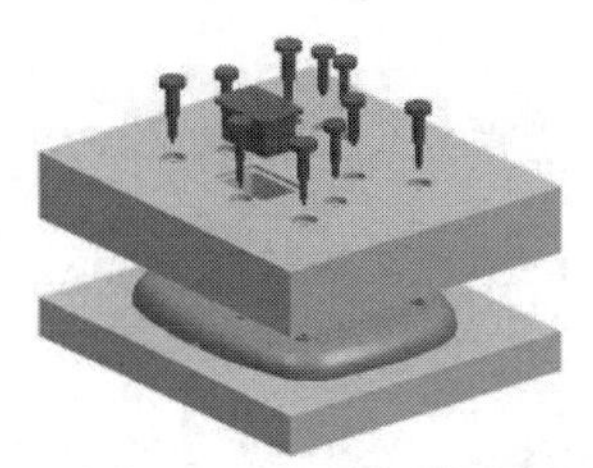

图 18.1.60 编辑移动后

图 18.1.61 编辑移动后

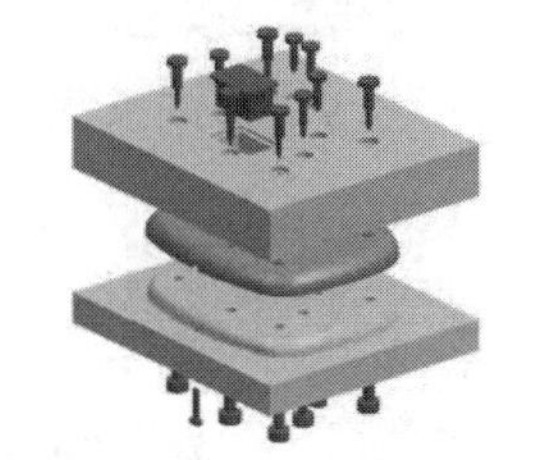

图 18.1.62 编辑移动后

Step11. 保存文件。选择下拉菜单文件(F) ➡ 全部保存(V)命令，保存所有文件。

18.2 滑块机构设计

当注塑成型的零件侧壁带有孔、凹穴、凸台等特征时，模具上成型该处的特征就必须制成可侧向移动的零件，并且在注塑件脱模前先将该零件抽出，否则将无法脱模。零件作侧向移动（抽拔与复位）的整个机构称为滑块机构（又称抽芯机构）。

滑块机构一般可分为机动、液压（液动）、气动以及手动等类型。机动滑块机构可实现力的转换，它利用注塑机开模力作为动力，通过有关传动零件（如斜导柱）使力作用于侧向成型零件而将模具侧分型或把活动型芯从塑件中抽出，合模时又靠它使侧向成型零件复位。

18.2.1 滑块的加载

在 Mold Wizard 中，通过“滑块和浮升销”命令可以完成滑块的加载和定义，一般操作步骤如下。

Step1. 打开文件。

（1）选择命令。选择下拉菜单文件(F) ➡ 打开(O)...命令，系统弹出“打开”对话框。

（2）打开 D:\ug12mo\work\ch18.02\panel_mold_top_085.prt 文件，单击 OK 按钮，打开模型。

Step2. 添加模架。

（1）在“注塑模向导”功能选项卡的主要区域中单击“模架库”按钮，系统弹出“模架库”对话框和“重用库”导航器。

（2）在“重用库”导航器的名称区域中选择FUTABA_S选项，在成员选择下拉列表中选择SC选项，在详细信息区域的index列表中选择2740选项，在AP_h下拉列表中选择80选项，在BP_h下拉列表中选择50选项，在CP_h下拉列表中选择100选项，其他参数采用系统默认设置，单击应用按钮。

（3）完成模架的添加，如图 18.2.1 所示，此时模架方向需要调整。

（4）单击按钮，调整模架方向，如图 18.2.2 所示。

（5）单击取消按钮，关闭“模架设计”对话框。

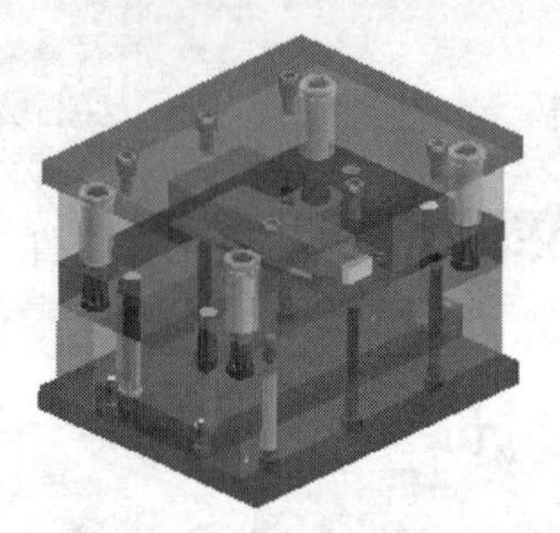

图 18.2.1 模架

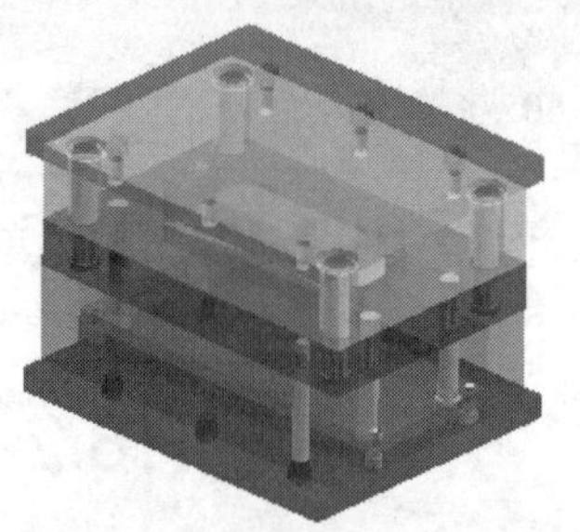

图 18.2.2 调整方向后的模架

Step3. 添加滑块。

（1）将型芯转换为显示部件。单击“装配导航器”选项卡，系统弹出“装配导航器”窗口。在 panel_mold_layout_097 节点下 panel_mold_prod_078 节点下的 panel_mold_core_081 上右击，在系统弹出的快捷菜单中选择设为显示部件命令。

（2）设置坐标原点。

① 选择命令。选择下拉菜单格式(R) ➡ WCS ➡ 在窗口中打开命令，系统弹出“点”对话框。

② 定义坐标原点。选取图 18.2.3 所示的边线中点为坐标原点。

③ 单击确定按钮，完成设置坐标原点的操作并关闭。

（3）旋转坐标系。

① 选择命令。选择下拉菜单格式(R) ➡ WCS ➡ 旋转(R)...命令，系统弹出“旋转 WCS 绕...”对话框。

② 定义旋转方式。在系统弹出的对话框中选择 + ZC 轴单选项。

③ 定义旋转角度。在角度文本框中输入值-90。

④ 单击确定按钮，旋转后的坐标系如图 18.2.4 所示。

（4）添加滑块。

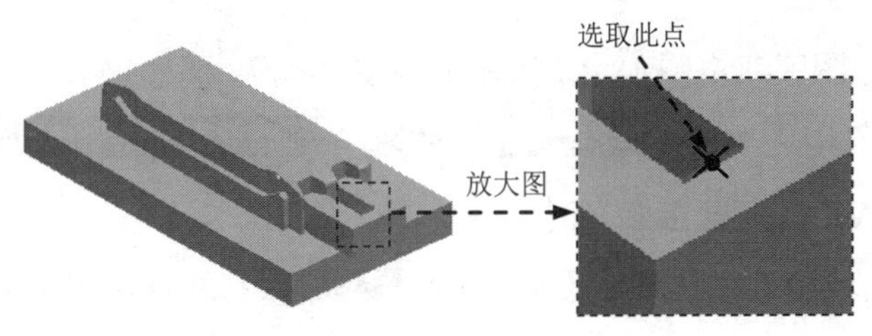

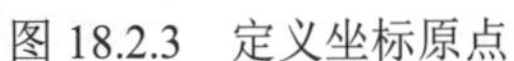
图 18.2.3　定义坐标原点

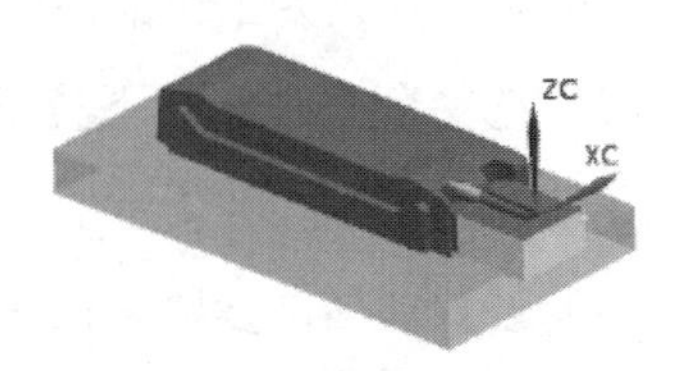

图 18.2.4　旋转后的坐标系

① 在“注塑模向导”功能选项卡的主要区域中单击“滑块和浮升销库”按钮，系统弹出图 18.2.5 所示的“滑块和浮升销设计”对话框和“重用库”导航器。

② 在“重用库”导航器的名称列表中选择Slide选项，在成员选择区域的列表中选择Single Cam-pin Slide选项，系统弹出信息窗口并显示参数。在详细信息列表中将gib_long的值修改为 90，按 Enter 键确认；将heel_back的值修改为 30，按 Enter 键确认；将heel_ht_1的值修改为 30，按 Enter 键确认；将wide的值修改为 45，按 Enter 键确认。

③ 单击确定按钮，完成滑块的添加，如图 18.2.6 所示。

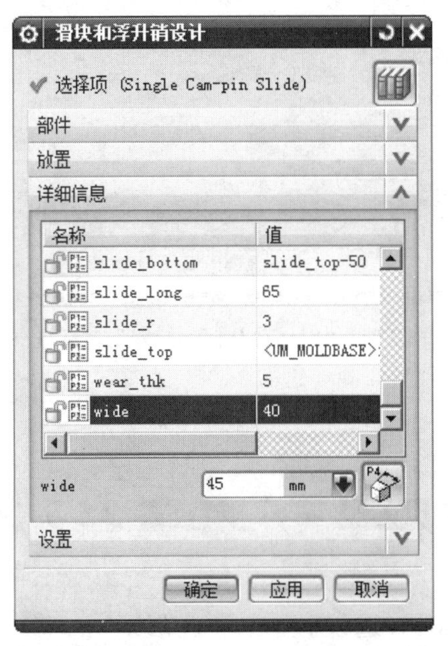

图 18.2.5　“滑块和浮升销设计”对话框

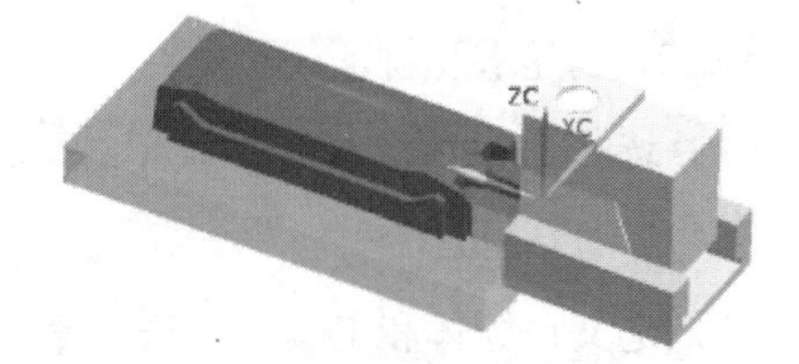

图 18.2.6　添加滑块

18.2.2　滑块的链接

在完成滑块机构的添加后，还需要将模仁上的小型芯链接到滑块机构上，构成一体。在 UG NX 12.0 中，一般通过“WAVE 几何链接器”命令来完成滑块的链接。下面继续以 18.2.1 节的模型为例讲解滑块链接的一般操作步骤。

Step1. 创建滑块的链接。

（1）将滑块设为工作部件。在绘图区双击图 18.2.7 所示的滑块。

（2）选择命令。选择下拉菜单 插入(S) → 关联复制(A) → WAVE 几何链接器(W)... 命令，系统弹出图 18.2.8 所示的“WAVE 几何链接器”对话框。

（3）设置对话框参数。在设置区域中选中☑关联复选框和☑隐藏原先的复选框，在类型下拉列表中选择体选项。

（4）定义链接对象。选取图 18.2.9 所示的小型芯为链接对象。

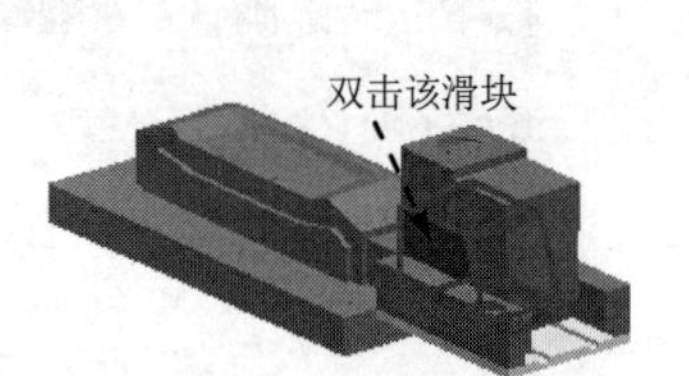

图 18.2.7　定义工作部件

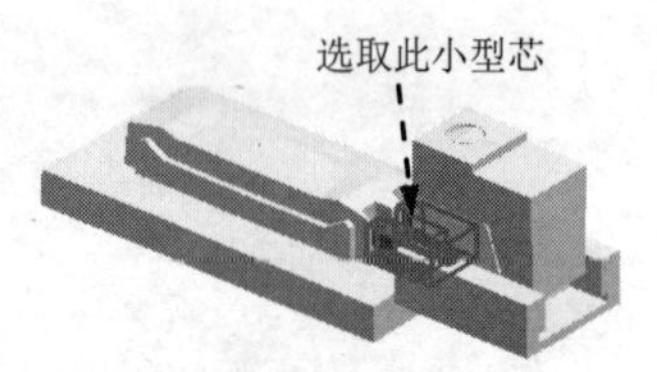

图 18.2.9　定义链接对象

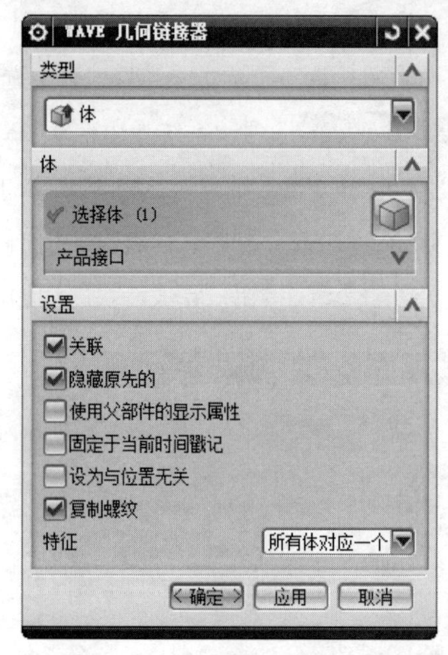

图 18.2.8　“WAVE 几何链接器”对话框

（5）单击 < 确定 > 按钮，完成滑块的链接。

Step2. 创建求和特征。

（1）选择命令。选择下拉菜单 插入(S) → 组合(B) → 合并(U)... 命令，系统弹出“合并”对话框。

（2）定义目标体和工具体。选取滑块为目标体，选取小型芯为工具体。

（3）单击 < 确定 > 按钮，完成求和特征的创建。

18.2.3　滑块的后处理

完成滑块机构的添加和链接后，接下来就需要在标准模架上完成建腔的工作。其建腔工作一般通过 Mold Wizard 模块中提供的“型腔设计”命令来完成。继续以上面的模型为例来讲解滑块后处理的一般操作过程。

Step1. 选择窗口。选择下拉菜单窗口(O) → panel_mold_top_085.prt 命令，系统显示总模型。

Step2. 将总模型转换成工作部件。单击“装配导航器”选项卡，系统弹出“装配导航器”窗口。在 panel_mold_top_085 选项上右击，在系统弹出的快捷菜单中选择 设为工作部件 命令。

Step3. 创建动/定模板上的滑块机构避开槽。

（1）在“注塑模向导”功能选项卡的 主要 区域中单击“腔”按钮，系统弹出“开腔”对话框。

（2）定义目标体。选取图 18.2.10 所示的动/定模板为目标体，单击鼠标中键确认。

（3）定义工具体。选取滑块机构为工具体。

说明：在选取工具体时，只需要选取滑块机构上的任意零件，系统自动将整个滑块机构选中。

（4）单击 确定 按钮，完成动/定模板上避开槽的创建，结果如图 18.2.11 和图 18.2.12 所示。

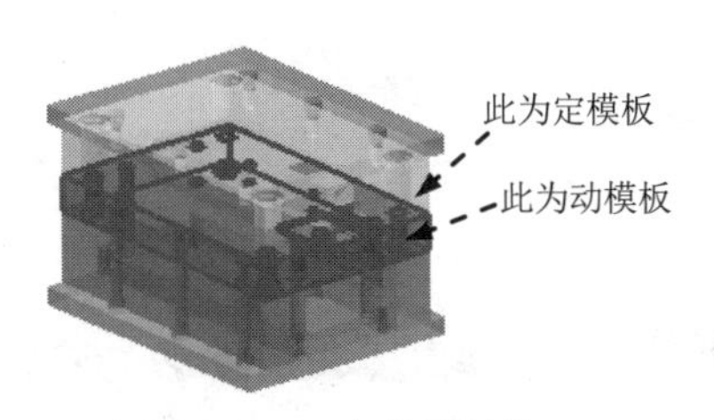

图 18.2.10 定义目标体

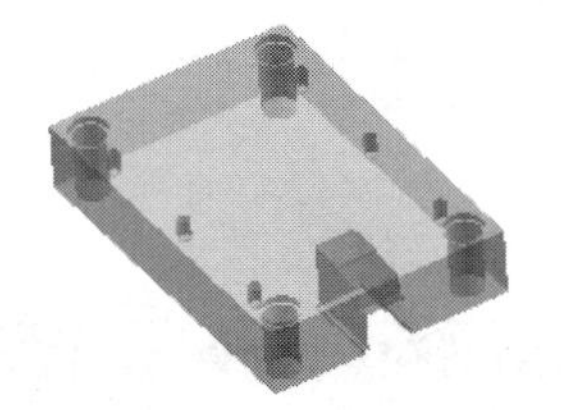
图 18.2.11 定模板避开槽

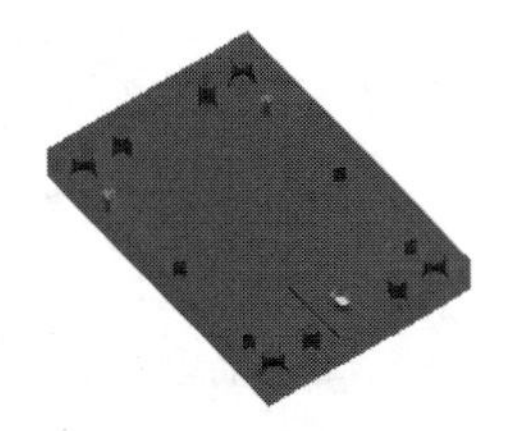
图 18.2.12 动模板避开槽

说明：为了清楚地显示动/定模板上的避开槽，此处隐藏了模架的其他零件。

Step4. 保存文件。选择下拉菜单文件(F) → 全部保存(V) 命令，保存所有文件。

18.3 斜销机构设计

斜销机构又称内侧抽芯机构，是完成塑件上内侧凹槽特征的抽芯机构。其结构原理与滑块机构类似。

当注塑成型的零件内侧带有凹穴或斜槽等特征时，模具上成型该处的特征就必须制成可内侧移动的零件，并且在注塑件脱模前需要先将该零件内移或斜顶塑件脱模，否则将无法脱模。将该零件进行内侧移动或斜顶塑件（抽拔与复位）的整个机构称为斜销机构（又称内侧抽芯机构）。

18.3.1 斜销的加载

在 Mold Wizard 中，通过“滑块和浮升销”命令可以完成斜销的加载和定义，一般操作步骤如下。

Step1. 打开文件。

（1）选择命令。选择下拉菜单 文件(F) → 打开(O)... 命令，系统弹出“打开”对话框。

（2）打开文件 D:\ug12mo\work\ch18.03\phone-cover_top_035.prt，单击 OK 按钮，打开模型。

Step2. 将型芯零件转化为显示部件。

（1）选择图 18.3.1 所示的型芯零件并右击。

（2）在系统弹出的快捷菜单中选择 在窗口中打开 命令，显示型芯零件。

Step3. 创建图 18.3.2 所示的拉伸特征。

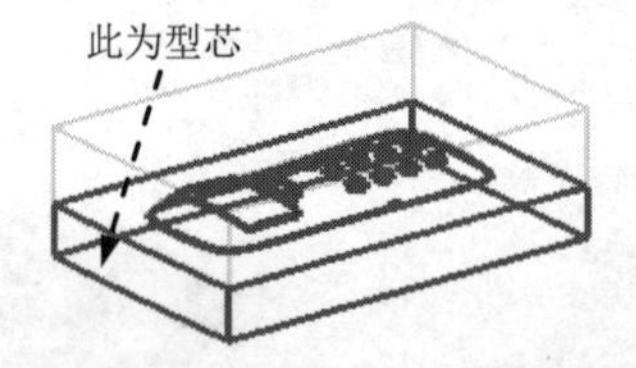

图 18.3.1 将型芯转化为显示部件

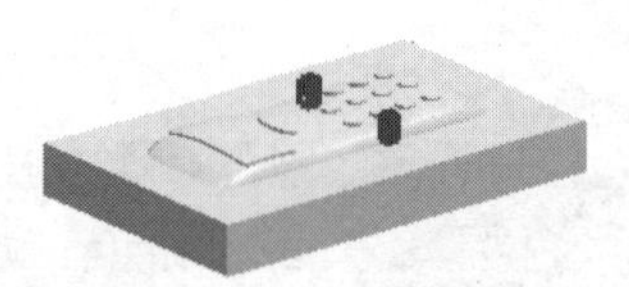
图 18.3.2 拉伸特征

（1）选择命令。选择下拉菜单 插入(S) → 设计特征(E) → 拉伸(X)... 命令，系统弹出“拉伸”对话框。

（2）定义草图平面。选取图 18.3.3 所示的模型表面为草图平面。

（3）绘制草图。绘制图 18.3.4 所示的截面草图。

（4）单击 完成草图 按钮，退出草图环境。

（5）定义拉伸方向。在 * 指定矢量 下拉列表中选择 ZC↑ 选项。

（6）确定拉伸开始值和结束值。在“拉伸”对话框 限制 区域的 开始 下拉列表中选择 值 选项，并在其下的 距离 文本框中输入值 0；在 结束 下拉列表中选择 值 选项，并在其下的 距离 文本框中输入值 6，其他参数采用系统默认设置。

（7）单击 〈确定〉 按钮，完成拉伸特征的创建。

图 18.3.3 定义草图平面

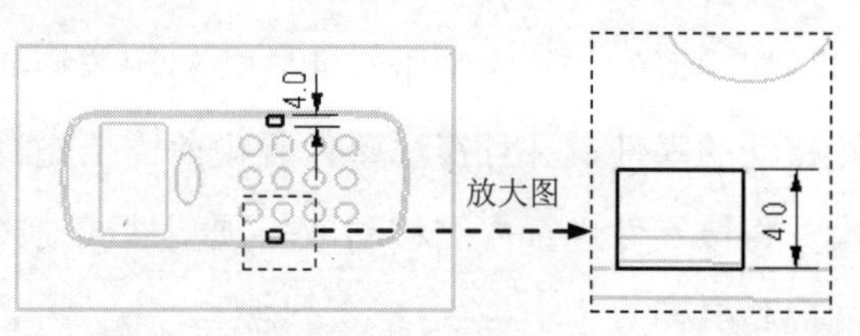

图 18.3.4 截面草图

Step4. 创建图 18.3.5 所示的求交特征 1。

（1）选择命令。选择下拉菜单 插入(S) → 组合(B) ▸ → 相交(I)... 命令，系统弹出“相交”对话框。

（2）定义目标体和工具体。选取型芯零件为目标体，选取图 18.3.6 所示的实体为工具体。

（3）设置对话框参数。在 设置 区域中选中 ☑ 保存目标 复选框。

（4）单击 < 确定 > 按钮，完成求交特征 1 的创建。

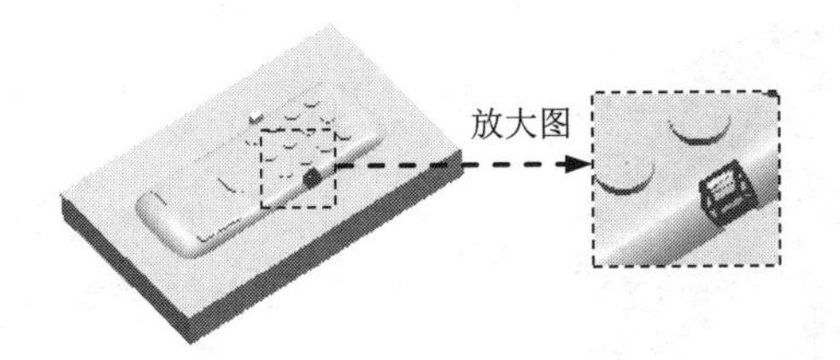

图 18.3.5　求交特征 1

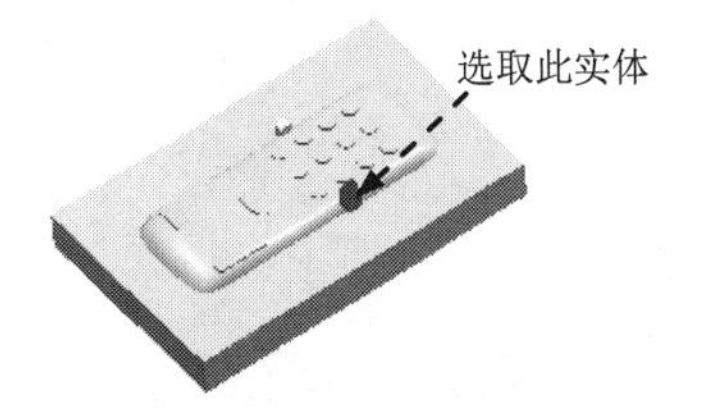

图 18.3.6　定义工具体

Step5. 创建图 18.3.7 所示的求差特征 1。

（1）选择命令。选择下拉菜单 插入(S) → 组合(B) ▸ → 减去(S)... 命令，系统弹出“求差”对话框。

（2）定义目标体和工具体。选取型芯零件为目标体，选取图 18.3.8 所示的实体为工具体。

（3）设置对话框参数。在 设置 区域中选中 ☑ 保存工具 复选框。

（4）单击 < 确定 > 按钮，完成求差特征 1 的创建。

Step6. 参照 Step4 创建另一侧求交特征。

Step7. 参照 Step5 创建另一侧求差特征。

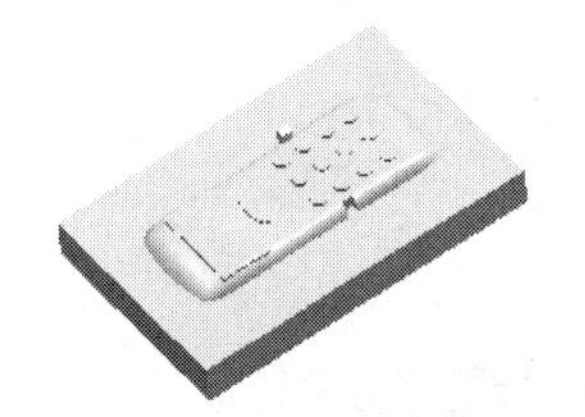

图 18.3.7　求差特征 1

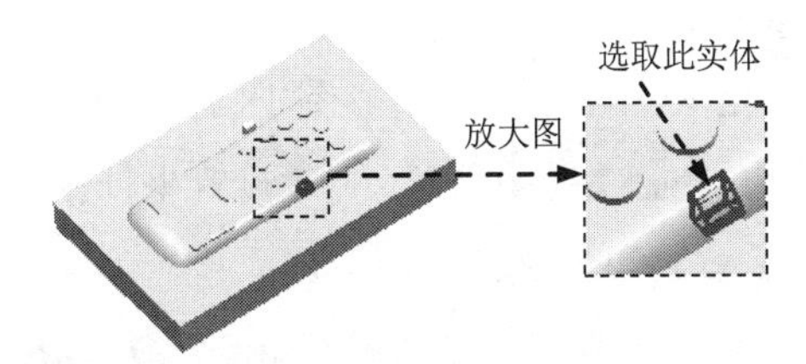

图 18.3.8　定义工具体

Step8. 添加模架。

（1）选择窗口。选择下拉菜单 窗口(O) → phone-cover_top_035.prt 命令，系统显示总模型。

（2）将总模型转换成工作部件。单击“装配导航器”选项卡，系统弹出“装配导航器”窗口。在 ☑ phone-cover_top_035 选项上右击，在系统弹出的快捷菜单中选择 设为工作部件 命令。

（3）添加模架。

① 在“注塑模向导”功能选项卡的 主要 区域中单击“模架库”按钮，系统弹出“模

架库”对话框和“重用库”导航器。

② 在“重用库”导航器的名称区域中选择FUTABA_S选项，在成员选择下拉列表中选择SC选项，在详细信息区域的index列表中选择1823选项，在AP_h下拉列表中选择50选项，在BP_h下拉列表中选择40选项，在CP_h下拉列表中选择60选项，其他参数采用系统默认设置，单击应用按钮。

③ 单击确定按钮，完成模架的添加，如图 18.3.9 所示。

图 18.3.9 模架

Step9. 添加斜销。

（1）将型芯/型腔转换为显示部件。单击“装配导航器”选项卡，系统弹出“装配导航器”窗口。在phone-cover_layout_047选项上右击，在系统弹出的快捷菜单中选择在窗口中打开命令。

（2）设置坐标原点。

① 选择命令。选择下拉菜单格式(R) → WCS → 原点(O)...命令，系统弹出“点”对话框。

② 定义坐标原点。选取图 18.3.10 所示的边线中点为坐标原点。

③ 单击确定按钮，完成设置坐标原点的操作。

（3）旋转坐标系。

① 选择命令。选择下拉菜单格式(R) → WCS → 旋转(R)...命令，系统弹出“旋转 WCS 绕...”对话框。

② 定义旋转方式。在系统弹出的对话框中选择 - ZC 轴单选项。

③ 定义旋转角度。在角度文本框中输入值 90。

④ 单击确定按钮，旋转后的坐标系如图 18.3.11 所示。

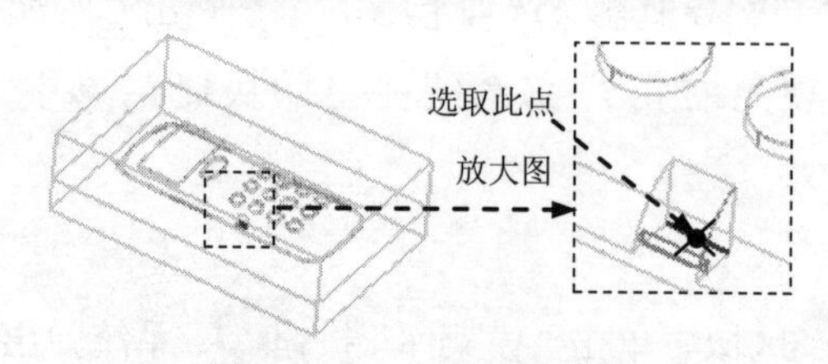

图 18.3.10 定义坐标原点

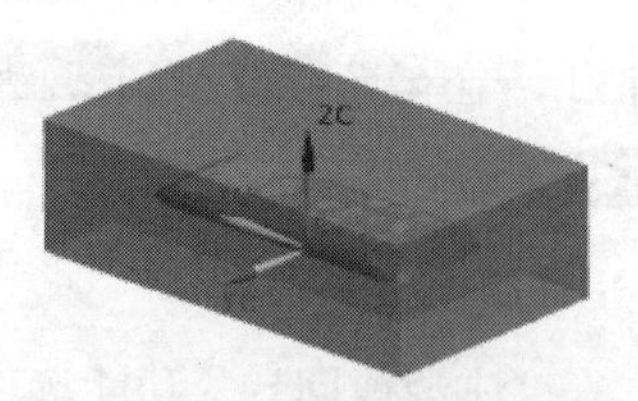

图 18.3.11 旋转后的坐标系

（4）添加斜销。

① 在“注塑模向导”功能选项卡的 主要 区域中单击“滑块和浮升销库”按钮，系统弹出图 18.3.12 所示的“滑块和浮升销设计”对话框和“重用库”导航器。

②在“重用库”导航器的 名称 列表中选择 Lifter 选项，在 成员选择 区域的列表中选择 Dowel Lifter 选项，系统弹出信息窗口并显示参数。在详细信息列表中将 cut_width 的值修改为 1.5，按 Enter 键确认；将 riser thk 的值修改为 4，按 Enter 键确认；将 riser top 的值修改为 8，按 Enter 键确认；将 wide 的值修改为 6，按 Enter 键确认。

③单击 确定 按钮，完成斜销的添加，如图 18.3.13 所示。

Step10. 参照 Step9 添加另一侧斜销。

注意：旋转坐标后应使 Y 轴向外，再添加斜销。

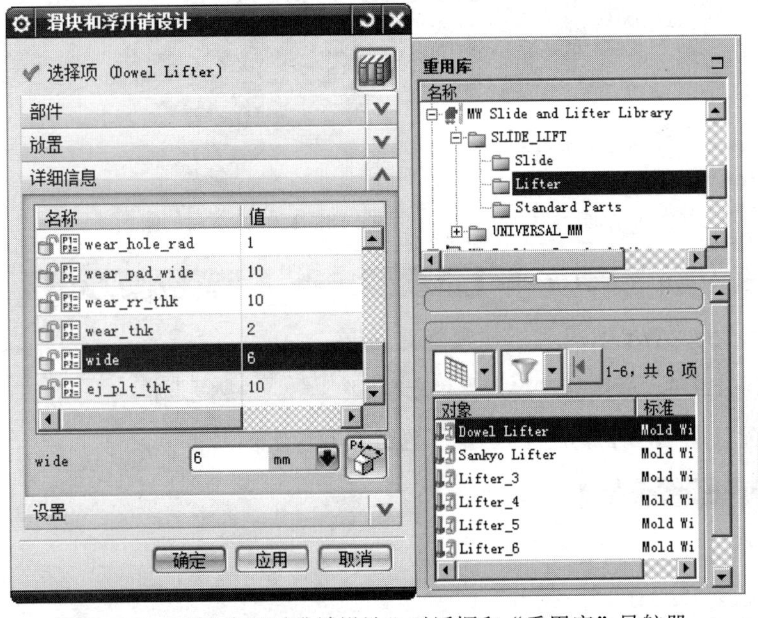

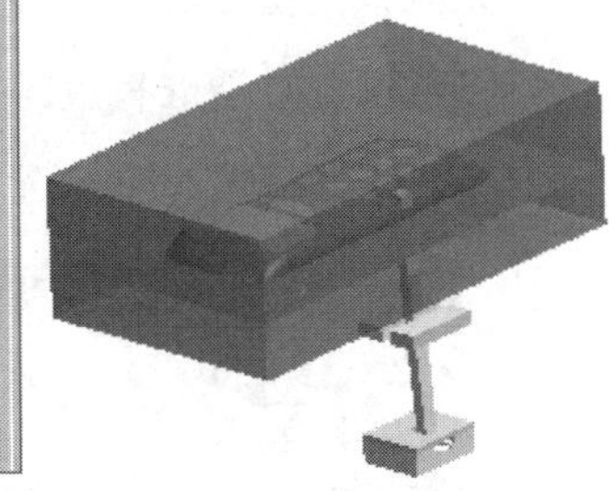

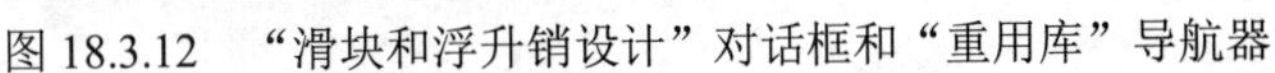

图 18.3.12 “滑块和浮升销设计”对话框和“重用库”导航器

图 18.3.13 斜销

18.3.2 斜销的链接

在完成斜销机构的添加后，还需要将模仁上的小型芯链接到斜销机构上，构成一体。在 UG NX 12.0 中，一般通过“WAVE 几何链接器”命令来完成斜销的链接。继续以上一节的模型为例来讲解斜销链接的一般步骤。

Step1. 修剪斜销（隐藏型腔和零件）。

（1）在“注塑模向导”功能选项卡的 注塑模工具 区域中单击“修边模具组件”按钮，系统弹出图 18.3.14 所示的“修边模具组件”对话框。

说明：在选择命令后如果系统弹出“顶杆后处理”对话框，则单击 否(N) 按钮。

（2）定义修剪对象。选取两个斜销为修剪对象。

（3）单击 确定 按钮，完成修剪斜销的操作，如图 18.3.15 所示。

Step2. 创建斜销的链接。

（1）将斜销转换为工作部件。在绘图区双击斜销。

图 18.3.14 “修边模具组件”对话框

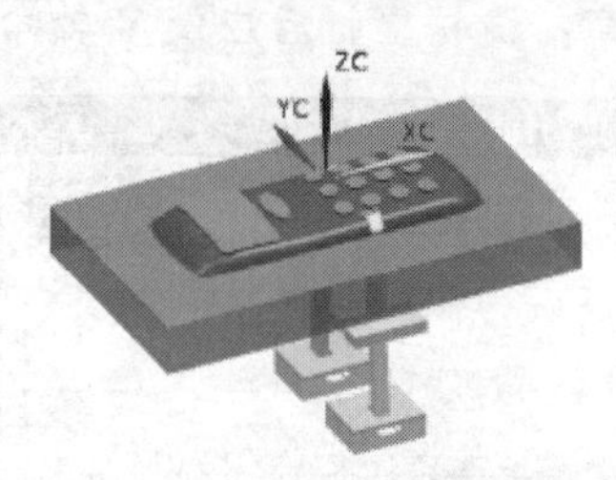

图 18.3.15 修剪后的斜销

（2）选择命令。选择下拉菜单 插入(S) → 关联复制(A) → WAVE 几何链接器(W)... 命令，系统弹出图 18.3.16 所示的“WAVE 几何链接器”对话框。

（3）设置对话框参数。在 设置 区域中选中 ☑ 关联 复选框和 ☑ 隐藏原先的 复选框。

（4）定义链接对象。选取图 18.3.17 所示的小型芯为链接对象。

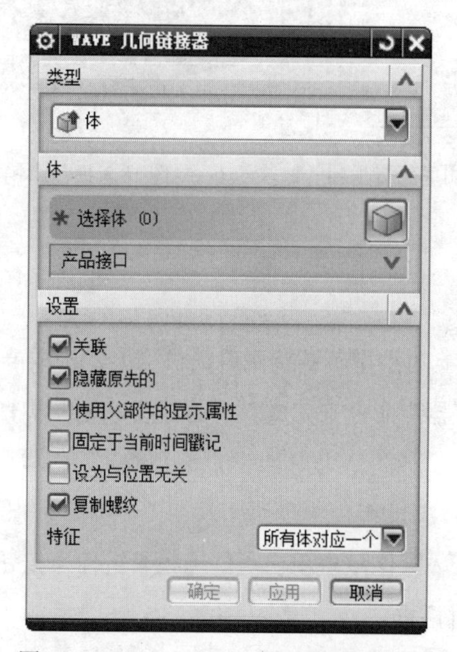

图 18.3.16 “WAVE 几何链接器”对话框

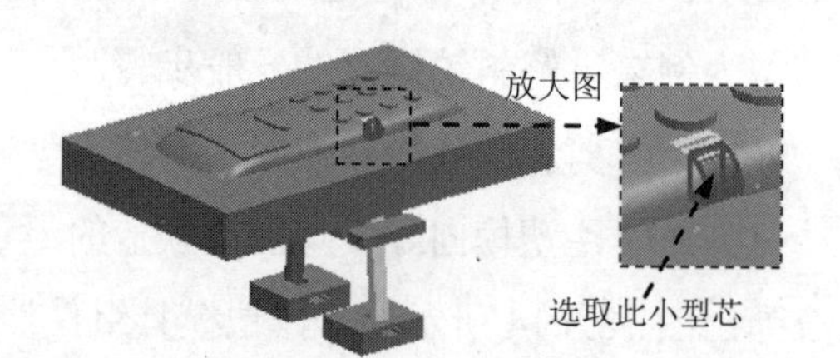

图 18.3.17 定义链接对象

（5）单击< 确定 >按钮，完成斜销链接的创建。

Step3. 创建求和特征 1。

（1）选择命令。选择下拉菜单插入(S) → 组合(B) → 合并(U)...命令，系统弹出“合并”对话框。

（2）定义目标体和工具体。选取斜销为目标体，选取图 18.3.17 所示的实体为工具体。

（3）单击< 确定 >按钮，完成求和特征 1 的创建。

Step4. 参照 Step2 和 Step3，完成另一侧求和特征的创建。

18.3.3 斜销的后处理

在 UG NX 12.0 中，经常采用“型腔设计”命令对斜销进行后处理，一般操作步骤如下。

Step1. 选择窗口。选择下拉菜单窗口(O) → phone-cover_top_035.prt命令，系统显示总模型。

Step2. 将总模型转换成工作部件。单击“装配导航器”选项卡，系统弹出“装配导航器”窗口。在phone-cover_top_035选项上右击，在系统弹出的快捷菜单中选择设为工作部件命令。

Step3. 创建动模板、顶杆固定板和型芯上的斜销机构避开槽。

（1）在“注塑模向导”功能选项卡的主要区域中单击“腔”按钮，系统弹出“开腔”对话框。

（2）定义目标体。选取图 18.3.18 所示的动模板、顶杆固定板和型芯为目标体，单击鼠标中键确认。

（3）定义工具体。选取两个斜销机构为工具体，其他为默认选项。

说明： 在选取工具体时，只需要选取斜销机构上的任意零件，系统自动将整个斜销机构选中。

（4）单击确定按钮，完成斜销避开槽的创建，结果如图 18.3.19~图 18.3.21 所示。

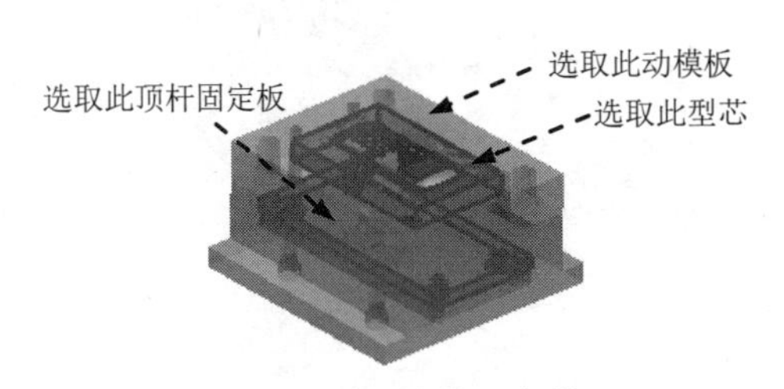

图 18.3.18 定义目标体

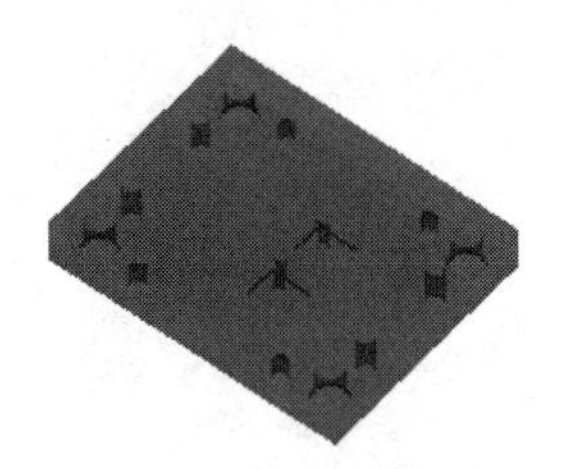

图 18.3.19 动模板避开槽

图 18.3.20 顶杆固定板避开槽

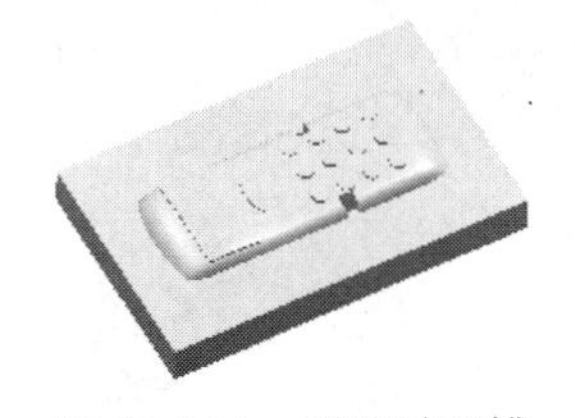

图 18.3.21 型芯避开槽

说明：为了清楚地显示动模板、顶杆固定板和型芯上的避开槽，此处隐藏了模架的其他零件。

Step4. 保存文件。选择下拉菜单 文件(F) → 全部保存(V) 命令，保存所有文件。

学习拓展：扫码学习更多视频讲解。

讲解内容：结构分析实例精选。讲解了一些典型的结构分析实例，并对操作步骤做了详细的演示。

第 19 章 UG NX 的其他模具设计功能

19.1 物料清单（BOM）

在 Mold Wizard 中包含一个与模具标准件信息相关的物料清单。物料清单又称 BOM（Bill Of Materials）表，用于生成模具上零部件的明细表，以及装配组件或零件的参数。BOM 表能根据用户在产品设计过程中设定的一些特定参数自动生成符合企业标准的明细表。

Step1. 打开 D:\ug12mo\work\ch19.01\cap_mold_top_010.prt 文件。

Step2. 在“注塑模向导”功能选项卡的 主要 区域中单击“物料清单”按钮，系统弹出图 19.1.1 所示的“物料清单”对话框。

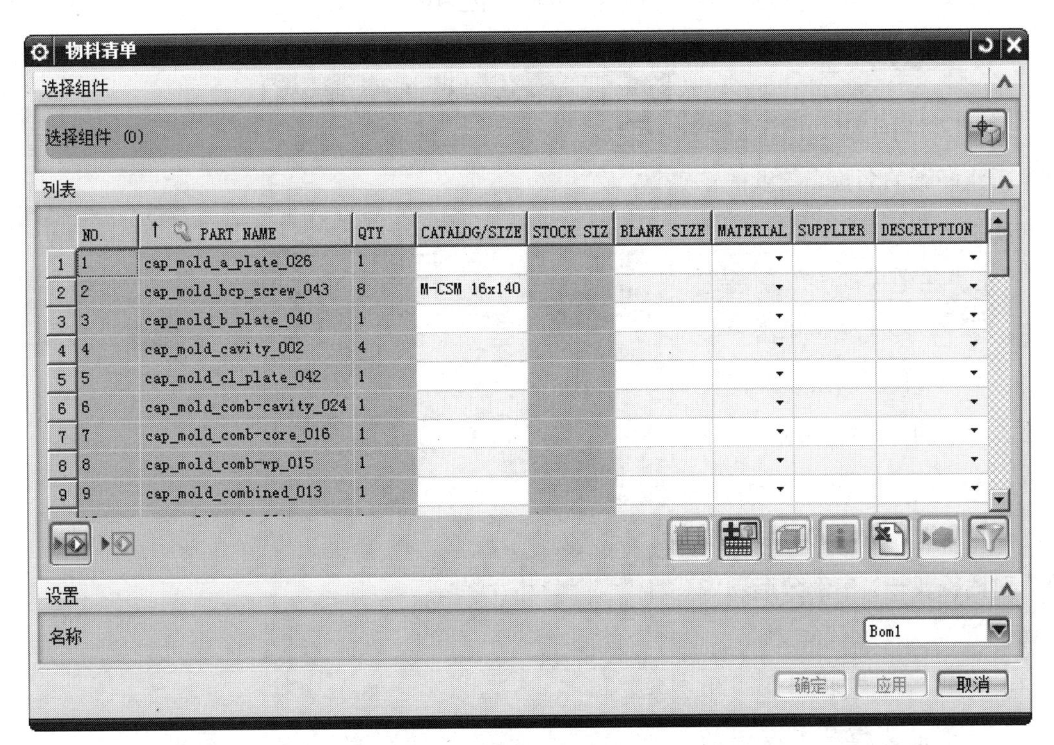

图 19.1.1 “物料清单”对话框

图 19.1.1 所示的“物料清单”对话框中部分选项说明如下。

- 列表 区域：该区域中 列表类型 下拉列表中包括和两个按钮。
  - ☑ 按钮：选择该选项后可在 列表类型 的列表框中显示所有组件的物料清单。
  - ☑ 按钮：选择该选项后可在 列表类型 的列表框中隐藏所有组件的物料清单。

19.2 模 具 图

完成模具的设计后，接下来的工作就是出模具图。在 Mold Wizard 中，模具图包括装配图样、组件图样和孔表三种。通过 Mold Wizard 提供的创建模具图命令，可以大大减少设计人员的设计时间，提高设计效率。

19.2.1 装配图样

使用“装配图纸”命令可以自动地完成模具装配图纸（样）的创建和管理。模具装配图纸（样）的一般创建步骤：首先，定义出图的单位和图幅大小；其次，定义组件出图的可见性；最后，定义工程图的视图类型。

打开 D:\ug12mo\work\ch19.02.01\cap_mold_top_010.prt 文件。

1. 可见性类型

此类型用于定义图纸的类型、新建图纸的名称、图纸的单位和幅的大小。

在“注塑模向导”功能选项卡的 模具图纸 区域中单击“装配图纸”按钮，系统弹出图 19.2.1 所示的“装配图纸”对话框（一）。

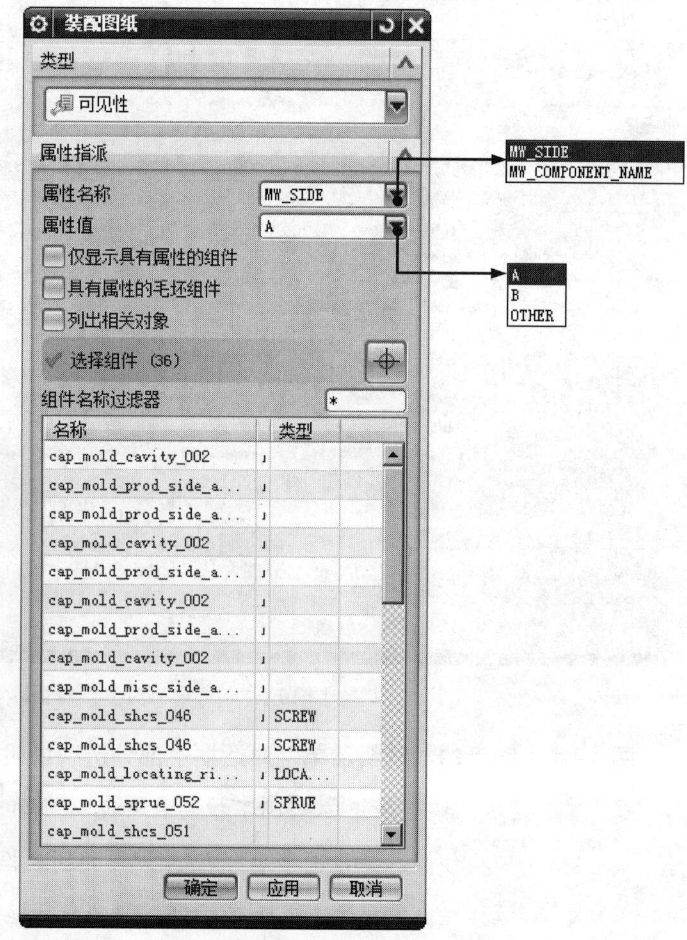

图 19.2.1 “装配图纸”对话框（一）

图 19.2.1 所示的“装配图纸”对话框（一）中部分选项说明如下。

- 属性名称 下拉列表：用于定义模具工程图的出图类型，有 MW_SIDE 和 MW_COMPONENT_NAME 两个选项。
  - ☑ MW_SIDE 选项：用于定义模具的可

见侧。

☑ MW_COMPONENT_NAME选项：用于定义模具中某个部件为可见侧。

- 属性值下拉列表：用于定义出图的可见性，有A、B和OTHER三个选项。

☑ A选项：选择该选项，只出定模侧的工程图。

☑ B选项：选择该选项，只出动模侧的工程图。

☑ OTHER选项：选择该选项，可指定出工程图的部件。

2. 图纸类型

此类型用于定义出图的可见性，可定义动模可见、定模可见或某个部件可见。在“装配图纸”对话框的类型下拉列表中选择图纸选项，系统弹出图19.2.2所示的“装配图纸”对话框（二）。

图 19.2.2 “装配图纸”对话框（二）

图19.2.2所示的“装配图纸”对话框（二）中各选项说明如下。

- 图纸类型区域：用于定义装配图纸的类型，包括自包含和主模型两种类型。

☑ 自包含单选项：为当前打开的模具创建装配图。

☑ 主模型单选项：打开一个已有的模具创建装配图。

- 图纸页下拉列表：用于定义创建图纸的方式，可以选择新建一个新的图纸，也可以选择已创建好的图纸。

☑ 新建选项：新建一个图纸。选择此选项，图纸页名被激活，在其文本框里输入新建图纸的名称。

☑ SH1选项：选择已有的图纸创建模具装配工程图，SH1是已有的图纸的名称。

- 模板区域：用于定义模具装配图纸的模板类型，在“模板选择”列表中双击某一选项，可选择大小不同的模板类型。

3. 视图类型

该选项卡用于定义图纸的出图类型、剖切面的类型和控制可见侧。在“装配图纸”对话框的类型下拉列表中选择视图选项，系统弹出图 19.2.3 所示的“装配图纸”对话框（三）。

图 19.2.3 所示的“装配图纸”对话框（三）中部分选项说明如下。

- “模板中的预定义视图”列表框：用于定义工程图的视图类型和剖视图。
  - ☑ CORE选项：选择该选项，则创建型芯部分的工程图。
  - ☑ CAVITY选项：选择该选项，则创建型腔部分的工程图。
  - ☑ FRONTSECTION选项：选择该选项，则创建纵向的剖视图。
  - ☑ RIGHTSECTION选项：选择该选项，则创建横向的剖视图。
- □显示 A 侧复选框：选中该复选框，则显示定模侧的工程图。
- □显示 B 侧复选框：选中该复选框，则显示动模侧的工程图。
- 比例文本框：用于定义工程图的出图比例。

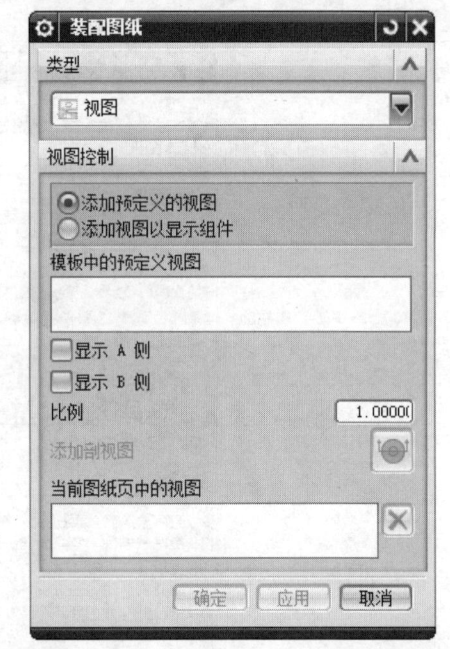

图 19.2.3 “装配图纸”对话框（三）

19.2.2 组件图样

使用“组件图纸”命令可以自动完成模具装配组件图纸（样）的创建和管理。组件图纸（样）的一般创建步骤为：首先进入制图环境，然后定义图纸的类型和组件。

Step1. 打开 D:\ug12mo\work\ch19.02.02\cap_mold_top_010.prt 文件。

Step2. 在应用模块功能选项卡的设计区域单击制图按钮，进入制图环境。在“注塑模向导”功能选项卡的模具图纸区域中单击“组件图纸”按钮，系统弹出图 19.2.4 所

示的“组件图纸”对话框。“组件”列表框用于定义出图的部件，可以在该列表中选取多个要出工程图的组件。

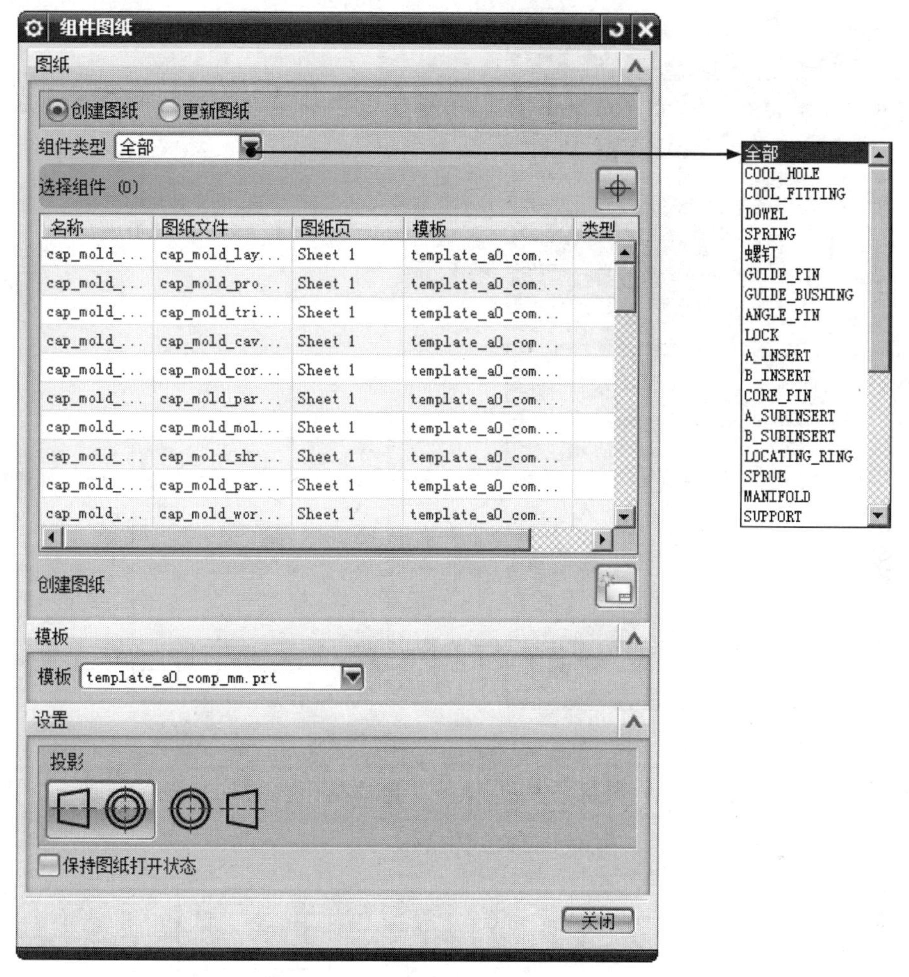

图 19.2.4 “组件图纸”对话框

19.2.3 孔表

使用“孔表”命令时，系统会自动找到零件中所有的孔，并对它们进行分类和编号，然后在图样上确定其放置原点，系统将自动计算每个孔到坐标原点的距离，把所有的孔编制成一个孔表。创建孔表只能在制图模块下进行。

Step1. 打开 D:\ug12mo\work\ch19.02.03\cap_mold_a_plate.prt 文件。

Step2. 在“注塑模向导”功能选项卡的 模具图纸 区域中单击按钮，系统弹出图 19.2.5 所示的“孔表”对话框。

Step3. 定义坐标原点。选择图 19.2.6 所示的圆弧的中心。

Step4. 选择视图。选取图 19.2.6 所示的视图，单击“孔表”对话框 原点 区域中的 指定位置

选项，然后在合适的位置单击放置表。

图 19.2.5 “孔表”对话框

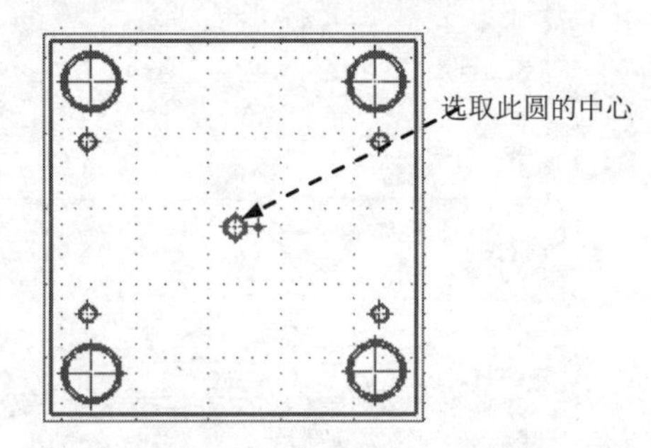

图 19.2.6 定义坐标原点

Step5. 定义放置位置。将鼠标放在孔表上，此时在孔表的左上方会出现一个“拖动”按钮，直接将其拖动到图 19.2.7 所示的大致位置。

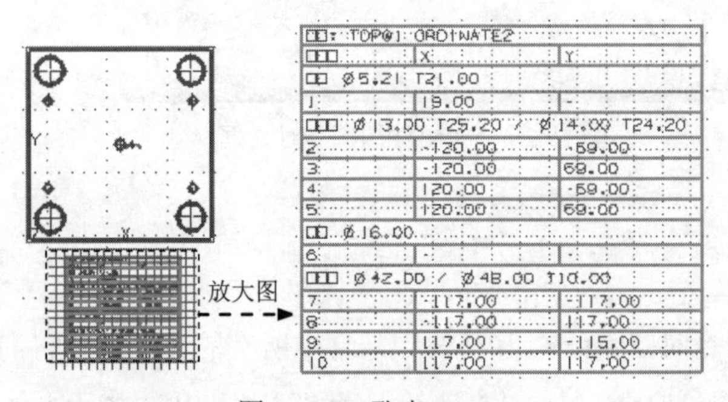

图 19.2.7 孔表

Step6. 选择下拉菜单 文件(F) → 全部保存(V) 命令保存。

第 20 章 在 UG NX 建模环境下设计模具

20.1 概 述

在创建模具的过程中除了运用 UG NX Mold Wizard 模块外，用户还可以使用“建模”模块来进行模具设计，使用此模块进行模具设计与 Mold Wizard 模块相比，主要具有两个突出的特点。

（1）对于不会使用 Mold Wizard 模块的用户来说，可以在“建模”模块中完成模具的设计。

（2）在“建模”模块中进行分型面的设计非常灵活、方便，只需要通过一个“缝合”命令将所有的分型面合并到一起。

但是，在“建模”模块中进行模具设计是无参数化的，造成模具的修改性差，不能编辑各种特征的参数。与使用 Mold Wizard 模块设计模具相比较，这种方法更为繁琐，重复性操作比较多并且模具设计效率不高。

20.2 模 具 坐 标

在 UG NX 12.0 中，经常使用“实用工具”工具栏中的命令来修改模具坐标，一般操作步骤如下。

Step1. 打开文件。打开 D:\ug12mo\work\ch20\turntable.prt 文件，单击 OK 按钮，进入建模环境。

Step2. 旋转模具坐标系。

（1）选择命令。选择下拉菜单 格式(R) → WCS▸ → 旋转(R)... 命令，系统弹出图 20.2.1 所示的“旋转 WCS 绕…”对话框。

（2）定义旋转方式。在系统弹出的对话框中选择 ⊙ - XC 轴：ZC --> YC 单选项。

（3）定义旋转角度。在 角度 文本框中输入值 90。

（4）单击 确定 按钮，定义后的模具坐标系如图 20.2.2 所示。

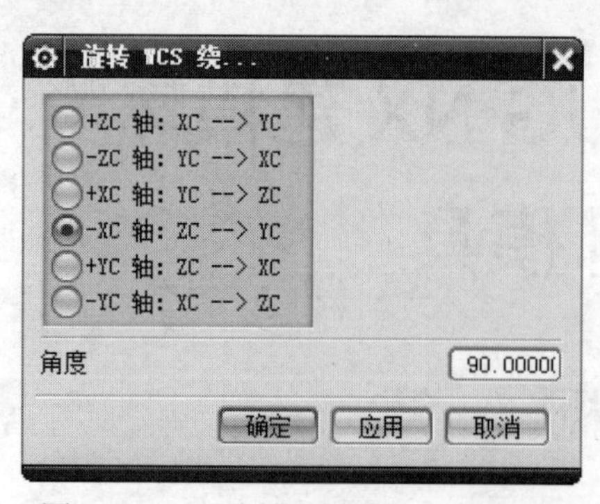

图 20.2.1 “旋转 WCS 绕…”对话框

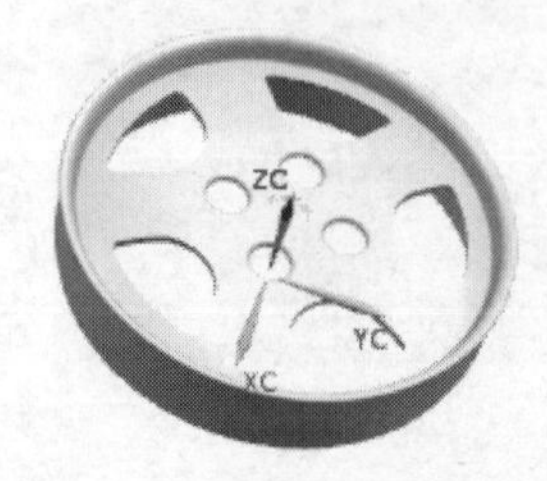

图 20.2.2 定义后的模具坐标系

20.3 设置收缩率

在 UG NX 12.0 中经常使用“缩放体”命令来设置收缩率。继续以前面的模型为例，一般操作步骤如下。

Step1. 测量设置收缩率前的模型尺寸。

（1）选择命令。选择下拉菜单 分析(L) → 测量距离(D)... 命令，系统弹出“测量距离”对话框。

（2）测量距离。测量图 20.3.1 所示的原点到零件内表面的距离值为 170。

（3）单击 取消 按钮，关闭“测量距离”对话框。

Step2. 设置收缩率。

（1）选择命令。选择下拉菜单 插入(S) → 偏置/缩放(O) → 缩放体(S)... 命令，系统弹出“缩放体”对话框。

（2）定义缩放类型。在“缩放体”对话框 类型 区域的下拉列表中选择 均匀 选项。

（3）选择要缩放的体。选择图 20.3.1 所示的零件为要缩放的体，此时系统自动将缩放点定义在坐标原点上。

（4）定义比例因子。在 比例因子 区域的 均匀 文本框中输入值 1.006。

（5）单击 确定 按钮，完成设置收缩率的操作。

Step3. 测量设置收缩率后的模型尺寸。

（1）选择命令。选择下拉菜单 分析(L) → 测量距离(D)... 命令，系统弹出“测量距离”对话框。

（2）测量距离。测量图 20.3.2 所示的原点到零件内表面的距离值为 171.02。

说明：与前面选择测量的面相同。

（3）单击 取消 按钮，关闭“测量距离”对话框。

Step4. 检测收缩率。由测量结果可知，设置收缩率前的尺寸值为 170，收缩率值为 1.006，

所以设置收缩率后的尺寸值为 170×1.006=171.02，说明设置收缩率没有错误。

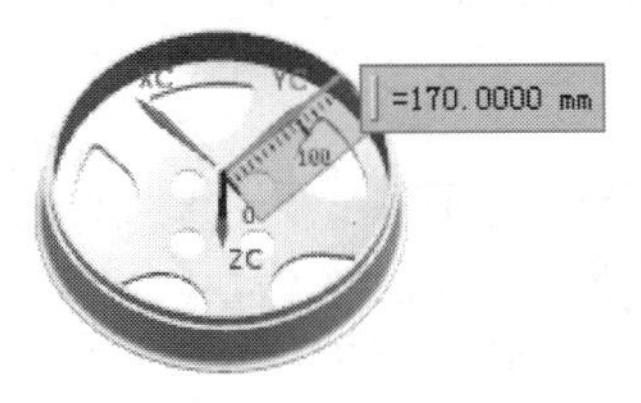

图 20.3.1　测量设置收缩率前的模型尺寸

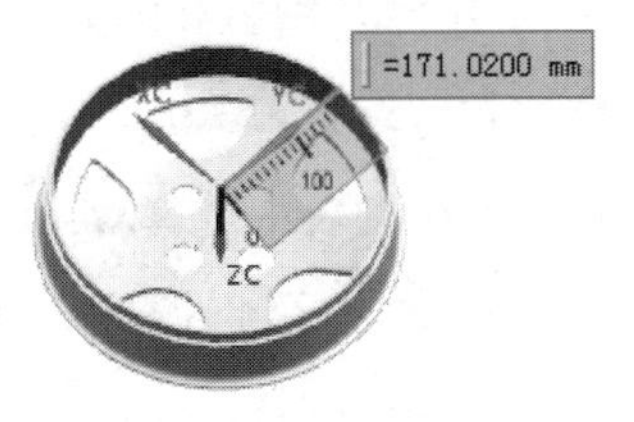

图 20.3.2　测量设置收缩率后的模型尺寸

20.4　创建模具工件

在 UG NX 12.0 中，经常使用“拉伸”命令来创建模具工件。继续以前面的模型为例，一般操作步骤如下。

Step1. 选择命令。选择下拉菜单 插入(S) ➡ 设计特征(E) ➡ 拉伸(X)... 命令，系统弹出图 20.4.1 所示的“拉伸”对话框。

Step2. 定义草图平面。单击 按钮，系统弹出“创建草图”对话框；选取 ZX 平面为草图平面，单击 确定 按钮，进入草图环境。

Step3. 绘制草图。绘制图 20.4.2 所示的截面草图；单击 完成草图 按钮，退出草图环境。

图 20.4.1　“拉伸”对话框

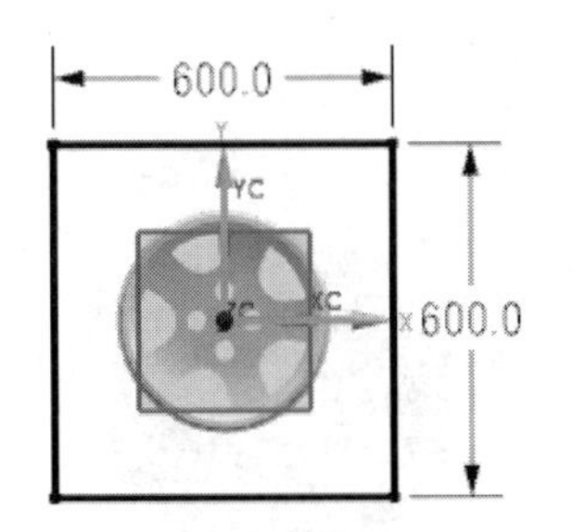

图 20.4.2　截面草图

Step4. 定义拉伸方向。在 指定矢量 的 下拉列表中选择 ZC 选项。

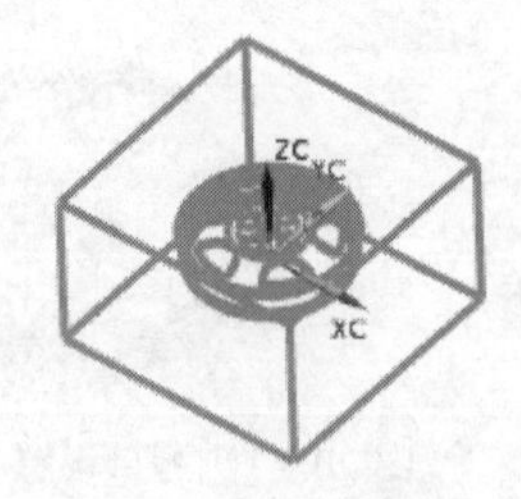

图 20.4.3 拉伸特征

Step5. 确定拉伸开始值和结束值。在“拉伸”对话框 限制 区域的 开始 下拉列表中选择 值 选项，并在其下的 距离 文本框中输入值-160；在 结束 下拉列表中选择 值 选项，并在其下的 距离 文本框中输入值 200；在 布尔 区域的 布尔 下拉列表中选择 无，其他参数采用系统默认设置。

Step6. 单击 < 确定 > 按钮，完成图 20.4.3 所示的拉伸特征的创建。

20.5 模 型 修 补

若产品模型上存在破孔，则需要通过“抽取体”“修剪片体”和“扩大”等命令来完成破孔的修补工作。继续以前面的模型为例，模型修补的一般操作步骤如下。

Step1. 隐藏模具工件。

（1）选择命令。选择下拉菜单 编辑(E) → 显示和隐藏(H) → 隐藏(H)... 命令，系统弹出“类选择”对话框。

（2）定义隐藏对象。选取模具工件为隐藏对象。

（3）单击 确定 按钮，完成模具工件隐藏的操作。

Step2. 创建图 20.5.1 所示的抽取特征。

（1）选择命令。选择下拉菜单 插入(S) → 关联复制(A) → 抽取几何特征(E)... 命令，系统弹出图 20.5.2 所示的“抽取几何特征”对话框。

图 20.5.1 抽取特征

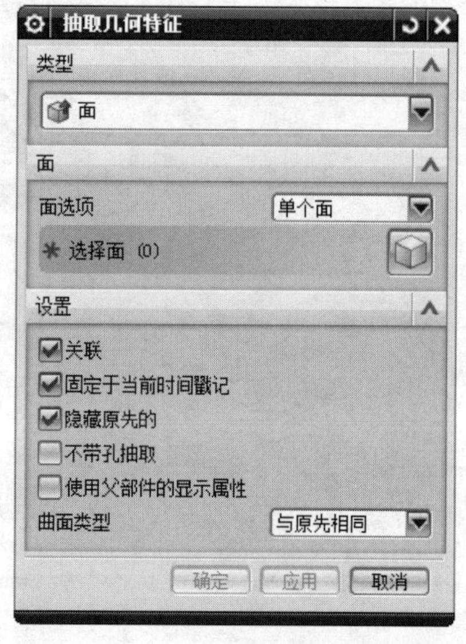

图 20.5.2 “抽取几何特征”对话框

（2）设置对话框参数。在类型区域的下拉列表中选择面选项，在设置区域中选中☑固定于当前时间戳记复选框和☑不带孔抽取复选框，其他参数采用系统默认设置。

（3）定义抽取对象。选取图 20.5.3 所示的面为抽取对象。

（4）单击< 确定 >按钮，完成抽取特征的创建。

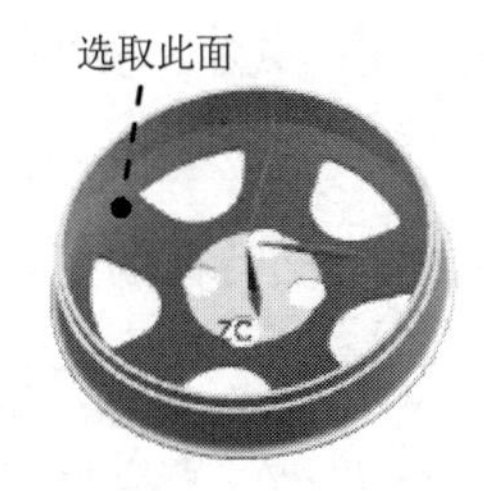

图 20.5.3 定义抽取面

Step3. 创建图 20.5.4 所示的修剪片体特征 1。

（1）选择命令。选择下拉菜单插入(S) → 修剪(T) → 修剪片体(R)...命令，系统弹出图 20.5.5 所示的“修剪片体”对话框。

（2）定义目标体和边界对象。选取抽取特征 1 为目标体，单击鼠标中键确认；选取图 20.5.6 所示的边界对象。

图 20.5.4 修剪片体特征 1

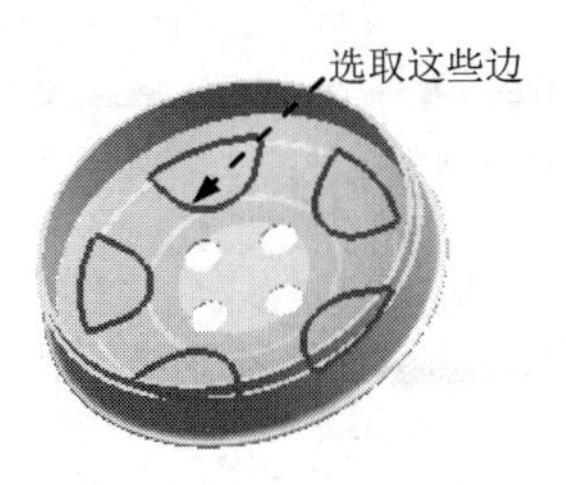

图 20.5.6 定义边界对象

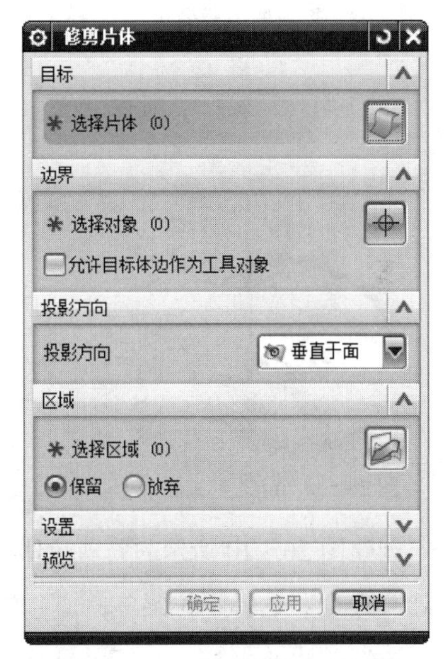

图 20.5.5 “修剪片体”对话框

注意：

- 选取目标体时不要单击有孔的位置，否则修剪结果不同。
- 选取边界对象之前应选中边界区域中的☑允许目标体边作为工具对象复选框。

（3）设置对话框参数。在区域区域中选择◉放弃单选项，其他参数采用系统默认设置。

（4）单击< 确定 >按钮，完成修剪片体特征 1 的创建。

Step4. 创建图 20.5.7 所示的扩大曲面特征。

（1）选择命令。选择下拉菜单 编辑(E) → 曲面(R) → 扩大(L)... 命令，系统弹出图 20.5.8 所示的“扩大”对话框。

（2）定义扩大面。选取图 20.5.9 所示的面为扩大面。

（3）设置对话框参数。在 设置 选项组的 模式 区域中选择 ⊙ 自然 单选项，在“调整大小参数”区域中选中 ☑ 全部 复选框，并在 U 向起点百分比 的文本框中输入值 20，按 Enter 键确认。

（4）单击 < 确定 > 按钮，完成扩大曲面特征的创建。

图 20.5.7 扩大曲面特征

图 20.5.8 “扩大”对话框

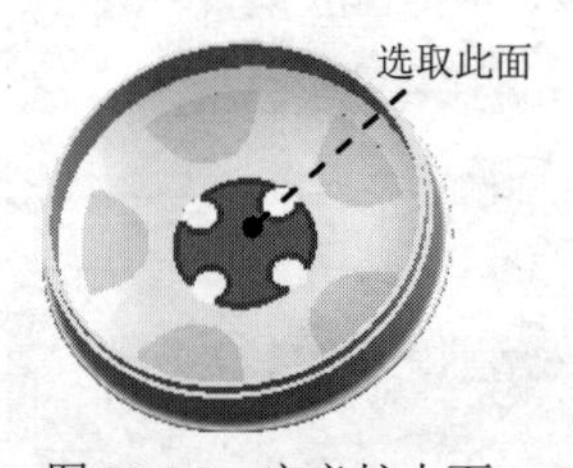

图 20.5.9 定义扩大面

Step5. 创建图 20.5.10 所示的修剪片体特征 2。

（1）选择命令。选择下拉菜单 插入(S) → 修剪(T) → 修剪片体(R)... 命令，系统弹出“修剪片体”对话框。

（2）定义目标体和边界对象。选取扩大曲面特征为目标体，单击鼠标中键确认；选取图 20.5.11 所示的边界对象。

注意：

- 选取目标体时不要单击有孔的位置，否则修剪结果不同。
- 选取边界对象之前应选中 边界 区域中的 ☑ 允许目标体边作为工具对象 复选框。

（3）设置对话框参数。在区域区域中选择◉放弃单选项，其他参数采用系统默认设置。

（4）单击确定按钮，完成修剪片体特征 2 的创建。

图 20.5.10　修剪片体特征 2

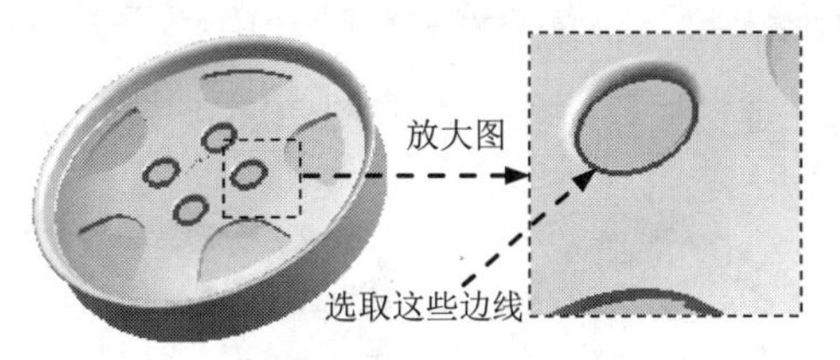

图 20.5.11　定义边界对象

20.6　创建模具分型线和分型面

模具分型面一般都要求在产品外形轮廓的最大断面处，即分型线位于产品外形轮廓的最大断面处。在 UG NX 12.0 中，可以通过抽取轮廓线来完成分型线的创建；通过“抽取面”“修剪片体”“拉伸”和“缝合”等命令完成分型面的创建。继续以前面的模型为例，一般操作步骤如下。

Step1. 抽取最大轮廓线（分型线）。

（1）选择命令。选择下拉菜单插入(S) ➡ 派生曲线(U) ➡ 抽取(E)...命令，系统弹出图 20.6.1 所示的“抽取曲线”对话框。

（2）定义抽取曲线的类型。单击轮廓曲线按钮，系统弹出“轮廓曲线”对话框。

（3）定义抽取轮廓。在“视图”功能选项卡的方位区域中单击“前视图”按钮，调整视图为前视图，选取零件实体，系统自动生成图 20.6.2 所示的轮廓曲线，单击取消按钮，关闭“轮廓曲线”对话框。

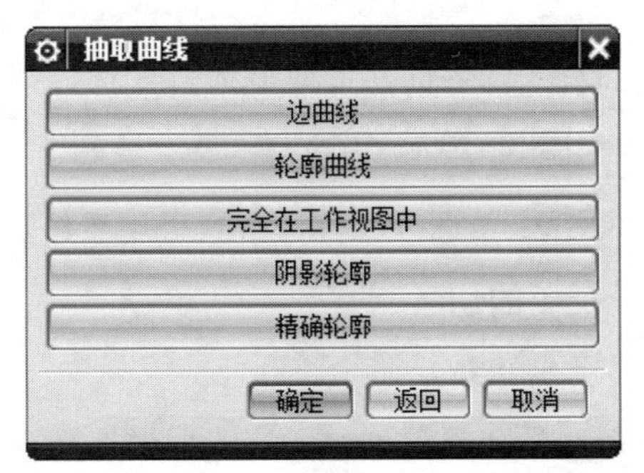

图 20.6.1　“抽取曲线”对话框

图 20.6.2　轮廓曲线

Step2. 创建分型面。

（1）创建图 20.6.3 所示的抽取特征。

① 选择命令。选择下拉菜单插入(S) ➡ 关联复制(A)▸ ➡ 抽取几何特征(E)...命令，系

统弹出“抽取几何特征”对话框。

② 设置对话框参数。在类型区域的下拉列表中选择面选项；在设置区域中选中☑固定于当前时间戳记复选框和取消选中☐不带孔抽取复选框，其他参数采用系统默认设置。

③ 定义抽取对象。选取图20.6.4所示的面（共48个）为抽取对象。

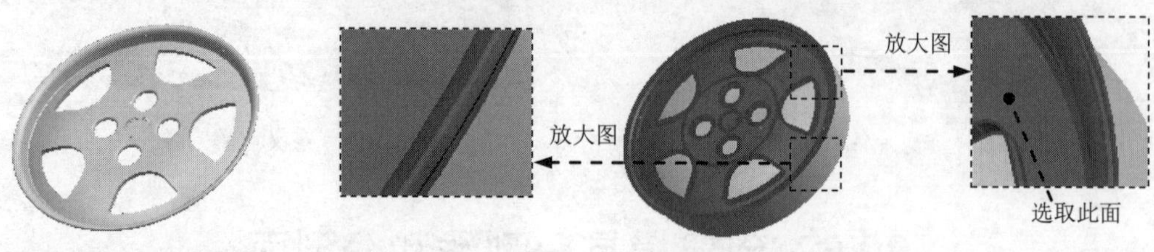

图20.6.3 抽取特征　　图20.6.4 定义抽取面

④ 单击确定按钮，完成抽取特征的创建。

说明：为了清楚地显示出抽取的面，图20.6.3隐藏了零件、补片和分型线。

（2）创建图20.6.5b所示的修剪片体特征1（隐藏零件）。

① 选择命令。选择下拉菜单插入(S) → 修剪(T) → 修剪片体(R)...命令，系统弹出“修剪片体”对话框。

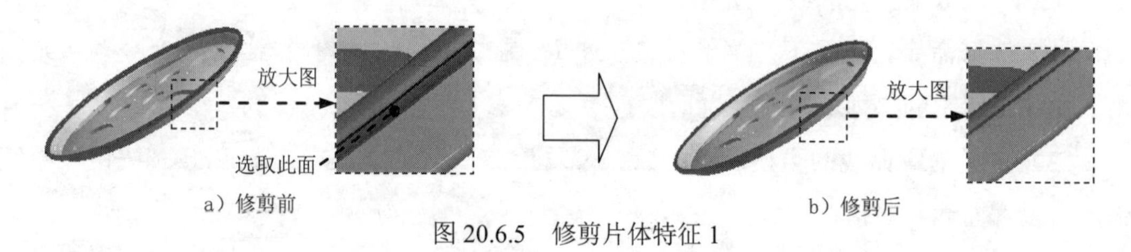

a）修剪前　　b）修剪后

图20.6.5 修剪片体特征1

② 定义目标体和边界对象。选取图20.6.5a所示的片体为目标体，单击鼠标中键确认；选取分型线为边界对象。

注意：

- 选取目标体时不要单击分型线以上的位置，否则修剪结果不同。
- 选取边界对象之前应选中边界区域中的☑允许目标体边作为工具对象复选框。

③ 设置对话框参数。在区域区域中选择◉放弃单选项，其他参数采用系统默认设置。

④ 单击< 确定 >按钮，完成修剪片体特征1的创建。

（3）创建图20.6.6所示的拉伸特征1（显示坐标系）。

① 选择命令。选择下拉菜单插入(S) → 设计特征(E) → 拉伸(X)...命令，系统弹出“拉伸”对话框。

② 定义草图平面。单击按钮，系统弹出“创建草图”对话框；选取XY基准平面为草图平面，单击确定按钮，进入草图环境。

③ 绘制草图。绘制图20.6.7所示的截面草图；单击完成草图按钮，退出草图环境。

④ 定义拉伸方向。在* 指定矢量的下拉列表中选择YC选项。

⑤ 确定拉伸开始值和终点值。在“拉伸”对话框限制区域的开始下拉列表中选择对称值选项，并在其下的距离文本框中输入值300，其他参数采用系统默认设置。

⑥ 单击< 确定 >按钮，完成拉伸特征1的创建（隐藏坐标系）。

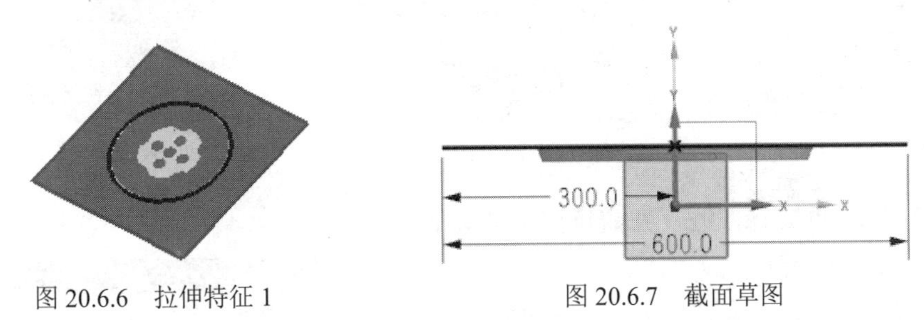

图 20.6.6 拉伸特征 1　　　　图 20.6.7 截面草图

（4）创建图20.6.8b所示的修剪片体特征2。

① 选择命令。选择下拉菜单插入(S) → 修剪(T) → 修剪片体(R)...命令，系统弹出“修剪片体”对话框。

② 定义目标体和边界对象。选取拉伸特征1为目标体，单击鼠标中键确认；选取分型线为边界对象。

注意：选取边界对象之前应选中边界区域中的允许目标体边作为工具对象复选框。

③ 设置对话框参数。在区域区域中选择保留单选项，其他参数采用系统默认设置。

④ 单击< 确定 >按钮，完成修剪片体特征2的创建。

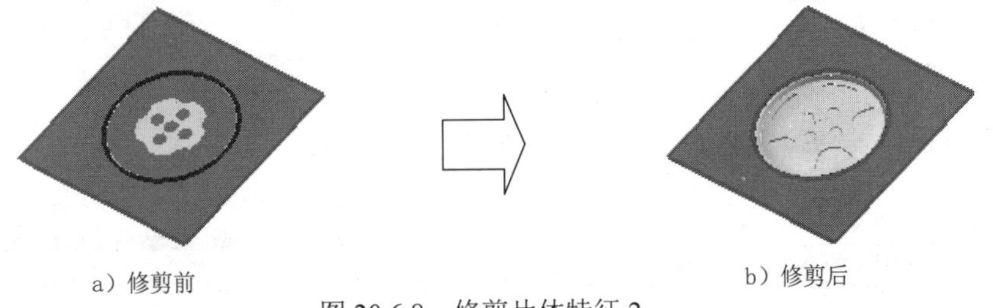

a）修剪前　　　　b）修剪后

图 20.6.8 修剪片体特征 2

（5）创建图20.6.9所示的拉伸特征2。

① 选择命令。选择下拉菜单插入(S) → 设计特征(E) → 拉伸(X)...命令，系统弹出“拉伸”对话框。

② 定义草图平面。单击按钮，系统弹出“创建草图”对话框；选取图20.6.10所示的平面为草图平面，单击确定按钮，进入草图环境。

③ 绘制草图。绘制图20.6.11所示的截面草图；单击完成草图按钮，退出草图环境。

④ 定义拉伸方向。在* 指定矢量的下拉列表中选择-ZC选项。

⑤ 确定拉伸开始值和结束值。在“拉伸”对话框限制区域的开始下拉列表中选择值

选项，并在其下的距离文本框中输入值 0；在结束下拉列表中选择值选项，并在其下的距离文本框中输入值 80，其他参数采用系统默认设置。

图 20.6.9　拉伸特征 2

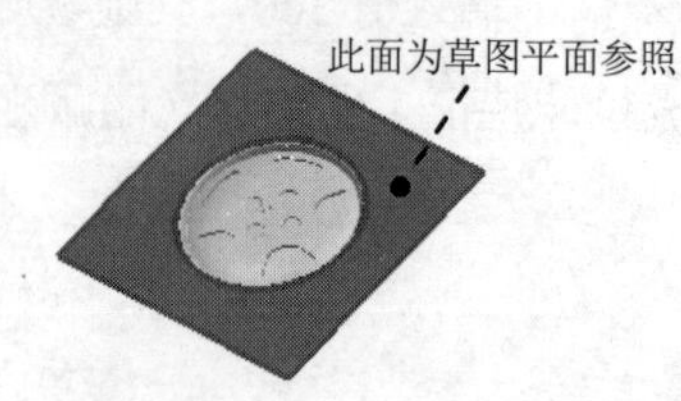

图 20.6.10　定义草图平面

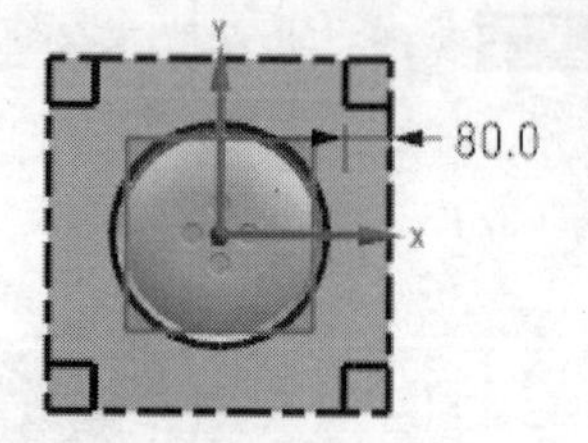

图 20.6.11　截面草图

⑥ 单击< 确定 >按钮，完成拉伸特征 2 的创建。

（6）创建拔模特征。

① 选择命令。选择下拉菜单插入(S) → 细节特征(L) → 拔模(T)...命令，系统弹出图 20.6.12 所示的“拔模”对话框。

② 定义拔模类型。在类型下拉列表中选择面选项。

③ 定义拔模方向。在脱模方向区域中* 指定矢量的下拉列表中选择-ZC选项。

④ 定义固定平面。选取图 20.6.13 所示的平面为固定平面。

⑤ 定义拔模面。选取图 20.6.14 所示的两个平面为拔模面。

⑥ 定义拔模角度。在要拔模的面区域的角度 1文本框中输入值 10，按 Enter 键确认。

⑦ 单击< 确定 >按钮，完成拔模特征的创建。

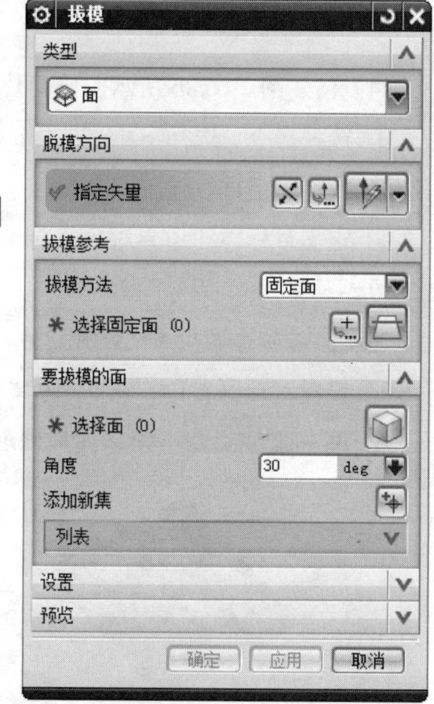

图 20.6.12　“拔模”对话框

（7）创建其余三处拔模特征。参照步骤（6）创建拉伸特征 2 的其余三个片体的拔模特征。

图 20.6.13　定义固定平面

图 20.6.14　定义拔模面

（8）创建图 20.6.15b 所示的修剪片体特征 3。

① 选择命令。选择下拉菜单插入(S) → 修剪(T) → 修剪片体(R)...命令，系统弹出“修剪片体”对话框。

② 定义目标体和边界对象。选取拉伸特征 1 为目标体，单击鼠标中键确认；选取图 20.6.15a 所示的面为边界对象。

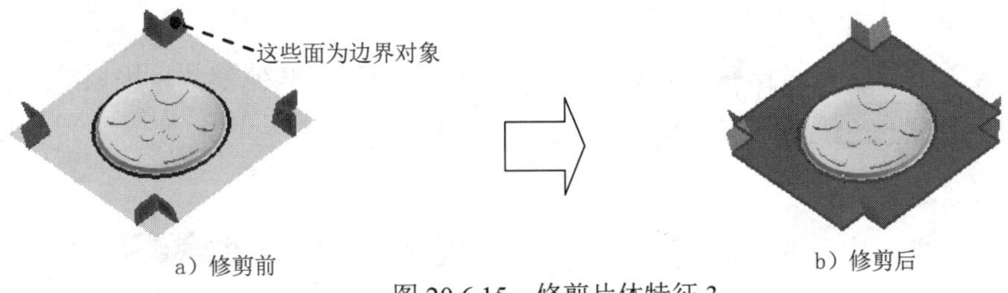

图 20.6.15 修剪片体特征 3

③ 设置对话框参数。在区域区域中选择◉保留单选项，其他参数采用系统默认设置。

④ 单击< 确定 >按钮，完成修剪片体特征 3 的创建。

（9）创建图 20.6.16 所示的拉伸特征 3（显示坐标系）。

① 选择命令。选择下拉菜单插入(S) → 设计特征(E) → 拉伸(X)...命令，系统弹出“拉伸”对话框。

② 定义草图平面。单击按钮，系统弹出“创建草图”对话框；选取 XY 基准平面为草图平面，单击确定按钮，进入草图环境。

③ 绘制草图。绘制图 20.6.17 所示的截面草图；单击完成草图按钮，退出草图环境。

④ 定义拉伸方向。在指定矢量的下拉列表中选择YC选项。

⑤ 确定拉伸开始值和终点值。在“拉伸”对话框限制区域的开始下拉列表中选择对称值选项，并在其下的距离文本框中输入值 300，其他参数采用系统默认设置。

⑥ 单击< 确定 >按钮，完成拉伸特征 3 的创建（隐藏坐标系）。

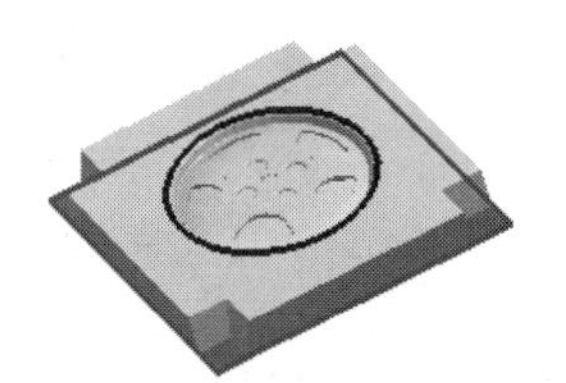

图 20.6.16 拉伸特征 3

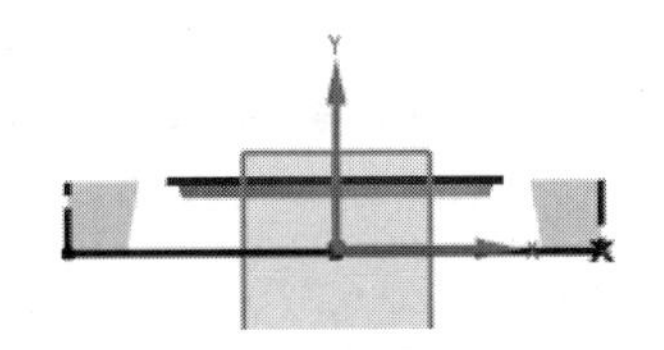

图 20.6.17 截面草图

（10）创建图 20.6.18b 所示的修剪片体特征 4。

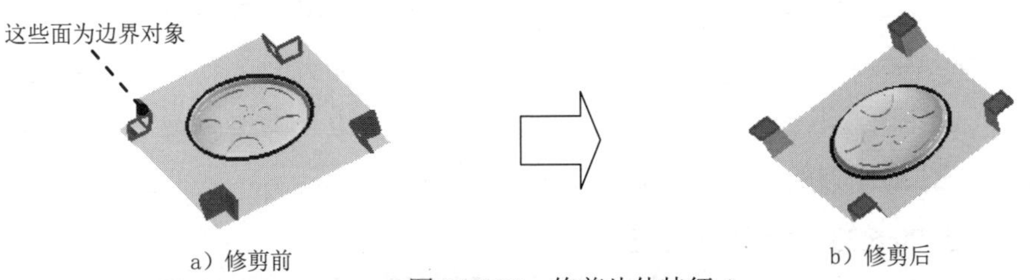

图 20.6.18 修剪片体特征 4

① 选择命令。选择下拉菜单插入(S) → 修剪(T) → 修剪片体(R)...命令，系统弹出

“修剪片体”对话框。

② 定义目标体和边界对象。选取拉伸特征 3 为目标体，单击鼠标中键确认；选取图 20.6.18a 所示的面为边界对象。

③ 设置对话框参数。在区域区域中选择放弃单选项，其他参数采用系统默认设置。

④ 单击< 确定 >按钮，完成修剪片体特征 4 的创建。

（11）创建缝合特征。

① 选择命令。选择下拉菜单插入(S) → 组合(B) → 缝合(W)...命令，系统弹出图 20.6.19 所示的“缝合”对话框。

② 设置对话框参数。在类型区域的下拉列表中选择片体选项，其他参数采用系统默认设置。

③ 定义目标体和工具体。选取图 20.6.20 所示的片体为目标体，选取其余所有片体为工具体。

④ 单击确定按钮，完成曲面缝合特征的创建。

图 20.6.19 “缝合”对话框

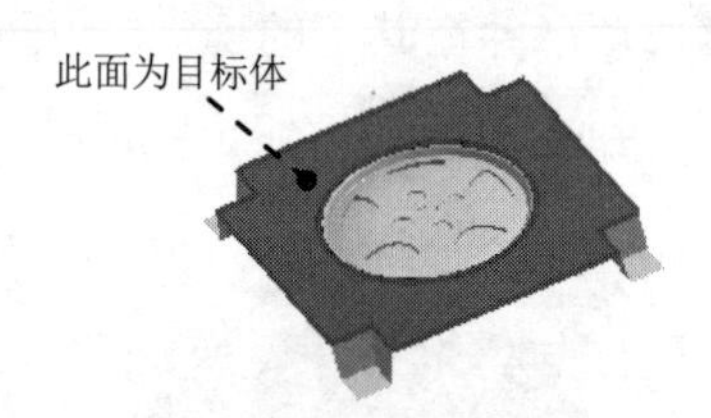

图 20.6.20 定义目标体

（12）创建图 20.6.21b 所示的边倒圆特征 1。

① 选择命令。选择下拉菜单插入(S) → 细节特征(L) → 边倒圆(E)...命令，系统弹出图 20.6.22 所示的“边倒圆”对话框。

② 设置对话框参数。在边区域的半径 1文本框中输入值 20，按 Enter 键确认，其他参数采用系统默认设置。

③ 定义倒圆边。选取图 20.6.21a 所示的四条边为倒圆边。

④ 单击< 确定 >按钮，完成边倒圆特征 1 的创建。

（13）创建图 20.6.23b 所示的边倒圆特征 2。

① 选择命令。选择下拉菜单插入(S) → 细节特征(L) → 边倒圆(E)...命令，系统

弹出“边倒圆”对话框。

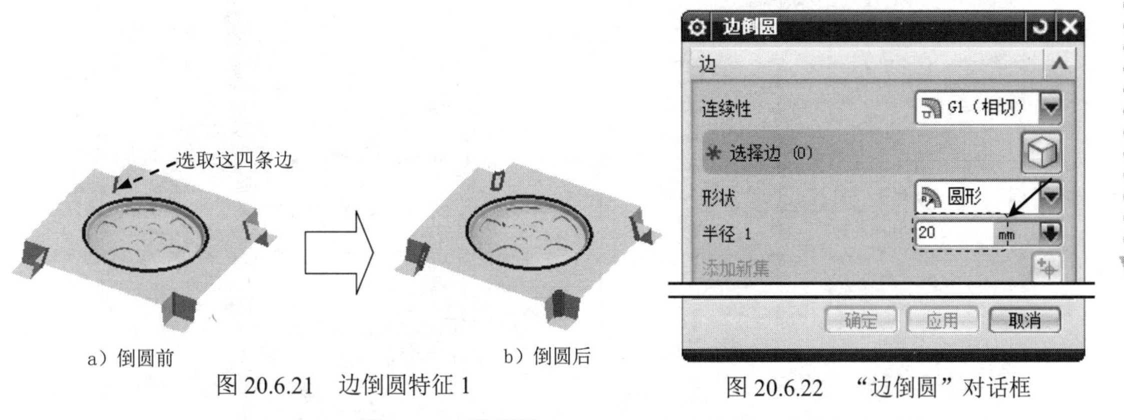

图 20.6.21 边倒圆特征 1

图 20.6.22 “边倒圆”对话框

② 设置对话框参数。在边区域的半径 1文本框中输入值 20，按 Enter 键确认，其他参数采用系统默认设置。

③ 定义倒圆边。选取图 20.6.23a 所示的四条边为倒圆边。

图 20.6.23 边倒圆特征 2

④ 单击< 确定 >按钮，完成边倒圆特征 2 的创建。

20.7 创建模具型芯/型腔

在 UG NX 12.0 中，经常使用“求差”和“拆分”命令来创建型芯/型腔。继续以前面的模型为例，一般操作步骤如下。

Step1. 编辑显示和隐藏。

（1）选择命令。选择下拉菜单编辑(E) ⟶ 显示和隐藏(H) ⟶ 显示和隐藏(O)...命令，系统弹出图 20.7.1 所示的“显示和隐藏”对话框。

（2）设置显示和隐藏。单击实体后的 + 按钮，单击曲线后的 - 按钮。

（3）单击关闭按钮，完成编辑显示和隐藏的操作。

Step2. 创建求差特征。

（1）选择命令。选择下拉菜单插入(S) ⟶ 组合(B) ⟶ 减去(S)...命令，系统弹出图 20.7.2 所示的“求差”对话框。

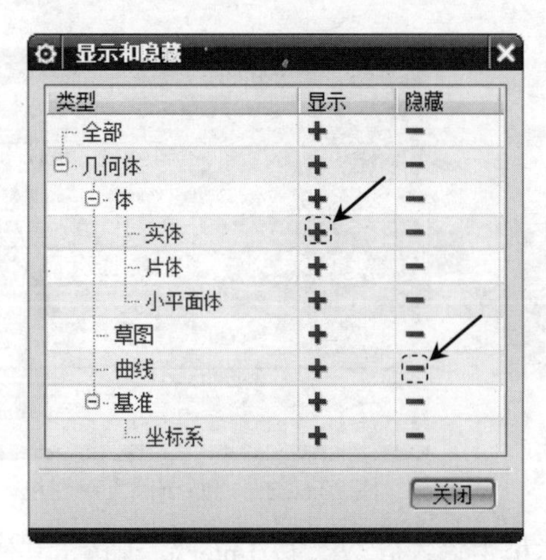

图 20.7.1 “显示和隐藏”对话框

图 20.7.2 “求差”对话框

（2）定义目标体和工具体。选取图 20.7.3 所示的工件为目标体，选取图 20.7.3 所示的零件为工具体。

（3）设置对话框参数。在设置区域中选中☑ 保存工具复选框，其他参数采用系统默认设置。

（4）单击< 确定 >按钮，完成求差特征的创建。

Step3. 拆分型芯/型腔。

（1）选择命令。选择下拉菜单插入(S) → 修剪(T) → 拆分体(P)...命令，系统弹出图 20.7.4 所示的“拆分体”对话框。

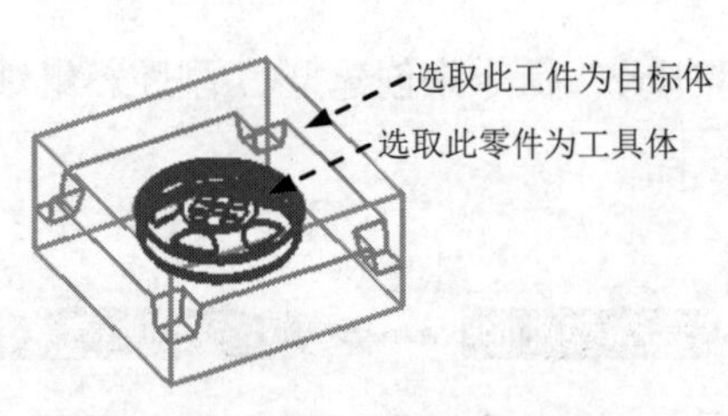

图 20.7.3 定义目标体和工具体

图 20.7.4 “拆分体”对话框

（2）选取图 20.7.5 所示的工件为拆分体，选取图 20.7.6 所示的片体为拆分面。

（3）单击确定按钮，完成型芯/型腔的拆分操作（隐藏拆分面）。

Step4. 移除工件参数。

（1）选择下拉菜单编辑(E) → 特征(F) → 移除参数(V)...命令，系统弹出“移除参数”对话框（一）。

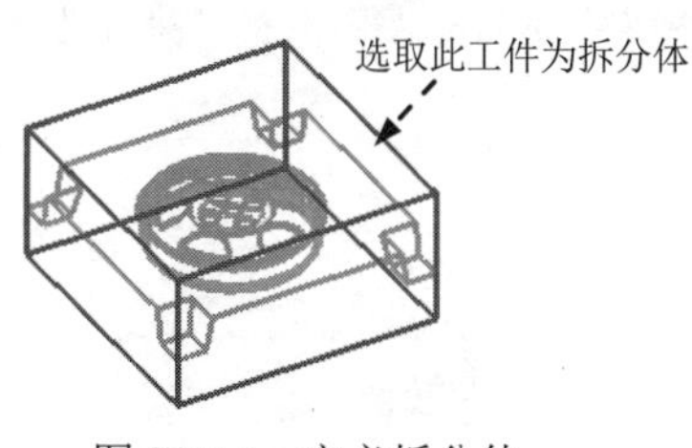

图 20.7.5 定义拆分体

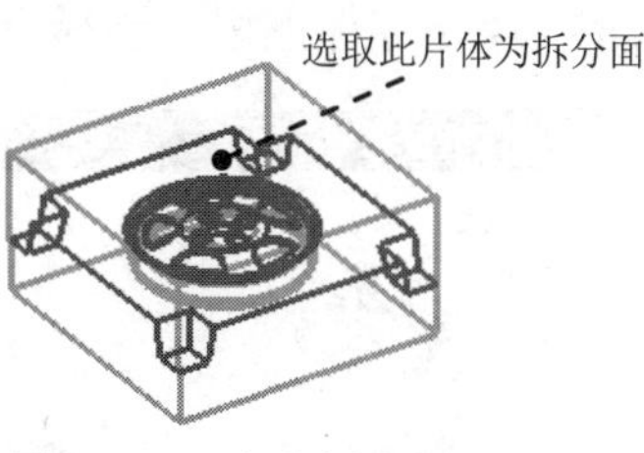

图 20.7.6 定义拆分面

（2）定义移除参数对象。选取工件为移除参数对象。

（3）单击 确定 按钮，系统弹出“移除参数”对话框（二）。

（4）单击 是 按钮，完成移除工件参数的操作。

20.8 创建模具分解视图

在 UG NX 12.0 中，经常使用“移动对象”命令来创建模具分解视图。继续以前面的模型为例，一般操作步骤如下。

Step1. 移动型腔零件。

（1）选择命令。选择下拉菜单 编辑(E) ➡ 移动对象(O)... 命令，系统弹出图 20.8.1 所示的“移动对象”对话框。

（2）定义要移动的对象。选择型腔为要移动的对象。

（3）定义移动类型。在“移动对象”对话框 变换 区域的 运动 下拉列表中选择 距离 选项。

（4）定义移动方向和移动距离。在“移动对象”对话框 变换 区域的 * 指定矢量 下拉列表中选择 ZC↑ 选项，在 距离 文本框中输入值 300，其他参数设置如图 20.8.1 所示。

（5）单击 < 确定 > 按钮，完成移动型腔零件的操作，如图 20.8.2 所示。

Step2. 移动型芯零件。

（1）选择命令。选择下拉菜单 编辑(E) ➡ 移动对象(O)... 命令，系统弹出“移动对象”对话框。

（2）定义要移动的对象。选择型芯为要移动的对象。

（3）定义移动类型。在“移动对象”对话框 变换 区域的 运动 下拉列表中选择 距离 选项。

（4）定义移动方向和移动距离。在“移动对象”对话框 变换 区域的 * 指定矢量 下拉列表中选择 -ZC↓ 选项；在 距离 文本框中输入值 300。

（5）单击 < 确定 > 按钮，完成移动型芯零件的操作，如图 20.8.3 所示。

Step3. 保存零件模型。选择下拉菜单 文件(F) ➡ 保存(S) 命令，保存零件模型。

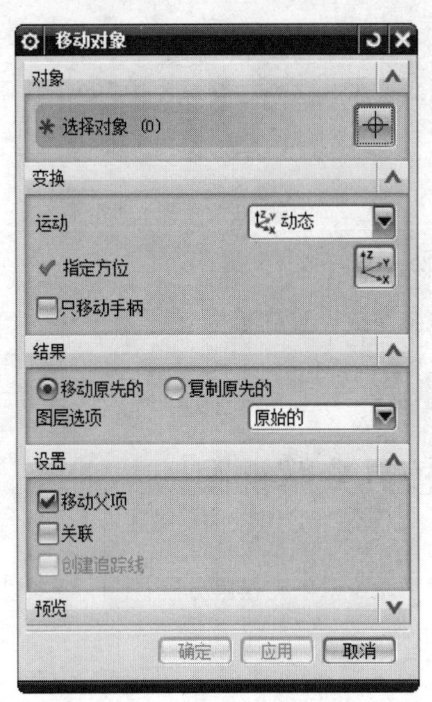

图 20.8.1 “移动对象”对话框

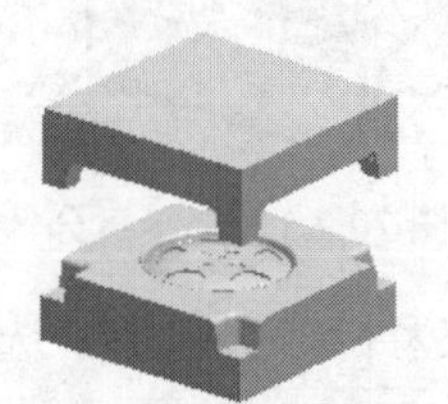

图 20.8.2 移动型腔后

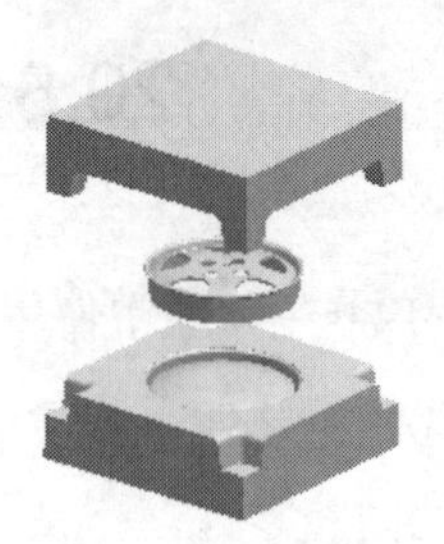

图 20.8.3 移动型芯后

学习拓展：扫码学习更多视频讲解。

讲解内容：主要包含钣金加工工艺的背景知识、冲压成形理论、冲压模具结构详解等内容。对冲压模、成形模等五金模具有兴趣的读者可以作为参考学习。

第21章 UG NX模具设计实际综合应用

21.1 应用1——滑块和斜顶机构的模具设计

21.1.1 概述

进行塑件的模具设计，设计人员首先应了解塑件的形状、使用要求及其材料，检查塑件成型的工艺性，明确注射机的型号和规格；其次制定成型工艺卡；最后进行模具的结构设计，包括型腔的数目、分型面的选择、浇注系统及冷却系统的确定等。在本应用中，不仅介绍了模具结构设计的一般过程，而且还重点介绍了滑块和斜顶机构的设计，在学习本应用时，应注意体会各个机构的设计思路，同时应注意设置相应的参数。

21.1.2 技术要点分析

（1）分型线要设计在最大轮廓处，即零件的底面。

（2）采用一模两腔的设计，布局时应采用矩形平衡的方式，这样可以使斜顶都位于模具的两端，体现均衡的思路，同时便于设计。

（3）在分型中采用“体”的方式便于一次性对孔的修补。

（4）在进行斜销设计时，要注意倾斜角的考虑，不能过大或过小，一般在5°~15°。

（5）在进行滑块设计时，运用了同步建模中替换面功能，该命令在模具设计中是比较常用的一种方法。

21.1.3 设计过程

本应用的模具设计结果如图21.1.1所示，以下是具体操作过程。

Task1. 初始化项目

Step1. 加载模型。在“注塑模向导”功能选项卡中单击“初始化项目”按钮，系统弹出“打开”对话框，选择D:\ug12mo\work\ch21.01\box.prt，单击 OK 按钮，调入模型，系统弹出“初始化项目”对话框。

Step2. 定义项目单位。在“初始化项目”对话框的项目单位下拉列表中选择毫米选项。

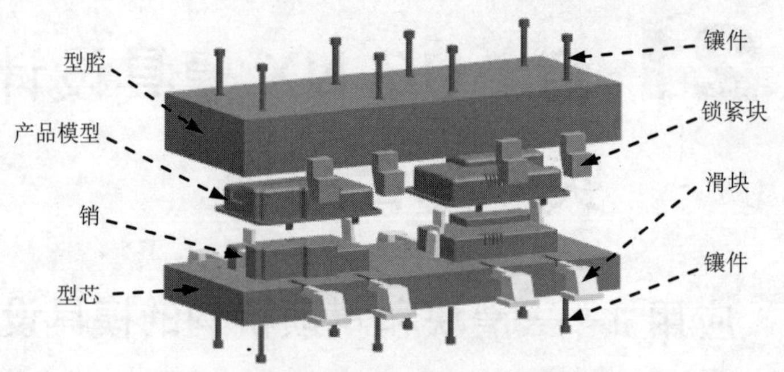

图 21.1.1　带滑块和斜顶机构的模具设计

Step3. 设置项目路径和名称。接受系统默认的项目路径，在“初始化项目”对话框的 Name 文本框中输入“box_mold”。

Step4. 在该对话框中单击 确定 按钮，完成项目路径和名称的设置。

Task2. 模具坐标系

Step1. 定向坐标系。选择下拉菜单 格式(R) → WCS▸ → 定向(N)... 命令，系统弹出“坐标系”对话框。在 类型 下拉列表中选择 自动判断 选项，然后选取图 21.1.2 所示的实体表面为参照（选择范围是整个装配）。单击 确定 按钮，完成坐标系的定向。

Step2. 旋转模具坐标系。选择下拉菜单 格式(R) → WCS▸ → 旋转(R)... 命令，系统弹出“旋转 WCS 绕...”对话框。在系统弹出的对话框中选择 -XC 轴 单选项，在 角度 文本框中输入值 180。单击 确定 按钮，定义后的坐标系如图 21.1.2 所示。

Step3. 锁定模具坐标系。在“注塑模向导”功能选项卡的 主要 区域中单击“模具坐标系”按钮，系统弹出“模具坐标系”对话框；在“模具坐标系”对话框中选择 当前 WCS 单选项；单击 确定 按钮，完成坐标系的定义，如图 21.1.3 所示。

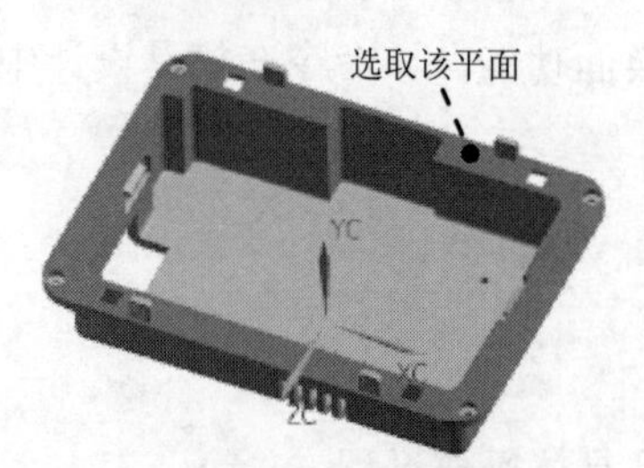

图 21.1.2　定向坐标系

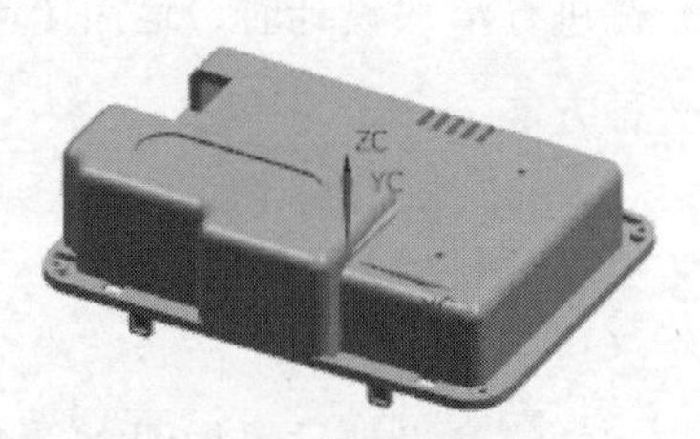

图 21.1.3　锁定后的模具坐标系

Task3. 设置收缩率

Step1. 定义收缩率类型。在“注塑模向导”功能选项卡的 主要 区域中单击“收缩”按钮，产品模型会高亮显示，同时系统弹出“缩放体”对话框；在“缩放体”对话框的 类型 下拉列表中选择 均匀 选项。

Step2. 定义缩放体和缩放点。接受系统默认的设置。

Step3. 定义比例因子。在“比例”对话框比例因子区域的均匀文本框中输入数值 1.006。

Step4. 单击确定按钮，完成收缩率的设置。

Task4. 创建模具工件

Step1. 在“注塑模向导”功能选项卡的主要区域中单击“工件”按钮，系统弹出“工件”对话框。

Step2. 在“工件”对话框的类型下拉菜单中选择产品工件选项，在工件方法下拉菜单中选择用户定义的块选项，其他参数采用系统默认设置。

Step3. 修改尺寸。单击定义工件区域的“绘制截面”按钮，系统进入草图环境，然后修改截面草图的尺寸，如图 21.1.4 所示；在“工件”对话框限制区域的开始和结束后的距离文本框中分别输入值-30 和 50。

Step4. 单击< 确定 >按钮，完成创建后的模具工件如图 21.1.5 所示。

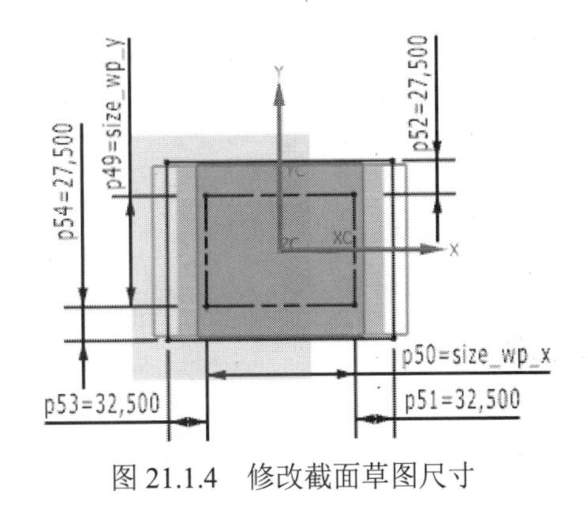

图 21.1.4 修改截面草图尺寸

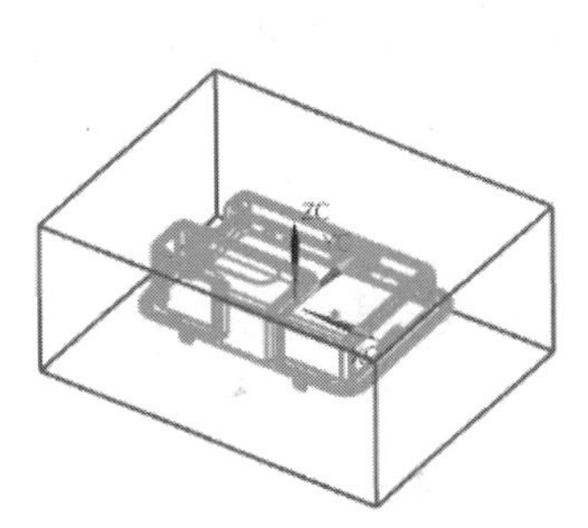

图 21.1.5 创建后的工件

Task5. 创建型腔布局

Step1. 在“注塑模向导”功能选项卡的主要区域中单击“型腔布局”按钮，系统弹出“型腔布局”对话框。

Step2. 定义型腔数和间距。在“型腔布局”对话框的布局类型区域选择矩形选项和⊙平衡单选项，在型腔数下拉列表中选择2并在缝隙距离文本框中输入值 0。

Step3. 选取 XC 方向作为布局方向，在生成布局区域中单击“开始布局”按钮，系统自动进行布局，此时在模型中显示图 21.1.6 所示的布局方向箭头。

Step4. 在编辑布局区域单击“自动对准中心”按钮，使模具坐标系自动对准中心，布局结果如图 21.1.7 所示，单击关闭按钮。

说明：为了表达清晰，此处将视图调整到顶部状态。

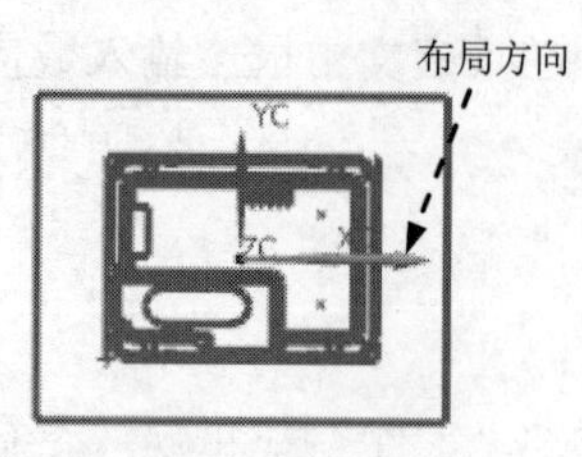

图 21.1.6 选取方向

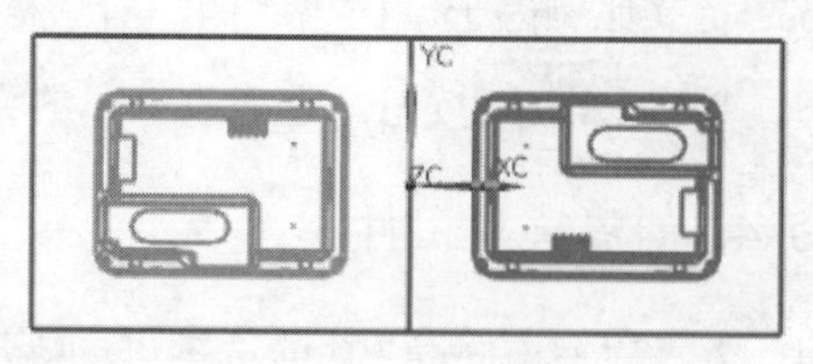

图 21.1.7 布局后

Task6. 模具分型

Stage1. 设计区域

Step1. 在“注塑模向导”功能选项卡的 分型刀具 区域中单击“检查区域”按钮，系统弹出“检查区域”对话框，并显示图 21.1.8 所示的开模方向。在“检查区域”对话框中选中 保持现有的 单选项。

说明：图 21.1.8 所示的开模方向可以通过“检查区域”对话框中的 指定脱模方向 按钮和“矢量对话框”按钮来更改，本范例在前面定义模具坐标系时已经将开模方向设置好，所以系统会自动识别出产品模型的开模方向。

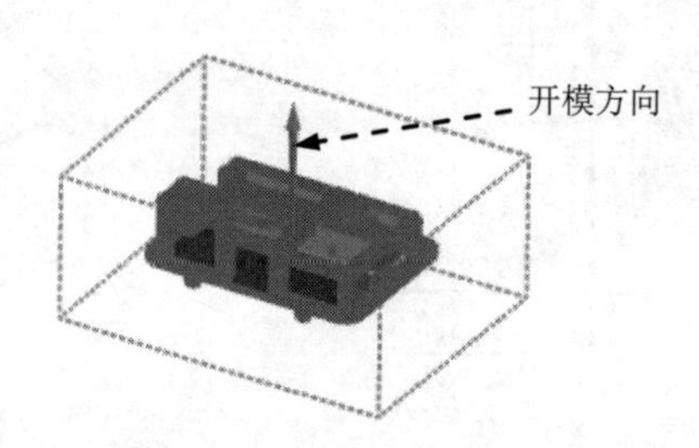

图 21.1.8 开模方向

Step2. 面拆分。

（1）计算设计区域。在“检查区域”对话框中单击“计算”按钮，系统开始对产品模型进行分析计算，单击“检查区域”对话框中的 面 选项卡，可以查看分析结果。

（2）设置区域颜色。在“检查区域”对话框中单击 区域 选项卡，取消选中 内环、分型边 和 不完整的环 三个复选框，然后单击“设置区域颜色”按钮，设置各区域颜色，同时会在模型中以不同的颜色显示出来。

（3）定义型腔区域。在对话框的 未定义区域 区域中选中 交叉竖直面 复选框，此时未定义区域曲面加亮显示，在 指派到区域 区域中选中 型腔区域 单选项，单击 应用 按钮。

（4）定义型芯区域。在 未定义区域 区域中选中 未知的面 复选框，此时系统将所有的未知的面加亮显示；在 指派到区域 区域中选择 型芯区域 单选项，单击 应用 按钮，此时系统

将加亮显示的未定义区域面指派到型芯区域，同时对话框中的未定义区域显示为“0”。

（5）在图形区选取图 21.1.9 所示的面，单击 应用 按钮，将选定的区域面指派到型芯区域。

（6）接受系统默认的其他参数设置，单击 取消 按钮，关闭“检查区域”对话框。

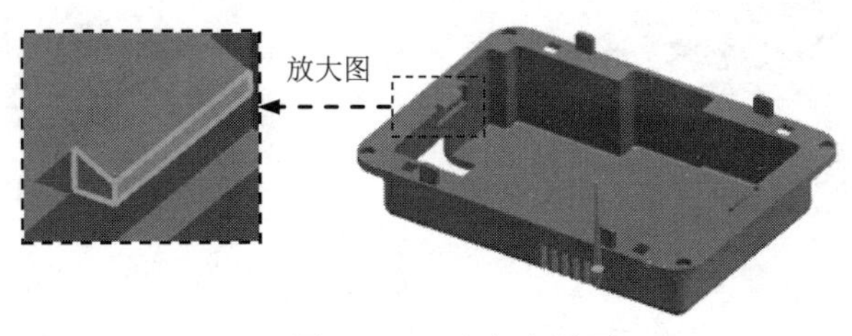

图 21.1.9 定义参照面

Step3. 创建曲面补片。在“注塑模向导”功能选项卡的 分型刀具 区域中单击“曲面补片”按钮，系统弹出“边补片”对话框；在“边补片”对话框的 类型 下拉列表中选择 体 选项，然后在图形区中选择产品实体；单击“边补片”对话框中的 确定 按钮，系统自动创建曲面补片，结果如图 21.1.10 所示。

说明：在图 21.1.10 所示的补片面中并没有完全显示，还有一些相同结构的特征没有显示出来。

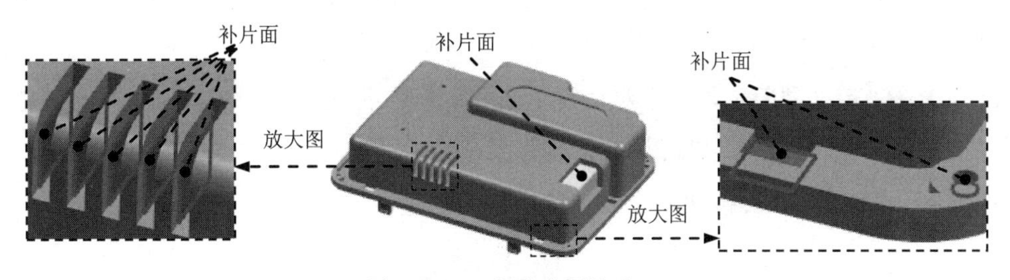

图 21.1.10 创建曲面补片

Stage2. 创建型腔/型芯区域和分型线

Step1. 在“注塑模向导”功能选项卡的 分型刀具 区域中单击“定义区域”按钮，系统弹出“定义区域”对话框。

Step2. 在“定义区域”对话框的 设置 区域选中 ☑ 创建区域 和 ☑ 创建分型线 复选框，单击 确定 按钮，完成分型线的创建，创建分型线结果如图 21.1.11 所示。

Stage3. 创建分型面

Step1. 在“注塑模向导”功能选项卡的 分型刀具 区域中单击“设计分型面”按钮，系统弹出“设计分型面”对话框。

Step2. 定义分型面创建方法。在对话框的 创建分型面 区域中单击“有界平面”按钮。

Step3. 定义分型面长度。在对话框中接受系统默认的公差值，拖动分型面的宽度方向控制按钮，使分型面大小超过工件大小。

Step4. 单击 确定 按钮，完成分型面的创建，创建的分型面如图 21.1.12 所示。

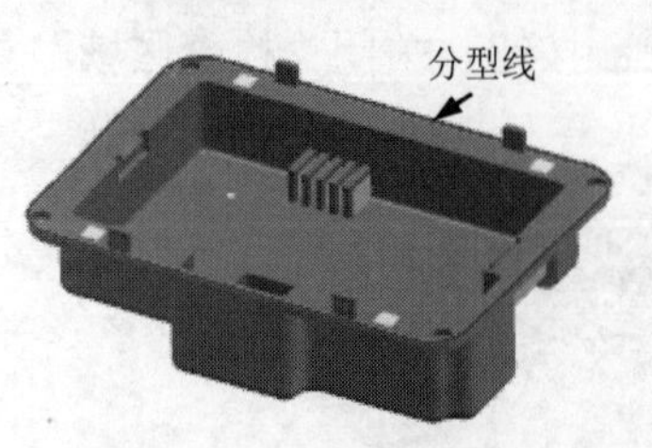

图 21.1.11　创建分型线

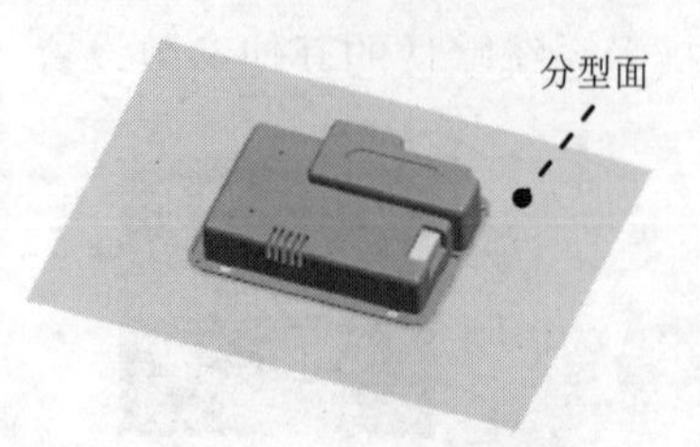

图 21.1.12　创建分型面

Stage4. 创建型腔和型芯

Step1. 在“注塑模向导”功能选项卡的 分型刀具 区域中单击“定义型腔和型芯”按钮，系统弹出“定义型腔和型芯”对话框。

Step2. 在“定义型腔和型芯”对话框中选取 选择片体 区域下的 型腔区域 选项，其他项目接受系统默认参数设置，单击 应用 按钮。

Step3. 此时系统弹出图 21.1.13 所示的“查看分型结果”对话框，接受系统默认的方向。

Step4. 在该对话框中单击 确定 按钮，系统返回至“定义型腔和型芯”对话框，创建型腔结果如图 21.1.14 所示。

Step5. 在“定义型腔和型芯”对话框中选取 选择片体 区域下的 型芯区域 选项，其他项目接受系统默认参数设置，单击 确定 按钮，系统弹出“查看分型结果”对话框，接受系统默认的方向；单击 确定 按钮，完成型芯零件的创建，如图 21.1.15 所示。

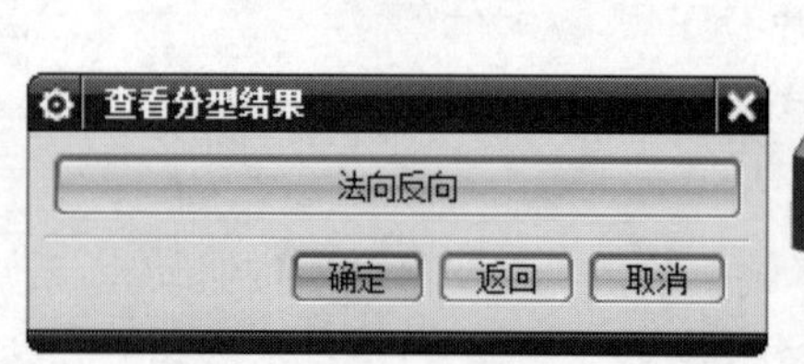

图 21.1.13　“查看分型结果”对话框

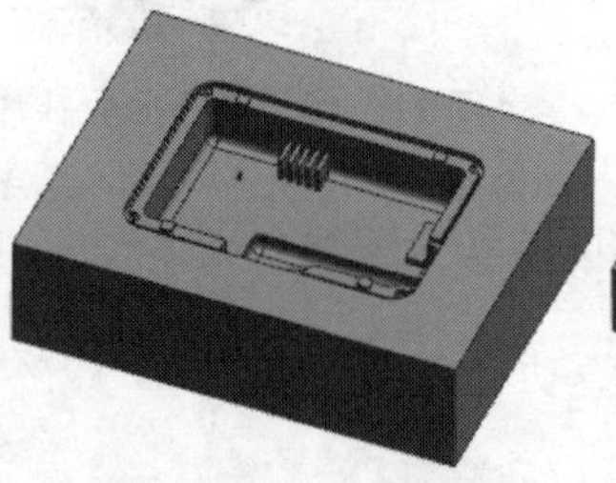

图 21.1.14　创建型腔

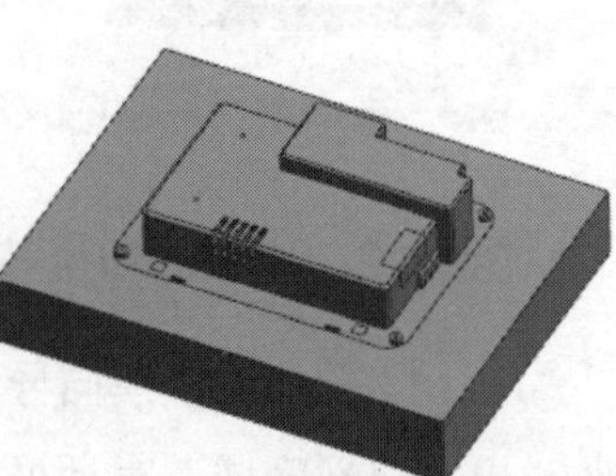

图 21.1.15　创建型芯

Task7. 创建型芯镶件

Stage1. 创建拉伸特征

Step1. 切换窗口。选择下拉菜单 窗口(O) → box_mold_core_006.prt，将型芯零件显示出来。

Step2. 选择命令。选择下拉菜单 插入(S) → 设计特征(E) → 拉伸(X)... 命令，系

统弹出“拉伸”对话框。

Step3. 选取草图平面。选取图 21.1.16 所示的平面为草图平面。

Step4. 进入草图环境，绘制图 21.1.17 所示的截面草图，单击完成草图按钮，系统返回至“拉伸”对话框。

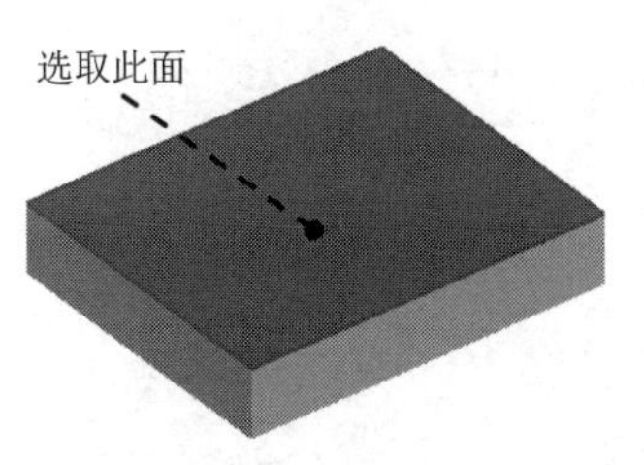

图 21.1.16 草图平面

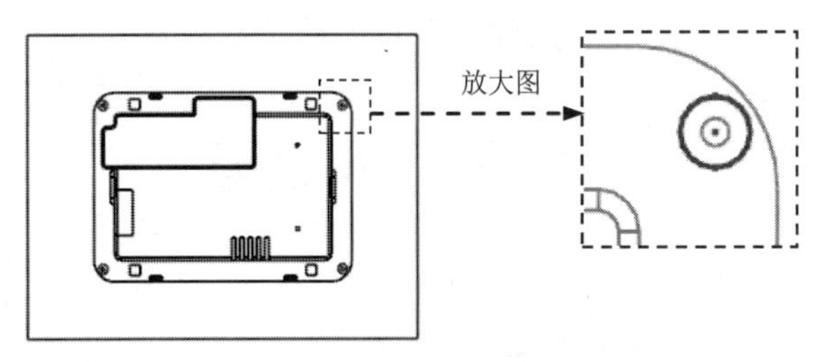

图 21.1.17 截面草图

Step5. 定义拉伸属性。在“拉伸”对话框限制区域的开始下拉列表中选择值选项，在距离文本框里输入值 0；在限制区域的结束下拉列表中选择直至延伸部分选项，然后选取图 21.1.18 所示的平面为拉伸限制面，在布尔区域的下拉列表中选择无选项，其他参数采用系统默认设置。

Step6. 单击< 确定 >按钮，完成图 21.1.19 所示拉伸特征的创建。

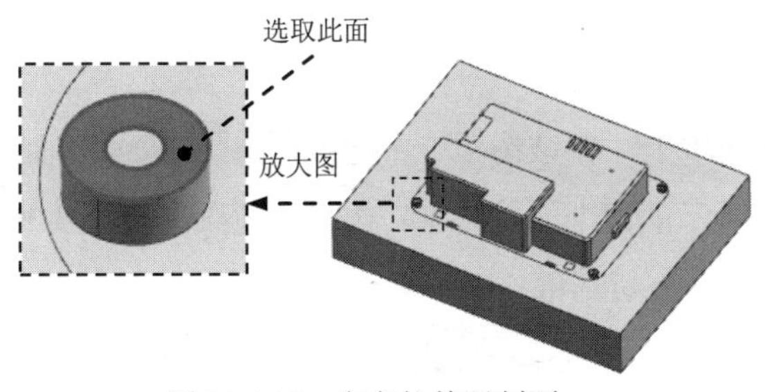

图 21.1.18 定义拉伸限制面

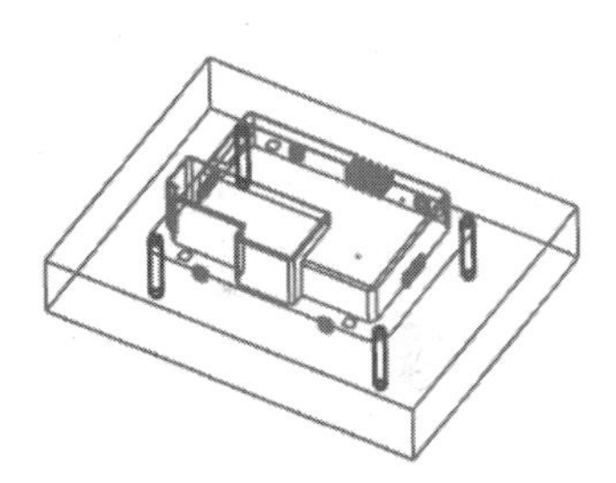

图 21.1.19 创建拉伸特征

Stage2. 创建求差特征

Step1. 选择命令。选择下拉菜单插入(S) → 组合(B) → 减去(S)...命令，此时系统弹出“求差”对话框。

Step2. 选取目标体。选取图 21.1.20 所示的特征为目标体。

Step3. 选取工具体。选取图 21.1.20 所示的特征为工具体，并选中☑ 保存工具复选框。

Step4. 单击< 确定 >按钮，完成求差特征的创建。

Stage3. 将镶件转化为型芯子零件

Step1. 单击装配导航器中的选项卡，系统弹出“装配导航器”窗口，在该窗口空白处右击，然后在系统弹出的菜单中选择WAVE 模式选项。

Step2. 在“装配导航器”对话框中右击☑ box_mold_core_006图标，在系统弹出的菜单中选择WAVE ▸ ⟶ 新建层命令，系统弹出“新建层”对话框。

Step3. 在“新建层”对话框中单击 指定部件名 按钮，在系统弹出的“选择部件名”对话框的文件名(N):文本框中输入“insert_01.prt”，单击 OK 按钮，系统返回至“新建层”对话框。

Step4. 在“新建层”对话框中单击 类选择 按钮，选择图21.1.21所示的四个特征，单击 确定 按钮，系统返回至“新建层”对话框。

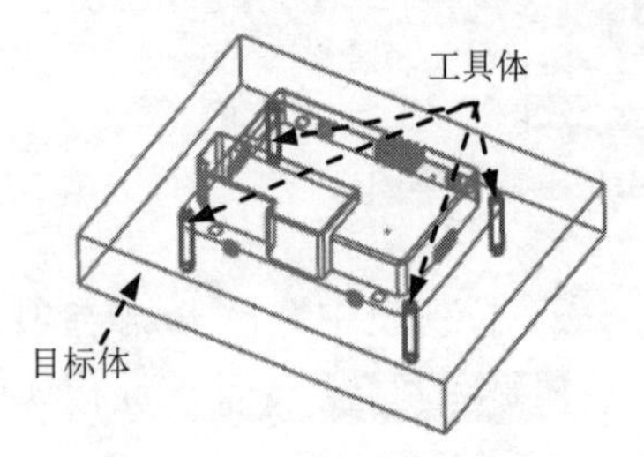

图 21.1.20　创建求差特征

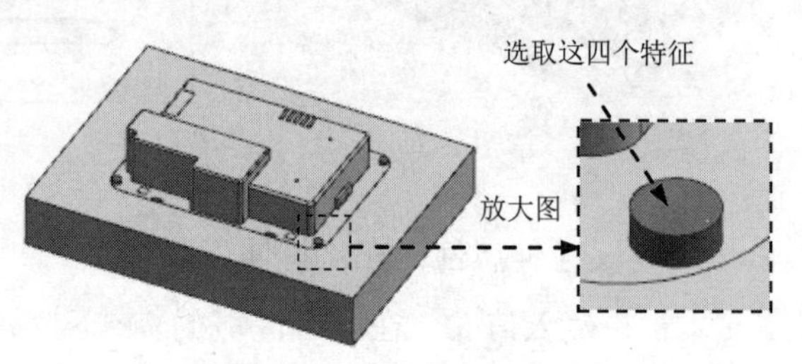

图 21.1.21　选取特征

Step5. 单击“新建层”对话框中的 确定 按钮，此时在“装配导航器”对话框中显示出刚创建的镶件特征。

Stage4. 移动至图层

Step1. 单击“装配导航器”中的选项卡，在该选项卡中隐藏☑ insert_01部件。

Step2. 移动至图层。选取图21.1.21所示的四个镶件特征；选择下拉菜单格式(R) ⟶ 移动至图层(M)...命令，系统弹出“图层移动”对话框。

Step3. 在目标图层或类别文本框中输入值 10，单击 确定 按钮，退出“图层设置”对话框。

Step4. 单击装配导航器中的选项卡，在该选项卡中选中☑ insert_01部件。

Stage5. 创建固定凸台

Step1. 创建拉伸特征。

（1）转化工作部件。在装配导航器中右击☑ insert_01图标，在系统弹出的快捷菜单中选择 设为工作部件命令。

（2）选择命令。选择下拉菜单插入(S) ⟶ 设计特征(E) ⟶ 拉伸(X)...命令，系统弹出“拉伸”对话框。

（3）单击对话框中的“绘制截面”按钮，系统弹出“创建草图”对话框。

① 定义草图平面。选取图21.1.22所示的模型表面为草图平面（选取时将选择范围改

为整个装配），单击确定按钮。

② 进入草图环境，选择下拉菜单插入(S) → 派生曲线(U) → 偏置曲线(V)...命令，系统弹出“偏置曲线”对话框；选取图 21.1.23 所示的曲线为偏置对象 (选取时将选择范围改为仅在工作部件内部)；在偏置区域的距离文本框中输入值 2；单击< 确定 >按钮。

③ 单击完成草图按钮，退出草图环境。

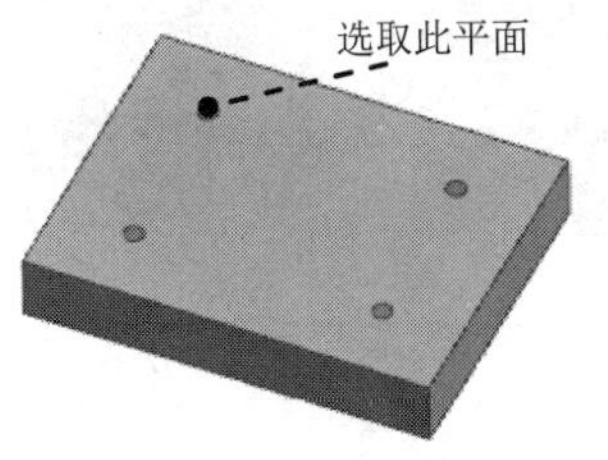

图 21.1.22 草图平面

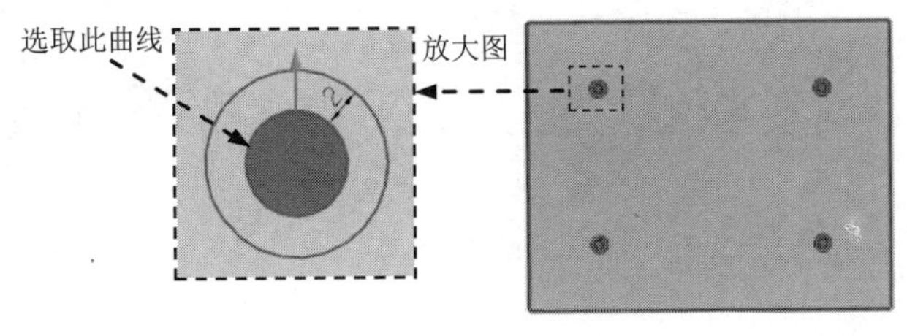

图 21.1.23 选取偏置曲线

说明：在选取偏置曲线时，若方向相反，可单击“反向”按钮，然后单击应用按钮，再选取另一条偏置曲线。

（4）确定拉伸开始值和结束值。在“拉伸”对话框限制区域的开始下拉列表中选择值选项，并在其下的距离文本框中输入值 0；在限制区域的结束下拉列表中选择值选项，并在其下的距离文本框中输入值 6，其他参数采用系统默认设置值。

（5）在“拉伸”对话框中单击< 确定 >按钮，完成图 21.1.19 所示拉伸特征的创建。

Step2. 创建求和特征。选择下拉菜单插入(S) → 组合(B) → 合并(U)...命令，系统弹出“合并”对话框；选取图 21.1.24 所示的对象为目标体；选取图 21.1.24 所示的对象为工具体。

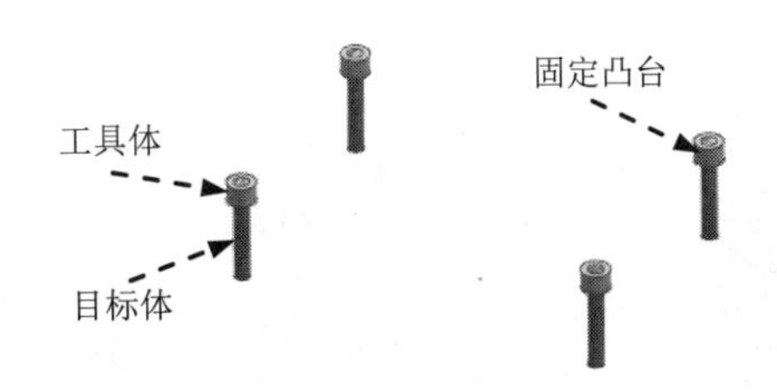

图 21.1.24 创建求和特征

说明：在创建求和特征时，应将图 21.1.24 所示的四个凸台分别合并，为了便于操作，可将型芯隐藏。

Step3. 创建固定凸台装配避开位。在装配导航器中右击box_mold_core_006图标，在系统弹出的快捷菜单中选择设为工作部件命令；在“注塑模向导”功能选项卡的主要区域中单击“腔”按钮，系统弹出“开腔”对话框；选取型芯为目标体，然后单击鼠标中键；在该对话框的工具类型下拉菜单中选择实体选项，然后选取图 21.1.25 所示的特征为工具体，单击确定按钮。

说明：观察结果时，可在“装配导航器”中取消选中☑ insert_01选项，将镶件隐藏起来，结果如图 21.1.26 所示。

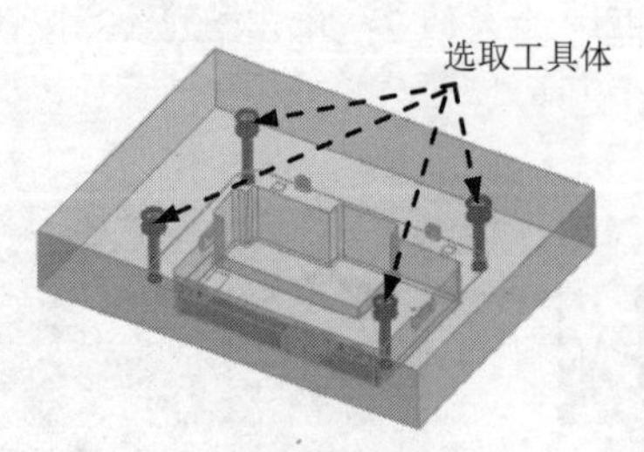

图 21.1.25 选取工具体

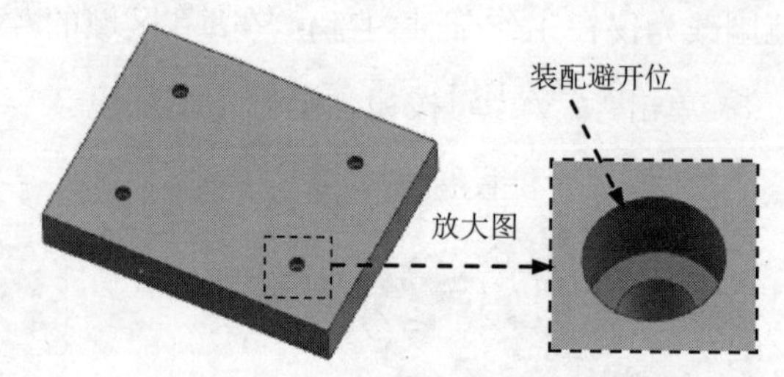

图 21.1.26 固定凸台装配避开位

Task8. 创建型腔镶件

Stage1. 创建拉伸特征

Step1. 切换窗口。选择下拉菜单 窗口(O) → box_mold_cavity_002.prt 命令，切换至型腔操作环境。

Step2. 选择命令。选择下拉菜单 插入(S) → 设计特征(E) → 拉伸(X)... 命令，系统弹出“拉伸”对话框。

Step3. 选取草图平面。选取图 21.1.27 所示的平面为草图平面。

Step4. 进入草图环境，绘制图 21.1.28 所示的截面草图，单击 完成草图 按钮，系统返回至“拉伸”对话框。

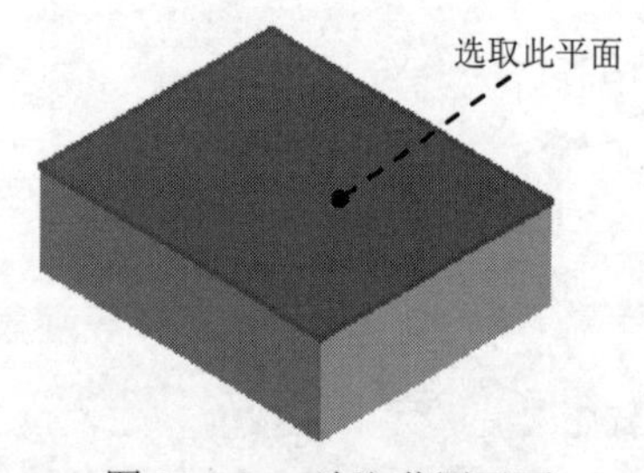

图 21.1.27 选取草图平面

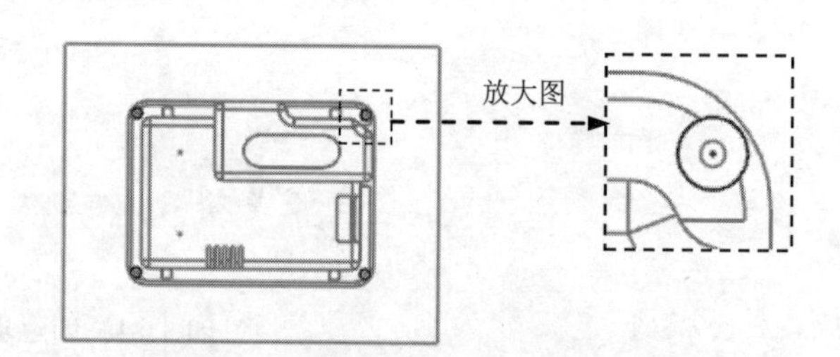

图 21.1.28 截面草图

Step5. 定义拉伸属性。在“拉伸”对话框限制区域的开始下拉列表中选择 值 选项，在距离文本框中输入值 0；在限制区域的结束下拉列表中选择 直至延伸部分 选项，然后选取图 21.1.29 所示的平面为拉伸限制面。

Step6. 单击确定按钮，完成图 21.1.30 所示拉伸特征的创建。

Stage2. 创建求交特征

Step1. 选择命令。选择下拉菜单 插入(S) → 组合(B) ▸ → 相交(I)... 命令，系统弹出“相交”对话框。

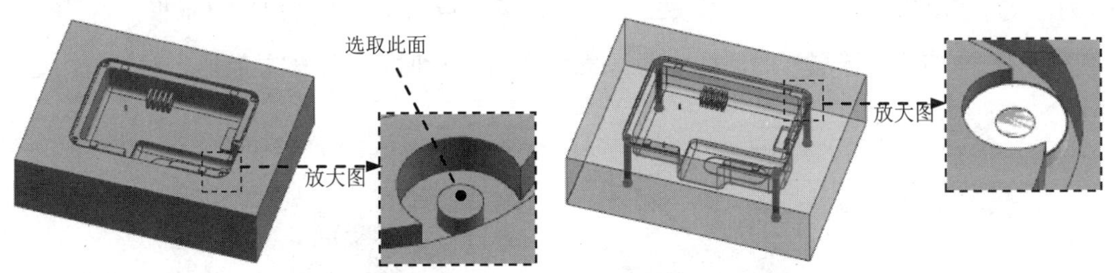

图 21.1.29 定义拉伸限制面　　图 21.1.30 创建拉伸特征

Step2. 选取目标体。选取图 21.1.31 所示的特征为目标体。

Step3. 选取工具体。选取图 21.1.31 所示的特征为工具体，并选中 ☑ 保存目标 复选框。

Step4. 单击 < 确定 > 按钮，完成求交特征的创建。

Stage3. 创建求差特征

Step1. 选择命令。选择下拉菜单 插入(S) → 组合(B) ▸ → 减去(S)... 命令，此时系统弹出“求差”对话框。

Step2. 选取目标体。选取图 21.1.32 所示的特征为目标体。

Step3. 选取工具体。选取图 21.1.32 所示的特征为工具体，并选中 ☑ 保存工具 复选框。

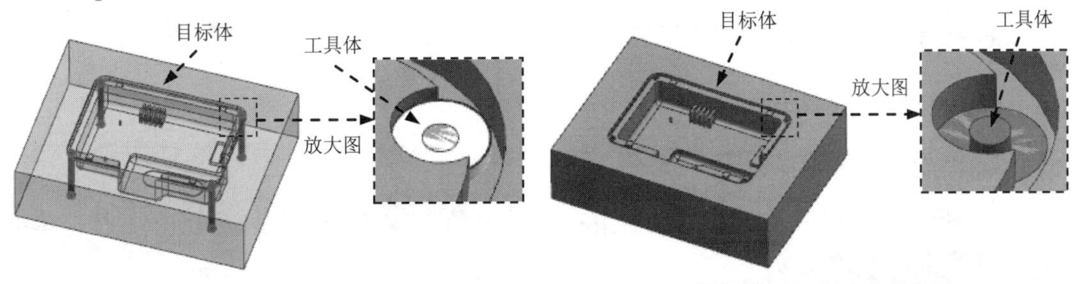

图 21.1.31 创建求交特征　　图 21.1.32 创建求差特征

Step4. 单击 < 确定 > 按钮，完成求差特征的创建。

Stage4. 将镶件转化为型芯子零件

Step1. 单击装配导航器中的 选项卡，系统弹出“装配导航器”窗口，在该窗口空白处右击，然后在系统弹出的菜单中选择 WAVE 模式 选项。

Step2. 在“装配导航器”对话框中右击 ☑ box_mold_cavity_002 图标，在系统弹出的菜单中选择 WAVE ▸ → 新建层 命令，系统弹出“新建层”对话框。

Step3. 在“新建层”对话框中单击 指定部件名 按钮，在系统弹出的“选择部件名”对话框的文件名(N):文本框中输入“insert_02.prt”，单击OK按钮，系统返回至“新建层”对话框。

Step4. 在“新建层”对话框中单击类选择按钮，选择图 21.1.33 所示的四个特征，单击确定按钮，系统返回至“新建层”对话框。

Step5. 单击“新建层”对话框中的确定按钮，此时在“装配导航器”对话框中显示出刚创建的镶件特征。

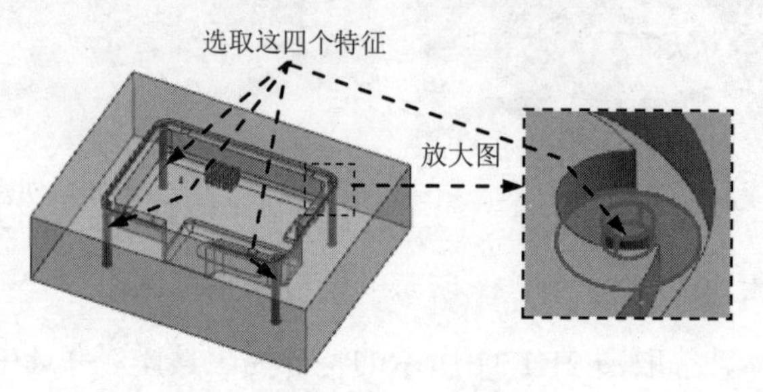

图 21.1.33　选取特征

Stage5. 移动至图层

Step1. 单击“装配导航器”中的选项卡，在该选项卡中隐藏insert_02部件。

Step2. 移动至图层。选取图 21.1.33 所示的四个镶件特征；选择下拉菜单格式(R) ➡ 移动至图层(M)...命令，系统弹出“图层移动”对话框。

Step3. 在目标图层或类别文本框中输入值 10，单击确定按钮，退出“图层设置”对话框。

Step4. 单击装配导航器中的选项卡，在该选项卡中选中insert_02部件。

Stage6. 创建固定凸台

Step1. 创建拉伸特征。

（1）转化工作部件。在装配导航器中右击insert_02图标，在系统弹出的快捷菜单中选择设为工作部件命令。

（2）选择命令。选择下拉菜单插入(S) ➡ 设计特征(E) ➡ 拉伸(X)...命令，系统弹出“拉伸”对话框。

（3）单击对话框中的“绘制截面”按钮，系统弹出“创建草图”对话框；选取图 21.1.34 所示的镶件底面为草图平面，选择下拉菜单插入(S) ➡ 派生曲线(U) ➡ 偏置曲线(V)...命令，系统弹出“偏置曲线”对话框；选取图 21.1.35 所示的曲线为偏置对象；在偏置区域的距离文本框中输入值 2；单击< 确定 >按钮；单击完成草图按钮，退出草图环境。

说明：在选取偏置曲线时，若方向相反，可单击“反向”按钮，然后单击应用按钮，再选取另一条偏置曲线。

图 21.1.34 草图平面

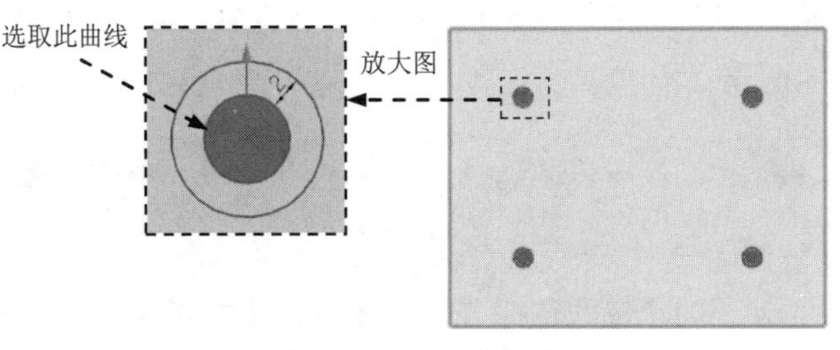

图 21.1.35 选取偏置曲线

（4）确定拉伸开始值和结束值。在“拉伸”对话框限制区域的开始下拉列表中选择值选项，并在其下的距离文本框中输入值 0；在限制区域的结束下拉列表中选择值选项，并在其下的距离文本框中输入值 6，其他参数采用系统默认设置。

（5）在“拉伸”对话框中单击< 确定 >按钮，完成图 21.1.36 所示拉伸特征的创建。

目标体
工具体
固定凸台

图 21.1.36 创建拉伸特征

Step2. 创建求和特征。选择下拉菜单

命令，系统弹出“合并”对话框；选取图 21.1.36 所示的对象为目标体；选取图 21.1.36 所示的对象为工具体。

说明：在创建求和特征时，应将图 21.1.33 所示的四个特征分别合并。为了便于操作，可将型腔隐藏。

Step3. 创建固定凸台装配避开位。在装配导航器中右击box_mold_cavity_002图标，在系统弹出的快捷菜单中选择设为工作部件命令；在“注塑模向导”功能选项卡的主要区域中单击“腔”按钮，系统弹出“开腔”对话框；选取型腔为目标体，然后单击鼠标中键；在该对话框的工具类型下拉菜单中选择实体选项，然后选取图 21.1.37 所示的特征为工具体，单击确定按钮。

说明：观察结果时，在“装配导航器”中取消选中insert_02选项，将镶件隐藏起来，结果如图 21.1.38 所示。

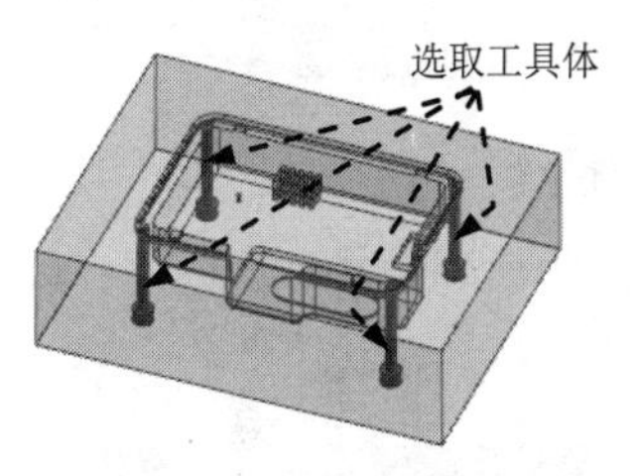

图 21.1.37 选取工具体

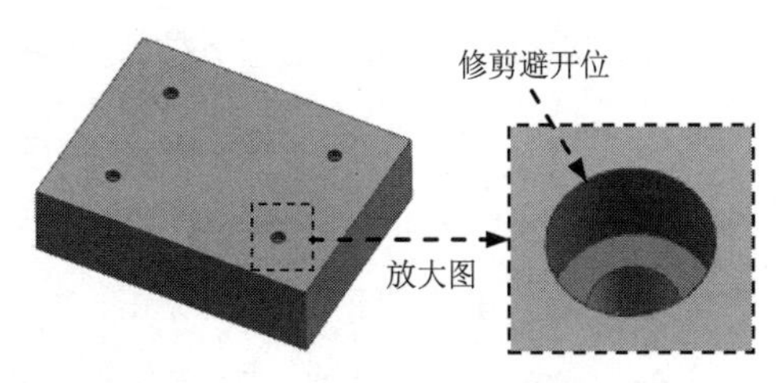

图 21.1.38 固定凸台装配避开位

Task9. 创建销

Stage1. 创建销特征 1

Step1. 切换窗口。选择下拉菜单 窗口(O) → box_mold_core_006.prt 命令，切换至型芯窗口。

Step2. 创建拉伸特征 1。选择下拉菜单 插入(S) → 设计特征(E) → 拉伸(X)... 命令，选取图 21.1.39 所示的模型表面为草图平面，绘制图 21.1.40 所示的截面草图；在“拉伸”对话框 限制 区域的 开始 下拉列表中选择 值 选项，并在其下的 距离 文本框中输入值 0；在 结束 下拉列表中选择 直至延伸部分 选项，选取图 21.1.41 所示的面为拉伸终止面；其他参数采用系统默认设置。

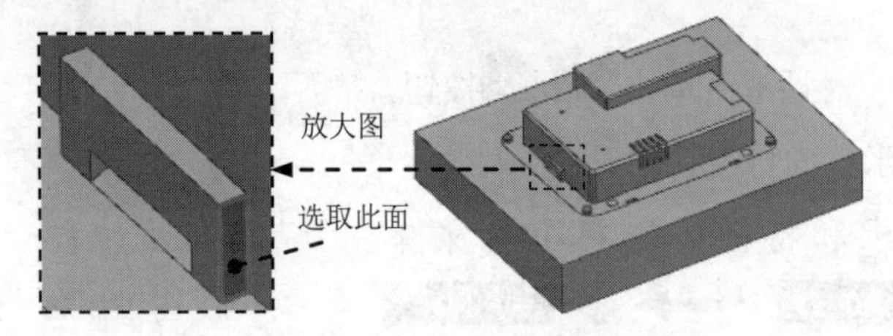

图 21.1.39　草图平面

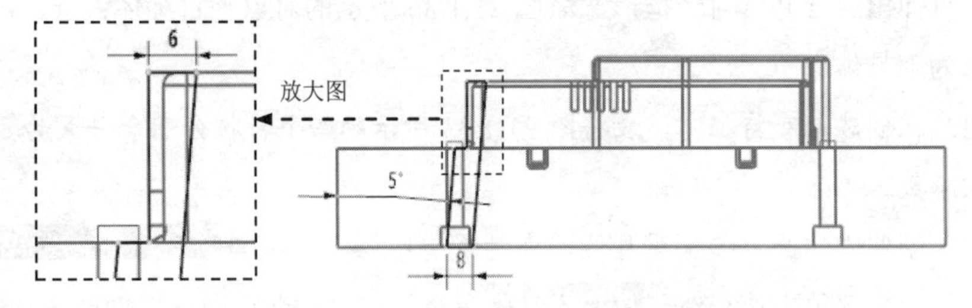

图 21.1.40　截面草图

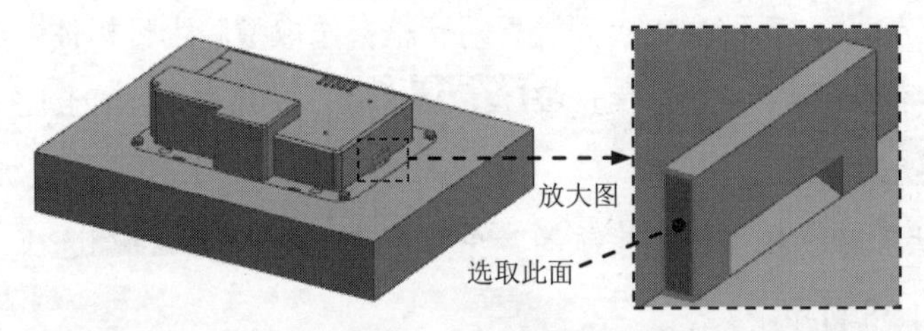

图 21.1.41　拉伸终止面

Step3. 创建求交特征 1。选择下拉菜单 插入(S) → 组合(B) ▸ → 相交(I)... 命令，系统弹出“相交”对话框；选取图 21.1.42 所示的特征为目标体；选取图 21.1.42 所示的特征为工具体，并选中 ☑ 保存工具 复选框，同时取消选中 ☐ 保存目标 复选框；单击 < 确定 > 按钮，完成求交特征 1 的创建。

Step4. 创建求差特征。选择下拉菜单 插入(S) → 组合(B) ▸ → 减去(S)... 命令，此时系统弹出“求差”对话框；选取型芯为目标体；选取 Step3 创建的求交特征为工具体，

并选中☑保存工具复选框；单击<确定>按钮，完成求差特征的创建。

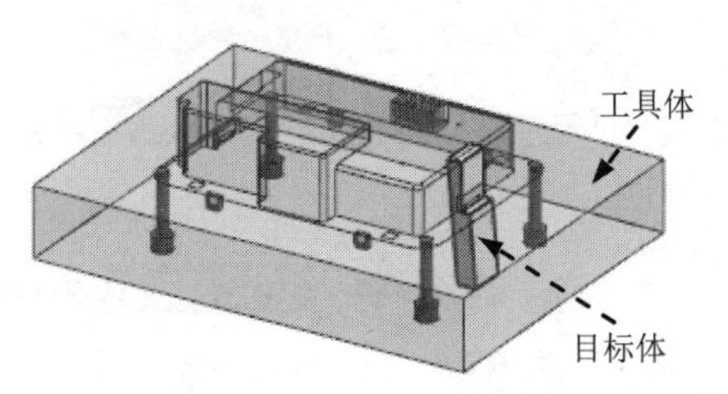

图 21.1.42 选取特征

Stage2. 创建销特征 2

参照 Stage1，在型芯的另一侧创建销特征 2。

Stage3. 将销特征 1 转化为型芯子零件

Step1. 单击装配导航器中的选项卡，系统弹出“装配导航器”窗口，在该窗口空白处右击，然后在系统弹出的菜单中选择WAVE 模式选项。

Step2. 在“装配导航器”对话框中右击☑box_mold_core_006图标，在系统弹出的菜单中选择WAVE ➡ 新建层命令，系统弹出“新建层”对话框。

Step3. 在“新建层”对话框中单击指定部件名按钮，在系统弹出的“选择部件名”对话框的文件名(N):文本框中输入“pin_01.prt”，单击OK按钮，系统返回至“新建层”对话框。

Step4. 在“新建层”对话框中单击类选择按钮，系统弹出“WAVE 组件间的复制”对话框，选择创建的求交特征1，单击确定按钮，系统返回至“新建层”对话框。

Step5. 在“新建层”对话框中单击确定按钮。

Stage4. 将销特征 2 转化为型芯子零件

参照 Stage3，将销特征 2 转化为型芯子零件，将销的名称命名为“pin_02.prt”。

Stage5. 移动至图层

Step1. 单击“装配导航器”中的选项卡，在该选项卡中分别取消选中☑pin_01和☑pin_02部件。

Step2. 选择移动对象。选择销特征 1 和销特征 2，选择下拉菜单格式(R) ➡ 移动至图层(M)...命令，系统弹出“图层移动”对话框。

Step3. 在图层的区域中选择 10，单击确定按钮，退出“图层设置”对话框。

Step4. 单击“装配导航器”中的选项卡，在该选项卡中分别选中☑pin_01和☑pin_02部件。

Stage6. 完善销特征 1

Step1. 创建偏移特征。

（1）转化工作部件。在“装配导航器”中右击☑ pin_01 图标，在系统弹出的快捷菜单中选择 设为工作部件 命令。

（2）选择命令。选择下拉菜单 插入(S) ➡ 偏置/缩放(O) ➡ 偏置面(F)... 命令，此时系统弹出“偏置面”对话框。

（3）设置偏置属性。在“偏置面”对话框的 偏置 文本框中输入值 12，选取图 21.1.43 所示的面为要偏置的面。

（4）单击 < 确定 > 按钮，完成偏置特征的创建，结果如图 21.1.44 所示。

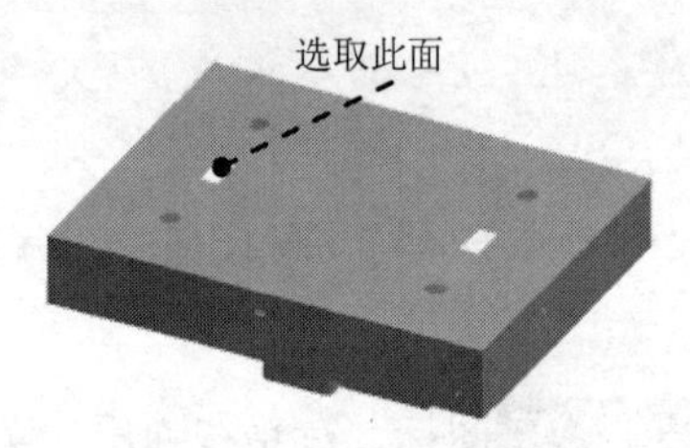

图 21.1.43 选取偏置面

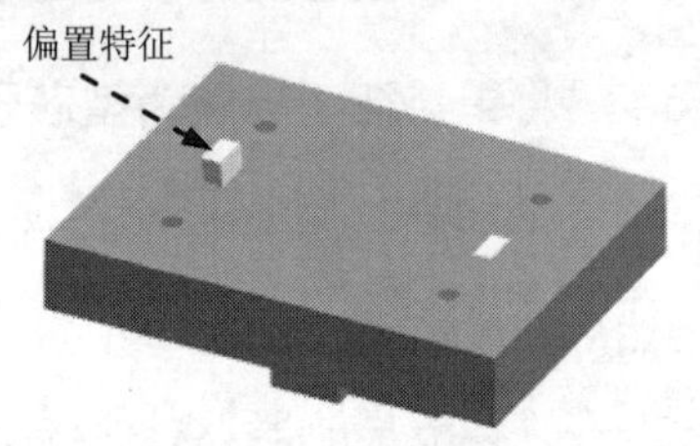

图 21.1.44 创建偏置特征

Step2. 创建拉伸特征。选择下拉菜单 插入(S) ➡ 设计特征(E) ➡ 拉伸(X)... 命令，选取图 21.1.45 所示的模型表面为草图平面，绘制图 21.1.46 所示的截面草图。在“拉伸”对话框 限制 区域的 开始 下拉列表中选择 对称值 选项，并在其下的 距离 文本框中输入值 12；在 布尔 的下拉列表中选择 减去 选项，选择图 21.1.45 所示的实体为求差的目标对象。在“拉伸”对话框中单击 < 确定 > 按钮，完成拉伸特征的创建，结果如图 21.1.47 所示。

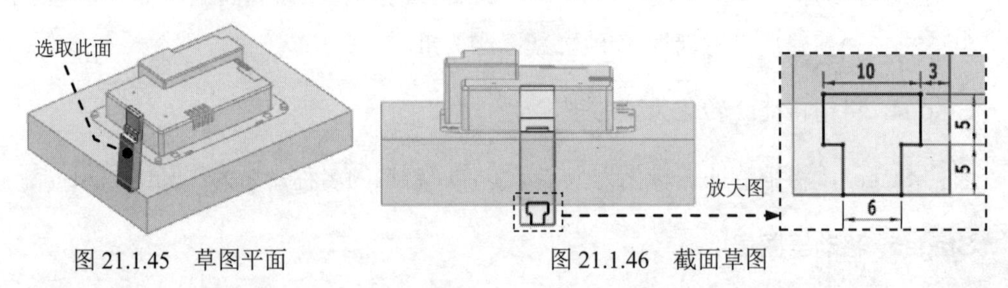

图 21.1.45 草图平面　　图 21.1.46 截面草图

Stage7. 完善销特征 2

参照 Stage6，完善销特征 2。

Task10. 创建滑块

Step1. 设为工作部件。在“装配导航器”中右击☑ box_mold_core_006 图标，在系统弹出的快捷菜单中选择 设为工作部件 命令。

Step2. 创建拉伸特征。选择下拉菜单 插入(S) ➡ 设计特征(E) ➡ 拉伸(X)... 命令，

系统弹出“拉伸”对话框；选取图 21.1.48 所示的模型表面为草图平面，绘制图 21.1.49 所示的截面草图；在“拉伸”对话框限制区域的开始下拉列表中选择值选项，在距离文本框中输入值 0；在限制区域的结束下拉列表中选择直至延伸部分选项，选取图 21.1.50 所示的面为拉伸终止面，在布尔区域的布尔下拉列表中选择无；其他参数采用系统默认设置。

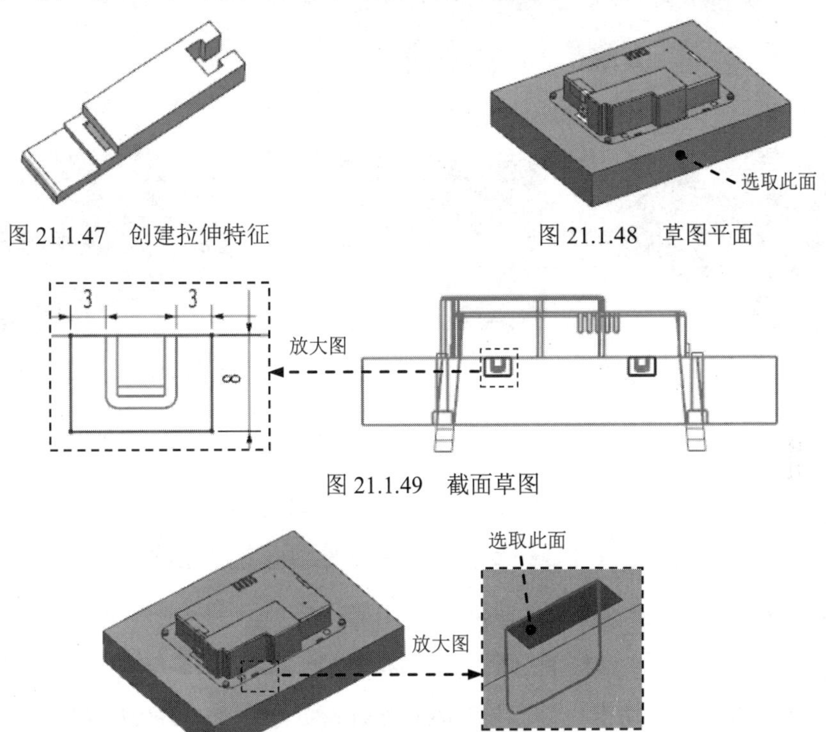

图 21.1.47 创建拉伸特征

图 21.1.48 草图平面

图 21.1.49 截面草图

图 21.1.50 拉伸终止面

Step3. 创建求交特征。选择下拉菜单插入(S) → 组合(B) → 相交(I)...命令，系统弹出“相交”对话框；选取型芯为目标体，拉伸特征为工具体，并选中☑ 保存目标复选框，同时取消选中☐ 保存工具复选框；单击< 确定 >按钮，完成求交特征的创建。

Step4. 创建替换面。选择下拉菜单插入(S) → 同步建模(Y) → 替换面(R)...命令，系统弹出“替换面”对话框；在图形区选取拉伸体的侧面为要替换的面，如图 21.1.51 所示；单击一次鼠标中键，然后选取图 21.1.52 所示的面为替换面。单击< 确定 >按钮。

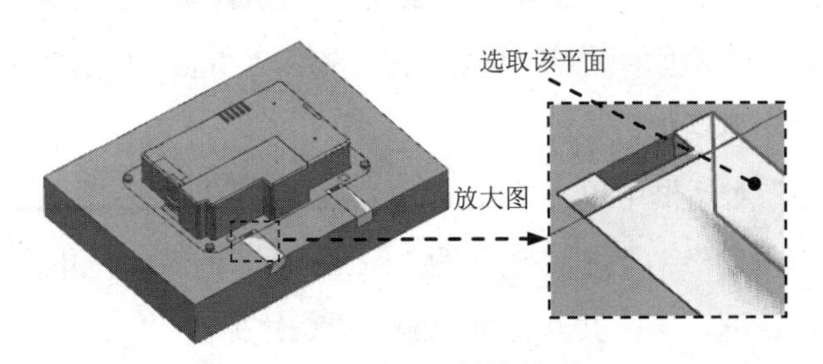

图 21.1.51 选取要替换的面

Step5. 参照 Step4，在另一个拉伸特征上创建替换面。

Step6. 镜像特征。

（1）选择命令。选择下拉菜单 编辑(E) → 变换(M)... 命令，系统弹出“变换”对话框（一）；选取拉伸特征，如图 21.1.53 所示，单击 确定 按钮，系统弹出“变换”对话框（二）。

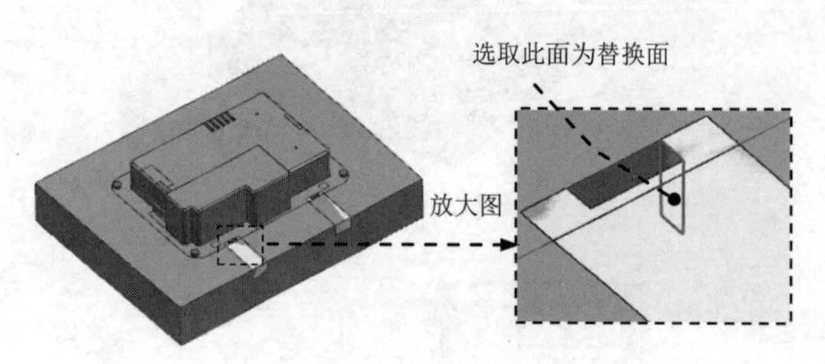

图 21.1.52　选取替换面

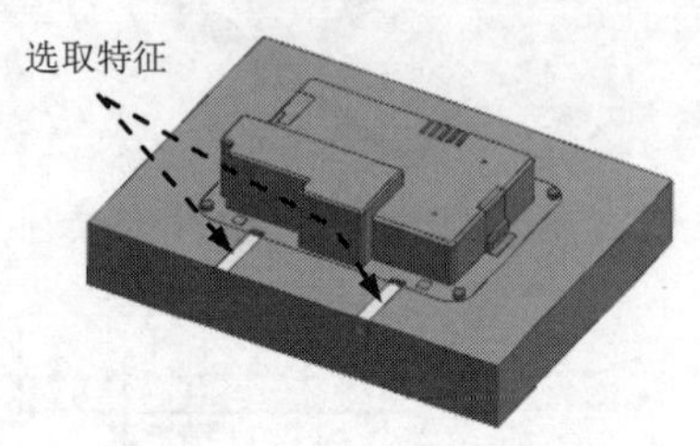

图 21.1.53　选取镜像特征

（2）在“变换”对话框（二）中单击 通过一平面镜像 按钮，此时系统弹出“平面”对话框，在类型的下拉列表中选择 XC-ZC 平面 选项，单击 确定 按钮。

（3）系统弹出“变换”对话框（三），单击 复制 按钮，单击 取消 按钮，完成镜像拉伸特征的创建。

Step7. 创建求差特征。选择下拉菜单 插入(S) → 组合(B) ▸ → 减去(S)... 命令，此时系统弹出“求差”对话框；选取型芯为目标体；选取图 21.1.54 所示的特征为工具体，并选中 ☑ 保存工具 复选框；单击 < 确定 > 按钮，完成求差特征的创建。

Step8. 将图 21.1.55 所示的滑块 1 转化为型芯子零件。

（1）单击装配导航器中的 选项卡，系统弹出“装配导航器”窗口，在该窗口空白处右击，然后在系统弹出的菜单中选择 WAVE 模式 选项。

说明：若系统已默认选择 WAVE 模式 选项，此步就不需再操作，下同。

（2）在“装配导航器”对话框中右击 ☑ housing_mold_core_006 图标，在系统弹出的菜单中选择 WAVE ▸ → 新建层 命令，系统弹出“新建层”对话框。

（3）在“新建层”对话框中单击 指定部件名 按钮，在系统弹出的“选择部件名”对话框的 文件名(N): 文本框中输入“slide_01.prt”，单击 OK 按钮，系统返回至“新建层”对话框。

（4）在“新建层”对话框中单击 类选择 按钮，系统弹出“WAVE 组件间的复制”对话框，选取图 21.1.55 所示的特征，单击 确定 按钮，系统返回至“新建层”对话框，单击其对话框中的 确定 按钮。

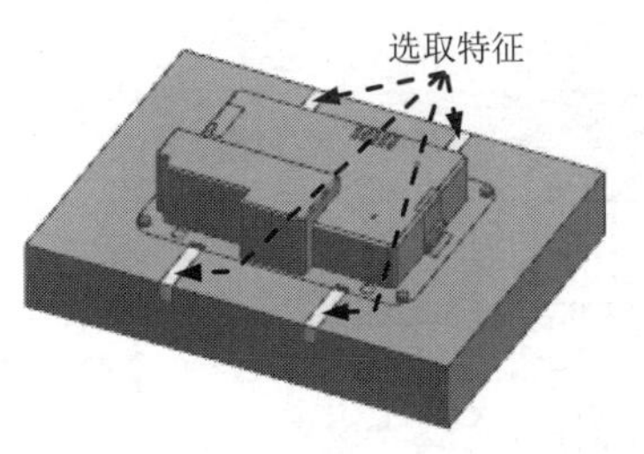

图 21.1.54 选取求差特征

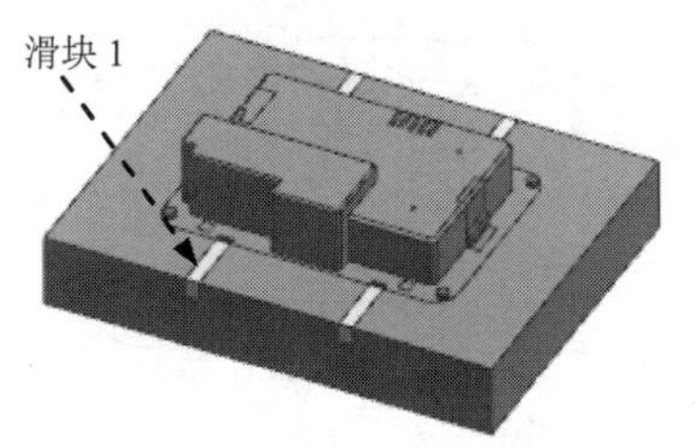

图 21.1.55 选取特征

Step9. 参照 Step8，将其余三个滑块转化为型芯子零件，分别命名为“slide_02.prt”“slide_03.prt”和“slide_04.prt”。

Step10. 移动至图层。

（1）单击“装配导航器”中的选项卡，在该选项卡中分别取消选中 slide_01、slide_02、slide_03和slide_04部件。

（2）选择创建的四个滑块；选择下拉菜单 格式(R) → 移动至图层(M)...命令，系统弹出“图层移动”对话框；在图层区域中选择 10，单击确定按钮，退出“图层设置”对话框。

（3）单击“装配导航器”中的选项卡，在该选项卡中分别选中 slide_01、slide_02、slide_03和slide_04部件。

Task11. 创建抽芯机构

Stage1. 创建第一个抽芯机构

Step1. 转化工作部件。在“装配导航器”中右击 slide_01图标，在系统弹出的快捷菜单中选择 设为工作部件命令。

Step2. 创建拉伸特征 1 。选择下拉菜单 插入(S) → 设计特征(E) → 拉伸(X)...命令，选取图 21.1.56 所示的模型表面为草图平面，绘制图 21.1.57 所示的截面草图。在“拉伸”对话框限制区域的开始下拉列表中选择 值选项，并在其下的距离文本框中输入值 0；在结束下拉列表中选择 值选项，并在其下的距离文本框中输入值 25；在布尔下拉列表中选择 合并选项；在“拉伸”对话框中单击< 确定 >按钮，完成拉伸特征 1 的创建，结果如图 21.1.58 所示。

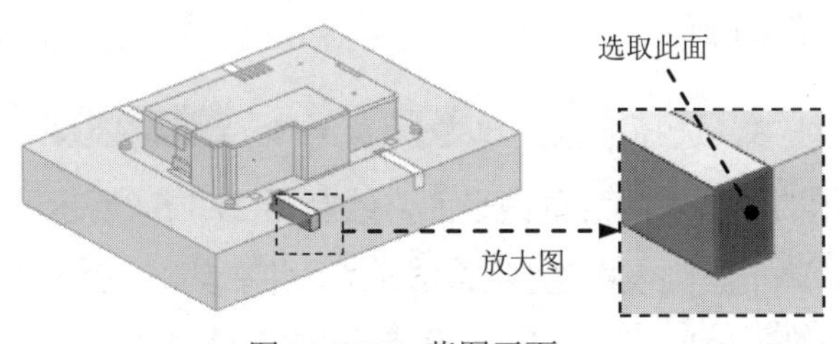

图 21.1.56 草图平面

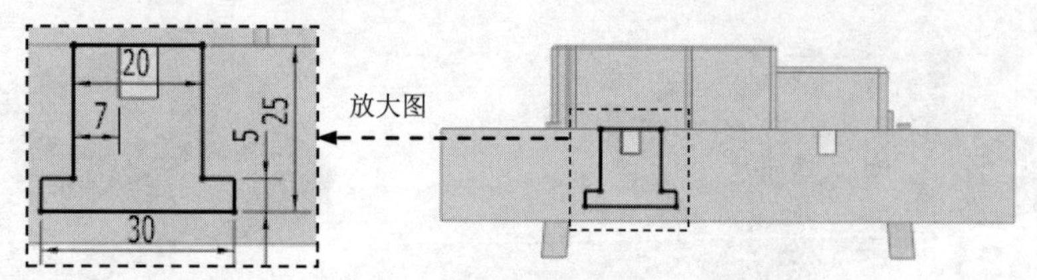

图 21.1.57　截面草图

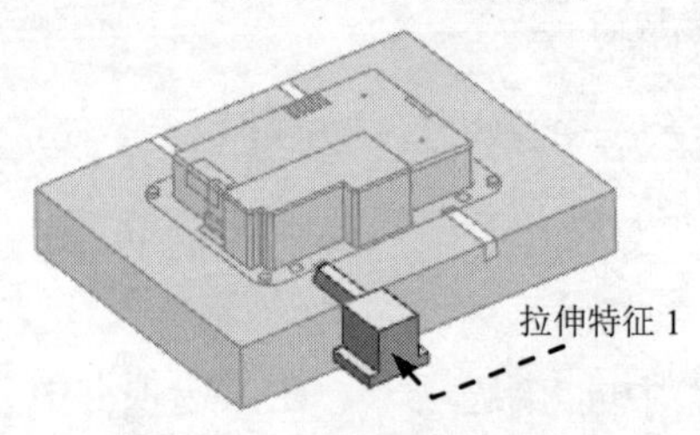

图 21.1.58　创建拉伸特征 1

Step3. 创建拉伸特征 2。选择下拉菜单 插入(S) → 设计特征(E) → 拉伸(X)... 命令，选取图 21.1.59 所示的模型表面为草图平面，绘制图 21.1.60 所示的截面草图。在“拉伸”对话框 限制 区域的 开始 下拉列表中选择 直至延伸部分 选项，选取图 21.1.61 所示的面，在 结束 下拉列表中选择 值 选项，并在其下的 距离 文本框中输入值 0；在 布尔 下拉列表中选择 减去 选项；在“拉伸”对话框中单击 < 确定 > 按钮，完成拉伸特征 2 的创建，结果如图 21.1.62 所示。

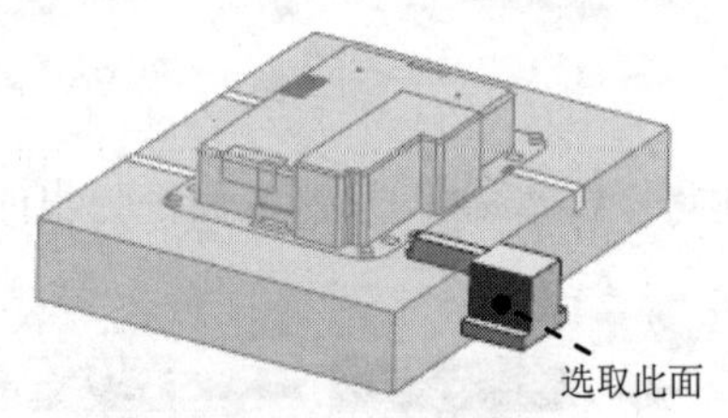

图 21.1.59　草图平面

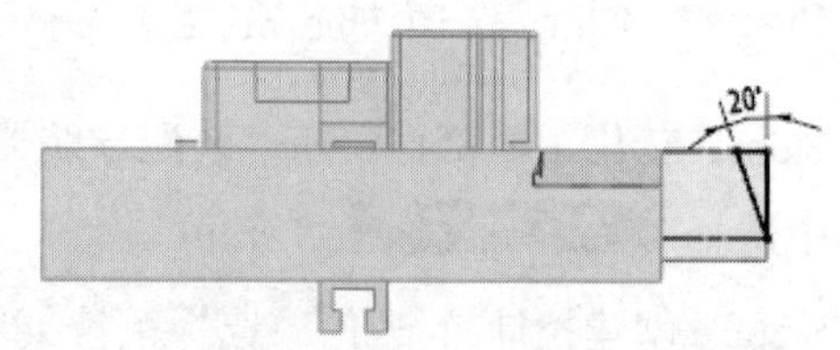

图 21.1.60　截面草图

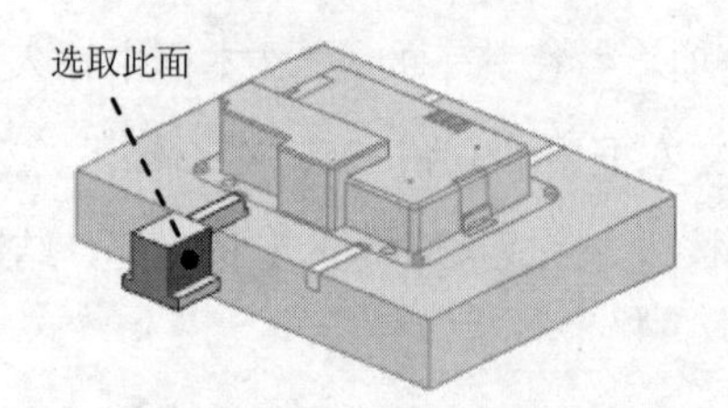

图 21.1.61　草图平面

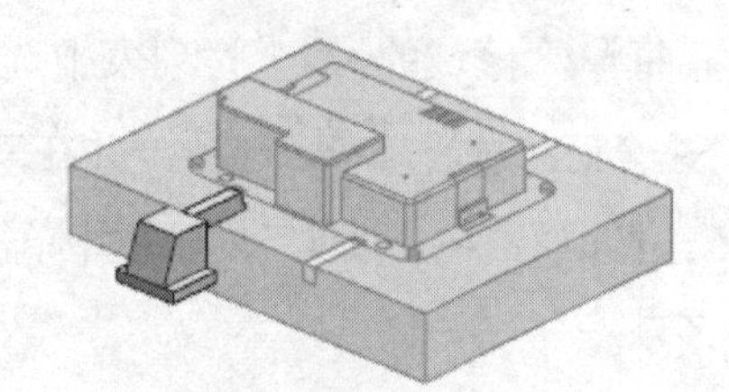

图 21.1.62　创建拉伸特征 2

Step4. 创建拉伸特征 3。选择下拉菜单 插入(S) → 设计特征(E) → 拉伸(X)... 命令，选取图 21.1.63 所示的模型表面为草图平面，绘制图 21.1.64 所示的截面草图；在“拉伸”对话框 限制 区域的 开始 下拉列表中选择 值 选项，并在其下的 距离 文本框中输入值-15，在 结束 下拉列表中选择 值 选项，并在其下的 距离 文本框中输入值 0；在 布尔 区域的 布尔 下

拉列表中选择 减去 选项。在“拉伸”对话框中单击 < 确定 > 按钮，完成拉伸特征3的创建，结果如图21.1.65所示。

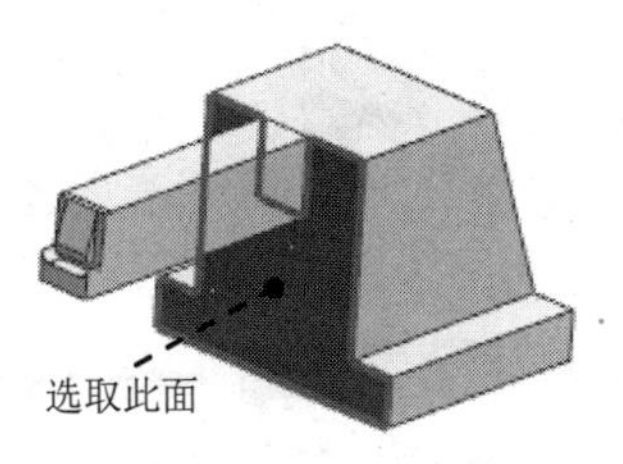

图21.1.63 草图平面

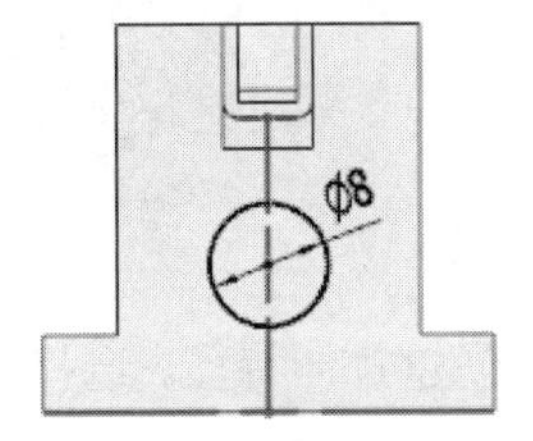

图21.1.64 截面草图

Stage2. 创建第二、三、四个抽芯机构

参照Stage1，创建第二、三、四个抽芯机构，最终创建结果如图21.1.66所示。

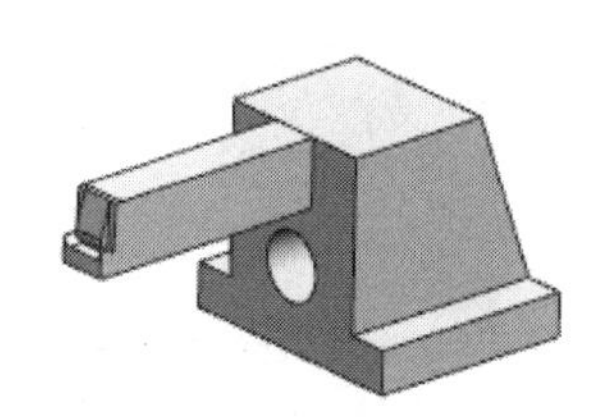

图21.1.65 创建拉伸特征3

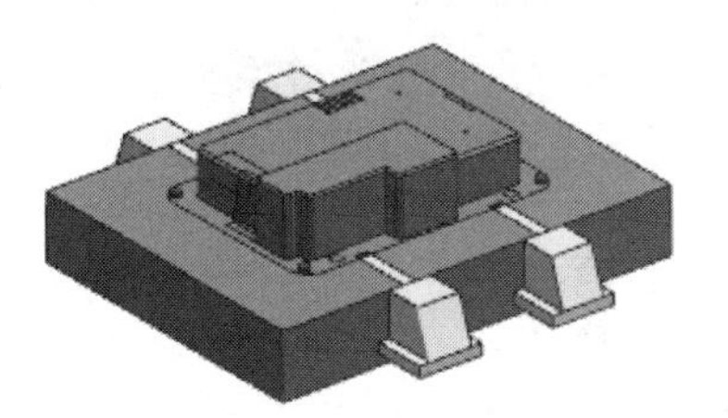

图21.1.66 创建结果

Task12. 创建滑块锁紧块

Step1. 转化工作部件。在“装配导航器”对话框中右击 box_mold_core_006 图标，在系统弹出的快捷菜单中选择 设为工作部件 命令。

Step2. 在“装配导航器”对话框中右击 box_mold_core_006 图标，在系统弹出的菜单中选择 WAVE ▸ ➡ 新建层 命令，系统弹出“新建层”对话框。

Step3. 在“新建层”对话框中单击 指定部件名 按钮，在系统弹出的“选择部件名”对话框的 文件名(N): 文本框中输入“jaw_01.prt”，单击 OK 按钮，系统返回至“新建层”对话框。

Step4. 在“新建层”对话框中不选择任何特征，单击 确定 按钮。

Step5. 在“装配导航器”的 选项卡中将 jaw_01 转换为工作部件。

Step6. 创建基准坐标系。

（1）选择命令。选择下拉菜单 插入(S) ➡ 基准/点(D) ▸ ➡ 基准坐标系(C)... 命令，系统弹出“基准坐标系”对话框。

（2）选取原点。在“基准坐标系”对话框中单击 操控器 区域的 按钮，系统弹出“点”对话框，然后在产品模型中选取图21.1.67所示的边线中点，单击 确定 按钮，系统返回至“基准坐标系”对话框，单击对话框中的 < 确定 > 按钮，完成坐标系的创建。

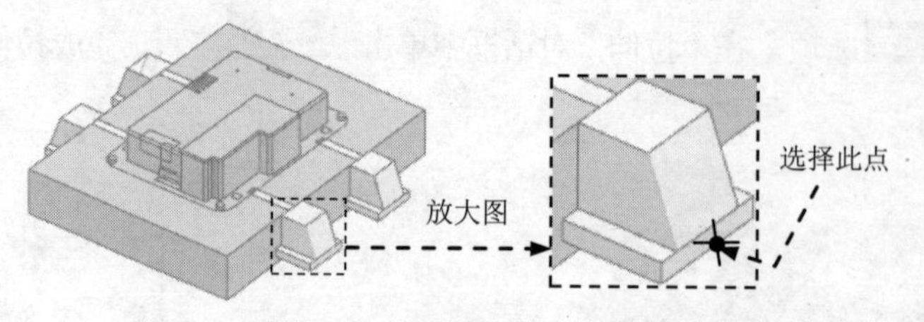

图 21.1.67　选取移动点

Step7. 创建拉伸特征。选择下拉菜单插入(S) → 设计特征(E) → 拉伸(X)...命令，选取 YZ 平面为草图平面。绘制图 21.1.68 所示的截面草图，在“拉伸”对话框限制区域的开始下拉列表中选择对称值选项，并在其下的距离文本框中输入值 10；其他参数采用系统默认设置；在“拉伸”对话框中单击< 确定 >按钮，完成拉伸特征的创建，结果如图 21.1.69 所示。

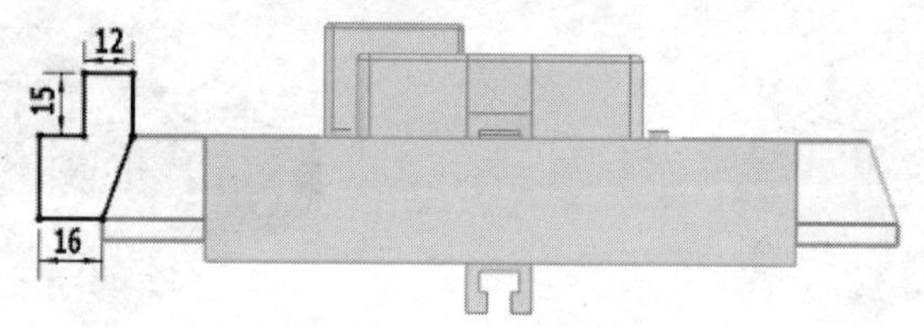

图 21.1.68　截面草图

Step8. 创建基准平面。

（1）选择命令。选择下拉菜单插入(S) → 基准/点(D) → 基准平面(D)...命令，系统弹出“基准平面”对话框，在类型下拉列表中选择点和方向选项。

（2）选取原点。在“基准平面”对话框中单击通过点区域的按钮，系统弹出“点”对话框，然后在产品模型中选取图 21.1.70 所示的边线中点（在整个装配环境中），单击确定按钮，系统返回至“基准平面”对话框。

（3）在法向区域的下拉列表中选择XC选项，单击< 确定 >按钮，完成基准平面的创建。

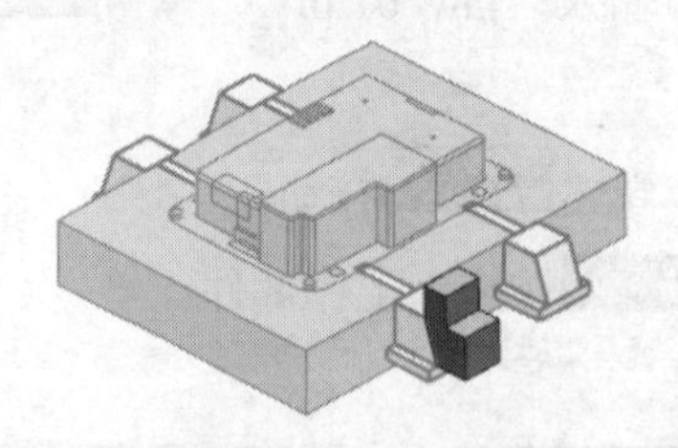

图 21.1.69　创建拉伸特征

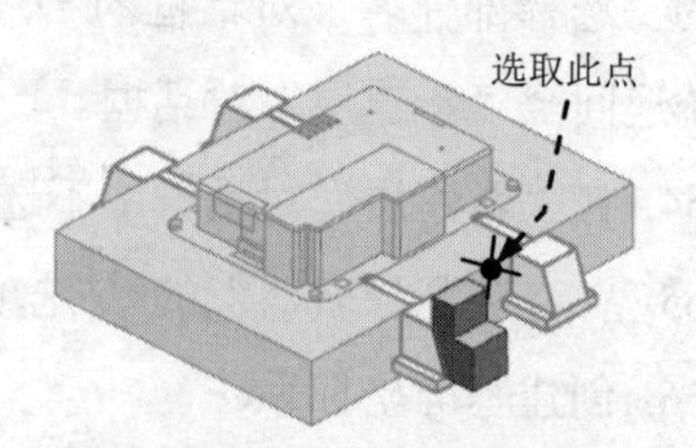

图 21.1.70　选取移动点

Step9. 镜像拉伸特征 1。选择下拉菜单插入(S) → 关联复制(A) → 镜像特征(M)...命令，选取 Step7 中创建的拉伸特征为要镜像的特征；选取 Step8 中创建的基准平面为镜像平面；单击确定按钮，结果如图 21.1.71 所示。

Step10. 镜像拉伸特征 2。

参照 Step8 和 Step9，将拉伸特征和镜像后的特征镜像，结果如图 21.1.72 所示。

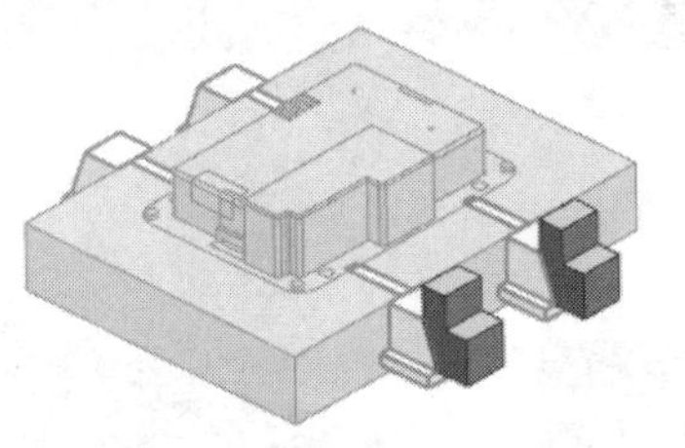
图 21.1.71 镜像拉伸特征 1

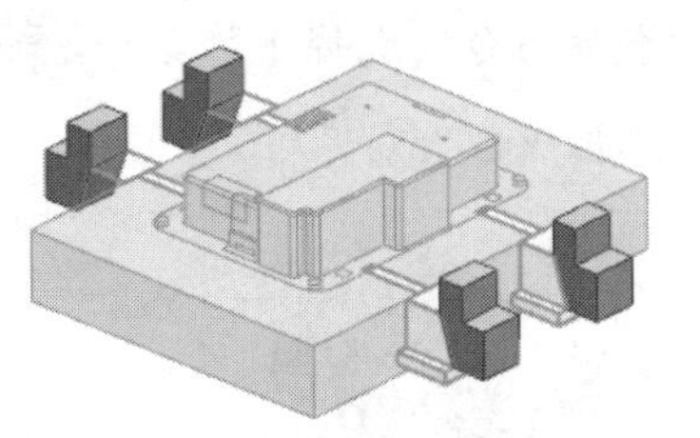
图 21.1.72 镜像拉伸特征 2

Task13. 创建模具爆炸视图

Step1. 移动型腔和锁紧块。

（1）选择下拉菜单 窗口(O) → box_mold_top_000.prt，在“装配导航器”对话框中将部件转换成工作部件。

（2）选择命令。选择下拉菜单 装配(A) → 爆炸图(X) → 新建爆炸(N)... 命令，系统弹出“新建爆炸”对话框，接受系统默认的名字，单击 确定 按钮。

（3）选择命令。选择下拉菜单 装配(A) → 爆炸图(X) → 编辑爆炸(E)... 命令，系统弹出“编辑爆炸”对话框。

（4）选择对象。选取图 21.1.73 所示的型腔和锁紧块元件。

（5）在该对话框中选择 ⊙ 移动对象 单选项，沿 Z 轴正方向移动 100，单击 确定 按钮，结果如图 21.1.74 所示。

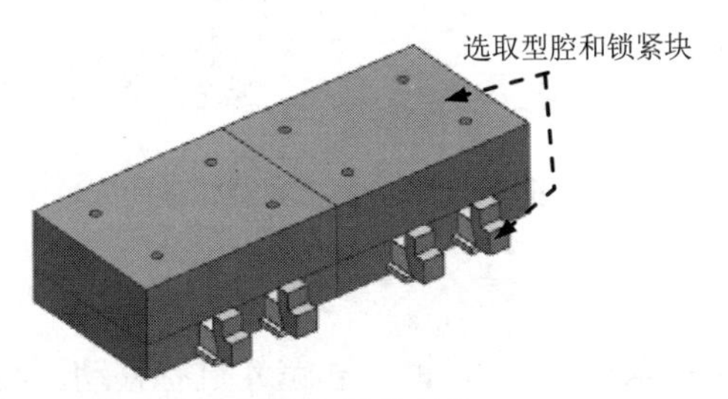

图 21.1.73 选取移动对象

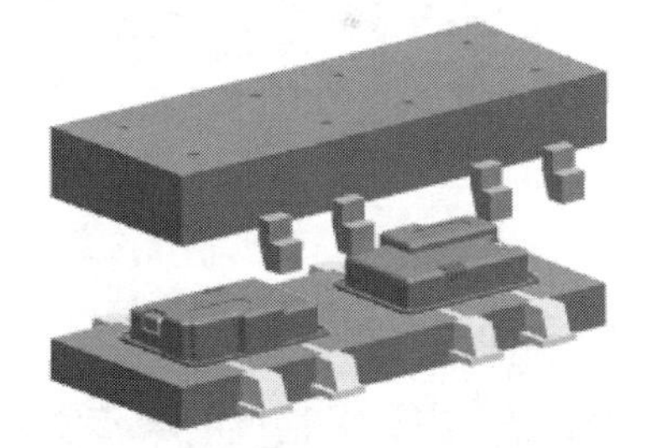
图 21.1.74 型腔和锁紧块移动后

Step2. 移动型芯的一侧滑块。选择 装配(A) → 爆炸图(X) → 编辑爆炸(E)... 命令，系统弹出“编辑爆炸”对话框。选取型芯的一侧滑块，选择 ⊙ 移动对象 单选项，沿 Y 轴负方向移动 30，单击 确定 按钮，结果如图 21.1.75 所示。

Step3. 移动型芯的另一侧滑块。

参照 Step2，将滑块沿 Y 轴正方向移动 30，结果如图 21.1.76 所示。

Step4. 移动产品模型。

参照 Step2，将产品模型沿 Z 轴正方向移动 50，结果如图 21.1.77 所示。

Step5. 移动销 1 和销 2。

（1）选择命令。选择下拉菜单 装配(A) → 爆炸图(X) → 编辑爆炸(E)... 命令，系统弹出“编辑爆炸”对话框。

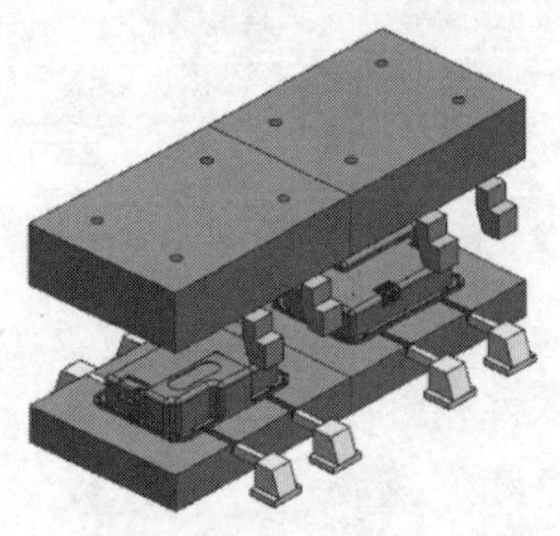
图 21.1.75 型芯的一侧滑块移动后

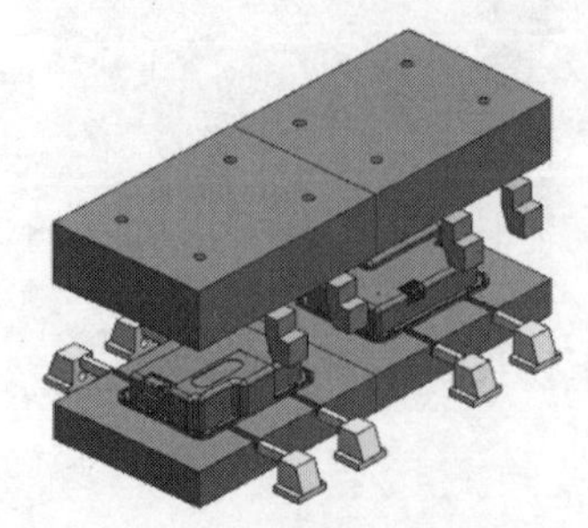
图 21.1.76 型芯的另一侧滑块移动后

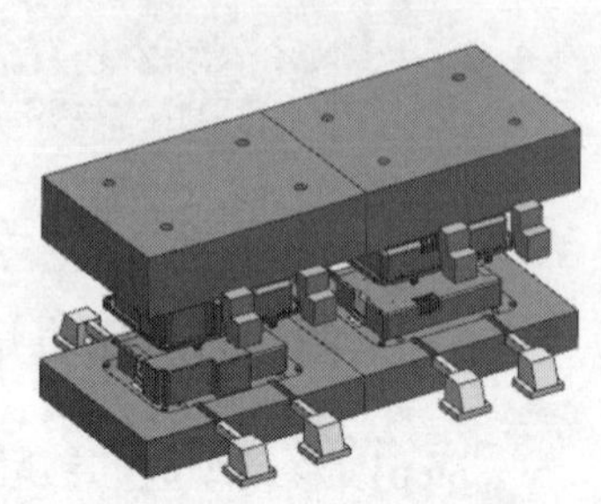
图 21.1.77 产品模型移动后

（2）在该对话框中选择 ⊙ 只移动手柄 单选项，然后选取绕 Y 轴的旋转点。

（3）在该对话框的 角度 文本框中输入值 5.0，选择 ⊙ 选择对象 单选项，然后选取图 21.1.78 所示的两个销。

（4）在该对话框中选择 ⊙ 移动对象 单选项，沿 Z 轴正方向移动 20，单击 确定 按钮，结果如图 21.1.79 所示。

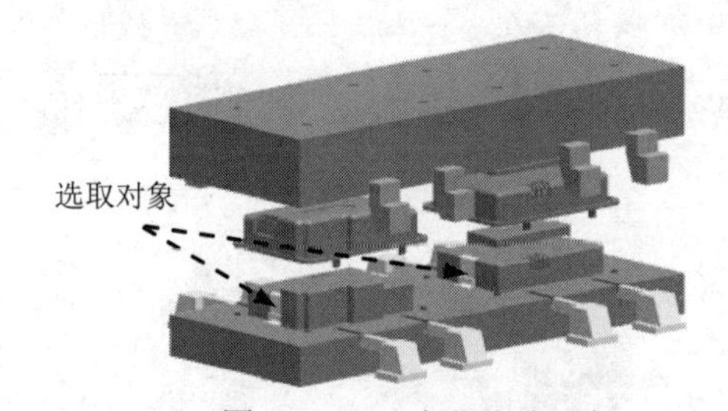

图 21.1.78 选取移动对象

图 21.1.79 销 1 和销 2 移动后

Step6. 移动销 3 和销 4。

参照 Step5，在该对话框的 角度 文本框中输入值-10，将销 3 和销 4 进行移动，结果如图 21.1.80 所示。

Step7. 移动型腔镶件。

（1）在该对话框中选择 ⊙ 只移动手柄 单选项，然后选取绕 Y 轴的旋转点。

（2）在该对话框的 角度 文本框中输入值 5.0，然后参照 Step2，将型腔镶件沿 Z 轴正方向移动 40，结果如图 21.1.81 所示。

Step8. 移动型芯镶件。

参照 Step2，将型芯镶件沿 Z 轴负方向移动 40，结果如图 21.1.82 所示。

说明：将型腔和型芯的镶件移出，是为了显示整个模具的零件。

图 21.1.80 销 3 和销 4 移动后

图 21.1.81 型腔镶件移动后

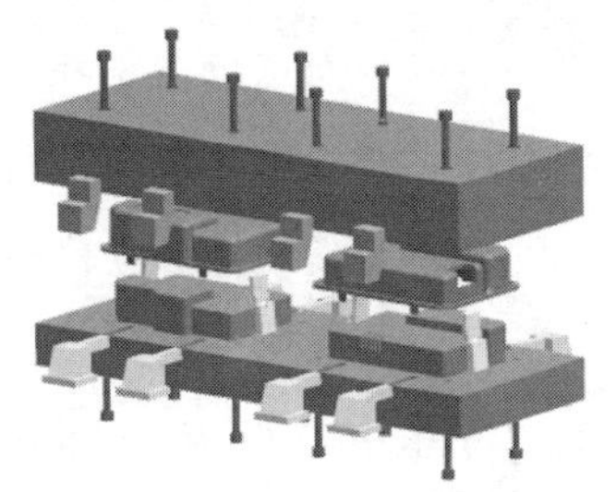

图 21.1.82 型芯镶件移动后

21.2 应用 2——Mold Wizard 标准模架库（一）

21.2.1 概述

通过 Mold Wizard 来进行模具设计可以简化模具的设计过程，减少不必要的重复性工作，提高设计效率。采用 Mold Wizard 设计此模具的主要思路：首先，进行产品的布局，定义型腔/型芯区域面，并将孔进行修补；其次，进行区域面和分型线的创建；再次，通过创建分型面，完成型腔/型芯的创建；最后，加载模架及标准件，完成浇注系统和顶出系统的设计。在本应用中，不仅介绍了模架库的一般设计过程，而且还重点介绍了浇注和顶出机构的设计，在学习本应用时，应注意体会各个机构的设计思路，同时应注意参数的设置。

21.2.2 技术要点分析

（1）产品在模具中的开模方向设置。

（2）模具工件使用圆柱形，另外采用一模四穴的布局方式，以提高生产效率。

（3）在分型中采用“自动”与“手动”相结合的方式进行片体修补。

（4）在模架选择的时候，考虑到塑件精度要求一般，所以可将模架中的一些导向结构删除，由复位杆代替。

（5）在设计浇注系统时，考虑到均衡的原则，使用了手动创建流道截面矩形浇口式的流道类型。

（6）在创建顶出系统时，考虑到受力的平衡，使用圆周的排列方式。

21.2.3 设计过程

本应用的塑件模型及模具设计结果如图 21.2.1 所示，以下是具体操作过程。

Task1. 初始化项目

Step1. 加载模型。在“注塑模向导”功能选项卡中单击“初始化项目”按钮，系统弹出“打开”对话框，选择 D:\ug12mo\work\ch21.02\impeller.prt，单击 OK 按钮，载入模型，系统弹出“初始化项目”对话框。

Step2. 定义项目单位。在“初始化项目”对话框的项目单位下拉菜单中选择毫米选项。

Step3. 设置项目路径和名称。接受系统默认的项目路径；在“初始化项目”对话框的 Name 文本框中输入“impeller_mold”。

Step4. 在“初始化项目”对话框中单击 确定 按钮，完成项目路径和名称的设置。

Task2. 模具坐标系

Step1. 旋转模具坐标系。选择下拉菜单 格式(R) → WCS → 旋转(R)... 命令，系统弹出“旋转 WCS 绕...”对话框。在系统弹出的对话框中选择 -XC 轴单选项，在角度文本框中输入值 180。单击 确定 按钮，完成坐标系的旋转。

Step2. 锁定模具坐标系。

（1）在“注塑模向导”功能选项卡的主要区域中单击“模具坐标系”按钮，系统弹出“模具坐标系”对话框。

（2）在“模具坐标系”对话框中选中 当前 WCS 单选项。

（3）单击 确定 按钮，完成坐标系的定义，结果如图 21.2.2 所示。

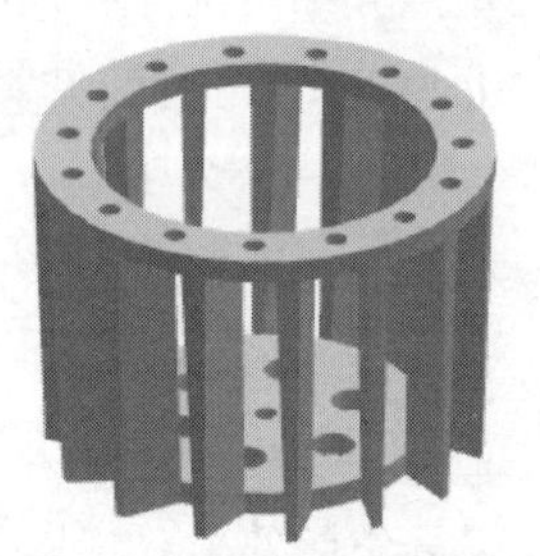

a） 产品方位 1

b） 产品方位 2

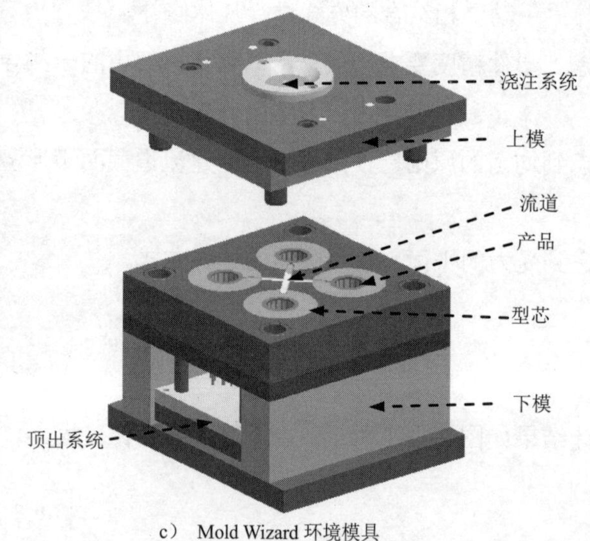

c） Mold Wizard 环境模具

图 21.2.1 塑件叶轮的模具设计

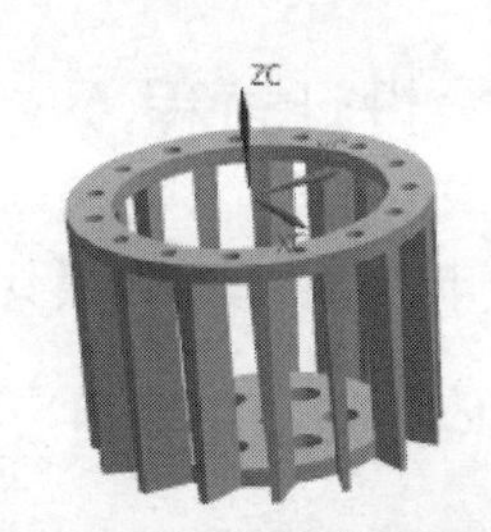

图 21.2.2 锁定后的模具坐标系

Task3. 设置收缩率

Step1. 定义收缩率类型。在“注塑模向导”功能选项卡的主要区域中单击“收缩”按钮，产品模型会高亮显示，同时系统弹出“缩放体”对话框；在“缩放体”对话框的类型下拉列表中选择均匀选项。

Step2. 定义缩放体和缩放点。接受系统默认的参数设置值。

Step3. 定义比例因子。在“缩放体”对话框比例因子区域的均匀文本框中输入数值 1.006。

Step4. 单击确定按钮，完成收缩率的设置。

Task4. 创建模具工件

Step1. 在“注塑模向导”功能选项卡的主要区域中单击“工件”按钮，系统弹出“工件”对话框。

Step2. 在“工件”对话框的类型下拉菜单中选择产品工件选项，在工件方法下拉菜单中选择用户定义的块选项，其他参数采用系统默认设置值。

Step3. 修改尺寸。单击定义工件区域的“绘制截面”按钮，系统进入草图环境，然后修改截面草图的尺寸，如图 21.2.3 所示；在“工件”对话框限制区域的开始下拉列表中选择值选项，并在其下的距离文本框中输入数值-45；在限制区域的结束下拉列表中选择值选项，并在其下的距离文本框中输入数值 25。

Step4. 单击< 确定 >按钮，完成创建后的模具工件如图 21.2.4 所示。

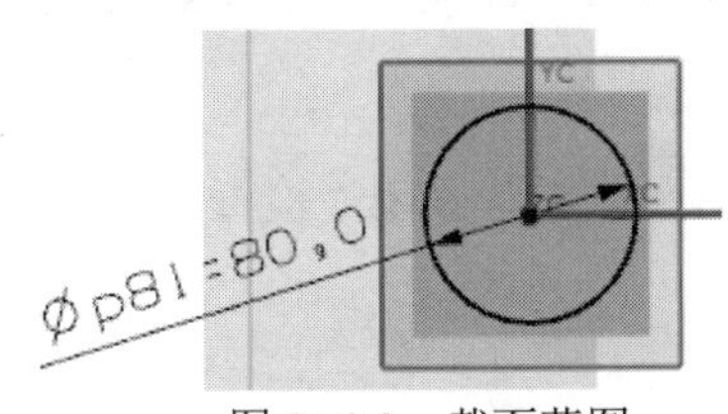

图 21.2.3 截面草图

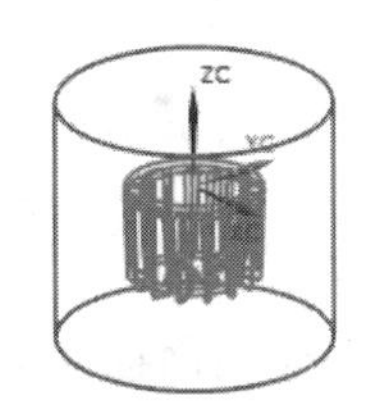

图 21.2.4 创建后的模具工件

Task5. 创建型腔布局

Step1. 在“注塑模向导”功能选项卡的主要区域中单击“型腔布局”按钮，系统弹出“型腔布局”对话框。

Step2. 定义型腔数和间距。在“型腔布局”对话框的布局类型区域选择矩形选项和平衡单选项；在型腔数下拉列表中选择4选项，并在第一距离和第二距离文本框中输入数值 15。

Step3. 指定矢量。单击指定矢量区域，在后面的下拉列表中选择按钮XC，结果如图 21.2.5 所示，在生成布局区域单击“开始布局”按钮，系统自动进行布局。

Step4. 在编辑布局区域单击“自动对准中心”按钮，使模具坐标系自动对中心，布局结果如图 21.2.6 所示，单击关闭按钮。

Task6. 模具分型

Stage1. 设计区域

Step1. 在“注塑模向导”功能选项卡的 分型刀具 区域中单击“检查区域”按钮，系统弹出“检查区域”对话框，同时模型被加亮，并显示开模方向，结果如图 21.2.7 所示。单击“计算”按钮，系统开始对产品模型进行分析计算。

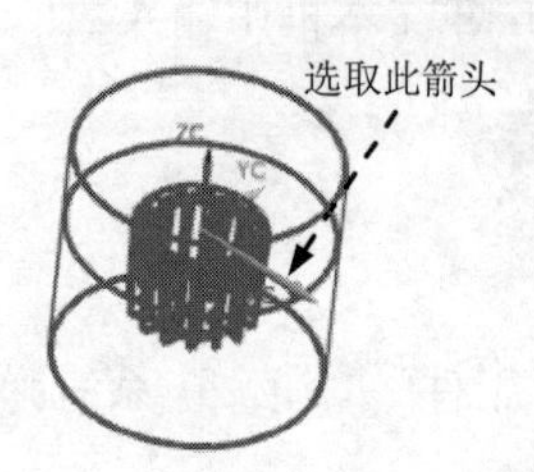

图 21.2.5 定义型腔布局方向

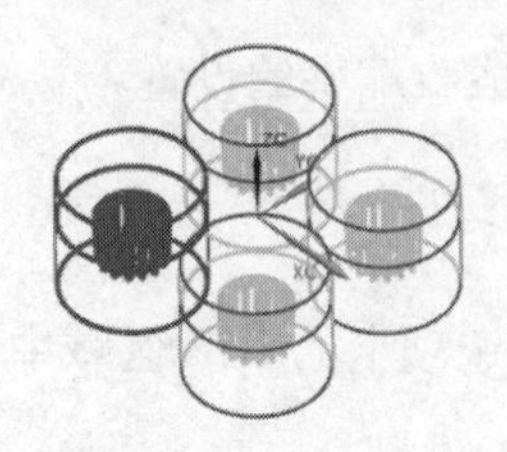

图 21.2.6 型腔布局

图 21.2.7 开模方向

Step2. 定义区域。

（1）在“检查区域”对话框中单击 区域 选项卡，在该对话框的 设置 区域中取消选中 □ 内环、□ 分型边 和 □ 不完整的环 三个复选框。

（2）设置区域颜色。在“检查区域”对话框中单击“设置区域颜色”按钮，设置区域颜色。

（3）定义型芯区域。在 未定义区域 区域中选中 ☑ 交叉竖直面 复选框，此时系统将所有的未定义区域面加亮显示；在 指派到区域 区域中选中 ⊙ 型芯区域 单选项，单击 应用 按钮，此时系统将前面加亮显示的未定义区域面指派到型芯区域。

（4）其他参数接受系统默认设置值；单击 取消 按钮，关闭“检查区域”对话框。

Stage2. 创建曲面补片

Step1. 创建曲面补片。

（1）在“注塑模向导”功能选项卡的 分型刀具 区域中单击“曲面补片”按钮，系统弹出“边补片”对话框。

（2）选择修补对象。在“边补片”对话框的 类型 下拉列表中选择 体 选项，选择图形区中的实体模型，然后单击 确定 按钮。系统弹出“边补片”对话框。单击 确定 按钮，结果如图 21.2.8b 所示。

说明：通过图 21.2.8b 可以看出，利用自动修补的方式修补破孔，零件侧面上的破孔未全部被修补上，此时则需要我们把侧面不满足要求的补片删除，然后通过手动的方式来修补这些破孔。

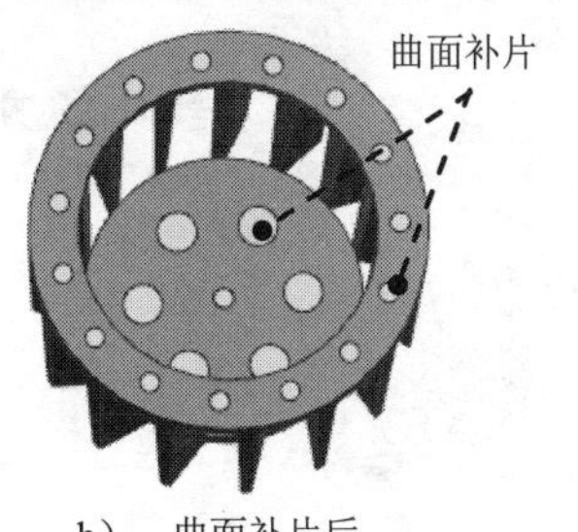

a） 曲面补片前　　b） 曲面补片后

图 21.2.8 创建曲面补片

Step2. 手动修补破孔。

（1）创建网格曲面。选择下拉菜单 插入(S) → 网格曲面(M) → 通过曲线网格(M)... 命令，系统弹出“通过曲线网格”对话框；选取图 21.2.9 所示的边线 1 和边线 2 为主曲线，并分别单击中键确认；然后再单击中键，选取边线 3 和边线 4 为交叉曲线，并分别单击中键确认；在“通过曲线网格”对话框中单击 确定 按钮，完成曲面的创建。

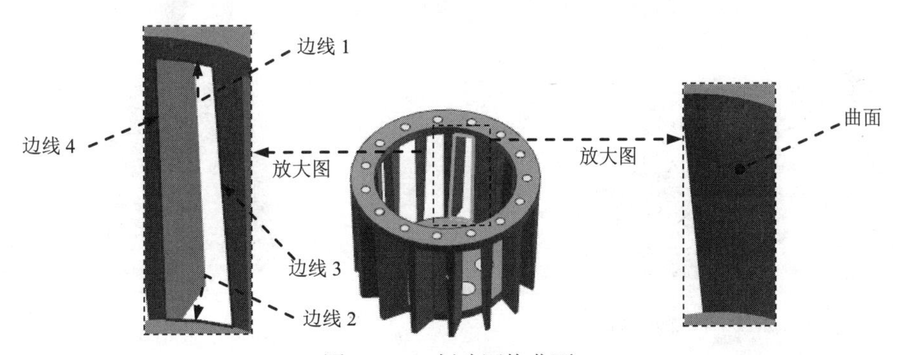

图 21.2.9 创建网格曲面

（2）创建阵列几何特征。

① 选择命令。选择下拉菜单 插入(S) → 关联复制(A) → 阵列几何特征(T)... 命令，系统弹出“阵列几何特征”对话框。

② 定义参数。选取上一步创建的网格曲面为旋转对象；在“阵列几何特征”对话框 阵列定义 区域的 布局 下拉列表中选择 圆形 选项。在对话框的 旋转轴 区域中单击 * 指定矢量 后面的 ZC 按钮，选择 ZC 轴为旋转轴；激活 指定点，选取图 21.2.10 所示的点；在 角度方向 区域的 间距 下拉列表中选择 数量和间隔 选项，在 数量 文本框中输入值 15，在 节距角 文本框中输入值 24，其他参数接受系统默认设置值。

③ 单击 < 确定 > 按钮，结果如图 21.2.11 所示。

（3）将曲面转化成系统识别的修补面。在“注塑模向导”功能选项卡的 分型刀具 区域中单击“编辑分型面和曲面补片”按钮，系统弹出“编辑分型面和曲面补片”对话框；选择图 21.2.12 所示的 14 个曲面，单击 确定 按钮。

图 21.2.10 指定点

图 21.2.11 创建阵列几何特征

Stage3. 创建型腔/型芯区域及分型线

Step1. 在“注塑模向导”功能选项卡的 分型刀具 区域中单击“定义区域”按钮，系统弹出“定义区域”对话框。

Step2. 在“定义区域”对话框中选中 设置 区域的 ☑ 创建区域 和 ☑ 创建分型线 复选框，单击 确定 按钮，完成分型线的创建，系统返回到“模具分型工具”工具条，创建分型线的结果如图 21.2.13 所示。

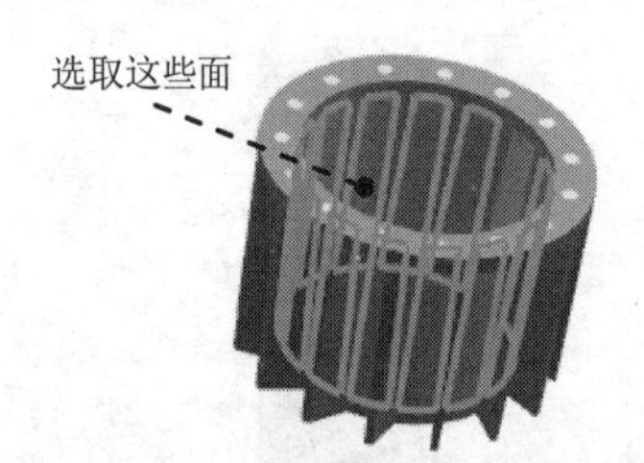

图 21.2.12 添加现有曲面

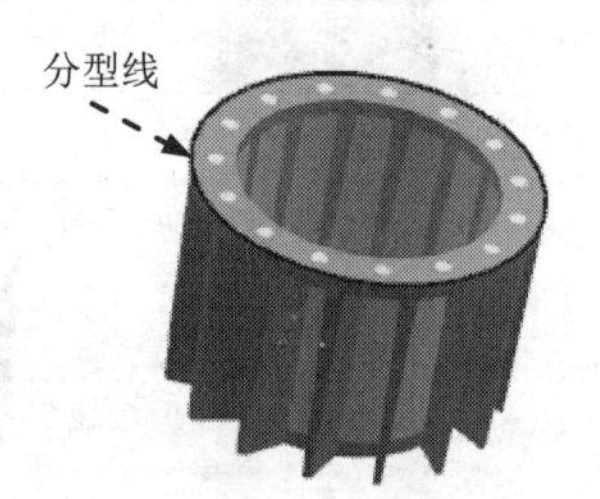

图 21.2.13 创建分型线

Stage4. 创建分型面

Step1. 在“注塑模向导”功能选项卡的 分型刀具 区域中单击“设计分型面”按钮，系统弹出“设计分型面”对话框。

Step2. 定义分型面创建方法。在“设计分型面”对话框的 创建分型面 区域中单击“有界平面”按钮，然后单击 应用 按钮，系统返回至“设计分型面”对话框。

Step3. 在“设计分型面”对话框中接受系统默认的公差值；拖动分型面的宽度方向控制按钮，使分型面大小超过工件大小。单击 确定 按钮，如图 21.2.14 所示。

Stage5. 创建型腔和型芯

在“注塑模向导”功能选项卡的 分型刀具 区域中单击“定义型腔和型芯”按钮，系统弹出“定义型腔和型芯”对话框。在“定义型腔和型芯”对话框中选取 选择片体 区域下的 所有区域 选项，单击 确定 按钮，完成型腔和型芯的创建。型腔零件如图 21.2.15 所示，型芯零件如图 21.2.16 所示。

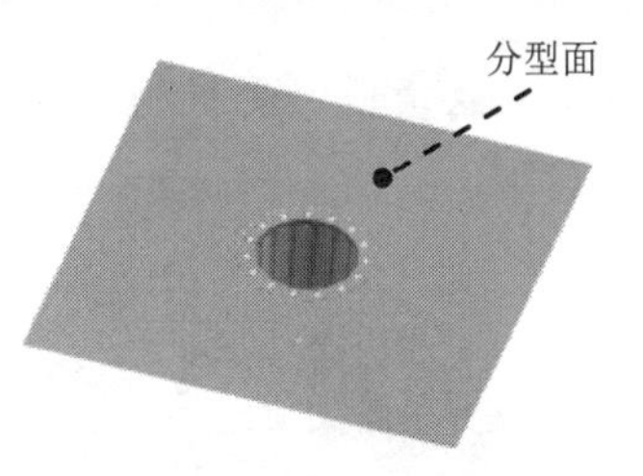

图 21.2.14 创建分型面

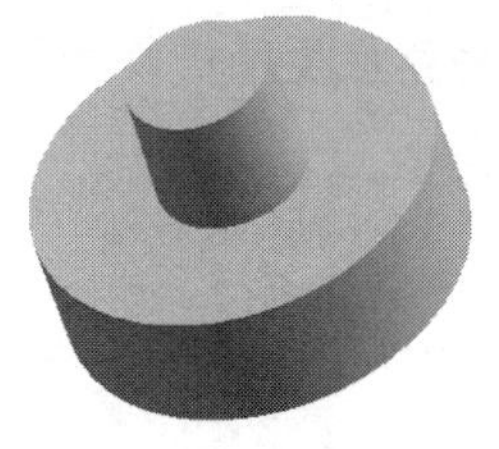

图 21.2.15 型腔零件

图 21.2.16 型芯零件

Task7. 创建模架

模架的加载和编辑

Step1. 选择下拉菜单 窗口(O) → 6. impeller_mold_top_000.prt 命令，系统显示总模型。

Step2. 将总模型转换为工作部件。单击“装配导航器”选项卡，系统弹出“装配导航器”窗口。双击☑ impeller_mold_top_010，将其设置为工作部件。

Step3. 在“注塑模向导”功能选项卡的 主要 区域中单击“模架库”按钮，系统弹出“模架库”对话框和“重用库”导航器。

Step4. 选择目录和类型。在“重用库”导航器的 名称 区域中选择 LKM_SG 选项，在 成员选择 下拉列表中选择 A 选项。

Step5. 定义模架的编号及标准参数。在 详细信息 区域的 index 下拉列表中选择 2525，然后设置图 21.2.17 所示的参数。

注意： *应首先在对话框下方的下拉列表中选择参数，然后在参数选项列表框中选择相应参数选项并输入新值，输入新值后要按 Enter 键确认。*

Step6. 在“模架库”对话框中单击 确定 按钮，加载后的模架如图 21.2.18 所示。

index	2525
EG_Guide	1
AP_h	25
BP_h	45
es_n	2
Mold_type	300
GTYPE	1
shorten_ej	10
shift_ej_screw	4
mold_w	250
mold_l	250
fix_open	0.0
move_open	0.0
EJB_open	-5
CP_h	90
U_h	20
SPN_TYPE	0.0
supp_pocket	1

图 21.2.17 “详细信息”区域

图 21.2.18 加载后的模架

Step7. 移除模架中无用的结构零部件，如图 21.2.19b 所示。

说明：因为此模架较小，塑件精度要求一般，所以模架中的顶出导向机构在此可以移除，导向机构完全可由复位杆来代替。

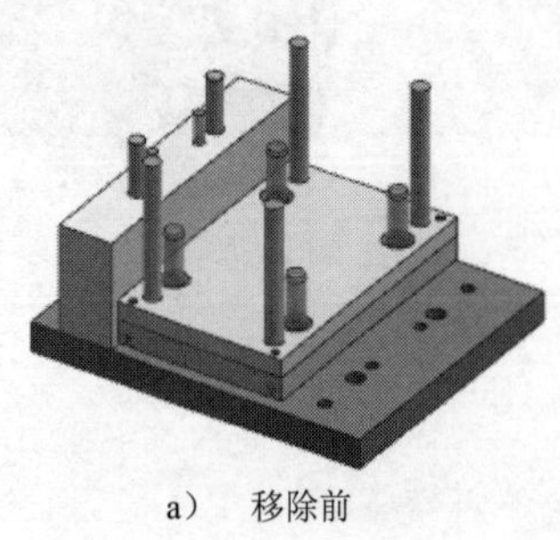

a） 移除前

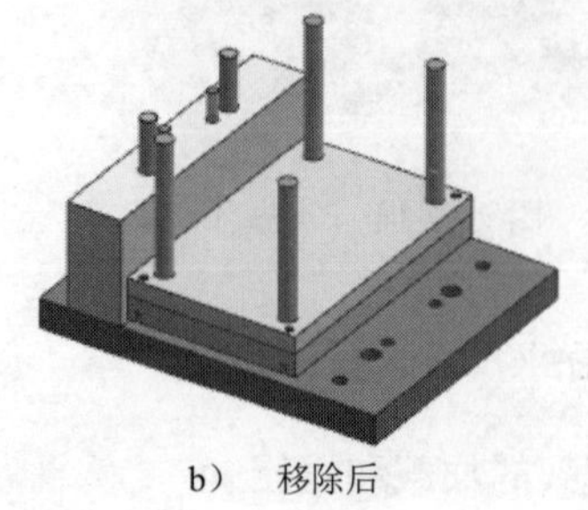

b） 移除后

图 21.2.19 移除部分零部件

（1）隐藏模架中的部分零部件，结果如图 21.2.20 所示。

（2）选取图 21.2.20 所示的八个零件并右击，在系统弹出的快捷菜单中选择 删除(D) 命令，在系统弹出的“Delete”对话框中单击 确定(O) 按钮，在系统弹出的“移除组件”对话框中单击 是(Y) 按钮，系统弹出“警报”对话框，提示中断的链接体有哪些。关闭该对话框，结果如图 21.2.21 所示。

（3）双击推杆固定板（图 21.2.22），选取推杆固定板中的四个孔特征（图 21.2.22）并右击，在系统弹出的快捷菜单中选择 删除(D) 命令，在系统弹出的“提示”对话框中单击 确定 按钮，结果如图 21.2.23 所示。

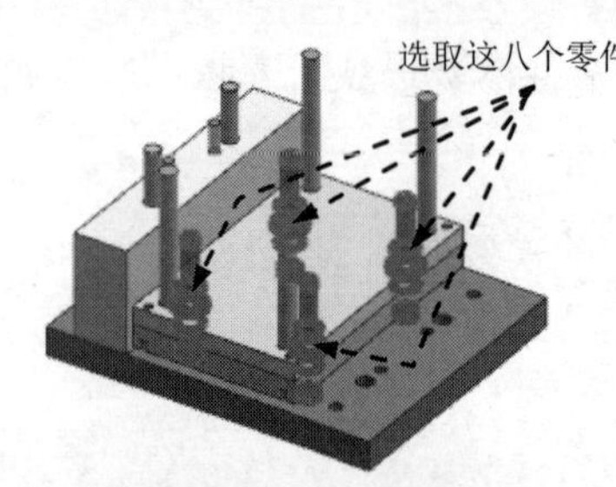

图 21.2.20 隐藏后的结果

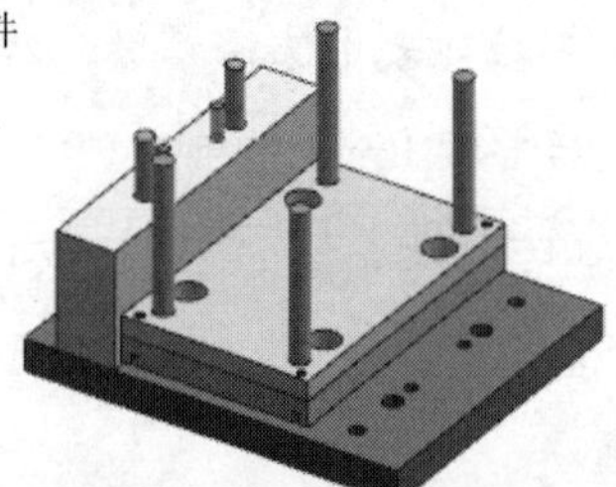

图 21.2.21 删除零件后的结果

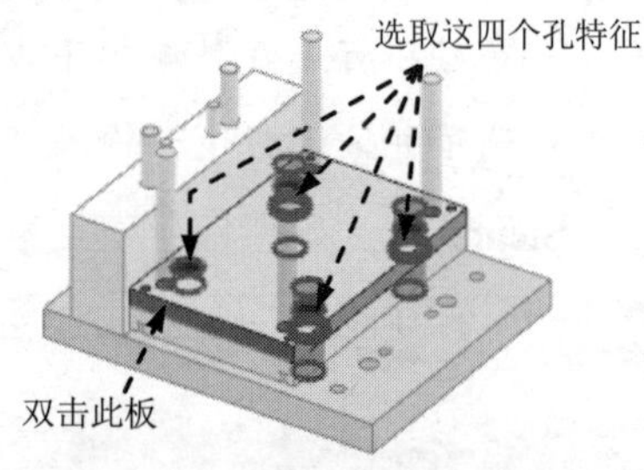

图 21.2.22 定义删除对象

（4）隐藏推杆固定板（图 21.2.24），双击推板，选取推板中的四个孔特征（图 21.2.24）并右击，在系统弹出的快捷菜单中选择 删除(D) 命令，在系统弹出的“提示”对话框中单击 确定 按钮。

注意：在某个板中删除特征，要将此板设定为工作部件。

（5）隐藏推板（图 21.2.25），双击动模座板，选取动模座板中的四个孔特征（图 21.2.25）并右击，在系统弹出的快捷菜单中选择 删除(D) 命令，在系统弹出的“提示”对话框中单击 确定 按钮。

Step8. 创建型芯固定凸台。

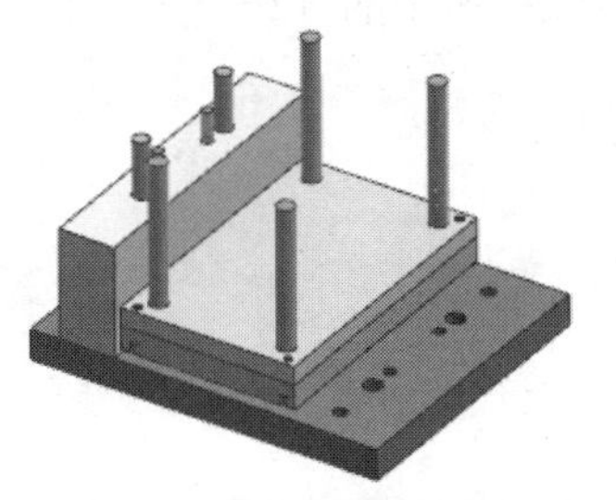

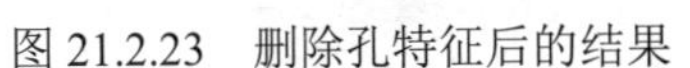

图 21.2.23　删除孔特征后的结果

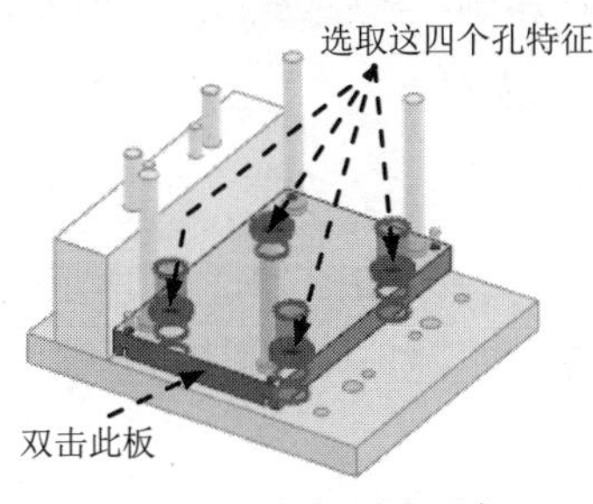

图 21.2.24　定义删除对象

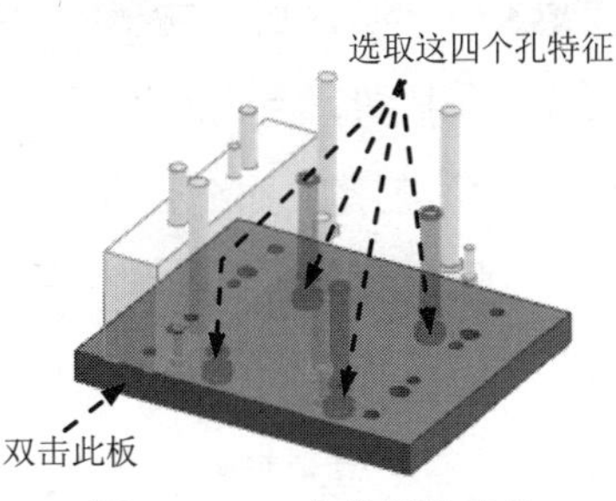

图 21.2.25　定义删除对象

（1）隐藏模架中的部分零部件，结果如图 21.2.26 所示。

（2）选取图 21.2.26 所示的型芯零件并右击，在系统弹出的快捷菜单中选择 在窗口中打开 命令，此时系统将型芯零件显示在屏幕中。

（3）创建图 21.2.27 所示的拉伸特征。选择下拉菜单 插入(S) → 设计特征(E) → 拉伸(X)... 命令，选取图 21.2.28 所示的边线为拉伸截面；在 指定矢量 下拉列表中选择 ZC 选项；在“拉伸”对话框 限制 区域的 开始 下拉列表中选择 值 选项，并在其下的 距离 文本框中输入数值 0；在 结束 下拉列表中选择 值 选项，并在其下的 距离 文本框中输入数值 10。在 布尔 区域的 布尔 下拉列表中选择 合并。在 偏置 区域的 偏置 下拉列表中选择 单侧 选项，在 结束 文本框中输入数值 5。

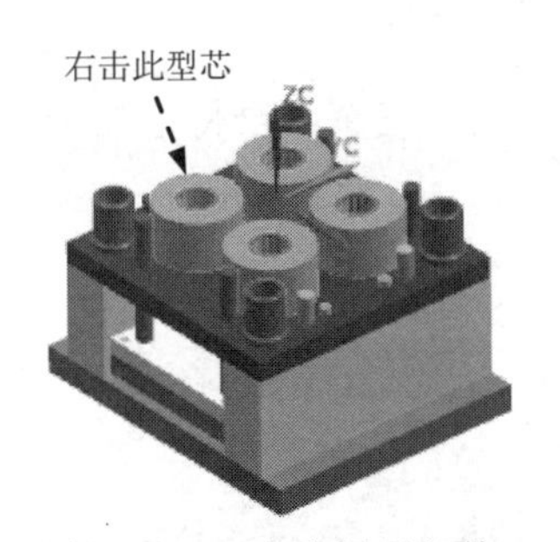

图 21.2.26　定义显示部件

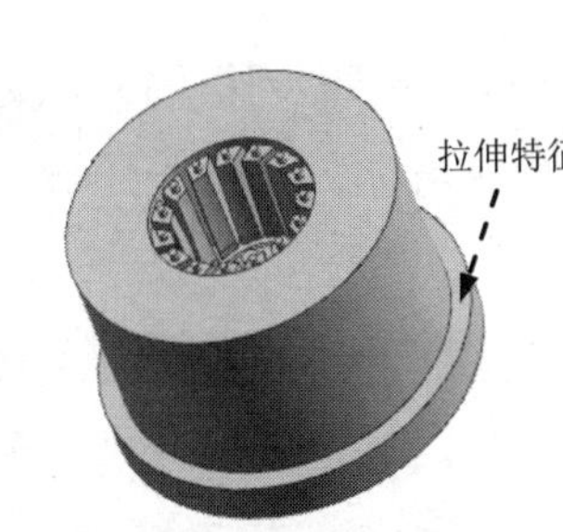

图 21.2.27　拉伸特征

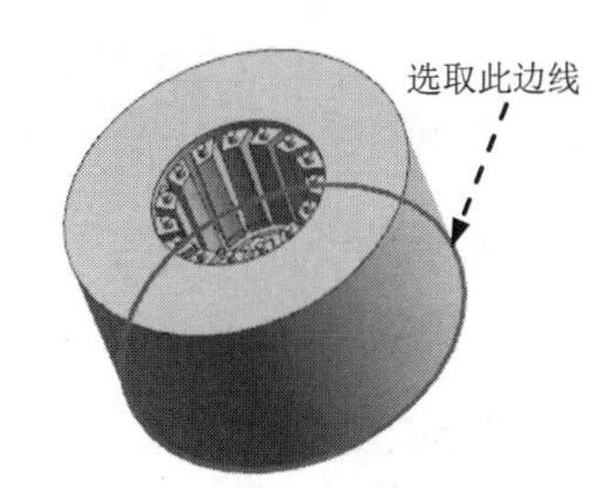

图 21.2.28　定义拉伸截面

（4）选择下拉菜单 窗口(O) → impeller_mold_top_000.prt 命令，系统显示总模型。

（5）将总模型转换为工作部件。单击“装配导航器”选项卡，系统弹出“装配导航器”窗口。在 ☑ impeller_mold_top_000 选项上右击，在系统弹出的快捷菜单中选择 设为工作部件 命令。

Step9. 创建型芯避开槽。

（1）显示模架中的动模板，并将其设为“工作部件”，再将其隐藏，结果如图 21.2.29 所示。

（2）链接面到动模板中。选择下拉菜单 插入(S) → 关联复制(A) ▸ → WAVE 几何链接器(W)... 命令，系统弹出“WAVE 几何链接器”对话框；在 类型 下拉列表中选择面，在面区域的面选项下拉列表中选择单个面，选取图 21.2.29 所示的 12 个面；单击< 确定 >按钮，完成面的链接。

（3）创建曲面缝合特征 1。

① 隐藏型芯零件和产品零件，结果如图 21.2.30 所示。

② 选择命令。选择下拉菜单插入(S) ➡ 组合(B) ▸ ➡ 缝合(W)...命令，系统弹出“缝合”对话框。

③ 设置对话框参数。在类型区域的下拉列表中选择片体选项，其他参数采用系统默认设置值。

④ 定义目标体和工具体。选取图 21.2.30 所示的面为目标片体和工具片体。

⑤ 单击确定按钮，完成曲面缝合特征 1 的创建。

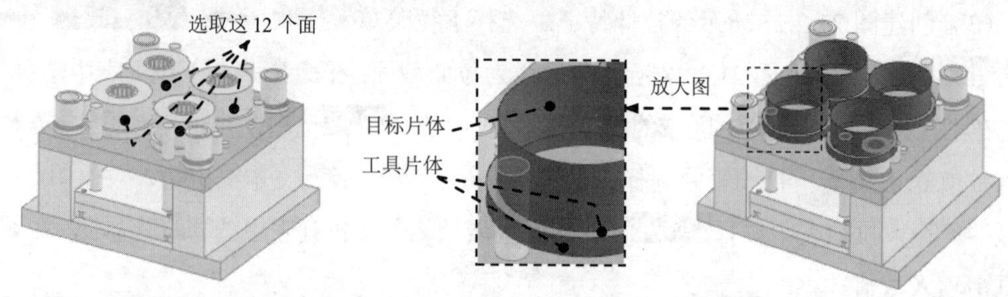

图 21.2.29　定义链接面　　　　图 21.2.30　缝合特征 1

（4）创建曲面缝合特征 2、3 和 4。参照步骤（3），完成其他三个缝合特征的创建。

（5）创建图 21.2.31 所示的修剪体特征。

① 显示动模板，如图 21.2.32 所示。

② 选择命令。选择下拉菜单插入(S) ➡ 修剪(T)▸ ➡ 修剪体(T)...命令，系统弹出“修剪体”对话框。

③ 定义目标体和工具面。选取动模板为目标体，选取曲面缝合特征 1 为工具面，修剪方向如图 21.2.32 所示。

④ 单击< 确定 >按钮，完成修剪体特征的创建。

⑤ 使用同样的方法创建其他三个修剪体特征。

⑥ 隐藏缝合的片体。

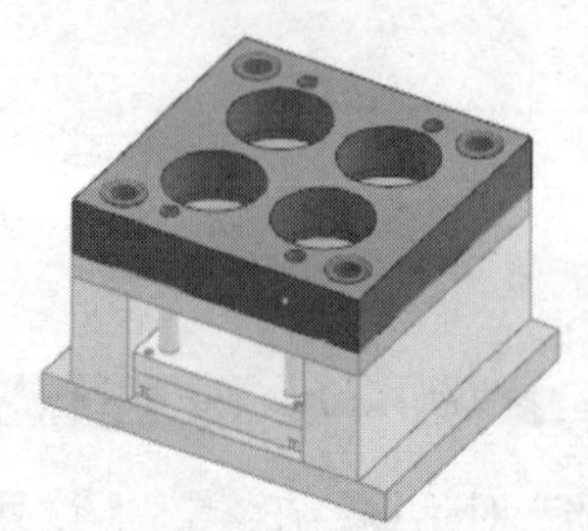

图 21.2.31　创建修剪体特征

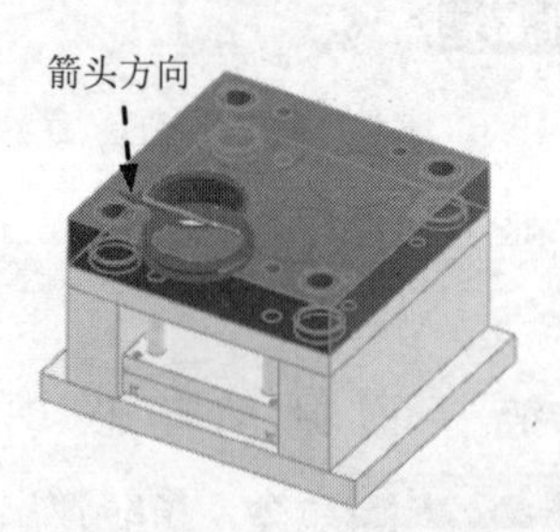

图 21.2.32　定义修剪方向

Step10. 创建型腔固定凸台。

（1）在impeller_mold_top_000选项上右击，在系统弹出的快捷菜单中选择设为工作部件命令；隐藏模架中的部分零部件，结果如图21.2.33所示。

（2）选择图21.2.33所示的型腔零件并右击，在系统弹出的快捷菜单中选择在窗口中打开命令。

（3）创建图21.2.34所示的拉伸特征。选择插入(S) → 设计特征(E) → 拉伸(X)...命令，选取图21.2.35所示的边线为拉伸截面；在指定矢量下拉列表中选择-ZC选项；在“拉伸”对话框限制区域的开始下拉列表中选择值选项，并在其下的距离文本框中输入数值0；在结束下拉列表中选择值选项，并在其下的距离文本框中输入数值10；在布尔区域的布尔下拉列表中选择合并；在偏置区域的偏置下拉列表中选择单侧，在其结束文本框中输入数值5。

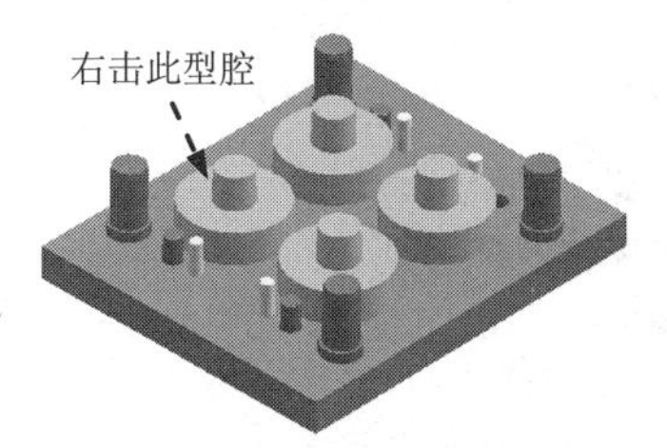

图21.2.33 定义显示部件

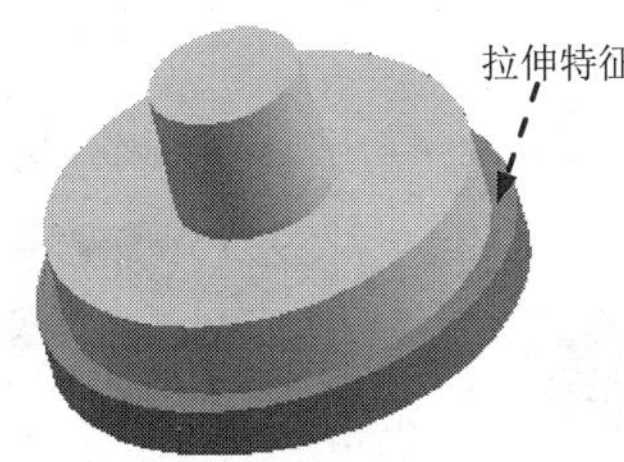

图21.2.34 拉伸特征

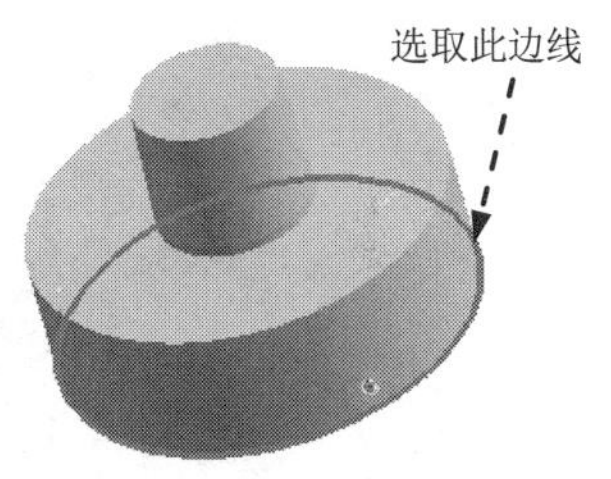

图21.2.35 定义拉伸截面

（4）选择下拉菜单窗口(O) → impeller_mold_top_000.prt命令，系统显示总模型。

（5）将总模型转换为工作部件。在impeller_mold_top_000选项上右击，在系统弹出的快捷菜单中选择设为工作部件命令。

Step11. 创建型腔避开槽。

（1）显示模架中的定模板，并将其设为“工作部件”，再将其隐藏，结果如图21.2.36所示。

（2）链接面到定模板中。选择插入(S) → 关联复制(A) → WAVE 几何链接器(W)...命令，系统弹出“WAVE 几何链接器”对话框；在类型下拉列表中选择面，在面区域的面选项下拉列表中选择单个面，选择图21.2.36所示的12个面；单击< 确定 >按钮，完成面的链接。

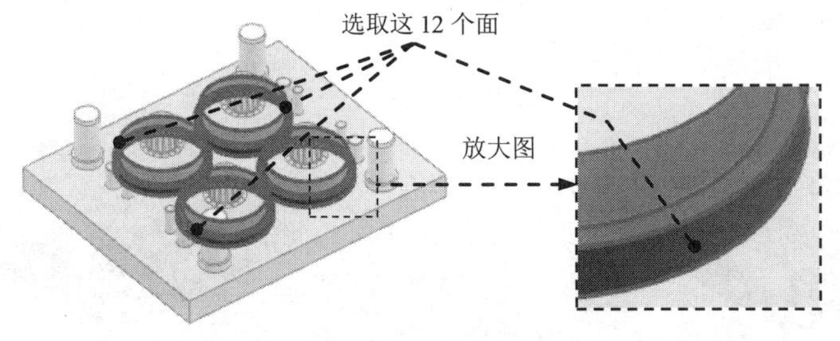

图21.2.36 定义链接面

说明：若完成面的链接后，发现链接的结果没有显示出来，可在部件导航器中将其显

示出来。

（3）创建曲面缝合特征 1。

① 隐藏型腔零件，结果如图 21.2.37 所示。

② 选择命令。选择下拉菜单 插入(S) → 组合(B) ▸ → 缝合(W)... 命令，系统弹出“缝合”对话框。

③ 设置对话框参数。在 类型 区域的下拉列表中选择 片体 选项，其他参数采用系统默认设置值。

④ 定义目标体和工具体。选取图 21.2.37 所示的面为目标片体，选取图 21.2.37 所示的面为工具片体。

⑤ 单击 确定 按钮，完成曲面缝合特征 1 的创建。

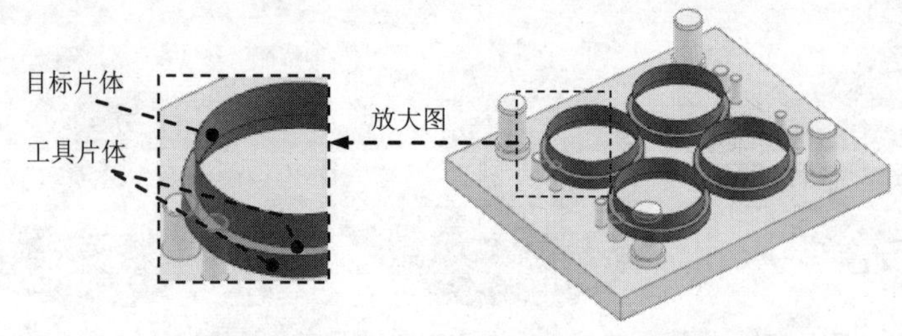

图 21.2.37　缝合特征 1

（4）创建曲面缝合特征 2、3 和 4。参照步骤（3），完成其他三个缝合特征的创建。

（5）创建图 21.2.38 所示的修剪体特征。

① 显示定模板，如图 21.2.39 所示。

② 选择命令。选择下拉菜单 插入(S) → 修剪(T)▸ → 修剪体(T)... 命令，系统弹出“修剪体”对话框。

③ 定义目标体和工具面。选取定模板为目标体，选取曲面缝合特征 1 为工具面，修剪方向如图 21.2.39 所示。

④ 单击 < 确定 > 按钮，完成修剪体特征的创建。

⑤ 使用同样的方法，创建其他三个修剪体特征。

⑥ 隐藏缝合的片体。

图 21.2.38　创建修剪体特征

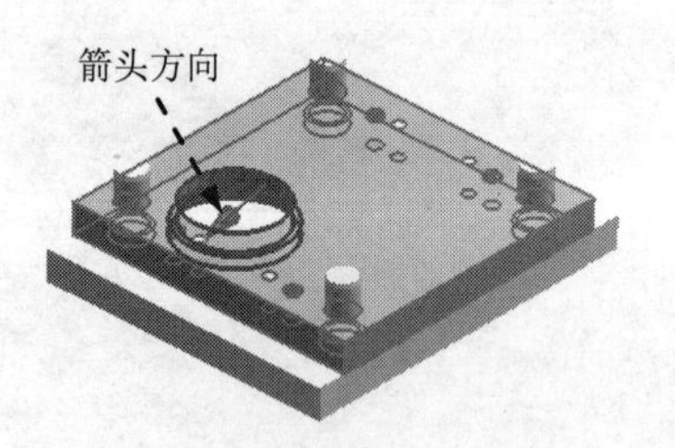

图 21.2.39　定义修剪方向

Task8. 添加标准件

Stage1. 加载定位圈

Step1. 单击选项卡，将总装配文件设为工作部件，然后将动模侧模架和模仁组件显示出来。

说明：模仁的显示是在部件导航器中将其链接体显示即可。

Step2. 在“注塑模向导”功能选项卡的 主要 区域中单击“标准件库”按钮，系统弹出“标准件管理”对话框和“重用库”导航器。

Step3. 选择目录和类别。在“重用库”导航器的 名称 区域中选择 FUTABA_MM 节点下的 Locating Ring Interchangeable 选项；在 成员选择 列表中选择 Locating Ring 选项；系统弹出信息窗口显示定位圈参数信息。

Step4. 定义定位圈类型和参数。在 详细信息 区域的 TYPE 下拉列表中选择 M_LRB 选项；在 DIAMETER 下拉列表中选择 100 选项；在 BOTTOM_C_BORE_DIA 下拉列表中选择 50 选项。

Step5. 单击 确定 按钮，完成定位圈的添加，如图 21.2.40 所示。

Stage2. 创建定位圈槽

Step1. 在“注塑模向导”功能选项卡的 主要 区域中单击“腔”按钮，系统弹出“开腔”对话框；在 模式 下拉列表中选择 去除材料 选项，在 刀具 区域的 工具类型 下拉列表中选择 组件。

Step2. 选取目标体。选取定模座板为目标体，然后单击鼠标中键。

Step3. 选取工具体。选取定位圈为工具体。

Step4. 单击 确定 按钮，完成定位圈槽的创建。

说明：观察结果时可将定位圈隐藏，结果如图 21.2.41 所示。

图 21.2.40 定位圈

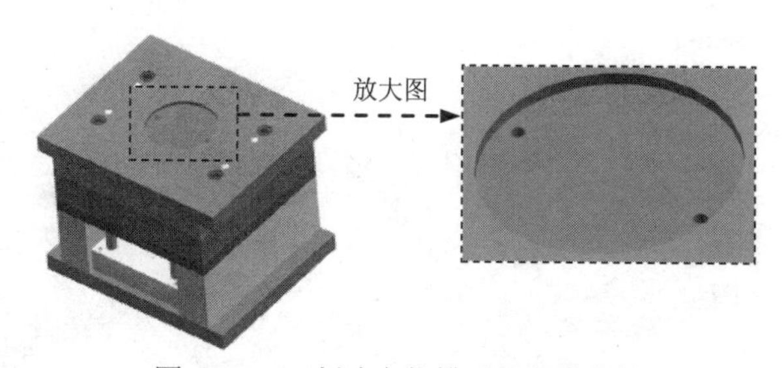

图 21.2.41 创建定位槽后的定模座板

Stage3. 添加浇口套

Step1. 在“注塑模向导”功能选项卡的 主要 区域中单击“标准件库”按钮，系统弹出“标准件管理”对话框和“重用库”导航器。

Step2. 选择浇口套类型。在“重用库”导航器的 名称 区 域 中选择 FUTABA_MM 节点下的

Sprue Bushing选项；在成员选择列表中选择Sprue Bushing选项，系统弹出“信息”窗口。在详细信息区域的CATALOG下拉列表中选择M-SBA选项；在CATALOG_DIA下拉列表中选择16选项；选择CATALOG_LENGTH选项，在文本框中输入数值 40；在0下拉列表中选择3.5选项；其他参数采用系统默认设置值。

Step3. 单击确定按钮，完成浇口套的添加，如图 21.2.42 所示。

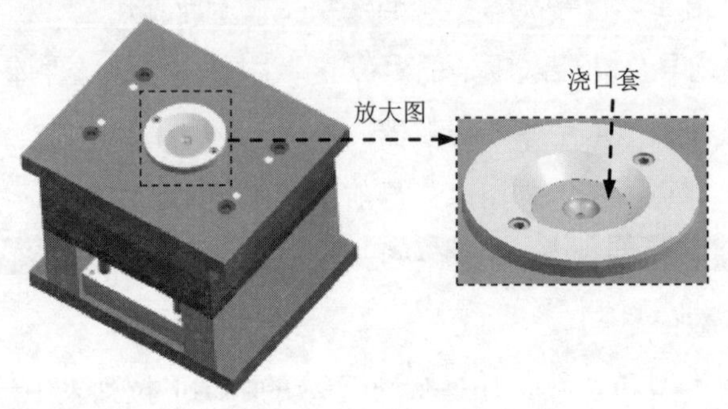

图 21.2.42 添加浇口套

Stage4. 创建浇口套槽

Step1. 隐藏动模、型芯和产品，隐藏后的结果如图 21.2.43 所示。

Step2. 在“注塑模向导”功能选项卡的主要区域中单击“腔”按钮，系统弹出“开腔”对话框；在模式下拉列表中选择去除材料选项，在刀具区域的工具类型下拉列表中选择组件。

Step3. 选取目标体。选取图 21.2.43 所示的定模板和定模固定板为目标体，然后单击鼠标中键。

Step4. 选取工具体。选取浇口套为工具体。

Step5. 单击确定按钮，完成浇口套槽的创建。

说明：观察结果时可将浇口套隐藏，结果如图 21.2.44 所示。

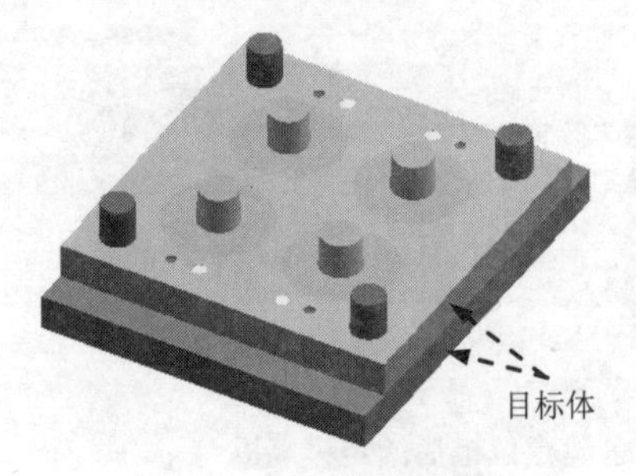

图 21.2.43 隐藏后的结果

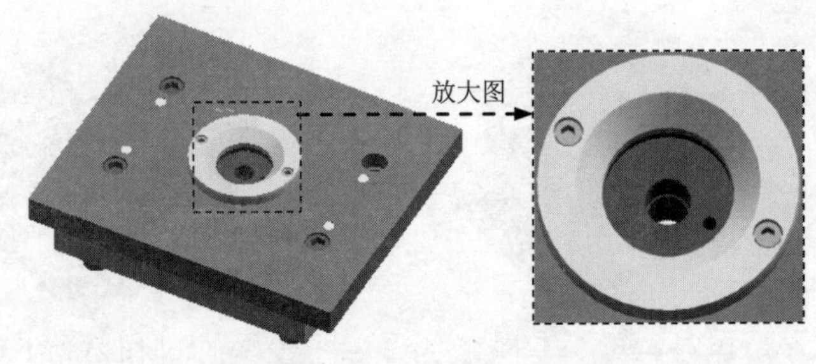

图 21.2.44 定模固定板和定模板避开孔

Task9. 创建浇注系统

Stage1. 创建分流道

Step1. 定义模架的显示，结果如图 21.2.45 所示。

Step2. 在“注塑模向导”功能选项卡的主要区域中单击“流道”按钮，系统弹出“流道”对话框。

Step3. 定义引导线串。

（1）单击对话框中的“绘制截面”按钮，系统弹出“创建草图”对话框。

（2）选取图 21.2.45 所示平面为草图平面（将选择范围调整为整个装配），绘制图 21.2.46 所示的截面草图，单击完成草图按钮，退出草图环境。

Step4. 定义流道通道。

（1）定义流道截面。在截面偏置文本框中输入数值 0，并按 Enter 键确认；在截面类型下拉列表中选择Semi_Circular选项。

（2）定义流道截面参数。在详细信息区域双击D文本框，并输入数值 8，按 Enter 键确认。

Step5. 单击< 确定 >按钮，完成分流道的创建。

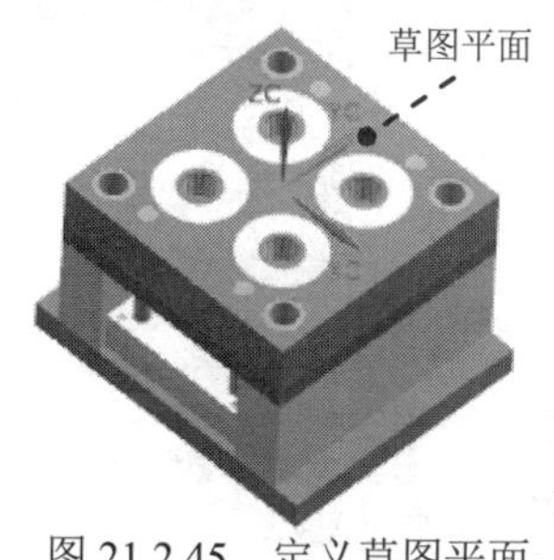

图 21.2.45　定义草图平面

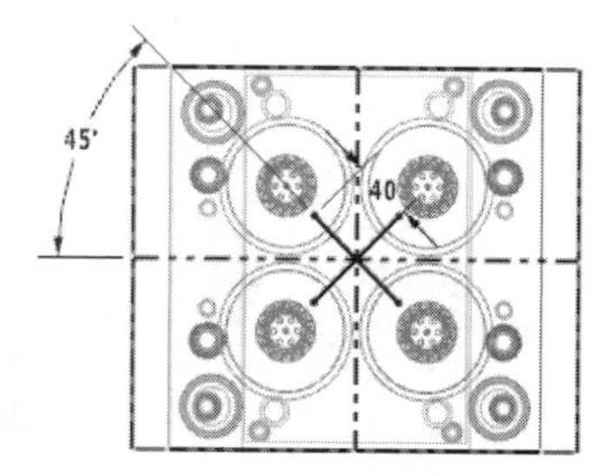

图 21.2.46　创建分流道截面草图

Stage2. 创建分流道槽

Step1. 在“注塑模向导”功能选项卡的主要区域中单击“腔”按钮，系统弹出“开腔”对话框；在模式下拉列表中选择去除材料选项，在刀具区域的工具类型下拉列表中选择实体选项。

Step2. 选取目标体。选取动模板为目标体，然后单击鼠标中键。

Step3. 选取工具体。选取分流道为工具体。

Step4. 单击确定按钮，完成分流道槽的创建。

说明：观察结果时可将分流道隐藏，结果如图 21.2.47 所示。

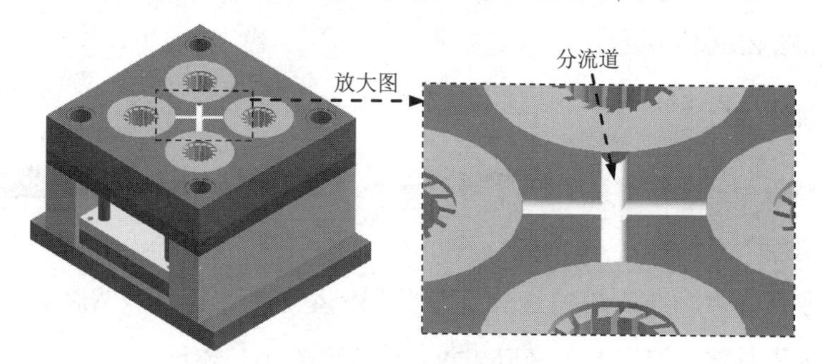

图 21.2.47　创建分流道

Stage3. 创建浇口

Step1. 选择命令。在“注塑模向导”功能选项卡的 主要 区域中单击 按钮，系统弹出“设计填充”对话框和“信息”窗口。

Step2. 定义类型属性。

（1）选择类型。在“设计填充”对话框 详细信息 区域的 Section_Type 下拉列表中选择 Semi_Circular 选项。

（2）定义尺寸。分别将“D”“L”和“OFFSET”的参数改写为 3、15 和 0。

Step3. 定义浇口起始点。单击“设计填充”对话框的 * 指定点 区域，选取图 21.2.48 所示的圆弧 1。

Step4. 拖动 XC-YC 面上的旋转小球，让其绕着 XC 轴旋转 45°。

Step5. 单击 确定 按钮，完成浇口特征的创建。

说明：图 21.2.48 中的模型方位是“正等测图”方位。

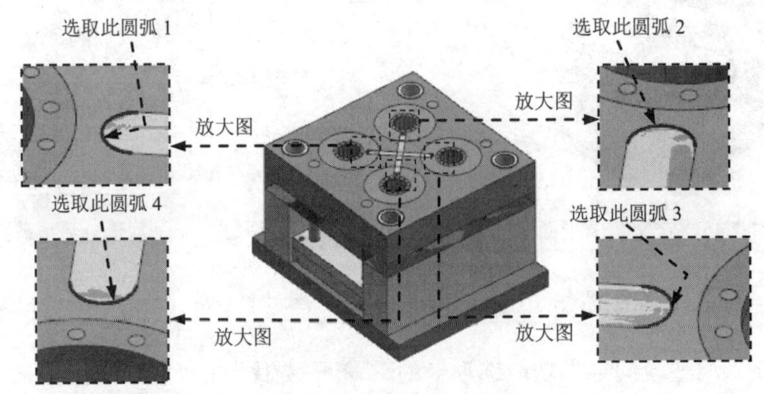

图 21.2.48　定义浇口位置

Step6. 重复上面的操作，设置相同的参数，选取图 21.2.48 所示的圆弧 2，旋转角度值为-45。

Step7. 重复上面的操作，设置相同的参数，选取图 21.2.48 所示的圆弧 3，旋转角度值为 45。

Step8. 重复上面的操作，设置相同的参数，选取图 21.2.48 所示的圆弧 4，旋转角度值为 135，结果如图 21.2.49 所示。

Stage4. 创建浇口槽

Step1. 选择命令。选择下拉菜单 插入(S) → 组合(B) ▸ → 装配切割(A)... 命令，系统弹出“装配切割”对话框。

Step2. 选取目标体。选取图 21.2.50 所示的四个型芯为目标体，然后单击鼠标中键。

Step3. 选取工具体。选取四个浇口和两条分流道为工具体。

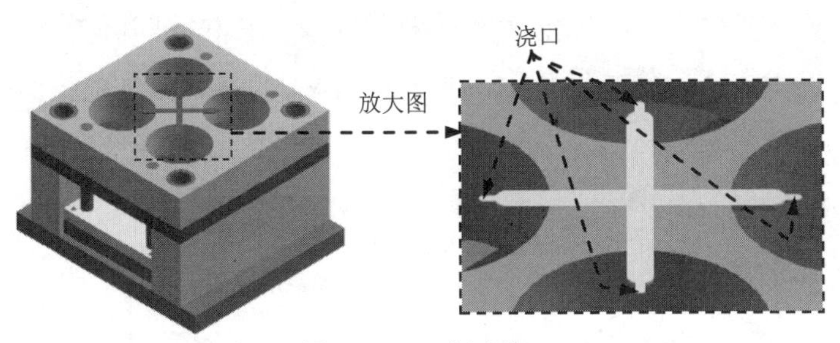

图 21.2.49 创建浇口

Step4. 单击 确定 按钮，完成浇口槽的创建。

说明：观察结果时，可将浇口和分流道隐藏，结果如图 21.2.51 所示。

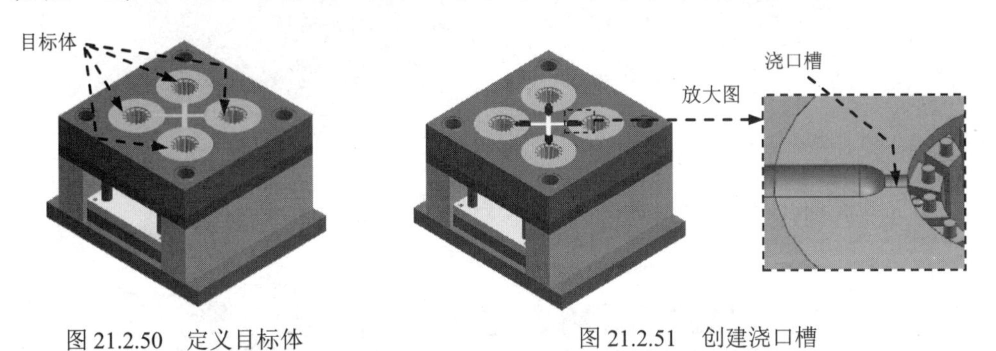

图 21.2.50 定义目标体

图 21.2.51 创建浇口槽

Task10. 添加顶出系统

Stage1. 创建顶杆定位直线

Step1. 创建直线。选择下拉菜单 插入(S) → 曲线(C) → 直线(L)... 命令，系统弹出“直线”对话框；创建图 21.2.52 所示的直线（直线的端点在相应的临边中点和圆弧边线的中点上）；单击 确定 按钮，完成直线的创建。

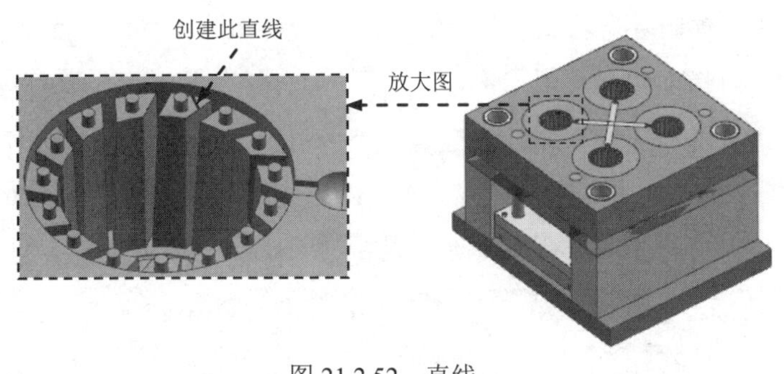

图 21.2.52 直线

Step2. 创建图 21.2.53 所示的阵列几何特征。

(1) 选择命令。选择下拉菜单 插入(S) → 关联复制(A) ▸ → 阵列几何特征(T)... 命令，系统弹出“阵列几何特征”对话框。

（2）定义参数。选取上一步创建的直线为旋转对象；在“阵列几何特征”对话框阵列定义区域的布局下拉列表中选择圆形选项。在对话框的旋转轴区域中单击*指定矢量后面的ZC按钮，选择 ZC 轴为旋转轴；激活指定点，再激活*指定点 (0)，选取图 21.2.54 所示的圆弧圆心点；在角度方向区域的间距下拉列表中选择数量和间隔选项，在数量文本框中输入值 5，在节距角文本框中输入值 72，其他参数接受系统默认设置值。

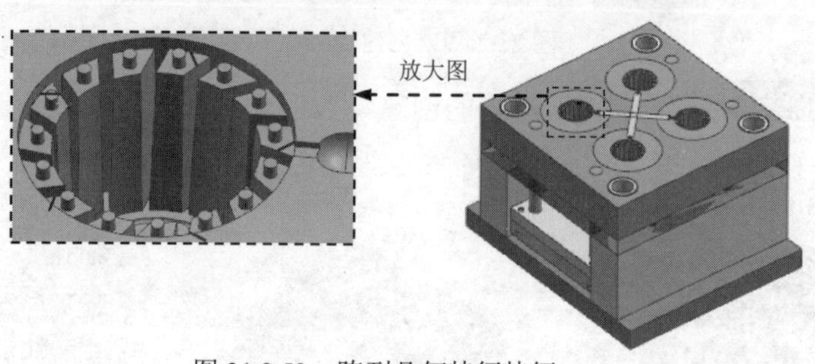

图 21.2.53　阵列几何特征特征

（3）在“阵列几何特征”对话框中单击< 确定 >按钮。

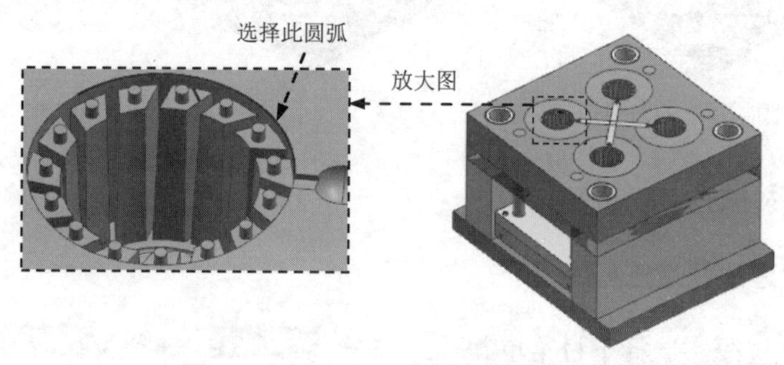

图 21.2.54　定义旋转轴和指定点

Stage2. 加载顶杆 01

Step1. 在“注塑模向导”功能选项卡的主要区域中单击“标准件库”按钮，系统弹出“标准件管理”对话框和“重用库”导航器。

Step2. 定义顶杆类型。在“重用库”导航器名称区域的模型树中选中FUTABA_MM节点下的Ejector Pin选项；在成员选择列表中选择Ejector Pin Straight [EJ, EH, EQ, EA]选项。

Step3. 修改顶杆尺寸。在详细信息区域的CATALOG下拉列表中选择EJ选项；在CATALOG_DIA下拉列表中选择2.0选项；在CATALOG_LENGTH后的文本框中输入数值 130，并按 Enter 键确认；在HEAD_TYPE下拉列表中选择1选项；单击应用按钮，系统弹出“点”对话框。

Step4. 定义顶杆放置位置。在“点”对话框的类型下拉列表中选择控制点选项，分别选择前面创建的五条直线中点为顶杆放置位置。系统返回“点”对话框。单击取消按钮。此时系统返回至“标准件管理”对话框，单击取消按钮。

说明：在选取直线中点时，只需单击接近直线中间的位置即可，系统会自动捕捉其中点。

Step5. 完成顶杆放置，结果如图 21.2.55 所示。

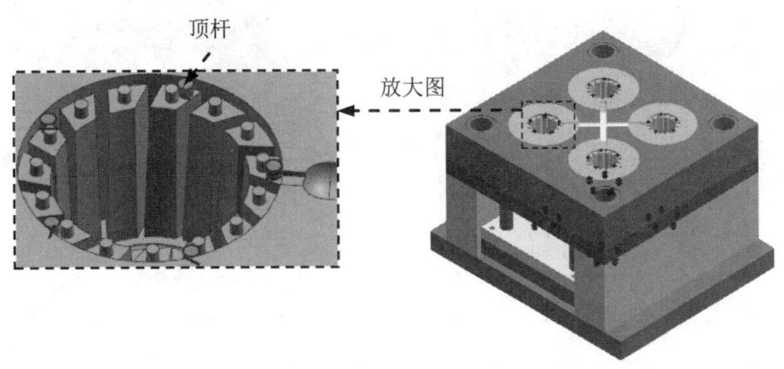

图 21.2.55　加载后的顶杆 01

说明：如果加载完成后有部分顶杆不显示，可以交换隐藏与显示空间，将隐藏的对象显示出来即可。

Stage3. 修剪顶杆 01

Step1. 选择命令。在“注塑模向导”功能选项卡的 注塑模工具 区域中单击“修边模具组件”按钮，系统弹出“修边模具组件”对话框。

Step2. 选择修剪对象。在该对话框中的 设置 区域选择 任意 选项；然后选取添加的所有顶杆为修剪目标体，在 修边曲面 下拉列表中选择 CORE_TRIM_SHEET 选项。

Step3. 在“修边模具组件”对话框中单击 确定 按钮，完成顶杆的修剪，结果如图 21.2.56 所示。

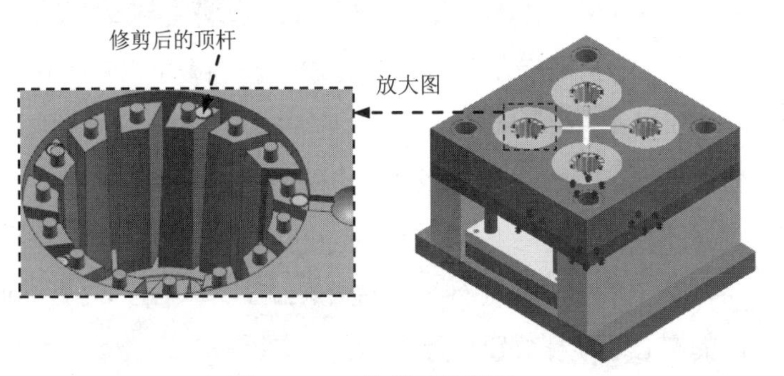

图 21.2.56　修剪后的顶杆 01

Stage4. 创建顶杆 02 定位草图

Step1. 选择命令。选择下拉菜单 插入(S) → 在任务环境中绘制草图(V)... 命令，系统弹出“创建草图”对话框。

Step2. 定义草图平面。选取图 21.2.57 所示的平面为草图平面，单击 确定 按钮。

Step3. 进入草图环境，绘制图 21.2.58 所示的截面草图。

Step4. 单击 完成草图 按钮，退出草图环境。

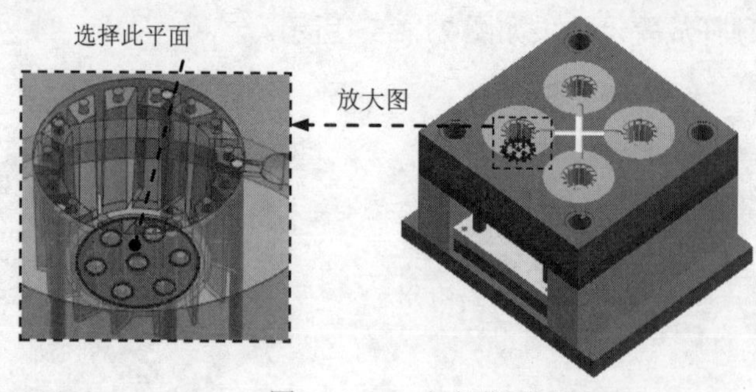

图 21.2.57 定义草图平面

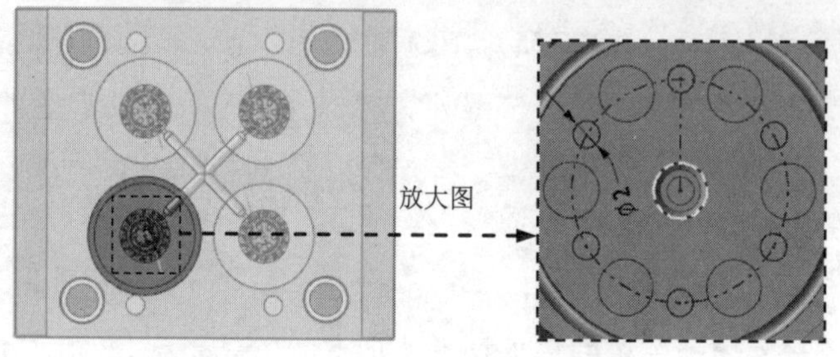

图 21.2.58 截面草图

Stage5. 加载顶杆 02

Step1. 在“注塑模向导”功能选项卡的主要区域中单击“标准件库”按钮，系统弹出“标准件管理”对话框和“重用库”导航器。

Step2. 定义顶杆类型。在“重用库”导航器的名称区域中选中FUTABA_MM节点下的Ejector Pin选项；在成员选择列表中选择Ejector Pin Straight [EJ, EH, EQ, EA]选项。

Step3. 修改顶杆尺寸。在详细信息区域的CATALOG下拉列表中选择EJ选项；在CATALOG_DIA下拉列表中选择2.0选项；在CATALOG_LENGTH后的文本框中输入数值 105，并按 Enter 键确认；在HEAD_TYPE下拉列表中选择1选项；单击应用按钮，系统弹出“点”对话框。

Step4. 定义顶杆放置位置。

（1）在“点”对话框的类型下拉列表中选择圆弧中心/椭圆中心/球心选项，分别选择前面草图创建的六个圆的圆心为顶杆放置位置。

说明：在选取圆心时只需单击圆弧任意位置即可，系统自动捕捉其圆心。

（2）完成顶杆位置的放置后，在“点”对话框中单击取消按钮。此时系统返回至“标准件管理”对话框，单击取消按钮。

Step5. 完成顶杆放置，结果如图 21.2.59 所示（隐藏草图）。

Stage6. 修剪顶杆 02

Step1. 选择命令。在“注塑模向导”功能选项卡的注塑模工具区域中单击“修边模具组件”按钮，系统弹出“修边模具组件”对话框。

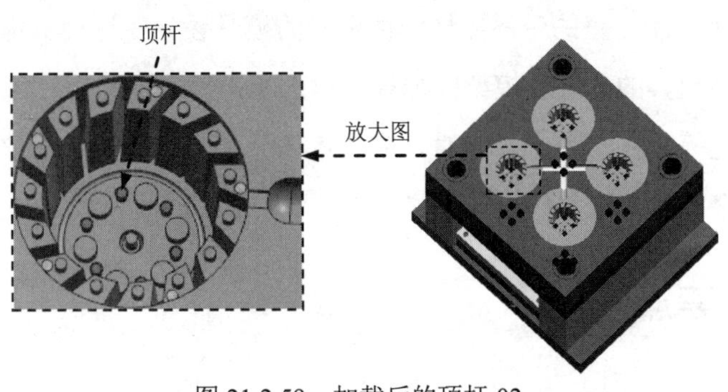

图 21.2.59　加载后的顶杆 02

Step2. 选择修剪对象。在该对话框的设置区域选择任意选项；然后选择图 21.2.59 所示的 6 个顶杆为修剪目标体。在修边曲面下拉列表中选择CORE_TRIM_SHEET选项。

Step3. 在“修边模具组件”对话框中单击确定按钮，完成顶杆的修剪。

Stage7. 创建顶杆腔

Step1. 选择命令。首先激活impeller_mold_top_000，选择下拉菜单插入(S) → 組合(B) → 装配切割(A)...命令，系统弹出“装配切割”对话框。

Step2. 选取目标体。选取图 21.2.60 所示的四个型芯、支撑板和推杆固定板为目标体，然后单击鼠标中键。

Step3. 选取工具体。选取所有的顶杆（44 个）为工具体。

Step4. 单击确定按钮，完成顶杆腔的创建。

Step5. 显示所有的零部件，结果如图 21.2.61 所示。

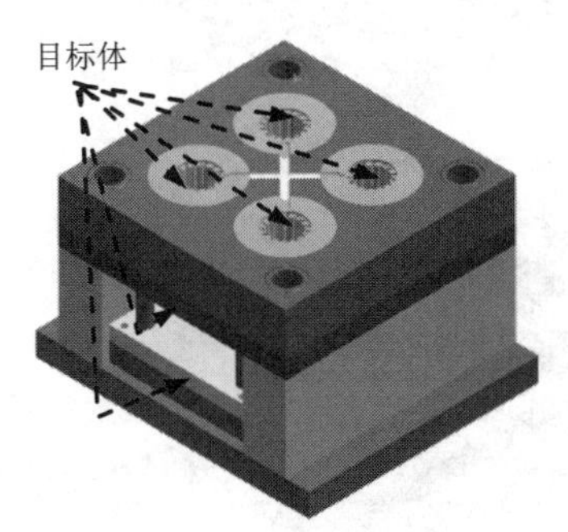

图 21.2.60　选取目标体

图 21.2.61　显示所有零部件

21.3　应用 3——Mold Wizard 标准模架库（二）

21.3.1　概述

Mold Wizard 标准模架库给用户的设计带来了极大的方便，使模具的设计周期缩短。在本应用中，介绍了一副完整的带斜导柱侧抽机构的模具设计，这种机构在模具设计中也是比较常见的，包括模具的分型、模架的加载、添加标准件、创建浇注系统、添加斜抽机构及顶出机构的创建等。在学习本应用时，应注意体会模具设计的方法和技巧，并能够熟悉在模架中添加各个系统及组件的设计思路。

21.3.2 技术要点分析

（1）采用一模两腔的布局方式。

（2）创建分型面时采用了引导线的编辑工具。

（3）在模架中添加“滑块和浮升销库”时，要注意坐标系中 Y 轴的指向，应使 Y 轴的方向与添加组件的方向相反。

（4）在模架中添加浇注系统的一般操作思路。

（5）在添加多根顶杆时，注意顶杆位置点的确定方法。

21.3.3 设计过程

本应用的塑件模型及模具设计结果如图 21.3.1 所示。

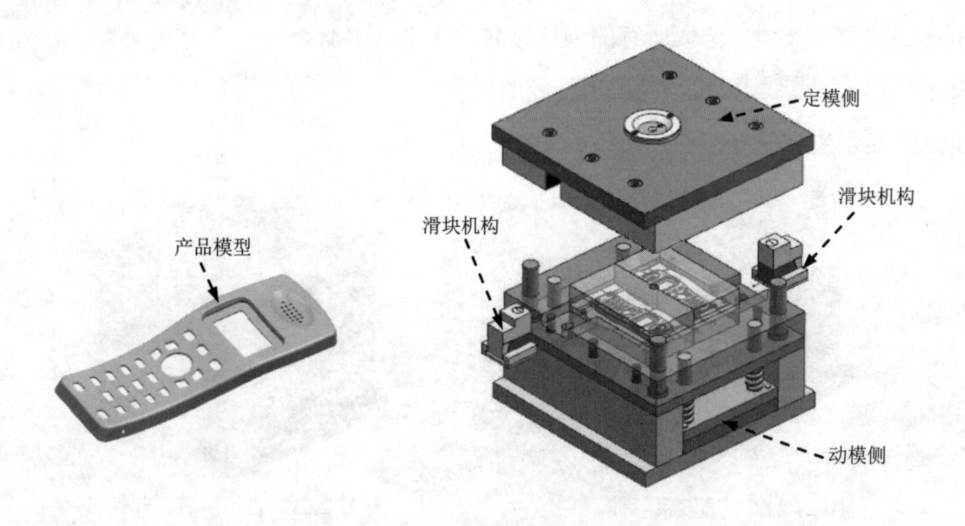

图 21.3.1 手机外壳的模具设计

说明：详细操作过程请参见学习资源中 video\ch21.03\文件夹下的语音视频讲解文件。

21.4 应用 4——Mold Wizard 标准模架库（三）

21.4.1 概述

本应用仍为一个 Mold Wizard 标准模架库，与前面两个 Mold Wizard 模架库最大的区别是产品内部带有内螺纹。有内螺纹产品的设计思路是将产品模型中的内螺纹在圆周上平分为三个局部段，从而在这三个局部段处创建三个内侧抽滑块；并且在设计滑块后还添加了标准模架及浇注系统的设计。在学习本应用时，应注意体会内螺纹模具设计的方法和技巧，熟悉在模架中添加各个系统及组件的设计思路。

21.4.2 技术要点分析

（1）采用一模四穴的布局方式。

（2）在型芯零件中添加固定凸台及滑块的创建。

（3）在设计浇注系统时，考虑到均衡的原则，使用了手动创建流道截面点浇口式的流道类型。

（4）在模架中添加顶杆及处理的方法，从而使其与其他部件相连，并能使其定位。

（5）在添加多根顶杆时，注意顶杆位置点的确定方法。

21.4.3 设计过程

本应用的塑件模型及模具设计结果如图 21.4.1 所示。

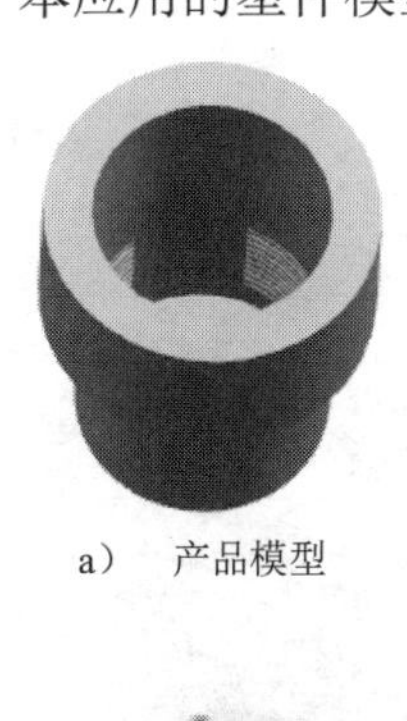

a） 产品模型

b） 方位 1

c） 方位 2

d） 动模侧状态 1

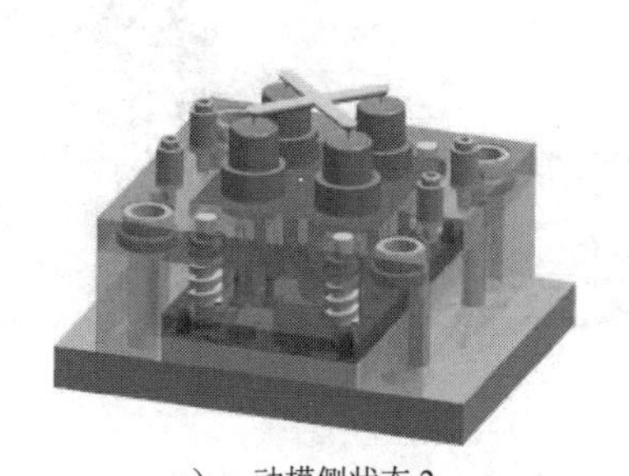

e） 动模侧状态 2

f） 装配状态

图 21.4.1 带内螺纹的模具设计

说明：详细操作过程请参见学习资源中 video\ch21.04\文件夹下的语音视频讲解文件。

21.5 应用 5——一模两件模具设计

21.5.1 概述

一模两件模具设计是比较巧妙的方法，通过这种方法可以实现只开一次模具就得到两款不同的产品。这样就可以节省一套模具的设计成本。在本应用中，不仅介绍了模具结构设计的一般过程，而且还介绍了抽芯机构的设计，并详细讲解了一模两件模具的设计思路。在学习本应用时，应认真体会一模两件模具设计的方法和技巧。

21.5.2 技术要点分析

（1）两种不同产品的加载。

（2）两种不同产品的收缩率、坐标系、工件及分型的操作。

（3）在创建分型面时，编辑分型段中“选择过渡曲线”的运用方法。

（4）S 形流道的设计方法及矩形浇口的创建。

（5）在模架中添加滑块与斜导柱的参数设置。

21.5.3 设计过程

本应用的塑件模型及模具设计结果如图 21.5.1 所示。

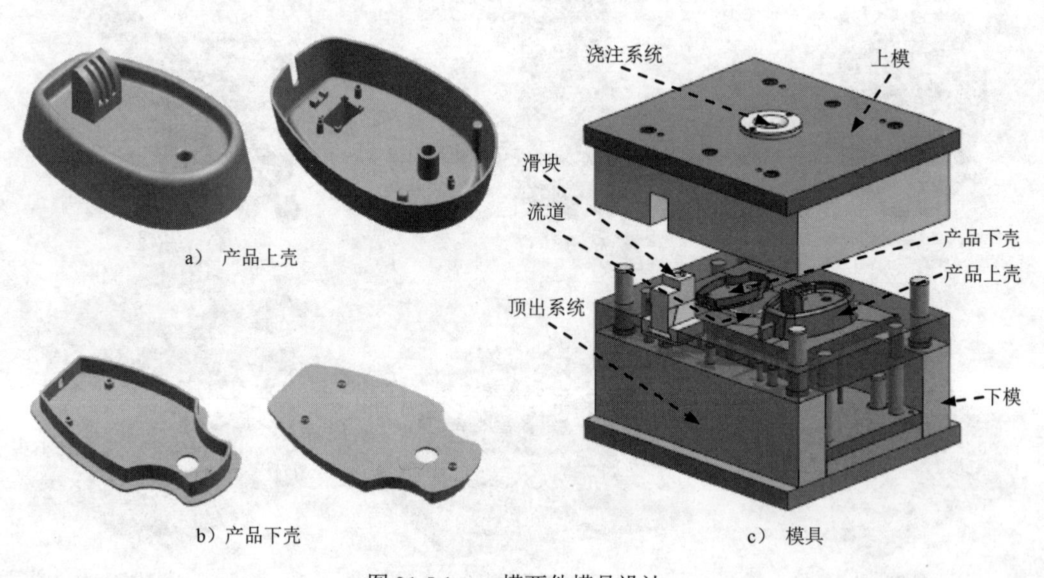

图 21.5.1 一模两件模具设计

说明：详细操作过程请参见学习资源中 video\ch21.05\文件夹下的语音视频讲解文件。

21.6 应用 6——建模环境下的一模多穴模具设计

21.6.1 概述

在建模环境下设计模具的一般思路：首先，确定产品的开模方向，对产品进行型腔布局；其次，创建模具分型面和浇注系统；最后，用最大分型面将工件分割为型腔和型芯两部分。在本应用中，不仅详细介绍了建模环境下模具设计的一般过程，而且还采用了一种虎口的设计结构，从而保证型腔与型芯的定位。在学习本应用时，应认真体会建模环境下模具设计的方法和技巧。

21.6.2 技术要点分析

（1）模型产品的布局采用了阵列的方式。

（2）分型面的设计要结合曲面中的拉伸、修剪等命令的使用。

（3）虎口的典型设计方法。

（4）在进行模具分解时应进行参数的移除。

21.6.3 设计过程

本应用的塑件模型及模具设计结果如图 21.6.1 所示。

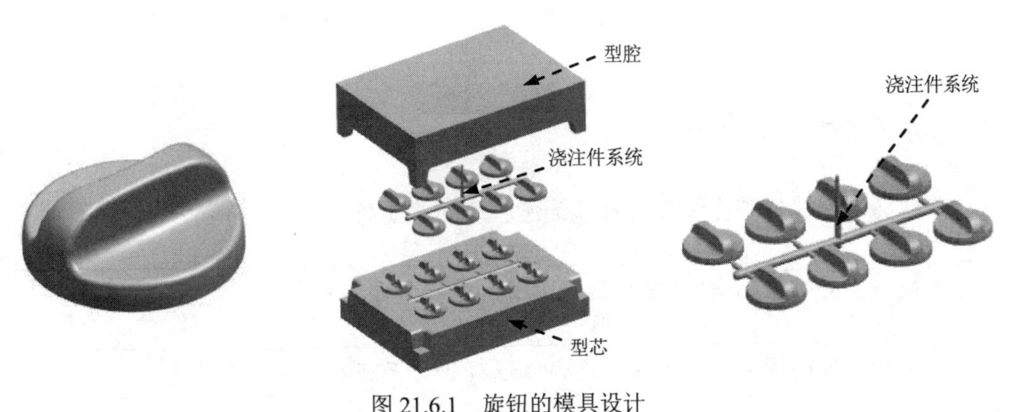

图 21.6.1 旋钮的模具设计

说明：详细操作过程请参见学习资源中 video\ch21.06\文件夹下的语音视频讲解文件。

读者意见反馈卡

尊敬的读者：

感谢您购买机械工业出版社出版的图书！

我们一直致力于CAD、CAPP、PDM、CAM和CAE等相关技术的跟踪，希望能将更多优秀作者的宝贵经验与技巧介绍给您。当然，我们的工作离不开您的支持。如果您在看完本书之后，有什么好的意见和建议，或是有一些感兴趣的技术话题，都可以直接与我联系。

策划编辑：丁锋

为了感谢广大读者对兆迪科技图书的信任与支持，兆迪科技面向读者推出“免费送课”活动，即日起，读者凭有效购书证明，可以领取价值100元的在线课程代金券1张，此券可在兆迪科技网校（http://www.zalldy.com/）免费换购在线课程1门。活动详情可以登录兆迪网校或者关注兆迪公众号查看。

兆迪网校

兆迪公众号

书名：《UG NX 12.0模具设计完全学习手册》

1. 读者个人资料：

姓名：＿＿＿＿性别：＿＿年龄：＿＿职业：＿＿＿＿职务：＿＿＿＿学历：＿＿＿

专业：＿＿＿＿单位名称：＿＿＿＿＿＿＿＿办公电话：＿＿＿＿＿手机：＿＿＿

QQ：＿＿＿＿＿＿＿＿＿＿＿微信：＿＿＿＿＿＿E-mail：＿＿＿＿＿＿

2. 影响您购买本书的因素（可以选择多项）：

□内容　□作者　□价格

□朋友推荐　□出版社品牌　□书评广告

□工作单位（就读学校）指定　□内容提要、前言或目录　□封面封底

□购买了本书所属丛书中的其他图书　□其他＿＿＿＿

3. 您对本书的总体感觉：

□很好　□一般　□不好

4. 您认为本书的语言文字水平：

□很好　□一般　□不好

5. 您认为本书的版式编排：

□很好　□一般　□不好

6. 您认为UG其他哪些方面的内容是您所迫切需要的？

＿＿＿＿＿＿＿＿＿＿＿＿＿＿＿＿＿＿＿＿

7. 其他哪些CAD/CAM/CAE方面的图书是您所需要的？

＿＿＿＿＿＿＿＿＿＿＿＿＿＿＿＿＿＿＿＿

8. 您认为我们的图书在叙述方式、内容选择等方面还有哪些需要改进的？

＿＿＿＿＿＿＿＿＿＿＿＿＿＿＿＿＿＿＿＿

＿＿＿＿＿＿＿＿＿＿＿＿＿＿＿＿＿＿＿＿